Kräfte, Momente und deren Ausgleich in der Verbrennungskraftmaschine

H. Maass/H. Klier

Springer-Verlag
Wien New York

Prof. Dr.-Ing. habil. Harald Maass
Direktor, Klöckner-Humboldt-Deutz AG, Köln
apl. Professor, RWTH Aachen, Bundesrepublik Deutschland

Dipl.-Ing. Heiner Klier
Klöckner-Humboldt-Deutz AG, Köln

Printed in Austria

Mit 461 Abbildungen

CIP-Kurztitelaufnahme der Deutschen Bibliothek

Die Verbrennungskraftmaschine / hrsg. von Hans List u. Anton Pischinger. — Wien; New York : Springer.
Neue Folge
NE: List, Hans [Hrsg.]
Neue Folge, Bd. 2. → Maass, Harald: Kräfte, Momente und deren Ausgleich in der Verbrennungskraftmaschine

Maass, Harald:
Kräfte, Momente und deren Ausgleich in der Verbrennungskraftmaschine / Harald Maass; Heiner Klier. — Wien; New York : Springer, 1981.
(Die Verbrennungskraftmaschine: N.F.; Bd. 2)
ISBN 3-211-81677-1 (Wien, New York);
ISBN 0-387-81677-1 (New York, Wien)
NE: Klier, Heiner:

ISBN 3-211-81677-1 Springer-Verlag Wien-New York
ISBN 0-387-81677-1 Springer-Verlag New York-Wien

Vorwort

Dieser Band in der Schriftenreihe LIST/PISCHINGER 'Die Verbrennungskraftmaschine' beschäftigt sich mit den Kräften und Momenten des Hubkolben-Verbrennungsmotors, deren Auswirkungen und den Abwehrmaßnahmen.

In Verbindung mit einem weiteren Band 'Triebwerksschwingungen' sollen die von SCHROEN in seinem 1942 erschienenen Buch 'Die Dynamik der Verbrennungskraftmaschine' behandelten Themen hier nach neueren Gesichtspunkten dargestellt werden. Der bei SCHROEN nur kurz untersuchte allgemeine Teil über die Hauptabmessungen und Kennwerte ist bereits in Band 1 'Gestaltung und Hauptabmessungen der Verbrennungskraftmaschine' ausführlich dargestellt worden und bot manche Möglichkeit zu Betrachtungen über die engere ingenieurmäßige Tätigkeit sowie deren Ausblicke in unserer Gesellschaft.

Der hier vorliegende Band befaßt sich hingegen mit den mehr theoretischen Zusammenhängen der Kraftwirkungen innerhalb und außerhalb einer Verbrennungskraftmaschine. Dies mag in den abstrakten Ableitungen der Vorgänge manchem etwas nüchtern erscheinen, bietet jedoch für den Leser den Vorteil eines roten Fadens, der sich durch alle Kapitel dieses Bandes zieht und eine Leitschnur für den um mehr Erkenntnis Ringenden darstellt. Neben den Kräften innerhalb des Motors und seinen Kraftwirkungen auf die Umgebung, die im Rahmen der weltweiten Bemühungen um verbesserten Umweltschutz immer größere Beachtung finden, gibt es natürlich auch Zusatzbeanspruchungen, die sich aus dem Einbau der Verbrennungskraftmaschine in einer Anlage ergeben. Über die Anforderungen, die seitens der Anlage (des Verbrauchers) an den Motor gestellt werden, und über Lösungswege zu besseren Motorenanlagen soll in einem gesonderten Band 'Schwingungen in Anlagen mit Verbrennungskraftmaschinen' berichtet werden.

Der Band entstand in enger Zusammenarbeit mit Herrn Ing. grad. HEINER KLIER, wobei die Hauptlast dieser Arbeit auf den Schultern von Herrn Klier lag, so daß von einer Autorenpartnerschaft gesprochen werden kann. Auch dieser Band hatte die Unterstützung des Hauses KLÖCKNER-HUMBOLDT-DEUTZ AG, Köln, wofür wir unseren Vorständen, Herrn PETER W. SCHUTZ und Herrn Dr.-Ing. OTTO HERSCHMANN, zu Dank verbunden sind. Unseren engeren Mitarbeitern im Hause KHD gebührt Dank und Anerkennung für die durch dieses Buch auf sich genommene zusätzliche Mühsal, insbesondere Frau RUTH TONNDORF und Frau RUTH MAKOWSKI für die vielen Manuskriptseiten und die druckreife Gestaltung der Text- und Tabellenvorlagen sowie Frau MARGRET KLIER für die vielen Abbildungen, die die formelmäßigen Ableitungen verständlich machen und die Ergebnisse zusammenfassen. Auch in diesem Band hat Herr AXEL TRUHLSEN wie im Band 1 der Neuen Folge 'Gestaltung und Hauptabmessungen der Verbrennungskraftmaschine' besonderes Geschick bewiesen, aus zum Teil mäßigen Vorlagen noch Reproduktionen zu schaffen, die der bekannten Ausstattungs-Qualität eines Buches des Springer-Verlages entsprechen.

Die Materie dieses Bandes läßt sich streng mathematisch abwickeln, die mathematischen und physikalischen Zusammenhänge führen zu eindeutigen Lösungen und geben deshalb Interpretationen keinen Raum. Von Fall zu Fall wurde darüber hinaus versucht. die praktische Erfahrung aus der Arbeit mit diesen physikalischen Zusammenhängen in dieses Buch einzubringen und die Einflüsse der in der Praxis auftretenden Abweichungen (Toleranzen) darzustellen, da die Theorie zwangsläufig von idealen Modellen ausgehen muß. Durch diese Abweichungen treten im täglichen Umgang mit der Materie Ergebnisse auf, die den theoretischen Ansätzen nicht gerecht zu werden scheinen und trotzdem interpretiert werden müssen.

Es ist nicht zu verkennen, daß die elektronische Datenverarbeitung nicht nur an Universitäten und in Großfirmen, sondern auch in Klein- und Mittelbetrieben erhebliche Fortschritte macht, so daß der Rechenschieber immer mehr aus der Hand des Ingenieurs weicht. Um dem Rechnung zu tragen, ist in diesem Band versucht worden, Teilabschnitte der Berechnungen als Unterprogramme in sogenannten Programmtabellen zu dokumentieren, so daß diese nur noch abgelocht zu werden brauchen und in ein zusammenfassendes Hauptprogramm eingefügt werden können. Dadurch mag manche Mühe des Formelzusammentragens und der Findung rechnerisch sinnvoller Algorithmen überflüssig werden, wodurch der Umgang mit der Materie auch mathematisch Ungeübteren weniger Schwierigkeiten bereiten sollte.

So möge dieser Band nicht nur heranwachsenden Ingenieuren ein Leitfaden zum Verständnis der inneren Vorgänge in der Verbrennungskraftmaschine sein, sondern auch dem schon erfahrenen Mann am Reißbrett oder in der Versuchshalle manche gedankliche Anregung für seine Probleme vor Ort geben. Aus eigener Erfahrung und auch dem Umgang mit vielen Studentenjahrgängen sei den Lernenden, den neu in diese Materie Eindringenden, empfohlen, sich durch immer fortwährende Übungen mit der Materie auf dem laufenden zu halten; denn viele beim Lesen so plausible und leicht verständlich erscheinende Zusammenhänge machen bei der selbständigen Erarbeitung unvorhergesehene Schwierigkeiten, die nicht nur an der Qualität des Lehrbuches, sondern auch an sich selbst zweifeln lassen. Stete Übungen mit kleinen Steigerungen des Schwierigkeitsgrades hingegen lassen jedoch das Erreichen eines Gipfels möglich erscheinen, dessen Erklimmung an der Steilwand aussichtslos erschiene. Insbesondere möge diese Darstellung der Klärung vieler Mißverständnisse dienen, die sich im praktischen Betrieb mit Hubkolben-Verbrennungskraftmaschinen ergeben; denn schließlich lassen sich manche Eigenschaften der Verbrennungskraftmaschine ebensowenig wegdiskutieren - auch wenn es manchmal wünschenswert erscheint - wie es feststeht, daß an vielen Mangelerscheinungen (Schwingungen und Geräusche) in kompletten Anlagen der Motor gar nicht oder nur indirekt mitverantwortlich ist. Die dem Fachmann unverständliche Scheu vieler Ingenieure, sich mit den Problemen der Dynamik und der Wechselwirkungen der Kräfte und Momente einer Verbrennungskraftmaschine zu beschäftigen, möge durch die Darstellung der Zusammenhänge ebenso abgebaut werden wie es den Bestrebungen dienen möge, die technischen Möglichkeiten zum Wohle der Menschheit auszunutzen.

Wenn man deshalb aus diesem Band lernt, auch die unangenehmen Eigenheiten eines Hubkolbenmotors vorausschauend zu beherrschen und sich nicht davon überraschen zu lassen, so hat sich die in die Seiten hineingesteckte Mühe gelohnt.

Köln, Sommer 1981

Heiner Klier

Harald Maaß

Inhaltsverzeichnis

9 Die Festigkeitsrechnung eines Schwungrades 277

10 Zusatzkräfte an Triebwerk, Kurbelgehäuse und Fundament 313

1 Einführung

Kraftmaschinen dienen dazu, den Energieinhalt eines Arbeitsmittels (zum Beispiel Gas, Wasser, Dampf) in mechanische Energie umzuwandeln. Man unterscheidet die Kraftmaschinen nach verschiedenen Gesichtspunkten, um sie in ein Schema einordnen zu können.

Die Maschinen, in denen die Energieumwandlung über ein Temperaturgefälle des Arbeitsmittels erfolgt, gehören zur Gruppe der Wärmekraftmaschinen im Unterschied zu Wasser- und Windkraftmaschinen, welche die Energie dieser strömenden Medien nutzen, oder den Elektromaschinen, deren Wirkungsweise auf den Elementarladungen (elektrischer Strom, Magnetismus) beruht.

Bei den Wärmekraftmaschinen ist zwischen denen mit äußerer und denen mit innerer Verbrennung zu unterscheiden. Zu den Wärmekraftmaschinen mit äußerer Verbrennung zählen z. B. die Dampfmaschinen und Dampfturbinen, bei denen die Umsetzung der chemisch gebundenen Energie (Kohle, Erdöl) in die potentielle Energie hochgespannten, überhitzten Dampfes in einem externen Kessel erfolgt und der Wärmekraftmaschine dieses mechanisch wirksame Arbeitsmedium von außen zugeführt wird. Über den Umweg vom Kesselhaus und Elektrizitätswerk kann man allerdings auch die elektrischen Maschinen als Wärmekraftmaschinen mit äußerer Verbrennung ansehen, was bei den heutigen Diskussionen über den Umweltschutz (Abgase) oft übersehen wird - sofern man den elektrischen Strom nicht mit Hilfe der von vielen Seiten als noch mißlicher angesehenen Kernkraftenergie gewinnen will.

Aus der gleichrangigen Aufzählung von Dampfmaschinen und Dampfturbinen erkennt man schon, daß die Unterteilung der Maschinen nach ihrem Arbeitsprinzip, wie zum Beispiel Strömungskraft- und Kolbenkraftmaschine, für den Maschinenbauer zwar ein eindeutiges Unterscheidungskriterium darstellt, energetisch jedoch ohne Belang ist, wie man aus den Vergleichen der Arbeitsprozesse in den Diagrammen (T-S-, I-S-Diagramme) ablesen kann.

Die Wärmekraftmaschinen mit i n n e r e r Verbrennung bezeichnet man als V e r b r e n n u n g s k r a f t m a s c h i n e n . Bei diesen Maschinen wird die mechanische Energie durch Zuführung von (meist flüssigen) Verbrennungsprodukten durch Verbrennung innerhalb der Maschineneinheit (Umsetzung der chemisch gebundenen Energie in Wärme) erzeugt. In diesem Sinne gehören alle Kolbenmotoren und Gasturbinen zu dieser Kategorie, sofern diesen Energie in Form brennbarer Gase, Flüssigkeiten oder auch Feststoffen zugeführt werden. Neben dem bereits oben erwähnten Unterschied im Arbeitsprinzip differieren diese beiden Bauarten der Verbrennungskraftmaschine jedoch vor allem durch den Verbrennungsablauf. Während in der Gasturbinenbrennkammer die Flamme kontinuierlich brennt und somit sehr hohe Bauteiltemperaturen in den sie umgebenden Werkstoffen erzeugt, finden wir bei den üblichen Hubkolben-Verbrennungskraftmaschinen eine diskontinuierliche und zyklische Verbrennung. Je länger die verbrennungsfreien Zeiten innerhalb eines Zyklus sind, desto niedriger werden die Bauteiltemperaturen ausfallen - je geringer ist allerdings auch die Energieumsetzung pro Volumen- oder Gewichtseinheit.

In diesem Band werden die Kraft- und Momentwirkungen sowie deren Ausgleich der als Kolbenmaschine arbeitenden Wärmekraftmaschine behandelt, bei der die durch innere Verbrennung im Arbeitszylinder entstehende Wärme (Druck) über eine Hubbewegung des Kolbens in mechanische Energie umgewandelt wird.

Diese mit diskontinuierlicher innerer Verbrennung arbeitende Kolbenkraftmaschine - der Hubkolben-Verbrennungsmotor - ist die heute häufigste Ausführungsform der Wärmekraftmaschine.

Es sind auch zyklisch arbeitende, vielzylindrige Hubkolbenmotoren mit einer einzelnen kontinuierlich arbeitenden Brennkammer vorstellbar, doch konnten sich diese Baumuster bis heute nicht durchsetzen, da die heißgasführenden Teile nicht dauerfest zu gestalten sind. In bezug auf die in diesem Band aufgeführten Fragen zu den Kräften und Momenten ist jedoch die Frage nach der kontinuierlichen oder diskontinuierlichen Verbrennung ohne Bedeutung.

Die Rotationskolben-Kraftmaschinen, z. B. der Wankelmotor, bleiben in diesem Band unberücksichtigt. Ebenso wird aber auch auf jene Hubkolbentriebwerke nicht näher eingegangen, die keine Schubkurbel besitzen. Beispiele dieser seltenen Bauarten sind in Abschnitt 1.1.4 aufgeführt.

Energieträger für den Betrieb von Verbrennungskraftmaschinen sind Kohlenwasserstoffe, zumeist in Form von flüssigen Kraftstoffen (Benzin, Dieselöl, Schweröle, Methanol), seltener in Form gasförmiger Medien (Erdgas, Stadtgas, Klärgas, Wasserstoff u. a. m.). Die zur Verbrennung gelangende Zylinderladung ist ein Gemisch aus Luft als Sauerstoffträger und feinverteiltem und verdampftem Kraftstoff oder aus Luft und Gas. Die Verbrennung des in den Zylinder eingebrachten Kraftstoff-Luft-Gemisches am Ende des Verdichtungshubes ergibt eine Erhöhung der Temperatur der arbeitenden Gase und damit eine Drucksteigerung entsprechend dem Gesetz $p \cdot v = G \cdot R \cdot T$, durch die beim Dehnungshub eine Arbeit an den Kolben abgegeben wird (Arbeitstakt der Verbrennungskraftmaschine). Die wesentlichen Bestandteile der Hubkolben-Verbrennungskraftmaschine sind der Zylinder mit dem hin- und herbewegten Kolben und das Schubkurbelgetriebe, bestehend aus Pleuelstange und Kurbelkröpfung. Der geradlinig hin- und hergehende Kolben versetzt die Kurbelwelle über die Schubkurbel in Drehbewegung. Der Arbeitsrhythmus - d. h. die zyklische Wiederholung von Zylinderfüllung, Verdichtung, Verbrennung und Zylinderentleerung und die damit verbundenen starken Änderungen des im Zylinder herrschenden Druckes - erzeugt einen ungleichmäßigen Lauf des Triebwerkes, den man durch den Einsatz von Schwungrädern weitgehend vergleichmäßigt. Bei der Beschleunigung und Verzögerung der Kurbeltriebteile wirken Trägheitskräfte. Die periodisch veränderlichen Gas- und Massenkräfte sind daher ein wesentliches Merkmal des Hubkolbenmotors.

Aus der Überschußarbeit der Gaskräfte (Nutzmitteldruck $p_e > 0$) steht an der Abtriebsseite der Kurbelwelle ein Arbeits-(Nutz-)Drehmoment zur Verfügung, dem ein Wechseldrehmoment überlagert ist.

Es ist üblich, zwischen inneren und äußeren Wirkungen der Gas- und Massenkräfte zu unterscheiden. Die äußeren Wirkungen oder die freien Kräfte bzw. die freien Momente sind diejenigen, die dem Motor Bewegungen aufzwingen. Diese Bewegungen beanspruchen die den Motor aufnehmende Tragkonstruktion, z. B. den Fahrzeugrahmen oder das Fundament und können in der Umgebung Erschütterungen hervorrufen. Auch werden durch diese Bewegungen Anbauteile des Motors beschleunigt und zum Schwingen angeregt, wobei diese Teile und deren Befestigungsstellen beansprucht werden.

Die inneren Kräfte bewirken periodisch wechselnde Belastungen der Bauteile, insbesondere der Triebwerks- und Kraftübertragungsteile. Die Wechselbelastungen erregen in den Bauteilen verschiedenartige Schwingungen, die dann besonders gefährlich sind, wenn Resonanz auftritt, das heißt, wenn die Frequenz der erregenden Kraft gleich der Eigenfrequenz des schwingungsfähigen Bauteiles oder Systems ist. Die inneren Kräfte und Momente gehen als Erregung bei der Berechnung der erzwungenen Schwingungen (z. B. der Torsionsschwingungen) ein und sind von Bedeutung für alle Fragen im Zusammenhang mit der Dimensionierung und Dauerhaltbarkeit der von diesen Kräften beanspruchten Bauteile.

Innere und äußere Wirkungen stehen in einem engen Zusammenhang und können deshalb nicht immer streng unterschieden werden. So können durch innere Kräfte erzwungene

Verformungen des Kurbelgehäuses und Schwingungen nach außen wirken und als Erschütterungen spürbar werden. Auch die Wechseldrehmomente des Motors können bei unzulänglicher Fundamentierung (Lagerung) zu unangenehmen Belästigungen der Umgebung führen.

Von der Verbrennungskraftmaschine werden neben Preisgünstigkeit und Wirtschaftlichkeit (Verbrauch), Zuverlässigkeit, Betriebssicherheit und kostengünstige Wartungsmöglichkeit, vor allem ein befriedigendes Laufverhalten, d. h. ein vibrations- und geräuscharmer Lauf erwartet. Der anhaltende Trend zur Leistungssteigerung, zum Leichtbau und zur Werkstoffeinsparung, die verständliche Forderung nach Vermeidung von Umweltbelästigungen sowie die gesteigerten Komfortansprüche stellen hohe Anforderungen an die Laufruhe und Schwingungsisolierung der Motoren. Den freien und inneren Kräften und Momenten, d. h. der richtigen (oder anforderungsgerechten) Auslegung eines Triebwerkes, muß mit wachsenden Forderungen ein immer größeres Augenmerk geschenkt werden.

Die Entwicklungstendenzen - möglichst große Leistungsausbeute bei geringem Bauvolumen und -gewicht - kommen dabei der Forderung nach Laufruhe nicht entgegen. Höhere Arbeitsdrücke und höhere Drehzahlen verstärken nämlich einerseits die Gas- und Massenwirkungen, andererseits werden die Schwingungsabstrahlung und -übertragung begünstigt, sei es durch geringe Eigenmasse des Motors selbst oder sei es durch Leichtbaukonstruktionen des den Motor aufnehmenden Tragrahmens (z. B. Fahrzeugrahmen, Flugzelle, Schiffsfundament).

Laufruhe wird im vorliegenden Zusammenhang in erster Linie im Sinne von 'Erschütterungsfreiheit' verstanden, da bei den Gas- und Massenwirkungen vornehmlich an relativ niederfrequente, nicht unbedingt hörbare Schwingungen (Infraschall) gedacht wird. Der Übergang zur Akustik, d. h. den hörbaren Schwingungen (16 ... 20 000 Hz), ist jedoch fließend und nicht eindeutig abgrenzbar, da beide Erscheinungen die gleiche Ursache haben und die Gas- und Massenwirkungen aus einer Vielzahl harmonischer Teilschwingungen bestehen. Es ist durchaus nicht ungewöhnlich, daß eine am Ort der Entstehung unhörbar eingeleitete periodische Kraft an entfernter Stelle durch Resonanz als Lärm unangenehm empfunden wird. Schwingungsisolierung und Lärmbekämpfung stehen daher in engem Zusammenhang (siehe auch Kapitel 2.5.6 und 2.5.7 des Bandes 1 der neuen Folge der Schriftenreihe 'Die Verbrennungskraftmaschine').

Die Kenntnis der dynamischen Vorgänge und ihrer Wirkung ist daher notwendige Voraussetzung für richtige Entscheidungen und zur Vermeidung von Fehlern. Dies gilt sowohl für die Konzeption, Konstruktion und Entwicklung eines Motors, wie auch für die Maßnahmen im Zusammenhang mit dem Einbau und der Aufstellung des Motors und der Auslegung der mit dem Motor verbundenen Kraftübertragungsteile.

Der vorliegende Band befaßt sich deshalb mit den Kräften und Momenten der Hubkolben-Verbrennungskraftmaschine und der Frage, wie man diese Auswirkungen minimieren oder gar ausgleichen kann, wie man die Wirkungen von nicht ausgleichbaren Kräften und Momenten und die Beanspruchung der Bauteile vorausberechnen kann, um bei den unterschiedlichen Ansprüchen, die an eine Verbrennungskraftmaschine gestellt werden, einen optimalen Kompromiß finden und schließen zu können.

1.1 Das Triebwerk des Hubkolbenmotors

Die Abbildungen 1.1 bis 1.3 zeigen im Quer- und Längsschnitt den Aufbau verschiedener Hubkolbenmotoren. Bei den Motoren nach Abb. 1.1 und 1.2 handelt es sich um die Tauchkolbenbauart: Der Kolben dichtet nicht nur den Verbrennungsraum ab, sondern übernimmt auch gleichzeitig die Führung des oberen Teiles der Pleuelstange. Diese Bauart findet sich bei allen schnell- und mittelschnellaufenden Otto- und Dieselmotoren. Die Kreuzkopfbauart nach Abb. 1.3 ist langsamlaufenden Großdieselmotoren vorbehalten. Der Kreuzkopf übernimmt die Führung der Pleuelstange, der mit ihm durch die Kolbenstange verbundene Kolben dichtet den Verbrennungsraum ab.

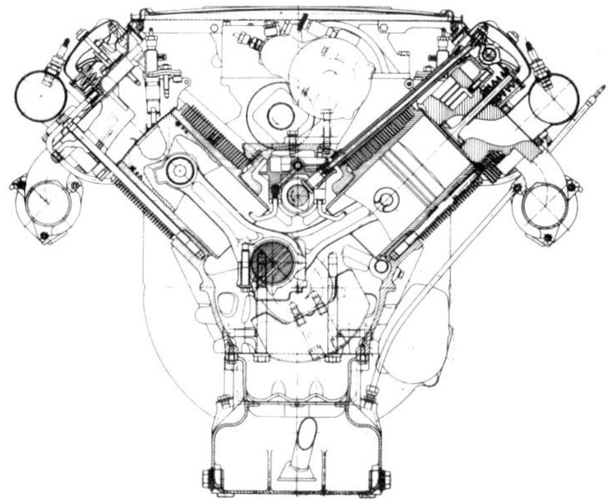

Abb. 1.1: Querschnitt und perspektivisches Schnittbild eines luftgekühlten Fahrzeug-Dieselmotors

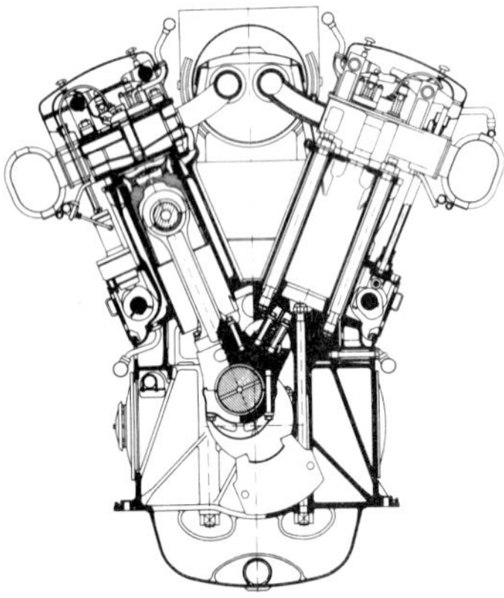
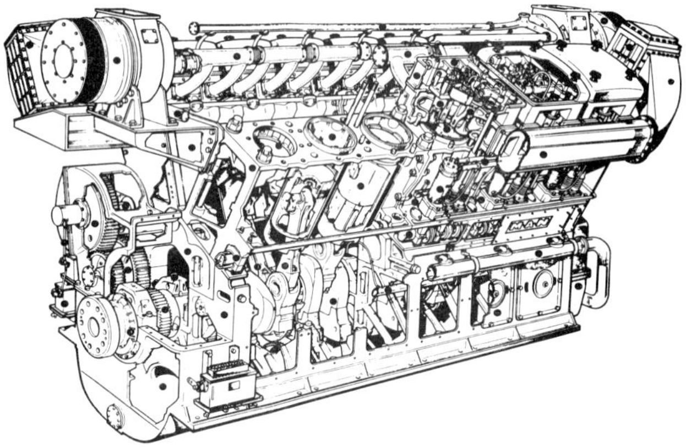

Abb. 1.2: Querschnitt und perspektivisches Schnittbild eines Mittelschnelläufers mit angelenktem Pleuel

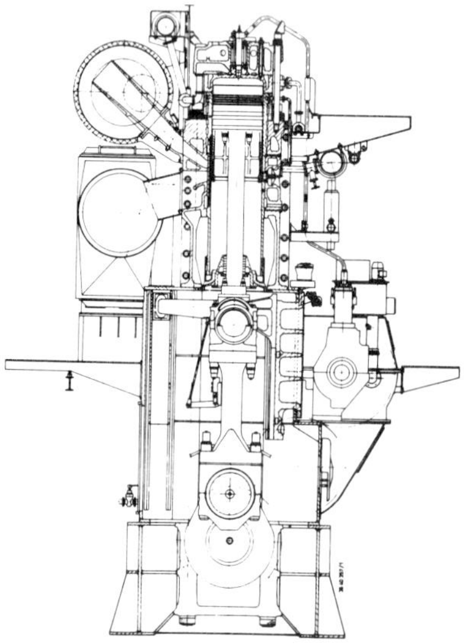
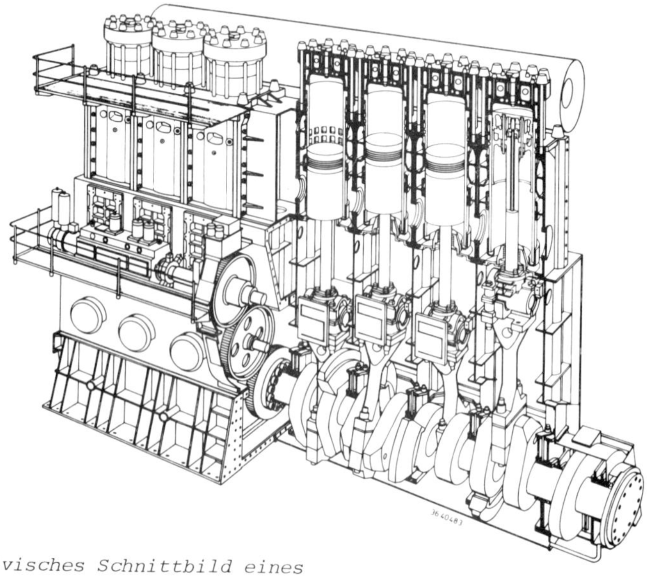

Abb. 1.3: Querschnitt und perspektivisches Schnittbild eines Kreuzkopfmotors

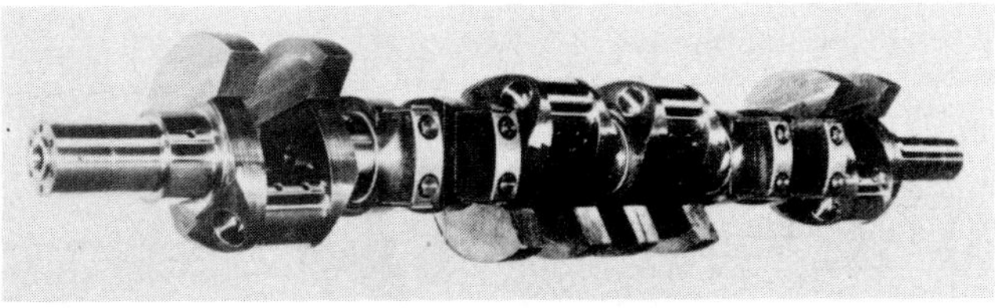

Abb. 1.4: Kurbelwelle eines 12-Zylinder-V-Motors mit Gegengewichten

Abb. 1.6: Kolben und Kolbenbolzen eines Hubkolbenmotors

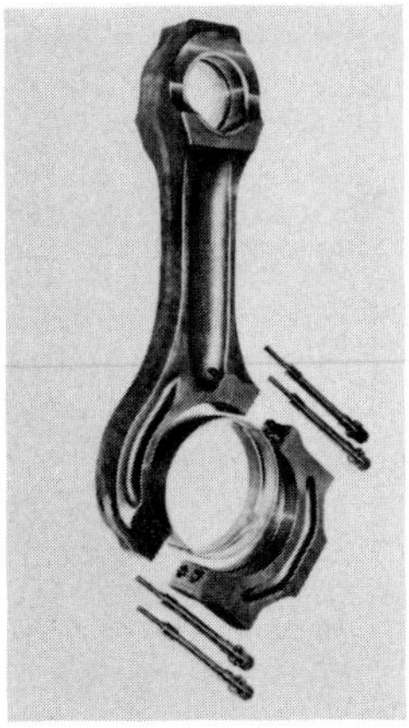

Abb. 1.5: Schräggeteilte Pleuelstange eines Dieselmotors

Das Motortriebwerk umfaßt die Kurbelwelle, die aus einer oder mehreren Kurbelkröpfungen (Hub- und Grundlagerzapfen, Kurbelwangen und Gegengewichten - Abb. 1.4 -) besteht, die Pleuelstange (Abb. 1.5) und den am Kolbenbolzen angelenkten Kolben (Abb. 1.6), beziehungsweise den am Kreuzkopfbolzen angelenkten Kreuzkopf mit Kolbenstange und Kolben (Abb. 1.7).

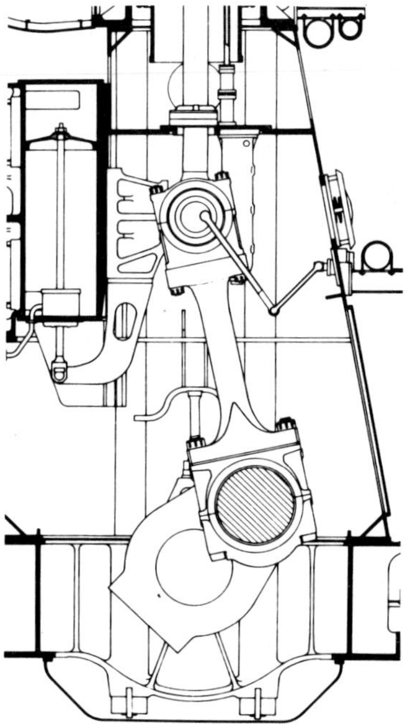

Abb. 1.7: Kreuzkopf mit Pleuelstange und Kolben eines Zweitaktmotors

Der obere (kolbenseitige) Teil der Pleuelstange und der Kolben selbst, gegebenenfalls Kreuzkopf und Kolbenstange, führen eine geradlinig oszillierende Bewegung zwischen den Grenzlagen (Totpunkten) aus, während die Kurbelwelle und der untere (kurbelwellenseitige) Teil der Pleuelstange eine reine Rotationsbewegung vollführen. Für den mittleren Teil der Pleuelstange mit deren Schwerpunkt ergibt sich dabei eine Schwingbewegung auf einer ellipsenähnlichen Bahn. Das Triebwerk der Hubkolbenmaschine wird in der Kinematik als einfaches Schubkurbelgetriebe bezeichnet, das in der einfachsten Form in Abb. 1.8 dargestellt ist. Abweichend von dem einfachen

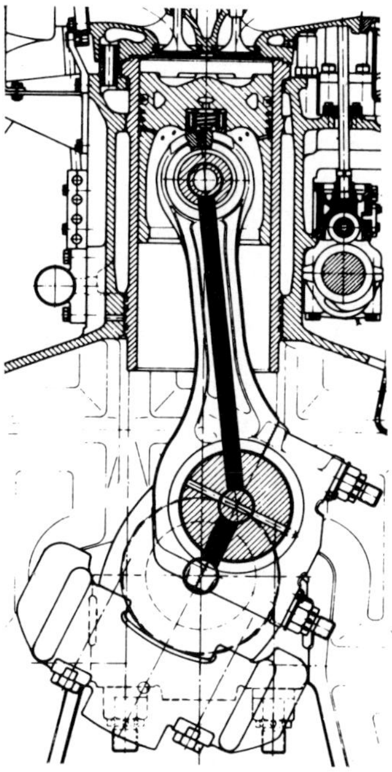

Abb. 1.8: Einfaches Schubkurbelgetriebe und dessen schematische Darstellung

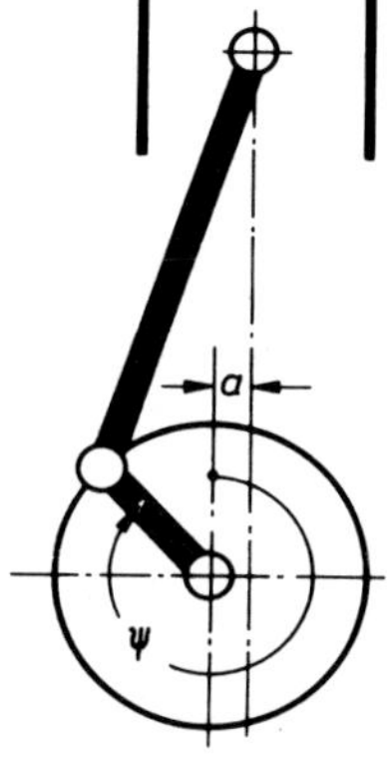

Abb. 1.9: Geschränkter Kurbeltrieb

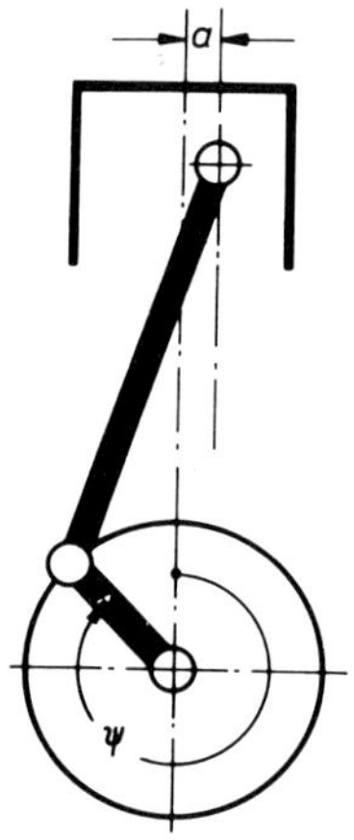

Abb. 1.10: *Kurbeltrieb mit desaxierten Bolzen*

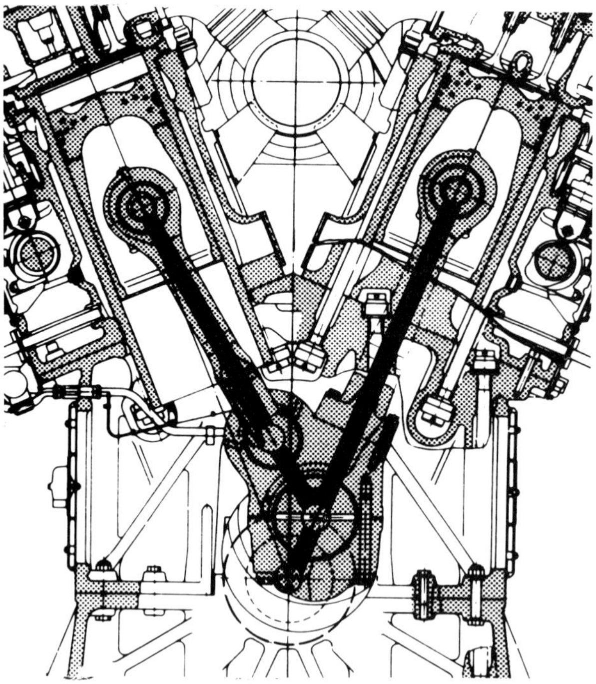

Abb. 1.11: *Angelenkte Pleuelstange und deren schematische Darstellung*

Schubkurbelgetriebe ist der geschränkte Kurbeltrieb (Abb. 1.9), bei dem die verlängerte Zylinderachse die Kurbelwellendrehachse nicht schneidet, oder die Bauart des Kolbens mit desaxierten Kolbenbolzen (Abb. 1.10), bei der der Schwenkpunkt der Pleuelstange im Kolben parallel zur Zylinderachse verläuft. Da auch in diesem Fall die Verlängerung der Bewegungslinie des Kolbenbolzenmittelpunktes die Drehachse

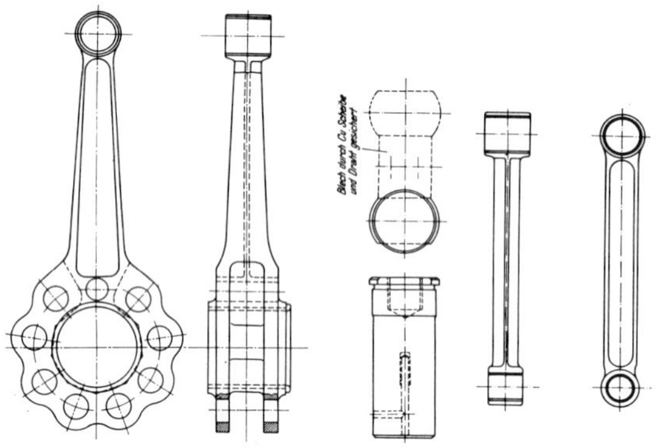

Abb. 1.12: *Haupt- und Nebenpleuel eines Sternmotors*

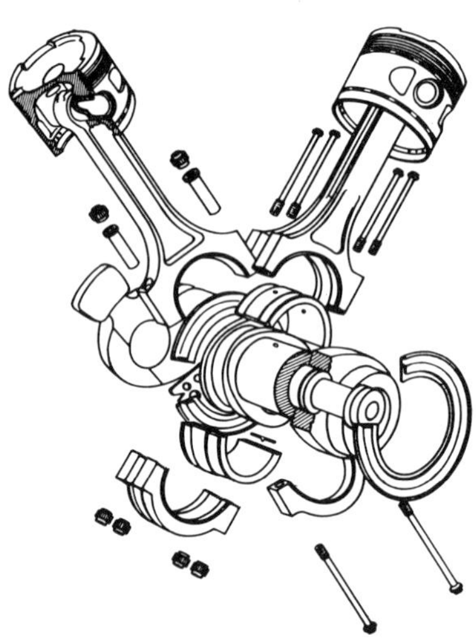

Abb. 1.14: *Gabelpleuel eines V-Motors*

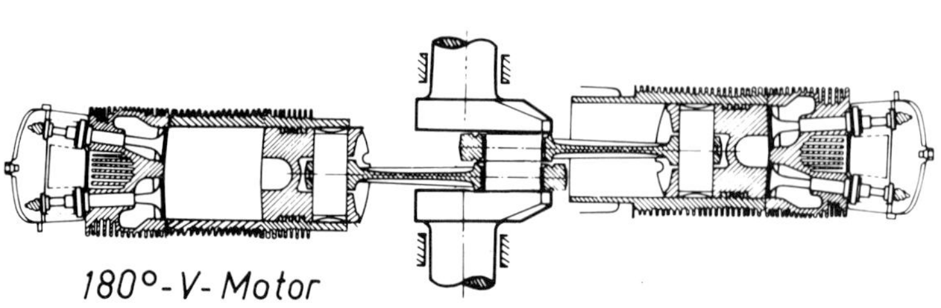

Abb. 1.13: *Nebeneinanderliegende Pleuel eines V-Motors*

der Kurbelwelle nicht schneidet, sind beide Ausführungsformen kinematisch gleich und werden unter dem Begriff des geschränkten Kurbeltriebes abgehandelt.

Bei der angelenkten Pleuelstange (Abb. 1.11) ist der Bewegungsablauf der Nebenpleuelstange ein ganz anderer als der der Hauptpleuelstange, weswegen dieser Fall getrennt betrachtet werden muß. Die Haupt- und Nebenpleuel eines Sternmotors (Abb. 1.12) sind nach den Gesetzen für das angelenkte Pleuel zu bearbeiten, wobei jedes Nebenpleuel infolge seiner andersartigen Anordnung zum Hauptpleuel gesondert behandelt werden muß. Nebeneinanderliegende Pleuel (Abb. 1.13) oder auch das Gabelpleuel (Abb. 1.14) gehorchen natürlich den Gesetzmäßigkeiten für das einfache Schubkurbelgetriebe oder gegebenenfalls denen des geschränkten Kurbeltriebes.

Der zugeordneten Bewegung entsprechend wird zwischen den r o t i e r e n d e n und den o s z i l l i e r e n d e n Triebwerksteilen und deren Massen unterschieden. Auf das Hubkolbentriebwerk wirken erhebliche, aus dem Gasdruck resultierende Kräfte, aber auch aus der eigenen Massenverteilung des Triebwerkes in Verbindung mit den ungleichmäßigen Bewegungsabläufen ergeben sich Kräfte, die bei schnellaufenden Motoren den größten Anteil an den Gesamtbeanspruchungen ausmachen können. Über die Gaskräfte, deren Periode sich beim Viertaktmotor nach zwei Umdrehungen, beim Zweitaktmotor nach jeder Umdrehung wiederholt, geben Kapitel 3 und 5 genauere Auskunft. Die Ermittlung der Massenkraftgrößen ist in Kapitel 4 näher erläutert.

1.1.1 Die Gaskräfte

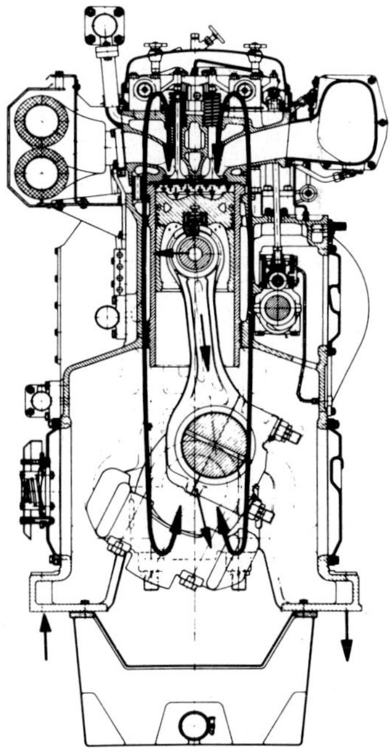

Abb. 1.15: Kraftfluß im Triebwerk und Kurbelgehäuse einer Hubkolbenmaschine

Die Gaskräfte im Zylinder wirken auf den Kolbenboden, den Zylinderkopf und einen sich zeitlich verändernden Anteil des Zylinderrohres. Es entsteht dabei ein geschlossener Kraftfluß einerseits über Zylinderkopf, Zylinderkopfschrauben und Motorgehäuse bis zu den Grundlagern und andererseits über Kolben, Kolbenbolzen, Pleuelstange, Pleuellager und Kurbelwelle bis in die Grundlager (Abb. 1.15). Alle diese Teile werden dabei zwar beansprucht und elastisch verformt, es ergeben sich jedoch aus den Gaskräften keine unmittelbaren Kraftwirkungen nach außen. Eine Reaktion nach außen ergibt sich erst über das an der Kurbelwelle wirkende, periodisch veränderliche Drehmoment. Durch die Schrägstellung der Pleuelstange treten am Kolben und Grundlager Seitenkräfte auf, die dem Motorgehäuse ein Moment um die Längsachse erteilen. Dieses Moment hat die gleiche Größe wie das an der Kurbelwelle wirkende Moment (actio = reactio), wirkt jedoch im entgegengesetzten Sinn. Dieses Reaktionsmoment muß von den Lagerelementen des Motors bzw. vom Fundament aufgenommen werden.

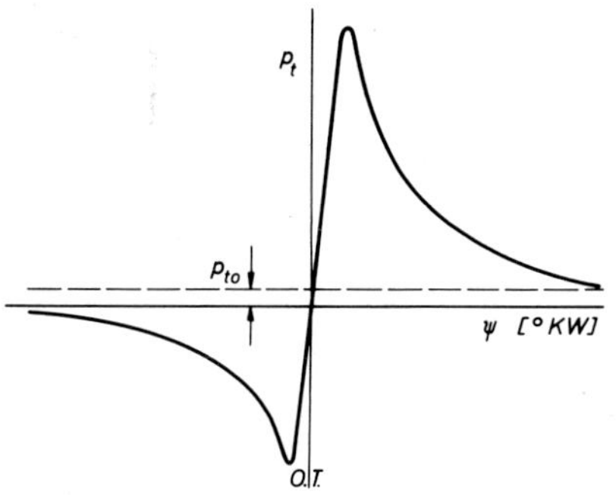

Abb. 1.16: Gasdrehmomentenverlauf eines 1-Zylinder-Dieselmotors

Das zeitlich veränderliche Drehmoment enthält einen konstanten Anteil (das mittlere oder Nutzdrehmoment) und ein Wechseldrehmoment, das diesem überlagert ist.

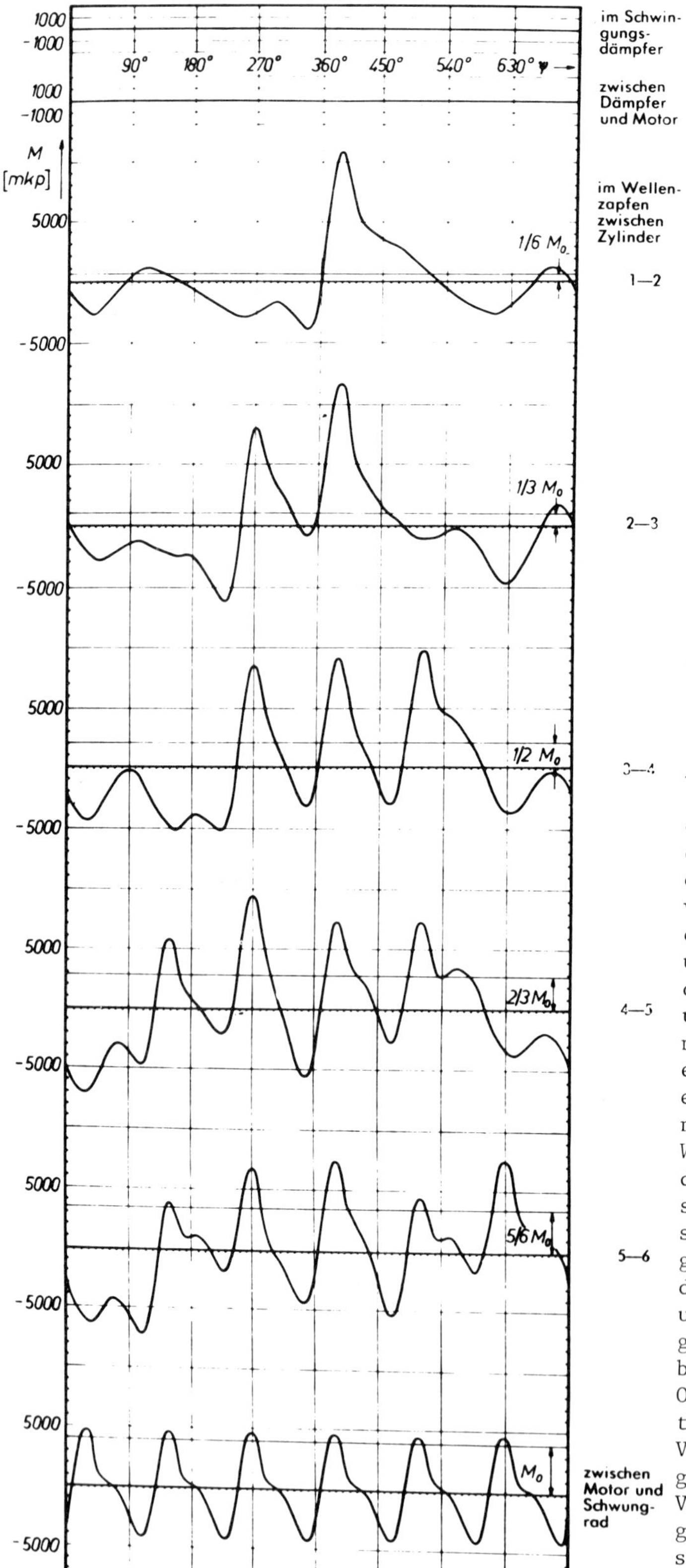

Abb. 1.17: Gasdrehmomentenverlauf einer Mehrzylindermaschine

Beim 1-Zylinder-Triebwerk des Dieselmotors hat die positive, d. h. in Drehrichtung wirkende Gasdrehmomentspitze etwa den 16 ... 20fachen Wert, der negative Extremwert den 7 ... 10fachen Wert des mittleren Drehmomentes (Abb. 1.16). Die entsprechenden Werte beim Ottomotor sind wegen des geringeren Verdichtungsverhältnisses und der geringeren Drücke 13 ... 15 und 3 ... 4,5.

Beim Mehrzylinder-Motor wird dieses Momentenverhältnis in der Kurbelwelle in Richtung auf die Abtriebsseite kleiner durch die Zunahme des mittleren Drehmomentes entsprechend der Zylinderzahl sowie je nach Versetzung der Zylinder auch durch den gegenseitigen Abbau der Drehmomentspitzen (Abb. 1.17). Der Wechseldrehmomentenverlauf, beziehungsweise der diesem proportionale Tangentialkraftverlauf oder Tangentialdruckverlauf können durch FOURIER-Analyse in seine harmonischen Anteile zerlegt werden. Man spricht dann, wie dies in Abb. 1.18 für den Tangentialdruck eines 1-Zylinder-Viertaktmotors geschehen ist, vom harmonischen Wechseldrehmoment der Ordnungszahl 0,5, 1, 1,5, 2 usw. oder einfacher: vom Wechseldrehmoment 0,5. oder 1. Ordnung usw. Bei Zweitaktmotoren, bei denen sich die Periodizität nach einer Umdrehung (2π) wiederholt, entfallen alle nicht ganzen Ordnungszahlen. Die Überlagerung der Wechseldrehmomente bei Mehrzylinder-Motoren hat zur Folge, daß sich bestimmte harmonische Wechseldrehmomente addieren und andere gegenseitig aufheben, so daß auf der Abtriebsseite der Kurbelwelle und als Reaktionsmoment am Motorgehäuse nur Wechseldrehmomente bestimmter, charakteristischer Ordnungszahlen in Erscheinung treten, z. B. beim 4-Zylinder-Viertakt-Reihenmotor die Ordnungen 2, 4, 6 usw., beim 6-Zylinder-Viertakt-Reihenmotor die Ordnungen 3, 6, 9 usw. Es sind dies die sogenannten Hauptordnungen. Auswirkungen zeigen sich in der Form von Resonanzschwin-

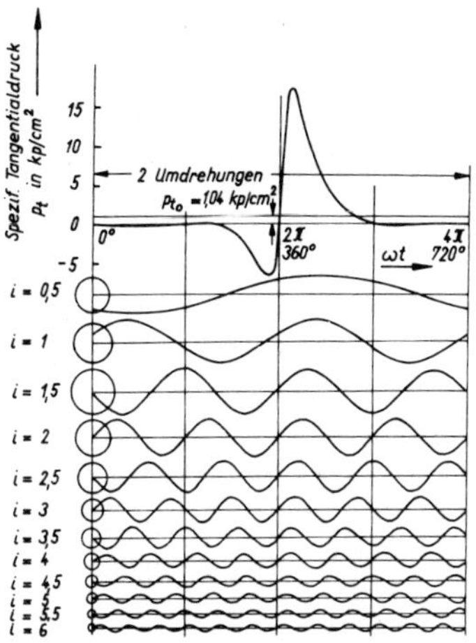

Abb. 1.18: FOURIER-Analyse eines Wechseldrehmomentenverlaufes

gungen des Motors auf dem Fundament, wie die Abb. 1.19 für eine Motorserie im Schiffseinbau darstellt, oder auch im ungleichförmigen Lauf der Kurbelwelle (Ufg.), wie es für verschiedene Bauarten in Abb. 1.20 skizziert ist. Auch können einzelne Anbauteile eines Motors durch das Wechseldrehmoment in Resonanz gebracht werden (Abb. 1.21). Die nicht mehr in Erscheinung tretenden Ordnungen heben sich innerhalb des Motors gegenseitig auf. Dies gilt jedoch nicht mehr, wenn durch örtliche Verformungen Schwingungen angeregt werden (z. B. in der Nähe eines Zylinderkopfes) oder wenn Unregelmäßigkeiten im Verbrennungsablauf bzw. Leistungsdifferenzen der Zylinder untereinander vorhanden sind, da dann die harmonische Analyse des Wechseldrehmomentes für jeden Zylinder unterschiedliche Größen der einzelnen Harmonischen ergibt.

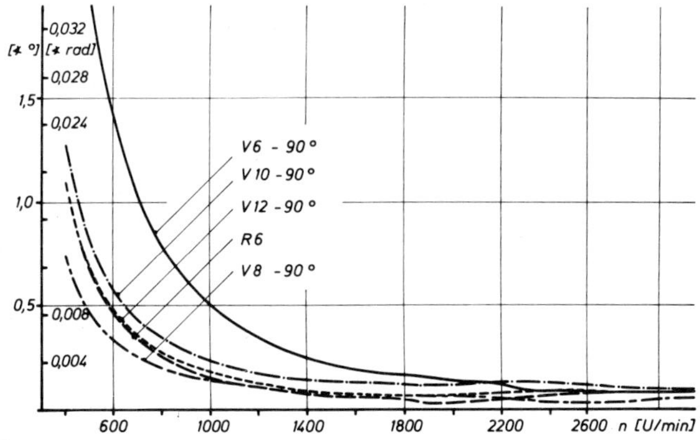

Abb. 1.19: Wechselwinkelamplituden am Schwungrad verschiedener Motorenbauarten

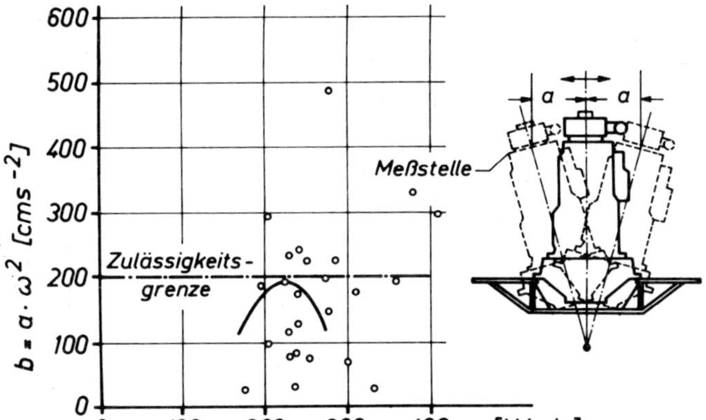

Abb. 1.20: Schwingungen von 8-Zylinder-Reihenmotoren um ihre Längsachse infolge des Wechseldrehmomentes (4. Ordnung)

1.1.2 Die oszillierenden Massenkräfte

Die von den oszillierenden Massen herrührenden Massenkräfte erzeugen an der Kurbelwelle - ebenso wie die Gaskräfte - ein periodisch veränderliches Drehmoment und das entsprechende Reaktionsmoment am Kurbelgehäuse. Dieses Massendrehmoment ist daher dem Gasdrehmoment überlagert und kann ebenso wie dieses als Summe von harmonischen Anteilen dargestellt werden.

Die in Bewegungsrichtung der oszillierenden Triebwerksteile auftretende Massenkraft beansprucht die Triebwerksteile und wird über die Grundlager in das Motorgehäuse eingeleitet. Bei schnellaufenden Motoren entspricht der am einzelnen Zylinder bei der Nenndrehzahl wirkende Größtwert der oszillierenden Massenkraft dem 500 ... 2000fachen des Eigengewichtes der Triebwerksteile; die höheren Werte gelten dabei für Pkw-, die niederen für Lkw-Motoren.

Beim 1-Zylinder-Triebwerk wirkt die Massenkraft als freie Kraft, das heißt, sie ruft am Motorgehäuse eine gleich große Reaktionskraft hervor, die von außen

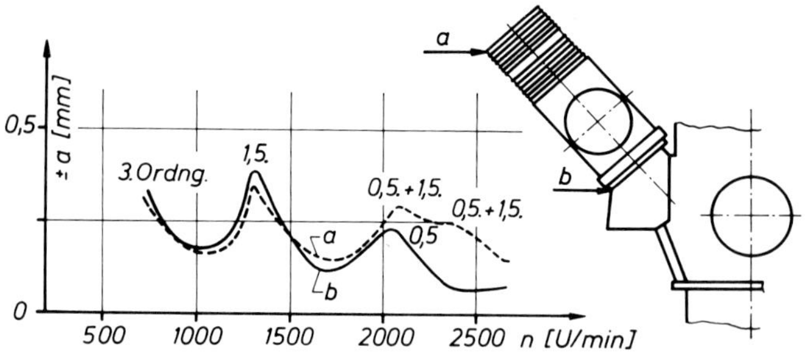

Abb. 1.21: Durch das Wechseldrehmoment angeregte Schwingungen eines Kompressoranbaues

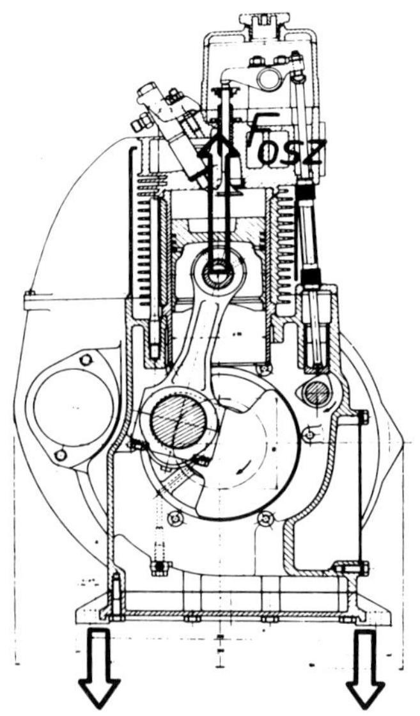

Abb. 1.22: Oszillierende Kraftwirkung eines 1-Zylinder-Motors

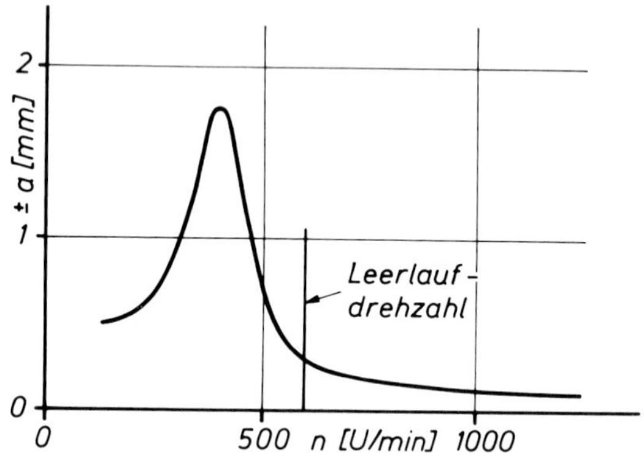

Abb. 1.23: Resonanzkurve eines elastisch gelagerten Motors

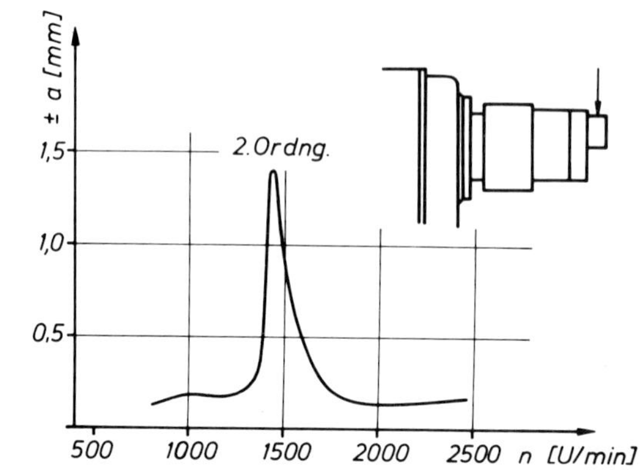

Abb. 1.24: Durch oszillierende Massenkräfte eines 4-Zylinder-Reihenmotors angeregte Schwingungen einer Hydraulikpumpe

(Abb. 1.22) durch das Fundament oder - bei elastischer Lagerung des Motors - von der Motorenmasse selbst dynamisch aufgenommen werden muß (Abb. 1.23). Auch bei diesen Erregungen ist es natürlich möglich, daß Anbauten zu Schwingungen angeregt werden, wie es die Abb. 1.24 zeigt. Bei Mehrzylindermotoren wird die Kurbelversetzung so gewählt, daß - neben einer Drehmomentenglättung - ein möglichst weitgehender oder vollständiger gegenseitiger Ausgleich der Massenkräfte erzielt wird. Der Ausgleich der Massenkräfte erfordert, daß der Gesamtschwerpunkt aller Triebwerksteile in Ruhe bleibt. Diese Voraussetzung ist nur bei gerader Anzahl von Kurbelkröpfungen und bestimmten Symmetrie-Eigenschaften in der Anordnung der Kröpfungen erfüllt. Motoren mit ungerader Anzahl von Kurbelkröpfungen bzw. Motoren mit weniger als 6 Zylindern haben freie Massenwirkungen: entweder freie Massenkräfte, wie z. B. die Massenkräfte 2. Ordnung des 4-Zylinder-Reihenmotors, oder freie Massenmomente wie z. B. 2-, 3- und 5-Zylinder-Reihenmotoren.

Auf den Unterschied zwischen Massendrehmoment bzw. Querkippmoment und Massenmoment bzw. Längskippmoment sei hier schon hingewiesen, was in Kapitel 4 aber näher erläutert wird.

Das M a s s e n d r e h m o m e n t entsteht aus den tangential an der Kurbelkröpfung wirkenden Komponenten der oszillierenden Massenkräfte und wirkt um die Kurbelwellenlängsachse bzw. als Reaktionsmoment um die Motorenlängsachse (Abb. 1.25). Es ist dem Gasdrehmoment überlagert.

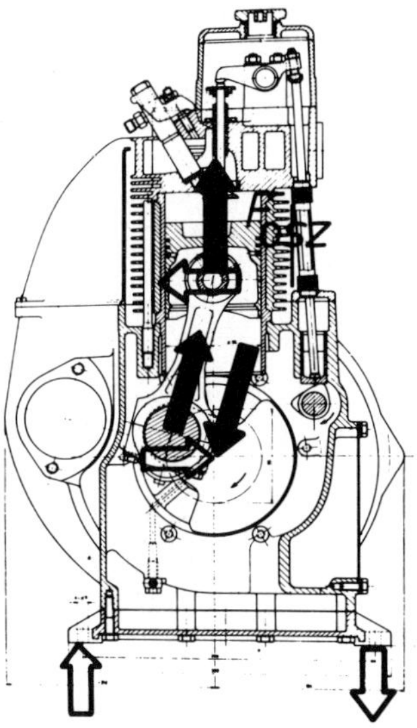

Abb. 1.25: *Massendrehmoment eines Motors*

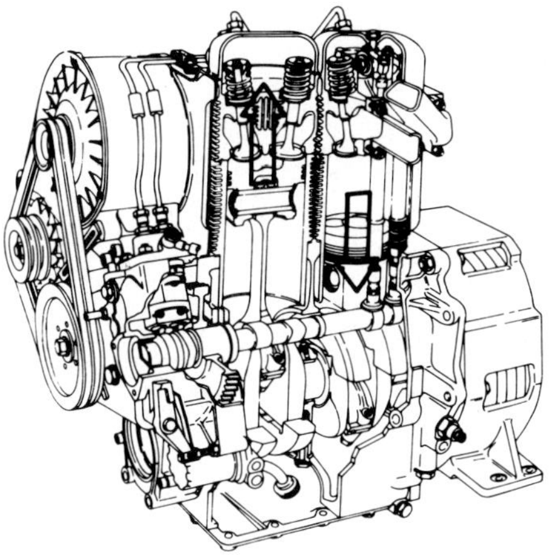

Abb. 1.26: *Kippmoment eines Motors*

Ein freies Massenmoment tritt dann auf, wenn an einer mehrfach gekröpften Kurbelwelle die Massenkräfte als Kräftepaar über die Grundlager wirken und ein Kippmoment um die Quer- oder Hochachse des Motors hervorrufen (Abb. 1.26). Bei der oszillierenden Massenkraft sind nur die Anteile 1. und 2. Ordnung zu beachten. Es sind zwar auch noch Anteile höherer Ordnung vorhanden, doch sind diese sehr klein und daher ohne praktische Bedeutung. Dagegen sind beim Massendrehmoment auch noch die Anteile 3. und 4. Ordnung von nennenswerter Größe und deshalb zu berücksichtigen.

1.1.3 Die rotierenden Massenkräfte

$$F_R = m_R \cdot r \cdot \omega^2$$

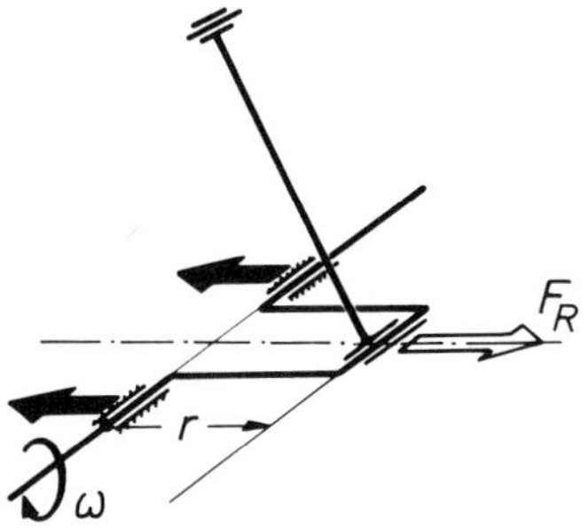

Abb. 1.27: *Fliehkraftwirkung an einem 1-Zylinder-Motor*

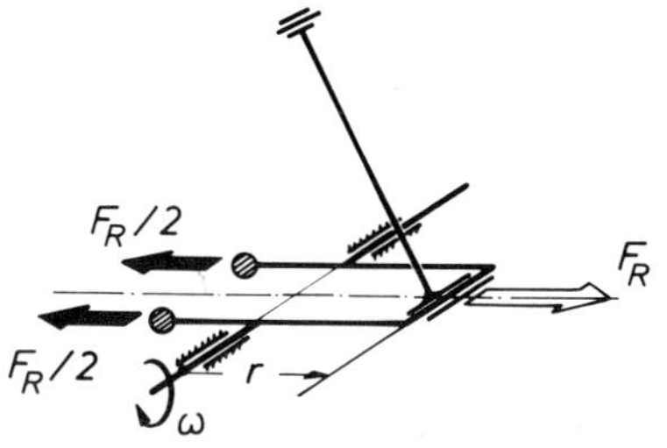

Abb. 1.28: *Ausgleich der umlaufenden Massenkräfte durch Gegengewichte*

Die bisherigen Ausführungen zu den Massenwirkungen galten den Wirkungen, die von den oszillierenden Triebwerksteilen verursacht werden und die periodisch veränderlich sind. Nun verursachen jedoch auch die rotierenden Triebwerksteile, deren Schwerpunkt außerhalb der Drehachse liegt, eine Massenkraft 1. Ordnung, nämlich die Fliehkraft (Abb. 1.27). Diese ist umlaufend und von konstanter Größe und kann damit offensichtlich durch einen entgegengesetzt wirkenden Kraftvektor ausgeglichen werden, dessen Unwucht (Masse x Schwerpunktsabstand) genau so groß ist wie die der Fliehkraft (Abb. 1.28). Der vollständige Ausgleich der rotierenden Massen - entweder durch entgegengesetzt gerichtete Kröpfungen bei mehrfach gekröpften Kurbelwellen oder durch Gegengewichte - ist bei sachgemäßer Bauweise immer möglich und daher in der Praxis selbstverständlich. Wird die umlaufende Kraft jedoch nicht am Ort des Entstehens selbst durch eine entgegengesetzt wirkende Fliehkraft aufgehoben, so ergeben sich innere Kräfte und Momente, die eine Reihe von Motorbauteilen zusätzlich beanspruchen.

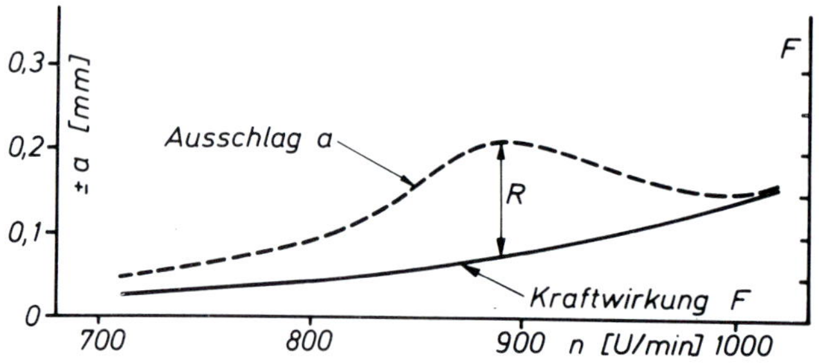

Abb. 1.29: Schwingungen an Oberkante Motor infolge Restunwucht

Durch Gegengewichte sind die rotierenden Massenwirkungen vollkommen ausgleichbar. Im praktischen Betrieb dennoch vorhandene Kraftwirkungen erster Ordnung sind in der Regel auf Restunwuchten zurückzuführen, die in Verbindung mit einem Fundament zu resonanzartigen Aufschaukelungen führen können (Abb. 1.29).

In bestimmten Fällen werden die Gegengewichte größer aus-

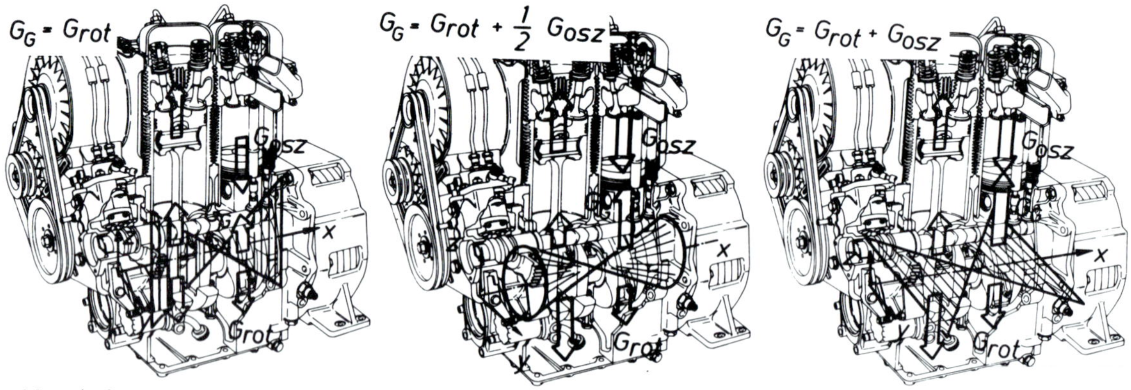

Abb. 1.30: Einfluß des Ausgleiches der oszillierenden Massen durch umlaufende Gewichte auf das Bewegungsverhalten eines 2-Zylinder-Motors

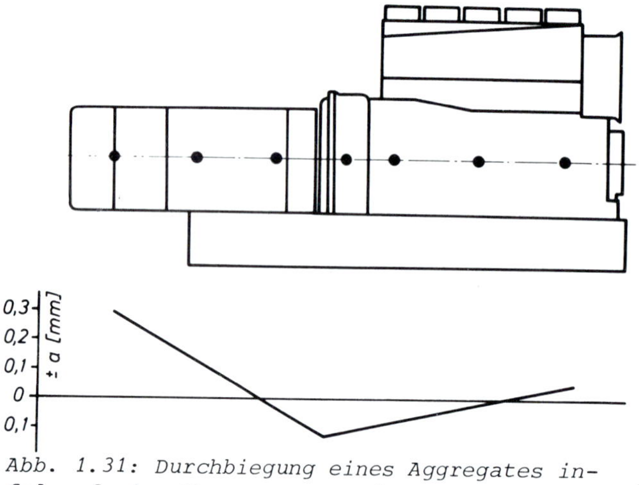

Abb. 1.31: Durchbiegung eines Aggregates infolge freier Massenmomente des 5-Zylinder-Motors

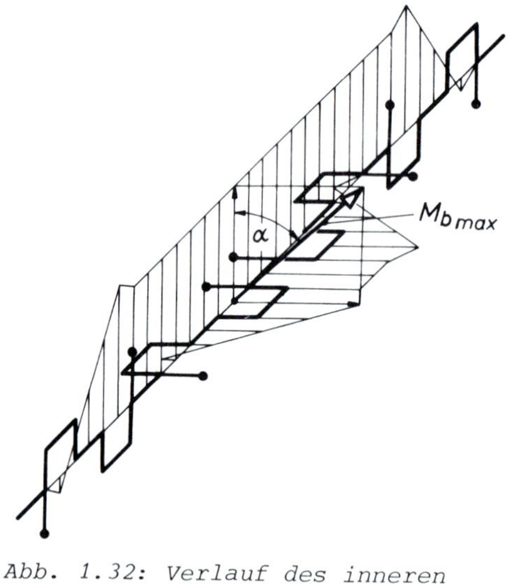

Abb. 1.32: Verlauf des inneren Biegemomentes bei einem 16-Zylinder-V-Motor

geführt als zum Ausgleich der rotierenden Massenkraft allein erforderlich wäre. Dadurch wird ein Teil der in Zylinderrichtung wirkenden oszillierenden Massenkraft (1. Ordnung) bzw. des gegebenenfalls vorhandenen Massenmomentes um die Querachse abgebaut. Dieser abgebaute Anteil tritt jedoch wieder in Erscheinung als Kraft in Querrichtung bzw. gegebenenfalls als zusätzliches Massenmoment um die Hochachse des Motors, da die Gegengewichte durch diese Maßnahme für den Bereich des Null-Durchganges der oszillierenden Massenkraft zu groß sind. Es handelt sich hier also nicht um einen 'Massenausgleich', sondern um eine 'Umverteilung' der Massenwirkungen 1. Ordnung (Abb. 1.30). Der Abbau der Kraftgrößen in einer bestimmten Richtung bringt jedoch in manchen Einbausituationen schon die notwendige Verbesserung im Schwingungsverhalten des gesamten Aggregates. Die freien Massenmomente eines Motors können auch zur Biegeschwingung einer zusammengeflanschten Motorenanlage führen, wie in Abb. 1.31 dargestellt ist und was in praxi leicht als 'Durchbiegung' interpretiert wird.

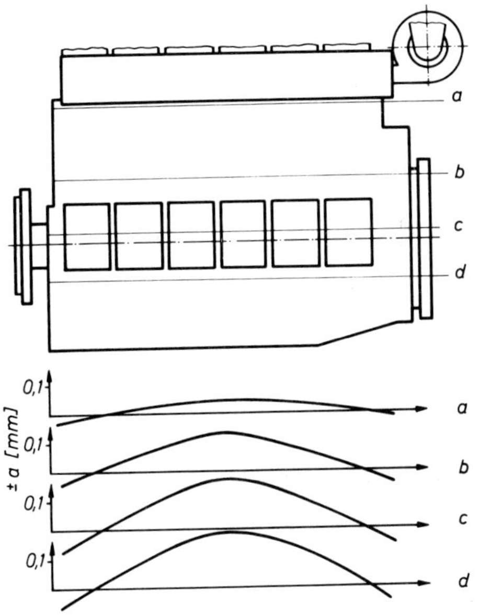

Abb. 1.33: Durchbiegung eines 6-Zylinder-Reihenmotors

Eine weitere Auswirkung der rotierenden und oszillierenden Massenkräfte sind die inneren Biegemomente. Diese treten bei mehrfach gekröpften Kurbelwellen immer auf, auch dann, wenn die Bedingungen des äußeren Massenausgleiches - Gesamtschwerpunkt in Ruhe bzw. keine freien Massenkräfte, keine freien Massenmomente - erfüllt sind. Da die Massenkräfte an verschiedenen Stellen der Kurbelwelle wirken, tritt längs der Kurbelwelle ein umlaufendes Biegemoment auf (Abb. 1.32). Die daraus resultierende, meist fischbauch- oder s-förmige Durchbiegung der Kurbelwelle überträgt sich auf die Grundlager, belastet diese nicht unerheblich und verformt das Motorgehäuse (Abb. 1.33).

Insbesondere bei langen vielzylindrigen Motoren ergeben sich nennenswerte Gehäusedurchbiegungen - vorwiegend mit der Frequenz der Motordrehzahl -, die Ursache von Erschütterungen in der Umgebung des Motors oder unerwünschten Schwingungen von Anbauteilen sein können. Wegen der unterschiedlichen Steifigkeit des Kurbelgehäuses in den verschiedenen Richtungen erzeugt auch ein gleichbleibend großes umlaufendes Biegemoment durchaus unterschiedliche Verformungsgrößen. Wegen der inneren Biegemomente und der daraus resultierenden Lagerbelastungen müssen Kurbelwellen schnellaufender Motoren Gegegenwichte haben (möglichst dicht am Ort des Entstehens der umlaufenden Kräfte), und zwar auch dann, wenn diese für den äußeren Massenausgleich nicht notwendig wären.

Zu den rotierenden Massenwirkungen gehören schließlich noch die Unwuchten, die unbeabsichtigt durch ungleiche Materialverteilung, durch Bearbeitungstoleranzen, durch Fluchtungs- und Winkelfehler bei rotierenden Anbauteilen, durch Gewichtstoleranzen von Pleuelstangen und Kolben usw. auftreten. Weiterhin ist auch der Einfluß der Montagetoleranzen (Passungen usw.) auf den Wuchtzustand eines montierten Triebwerkes zu berücksichtigen.

1.1.4 Sondertriebwerke

Mit den in Kapitel 2 aufgeführten Ausführungsformen des Schubkurbelgetriebes lassen sich über 99 % aller Hubkolben-Verbrennungskraftmaschinen erfassen. Es gibt jedoch auch andere Bauformen der Verbrennungskraftmaschine, die nach dem gleichen Prinzip der taktweisen Verdichtung und Zündung eines Gemisches arbeiten, aber als Getriebe zwischen hin- und hergehendem Kolben und rotierender Kurbelwelle keine Schubkurbel verwenden.

Eine gesonderte Darstellung der Bewegungsverhältnisse dieser Varianten soll jedoch in diesem Band unterbleiben, weil die Unterschiede sehr groß sind und der geringe technische Anwendungsbereich dieser Bauformen eine detaillierte Beschreibung nicht rechtfertigt. Die nachfolgende kurze Zusammenfassung soll in Erinnerung rufen, daß

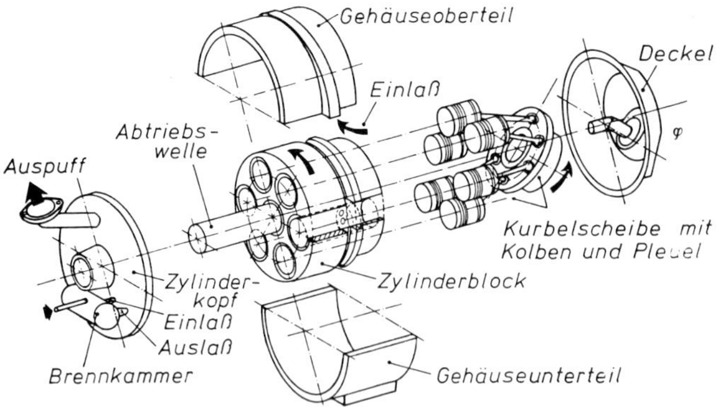

Abb. 1.34: Axialkolbenmotor mit umlaufender Taumelscheibe und Zylindereinheit nach ROOS

das Prinzip der Verbrennungskraftmaschine nicht unbedingt an das Schubkurbelgetriebe gebunden ist.

Zu den Hubkolbenmotoren zählen die verschiedensten Ausführungsformen der Axialkolbenmaschinen, sei es, daß diese mit umlaufenden Kolben und Taumelscheibe arbeiten (Abb. 1.34), eine Schrägscheibe besitzen (Abb. 1.35) oder eine Schrägkurbel über eine nicht umlaufende Taumelscheibe (Abb. 1.36) antreiben. Auch das Wippentriebwerk (Abb. 1.37) treibt eine Schrägkurbel über eine mit vier Kolben besetzte Schwinge an.

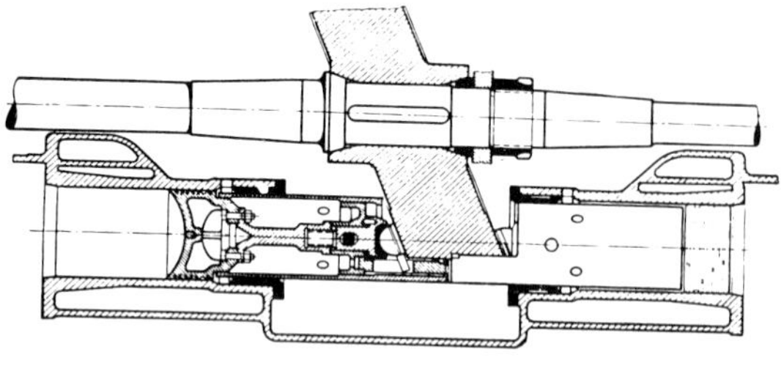

Abb. 1.35: Schrägscheibenmotor von MICHELL

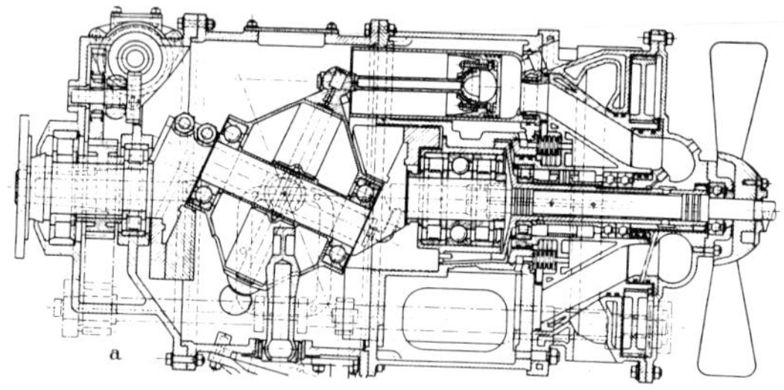

Abb. 1.36: Taumelscheibenmotor von BRISTOL

Abb. 1.37: Wippentriebwerk

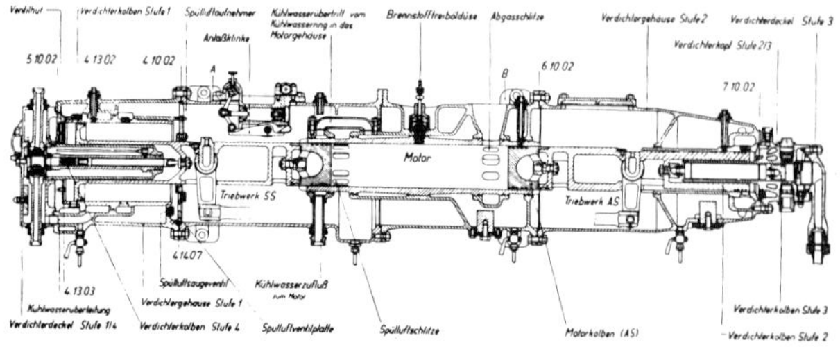

Abb. 1.38: Freiflugkolbenmotor

Als kurbelwellenlose Maschinen gibt es Freiflugkolbenmotoren (Abb. 1.38), bei denen sich zwei Kolben in entgegengesetzter Richtung unter dem Einfluß der Massenkräfte sowie der Gaskräfte in dem zwischen beiden Kolben

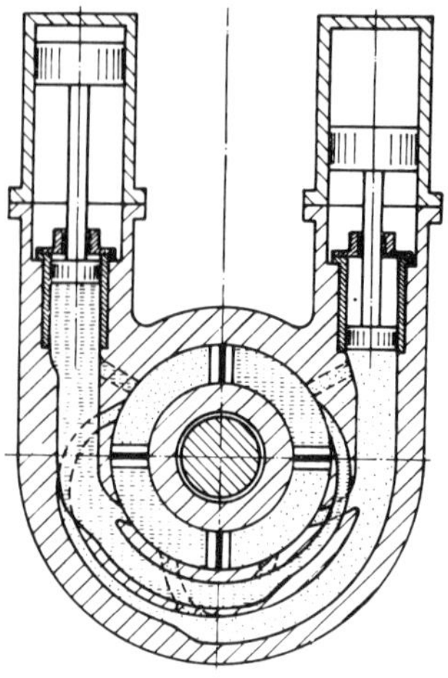

Abb. 1.39: Hubkolbenmotor mit hydraulischem Triebwerk

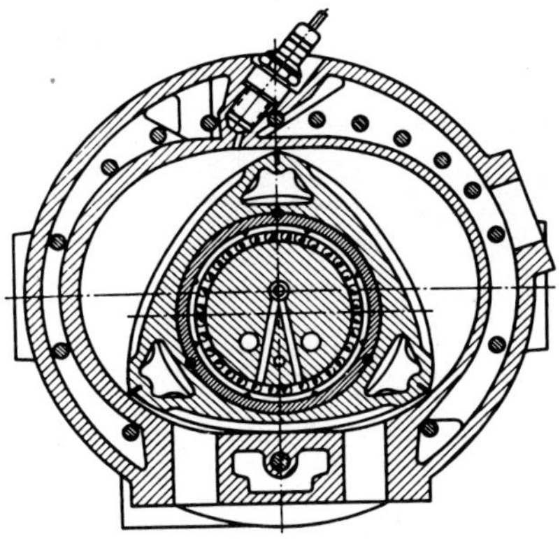

Abb. 1.40: Trochoidentriebwerk Bauart WANKEL

liegenden Brennraum und der Gaskräfte auf den Verdichterseiten bewegen. In Abb. 1.39 ist eine andere Art der kurbelwellenlosen Verbrennungskraftmaschine dargestellt, bei der eine Hydraulikflüssigkeit eine Art Flügelzellenpumpe antreibt.

Kein Hubkolbenmotor, jedoch eine mit Verdichtung arbeitende Verbrennungskraftmaschine ist der Wankelmotor (Abb. 1.40). Diese Bauart hat zeitweilig großes Aufsehen erregt, doch konnte sich der Wankelmotor nur zum Teil bei den Benzinmotoren durchsetzen. Bei höheren Verdichtungsverhältnissen werden jedoch die Brennräume zu ungünstig, um eine verbrauchsgünstige Verbrennung zu gewährleisten. Für diese Bauarten der Umlaufkolbenmaschinen gibt es eine große Menge Spezialliteratur, auf die hier verwiesen wird.

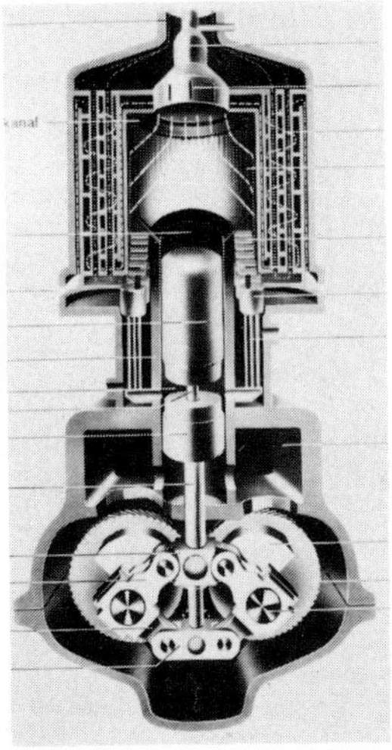

Abb. 1.41: Rhombentriebwerk des STERLING-Motors

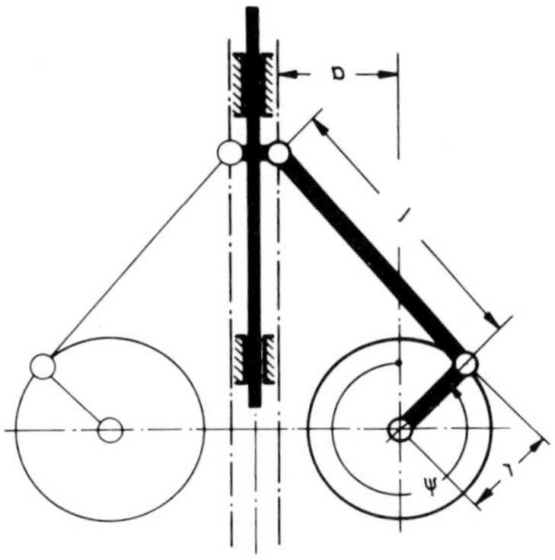

Abb. 1.42: Ausschnitt des Rhombentriebwerkes als geschränkter Kurbeltrieb

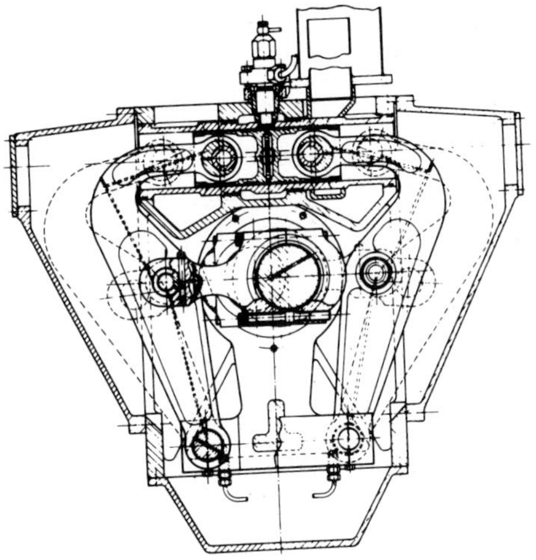

Abb. 1.43: Gegenkolbenmotor mit Schwinghebeln

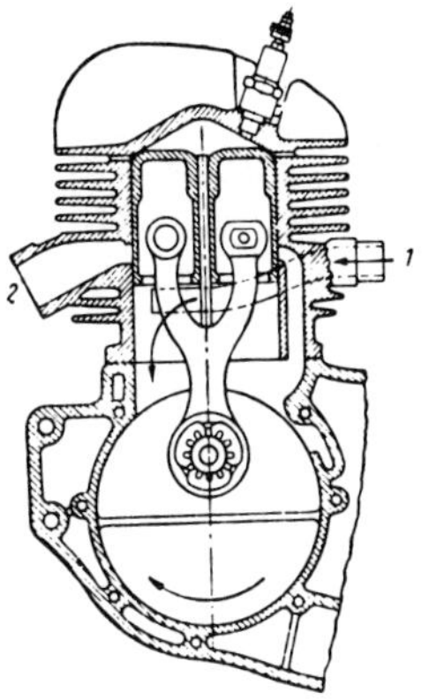

Abb. 1.44: U-Kolben-Motor für Motorrad

Einen eigenen Bewegungsablauf beider Kolben gegeneinander hat das Rhombentriebwerk (Abb. 1.41). Die Bewegung jedes einzelnen Kolbens läßt sich jedoch mit den Beziehungen für den geschränkten Kurbeltrieb errechnen, da man die Hälfte eines jeden Kolbenantriebes als stark geschränkten Kurbeltrieb ansehen kann (Abb. 1.42). Auch viele andere exotisch anmutende Triebwerke lassen sich auf die Urform des Schubkurbelgetriebes reduzieren. Der Gegenkolbenmotor mit Schwinghebeln (Abb. 1.43) ist mit dem Übersetzungsverhältnis aus den Gleichungen der Schubkurbel zu berechnen, ebenso wie man den U-Kolbenmotor (Abb. 1.44) mit den Ableitungen für das geschränkte Schubkurbelgetriebe vorausberechnen kann.

Der Gegenkolbenmotor nach Abb. 1.45 läßt sich für den Ober- wie Unterkolben ohne Schwierigkeiten mit den nachstehenden Formeln und Ansätzen des Kapitels 2 bearbeiten. Das Gabelpleuel (Abb. 1.46) gehorcht den Gesetzen der einfachen Schubkurbel, während das Triebwerk eines Sternmotors (Abb. 1.47) nach den Formeln für den

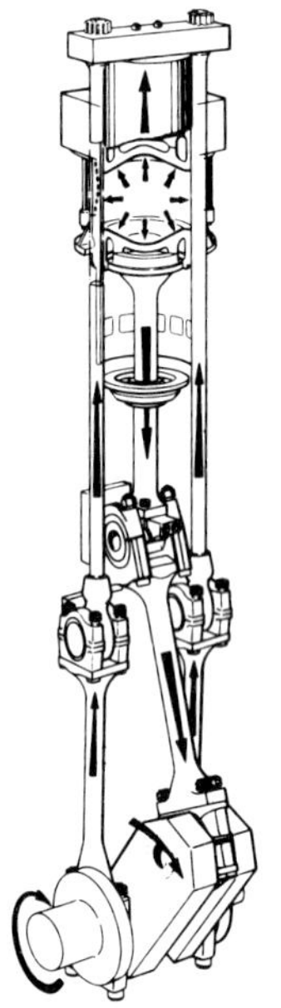

Abb. 1.45: Gegenkolbenmotor von DOXFORD

Abb. 1.46: Gabelpleuelanordnung eines 12-Zylinder-V-Motors

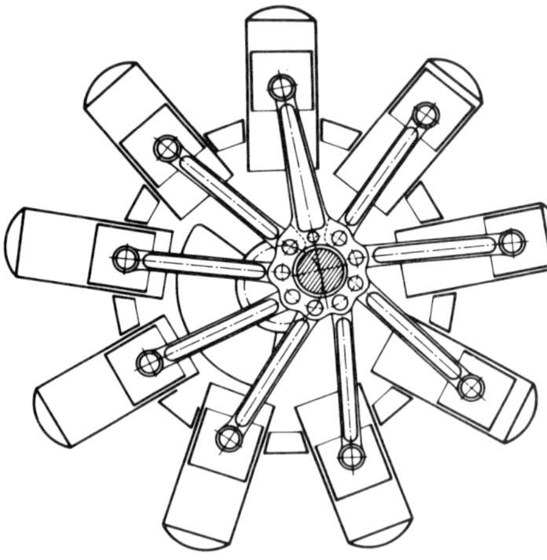

Abb. 1.47: Sternmotor-Triebwerk

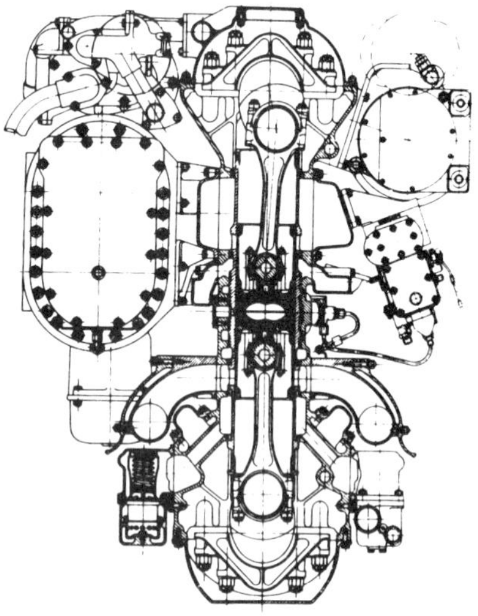

Abb. 1.48: Gegenkolbenmotor mit Zweitaktverfahren (LEYLAND-Vielstoff)

angelenkten Kurbeltrieb zu berechnen ist. Triebwerksmäßig gehört auch der Gegenkolbenmotor mit zwei Kurbelwellen nach Abb. 1.48 zur Gattung der einfachen Schubkurbelgetriebe.

1.2 Das Maß- und Einheitensystem

In den europäischen Ländern ist der Übergang des Einheitensystems von dem sogenannten 'Technischen Maßsystem' (T-System) auf das Maßsystem der sechs Grundeinheiten des Internationalen Einheitensystems (SI- oder auch MKS-System genannt) durch Normen und Verordnungen vollzogen worden. Nach DIN 1301 bzw. ISO/R 1000 sind nur noch die Einheiten Meter, Kilogramm, Sekunde, Ampere, Kelvin, Candela und das Mol (Tabelle 1.A), sowie Teile und Vielfache von ihnen oder aus ihnen abgeleitete Einheiten zulässig. Die Basiseinheiten und die aus ihnen mit einem zusätzlichen, von 1 verschiedenen Zahlenfaktor abgeleiteten Größen bilden ein System k o h ä r e n t e r E i n h e i t e n und heißen SI-Einheiten. Alle Formeln und Ableitungen dieses Buches werden in diesem kohärenten Einheitensystem dargestellt.

Basisgröße	Basiseinheit	
	Name	Zeichen
Länge	Meter	m
Masse	Kilogramm	kg
Zeit	Sekunde	s
elektrische Stromstärke	Ampere	A
Temperatur	Kelvin	K
Lichtstärke	Candela	cd
Stoffmenge	Mol	mol

Tabelle 1.A: SI-Basiseinheiten

Die wichtigsten SI-Einheiten im Zusammenhang mit der Darstellung der

Größenart	Größe	Name	Zeichen (Einheit)	Geläufige Formelzeichen
Raum	Länge	Meter	m	ℓ
	Fläche		m^2	A
	Volumen		m^3	V
	ebener Winkel	Radiant	rad	α
Masse	Masse	Kilogramm	kg	m
	Dichte		kg/m^3	ϱ
	Massenträgheitsmoment		kgm^2	Θ (J)
	spez. Volumen		m^3/kg	v
Zeit	Zeitdauer	Sekunde	s	t
	Frequenz	Hertz	Hz	f
	Drehzahl		1/s	n
	Geschwindigkeit		m/s	v
	Beschleunigung		m/s^2	a
	Winkelgeschwindigkeit		rad/s	ω, Ω, $\dot{\varphi}$, $\dot{\psi}$
	Winkelbeschleunigung		rad/s^2	$\dot{\omega}$, $\ddot{\varphi}$, $\ddot{\psi}$
	Volumenstrom		m^3/s	$\dot{V}$
	Massenstrom		kg/s	$\dot{m}$
	spez. Verbrauch		kg/J	b, be, bs
	Wärmestrom		W	Φ
Kraft-, Energie- und Leistungsgrößen	Kraft	Newton	N	F
	Druck	Pascal	Pa	p
	mechanische Spannung		N/m^2	σ, τ
	Energie, Arbeit	Joule	J	W
	Wärmemenge		J	Q
	Leistung	Watt	W	P
	Drehmoment, Biegemoment		Nm	M
Viskosimetrische Größe	dynamische Viskosität		Pas	η
	Viskosität		m^2/s	ν
Thermodynamik	Temperatur	Kelvin	K	T
	Entropie		J/K	S
	Wärmekapazität		J/K	C
	Heizwert		J/kg	Ho, Hu
	Wärmeleitfähigkeit		W/Km	λ
	Wärmeübergangskoeffizient		W/Km^2	α
Elektrische Größen	Stromstärke	Ampere	A	I
	elektrische Spannung	Volt	V	V
	elektr. Widerstand	Ohm	Ω	R
	elektr. Kapazität	Farad	F	C
	elektr. Enduktivität	Henry	H	L
Stoffmenge	Stoffmenge	Mol	mol	
	molare Masse		kg/mol	
	Stoffmengenkonzentration		mol/m^3	

Tabelle 1.B: SI-Einheiten und abgeleitete Größen

Zehnerpotenz	Vorsatz	Vorsatzzeichen
10^{12}	Tera	T
10^9	Giga	G
10^6	Mega	M
10^3	Kilo	k
10^2	Hekto	h
10	Deka	da
10^{-1}	Dezi	d
10^{-2}	Zenti	c
10^{-3}	Milli	m
10^{-6}	Mikro	μ
10^{-9}	Nano	n
10^{-12}	Piko	p
10^{-15}	Femto	f
10^{-18}	Atto	a

Tabelle 1.C: Vorsätze für Vielfache und Teile von SI-Einheiten

Verbrennungskraftmaschine sind in Tabelle 1.B dargestellt. Dem in der Ausbildung Befindlichen wird der Umgang mit dem SI-System wenig Schwierigkeiten bereiten, doch wird er beim Studium älterer Literatur, speziell bei Werten mit komplizierterem Dimensionsaufbau, leicht in Verlegenheit geraten. Dem älteren, im Technischen Maßsystem großgewordenen Leser fällt der Umgang mit dem SI-System oft schwerer als vorgestellt, wobei das Gramm für Masse, das Newton für Kraft und das K für die Temperatur noch am leichtesten zu merken sind.

Die in dem vorliegenden Band zu behandelnde Materie erlaubt eine Beschränkung auf Raum-, Masse-, Zeit- und Kraft- und Energiegrößen, so daß man mit den Dimensionen (m), Radiant (rad), Kilogramm (kg), Sekunde (s), Hertz (Hz), Newton (N), Pascal (Pa), Joule (J) und Watt (W) auskommt. Für den

Druck eines Mediums hat sich im deutschsprachigen Raum die Angabe in bar = 10^5 Pa durchgesetzt. Von diesem Brauch soll auch hier im Buch bei Zahlenangaben und Diagrammen nicht abgegangen werden. Beim Einsetzen in die dem kohärenten Einheitensystem entsprechenden Formeln ist jedoch der Umrechnungsfaktor nicht zu vergessen.

In Abweichung zu den ISO-Empfehlungen ist in diesem Band sowie in dem Band 'Triebwerkschwingungen' als Zeichen für das Massenträgheitsmoment der auch früher im deutschsprachigen Raum verwendete Buchstabe Θ benutzt worden, weil die Verwendung des Buchstabens J (nach ISO-Empfehlung) nicht nur zur Verwechslungsgefahr mit dem I führt, sondern im schwingungstechnischen Teil mit anderen Größen j zu Irritationen führt.

	Altes technisches Maßsystem	SI-Einheit	Umrechnung SI→T	T→SI
Ebener Winkel	° Grad	rad	1 rad = $\frac{360^\circ}{2}$ = 57,29578°	1° = 0,01745329 rad
Massenträgheitsmoment	$kpcms^2$ (Θ) kpm^2 (GD)	kgm^2	1 kgm^2 = $\frac{1}{10,2}$ $kpcms^2$ 1 kgm^2 = 1/4 kpm^2	1 $kpcms^2$ = 10,2 kgm^2 1 kpm^2 = 4 kgm^2
Drehzahl	U/min	1/s	1 1/s = 60 U/min	1 U/min = 1/60 1/s
Geschwindigkeit	km/h	m/s	1 m/s = 3,6 km/h	1 km/h = 1/3,6 m/s
Volumenstrom	m^3/min l/min m^3/h l/h	m^3/s	1 m^3/s = 60 m^3/min 1 m^3/s = 60 000 l/min 1 m^3/s = 360 m^3/h 1 m^3/s = 360 000 l/h	1 m^3/min = 1/60 m^3/s 1 l/min = $\frac{10^{-3}}{60}$ m^3/s 1 m^3/h = 1/360 m^3/s 1 l/h = $\frac{10^{-3}}{360}$ m/s
Spezifischer Verbrauch	g/PSh	kg/J (g/kWh)	1 kg/J = 2,648·10^9 g/PSh 1 g/kWh = $\frac{1}{1,359}$ g/PSh	1 g/PSh = 0,378·10^{-9} kg/J 1 g/PSh = 1,359 g/kWh
Wärmestrom	kcal/h	W	1 W = $\frac{1}{1,163}$ kcal/h	1 kcal/h = 1,163 W
Kraft	kp	N	1 N = $\frac{1}{9,81}$ kp	1 kp = 9,81 N
Druck von Fluiden	at (kp/cm^2)	Pa (bar)	1 Pa = 1 N/m^2 = 1,02·10^{-5} at 1 MPa = 10,2 at 1 bar = $\frac{1}{0,981}$ at	1 at = 0,981·10^5 Pa 1 at = 9,81 MPa 1 at = 0,981 bar
Spannungen	kp/mm^2	N/m^2 (N/mm^2)	1 N/m^2 = $\frac{1}{9,81}$·10^{-6} kp/mm^2 1 N/mm^2 = $\frac{1}{9,81}$ kp/mm^2	1 kp/mm^2 = 9,81·10^6 N/m^2 1 kp/mm^2 = 9,81 N/mm^2
Energie, Arbeit	kpm	J	1 J = $\frac{1}{9,81}$ kpm	1 kpm = 9,81 J
Wärmemenge	cal	J	1 J = $\frac{1}{4,19}$ cal	1 cal = 4,19 J
Leistung	PS	W	1 kW = 1,3596 PS	1 PS = 0,7355 kW
Moment	kpm	Nm	1 Nm = $\frac{1}{9,81}$ kpm	1 kpm = 9,81 Nm
Dynamische Viskosität	Poise	Pa s	1 Pa s = 10 P	1 P = 0,1 Pa s
Kinematische Viskosität	Stokes	m^2/s	1 m^2/s = 10^4 St	1 St = 10^{-4} m^2/s
Entropie	kcal/°K	J/K	1 J/K = $\frac{1}{4186,8}$ $\frac{kcal}{°K}$	1 kcal/°K = 4186,8 J/K
Wärmekapazität	kcal/grd	J/K	1 J/K = $\frac{1}{4186,8}$ $\frac{kcal}{°K}$	1 kcal/°K = 4186,8 J/K
Heizwert	kcal/kg	J/kg	1 J/kg = $\frac{10^{-3}}{4,19}$ $\frac{kcal}{kg}$	1 kcal/kg = 4,19 kJ/kg
Wärmeleitfähigkeit	kcal/mhgrd	W/Km	1 W/km = $\frac{1}{1,16}$ $\frac{kcal}{mhgrd}$	1 kcal/mhgrd = 1,16 W/km
Wärmeübergangskoeffizient	kcal/m^2hgrd	W/km^2	1 W/km^2 = $\frac{1}{1,16}$ $\frac{kcal}{m^2hgrd}$	1 kcal/m^2hgrd = 1,16 W/km^2

Tabelle 1.D: Umrechnungsfaktoren zwischen SI-Einheitssystem und altem Technischen Maßsystem

Vielfache und Teile von SI-Einheiten anzuwenden, kann zweckmäßig sein, wenn man einfachere Zahlenwerte zu erhalten wünscht. Hierfür sind die in Tabelle 1.C aufgeführten Vorsätze anzuwenden. Diese dezimalen Vielfache und Teile von SI-Einheiten sind in vielen Fällen notwendig, um die in der Technik vorkommenden und landläufigen Größen für Spannungen und Festigkeiten in (N/mm^2), Drücke in (bar) oder kleine Längen in (µm) auszudrücken. In der Praxis des Motorenbaues (siehe auch Vereinbarungen der Maschinen- und Automobilindustrie - VDMA, VDA) werden in der Regel in Anlehnung an das SI-System folgende Größen verwandt:

Drücke	(bar)	Arbeit und Energie	(kWh)	Drehzahlen	(1/min)
Temperaturen	(^0C)	Spannungen	(N/mm^2)	Wärmemengen	(Joule)

Bei Verwendung dieser nicht kohärenten Einheiten in den Formeln muß auf den richtigen 'Korrekturfaktor' geachtet werden. Um Werte aus älteren Büchern und eigenen Erfahrungen leichter vom alten T-System in das SI-System und umgekehrt transformieren zu können, ist die Tabelle 1.D wiedergegeben, die die hauptsächlich im Motorenbau verwendeten Größen und Umrechnungsformeln beinhaltet.

1.3 Definitionen und Begriffe

In DIN 1940 sind in Verbindung mit der Internationalen Norm ISO 2710-1976 die wichtigsten Begriffe der Verbrennungskraftmaschine definiert worden. In der Fachliteratur häufen sich Begriffe, die zwar definiert sind, aber dem einfachen Bürger nichts sagen, um so mehr, je komplizierter und heterogener die behandelte Materie ist. Aus Gründen der Prägnanz und Präzision ist es gar nicht möglich, diese Worte zu meiden. In dem Einführungsband 'Gestaltung und Hauptabmessungen der Verbrennungskraftmaschine' der Schriftenreihe LIST/PISCHINGER "Die Verbrennungskraftmaschine", Neue Folge Band 1, sind viele Begriffsbestimmungen vorgestellt worden, die über DIN 1940 hinausgehen. Auch in dem vorliegenden Band werden sich die Verfasser bemühen, fremde Begriffe allgemein verständlich zu machen, um dem Leser ein Fachwörterlexikon zu ersparen.

Für die Begriffe der 'Teile für Hubkolbenmotoren' sei auf die DIN-Norm 6260, Blatt 1 - 6, verwiesen, hinsichtlich der Normbezugsbedingungen und Angaben über Leistung, Kraftstoff- und Schmierölverbrauch ist DIN 6271 anwendbar. Die allgemeinen Formelzeichen sind in DIN 1301 genormt.

2 Die Kinematik und Dynamik des Kurbeltriebes

Im landläufigen Sprachgebrauch (einschließlich der Definitionen in bekannten Nachschlagewerken) stehen die Begriffe D y n a m i k und S t a t i k diametral gegenüber, ohne der ursprünglichen Bedeutung der Bezeichnung 'Dynamik' aus der Herleitung des griechischen Wortstammes ΔYNAMOΣ = Kraft gerecht zu werden. Ist nach KIRCHHOFF die Mechanik die Wissenschaft von den Bewegungen und den Kräften, so besteht sie aus der K i n e m a t i k als der Lehre von den Bewegungen und aus der D y n a m i k als der Lehre von den Kräften, wie es der Wortursprung schon aussagt. In den angewandten Ingenieurwissenschaften interessieren in erster Linie die Kräfte und deren Auswirkungen - auch dann, wenn sie nach Sprachgebrauch nicht dynamisch (d. h. beweglich, veränderlich) wirken.

Wenn die Dynamik die Lehre von den Kräften ist, muß zwangsläufig die Statik als Lehre vom Gleichgewicht der Kräfte ein Teil der Dynamik sein.

Auf die Bauteile des Triebwerkes einer Verbrennungskraftmaschine wirken Kräfte periodisch wechselnder Kraftgröße und Kraftrichtung ein, so daß auch die Bewegungsabläufe weder konstant noch kontinuierlich, sondern entsprechend der Periodizität der Kraftverläufe veränderlich sind. Diese Gesetzmäßigkeiten und Wechselwirkungen herauszuarbeiten, ist Aufgabe der Kinetik als Lehre des Zusammenhanges zwischen den Kräften und der daraus folgenden Bewegungen.

Das Schubkurbelgetriebe verändert auch ohne wechselnde Kraftwirkung die Bewegungsabläufe der einzelnen Getriebepunkte. Die Kinematik ist als Bewegungslehre ein Teil der Mechanik, in der allein die Bewegungen eines Körpers ohne Rücksicht auf die sie verursachenden Kräfte untersucht werden. Die Klärung der Bewegungsverhältnisse einzelner Punkte eines Schubkurbelgetriebes (Ort, Geschwindigkeit, Beschleunigung) ist deshalb eine typische Aufgabe der Kinematik. Die Kenntnis dieser Werte ist wichtig, weil sich aus ihnen mit Hilfe der NEWTONschen Ansätze die Wirkungen der trägen Masse berechnen lassen, die bei der Hubkolben-Verbrennungskraftmaschine eine große Rolle spielen, was wiederum eine Aufgabe der Kinetik ist. In diesem Hinblick kann man die Kinetik als die Wissenschaft vom Zusammenwirken von Kinematik und Dynamik ansehen.

Schließlich ist auch noch zu beachten, daß die auf das Triebwerk an verschiedenen Punkten einwirkenden Kräfte sich gegenseitig beeinflussen, in die Triebwerkslagerungen abgeleitet und als nutzbares Drehmoment an der Kurbelwelle abgenommen werden. Durch die von der Kurbelwinkelstellung Ψ abhängige geometrische Konstellation der Schubkurbel werden die Kraftgrößen wie Kolbenseitenkraft, Schubstangenkraft, Radialkraft und Tangentialkraft nicht allein von den geometrischen Abmessungen des Kurbeltriebes, sondern auch von der Stellung der Kurbelkröpfung beeinflußt. Da die Kräfte bei diesen Betrachtungen zu jeder Zeit im Gleichgewichtszustand sind, ist die Kraftzerlegung am Schubkurbelgetriebe ein Problem der Statik aus dem Bereich der Lehre der Kräfte (Dynamik).

Somit sind die kinetisch wirkenden Kräfte am Triebwerk von den geometrischen Abmessungen (Kolbendurchmesser d, Schubstangenlänge ℓ, Kurbelradius r), dem Gasdruckverlauf p (Ψ) und den bewegten Massen m in Verbindung mit der Winkelgeschwindigkeit ω und der Kurbelstellung Ψ, beziehungsweise deren Ableitungen $\dot{\Psi}$ und $\ddot{\Psi}$ abhängig.

2.1 Die Kinematik des Schubkurbelgetriebes

Durch die Verknüpfung des einen auf einer Geraden hin- und hergehenden Punktes der Schubkurbel und des rotierenden anderen Punktes der Kurbel durch die Pleuelstange ist der Bewegungsablauf beider Punkte fest miteinander gekoppelt. Die Bauteile des Kurbeltriebes werden dabei als starr (keine Verformung, keine Schwingungen) und die Lagerungen als spielfrei angenommen. Die Bewegung der Massen und die unterschiedliche Gasdruckbeaufschlagung des Kolbens würden einen sehr ungleichmäßigen Gang des Motors, d. h. eine ungleichmäßige periodische Winkelgeschwindigkeit der Kurbelwelle ergeben. Dies ist für den praktischen Betrieb unerwünscht. Deswegen werden an der Kurbelwelle Schwungmassen (Schwungräder) angebracht, die auf Grund der Trägheitswirkung einen gleichmäßigeren Lauf der Kurbelwelle erzwingen. Das erzeugte Wechseldrehmoment, die Schwungmassen und der verbleibende Ungleichförmigkeitsgrad (Ufg) stehen in enger wechselseitiger Beziehung.

Für die praktische Verwendung der Bewegungsgleichungen kann man mit ausreichender Genauigkeit davon ausgehen, daß ein gleichförmiger Lauf der Kurbel vorliegt; für diesen Fall wäre $\dot{\Psi} = \omega = \text{const}$, wobei sich die gleichförmige Winkelgeschwindigkeit ω aus der Beziehung

$$\omega = \frac{\pi \cdot n}{30} \qquad (2.1)$$

ergibt. Für die nachfolgenden mathematischen Ableitungen für Weg, Geschwindigkeit und Beschleunigung ist die korrekte Größe $\dot{\Psi}$ einer möglicherweise ungleichförmigen

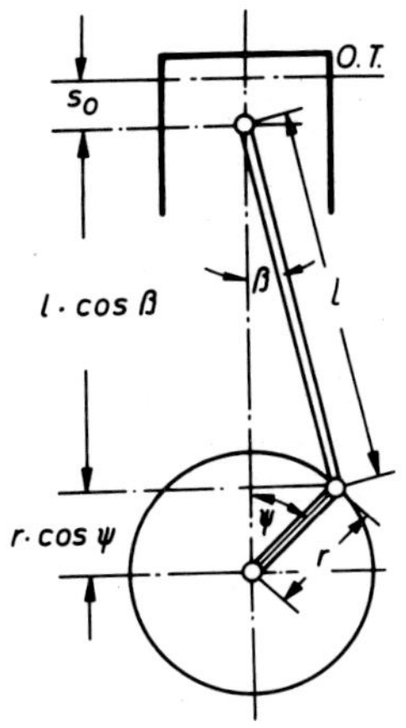

Abb. 2.1: Einfaches Schubkurbelgetriebe

Winkelgeschwindigkeit ($\dot{\Psi} \neq 0$) beibehalten worden, da die vorgelegten Ableitungen auch für diesen Fall gelten.

2.1.1 Normaler Kurbeltrieb

Beim normalen Kurbeltrieb liegen die Drehpunkte von Kolbenbolzen und Kurbelwelle auf einer Linie, der verlängerten Mittelachse des Zylinders. Der Kolben befindet sich im oberen Totpunkt bei der gestreckten Lage von Kurbel und Pleuelstange (Abb. 2.1).

2.1.1.1 Der Kolbenweg

Für den Kolbenweg aus dieser Stellung gilt mit den Beziehungen nach Abb. 2.1

$$s_o + r \cdot \cos \psi + l \cdot \cos \beta = r + l \qquad (2.2)$$

Zwischen dem Schwenkwinkel ß der Pleuelstange und dem Kurbelwinkel Ψ gilt nach dem Sinus-Satz

$$\sin \beta = \frac{r}{l} \cdot \sin \psi = \lambda \cdot \sin \psi \qquad (2.3)$$

sowie

$$\cos \beta = \sqrt{1 - \lambda^2 \sin^2 \psi} \qquad (2.4)$$

Das Stangenverhältnis $\lambda = r/l$ liegt üblicherweise bei Werten von 0,23 ... 0,31 für Hubkolben-Verbrennungskraftmaschinen.

Mit den obigen Beziehungen ergibt sich aus (2.2) für den auf den Kurbelradius bezogenen Ortspunkt des Kolbens (Kolbenweg s_o gemessen vom O.T.)

$$x = \frac{s_o}{r} = 1 - \cos \psi + \frac{1}{\lambda} - \frac{1}{\lambda} \sqrt{1 - \lambda^2 \cdot \sin^2 \psi} \qquad (2.5)$$

Durch die Entwicklung in eine FOURIER-Reihe erhält man

$$x = \frac{s_o}{r} = A_0 - A_1 \cdot \cos \psi - \frac{A_2}{4} \cdot \cos 2\psi - \frac{A_4}{16} \cdot \cos 4\psi - \frac{A_6}{36} \cdot \cos 6\psi - \dots$$

$$A_0 = 1 + \frac{1}{4}\lambda + \frac{3}{64}\lambda^3 + \frac{5}{256}\lambda^5 \qquad A_1 = 1$$

$$A_2 = \lambda + \frac{1}{4}\lambda^3 + \frac{15}{128}\lambda^5 + \dots \qquad A_4 = -\frac{1}{4}\lambda^3 - \frac{3}{16}\lambda^5 \qquad (2.6)$$

$$A_6 = \frac{9}{128}\lambda^5 + \dots \qquad A_8 = -\frac{1}{39}\lambda^7$$

Das führt zu der in der Praxis oft angewandten Annäherungsformel

$$\frac{s_o}{r} \approx 1 + \frac{\lambda}{4} - \cos \psi - \frac{\lambda}{4} \cos 2\psi \qquad (2.7)$$

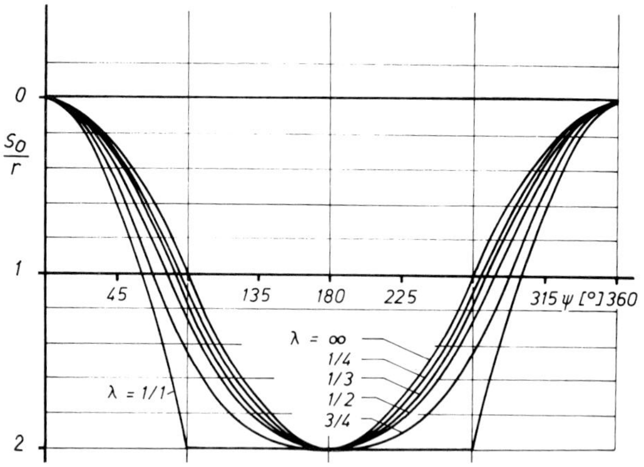

Abb. 2.2: Einfluß des Schubstangenverhältnisses λ auf die Ortskurve des Kolbenbolzens

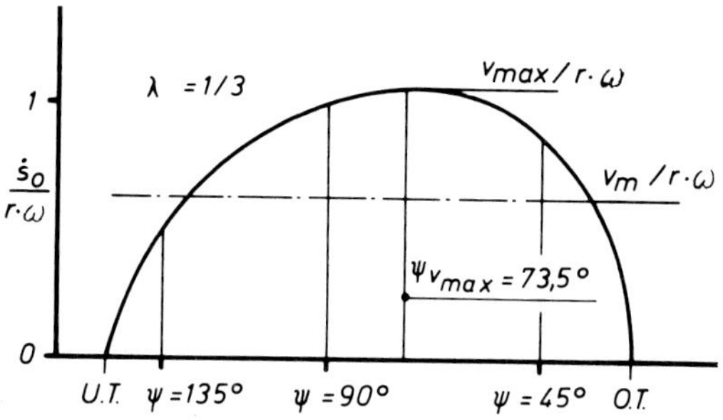

Abb. 2.3: Verlauf der Kolbengeschwindigkeit längs des Hubes

Durch die endliche Länge der Pleuelstange folgt die Kolbenstellung nicht einer einfachen Cosinus-Funktion, sondern zeigt Abweichungen von der Kolbenstellung des Getriebes mit unendlich langer Schubstange (siehe Abb. 2.2).

2.1.1.2 Die Kolbengeschwindigkeit

Die Momentangeschwindigkeit des Kolbens ergibt aus der ersten Ableitung des Kolbenweges x nach der Zeit t

$$\dot{s}_0 = \frac{ds}{dt} = \frac{ds}{d\psi}\cdot\frac{d\psi}{dt} \tag{2.8}$$

Für konstante Winkelgeschwindigkeit der Kurbel ist

$$\frac{d\psi}{dt} = \dot{\psi} = \omega = const. \tag{2.9}$$

Durch Differenzieren von (2.5) bzw. (2.6) nach der Zeit ergibt sich somit die bezogene Kolbengeschwindigkeit

$$x' = \frac{\dot{s}_0}{r\cdot\omega} = \sin\psi + \frac{\lambda\cdot\sin\psi\cdot\cos\psi}{\sqrt{1-\lambda^2\cdot\sin^2\psi}} \tag{2.10}$$

oder – wieder in einer Reihe ausgedrückt –

$$x' = \frac{\dot{s}_0}{r\cdot\omega} = A_1 \sin\psi + \frac{A_2}{2}\cdot\sin 2\psi + \frac{A_4}{4}\cdot\sin 4\psi + \frac{A_6}{6}\cdot\sin 6\psi + \ldots \tag{2.11}$$

Die Kolbengeschwindigkeit wechselt also von der Größe Null in den Totpunktlagen bis zur Maximalgeschwindigkeit v_{max}, deren Größe und Ort des Auftretens nicht nur vom Kurbelradius r und der Winkelgeschwindigkeit ω, sondern auch vom Schubstangenverhältnis λ abhängen. Zeichnet man den Geschwindigkeitsverlauf über dem Hub (Kolbengesamtweg) auf, so erhält man die Abb. 2.3. Man erkennt, daß die maximale Kolbengeschwindigkeit in etwa in der Mitte des Kolbenhubes erreicht wird, was jedoch nach Abb. 2.2 immer einem Wert von $\Psi < 90^0$ entspricht.

Aus der Darstellung der Abb. 2.4 und auch aus der Gleichung (2.11) in Verbindung mit den Gleichungen (2.6) kann man ablesen, daß die Kolbengeschwindigkeit durch das Schubstangenverhältnis λ im üblichen Bereich $1/3 > \lambda > 1/4$ nicht wesentlich beeinflußt wird. Erst bei sehr kurzen Stangen treten merkliche Veränderungen auf. Diese Verhältnisse verbieten sich jedoch aus konstruktiven Gründen für eine normale Hubkolbenmaschine. Auch die Extrapolation zur unendlich langen Pleuelstange bringt,

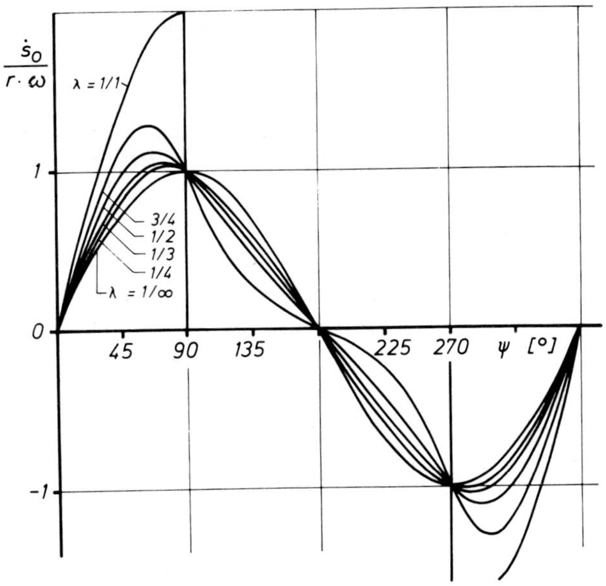

Abb. 2.4: Geschwindigkeitsverlauf des Kolbens als Funktion des Kurbelwinkels Ψ und Einfluß des Schubstangenverhältnisses λ

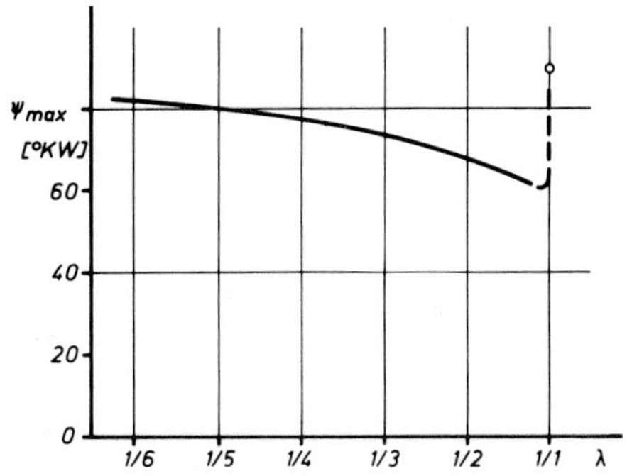

Abb. 2.5: Einfluß des Schubstangenverhältnisses λ auf die Kurbelwinkelstellung bei maximaler Kolbengeschwindigkeit

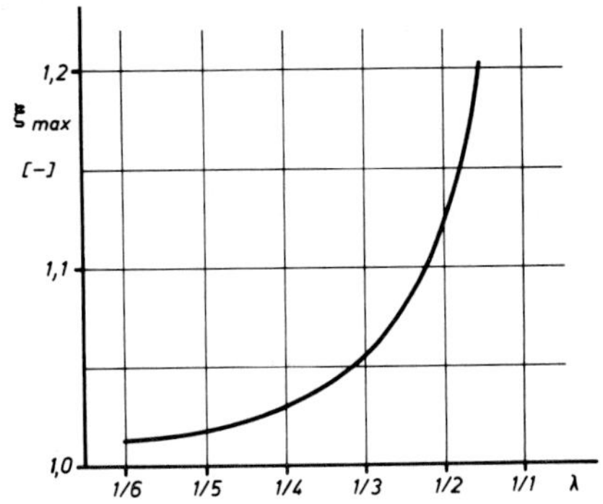

Abb. 2.6: Einfluß des Schubstangenverhältnisses λ auf die Maximalgeschwindigkeit des Kolbens

so zeigt Abb. 2.4, keine maßgeblichen Veränderungen in dem Geschwindigkeitsverlauf.

Für die Praxis ist die folgende abgekürzte Form zur Ermittlung der Kolbengeschwindigkeit meist ausreichend genau:

$$\frac{\dot{s}_o}{r \cdot \omega} \approx \sin\psi + \frac{\lambda}{2}\sin 2\psi \qquad (2.12)$$

Der Einfluß des Schubstangenverhältnisses λ auf die Kolbengeschwindigkeit ist aus Abb. 2.4 abzulesen.

In der Praxis des Motorenbaues hat sich die 'mittlere Kolbengeschwindigkeit v_m' als Vergleichsmaß eingeführt. Diese mittlere Kolbengeschwindigkeit errechnet sich aus dem zurückgelegten Kolbenweg bezogen auf die Zeiteinheit einer Sekunde (m/s).

$$v_m = \frac{2 \cdot s \cdot n}{60} = \frac{s \cdot n}{30} = \frac{2 \cdot r \cdot \omega}{\pi} \qquad (2.13)$$

Es handelt sich also um eine reine Vergleichsgröße, um ähnliche Motoren hinsichtlich ihrer Auslastung zu vergleichen. Sie eignet sich jedoch nicht, um Aussagen über die maximale Kolbengeschwindigkeit oder absolute Kräfte und Beanspruchungen zu machen.

Die maximale Kolbengeschwindigkeit $\dot{s}_o = v_{max}$ liegt bei dem Kurbelwinkel Ψ_{vmax}, bei dem die Ableitung der Geschwindigkeit nach der Zeit (Beschleunigung) gleich Null ist. Dies ist nur noch vom Schubstangenverhältnis λ abhängig. Der Winkel Ψ für v_{max} schwankt bei den üblichen Schubstangenverhältnissen nur geringfügig (Abb. 2.5), ebenso der Faktor

$$\xi_{max} = \frac{v_{max}}{r \cdot \omega} \qquad (2.14),$$

der in Abb. 2.6 aufgetragen ist, wenn man die gebräuchlichen Schubstangenverhältnisse betrachtet.

2.1.1.3 Die Kolbenbeschleunigung

Die wichtigste Berechnungsgröße ist die Beschleunigung der bewegten Massen, da aus ihr die Kräfte und somit die Beanspruchungen der Bauteile errechnet werden können.

Die nochmalige Ableitung der Gleichung für die Kolbengeschwindigkeit nach der Zeit ergibt die Kolbengeschwindigkeit

$$\ddot{s}_0 = \frac{d\dot{s}_0}{dt} = \frac{d\dot{s}_0}{d\psi} \cdot \frac{d\psi}{dt} \tag{2.15}$$

Unter Verwendung der Formeln (2.10) und (2.11) ergibt sich daraus

$$x'' = \frac{\ddot{s}_0}{r \cdot \omega^2} = \cos\psi + \frac{\lambda \cdot \cos^2\psi - \lambda \cdot \sin^2\psi + \lambda^3 \cdot \sin^4\psi}{\left(\sqrt{1 - \lambda^2 \cdot \sin^2\psi}\right)^3} \tag{2.16}$$

beziehungsweise

$$x'' = \frac{\ddot{s}_0}{r \cdot \omega^2} = A_1 \cdot \cos\psi + A_2 \cdot \cos 2\psi + A_4 \cdot \cos 4\psi + A_6 \cdot \cos 6\psi \tag{2.17}$$

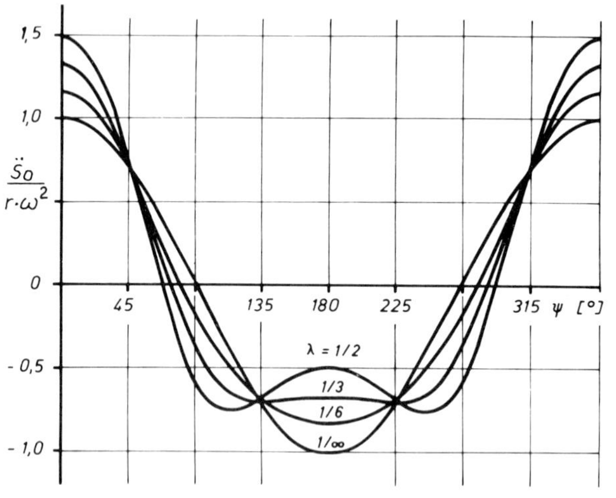

Abb. 2.7: Kolbenbeschleunigung in Abhängigkeit vom Kurbelwinkel Ψ für das einfache Schubkurbelgetriebe

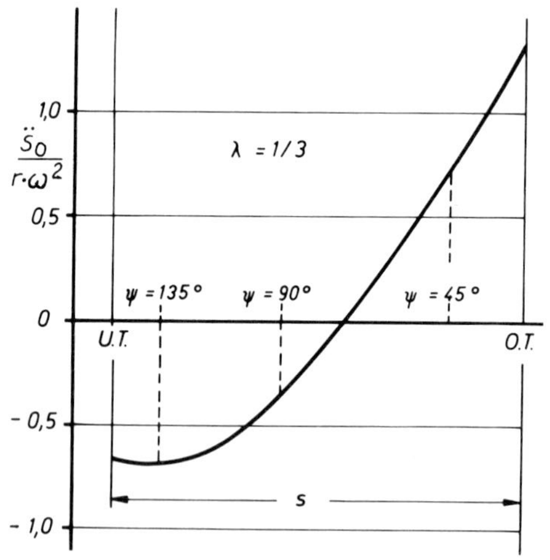

Abb. 2.8: Kolbenbeschleunigung über dem Kolbenweg (Hub) aufgetragen

Aus den Formeln erkennt man, daß die maximalen Beschleunigungen des Kolbens in erster Näherung in dessen Totpunktlagen vorliegen. Trägt man die Beschleunigungswerte $x'' = s_0/(r \cdot \omega^2)$ über dem Kurbelwinkel Ψ oder dem Kolbenhub s auf, so erhält man die Diagramme nach Abb. 2.7 und 2.8. Man erkennt aus diesen Abbildungen sehr deutlich, daß die Beschleunigungswerte im O.T. linear mit dem Schubstangenverhältnis anwachsen, die Werte in der unteren Totpunktlage jedoch mit wachsendem λ kleiner werden, der Kurbelwinkelbereich dieser Beschleunigungswerte aber breiter wird und der Punkt maximaler Werte immer mehr von dem Wert $\Psi = 180^0$ abweicht.

Die Formeln für die Kolbenbeschleunigung gelten für die als gleichförmig angenommene Drehgeschwindigkeit der Kurbelwelle. Bei ungleichförmiger Drehgeschwindigkeit der Kurbelwelle nimmt die Kolbenbeschleunigung folgende Form an, wobei x' und x'' die zuvor definierten Bedeutungen haben

$$\ddot{s}_0 = r\cdot(x'\cdot\ddot{\psi} + x''\cdot\dot{\psi}^2) \quad (2.18)$$

Um die Beschleunigungswerte in den Totpunktlagen rasch zu bekommen, verwendet man in der Praxis oft die vereinfachte Formel

$$\frac{\ddot{s}_0}{r\cdot\omega^2} \approx \cos\psi + \lambda\cos 2\psi \quad (2.19),$$

die für die Totpunktlagen die Werte

$$\left(\frac{\ddot{s}_0}{r\cdot\omega^2}\right)_{OT} = 1 + \lambda \quad (2.20)$$

$$\left(\frac{\ddot{s}_0}{r\cdot\omega^2}\right)_{UT} = -1 + \lambda \quad (2.21)$$

ergibt.

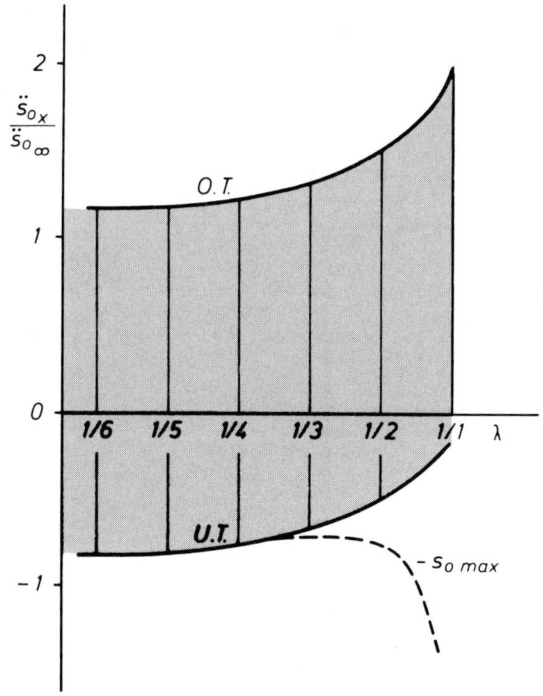

Abb. 2.9: Abhängigkeit der Kolbenbeschleunigung vom Schubstangenverhältnis λ für das einfache Schubkurbelgetriebe

Die Fehler liegen dabei unter 3 %, die bei Überschlagsrechnungen immer vernachlässigbar sind.

Man erkennt fernerhin aus den Formeln, daß die Beschleunigungen mit der Baugröße r linear, mit der Winkelgeschwindigkeit ω jedoch quadratisch ansteigen, d. h. daß hochdrehende Motoren (Sportversionen) insbesondere extremen Massenwirkungen ausgesetzt sind. Auch wird in besonders einfacher Form sichtbar, daß die Beschleunigung im O.T. mit dem Schubstangenverhältnis λ anwächst und im U.T. abfällt (Abb. 2.9). Diese Abbildung zeigt, daß die Spanne der Wechselbeschleunigungen, die über die dadurch verursachten Wechselkräfte die Wechselbeanspruchungen der Bauteile ergeben, bis zu einem Schubstangenverhältnis λ = 1/3 unabhängig vom Schubstangenverhältnis ist. Verkürzt man die Pleuelstange darüber hinaus jedoch merklich, so ergeben die Maximalbeschleunigungen links und rechts neben der Totpunktlage (Abb. 2.7) eine rasche Anhebung der Wechselkräfte. Eine tabellarische Übersicht über den Einfluß des Schubstangenverhältnisses auf Weg, Geschwindigkeit und Beschleunigung des Kolbens bei konstanter Winkelgeschwindigkeit der Kurbel gibt die Tabelle 2.A. Ersetzt man $r\cdot\dot{\Psi}^2$ durch $\dot{x}^2/r$, so erkennt man, daß die Beschleunigungswerte bei gleichen Kolbengeschwindigkeiten $\dot{x}$ mit wachsender Maschinengröße fallen, ein Zusammenhang, der dem Motorenbauer wegen der mit der Baugröße fallenden Gestaltfestigkeit der Bauteile sehr zugute kommt.

Die Programm-Tabellen H 0201, H 0202 und H 0203 (auf den Seiten 26 und 27) geben Unterprogrammausschriebe zur Ermittlung von Kolbenweg, Kolbengeschwindigkeit und Kolbenbeschleunigung in Abhängigkeit vom Kurbelwinkel Ψ und dem Schubstangenver-

λ = r/l		0,2250	0,2500	0,2750	0,3000	0,2250	0,2500	0,2750	0,3000	0,2250	0,2500	0,2750	0,3000
ψ [°KW]	ψ [°KW]	$x = \frac{s_0}{r}$				$x' = \frac{\dot{s}_0}{r \cdot \omega}$				$x'' = \frac{\ddot{s}_0}{r \cdot \omega^2}$			
0.	360.	0.0000	0.0000	0.0000	0.0000	0.0000	0.0000	0.0000	0.0000	1.2250	1.2500	1.2750	1.3000
5.	355.	0.0047	0.0048	0.0048	0.0049	0.1067	0.1089	0.1110	0.1132	1.2179	1.2426	1.2673	1.2919
10.	350.	0.0186	0.0190	0.0193	0.0197	0.2122	0.2164	0.2207	0.2250	1.1967	1.2204	1.2441	1.2679
15.	345.	0.0416	0.0425	0.0433	0.0441	0.3152	0.3215	0.3277	0.3340	1.1618	1.1839	1.2060	1.2282
20.	340.	0.0735	0.0750	0.0764	0.0779	0.4145	0.4227	0.4308	0.4389	1.1138	1.1335	1.1535	1.1736
25.	335.	0.1138	0.1161	0.1183	0.1206	0.5092	0.5189	0.5287	0.5385	1.0533	1.0702	1.0874	1.1048
30.	330.	0.1622	0.1653	0.1685	0.1717	0.5981	0.6091	0.6202	0.6314	0.9814	0.9950	1.0089	1.0230
35.	325.	0.2180	0.2222	0.2264	0.2306	0.6802	0.6923	0.7044	0.7167	0.8993	0.9091	0.9192	0.9295
40.	320.	0.2807	0.2859	0.2912	0.2965	0.7548	0.7675	0.7804	0.7933	0.8084	0.8140	0.8199	0.8261
45.	315.	0.3495	0.3559	0.3623	0.3688	0.8211	0.8341	0.8473	0.8606	0.7101	0.7112	0.7126	0.7143
50.	310.	0.4237	0.4313	0.4388	0.4464	0.8785	0.8915	0.9046	0.9178	0.6060	0.6026	0.5993	0.5964
55.	305.	0.5026	0.5112	0.5199	0.5286	0.9267	0.9392	0.9518	0.9646	0.4979	0.4899	0.4820	0.4743
60.	300.	0.5852	0.5949	0.6046	0.6145	0.9654	0.9769	0.9886	1.0005	0.3876	0.3751	0.3627	0.3503
65.	295.	0.6708	0.6814	0.6921	0.7030	0.9943	1.0046	1.0151	1.0257	0.2767	0.2601	0.2435	0.2267
70.	290.	0.7585	0.7699	0.7815	0.7932	1.0137	1.0224	1.0312	1.0402	0.1669	0.1468	0.1263	0.1056
75.	285.	0.8474	0.8596	0.8718	0.8842	1.0236	1.0303	1.0372	1.0443	0.0600	0.0368	0.0132	-0.0107
80.	280.	0.9368	0.9495	0.9622	0.9751	1.0243	1.0289	1.0337	1.0385	-0.0428	-0.0682	-0.0941	-0.1205
85.	275.	1.0259	1.0389	1.0520	1.0652	1.0162	1.0186	1.0210	1.0235	-0.1401	-0.1669	-0.1943	-0.2222
90.	270.	1.1140	1.1270	1.1402	1.1535	1.0000	1.0000	1.0000	1.0000	-0.2309	-0.2582	-0.2860	-0.3145
95.	265.	1.2002	1.2132	1.2263	1.2395	0.9761	0.9738	0.9714	0.9689	-0.3144	-0.3412	-0.3686	-0.3965
100.	260.	1.2841	1.2968	1.3095	1.3224	0.9453	0.9407	0.9360	0.9311	-0.3901	-0.4155	-0.4414	-0.4678
105.	255.	1.3651	1.3772	1.3895	1.4018	0.9083	0.9015	0.8946	0.8876	-0.4577	-0.4809	-0.5044	-0.5283
110.	250.	1.4425	1.4540	1.4655	1.4772	0.8657	0.8570	0.8482	0.8392	-0.5171	-0.5373	-0.5577	-0.5784
115.	245.	1.5160	1.5266	1.5374	1.5482	0.8183	0.8080	0.7975	0.7869	-0.5686	-0.5851	-0.6018	-0.6186
120.	240.	1.5852	1.5949	1.6046	1.6145	0.7667	0.7551	0.7434	0.7315	-0.6124	-0.6249	-0.6373	-0.6497
125.	235.	1.6497	1.6584	1.6670	1.6758	0.7116	0.6991	0.6865	0.6737	-0.6492	-0.6573	-0.6651	-0.6729
130.	230.	1.7093	1.7168	1.7244	1.7320	0.6536	0.6406	0.6275	0.6143	-0.6796	-0.6830	-0.6862	-0.6892
135.	225.	1.7637	1.7701	1.7765	1.7830	0.5932	0.5801	0.5669	0.5536	-0.7041	-0.7030	-0.7016	-0.6999
140.	220.	1.8128	1.8180	1.8233	1.8286	0.5308	0.5181	0.5052	0.4922	-0.7237	-0.7181	-0.7122	-0.7060
145.	215.	1.8563	1.8605	1.8647	1.8689	0.4670	0.4549	0.4427	0.4305	-0.7390	-0.7292	-0.7191	-0.7088
150.	210.	1.8942	1.8974	1.9006	1.9037	0.4019	0.3909	0.3798	0.3686	-0.7506	-0.7370	-0.7232	-0.7091
155.	205.	1.9264	1.9287	1.9309	1.9332	0.3360	0.3263	0.3166	0.3068	-0.7593	-0.7424	-0.7252	-0.7078
160.	200.	1.9529	1.9543	1.9558	1.9573	0.2695	0.2614	0.2532	0.2451	-0.7656	-0.7458	-0.7259	-0.7058
165.	195.	1.9735	1.9743	1.9751	1.9760	0.2025	0.1962	0.1899	0.1836	-0.7700	-0.7480	-0.7259	-0.7036
170.	190.	1.9882	1.9886	1.9890	1.9893	0.1351	0.1309	0.1266	0.1223	-0.7729	-0.7492	-0.7255	-0.7017
175.	185.	1.9970	1.9971	1.9972	1.9973	0.0676	0.0654	0.0633	0.0611	-0.7745	-0.7498	-0.7251	-0.7004
180.	180.	2.0000	2.0000	2.0000	2.0000	0.0000	0.0000	0.0000	0.0000	-0.7750	-0.7500	-0.7250	-0.7000

Tabelle 2.A: Weg, Geschwindigkeit und Beschleunigung des Kolbens eines einfachen Schubkurbelgetriebes

```
*******************************************************************
PROGRAMM-TABELLE   H 0201        UNTERPROGRAMM   FUNCTION    TX

  KOLBENWEG DES EINFACHEN SCHUBKURBELGETRIEBES

  AUFGABE DES PROGRAMMS TX
  BERECHNUNG DES VERHAELTNISSES VON KOLBENWEG ZU KURBELRADIUS R ,
  WOBEI DER KOLBENWEG X VOM OT AUS GEMESSEN WIRD (EINFACHES SCHUB-
  KURBEL-GETRIEBE)

  TX=KOLBENWEG / KURBELRADIUS = X/R = S/R

  PROGRAMM TYP - FUNCTION -
  AUFRUF Z.B. S=R*TX(PHIG,FLAM)
  PARAMETERLISTE :
                         PHIG = KURBELSTELLUNG PSI IN GRAD
                         FLAM = SCHUBSTANGENVERHAELTNIS LAMBDA
  **************         ***************          ***************
  FUNCTION TX(PHIG,FLAM)
  PHI=PHIG*0.0174532925
  ZW=SIN(PHI)
  ZW2=ZW*ZW
  TX=1.-COS(PHI)+1./FLAM*(1.-SQRT(1.-FLAM*FLAM*ZW2))
  RETURN
  END
```

H 0201: Kolbenweg des einfachen Schubkurbelgetriebes

hältnis λ für das einfache Schubkurbelgetriebe wieder. Die Programme sind vom Typ FUNCTION, das heißt, sie können ohne Unterprogrammaufruf CALL wie eine Date in einem Hauptprogramm aufgerufen werden. Die Unterprogramme sind in der heute in der Technik allgemein gebräuchlichen Programmiersprache FORTRAN IV geschrieben.

Auf die von diesen Bewegungen hervorgerufenen Kräfte und deren Wirkungen wird in Kapitel 4 eingegangen.

2.1.2 Der geschränkte Kurbeltrieb

Infolge des unterschiedlichen Gasdruckes in der Kompressionsphase und des Arbeitstaktes sind die Seitendrücke des Kolbens sehr verschieden. Um die Seitenkräfte des Kolbens im Arbeitstakt zu verringern oder um den Kolbenlauf im Zylinderrohr zu beeinflussen, wird vereinzelt der geschränkte Kurbeltrieb angewandt, bei dem die verlängerte Zylinderachse an dem Drehpunkt der Kurbelwelle vorbeigeht (Abb. 2.10).

```
***********************************************************************
PROGRAMM-TABELLE  H 0202       UNTERPROGRAMM  FUNCTION    TX1S

  KOLBENGESCHWINDIGKEIT DES EINFACHEN SCHUBKURBELGETRIEBES

  AUFGABE DES PROGRAMMS TX1S
  BERECHNUNG DES VERHAELTNISSES DER 1. ABLEITUNG DES KOLBENWEGES X
  NACH DEM BOGENMASS DES KURBELDREHWINKELS PHIG ZUM KURBELRADIUS R
  (EINFACHES SCHUBKURBEL-GETRIEBE)

  TX1S=1.ABLEITUNG DES KOLBENWEGES/KURBELRADIUS=X'/R = S'/R

  PROGRAMM TYP - FUNCTION -
  AUFRUF Z.B. S'=R*TX1S(PHIG,FLAM)
  PARAMETERLISTE :
                        PHIG = KURBELSTELLUNG PSI IN GRAD
                        FLAM = SCHUBSTANGENVERHAELTNIS LAMBDA
  ***************          ***************          ***************
  FUNCTION TX1S(PHIG,FLAM)
  PHI=PHIG*0.0174532925
  ZW=SIN(PHI)
  ZW2=ZW*ZW
  ZW3=SIN(2.*PHI)
  TX1S=ZW+0.5*FLAM*ZW3/SQRT(1.-FLAM*FLAM*ZW2)
  RETURN
  END
```

H 0202: Kolbengeschwindigkeit des einfachen Schubkurbelgetriebes

```
***********************************************************************
PROGRAMM-TABELLE  H 0203       UNTERPROGRAMM  FUNCTION    TX2S

  KOLBENBESCHLEUNIGUNG DES EINFACHEN SCHUBKURBELGETRIEBES

  AUFGABE DES PROGRAMMS TX2S
  BERECHNUNG DES VERHAELTNISSES DER 2. ABLEITUNG DES KOLBENWEGES X
  NACH DEM BOGENMASS DES KURBELDREHWINKELS PHIG ZUM KURBELRADIUS R

  TX2S=2. ABLEITUNG DES KOLBENWEGES / KURBELRADIUS = X"/R = S"/R

  PROGRAMM TYP - FUNCTION -
  AUFRUF Z.B. S"=R*TX2S(PHIG,FLAM)
  PARAMETERLISTE :
                        PHIG = KURBELSTELLUNG PSI IN GRAD
                        FLAM = SCHUBSTANGENVERHAELTNIS LAMBDA
  ***************          ***************          ***************
  FUNCTION TX2S(PHIG,FLAM)
  PHI=PHIG*0.0174532925
  PHI2=2.*PHI
  ZW1=SIN(PHI2)
  ZW3=ZW1*ZW1
  ZW=SIN(PHI)
  ZW2=ZW*ZW
  FLAM2=FLAM*FLAM
  F=0.5*FLAM*((4.*COS(PHI2)*(1.-FLAM2*ZW2)+
 1      FLAM2*ZW3)/(2.*(1.-FLAM2*ZW2)*SQRT(1.-FLAM2
 2      *ZW2)))
  TX2S=COS(PHI)+F
  RETURN
  END
```

H 0203: Kolbenbeschleunigung des einfachen Schubkurbelgetriebes

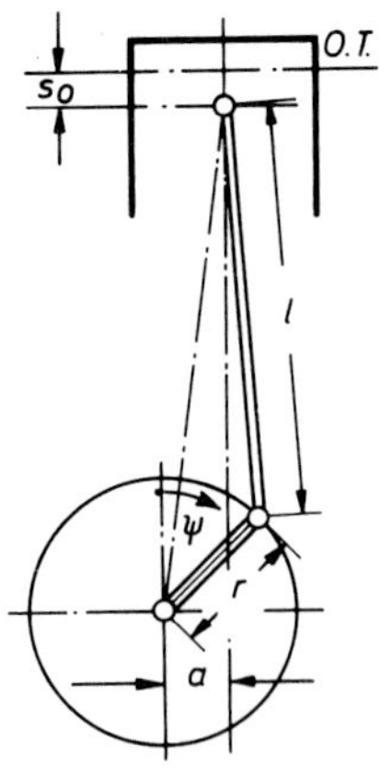

Abb. 2.10: Der geschränkte Kurbeltrieb

Gemäß Definition machen die Toleranzen bei der Kurbelgehäusefertigung aus jedem normalen Schubkurbelgetriebe einen geschränkten Kurbeltrieb ($\mu < 1^0/_{00}$), doch sind die dadurch hervorgerufenen Abweichungen von den in Abschnitt 2.1.1 genannten Zusammenhängen vernachlässigbar klein. Erreicht das Schränkungsverhältnis

$$\mu = \frac{a}{l} \qquad (2.22)$$

jedoch mehrere Prozente, so weichen die Bewegungsverhältnisse merkbar vom normalen Kurbeltrieb ab. Die Drehachse der Kurbelwelle und die Linie, längs der sich der Kolbenbolzen bewegt, sind um das Maß a zueinander versetzt. Der geschränkte Kurbeltrieb kommt in zwei Ausführungen vor:

a) Die Zylinder sind in Drehrichtung seitlich versetzt. Damit wird die Kolbenseitenkraft in der Gasdruckphase vermindert.

b) Der Kolbenbolzen ist aus der Mittelachse des Zylinders versetzt (desaxierter Kolbenbolzen).

Damit wird erreicht, daß der Seitendruckwechsel des Kolbens nicht im Totpunkt, d. h. im Moment der Bewegungsumkehr stattfindet (Geräuschgründe). Bei Kolben mit einseitiger Schwerpunktslage, z. B. durch eine asymmetrische Brennraummulde, kann durch Desaxierung des Kolbenbolzens der Tendenz zum Kippen des Kolbens entgegengewirkt werden.

2.1.2.1 Der Kolbenweg

Mit den Bezeichnungen nach Abb. 2.10 gilt

$$s_0 + r \cdot \cos\psi + l \cdot \cos\beta = r + l \cdot \cos\alpha \tag{2.23}$$

und

$$r \cdot \sin\psi = l \cdot \sin\beta + \alpha \tag{2.24}$$

$$\cos\beta = \sqrt{1 - \lambda^2 \cdot \sin^2\psi + 2 \cdot \lambda \cdot \mu \cdot \sin\psi - \mu^2}$$

$$\cos\alpha = \sqrt{1 - \mu^2}$$

Mit den Abkürzungen $\mu = a/l$ (Schränkungsverhältnis) und $\lambda = r/l$ (Schubstangenverhältnis) ergibt sich

$$\frac{s_0}{r} = 1 - \cos\psi - \frac{1}{\lambda}\sqrt{1 - \lambda^2 \cdot \sin^2\psi + 2 \cdot \lambda \cdot \mu \cdot \sin\psi - \mu^2} + \frac{1}{\lambda} \cdot \sqrt{1 - \mu^2} \tag{2.25}$$

Die Entwicklung in eine FOURIER-Reihe liefert

$$\frac{s_0}{r} = A_0 - A_1 \cdot \cos\psi - \frac{A_2}{4} \cdot \cos 2\psi - \frac{A_4}{16} \cdot \cos 4\psi - \frac{A_6}{36} \cdot \cos 6\psi \tag{2.26}$$

$$- B_1 \cdot \sin\psi - \frac{B_3}{9} \cdot \sin 3\psi - \frac{B_5}{25} \cdot \sin 5\psi + $$

mit

$$A_0 = 1 + \frac{1}{4} \cdot \lambda + \frac{3}{64} \cdot \lambda^3 + \frac{5}{256} \cdot \lambda^5 + \frac{3}{8} \cdot \lambda \cdot \mu^2 + \frac{15}{32} \cdot \lambda \cdot \mu^4 + \frac{45}{128} \cdot \lambda^3 \cdot \mu^2 + \frac{525}{512} \cdot \lambda^3 \cdot \mu^4 + \frac{175}{512} \cdot \lambda^5 \cdot \mu^2 + \ldots$$

$$A_1 = 1$$

$$A_2 = \lambda + \frac{1}{4} \cdot \lambda^3 + \frac{15}{128} \cdot \lambda^5 + \frac{3}{2} \cdot \lambda \cdot \mu^2 + \frac{15}{8} \cdot \lambda \cdot \mu^4 + \frac{15}{8} \cdot \lambda^3 \cdot \mu^2 + \frac{175}{32} \cdot \lambda^3 \cdot \mu^4 + \frac{525}{256} \cdot \lambda^5 \cdot \mu^2 + \ldots$$

$$A_4 = -\frac{1}{4} \cdot \lambda^3 - \frac{3}{16} \cdot \lambda^5 - \frac{15}{8} \cdot \lambda^3 \cdot \mu^2 - \frac{175}{32} \cdot \lambda^3 \cdot \mu^4 - \frac{105}{128} \cdot \lambda^5 \cdot \mu^2 - \ldots$$

$$A_6 = \frac{9}{128} \cdot \lambda^5 + \frac{315}{256} \cdot \lambda^5 \cdot \mu^2 + \ldots$$

$$B_1 = \mu + \frac{3}{8}\cdot\mu\cdot\lambda^2 + \frac{15}{64}\cdot\mu\cdot\lambda^4 + \frac{1}{2}\cdot\mu^3 + \frac{15}{16}\cdot\mu^3\cdot\lambda^2 + \frac{175}{128}\cdot\mu^3\cdot\lambda^4 + \frac{3}{8}\cdot\mu^5 + \frac{105}{64}\cdot\mu^5\cdot\lambda^2 + \ldots$$

$$B_3 = -\frac{9}{8}\cdot\mu\cdot\lambda^2 - \frac{135}{128}\cdot\mu\cdot\lambda^4 - \frac{45}{16}\cdot\mu^3\cdot\lambda^2 - \frac{1575}{256}\cdot\mu^3\cdot\lambda^4 - \frac{315}{64}\cdot\mu^5\cdot\lambda^2 - \ldots$$

$$B_5 = \frac{75}{128}\cdot\mu\cdot\lambda^4 + \frac{875}{256}\cdot\mu^3\cdot\lambda^4 + \ldots$$

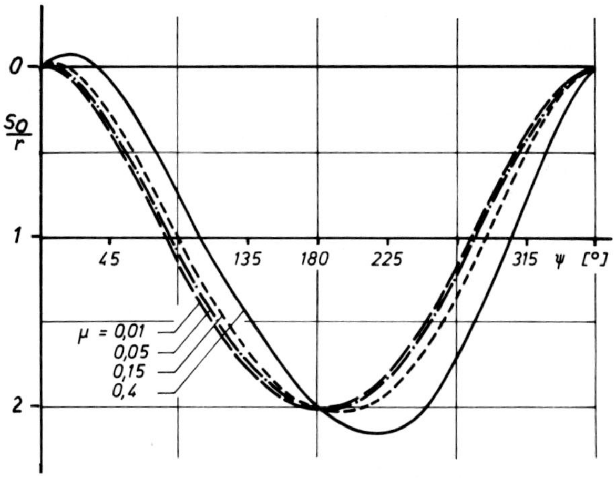

Abb. 2.11: Einfluß des Schränkungsverhältnisses μ auf die Ortskurve des hin- und hergehenden Pleuelkopfes

Beim geschränkten Kurbeltrieb tritt eine Totpunktverschiebung auf. Die Berechnung des Kolbenweges nach den Beziehungen (2.25) bzw. (2.26) ergibt für kleine Winkel daher negative Werte. Auch ist der Hub s nicht mehr gleich 2·r, sondern verändert sich nach der Formel

$$s = \sqrt{(l+r)^2 - a^2} - \sqrt{(l-r)^2 - a^2} \qquad (2.27)$$

Der Einfluß des Schränkungsverhältnisses μ auf die Ortskurve des Kolbenanlenkpunktes ist in Abbildung 2.11 dargestellt, und man erkennt, daß die Differenzen zum normalen Schubkurbelgetriebe bei kleinen Schränkungsverhältnissen vernachlässigbar sind.

2.1.2.2 Die Kolbengeschwindigkeit

Differenzieren von (2.25) bzw. (2.26) nach der Zeit analog dem Vorgehen in Abschnitt 2.1.1.2 liefert die Kolbengeschwindigkeit 2·r

$$\frac{\dot{s}_0}{r\cdot\omega} = \sin\psi + \frac{\lambda\cdot\sin\psi\cdot\cos\psi - \mu\cdot\cos\psi}{\sqrt{1-\lambda^2\cdot\sin^2\psi + 2\cdot\lambda\cdot\mu\cdot\sin\psi - \mu^2}} \qquad (2.28)$$

beziehungsweise

$$\frac{\dot{s}_0}{r\cdot\omega} = A_1\cdot\sin\psi + \frac{A_2}{2}\cdot\sin 2\cdot\psi + \frac{A_4}{4}\cdot\sin 4\cdot\psi + \frac{A_6}{6}\cdot\sin 6\cdot\psi$$
$$- B_1\cdot\cos\psi - \frac{B_3}{3}\cdot\cos 3\cdot\psi - \frac{B_5}{5}\cdot\cos 5\cdot\psi \qquad (2.29)$$

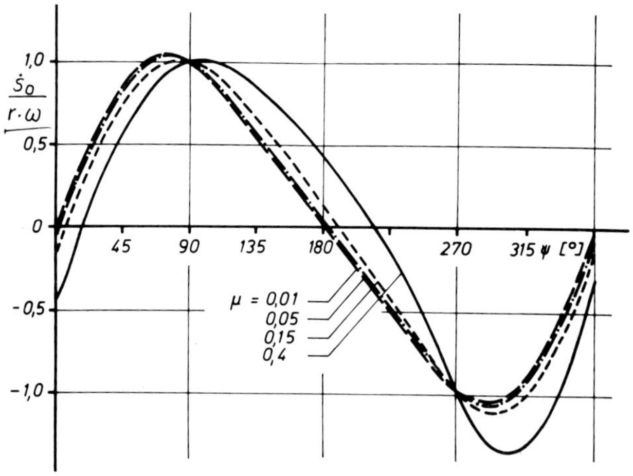

Abb. 2.12: Kolbengeschwindigkeitsverlauf des geschränkten Kurbeltriebes als Funktion des Kurbelwinkels Ψ

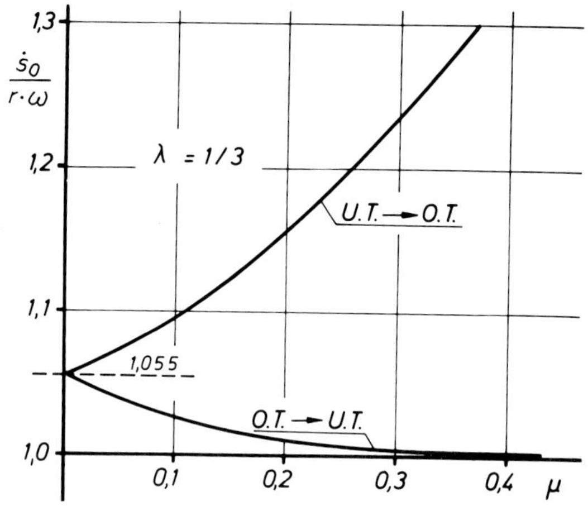

Abb. 2.13: Einfluß des Schränkungsverhältnisses μ auf die Maximalgeschwindigkeit des Kolbens

Die Kolbengeschwindigkeit ist nunmehr nicht bei $\Psi = 0^0$ und $\Psi = 180^0$ gleich Null, mit wachsender Desaxierung weicht der Geschwindigkeitsverlauf von dem einfachen Schubkurbelgetriebe ab (Abb. 2.12). Man erkennt auch aus dieser Abbildung, daß die Maximalgeschwindigkeiten beim Aufwärts- und Niedergang des Kolbens sich unterschiedlich ändern, mit wachsender Desaxierung steigt die Geschwindigkeit im letzten Viertel merklich an (Abb. 2.13).

2.1.2.3 Die Kolbenbeschleunigung

Nochmaliges Differenzieren liefert die Kolbenbeschleunigung

$$\frac{\ddot{s}_o}{r\cdot\omega^2} = \cos\psi + \frac{\lambda\cdot\cos^2\psi - \lambda\cdot\sin^2\psi + \lambda^3\cdot\sin^4\psi + 3\cdot\lambda\cdot\mu^2\cdot\sin^2\psi - 3\cdot\lambda^2\cdot\mu\cdot\sin^3\psi + \mu\cdot\sin\psi - \mu^3\cdot\sin\psi}{\left(\sqrt{1-\lambda^2\cdot\sin^2\psi + 2\cdot\lambda\cdot\mu\cdot\sin\psi - \mu^2}\right)^3} \qquad (2.30)$$

beziehungsweise

$$\frac{\ddot{s}_o}{r\cdot\omega^2} = A_1\cdot\cos\psi + A_2\cdot\cos 2\cdot\psi + A_4\cdot\cos 4\cdot\psi + A_6\cdot\cos 6\cdot\psi + B_1\cdot\sin\psi + B_3\cdot\sin 3\cdot\psi + B_5\cdot\sin 5\cdot\psi \qquad (2.31)$$

Wie leicht nachzuprüfen ist, gehen für $\mu = 0$ alle Beziehungen über in diejenigen des normalen Kurbeltriebes in Abschnitt 2.1.1. Entsprechend der Versetzung der Zylinderachse verschiebt sich das für den normalen Kurbeltrieb symmetrische Bild der Beschleunigungswerte. Auffallend ist in der Auftragung der Kolbenbeschleunigung (Abb. 2.14), daß bei großen Schränkungsverhältnissen die absoluten Werte der Beschleunigung im unteren Teil des Hubes fast die Spitzenwerte im OT erreichen.

Abb. 2.15 zeigt uns den Einfluß des Schränkungsverhältnisses μ auf die Maximalbeschleunigungen (bezogen auf diejenigen des normalen Kurbeltriebes). Es ist jedoch zu beachten, daß Schränkungsverhältnisse von 10 % für das Auge eines Motorenbauers schon recht ungewöhnliche Bauformen ergeben würden, wenn man Sonderbauarten wie das Rhombentriebwerk außer acht läßt. Bei dieser Triebwerksart sind jedoch leicht Schränkungsverhältnisse von $\mu = 0{,}4$ bis $0{,}5$ erreichbar. Eine Zahlentafel für Schränkungsverhältnisse von 1, 5, 15 und 40 % ist in der Tabelle 2.B wiedergegeben,

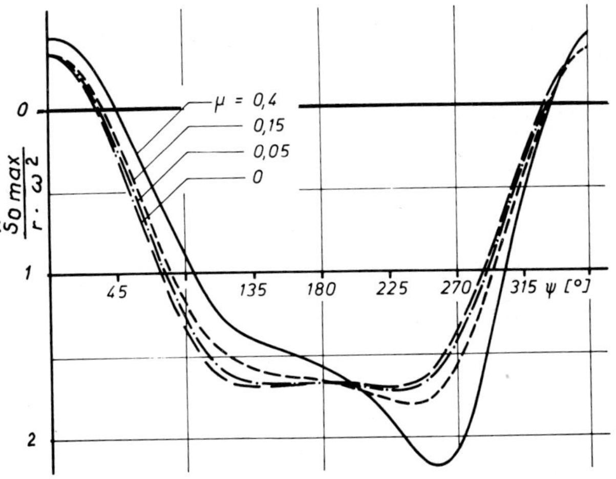

Abb. 2.14: *Verlauf der Kolbenbeschleunigung über den Kurbelwinkel Ψ*

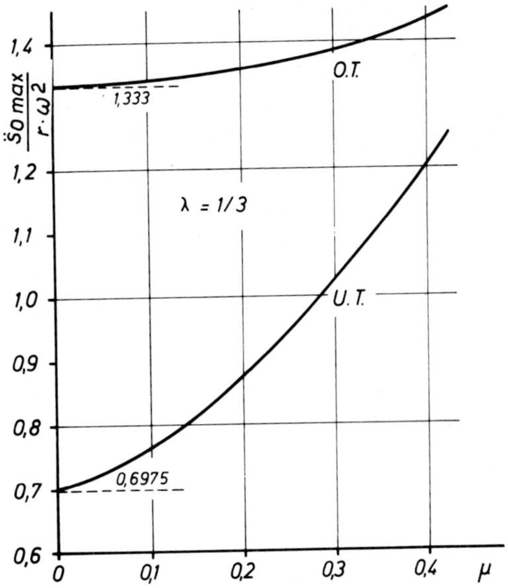

Abb. 2.15: *Einfluß des Schränkungsverhältnisses μ auf die maximale Beschleunigung des Kolbens*

μ = e/l	0,000	0,010	0,050	0,400	0,000	0,010	0,050	0,400	0,000	0,010	0,050	0,400
ψ	$x = \frac{s_0}{r}$				$x' = \frac{\dot{s}_0}{r \cdot \omega}$				$x'' = \frac{\ddot{s}_0}{r \cdot \omega^2}$			
0.	0.0000	0.0000	0.0000	0.0000	0.0000	-0.0100	-0.0501	-0.4364	1.2500	1.2500	1.2509	1.3247
10.	0.0190	0.0172	0.0103	-0.0558	0.2164	0.2066	0.1672	-0.2022	1.2204	1.2219	1.2284	1.3484
20.	0.0750	0.0715	0.0578	-0.0707	0.4227	0.4132	0.3754	0.0307	1.1335	1.1365	1.1487	1.3111
30.	0.1653	0.1603	0.1402	-0.0457	0.6091	0.6003	0.5651	0.2523	0.9950	0.9994	1.0175	1.2200
40.	0.2859	0.2794	0.2535	0.0162	0.7675	0.7596	0.7281	0.4540	0.8140	0.8199	0.8439	1.0847
50.	0.4313	0.4235	0.3925	0.1112	0.8915	0.8847	0.8579	0.6290	0.6026	0.6100	0.6398	0.9165
60.	0.5949	0.5860	0.5508	0.2340	0.9769	0.9716	0.9505	0.7727	0.3751	0.3839	0.4190	0.7274
70.	0.7699	0.7603	0.7220	0.3789	1.0224	1.0186	1.0041	0.8824	0.1468	0.1567	0.1960	0.5298
80.	0.9495	0.9393	0.8991	0.5400	1.0289	1.0270	1.0196	0.9578	-0.0682	-0.0575	-0.0154	0.3347
90.	1.1270	1.1167	1.0758	0.7113	1.0000	1.0000	1.0000	1.0000	-0.2582	-0.2472	-0.2041	0.1517
100.	1.2968	1.2866	1.2464	0.8873	0.9407	0.9426	0.9501	1.0118	-0.4155	-0.4048	-0.3627	-0.0125
110.	1.4540	1.4443	1.4060	1.0630	0.8570	0.8607	0.8753	0.9969	-0.5373	-0.5273	-0.4880	-0.1543
120.	1.5949	1.5860	1.5508	1.2340	0.7551	0.7605	0.7816	0.9594	-0.6249	-0.6161	-0.5810	-0.2726
130.	1.7168	1.7090	1.6780	1.3967	0.6406	0.6474	0.6742	0.9031	-0.6830	-0.6756	-0.6458	-0.3691
140.	1.8180	1.8115	1.7856	1.5483	0.5181	0.5260	0.5575	0.8316	-0.7181	-0.7122	-0.6882	-0.4473
150.	1.8974	1.8924	1.8723	1.6863	0.3909	0.3997	0.4349	0.7477	-0.7370	-0.7326	-0.7145	-0.5120
160.	1.9543	1.9509	1.9372	1.8087	0.2614	0.2709	0.3086	0.6533	-0.7458	-0.7429	-0.7307	-0.5683
170.	1.9886	1.9868	1.9799	1.9138	0.1309	0.1407	0.1801	0.5495	-0.7492	-0.7477	-0.7412	-0.6212
180.	2.0000	2.0000	2.0000	2.0000	0.0000	0.0100	0.0501	0.4364	-0.7500	-0.7500	-0.7491	-0.6753
190.	1.9886	1.9903	1.9973	2.0656	-0.1309	-0.1210	-0.0813	0.3135	-0.7492	-0.7506	-0.7554	-0.7340
200.	1.9543	1.9578	1.9716	2.1088	-0.2614	-0.2519	-0.2135	0.1798	-0.7458	-0.7487	-0.7595	-0.7992
210.	1.8974	1.9024	1.9227	2.1277	-0.3909	-0.3820	-0.3461	0.0342	-0.7370	-0.7414	-0.7584	-0.8703
220.	1.8180	1.8246	1.8508	2.1200	-0.5181	-0.5101	-0.4777	-0.1241	-0.7181	-0.7240	-0.7475	-0.9429
230.	1.7168	1.7246	1.7562	2.0837	-0.6406	-0.6338	-0.6061	-0.2945	-0.6830	-0.6905	-0.7204	-1.0077
240.	1.5949	1.6038	1.6397	2.0167	-0.7551	-0.7498	-0.7278	-0.4745	-0.6249	-0.6338	-0.6697	-1.0501
250.	1.4540	1.4637	1.5028	1.9178	-0.8570	-0.8533	-0.8380	-0.6586	-0.5373	-0.5473	-0.5881	-1.0509
260.	1.2968	1.3070	1.3481	1.7870	-0.9407	-0.9388	-0.9310	-0.8378	-0.4155	-0.4263	-0.4704	-0.9906
270.	1.1270	1.1374	1.1792	1.6263	-1.0000	-1.0000	-1.0000	-1.0000	-0.2582	-0.2693	-0.3145	-0.8553
280.	0.9495	0.9597	1.0008	1.4397	-1.0289	-1.0308	-1.0387	-1.1318	-0.0682	-0.0790	-0.1231	-0.6433
290.	0.7699	0.7796	0.8188	1.2337	-1.0224	-1.0261	-1.0414	-1.2208	0.1468	0.1367	0.0959	-0.3668
300.	0.5949	0.6038	0.6397	1.0167	-0.9769	-0.9323	-1.0043	-1.2575	0.3751	0.3662	0.3303	-0.0501
310.	0.4313	0.4391	0.4706	0.7981	-0.8915	-0.8983	-0.9260	-1.2376	0.6026	0.5951	0.5652	0.2779
320.	0.2859	0.2925	0.3187	0.5879	-0.7675	-0.7755	-0.8079	-1.1615	0.8140	0.8080	0.7845	0.5892
330.	0.1653	0.1704	0.1907	0.3956	-0.6091	-0.6180	-0.6539	-1.0342	0.9950	0.9906	0.9736	0.8617
340.	0.0750	0.0784	0.0922	0.2294	-0.4227	-0.4322	-0.4705	-0.8639	1.1335	1.1307	1.1199	1.0801
350.	0.0190	0.0207	0.0277	0.0960	-0.2164	-0.2263	-0.2660	-0.6608	1.2204	1.2190	1.2142	1.2356
360.	0.0000	0.0000	0.0000	0.0000	0.0000	-0.0100	-0.0501	-0.4364	1.2500	1.2500	1.2509	1.3247

Tabelle 2.B: *Weg, Geschwindigkeit und Beschleunigung des Kolbens eines geschränkten Kurbeltriebes (λ = 0,25)*

aus der man durch Interpolation sich schnell benötigte Werte heranschaffen kann. In den Programmtabellen I 0201, I 0202 und I 0203 (auf den Seiten 32 und 33) sind die entsprechenden Unterprogramme für den geschränkten Kurbeltrieb zusammengestellt worden.

```
****************************************************************************
PROGRAMM-TABELLE  I 0201        UNTERPROGRAMM  FUNCTION   TXG

  KOLBENWEG DES GESCHRAENKTEN SCHUBKURBELGETRIEBES

  AUFGABE DES PROGRAMMS  TXG
  BERECHNUNG DES VERHAELTNISSES VON KOLBENWEG X ZUM KURBELRADIUS R ,
  WOBEI DER KOLBENWEG VON OT AUS GEMESSEN WIRD
  (GESCHRAENKTES SCHUBKURBELGETRIEBE)

  TXG=KOLBENWEG/KURBELRADIUS = X/R = S/R

  PROGRAMM TYP - FUNCTION -
  AUFRUF Z.B.  S = R*TXG(PHIG,FLAM,A,FL)
  PARAMETERLISTE :
                        PHIG = KURBELSTELLUNG PSI IN GRAD
                        FLAM = SCHUBSTANGENVERHAELTNIS LAMBDA
                        A    = VERSATZ  DER  ZYLINDERACHSE
                        FL   = LAENGE DER PLEUELSTANGE
 ***************          ***************          ***************
 FUNCTION TXG(PHIG,FLAM,A,FL)
 PHI=PHIG*0.0174532925
 FMUE=A/FL
 ZW1=COS(PHI)
 ZW2=FLAM**2*(SIN(PHI))**2
 ZW3=2*FLAM*FMUE*SIN(PHI)
 ZW4=SQRT(1-ZW2+ZW3-FMUE**2)
 ZW5=SQRT(1-FMUE**2)
 TXG=1-ZW1-ZW4/FLAM+ZW5/FLAM
 RETURN
 END
```

I 0201: Kolbenweg des geschränkten Schubkurbelgetriebes

```
****************************************************************************
PROGRAMM-TABELLE  I 0202        UNTERPROGRAMM  FUNCTION   TXG1

  KOLBENGESCHWINDIGKEIT DES GESCHRAENKTEN SCHUBKURBELGETRIEBES

  AUFGABE DES PROGRAMMS  TXG1
  BERECHNUNG DES VERHAELTNISSES DER 1. ABLEITUNG DES KOLBENWEGES X
  NACH DEM BOGENMASS DES KURBELWINKELS PHIG ZUM KURBELRADIUS R
  (GESCHRAENKTES SCHUBKURBELGETRIEBE)

  TXG1=1.ABLEITUNG DES KOLBENWEGES/KURBELRADIUS = X'/R

  PROGRAMM TYP - FUNCTION -
  AUFRUF Z.B.  S' = R*TXG1(PHIG,FLAM,A)
  PARAMETERLISTE :
                        PHIG = KURBELSTELLUNG PSI IN GRAD
                        FLAM = SCHUBSTANGENVERHAELTNIS LAMBDA
                        A    = VERSATZ  DER  ZYLINDERACHSE
                        FL   = LAENGE DER PLEUELSTANGE
 ***************          ***************          ***************
 FUNCTION TXG1(PHIG,FLAM,A,FL)
 PHI=PHIG*0.0174532925
 FMUE=A/FL
 ZW1=SIN(PHI)
 ZW2=FLAM**2*(SIN(PHI))**2
 ZW3=2*FLAM*FMUE*SIN(PHI)
 ZW4=SQRT(1-ZW2+ZW3-FMUE**2)
 ZW5=FLAM*SIN(PHI)*COS(PHI)
 ZW6=FMUE*COS(PHI)
 TXG1=ZW1+(ZW5-ZW6)/ZW4
 RETURN
 END
```

I 0202: Kolbengeschwindigkeit

2.1.3 Der Kurbeltrieb mit Anlenkpleuel

Die sogenannte Anlenkung einer oder mehrerer Nebenpleuelstangen an eine Hauptpleuelstange bei V-Motoren und bei Sternmotoren wird häufig angewandt, um in axialer Richtung Platz zu sparen. Bei Sternmotoren ist dieser Schritt unabdingbar, bei Zweireihen-V-Motoren zeigen jedoch Konstruktionsstudien, daß bei sachgemäßer Auslegung der Gleitlagerung der Raumgewinn gleich Null oder nur äußerst gering ist, so daß wir heute bei fast allen modernen V-Motoren nebeneinanderliegende Pleuel mit einem Versatz der beiden Zylinderreihen haben. Auch das konstruktiv sehr sensible Gabelpleuel wird kaum noch bei Neuentwicklungen angewandt.

```
*****************************************************************************
PROGRAMM-TABELLE  I 0203        UNTERPROGRAMM  FUNCTION   TXG2

  KOLBENBESCHLEUNIGUNG DES GESCHRAENKTEN SCHUBKURBELGETRIEBES

  AUFGABE DES PROGRAMMS  TXG2
  BERECHNUNG DES VERHAELTNIS DER 2. ABLEITUNG DES KOLBENWEGES NACH
  DEM BOGENMASS DES KURBELWINKELS ZUM KURBELRADIUS
  (GESCHRAENKTES SCHUBKURBELGETRIEBE)

  TXG2=2.ABLEITUNG DES KOLBENWEGES/KURBELRADIUS = X''/R

  PROGRAMM TYP - FUNCTION -
  AUFRUF Z.B.  S'' = R*TXG2(PHIG,FLAM,A)
  PARAMETERLISTE :
                    PHIG = KURBELSTELLUNG PSI IN GRAD
                    FLAM = SCHUBSTANGENVERHAELTNIS LAMBDA
                    A    = VERSATZ  DER  ZYLINDERACHSE
                    FL   = LAENGE DER PLEUELSTANGE
***************            ***************            ***************
  FUNCTION TXG2(PHIG,FLAM,A,FL)
  PHI=PHIG*0.0174532925
  FMUE=A/FL
  ZW1=COS(PHI)
  ZW2=FLAM**2*(SIN(PHI))**2
  ZW3=2*FLAM*FMUE*SIN(PHI)
  ZW4=SQRT(1-ZW2+ZW3-FMUE**2)
  ZW5=FLAM**3*(SIN(PHI))**4
  ZW6=3*FLAM*FMUE**2*(SIN(PHI))**2
  ZW7=3*FLAM**2*FMUE*(SIN(PHI))**3
  ZW8=FMUE*SIN(PHI)-FMUE**3
  ZW9=FLAM*(COS(PHI))**2
  ZW10=FLAM*(SIN(PHI))**2
  TXG2=ZW1+(ZW9-ZW10+ZW5+ZW6-ZW7+ZW8)/ZW4**3
  RETURN
  END
```

I 203: Kolbenbeschleunigung

Die Anlenkung einer Pleuelstange an eine andere nach Abb. 2.16 bedingt für die Nebenstange und den Nebenkolben ein verändertes Bewegungsgesetz. Bei der Rotation der Kurbelkröpfung beschreibt die Anlenkbolzenmitte eine eiförmige Kurve. Die Totpunktlagen O.T. und U.T. des Nebenpleuelkolbens werden auf der Zylinderachse verschoben, der Kolbenhub meist vergrößert (bis 7 % bei ausgeführten Motoren) und somit Kolbengeschwindigkeit und Kolbenbeschleunigung beeinflußt, was sich auf die Massenkräfte der Nebenpleuelseite auswirkt. Die zeitliche Verschiebung des oberen Totpunktes und damit auch des Zündzeitpunktes kann eintreten. Die Änderung der Kolbengeschwindigkeit in O.T.-Nähe kann einen veränderten Verbrennungsablauf ergeben, die zeitlichen Änderungen müssen bei der Auslegung des Zündzeitpunktes und auch der Ventilsteuerzeiten berücksichtigt werden. Die Seitendrücke des Kolbens von Haupt- und Nebenpleuel werden erhöht.

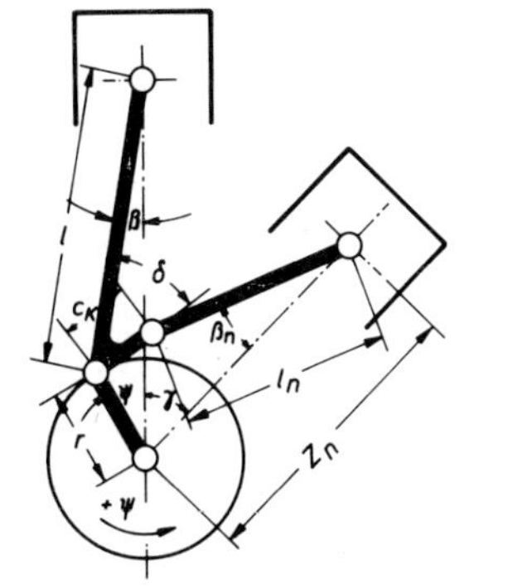

Abb. 2.16: Kurbeltrieb mit Pleuelanlenkung

Durch geeignete Wahl des Anlenkwinkels δ können alle vorgenannten Faktoren beeinflußt werden, so daß man einen zweckmäßigen Ausgleich zwischen diesen verschiedenen Nachteilen suchen kann.

Bei der folgenden Untersuchung der Bewegungsverhältnisse des Nebenzylinders hat der Kurbelwinkel Ψ in der gestreckten Lage des Hauptzylinders (O.T.) den Wert Null, und die Zählung erfolgt aus dieser Stellung.

2.1.3.1 Der Kolbenweg

Aus Abb. 2.16 ist mit den dort angegebenen Bezeichnungen abzulesen

$$z_n = r \cdot \cos\,(\psi + \gamma) + c_n \cdot \cos\,(\delta + \beta - \gamma) + l_n \cdot \cos\,\beta_n \qquad (2.32)$$

und

$$r \cdot \sin(\psi + \gamma) = c_n \cdot \sin(\delta + \beta - \gamma) + l_n \cdot \sin\beta_n \tag{2.33}$$

Der Kolbenweg s_n soll von der oberen Totpunktlage aus berechnet werden. Es gilt daher

$$s_n = r \cdot K_o - z_n = r \cdot K_o - r \cdot \cos(\psi + \gamma) - c_n \cdot \cos(\delta + \beta - \gamma) - l_n \cdot \cos\beta_n \tag{2.34}$$

$r \cdot K_o$ ist hierbei der Abstand des Kolbenbolzenmittelpunktes des Nebenzylinders vom Drehpunkt der Kurbelwelle in der oberen Totpunktlage. Ist dieser gleich dem des Hauptzylinders in der oberen Totpunktlage, so ist auch für den Nebenzylinder der Abstand gleich r+l und $K_o = 1 + 1/\lambda$. Hierbei ist λ das Stangenverhältnis für das Hauptpleuel.

Mit den Abkürzungen

$$\lambda = \frac{r}{l} \qquad \lambda_n = \frac{r}{l_n} \qquad \varrho = \frac{c_n}{l}$$

ergibt sich aus (2.33) und (2.34) nach einigen Umformungen

$$\frac{s_n}{r} = K_o - K_1 \cdot \cos\psi + K_2 \cdot \sin\psi - K_3 \cdot V - \frac{1}{\lambda_n} \cdot U \tag{2.35}$$

Mit den folgenden Beziehungen

$$K_o = 1 + \frac{1}{\lambda} \tag{2.36}$$

$$K_1 = \cos\gamma \tag{2.37}$$

$$K_2 = \sin\gamma + \varrho \cdot \sin(\delta - \gamma) \tag{2.38}$$

$$K_3 = \frac{\varrho}{\lambda} \cdot \cos(\delta - \gamma) \tag{2.39}$$

$$K_4 = \sin\gamma \tag{2.40}$$

$$K_5 = \cos\gamma - \varrho \cdot \cos(\delta - \gamma) \tag{2.41}$$

$$K_6 = -\frac{\varrho}{\lambda} \cdot \sin(\delta - \gamma) \tag{2.42}$$

$$U = \sqrt{1 - \lambda_n^2 W^2} \tag{2.43}$$

$$V = \sqrt{1 - \lambda^2 \cdot \sin^2 \psi} \tag{2.44}$$

$$W = K_4 \cdot \cos \psi + K_5 \cdot \sin \psi + K_6 \cdot V \tag{2.45}$$

$$V' = - \frac{\lambda^2 \cdot \sin \psi \cdot \cos \psi}{\sqrt{1 - \lambda^2 \cdot \sin^2 \psi}} \tag{2.46}$$

$$W' = - K_4 \cdot \sin \psi + K_5 \cdot \cos \psi + K_6 \cdot V' \tag{2.47}$$,

wobei nach Abb. 2.16 folgende Bezeichnungen gelten:

γ = V- bzw. Gabelwinkel und δ = Anlenkwinkel

Analog der Vorgehensweise in den Abschnitten 2.1.1.1 und 2.1.2.1 ergibt die Entwicklung in eine FOURIER-Reihe:

$$\frac{s_n}{r} = A_0 - A_1 \cdot \cos \psi - \frac{A_2}{4} \cdot \cos 2\psi - \frac{A_3}{9} \cdot \cos 3\psi - \frac{A_4}{16} \cdot \cos 4\psi - \ldots$$
$$- B_1 \cdot \sin \psi - \frac{B_2}{4} \cdot \sin 2\psi - \frac{B_3}{9} \cdot \sin 3\psi - \frac{B_4}{16} \cdot \sin 4\psi - \ldots$$

mit

$$A_0 = K_0 - K_3 \cdot \left(1 - \frac{1}{4} \cdot \lambda^2 - \frac{3}{64} \cdot \lambda^3\right) - \frac{1}{\lambda_n} + \frac{\lambda_n}{4} \cdot \left(K_4^2 + K_5^2 + 2 \cdot K_6^2 - \lambda^2 \cdot K_6^2\right)$$
$$+ \frac{\lambda_n^3}{64} \cdot \left(3 \cdot K_4^4 + 3 \cdot K_5^4 + 8 \cdot K_6^4 + 6 \cdot K_4^2 \cdot K_5^2 + 24 \cdot K_4^2 \cdot K_6^2 + 24 \cdot K_5^2 \cdot K_6^2\right)$$

$$A_1 = K_1 - \lambda_n \cdot K_4 \cdot K_6 \cdot \left(1 - \frac{1}{8} \cdot \lambda^2 - \frac{1}{64} \cdot \lambda^4\right) - \frac{\lambda_n^3}{8} \cdot K_4 \cdot K_6 \cdot \left(3 \cdot K_4^2 + 3 \cdot K_5^2 + 4 K_6^2\right) \tag{2.48}$$

$$A_2 = K_3 \cdot \left(\lambda^2 + \frac{1}{4} \cdot \lambda^4\right) - \lambda_n \cdot \left(K_4^2 - K_5^2 + \lambda^2 \cdot K_6^2\right) - \frac{\lambda_n^3}{4} \cdot \left(K_4^4 - K_5^4 + 6 \cdot K_4^2 \cdot K_6^2 - 6 \cdot K_5^2 \cdot K_6^2\right)$$

$$A_3 = - \frac{9}{8} \cdot \lambda_n \cdot K_4 \cdot K_6 \cdot \left[\lambda^2 + \frac{3}{16} \cdot \lambda^4 + \lambda_n^3 \cdot \left(K_4^2 - 3 \cdot K_5^2\right)\right]$$

$$A_4 = - K_3 \cdot \frac{\lambda^4}{4} - \frac{\lambda_n^3}{4} \cdot \left(K_4^4 + K_5^4 - 6 \cdot K_4^2 \cdot K_5^2\right)$$

$$B_1 = - K_2 - \lambda_n \cdot K_5 \cdot K_6 \cdot \left[1 - \frac{3}{8} \cdot \lambda^2 + \frac{\lambda_n^2}{8} \cdot \left(3 \cdot K_4^2 + 3 \cdot K_5^2 + 4 \cdot K_6^2\right)\right]$$

$$B_2 = - \lambda_n \cdot K_4 \cdot K_5 \cdot \left[2 + \frac{\lambda_n^2}{2} \cdot \left(K_4^2 + K_5^2 + 6 \cdot K_6^2\right)\right]$$

$$B_3 = - \frac{9}{8} \cdot \lambda_n \cdot K_5 \cdot K_6 \cdot \left[\lambda^2 + \frac{5}{16} \cdot \lambda^4 + \lambda_n^2 \cdot \left(3 \cdot K_4^2 - K_5^2\right)\right]$$

$$B_4 = - \lambda_n^3 \cdot K_4 \cdot K_5 \cdot \left(K_4^2 - K_5^2\right)$$

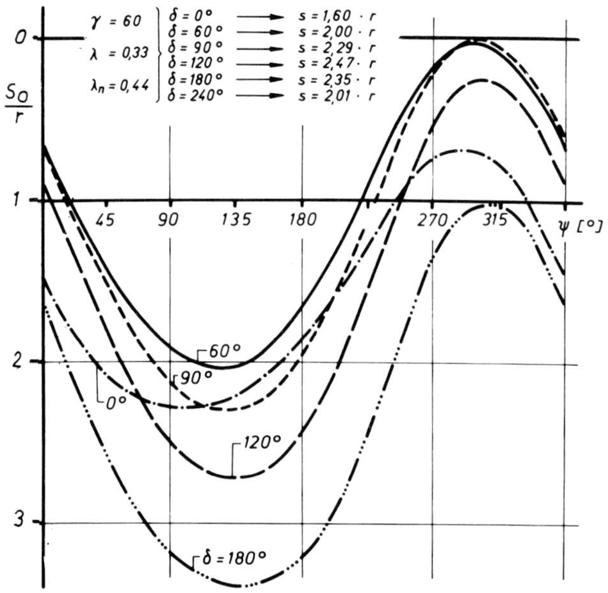

Abb. 2.17: Einfluß des Anlenkwinkels δ auf den Kolbenweg

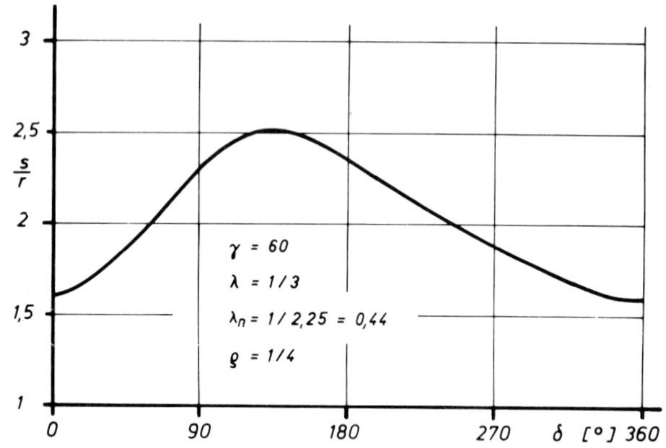

Abb. 2.18: Einfluß des Anlenkwinkels δ auf den effektiven Kolbenhub des Nebenzylinders

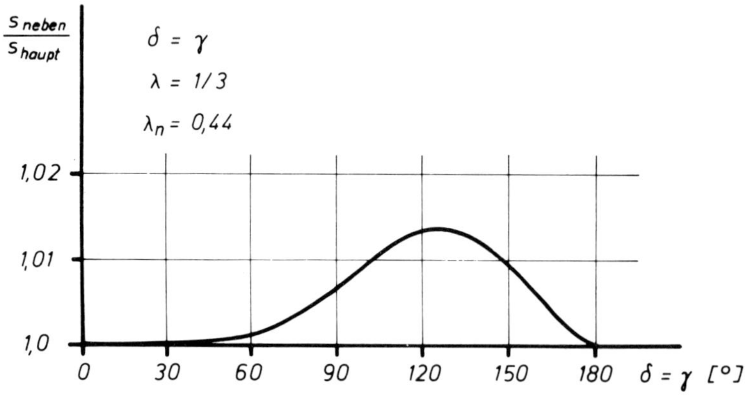

Abb. 2.19: Hubdifferenz von Haupt- und Nebenzylinder bei gleichem Winkel zwischen den Zylinderreihen und der Anlenkung

In den Abbildungen 2.17 und 2.20 sind die Einflüsse des Anlenkwinkels δ und des relativen Anlenkradius $\varrho = c_n/\ell$ auf die Kolbenstellungen dargestellt.

Man erkennt z. B., daß man mit dem Anlenkwinkel δ den effektiven Hub des Nebenzylinders merklich beeinflussen kann. Mit den gegebenen Randbedingungen der Abb. 2.18 ist für technisch ausführbare Anlenkwinkel für einen 60^0-V-Motor eine Variation der Hübe von etwa $(1{,}6 \div 2{,}5)\cdot r$ möglich. In der Regel führt man den Anlenkwinkel δ in etwa in Größe des Zylinderwinkels γ (Gabelwinkel γ beim V-Motor) aus, wodurch man die Abweichungen der Hübe zwischen Haupt- und Nebenzylindern minimiert (Abb. 2.19).

Abb. 2.20 läßt erkennen, daß der relative Anlenkradius ϱ auf die Bewegungsverhältnisse des Nebenkolbens nur von untergeordneter Bedeutung ist.

2.1.3.2 Die Kolbengeschwindigkeit

Differenzieren von (2.35) beziehungsweise (2.48) nach der Zeit liefert die Kolbengeschwindigkeit des Nebenzylinders

$$\frac{\dot{s}_n}{r \cdot \omega} = K_1 \cdot \sin\psi + K_2 \cdot \cos\psi - K_3 \cdot V' + \lambda_n \cdot \frac{W \cdot W'}{U} \qquad (2.49)$$

beziehungsweise

$$\frac{\dot{s}_n}{r \cdot \omega} = A_1 \cdot \sin\psi + \frac{A_2}{2} \cdot \sin 2\psi + \frac{A_3}{3} \cdot \sin 3\psi + \frac{A_4}{4} \cdot \sin 4\psi + \ldots \qquad (2.50)$$

$$- B_1 \cdot \cos\psi - \frac{B_2}{2} \cdot \cos 2\psi - \frac{B_3}{3} \cdot \cos 3\psi - \frac{B_4}{4} \cdot \cos 4\psi - \ldots$$

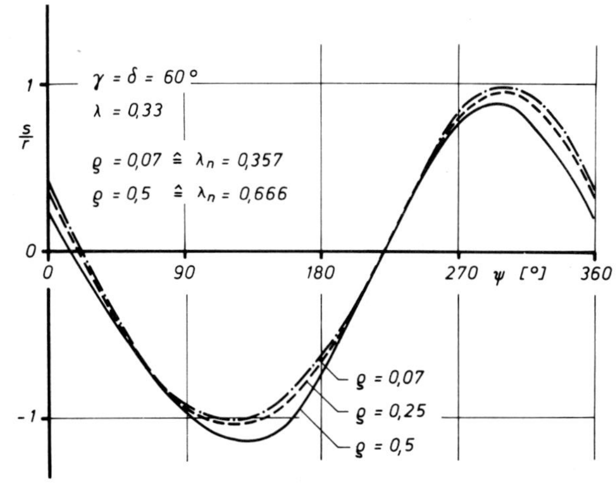

Abb. 2.20: Einfluß des relativen Anlenkradius ϱ auf die Ortskurve des Kolbens

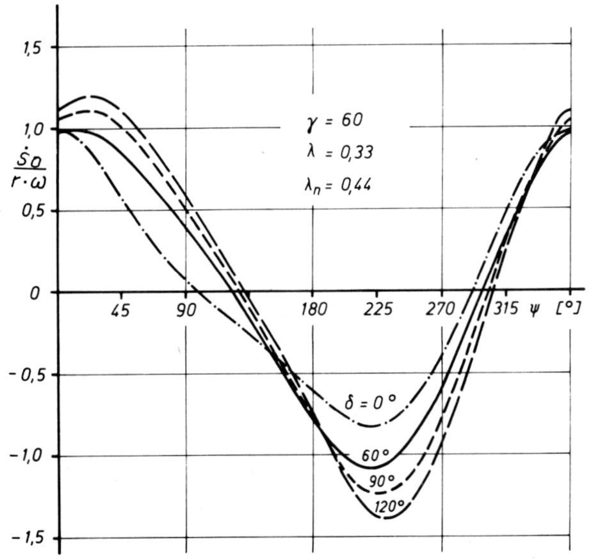

Abb. 2.21: Einfluß des Anlenkwinkels δ auf den Geschwindigkeitsverlauf des Kolbens

Aus den Auftragungen der Kolbengeschwindigkeit $\dot{s}_n$ über dem Kurbelwinkel Ψ erkennt man den Einfluß des Anlenkwinkels δ (Abb. 2.21) und des relativen Anlenkradius ϱ (Abb. 2.22). Auch hier zeigt sich der relativ große Einfluß des Anlenkwinkels δ auf die Kolbengeschwindigkeit und der nur untergeordnete des relativen Anlenkradius ϱ.

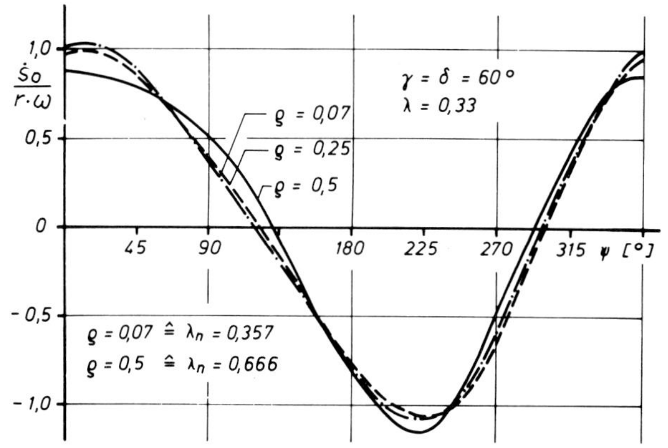

Abb. 2.22: Einfluß des relativen Anlenkradius ϱ auf die Kolbengeschwindigkeit

2.1.3.3 Die Kolbenbeschleunigung

Nochmaliges Differenzieren nach der Zeit liefert die Kolbenbeschleunigung

$$\frac{\ddot{s}_n}{r\cdot\omega^2} = K_1\cdot\cos\psi - K_2\cdot\sin\psi - K_3\cdot V'' + \lambda_n\cdot\frac{(W'^2 + WW'')\cdot U^2 + \lambda_n^2\cdot W^2\cdot W'^2}{U^3} \tag{2.51}$$

beziehungsweise

$$\frac{\ddot{s}_n}{r\cdot\omega^2} = A_1\cdot\cos\psi + A_2\cdot\cos 2\psi + A_3\cdot\cos 3\psi + A_4\cdot\cos 4\psi + \ldots \tag{2.52}$$

$$B_1\cdot\sin\psi + B_2\cdot\sin 2\psi + B_3\cdot\sin 3\psi + B_4\cdot\sin 4\psi + \ldots$$

Die in den Formeln (2.51) und (2.52) benutzten Abkürzungen und deren Ableitungen haben folgende Bedeutung:

$$V = \sqrt{1 - \lambda^2\cdot\sin^2\psi} \qquad W = K_4\cdot\cos\psi + K_5\cdot\sin\psi + K_6\cdot V$$

$$V' = -\frac{\lambda^2\cdot\sin\psi\cdot\cos\psi}{\sqrt{1 - \lambda^2\cdot\sin^2\psi}} \qquad W' = -K_4\cdot\sin\psi + K_5\cdot\cos\psi + K_6\cdot V'$$

$$V'' = -\frac{\lambda^2\cdot\cos^2\psi - \lambda^2\cdot\sin^2\psi + \lambda^4\cdot\sin^4\psi}{\left(\sqrt{1 - \lambda^2\cdot\sin^2\psi}\right)^3} \qquad W'' = -K_4\cdot\cos\psi - K_5\cdot\sin\psi + K_6\cdot V''$$

$$U = \sqrt{1 - \lambda_n^2\, W^2}$$

Die Zählung des Kurbelwinkels Ψ erfolgt vereinbarungsgemäß aus der oberen Totpunktlage des Hauptzylinders. Bei Anordnung des (bzw. der) Nebenzylinder(s) entsprechend Abb. 2.16 ist im Linksdrehsinn der Kurbel (mathematischer Drehsinn) der Winkel positiv, im Rechtsdrehsinn negativ zu zählen.

Aus den Abbildungen 2.23 und 2.24 erkennt man den Einfluß von Anlenkwinkel δ und relativem Anlenkradius ϱ auf die Kolbenbeschleunigung und stellt auch hier fest, daß die Einflüsse für praktisch ausführbare Lösungen nicht vernachlässigbar sind. Auf die mögliche Abweichung der Totpunktlagen und die Hubabweichung des

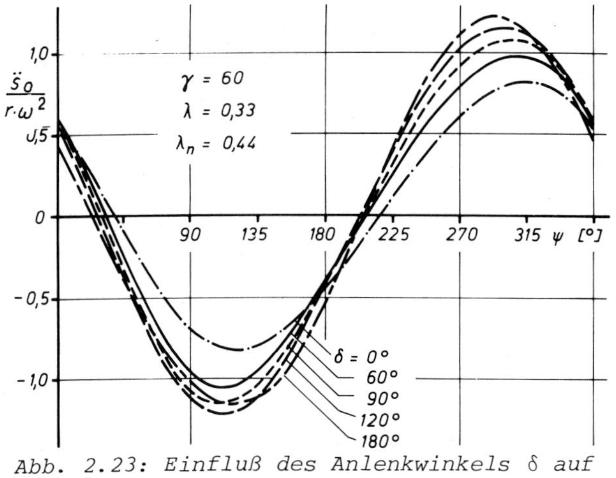

Abb. 2.23: *Einfluß des Anlenkwinkels δ auf die Kolbenbeschleunigung*

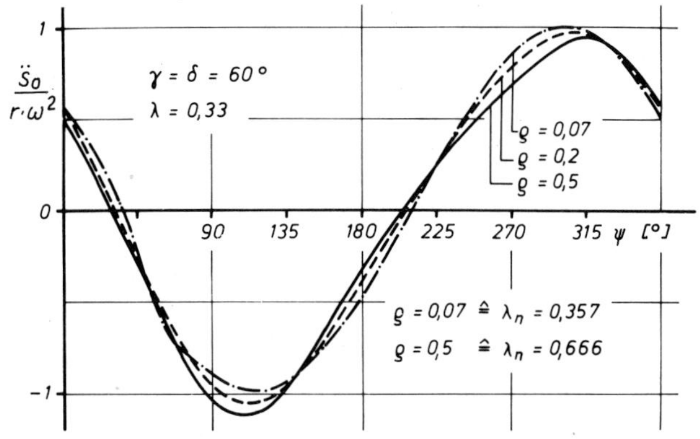

Abb. 2.24: *Einfluß des relativen Anlenkradius ϱ auf den Verlauf der Kolbenbeschleunigung*

Nebenzylinders gegenüber dem Hauptzylinder sei hier nochmals ausdrücklich hingewiesen.

Für den Massenausgleich ist es am günstigsten, den Anlenkwinkel gleich dem Gabel- oder V-Winkel der Zylinderreihen zu machen und die anderen Parameter so zu wählen, daß

$$\lambda_n = \frac{\lambda - \frac{c_n}{r} \cdot \lambda^2}{1 + (z-1)^2 \frac{c_n}{r} \lambda} \tag{2.53}$$

ist. Dabei ist (Z-1) die Anzahl der an ein Hauptpleuel angelenkten Nebenpleuelstangen.

Abb. 2.25 zeigt Kolbenweg, Kolbengeschwindigkeit von Haupt- und Nebenpleueln eines ausgeführten V-Motors nach Abb. 2.26 mit mittelbarer Pleuelanlenkung. Das Anlenkpleuel dieses Motors wird in Abb. 2.27 gezeigt, aus dem man erkennen kann, daß die Konstruktion eines Anlenkpleuels nicht zu den leichten Aufgaben des Maschinenbaues gehört.

Die Programm-Tabellen J 0201 - J 0203 geben die Unterprogramme für den angelenkten Pleueltrieb wieder. Aus der Länge der Programmteile kann man schon ersehen, daß die Zusammenhänge und gegenseitigen Abhängigkeiten komplizierter werden und die Handrechnung für einen Sternmotor schon zur rechten Fleißarbeit werden läßt.

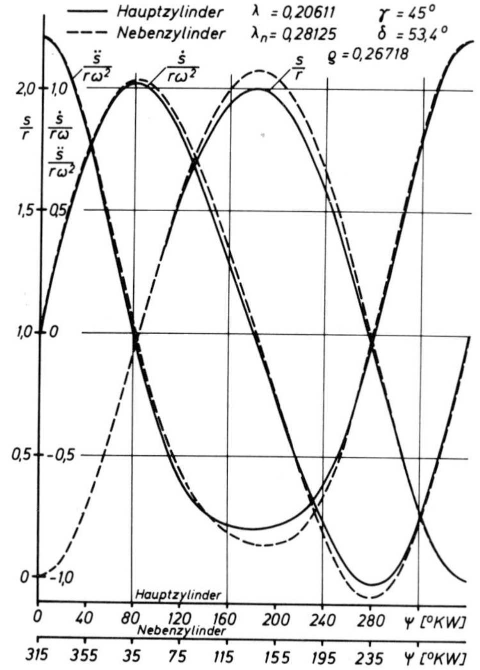

Abb. 2.25: *Kolbenweg, Kolbengeschwindigkeit und Kolbenbeschleunigung des Haupt- und Nebenzylinders bei einem Motor mit mittlerer Pleuelanlenkung*

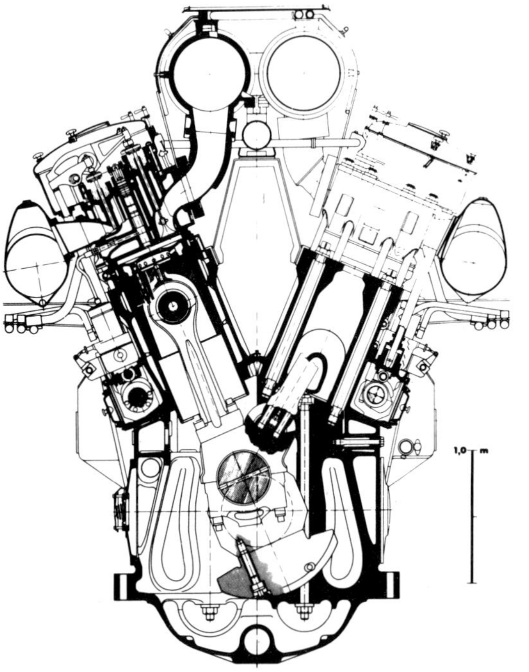

Abb. 2.26: *Mittelschnellaufender V-Motor MAN 40/54 mit Anlenkpleuel (mittelbare Pleuelanlenkung)*

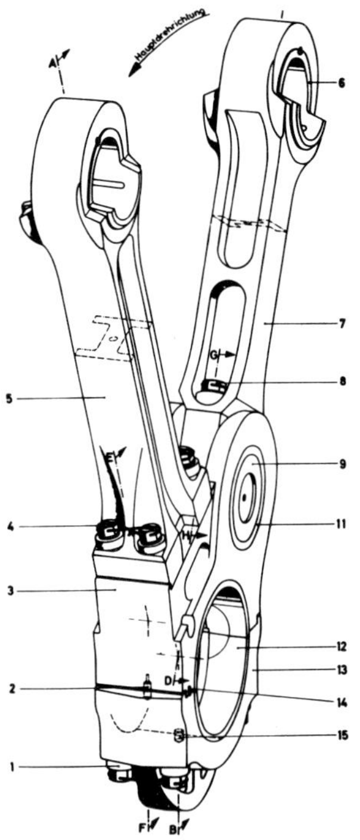

Abb. 2.27: *Haupt- und Nebenpleuelstange des V-Motors nach Abb. 2.26*

```
*************************************************************************
PROGRAMM-TABELLE  J 0201        UNTERPROGRAMM  FUNCTION   TXA

  KOLBENWEG DES ANGELENKTEN PLEUELTRIEBES

  AUFGABE DES PROGRAMMS  TXA
  BERECHNUNG DES VERHAELTNISSES VON KOLBENWEG X ZUM KURBELRADIUS R ,
  WOBEI DER KOLBENWEG VON OT AUS GEMESSEN WIRD
  (ANGELENKTER PLEUELTRIEB)

  TXA=KOLBENWEG/KURBELRADIUS = X/R = S/R

  PROGRAMM TYP - FUNCTION -
  AUFRUF Z.B.   S = R*TXA(PHIG,R,FL,RA,DELTA,GAMMA,FLN)
  PARAMETERLISTE :
                       PHIG = KURBELSTELLUNG PSI IN GRAD
                       FL   = LAENGE DER HAUPTPLEUELSTANGE
                       R    = KURBELRADIUS
                       RA   = ANLENKRADIUS
                       DELTA= ANLENKWINKEL IN GRAD
                       GAMMA= WINKEL ZWISCHEN ZWEI ZYLINDERACHSEN
                       FLN  = LAENGE DER ANGELENKTEN PLEUELSTANGE
  **************       ***************        ***************
  FUNCTION TXA(PHIG,R,FL,RA,DELTA,GAMMA,FLN)
  PHI=PHIG*0.0174532925
  GAMM=GAMMA*0.0174532925
  DELT=DELTA*0.0174532925
  FLAM=R/FL
  RHO=RA/FL
  FLAMN=R/FLN
  VK0=1+1/FLAM
  VK1=COS(GAMM)
  VK2=SIN(GAMM)+RHO*SIN(DELT-GAMM)
  VK3=RHO/FLAM*COS(DELT-GAMM)
  V=SQRT(1-FLAM*(SIN(PHI))**2)
  U=SQRT(1-FLAMN**2*W**2)
  TXA=VK0-VK1*COS(PHI)+VK2*SIN(PHI)-VK3*V-U
  RETURN
  END
```

J 0201: Kolbenweg des angelenkten Pleueltriebes

```
**********************************************************************
PROGRAMM-TABELLE  J 0202        UNTERPROGRAMM  FUNCTION    TXA1

  KOLBENGESCHWINDIGKEIT DES ANGELENKTEN PLEUELTRIEBES

  AUFGABE DES PROGRAMMS  TXA1
  BERECHNUNG DES VERHAELTNISSES DER 1. ABLEITUNG DES KOLBENWEGES X
  NACH DEM BOGENMASS DES KURBELWINKELS PHIG ZUM KURBELRADIUS R
  (ANGELENKTER PLEUELTRIEB)

  TXA1=1.ABLEITUNG DES KOLBENWEGES/KURBELRADIUS = X'/R

  PROGRAMM TYP - FUNCTION -
  AUFRUF Z.B.   S' = R*TXA1(PHIG,R,FL,RA,DELTA,GAMMA,FLN)
  PARAMETERLISTE :
                     PHIG = KURBELSTELLUNG PSI IN GRAD
                     FL   = LAENGE DER HAUPTPLEUELSTANGE
                     R    = KURBELRADIUS
                     RA   = ANLENKRADIUS
                     DELTA= ANLENKWINKEL IN GRAD
                     GAMMA= WINKEL ZWISCHEN ZWEI ZYLINDERACHSEN
                     FLN  = LAENGE DER ANGELENKTEN PLEUELSTANGE
  **************          ***************          ***************
  FUNCTION TXA1(PHIG,R,FL,RA,DELTA,GAMMA,FLN)
  PHI=PHIG*0.0174532925
  GAMM=GAMMA*0.0174532925
  DELT=DELTA*0.0174532925
  FLAM=R/FL
  RHO=RA/FL
  FLAMN=R/FLN
  VK1=COS(GAM)
  VK2=SIN(GAM)+RHO*SIN(DELT-GAMM)
  VK3=RHO/FLAM*COS(DELT-GAMM)
  ZW2=FLAM**2*(SIN(PSI))**2
  V1=-(FLAM**2*SIN(PHI)*COS(PHI))/SQRT(1-ZW2)
  VK4=SIN(GAM)
  VK5=COS(GAM)-RHO*COS(DELT-GAMM)
  VK6=RHO/FLAM*SIN(DELT-GAMM)
  V=SQRT(1-FLAM*(SIN(PHI))**2)
  W=VK4*COS(PHI)+VK5*SIN(PHI)-VK6*V
  W1=-VK4*SIN(PHI)+VK5*COS(PHI)+VK6*V
  U=SQRT(1-FLAM**2*W**2)
  TXA1=VK1*SIN(PHI)+VK2*COS(PHI)-VK3*V1+FLAMN*W*W1/U
  RETURN
  END
```

J 0202: Kolbengeschwindigkeit des angelenkten Pleueltriebes

```
**********************************************************************
PROGRAMM-TABELLE  J 0203        UNTERPROGRAMM  FUNCTION    TXA2

  KOLBENBESCHLEUNIGUNG DES ANGELENKTEN PLEUELTRIEBES

  AUFGABE DES PROGRAMMS  TGA2
  BERECHNUNG DES VERHAELTNISSES DER 2. ABLEITUNG DES KOLBENWEGES X
  NACH DEM BOGENMASS DES KURBELWINKELS PHIG ZUM KURBELRADIUS R
  (ANGELENKTER PLEUELTRIEB)

  TXA2=2.ABLEITUNG DES KOLBENWEGES/KURBELRADIUS = X''/R

  PROGRAMM TYP - FUNCTION -
  AUFRUF Z.B.   S'' = R*TXA2(PHIG,R,FL,RA,DELTA,GAMMA,FLN)
  PARAMETERLISTE :
                     PHIG = KURBELSTELLUNG PSI IN GRAD
                     FL   = LAENGE DER HAUPTPLEUELSTANGE
                     R    = KURBELRADIUS
                     RA   = ANLENKRADIUS
                     DELTA= ANLENKWINKEL IN GRAD
                     GAMMA= WINKEL ZWISCHEN ZWEI ZYLINDERACHSEN
                     FLN  = LAENGE DER ANGELENKTEN PLEUELSTANGE
  **************          ***************          ***************
  FUNCTION TXA2(PHIG,R,FL,RA,DELTA,GAMMA,FLN)
  PHI=PHIG*0.0174532925
  GAMM=GAMMA*0.0174532925
  DELT=DELTA*0.0174532925
  FLAM=R/FL
  FLAMN=R/FLN
  RHO=RA/FL
  VK1=COS(GAM)
  VK2=SIN(GAM)+RHO*SIN(DELT-GAMM)
  VK3=RHO/FLAM*COS(DELT-GAMM)
  ZZ1=-(FLAM**2*(COS(PHI))**2-FLAM**2*(SIN(PHI))**2+FLAM**4*(SIN(PHI
 1))**4)
  ZW2=FLAM**2*(SIN(PSI))**2
  ZZ2=(SQRT(1-ZW2))**3
  V2=ZZ1/ZZ2
  VK4=SIN(GAM)
  VK5=COS(GAM)-RHO*COS(DELT-GAMM)
  VK6=RHO/FLAM*SIN(DELT-GAMM)
  V=SQRT(1-FLAM*(SIN(PHI))**2)
  W1=-VK4*SIN(PHI)+VK5*COS(PHI)+VK6*V
  W=VK4*COS(PHI)+VK5*SIN(PHI)-VK6*V
  W2=-VK4*COS(PHI)-VK5*SIN(PHI)+VK6*V2
  U=SQRT(1-FLAMN**2*W**2)
  ZWW=((W1**2+W*W2)*U**2+FLAMN**2*W**2*W1**2)/U**3
  TXA2=VK1*COS(PHI)-VK2*SIN(PHI)-VK3*V2+FLAMN*ZWW
  RETURN
  END
```

J 0203: Kolbenbeschleunigung des angelenkten Pleueltriebes

2.2 Die Kraftzerlegung am Schubkurbelgetriebe

Die Beanspruchung der Triebwerksteile ist von den zu übertragenden Kräften abhängig; deshalb ist es wichtig, den auf die einzelnen Bauteile wirkenden Kraftverlauf zu bestimmen. Wegen des schwellenden bzw. wechselnden Kraftverlaufes sind alle Triebwerksteile auf Ermüdungsfestigkeit auszulegen, wobei hinsichtlich der normalen, hier berechenbaren Kraftgrößen die Bauteile auf Dauerfestigkeit ausgelegt werden müssen, da die kritischen Lastwechselzahlen $2 \cdot 10^6$ bis 10^7 in relativ wenigen Betriebsstunden erreicht werden (Abb. 2.28).

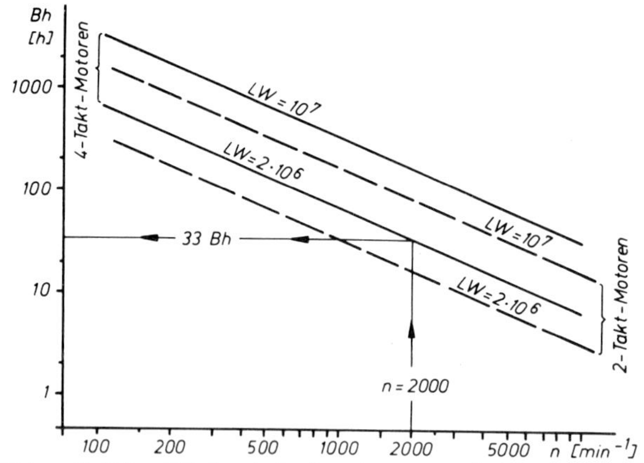

Abb. 2.28: Abhängigkeit der erreichbaren Vollast-Betriebsstunden (bis zur Erreichung der Dauerfestigkeitsgrenze) von der Motordrehzahl

2.2.1 Normaler Kurbeltrieb

(direkte Pleuelanlenkung)

Durch Kraftzerlegung ergeben sich mit den geometrischen Beziehungen nach Abb. 2.29 aus der in Zylinderrichtung wirkenden Kraft F_Z die am Kurbeltrieb angreifenden einzelnen Kräfte. Die sin- und cos-Funktion des Schwenkwinkels ß wird dabei als Funktion des Kurbelwinkels Ψ ausgedrückt.

$$\sin \beta = \frac{r}{l} \cdot \sin \psi = \lambda \cdot \sin \psi \tag{2.54}$$

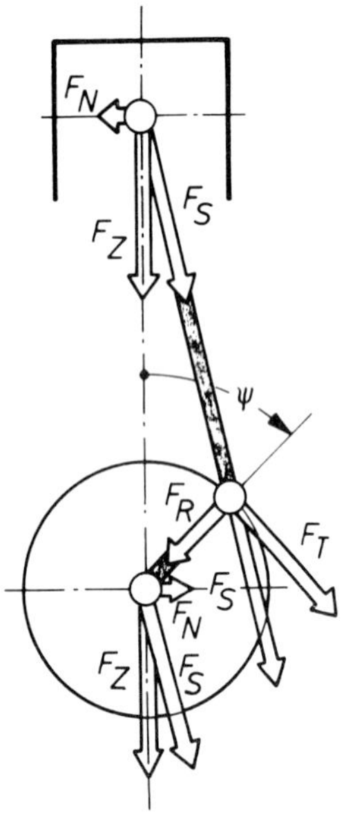

Abb. 2.29: Kraftzerlegung am einfachen Schubkurbelgetriebe

$$\cos \beta = \sqrt{1 - \sin^2 \beta} = \sqrt{1 - \lambda^2 \sin^2 \psi} \tag{2.55}$$

Die Größe $\lambda = r/\ell$ wird das Schubstangenverhältnis genannt. Damit lassen sich die Kräfte am Triebwerk in Abhängigkeit von der Kraft F_Z von λ und vom Kurbelwinkel Ψ wie folgt errechnen.

Stangenkraft:

$$F_S = F_Z \cdot \frac{1}{\cos \beta} = F_Z \cdot \frac{1}{\sqrt{1 - \lambda^2 \sin^2 \psi}} \tag{2.56}$$

oder umgeformt in eine FOURIER-Reihe

$$F_S = F_Z \cdot (A_0 + A_2 \cdot \cos 2\psi + A_4 \cdot \cos 4\psi + A_6 \cdot \cos 6\psi + \ldots)$$

$$A_0 = 1 + \frac{1}{4}\cdot\lambda^2 + \frac{9}{64}\cdot\lambda^4 + \frac{25}{256}\cdot\lambda^6 + \ldots \qquad A_2 = -\frac{1}{4}\cdot\lambda^2 - \frac{3}{16}\lambda^4 - \frac{75}{512}\cdot\lambda^6 - \ldots \tag{2.57}$$

$$A_4 = \frac{3}{64}\cdot\lambda^4 + \frac{15}{256}\cdot\lambda^6 \qquad A_6 = -\frac{5}{512}\cdot\lambda^6$$

Kolbenseitenkraft:

$$F_N = F_Z \tan\beta = F_Z\cdot\frac{\lambda\cdot\sin\psi}{\sqrt{1-\lambda^2\cdot\sin^2\psi}} \tag{2.58}$$

oder als FOURIER-Reihe

$$F_N = F_Z\cdot(B_1\cdot\sin\psi + B_3\cdot\sin 3\psi + B_5\cdot\sin 5\psi + \ldots$$

$$B_1 = \lambda + \frac{3}{8}\cdot\lambda^3 + \frac{15}{64}\cdot\lambda^5 + \ldots \qquad B_3 = -\frac{1}{8}\cdot\lambda^3 - \frac{15}{128}\cdot\lambda^5 - \ldots \qquad B_5 = \frac{3}{128}\cdot\lambda^5 + \ldots \tag{2.59}$$

Radialkraft an der Kurbel:

$$F_R = F_Z\cdot\frac{\cos(\psi+\beta)}{\cos\beta} = F_Z\cdot\left(\cos\psi - \frac{\lambda\cdot\sin^2\psi}{\sqrt{1-\lambda^2\cdot\sin^2\psi}}\right) \tag{2.60}$$

oder als FOURIER-Reihe

$$F_R = F_Z\cdot(A_0 + A_1\cdot\cos\psi + A_2\cdot\cos 2\psi + A_4\cdot\cos 4\psi + A_6\cdot\cos 6\psi + \ldots)$$

$$A_0 = -\frac{1}{2}\cdot\lambda - \frac{3}{16}\cdot\lambda^3 - \frac{15}{128}\cdot\lambda^5 - \ldots \qquad A_1 = 1$$

$$A_2 = \frac{1}{2}\cdot\lambda + \frac{1}{4}\cdot\lambda^3 + \frac{45}{256}\cdot\lambda^5 + \ldots \qquad A_4 = -\frac{1}{16}\cdot\lambda^3 - \frac{9}{128}\cdot\lambda^5 - \ldots \tag{2.61}$$

$$A_6 = \frac{3}{256}\cdot\lambda^5 + \ldots$$

Tangentialkraft an der Kurbel:

$$F_T = F_Z\cdot\frac{\sin(\psi+\beta)}{\cos\beta} = F_Z\cdot\left(\sin\psi + \frac{\lambda\cdot\sin\psi\cdot\cos\psi}{\sqrt{1-\lambda^2\cdot\sin^2\psi}}\right) \tag{2.62}$$

oder als FOURIER-Reihe

$$F_T = F_Z\cdot(B_1\cdot\sin\psi + B_2\cdot\sin 2\psi + B_4\cdot\sin 4\psi + B_6\cdot\sin 6\psi + \ldots)$$

$$B_1 = 1 \qquad B_2 = \frac{1}{2}\cdot\lambda + \frac{1}{8}\cdot\lambda^3 + \frac{15}{256}\cdot\lambda^5 + \ldots \tag{2.63}$$

$$B_4 = -\frac{1}{16}\cdot\lambda^3 - \frac{3}{64}\cdot\lambda^5 - \ldots \qquad B_6 = \frac{3}{256}\cdot\lambda^5 + \ldots$$

λ = r/l		0,225	0,250	0,275	0,300	0,225	0,250	0,275	0,300	0,225	0,250	0,275	0,300	0,225	0,250	0,275	0,300
ψ [°KW]	ψ [°KW]	Stangenkraft F_S/F_Z				Kolbenseitenkraft F_N/F_Z - wenn 180° < ψ < 360°				Radialkraft F_R/F_Z				Tangentialkraft F_T/F_Z - wenn 180° < ψ < 360°			
0.	360.	1.000	1.000	1.000	1.000	0.000	0.000	0.000	0.000	1.000	1.000	1.000	1.000	0.000	0.000	0.000	0.000
5.	355.	1.000	1.000	1.000	1.000	0.020	0.022	0.024	0.026	0.994	0.994	0.994	0.994	0.107	0.109	0.111	0.113
10.	350.	1.001	1.001	1.001	1.001	0.039	0.043	0.048	0.052	0.978	0.977	0.977	0.976	0.212	0.216	0.221	0.225
15.	345.	1.002	1.002	1.003	1.003	0.058	0.065	0.071	0.078	0.951	0.949	0.947	0.946	0.315	0.321	0.328	0.334
20.	340.	1.003	1.004	1.004	1.005	0.077	0.086	0.094	0.103	0.913	0.910	0.907	0.904	0.415	0.423	0.431	0.439
25.	335.	1.005	1.006	1.007	1.008	0.096	0.106	0.117	0.128	0.866	0.861	0.857	0.852	0.509	0.519	0.529	0.538
30.	330.	1.006	1.008	1.010	1.011	0.113	0.126	0.139	0.152	0.809	0.803	0.797	0.790	0.598	0.609	0.620	0.631
35.	325.	1.008	1.010	1.013	1.015	0.130	0.145	0.160	0.175	0.745	0.736	0.728	0.719	0.680	0.692	0.704	0.717
40.	320.	1.011	1.013	1.016	1.019	0.146	0.163	0.180	0.197	0.672	0.661	0.651	0.640	0.755	0.768	0.780	0.793
45.	315.	1.013	1.016	1.019	1.023	0.161	0.180	0.198	0.217	0.593	0.580	0.567	0.554	0.821	0.834	0.847	0.861
50.	310.	1.015	1.019	1.023	1.028	0.175	0.195	0.215	0.236	0.509	0.493	0.478	0.462	0.879	0.891	0.905	0.918
55.	305.	1.017	1.022	1.026	1.032	0.188	0.209	0.231	0.254	0.420	0.402	0.384	0.366	0.927	0.939	0.952	0.965
60.	300.	1.020	1.024	1.030	1.036	0.199	0.222	0.245	0.269	0.328	0.308	0.288	0.267	0.965	0.977	0.989	1.001
65.	295.	1.021	1.027	1.033	1.039	0.208	0.233	0.257	0.283	0.234	0.212	0.189	0.167	0.994	1.005	1.015	1.026
70.	290.	1.023	1.029	1.035	1.042	0.216	0.242	0.268	0.294	0.139	0.115	0.091	0.066	1.014	1.022	1.031	1.040
75.	285.	1.024	1.030	1.037	1.045	0.223	0.249	0.276	0.303	0.044	0.018	-0.007	-0.034	1.024	1.030	1.037	1.044
80.	280.	1.025	1.032	1.039	1.047	0.227	0.254	0.281	0.309	-0.050	-0.077	-0.103	-0.131	1.024	1.029	1.034	1.039
85.	275.	1.026	1.033	1.040	1.048	0.230	0.257	0.285	0.313	-0.142	-0.169	-0.197	-0.225	1.016	1.019	1.021	1.023
90.	270.	1.026	1.033	1.040	1.048	0.231	0.258	0.286	0.314	-0.231	-0.258	-0.286	-0.314	1.000	1.000	1.000	1.000
95.	265.	1.026	1.033	1.040	1.048	0.230	0.257	0.285	0.313	-0.316	-0.343	-0.371	-0.399	0.976	0.974	0.971	0.969
100.	260.	1.025	1.032	1.039	1.047	0.227	0.254	0.281	0.309	-0.397	-0.424	-0.451	-0.478	0.945	0.941	0.936	0.931
105.	255.	1.024	1.030	1.037	1.045	0.223	0.249	0.276	0.303	-0.474	-0.499	-0.525	-0.551	0.908	0.902	0.895	0.888
110.	250.	1.023	1.029	1.035	1.042	0.216	0.242	0.268	0.294	-0.545	-0.569	-0.593	-0.618	0.866	0.857	0.848	0.839
115.	245.	1.021	1.027	1.033	1.039	0.208	0.233	0.257	0.283	-0.611	-0.633	-0.656	-0.679	0.818	0.808	0.798	0.787
120.	240.	1.020	1.024	1.030	1.036	0.199	0.222	0.245	0.269	-0.672	-0.692	-0.712	-0.733	0.767	0.755	0.743	0.732
125.	235.	1.017	1.022	1.026	1.032	0.188	0.209	0.231	0.254	-0.727	-0.745	-0.763	-0.781	0.712	0.699	0.687	0.674
130.	230.	1.015	1.019	1.023	1.028	0.175	0.195	0.215	0.236	-0.777	-0.792	-0.808	-0.824	0.654	0.641	0.628	0.614
135.	225.	1.013	1.016	1.019	1.023	0.161	0.180	0.198	0.217	-0.821	-0.834	-0.847	-0.861	0.593	0.580	0.567	0.554
140.	220.	1.011	1.013	1.016	1.019	0.146	0.163	0.180	0.197	-0.860	-0.871	-0.881	-0.892	0.531	0.518	0.505	0.492
145.	215.	1.008	1.010	1.013	1.015	0.130	0.145	0.160	0.175	-0.894	-0.902	-0.911	-0.919	0.467	0.455	0.443	0.430
150.	210.	1.006	1.008	1.010	1.011	0.113	0.126	0.139	0.152	-0.923	-0.929	-0.935	-0.942	0.402	0.391	0.380	0.369
155.	205.	1.005	1.006	1.007	1.008	0.096	0.106	0.117	0.128	-0.947	-0.951	-0.956	-0.960	0.336	0.326	0.317	0.307
160.	200.	1.003	1.004	1.004	1.005	0.077	0.086	0.094	0.103	-0.966	-0.969	-0.972	-0.975	0.269	0.261	0.253	0.245
165.	195.	1.002	1.002	1.003	1.003	0.058	0.065	0.071	0.078	-0.981	-0.983	-0.984	-0.986	0.202	0.196	0.190	0.184
170.	190.	1.001	1.001	1.001	1.001	0.039	0.043	0.048	0.052	-0.992	-0.992	-0.993	-0.994	0.135	0.131	0.127	0.122
175.	185.	1.000	1.000	1.000	1.000	0.020	0.022	0.024	0.026	-0.998	-0.998	-0.998	-0.998	0.068	0.065	0.063	0.061
180.	180.	1.000	1.000	1.000	1.000	0.000	0.000	0.000	0.000	-1.000	-1.000	-1.000	-1.000	0.000	0.000	0.000	0.000

Tabelle 2.C: Stangen-, Kolbenseiten-, Radial- und Tangentialkraftverlauf für das normale Schubkurbelgetriebe

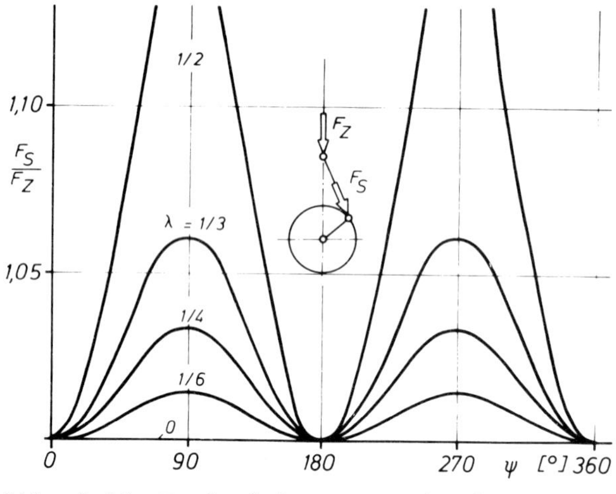

Abb. 2.30: Verlauf der Stangenkraft F_S bezogen auf die Kraft im Zylinder F_Z in Abhängigkeit von der Kurbelstellung Ψ und dem Schubstangenverhältnis λ

Um einen Überblick über den Einfluß von Kurbelwinkel Ψ und Schubstangenverhältnis λ zu erhalten, sind in Tabelle 2.C die Kraftverhältnisse - jeweils bezogen auf die Ausgangskraft F_Z - aufgetragen. Die Größe λ wurde hierbei in dem Bereich ausgeführter Motoren variiert.

Einen guten graphischen Eindruck erhält man aus den Auftragungen der Abbildungen 2.30 bis 2.33. Das Schubstangenverhältnis λ hat nur für die Stangenkraft F_S (Abb. 2.30) merklichen Einfluß bei sehr kurzen Pleuelstangen - in der Regel ist die Abweichung unter 5 %. Die Kolbenseitenkräfte (Abb. 2.31) wachsen mit kürzer werdenden Pleuelstangen jedoch schon vor allem relativ merklich an, weswegen die Kolbenhersteller an ausgesprochen kurzen Pleuelstangen wenig interessiert sind, besonders dann, wenn von ihnen ein kurzer Kolbenschaft verlangt wird. Radialkraft (F_R - Abb. 2.32) und Tangentialkraft (F_T), herrührend von einer Kolbenkraft (F_Z - Abb. 2.33), lassen sich nur in Grenzen beeinflussen, doch hat das Schubstangenverhältnis λ über seinen Einfluß auf die

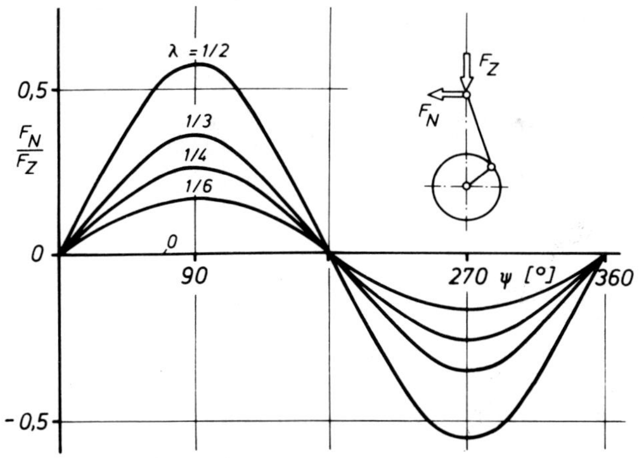

Abb. 2.31: Verlauf der Kolbenseitenkraft F_N bezogen auf die Kraft im Zylinder F_Z in Abhängigkeit von der Kurbelstellung Ψ und dem Schubstangenverhältnis λ

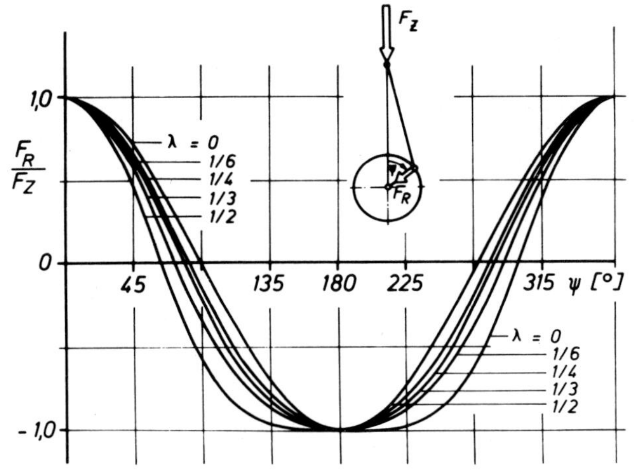

Abb. 2.32: Verlauf der Radialkraft F_R an der Kurbel bezogen auf die Kraft im Zylinder F_Z in Abhängigkeit von der Kurbelstellung Ψ und dem Schubstangenverhältnis λ

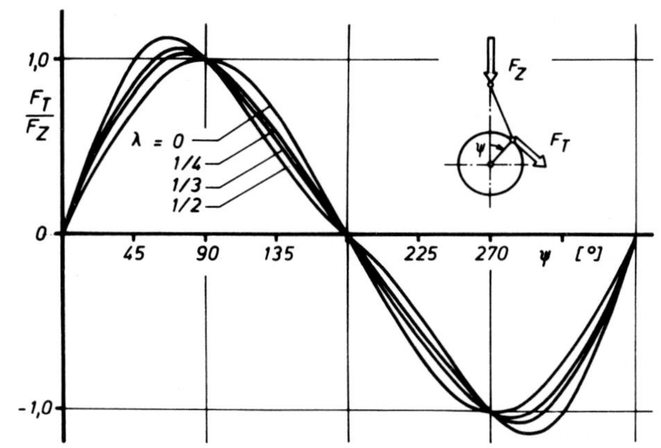

Massenkräfte (Kapitel 4) einen größeren Einfluß, als es hier bei der rein geometrischen Kraftzerlegung zu haben scheint.

In den Programmtabellen H 0204, H 0205, H 0206 und H 0207 auf den Seiten 46 und 47 sind wiederum die Unterprogramme vom Typ FUNCTION zur Ermittlung der auf die Kolbenkraft F_Z bezogenen Kraftkomponenten aufgetragen.

Die Tangentialkraft ergibt über den Kurbelradius r das Drehmoment an der Kurbelwelle. Auf das Gehäuse wirkt als Reaktionsmoment dabei das Kräftepaar F_N über den momentanen Abstand vom Grundlager bis Kolbenbolzenmitte von $r \cdot \cos \Psi + \ell \cdot \cos \beta$.

Damit ergibt sich das Moment am Gehäuse mit $r \cdot \cos \Psi + \ell \cdot \cos \beta$ nach Abb. 2.29 zu

$$M = - F_N \cdot r \left(\cos \psi + \frac{1}{\lambda} \cos \beta\right)$$

$$= - F_Z \cdot r \cdot \left(\cos \psi \cdot \frac{\sin \beta}{\cos \beta} + \frac{1}{\lambda} \sin \beta\right)$$

$$= - F_Z \cdot r \cdot \left(\frac{\lambda \cdot \sin \psi \cdot \cos \psi}{\sqrt{1 - \lambda^2 \cdot \sin^2 \psi}} + \sin \psi\right)$$

(2.64)

Dies entspricht genau dem Absolutbetrag nach dem Reaktionsmoment $M = F_T \cdot r$ das an der Kurbelwelle angreift, das heißt, am Kurbelgehäuse wirkt ein gleich großes, aber entgegengesetzt gerichtetes Moment wie an der Kurbelwelle. Wegen der wechselnden

Abb. 2.33: Verlauf der Tangentialkraft F_T an der Kurbel bezogen auf die Kraft im Zylinder F_Z in Abhängigkeit von der Kurbelstellung Ψ und dem Schubstangenverhältnis λ

```
*********************************************************************
PROGRAMM-TABELLE  H 0204        UNTERPROGRAMM  FUNCTION   TKH

  KOLBENSEITENKRAFT DES EINFACHEN SCHUBKURBELGETRIEBES

  AUFGABE DES PROGRAMMS TKH
  BERECHNUNG DES VERHAELTNISSES DER KOLBENSEITENKRAFT FN (H) ZUR
  KOLBENBELASTUNG FZ (Q) FUER EINFACHES SCHUBKURBEL-GETRIEBE

  TKH=KOLBENSEITENKRAFT/KOLBENBELASTUNG = H/Q = FN/FZ

  PROGRAMM TYP - FUNCTION -
  AUFRUF Z.B. FN=FZ*TKH(PHIG,FLAM)
  PARAMETERLISTE :
                     PHIG = KURBELSTELLUNG PSI IN GRAD
                     FLAM = SCHUBSTANGENVERHAELTNIS LAMBDA
  ***************         ***************            ***************
  FUNCTION TKH(PHIG,FLAM)
  PHI=PHIG*0.0174532925
  ZW=SIN(PHI)
  ZW2=ZW*ZW
  TKH=FLAM*ZW/SQRT(1.-FLAM*FLAM*ZW2)
  RETURN
  END
```

H 0204: Kolbenseitenkraft des einfachen Schubkurbelgetriebes

```
*********************************************************************
PROGRAMM-TABELLE  H 0205        UNTERPROGRAMM  FUNCTION   TKS

  STANGENKRAFT DES EINFACHEN SCHUBKURBELGETRIEBES

  AUFGABE DES PROGRAMMS TKS
  BERECHNUNG DES VERHAELTNISSES DER STANGENKRAFT FS (S) ZUR KOLBEN-
  BELASTUNG FZ (Q) FUER EINFACHES SCHUBKURBEL-GETRIEBE

  TKS=STANGENKRAFT/KOLBENBELASTUNG = S/Q = FS/FK

  PROGRAMM TYP - FUNCTION -
  AUFRUF Z.B. FS=FZ*TKS(PHIG,FLAM)
  PARAMETERLISTE :
                     PHIG = KURBELSTELLUNG PSI IN GRAD
                     FLAM = SCHUBSTANGENVERHAELTNIS LAMBDA
  ***************         ***************            ***************
  FUNCTION TKS(PHIG,FLAM)
  PHI=PHIG*0.0174532925
  ZW=SIN(PHI)
  ZW2=ZW*ZW
  TKS=1./SQRT(1.-FLAM*FLAM*ZW2)
  RETURN
  END
```

H 0205: Stangenkraft des einfachen Schubkurbelgetriebes

```
*********************************************************************
PROGRAMM-TABELLE  H 0206        UNTERPROGRAMM  FUNCTION   TKT

  TANGENTIALKRAFT DES EINFACHEN SCHUBKURBELGETRIEBES

  AUFGABE DES PROGRAMMS TKT
  BERECHNUNG DES VERHAELTNISSES DER TANGENTIALKRAFT FT (T) ZUR
  KOLBENBELASTUNG FZ (Q) FUER EINFACHES SCHUBKURBEL-GETRIEBE

  TKT=TANGENTIALKRAFT/KOLBENBELASTUNG = T/Q = FT/FZ

  PROGRAMM TYP - FUNCTION -
  AUFRUF Z.B. FT=FZ*TKT(PHIG,FLAM)
  PARAMETERLISTE :
                     PHIG = KURBELSTELLUNG PSI IN GRAD
                     FLAM = SCHUBSTANGENVERHAELTNIS LAMBDA
  ***************         ***************            ***************
  FUNCTION TKT(PHIG,FLAM)
  PHI=PHIG*0.0174532925
  ZW=SIN(PHI)
  ZW2=ZW*ZW
  TKT=ZW+FLAM*ZW*COS(PHI)/SQRT(1.-FLAM*FLAM*ZW2)
  RETURN
  END
```

H 0206: Tangentialkraft des einfachen Schubkurbelgetriebes

```
*********************************************************************
PROGRAMM-TABELLE  H 0207        UNTERPROGRAMM  FUNCTION    TKR

  RADIALKRAFT DES EINFACHEN SCHUBKURBELGETRIEBES

  AUFGABE DES PROGRAMMS TKR
  BERECHNUNG DES VERHAELTNISSES DER RADIALKRAFT FR (R) ZUR KOLBENBE-
  LASTUNG FZ (G) FUER EINFACHES SCHUBKURBEL-GETRIEBE

  TKR=RADIALKRAFT/KOLBENBELASTUNG=RA/Q = FR/FZ

  PROGRAMM TYP - FUNCTION -
  AUFRUF Z.B. FR=FZ*TKR(PHIG,FLAM)
  PARAMETERLISTE :
                    PHIG = KURBELSTELLUNG PSI IN GRAD
                    FLAM = SCHUBSTANGENVERHAELTNIS LAMBDA
  **************          ***************          ***************
  FUNCTION TKR(PHIG,FLAM)
  PHI=PHIG*0.0174532925
  ZW=SIN(PHI)
  ZW2=ZW*ZW
  TKR=COS(PHI)-(FLAM*ZW2/SQRT(1.-FLAM*FLAM*ZW2))
  RETURN
  END
```

H 0207: Radialkraft des einfachen Schubkurbelgetriebes

Drücke, Abstände und Beschleunigungswerte sind dieses an der Kurbelwelle nutzbare Moment sowie das auf das Kurbelgehäuse wirkende Reaktionsmoment nicht konstant. Die Größe dieser Schwankungen ist von einer Reihe von Randbedingungen abhängig, deren Einfluß eingehend in Kapitel 5 untersucht wird.

2.2.2 Geschränkter Kurbeltrieb

Die Herleitung der Einzelkräfte am geschränkten Kurbeltrieb (Abb. 2.34) erfolgt in ganz ähnlicher Weise wie im vorangegangenen Abschnitt für den normalen Kurbeltrieb. Abweichend von diesem ergibt hier die Substitution des Schwenkwinkels β durch den Kurbelwinkel Ψ aus

$$r \cdot \sin\psi = l \cdot \sin\beta + a \tag{2.65}$$

die Beziehung

$$\sin\beta = \frac{r}{l} \cdot \sin\psi - \frac{a}{l} = \lambda \cdot \sin\psi - \mu \tag{2.66}$$

mit

$$\lambda = \frac{r}{\ell} = \text{Stangenverhältnis}$$

und

$$\mu = \frac{a}{\ell} = \text{Schränkungsverhältnis}$$

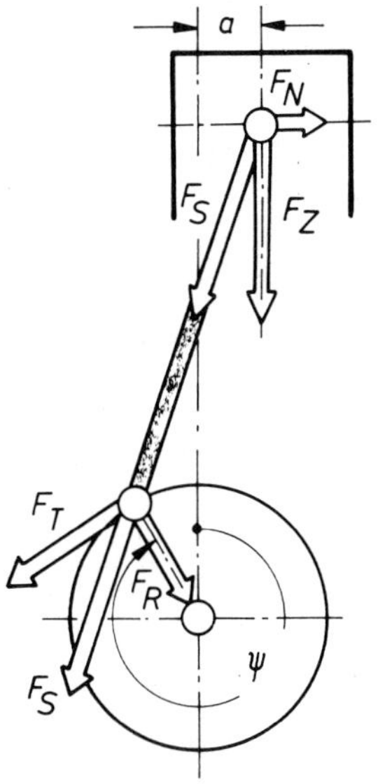

Abb. 2.34: Kraftzerlegung am geschränkten Kurbeltrieb

Damit ergeben sich aus der in Zylinderrichtung wirkenden Kraft F_Z die folgenden Kräfte am geschränkten Kurbeltrieb:

Stangenkraft:

$$F_S = F_Z \cdot \frac{1}{\cos\beta} = F_Z \cdot \frac{1}{\sqrt{1 - \lambda^2 \sin^2\psi + 2 \cdot \lambda \cdot \mu \cdot \sin\psi - \mu^2}} \tag{2.67}$$

Kolbenseitenkraft:

$$F_N = F_Z \tan\beta = F_Z \cdot \frac{\lambda \cdot \sin\psi - \mu}{\sqrt{1 - \lambda^2 \cdot \sin^2\psi + 2 \cdot \lambda \cdot \mu \cdot \sin\psi - \mu^2}} \tag{2.68}$$

Radialkraft:

$$F_R = F_Z \cdot \frac{\cos(\psi + \beta)}{\cos\beta} = F_Z \cdot \left(\cos\psi - \frac{\lambda \cdot \sin^2\psi - \mu \cdot \sin\psi}{\sqrt{1 - \lambda^2 \cdot \sin^2\psi + 2 \cdot \lambda \cdot \mu \cdot \sin\psi - \mu^2}}\right) \tag{2.69}$$

Tangentialkraft:

$$F_T = F_Z \cdot \frac{\sin(\psi + \beta)}{\cos\beta} = F_Z \cdot \left(\sin\psi + \frac{\lambda \cdot \sin\psi \cdot \cos\psi - \mu \cdot \cos\psi}{\sqrt{1 - \lambda^2 \cdot \sin^2\psi + 2 \cdot \lambda \cdot \mu \cdot \sin\psi - \mu^2}}\right) \tag{2.70}$$

Wie leicht nachzuprüfen ist, gehen für $\mu = 0$ alle Beziehungen in die des normalen Kurbeltriebes nach Abschnitt 2.2.1 über.

In der Regel wird für ein normales Hubkolbentriebwerk das Schränkungsmaß μ kleingehalten ($\mu < 0{,}05$), doch kann man sich auch größere Schränkungsmaße, wie zum Beispiel am Rhombentriebwerk (siehe auch Abb. 1.42), vorstellen. Um einen Begriff von dem Einfluß des Schränkungsverhältnisses zu bekommen, sind die auf die Ausgangskraft F_Z bezogenen Kraftverhältnisse in der Tabelle 2.D aufgetragen.

μ-%	0,000	0,010	0,050	0,400	0,000	0,010	0,050	0,400	0,000	0,010	0,050	0,400	0,000	0,010	0,050	0,400
ψ	Stangenkraft F_S/F_Z				Kolbenseitenkraft F_N/F_Z				Radialkraft F_R/F_Z				Tangentialkraft F_T/F_Z			
0.	1.000	1.000	1.001	1.091	0.000	-0.010	-0.050	-0.436	1.000	1.000	1.000	1.000	0.000	-0.010	-0.050	-0.436
10.	1.001	1.001	1.000	1.070	0.043	0.033	-0.007	-0.382	0.977	0.979	0.986	1.051	0.216	0.207	0.167	-0.202
20.	1.004	1.003	1.001	1.053	0.086	0.076	0.036	-0.331	0.910	0.914	0.928	1.053	0.423	0.413	0.375	0.031
30.	1.008	1.007	1.003	1.040	0.126	0.116	0.075	-0.286	0.803	0.808	0.828	1.009	0.609	0.600	0.565	0.252
40.	1.013	1.012	1.006	1.030	0.163	0.152	0.111	-0.246	0.661	0.668	0.694	0.924	0.768	0.760	0.728	0.454
50.	1.019	1.017	1.010	1.022	0.195	0.185	0.143	-0.213	0.493	0.501	0.533	0.806	0.891	0.885	0.858	0.629
60.	1.024	1.022	1.014	1.017	0.222	0.211	0.169	-0.187	0.308	0.317	0.354	0.662	0.977	0.972	0.950	0.773
70.	1.029	1.026	1.018	1.014	0.242	0.231	0.188	-0.167	0.115	0.125	0.165	0.499	1.022	1.019	1.004	0.882
80.	1.032	1.029	1.020	1.012	0.254	0.243	0.200	-0.156	-0.077	-0.066	-0.023	0.327	1.029	1.027	1.020	0.958
90.	1.033	1.030	1.021	1.011	0.258	0.247	0.204	-0.152	-0.258	-0.247	-0.204	0.152	1.000	1.000	1.000	1.000
100.	1.032	1.029	1.020	1.012	0.254	0.243	0.200	-0.156	-0.424	-0.413	-0.371	-0.020	0.941	0.943	0.950	1.012
110.	1.029	1.026	1.018	1.014	0.242	0.231	0.188	-0.167	-0.569	-0.559	-0.519	-0.185	0.857	0.861	0.875	0.997
120.	1.024	1.022	1.014	1.017	0.222	0.211	0.169	-0.187	-0.692	-0.683	-0.646	-0.338	0.755	0.760	0.782	0.959
130.	1.019	1.017	1.010	1.022	0.195	0.185	0.143	-0.213	-0.792	-0.784	-0.752	-0.479	0.641	0.647	0.674	0.903
140.	1.013	1.012	1.006	1.030	0.163	0.152	0.111	-0.246	-0.871	-0.864	-0.838	-0.608	0.518	0.526	0.557	0.832
150.	1.008	1.007	1.003	1.040	0.126	0.116	0.075	-0.286	-0.929	-0.924	-0.904	-0.723	0.391	0.400	0.435	0.748
160.	1.004	1.003	1.001	1.053	0.086	0.076	0.036	-0.331	-0.969	-0.966	-0.952	-0.826	0.261	0.271	0.309	0.653
170.	1.001	1.001	1.000	1.070	0.043	0.033	-0.007	-0.382	-0.992	-0.991	-0.984	-0.919	0.131	0.141	0.180	0.550
180.	1.000	1.000	1.001	1.091	0.000	-0.010	-0.050	-0.436	-1.000	-1.000	-1.000	-1.000	0.000	0.010	0.050	0.436
190.	1.001	1.001	1.004	1.116	-0.043	-0.053	-0.094	-0.495	-0.992	-0.994	-1.001	-1.071	-0.131	-0.121	-0.081	0.314
200.	1.004	1.005	1.009	1.144	-0.086	-0.096	-0.137	-0.555	-0.969	-0.973	-0.986	-1.130	-0.261	-0.252	-0.214	0.180
210.	1.008	1.009	1.016	1.175	-0.126	-0.136	-0.178	-0.617	-0.929	-0.934	-0.955	-1.174	-0.391	-0.382	-0.346	0.034
220.	1.013	1.015	1.023	1.208	-0.163	-0.173	-0.216	-0.677	-0.871	-0.877	-0.905	-1.201	-0.518	-0.510	-0.478	-0.124
230.	1.019	1.021	1.031	1.240	-0.195	-0.206	-0.249	-0.734	-0.792	-0.800	-0.833	-1.205	-0.641	-0.634	-0.606	-0.294
240.	1.024	1.027	1.038	1.270	-0.222	-0.233	-0.277	-0.783	-0.692	-0.701	-0.739	-1.178	-0.755	-0.750	-0.728	-0.475
250.	1.029	1.031	1.043	1.294	-0.242	-0.253	-0.297	-0.822	-0.569	-0.579	-0.621	-1.114	-0.857	-0.853	-0.838	-0.659
260.	1.032	1.035	1.047	1.310	-0.254	-0.265	-0.310	-0.847	-0.424	-0.435	-0.479	-1.008	-0.941	-0.939	-0.931	-0.838
270.	1.033	1.036	1.048	1.316	-0.258	-0.269	-0.314	-0.855	-0.258	-0.269	-0.314	-0.855	-1.000	-1.000	-1.000	-1.000
280.	1.032	1.035	1.047	1.310	-0.254	-0.265	-0.310	-0.847	-0.077	-0.087	-0.132	-0.660	-1.029	-1.031	-1.039	-1.132
290.	1.029	1.031	1.043	1.294	-0.242	-0.253	-0.297	-0.822	0.115	0.105	0.063	-0.430	-1.022	-1.026	-1.041	-1.221
300.	1.024	1.027	1.038	1.270	-0.222	-0.233	-0.277	-0.783	0.308	0.299	0.261	-0.178	-0.977	-0.982	-1.004	-1.258
310.	1.019	1.021	1.031	1.240	-0.195	-0.206	-0.249	-0.734	0.493	0.485	0.452	0.081	-0.891	-0.898	-0.926	-1.238
320.	1.013	1.015	1.023	1.208	-0.163	-0.173	-0.216	-0.677	0.661	0.655	0.628	0.331	-0.768	-0.775	-0.808	-1.162
330.	1.008	1.009	1.016	1.175	-0.126	-0.136	-0.178	-0.617	0.803	0.798	0.777	0.558	-0.609	-0.618	-0.654	-1.034
340.	1.004	1.005	1.009	1.144	-0.086	-0.096	-0.137	-0.555	0.910	0.907	0.893	0.750	-0.423	-0.432	-0.471	-0.864
350.	1.001	1.001	1.004	1.116	-0.043	-0.053	-0.094	-0.495	0.977	0.976	0.969	0.899	-0.216	-0.226	-0.266	-0.661
360.	1.000	1.000	1.001	1.091	0.000	-0.010	-0.050	-0.436	1.000	1.000	1.000	1.000	0.000	-0.010	-0.050	-0.436

Tabelle 2.D: Stangen-, Kolbenseiten-, Radial- und Tangentialkraft-Verlauf für unterschiedliche Schränkungsverhältnisse μ (λ = 0,25)

Aus den Abbildungen 2.35 bis 2.39 erkennt man, daß Schränkungsverhältnisse $\mu \leq 0{,}05$, die für den gebräuchlichen Hubkolbenmotor nicht überschritten werden, auf die Kraftzerlegung nur geringen Einfluß haben. Bei größeren Schränkungsverhältnissen, wie z. B. beim Rhombentriebwerk, sind die Abweichungen jedoch schon beachtenswert (bis 50 %) und somit bei der Triebwerksauslegung nicht zu vernachlässigen.

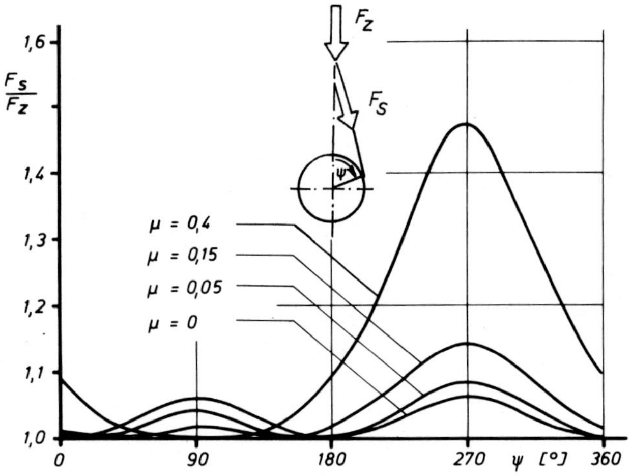

Abb. 2.35: Einfluß des Schränkungsverhältnisses μ auf den Verlauf der Stangenkraft F_S bezogen auf die Kraft F_Z im Zylinder

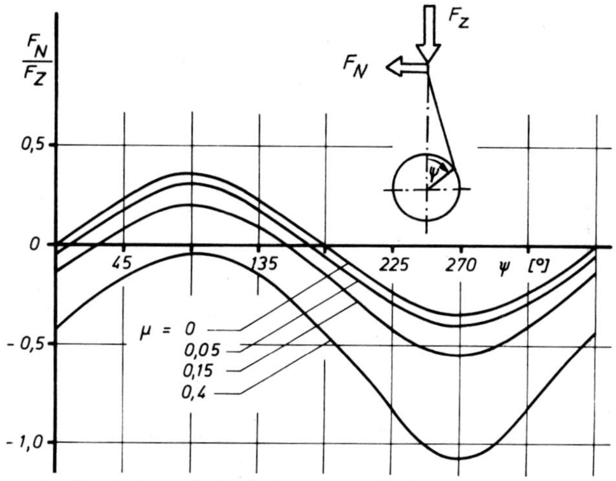

Abb. 2.36: Einfluß des Schränkungsverhältnisses μ auf den Verlauf der Kolbenseitenkraft F_N bezogen auf die Kraft F_Z im Zylinder

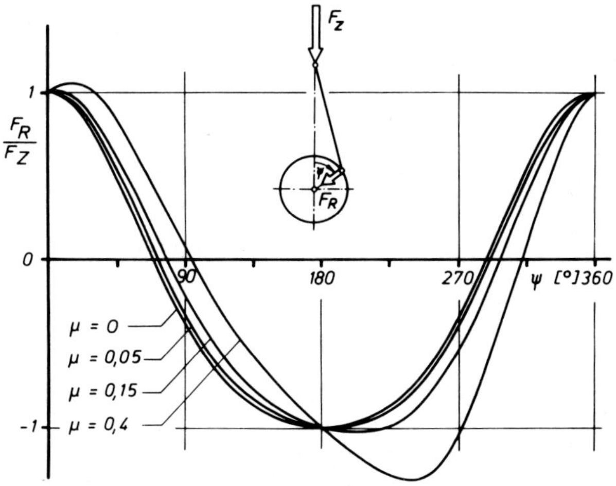

Abb. 2.37: Einfluß des Schränkungsverhältnisses μ auf den Verlauf der Radialkraft F_R bezogen auf die Kraft F_Z im Zylinder

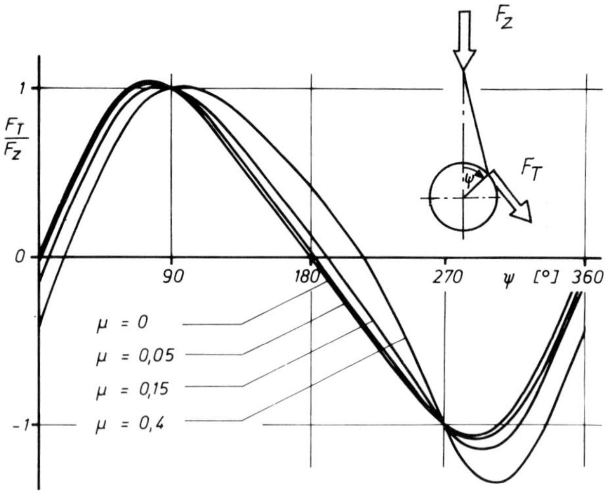

Abb. 2.38: Einfluß des Schränkungsverhältnisses μ auf den Verlauf der Tangentialkraft F_T bezogen auf die Kraft F_Z im Zylinder

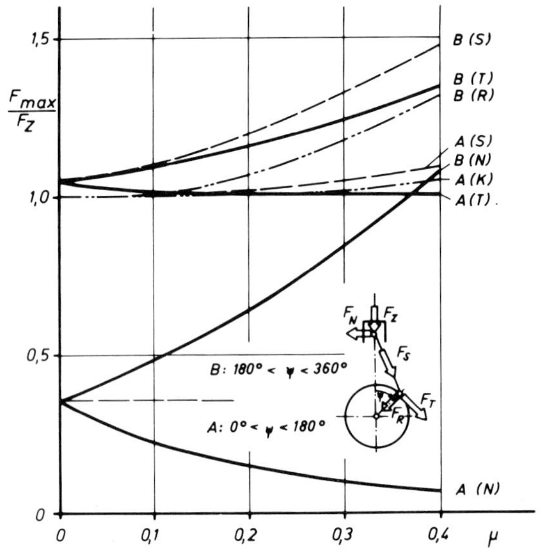

Abb. 2.39: Einfluß des Schränkungsverhältnisses μ auf die Maximalwerte der am geschränkten Kurbeltrieb angreifenden Kräfte

Die Programmtabellen I 0204, I 0205, I 0206 und I 0207 auf den Seiten 50, 51 und 52 zeigen die Unterprogramme zur Kraftzerlegung am geschränkten Kurbeltrieb, die wie die Unterprogramme H 0204, H 0205 usw. zu behandeln sind.

```
***************************************************************************
PROGRAMM-TABELLE  I 0204        UNTERPROGRAMM  FUNCTION   TKGH

  KOLBENSEITENKRAFT DES GESCHRAENKTEN SCHUBKURBELGETRIEBES

  AUFGABE DES PROGRAMMS  TKGH
  BERECHNUNG DES VERHAELTNISSES DER KOLBENSEITENKR. FN (H) ZUR
  KOLBENBELASTUNG FZ (G)
  (GESCHRAENKTES SCHUBKURBELGETRIEBE)

  TKGH=KOLBENSEITENKRAFT/KOLBENBELASTUNG =H/G = FN/FZ

  PROGRAMM TYP - FUNCTION -
  AUFRUF Z.B   FN=FZ*TKGH(PHIG,FLAM,A,FL)
  PARAMETERLISTE :
                      PHIG = KURBELSTELLUNG PSI IN GRAD
                      FLAM = SCHUBSTANGENVERHAELTNIS LAMBDA
                      A    = VERSATZ  DER  ZYLINDERACHSE
                      FL   = LAENGE DER PLEUELSTANGE
  ***************          ***************          ***************
  FUNCTION TKGH(PHIG,FLAM,A,FL)
  PHI=PHIG*0.0174532925
  FMUE=A/FL
  ZW2=FLAM**2*(SIN(PHI))**2
  ZW3=2*FLAM*FMUE*SIN(PHI)
  ZW4=SQRT(1-ZW2+ZW3-FMUE**2)
  TKGH=(FLAM*SIN(PHI)-FMUE)/ZW4
  RETURN
  END
```

I 0204: Kolbenseitenkraft des geschränkten Schubkurbelgetriebes

```
*************************************************************************
PROGRAMM-TABELLE  I 0205        UNTERPROGRAMM   FUNCTION   TKGS

  STANGENKRAFT DES GESCHRAENKTEN SCHUBKURBELGETRIEBES

  AUFGABE DES PROGRAMMS  TKGS
  BERECHNUNG DES VERHAELTNISSES DER STANGENKRAFT FS (S) ZUR KOLBEN-
  BELASTUNG FZ (Q)
  (GESCHRAENKTES SCHUBKURBELGETRIEBE)

  TKGS=STANGENKRAFT/KOLBENBELASTUNG =S/Q = FS/FZ

  PROGRAMM TYP - FUNCTION -
  AUFRUF Z.B   FS=FZ*TKGS(PHIG,FLAM,A,FL)
  PARAMETERLISTE :
                    PHIG = KURBELSTELLUNG PSI IN GRAD
                    FLAM = SCHUBSTANGENVERHAELTNIS LAMBDA
                    A    = VERSATZ  DER  ZYLINDERACHSE
                    FL   = LAENGE DER PLEUELSTANGE
  **************          ***************          ***************
  FUNCTION TKGS(PHIG,FLAM,A,FL)
  PHI=PHIG*0.0174532925
  FMUE=A/FL
  ZW2=FLAM**2*(SIN(PHI))**2
  ZW3=2*FLAM*FMUE*SIN(PHI)
  ZW4=SQRT(1-ZW2+ZW3-FMUE**2)
  TKGS=1/ZW4
  RETURN
  END
```

I 0205: Stangenkraft des geschränkten Schubkurbelgetriebes

```
*************************************************************************
PROGRAMM-TABELLE  I 0206        UNTERPROGRAMM   FUNCTION   TKGT

  TANGENTIALKRAFT DES GESCHRAENKTEN SCHUBKURBELGETRIEBES

  AUFGABE DES PROGRAMMS  TKGT
  BERECHNUNG DES VERHAELTNISSES DER TANGENTIALKRAFT FT (T) ZUR
  KOLBENBELASTUNG FZ (Q)
  (GESCHRAENKTES SCHUBKURBELGETRIEBE)

  TKGT=TANGENTIALKRAFT/KOLBENBELASTUNG =T/Q = FT/FZ

  PROGRAMM TYP - FUNCTION -
  AUFRUF Z.B   FT=FZ*TKGT(PHIG,FLAM,A,FL)
  PARAMETERLISTE :
                    PHIG = KURBELSTELLUNG PSI IN GRAD
                    FLAM = SCHUBSTANGENVERHAELTNIS LAMBDA
                    A    = VERSATZ  DER  ZYLINDERACHSE
                    FL   = LAENGE DER PLEUELSTANGE
  **************          ***************          ***************
  FUNCTION TKGT(PHIG,FLAM,A,FL)
  PHI=PHIG*0.0174532925
  FMUE=A/FL
  ZW2=FLAM**2*(SIN(PHI))**2
  ZW3=2*FLAM*FMUE*SIN(PHI)
  ZW4=SQRT(1-ZW2+ZW3-FMUE**2)
  TKGT=SIN(PHI)+(FLAM*SIN(PHI)*COS(PHI)-FMUE*COS(PHI))/ZW4
  RETURN
  END
```

I 0206: Tangentialkraft des geschränkten Schubkurbelgetriebes

```
************************************************************************
PROGRAMM-TABELLE  I 0207       UNTERPROGRAMM  FUNCTION   TKGR

  RADIALKRAFT DES GESCHRAENKTEN SCHUBKURBELGETRIEBES

  AUFGABE DES PROGRAMMS  TKGR
  BERECHNUNG DES VERHAELTNISSES DER RADIALKRAFT FR (R) ZUR KOLBENBE-
  LASTUNG FZ (Q)
  (GESCHRAENKTES SCHUBKURBELGETRIEBE)

  TKGR=RADIALKRAFT/KOLBENBELASTUNG =R/Q = FR/FZ

  PROGRAMM TYP - FUNCTION -
  AUFRUF Z.B    FR=FZ*TKGR(PHIG,FLAM,A,FL)
  PARAMETERLISTE :
                    PHIG = KURBELSTELLUNG PSI IN
                    FLAM = SCHUBSTANGENVERHAELTNIS LAMBDA
                    A    = VERSATZ  DER  ZYLINDERACHSE
                    FL   = LAENGE DER PLEUELSTANGE
**************        ***************         ***************
  FUNCTION TKGR(PHIG,FLAM,A,FL)
  PHI=PHIG*0.0174532925
  FMUE=A/FL
  ZW2=FLAM**2*(SIN(PHI))**2
  ZW3=2*FLAM*FMUE*SIN(PHI)
  ZW4=SQRT(1-ZW2+ZW3-FMUE**2)
  TKGR=COS(PHI)-(FLAM*(SIN(PHI))**2-FMUE*SIN(PHI))/ZW4
  RETURN
  END
```

I 0207: Radialkraft des geschränkten Schubkurbelgetriebes

2.2.3 Kurbeltrieb mit Anlenkpleuel (indirekte Pleuelanlenkung)

Für den Hauptzylinder gelten die Beziehungen der Kraftzerlegung am Kurbeltrieb mit direkter Pleuelanlenkung im Abschnitt 2.2.1. Mit den Bezeichnungen und Vereinbarungen wie in Abschnitt 2.1.3 ergeben sich nach Abb. 2.40 für die vom Nebenzylinder ausgehenden Kräfte folgende Beziehungen:

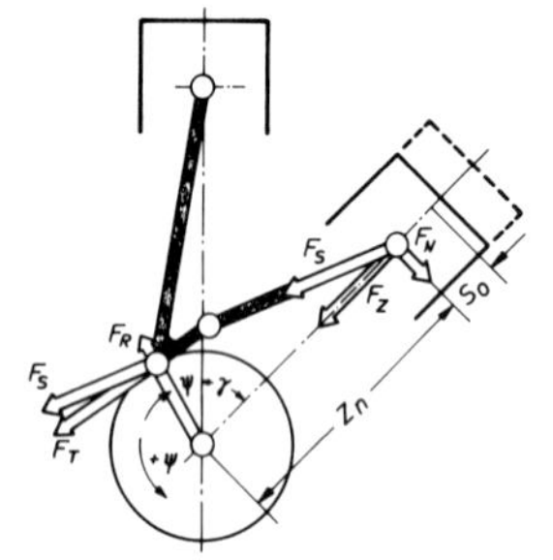

Abb. 2.40: Kraftverhältnisse am angelenkten Pleueltrieb

Stangenkraft:

$$F_S = F_Z \cdot \frac{1}{\cos \beta_n} = F_Z \cdot \frac{1}{\sqrt{1-\lambda_n^2 \cdot W^2}} \tag{2.71}$$

Kolbenseitenkraft:

$$F_N = F_Z \cdot \tan \beta_n = F_Z \cdot \frac{\lambda_n \cdot W}{\sqrt{1-\lambda_n^2 \cdot W^2}} \tag{2.72}$$

Radialkraft:

Die Herleitung über die geometrische Zerlegung der Kräfte ist wegen der vielen zu multiplizierenden Winkelfunktionen sehr umständlich. Die Herleitung der Radial- und Tangentialkraft erfolgt daher besser über die Arbeitsgleichung.

Bei momentan festgehaltener Winkelstellung Ψ muß eine Änderung der Arbeit von F_Z in Richtung von z eine gleichwertige Änderung von F_R in Richtung von r zur Folge haben, das heißt,

$$F_R \cdot dr = F_Z \cdot dz \tag{2.73}$$

Der Kolbenweg s_n wird vereinbarungsgemäß von der oberen Totpunktlage aus berechnet. Es gilt daher

$$z = r + l - s \quad \text{und} \quad \frac{\partial z}{\partial r} = 1 \quad \text{sowie} \quad \frac{\partial z}{\partial s} = -1$$

da sowohl z wie s_n von r abhängige Variable sind. Damit ist das vollständige Differential

$$dz = \frac{\partial z}{\partial r}\,dr + \frac{\partial z}{\partial s}\,ds = dr - ds \tag{2.74}$$

und der Ansatz für die Entwicklung der Radialkraft lautet

$$F_R = F_Z \cdot \left(1 - \frac{\partial s}{\partial r}\right) \tag{2.75}$$

Unter Beachtung aller von r abhängigen Größen ergibt das Differenzieren der Kolbenweggleichung (2.23) nach r

$$\begin{aligned} s_n &= r\cdot\left(1+\frac{1}{\lambda}\right) - r\cdot K_1\cdot\cos\psi + r\cdot K_2\cdot\sin\psi - r\cdot K_3\cdot V - r\cdot\frac{1}{\lambda_n}\cdot U \\ \frac{\partial s_n}{\partial r} &= 1 - K_1\cdot\cos\psi + K_2\cdot\sin\psi - K_3\cdot V - r\cdot\frac{dK_3}{dr}\cdot V - r\cdot K_3\cdot\frac{dv}{dr} - l\cdot\frac{dU}{dr} \end{aligned} \tag{2.76}$$

Die Substitution der Ableitungen der Unterfunktionen und deren Einsetzen in (2.75) führen schließlich auf die Radialkraft für den Nebenzylinder mit indirekter Pleuelanlenkung

$$F_R = F_Z\cdot\left[K_1\cdot\cos\psi - K_2\cdot\sin\psi - K_3\cdot\frac{\lambda^2\cdot\sin^2\psi}{V} - \lambda_n\cdot\frac{W}{U}\cdot\left(W - \frac{K_6}{V}\right)\right] \tag{2.77}$$

Tangentialkraft:

Aus der Arbeitsgleichung

$$F_T\cdot r\cdot d\psi = F_Z\cdot ds \tag{2.78}$$

ergibt sich mit (2.76)

$$F_T = F_Z\cdot\frac{\dot{s}_n}{r\cdot\dot{\psi}} = F_Z\cdot\left(K_1\cdot\sin\psi + K_2\cdot\cos\psi - K_3\cdot V' + \lambda_n\cdot\frac{W\cdot W'}{U}\right) \tag{2.79}$$

Die Zählung des Kurbelwinkels erfolgt aus der Ebene des Hauptzylinders heraus mit den in der Abb. 2.40 angegebenen Vorzeichen-Vereinbarungen.

Die getrennt errechneten Tangential- und Radialkräfte des Hauptzylinders und des bzw. der Nebenzylinder sind für die Berechnung der Kurbelwellenbeanspruchung oder der Lagerbelastung geometrisch zu addieren.

Abb. 2.41 zeigt z. B. den Einfluß der Pleuelanlenkung auf die Kraftverläufe. Dabei sind die Abmaße der Anlenkung als durchaus üblich zu betrachten. Durch die Verkürzung der Nebenpleuelstange verändern sich vor allem die Stangenkraft (+ 3 %) und die Kolbenseitenkraft (+ 5 %), aber auch die Radial- (+ 8 %) und die Tangentialkraft (+ 5 %) erfahren eine beachtenswerte Vergrößerung. Ohne Zwang (wie z. B. beim Sternmotor) ist diese Bauart deshalb nicht unbedingt zu empfehlen.

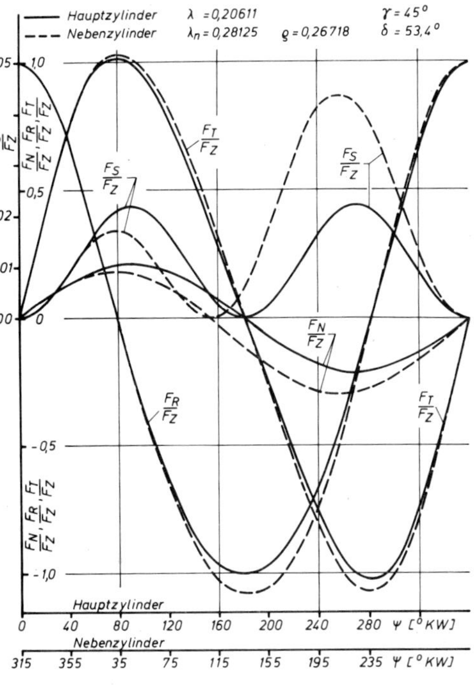

Abb. 2.41: Verlauf der Stangenkraft-, Kolbenseitenkraft-, Radialkraft- und Tangentialkraft-Funktion für das Haupt- und Nebenpleuel eines Motors mit mittlerer Pleuelanlenkung

Wie bei der Kinematik des Anlenkpleuels seien auch hier die Unterprogramme zur Kraftzerlegung am angelenkten Pleuel in den Programmtabellen J 0204, J 0205, J 0206 und J 0207 auf den Seiten 54 und 55 wiedergegeben.

```
**********************************************************************
PROGRAMM-TABELLE  J 0204      UNTERPROGRAMM  FUNCTION   TKAH

  KOLBENSEITENKRAFT DES ANGELENKTEN PLEUELTRIEBES

  AUFGABE DES PROGRAMMS  TKAH
  BERECHNUNG DES VERHAELTNISSES DER KOLBENSEITENKR. FN (H) ZUR
  KOLBENBELASTUNG FZ (Q)
  (ANGELENKTER PLEUELTRIEB)

  TKAH=KOLBENSEITENKRAFT/KOLBENBELASTUNG =H/Q = FN/FZ

  PROGRAMM TYP - FUNCTION -
  AUFRUF Z.B   FN=FZ*TKAH(PHIG,R,FL,RA,DELTA,GAMMA,FLN)
  PARAMETERLISTE :
                    PHIG = KURBELSTELLUNG PSI IN
                    FL   = LAENGE DER HAUPTPLEUELSTANGE
                    R    = KURBELRADIUS
                    RA   = ANLENKRADIUS
                    DELTA= ANLENKWINKEL IN GRAD
                    GAMMA= WINKEL ZWISCHEN ZWEI ZYLINDERACHSEN
                    FLN  = LAENGE DER ANGELENKTEN PLEUELSTANGE
**************        ***************           ***************
 FUNCTION TKAH(PHIG,R,FL,RA,DELTA,GAMMA,FLN)
 PHI=PHIG*0.0174532925
 DFLT=DELTA*0.0174532925
 GAMM=GAMMA*0.0174532925
 FLAM=R/FL
 FLAMN=R/FLN
 RHO=RA/FL
 VK4=SIN(GAM)
 VK5=COS(GAM)-RHO*COS(DELT-GAMM)
 VK6=RHO/FLAM*SIN(DELT-GAMM)
 V=SQRT(1-FLAM*(SIN(PHI))**2)
 W=VK4*COS(PHI)+VK5*SIN(PHI)-VK6*V
 U=SQRT(1-FLAMN**2*W**2)
 TKAH=FLAMN*W/U
 RETURN
 END
```

J 0204: Kolbenseitenkraft des angelenkten Pleueltriebes

```
**********************************************************************
PROGRAMM-TABELLE  J 0205      UNTERPROGRAMM  FUNCTION   TKAS

  STANGENKRAFT DES ANGELENKTEN PLEUELTRIEBES

  AUFGABE DES PROGRAMMS  TKAS
  BERECHNUNG DES VERHAELTNISSES DER STANGENKRAFT FS (S) ZUR KOLBEN-
  BELASTUNG FZ (Q)
  (ANGELENKTER PLEUELTRIEB)

  TKAS=STANGENKRAFT/KOLBENBELASTUNG =S/Q = FS/FZ

  PROGRAMM TYP - FUNCTION -
  AUFRUF Z.B   FS=FZ*TKAS(PHIG,R,FL,RA,DELTA,GAMMA,FLN)
  PARAMETERLISTE :
                    PHIG = KURBELSTELLUNG PSI IN
                    R    = KURBELRADIUS
                    FL   = LAENGE DER HAUPTPLEUELSTANGE
                    RA   = ANLENKRADIUS
                    DELTA= ANLENKWINKEL IN GRAD
                    GAMMA= WINKEL ZWISCHEN ZWEI ZYLINDERACHSEN
                    FLN  = LAENGE DER ANGELENKTEN PLEUELSTANGE
**************        ***************           ***************
 FUNCTION TKAS(PHIG,R,FL,RA,DELTA,GAMMA,FLN)
 PHI=PHIG*0.0174532925
 DFLT=DELTA*0.0174532925
 GAMM=GAMMA*0.0174532925
 FLAM=R/FL
 RHO=RA/FL
 FLAMN=R/FLN
 U=SQRT(1-FLAMN**2*W**2)
 TKAS=1/U
 RETURN
 END
```

J 0205: Stangenkraft des angelenkten Pleueltriebes

```
*************************************************************************
PROGRAMM-TABELLE  J 0206        UNTERPROGRAMM  FUNCTION   TKAT

  TANGENTIALKRAFT DES ANGELENKTEN PLEUELTRIEBES

  AUFGABE DES PROGRAMMS  TKAT
  BERECHNUNG DES VERHAELTNISSES DER TANGENTIALKRAFT FT (T) ZUR
  KOLBENBELASTUNG FZ (Q)
  (ANGELENKTER PLEUELTRIEB)

  TKAT=TANGENTIALKRAFT/KOLBENBELASTUNG =T/Q = FT/FZ

  PROGRAMM TYP - FUNCTION -
  AUFRUF Z.B   FT=FZ*TKAT(PHIG,R,FL,RA,DELTA,GAMMA,FLN)
  PARAMETERLISTE :
                    PHIG  = KURBELSTELLUNG PSI IN GRAD
                    FL    = LAENGE DER HAUPTPLEUELSTANGE
                    R     = KURBELRADIUS
                    RA    = ANLENKRADIUS
                    DELTA= ANLENKWINKEL IN GRAD
                    GAMMA= WINKEL ZWISCHEN ZWEI ZYLINDERACHSEN
                    FLN   = LAENGE DER ANGELENKTEN PLEUELSTANGE
**************              ***************          ***************
  FUNCTION TKAT(PHIG,R,FL,RA,DELTA,GAMMA,FLN)
  PHI=PHIG*0.0174532925
  DELT=DELTA*0.0174532925
  GAMM=GAMMA*0.0174532925
  FLAM=R/FL
  FLAMN=R/FLN
  RHO=RA/FL
  VK1=COS(GAM)
  VK2=SIN(GAM)+RHO*SIN(DELT-GAMM)
  VK3=RHO/FLAM*COS(DELT-GAMM)
  ZW2=FLAM**2*(SIN(PSI))**2
  V1=-(FLAM**2*SIN(PHI)*COS(PHI))/SQRT(1-ZW2)
  VK4=SIN(GAM)
  VK5=COS(GAM)-RHO*COS(DELT-GAMM)
  VK6=RHO/FLAM*SIN(DELT-GAMM)
  V=SQRT(1-FLAM*(SIN(PHI))**2)
  W=VK4*COS(PHI)+VK5*SIN(PHI)-VK6*V
  W1=-VK4*SIN(PHI)+VK5*COS(PHI)+VK6*V
  U=SQRT(1-FLAMN**2*W**2)
  TKAT=VK1*SIN(PHI)+VK2*COS(PHI)-VK3*V1+FLAMN*W*W1/U
  RETURN
  END
```

J 0206: Tangentialkraft des angelenkten Pleueltriebes

```
*************************************************************************
PROGRAMM-TABELLE  J 0207        UNTERPROGRAMM  FUNCTION   TKAR

  RADIALKRAFT DES ANGELENKTEN PLEUELTRIEBES

  AUFGABE DES PROGRAMMS  TKAR
  BERECHNUNG DES VERHAELTNISSES DER RADIALKRAFT FR (R) ZUR KOLBENBE-
  LASTUNG FZ (Q)
  (ANGELENKTER PLEUELTRIEB)

  TKAR=RADIALKRAFT/KOLBENBELASTUNG =R/Q = FN/FZ

  PROGRAMM TYP - FUNCTION -
  AUFRUF Z.B   FR=TZ*TKAR(PHIG,R,FL,RA,DELTA,GAMMA,FLN)
  PARAMETERLISTE :
                    PHIG  = KURBELSTELLUNG PSI IN GRAD
                    FL    = LAENGE DER HAUPTPLEUELSTANGE
                    R     = KURBELRADIUS
                    RA    = ANLENKRADIUS
                    DELTA= ANLENKWINKEL IN GRAD
                    GAMMA= WINKEL ZWISCHEN ZWEI ZYLINDERACHSEN
                    FLN   = LAENGE DER ANGELENKTEN PLEUELSTANGE
**************              ***************          ***************
  FUNCTION TKAR(PHIG,R,FL,RA,DELTA,GAMMA,FLN)
  PHI=PHIG*0.0174532925
  DELT=DELTA*0.0174532925
  GAMM=GAMMA*0.0174532925
  FLAM=R/FL
  FLAMN=R/FLN
  RHO=RA/FL
  VK1=COS(GAM)
  VK2=SIN(GAM)+RHO*SIN(DELT-GAMM)
  VK3=RHO/FLAM*COS(DELT-GAMM)
  V=SQRT(1-FLAM*(SIN(PHI))**2)
  VK4=SIN(GAM)
  VK5=COS(GAM)-RHO*COS(DELT-GAMM)
  VK6=RHO/FLAM*SIN(DELT-GAMM)
  W=VK4*COS(PHI)+VK5*SIN(PHI)-VK6*V
  U=SQRT(1-FLAMN**2*W**2)
  TKAR=VK1*COS(PHI)-VK2*SIN(PHI)-VK3*FLAM**2*(SIN(PHI))**2/V-FLAMN*W
 1/U*(W-VK6/V)
  RETURN
  END
```

J 0207: Radialkraft des angelenkten Pleueltriebes

3 Die Gaskräfte

Als W. MAYBACH als Mitarbeiter von N. A. OTTO am 09. Mai 1876 das erste Indikatordiagramm an OTTOs Viertaktmaschine zog (Abb. 3.1), galten nur die Gaskräfte als wesentliche Beanspruchungsgröße für das Triebwerk einer Verbrennungskraftmaschine.

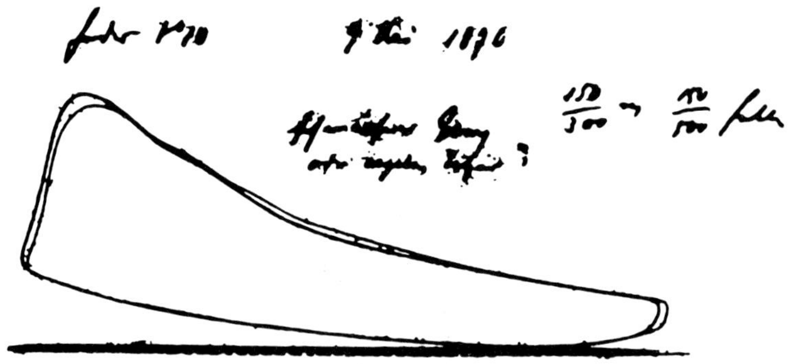

Abb. 3.1: Indikatordiagramm von OTTOs erster Maschine

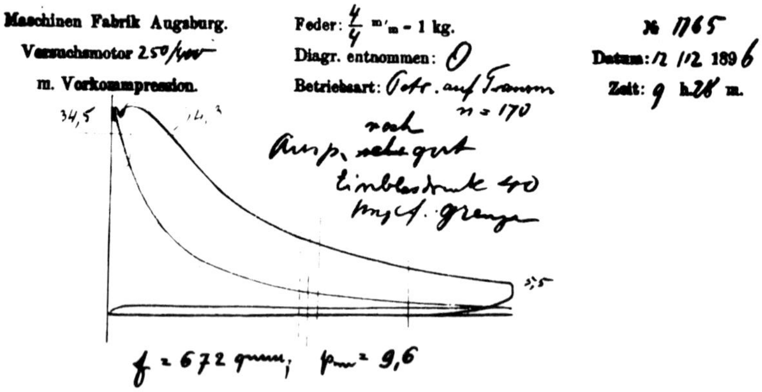

Abb. 3.2: Indikatordiagramm des ersten DIESEL-Motors (dritter Versuchsmotor der MAN)

In der Frühzeit des Motorenbaues waren die Kolbengeschwindigkeiten mit $V_m = 3 \ldots 4$ m/s so gering, daß die Massenkräfte von untergeordneter Bedeutung waren. Mit der weiteren Entwicklung der Motoren zu höheren Kolbengeschwindigkeiten rückten jedoch auch die Massenkräfte als Beanspruchungsgrößen ins Blickfeld. Aber auch den Verbrennungsdrücken waren beim damaligen Entwicklungsstand des Maschinenbaues enge Grenzen gesetzt.
G. DIESEL mußte seine ursprünglichen Vorstellungen von der Verwirklichung des CARNOT-Kreisprozesses mit einem Wirkungsgrad von über 70 % und Kompressionsdrücken um 250 bar reduzieren auf eine praktisch ausführbare Größe von etwa 40 bar mit einer anschließenden angenäherten Gleichdruckverbrennung (Abb. 3.2), weil höhere Gasdrücke damals nicht beherrschbar waren. Die von DIESEL als Kompromiß angesehene Gleichdruckverbrennung führte im praktischen Einsatz zu Schwierigkeiten und Wirkungsgradverlusten. Mit der weiteren Entwicklung des Dieselmotors zu sowohl großen ortsfesten Einheiten als auch zu kleinen Schnelläufern für die verschiedensten Antriebszwecke wurde das Verbrennungsverfahren modifiziert in der Weise, daß mit der Verbrennung der Druck deutlich über den Kompressionsenddruck hinaus ansteigt. Meilensteine dieser Entwicklung waren die Einführung der mechanischen (kompressorlosen) Kraftstoffeinspritzung (P. L'ORANGE) und die Einführung der Aufladung, insbesondere der nach BÜCHI mit einem Abgas-Turbolader. In dem Bestreben, bei Diesel-Schnelläufern die Gemischbildung des in die verdichtete Luft eingespritzten Kraftstoffes zu verbessern und den Zünddruckanstieg zu begrenzen, entstanden die Verbrennungsverfahren mit unterteilten Brennräumen (Zweistufenverbrennung bzw. Vorkammer-, Wirbelkammer-, Luftspeicher-Verfahren). Diese Verfahren er-

geben wegen der Überschiebeverluste jedoch verschlechterten Wirkungsgrad gegenüber der Direkteinspritzung, sind aber wegen der teilweise besseren Emissionswerte noch in vielen Fällen im Einsatz. Die maximalen Verbrennungsdrücke (Zünddrücke) liegen bei OTTO-Motoren bei 50 - 65 bar, bei DIESEL-Saugmotoren etwa im Bereich 70 - 90 bar, bei hochaufgeladenen Motoren (p_e = 19 - 21 bar) erreichen diese 130 - 150 bar. Nach heutigen Konstruktionspraktiken scheint jedoch ein Zünddruck von mehr als 150 bar nicht besonders sinnvoll zu sein, da die Triebwerksteile dann so stark dimensioniert werden müssen, daß diese mehr Platz erfordern als die Zylindereinheit, so daß im gleichen Bauraum dann auch wieder mehr Hubvolumen untergebracht werden könnte. Die weitere Entwicklung zu noch höheren Aufladegraden (p_e = 20 ... 30 bar) muß wegen der zunehmenden mechanischen Probleme u. a. zum Ziel haben, den Verbrennungsablauf so zu steuern, daß die maximalen Verbrennungsdrücke nur noch wenig ansteigen (z. B. durch gesteuerte Hochdruck-Einspritzung).

Der Gasdruckverlauf wird durch viele Parameter beeinflußt, über die ausgeführte Form der Verbrennungskraftmaschine mit einem optimierten Brennverlauf entscheidet letztlich die Wirtschaftlichkeit des Verbrennungsmotors, und die wirtschaftlichen Gesichtspunkte unterliegen bekanntermaßen einem Wandel. Die steigenden Energiekosten (insbesondere der Erdölprodukte), der Umweltschutz und die Gesetzgebung, aber auch die veränderlichen Preise der Werkstoffe lassen dieses Optimum immer wieder in einem anderen Licht erscheinen - ein gravierender Unterschied der Gesetze der praktischen Wirtschaft zu denen der klassischen Physik.

Auch die Veränderung der Brennstoffe - sei es zu Rückstandsölen der Petrochemie, Methylalkohol, Aethanol aus Biomasse, Kohlederivate oder auch Wasserstoff - wird infolge ihrer spezifischen Eigenschaften Gasdrücke und Gasdruckverläufe beeinflussen. Diese auch in Zukunft so gut zu beherrschen wie heute mit Gasöl, wird den Ingenieuren noch viele schlaflose Nächte bereiten, ebenso wie die auseinanderstrebenden Brennstoffmärkte der Motorenindustrie, die zur Zeit nur einen auf Erdöl ausgerichteten Markt zu bedienen hat, noch viel zusätzliche Entwicklungsarbeit (und Kosten) bringen werden.

All dies wird auf viele Parameter des Gasdruckverlaufes Einfluß haben, jedoch nicht auf die Art und Weise, wie man mit diesen am Triebwerk angreifenden Gaskräften fertig werden muß. Da man die Gaskräfte messen kann, ist eine pragmatische Vorgehensweise bei vorhandenen Versuchsmotoren oder nur im überschaubaren Rahmen weiterentwickelter Motoren möglich. Will man jedoch theoretische Voraussagen machen, so bedarf es der Kenntnisse einer Reihe von Zusammenhängen, die die thermodynamische Berechnung des Kreisprozesses ergibt. Diese zu vermitteln, ist jedoch nicht Aufgabe dieses Bandes (siehe Band 'Thermodynamik der Verbrennungskraftmaschine' der neuen Folgen der gleichen Schriftenreihe).

3.1 Gasdruckverlauf

Die Abbildung 3.3 zeigt den Gasdruckverlauf im Zylinder verschiedener Motoren. Die Darstellung des Druckverlaufes in der linken Bildhälfte wird Druck-Zeit-(p, t)Diagramm genannt. Wird hierbei die Drehgeschwindigkeit (Winkelgeschwindigkeit) der Kurbelwelle als gleichförmig angenommen, was in erster Näherung möglich ist, so sind Kurbelwinkel und Zeit proportional und anstatt der Zeiteinteilung der Abszisse auch eine Einteilung in Grad Kurbelwinkel (^{o}KW) möglich. Wird der Druck über dem Zylindervolumen (Hub) aufgetragen, so entsteht das Druck-Volumen-(p, v)Diagramm auf der rechten Bildhälfte der Abb. 3.3.

Die Folge von Zustandsänderungen der Größen Volumen, Druck und Temperatur, nach deren Ablauf eines Arbeitszyklusses der Anfangszustand wieder erreicht ist, wird Kreisprozeß genannt. Je nach dem Arbeitsrhythmus des Motors erstreckt sich dieser Ablauf über vier Kolbenhübe bzw. zwei Kurbelwellenumdrehungen beim Viertaktmotor und entsprechend über zwei Kolbenhübe bzw. eine Kurbelwellenumdrehung beim Zweitaktmotor.

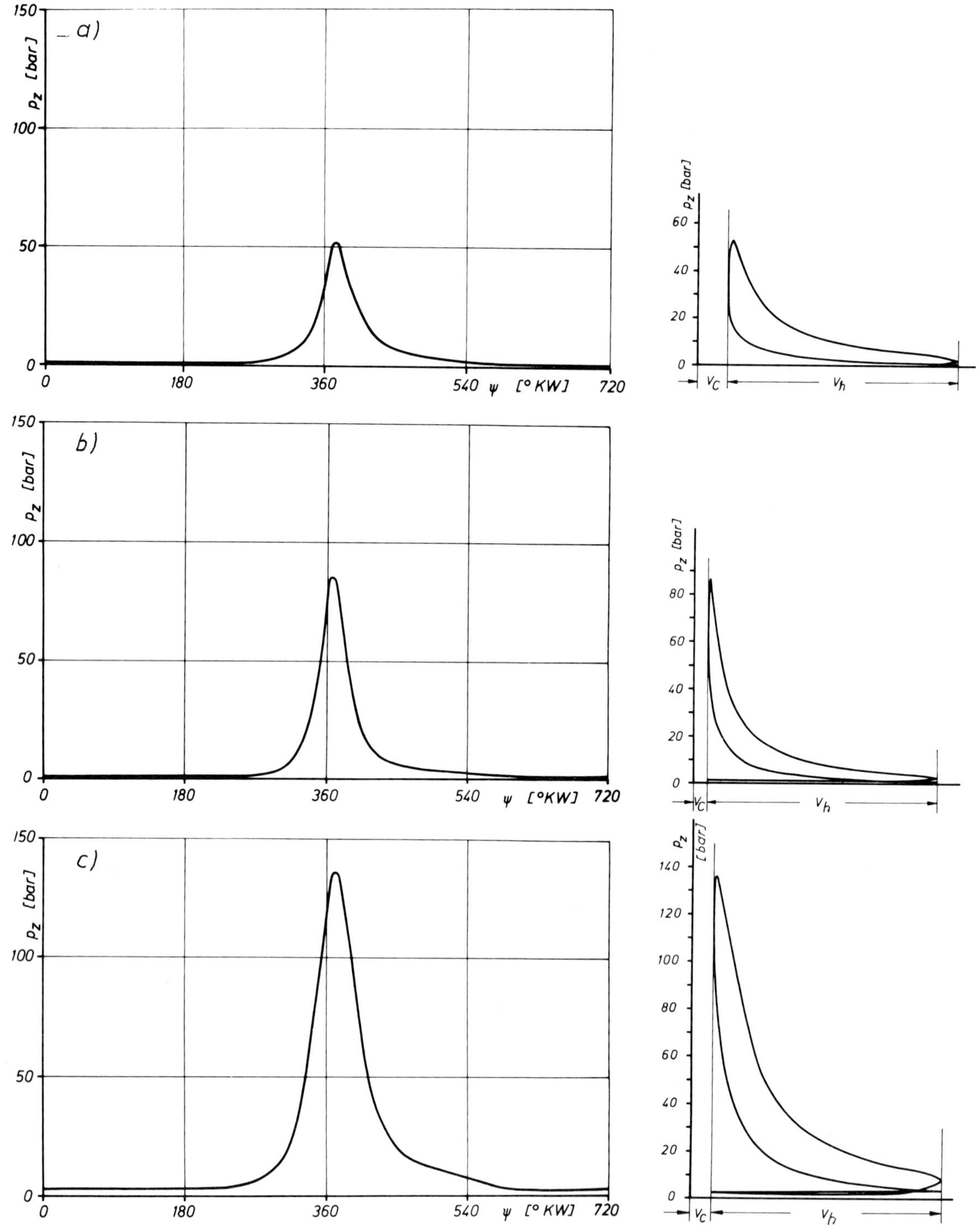

Abb. 3.3: Gasdruckverläufe verschiedener Motoren -

Links: p, t-Diagramm - Rechts: p, v-Diagramm

a) Viertakt-OTTO-Motor bei mittlerer Drehzahl (Zyl. Ø 80 mm)

b) Viertakt-DIESEL-Saugmotor bei maximalem Drehmoment (Zyl. Ø 125 mm)

c) Viertakt-DIESEL-Auflademotor bei Nenndrehzahl (Zyl. Ø 370 mm)

3.1.1 Messung des Gasdruckverlaufes

Der Druckverlauf über dem Kurbelwinkel oder dem Kolbenweg wird durch Indizieren, das heißt Messen des Druckes im Zylinder oder aber durch Berechnung unter Vorgabe gemessener Ausgangswerte und der vorgegebenen Motorkennwerte bestimmt. Für den Gasdruckverlauf ist auch die Bezeichnung Indikator-Diagramm gebräuchlich.

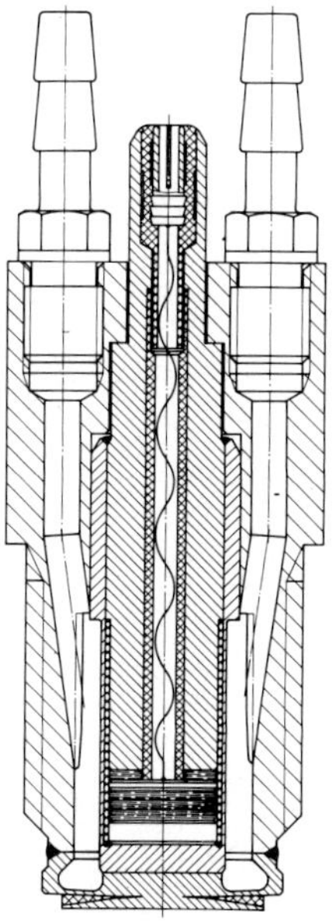

Abb. 3.4: Piezo-elektrischer Geber

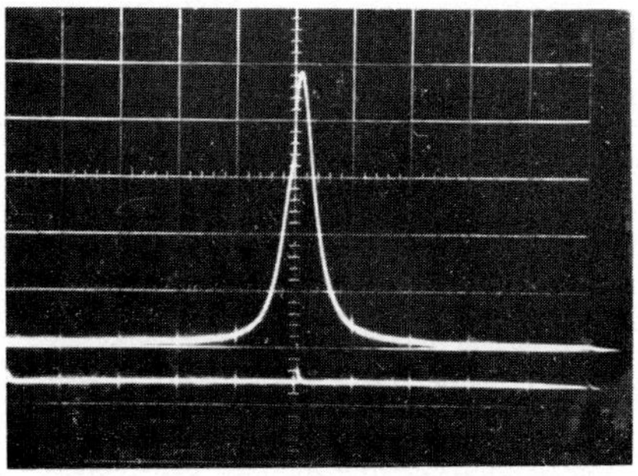

Abb. 3.5: Oszillographenbild eines Gasdruckverlaufes

Die Druckmessung erfolgt bei schnellaufenden Motoren in aller Regel nach der piezo-elektrischen Methode. Es wird dabei der Effekt ausgenützt, daß die Kristalle bestimmter Mineralien, z. B. die von Quarz, durch Druck elektrisch polarisiert werden und so an den Grenzflächen eine elektrische Spannung auftritt, die dem Druck proportional ist. Vom gasdruckbeaufschlagten Druckgeber (Abb. 3.4) wird die Spannung über einen elektrischen Verstärker einer Registrier-Einrichtung, z. B. einem Oszillographen, zugeführt und der Druckverlauf auf dem Bildschirm sichtbar gemacht (Abb. 3.5). Moderne Auswerteverfahren lösen den Druckverlauf über einen Analog-Digital-Wandler in eine dichte Folge von diskreten Signalen auf, die in einem Computer weiterverarbeitet und ausgewertet werden können. Der als weiteres Signal benötigte Kurbelwinkel wird von einer mit der Kurbelwelle rotierenden Scheibe mit genauer Teilung induktiv oder fotoelektrisch abgetastet (Abb. 3.6).

Abb. 3.6: Teilscheibe mit Winkelmarkierungen

Von größter Wichtigkeit ist beim Indizieren eine genaue Totpunktbestimmung, da hier bereits kleine Fehler erhebliche Auswirkungen haben, wenn zum Beispiel aus dem Zylinderdruck der Tangentialdruck bestimmt wird (Abb. 3.7).

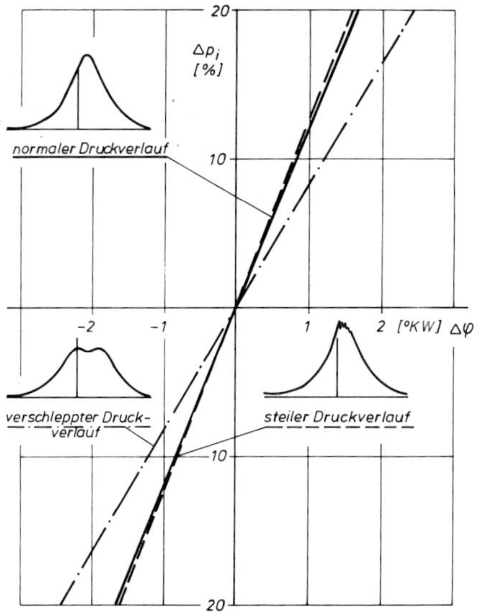

Abb. 3.7: Abweichung des indizierten Mitteldruckes von der Totpunktverschiebung

Bei Motoren mit Drehzahlen bis etwa 1000 U/min kann die Druckmessung auch mit mechanisch arbeitenden Indikatoren erfolgen (Abb. 3.8). Bei diesen Geräten wird der Gasdruck über einen

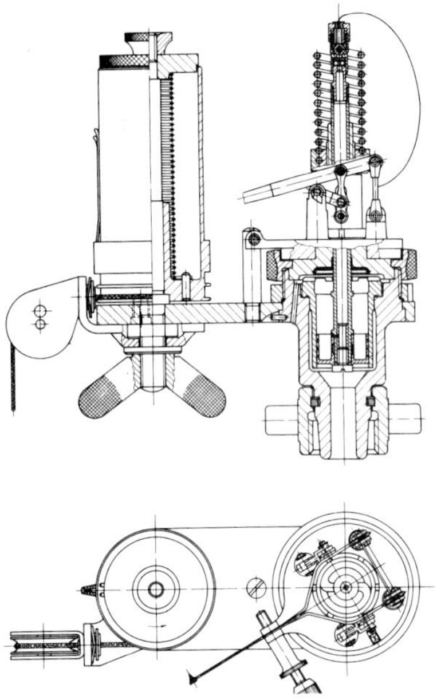

Abb. 3.8: Mechanischer Indikator

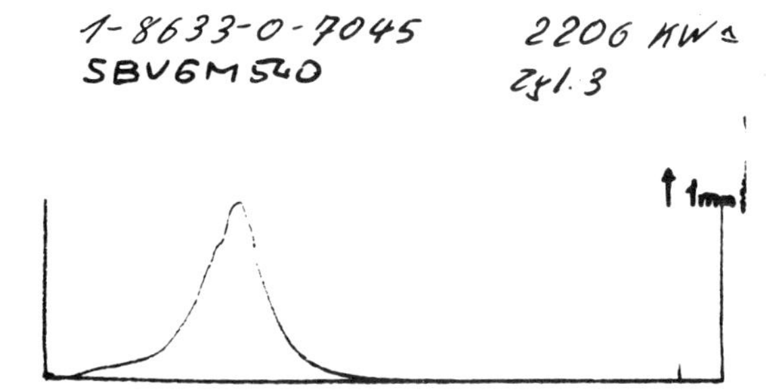

Abb. 3.9: Zeitdruck-Indikator-Diagramm ('gezogenes' Diagramm)

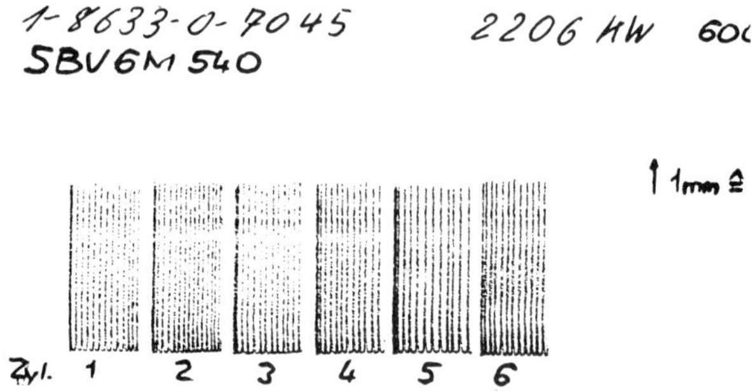

Abb. 3.10: Spitzendruck-Indikator-Diagramm

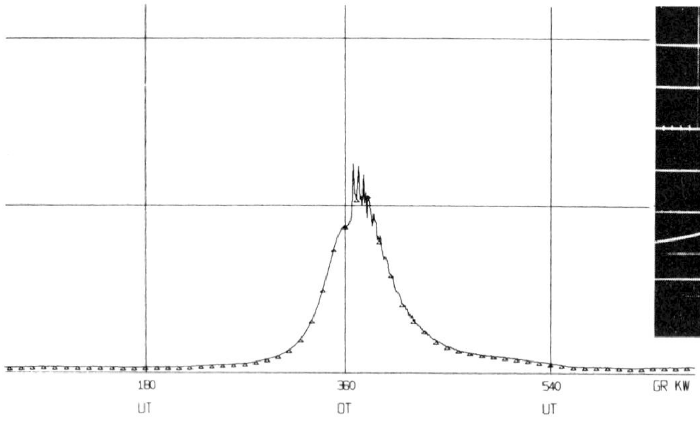

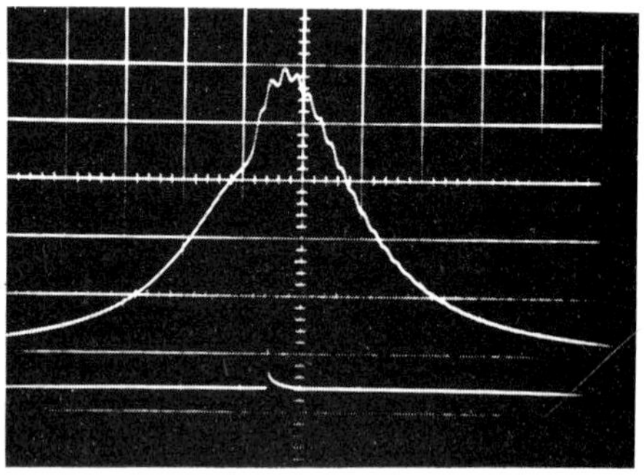

oben: Oszillographenbild
links: Plotterausschrieb

Abb. 3.11: Gemessene Druckschwingung im Indizierkanal

federbelasteten Meßkolben oder eine Membran auf ein Schreibgestänge übertragen und auf einer drehenden Trommel registriert, wobei die Drehbewegung proportional zum Kolbenhub ist (Abb. 3.9). In der Regel werden mit diesen Geräten aber nur Spitzendrücke und deren Reproduzierbarkeit an einem oder verschiedenen Zylindern gemessen (Abb. 3.10). Eine weitere Fehlerquelle der Messung im Bereich des Spitzendruckes können Druckschwingungen im Indizierkanal sein (Abb. 3.11), was man aus einem Spitzendruckdiagramm nicht erkennen kann.

Eine direkte exakte Messung des Temperaturverlaufes ist wegen des hohen zeitlichen Temperaturgradienten nicht möglich. Die Temperaturen werden daher üblicherweise über die Zustandsgleichung des Gases aus dem bekannten Druckverlauf berechnet, wobei in erster Näherung angenommen wird, daß an jedem Ort des Diagrammes zur Zeit t gleiche Drücke und gleiche Temperaturen herrschen, was bei näherer Betrachtung natürlich nicht stimmt und man bei der Reaktionskinetik berücksichtigen muß (Flammenfront, Kraftstoffaufbereitung, Flammenkern).

Bei unveränderter Ladungszusammensetzung gilt die allgemeine Zustandsgleichung

$$p \cdot v = R \cdot T \quad \text{oder} \quad \frac{p_1 \cdot v_1}{T_1} = \frac{p_2 \cdot v_2}{T_2} \tag{3.1}$$

p = Druck - v = Volumen - T = Temperatur - R = allgemeine Gaskonstante = 8,314 J/K -

Da sich bei der Verbrennung die Ladungszusammensetzung ändert, muß bei größeren Anforderungen an die Genauigkeit der Rechnung in diesem Bereich die Änderung der molaren Masse in obiger Formel berücksichtigt werden.

3.2 Thermodynamische Kreisprozeßrechnung

Die aus der Auswertung von indizierten Diagrammen des Gasdruckverlaufes im Brennraum erhaltenen Erkenntnisse über den zeitlichen Verlauf der Umsetzung der Brennstoffenergie in Wärme, die sogenannten Brenn- und Heizgesetze, haben rückwirkend wieder Eingang in Kreisprozeßrechnungen gefunden. Diese Art der Berechnungen mit vollständiger Wärmebilanz fällt unter den Begriff 'Reale Kreisprozeßrechnung'. Hierbei werden Druck und Temperatur des Arbeitsgases am Ende der Zylinderfüllung (Einlaß schließt) sowie der Abgasgegendruck vorgegeben und mit der aus Menge und Heizwert resultierenden Brennstoffwärme bei Berücksichtigung des Wärmeüberganges an die Verbrennungsraumwände und des Brenngesetzes die Gaszusammensetzung und der Druck- und Temperaturverlauf im Zylinder berechnet (Füll- und Entleermethode - Abb. 3.12). Durch Kombination der Kreisprozeßrechnung mit Ladungswechselberechnungen, die die Gasschwingungen in den Saug- und Abgasleitungen erfassen (wie z. B. das Programm PROMO der TU Bochum), kann die zeitliche Veränderlichkeit von Saugrohrdruck und Abgasdruck erfaßt und der Kreisprozeß auch über die Vorgänge im Turbolader geschlossen werden (Abb. 3.13). Da die instationär ablaufenden Vorgänge

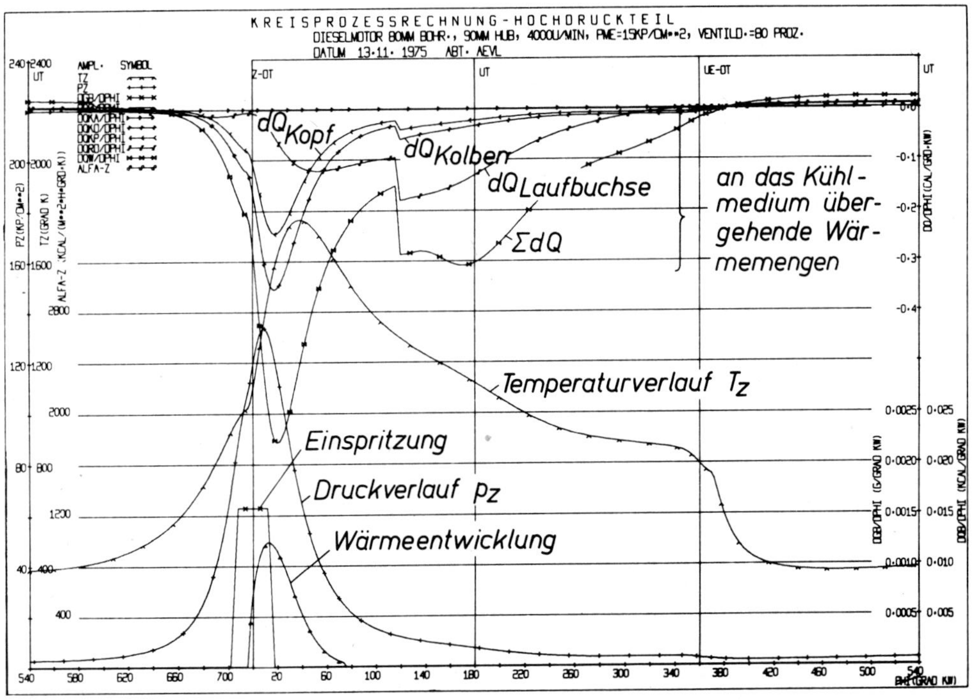

Abb. 3.12: Kreisprozeßrechnung nach der Füll- und Entleermethode

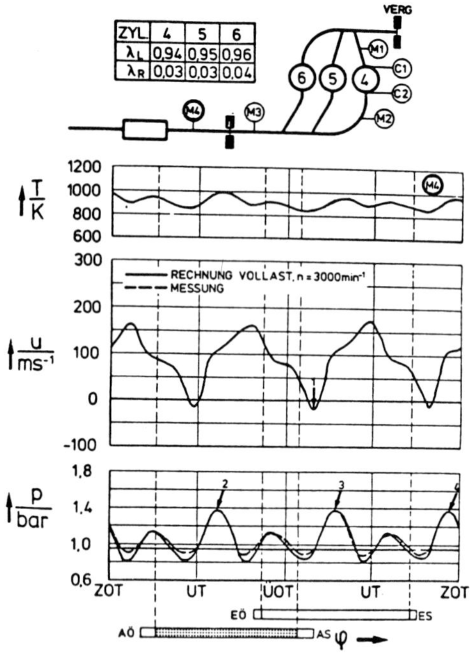

Abb. 3.13: Aufladesystem eines abgasturbo-aufgeladenen 6-Zylinder-Motors

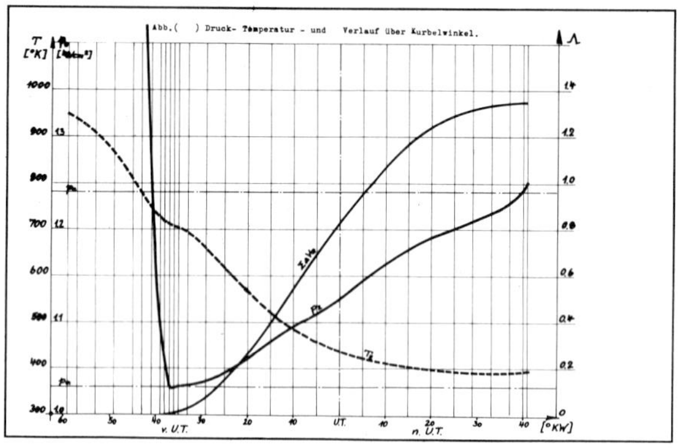

Abb. 3.14: Handrechnung von Kreisprozeß und Ladungswechsel eines Zweitaktmotors

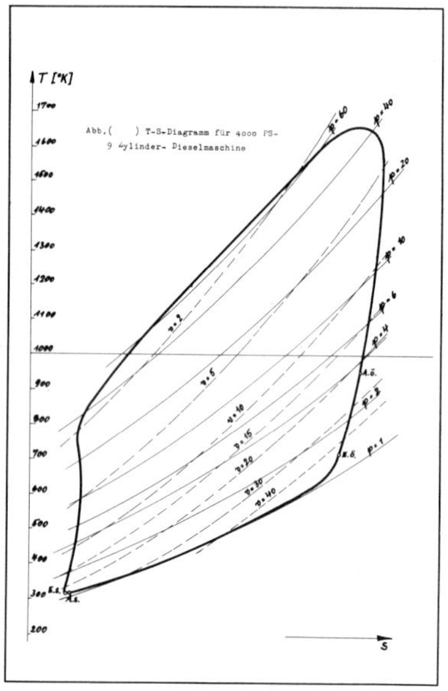

der Zustandsänderungen und Mengenbilanz des Gases durch Differentialgleichungen mit dem Differential des Kurbelwinkels beschrieben werden, die durch numerische Integration gelöst werden müssen, gestaltet sich die reale Kreisprozeßrechnung für eine Handrechnung sehr aufwendig. Dies kann jeder bezeugen, der anhand des Bandes 4 'Der Ladungswechsel der Verbrennungskraftmaschine' in den vierziger und fünfziger Jahren eine Studienarbeit auf diesem Gebiet gemacht hat (Abb. 3.14). Der Einsatz der elektronischen Datenverarbeitung hat jedoch die aufwendigen Rechnungen auf Minutenarbeit reduziert, wobei allerdings - wie bei fast allen Softwareleistungen - der Programmieraufwand zur Erstellung eines derartigen Programmes von oft mehreren Mannjahren beträchtliche Kosten verursachen kann. Hinsichtlich tiefergehender Erläuterungen zu dieser Art der Kreisprozeßrechnung muß auf die einschlägige Literatur /1-3/ verwiesen werden.

3.3 Einfache Vergleichsprozesse

Für Berechnungen und Beurteilungen der m e c h a n i s c h e n Verhältnisse und der Beanspruchung der Bauteile eines Motors interessieren die Kräfte, im vorliegenden Zusammenhang also die Gaskräfte, dagegen üblicherweise nicht der Temperaturverlauf und die Energiebilanz. Alternativ zu gemessenen Indikatordiagrammen oder einer realen Kreisprozeßrechnung kann der Druckverlauf anhand einfacher Vergleichsprozesse angenähert errechnet werden. Der Rechenaufwand und Datenumfang sind wesentlich geringer als bei der realen Kreisprozeßrechnung, die Genauigkeit des Druckverlaufes ist zumeist hinreichend für die Beurteilung der mechanischen Verhältnisse. Vorausgesetzt wird dabei, daß der indizierte Mitteldruck, der Druck bei Beginn der Kompression und der maximale Verbrennungsdruck für den zu untersuchenden Betriebszustand des Motors bekannt sind.

Die für praktische Berechnungen wichtigsten Kreisprozeß-Typen mit den dazugehörenden Beziehungen für Drücke und Arbeiten sind in der Tabelle 3.A zusammengefaßt.

VERGLEICHS-KREIS-PROZESSE (DRÜCKE UND ARBEITEN) $\varepsilon = \frac{v_H + v_C}{v_C} = \frac{v_1}{v_2}$ $x = 0{,}5 \cdot \frac{s}{r}$ n_K = POLYTROPENEXPONENT KOMPRESSION n_E = " " EXPANSION $\beta = v_4/v_3$ = GLEICHDRUCKVERHÄLTNIS		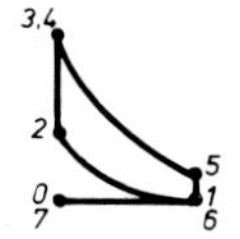 GLEICHRAUMPROZESS (OTTO-VERFAHREN)	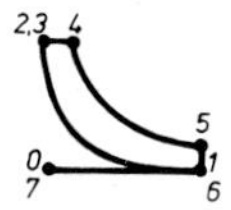 GLEICHDRUCKPROZESS (KLASSISCHES DIESEL-VERFAHREN)	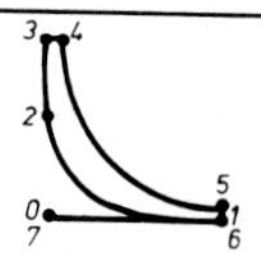 GEMISCHTER KREISPROZESS (MODERNES DIESEL-VERFAHREN)
LINIENZUG 0-1 ZYLINDERLADUNG	p W	$p_1 = \text{konst.}$ $W_{01} = p_1 (v_1 - v_2) = p_1 v_1 \left(\frac{\varepsilon - 1}{\varepsilon}\right)$		
LINIENZUG 1-2 KOMPRESSION	p W	$p = p_1 \left(\frac{v_1}{v}\right)^{n_K} = p_1 v_1 \left(\frac{\varepsilon}{1 + x(\varepsilon - 1)}\right)^{n_K}$ $W_{12} = \frac{p_1 v_1}{n_K - 1}\left[1 - \left(\frac{v_1}{v_2}\right)^{n_K - 1}\right] = \frac{p_1 v_1}{n_K - 1}\left(1 - \varepsilon^{n_K - 1}\right)$		
LINIENZUG 2-3 VERBRENNUNGSDRUCKANSTIEG	p W	$p_2 \rightarrow p_3$ $W_{23} = 0$	$p_2 = p_3$	$p_2 \rightarrow p_3$
LINIENZUG 3-4 GLEICHDRUCKVERBRENNUNG	p W	$p_3 = p_4$ $W_{34} = 0$	$W_{34} = p_3 (v_4 - v_3) = p_3 v_3 (\beta - 1) = p_3 v_1 \frac{\beta - 1}{\varepsilon}$	
LINIENZUG 4-5 EXPANSION	p W	$p = p_4 \left(\frac{v_4}{v}\right)^{n_E} = p_3 \left(\frac{\beta}{1 + x\,\varepsilon - 1}\right)^{n_E}$ $W_{45} = \frac{p_4 v_4}{n_E - 1}\left[1 - \left(\frac{v_4}{v_5}\right)^{n_E - 1}\right] = \frac{p_3 v_1}{n_E - 1} \cdot \frac{\beta}{\varepsilon}\left[1 - \left(\frac{\beta}{\varepsilon}\right)^{n_E - 1}\right]$		
LINIENZUG 5-6 DRUCKAUSGLEICH BEI EXPANSIONSENDE		$p_5 \rightarrow p_6$ $W_{56} = 0$		
LINIENZUG 6-7 ZYLINDERENTLEERUNG		$p_6 = \text{konst.}$ $W_{67} = p_6 (v_2 - v_1) = p_1 v_1 \left(\frac{1 - \varepsilon}{\varepsilon}\right)$		
LINIENZUG 7-0 DRUCKAUSGLEICH IM LADUNGSWECHSEL		$p_6 \rightarrow p_1$ $W_{70} = 0$		

Tabelle 3.A: Vergleichs-Kreisprozesse

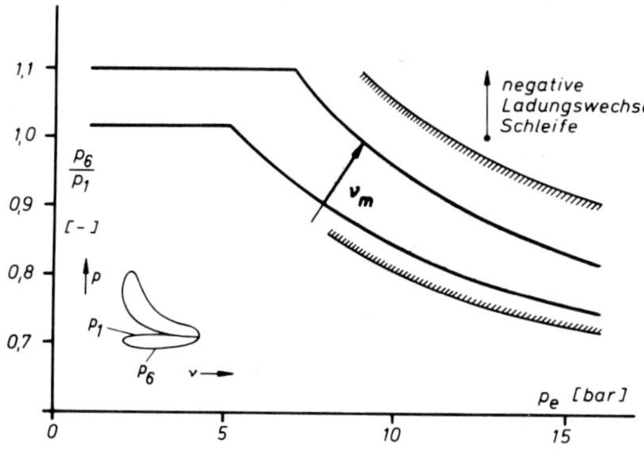

Abb. 3.15: Druckverhältnis p_6/p_1 als Funktion von p_{me} eines Viertakt-Mittelschnelläufers

Die Darstellung ist am Viertaktprozeß orientiert, bei dem der Ladungswechsel während einer Kurbelwellenumdrehung, das heißt während zweimaligen Durchlaufens des Kolbenhubes stattfindet. Die Ladeschleife ergibt sich, wenn Ladedruck p_1 und Abgasgegendruck p_6 voneinander verschieden sind. Bei Auflademotoren kann als Richtwert gelten

$$p_6/p_1 = 0{,}70 \ldots 0{,}93,$$

wobei dieser Wert weitgehend von dem Aufladeverfahren, den Querschnitten und Steuerzeiten abhängt. Die Ladungswechselarbeit wird dabei positiv. Mit wachsender Aufladung (p_{me}) wird die positive Ladungswechselarbeit größer. Abb. 3.15 zeigt z. B. das Druckverhältnis p_6/p_1 eines modernen Viertakt-Mittelschnelläufers in Abhängigkeit vom effektiven Mitteldruck p_{me}. Man kann daraus ablesen, daß unterhalb eines Mitteldruckes von etwa 5 bar die Ladungswechselarbeit negativ wird und bei höchsten Aufladegraden um 20 p_e sich ein Druckverhältnis von 0,72 einstellt. Bei Saugmotoren ist die Ladungswechselarbeit immer negativ, und zwar wird die aufzubringende Ladungswechselarbeit mit wachsender Kolbengeschwindigkeit und kleineren Ventilquerschnitten größer.

Zweitaktmotoren haben einen grundsätzlich ähnlichen Verlauf des p-v-Diagrammes, die Ladeschleife entfällt jedoch. Der Ladungswechsel erfolgt in der Nähe des UT und zeigt sich im p-v-Diagramm als Druckabfall aus der Expansionslinie, der zu dem Zeitpunkt einsetzt, bei dem die Spülöffnungen freigegeben werden (Abb. 3.16), die Kompression beginnt beim Schließen der Einlaßschlitze.

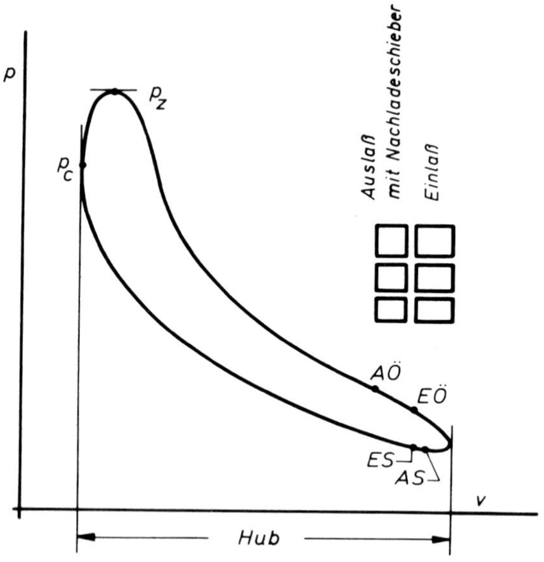

Abb. 3.16: p-v-Diagramm eines Zweitaktmotors

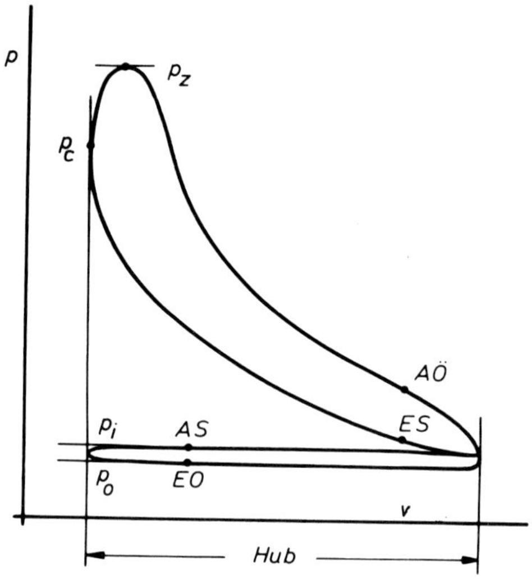

Abb. 3.17: p-v-Diagramm eines Viertaktmotors

Ähnliches tritt natürlich beim Viertaktmotor auf, da die Druckentlastung von Punkt 5 nach Punkt 6 nicht schlagartig erfolgen kann, sondern Zeit benötigt. Zur optimalen Leistungsausbeute ist es deshalb notwendig, den Beginn des Öffnens des Auslaßventiles vor UT zu legen und das Ende des Schließvorganges des Einlaßventiles in den Beginn des Kompressionshubes zu verlegen (Abb. 3.17).

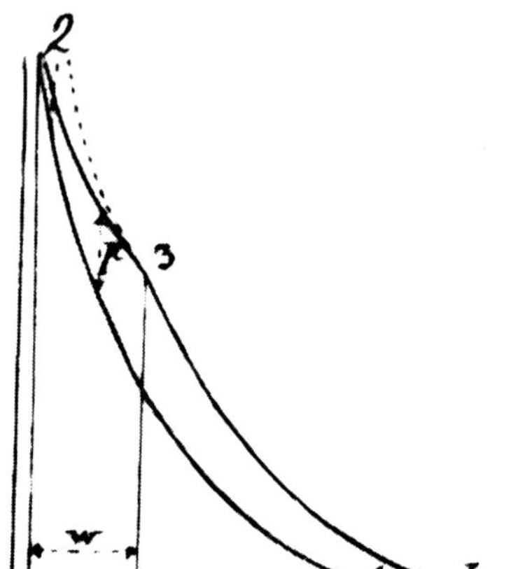

Abb. 3.18: CARNOT-Prozeß aus dem DIESEL-Patent DRP 67 207

Kompression und Expansion verlaufen nach einer Polytrope

$$p \cdot v^n = \text{konst.}$$

Die Zünd- bzw. Verbrennungsphase in der Nähe des oberen Totpunktes (OT) wird dargestellt durch einen Druckanstieg bei konstantem Volumen (Gleichraum- oder OTTO-Prozeß) oder einer Volumenänderung bei konstantem Druck (Gleichdruck- oder DIESEL-Prozeß) oder einer Kombination aus beiden (gemischter oder SEILIGER-Prozeß). Der ursprünglich von DIESEL angestrebte CARNOT-Prozeß, mit dem er erhoffte, Wirkungsgrade von über 70 % zu erreichen, hat eine isotherme Expansion. Da die Isotherme aus dem Punkt 2 heraus jedoch fast parallel der Kompressionslinie verläuft (Abb. 3.18), ergibt sich eine sehr geringe indizierte Arbeitsfläche, die kaum die Reibleistung eines Motors überwindet. So hat DIESEL sich in Abänderung seiner ursprünglichen Anmeldung vom 28. Februar 1893 in seinem

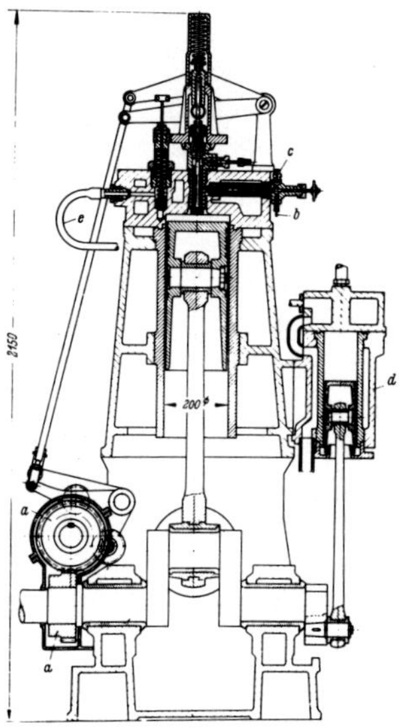

Abb. 3.19: *DIESEL-Motor mit Drucklufteinspritzung*

Grundpatent DRP 67 207 eine Expansion 'ohne wesentliche Temperaturerhöhung' schützen lassen, was ihm für seine späteren Arbeiten sehr nützlich war, als er merkte, daß weder die in seiner Druckschrift 'Theorie und Konstruktion eines rationellen Wärmemotors' angestrebten Verdichtungsdrücke, noch die vorgegebenen Maximaltemperaturen des Prozesses von 800 - 900 ^{0}C durch Zugabe zeitlich gesteuerter, minimaler Brennstoffmengen (Konstantdruckverbrennung) zum Erfolg führen können. Somit wird das von DIESEL bei seinem ersten Motor in etwa erreichte Gleichdruckverfahren als das 'klassische' Dieselverfahren angesehen. Es traf bei der ersten Generation von Dieselmotoren mit niedriger Drehzahl und Preßlufteinspritzung des Kraftstoffes (Abb. 3.19) auch noch angenähert zu. Auch einige moderne schnellaufende Dieselmotoren mit Zweistufenverbrennung (Vorkammer- bzw. Wirbelkammermotoren) haben einen Verbrennungsablauf, bei dem der maximale Verbrennungsdruck nicht höher ist als der Verdichtungsenddruck, das heißt, sie arbeiten nach dem Gleichdruckverfahren (Abb. 3.20). Bei den meisten Dieselmotoren ist dagegen der maximale Verbrennungsdruck höher als der Verdichtungsdruck. In diesen Fällen trifft der gemischte Kreisprozeß zu. Das Ver-

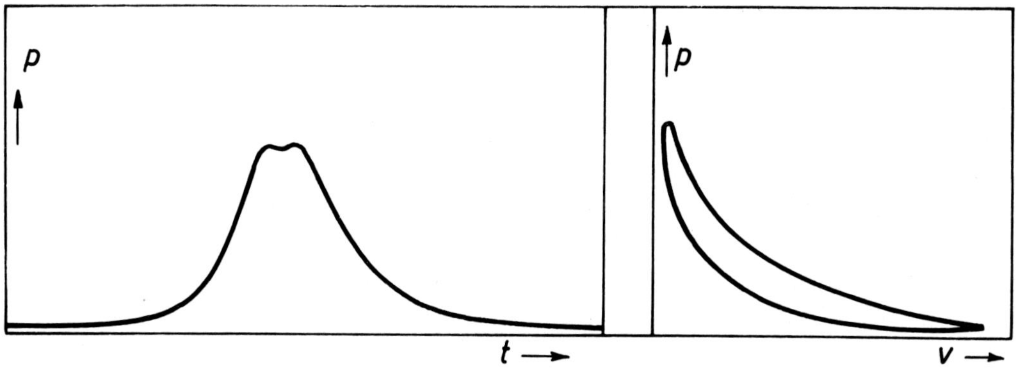

Abb. 3.20: Gasdruckverlauf (links: p-t-, rechts: p-v-Diagramm) eines Wirbelkammer-DIESEL-Motors für einen Pkw. Der Verdichtungsenddruck und der maximale Verbrennungsdruck sind etwa gleich (Gleichdruckverfahren)

hältnis zwischen maximalem Spitzendruck und Kompressionsenddruck liegt in der Regel zwischen 1,2 und 1,5.

Die beim Ablauf des Kreisprozesses vom Gas verrichtete Arbeit ergibt sich aus dem Integral

$$W = \int p \, dv \qquad (3.2)$$

Die Aufsummierung der aus der Integration erhaltenen und in der Tabelle 3.A angegebenen Beziehungen sowie Gleichsetzen mit

$$\Sigma W = p_i \cdot (v_1 - v_2) = p_i \cdot v_1 \cdot \left(\frac{\varepsilon - 1}{\varepsilon}\right) \qquad (3.3)$$

ergeben die folgende Größengleichung für den indizierten Mitteldruck

$$p_i = p_1 \cdot \left(1 + \frac{1}{n_K - 1} \cdot \frac{\varepsilon - \varepsilon^{n_K}}{\varepsilon - 1}\right) + p_3 \cdot \frac{b}{\varepsilon - 1} + p_6 \cdot \frac{1 - \varepsilon}{\varepsilon - 1} \tag{3.4}$$

mit

$$b = -1 + \beta \cdot \frac{n_E}{n_E - 1} - \beta^{n_E} \cdot \frac{\varepsilon^{(1-n_E)}}{n_E - 1} \tag{3.5}$$

Die Bezeichnungen haben folgende Bedeutung:

p_1 = absoluter Druck bei Kompressionsbeginn ≈ absoluter Ansaug- bzw. Ladedruck

p_3 = absoluter maximaler Verbrennungsdruck (Zünddruck)

p_6 = absoluter Abgasgegendruck

$\varepsilon = \frac{V_h + V_c}{V_c}$ Verdichtungsverhältnis

n_K = Polytropenexponent der Kompression

n_E = Polytropenexponent der Expansion

β = Gleichdruckverhältnis = V_4/V_3

Die Polytropenexponenten der Kompression n_K und der Expansion n_E sind strenggenommen veränderliche Zahlen, da der Wärmeaustausch zwischen der Zylinderladung und den Brennraumwänden sich während der Kompression bzw. Expansion ändert. Sind genauere Zahlen nicht verfügbar, so können als Richtwerte gelten:

	Dieselmotor	Ottomotor
Kompressions-Exponent	$n_K = 1{,}35$	$n_K = 1{,}38$
Expansions-Exponent	$n_E = 1{,}25 \ldots 1{,}3$	$n_E = 1{,}3$

Das Gleichdruckverhältnis $\beta = V4/V3$ ist beim Gleichraumprozeß (OTTO-Verfahren) $\beta = 1$, beim Gleichdruck- und gemischten Kreisprozeß eine Zahl > 1.

Eine typisch praktische Aufgabe ist es, bei vorgegebenem indizierten Mitteldruck sowie Zünd- und Ladedruck die Länge der Gleichdruckverbrennung zu bestimmen. Da das Gleichdruckverhältnis β aus (3.4) nicht explizit darstellbar ist, wird zur Bestimmung ein Näherungsverfahren, zweckmäßigerweise das NEWTONsche Näherungsverfahren verwendet.

Hierzu werden die Formeln (3.4) und (3.5) in der folgenden Form angeschrieben:

$$A_0 = b + 1 = \frac{p_i}{p_3} \cdot (\varepsilon - 1) - \frac{p_1}{p_3} \cdot \left(\varepsilon - 1 + \frac{\varepsilon - \varepsilon^{n_K}}{n_K - 1}\right) - \frac{p_6}{p_3} \cdot (1 - \varepsilon) + 1 \tag{3.6}$$

$$A_1 = \frac{n_E}{n_E - 1} \tag{3.7}$$

$$A_2 = \frac{\varepsilon^{(1-n_E)}}{n_E - 1} \tag{3.8}$$

$$f(\beta_1) = A_2 \cdot \beta_1^{n_E} - A_1 \cdot \beta_1 + A_0 \tag{3.9}$$

$$f'(\beta_1) = n_E \cdot A_2 \cdot \beta^{n_E - 1} - A_1 \tag{3.10}$$

$$\beta = \beta_1 - \frac{f(\beta_1)}{f'(\beta_1)} \tag{3.11}$$

Beginnend mit einem Näherungswert $\beta_1 = 1$ oder $\beta_1 > 1$, ist der endgültige Wert von β nach wenigen (ungefähr drei) Durchrechnungen mit genügender Genauigkeit ermittelt.

Der zur Länge der Gleichdruckverbrennung gehörende Kolbenweg beträgt

$$s_{O_{GL}} = 2\,r\,\frac{\beta - 1}{\varepsilon - 1} \tag{3.12}$$

Zur Bestimmung des zugehörenden Kurbelwinkels wird in der Kolbenweg-Beziehung (2.1) der Ausdruck

$$\sqrt{1 - \lambda^2 \sin^2\psi}$$

durch die Näherung

$$1 - \frac{1}{2}\lambda^2 (1 - \cos^2\psi)$$

ersetzt und umgeformt. Somit ergibt sich der Kurbelwinkel am Ende der Gleichdruckverbrennung zu

$$\psi_{GL} = \arccos \frac{1}{\lambda}\cdot\left(\sqrt{1 + \lambda^2 + 2\cdot\lambda - 4\cdot\lambda\cdot\frac{\beta - 1}{\varepsilon - 1}} - 1\right) \tag{3.13}$$

Damit sind alle Größen bekannt, um mit den in Tabelle 3.A angegebenen Beziehungen für die Teilbereiche des Kreisprozesses den Druckverlauf zu berechnen.

Diese theoretischen, eckigen Kreisprozeß-Diagramme sind für viele Anwendungsfälle, sei es eine harmonische Analyse oder eine Verlagerungsbahn-Rechnung eines Gleitlagers, unzureichend. Eine Verbesserung des rechnerischen Druckverlaufes wird erzielt, wenn die abrupten Übergänge des eckigen Kreisprozeß-Diagrammes ausgerundet und dem Verlauf gemessener Indikator-Diagramme angepaßt werden. Dies kann zum Beispiel durch ein Rechenprogramm wie H 0301 (auf den Seiten 68, 69 und 70) geschehen, in dem vom Verbrennungsbeginn, etwa 0 ... 8 °KW vor OT, zunächst ein linearer Druckanstieg einsetzt, der tangentengleich in den parabelförmigen Verlauf im Bereich des höchsten Verbrennungsdruckes einmündet. Der parabelförmige Verlauf geht wiederum tangentengleich in die Expansionslinie über. Ab dem Kurbelwinkel, bei dem das Auslaßventil öffnet, erfolgt der Druckabfall linear bis auf den Abgasgegendruck. Die Wahl der freien Parameter bestimmt die Güte der Annäherung an gemessene Druckverläufe. Die Veränderungen an der Arbeitsfläche des p-v-Diagrammes werden durch eine Iterationsrechnung ausgeglichen, so daß der vorgegebene Mitteldruck wieder erreicht wird.

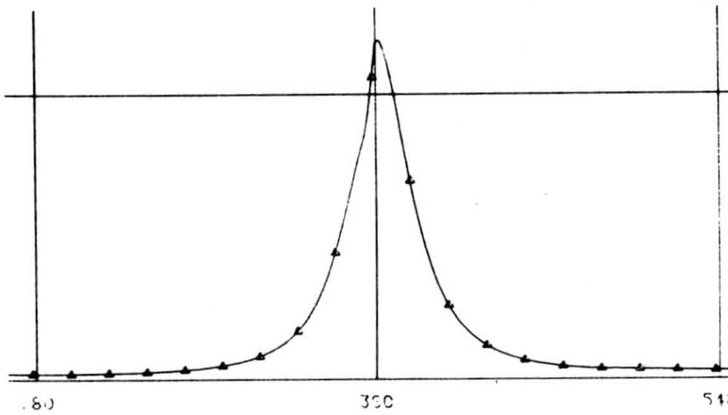

Abb. 3.21: Gasdruckdiagramm, errechnet mit der Programm-Tabelle H 0301

Zur Arbeitserleichterung ist auch hier in der Programm-Tabelle H 0301 ein Programmausschrieb wiedergegeben, der es mit wenig Aufwand ermöglicht, Gasdruckdiagramme für den eigenen Gebrauch zu erstellen, die mit gemessenen Gasdruckdiagrammen sehr gut übereinstimmen. Die Abb. 3.21 zeigt einen mit diesem Programm errechneten Gasdruckverlauf.

Sieht man von dem Aufwand bei der Programmerstellung ab, so ist der rechnerische Mehraufwand gegenüber dem eckigen Diagramm der einfachen Vergleichsprozesse gering, die Ersparnis gegenüber der

```
**********************************************************************
PROGRAMM-TABELLE H0301          UNTERPROGRAMM  SUBROUTINE

  AUFGABE DES PROGRAMMES  H0301

  BERECHNUNG DES GASDRUCK-VERLAUFES IM ZYLINDER EINES DIESELMOTORS
  IN ABHAENGIGKEIT VON KURBELWINKEL WAEHREND EINER 4-TAKT-PERIODE.
  ZEITDRUCKVERLAUF FUER VORGEGEBENEN MITTEL- UND ZUENDDRUCK
  BERECHNUNG DER UEBERGANGSPUNKTE

  PROGRAMM-TYP  - SUBROUTINE -
  AUFRUF        : CALL H0301(....)
  PARAMETERLISTE :
                 FNK1 = KOMPRESSIONSEXPONENT BEREICH 180-270 KW
                 FNK2 = KOMPRESSIONSEXPONENT BEREICH 270-340 KW
                 FNK3 = KOMPRESSIONSEXPONENT BEREICH 340-360+PSIZ
                 FNE4 = EXPANSIONSEXPONENT
                 PSIZ = WINKEL DES BRENNBEGINNES VOR OT
                 PSIA = AUSLASSVENTIL OEFFNET WINKEL VOR UT
                 EPS  = VERDICHTUNGSVERHAELTNIS
                 FLAM = PLEUELSTANGENVERHAELTNIS LAMBDA=R/L
                 PMI  = MITTLERER INDIZIERTER DRUCK
                 PMAX = MAXIMALER GASDRUCK DES KREISPROZESSES
                 PANF = LADEDRUCK (DRUCK BEI KOMPRESSIONSBEGINN)
                 DPSI = GLEICHMAESSIGER ABSTAND DER STUETZPUNKTE
                 P(I) = DRUCKVERLAUF DES ARBEITSGASES
                        (MAXIMAL 720 WERTE PRO ARBEITSSPIEL)
                        (DPSI > 1 GRAD KW)
                 IFEP = FEHLERMELDUNG
                 IFEI = FEHLERMELDUNG
**************          **************          **************
      SUBROUTINE H0301(FNK1,FNK2,FNK3,FNE4,PSIZ,PSIA,EPS,FLAM,PMI,PMAX,
     1PANF,DPSI,P,IFEP,IFEI)
      DIMENSION P(720),PSI(11),V(11)
   66 EEXP=FNE4
      EPM=EPS-1.
      VC=1./EPM
      P1=PANF
      P6=PMAX
      V(1)=1.+VC
      PSI(1)=180.
      PSI(2)=270.
      PSI(3)=340.
      PSI(4)=360.
      DO 1 I=2,4
      PHIG=PSI(I)
    1 V(I)=VC+0.5*TX(PHIG,FLAM)
      A1=FNK1-1.
      ZW=V(1)/V(2)
      P2=P1*ZW**FNK1
      W12=P1*V(1)/A1*(1.-ZW**A1)
      A1=FNK2-1.
      ZW=V(2)/V(3)
      P3=P2*ZW**FNK2
      W23=P2*V(2)/A1*(1.-ZW**A1)
      A1=FNK3-1.
      ZW=V(3)/V(4)
      P4=P3*ZW**FNK3
      W34=P3*V(3)/A1*(1.-ZW**A1)
      IF(PMI)9,41,9
    9 A0=PMI*EPM/P6-EPS/P6/V(1)*(W12+W23+W34)+1.
      ZW=FNE4-1.
      A1=FNE4/ZW
      A2=1./(ZW*EPS**ZW)
      IF(P4-P6)60,60,61
   61 IFEP=1
      GOTO 55
   60 CONTINUE
      IT=1
      X1=1.
    2 FX1=A2*X1**FNE4-A1*X1+A0
      DFX1=FNE4*A2*X1**ZW-A1
      X=X1-FX1/DFX1
      DX=X-X1
      ADX=ABS(DX)
      IF(0.001-ADX)3,3,4
    3 X1=X
      IT=IT+1
      IF(IT-20)2,2,62
    4 GV=X
      XS6=(GV-1.)/EPM
      RL=1./FLAM
      ZW=1.-2.*XS6+RL
      CAG=1.+2.*XS6*(XS6-RL)/ZW
      ZW=SQRT(1./CAG/CAG-1.)
      X1=57.29578*ATAN(ZW)
      PSI(6)=0.5*X1
      A0=0.76152E-4*(1.+FLAM)*EPM
      IT=1
    5 A1=1.+A0*X1*X1
      A2=X1-PSI(6)
      ZW=(GV/A1)**FNE4
      FME=1.75
      PMB=FNE4+1.
      WSW=2.*A0*FNE4/FME/A1
      FX1=ZW*(WSW*X1*A2+1.)-1.
      DFX1=ZW*WSW*(X1+A2-FME*X1-PMB*2.*A0*A2/A1*X1*X1)
      X=X1-FX1/DFX1
      DX=X-X1
      ADX=ABS(DX)
      IF(0.5-ADX)6,6,7
    6 X1=X
      IT=IT+1
      IF(IT-20)5,5,63
    7 PSI(7)=X+360.
      PSI(6)=PSI(6)+360.
      PSI(5)=360.
      PSI(4)=PSIZ+360.
      PSI(11)=540.+PSIA
      PSI(10)=540.-PSIA
      ZW=(PSI(10)-PSI(7))/2.
      PSI(8)=PSI(7)+ZW
```

H 0301: Gasdruckverlauf eines Dieselmotors

```
      PSI(9)=PSI(8)
      DO 8 I=4,11
      PHIG=PSI(I)
    8 V(I)=VC+0.5*TX(PHIG,FLAM)
      A1=FNK3-1.
      ZW=V(3)/V(4)
      P4=P3*ZW**FNK3
      W34=P3*V(3)/A1*(1.-ZW**A1)
      P7=P6*(V(5)/V(7)*GV)**FNE4
      P8=P7*(V(7)/V(8))**FNE4
      DFNE=0.05
      FNE5=FNE4+DFNE
      P9=P8*(V(8)/V(9))**FNE5
      FNE6=FNE5
      P10=P9*(V(9)/V(10))**FNE6
      ZW=P1-1.
      IF(ZW)10,10,11
   10 P11=P1
      GOTO 12
   11 P11=0.75*ZW+1.
   12 Z=(P6-P4)/(0.5*(PSI(5)+PSI(6))-PSI(4))
      Q=0.5*Z/(PSI(6)-PSI(5))
      R=(P6-P7)/((ABS(PSI(6)-PSI(7)))**FNE))
      S=(P10-P11)/(PSI(11)-PSI(10))
      T=(P1-P11)/180.
      A0=57.29578*SQRT(4./(1.+FLAM))
      A2=V(4)-VC
      W45=-P4*A2-0.333333*Z*A0*A2**1.5
      A1=V(6)-VC
      W56=P6*A1-0.166667*Q*(A0*A1)**2.
      A2=V(7)-VC
      PMA=SQRT(A2)
      PMB=SQRT(A1)
      WSW=PMA-PMB
      ZW=FME+1.
      DV=FME+2.
      W67=P6*(A2-A1)-2.*R*A0**FME/ZW*(PMA*WSW**ZW-WSW**DV/DV)
      W11=0.
      X1=V(10)-VC
      PHIG=PSI(10)
      WSW=0.1*PSIA
      ZW=0.5*WSW*S
      DO 13 I=1,10
      A0=2*I-1
      PMA=P10-ZW*A0
      PMB=P11+ZW*A0
      PHIG=PHIG+WSW
      DV=0.5*TX(PHIG,FLAM)-X1
      W11=W11+DV*(PMA-PMB)
      X1=X1+DV
   13 CONTINUE
      W10=P11*(VC-V(11))
      W01=0.5*(P1+P11)
      WK=W01+W12+W23+W34+W45+W56+W67+W10
      WR=PMI-WK
      A1=V(7)/V(8)
```

```
      A2=V(8)/V(9)
      A3=V(9)/V(10)
      ADX=ALOG(A1)
      CAG=ALOG(A2)
      EPM=ALOG(A3)
      SLA=ADX+CAG+EPM
      WZ1=W11/(P10-P11)
      IT=1
   18 ZA=FNE4-1.
      PMA=A1**ZA
      ZB=FNE5-1.
      PMB=A2**ZB
      ZC=FNE6-1.
      PMC=A3**ZC
      P8=P7*A1**FNE4
      P9=P8*A2**FNE5
      P10=P9*A3**FNE6
      DV=P10-P11
      W78=P7*V(7)/ZA*(1.-PMA)
      W89=P8*V(8)/ZB*(1.-PMB)
      W91=P9*V(9)/ZC*(1.-PMC)
      W71=W78+W89+W91
      W11=WZ1*DV
      ZW=PMI-WK-W71-W11
      ZW=ABS(ZW)
      IF(0.01*PMI-ZW)15,15,16
   15 IT=IT+1
      IF(IT-20)14,14,63
   63 IF(EEXP-1.4)65,65,62
   65 FNE4=EEXP+0.1
      GOTO 66
   62 IFET=1
      GOTO 55
   14 X1=FNE4
      FX1=W71+W11-WR
      DFX1=(-W78-P7*V(7)*PMA*ADX)/ZA+(-W89-P8*V(8)*PMB*
     1CAG)/ZB+(-W91-P9*
     2V(9)*PMC*EPM)/ZC+WZ1*P10*SLA
      X=X1-FX1/DFX1
      FNE4=X
      FNE5=FNE4+DFNE
      FNE6=FNE5
      WZ1=W11/DV
      GOTO 18
   16 S=(P10-P11)/(PSI(11)-PSI(10))
      BERECHNUNG DES DRUCKVERLAUFES
      I=0
      PHIG=-DPSI
   17 I=I+1
      PHIG=PHIG+DPSI
      IF(PHIG-180.)19,19,20
   19 P(I)=P11+T*PHIG
      GOTO 17
   20 IF(PHIG-PSI(2))21,22,22
```

H 0301: Gasdruckverlauf eines Dieselmotors

realen Kreisprozeßrechnung aber bedeutend. Ob man sich für eine wie beschrieben modifizierte Kreisprozeß-Rechnung oder gleich für die reale Kreisprozeß-Rechnung entscheidet, wird von der Verfügbarkeit der Daten und der Rechnerkapazität abhängen.

3.4 Maximaler Verbrennungsdruck

Die Triebwerksbelastung eines Motors wird maßgeblich bestimmt durch den maximalen Verbrennungsdruck oder Zünddruck, wie dieser auch häufig genannt wird. Er ist im wesentlichen abhängig vom Verdichtungsenddruck, von der Gemischbildung und dem Verbrennungsablauf, sowie von der umgesetzten Brennstoffenergie, d. h. der Belastung des Motors. Das jeweilige Arbeitsprinzip

äußere Gemischbildung und Fremdzündung beim OTTO-Motor -

innere Gemischbildung und Selbstzündung beim DIESEL-Motor

erfordert unterschiedliche Verdichtungsenddrücke und -temperaturen und ergibt so ein unterschiedliches Druckniveau bei beiden Motoren, nämlich höhere Drücke beim Dieselmotor.

Der thermische Wirkungsgrad steigt mit der Verdichtung an, in der Praxis sind jedoch dem Verdichtungsverhältnis bei beiden Motoren Grenzen gesetzt. Diese sind

beim OTTO-Motor: Vermeiden der Selbstentzündung des Gemisches (Klopfen, Klingeln) -

beim DIESEL-Motor: Triebwerksbelastung, Brennraumform und Fertigungstoleranzen.

Beim DIESEL-Motor muß andererseits das Verdichtungsverhältnis hoch genug sein, um befriedigendes Startverhalten (Zündung des Brennstoffes bei kalter Maschine) sicherzustellen. Da bei kleinen Motoren die Wandflächen im Vergleich zum Verdichtungsraum größer und die Wärmeleitwege kürzer sind, der Kühleffekt auf die Verdichtungsluft somit größer ist, ist bei kleineren Dieselmotoren ein höheres Verdichtungsverhältnis nötig als bei größeren Motoren. Aus dem gleichen Grunde haben DIESEL-Motoren mit Zweistufenverbrennung (Vorkammer-, Wirbelkammer-, Luftspeichermotoren) wegen ihrer

```
21 VI=VC+0.5*TX(PHIG,FLAM)
   P(I)=P1*(V(1)/VI)**FNK1
   GOTO 17
22 IF(PHIG-PSI(3))23,24,24
23 VI=VC+0.5*TX(PHIG,FLAM)
   P(I)=P2*(V(2)/VI)**FNK2
   GOTO 17
24 IF(PHIG-PSI(4))25,26,26
25 VI=VC+0.5*TX(PHIG,FLAM)
   P(I)=P3*(V(3)/VI)**FNK3
   GOTO 17
26 IF(PHIG-360.)27,28,28
27 P(I)=P4+Z*(PHIG-PSI(4))
   GOTO 17
28 IF(PHIG-PSI(6))29,30,30
29 P(I)=P6-Q*(PSI(6)-PHIG)**2.
   GOTO 17
30 IF(PHIG-PSI(7))31,32,32
31 P(I)=P6-R*(PHIG-PSI(6))**FME
   GOTO 17
32 IF(PHIG-PSI(8))33,34,34
33 VI=VC+0.5*TX(PHIG,FLAM)
   P(I)=P7*(V(7)/VI)**FNE4
   GOTO 17
34 IF(PHIG-PSI(9))35,36,36
35 VI=VC+0.5*TX(PHIG,FLAM)
   P(I)=P8*(V(8)/VI)**FNE5
   GOTO 17
36 IF(PHIG-PSI(10))37,38,38
37 VI=VC+0.5*TX(PHIG,FLAM)
   P(I)=P9*(V(9)/VI)**FNE6
   GOTO 17
38 IF(PHIG-PSI(11))39,40,40
39 P(I)=P10-S*(PHIG-PSI(10))
   GOTO 17
40 IF(PHIG-720.)53,55,55
53 P(I)=P11
   GOTO 17
41 I=0
   PHIG=-DPSI
42 I=I+1
   PHIG=PHIG+DPSI
   IF(PHIG-180.)43,44,44
43 P(I)=P1
   GOTO 42
44 IF(PHIG-PSI(2))45,46,46
45 VI=VC+0.5*TX(PHIG,FLAM)
   P(I)=P1*(V(1)/VI)**FNK1
   GOTO 42
46 IF(PHIG-PSI(3))47,48,48
47 VI=VC+0.5*TX(PHIG,FLAM)
   P(I)=P2*(V(2)/VI)**FNK2
   GOTO 42
48 IF(PHIG+PSI(3)-720.)49,50,50
49 VI=VC+0.5*TX(PHIG,FLAM)
   P(I)=P3*(V(3)/VI)**FNK3
   GOTO 42
50 IF(PHIG+PSI(2)-720.)47,51,51
51 IF(PHIG-540.)45,52,52
52 IF(PHIG-720.)43,55,55
55 RETURN
   END
```

Fortsetzung der Programm-Tabelle H 0301: Berechnung des Gasdruckverlaufes im Zylinder eines DIESEL-Motors in Abhängigkeit vom Kurbelwinkel während einer Viertaktperiode

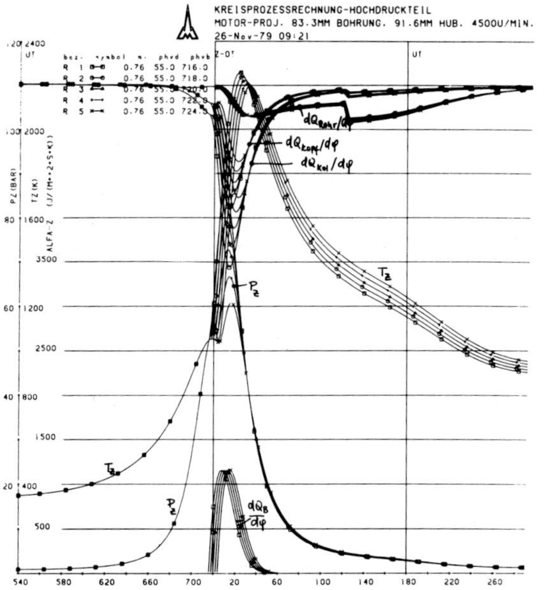

Abb. 3.22: Gasdruckverläufe bei unterschiedlichem Brennbeginn

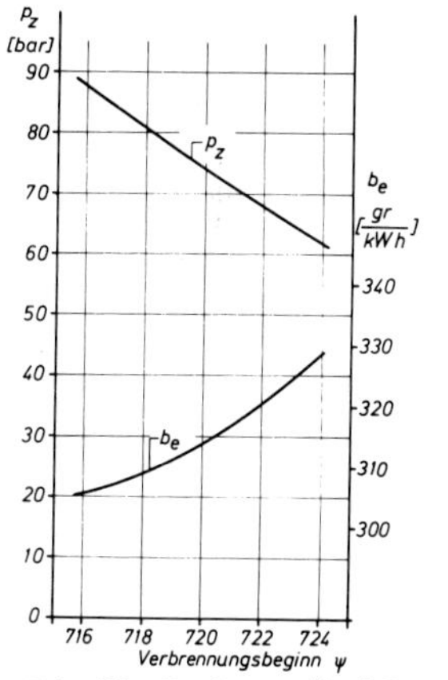

Abb. 3.23: Einfluß der Zünddruckeinstellung auf den Verbrauch eines DIESEL-Motors

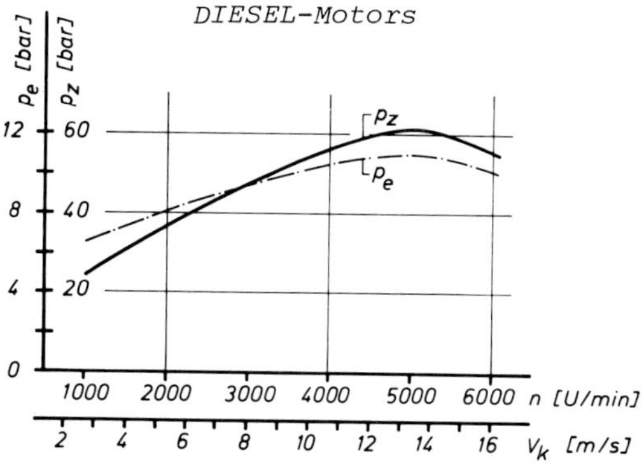

Abb. 3.24: Verlauf des Zünddruckes und des Mitteldruckes in Abhängigkeit von der Drehzahl bei einem OTTO-Motor

größeren Verdichtungsraum-Wandflächen ein höheres Verdichtungsverhältnis als gleichgroße Motoren mit Direkteinspritzung.

In praxi finden wir bei Benzin-OTTO-Motoren Verdichtungsverhältnisse zwischen 7 und 10 (10,5) verwirklicht. Größere DIESEL-Motoren beginnen bei höherer Aufladung mit ε = 11,5 - 12, kleine Pkw-Wirbelkammermotoren mit ε = 22 - 24.

Beim gegebenen Motor ist der Zünddruck durch Verstellen des Zündzeitpunktes bzw. Einspritzbeginns beeinflußbar. Durch später einsetzende Verbrennung wird der Zünddruck abgesenkt (Abb. 3.22). Gleichzeitig werden aber auch der Kraftstoffverbrauch bzw. die Leistung und ebenso die Abgaszusammensetzung beeinflußt, und zwar in der Regel verschlechtert. Verbrauchsoptimale Einstellung ergibt fast immer relativ hohe Zünddrücke (Abb. 3.23).

Aus den genannten Gründen sind allgemeine Angaben über die Höhe des Zünddruckes mit einer erheblichen Schwankungsbreite behaftet. Wird der Zünddruck zum effektiven Mitteldruck bei Vollast ins Verhältnis gesetzt, so ergibt er Zahlenwerte von

$$\frac{p_z}{p_e} = 5{,}5 \;\ldots\ldots\; 13 \quad \text{bei DIESEL-Motoren}$$

$$\frac{p_z}{p_e} = 4 \;\ldots\ldots\; 6 \quad \text{bei OTTO-Motoren}$$

Bei Teillast werden diese Verhältniszahlen größer, wie man als Beispiel aus der Abb. 3.24 ersehen kann.

Die Verhältniszahl

$$\alpha = \frac{\text{Zünddruck}}{\text{Kompressionsenddruck}} = \frac{p_z}{p_c} = \frac{p_3}{p_2}$$

wird Drucksteigerungsverhältnis oder Verbrennungsdruckverhältnis genannt. Als Richtwerte für α, gültig für den Vollastzustand, können die in der Tabelle 3.B angegebenen Zahlen gelten.

Der Verdichtungsenddruck ist durch das Verdichtungsverhältnis, den Polytropenexponenten und den Anfangsdruck bestimmt:

$$p_c = p_1\,\varepsilon^{n_K} = p_1 \cdot \left(\frac{V_h + V_c}{V_c}\right)^{n_K} \qquad (3.14)$$

	Direkt-einspritzung	Zweistufen-verbrennung
DIESEL-Saugmotoren	1,4 ... 1,9	(≈1) 1,1 ... 1,4
DIESEL-Auflademotoren	1,4 ... 1,8	1,1 ... 1,3
Für OTTO-Motoren gilt	$\frac{P_z}{P_c} \approx 2 \ldots 2{,}7$	

Tabelle 3.B: Erfahrungswerte für Drucksteigerungsverhältnisse α

Bei konstant gehaltener Drehzahl ist der Zünddruck fast immer linear abhängig vom effektiven Mitteldruck.

Eine typische Auswahl von Zünddruck-Kennfeldern gibt die Abb. 3.25 wieder.

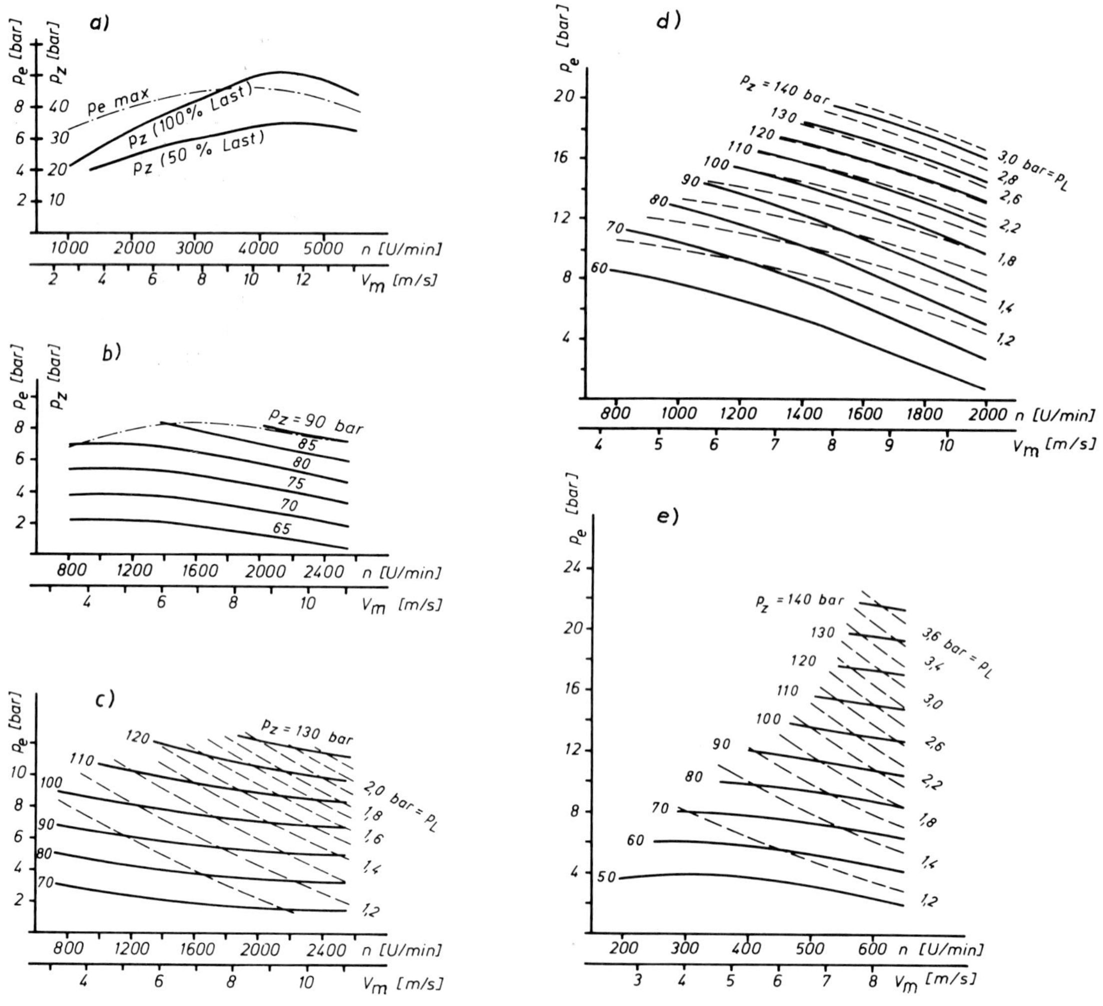

Abb. 3.25: Zünddruck-Kennfelder verschiedener Motoren

a) OTTO-Motor	*Verdichtungsverhältnis*	ε = 9,2
b) DIESEL-Saugmotor	*Direkteinspritzung*	ε = 18
c) DIESEL-Auflademotor	*Direkteinspritzung*	ε = 16,5
d) DIESEL-Auflademotor	*Zweistufenverbrennung*	ε = 16
e) DIESEL-Auflademotor	*Direkteinspritzung*	ε = 12

Mit der Festlegung des Zünddruckes und Verdichtungsverhältnisses als Konstruktionswerte (Auslegungswerte) wird nach den vorgenannten Formeln schon der Wirkungsgrad des thermodynamischen Kreisprozesses weitgehend festgelegt, da bei der vorgegebenen Fülligkeit des Diagrammes (p_{mi}) das p-v-Diagramm schon praktisch feststeht. Zündzeitpunkt und Verbrennungsintensität muß dann durch den Einspritznocken, Einspritzplunger und Düse so gesteuert werden, daß die vorgegebenen Drücke nicht überschritten werden. Der Ladungswechsel und die Polytropenexponenten ergeben dann nur noch einen geringen Einfluß auf die Diagrammform.

Erfahrungswerte über heute ausgeführte Motoren sind in der Tabelle 3.C auf Seite 74 wiedergegeben, aus der man die für eine Motorenbauart typischen Grenzwerte von Verdichtungsverhältnis, Mitteldruck, Verbrauch und Zünddruck entnehmen kann, wobei Sonderbauarten von Motoren natürlich über die angegebenen Grenzen hinausgehen.

3.5 Streuungen der Verbrennungsdrücke

Im Zusammenhang mit Fragen der Bauteilbeanspruchung und der Gleichförmigkeit des Motorlaufes interessiert, inwieweit bei stationärem Betriebszustand der Druckverlauf und damit auch der Spitzendruck gleichmäßig sind.

Abb. 3.26: Zünddruck-Indikator-Diagramm eines DIESEL-Motors

Die bei stationärem Betriebszustand festzustellenden Druckunterschiede aufeinanderfolgender Arbeitszyklen im gleichen Zylinder (Abb. 3.26) werden als zyklische Streuungen des Verbrennungsdruckes bezeichnet. Die Ursache dieser Streuungen sind:

Unterschiede in der zeitlichen und räumlichen Ausbreitung der Flammfront -

Unterschiede im Zündverzug, das ist die Zeitspanne zwischen Einspritzbeginn bzw. Überspringen des Zündfunkens und dem Verbrennungsbeginn -

Unterschiede in der Zylinderladung durch Druckschwingungen und Restgasanteile.

Die zyklischen Streuungen um den jeweiligen Mittelwert des Maximaldruckes betragen bei OTTO-Motoren im Extremfall ±25 ... ±30 %, wobei die Standardabweichung etwa bei ±10 ... ±15 % liegt.

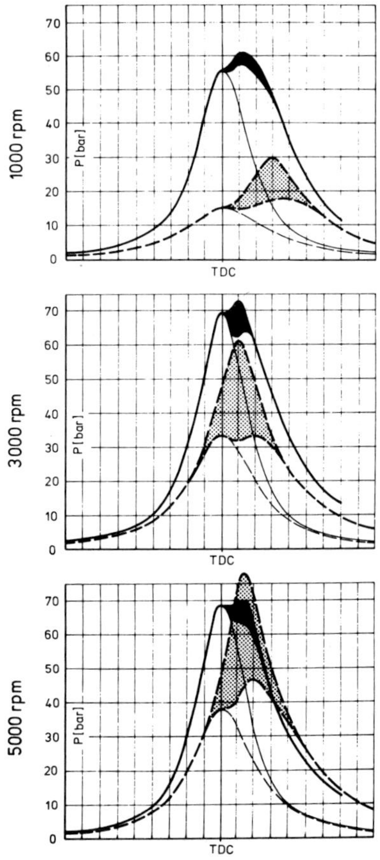

Abb. 3.27: Streubereiche der Gasdruckverläufe bei OTTO- und DIESEL-Motoren -
DIESEL ——
OTTO -----

Die in der untenstehenden Tabelle 3.C aufgeführten Kennziffern gelten für Dieselmotoren mit direkter Einspritzung (DI = Direct Injection) oder indirekter Einspritzung (IDI = Indirect Injection). Die Streubreite der Daten erklärt sich nicht allein aus dem unterschiedlichen Entwicklungsstand, sondern auch aus Einsatzart und Anwendungsbereich der Motoren. So ist bei Motoren des gleichen Typs die Leistungseinstellung unterschiedlich, wenn diese z. B. im Kurzzeitbetrieb zum Antrieb eines Bugstrahlruders oder Spitzendeckungsaggregates dienen oder im Gegensatz dazu Dauerleistung für ein Grundlastaggregat oder einen Schiffshauptantrieb abverlangt wird. Wegen der unvermeidlichen Toleranzen gelten ± 5 % Abweichung bei Leistungs- und Verbrauchsangaben als zulässig (siehe hierzu DIN 6271 oder ISO 3046).

In der Tabelle 3.D sind die mechanischen Verluste von zwei unterschiedlichen Dieselmotoren aufgeführt (vergleiche hierzu die Seiten 79 ... 84).

EINTEILUNG NACH SCHNELL-LÄUFIGKEIT	TYP ANWENDUNG	TAKT ZAHL	VER-BRENN. VERF.	AUFLADUNG OHNE LLK	AUFLADUNG MIT LLK	Vh [dm³]	P_{Zyl} [kW]	P/Vh [kW/dm³]	n [U/min]	Vm [m/s]	ε [-]	p_e [bar]	b_e [g/kWh]	p_z [bar]
SCHNELL-	PKW-DIESEL	4	IDI	-	-	0,34...0,6	8...12	15,6...25,2	5000...4000	11,5...13,3	20...24	5,3... 6,8	330...275	60...80
		4	IDI	X	-	0,37...0,6	13...17	28,2...35	4800...4000	12,3...12,8	19...23	8... 8,5	295...260	100...120
LAUFENDE	LKW-	2	DI	-	-	0,86...1,51	25,7...33,2	24...29,5	2800...2100	8,9...10,6	19...21	6,3... 6,9	256...246	
MOTOREN	SCHLEPPER-	2	DI	X	X	0,86...1,51	31,3...39,5	26,2...35,9	2500...2100	8,9...9,5	16...17	7,5... 8,6	241...238	
(HIGH	EINBAU-	4	IDI	-	-	0,6 ...1,86	11,5...27,6	10,6...22,5	3600...2500	10...12,3	18...21	5,1... 7,4	296...272	65...95
SPEED)	INDUSTRIE-	4	IDI	X		1,43...2,43	20,8...53	14,4...21,7	2200...2000	9,2...11,6	17...19	7,9... 13	275...237	75...115
	LOKOMOTIV-	4	DI	-	-	0,83...2,25	15...30,3	14...19	3300...2200	10,3...11,9	16...18	6,4... 7,8	270...230	75...90
	MARINE-	4	DI	X		0,9 ...2,25	16,7...40	16...23,4	2800...2100	8,9...11,9	15...17	8,5... 11	255...230	95...120
	HILFS-	4	IDI		X	2,5 ...6,5	62,5...169	24,7...31,4	2000...1500	9,6...12,7	14...16	13... 20	220...245	105...145
	MOTOREN	4	DI		X	2,6 ...4	50...88	19,2...26,6	2250...1500	9,2...11,6	13...15	11,6...14,7	215...235	100...130
		4	DI		X	6,6 ...9,6	129...245	19,5...25,6	1500	10,5...11,5	12...14	15,6...20,5	230...215	120...150
MITTEL-		4	DI		X	10,7...18	184...294	14,5...19,3	1200... 900	9...11,2	12...13	17,4...21,1	220...208	130...150
SCHNELL.	LOK-	4	DI		X	29...31	345...370	11,2...12,8	750...720	9... 8,6	11...13	19,1...20,4	215...202	130...145
(MEDIUM	SCHIFFS-	4	DI		X	40,4...62	405...564	9,1...10,3	650...600	8... 9,4	11...13	18...20,5	215...200	120...140
SPEED)	AGGREGAT-	4	DI		X	58...110	478...885	8... 8,8	550...500	8... 8,8	11...13	18,7...20	210...198	120...130
	MOTOREN	4	DI		X	94...216	700...1325	6,1...7,4	480...400	8,1... 9,35	11...13	17,7...20,9	208...196	115...130
LANGSAML.	SCHIFFS-	2	DI		X	223...481	885...1520	2,5...4,0	185...130	5,5...6,4	10,5...12	13...14,6	210...200	80...110
(LOW	AGGREGAT-	2	DI		X	740...1559	1960...2942	1,9...2,7	125...100	5,7...6,5	10,5...12	10,7...14,5	210...200	75...105
SPEED)	(CATHEDRAL-ENGINES)													

Tabelle 3.C: Erfahrungswerte und Kennziffern ausgeführter Motorenbauarten

	Luftgekühlter Fahrzeug-Dieselmotor (V8) (D = 125 mm), Direkteinspritzung, ohne Aufladung - Betrieb am max. Drehmoment					Mittelschnellaufender Dieselmotor (R6) mit Aufladung (D = 370 mm) - Betrieb nach Propellergesetz			
Drehzahl n U/min	650	1000	1500	2000	2500	150	300	450	600
mittlere Kolbengeschwindigkeit v_m m/s	2,8	4,3	6,5	8,7	10,8	2	4	6	8
eff. Mitteldruck p_e bar	6	7,3	8,3	8	7	1,2	4,8	10,7	19
Ladedruckverhältnis p_L/p_o	1	1	1	1	1	1	1,05	1,55	3,2
Basis-Reibungsdruck p_{ro} bar	0,66	0,72	0,88	1,11	1,42	0,68	0,72	0,81	0,95
Lasteinfluß Δp_r bar	0,02	0,05	0,08	0,07	0,04	0	0,02	0,16	0,48
Schmierölpumpe " "	0,06	0,12	0,12	0,12	0,12	0,07	0,15	0,15	0,15
Umlaufwasserpumpe " "	-	-	-	-	-	0,01	0,03	0,06	0,1
Rohrwasserpumpe " "	-	-	-	-	-		fremdangetrieben		
Kühlgebläse " "	0,02	0,04	0,09	0,16	0,25	-	-	-	-
Luftpresser " "	0,20	0,20	0,20	0,20	0,20	-	-	-	-
Lichtmaschine " "	0,04	0,06	0,06	0,05	0,05	-	-	-	-
gesamter Reibungsdruck p_r bar	1,00	1,19	1,43	1,71	2,08	0,76	0,92	1,18	1,68
mechanischer Wirkungsgrad η_m	0,86	0,86	0,85	0,82	0,77	0,60	0,84	0,90	0,92

Tabelle 3.D: Bestimmung der mechanischen Verluste für zwei unterschiedliche Dieselmotoren mittels der Approximationsformeln und aus dem Leistungsbedarf der Hilfsantriebe

Bei DIESEL-Motoren sind die zyklischen Streuungen der Maximaldrücke wesentlich geringer. Diese liegen bei Vollast in der Regel unter ±2 %, im Teillastbereich unter ±5 %. Auf den sehr deutlichen Unterschied zwischen den zyklischen Streuungen eines OTTO- und eines DIESEL-Motors hat HOFBAUER /4/ hingewiesen. Diese starke Streuung der OTTO-Gasdrücke ist eine Erklärung dafür, daß ein solides Triebwerk eines OTTO-Motors auch für den Dieselbetrieb geeignet ist, wenn man die DIESEL-Gasdrücke so begrenzt, daß diese die obere Streugrenze der OTTO-Gasdrücke nicht überschreiten (Abb. 3.27). Allerdings kann bei DIESEL-Motoren im niedrigen Leerlauf ein begrenzter Bereich auftreten, in dem die Einspritzung instabil wird. Hier tritt das sogenannte '8-Taktern' auf, das heißt, es fällt intermittierend eine Zündung aus. Diese Erscheinung hängt mit der geringen Einspritzmenge und gegebenenfalls mit der Druckentlastung des Einspritzsystems zusammen, die andererseits im Hinblick auf ein abruptes Einspritzende, nämlich zur Vermeidung des Nachspritzens bzw. Nachtropfens, notwendig ist (siehe auch A. PISCHINGER 'Gemischbildung und Verbrennung im Dieselmotor' der Schriftenreihe "Die Verbrennungskraftmaschine").

Bei Mehrzylindermotoren kommen zu den zyklischen Streuungen die Abweichungen der Maximaldruck-Mittelwerte in den einzelnen Zylindern hinzu. Diese sind am einzelnen Motorexemplar von mehr systematischer Art im Gegensatz zu den zyklischen Streuungen, die stochastisch auftreten. Die wesentlichen Ursachen dieser Abweichungen der Zylinder untereinander sind:

a) Toleranzbedingte Abweichungen des Verdichtungsverhältnisses

Auch bei großer Fertigungsgenauigkeit und gezielter Teilepaarung lassen sich aus Wirtschaftlichkeitsgründen bestimmte Grenzen nicht mehr unterschreiten. Diese wirken sich insbesondere bei kleinen Verdichtungsräumen, also hohem Verdichtungsverhältnis und bei kurzhubigen Motoren aus. Bei kleineren DIESEL-Motoren können die Differenzen der Verdichtungsverhältnisse von Zylinder zu Zylinder bei maximal $\Delta\varepsilon = 1 \ldots 1{,}5$ liegen. Dies verändert nicht nur die Kompressionslinie, sondern hat über die unterschiedlichen Kompressionsendtemperaturen auch Einfluß auf den Verbrennungsvorgang und somit auf die Gasdruckentwicklung im Zylinder.

b) Unterschiedliche Lässigkeitsverluste

Der tatsächlich erreichte Verdichtungsenddruck ist nicht nur vom Verdichtungsverhältnis abhängig, sondern auch von den Luft- bzw. Frischgasmassen, die während der Verdichtung an Kolben und Kolbenringen, sowie unter Umständen an den theoretisch geschlossenen Ventilen entweichen. Hier ist der allgemeine Motorzustand von Bedeutung (Messung der Kompression bei Inspektionen).

Hohe Verdichtungsverhältnisse sind beim DIESEL-Motor vor allem für den Anlaßvorgang notwendig, um bei den noch größeren Spielen des kalten Motors und den daraus resultierenden Lässigkeitsverlusten die Zündtemperatur zu erreichen. Der betriebswarme Motor hat in der Regel wegen der höheren Triebwerkstemperaturen zudem noch ein höheres Verdichtungsverhältnis ($\Delta\varepsilon$ bis 2), was zur weiteren Steigerung des Zünddruckes beiträgt.

c) Toleranzen der Einspritzmengen

Die Einspritzpumpen werden so abgeglichen, daß die Fördermengen der einzelnen Elemente bei 1000 Hüben innerhalb eines bestimmten Toleranzbereiches liegen. Hieraus ergeben sich mittlere Einspritzmengenstreuungen der Zylinder untereinander von ca.

± 1 % bei Vollast und Nenndrehzahl
± 5 % bei Teillast und Nenndrehzahl
±25 % im niederen Leerlauf

Nach einiger Zeit verändern sich die Einspritzmengen unterschiedlich stark, so daß von dieser guten Übereinstimmung auch dann, wenn an der Pumpe nicht manipuliert wurde, nicht mehr zu reden ist.

Bei Vergasermotoren können die Differenzen erheblich größer sein, da die Wege zu den einzelnen Zylindern unterschiedlich sind, was auch zu unterschiedlichen

Aufbereitungszuständen führt. Mehrfach-Vergaser oder auch die Benzineinspritzung in das Saugrohr vor den Einlaßventilen sorgen für eine gleichmäßigere Beaufschlagung der Zylinder.

d) Unterschiede in der Zylinderladung infolge von unterschiedlichen Ansaugemengen und Ansaugewiderständen

In gleicher Weise können auch Druckschwingungen in der Abgasleitung unterschiedliche Restgasanteile in den einzelnen Zylindern bewirken.

e) Toleranzbedingte Abweichungen des Zündzeitpunktes bei OTTO-Motoren und des Einspritzzeitpunktes bei DIESEL-Motoren

Bei DIESEL-Motoren ist hier auch der Einfluß unterschiedlich langer Einspritzleitungen zu den einzelnen Zylindern zu erwähnen.

Untersuchungen an OTTO-Motoren haben bei mechanisch einwandfreiem Motorzustand Abweichungen der Mittelwerte des Maximaldruckes der Zylinder von bis zu
±15 % bei Vollast und bis zu
±30 % bei Teillast
bezogen auf den Mittelwert aller Zylinder aufgezeigt.

Bei kleineren DIESEL-Motoren liegen die Zünddruckabweichungen der Zylinder untereinander bei ca.
≤ ± 5 % bei Vollast und
≤ ±10 % ... ±15 % bei Teillast bzw. Leerlauf.

Bei größeren Dieselmotoren werden beim Abnahmelauf die Zünddrücke der einzelnen Zylinder gemessen und durch Verstellen des Einspritzzeitpunktes einander angeglichen. Damit sind die Differenzen der Spitzendrücke, jedoch nicht notwendigerweise die Differenzen der Mitteldrücke sehr gering; denn von alters her ist es eine Unsitte, die Abgastemperatur als Indikator für den mittleren Effektivdruck anzusehen und somit so lange an der Füllung zu verstellen, bis die Temperaturen abgeglichen sind. Es gehört bei Kenntnis der Fehlermöglichkeiten einer Messung im pulsierenden Gasstrom nur geringe Phantasie dazu, sich die Auswirkungen auszumalen, und Füllungsdifferenzen bis zu 50 % sind erschreckende Ergebnisse dieser Praxis. In der Regel ist bei abweichenden Abgastemperaturen der Fehler nicht in der eingestellten und plombierten Füllung zu suchen, sofern an der Einspritzpumpe nicht manipuliert wurde. Aus diesen Ausführungen kann man erkennen, daß der auf allen Zylindern gleichmäßig zündende Motor nur in die Idealvorstellungen eines Berufsanfängers paßt. Die Abweichungen verlangen von dem praktisch arbeitenden Ingenieur aber die Einhaltung eines Sicherheitsabstandes, über dessen Größe er nur allein aus eigenem Ermessen entscheiden kann und dessen Begründung gegenüber Außenstehenden oft schwerfällt. Die Addition aller Abweichungen führt hier genauso in die Irre wie die Summation aller Maßtoleranzen ohne Bewertung.

3.6 Ladedruck

Bei aufgeladenen Motoren tritt die im Lader vorverdichtete Luft mit erhöhtem Druck in die Zylinder ein. Die so vergrößerte Luftmenge erlaubt die Verbrennung einer größeren Kraftstoffmenge, die über einen höheren Arbeitsdruck und ein breiteres p-v-Diagramm eine höhere Leistung ergibt. Die Vorverdichtung der Luft erfolgt heute fast ausschließlich unter Ausnutzung der Abgasenergie in Abgasturboladern (Abb. 3.28). Mechanisch angetriebene Aufladegebläse waren früher üblich und für Zweitaktmotoren als Spülpumpen lebensnotwendig (Abb. 3.29), doch sind sie heute fast ungebräuchlich.

Im Leistungsbereich oberhalb etwa 300 kW haben Dieselmotoren in der Regel Abgasaufladung; diese dringt zunehmend auch in den Bereich kleinerer Leistungen bis zu Pkw-Motoren vor. Bei Fahrzeug-Auflademotoren wird dabei eine Laderauslegung angestrebt, die schon im mittleren Bereich eine möglichst kräftige Erhöhung des mittleren Arbeitsdruckes bzw. des Motordrehmomentes liefert. Bei größeren Dieselmotoren werden mit einstufigen Turboladern und Ladeluftkühlung Aufladegrade bis zum

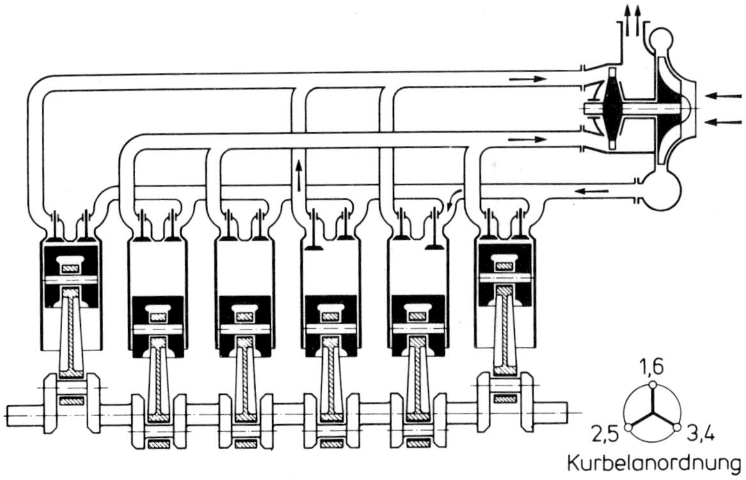

Abb. 3.28: Abgasturboaufladung

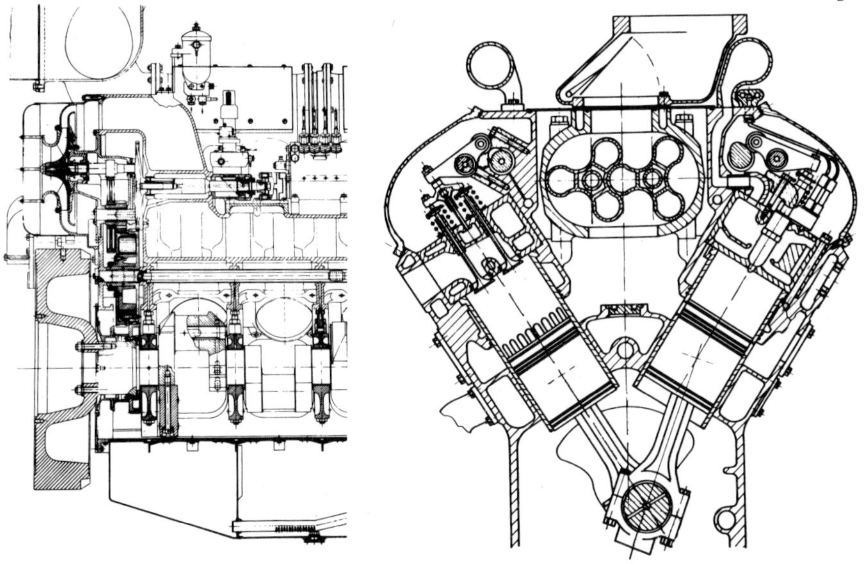

Abb. 3.29: Mechanisch angetriebene Ladepumpen (links: Kreiselgebläse, rechts: Kapselgebläse)

Vierfachen des Saugmotoren-Mitteldruckes erreicht. Höhere Aufladegrade erfordern zweistufige Aufladung und befinden sich noch im Entwicklungs- oder Prüfstandsstadium.

Der Druck p_L im Zylinder bei Beginn der Verdichtung und das Verdichtungsverhältnis ε bestimmen den Verdichtungsenddruck p_c und damit über die Drucksteigerung bei der Verbrennung auch den maximalen Verbrennungsdruck. Der Druck bei Beginn der Verdichtung ergibt sich aus dem Druck in der Ladeluftleitung, gegebenenfalls hinter dem Ladeluftkühler, abzüglich des Drosselverlustes, der sich auf dem Weg bis in den Zylinder ergibt. Liegt der Ladedruck p_L nicht als Meßwert vor, so kann aus der Leistungsanforderung der notwendige Ladeluftdruck wie folgt errechnet werden:

Der Luftbedarf und der Luftdurchsatz in der Zeiteinheit müssen einander entsprechen. Es gilt also

$$P_e \cdot b_e \cdot \lambda_V \cdot L_o = V_H \cdot \lambda_L \cdot \frac{2 \cdot n}{60} \cdot 60 \cdot \frac{T_o}{T_L} \cdot \frac{p_L}{p_o} \qquad (3.15)$$

Mit Einführung von

$$P_e = p_e \frac{V_H}{T_z \cdot \pi} \cdot \omega \qquad \omega = \frac{\pi \cdot n}{30} \qquad 1\ bar = 10^5\ \frac{N}{m^2}$$

ergibt sich folgende Zahlenwertgleichung für das dimensionslose Ladedruckverhältnis

$$\frac{p_L}{p_o} = \frac{p_e \cdot b_e \cdot L_o}{36} \cdot \frac{\lambda_V}{\lambda_L} \cdot \frac{T_L}{T_o} \qquad \left[\frac{p_e\,,\; b_e\,,\; L_o\,,\; T_L\,,\; T_o}{bar\,,\; \frac{kg}{kWh}\,,\; \frac{m^3}{kg}\,,\; K\,,\; K}\right] \tag{3.16}$$

Die Bezeichnungen bedeuten:

P_e = effektive Leistung

p_e = effektiver Mitteldruck

b_e = effektiver Kraftstoffverbrauch

V_H = gesamtes Hubvolumen

n = Drehzahl

λ_V = Verbrennungsluftverhältnis

λ_L = Liefergrad

T_L = absolute Temperatur der Ladeluft

T_o = Bezugstemperatur für den Luftbedarf

p_L = Ladeluftdruck

p_o = Bezugsluftdruck

L_o = theoretischer Luftbedarf für die Verbrennung von 1 kg Kraftstoff

Für die üblichen flüssigen Kraftstoffe gilt:

Für die Verbrennung von 1 kg Kraftstoff werden 14 ... 15 kg ≈ 11 m^3 Luft benötigt, d. h. $L_o \approx 11\ m^3/kg$ bezogen auf $T_o = 273$ K, $p_o = 1$ bar. Bei Gasbetrieb ist der Luftbedarf von der Zusammensetzung des Gases abhängig.

Das Verbrennungsluftverhältnis λ_V gibt das Verhältnis der tatsächlich der Verbrennung zugeführten Luftmenge zum theoretischen Luftbedarf L_o an. Ottomotoren arbeiten mit Luftverhältnissen von $\lambda_V = 0{,}9 \ldots 1{,}1$, d. h. nahe dem theoretischen Luftbedarf. Dieselmotoren müssen aufgrund der inneren Gemischbildung mit Luftüberschuß, d. h. $\lambda_V > 1$ arbeiten. Das Luftverhältnis ergibt sich aus der Forderung nach vollständiger und rauchfreier Verbrennung und ist wesentlich abhängig von der Güte der Gemischbildung im Zylinder.

Richtwerte für das Verbrennungsluftverhältnis λ_V (Dieselmotoren bei Vollast bzw. max. Mitteldruck):

Saugmotoren	Zweistufenverbrennung	λ_V =	1,2 ... 1,6
Saugmotoren	Direkteinspritzung	λ_V =	1,3 ... 1,7
Auflademotoren	Zweistufenverbrennung	λ_V =	1,4 ... 1,9
Auflademotoren	Direkteinspritzung	λ_V =	1,6 ... 2,3

Der Liefergrad oder volumetrische Wirkungsgrad λ_L kennzeichnet die Güte der Füllung des Zylinders mit Frischladung. Bei Saugmotoren beträgt der Liefergrad etwa

$\lambda_L = 0{,}8 \ldots 0{,}9$.

Der Liefergrad des aufgeladenen Motors liegt etwa im Bereich

$\lambda_L = 0{,}9 \ldots 1{,}0$

und kann ausgehend vom Liefergrad λ_{LS} und der Ansauglufttemperatur T_{LS} des unaufgeladenen Motors nach folgender Beziehung bestimmt werden

$$\lambda_L = \frac{\varepsilon}{\varepsilon - 1} \cdot \lambda_{LS} \cdot \left(\frac{T_L}{T_{LS}}\right)^{0,25} \qquad \left[\frac{\lambda_L\,,\; \lambda_{LS}\,,\; \varepsilon\,,\; T_L\,,\; T_{LS}}{-\,,\; -\,,\; -\,,\; K\,,\; K}\right] \tag{3.17}$$

Beispiel: $\varepsilon = 12$, $b_e = 0{,}206$ kg/kWh, $\lambda_V = 2$, $T_L = 318$ K, $p_e = 17{,}4$ bar

Annahmen: $\lambda_{LS} = 0{,}85$, $T_{LS} = 293$ K für den unaufgeladenen Motor

Liefergrad:

$$\lambda_L = \frac{12}{12-1} \cdot 0{,}85 \cdot \left(\frac{318}{293}\right)^{0{,}25} = 0{,}95$$

Ladedruckverhältnis:

$$\frac{p_L}{p_o} = \frac{17{,}4 \cdot 0{,}206 \cdot 11}{36} \cdot \frac{2}{0{,}95} \cdot \frac{318}{273} = 2{,}69$$

3.7 Mitteldruck, Leistung, Reibungsverluste

Die von den Verbrennungsgasen während einer Arbeitsperiode verrichtete Überschußarbeit, bezogen auf das Hubvolumen, ergibt den mittleren Arbeitsdruck oder kurz Mitteldruck. Dieser ist ein von der Motorgröße und Zylinderzahl unabhängiger Kennwert für den Lastzustand eines Motors.

Der Zusammenhang zwischen Mitteldruck p_m und mittlerem Drehmoment M sowie der Leistung P ergibt sich über die Größengleichungen

$$M = p_m \cdot \frac{V_H}{T_z \cdot \pi} \tag{3.18}$$

$$P = M \cdot \omega = p_m \cdot \frac{V_H}{T_z \cdot \pi} \cdot \omega \tag{3.19}$$

beziehungsweise über die Zahlenwertgleichungen

$$M = 31831 \cdot p_m \cdot \frac{V_H}{T_z} \qquad \left[\frac{M,\ p_m,\ V_H,\ T_z}{Nm,\ bar,\ m^3,\ -}\right] \tag{3.20}$$

$$P = \frac{M \cdot n}{9550} = p_m \cdot \frac{V_H \cdot n}{T_z} \cdot \frac{10}{3} \qquad \left[\frac{P,\ M,\ n,\ p_m,\ V_H\ T_z}{kW,\ Nm,\ U/min,\ bar,\ m^3,\ -}\right] \tag{3.21}$$

Die Formelzeichen bedeuten:

T_z = 2 bei Zweitaktmotoren, T_z = 4 bei Viertaktmotoren (-)

V_H = gesamtes Hubvolumen (m^3)

n = Drehzahl (1/min)

ω = Winkelgeschwindigkeit (1/s)

p_m = Mitteldruck (bar)

M = Drehmoment (Nm)

P = Leistung (kW)

Aus der Arbeit der Verbrennungsgase ergeben sich der indizierte Mitteldruck, das indizierte Drehmoment und die indizierte Leistung. Davon wird ein Teil durch die mechanischen Verluste des Motors aufgebraucht, ehe am Abtriebsflansch des Motors die Nutzgrößen zur Verfügung stehen. Diese sind die effektive Leistung (P_e) und das effektive Drehmoment (M_e) und der davon abgeleitete effektive Mitteldruck (p_e). Die Leistungsdaten eines Motors sind üblicherweise effektive Werte. Um die richtige Relation zu den indizierten Größen zu haben, müssen die mechanischen Verluste bekannt sein oder z. B. im Entwurfsstadium eines Motors möglichst zuverlässig abgeschätzt werden. Das Produkt aus dem mechanischen Wirkungsgrad und dem thermodynamisch bedingten Innenwirkungsgrad ist der Gesamtwirkungsgrad. Dieser ist die charakterisierende Größe für die Umsetzung der Brennstoff-Energie in nutzbare mechanische Energie.

Zur Ermittlung der mechanischen Verluste sind folgende experimentelle Verfahren bekannt:

a) Indizierung

Aus dem gemessenen Druckverlauf im Zylinder werden die indizierte Arbeit

$$W_i = \int p dv \tag{3.22}$$

und der indizierte Mitteldruck

$$p_i = \int \frac{W_i}{V_H} \tag{3.23}$$

ermittelt. Die genaue Erfassung des O.T. ist dabei, wie bereits erwähnt, von entscheidender Bedeutung. Die gleichzeitig festgestellte Nutzleistung, beziehungsweise das Nutzdrehmoment, liefert den effektiven Mitteldruck oder die effektive Arbeit. Die Differenz zwischen indizierten und effektiven Größen sind die Reibungsverluste. Die zyklischen Streuungen der p-v-Diagramme erschweren die Ermittlung des Reibungsdruckes erheblich, weswegen man besser statistisch vorgeht. Ein Gerät zur Erfassung des mittleren indizierten Druckes hat KOCHANOWSKI /5/ vorgestellt, das mit zufriedenstellender Genauigkeit arbeitet (Abb. 3.30).

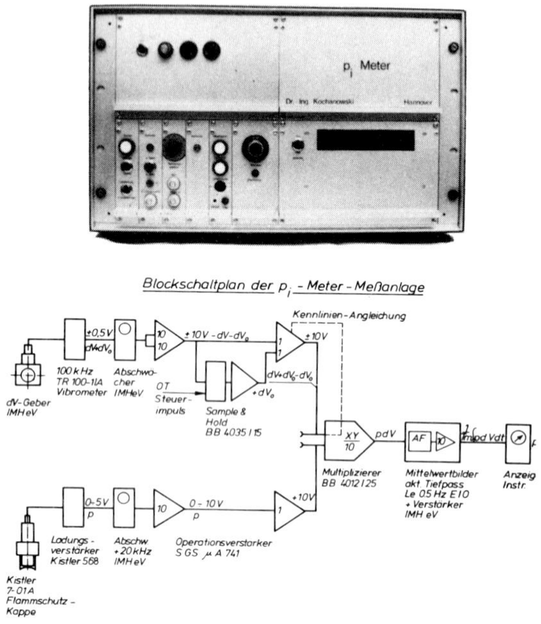

Abb. 3.30: p_i-Meter von KOCHANOWSKI

b) Auslaufversuch

Der Motor wird aus dem Beharrungszustand plötzlich abgestellt. Die Rotationsenergie wird durch die Reibungsverluste aufgezehrt. Aus dem Drehzahlabfall ergibt sich bei bekanntem Massenträgheitsmoment der bewegten Teile das Reibungsmoment

$$M_r = \theta \cdot \frac{d\omega}{dt} \tag{3.24}$$

Der Auslaufversuch kann nur eine Aussage über den nicht gefeuerten Motor bringen und ergibt auch nur dann angenähert realistische Werte, wenn der Meßzeitraum kurz nach dem Abschalten liegt, da sich die Temperaturverhältnisse des auslaufenden Motors und somit auch die Reibungsparameter (Spalte, Zähigkeiten etc.) sehr rasch ändern. Die verbleibende Ladungswechselarbeit wird bei diesem Verfahren mitgemessen.

c) Schleppversuch

Der Motor, dessen Reibungsverluste bestimmt werden sollen, wird an der Bremse für den zu betrachtenden Betriebspunkt so betriebswarm gefahren, daß dessen Bauteiltemperaturen konstante Werte angenommen haben. Der so vorbereitete Motor wird dann

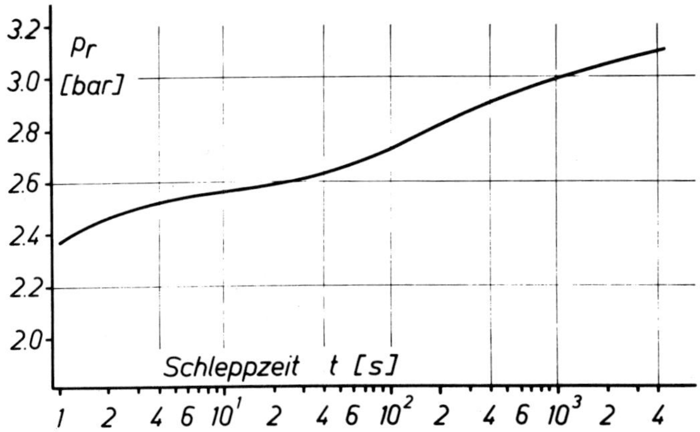

Abb. 3.31: Reibungsdruckverlauf nach Abschalten der Brennstoffzufuhr über der Zeit

mit abgestellter Kraftstoffzufuhr fremdangetrieben. Die aufzubringende Schleppleistung wird als Reibungsleistung angesehen. Hier gilt das Gleiche wie für den Auslaufversuch. Abb. 3.31 zeigt z. B. den Anstieg des Reibungsdruckes nach Abschalten der Brennstoffzufuhr; die Reibleistung steigt um mehr als 25 % an, weil es unmöglich ist, die Temperaturverteilung im Motor (und damit die örtliche Viskosität des Schmieröles) auch nur über wenige Sekunden zu halten. Auch beim Schleppversuch wird zwangsläufig in dieser 'Reibleistung' die Ladungswechselarbeit mitgemessen.

d) Abschaltversuch

Dieser Versuch ist nur bei Mehrzylindermotoren durchführbar. Die Kraftstoffzufuhr zu einzelnen Zylindern bzw. Gruppen von Zylindern wird abgeschaltet. Die arbeitenden Zylinder schleppen so die abgestellten Zylinder. Die beim Vollmotor- und Abschaltbetrieb gemessenen effektiven Leistungen oder Momente erlauben die Ermittlung der Reibungsverluste.

e) WILLANS-Linie

Die WILLANS-Linie gibt den Zusammenhang von Kraftstoffverbrauch und effektivem Mitteldruck bei konstanter Drehzahl an. Der Reibungsdruck wird durch Extrapolieren über den Kraftstoffverbrauch bei Nutzmitteldruck $p_e = 0$ hinaus bis zum Kraftstoffverbrauch Null bestimmt (Abb. 3.32).

Alle Verfahren sind mehr oder minder fehleranfällig und erfassen teilweise auch Verlustarbeiten, die definitionsgemäß nicht zu den mechanischen Verlusten zählen, wie z. B. die Ladungswechselarbeit.

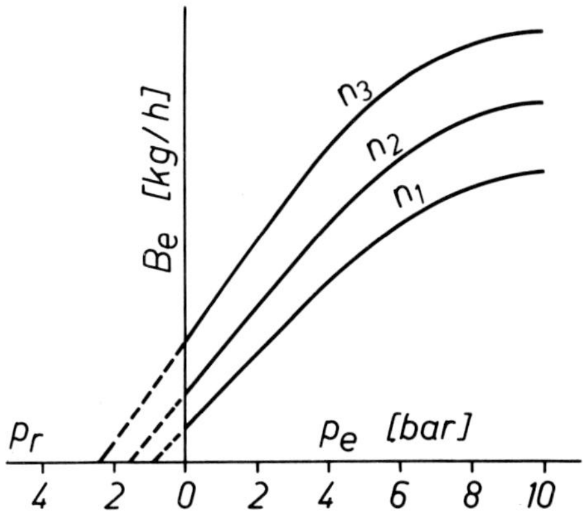

Abb. 3.32: Ermittlung des Reibungsmitteldruckes aus den WILLANS-Kurven

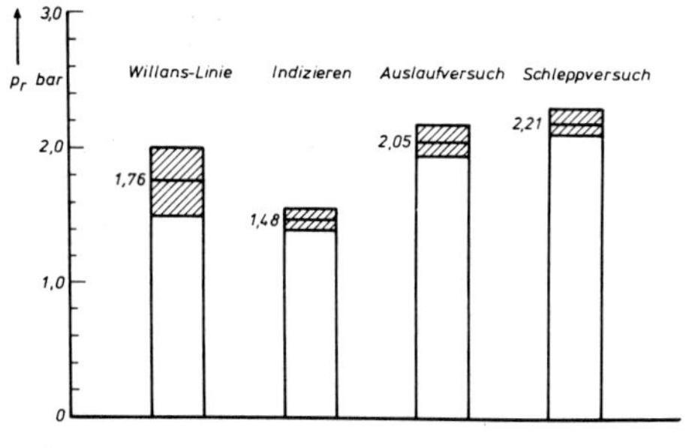

Abb. 3.33: Vergleich der Reibungsmitteldrücke eines Motors aus verschiedenen Meßverfahren

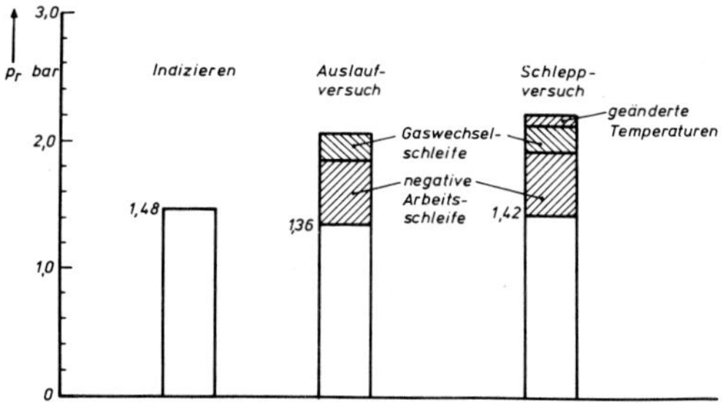

Abb. 3.34: Fehlerquellen von Auslauf- und Schleppversuch

Bei den Auslauf-, Schlepp- und Abschaltversuchen ergeben sich Fehler durch den fehlenden Gasdruck, was insbesondere für die Ringreibung von Bedeutung ist, und durch den veränderten Wärmezustand der abgeschalteten Zylinder, sowie durch den Wärmeverlust zwischen Kompression und Expansion.

Bei der WILLIANS-Linie entstehen Unsicherheiten aus der Extrapolation, und es ist keine Aussage über den Lasteinfluß möglich (der allerdings, wie die späteren Darlegungen zeigen, nicht von überragender Bedeutung zu sein scheint). Abb. 3.33 zeigt z. B. neben der Größe gemessener Reibungsmitteldrücke des gleichen Motors durch die verschiedenen Meßverfahren auch die Streubreite bei sorgfältiger Auswertung der Meßsignale. In Abb. 3.34 ist ein Versuch dargestellt, die bei Indizieren nicht mitgemessenen 'Mehrreibungen' von Auslauf- und Schleppversuch zu quantifizieren. Neben der Gaswechselarbeit und den geänderten Temperaturbedingungen fallen vor allem die Verlustarbeiten aus der Arbeitsschleife ins Gewicht.

Das Indizieren erfaßt bei Normalbetrieb des Motors und vom Ansatz her die gesuchten mechanischen Verluste, erfordert jedoch hohe Meßgenauigkeit. Die zyklischen Streuungen des Gasdruckverlaufes müssen durch Mittelwertbildung eliminiert werden. Bei Mehrzylindermotoren sind die Abweichungen des Druckverlaufes der Zylinder untereinander eine Fehlerquelle, sofern nicht alle Zylinder indiziert werden.

Die mechanischen Verluste enthalten drei Hauptgruppen, die ihrerseits wieder drehzahl- und lastabhängig und deren ungefähre Anteile an den gesamten mechanischen Verlusten nachfolgend in Klammern angegeben sind:

α) Reibung im Triebwerk (55 ... 80 %),
wovon wiederum etwa 30 % in den Hauptlagern (Grund- und Pleuellager) verbraucht wird, ca. 60 % in der Kolben/Kolbenring/Zylinderrohr-Sektion verlorengeht und der Rest von den übrigen mechanisch bewegten Teilen (Rädertrieb, Nockenwelle, Ventiltrieb) benötigt wird.

β) Hydraulische und aerodynamische Verluste (< 10 %)

γ) Antriebsleistung der Hilfsaggregate (6 ... 30 %)

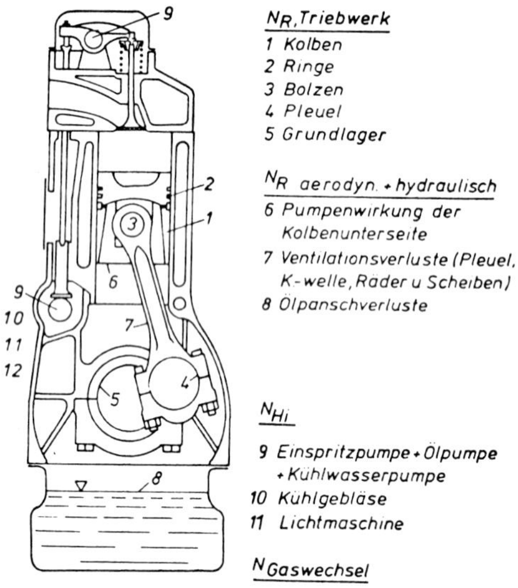

Abb. 3.35: Verlustanteile der Verbrennungskraftmaschine (mechanische Verluste Nr. 1 - 11)

Die hydraulischen und aerodynamischen Verluste, die sich nach Abb. 3.35 aus der Pumparbeit der Kolbenunterseite, der Ventilationsverluste des Triebwerkes und den Ölpanschverlusten zusammensetzen, können sehr streuen, besonders enge Kurbelräume und eintauchende Triebwerksteile würden diese Verluste stark ansteigen lassen. Auch die Antriebsleistung für Hilfsaggregate ist in bezug auf die Motorleistung sehr unterschiedlich, die Spanne erstreckt sich von der reinen Kraftmaschine bis zu dem Motor, der eine Großzahl von Hilfsmaschinen (Lichtmaschine, Kühlgebläse - Lüfter -, Kompressor, Hydraulikpumpen, Schmieröl-, Kühlwasser- und Kühlölpumpen, Lenkhilfspumpen, Klimaanlage, Aufladegebläse u. a. m.) neben seiner eigentlichen Aufgabe mitschleppen muß. Die Streubreite dieser Anteile ist demgemäß besonders groß, was auf den prozentnahen Anteil der Triebwerksreibung einen entsprechenden Einfluß hat.

Die mechanischen Verluste werden ausgedrückt durch den mechanischen Wirkungsgrad

$$\eta_m = \frac{p_e}{p_i} \tag{3.25}$$

oder den Reibungsmitteldruck, kurz Reibungsdruck genannt

$$p_r = p_i - p_e \tag{3.26}$$

Der mechanische Wirkungsgrad, bezogen auf den Vollastzustand, liegt etwa im Bereich von 0,7 ... 0,92 ... (0,95). Die niedrigeren Werte gelten für kleine schnellaufende Saugmotoren, die höheren Werte für größere langsamlaufende Motoren mit Aufladung. Eine wesentlich kleinere Bandbreite hat der mittlere Reibungsdruck p_r, der daher für allgemeine Angaben besser geeignet ist als der mechanische Wirkungsgrad.

Die im folgenden angegebenen Approximationsformeln zur Bestimmung des Reibungsdruckes wurden aus Ergebnissen des FVV-Vorhabens Nr. 176 'Motorreibung' abgeleitet. In diesem Forschungsvorhaben wurden die Reibungsverluste von Tauchkolben-Dieselmotoren unterschiedlicher Größe durch Indizieren bestimmt /6/. Die in /7/ dargestellten Zusammenhänge zur Vorausbestimmung des Reibungsdruckes sind im folgenden in einigen Punkten modifiziert worden.

Der Reibungsdruck wird zunächst als Basiswert p_{ro} in Abhängigkeit vom Zylinderdurchmesser und der mittleren Kolbengeschwindigkeit bestimmt. Dieser Basiswert gilt für den Motor mit Einspritzpumpe und Ventiltrieb, jedoch ohne weitere Hilfsaggregate und erfaßt den Zustand bei niedriger Last. Zu dem Basiswert sind der lastabhängige Reibungsdruckanteil sowie die Reibungsdrücke der Hilfsantriebe zu addieren. Es gilt somit

$$p_r = p_{ro} + \Sigma \Delta p_r \qquad [bar] \tag{3.27}$$

$$p_{ro} = f(v_m, D) = A_0 + A_1 \cdot v_m + A_2 \cdot v_m^2 \qquad \left[\frac{p_{ro}\ ,\ v_m\ ,\ D}{bar\ ,\ m/s\ ,\ mm}\right] \tag{3.28}$$

$$A_0 = 0{,}609 + 0{,}026 \cdot \frac{D}{100}$$

$$A_1 = 0{,}00453 \cdot \frac{D}{100} - 0{,}02143 \cdot \sqrt{\frac{D}{100}}$$

$$A_2 = 0{,}00835 + 0{,}00024 \cdot \frac{D}{100} - 0{,}00017 \cdot \left(\frac{D}{100}\right)^2$$

$v_m = \frac{s \cdot n}{30}$ (m/s) = mittlere Kolbengeschwindigkeit
D (mm) = Kolbendurchmesser (ca. 60 ... 600 mm)

Der lastabhängige Reibungsdruckanteil ist für Saugmotoren in Abhängigkeit vom effektiven Mitteldruck p_e und vom Einspritzverfahren zu bestimmen.

Direkteinspritzung (Saugmotoren):

$$\Delta p_r = f(p_e) = -0{,}01375 \cdot p_e + 0{,}00282 \cdot p_e^2 \tag{3.29}$$

Zweistufenverbrennung (Vor-, Wirbelkammer) bei Saugmotoren:

$$\Delta p_r = f(p_e) = -0{,}02748 \cdot p_e + 0{,}00263 \cdot p_e^2 + 0{,}0019 \cdot p_e^3 \qquad [bar] \tag{3.30}$$

Wegen des im Hauptverbrennungsraum später einsetzenden Druckanstieges ist bei Motoren mit Zweistufenverbrennung der Reibungsdruck in stärkerem Maße lastabhängig als bei Direkteinspritz-Dieselmotoren.

Bei Auflademotoren zeigt sich ein erheblicher Einfluß des Ladedruckes auf den Reibungsdruck. Dieser Einfluß geht mit steigender Kolbengeschwindigkeit zurück. Der Lasteinfluß wird hier daher in Abhängigkeit vom Ladedruckverhältnis und der Kolbengeschwindigkeit bestimmt.

$$\Delta p_r = f\left(\frac{p_L}{p_0}\right) = \left(\frac{p_L}{p_0} - 1\right) \cdot (0{,}5 - 0{,}035 \cdot v_m) \qquad (3.31)$$

($v_m \leq 14$ m/s, bei $v_m > 14$ m/s $\rightarrow$ Δp_{r1} $\rightarrow$ 0)

Der so ermittelte Reibungsdruck gilt für den Motor bei Betriebstemperatur. Die Temperatur hat über die Viskosität des Schmieröles Einfluß auf die Reibungsleistung. Eine Temperaturdifferenz von 20° im Schmieröl oder Kühlwasser ergibt eine Änderung des Reibungsdruckes von etwa 0,1 bar, wobei niedrigere Temperatur höheren Reibungsdruck bedeutet und umgekehrt.

Die Reibungsdruck-Anteile von charakteristischen Hilfsaggregaten sind für den Vollastpunkt wie folgt zu veranschlagen:

Schmierölpumpe bei Druckumlaufschmierung	Δp_{r2} = 0,1 ... 0,15 bar
Schmierölpumpe bei Trockensumpfschmierung	Δp_{r2} = 0,15 .. 0,25 bar
Umlauf-Kühlwasserpumpe	Δp_{r3} = 0,1 ... 0,3 bar
Rohwasserpumpe	Δp_{r4} = 0,2 ... 0,4 bar

Kühlgebläse bei luftgekühlten Motoren bei Nenndrehzahl

$$\Delta p_{r5} = (0{,}25 \ldots 0{,}40) \cdot (\alpha + 1) \quad [bar]$$

Lüfter bei Wabenkühlern

$$\Delta p_{r5} = (0{,}20 \ldots 0{,}35) \cdot (\alpha + 1) \quad [bar]$$

Der Wert α bedeutet dabei den Aufladegrad (Überladegrad) nach der Definition

$$\alpha = \frac{p_{eA} - p_{es}}{p_{es}}$$

Bei niedrigeren Drehzahlen reduzieren sich die Mitteldrücke von Kühlgebläsen und Kühlwasserpumpen mit dem Quadrat des Drehzahlverhältnisses.

In Tabelle 3.D (Seite 74) sind als Beispiele die Reibungsdrücke zweier unterschiedlicher Motoren nach obigen Formeln bestimmt worden. Man erkennt daraus den Einfluß der Kolbengeschwindigkeit und der Baugröße des Motors auf Reibungsdruck und mechanischen Wirkungsgrad. Die errechneten Werte stimmen recht genau mit den Meßwerten überein und können somit für die Berechnung der Kräfte und Momente in einer Verbrennungskraftmaschine als ausreichende Annäherung an die wahren Verhältnisse verwandt werden. In der Programm-Tabelle I 0301 ist ein Unterprogramm zur überschläglichen Berechnung des Reibungsmitteldruckes aufgeführt.

Für den Theoretiker sind diese zum Teil 'unexakten' Ermittlungsverfahren wohl unzureichend. Es lassen sich die Reibleistungen der einzelnen Baugruppen auch detailliert ermitteln, wobei man dann z. B. bei den Lagern die Einzeleinflüsse wie Lagerspiel, Temperatur, Schmierölviskosität etc. besser in den Griff bekommt. Auch sind bei der Berechnung der Kolbenreibung in den letzten Jahren große Fortschritte gemacht worden, doch ist der Aufwand nicht unerheblich und das Gesamtergebnis, sofern man nur die mechanische Reibleistung erfassen will, oft nicht sehr viel genauer. Die Ermittlung dieser Größen im Detail muß jedoch der entsprechenden Fachliteratur vorbehalten bleiben.

```
**************************************************************************
PROGRAMM-TABELLE  I 0301     UNTERPROGRAMM SUBROUTINE  I0301

  REIBUNGSMITTELDRUCK EINER VERBRENNUNGSKRAFTMASCHINE

  AUFGABE DES PROGRAMMES I 0301
  BERECHNUNG DES REIBUNGSMITTELDRUCKES EINES HUBKOLBENMOTORS NACH
  DEN VERSUCHEN  FEV/GROTH ALS FUNKTION VON KOLBENGESCHWINDIGKEIT,
  KOLBENDURCHMESSER UND EFFEKTIVEM MITTELDRUCK

  PROGRAMMTYP-SUBROUTINE-
  AUFRUF:  CALL SUBROUTINE I0301(D,S,UPM,PE,PL,PO,IA,PRO,PR)
  PARAMETERLISTE :
                      D   = KOLBENDURCHMESSER (MM)
                      S   = KOLBENHUB (MM)
                      UPM = DREHZAHL  (U/MIN)
                      PE  = EFFEKTIVER MITTELDRUCK  (BAR)
                      PL  = LADELUFTDRUCK (BAR) BEI IA=1
                      PO  = UMGEBUNGSDRUCK (BAR) BEI IA=1
                      IA  = KENNZIFFER FUER VERBRENNUNG
                            IA=-1      VORKAMMER-MASCHINE
                            IA= 0      DIREKTEINSPRITZER
                            IA= 1      AUFGELADENER MOTOR
                      PRO = REIBUNGSANTEIL BAUGR. U. KOLBENGESCHW.
                      PR  = REIBUNGS - MITTELDRUCK
**************************************************************************
  SUBROUTINE I0301(D,S,UPM,PE,PL,PO,IA,PRO,PR)
  A0=0.609+0.026*D/100.
  A1=0.00453*D/100.-0.02143*SQRT(D/100.)
  A2=0.00835+0.00024*D/100.-0.00017*(D/100.)**2
  VM=S*UPM/30.
  PRO=A0+A1*VM+A2*VM**2
  IF(IA)3,1,2

1 DPR1=0.00282*PE**2-0.01375*PE
  GOTO 4
3 DPR1=0.00263*PE**2+0.0019*PE**3-0.02748*PE
  GOTO 4
2 DPR1=(PL/PO-1)*(0.5-0.035*VM)
4 PR=PRO+DPR1
  RETURN
  END
```

I 0301: Ermittlung des Reibungsdruckes von Dieselmotoren

4 Die Massenwirkungen der Verbrennungskraftmaschine

In Kapitel 2 haben wir uns mit der Kinematik des Kurbeltriebes auseinandergesetzt und dabei kennengelernt, daß die einzelnen Bausteine eines Triebwerkes zeitlich veränderliche Bewegungen ausführen. Diese Kinematik führt, wie uns die NEWTONschen Gesetze lehren, in Verbindung mit den vorhandenen Triebwerksmassen zu Kraftwirkungen, die zeitlich und örtlich veränderlich sind - wir sprechen nach dem allgemeinen Sprachgebrauch von 'dynamisch wirksamen' Kräften oder Momenten.

Nun wirkt die Dynamik rund um uns herum, ohne daß wir großes Aufheben davon machen. Wenn hier von den Massenwirkungen des Triebwerkes einer Verbrennungskraftmaschine besonders gesprochen wird, so muß dies auch eine besondere Bewandtnis haben. Die Zentrifugalbeschleunigung und die ungleichförmige Bewegung der Triebwerksmassen erzeugen nämlich Kraftwirkungen in Hochleistungsmotoren, die denen der in Kapitel 3 besprochenen Wirkungen der Arbeitsgase nicht nachstehen. Sind die Massenkräfte und Massenmomente bei kleinen Kolbengeschwindigkeiten noch vernachlässigbar gering, so wachsen sie mit steigenden Drehzahlen rasch an und übertreffen bei Kolbengeschwindigkeiten größer als 15 m/s in der Regel die durch die Arbeitsgase erzeugten Beanspruchungsgrößen. In vielen Fällen ist die Lastwirkung der Massenkräfte zudem bedeutend unangenehmer als die der Verbrennungsgase, weil diese Kräfte - im Verhältnis zu den stoßartig wirkenden Gaskräften - lang andauernd wirken, was z. B. bei den Lagerbelastungen zu unangenehmen Zapfenverlagerungen führt. Andererseits haben sie den Vorteil, daß ihre Wirkungen rein mechanischer Natur (abgesehen von der erzeugten Reibungswärme) sind. Neben den Gaskräften können also auch die Massenkräfte maßgeblich für die Beanspruchungen der einzelnen Bauteile sein, so daß nur eine genauere Kenntnis der wirklichen Größen zu einer wirtschaftlichen Dimensionierung der Verbrennungskraftmaschine führen kann.

Wechselnde Größe und Richtung der Kräfte führen uns bei der Auslegung von Bauteilen naturgemäß über die Gebiete der einfachen Festigkeitslehre weit hinaus in die Bereiche der Dauer- und Betriebsfestigkeit, die im Bau der Verbrennungskraftmaschine von großer Bedeutung sind, jedoch im vorliegenden Band keine nähere Abklärung erfahren dürfen. Oft übersehen wird in diesem Zusammenhang jedoch die Tatsache, daß nicht nur ein einzelner Betriebszustand (z. B. Vollast) schon ein Fall 'dynamischer' Beanspruchungsart ist, sondern durch die verschiedenen Betriebszustände eines Motors - denken wir nur an den täglichen Fahrzeugbetrieb - diesem noch einmal veränderliche Beanspruchungsgrößen überlagert werden. Wenn auch bei Lastwechseln die thermischen Beanspruchungsgrößen eine dominierende Rolle spielen (Kolben, Zylinderköpfe, Zylinderrohre), so sind doch auch die allein aus der Kinematik abzuleitenden Kraftveränderungen nicht vernachlässigbar. Es ist deshalb zu beachten, ob ein Drehzahlwechsel so oft vollzogen wird, daß der (drehzahlabhängige) Spannungswechsel auf verschieden hohem (drehzahlabhängigen) Mittelspannungsniveau nicht mehr vernachlässigt werden kann (Problem der Dauer- oder Betriebsfestigkeitslehre). Betrachtet man z. B. eine Pleuelstange, so wird diese unter der (angenommenen drehzahlunabhängigen) Zündkraft auf Druck beansprucht (Linie A - A in Abb. 4.1). In der Gaswechselphase wird der Schaft infolge der Massenkräfte auf Zug beansprucht (Linie B - B). Zudem wird die Zündkraft durch die Massenkräfte abgebaut, so daß das Beanspruchungsniveau unter der Zündung längs A - C verläuft. Im unteren Totpunkt wird die Pleuelstange unter der oszillierenden Massenkraft auf Druck beansprucht (Linie B - D), so daß das in Abb. 4.1 dick umrandete Beanspruchungsprofil bleibt. Auch wenn jeder einzelne dieser Drehzahlpunkte (Abb. 4.2) dauerfest ist, braucht dennoch eine solche Pleuelstange im Fahrzeug-(Schiffs-)Einsatz mit häufig wechselnden Drehzahlen nicht dauerfest zu sein, weil der Maximalausschlag während eines Vollast-Leerlauf-Zyklus über die Dauerfestigkeitsgrenze hinausgeht. Bauteile mit einem derartigen Lastkollektiv versagen nach Erreichen der durch den Drehzahlwechsel verursachten und im Zeitfestigkeitsbereich liegenden Lastwechselzahlen. Vereinfachte Betrachtungen können - sofern ausreichende Sicherheit vorhanden ist - zum Ziel führen, scharf kalkulierte Bauteile an der Grenzbelastung bedürfen jedoch einer oft sehr schwierigen Berechnung, bei der sich sehr leicht Gedanken- und Vorstellungsfehler einschleichen.

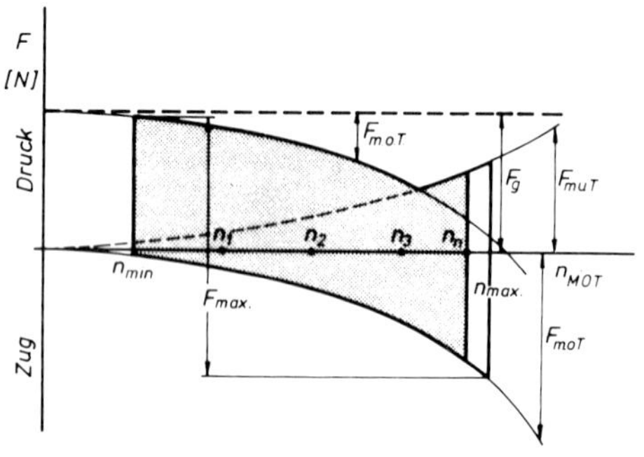

Abb. 4.1: Zug- und Druckspannungen in einem Pleuelstangenschaft als Funktion der Motorendrehzahl und des Lastzustandes

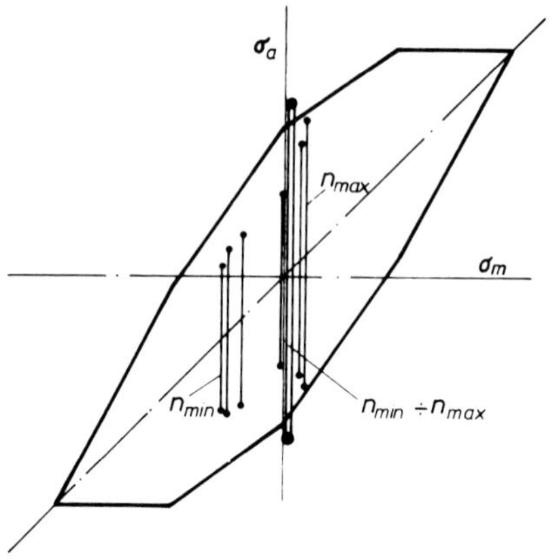

Abb. 4.2: Spannungen eines Pleuelstangenschaftes im SMITH-Diagramm

Ob die Massenkräfte additiv oder subtraktiv zu den Gaskräften auf ein Bauteil wirken, hängt von dem Bauteil selbst und dem Arbeitsverfahren der Verbrennungskraftmaschine ab. Wegen des Fehlens vieler bewegter Bauteile und der günstigen gegenseitigen Beeinflussung der Gas- und Massenkräfte müßte der Zweitaktmotor erheblich besser als der Viertaktmotor bei hohen Kolbengeschwindigkeiten sein, weil z. B. keine

Zugspannungen in der Pleuelstange in der Ladungswechselphase auftreten. Dieser Vorteil macht sich auch an einigen Bauteilen, wie zum Beispiel der Kolbenbolzenlagerung und den Kolben selbst, bemerkbar, bringt jedoch andererseits für die Kolbenbolzenlagerung infolge der fehlenden 'Atmung' erhebliche anderweitige Schwierigkeiten. Die Praxis liefert auch keine Hinweise, daß diese theoretischen Vorteile bei einer Motorenausführung von ausschlaggebender Bedeutung sein könnten. Fast alle Rennmotoren mit hohen Kolbengeschwindigkeiten sind heute Viertaktmotoren, auch bei den Motorradmotoren ist das der Fall.

Als weiterer beachtenswerter Faktor bei der Betrachtung der Massenwirkung der Verbrennungskraftmaschine kommt hinzu, daß Gas- und Massenkräfte für die Bauteilauslegung zwar gleichwertig zu betrachten sind, die unangenehmen Eigenschaften (bis auf das Wechseldrehmoment), die wir der Hubkolbenverbrennungskraftmaschine nachsagen, jedoch hauptsächlich Folgen der Kinematik, das heißt der Massenwirkungen des Kurbeltriebes sind.

Während der Kraftfluß der Gaskräfte über Triebwerksteile und Motorengehäuse geschlossen ist und nur das stationäre Nutz- und das in der Regel nicht sehr große Wechseldrehmoment auf die Umgebung abgestützt werden müssen, können die Massenwirkungen auf die Umgebung ausgesprochen unangenehm wirken. Jeder, der mit 3- und 4-Zylinder-Reihenmotoren in der Praxis umgeht, kann ein Lied davon singen, welchen Aufwandes es bedarf, einem 'wenig-zylindrigen-Motor' die notwendige Standruhe zu verleihen. Daß dennoch der 4-Zylinder-Reihenmotor heute die Standardausführung in unseren Pkws darstellt, ist nur aus dem speziellen Einbaufall einer elastischen Lagerung im Fahrzeug zu verstehen (siehe auch Kapitel 8 oder Band 'Antriebsanlagen mit Verbrennungskraftmaschinen' in der Schriftenreihe LIST/PISCHINGER: Die Verbrennungskraftmaschine).

Der Quereinbau des Motor-Getriebe-Blockes im Pkw mit 4-Zylinder-Motoren als übliche Bauart (VW, FORD, OPEL) gleicht einer Gratwanderung, weil die elastische Anbindung des Antriebsblockes an dem Fahrzeugrahmen wegen der freien Massenkräfte 2. Ordnung eigentlich sehr weich sein müßte, dies jedoch wegen der Übertragung der Antriebskräfte über diese elastischen Elemente nicht im gewünschten Umfang möglich ist. Viele Geräteerschütterungen mit starr eingebauten Motoren wären zwar nach technischen Gesichtspunkten nicht zwingend notwendig, doch wäre deren Beseitigung der Erregerkräfte in der Regel mit hohen Kosten verbunden, die der Nutzer nicht zu tragen gewillt ist.

Im Zusammenhang mit der mechanischen Beseitigung oder Reduzierung von Erregerkräften sprechen wir von M a s s e n a u s g l e i c h . Während Kräfte und Momente 1. Ordnung durch mit Kurbelwellendrehzahl umlaufenden Massen in der Regel total ausgeglichen werden können, ist das Beseitigen von Kräften und Momenten höherer Ordnungszahlen (z. B. durch Zusatzgetriebe) bei wenig-zylindrigen-Motoren, bezogen auf die Herstellkosten des Motors, selbst sehr kostenintensiv.

Ein Massenausgleich kann aber auch nur dann effektiv und somit preiswert sein, wenn man alle Komponenten möglicher Erregerkräfte betrachtet, vor allem deren Wertigkeit im Verhältnis zu anderen (nicht beseitigten) Ursachen. Die Praxis zeigt immer wieder 'halbe Lösungen', die mit Gewißheit nicht alle durch äußere Zwänge so geworden sind wie sie sind, sondern auch zum Teil durch Unverständnis der Zusammenhänge.

4.1 Massenkräfte und Massenmomente

Auf den Spuren GALILEO GALILEIs (1564 - 1642) formulierte ISAAC NEWTON (1642 - 1727) 1687 die nach ihm benannten drei Grundgesetze der Mechanik. Die NEWTONschen Axiome lauten:

I Jeder Körper bleibt in Ruhe oder gleichförmiger geradliniger Bewegung, wenn er nicht durch äußere Kräfte gezwungen wird, diesen Zustand zu ändern.

II Die Änderung der Bewegungsgröße ist proportional der aufgeprägten bewegenden Kraft und geschieht in Richtung der geraden Linie, in welcher die aufgeprägte Kraft wirkt.

III Zu jeder Einwirkung gibt es immer eine entgegengesetzte gleiche Gegenwirkung - oder: Die wechselseitigen Beeinflussungen zweier Körper aufeinander sind immer gleich und entgegengerichtet.

Bezeichnen wir mit F die auf den Massenpunkt m (die Masse m sei zeitlich unveränderlich, dm/dt = 0) wirkende resultierende Kraft und die zeitliche Veränderung der Bewegungsgröße mit d(m·v)/dt, so ergibt sich für das Axiom II die formelmäßige Schreibweise

$$F = m \cdot a \tag{4.1}$$

Da die Masse m eine skalare Größe ist, hat der Vektor a (dv/dt) dieselbe Richtung wie die Kraft F. Dieses Gesetz von NEWTON wird auch oft als quasistatische Gleichung geschrieben

$$F + (-m \cdot a) = 0 \tag{4.2}$$

Dieser sogenannte kinetostatische Ansatz zur Behandlung dynamischer Probleme wurde zuerst von d'ALAMBERT (1717 - 1793) auf die Dynamik endlicher Körper und Körpersysteme angewendet (d'ALAMBERTsches Prinzip - 1743 -), indem er die NEWTONsche Mechanik für den Massenpunkt auf den ausgedehnten starren Körper oder auf Systeme von solchen Körpern übertrug. Wenn man das tatsächlich vorhandene System äußerer Kräfte durch ein im Körper räumlich verteiltes ersetzt, derart, daß dieses jedem Massenelement dm, auch wenn es aus dem Verband des Körpers gelöst wäre, die von dem vorhandenen Kräftesystem hervorgerufene Beschleunigung a erteilt, dann sind per definitione die räumlich verteilten Kräfte dm·a den tatsächlich vorhandenen Kräften kinetisch äquivalent. Nach dem d'ALAMBERTschen Prinzip (einander kinetisch äquivalente Systeme sind auch statisch äquivalent) sind diese beiden Kräftesysteme auch einander statisch äquivalent. Daraus folgt aber, daß die tatsächlich vorhandenen Kräfte mit den negativ verteilten Kräften (-dm·a) im Gleichgewicht sind (siehe Formel 4.2). Die Kraft (-m·a) wird deshalb auch d'ALAMBERTsche Kraft oder auch Trägheits- oder Massenkraft genannt:

$$F_M = -m \cdot \frac{dv}{dt} = -m \cdot \frac{d^2s}{dt^2} \tag{4.3}$$

Die Anwendung des d'ALAMBERTschen Prinzips erweist sich als besonders nützlich für die Untersuchung des ersten Problems der Mechanik, bei dem die Beschleunigung oder der Beschleunigungsverlauf der Körper gegeben ist und die Trägheitskräfte gesucht werden.

Nach Formel (4.3) spielen für die M a s s e n k r ä f t e nur die Größe der Masse und die Geschwindigkeitsänderung, d. h. die Kinematik des Schubkurbelgetriebes eine Rolle. In Kapitel 2 haben wir bereits die Auswirkungen der kinematischen Zusammenhänge für das Schubkurbelgetriebe kennengelernt. Wegen der wenigen veränderlichen Parameter einer Schubkurbel (r, l, ω) sind die Einflüsse und Auswirkungen von Veränderungen noch recht gut überschaubar. Da die Masse der erregten Teile in der Regel unveränderlich ist, ergibt sich für die Massenkräfte der gleiche zeitliche Verlauf wie der der Beschleunigungen der entsprechenden Punkte (siehe Kapitel 2). Diese Aussage impliziert jedoch eine weitere Gesetzmäßigkeit. Bei einer Translationsbewegung eines Körpers (Abb. 4.3) durchlaufen alle Punkte des Körpers kongruente Bahnen. Diese Bewegung kann deshalb durch die Angabe der Bewegung irgendeines einzigen Punktes, z. B. des Schwerpunktes, vollkommen beschrieben werden. Die Trägheitskräfte

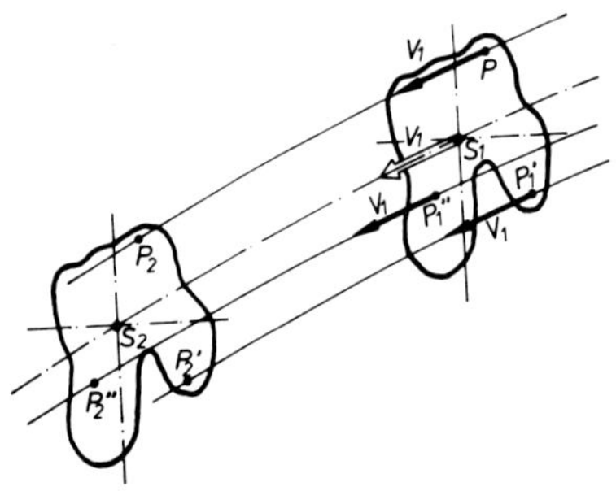

Abb. 4.3: Translationsbewegung eines Körpers

von geradlinig bewegten oder auch gleichförmig umlaufenden Massen sind deshalb von der Gestalt und der Massenverteilung des Körpers unabhängig. Man kann sich beispielsweise die gesamte Körpermasse in diesem Schwerpunkt als Punktmasse vereinigt denken. Diese an einem Punkt angreifende Masse wird auch als Massenpunkt oder materieller Punkt bezeichnet. Das Produkt aus Masse und Geschwindigkeit des Massenpunktes ist eine Bewegungsgröße und deshalb als Vektor, der der Geschwindigkeit gleichgerichtet ist, darstellbar.

Das NEWTONsche Bewegungsgesetz oder die dynamische Grundgleichung bestimmt die Bewegung des materiellen Punktes oder die Kraftwirkungen bei vorgegebenen Geschwindigkeitsveränderungen. Da es sich um Vektoren handelt, kann man die Kraftwirkung und Bewegungsänderungen in ihre Komponenten zerlegen (Abb. 4.4). Bei unveränderlicher Masse kann man also schreiben

$$F_x = m \cdot \frac{dV_x}{dt} = m \cdot \frac{d^2x}{dt^2}$$

$$F_y = m \cdot \frac{dV_y}{dt} = m \cdot \frac{d^2y}{dt^2} \qquad (4.4)$$

$$F_z = m \cdot \frac{dV_z}{dt} = m \cdot \frac{d^2z}{dt^2}$$

In der Praxis kann man in vielen Fällen einen Körper mit ausgedehnter Massenbelegung durch einen einzelnen Massenpunkt oder ein System von wenigen Massenpunkten darstellen, die man in zweckmäßiger Weise auswählt.

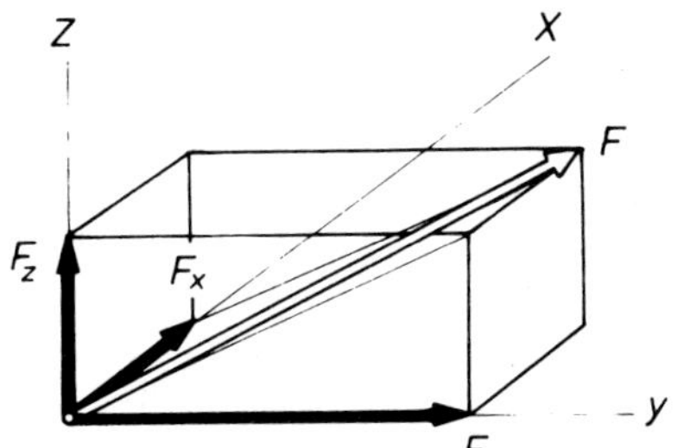

Abb. 4.4: Komponentenzerlegung einer Kraft

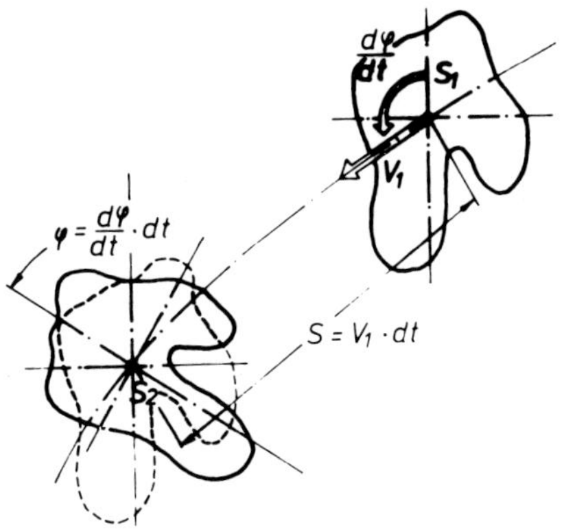

Abb. 4.5: Beliebige Bewegung eines Körpers

Die resultierende Trägheitswirkung einer reinen Translationsbewegung oder einer gleichförmigen Rotationsbewegung ist eine Einzelkraft. Zu ihrer Bestimmung ist also nur die Kenntnis der Masse und der Schwerpunktslage erforderlich.

Bei beliebiger Bewegung eines Körpers (Abb. 4.5) erfahren die einzelnen Massenpunkte unterschiedliche Bewegungsveränderungen. Die resultierenden Trägheitswirkungen der einzelnen Massenpunkte sind durch die Angabe der resultierenden Kraft und des resultierenden Momentes vollständig darzustellen. So kann die allgemeinste Bewegung eines Körpers als Translation und/oder Drehung um eine beliebig gewählte Drehachse aufgefaßt werden. Die Trägheitswirkung aus einer Drehung allgemeiner Art ist immer ein Moment. Die verschiedenen Arten der Drehbewegung erzeugen Trägheitswirkungen, die sich aus den Massenträgheitsmomenten und den Größen der Drehgeschwindigkeitsänderungen ergeben. Eine derart zusammengesetzte Bewegung führt z. B. die Pleuelstange (Treibstange des Schubkurbelgetriebes) aus.

Die ungleichförmig krummlinige Bewegung - gekennzeichnet durch den Beschleunigungsvektor a und durch den Abstand des Momentanpols der Bewegung r (Abb. 4.6) - ergibt nach Zerlegung des Beschleunigungsvektors in eine Tangential- und Normalkomponente für die zur Bewegungsrichtung tangential wirkende Massenkraft

$$F_T = - m \cdot a_t = - m \cdot \frac{dV}{dt} = - m \cdot \frac{d^2s}{dt^2} \qquad (4.5)$$

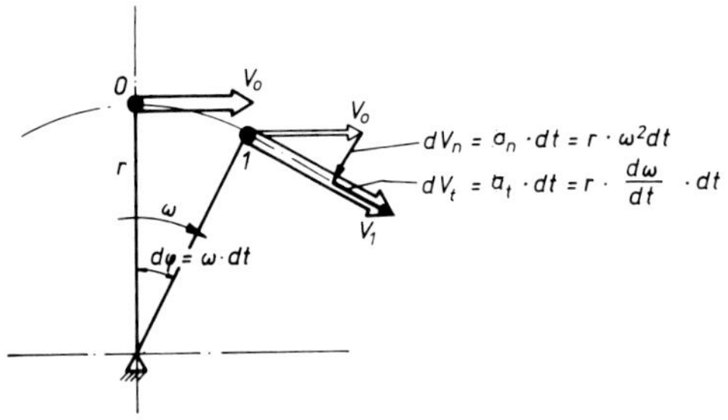

Abb. 4.6: *Tangential- und Normalbeschleunigung bei ungleichförmig krummliniger Bewegung*

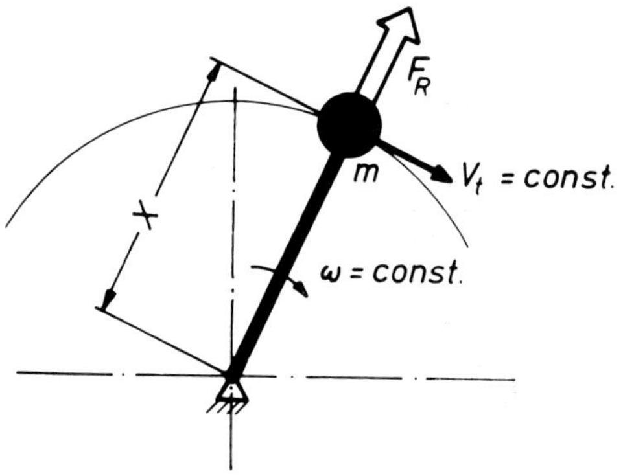

Abb. 4.7: *Gleichförmige Rotation einer Masse m im Abstand r um einen Drehpol*

Normal zu dieser Tangentialkraft wirkt die Normalkraft

$$F_N = - m \cdot a_N = - m \cdot \frac{v^2}{r} \qquad (4.6)$$

Ein spezieller Fall der krummlinigen Bewegung ist die gleichförmige Rotation der Masse m im Abstand r vom Drehpol (Abb. 4.7). Durch die Gleichförmigkeit der Rotation ist die Umfangs- oder Tangentialgeschwindigkeit konstant, d. h. deren Ableitung nach der Zeit gleich Null, wodurch auch keine tangential wirkenden Trägheitskräfte auftreten. Hingegen entsteht aus der Normalbeschleunigung eine nach außen wirkende Fliehkraft

$$F_R = - m \cdot r \cdot \omega^2 = - m \cdot \frac{v^2}{r} \qquad (4.7)$$

die wir wegen ihrer radialen Wirkrichtung als Radialkraft F_R bezeichnen.

Bei der Verbrennungskraftmaschine haben wir es in erster Linie mit rotierenden Massen um die x-Achse oder um hin- und hergehende Massen in Zylinderrichtung (beim Reihenmotor allgemein als z-Richtung bezeichnet) zu tun. Daß diese Kraftwirkungen über die Kraftumlenkung der Schubkurbel (siehe Kapitel 2) auch in anderen Richtungen Kraftkomponenten aufweisen, ergibt sich aus der Anwendung der Formeln bzw. in der Praxis zwangsläufig.

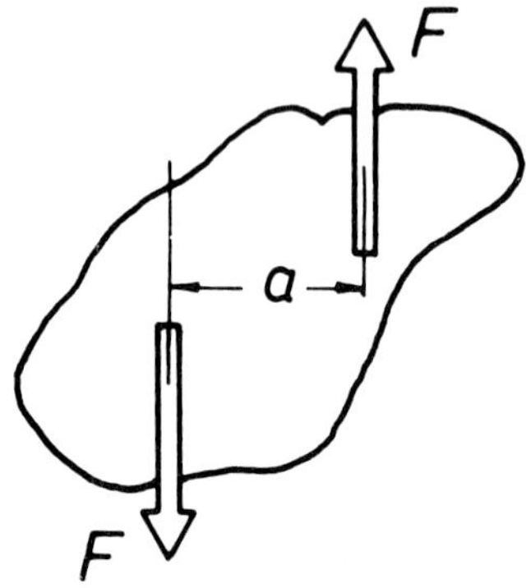

Abb. 4.8: *Angriff eines Kräftepaares an einem Körper*

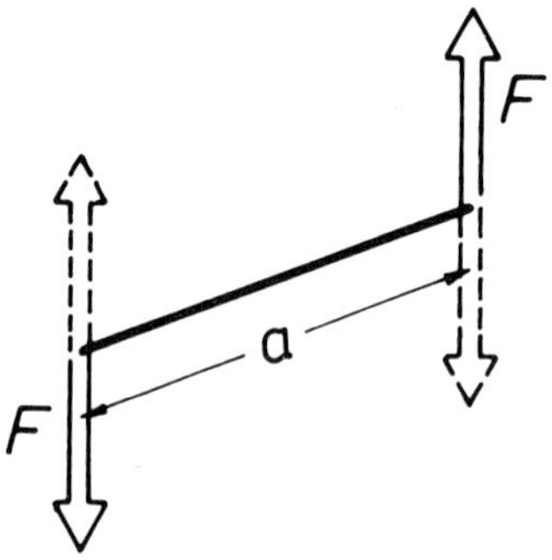

Abb. 4.9: *Momentenwirkung F•a durch oszillierende Kräfte*

Wirken an einem Körper zwei oder mehrere Kräfte in verschiedenen Richtungen oder Ebenen derart, daß die resultierende Kraftwirkung zu Null wird (Abb. 4.8), so verbleibt ein Moment F•a, das den Körper um seinen Schwerpunkt zu drehen versucht. In der mehrzylindrigen Verbrennungskraftmaschine können diese Kräfte von den oszillierenden Massen herrühren (Abb. 4.9) oder auch von den umlaufenden Massen (Abb. 4.10). Die durch freie, in verschiedenen Wirkebenen angreifenden Massenkräfte erzeugten Momente bezeichnen wir als freie M a s s e n m o m e n t e .

Die freien Massenmomente (in einer Ebene um den Schwerpunkt oszillierend oder umlaufend) beanspruchen den Baukörper in ähnlicher Weise wie die freien Kräfte. Der Block führt bei elastischer Lagerung eine Schwing- oder Taumelbewegung aus oder leitet bei 'starrer' Lagerung die Reaktionskräfte des Fundamentes in die Aufstellfüße des Motors ein. So wie die freien Massenkräfte in z-Richtung beim 1- und 4-Zylinder-Reihenmotor zu unangenehmen Begleiterscheinungen führen können, sind dies bei den 2-, 3- und 5-Zylinder-Reihenmotoren die freien Momente um die y- oder z-Achse.

Ebenso wie die Gaskräfte (Kapitel 3) erzeugen auch die Massenkräfte eines Kurbeltriebes tangentiale Kraftwirkungen an der Kurbelkröpfung, die am Grundlager aufgefangen werden - auch hier wirkt also ein Kräftepaar am Hebelarm des Kurbelradius, das als Massendrehmoment bezeichnet wird. Es wirkt wie das Gas-Wechseldrehmoment um die x-Achse des Motors (Längsachse der Kurbelwelle) und wird durch ein Kräftepaar in den Fundamentschienen aufgenommen.

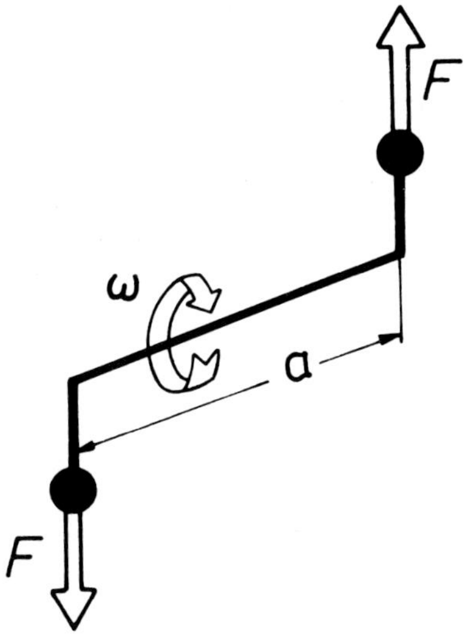

Abb. 4.10: Umlaufendes Moment durch Fliehkraftwirkung

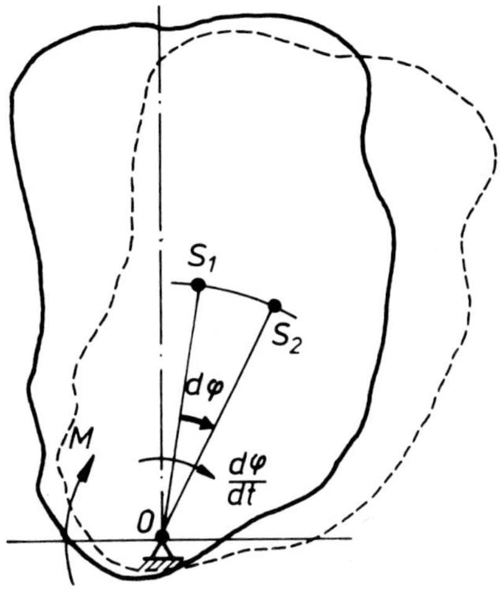

Abb. 4.11: Ungleichförmige Drehung eines Körpers um seine Schwerachse

Die ungleichförmige Drehbewegung eines Körpers selbst um eine feste Achse x (Abb. 4.11) mit der Winkelbeschleunigung

$$\dot{\omega} = \frac{d^2\varphi}{dt^2} \tag{4.8}$$

erzeugt infolge der Trägheitswirkung der zu beschleunigenden Masse ein Drehmoment der Größe

$$M = -\theta_p \cdot \ddot{\varphi} = -\theta_p \cdot \frac{d\omega}{dt} \tag{4.9}$$

wobei θ das Trägheitsmoment (θ_p = polares Trägheitsmoment) der Masse um den Drehpunkt darstellt. Aus dieser Formel kann man ableiten, daß bei konstantem Moment die Winkelgeschwindigkeitsveränderungen mit wachsendem Trägheitsmoment (z. B. des Schwungrades) immer kleiner werden, weswegen man bei Verbrennungskraftmaschinen zur Erzwingung eines gleichmäßigen Laufes große Schwungräder anwendet (Abb. 4.12).

Wird nach Abb. 4.13 ein starrer Körper um eine beliebige, im Raum und Körper feste

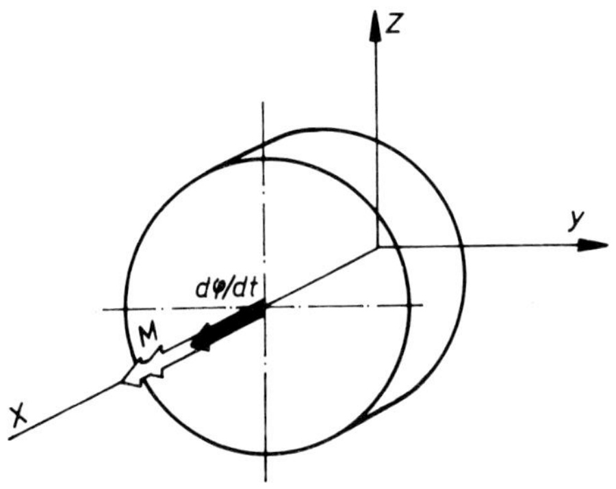

Abb. 4.12: Rotierendes Schwungrad

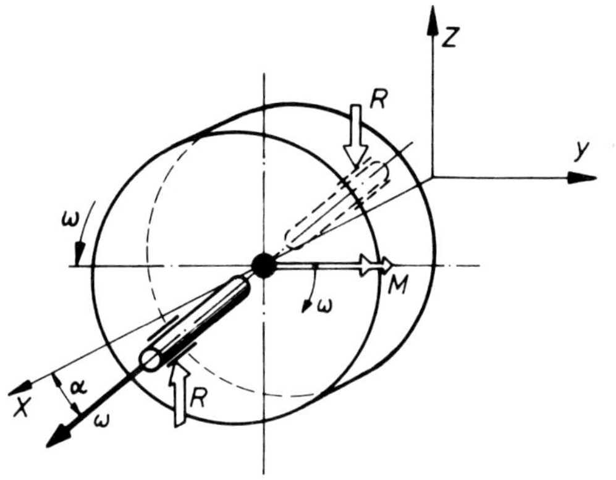

Abb. 4.13: Rückstellmoment bei der Rotation eines starren Körpers um eine um α geneigte Achse

Schwerpunktachse, die jedoch keine Hauptträgheitsachse ist, mit unveränderter Winkelgeschwindigkeit ω gedreht, so ergibt sich ein mit der Welle umlaufendes, rückstellendes Moment von der Größe

$$M = \Theta \cdot \omega^2 \cdot \tan\alpha = F \cdot a \qquad (4.10)$$

wenn α der Winkel zwischen der Drehachse und der Hauptträgheitsachse ist. Dieses Moment müßte bei einer Lagerung eines derartigen Rades als Kräftepaar in den Lagern mit dem Abstand a aufgenommen werden.

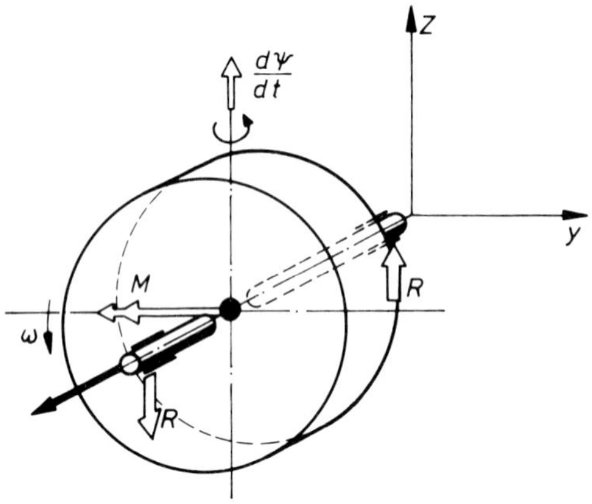

Abb. 4.14: Kreiselwirkung bei Drehung dφ/dt der Schwungringebene

Wird die Ebene eines mit ω rotierenden Schwungringes mit der Winkelgeschwindigkeit $d\varphi/dt$ gedreht (Abb. 4.14), so ergibt sich ein aufrichtendes Moment von der Größe

$$M = \Theta \cdot \omega \cdot \frac{d\varphi}{dt} \qquad (4.11)$$

Dies kann an einem einfachen Versuch mit einer rotierenden Scheibe (Fahrradreifen) erprobt werden (Abb. 4.15), die einseitig aufgehängt ist. Durch das Eigengewicht des Rades erfolgt eine Drehung ω_1 um den Aufhängepunkt, die eine Drehung $d\varphi/dt$ um die Hochachse hervorruft. Durch die somit eingeleitete Präzession des Rades entsteht ein Moment, das dem Gewichtsmoment G·a ent-

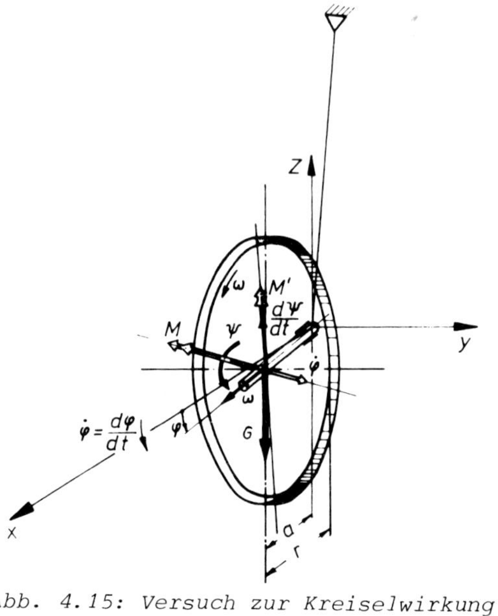

Abb. 4.15: Versuch zur Kreiselwirkung

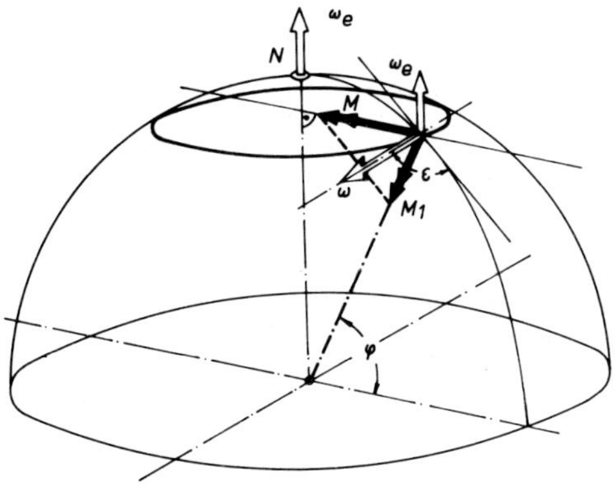

Abb. 4.16: Kreiselwirkung auf Grund einer gleichmäßigen Präzessionsbewegung

gegenwirkt. Die Neigung der Scheibenachse ω_1 erfolgt so lange, bis das durch die Größe $d\varphi/dt$ bestimmte aufrichtende Moment so groß ist, daß es dem Gewichtsmoment das Gleichgewicht hält.

Fällt die Drehzahl ω der Scheibe, so muß durch weiteres Abneigen der Achse ($\omega_1 \rightarrow M_1 \rightarrow d\varphi/dt$) die Drehgeschwindigkeit der Schwungringebene so weit angehoben werden, daß der Gleichgewichtszustand erhalten bleibt.

Führt ein mit konstanter Winkelgeschwindigkeit ω um seine Figurenachse rotierender Körper gleichzeitig eine mit ω_e gleichförmige Präzessionsbewegung (Abb. 4.16) aus, so wird auf die Achse ein Moment ausgeübt

$$M = \theta \cdot \omega \cdot \omega_e \cdot \cos\varphi \cdot \sin\varepsilon \qquad (4.12)$$

Ein Beispiel für das Wirken dieses Kreiselmomentes ist der Kreiselkompaß; dabei ist ω die Winkelgeschwindigkeit des Kreisels und ω_e die Winkelgeschwindigkeit der Erddrehung. Die in den Erdradius weisende Komponente des Momentes dreht die Achse des schwimmenden Kreisels in Richtung des Meridians.

Wenn man vom 'Wuchtausgleich' einer Verbrennungskraftmaschine spricht, so gilt dies den Bemühungen, dem Triebwerk trotz ungleichmäßig verlaufender Tangentialdrücke einen konstanten Drehgeschwindigkeitsverlauf aufzuzwingen. Bei diesen Problemen der Dynamik ist die kinetische Energie (oder die Wucht) von Bedeutung. Die kinematische Energie eines starren Körpers bei einer reinen Translationsbewegung mit der Geschwindigkeit v ist

$$W = \frac{1}{2} \cdot m \cdot v^2 \qquad (4.13)$$

und bei einer reinen Rotationsbewegung mit der Winkelgeschwindigkeit ω

$$W = \frac{1}{2} \cdot \theta_p \cdot \omega^2 \qquad (4.14)$$

Bei dem Wuchtausgleich handelt es sich also um die Anordnung eines Energiespeichers, um die zeitlich ungleichmäßig anfallende Energie (Überschuß- und Unterschußarbeit) zu vergleichmäßigen (siehe Kapitel 7).

4.1.1 Masse, Schwerpunkt und Massenträgheitsmoment

Mit den Formeln des Abschnittes 4.1 in Verbindung mit den Ableitungen für die Bewegungsgesetze des Schubkurbelgetriebes kann man die Massenkräfte und Massenmomente der Körper errechnen, sofern die Masse bzw. das Massenträgheitsmoment der Bauteile bekannt ist.

Nach der Formel

$$m = \varrho \cdot V \qquad (4.15)$$

(ϱ = Dichte in kg/m^3 und V = Volumen in m^3) errechnet sich die Masse, die wir uns punktförmig im Schwerpunkt vorstellen können. Die rechnerische Bestimmung des Volumens erfolgt mit den GULDINschen Regeln oder durch Zerlegung des Körpers in einzelne, einfach berechenbare Teilkörper oder gegebenenfalls mittels Parallelschnitte in Rechtecke von kleiner Höhe unter Anwendung der SIMPSONschen Regel. Für eine Reihe von einfachen geometrischen Körpern gibt es Ableitungen zur Bestimmung der Fläche, des Volumens oder der Masse, wie sie in Kapitel 11 aufgeführt sind.

Die Definition des Massenträgheitsmomentes Θ ergibt sich aus der dynamischen Grundgleichung für die Drehbewegung eines starren Körpers um eine feste Achse

$$M = -\Theta_p \cdot \frac{d^2\varphi}{dt^2} \tag{4.16}$$

An Stelle der Masse in der NEWTONschen Gleichung Kraft = Masse mal Beschleunigung tritt hier die 'Drehmasse' oder das Massenträgheitsmoment mit der Dimension kgm^2 Mit der Winkelbeschleunigung $d^2\varphi/dt^2$ in s^{-2} ergibt sich das Drehmoment M in Nm Das polare Trägheitsmoment errechnet sich zu

$$\Theta_p = \int r^2 \, dm \tag{4.17}$$

und das äquatoriale Trägheitsmoment zu

$$\Theta_a = \int y^2 \, dm \tag{4.18}$$

Für bestimmte Körper sind wiederum in Kapitel 11 die Formeln zur Errechnung des polaren und äquatorialen Trägheitsmomentes aufgeführt, so daß man aus einzelnen Bausteinen auch die Trägheitsmomente komplizierter zusammengesetzter Körper ermitteln kann.

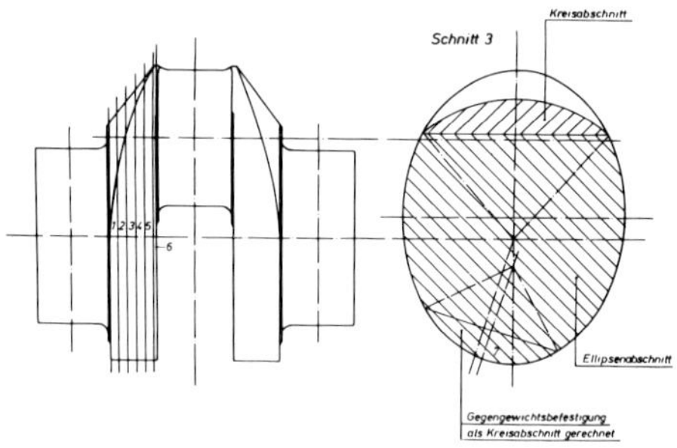

Abb. 4.17: Zerlegung einer Kurbelkröpfung in geometrisch einfache Teile - Verfahren mittels Parallelschnitten

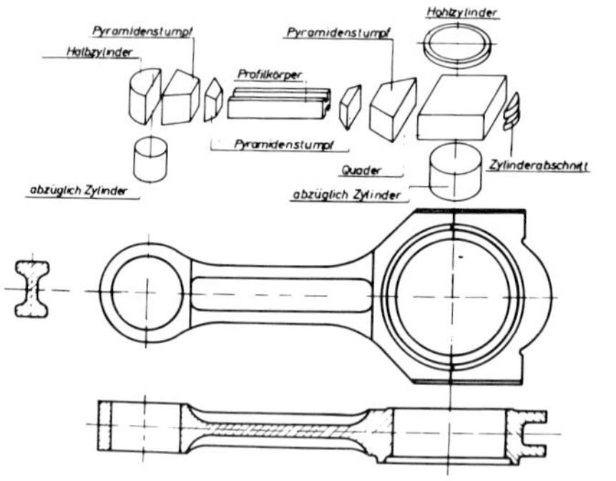

Abb. 4.18: Aufteilung einer Pleuelstange in geometrisch einfache Baukörper (Baukastenzerlegung)

Eine Kurbelkröpfung wird, wie zum Beispiel in Abb. 4.17 skizziert, in Teilkörper, deren Volumen und Schwerpunkt einfach zu bestimmen sind, zerlegt. Ebenso kann man für eine Pleuelstange verfahren (Abb. 4.18), wobei einem die in Kapitel 11 oder anderen Nachschlagewerken gegebenen Formeln für einfache geometrische Körper behilflich sind. Da z. B. eine Pleuelstange als Guß- oder Gesenkschmiedestück oft von so unregelmäßiger Form ist, wendet man zur Bestimmung von Masse (Volumen) und Massenträgheitsmoment meistens ein Berechnungsverfahren mittels Zylinder- oder Parallelschnitten an, wie in Kapitel 11.2 dargestellt wird.

Ermittelt man die Gesamtmasse eines Baukörpers aus Teilformen, so kann man - nach der Definition der Punktmasse - die Teilmassen addieren. Will man hingegen das Trägheitsmoment eines Körpers aus den Trägheitsmomenten mehrerer Teilkörper zusammensetzen, so bedarf es eines zusätzlichen Rechenschrittes. Ist das Trägheitsmoment eines Körpers um seine Schwerachse bekannt und benötigt man das Trägheitsmoment dieses Bauteiles um eine zu dieser Schwerachse parallelen Linie, dem Abstand e, so bestimmt man das Trägheitsmoment Θ_A nach dem STEINERschen Satz

$$\theta_A = \theta_S + m \cdot a^2 \tag{4.19}$$

Der STEINERsche Satz gilt für äquatoriale und polare Trägheitsmomente. Die Massenträgheitsmomente mehrerer Bausteine - bezogen auf eine gemeinsame Achse - können addiert werden. Um den Abstand des Schwerpunktes S von der Achse A - A festzulegen, bedarf es der Kenntnis der Lage des Schwerpunktes im Körper.

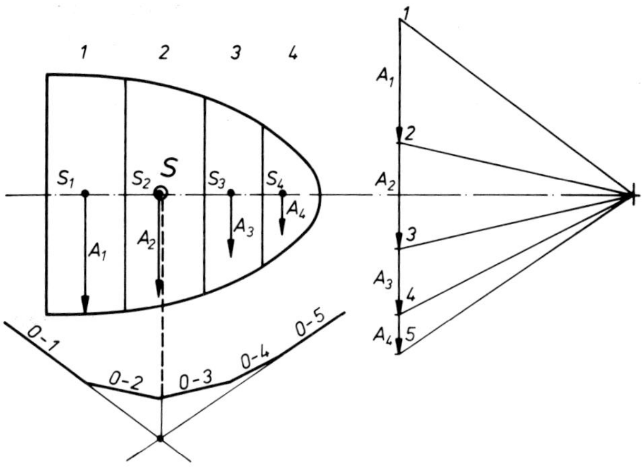

Abb. 4.19: Ermittlung des Schwerpunktes eines symmetrischen Baukörpers

Der Schwerpunkt eines Massensystems ist der Punkt, für den die Summe der statischen Momente der einzelnen Massenpunkte gleich Null ist (Abb. 4.19). Hat der Körper eine Symmetrie-Ebene, Symmetrie-Achse oder einen geometrischen Mittelpunkt, so liegt der Schwerpunkt in diesen. Graphisch bestimmt man den Schwerpunkt durch Zerlegung des Körpers in parallele Streifen, für die sich die Teilmassen und Schwerpunkte leicht bestimmen lassen. Der Schwerpunkt bestimmt sich dann nach der Gleichgewichtsbedingung der statischen Momente

$$G_S \cdot y_S = \Sigma \, (G_i \cdot y_i) \tag{4.20}$$

Zeichnerisch erfolgt die Ermittlung des Schwerpunktes mit Hilfe des Seileckes, wie dies in Abb. 4.19 für eine symmetrische Fläche gezeigt worden ist. Führt man dieses Verfahren für den allgemeinen Fall eines Körpers in zwei oder drei senkrecht zueinander liegenden Ebenen aus, so erhält man dessen Schwerpunkt als Schnittpunkt der in der Ebene ermittelten Schwerelinien. Wenn man die Masse aus einer Summe von Teilkörpern mit bekannten Schwerpunkten addiert, so bestimmt sich der gemeinsame Schwerpunkt wie bei der Streifenmethode aus der Gleichgewichtsbedingung der statischen Momente. Angaben über die Schwerpunktslage einfacher Körper sind wiederum in den Tabellen des Kapitels 11 aufgezeichnet.

Der Trägheitsradius

$$k = \sqrt{\frac{\theta}{m}} \tag{4.21}$$

ist der Halbmesser, an dem man sich die Gesamtmasse angebracht denken muß, um das gleiche Trägheitsmoment zu erhalten. In der Praxis wird an Stelle des polaren Massenträgheitsmomentes vielfach noch das 'Schwungmoment GD^2' in kpm^2 verwendet, was insbesondere bei Verwendung des heute vorgeschriebenen ISO-Systems wegen der gleichen Dimensionen zu schwerwiegenden Verwechslungen mit dem Massenträgheitsmoment führen kann. Mit G wird das Gewicht des Schwungrades und mit $D = 2 \cdot k$ sein Trägheitsdurchmesser bezeichnet. Die Beziehung zwischen diesen beiden Größen lautet

$$\theta_p = \frac{G \cdot D^2}{4} \tag{4.22}$$

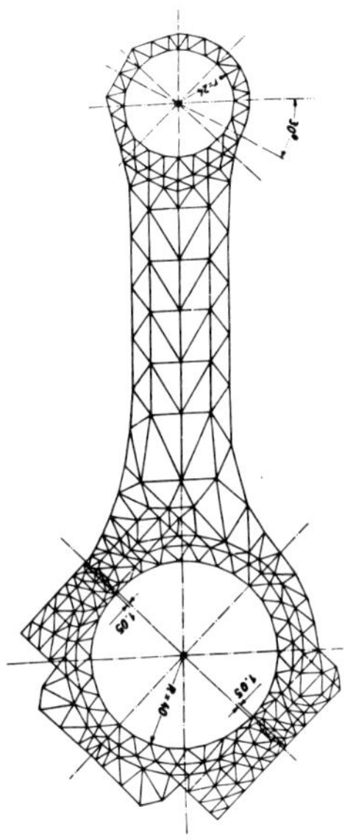

Abb. 4.20: FE-Struktur einer Pleuelstange

Hat man für seine Arbeiten eine Datenverarbeitungsanlage zur Verfügung und besitzt man ein entsprechendes FINITE-ELEMENT-Programm, so kann man die Trägheitsmomente von Bauteilen natürlich auf einfache Weise über den Rechner ermitteln lassen (Abb. 4.20). Dies lohnt sich aber wohl erst, wenn man im Unternehmen ein CAD-System (Computer Aided Design) besitzt - das heißt, daß die Grunddaten einer Konstruktion auf einer Datenbank vorliegen, um damit später Festigkeits- und Verformungsrechnungen mit Hilfe der FE-Methode vorzunehmen -, weil die Datenaufbereitung für das CAD-Verfahren zu aufwendig ist, wenn man nur die Masse und die Trägheitsmomente bestimmen will.

4.1.2 Die Reduktion der Massen

In der Praxis besitzen die Triebwerksteile eine ausgedehnte Massenbelegung. Die einzelnen Massenpunkte sind für statische und dynamische Untersuchungen zu einer Einzelmasse dann zusammenfaßbar, wenn sie im Rahmen der vorzunehmenden Untersuchung als starr verbunden anzunehmen sind. Die einzelnen Massenpunkte haben häufig sehr unterschiedliche Bewegungsverhältnisse. Je nach der Problemstellung ist es jedoch möglich, das System von vielen Massenpunkten durch wenige Einzelmassen zu ersetzen, die bezüglich der statischen und dynamischen Wirkungen den ganzen Körper hinreichend genau darstellen.

Bei der Reduktion sind einige Grundbedingungen zu beachten, die je nach Problemstellung erfüllt sein müssen. Für statische Probleme können diese sein:

1) Das Gleichgewicht der Summe der Einzelmassen gegenüber der Summe der reduzierten Einzelmassen

$$\Sigma m_i = \Sigma m_{red} \tag{4.23}$$

2) Das Momentengleichgewicht der Einzelmassen gegenüber dem der reduzierten Massen

$$\Sigma m_i \cdot y_i = y_{red} \cdot \Sigma m_{red} \tag{4.24}$$

3) Die Gleichgewichtigkeit der Massenträgheitsmomente gegenüber den der reduzierten Massen

$$\Sigma m_i \cdot r_i^2 = r_{red}^2 \cdot \Sigma m_{red} \tag{4.25}$$

Für die Ausführung dynamischer Aufgaben muß man berücksichtigen, daß auch zusätzliche Gleichgewichte zwischen den Arbeiten und der kinetischen Energie notwendig sein können

$$\frac{\int F \cdot d_s}{\left(\int F \cdot d_s\right)_{red}} = 1 \tag{4.26}$$

$$\frac{m \cdot r^2}{m_{red} \cdot r_{red}^2} = 1 \tag{4.27}$$

Da es sich bei einer Reduktion lediglich mit mathematischer Hilfe um eine Überführung eines Systems in ein anderes mit gleicher physikalischer Wirkung handelt, ist es im Grunde gleichgültig, auf welchen Wert wir unser System normieren. Im praktischen Gebrauch hat es sich eingebürgert, die rotierenden Massen auf den Kurbelradius r ($r = r_{red}$) zu reduzieren und die Wirkung der oszillierenden Massen in den Schwerpunkt der Pleuelstange (Kolbenbolzen) hin zu verlagern. Wegen dieser Reduktion auf einen anderen Wirkradius als den Schwerpunktradius sind die reduzierten Massen naturgemäß andere als die wahren wägbaren Massen. Die zeitlich veränderlichen Trägheitswirkungen werden in vielen Fällen durch Mittelwerte ausreichend genau ersetzt.

4.1.3 Einfluß der Übersetzungen

Bei Getriebeanlagen wie z. B. in einem Schiff (Abb. 4.21), bei einem Gebläseantrieb für einen luftgekühlten Motor (Abb. 4.22) oder auch beim Nockenwellenantrieb

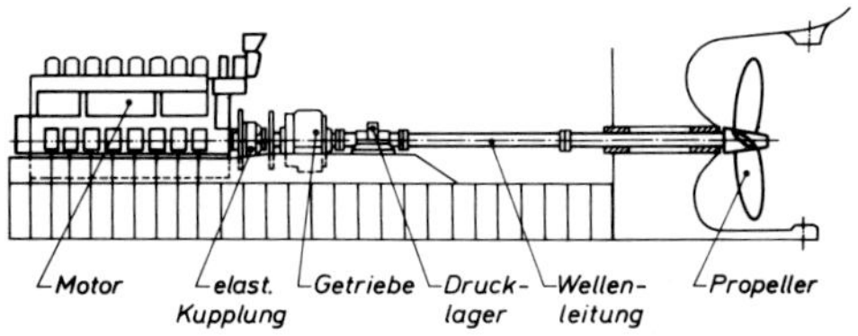

Abb. 4.21: Getriebeübersetzung in einer Schiffsmotorenanlage

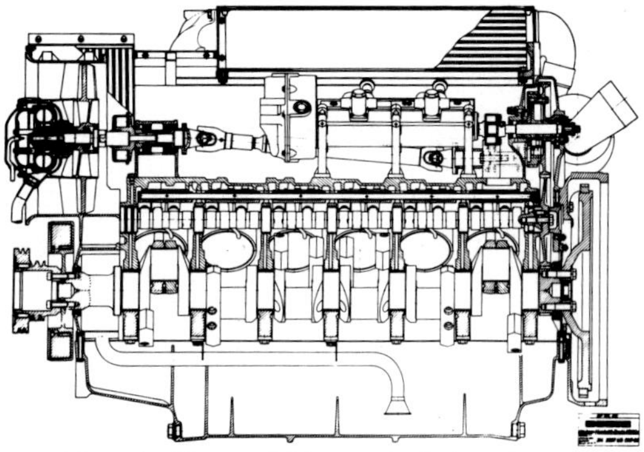

Abb. 4.22: Gebläseantrieb eines luftgekühlten Motors

laufen bestimmte Teile der Anlage mit anderen Drehzahlen um als die Kurbelwelle selbst; so ist beispielsweise bei einer Übersetzung ins Schnelle die Massenwirkung dieser schnellen umlaufenden Teile entsprechend größer. Aus diesem Grunde reduziert man die Massenträgheitsmomente und Drehfederkonstanten auf eine einheitliche Drehzahl. Man wählt dabei am zweckmäßigsten die Kurbelwellendrehzahl, da die Erregung des Systems mit den Harmonischen derselben erfolgt. Alle Drehmassen und Drehsteifigkeiten auf Wellen mit der Drehzahl n werden auf die Kurbelwellendrehzahl n_K reduziert, indem man die Massenträgheitsmomente und Drehfederzahlen durch das Quadrat des Übersetzungsverhältnisses dividiert

$$c_{red} = c \cdot \left(\frac{n}{n_K}\right)^2 \tag{4.28}$$

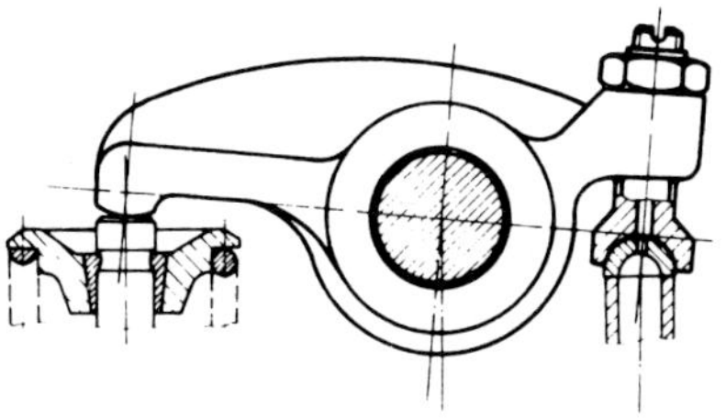

Abb. 4.23: Ventiltrieb eines ventilgesteuerten Viertaktmotors

Auf diese Weise können relativ rasch drehende Teile wie Gebläse und Pumpen, aber auch Lichtmaschinen in der Wirkung sehr beträchtlich werden, auch wenn deren träge Masse selbst recht gering ist. Dies finden wir auch in immer stärkerem Maße bei Schiffsanlagen mit Mittelschnelläufern und Reduktionsgetrieben großer Übersetzung, die den Propeller zur Hauptmasse einer Anlage macht.

Wir finden aber auch andere Arten von Übersetzungen. Beim Ventiltrieb (Abb. 4.23) erfolgt die Umlenkung der ventilseitigen Hubbewegung in die stößelseitige Hubbewegung über den Kipphebel. Für statische und dynamische Berechnungen reduziert man üblicherweise das System auf die Nockenseite, da hier die Bewegungsänderung durch den Stößelhub vorgegeben ist. Die Masse der Stoßstange und des Stößels bleiben also unverändert. Die ventilseitigen Massen und Elastizitäten wie das Ventil, der Ventilfederteller und die Ventilfeder, die man als Masse meist zur Hälfte in Rechnung stellt, müssen im Quadrat des Übersetzungsverhältnisses reduziert werden. Die Kräfte reduzieren sich im Verhältnis der Übersetzung. Das Übersetzungsverhältnis ist dabei

$$\ddot{u} = \frac{Ventilhub}{Stößelhub} = \frac{a}{b} \tag{4.29}$$

Damit hat also die Reduktion wie nachstehend zu erfolgen

$$m_{red} = m \cdot \ddot{u}^2 \tag{4.30}$$

$$F_{red} = F \cdot \ddot{u}^2 \tag{4.31}$$

4.2 Die Massenverteilung des Einzeltriebwerkes

Bei der beschleunigt-verzögerten Bewegung der Triebwerksteile des Hubkolbenmotors wirken Trägheitskräfte, die Massenkräfte. Sie sind der Richtung der Beschleunigung entgegengerichtet

$$F = -m \cdot a \tag{4.32}$$

Die aus der Trägheit der Massen hervorgehenden Kräfte und Momente werden unter dem Begriff 'Massenwirkungen' zusammengefaßt. Diese Wirkungen sind zunächst am einzelnen Kurbeltrieb, das heißt einer Kurbelkröpfung mit den zugehörenden Triebwerksteilen (Pleuelstange, Kolben, gegebenenfalls Kreuzkopf, Kolbenstange) zu ermitteln. Die von mehrfach gekröpften Kurbelwellen ausgehenden Wirkungen ergeben sich dann aus der Überlagerung der entsprechenden Anzahl von Einzelwirkungen. Sind die Triebwerksteile untereinander gleich - was fast immer zutrifft -, so unterscheiden sich die von jedem einzelnen Kurbeltrieb ausgehenden Wirkungen nur durch die aus der Kröpfungsanordnung hervorgehende Phasenverschiebung.

Die Kurbeltriebsteile vollführen folgende Bewegungen, aus denen sich die Kräfte ableiten, die auf Grund der Trägheit der Massen und der auftretenden Beschleunigung entstehen.

1) Kurbelkröpfung (ggf. mit Gegengewichten) und kurbelwellenseitiger Teil der Pleuelstange: Dreh-(rotierende)Bewegung um die Kurbelwellenachse -

2) Kolben, ggf. Kolbenstange und Kreuzkopf, sowie kolbenseitiger Teil der Pleuelstange: Hin- und hergehende (oszillierende) Bewegung zwischen den Grenzlagen (Totpunkten) -

3) Mittlerer Teil der Pleuelstange mit deren Schwerpunkt: Umlauf auf einer ellipsenähnlichen Bahn -

Um die Wirkungen dieses Systems berechnen zu können, muß es auf ein Ersatzsystem zurückgeführt werden, das die gleichen statischen und dynamischen Wirkungen hat wie das wirkliche System. Ein wichtiges Hilfsmittel hierzu ist die in einem Punkt konzentrierte Masse und das daraus abgeleitete System von miteinander verbundenen Punktmassen. Bei Dreh- oder Schwenkbewegungen von Körpern ist neben der Masse auch deren Verteilung in bezug auf die Drehachse maßgebend für das Verhältnis von Moment und Winkelbeschleunigung. Kennzeichnende Größe dafür ist das Massenträgheitsmoment (auch Drehmasse genannt). Die Kopplungen in einem System von Punktmassen oder von Massenträgheitsmomenten werden als starr betrachtet, wenn elastische Verformungen der Bauteile auf das Verhalten des Systems keinen wesentlichen Einfluß haben. Dies trifft bei den in diesem Band behandelten Themen weitgehend zu. Die Kopplungen müssen dagegen elastisch gewählt werden, wenn die Verformungsgrößen das Verhalten des Systems wesentlich bestimmen (Schwingungen).

Neben einem geeigneten Ersatzsystem benötigt man ein Koordinatensystem zur mathematischen Beschreibung von Ort, Geschwindigkeit und Beschleunigung der bewegten Massenpunkte. Die in diesem Abschnitt untersuchten Wirkungen können in einem ebenen, ortsfesten System dargestellt werden. Der Koordinaten-Nullpunkt fällt dabei mit dem Drehpunkt der Kurbelwelle zusammen; die Ordinate wird mit 'z', die Abszisse mit 'y' bezeichnet.

Bei der Darstellung der Massenwirkungen und ebenso der Gaswirkungen wird von der Zerlegung in harmonische Anteile (Harmonische Analyse, FOURIER-Darstellung) weitgehend Gebrauch gemacht, da neben der Kenntnis der (zeitlich veränderlichen) Kraft- oder Momentengrößen die Kenntnis der Frequenz der Änderung notwendig ist, um zu richtigen Schlußfolgerungen zu gelangen. Dies gilt zum Beispiel für alle Arten von Resonanzschwingungen und deren Abwehr ebenso wie für Maßnahmen beim Massenausgleich.

4.2.1 Die rotierenden Massen

Zu den rotierenden Massen des Triebwerkes einer Verbrennungskraftmaschine gehören die Kurbelwelle einschließlich der Gegengewichte, die rotierenden Pleuelanteile sowie andere mit der Kurbelwelle umlaufende Massen wie Schwungrad, Dämpfer, Riemenscheibe.

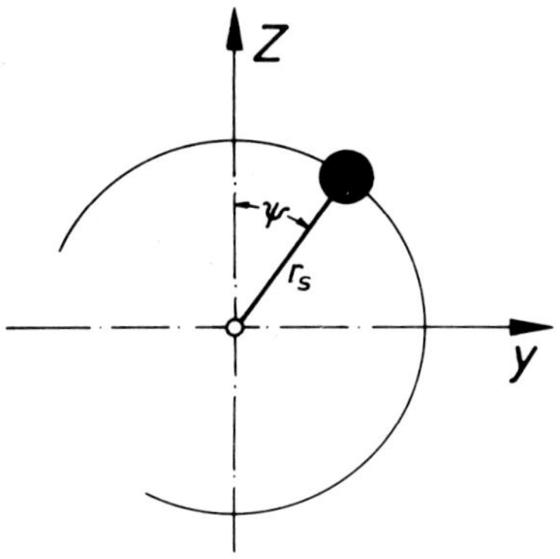

Abb. 4.24: Rotierender Massepunkt

Bewegt sich ein Massenpunkt m auf einer Kreisbahn mit dem Schwerpunktsabstand r_s (Abb. 4.24), so gelten für einen beliebigen Zeitpunkt die folgenden Weg-Koordinaten und die durch Differenzieren nach der Zeit erhaltenen Geschwindigkeits- und Beschleunigungs-Koordinaten

$$z = r_s \cdot \cos\psi \qquad \dot{z} = -r_s \cdot \dot{\psi} \cdot \sin\psi$$
$$y = r_s \cdot \sin\psi \qquad \dot{y} = r_s \cdot \dot{\psi} \cdot \cos\psi$$
$$\ddot{z} = -r_s \cdot (\dot{\psi}^2 \cdot \cos\psi + \ddot{\psi} \cdot \sin\psi) \tag{4.33}$$
$$\ddot{y} = -r_s \cdot (\dot{\psi}^2 \cdot \sin\psi - \ddot{\psi} \cdot \cos\psi)$$

Der Beschleunigungsvektor ergibt sich hieraus zu

$$a = \sqrt{\ddot{z}^2 + \ddot{y}^2} = r_s \cdot \sqrt{\dot{\psi}^4 + \ddot{\psi}^2} \tag{4.34}$$

mit den Anteilen

$a_z = r_s \cdot \dot{\psi}^2$ für die Normal- oder Zentripetalbeschleunigung

$a_t = r_s \cdot \ddot{\psi}$ für die Tangential- oder Bahnbeschleunigung

Aus der Zentripetalbeschleunigung ergibt sich die radial nach außen gerichtete Fliehkraft (Zentrifugalkraft), für die hier auch der Begriff 'rotierende Massenkraft' verwendet wird, um diese von der oszillierenden Massenkraft zu unterscheiden

$$F_r = m \cdot r_s \cdot \dot{\psi}^2 \tag{4.35}$$

beziehungsweise für konstante Drehgeschwindigkeit $\dot{\psi}$ = konstant = ω

$$F_r = m \cdot r_s \cdot \omega^2 \tag{4.36}$$

Hier üben nur diejenigen Massen eine Kraftwirkung aus, deren Schwerpunkt außerhalb des Drehzentrums liegt. Haben diese Massen unterschiedliche Schwerpunktsabstände (z. B. Kurbelwangen, Gegengewichte), so wird zweckmäßigerweise ein gemeinsamer Bezugsradius gewählt, und die Massen werden auf diesen Bezugsradius reduziert. Es ist naheliegend, den Kurbelradius r als Bezugsradius zu wählen.

Für die reduzierte Masse gilt dann

$$m_{red} = \frac{\Sigma m \cdot r_s}{r} \tag{4.37}$$

Aus der Tangentialbeschleunigung ergibt sich die Tangentialkraft

$$F_t = m \cdot a_t = m \cdot r_s \cdot \ddot{\psi} \tag{4.38}$$

und als Wirkung um den Drehpunkt das Drehmoment des Massenpunktes

$$M = m \cdot r_s^2 \cdot \ddot{\psi} \tag{4.39}$$

Für einen rotierenden Körper mit kontinuierlicher Massenverteilung gilt dann

$$M = \int r_s^2 \cdot dm \cdot \ddot{\psi} = \Theta \cdot \ddot{\psi} \tag{4.40}$$

Das Integral $\int r_s^2 \cdot dm$, mit anderen Worten das Verhältnis Drehmoment zur Winkelbeschleunigung, ist das polare Massenträgheitsmoment bzw. die Drehmasse

$$\Theta = \int r_s^2 \cdot dm \tag{4.41}$$

Das Massenträgheitsmoment ist abhängig von der Masse des Körpers und der Verteilung der Masse in bezug auf die Drehachse.

Formeln zur Berechnung der Massenträgheitsmomente geometrischer Körper sind in den Tabellen 11 D – 11 G angegeben. Komplizierte oder unregelmäßig geformte Körper müssen für die Berechnung des Massenträgheitsmomentes in berechenbare Teilmassen zerlegt und die Teil-Massenträgheitsmomente summiert werden

$$\Theta = \Sigma r_s^2 \cdot \Delta m \tag{4.42}$$

Aus den dargestellten Zusammenhängen ergibt sich:

1) An einem rotierenden Körper wirkt eine Zentrifugalkraft (rotierende Massenkraft), wenn sein Schwerpunkt außerhalb des Drehzentrums liegt –
2) An einem rotierenden Körper sind das Drehmoment und die Winkelbeschleunigung proportional (Dynamisches Grundgesetz). Aus der Massenträgheit der rotierenden Teile wird daher nur dann ein Drehmoment wirksam, wenn die Drehgeschwindigkeit ungleichförmig ist.

4.2.2 Die oszillierenden Massen

Zu den oszillierenden Massen zählen der Kolben mit Kolbenbolzen und -ringen, ggf. die Kolbenstange und der Kreuzkopf sowie der obere Teil der Pleuelstange. Hinzu kommen noch Posaunenrohre wie Teile der Gelenkrohre für die Ölkühlung des Kolbens und das in diesen Rohren und im Shakerraum bzw. Kühlkanal des Kolbens befindliche Öl.

Da die genaue Erfassung der Trägheitswirkung der Pleuelmasse etwas umständlich ist (siehe Abschnitt 4.2.3), begnügt man sich in der Praxis häufig mit dem Ersatz der

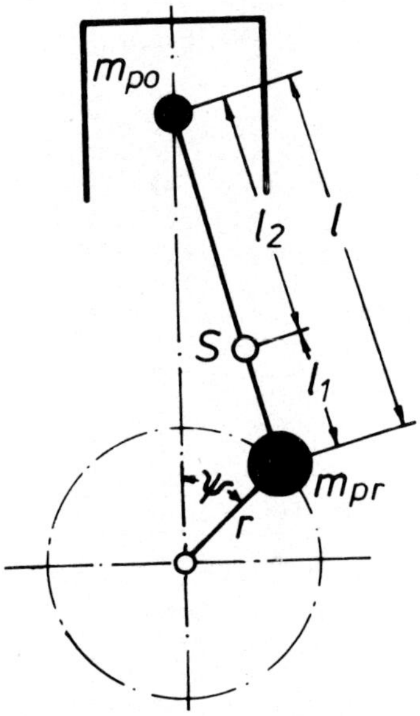

Abb. 4.25: Vereinfachte Massenbelegung der Pleuelstange

Pleuelstange durch zwei Punktmassen, nämlich m_{po} in der Mitte des Kolbenbolzens und m_{pr} in der Mitte des Kurbelzapfens. Inwieweit diese Vorgehensweise die wahren Verhältnisse erfaßt, wird im nachfolgenden Abschnitt erläutert. Da für den Regelfall die Anwendung der exakten Formeln nicht lohnend ist und diese in praxi deshalb auch wenig verwandt werden, sei hier die allgemein geübte Vorgehensweise vorangestellt. Die Entscheidung, ob diese vereinfachte Rechnung für den Anwendungsfall ausreichend ist, verlangt jedoch zumindest die Kenntnis der im Abschnitt 4.2.3 dargelegten Zusammenhänge.

Die Aufteilung der Pleuelmasse m_p erfolgt so, daß Masse und Schwerpunkt der Pleuelstange erhalten bleiben. Mit den Bezeichnungen nach Abb. 4.25 gilt

$$m_{pr} + m_{po} = m_p \tag{4.43}$$

$$m_{pr} \cdot l_1 - m_{po} \cdot l_2 = 0 \tag{4.44}$$

Daraus ergibt sich für den rotierenden Anteil der Pleuelstange

$$m_{pr} = m_p \cdot \frac{l_2}{l} \tag{4.45}$$

und für den oszillierenden Anteil der Pleuelstange

$$m_{po} = m_p \cdot \frac{l_1}{l} \tag{4.46}$$

In der Bewegungsrichtung der oszillierenden Massen gelten die Beziehungen für den Kolbenweg, die Kolbengeschwindigkeit und die Kolbenbeschleunigung (siehe Abschnitt 2.1), das heißt, für den normalen Kurbeltrieb gelten z. B. folgende Ausdrücke

$$\begin{aligned} z &= r \cdot x \\ \dot{z} &= r \cdot x' \cdot \dot{\psi} \\ \ddot{z} &= r \cdot (x' \cdot \ddot{\psi} + x'' \cdot \dot{\psi}^2) \end{aligned} \tag{4.47}$$

$$\begin{aligned} x &= 1 - \cos\psi + \frac{1}{\lambda} - \frac{1}{\lambda} \cdot \sqrt{1 - \lambda^2 \cdot \sin^2\psi} \\ x' &= \sin\psi + \frac{\lambda \cdot \sin\psi \cdot \cos\psi}{\sqrt{1 - \lambda^2 \cdot \sin^2\psi}} \\ x'' &= \cos\psi + \frac{\lambda \cdot \cos^2\psi - \lambda \cdot \sin^2\psi + \lambda^3 \cdot \sin^4\psi}{\left(\sqrt{1 - \lambda^2 \cdot \sin^2\psi}\right)^3} \end{aligned} \tag{4.48}$$

Damit ergibt sich für die in Bewegungsrichtung der oszillierenden Teile wirksame Massenkraft

$$F_o = - m_o \cdot r \cdot (x' \cdot \ddot{\psi} + x'' \cdot \dot{\psi}^2) \tag{4.49}$$

Über die Tangentialkraftbeziehung (2.62, 2.70, 2.79) oder über die Arbeitsgleichung

$$M_0 \cdot d\psi = F_0 \cdot r \cdot dx$$
$$M_0 = F_0 \cdot r \cdot x' \qquad (4.50)$$

ergibt sich das von den oszillierenden Massen bewirkte Drehmoment an der Kurbelwelle

$$M_0 = - m_0 \cdot r^2 \cdot (x'^2 \cdot \ddot{\psi} + x' \cdot x'' \cdot \dot{\psi}^2) \qquad (4.51)$$

4.2.3 Die Massenaufteilung und Massenwirkung der Pleuelstange

Die Berechnung der Trägheitswirkung der Pleuelstange gestaltet sich übersichtlich, wenn man diese durch ein vereinfachtes System ersetzt, das aus starr miteinander verbundenen Punktmassen besteht. Die Größe und Lage der Punktmassen müssen dabei so bestimmt werden, daß vom Ersatzsystem die gleichen statischen und dynamischen Wirkungen ausgehen wie von der wirklichen Pleuelstange. Das ist der Fall, wenn folgende drei Bedingungen erfüllt sind:

1) Die Summe der Punktmassen muß gleich sein der Gesamtmasse der Pleuelstange -

2) Der Schwerpunkt des Ersatzsystems muß die gleiche Lage haben wie der Schwerpunkt der Pleuelstange -

3) Das Massenträgheitsmoment des Ersatzsystems bezüglich der zur Kurbelwellenachse parallelen Schwerpunktachse muß gleich sein dem Massenträgheitsmoment der Pleuelstange um diese Achse.

Diese Bedingungen sind mit drei Punktmassen erfüllbar, von denen m_1 in der Mitte Kurbelzapfenauge, m_2 in der Mitte Kolbenbolzenauge und m_3 im Schwerpunkt der Pleuelstange angeordnet sind. Der Schwerpunkt und damit die Punktmasse m_3 können um das Maß e außerhalb der Längsachse liegen, da nicht bei allen Pleuelstangen eine zur Längsachse symmetrische Massenverteilung vorausgesetzt werden kann. Bei symmetrischen Pleuelstangen mit gerader Teilungsfuge ist e = 0; bei Pleuelstangen mit schräger Teilungsfuge oder bei solchen mit einseitig angeordneten Bearbeitungs-Butzen für den Gewichtsabgleich ist dagegen in der Regel e ≠ 0 - dann allerdings von kleiner Größe.

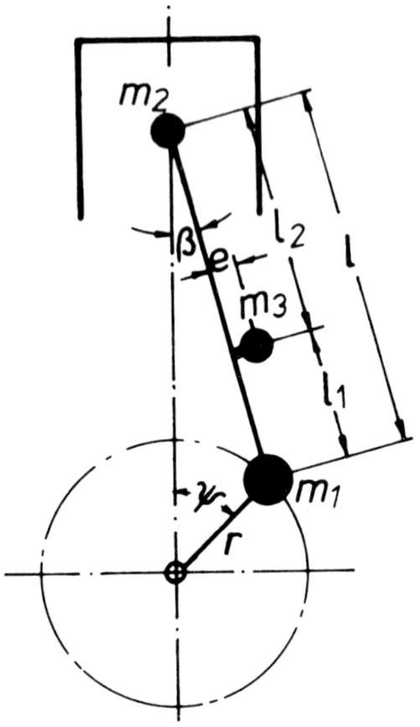

Abb. 4.26: Massenaufteilung einer Pleuelstange

Mit den Angaben in Abb. 4.26 lauten die drei Forderungen für das Ersatzsystem der Pleuelstange

$$m_1 + m_2 + m_3 = m_p \qquad (4.52)$$

$$m_1 \cdot l_1 - m_2 \cdot l_2 = 0 \qquad (4.53)$$

$$m_1 \cdot (l_1^2 + e^2) + m_2 \cdot (l_2^2 + e^2) = \theta_p = m_p \cdot k^2 \qquad (4.54)$$

m_p = Masse der Pleuelstange – $\Theta_p = m_p \cdot k^2$ = Massenträgheitsmoment der Pleuelstange bezüglich ihres Schwerpunktes (k = Trägheitsradius)

Damit ergibt sich die Größe der 3 Punktmassen zu

$$m_1 = \frac{\theta_p}{(l_1 \cdot l + e^2 \cdot \frac{l}{l_2})} \tag{4.55}$$

$$m_2 = \frac{\theta_p}{(l_2 \cdot l + e^2 \cdot \frac{l}{l_1})} \tag{4.56}$$

$$m_3 = m_p - \frac{\theta_p}{(l_1 \cdot l_2 + e^2)} \tag{4.57}$$

Aus der Beziehung für m_3 ist zu ersehen, daß bei der Masse m_3 ein negativer Wert möglich ist und daß m_3 dann zu Null wird, wenn

$$\frac{\theta_p}{m_p \cdot (l_1 \cdot l_2 + e^2)} = 1 \quad bzw. \quad \frac{k^2}{(l_1 \cdot l_2 + e^2)} = 1 \quad \text{ist} \tag{4.58}$$

Wenn die Gleichungen 4.58 erfüllt sind, ist die Aufteilung der Pleuelmasse in zwei Punktmassen bei Erhaltung der Gesamtmasse und Schwerpunktslage korrekt.

Die auf Mitte Kurbelzapfen entfallende Punktmasse m_1 macht eine reine Drehbewegung, die auf Mitte Kolbenbolzen entfallende Punktmasse m_2 wie die übrigen oszillierenden Massen eine rein geradlinig hin- und hergehende Bewegung. Die im Schwerpunkt der Pleuelstange liegende Punktmasse m_3 bewegt sich auf einer ellipsenähnlichen Bahn.

Um die Massenwirkungen der Pleuelstange zu erhalten, müssen die Beschleunigungskoordinaten der drei Punktmassen bekannt sein. Gleichartig wie bei der Ableitung des Kolbenweges in Kapitel 2 wird im folgenden die OT-Stellung als Ausgangslage für die Weg-Koordinaten gewählt. Die Drehwinkelgeschwindigkeit der Kurbelwelle soll beliebig sein. Geschwindigkeits- und Beschleunigungs-Koordinaten ergeben sich durch Differenzieren nach der Zeit unter Beachtung der Ketten- und Produktenregel.

Punktmasse m_1:

Punktmasse 1

$$\begin{aligned} z_1 &= r \cdot (1 - \cos\psi) & y_1 &= r \cdot \sin\psi \\ \dot{z}_1 &= r \cdot \sin\psi \cdot \dot{\psi} & \dot{y}_1 &= r \cdot \cos\psi \cdot \dot{\psi} \\ \ddot{z}_1 &= r \cdot (\sin\psi \cdot \ddot{\psi} + \cos\psi \cdot \dot{\psi}^2) & \ddot{y}_1 &= r \cdot (\cos\psi \cdot \ddot{\psi} - \sin\psi \cdot \dot{\psi}^2) \end{aligned} \tag{4.59}$$

Punktmasse m_2:

Punktmasse 2

$$\begin{aligned} z_2 &= s_0 = r \cdot x & y_2 &= 0 \\ \dot{z}_2 &= \dot{s}_0 = r \cdot x' \cdot \dot{\psi} \\ \ddot{z}_2 &= \ddot{s}_0 = r \cdot (x' \cdot \ddot{\psi} + x'' \cdot \dot{\psi}^2) \end{aligned} \tag{4.60}$$

Punktmasse m_3:

Punktmasse 3

$$z_3 = r \cdot \left[\frac{l_1}{l} \cdot x + \frac{l_2}{l} \cdot (1-\cos\psi) - \frac{e}{l} \cdot \sin\psi\right] = r \cdot u$$

$$\dot{z}_3 = r \cdot \dot{\psi} \cdot \left(\frac{l_1}{l} \cdot x' + \frac{l_2}{l} \cdot \sin\psi - \frac{e}{l} \cdot \cos\psi\right) = r \cdot \dot{\psi} \cdot u' \tag{4.61}$$

$$\ddot{z}_3 = r \cdot \left[\ddot{\psi} \cdot \left(\frac{l_1}{l} \cdot x' + \frac{l_2}{l} \cdot \sin\psi - \frac{e}{l} \cdot \cos\psi\right) + \dot{\psi}^2 \cdot \left(\frac{l_1}{l} \cdot x'' + \frac{l_2}{l} \cdot \cos\psi + \frac{e}{l} \cdot \sin\psi\right)\right] = r \cdot (\ddot{\psi} \cdot u' + \dot{\psi}^2 \cdot u'')$$

$$y_3 = r \cdot \left[\frac{l_2}{l} \cdot \sin\psi + \frac{e}{l} \cdot (1-\cos\psi) + \frac{e}{r} - \frac{e}{l} \cdot x\right] = r \cdot w$$

$$\dot{y}_3 = r \cdot \dot{\psi} \cdot \left(\frac{l_2}{l} \cdot \cos\psi + \frac{e}{l} \cdot \sin\psi - \frac{e}{l} \cdot x'\right) = r \cdot \dot{\psi} \cdot w' \tag{4.62}$$

$$\ddot{y}_3 = r \cdot \left[\ddot{\psi} \cdot \left(\frac{l_2}{l} \cdot \cos\psi + \frac{e}{l} \cdot \sin\psi - \frac{e}{l} \cdot x'\right) + \dot{\psi}^2 \cdot \left(-\frac{l_2}{l} \cdot \sin\psi + \frac{e}{l} \cdot \cos\psi - \frac{e}{l} \cdot x''\right)\right] = r \cdot (\ddot{\psi} \cdot w' + \dot{\psi}^2 \cdot w'')$$

Die Weg-Funktion x und deren Ableitungen x' und x" sind identisch mit den gleichlautenden Funktionen in den Beziehungen für Kolbenweg, -geschwindigkeit und -beschleunigung in Kapitel 2. Ganz offensichtlich gilt ja für die Punktmasse m_2 auch das gleiche Bewegungsgesetz wie für den Kolben. Die Herleitung der Koordinaten für die Punktmasse m_3 erfolgt aus

$$z_3 = r \cdot (1-\cos\psi) + l_1 \cdot (1-\cos\beta) - e \cdot \sin\beta$$

$$y_3 = l_2 \cdot \sin\beta + e \cdot \cos\beta \tag{4.63}$$

mit $r \cdot x = r \cdot (1-\cos\Psi) + l \cdot (1-\cos\beta)$ und $\sin\beta = r/l \cdot \sin\Psi$

4.2.3.1 Die Massenkraft der Pleuelstange

Die Massenkraft-Komponenten der Pleuelstange in z- und y-Richtung ergeben sich als Summe der Produkte von punktförmiger Masse und zugehörender Beschleunigungskomponente in der jeweiligen Richtung. Als Trägheitskraft ist sie der Richtung der Beschleunigung entgegengerichtet.

$$F_z = -(m_1 \cdot \ddot{z}_1 + m_2 \cdot \ddot{z}_2 + m_3 \cdot \ddot{z}_3) \tag{4.64}$$

$$F_y = -(m_1 \cdot \ddot{y}_1 + \qquad + m_3 \cdot \ddot{y}_3) \tag{4.65}$$

Nach Einsetzen der Beschleunigungskomponenten (4.59, 4.60, 4.61 und 4.62) und Ordnen ergibt sich

$$F_z = -\left\{ r \cdot \ddot{\psi} \cdot \left[x' \cdot \left(m_2 + \frac{l_1}{l} \cdot m_3\right) + \sin\psi \cdot \left(m_1 + \frac{l_2}{l} \cdot m_3\right) - m_3 \cdot \frac{e}{l} \cdot \cos\psi\right] + \right.$$
$$\left. + r \cdot \dot{\psi}^2 \cdot \left[x'' \cdot \left(m_2 + \frac{l_1}{l} \cdot m_3\right) + \cos\psi \cdot \left(m_1 + \frac{l_2}{l} \cdot m_3\right) + m_3 \cdot \frac{e}{l} \cdot \sin\psi\right]\right\} \tag{4.66}$$

$$F_y = -\left\{ r \cdot \ddot{\psi} \cdot \left[\cos\psi \cdot \left(m_1 + \frac{l_2}{l} \cdot m_3\right) + m_3 \cdot \frac{e}{l} \cdot (\sin\psi - x')\right] + \right.$$
$$\left. + r \cdot \dot{\psi}^2 \cdot \left[-\sin\psi \cdot \left(m_1 + \frac{l_2}{l} \cdot m_3\right) + m_3 \cdot \frac{e}{l} \cdot (\cos\psi - x'')\right]\right\} \tag{4.67}$$

x' und x" sind wieder die Funktionen aus den Beziehungen für Kolbengeschwindigkeit und -beschleunigung. Den Formeln (4.66) und (4.67) ist zu entnehmen, daß die im Schwerpunkt der Pleuelstange angeordnete Ersatzmasse m_3 im Verhältnis der Schwerpunktsabstände auf die äußeren Ersatzmassen m_1 (Kurbelzapfenauge) und m_2 (Kolbenbolzenauge) wirkt und daß m_3 sonst nur in Verbindung mit einer Schwerpunktsabweichung e von der Längsachse auftritt. Für den Fall e = 0 (Massen-Symmetrie zur Längsachse) ist damit aber das Ergebnis identisch mit dem, was bei Aufteilung der

Pleuelmasse in zwei Punktmassen entsprechend dem Abstandsverhältnis des Schwerpunktes erhalten wird. Die übliche Vorgehensweise der Aufteilung der Pleuelmasse in einen oszillierenden und einen rotierenden Anteil unter Vernachlässigung der Bedingung 'Erhaltung des Massenträgheitsmomentes' ist daher für die Ermittlung der Massenkraft korrekt, wenn $e = 0$ ist. Auch bei unsymmetrischer Massenverteilung zur Längsachse ($e \neq 0$) der Pleuelstange ist die 2-Massen-Aufteilung ausreichend, da e/l immer eine sehr kleine Größe ist.

Wie man ohne weiteres einsieht, gelten die für die Massenkraft-Komponenten der Pleuelstange entwickelten Formeln (4.66) und (4.67) dann für das komplette Einzeltriebwerk, wenn zur anteiligen Pleuelmasse m_1 die auf den Kurbelradius reduzierte rotierende Masse der Kröpfung und zur anteiligen Pleuelmasse m_2 die Masse des Kolbens hinzuaddiert wird.

4.2.3.2 Das Massendrehmoment der Pleuelstange

Die Trägheitswirkungen der beschleunigt-verzögert bewegten Triebwerksmassen und damit auch die der Pleuelstange bewirken ein Drehmoment an der Kurbelwelle und ein entgegengerichtetes gleichgroßes Reaktionsmoment am Motorgehäuse. Das Massendrehmoment ist dem periodisch veränderlichen Moment aus den Gaskräften überlagert und ist als Trägheitswirkung der Beschleunigungsrichtung entgegengerichtet. Das Drehmoment entsteht aus der tangential am Kurbelarm wirkenden Kraft.

Mit den Bezeichnungen aus Abb. 4.27 und den dort aufgeführten Gleichgewichtsbedingungen ergeben sich nach Eliminieren des Winkels β und einigen Umformungen die Momentenanteile der einzelnen Punktmassen

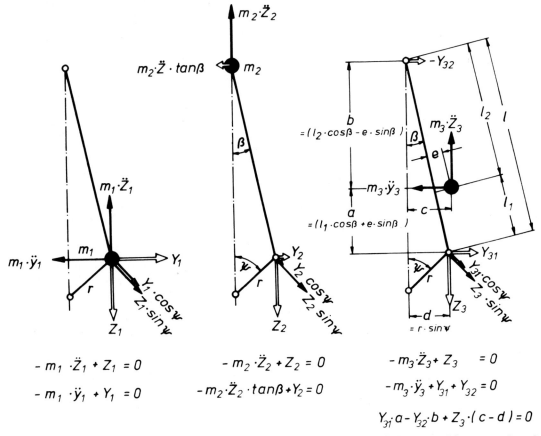

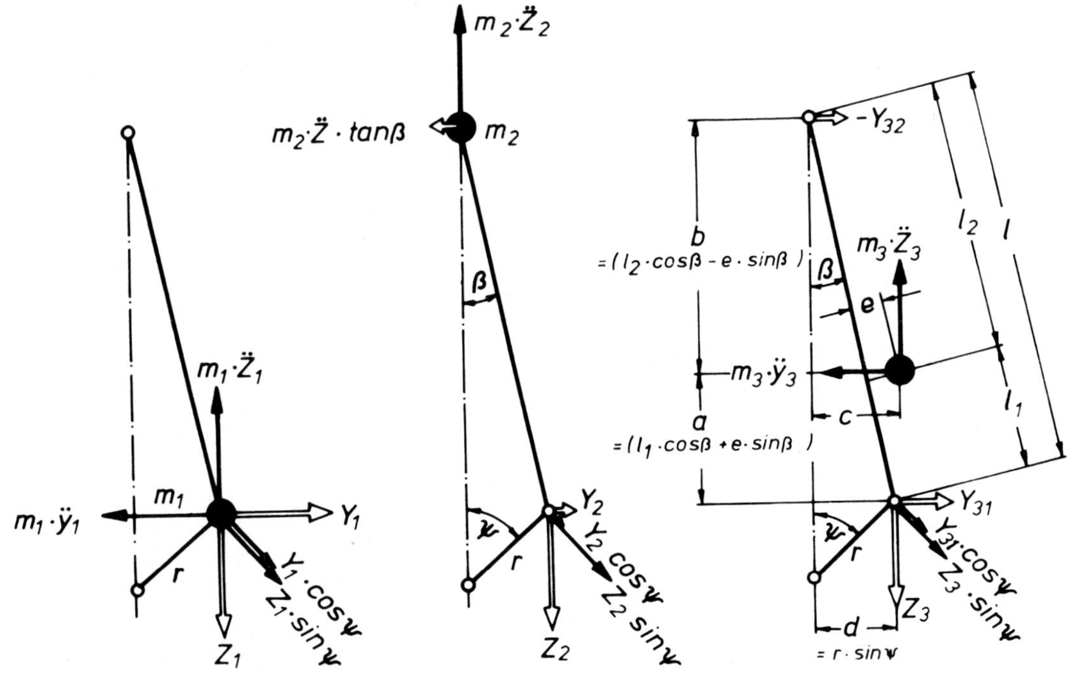

$$-m_1 \cdot \ddot{Z}_1 + Z_1 = 0 \qquad -m_2 \cdot \ddot{Z}_2 + Z_2 = 0 \qquad -m_3 \cdot \ddot{Z}_3 + Z_3 = 0$$

$$-m_1 \cdot \ddot{y}_1 + Y_1 = 0 \qquad -m_2 \cdot \ddot{Z}_2 \cdot \tan\beta + Y_2 = 0 \qquad -m_3 \cdot \ddot{y}_3 + Y_{31} + Y_{32} = 0$$

$$Y_{31} \cdot a - Y_{32} \cdot b + Z_3 \cdot (c - d) = 0$$

Abb. 4.27: Entstehung des Massendrehmomentes aus den Trägheitskräften an den 3 punktförmigen Ersatzmassen der Pleuelstange und Reaktionskräften am Kurbelarm

Punktmasse m_1

$$M_1 = -r \cdot (Z_1 \cdot \sin\psi + Y_1 \cdot \cos\psi) = -r \cdot m_1 \cdot (\ddot{z}_1 \cdot \sin\psi + \ddot{y}_1 \cdot \cos\psi) \tag{4.68}$$

Punktmasse m_2

$$M_2 = -r \cdot (Z_2 \cdot \sin\psi + Y_2 \cdot \cos\psi) = -r \cdot m_2 \cdot \ddot{z}_2 \cdot x' \tag{4.69}$$

Punktmasse m_3

$$M_3 = -r \cdot (Z_3 \cdot \sin\psi + Y_{31} \cdot \cos\psi) = \tag{4.70}$$

$$= -r \cdot m_3 \cdot \left[\ddot{z}_3 \cdot \left(\frac{l_1}{l} \cdot x' + \frac{l_2}{l} \cdot \sin\psi - \frac{e}{l} \cdot \cos\psi\right) + \ddot{y}_3 \cdot \left(\frac{l_2}{l} \cdot \cos\psi + \frac{e}{l} \cdot \sin\psi - \frac{e}{l} \cdot x'\right)\right]$$

Das Massendrehmoment der Pleuelstange ist die Summe dieser drei Anteile und nimmt mit Einführung der für die Beschleunigungskoordinaten $\ddot{z}$ und $\ddot{y}$ abgeleiteten Beziehungen (4.59, 4.60, 4.61 und 4.62) folgende Form an

$$\begin{aligned} M = -\Big\{ & \ddot{\psi} \cdot [m_1 \cdot r^2 + m_2 \cdot r^2 \cdot x'^2 + m_3 \cdot r^2 \cdot (u'^2 + w'^2)] \\ & + \dot{\psi}^2 \cdot [\qquad m_2 \cdot r^2 \cdot x' \cdot x'' + m_3 \cdot r^2 \cdot (u' \cdot u'' + w' \cdot w'')]\Big\} \end{aligned} \tag{4.71}$$

Ein anderer Weg der Herleitung des Massendrehmomentes der Pleuelstange ist im folgenden aufgezeigt.

Die Pleuelstange wie auch die anderen bewegten Massen übertragen Bewegungsenergie auf die Kurbelwelle. Es muß daher die kinetische Energie der Ersatzmassen der Pleuelstange gleich der Rotationsenergie sein.

$$\int M \, d\psi = \frac{1}{2} \cdot m_1 \cdot v_1^2 + \frac{1}{2} \cdot m_2 \cdot v_2^2 + \frac{1}{2} \cdot m_3 \cdot v_3^2 \tag{4.72}$$

Mit den Geschwindigkeitskoordinaten (4.59, 4.60 und 4.61) ergibt sich

$$v_1^2 = \dot{z}_1^2 + \dot{y}_1^2 = (r \cdot \dot{\psi})^2 \tag{4.73}$$

$$v_2^2 = \dot{z}_2^2 + \dot{y}_2^2 = (r \cdot x' \cdot \dot{\psi})^2 \tag{4.74}$$

$$v_3^2 = \dot{z}_3^2 + \dot{y}_3^2 = (r \cdot u' \cdot \dot{\psi})^2 + (r \cdot w' \cdot \dot{\psi})^2 \tag{4.75}$$

Einsetzen von v^2 in (4.72), Differenzieren nach $d\Psi$ und Ordnen ergeben das von der Pleuelstange verursachte Massendrehmoment übereinstimmend mit (4.71) - hier vorzeichen-neutral.

Um das Massendrehmoment des kompletten einzelnen Triebwerkes zu erhalten, muß in der für die Pleuelstange abgeleiteten Formel (4.71) noch das Massendrehmoment der Kurbelkröpfung $\Theta_K \cdot \ddot{\Psi}$ hinzugefügt und zur oszillierenden Pleuelmasse m_2 die Kolbenmasse addiert werden.

Das Massendrehmoment des einzelnen Triebwerkes ist somit

$$\begin{aligned} M = -\Big\{ & \ddot{\psi} \cdot [\Theta_K + m_1 \cdot r^2 + (m_2 + m_K) \cdot r^2 \cdot x'^2 + m_3 \cdot r^2 \cdot (u'^2 + w'^2)] + \\ & + \dot{\psi}^2 \cdot [\qquad (m_2 + m_K) \cdot r^2 \cdot x' \cdot x'' + m_3 \cdot r^2 \cdot (u' \cdot u'' + w' \cdot w'')]\Big\} \end{aligned} \tag{4.76}$$

x' = Kolbengeschwindigkeitsfunktion Kapitel 2, zum Beispiel für den normalen Kurbeltrieb

$$x' = \sin\psi + \frac{\lambda \cdot \sin\psi \cdot \cos\psi}{\sqrt{1 - \lambda^2 \cdot \sin^2\psi}}$$

x" = Kolbenbeschleunigungsfunktion laut Kapitel 2, zum Beispiel für den normalen Kurbeltrieb

$$x'' = \cos\psi + \frac{\lambda\cdot\cos^2\psi - \lambda\cdot\sin^2\psi + \lambda^3\cdot\sin^4\psi}{(\sqrt{1-\lambda^2\cdot\sin^2\psi})^3}$$

$$u' = \frac{l_1}{l}\cdot x' + \frac{l_2}{l}\cdot\sin\psi - \frac{e}{l}\cdot\cos\psi$$

$$u'' = \frac{l_1}{l}\cdot x'' + \frac{l_2}{l}\cdot\cos\psi + \frac{e}{l}\cdot\sin\psi$$

$$w' = \frac{l_2}{l}\cdot\cos\psi + \frac{e}{l}\cdot\sin\psi - \frac{e}{l}\cdot x'$$

$$w'' = -\frac{l_2}{l}\cdot\sin\psi + \frac{e}{l}\cdot\cos\psi - \frac{e}{l}\cdot x''$$

Durch Entwicklung der mit dem Kurbelwinkel Ψ veränderlichen Funktionen x'^2 und $(U'^2 + W'^2)$ und der zugehörenden Ableitungen in FOURIERreihen ergibt sich folgende Darstellung für das Massendrehmoment des einzelnen Kurbeltriebes

$$M = -\ddot{\psi}\cdot\left\{\theta_K + m_1\cdot r^2 + (m_2 + m_K)\cdot r^2\cdot\left[A_0 + \Sigma A_K\cdot\cos(k\cdot\psi)\right] + m_3\cdot r^2\cdot\left[A_{30} + \Sigma A_{3K}\cdot\cos(k\cdot\psi)\right]\right\}$$
$$+\dot{\psi}^2\cdot\left\{(m_2 + m_K)\cdot r^2\cdot\Sigma B_K\cdot\sin(k\cdot\psi) + m_3\cdot r^2\cdot\Sigma B_{3K}\cdot\sin(k\cdot\psi)\right\} \quad (4.77)$$

Mit den Koeffizienten

$$A_0 = \frac{1}{2} + \frac{1}{8}\cdot\lambda^2 + \frac{1}{16}\cdot\lambda^4 + \frac{15}{128}\cdot\lambda^6 \qquad A_{30} = \left(\frac{l_1}{l}\right)^2\cdot A_0 + \frac{l_1}{l}\cdot\frac{l_2}{l} + \left(\frac{l_2}{l}\right)^2$$

$$A_1 = 2\cdot\frac{B_1}{1} \qquad B_1 = \frac{1}{4}\cdot\lambda + \frac{1}{16}\cdot\lambda^3 + \frac{15}{512}\cdot\lambda^5 + \ldots \qquad A_{31} = 2\cdot\frac{B_{31}}{1} \qquad B_{31} = \frac{l_1}{l}\cdot B_1$$

$$A_2 = 2\cdot\frac{B_2}{2} \qquad B_2 = -\frac{1}{2} - \frac{1}{32}\cdot\lambda^4 - \frac{1}{32}\cdot\lambda^6 - \ldots \qquad A_{32} = 2\cdot\frac{B_{32}}{2} \qquad B_{32} = \left(\frac{l_1}{l}\right)^2\cdot B_2 - \frac{l_1}{l}\cdot\frac{l_2}{l}$$

$$A_3 = 2\cdot\frac{B_3}{3} \qquad B_3 = -\frac{3}{4}\cdot\lambda - \frac{9}{32}\cdot\lambda^3 - \frac{81}{512}\cdot\lambda^5 - \ldots \qquad A_{33} = 2\cdot\frac{B_{33}}{3} \qquad B_{33} = \frac{l_1}{l}\cdot B_3$$

$$A_4 = 2\cdot\frac{B_4}{4} \qquad B_4 = -\frac{1}{4}\cdot\lambda^2 - \frac{1}{8}\cdot\lambda^4 - \frac{1}{16}\cdot\lambda^6 - \ldots \qquad A_{34} = 2\cdot\frac{B_{34}}{4} \qquad B_{34} = \left(\frac{l_1}{l}\right)^2\cdot B_4$$

$$A_5 = 2\cdot\frac{B_5}{5} \qquad B_5 = \frac{5}{32}\cdot\lambda^3 + \frac{75}{512}\cdot\lambda^5 + \ldots \qquad A_{35} = 2\cdot\frac{B_{35}}{5} \qquad B_{35} = \frac{l_1}{l}\cdot B_5$$

$$A_6 = 2\cdot\frac{B_6}{6} \qquad B_6 = \frac{3}{32}\cdot\lambda^4 + \frac{3}{32}\cdot\lambda^6 + \ldots \qquad A_{36} = 2\cdot\frac{B_{36}}{6} \qquad B_{36} = \left(\frac{l_1}{l}\right)^2\cdot B_6$$

In dieser Reihenentwicklung sind die Glieder mit e/l vernachlässigt worden, da deren Berücksichtigung die Anzahl der Funktionswerte und Koeffizienten verdoppelt hätte. Bei symmetrischen Pleuelstangen ist e/l ohnehin Null, bei unsymmetrischen Stangen ist e/l in aller Regel eine sehr kleine Größe, mithin von geringem Einfluß.

Der mit der Winkelbeschleunigung $\ddot{\Psi}$ verknüpfte Klammerausdruck in (4.77) enthält Massenträgheitsmomente, und zwar den konstanten Anteil $\Theta_K + m_1 \cdot r^2$ und die übrigen mit dem Kurbelwinkel Ψ veränderlichen Anteile. Die oszillierende Masse und die Pendelbewegung der Pleuelstange bewirken demnach an der Kurbelwelle ein mit dem Kurbelwinkel Ψ veränderliches Massenträgheitsmoment. Im veränderlichen Anteil dominiert die 2. Ordnung, d. h. das Massenträgheitsmoment schwankt zweimal zwischen einem Minimal- und einem Maximalwert während einer Kurbelwellenumdrehung. Aus dem Aufbau der Gleichung (4.77) ist zu erkennen, daß die 3-Massen-Aufteilung der Pleuelstange, mit anderen Worten deren Massenträgheitsmoment, Einfluß auf das Massendrehmoment hat.

Wird der mit $\ddot{\Psi}$ verknüpfte Klammerausdruck nach $d\Psi$ differenziert, so ergibt sich

$$\theta'(\psi) = \frac{d\,\theta(\psi)}{d\psi} = 2 \cdot \left[(m_2 + m_K) \cdot r^2 \cdot x' \cdot x'' + m_3 \cdot r^2 \cdot (u' \cdot u'' + w' \cdot w'')\right] \tag{4.78}$$

Dies ist bis auf den Faktor 2 identisch mit dem Klammerausdruck, der in (4.76) mit $\dot{\Psi}^2$ verknüpft ist. Damit kann schließlich das Massendrehmoment des Kurbeltriebes in der folgenden Weise angeschrieben werden

$$M = \theta(\psi) \cdot \ddot{\psi} + \frac{1}{2} \cdot \theta'(\psi) \cdot \dot{\psi}^2 \tag{4.79}$$

4.2.3.3 Auswirkung der Aufteilung der Pleuelmasse

Die Untersuchung der von der Pleuelstange ausgehenden Massenwirkungen in den Abschnitten 4.2.3.1 und 4.2.3.2 haben folgendes aufgezeigt:

1) Massenkraft

Bei der Massenkraft führt die Aufteilung der Pleuelmasse in zwei oder drei Ersatzmassen zu identischen Ergebnissen, sofern der Schwerpunkt der Pleuelstange auf der Verbindungslinie der beiden Anlenk-Mittelpunkte liegt. Befindet sich der Schwerpunkt außerhalb der Längsachse, so ist der Einfluß der dritten (im Pleuelstangen-Schwerpunkt angeordneten) Ersatzmasse sehr gering, da die bezogene Schwerpunkts-Abweichung e/l immer eine sehr kleine Größe ist. Für die Ermittlung der Massenkraft ist die Aufteilung der Pleuelmasse in zwei Ersatzmassen korrekt oder hinreichend genau.

2) Massendrehmoment

Die Pendelbewegung der Pleuelstange beeinflußt das Massendrehmoment. Die korrekte Erfassung erfordert daher die Berücksichtigung des Massenträgheitsmomentes der Pleuelstange, beziehungsweise die davon abgeleitete Aufteilung der Pleuelmasse in drei Ersatzmassen. Der Unterschied zur praxisüblichen 2-Massen-Aufteilung ist offensichtlich um so deutlicher, je größer der Anteil der dritten Ersatzmasse ist und ggf. auch je mehr der Pleuelstangen-Schwerpunkt außerhalb der Längsachse liegt.

Lfd. Nr.	λ	l [mm]	d [mm]	D [mm]	α [°]	β [°]	m_p [kg]	$\frac{e}{l}$	$\frac{k}{l}$	$\frac{l_1}{l}$	3-Massen-Aufteilung $\frac{m_1}{m_p}$	$\frac{m_2}{m_p}$	$\frac{m_3}{m_p}$	2-Massen-Aufteilung $\frac{m_{Pr}}{m_p}$	$\frac{m_{Po}}{m_p}$
1	0,278	216	35	60	0,25	0,14	1,790	0,0019	0,422	0,288	0,621	0,250	0,129	0,712	0,288
2	0,278	216	40	64	0,4	0,25	2,130	0,0032	0,423	0,289	0,619	0,252	0,129	0,711	0,289
3	0,289	216	35	60	-0,29	-0,015	2,170	-0,0023	0,437	0,288	0,664	0,268	0,068	0,712	0,288
4	0,289	216	40	66	0,44	0,28	2,065	0,0037	0,431	0,285	0,652	0,260	0,088	0,715	0,285
5	0,274	237,5	45	75	1,82	1,14	3,070	0,0152	0,442	0,297	0,657	0,277	0,066	0,703	0,297
6	0,274	237,5	45	82	1,97	1,32	4,095	0,0173	0,463	0,307	0,695	0,309	-0,004	0,693	0,307
7	0,267	300	52	92	1,3	0,7	5,700	0,0100	0,443	0,285	0,688	0,275	0,037	0,715	0,285
8	0,267	300	52	92	0,5	0,3	5,265	0,0040	0,450	0,318	0,638	0,297	0,065	0,682	0,318
9	0,267	300	57	98	1,35	0,75	6,950	0,0107	0,439	0,297	0,648	0,274	0,078	0,703	0,297
10	0,267	300	57	98	0,53	0,35	6,700	0,0047	0,435	0,290	0,650	0,266	0,084	0,710	0,290
11	0,275	510	90	160	0	0	28,6	0	0,428	0,340	0,538	0,277	0,185	0,660	0,340
12	0,278	504	105	175	0	0	35,85	0	0,488	0,332	0,717	0,356	-0,073	0,668	0,332
13	0,247	810	160	265	1,1	0,7	165,4	0,0085	0,485	0,337	0,697	0,354	-0,051	0,663	0,337

Tabelle 4.A: Massenverteilung und Schwerpunktlage ausgeführter Pleuelstangen von Tauchkolben-Dieselmotoren

Die Tabelle 4.A enthält die aus Pendelversuchen ermittelten Ersatzmassen, sowie Angaben zur Schwerpunktslage bei einer Anzahl von Pleuelstangen von Tauchkolben-Dieselmotoren. Von diesen Pleuelstangen hat die Nr. 11 die größte anteilige dritte Ersatzmasse $m_3/m_p = 0{,}185$. Bei Pleuelstange Nr. 5 ist das Produkt aus anteiliger Ersatzmasse m_3/m_p und der bezogenen Schwerpunktsabweichung e/l am größten. Für diese beiden Pleuelstangen sind in der Tabelle 4.B die Rechenwerte und prozentualen Abweichungen bei der korrekten Aufteilung in drei Ersatzmassen und bei der praxisüblichen Aufteilung in zwei Ersatzmassen gegenübergestellt. Um dimensionslose Größen miteinander vergleichen und die bezogenen Größen aus Tabelle 4.A unmittelbar verwenden zu können, wurde die Gleichung (4.76) für das Massendrehmoment wie folgt umgeformt:

3-Massenaufteilung

$$TP3\,(\ddot\psi) = \frac{M(\ddot\psi)}{m_p \cdot r^2 \cdot \ddot\psi} = -\left[\frac{\theta_K}{m_p \cdot r^2} + \frac{m_1}{m_p} + \left(\frac{m_2}{m_p} + \frac{m_K}{m_p}\right) \cdot x'^2 + \frac{m_3}{m_p} \cdot (u'^2 + w'^2)\right] \qquad (4.80)$$

$$TP3\,(\dot\psi) = \frac{M(\dot\psi)}{m_p \cdot r^2 \cdot \dot\psi^2} = -\left[\left(\frac{m_2}{m_p} + \frac{m_K}{m_p}\right) \cdot x' \cdot x'' + \frac{m_3}{m_p} \cdot (u' \cdot u'' + w' \cdot w'')\right] \qquad (4.81)$$

Entsprechend gilt für die 2-Massenaufteilung

$$TP2\,(\ddot\psi) = \frac{M(\ddot\psi)}{m_p \cdot r^2 \cdot \ddot\psi} = -\left[\frac{\theta_K}{m_p \cdot r^2} + \frac{m_{pr}}{m_p} + \left(\frac{m_{po}}{m_p} + \frac{m_K}{m_p}\right) \cdot x'^2\right] \qquad (4.82)$$

$$TP2\,(\dot\psi) = \frac{M(\dot\psi)}{m_p \cdot r^2 \cdot \dot\psi^2} = -\left[\left(\frac{m_{po}}{m_p} + \frac{m_K}{m_p}\right) \cdot x' \cdot x''\right] \qquad (4.83)$$

PLEUELSTANGE NR. 5 (lt. Tab. 4 A)

$\frac{\theta_K}{m_p \cdot r^2}$	$\frac{m_K}{m_p}$	$\frac{m_1}{m_p}$	$\frac{m_2}{m_p}$	$\frac{m_3}{m_p}$	$\frac{l_1}{l_2}$	$\frac{l_2}{l}$	$\frac{e}{l}$
2,816	1,154	0,657	0,277	0,066	0,297	0,703	0,0152

ψ [°KW]	TP 3 ($\ddot\psi$)	TP 2 ($\ddot\psi$)	Δ [%]	TP 3 ($\dot\psi^2$)	TP 2 ($\dot\psi^2$)	Δ [%]
0	-3,5056	-3,5190	0,4	+0,0013	0	-
10	-3,5761	-3,5896	0,4	-0,3986	-0,3977	-0,2
20	-3,7750	-3,7878	0,3	-0,7227	-0,7197	-0,4
30	-4,0648	-4,0761	0,3	-0,9113	-0,9064	-0,5
40	-4,3917	-4,4011	0,2	-0,9335	-0,9272	-0,7
50	-4,6974	-4,7045	0,1	-0,7932	-0,7863	-0,9
60	-4,9308	-4,9354	0,1	-0,5276	-0,5209	-1,3
70	-5,0581	-5,0605	0,0	-0,1961	-0,1905	-2,8
80	-5,0677	-5,0686	0,0	+0,1355	+0,1391	2,7
90	-4,9700	-4,9700	0	+0,4118	+0,4129	0,3
100	-4,7907	-4,7908	0,0	+0,5993	+0,5978	-0,3
110	-4,5630	-4,5641	0,0	+0,6893	+0,6855	-0,6
120	-4,3195	-4,3223	0,1	+0,6930	+0,6874	-0,8
130	-4,0867	-4,0916	0,1	+0,6320	+0,6253	-1,1
140	-3,8831	-3,8903	0,2	+0,5298	+0,5230	-1,3
150	-3,7194	-3,7289	0,3	+0,4056	+0,3995	-1,5
160	-3,6009	-3,6123	0,3	+0,2723	+0,2677	-1,7
170	-3,5296	-3,5423	0,4	+0,1365	+0,1337	-2,1
180	-3,5056	-3,5190	0,4	+0,0007	0	-

PLEUELSTANGE NR. 11 (lt. Tab. 4 A)

$\frac{\theta_K}{m_p \cdot r^2}$	$\frac{m_K}{m_p}$	$\frac{m_1}{m_p}$	$\frac{m_2}{m_p}$	$\frac{m_3}{m_p}$	$\frac{l_1}{l}$	$\frac{l_2}{l}$	$\frac{e}{l}$
2,610	0,778	0,538	0,277	0,185	0,340	0,660	0

ψ [°KW]	TP3 ($\ddot\psi$)	TP2 ($\ddot\psi$)	Δ [%]	TP3 ($\dot\psi^2$)	TP2 ($\dot\psi^2$)	Δ [%]
0	-3,2286	-3,2700	1,3	0	0	0
10	-3,2842	-3,3244	1,2	-0,3134	-0,3068	-2,1
20	-3,4404	-3,4773	1,1	-0,5677	-0,5551	-2,2
30	-3,6681	-3,6998	0,9	-0,7163	-0,6991	-2,4
40	-3,9253	-3,9504	0,6	-0,7350	-0,7149	-2,7
50	-4,1663	-4,1843	0,4	-0,6266	-0,6060	-3,3
60	-4,3512	-4,3622	0,3	-0,4197	-0,4010	-4,4
70	-4,4532	-4,4584	0,1	-0,1602	-0,1461	-8,8
80	-4,4630	-4,4643	0,0	+0,1005	+0,1082	7,6
90	-4,3880	-4,3880	0	+0,3191	+0,3192	0
100	-4,2482	-4,2496	0,0	+0,4690	+0,4614	-1,6
110	-4,0695	-4,0747	0,1	+0,5427	+0,5286	-2,6
120	-3,8773	-3,8883	0,3	+0,5483	+0,5297	-3,4
130	-3,6927	-3,7106	0,5	+0,5023	+0,4816	-4,1
140	-3,5306	-3,5556	0,7	+0,4227	+0,4026	-4,8
150	-3,3998	-3,4314	0,9	+0,3246	+0,3074	-5,3
160	-3,3049	-3,3418	1,1	+0,2183	+0,2058	-5,7
170	-3,2477	-3,2879	1,2	+0,1094	+0,1028	-6,0
180	-3,2286	-3,2700	1,3	0	0	0

Tabelle 4.B: Bezogene Massendrehmoment-Anteile bei Aufteilung der Pleuelstange Nr. 5 der Tabelle 4.A in drei oder in zwei Ersatzmassen

Wie die Zahlen der Tabelle 4B zeigen, ergeben sich zwischen der 2-Massen- und der 3-Massenaufteilung, abhängig von der Kurbelstellung, unterschiedlich große Abweichungen. Die Abweichungen sind beim $\dot{\psi}^2$-abhängigen Teil des Massendrehmomentes nicht unerheblich, wenn die 3. Ersatzmasse einen Anteil hat wie die im Beispiel untersuchte Pleuelstange Nr. 11 (m_3/m_P = 0,185). Es empfiehlt sich daher, die tatsächliche Massenverteilung einer Pleuelstange zu ermitteln und zu prüfen, ob der Fehler erträglich bleibt, wenn die praxisübliche 2-Massenaufteilung gewählt wird.

Liegt die Pleuelstange als ausgeführtes Bauteil vor, so ist die Massenverteilung mit geringem Aufwand über den in Abschnitt 11 beschriebenen Pendelversuch und eine Wägung der Gesamtmasse des Pleuels zu ermitteln.

Bei Fehlerabschätzungen im Zusammenhang mit der Massenverteilung der Pleuelstange ist folgender Umstand mit zu berücksichtigen: Pleuelstangen sind in der Massenfertigung Gesenkschmiedestücke. Durch den unvermeidlichen Verschleiß des Schmiedegesenkes kommt es bei größerer Stückzahl allmählich zu einer Zunahme der Masse der Schmiederohlinge und zu einer Änderung der Massenverteilung auch dann, wenn die Pleuelstangen an vorgegebenen Stellen auf ein vorgegebenes Sollgewicht abgeglichen werden. In der Regel wird sich durch die Volumenzunahme im Bereich des Pleuelschaftes mit zunehmendem Gesenkverschleiß die Massenverteilung in Richtung auf einen anwachsenden Anteil der dritten Ersatzmasse verschieben.

4.2.3.4 Einfluß der Drehungleichförmigkeit der Kurbelwelle

Bei der Herleitung der Massenwirkungen des Kurbeltriebes war eine beliebige Drehgeschwindigkeit vorausgesetzt worden. In den Formeln für die Massenkraft (4.66, 4.67) und für das Massendrehmoment (4.71, 4.76, 4.77) treten daher jeweils zwei Anteile auf, wovon der eine die Drehwinkelbeschleunigung $\ddot{\psi}$ und der andere das Quadrat der Drehwinkelgeschwindigkeit $\dot{\psi}$ enthält. Diese Formeln geben zwar die vollständigen Massenwirkungen für beliebige Drehgeschwindigkeit an, sind aber so für den praktischen Gebrauch kaum geeignet, da für die Ermittlung der Massenwirkungen der zeitliche Verlauf des Drehwinkels ψ, der zugehörenden Winkelgeschwindigkeit $\dot{\psi}$ und der Winkelbeschleunigung $\ddot{\psi}$ bekannt sein müßten. Da der ungleichförmige Lauf der Kolbenkraftmaschine außer durch die veränderlichen Gaskräfte auch durch die veränderlichen Massenwirkungen erzwungen wird, beeinflussen sich die Winkelgrößen und Massendrehmomente gegenseitig. Sieht man von den elastischen Verformungen der Kurbelwelle und daraus resultierenden Resonanzzuständen ab, so sind jedoch die Geschwindigkeitsschwankungen klein, da durch entsprechend bemessene Schwungräder und durch Mehrzylinderanordnung die aus dem veränderlichen Drehmoment herrührende Gang-Ungleichförmigkeit verbessert wird.

Bei gleichbleibender (mittlerer) Drehzahl kann die ungleichförmige Bewegung der Kurbelwelle dargestellt werden als gleichförmige Drehung ωt mit einer überlagerten Wechselbewegung φ, die der gleichmäßigen Drehung mit einer bestimmten Frequenz vor- und nacheilt.

Es gilt daher

$$\psi = \omega t + \varphi$$
$$\dot{\psi} = \omega + \dot{\varphi} \qquad (4.84)$$
$$\ddot{\psi} = \ddot{\varphi}$$

Der Wechselwinkel φ ist dabei eine zeitabhängige Funktion und kann wie jede periodische Funktion durch das folgende trigonometrische Polynom dargestellt werden

$$\varphi = \Sigma \left[Aq \cdot \cos(\Omega t) + Bq \cdot \sin(\Omega t) \right]$$
$$\dot{\varphi} = \Sigma \left\{ \Omega \cdot \left[-Aq \cdot \sin(\Omega t) + Bq \cdot \cos(\Omega t) \right] \right\}$$
$$\ddot{\varphi} = \Sigma \left\{ -\Omega^2 \cdot \left[Aq \cdot \cos(\Omega t) + Bq \cdot \sin(\Omega t) \right] \right\} \qquad (4.85)$$

$$\Omega = q \cdot \omega$$

Hierin ist q die Ordnungszahl. Sie gibt die Anzahl der Schwingungen je Umdrehung an. Als kennzeichnende Größe für die Drehungleichförmigkeit wird meist der (zyklische) Ungleichförmigkeitsgrad angegeben

$$\delta = \frac{\omega_{max} - \omega_{min}}{\omega} \tag{4.86}$$

Dieser kann mit der Winkelgeschwindigkeits-Amplitude $\hat{\dot{\varphi}}$ auch in der folgenden Form geschrieben werden

$$\delta = \frac{(\omega + \hat{\dot{\varphi}}) + (\omega - \hat{\dot{\varphi}})}{\omega} = 2 \cdot \frac{\hat{\dot{\varphi}}}{\omega} \tag{4.87}$$

Um eine Vorstellung für die Größenordnung der Drehungleichförmigkeit zu vermitteln, sind in der Tabelle 4.C Werte für verschiedene Motoren angegeben. Es handelt sich um Fahrzeugmotoren mit relativ kleinen schwungradseitigen Drehmassen, mithin eher großer Drehungleichförmigkeit. Im Fall der Torsionsschwingungsresonanz ergibt sich eine bestimmte Schwingungsform, d. h. die Torsionsverformungen sind entlang der Kurbelwelle unterschiedlich groß. Damit sind bei mehrfach gekröpften Kurbelwellen die Winkelgrößen von Kröpfung zu Kröpfung verschieden. Die in der Tabelle angegebenen Werte sind Maximalgrößen und gelten für die Kröpfung, die vom Schwungrad am weitesten entfernt ist.

Zylinder-anordng. -zahl	Niedrige Drehzahl (v_m = 4 m/s)			Hohe Drehzahl (v_m = 11 m/s)			Torsionsschwingungs-resonanz		
	φ [°]	$(\frac{\dot{\psi}}{\omega})^2$	$\frac{\ddot{\psi}}{\omega^2}$	φ [°]	$(\frac{\dot{\psi}}{\omega})^2$	$\frac{\ddot{\psi}}{\omega^2}$	φ [°]	$(\frac{\dot{\psi}}{\omega})^2$	$\frac{\ddot{\psi}}{\omega^2}$
L 4	± 0,70	1 ± 0,052	± 0,076	± 0,13	1 ± 0,009	± 0,013	± 0,40	1 ± 0,076	± 0,212
L 6	± 0,28	1 ± 0,030	± 0,052	± 0,033	1 ± 0,0034	± 0,007	± 0,30	1 ± 0,040	± 0,124
V 6 (90°)	± 1,17	1 ± 0,069	± 0,085	± 0,14	1 ± 0,009	± 0,017	± 0,30	1 ± 0,055	± 0,196
V 8 (90°)	± 0,20	1 ± 0,022	± 0,051	± 0,03	1 ± 0,003	± 0,010	± 0,26	1 ± 0,050	± 0,161
V10 (90°)	± 0,36	1 ± 0,029	± 0,048	± 0,07	1 ± 0,006	± 0,013	± 0,34	1 ± 0,037	± 0,080
L 3	± 0,90	1 ± 0,054	± 0,055	± 0,15	1 ± 0,010	± 0,024	± 0,23	1 ± 0,044	± 0,147
L 5	± 0,57	1 ± 0,052	± 0,072	± 0,077	1 ± 0,008	± 0,013	± 0,19	1 ± 0,034	± 0,121

Tabelle 4.C: Überlagerte Drehwechselbewegungen für verschiedene Fahrzeug-Dieselmotoren

$$\left(\frac{\dot{\psi}}{\omega}\right)^2_{max} = \left(1 \pm \frac{\hat{\dot{\varphi}}}{\omega}\right)^2 \approx 1 \pm 2 \cdot \frac{\hat{\dot{\varphi}}}{\omega} \tag{4.88}$$

$$\left(\frac{\ddot{\psi}}{\omega^2}\right)_{max} = \frac{\hat{\ddot{\varphi}}}{\omega^2} \tag{4.89}$$

Die im folgenden zur Charakterisierung der Drehungleichförmigkeit benutzten Größen sind im Hinblick auf das Auftreten der Winkelgrößen in den Beziehungen der Massenwirkungen gewählt und leiten sich unmittelbar aus (4.84) ab. Die Drehungleichförmigkeit nimmt bei niedrigen Drehzahlen zu, da die kinetische Energie der bewegten (Dreh-)Massen proportional dem Quadrat der (Dreh-)Geschwindigkeit ist. Aus den Zahlen für $(\dot{\psi}/\omega)^2$ ist der relative Fehler unmittelbar ablesbar, der sich ergibt, wenn in den Gleichungen für die Massenwirkungen die Drehgeschwindigkeit $\dot{\psi}$ durch die gleichförmige Drehschnelle ω ersetzt wird. Der relative Fehler ist bei niedriger Drehzahl nicht unerheblich; hier sind jedoch die Massenwirkungen wegen der niedrigen Geschwindigkeit absolut klein. Mit der Voraussetzung $\dot{\psi} = \omega$ = konst. wird $\ddot{\psi}$ zu Null, und der mit der Winkelbeschleunigung verknüpfte Ausdruck in den Beziehungen der Massenwirkungen verschwindet. Wie aus den Werten der obigen Tabelle zu ersehen ist, sind die Werte der bezogenen Winkelbeschleunigung klein - mit Ausnahme des Falles der Torsionsschwingungsresonanz.

In der Praxis wird daher die Untersuchung der dynamischen Wirkungen des Motortriebwerkes aufgegliedert in zwei Teilprobleme:

1) Bestimmung der Massenkräfte und der daraus hervorgehenden Wirkungen (Momente) einschließlich der tangentialen Wirkungen am Kurbelarm und deren Zusammenwirken mit den Gaskräften unter der Voraussetzung einer gleichförmigen Kurbelwellendrehung (ω = konst.). Für die Überlagerung der tangentialen Wirkungen der Gas- und Massenkräfte von mehreren Zylindern zum Wechseldrehmoment des Motors sowie bei Untersuchungen zum Massenausgleich des Motors ist es zulässig, die Kräfte als an einem starren (unverformbaren) System wirkend zu betrachten.

2) Ermittlung der Verformungs- und Beanspruchungsgrößen, die sich aus der Wirkung der periodischen Gas- und Massenkräfte an einem elastisch verformbaren und mit trägen Massen behafteten System ergeben. Dabei ist der Resonanzfall von besonderer Bedeutung, da dann Verformungs- und Beanspruchungsgrößen relative Höchstwerte annehmen. Resonanz tritt dann auf, wenn die Frequenz der Erregung gleich der Eigenfrequenz ist. Die Ermittlung der Eigenfrequenzen ist dabei eine Teilaufgabe (siehe Band 3 'Triebwerkschwingungen' der Neuen Folge "Die Verbrennungskraftmaschine").

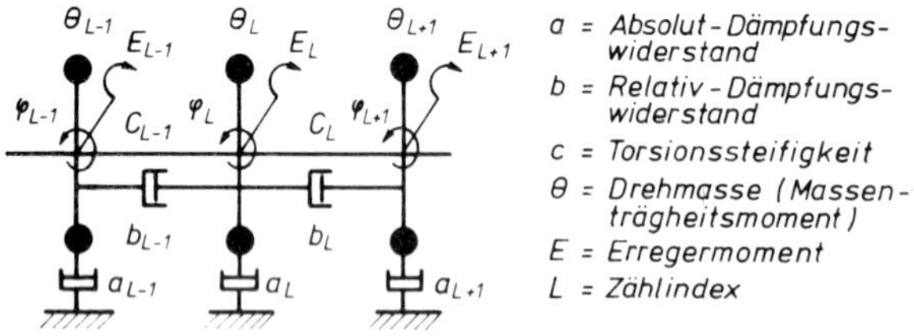

Abb. 4.28: Teilstück eines Torsionsschwingungs-Ersatzsystems

Der von der Drehwinkelbeschleunigung $\ddot{\psi}$ abhängige Teil des Massendrehmomentes ist bei den Torsionsschwingungen der Kurbelwelle von Bedeutung. Für die Berechnung der Torsionsschwingungen wird das Motortriebwerk mit den äußeren Drehmassen wie Schwungrad, Schwingungsdämpfer, Keilriemenscheibe und ggf. auch weiteren Komponenten des Antriebsstranges durch ein Ersatzsystem dargestellt, das aus Drehmassen (Massenträgheitsmomenten) und Torsionsfedersteifigkeiten besteht. Der Bewegungszustand dieses Systems wird durch die Torsionswinkel an den Massenstellen beschrieben. Der Rechenansatz ergibt sich aus dem Gleichgewicht von Massendrehmomenten, elastischen Rückstellmomenten und dämpfenden Momenten mit den Erregermomenten.

Mit den Bezeichnungen nach Abb. 4.28 gilt für die Drehmasse mit dem Zählindex L

$$
\begin{aligned}
&\theta_L \cdot \ddot{\varphi}_L + a_L \cdot \dot{\varphi}_L + T_L - T_{L-1} = E_L(t) \\
&T_L = c_L \cdot (\varphi_L - \varphi_{L+1}) + b_L \cdot (\dot{\varphi}_L - \dot{\varphi}_{L+1}) \qquad (4.90) \\
&T_{L-1} = c_{L-1} \cdot (\varphi_{L-1} - \varphi_L) + b_{L-1} \cdot (\dot{\varphi}_{L-1} - \dot{\varphi}_L)
\end{aligned}
$$

Der Lösungsansatz ergibt sich aus (4.85) für die jeweilige Ordnungszahl (Entfall des Σ-Zeichens) oder gleichwertig aus

$$
\begin{aligned}
&\varphi = \underline{\hat{\varphi}} \cdot e^{i\Omega t} \\
&\dot{\varphi} = i\Omega \cdot \underline{\hat{\varphi}} \cdot e^{i\Omega t} \\
&\ddot{\varphi} = -\Omega^2 \cdot \underline{\hat{\varphi}} \cdot e^{i\Omega t} \qquad (4.91) \\
&\Omega = q \cdot \omega \;; \quad \omega = \frac{\pi \cdot n}{30} \;; \quad i = \sqrt{-1}
\end{aligned}
$$

wobei $\underline{\hat{\varphi}}$ eine komplexe Amplitude ist.

Repräsentiert die Drehmasse mit dem Index L einen Kurbeltrieb, so müßte in Gleichung (4.90) an die Stelle von $\theta_L \cdot \ddot{\varphi}_L$ der Ausdruck für das Massendrehmoment des

Kurbeltriebes (4.79)

$$\theta_L(\psi) \cdot \ddot{\psi}_L + \frac{1}{2} \cdot \theta_L'(\psi) \cdot \dot{\psi}_L^2 \qquad (4.92)$$

treten. Damit ist aber das Massenträgheitsmoment eine veränderliche Größe und der Lösungsansatz laut (4.85) oder (4.91) nicht mehr anwendbar. Mit Rücksicht auf die geschlossene Lösung der Schwingungs-Differentialgleichung wird in konventionellen Berechnungen das Massenträgheitsmoment als konstanter Wert angenommen, die vom Kurbelwinkel abhängige Veränderung laut Gleichung (4.76, 4.77) und (4.79) wird also vernachlässigt. Stattdessen wird der konstante Anteil des Kurbeltriebs-Massenträgheitsmomentes um den zeitlichen Mittelwert des veränderlichen Anteils vergrößert. Dieser Mittelwert ergibt sich bei der FOURIER-Reihen-Darstellung des Massendrehmomentes (4.77) unmittelbar aus den Koeffizienten A_0 und A_{30}. Der vom Quadrat der Drehwinkelgeschwindigkeit abhängige Teil des Massendrehmomentes wird vorzeichenrichtig zum Gasdrehmoment addiert und geht so in die äußere Erregung ein. Da der Lösungsansatz eine harmonische Schwingung ist, mithin auch die Erregung harmonisch sein muß, dürfen auch nur die harmonischen Anteile gleicher Ordnungszahl des Gas- und Massendrehmomentes phasenrichtig addiert werden. Ein System aus n Drehmassen wird durch n Gleichungen des obigen Typs beschrieben. Die Lösungen dieses linearen Gleichungssystems sind die gesuchten Torsionswinkel, womit anschließend die Momente errechnet werden können.

Die Berücksichtigung des veränderlichen Massenträgheitsmomentes und der aus den Verformungen φ hervorgehenden Trägheitsschwankung verlangt wesentlich aufwendigere Lösungsverfahren. Entweder müssen diese Einflüsse ausgehend vom konventionellen Ansatz durch ein Iterationsverfahren berechnet oder das Gleichungssystem muß durch numerische Integration gelöst werden. Untersuchungen mit Berücksichtigung der Trägheitsschwankung haben bei Tauchkolbenmotoren nur einen geringen Einfluß gegenüber dem konventionellen Berechnungsverfahren aufgezeigt.

Bezüglich tiefergehender Erläuterungen zu den Torsionsschwingungen des Motortriebwerkes wird auf Band 3 'Triebwerkschwingungen' dieser Reihe und Kapitel 10.4 in diesem Band hingewiesen.

4.3 Die Massenwirkungen des Einhubtriebwerkes

Bevor man ganze vielhubige Maschinen übersehen will, ist man gut beraten, vorerst die Massenwirkungen der an einer Kurbelkröpfung angreifenden Massenwirkungen zu studieren. Ist einem das Wirkungsschema des Einzelhubes klar, bedeutet es keine Schwierigkeit, durch phasenrichtige Überlagerung der Wirkungen mehrerer Zylinder (Hübe) zu dem Gesamtwirkmechanismus der Gesamtmaschine zu gelangen. Zwar beeinflussen sich viele Kröpfungen (bei richtiger Zuordnung) oft gegenseitig positiv, so daß bei Mehrzylindermaschinen nicht der für den Einzylinder optimale Massenausgleich gesucht werden muß, doch ist das Wissen um die Kräfte am Einzelhub wesentlich für das Verständnis der Kraftwirkungen auch in einer Mehrzylindermaschine, um die Wirkungsweise der inneren Beanspruchungen, die hauptsächlich über das Kurbelgehäuse geleitet werden, zu verstehen.

4.3.1 Kurbeltrieb mit einfachem Stangenangriff

Wie in Abschnitt 4.2.3.2 erläutert wurde, kann bei der Ermittlung der Massenkräfte von der Aufteilung der Pleuelstangen-Masse in einen rotierenden und einen oszillierenden Anteil ausgegangen werden. Die Aufteilung erfolgt so, daß Masse und Schwerpunkt der Pleuelstange erhalten bleiben. Wird die Drehwinkelgeschwindigkeit der Kurbelwelle als gleichförmig angenommen, so entfallen in den Formeln für die vollständigen Massenwirkungen in Abschnitt 4.2 diejenigen Anteile, die von der Drehwinkelbeschleunigung $\ddot{\psi}$ abhängig sind. Es gilt dann

$$\dot{\psi} = \omega = \frac{\pi \cdot n}{30} \qquad (4.93)$$

Damit sind entsprechend der Bewegungsrichtung der Triebwerksteile am Kurbeltrieb folgende Trägheitskräfte zu unterscheiden:

1) Die an der Kurbel wirkende, radial nach außen gerichtete Fliehkraft oder rotierende Massenkraft und

2) die in der Bewegungsrichtung der oszillierenden Massen (Zylinderrichtung) wirkende oszillierende Massenkraft.

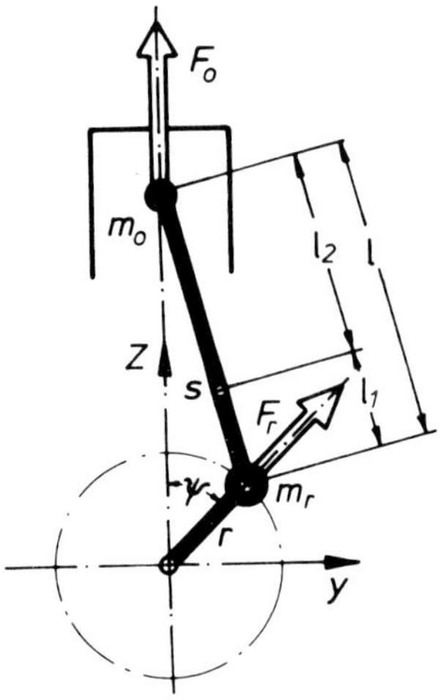

Abb. 4.29: Kräfte am Einhub-Triebwerk

Mit der auf den Kurbelradius reduzierten, vereinigten rotierenden Masse m_r (Kurbelkröpfung, rotierender Pleuelanteil) und der vereinigten oszillierenden Masse m_o (oszillierender Pleuelanteil, Kolben, ggf. Kolbenstange und Kreuzkopf) gilt für die in z- und y-Richtung wirkenden Massenkraft-Komponenten (Abb. 4.29)

$$F_z = -r \cdot \omega^2 \cdot (m_r \cdot \cos\psi + m_o \cdot x'') \qquad (4.94)$$

$$F_y = r \cdot \omega^2 \cdot m_r \cdot \sin\psi \qquad (4.95)$$

x'' ist die Kolbenbeschleunigungs-Funktion (bezogene Kolbenbeschleunigung) - siehe Abschnitt 2.

4.3.1.1 Normaler Kurbeltrieb

Die Reihen-Entwicklung der bezogenen Kolbenbeschleunigung

$$x'' = \cos\psi + \frac{\lambda \cdot \cos^2\psi - \lambda \cdot \sin^2\psi + \lambda^3 \cdot \sin^4\psi}{\left(\sqrt{1-\lambda^2 \cdot \sin^2\psi}\right)^3} \qquad (4.96)$$

des normalen Kurbeltriebes (siehe Abschnitt 2.1) ergibt für die in Zylinderrichtung wirkende Massenkraft

$$F_z = -r \cdot \omega^2 \cdot [m_r \cdot \cos\psi + m_o \cdot (A_1 \cdot \cos\psi + A_2 \cdot \cos 2\psi + A_4 \cdot \cos 4\psi + A_6 \cdot \cos 6\psi + \ldots] \qquad (4.97)$$

$$A_1 = 1 \qquad A_2 = \lambda + \frac{1}{4} \cdot \lambda^3 + \frac{15}{128} \cdot \lambda^5$$

$$A_4 = -\frac{1}{4} \cdot \lambda^3 - \frac{3}{16} \cdot \lambda^5 \qquad A_6 = \frac{9}{128} \cdot \lambda^5$$

Die harmonischen Massenkraft-Anteile werden entsprechend ihrer Umlauffrequenz als Massenkräfte 1., 2., 4. Ordnung usw. bezeichnet. Die aus den rotierenden Massen herrührenden Kraftwirkungen gehören damit zu den Massenkräften 1. Ordnung. Bei den oszillierenden Massenkräften sind praktisch nur die Anteile 1. und 2. Ordnung von Bedeutung, da die Anteile der höheren Ordnungszahlen bei den üblichen Stangenverhältnissen von $\lambda = 0{,}23 \div 0{,}32$ vernachlässigbar klein werden.

4.3.1.2 Geschränkter Kurbeltrieb

Für den geschränkten Kurbeltrieb mit dem Schränkungsverhältnis $\mu = a/l$ liefert die Reihenentwicklung der bezogenen Kolbenbeschleunigung (vgl. Abschnitt 2.2)

$$x'' = \cos\psi + \frac{\lambda \cdot \cos^2\psi - \lambda \cdot \sin^2\psi + \lambda^3 \cdot \sin^4\psi + 3 \cdot \lambda \cdot \mu^2 \cdot \sin^2\psi - 3 \cdot \lambda^2 \cdot \mu \cdot \sin^3\psi + \mu \cdot \sin\psi - \mu^3 \cdot \sin\psi}{\left(\sqrt{1-\lambda^2 \cdot \sin^2\psi + 2 \cdot \lambda \cdot \mu \cdot \sin\psi - \mu^2}\right)^3} \qquad (4.98)$$

die folgende Beziehung für die Massenkraft in Zylinderrichtung

$$F_z = -r \cdot \omega^2 \cdot [m_r \cdot \cos\psi + m_o \cdot (A_1 \cdot \cos\psi + B_1 \cdot \sin\psi + A_2 \cdot \cos 2\psi + B_3 \cdot \sin 3\psi + A_4 \cdot \cos 4\psi + \ldots)] \qquad (4.99)$$

$$A_1 = 1$$

$$B_1 = \mu + \frac{3}{8}\cdot\mu\cdot\lambda^2 + \frac{15}{64}\cdot\mu\cdot\lambda^4 + \frac{1}{2}\cdot\mu^3 + \frac{15}{16}\cdot\mu^3\cdot\lambda^2$$

$$A_2 = \lambda + \frac{1}{4}\cdot\lambda^3 + \frac{15}{128}\cdot\lambda^5 + \frac{3}{2}\cdot\lambda\cdot\mu^2 + \frac{15}{8}\cdot\lambda\cdot\mu^4$$

$$B_3 = -\frac{9}{8}\cdot\mu\cdot\lambda^2 - \frac{135}{128}\cdot\mu\cdot\lambda^4 - \frac{45}{16}\cdot\mu^3\cdot\lambda^2$$

$$A_4 = -\frac{1}{4}\cdot\lambda^3 - \frac{3}{16}\cdot\lambda^5 - \frac{15}{8}\cdot\lambda^3\cdot\mu^2 - \frac{175}{32}\cdot\lambda^3\cdot\mu^4 - \frac{105}{128}\cdot\lambda^5\cdot\mu^2$$

Während beim normalen Kurbeltrieb Massenkraft-Anteile 1., 2., 4., 6. Ordnung usw. auftreten, sind beim geschränkten Kurbeltrieb zusätzlich noch Anteile 3., 5. Ordnung usw. vorhanden. Auch hier sind nur die Anteile 1. und 2. Ordnung von praktischer Bedeutung, da die höheren Ordnungszahlen vernachlässigbar klein werden.

4.3.2 Einhub-Kurbeltrieb mit mehrfachem Stangenangriff

In diesem Abschnitt werden die Massenkraftwirkungen behandelt, die sich ergeben, wenn mehrere Zylinder auf eine gemeinsame Kurbelkröpfung arbeiten, d. h. eine entsprechende Anzahl Pleuelstangen an dieser Kröpfung angelenkt sind. Hierzu gehören mit wenigen Ausnahmen die Motoren mit V-Anordnung der Zylinder, die früher vor allem als Flugzeugtriebwerke weit verbreiteten Sternmotoren, sowie Sonderbauarten mit X- oder W-Anordnung der Zylinder. Hierbei ist zwischen der zentrischen oder unmittelbaren Pleuelanlenkung einerseits und der exzentrischen oder mittelbaren Pleuelanlenkung andererseits zu unterscheiden. Mit zentrischer oder unmittelbarer Pleuelanlenkung wird die Bauart bezeichnet, bei der alle Pleuelstangen gleichmittig auf dem Kurbelzapfen angeordnet sind, die gleiche Länge und damit das gleiche, um den Winkel zwischen den Zylindern phasenverschobene Bewegungsgesetz haben. Diese Bauart findet man bei V-Motoren mit nebeneinander auf dem Kurbelzapfen angeordneten Pleuelstangen oder mit Gabelpleuel.

Die exzentrische oder mittelbare Pleuelanlenkung bezeichnet die Bauart, bei der an einer Haupt-Pleuelstange eine oder mehrere Nebenpleuelstangen angelenkt sind. Durch diese Art der Anlenkung und die geringere Länge der Nebenpleuelstangen haben diese ein von dem der Hauptpleuelstange abweichendes Bewegungsgesetz. Auf Grund der abweichenden Kolbenbeschleunigung des angelenkten Kolbens (vergleiche Abb. 2.25) nehmen hier die Massenwirkungen andere Größen an als am unmittelbar angelenkten Hauptkolben. Diese Bauart findet sich immer bei Motoren, bei denen mehr als 2 Zylinder an einer gemeinsamen Kröpfung arbeiten, da die gleichmittige Anordnung von mehr als zwei Pleuelstangen auf einem Kurbelzapfen konstruktiv kaum zu verwirklichen ist. Aber auch bei V-Motoren findet sich in einigen Fällen die Bauart mit Haupt- und angelenkter Nebenpleuelstange (Abb. 2.26). Der Gewinn an Lagerbreite für das Hauptpleuel gegenüber der Anordnung von nebeneinanderliegenden Pleuelstangen muß hier durch die konstruktiv sehr komplizierten Verhältnisse der Nebenpleuelanlenkung erkauft werden.

4.3.2.1 Die zentrische oder unmittelbare Pleuelanlenkung

Für einen um den Winkel ϑ aus der Bezugsachse geneigten Zylinder (Abb. 4.30) ergeben sich bei Zählung des Kurbelwinkels aus der Bezugsachse folgende Komponenten der Massenkräfte, wenn die Darstellung auf die praktisch relevanten Anteile 1. und 2. Ordnung beschränkt wird.

$$F_z = -r \cdot \omega^2 \cdot \left\{ m_r \cdot \cos\psi + m_o \cdot \left[A_1 \cdot \cos(\psi + \vartheta) + A_2 \cdot \cos 2 \cdot (\psi + \vartheta) \right] \cdot \cos\vartheta \right\} \quad (4.100)$$

$$F_y = r \cdot \omega^2 \cdot \left\{ m_r \cdot \sin\psi - m_o \cdot \left[A_1 \cdot \cos(\psi + \vartheta) + A_2 \cdot \cos 2 \cdot (\psi + \vartheta) \right] \cdot \sin\vartheta \right\} \quad (4.101)$$

Mit Anwendung der Regeln für Summen und Produkte von trigonometrischen Funktionen ergibt sich hieraus

$$\begin{aligned} F_z = -r \cdot \omega^2 \cdot \Big\{ & m_r \cdot \cos\psi + m_o \cdot \tfrac{A_1}{2} \cdot \left[(1 + \cos 2\vartheta) \cos\psi - \sin 2\vartheta \cdot \sin\psi \right] + \\ & + m_o \cdot \tfrac{A_2}{2} \cdot \left[(\cos\vartheta + \cos 3\vartheta) \cos 2\psi - (\sin\vartheta + \sin 3\vartheta) \cdot \sin 2\psi \right] \Big\} \end{aligned} \quad (4.102)$$

$$\begin{aligned} F_y = r \cdot \omega^2 \cdot \Big\{ & m_r \cdot \sin\psi - m_o \cdot \tfrac{A_1}{2} \cdot \left[\sin 2\vartheta \cdot \cos\psi - (1 - \cos 2\vartheta) \cdot \sin\psi \right] + \\ & - m_o \cdot \tfrac{A_2}{2} \cdot \left[(\sin 3\vartheta - \sin\vartheta) \cdot \cos 2\psi - (\cos\vartheta - \cos 3\vartheta) \cdot \sin 2\psi \right] \Big\} \end{aligned} \quad (4.103)$$

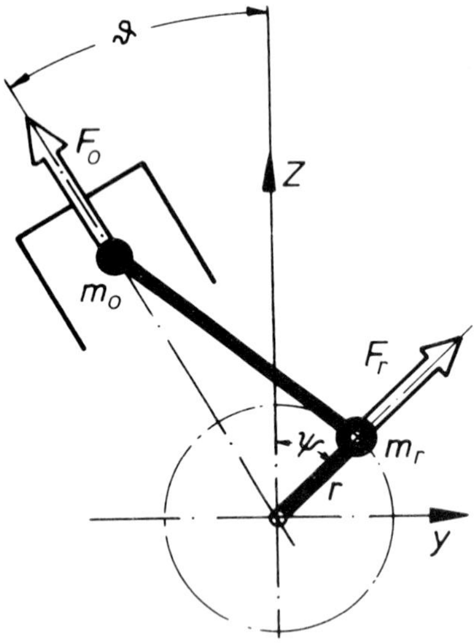

Abb. 4.30: Zentrische Anlenkung einer Pleuelstange

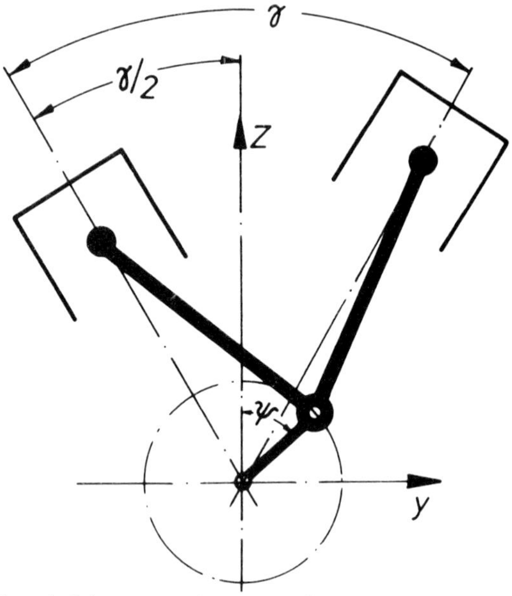

Abb. 4.31: Zentrische Anlenkung zweier Pleuelstangen an einer Kröpfung

Für mehrere um die Winkel ϑ_1, ϑ_2 ... ϑ_z versetzte Zylinder sind die ermittelten Massenkraftkomponenten jeweils zu summieren und am Schluß die Resultierende zu bilden

$$F_z = \sum_{k=1}^{z} F_{z(k)} \qquad F_y = \sum_{k=1}^{z} F_{y(k)} \qquad F_R = \sqrt{F_z^2 + F_y^2} \quad (4.104)$$

Beim V-Motor mit dem Gabelwinkel γ, bei dem zwei Pleuelstangen gleicher Länge an einem gemeinsamen Kurbelzapfen angelenkt sind (zentrische oder unmittelbare Pleuelanlenkung - Abb. 4.31) und die oszillierenden Massen der beiden angelenkten Zylinder einander gleich sind, lassen sich die an der einzelnen Kröpfung wirkenden Massenkraftkomponenten in der folgenden Weise zusammenfassen. Diese Beziehung ergibt sich aus (4.102 und 4.103), wenn dort ein Zylinder mit $\vartheta = \gamma/2$ und ein Zylinder mit $\vartheta = -\gamma/2$ berücksichtigt wird.

$$F_z = -r\cdot\omega^2\cdot\left\{m_r\cdot\cos\psi + m_o\cdot A_1\cdot(1+\cos\gamma)\cdot\cos\psi + m_o\cdot A_2\cdot\left(\cos\frac{\gamma}{2}+\cos\frac{3\gamma}{2}\right)\cdot\cos 2\psi\right\} \quad (4.105)$$

$$F_y = r\cdot\omega^2\cdot\left\{m_r\cdot\sin\psi + m_o\cdot A_1\cdot(1-\cos\gamma)\cdot\sin\psi + m_o\cdot A_2\cdot\left(\cos\frac{\gamma}{2}-\cos\frac{3\gamma}{2}\right)\cdot\sin 2\psi\right\} \quad (4.106)$$

$$A_1 = 1 \qquad A_2 = \lambda + \frac{1}{4}\cdot\lambda^3 + \frac{15}{128}\cdot\lambda^5$$

m_r = rotierende, auf den Kurbelradius reduzierte Masse (Kröpfung + 2 rotierende Pleuel-Anteile)

m_o = oszillierende Masse eines Zylinders

Die Ausdrücke in der runden Klammer geben den Einfluß des V-Winkels auf die überlagerte Wirkung der oszillierenden Massenkräfte beider Zylinder im V an. Die folgende Tabelle 4.D gibt die Einflußfaktoren für gebräuchliche V-Winkel an.

ORD.		V - ∢ γ	45°	48°	50°	52°	60°	75°	90°	120°	180°
1	Z	$1+\cos\gamma$	1,707	1,669	1,643	1,616	1,500	1,259	1	0,500	0
1	Y	$1-\cos\gamma$	0,293	0,331	0,357	0,384	0,500	0,741	1	1,500	2
2	Z	$\cos\frac{\gamma}{2}+\cos\frac{3\gamma}{2}$	1,307	1,223	1,165	1,107	0,866	0,411	0	-0,500	0
2	Y	$\cos\frac{\gamma}{2}-\cos\frac{3\gamma}{2}$	0,541	0,605	0,647	0,691	0,866	1,176	1,414	1,500	0

Tabelle 4.D: Einflußfaktoren des V-Winkels auf die Massenkräfte

Aus den Formeln (4.105 und 4.106) bzw. den Einflußfaktoren ist zu erkennen, daß mit größer werdendem V-Winkel die oszillierenden Massenkräfte in der senkrechten Richtung (z) verringert, in der waagerechten Richtung (y) aber vergrößert werden. Beim V-Winkel 90^0 nehmen die oszillierenden Massenkräfte 1. Ordnung an der einzelnen Kröpfung einen konstanten Betrag an, der mit der Kurbel umläuft. In diesem Fall haben die oszillierenden Massenkräfte 1. Ordnung die gleiche Wirkung wie eine rotierende Massenkraft und sind so durch Gegengewichte entsprechender Größe vollkommen ausgleichbar.

4.3.2.2 Die exzentrische Anlenkung mehrerer Schubstangen

Wie bei der Darstellung von Kolbenweg, -geschwindigkeit und -beschleunigung in Abschnitt 2.1.3 ist die Achse des Hauptzylinders Ausgangspunkt der Winkelzählung und Bezugsachse (Abb. 4.32).

Für den unmittelbar am Kurbelzapfen angelenkten H a u p t z y l i n d e r ist die Massenkraft

$$F_{zH} = -r\cdot\omega^2\cdot\left[m_r\cdot\cos\psi + m_o\cdot(A_1\cdot\cos\psi + A_2\cdot\cos 2\psi)\right] \quad (4.107)$$

$$F_{yH} = r \cdot \omega^2 \cdot m_r \cdot \sin\psi \qquad (4.108)$$

$$A_1 = 1 \qquad A_2 = \lambda + \frac{1}{4} \cdot \lambda^3 + \frac{15}{128} \cdot \lambda^5$$

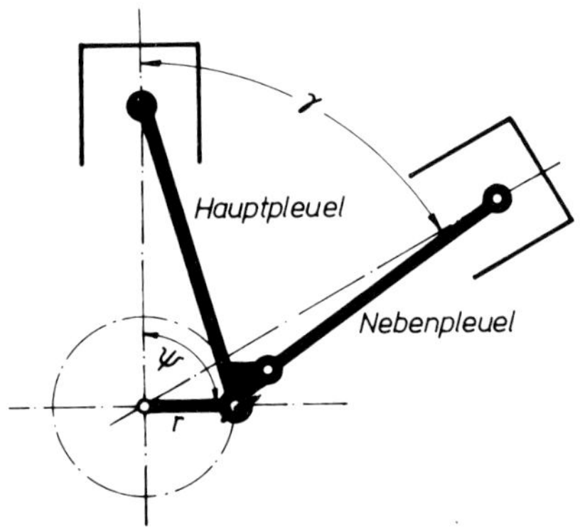

Abb. 4.32: Exzentrische Anlenkung einer Pleuelstange

wobei die oszillierenden Kräfte nurmehr in Hauptzylinderrichtung wirken. Die rotierende Masse m_r ist in diesem Fall die Gesamtmasse aller rotierenden Anteile einer Kröpfung, das heißt auch die rotierenden Massenanteile des oder der Nebenpleuel(s), deren Wirkung in jedem Fall durch Ausgleichsgewichte eliminiert werden können.

Für die Kraftwirkung der oszillierenden Teile eines jeden Nebenzylinders gilt

$$F_{zN} = r \cdot \omega^2 \cdot m_{oN} \cdot \cos\gamma \cdot$$

$$\cdot (A_{1N} \cdot \cos\psi + B_{1N} \cdot \sin\psi + A_{2N} \cdot \cos 2\psi + B_{2N} \cdot \sin\psi) \qquad (4.109)$$

$$F_{yN} = r \cdot \omega^2 \cdot m_{oN} \cdot (A_{1N} \cdot \cos\psi + B_{1N} \cdot \sin\psi + A_{2N} \cdot \cos 2\psi + B_{2N} \cdot \sin\psi) \cdot \sin\gamma \qquad (4.110)$$

In den meisten Fällen sind die oszillierenden Massen von Haupt- und Nebenzylindern gleich oder nahezu gleich, so daß sich eine Unterscheidung erübrigt.

Die Koeffizienten A_{1N}, B_{1N}, A_{2N}, B_{2N} sind die in Abschnitt 2.1.3 für Kolbenweg, -geschwindigkeit und -beschleunigung des angelenkten Kurbeltriebes abgeleiteten Koeffizienten, die hier zur Unterscheidung ein zusätzliches N im Index haben.

$$A_{1N} = K_1 - \lambda_N \cdot K_4 \cdot K_6 \cdot (1 - \frac{1}{8} \cdot \lambda^2) - \frac{\lambda_N^3}{8} \cdot K_4 \cdot K_6 \cdot (3 \cdot K_4^2 + 3 \cdot K_5^2 + 4 \cdot K_6^2)$$

$$B_{1N} = -K_2 - \lambda_N \cdot K_5 \cdot K_6 \cdot (1 - \frac{3}{8} \cdot \lambda^2) - \frac{\lambda_N^3}{8} \cdot K_5 \cdot K_6 \cdot (3 \cdot K_4^2 + 3 \cdot K_5^2 + 4 \cdot K_6^2)$$

$$A_{2N} = K_3 \cdot (\lambda^2 + \frac{1}{4} \cdot \lambda^4) - \lambda_N \cdot (K_4^2 - K_5^2 - \lambda^2 \cdot K_6^2) - \frac{\lambda_N^3}{4} \cdot (K_4^4 - K_5^4 + 6 \cdot K_4^2 \cdot K_6^2 - 6 \cdot K_5^2 \cdot K_6^2)$$

$$B_{2N} = -2 \cdot \lambda_N \cdot K_4 \cdot K_5 - \frac{\lambda_N^3}{2} \cdot K_4 \cdot K_5 \cdot (K_4^2 + K_5^2 + 6 \cdot K_6^2)$$

$$K_1 = \cos\gamma$$

$$K_2 = \sin\gamma + \varrho \cdot \sin(\delta - \gamma)$$

$$K_3 = \frac{\varrho}{\lambda} \cdot \cos(\delta - \gamma)$$

$$K_4 = \sin\gamma$$

$$K_5 = \cos\gamma - \varrho \cdot \cos(\delta - \gamma)$$

$$K_6 = -\frac{\varrho}{\lambda} \cdot \sin(\delta - \gamma)$$

$$\lambda = \frac{r}{l} \qquad \lambda_N = \frac{r}{l_N} \qquad \varrho = \frac{c_N}{l}$$

Die Massenkraft der oszillierenden Triebwerksteile des an einer Kröpfung arbeitenden z-Zylindertriebwerkes, bestehend aus einem Hauptzylinder und z-1 Nebenzylindern, ergibt sich dann für die jeweilige Kurbelstellung durch Summieren der Massenkraftkomponenten für alle Zylinder und Ermittlung der Resultierenden. Durch die Summen der Kraftkomponenten und deren Vorzeichen ist zugleich auch die Wirkrichtung der oszillierenden Massenkraft bestimmt.

$$F_z = F_{zH} + \sum_{k=2}^{z} F_{zN(k)} \qquad F_y = \sum_{k=2}^{z} F_{yN(k)} \tag{4.111}$$

$$F_0 = \sqrt{F_z^2 + F_y^2} \tag{4.112}$$

4.3.2.3 Vergleich der Massenwirkung von Schubkurbelgetrieben mit zentrischer und exzentrischer Pleuelanlenkung

Der gleichmittige oder zentrische Stangenangriff wird im folgenden zu Vergleichszwecken mit aufgeführt, da dieser für den Ausgleich der Massenkräfte günstiger ist. Wegen der konstruktiven Hindernisse ist jedoch die zentrische Pleuelanlenkung für

Pleuel-Anlenkung	zentrisch (unmittelbar)			exzentrisch (mittelbar)						exzentrisch (mittelbar)					
λ / λ_n / λ/λ_n	beliebig			0,242 / 0,308 / 0,788						0,206 / 0,281 / 0,733					
Gabelwinkel γ	45	60	90	45		60		90		45		60		90	
Anlenkwinkel δ	-	-	-	45	54,9	60	72,1	90	104	45	53,4	60	70,3	90	101,9
1. Ordng. $\frac{F_{1\,max}}{m_0 \cdot r \cdot \omega^2}$	1,707	1,500	1*	1,707	1,740	1,500	1,550	1*	1,080	1,707	1,745	1,500	1,557	1*	1,092
1. Ordng. $\frac{F_{1\,min}}{m_0 \cdot r \cdot \omega^2}$	0,293	0,500	1*	0,293	0,293	0,500	0,500	1*	0,986	0,293	0,293	0,500	0,500	1*	0,984
2. Ordng. $\frac{F_{2\,max}}{m_0 \cdot r \cdot \omega^2 \cdot A_2}$	1,307	0,866	1,414	1,162	1,168	0,886	0,892	1,467	1,490	1,112	1,117	0,895	0,903	1,516	1,544
2. Ordng. $\frac{F_{2\,min}}{m_0 \cdot r \cdot \omega^2 \cdot A_2}$	0,541	0,866	0	0,539	0,545	0,616	0,630	0,367	0,356	0,538	0,545	0,531	0,544	0,481	0,471

Tabelle 4.E: Extremwerte der oszillierenden Massenkräfte 1. und 2. Ordnung an der einzelnen Kröpfung des V-Motors mit verschiedenen V-Winkeln sowie bei zentrischer und exzentrischer Pleuelanlenkung mit Anlenkwinkel $\delta = \gamma$ und $\delta = \text{inv}\,\lambda \sin\gamma$ -

$A_2 = \lambda + 1/4\lambda^3 + 15/128\lambda^5$ für Pleuelstange des Hauptzylinders -
$\lambda = 0{,}242$ - $\lambda_n = 0{,}308$ - $m_0 = m_{0n}$

** Durch Gegengewichte an der Kurbelwelle vollkommen auszugleichen*

Sternmotoren nur von theoretischem Interesse. Im folgenden werden die rotierenden Massenkraftkomponenten der Einfachheit halber weggelassen. Hierzu wird vorweggenommen, daß die rotierenden Massen eine rotierende Kraft konstanter Größe verursachen, die durch eine gleich große entgegengerichtete Kraft vollständig ausgeglichen ist.

In Tab. 4.E sind die an der einzelnen Kröpfung des V-Motors bei unterschiedlichem Gabelwinkel wirkenden oszillierenden Massenkräfte 1. und 2. Ordnung als bezogene Zahlen bei zentrischer und exzentrischer Pleuelanlenkung für zwei unterschiedliche Stangenverhältnisse angegeben. Bei der zentrischen Pleuelanlenkung handelt es sich um die aus Abschnitt 4.3.2.1 bekannten V-Winkel-Einflußfaktoren für die Addition der oszillierenden Massenkräfte im V. Bei exzentrischer Pleuelanlenkung haben die oszillierenden Massenkräfte 1. Ordnung die gleiche Größe wie bei zentrischer Anlenkung, wenn der Anlenkwinkel δ gleich dem V-Winkel γ ist. Wird der Anlenkwinkel anders gewählt, so ergibt sich ein geringfügiger Einfluß der Stangenverhältnisse von Haupt- und Nebenpleuel. In diesem Fall ergeben bei einem V-Winkel von 90^0 die oszillierenden Massenkräfte 1. Ordnung keinen konstanten, mit der Kurbel umlaufenden Betrag, sondern sind veränderlich.

Bei den Massenkräften 2. Ordnung sind die Unterschiede zwischen zentrischer und exzentrischer Pleuelanlenkung größer. Hier sind auch die Wirkrichtungen der Kräfte gegenüber der zentrischen Anlenkung deutlich verschoben. Die vorgenannten Gesichtspunkte sind bei V-Motoren mit Zylinderzahlen > 4 fast immer von untergeordneter Bedeutung, da ein Massenkraftausgleich dann durch eine geeignete Kurbelanordnung erreicht werden kann.

In Tabelle 4.F sind die oszillierenden Massenkräfte für Einfach-Sternmotoren verschiedener Zylinderzahlen bei zentrischer und exzentrischer Pleuelanlenkung gegenübergestellt. Bei dieser Untersuchung werden gleiche oszillierende Massen an Haupt- und Nebengetriebe vorausgesetzt. Die aus konstruktiven Gründen bei Sternmotoren erforderliche Bauart mit Haupt- und angelenkten Nebenpleuelstangen muß mit einer Ver-

Pleuel-Anlenkung Anlenkwinkel δ		zentrisch (unmittelbar) —		exzentrisch (mittelbar) Haupt- u. Nebenpleuel $\delta = \gamma$		exzentrisch (mittelbar) Haupt- u. Nebenpleuel δ = inv λ sin γ	
Zyl.-zahl z	Winkel zwischen den Zyl.-Achsen γ	1. Ordnung $\frac{F_1}{m_o \cdot r \cdot \omega^2}$	2. Ordnung $\frac{F_2}{m_o \cdot r \cdot \omega^2 \cdot A_2}$	1. Ordnung $\frac{F_1}{m_o \cdot r \cdot \omega^2}$	2. Ordnung $\frac{F_2 (min \ldots max)}{m_o \cdot r \cdot \omega^2 \cdot A_2}$	1. Ordnung $\frac{F_1 (min \ldots max)}{m_o \cdot r \cdot \omega^2}$	2. Ordnung $\frac{F_2 (min \ldots max)}{m_o \cdot r \cdot \omega^2 \cdot A_2}$
3	120	1,5 •	-1,5	1,5•	-(1,058...2,381)	1,449...1,648	-(1,118...2,745)
4	90	2 •	0	2 •	-(0,856...0,943)	2,0 ...2,130	-(1,061...1,113)
5	72	2,5 •	0	2,5•	-(1,086...1,189)	2,499...2,664	-(1,345...1,373)
6	60	3 •	0	3 •	-(1,324...1,427)	2,999...3,196	-(1,620...1,641)
7	51,4	3,5 •	0	3,5•	-(1,562...1,665)	3,499...3,729	-(1,890...1,915)
8	45	4 •	0	4 •	-(1,800...1,903)	3,999...4,262	-(2,160...2,188)
9	40	4,5 •	0	4,5•	-(2,038...2,140)	4,499...4,794	-(2,430...2,462)

Tabelle 4.F: Oszillierende Massenkräfte 1. und 2. Ordnung bei Sternmotoren mit einer Kurbelkröpfung und verschiedenen Zylinderzahlen bei zentrischer und exzentrischer Pleuelanlenkung -

$A_2 = \lambda + 1/4\lambda^3 + 15/128\lambda^5$ für Pleuelstange des Hauptzylinders -
$\delta = \gamma$ und δ = inv λ sin γ - $m_0 = m_{0_n}$

* *Durch Gegengewichte an der Kurbelwelle vollkommen auszugleichen*

schlechterung des Massenausgleiches 2. Ordnung erkauft werden. Für die 1. Ordnung ergibt sich die Forderung, die Anlenkwinkel gleich den Winkeln zwischen den Zylinderachsen zu wählen, da nur dann die Massenkräfte 1. Ordnung einen konstanten, mit der Kurbel umlaufenden Betrag annehmen, der durch Gegenmassen an der Kurbelkröpfung vollkommen auszugleichen ist. Der Fall mit Anlenkwinkeln gleich den Zylinderwinkeln wird auch als r e g e l m ä ß i g e Pleuelanlenkung bezeichnet.

Haben Haupt- und Nebenzylinder gleiche oszillierende Massen m_o und sind die Nebenpleuel untereinander gleich, so ergibt sich bei Anordnung von zwei Gegengewichten an der Kröpfung eines Sternmotors mit z Zylindern die auf den Kurbelradius reduzierte Gegengewichtsmasse wie folgt

$$m_G = m_r + \frac{z}{2} \cdot m_o \qquad (4.113)$$

Die rotierende Masse umfaßt die auf den Kurbelradius reduzierte Kröpfungsmasse und die rotierenden Anteile der Haupt- und z-1 Nebenpleuelstangen

$$m_r = m_{kr\,red} + m_{Pl\,r\,H} + (z-1) \cdot m_{Pl\,r\,N} \qquad (4.114)$$

4.4 Das Massendrehmoment bzw. der Massentangentialdruck des einzelnen Kurbeltriebes

Wird die Drehgeschwindigkeit der Kurbelwelle als gleichförmig angenommen, d. h. gilt

$$\dot{\psi} = \omega = \frac{\pi \cdot n}{30} \qquad (4.115)$$

so entfallen in den in Abschnitt 4.2 angegebenen Formeln des Massendrehmomentes (4.76 und 4.77) die mit der Drehwinkelbeschleunigung $\ddot{\psi}$ verknüpften Ausdrücke. Mit dieser Voraussetzung ergeben nurmehr die Trägheitswirkungen aus der beschleunigt-verzögerten Kolben- und Pleuelstangen-Bewegung ein periodisch veränderliches Drehmoment an der Kurbelwelle, das dem Gasdrehmoment überlagert ist.

Wie aus Abschnitt 4.2 hervorgeht, hat das Massenträgheitsmoment der Pleuelstange Einfluß auf das an der Kurbelwelle wirkende Drehmoment. Die korrekte Erfassung der Trägheitswirkung der Pleuelstange erfordert deren Aufteilung in drei punktförmige Ersatzmassen.

Wenn die praxisübliche, für die Massenkraftermittlung korrekte 2-Massen-Aufteilung der Pleuelstange in einen rotierenden und einen oszillierenden Anteil häufig auch bei der Ermittlung des Massendrehmomentes angewandt wird, so hat das seinen Grund darin, daß bei vielen Pleuelstangen der Unterschied zwischen einer Aufteilung in 2 oder in 3 Ersatzmassen gering bleibt, da die dritte Ersatzmasse nur einen kleinen Anteil hat. Hier gibt es allerdings Ausnahmen, wie das Beispiel der Pleuelstange Nr. 11 aus Tabelle 4A zeigt. Da eine Einordnung verschiedener Pleuelstangen-Typen allein nach äußeren Merkmalen, wie zum Beispiel relativ leichte Köpfe bei massivem Schaft o. ä., nicht zu einer richtigen Beurteilung der Massenwirkung führen wird, bleibt im Zweifelsfalle nur der Weg über die Ermittlung des Massenträgheitsmomentes und damit der 3-Massen-Aufteilung der zu untersuchenden Pleuelstange. Die im folgenden angegebenen Formeln gelten für diesen Fall. Die Formeln sind jedoch auch bei der 2-Massen-Aufteilung der Pleuelstange unmittelbar anwendbar, wenn der mit der 3. Ersatzmasse m_3 verknüpfte Ausdruck weggelassen und die 2. Ersatzmasse m_2 durch den unter der Bedingung der Erhaltung der Gesamtmasse und Schwerpunktslage ermittelten oszillierenden Pleuelanteil ersetzt wird.

Im Hinblick auf die spätere Verwendung dieser Beziehung bei der Überlagerung mit den Gaswirkungen wird das Massendrehmoment auf die Kolbenfläche A_K und den Kurbelradius r bezogen und erhält so die Bedeutung und Dimension eines Tangentialdruckes.

$$p_T = \frac{M}{A_K \cdot r} = -r \cdot \omega^2 \cdot \left[(m_2 + m_K) \cdot x' \cdot x'' + m_3 \cdot (u' \cdot u'' + w' \cdot w'')\right] \tag{4.116}$$

$$u' = \frac{l_1}{l} \cdot x' + \frac{l_2}{l} \cdot \sin\psi - \frac{e}{l} \cdot \cos\psi$$

$$u'' = \frac{l_1}{l} \cdot x'' + \frac{l_2}{l} \cdot \cos\psi + \frac{e}{l} \cdot \sin\psi$$

$$w' = \frac{l_2}{l} \cdot \cos\psi + \frac{e}{l} \cdot \sin\psi - \frac{e}{l} \cdot x'$$

$$w'' = -\frac{l_2}{l} \cdot \sin\psi + \frac{e}{l} \cdot \cos\psi - \frac{e}{l} \cdot x''$$

X' ist die bezogene Kolbengeschwindigkeit, X" die bezogene Kolbenbeschleunigung für den jeweils zutreffenden Typ des Kurbeltriebes (normaler oder geschränkter Kurbeltrieb, Kurbeltrieb mit Anlenkpleuel) - vergl. auch Abschnitt 2.

4.4.1 Normaler Kurbeltrieb

In der Darstellung als FOURIER-Reihe ergibt sich für den Massentangentialdruck des normalen Kurbeltriebes folgende Beziehung

$$p_T = r \cdot \omega^2 \cdot \left[(m_2 + m_K) \cdot \Sigma B_k \cdot \sin(k \cdot \psi) + m_3 \cdot \Sigma B_{3k} \cdot \sin(k \cdot \psi)\right] \tag{4.117}$$

mit den Koeffizienten

$$B_1 = \frac{1}{4} \cdot \lambda + \frac{1}{16} \cdot \lambda^3 + \frac{15}{512} \cdot \lambda^5 + \ldots \qquad B_{31} = \frac{l_1}{l} \cdot B_1$$

$$B_2 = -\frac{1}{2} - \frac{1}{32} \cdot \lambda^4 - \frac{1}{32} \cdot \lambda^6 - \ldots \qquad B_{32} = \left(\frac{l_1}{l}\right)^2 \cdot B_2 - \frac{l_1}{l} \cdot \frac{l_2}{l}$$

$$B_3 = -\frac{3}{4} \cdot \lambda - \frac{9}{32} \cdot \lambda^3 - \frac{81}{512} \cdot \lambda^5 - \ldots \qquad B_{33} = \frac{l_1}{l} \cdot B_3$$

$$B_4 = -\frac{1}{4} \cdot \lambda^2 - \frac{1}{8} \cdot \lambda^4 - \frac{1}{16} \cdot \lambda^6 - \ldots \qquad B_{34} = \left(\frac{l_1}{l}\right)^2 \cdot B_4$$

$$B_5 = \frac{5}{32} \cdot \lambda^3 + \frac{75}{512} \cdot \lambda^5 + \ldots \qquad B_{35} = \frac{l_1}{l} \cdot B_5$$

$$B_6 = \frac{3}{32} \cdot \lambda^4 + \frac{3}{32} \cdot \lambda^6 + \ldots \qquad B_{36} = \left(\frac{l_1}{l}\right)^2 \cdot B_6$$

m_K = Kolbenmasse, ggf. mit Kreuzkopf und Kolbenstange
m_2 = anteilige Pleuelmasse auf der Kolbenbolzenseite
m_3 = anteilige Pleuelmasse im Schwerpunkt der Pleuelstange

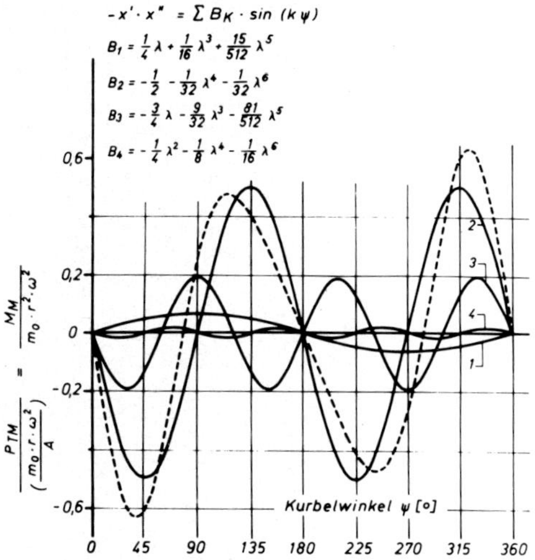

In Abb. 4.33 sind die ersten vier Harmonischen (B_1 - B_4) sowie der Verlauf des Massendrehmomentes über den Kurbelwinkel ψ dargestellt.

Abb. 4.33: Verlauf der Massendrehmoment- und Massentangentialdruckfunktion sowie der ersten vier Harmonischen für λ = 0,25 in Abhängigkeit vom Kurbelwinkel Ψ

4.4.2 Geschränkter Kurbeltrieb

In der Darstellung als FOURIER-Reihe ergibt sich für den Massentangentialdruck des geschränkten Kurbeltriebes folgende Beziehung. Durch die Schränkung treten hier zusätzliche cos-Glieder in der Reihe auf, deren Koeffizienten abhängig vom Schränkungsverhältnis $\mu = a/l$ sind. Für den Fall a = 0 bzw. μ = 0 geht die Beziehung über in die des normalen Kurbeltriebes

$$p_T = r \cdot \omega^2 \cdot \Big\{ (m_2 + m_K) \cdot \Sigma \left[B_K \cdot \sin(k \cdot \psi) + A_K \cdot \cos(k \cdot \psi) \right] + + m_3 \cdot \Sigma \left[B_{3K} \cdot \sin(k \cdot \psi) + A_{3K} \cdot \cos(k \cdot \psi) \right] \Big\} \tag{4.118}$$

$$B_1 = \frac{1}{4} \cdot \lambda + \frac{1}{16} \cdot \lambda^3 + \frac{15}{512} \cdot \lambda^5 + \frac{3}{8} \cdot \lambda \cdot \mu^2 + \frac{15}{32} \cdot \lambda \cdot \mu^4 + \frac{15}{32} \cdot \lambda^3 \cdot \mu^2 \qquad B_{31} = \frac{l_1}{l} \cdot B_1$$

$$A_1 = \frac{1}{4} \cdot \mu \cdot \lambda + \frac{1}{4} \cdot \mu \cdot \lambda^3 + \frac{1}{2} \cdot \mu^3 \cdot \lambda + \frac{5}{4} \cdot \mu^3 \cdot \lambda^3 + \frac{15}{64} \cdot \mu \cdot \lambda^5 \qquad A_{31} = \left(\frac{l_1}{l}\right)^2 \cdot A_1$$

$$B_2 = -\frac{1}{2} - \frac{1}{32} \cdot \lambda^4 - \frac{1}{32} \cdot \lambda^6 - \frac{45}{64} \cdot \lambda^4 \cdot \mu^2 - \frac{3}{16} \cdot \lambda^2 \cdot \mu^4 + \frac{1}{2} \cdot \mu^2 + \frac{1}{2} \cdot \mu^4 \qquad B_{32} = \left(\frac{l_1}{l}\right)^2 \cdot B_2 - \frac{l_1}{l} \cdot \frac{l_2}{l}$$

$$A_2 = \mu + \frac{3}{4} \cdot \mu \cdot \lambda^2 + \frac{75}{128} \cdot \mu \cdot \lambda^4 + \frac{15}{8} \cdot \mu^3 \cdot \lambda^2 + \frac{1}{2} \cdot \mu^3 \qquad A_{32} = \frac{l_1}{l} \cdot A_2$$

$$B_3 = -\frac{3}{4} \cdot \lambda - \frac{9}{32} \cdot \lambda^3 - \frac{81}{512} \cdot \lambda^5 - \frac{9}{8} \cdot \lambda \cdot \mu^2 - \frac{135}{64} \cdot \lambda^3 \cdot \mu^2 \qquad B_{33} = \frac{l_1}{l} \cdot B_3$$

$$A_3 = \frac{3}{4} \cdot \mu \cdot \lambda + \frac{3}{8} \cdot \mu \cdot \lambda^3 + \frac{3}{2} \cdot \mu^3 \cdot \lambda + \frac{15}{32} \cdot \mu^3 \cdot \lambda^3 \qquad A_{33} = \left(\frac{l_1}{l}\right)^2 \cdot A_3$$

$$B_5 = \frac{5}{32} \cdot \lambda^3 + \frac{75}{512} \cdot \lambda^5 + \frac{75}{64} \cdot \lambda^3 \cdot \mu^2 \qquad B_{35} = \frac{l_1}{l} \cdot B_5$$

$$A_5 = -\frac{5}{8} \cdot \mu \cdot \lambda^3 - \frac{25}{8} \cdot \mu^3 \cdot \lambda^3 - \frac{375}{512} \cdot \mu \cdot \lambda^5 \qquad A_{35} = \left(\frac{l_1}{l}\right)^2 \cdot A_5$$

$$B_6 = \frac{3}{32} \cdot \lambda^4 + \frac{3}{32} \cdot \lambda^6 \qquad B_{36} = \left(\frac{l_1}{l}\right)^2 \cdot B_6$$

$$A_6 = \frac{45}{128} \cdot \mu \cdot \lambda^4 \qquad A_{36} = \frac{l_1}{l} \cdot A_6$$

$$A_4 = -\frac{3}{4} \cdot \mu \cdot \lambda^2 - \frac{15}{16} \cdot \mu \cdot \lambda^4 - \frac{15}{8} \cdot \mu^3 \cdot \lambda^2 \qquad A_{34} = \frac{l_1}{l} \cdot A_4$$

$$B_4 = -\frac{1}{4} \cdot \lambda^2 - \frac{1}{8} \cdot \lambda^4 - \frac{1}{16} \cdot \lambda^6 - \frac{3}{2} \cdot \lambda^2 \cdot \mu^2 \qquad B_{34} = \left(\frac{l_1}{l}\right)^2 \cdot B_4$$

4.5 Tabellen für verschiedene Motorenausführungen und Erläuterungen zum Gebrauch dieser Tabellen

In den nachfolgenden Tabellen 4.G bis 4.M sind Kurbelfolgen, Massenwirkungen, innere Biegemomente, Wechseldrehmomente und Zündfolgen für verschiedene Ausführungsformen von Hubkolbenmaschinen aufgeführt worden. Die Zusammenfassung von Massenwirkungen und Drehkraftgrößen wird aus didaktischen Gründen gewählt, weil so der Nutzer alle relevanten Größen einer Motorvariante vor sich hat und somit die falsche Wahl einer Bauausführung infolge unzureichender Auswahlkriterien weitgehend vermieden werden kann. Neben den nachstehenden Erläuterungen muß zu den Einflüssen auf das Wechseldrehmoment und die Zündfolgen auf das Kapitel 6 verwiesen werden. Nur bei der Betrachtung des Motors als eine Einheit wird man entsprechend den oft zwangsläufigen oder 'üblichen' Einbaubedingungen den richtigen Kompromiß finden.

Da die Anwendung dieser Tabellen ohne Kenntnis der Zusammenhänge zu schwerwiegenden Fehleinschätzungen führen kann, überzeuge man sich mit Akribie, ob der zu bearbeitende Fall mit irgendeiner aufgeführten Bauvariante wirklich übereinstimmt und ob die diesen Tabellen zu Grunde liegenden Randbedingungen auch die des zu berechnenden Motors sind. Deshalb seien nachstehende Erläuterungen zum Gebrauch dieser Tabellen gegeben, in denen auf Einschränkungen hingewiesen wird oder Anregungen gegeben werden, in welchen Fällen eigene Überlegungen angebracht sind.

TAFEL 4G: Kurbelfolgen, Zündfolgen, Verhältniszahlen der freien Massenwirkungen, inneren Biegemomente und Wechseldrehmomente von 4-Takt-L-Motoren

Zyl. zahl	Kurbel-stern	V ∢	Massenkräfte u. Massenmomente: rotierend $\frac{F_r}{m_r r\omega^2}$	rotierend $\frac{M_r}{m_r r\omega^2 a}$	oszillierend 1. Ordnung $\frac{F_{01}}{m_0 r\omega^2}$	oszillierend 1. Ordnung $\frac{M_{01}}{m_0 r\omega^2 a}$	oszillierend 2. Ordnung $\frac{F_{02}}{m_0 r\omega^2 \lambda}$	oszillierend 2. Ordnung $\frac{M_{02}}{m_0 r\omega^2 \lambda a}$	innere Momente: rotierend $\frac{M_{ir}}{m_r r\omega^2 a}$	oszillierend 1. Ordng. $\frac{M_{i01}}{m_0 r\omega^2 a}$	oszillierend 2. Ordng. $\frac{M_{i02}}{m_0 r\omega^2 \lambda a}$	Wechseldrehmoment um Kurbelwellenachse (Gas- u. Massendrehmom.): Ordn. q	$\frac{M_{Wq}}{M_i}$	Ordn. q	$\frac{M_{Wq}}{M_i}$	Zünd-abstand	Zündfolge
1	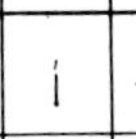	-	1	0	1	0	1	0	0	0	0	0,5	2,3	1	3,2 [3)] 3,7 10	720	
2	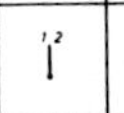	-	2	0	2	0	2	0	0	0	0	1	3,2 [3)] 3,7 10	2	2,0 [3)] 0,1 26	360	1-2
2	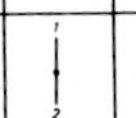	-	0	1	0	1	2	0	1	1	0	0,5	1,6	1,5	2,0	180- 540	1-2
3	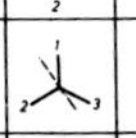	-	0	1,732 [1)]	0	1,732	0	1,732	1	1	1	1,5	2,8	3	1,6 [3)] 0,2 8	240	1-2-3
4	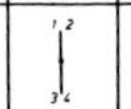	-	0	0	0	0	4	0	1	1	0	2	2,0 [3)] 0,1 26	4	1,2 [3)] 1,0 2,3	180	1-3-4-2
5	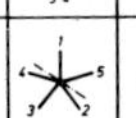	-	0	0,449 [1)]	0	0,449	0	4,980	1,328	1,328	2,497	2,5	2,1	5	0,8	144	1-2-4-5-3
6	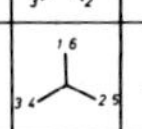	-	0	0	0	0	0	0	1,732	1,732	1,732	3	1,6 [3)] 0,2 8	6	0,5	120	1-5-3-6-2-4 1-2-4-6-5-3
7	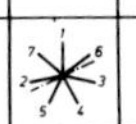	-	0	0,267 [1)]	0	0,267	0	1,006	2,528	2,528	1,182	3,5	1,5	7	0,3	102,8	1-3-5-7-6-4-2
7	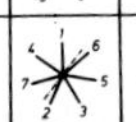	-	0	0,076 [1)]	0	0,076	0	9,149	1,182	1,182	4,933	3,5	1,5	7	0,3	102,8	1-5-2-4-6-3-7
8	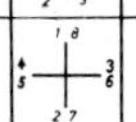	-	0	0	0	0	0	0	1,414	1,414	4	4	1,2 [3)] 1 2,3	8	0,2	90	1-3-2-5-8-6-7-4 1-6-2-4-8-3-7-5
8	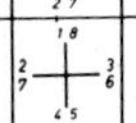	-	0	0	0	0	0	0	3,162	3,162	1	4	1,2 [3)] 1,0 2,3	8	0,2	90	1-3-5-7-8-6-4-2 1-6-5-2-8-3-4-7
9	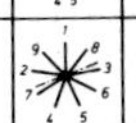	-	-	·0,194 [1)]	0	0,194	0	0,548	4,147	4,147	1,114	4,5	1	9	0,12	80	1-3-5-7-9-8-6-4-2
10		-	0	0	0	0	0	0	2,629	2,629	4,253	5	0,8	10	0,08	72	1-7-2-6-3-10-4-9-5-8
10	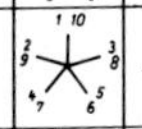	-	0	0	0	0	0	0	4,980	4,980	1,328	5	0,8	10	0,08	72	1-3-5-7-9-10-8-6-4-2
10	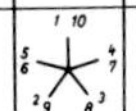	-	0	0	0	0	0	0	1,328	1,328	2,497	5	0,8	10	0,08	72	1-7-3-9-6-10-4-8-2-5 1-7-3-9-5-10-4-8-2-6
11	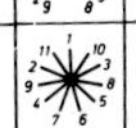	-	0	0,153 [1)]	0	0,153	0	0,382	6,172	6,172	1,543	5,5	0,6	11	0,05	65,5	1-3-5-7-9-11-10-8-6-4
12	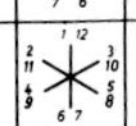	-	0	0	0	0	0	0	7,211	7,211	1,732	6	0,5	12	0,04	60	1-3-5-7-9-11-12-10-8-6-4-2
12	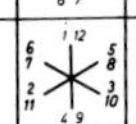	-	0	0	0	0	0	0	1,732	1,732	1,732	6	0,5	12	0,04	60	1-8-3-9-2-7-12-5-10-4-11-6 1-5-10-9-2-6-12-8-3-4-11-7
12	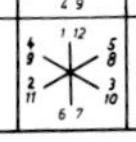	-	0	0	0	0	0	0	3,464	3,464	1,732	6	0,5	12	0,04	60	1-5-10-7-2-4-12-8-3-6-11-9

Tabelle 4G: Kurbelfolgen, Zündfolgen, Verhältniszahlen der freien Massenwirkungen, inneren Biegemomente und Wechseldrehmomente von Viertakt-L-Motoren

TAFEL 4H: Kurbelfolgen, Zündfolgen, Verhältniszahlen der freien Massenwirkungen, inneren Biegemomente und Wechseldrehmomente von 4-Takt-V-Motoren

Zyl. zahl	Kurbel-stern	V ∢	Massenkräfte u. Massenmomente: rotierend $\frac{F_r}{m_r r \omega^2}$	rotierend $\frac{M_r}{m_r r \omega^2 a}$	oszillierend 1. Ordnung $\frac{F_{01}}{m_0 r \omega^2}$	oszillierend 1. Ordnung $\frac{M_{01}}{m_0 r \omega^2 a}$	oszillierend 2. Ordnung $\frac{F_{02}}{m_0 r \omega^2 \lambda}$	oszillierend 2. Ordnung $\frac{M_{02}}{m_0 r \omega^2 \lambda a}$	innere Momente: rotierend $\frac{M_{ir}}{m_r r \omega^2 a}$	oszillierend 1. Ordng. $\frac{M_{i01}}{m_0 r \omega^2 a}$	oszillierend 2. Ordng. $\frac{M_{i02}}{m_0 r \omega^2 \lambda a}$	Wechseldrehmoment um Kurbelwellenachse (Gas- u. Massendrehmom.): Ordn. q	$\frac{M_{Wq}}{M_i}$	Ordn. q	$\frac{M_{Wq}}{M_i}$	Zünd-ab-stand	Zündfolge
2x1	1	90	1 [1]	0	1 [1]	0	V: 0 H: 1,414	0				0,5	2,1	1	2,3 2,6 7	270 - 450	A 1 B 1
2x2	1 2	90	2 [1]	0	2 [1]	0	V: 0 H: 2,828	0	1	1	V:0 H:1,414	1	2,3 [3] 2,6 7	3	1,1 0,1 5,7	270 - 90	A 1 2 B 1 2
		180	2 [1]	0	V: 0 H: 4	0	0	0	1	V: 0 H: 2	0	2	0,1 [3] 2 26	4	1 1,2 2,3	180	A 1 2 B 1 2
2x2	1 2	90	0	1 [1]	0	1 [1]	V:0 H:2,828	0	1	1	V:0 H:1,414	0,5	0,6	1,5	1,8	180-90-270	A 1 2 B 1 2
		180	0	1 [1]	0	V:0 H:2	0	0	1	V:0 H:2	0	2	0,1 [3] 2 26	4	1,2 1 2,3	180	A 1 2 B 1 2
2x2	1 2	90	1,414 [1]	0	1,414 [1]	0	0	V:0 H:1,414	1	1	V:0 H:1,414	0,5	0,8	1	1,85 1,6	270-90-90	A 1 2 B 1 2
2x3	1 2 3	60	0	1,732 [1]	0	V:2,598 H:0,866	0	V:1,500 [2] H:1,500	1	V:1,5 H:0,5	V:0,866 H:0,866	1,5	2,0	4,5	0,7	60 - 180	A 1 3 2 B 2 1 3
		90	0	1,732 [1]	0	1,732 [1]	0	V:0 H:2,449	1	1	V:0 H:1,414	1,5	1,1	3	1,1 0,1 5,7	150 - 90	A 1 3 2 B 3 2 1
		120	0	1,732 [1]	0	V:0,866 H:2,598	0	V:0,866 H:2,598	1	V:0,5 H:1,5	V:0,866 H:0,866	3	1,6 [3] 0,2 8	6	0,5	120	A 1 3 2 B 3 2 1
2x4	1 2 3 4	90	0	3,162 [1]	0	3,162 [1]	0	0	1,581	1,581	V:0 H:1,414	4	1,2 [3] 1 2,3	8	0,2	90	A 1 4 3 2 B 4 1 3 2 A 1 4 2 3 B 4 3 2 1
		180	0	3,162 [1]	0	V:0 H:6,324	0	0	1,581	V:0 H:3,162	0	4	1,2 [3] 1 2,3	8	0,2	90	A 1 2 3 4 B 2 1 3 4 A 1 4 3 2 B 2 3 4 1
2x4	1 2 3 4	90	0	1,414 [1]	0	1,414 [1]	0	V:0 H:5,656	1	1	V:0 H:2,828	4	1,2 [3] 1 2,3	8	0,2	90	A 1 2 3 4 B 2 13 4
		180	0	1,414 [1]	0	V:0 H:2,828	0	0	1	1	0	4	1,2 [3] 1 2,3	8	0,2	90	A 1 2 3 4 B 4 32 1
2x4	1 4 2 3	45	0	0	0	0	V:5,228 H:2,164	0	1	V:1,707 H:0,293	V:2,614 H:1,082	2	1,4 [3] 0,1 18	6	0,35	135-45	A 1 3 4 2 B 2 1 3 4
		60	0	0	0	0	V:3,464 [2] H:3,464	0	1	V:1,5 H:0,5	V:1,732 H:1,732	2	1 [3] 0,05 13	4	0,6 0,55	120-60	A 1 3 4 2 B 2 1 3 4
		75	0	0	0	0	V:1,644 H:4,704	0	1	V:1,259 H:0,741	V:0,822 H:2,352	2	0,5 [3] 0,03 6,7	4	1 0,95	105-75	A 1 3 4 2 B 3 4 2 1
		90	0	0	0	0	V:0 H:5,656	0	1	1	V:0 H:2,828	4	1,2 [1] 1,1	8	0,2	90	A 1 3 4 2 B 3 4 2 1
2x5	1 2 3 4 5	90	0	4,980 [1]	0	4,980 [1]	0	V:0 H:0,635	2,497	2,497	V:0 H:1,878	2,5	0,8	5	0,57	54 - 90	A 1 5 2 3 4 B 5 2 3 4 1
2x5	1 2 3 4 5	45	0	0,449 [1]	0	V:0,766 H:0,132	0	V:6,509 H:2,694	1,328	V:2,267 H:0,389	V:6,509 H:2,694	2,5	1,2	5	0,31	90 - 45	A 1 2 4 5 3 B 2 4 5 3 1
		60	0	0,449 [1]	0	V:0,674 H:0,225	0	V:4.313 [2] H:4,313	1,328	V:1,992 H:0,664	V:4,313 H:4,313	2,5	0,55	5	0,7	84 - 60	A 1 2 4 5 3 B 2 4 5 3 1
		72	0	0,449 [1]	0	V:0,588 H:0,310	0	V:2,490 H:5,568	1,328	V:1,738 H:0,798	V:2,490 H:5,568	5	0,8	10	0,08	72	A 1 2 4 5 3 B 2 4 5 3 1
2x6	1 6 2 5 3 4	45	0	0	0	0	0	0	1,732	V:2,957 H:0,507	V:2,264 H:0,937	3	0,6 [3] 0,08 3,1	6	0,35	75 - 45	A 1 5 3 6 2 4 B 5 3 6 2 4 1
		48	0	0	0	0	0	0	1,732	V:2,891 H:0,573	V:2,118 H:1,048	3	0,5 [3] 0,06 2,5	6	0,40	72 - 42	A 1 5 3 6 2 4 B 5 3 6 2 4 1
		50	0	0	0	0	0	0	1,732	V:2,846 H:0,618	V:2,018 H:1,121	3	0,4 [3] 0,05 2,1	6	0,43	70 - 50	A 1 5 3 6 2 4 B 5 3 6 2 4 1
		60	0	0	0	0	0	0	1,732	V:2,598 H:0,866	V:1,500 H:1,500	3	0	6	0,5	60	A 1 2 4 6 5 3 B 2 4 6 5 3 1 A 1 5 3 6 2 4 B 5 3 6 2 4 1
		75	0	0	0	0	0	0	1,732	V:2,181 H:1,283	V:0,712 H:2,037	3	0,6 [3] 0,08 3,1	6	0,35	45 - 75	A 1 5 3 6 2 4 B 2 4 1 5 3 6
		90	0	0	0	0	0	0	1,732	1,732	V:0 H:2,449	3	1,1 [3] 0,15 5,7	6	0	30 - 90	A 1 5 3 6 2 4 B 2 4 1 5 3 6
		180	0	0	0	0	0	0	1,732	V:0 H:3,464	0	3	0	6	0.5	60	A 1 5 3 6 2 4 B 3 6 2 4 1 5
2x6	1 2 3 4 5 6	120	0	0	0	0	0	V:1,732 H:5,196	1,732	V:0,866 H:2,598	V:0,866 H:2,598	6	0,5	12	0,04	60	A 1 4 2 5 3 6 B 4 2 5 3 6 1
2x7	1 2 3 4 5 6 7	45	0	0,267 [1]	0	V:0,465 H:0,078	0	V:1,315 H:0,544	2,528	V:4,315 H:0,741	V:1,545 H:0,639	3,5	0,29	7	0,31	57,8 - 45	A 1 3 5 7 6 4 2 B 3 5 7 6 4 2 1
		51,4	0	0,267 [1]	0	V:0,433 H:0,101	0	V:1,130 H:0,403	2,528	V:4,103 H:0,953	V:1,327 H:0,474	3,5	-	7	0,34	51,4	A 1 3 5 7 6 4 2 B 3 5 7 6 4 2 1
		60	0	0,267 [1]	0	V:0,401 H:0,134	0	V:0,871 [2] H:0,871	2,528	V:3,792 H:1,264	V:1,024 H:1,024	3,5	0,38	7	0,29	42,8 - 60	A 1 3 5 7 6 4 2 B 3 5 7 6 4 2 1
		90	0	0,267 [1]	0	0,267 [1]	0	V:0 H:1,422	2,528	2,528	V:0 H:1,671	3,5	1,37	7	0,24	12,9 - 90	A 1 3 5 7 6 4 2 B 4 2 1 3 5 7 6
2x7	1 2 3 4 5 6 7	90	0	3,781 [1]	0	3,781 [1]	0	V:0 H:0,107	2,528	2,528	V:0 H:1,671	3,5	1,37	7	0,24	12,9 - 90	A 1 3 4 5 7 6 2 B 6 2 1 3 4 5 7

Tabelle 4H: Kurbelfolgen, Zündfolgen, Verhältniszahlen der freien Massenwirkungen, inneren Biegemomente und Wechseldrehmomente von Viertakt-V-Motoren

TAFEL 4I: Kurbelfolgen, Zündfolgen, Verhältniszahlen der freien Massenwirkungen, inneren Biegemomente und Wechseldrehmomente von 4-Takt-V-Motoren

Zyl. zahl	Kurbel-stern	V	Massenkräfte u. Massenmomente, rotierend: $\frac{F_r}{m_r r\omega^2}$	rotierend: $\frac{M_r}{m_r r\omega^2 a}$	oszillierend, 1. Ordnung: $\frac{F_{01}}{m_0 r\omega^2}$	1. Ordnung: $\frac{M_{01}}{m_0 r\omega^2 a}$	2. Ordnung: $\frac{F_{02}}{m_0 r\omega^2\lambda}$	2. Ordnung: $\frac{M_{02}}{m_0 r\omega^2\lambda a}$	innere Momente, rotierend: $\frac{M_{Ir}}{m_r r\omega^2 a}$	oszillierend, 1. Ordng.: $\frac{M_{I01}}{m_0 r\omega^2 a}$	2. Ordng.: $\frac{M_{I02}}{m_0 r\omega^2\lambda a}$	Wechseldrehmoment um Kurbelwellenachse (Gas- u. Massendrehmom.): Ordn. q	$\frac{M_{Wq}}{M_i}$	Ordn. q	$\frac{M_{Wq}}{M_i}$	Zünd-ab-stand	Zündfolge
2x8		45	0	0	0	0	0	0	1,414	V:2,414 H:0,414	V:5,228 H:2,164	4	0	8	0,20	45	A 1 3 2 5 8 6 7 4 B 3 2 5 8 6 7 4 1
		48	0	0	0	0	0	0	1,414	V:2,360 H:0,468	V:4,892 H:2,420	4	0,13 3) 0,11 0,25	8	0,20	42-48	A 1 3 7 5 8 6 2 4 B 3 7 5 8 6 2 4 1
		50	0	0	0	0	0	0	1,414	V:2,323 H:0,505	V:4,660 H:2,588	4	0,21 3) 0,18 0,4	8	0,19	40-50	A 1 3 7 5 8 6 2 4 B 3 7 5 8 6 2 4 1
		60	0	0	0	0	0	0	1,414	V:2,121 H:0,707	V:3,464 H:3,464	4	0,6 3) 0,5 1,2	8	0,1	30-60	A 1 6 2 4 8 3 7 5 B 6 2 4 8 3 7 5 1
2x8		45	0	0	0	0	0	0	3,162	V:5.398 H:0,926	V:1,307 H:0,541	4	0	8	0,20	45	A 1 3 5 2 8 6 4 7 B 3 5 2 8 6 4 7 1
		48	0	0	0	0	0	0	3,162	V:5,277 H:1,047	V:1,223 H:0,605	4	0,13 3) 0,11 0,25	8	0,20	42-48	A 1 3 5 7 8 6 4 2 B 3 5 7 8 6 4 2 1
		50	0	0	0	0	0	0	3,162	V:5,195 H:1,129	V:1,165 H:0,647	4	0,21 3) 0,18 0,4	8	0,19	40-50	A 1 3 5 7 8 6 4 2 B 3 5 7 8 6 4 2 1
		60	0	0	0	0	0	0	3,162	V:4,743 H:1,581	V:0,866 H:0,866	4	0,6 3) 0,5 1,2	8	0,1	30-60	A 1 7 5 3 8 2 4 6 B 7 5 3 8 2 4 6 1
		120	0	0	0	0	0	0	3,162	V:1,581 H:4,743	V:0,5 H:1,5	4	0,6 3) 0,5 1,2	8	0,1	60-30	A 1 6 5 2 8 3 4 7 B 4 7 1 6 5 2 8 3 A 1 6 4 2 8 3 5 7 B 4 2 8 3 5 7 1 6
2x8		90	0	4,353 1)	0	4,353 1)	0	0	2,176	2,176	V:0 H:3,999	8	0,2	16		45	A 1 6 8 3 4 2 5 7 B 2 5 7 4 6 8 3 1
2x8		90	0	2,763 1)	0	2,763 1)	0	0	1,474	1,474	V:0 H:4,471	8	0,2	16		45	A 1 5 2 7 3 8 4 6 B 3 2 4 1 7 5 8 6
2x8		90	0	0,897 1)	0	0,897 1)	0	0	1,639	1,639	V:0 H:3,999	8	0,2	16		45	A 1 5 7 3 8 6 2 4 B 2 4 8 5 7 3 1 6
2x8		90	0	12,885 1)	0	12.885 1)	0	0	6,443	6,443	V:0 H:4,471	8	0,2	16		45	A 1 3 5 7 8 6 4 2 B 6 4 2 1 3 5 7 8
2x12		45	0	0	0	0	0	0	1,732	V:2,957 H:0,507	V:2,264 H:0,937	6	0,35	24		15-45	A 1 5 10 9 2 6 12 8 3 4 11 7 B 5 10 9 2 6 12 8 3 4 11 7 1
2x12		60	0	0	0	0	0	0	1,732	V:2,598 H:0,866	V:1,500 H:1,500	12	0,04	24		30	A 1 5 3 4 2 6 12 7 11 9 10 8 B 7 11 9 10 8 12 5 3 4 2 6 1 A 1 12 3 11 2 10 6 8 5 7 4 9 B 3 11 2 10 5 7 4 9 6 8 1 12

Tabelle 4I: Kurbelfolgen, Zündfolgen, Verhältniszahlen der freien Massenwirkungen, inneren Biegemomente und Wechseldrehmomente von Viertakt-V-Motoren

TAFEL 4K: Kurbelfolgen, Zündfolgen, Verhältniszahlen der freien Massenwirkungen, inneren Biegemomente und Wechseldrehmomente von 4-Takt-V-Motoren mit 1 Hubzapfen für jeden Zylinder

Zyl. zahl	Kurbel-stern	V	Massenkräfte u. Massenmomente, rotierend: $\frac{F_r}{m_r r\omega^2}$	rotierend: $\frac{M_r}{m_r r\omega^2 a}$	oszillierend, 1. Ordnung: $\frac{F_{01}}{m_0 r\omega^2}$	1. Ordnung: $\frac{M_{01}}{m_0 r\omega^2 a}$	2. Ordnung: $\frac{F_{02}}{m_0 r\omega^2\lambda}$	2. Ordnung: $\frac{M_{02}}{m_0 r\omega^2\lambda a}$	innere Momente, rotierend: $\frac{M_{Ir}}{m_r r\omega^2 a}$	oszillierend, 1. Ordng.: $\frac{M_{I01}}{m_0 r\omega^2 a}$	2. Ordng.: $\frac{M_{I02}}{m_0 r\omega^2\lambda a}$	Wechseldrehmoment um Kurbelwellenachse (Gas- u. Massendrehmom.): Ordn. q	$\frac{M_{Wq}}{M_i}$	Ordn. q	$\frac{M_{Wq}}{M_i}$	Zünd-ab-stand	Zündfolge
2		180	0	$1\cdot\frac{V}{a}$	0	$1\cdot\frac{V}{a}$	0	$1\cdot\frac{V}{a}$				1	3,2 3) 3,7 10	2	2 3) 0,1 26	360	1-2
4		180	0	0	0	0	0	$2\cdot\frac{V}{a}$	$1\cdot\frac{V}{a}$	$1\cdot\frac{V}{a}$	$1\cdot\frac{V}{a}$	2	2 3) 0,1 26	4	1,2 3) 1 2,3	180	1-4-2-3 (1-4-3-2)
4		90	0	1,414	0	1,414	2,828	$1{,}414\cdot\frac{V}{a}$	0,76	0,76	0,24	2	2 3) 0,1 26	4	1 3) 1,2 2,3	180	1-2-4-3 (1-3-4-2)
4		60	0	1	0	1	3,464	$1\cdot\frac{V}{a}$	0,58	0,58	0,33	2	2 3) 0,1 26	4	1,2 3) 1 2,3	180	1-2-4-3 (1-3-4-2)
6		60	0	3	0	1,5	0	1,5 2)	1,61	0,95	0,95	3	1,6 3) 0,2 8	6	0,5	120	1-6-5-4-3-2 (1-4-2-5-3-6)
6		180	0	0	0	0	0	0	0,33	0,17	0,17	3	1,6 3) 0,2 8	6	0,5	120	1-6-3-2-5-4 (1-6-2-4-3-5)
8		60	0	6,109	0	3,739	0	0	3,17	1,87	0,88	4	1,2 3) 1 2,3	8	0,2	90	1-5-4-3-6-8-7-2 1-8-7-2-6-5-4-3
8		60	0	2,732	0	1,732	0	4	1,932	1,0	2,082	4	1,2 3) 1 2,3	8	0,2	90	1-7-6-5-8-4-3-2
8		60	0	0	0	0	4	0	1,932	1,224	0	4	1,2 3) 1 2,3	8	0,2	90	1-4-3-8-7-6-5-2 1-6-3-2-7-4-5-8

Tabelle 4K: Kurbelwellen, Zündfolgen, Verhältniszahlen der freien Massenwirkungen, inneren Biegemomente und Wechseldrehmomente von Viertakt-V-Motoren mit einem Hubzapfen für jeden Zylinder

TAFEL 4L: Kurbelfolgen, Zündfolgen, Verhältniszahlen der freien Massenwirkungen, inneren Biegemomente und Wechseldrehmomente von 2-Takt-L-Motoren

Zyl zahl	Kurbelstern	V ≮	Massenkräfte u. Massenmomente: rotierend $\frac{F_r}{m_r r\omega^2}$	rotierend $\frac{M_r}{m_r r\omega^2 a}$	oszillierend 1. Ordnung $\frac{F_{01}}{m_0 r\omega^2}$	oszillierend 1. Ordnung $\frac{M_{01}}{m_0 r\omega^2 a}$	oszillierend 2. Ordnung $\frac{F_{02}}{m_0 r\omega^2\lambda}$	oszillierend 2. Ordnung $\frac{M_{02}}{m_0 r\omega^2\lambda a}$	innere Momente: rotierend $\frac{M_{Ir}}{m_r r\omega^2 a}$	oszillierend 1. Ordng. $\frac{M_{I01}}{m_0 r\omega^2 a}$	oszillierend 2. Ordng. $\frac{M_{I02}}{m_0 r\omega^2\lambda a}$	Wechseldrehmoment um Kurbelwellenachse (Gas- u. Massendrehmom.): Ordn. q	$\frac{M_{Wq}}{M_i}$	Ordn. q	$\frac{M_{Wq}}{M_i}$	Zündabstand	Zündfolge
1	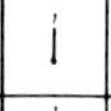	-	1 [1]	0	1	0	1	0				1	3 [3] 3,3 8	2	2,2 [3] 0,1 10	360	
2	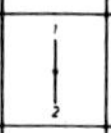	-	0	1 [1]	0	1	2	0	0	0	0	2	2,2 [3] 0,1 10	4	1,2 [3] 1,1 3	180	1-2
3	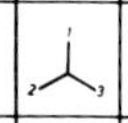	-	0	1,732 [1]	0	1,732	0	1,732	1	1	1	3	1,7 [3] 0,2 1,5	6	0,5	120	1-3-2
4	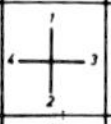	-	0	1,414 [1]	0	1,414	0	4	1	1	0	4	1,2 [3] 1,1 3	8	0,2	90	1-3-2-4
4	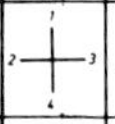	-	0	3,162 [1]	0	3,162	0	0	1,581	1,581	1	4	1,2 [3] 1,1 3	8	0,2	90	1-3-4-2
5	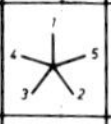	-	0	0,449 [1]	0	0,449	0	4,980	1,328	1,328	2,497	5	0,8	10	0,08	72	1-5-2-3-4
5	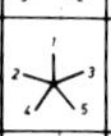	-	0	4,980 [1]	0	4,980	0	0,449	2,497	2,497	1,328	5	0,8	10	0,08	72	1-3-5-4-2
6	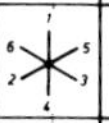	-	0	0	0	0	0	3,464	1,732	1,732	1,732	6	0,5	12	0,04	60	1-5-3-4-2-6
6	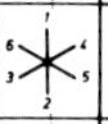	-	0	0	0	0	0	6,928	1	1	3,775	6	0,5	12	0,04	60	1-4-5-2-3-6
7		-	0	0,267 [1]	0	0,267	0	1,006	2,528	2,528	1,182	7	0,34	14	0,02	51,4	1-6-3-4-5-2-7
7	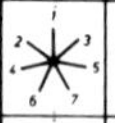	-	0	9,845 [1]	0	9,845	0	0,267	4,933	4,933	2,528	7	0,34	14	0,02	51,4	1-3-5-7-6-4-2
8	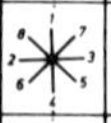	-	0	0,448 [1]	0	0,448	0	0	3,162	3,162	1	8	0,[illegible]	16	0,01	45	1-7-3-5-4-6-2-8
8	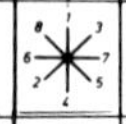	-	0	0,448 [1]	0	0,448	0	11,314	2,399	2,399	5,657	8	0,2	16	0,01	45	1-3-7-5-4-2-6-8
8	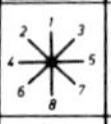	-	0	12,885 [1]	0	12,885	0	0	6,443	6,443	3,162	8	0,2	16	0,01	45	1-3-5-7-8-6-4-2
8	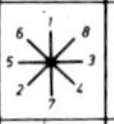	-	0	0,897	0	0,897	0	0	1,639	1,639	2,828	8	0,2	16	0,01	45	1-8-3-4-7-2-5-6
9	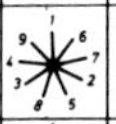	-	0	0,922 [1]	0	0,922	0	1,130	1,732	1,732	1,732	9	0,12	18		40	1-6-7-2-5-8-3-4-9
9	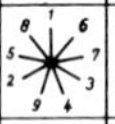	-	0	0,922 [1]	0	0,922	0	1,130	1,732	1,732	1,732	9	0,12	18		40	1-6-7-3-4-9-2-5-8
9		-	0	0,194 [1]	0	0,194	0	0,548	4,147	4,147	1,114	9	0,12	18		40	1-8-3-6-5-4-7-2-9
10	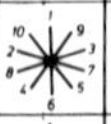	-	0	0	0	0	0	0,898	4,980	4,980	1,328	10	0,08	20		36	1-9-3-7-5-6-4-8-2-10
10		-	0	0	0	0	0	5,257	4,253	4,253	2,629	10	0,08	20		36	1-8-5-7-4-6-3-10-2-9
11		-	0	0	0	0	0	9,032	2,754	2,754	4,959	11	0,05	22		32,7	1-8-9-5-2-6-10-7-3-4-11
11		-	0	0,153 [1]	0	0,153	0	0,382	6,172	6,172	1,543	11	0,05	22		32,7	1-10-3-8-5-6-7-4-9-2-11
12		-	0	0	0	0	0	10	5,796	5,796	5,292	12	0,04	24		30	1-3-11-5-7-9-4-6-8-2-10-12
12		-	0	0	0	0	0	6	1,732	1,732	3,464	12	0,04	24		30	1-7-5-11-3-9-4-10-2-8-6-12
12	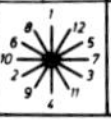	-	0	0	0	0	0	0	1,732	1,732	3,464	12	0,04	24		30	1-12-5-7-3-11-4-9-2-10-6-8

Tabelle 4L: Kurbelfolgen, Zündfolgen, Verhältniszahlen der freien Massenwirkungen, inneren Biegemomente und Wechseldrehmomente von Zweitakt-L-Motoren

TAFEL 4M: Kurbelfolgen, Zündfolgen, Verhältniszahlen der freien Massenwirkungen, inneren Biegemomente und Wechseldrehmomente von 2-Takt-V-Motoren

Zyl. zahl	Kurbel- stern	V ∢	Massenkräfte u. Massenmomente: rotierend		oszillierend: 1. Ordnung		2. Ordnung		innere Momente: rotierend	oszillierend: 1. Ordng.	2. Ordng.	Wechseldrehmoment um Kurbelwellenachse (Gas- u. Massendrehmom.)				Zünd- ab- stand	Zündfolge
			$\frac{F_r}{m_r r\omega^2}$	$\frac{M_r}{m_r r\omega^2 a}$	$\frac{F_{01}}{m_0 r\omega^2}$	$\frac{M_{01}}{m_0 r\omega^2 a}$	$\frac{F_{02}}{m_0 r\omega^2 \lambda}$	$\frac{M_{02}}{m_0 r\omega^2 \lambda a}$	$\frac{M_{Ir}}{m_r r\omega^2 a}$	$\frac{M_{I01}}{m_0 r\omega^2 a}$	$\frac{M_{I02}}{m_0 r\omega^2 \lambda a}$	Ordn. q	$\frac{M_{Wq}}{M_i}$	Ordn. q	$\frac{M_{Wq}}{M_i}$		
2x1		180	1 1)	0	2	0	V: 0 H: 2	0				2	2,2 3) 0,1 10	4	1,2 3) 1,1 3	180	A 1 B 1
2x2	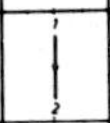	90	0	1 1)	0	1 1)	V: 0 H: 2,828	0	1	1	1	4	1,2 3) 1,1 3	8	0,2	90	A 1 2 B 2 1
2x3	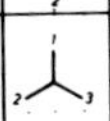	60	0	1,732 1)	0	V: 2,598 H: 0,866	0	V:1,500 2) H:1,500	1	V: 1,5 H: 0,5	V: 0,866 H: 0,866	6	0,5	12	0,04	60	A 1 3 2 B 3 2 1
2x4	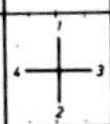	45	0	1,414 1)	0	V: 2,414 H: 0,414	0	V:5,228 H:2,164	1	V: 1,707 H: 0,293	V: 2,614 H: 1,082	8	0,2	16	0,01	45	A 1 3 2 4 B 3 2 4 1
2x4	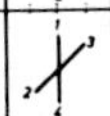	90	0	2,399 1)	0	2,399 1)	V:0 H:3,999	0	1,2	1,2	V: 0 H: 2,236	8	0,2	16	0,01	45	A 1 3 4 2 B 4 2 1 3
2x6	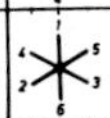	90	0	3,464 1)	0	3,464 1)	0	0	1,732	1,732	V: 0 H: 2,449	6	0	12	0,04	30	A 1 5 3 6 2 4 B 3 6 2 4 1 5
2x6		90 36	0 0	0 0	0 0	0 0	0 0	V:0 H:4,898 V:5,331 H:1,257	1,732 1,732	1,732 1,732	V: 0 H: 2,449 V: 2,666 H: 0,629	6 6	0 0,15	12 12	0,04 0,03	30 24–36	A 1 5 3 4 2 6 B 3 4 2 6 1 5 A 1 5 3 4 2 6 B 5 3 4 2 6 1
2x6	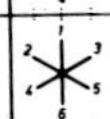	90	0	7,211 1)	0	7,211 1)	0	0	3,606	3,606	V: 0 H: 2,449	6	0	12	0,04	30	A 1 3 5 6 4 2 B 5 6 4 2 1 3
2x8	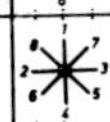	67,5	0	0,448 1)	0	V: 0,620 H: 0,276	0	0	3,162	V: 4,373 H: 1,951	V: 0,636 H: 1,027	16	0,01	32		22,5	A 1 7 3 5 8 2 4 6 B 3 5 4 6 2 8 1 7
2x8	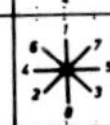	36	0	2,763 1)	0	V: 4,998 H: 0,528	0	0	1,474	V: 2,666 H: 0,282	V: 4,866 H: 1,148	8	0,16	16	0,003	9–36	A 1 7 5 3 8 2 4 6 B 7 5 3 8 2 4 6 1
2x12		36	0	0	0	0	0	0	1,732	V: 3,133 H: 0,331	V: 5,331 H: 1,257	12	0,03	24		24–6	A 1 12 5 7 3 11 4 9 2 10 6 8 B 5 7 3 11 4 9 2 10 6 8 1 12

Tabelle 4M: Kurbelwellen, Zündfolgen, Verhältniszahlen der freien Massenwirkungen, inneren Biegemomente und Wechseldrehmomente von Zweitakt-V-Motoren

Bedeutung der Fußnoten und zusätzliche Erläuterungen:

1) Die bezeichneten Massenkräfte und Momente sind durch entsprechend bemessene Gegengewichte an der Kurbelwelle vollkommen ausgleichbar (rotierende Wirkungen in jedem Falle, sowie oszillierende Wirkungen bei V90°-Anordnung)

2) Mit $2 \cdot \omega$ umlaufender, konstanter Betrag (V-Winkel 60°)

3) Die bezeichneten Wechseldrehmomente der Ordnungszahlen 1, 2, 3 und 4 sind außer von der Motorbelastung (Mitteldruck) auch von den oszillierenden Massenwirkungen und damit von der Drehzahl bzw. mittleren Kolbengeschwindigkeit abhängig (vergl. Abschnitt 4.5.4, Seite 131)

Tabelle 4K (Viertakt-V-Motoren mit einem Hubzapfen für jeden Zylinder):
Die Kurbelfolgen und Zündfolgen sind so angeschrieben, daß die Reihenfolge der Kröpfungen der natürlichen Zählweise von einem Kurbelwellenende ausgehend entspricht. Dies führt auf eine Zylinderzählung, bei der die Zylinder ihrer Längsversetzung entsprechend, jedoch alternierend von Reihe zu Reihe, fortlaufend gezählt werden ('gefächerter Reihenmotor'). Diese Zählung entspricht nicht den Normen DIN 6265 (Zählung von Kupplungsseite beginnend durch linke Reihe A und rechte Reihe B hindurch), bzw. DIN 73021 (Zählung auf der der Kraftabgabe gegenüberliegenden Seite beginnend durch linke Reihe hindurch und fortsetzend durch rechte Reihe hindurch). Die in Klammer angegebenen Zündfolgen gelten für die der Norm entsprechende Zylinderbezeichnung.

v/a ist das Verhältnis des Längs-Versatzes gegenüberliegender Zylinder zum Zylinderabstand innerhalb einer Reihe.

4.5.1 Auswahl von Bauvarianten

Die Tabellen enthalten keine vollständige Aufzählung der Möglichkeiten der Kurbel- und Zündfolgen bei Mehrzylindermotoren. Es handelt sich vielmehr um Kurbel- und Zündfolgen, die von ausgeführten Motoren bekannt sind oder deren Wahl nach den in Abschnitt 5.1 genannten Auswahl-Kriterien naheliegen würde.

Die sogenannten vollsymmetrischen Kurbelfolgen mit gerader Anzahl und paarweise gleichgerichteten Kröpfungen bei Viertaktmotoren ergeben stets mehrere Möglichkeiten der Zündfolge, und zwar um so mehr, je mehr gleichgerichtete Kröpfungspaare vorhanden sind.

Mit k als Anzahl der Kröpfungen ist die Anzahl der möglichen vollsymmetrischen Kurbelfolgen

$$\frac{(\frac{k}{2}-1)!}{2} \qquad (4.119)$$

Beispiel: Die vollsymmetrische achtfach gekröpfte Welle ergibt drei Möglichkeiten der Anordnung, wovon zwei in den Tabellen aufgeführt sind.

Für jede vollsymmetrische Kurbelfolge ist die Anzahl der möglichen Zündfolgen

$$2^{(\frac{k}{2}-1)} \qquad (4.120)$$

Beispiel: k = 4 → 2 Zündfolgen, k = 8 → 8 Zündfolgen
k = 6 → 4 Zündfolgen, k = 10 → 16 Zündfolgen

Bei den sogenannten teilsymmetrischen Kurbelfolgen mit ungerader Anzahl der Kröpfungen bei Viertaktmotoren und bei allen Kurbelfolgen der Zweitaktmotoren erlaubt eine Kurbelfolge immer nur eine Zündfolge.

Mit k als Anzahl der Kröpfungen ist die Anzahl der möglichen Kurbel- bzw. zugehörenden Zündfolgen: $k!/2k$

Beispiel		
k = 3	1	Kurbel- bzw. zugehörende Zündfolge
k = 4	3	Kurbel- bzw. zugehörende Zündfolgen
k = 5	12	" " " "
k = 6	60	" " " "
k = 7	360	" " " "
k = 8	2520	" " " "
k = 9	20160	" " " "

Bei Viertakt-V-Motoren mit einer Kröpfung für jeweils im V liegende Zylinder ergibt sich noch eine Verdoppelung der Anzahl der Zündfolgen, da die Zylinder einer Reihe gegenüber der anderen entweder im Abstand des Gabelwinkels V oder im Abstand $V \pm 360^0$ gegeneinander versetzt zünden können.

Die aus der Umkehr der Drehrichtung bzw. aus der spiegelsymmetrischen Umkehr der Kröpfungsanordnung sich ergebenden Zündfolgen sind bei den Angaben über die Anzahl der Möglichkeiten nicht berücksichtigt. Sie sind im hier verstandenen Sinne keine 'anderen' Zündfolgen, d. h. sie haben keine anderen charakteristischen Eigenschaften.

4.5.2 Massenkräfte und Massenmomente

Freie oder äußere Massenwirkungen (Massenkräfte oder -momente) treten dann auf, wenn die Summe der Kurbeltriebs-Massenkräfte oder der von diesen verursachten Momente ungleich Null ist. Die durch rein rotierende Massen verursachten Wirkungen sind durch Gegengewichte entsprechender Größe an der Kurbelwelle immer voll ausgleichbar. Gleiches gilt für die durch die oszillierenden Massen verursachten Wirkungen 1. Ordnung im Falle eines V-Winkels von 90^0. Die zwei an einer Kröpfung wirkenden periodischen Massenkräfte 1. Ordnung ergeben durch ihre Phasenverschiebung zueinander hierbei einen konstanten, mit der Kurbelwelle umlaufenden Betrag. Diese Fälle sind in den Tabellen mit 1) gekennzeichnet. In allen anderen Fällen können die oszillierenden Massenwirkungen 1. Ordnung durch entsprechend bemessene Kurbelwellengegengewichte in ihrer Wirkebene zwar vermindert werden, der abgebaute Anteil erscheint jedoch in der Querebene wieder, das heißt, es findet nur eine Verlegung der oszillierenden Massenwirkung von der Wirkrichtung in die Querrichtung statt.

4.5.3 Innere Biegemomente

Die inneren Biegemomente sind die Kurbelwellen- und Gehäusebiegemomente, die dadurch entstehen, daß die Kurbeltriebsmassenkräfte in Abständen voneinander an der Kurbelwelle wirken. Diese Biegemomente werden durch die Lager auf das Motorgehäuse übertragen. Wird die Kurbelwelle für sich allein betrachtet, so muß für die Bestimmung der inneren Biegemomente strenggenommen dynamisches Gleichgewicht vorhanden sein oder die inneren Momente dürfen nur aus den im dynamischen Gleichgewicht befindlichen Anteilen bestimmt werden. Wird die Kurbelwelle dagegen von außen über die Lagerstellen festgehalten, so wirken auch die freien Momente verbiegend auf die Kurbelwelle und das Gehäuse. Die in den Tabellen angegebenen bezogenen Werte des inneren Biegemomentes beziehen sich auf letzteren Fall, das heißt, die ggf. als freies Moment auftretenden Anteile sind auch in das innere Biegemoment eingerechnet.

4.5.4 Wechseldrehmomente und Zündfolgen

Die Wechseldrehmomente aus den harmonischen Gas- und Massendrehmomenten wirken um die Kurbelwellen-Längsachse des Motors. Die in den Tabellen aufgeführten Wechseldrehmomente sind auf das mittlere indizierte Drehmoment des Motors bezogen, sind also Verhältniszahlen. Da die Gas-Drehkraftharmonischen im wesentlichen proportional der Motorbelastung sind, werden die aufgeführten Verhältniszahlen nahezu unabhängig von der Motorbelastung, wenn ausschließlicher oder überwiegender Gaskrafteinfluß vorliegt. Wechseldrehmomente der Ordnungszahlen 2 und 3 sind in starkem Maße, diejenigen der Ordnungszahlen 1 und 4 in schwachem Maße durch die Massendrehmomente beeinflußt und sind somit drehzahl-veränderlich. In diesen Fällen sind in den Tabellen-Spalten 3 Zahlen für das bezogene Wechseldrehmoment aufgeführt, die für die folgenden Betriebszustände gelten (Abb. 4.34):

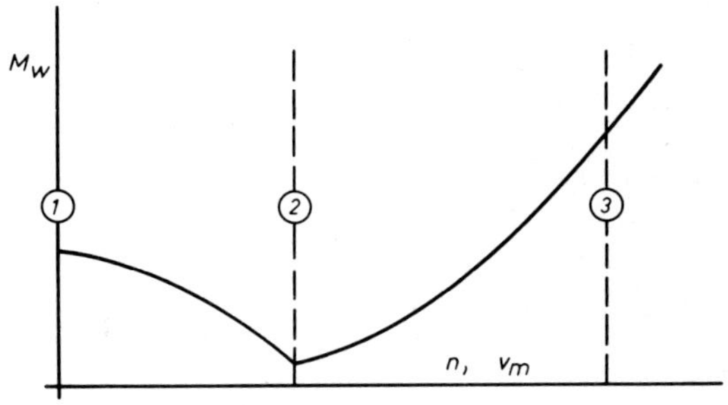

Abb. 4.34: Gas- und Massen-Wechseldrehmoment

1) Überwiegender Gasdrehmoment-Einfluß bei niedriger Kolbengeschwindigkeit
2) Minimum des harmonischen Wechseldrehmomentes 2. oder 3. Ordnung, wenn die Gaswirkungen durch die entgegengerichteten Massenwirkungen weitgehend kompensiert werden

   oder

   harmonisches Wechseldrehmoment 1. oder 4. Ordnung bei einer Kolbengeschwindigkeit $v_m \approx 11$ m/s
3) Überwiegender Massendrehmoment-Einfluß bei Leerlauf und hoher Kolbengeschwindigkeit ($v_m = 12$ m/s). Das Wechseldrehmoment ist in diesem Fall auf das indizierte Leerlaufdrehmoment (≙ Reibungsdrehmoment entsprechend Reibungsmitteldruck $p_i = p_r \approx 2$ bar) bezogen.

   Die bezogenen Wechseldrehmomente sind bei Massendrehmoment-Einfluß nicht mehr last-unabhängig.

Die Bestimmung der bezogenen Wechseldrehmomente erfolgte am Beispiel einer Dieselmotor-Baureihe mit Verdichtungsverhältnis $\varepsilon = 16$, einer bezogenen oszillierenden Masse von $m_0/V_{H1} = 2{,}8\ kg/dm^3$, Stangenverhältnis $\lambda = 0{,}267$ bei Berücksichtigung einer mittleren Kolbengeschwindigkeit bis zu 12 m/s. Auch bei den lediglich gaskraftabhängigen harmonischen Wechseldrehmomenten (alle Ordnungszahlen außer 1, 2, 3, 4) ist zu beachten, daß außer dem Mitteldruck noch Verdichtungsverhältnis und Ladedruck vorwiegend bei niederen Ordnungszahlen, sowie Druckanstieg und Höhe des Verbrennungsdruckes hauptsächlich bei den höheren Ordnungszahlen von Einfluß auf die Gaskraft-Harmonischen sind. Die in den Tabellen aufgeführten Verhältniszahlen sind daher vor allem Vergleichszahlen untereinander oder allenfalls ungefähre Richtwerte, wenn diese für andere Motoren übernommen werden.

5 Der Massenausgleich der Verbrennungskraftmaschine

Mit M a s s e n a u s g l e i c h bezeichnet man alle Maßnahmen zum vollständigen oder teilweisen Ausgleich der Kurbeltriebs-Massenkräfte und der durch diese verursachten Massenmomente. Entsprechend den sechs Freiheitsgraden eines Körpers kann es sich dabei gemäß Abb. 5.1 handeln um:

a) Kräfte (und Translationsbewegungen) in der Hochachse des Motors (z-Achse)

b) Kräfte (und Translationsbewegungen) in der Querachse des Motors (y-Achse)

c) Kräfte (und Translationsbewegungen) in der Längsachse des Motors (x-Achse)

d) Momente (und Drehbewegungen) um die Hochachse des Motors (um z-Achse)

e) Momente (und Drehbewegungen) um die Querachse des Motors (um y-Achse) und

f) Momente (und Drehbewegungen) um die Längsachse des Motors (um x-Achse)

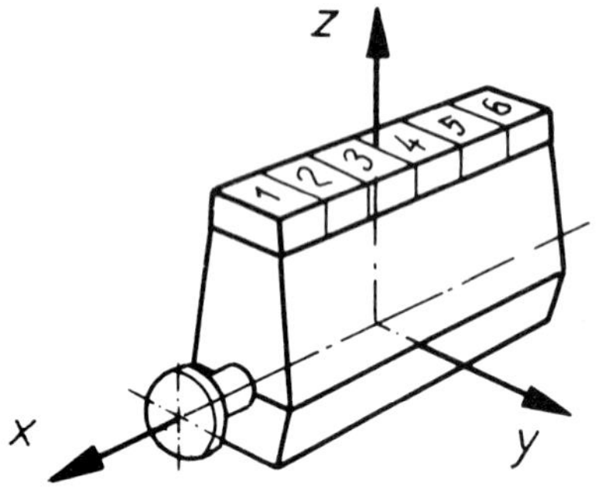

Abb. 5.1: Bezugskoordinaten einer Hubkolbenmaschine

Nach den Ableitungen von Kapitel 4 wirken die hauptsächlichen K r a f t a n r e g u n g e n eines Einhub-Schubkurbelgetriebes in y- und z-Achse. Bei mehreren Kurbelkröpfungen können sich diese Kraftwirkungen summieren, aber auch teilweise oder ganz aufheben. Durch die elastische Spreizung der Schubkurbel treten in Verbindung mit den Schwungmassen zwar auch in Kurbelwellenlängsrichtung (x) wirkende Kräfte auf, doch werden diese beim Massenausgleich generell nicht berücksichtigt. Wirken Massenkräfte paarweise in parallelen Ebenen, so ergeben sich (freie) Massenmomente um die y- und/oder z-Achse, wie wir sie bei einigen mehrhubigen Hubkolbenmaschinen finden können.

Heben sich alle Kräfte und Momente innerhalb der Gesamteinheit 'Motor' auf, das heißt, es treten keine freien Massenkräfte und freien Massenmomente auf, so können doch die Massenwirkungen der einzelnen Hübe innerhalb des Motorengestelles Kraft- und Momentwirkungen ausüben, die z. B. zur Schub- und Biegeverformung des Motorengestelles und/oder zu Erschütterungen einzelner Baukomponenten führen.

Diese inneren Kraftwirkungen (inneres Biegemoment) werden über die Grundlager in das Motorengestell hineingetragen. Die dadurch verursachten Verformungen können den Eindruck eines schlechten Massenausgleiches erwecken, wenn z. B. die Aufstellfüße des Motors nicht in den Knotenpunkten der Verformungslinien liegen. Neben dem in Kapitel 4 genannten Massendrehmoment treten als Momente um die x-Achse vor allem gaskraftabhängige Wechseldrehmomentenanteile (siehe auch Kapitel 6) auf.

Kräfte und Momente am Motor	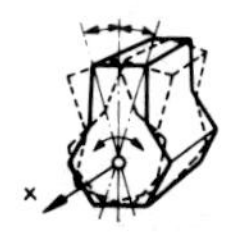	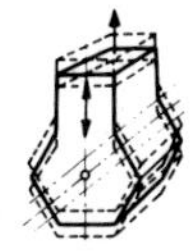	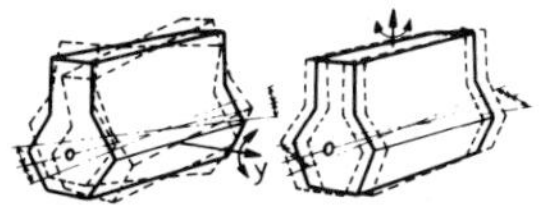	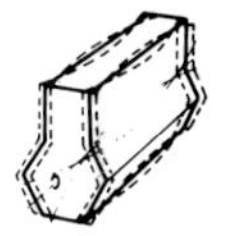
Bezeichnung	Wechseldrehmoment Querkippmoment Rückdrehmoment	Freie Massenkraft	Freies Massenmoment Längskippmoment um y-(Quer)Achse ('Galoppierendes' Mom.) um z-(Hoch)Achse ('Schlingerndes' Mom.)	Inneres Biegemoment
Ursache	Gas-Tangentialkräfte sowie Massen-Tangentialkräfte bei den Ordnungszahlen 1, 2, 3 und 4	Nicht ausgeglichene oszill. Massenkräfte 1. Ordnung bei 1 u. 2 Zyl. 2. Ord. bei 1-, 2-, 4 Zyl.	Nicht ausgeglichene oszill. Massenkräfte als Kräftepaar 1. und 2. Ordnung	Rotierende und oszillierende Massenkräfte
Einflußgrößen	Zylinderzahl, Zündabstände, Hubvolumen, p_i, ε, p_z m_0, r, ω, λ	Zylinderzahl, Kurbelstern m_0, r, ω, λ	Zylinderzahl, Kurbelstern, Zylinderabstand, Gegengewichtsgröße beeinflußt Massenmoment-Anteile um y- und z-Achse m_0, r, ω, λ, a	Kröpfungsanzahl, Kurbelstern, Motorlänge, Gehäusesteifigkeit
Abhilfe	Beeinflussung nur in Ausnahmefällen möglich Abschirmung der Umgebung durch elastische Lagerung des Motors (insbes. Ordnung ≧ 2)	Beseitigung der freien Massenwirkungen durch rotierende Ausgleichssysteme möglich, jedoch aufwendig und daher selten - Bevorzugung von Kurbelfolgen ohne oder mit nur geringen freien Massenwirkungen		Gegengewichte, steifes Motorgehäuse
Beispiele, Tendenzen	Bei allen Motoren vorhanden - niedrige Zylinderzahlen ungünstiger, hohe Zylinderzahlen günstiger	F_{2_z} bei L2-, L4-Motoren F_{2_z} bei V4-60^0 $F_{2,z,y}$ bei V8 (V∢ ≠ 90^0)	M_1 und M_2 bei L3-, L5-, L7-, L9-Motoren M_1 und M_2 bei V10, V14, V18 (V∢ ≠ 90^0) M_2 bei V6-90^0, V10-90^0, V18-90^0, V12-120^0 V6-60^0	Lagerbelastung bei allen Motoren, Gehäusedurchbiegung mit zunehmender Motorlänge (Zylinderzahl) von Bedeutung

Tabelle 5.A: Kräfte und Momente am Motor

Tabelle 5.A zeigt in anschaulicher Form die grundsätzlichen Beanspruchungsgrößen auf Grund der Gas- und Massenkräfte, wobei das Wechseldrehmoment erst in Kapitel 6 besprochen werden soll. Aus der Tabelle sind die hauptsächlich verursachten Verformungen und Bewegungen, die Ursachen, die Einflußgrößen und die Abhilfemaßnahmen übersichtlich zusammengestellt, um eine schnelle Orientierung zu ermöglichen.

Unter dem Massenausgleich versteht man allgemein konstruktive Maßnahmen, mit denen störende Auswirkungen der bei einem gegebenen Motor zwangsläufig (regulär) auftretenden Massenwirkungen unterbunden (vollkommener Ausgleich) oder vermindert (teilweiser Ausgleich) werden sollen. Man spricht von einem 'vollständigen' Massenausgleich, wenn man a l l e aus der Bewegung der Triebwerksteile herrührenden Kräfte durch Massenausgleichsgewichte total ausgleicht. Unterläßt man den Ausgleich in vollständiger Höhe oder vernachlässigt man einzelne Kraftwirkungen, so bezeichnet man dies als 'teilweisen' Massenausgleich. Sinnvoller ist es allerdings, den Massenausgleich schon bei der Wahl der Zylinderanordnung richtig zu werten; denn alle passiven Maßnahmen zum Verhindern ungewünschter Eigenschaften könnten in vielen Fällen gleich unterbleiben, wenn im Entwurfstadium eine richtigere Bauvariante gewählt worden wäre. Im übertragenen Sinne eines Verhinderns unerwünschter Wirkungen könnte man auch eine elastische Lagerung des Motors als 'Massenausgleich' bezeichnen. Dies ist jedoch nicht korrekt, weil diese konstruktive Maßnahme zwar die Massenwirkungen nach außen, jedoch nicht im Motor selbst verringert oder beseitigt.

Auch der Ausgleich der zufällig (irregulär) auftretenden Wirkungen auf Grund von Restunwuchten durch Schwerpunkts-Exzentrizitäten bzw. zufallsbedingt ungleiche

Massenverteilung fallen nicht unter den Begriff des Massenausgleiches, sondern werden als Auswuchten bezeichnet (siehe auch Abschnitt 8.4).

Die Maßnahmen für den Ausgleich der regulär auftretenden Massenwirkungen, die im Kapitel 4 erörtert wurden, sind:

A) Anordnung von Gegengewichten an der Kurbelwelle zum Ausgleich der je Hub auftretenden Kräfte oder auch zum Gesamtausgleich an einem mehrhubigen Triebwerk -

B) Bei Mehrzylindermotoren Wahl von Kurbelfolgen, bei denen die Massenkräfte sich gegenseitig vollständig oder zumindest weitgehend aufheben, das heißt, die Summe der vom Triebwerk ausgehenden Massenkräfte und -momente sollte möglichst = 0 sein -

C) Wahl eines günstigen Gabelwinkels bei V-Motoren -

D) Anordnung von rotierenden, abgestimmten Zusatz-Ausgleichs-Systemen, die dem Motorgehäuse eine periodische Kraft bzw. ein Moment aufzwingen, das den regulären periodischen Massenwirkungen entgegengerichtet ist.

Je nachdem, ob die Maßnahmen auf den Ausgleich der freien (oder äußeren) Massenwirkungen (freie Massenkräfte oder freie Massenmomente) oder aber auf den Ausgleich der inneren Wirkungen (innere Biegemomente, Lagerbelastungen) abzielen, spricht man vom 'äußeren Massenausgleich' oder 'inneren Massenausgleich'.

Da nur die Massenwirkungen 1. Ordnung (rotierende und oszillierende Massen) und diejenigen 2. Ordnung (oszillierende Massen) von praktischer Bedeutung sind, gelten alle Massenausgleichs-Maßnahmen nur den Anteilen dieser Ordnungszahlen; höhere Ordnungszahlen bleiben in der Regel außer Betracht. Nicht ganz korrekt, aber im Sinne der Praxis liegt deshalb dann ein vollständiger (äußerer) Massenausgleich vor, wenn keine freien Massenwirkungen 1. und 2. Ordnung (nach außen) auftreten. Die um die Kurbelwellenlängsachse auftretenden und als Reaktion am Motorgehäuse wirkenden Wechseldrehmomente aus den periodischen Gas- und Massendrehmomenten können durch Maßnahmen der hier beschriebenen Art mit Ausnahme einiger weniger Bauvarianten nicht beeinflußt werden.

Von der theoretisch gegebenen Möglichkeit, die Massendrehmomente durch rotierende Ausgleichs-Systeme zu beeinflussen, wird in der Praxis nur in Ausnahmefällen Gebrauch gemacht, da dies komplizierte und aufwendige Konstruktionen erfordert.

5.1 Der Ausgleich von Massenkräften

In den Tabellen von Kapitel 4 sind die freien Massenkräfte 1. und 2. Ordnung aufgeführt und die Zusammenhänge der Entstehung der Massenkräfte am Einzelhubtriebwerk dargestellt. Diese Massenkräfte können durch umlaufende Ausgleichsgewichte (Gegengewichte, Ausgleichsgetriebe) eliminiert werden. Geschieht das nicht am Ort des Geschehens ohne große Kraftumleitungen, so sind die dadurch hervorgerufenen Zusatzbeanspruchungen in den Bauteilen gering. Bei gesondert angeordneten Ausgleichsgetrieben kann jedoch die Beanspruchung der einzelnen Maschinenelemente (Kurbelgehäuse, Lagerungen etc.) erhebliche Größe annehmen.

Neben dem Wunsch des nach vollendeter Konstruktion strebenden Maschinenbauers, die dynamischen Kräfte am Entstehungsort möglichst restlos auszuschalten, kommt jedoch für den in der Praxis tätigen und somit zwangsläufig wirtschaftlich denkenden Ingenieur (value engineering!) die Frage nach den Kosten und der Wertigkeit seiner Maßnahmen hinsichtlich eines verbesserten Massenausgleiches hinzu. Ein vollkommener Massenausgleich an einem Motor zum Antrieb einer Rüttelwalze oder eines Bodenverdichters erscheint dabei ebenso unsinnig, wie von einem Zweizylindermotor einen seidenweichen Lauf zu erwarten.

Wegen der Vielfalt der möglichen Ausführungsformen von Verbrennungskraftmaschinen durch Addition von Einhubtriebwerken ergibt sich eine ebenso große Anzahl von Ausgleichsmöglichkeiten, die in der Gesamtheit darzustellen in diesem Band praktisch unmöglich ist. Neben den Maßnahmen am Einhubtriebwerk soll deshalb nur auf das

Grundsätzliche eines Ausgleiches bei mehrhubigen Maschinen eingegangen werden. Dabei ist es wichtig, sich stets vor Augen zu führen, daß bei mehrhubigen Maschinen die Kräfte der Einzylinder in unterschiedlichen Wirkebenen arbeiten.

Auch wenn der Motor in der Gesamtheit k r ä f t e a u s g e g l i c h e n ist ($F = 0$), so können die Massenkräfte sich paarweise zu Massenmomenten verbinden, die die Standruhe des Motors ebenso beeinträchtigen können wie freie Massenkräfte. Auf den Ausgleich dieser M a s s e n m o m e n t e wird in Abschnitt 5.2 eingegangen.

5.1.1 Der Massenkraftausgleich des Einhubtriebwerkes

Am einzelnen Kurbeltrieb wirken bei konstant angenommener Drehgeschwindigkeit ω der Kurbelwelle nach Abb. 5.2 folgende Massenkraft-Komponenten in z- und y-Richtung (vgl. Abschnitt 4.3).

Reihenmotor — *rotierend*; *oszillierend* (*1. Ordnung*, *2. Ordnung*)

$$F_z = -r \cdot \omega^2 \cdot \left[m_r \cdot \cos\psi + m_o \cdot A_1 \cdot \cos\psi + m_o \cdot A_2 \cdot \cos 2\psi + \ldots\right] \qquad (5.1)$$

$$F_y = r \cdot \omega^2 \cdot m_r \cdot \sin\psi$$

$$A_1 = 1 \qquad A_2 = \lambda + \frac{1}{4} \cdot \lambda^3 + \frac{15}{128} \cdot \lambda^5$$

V-Motor (5.2)

$$F_z = -r \cdot \omega^2 \cdot \left[m_r \cdot \cos\psi + m_o \cdot A_1 \cdot (1 + \cos\gamma) \cdot \cos\psi + m_o \cdot A_2 \cdot \left(\cos\frac{\gamma}{2} + \cos\frac{3\gamma}{2}\right) \cdot \cos 2\psi\right]$$

$$F_y = r \cdot \omega^2 \cdot \left[m_r \cdot \sin\psi + m_o \cdot A_1 \cdot (1 - \cos\gamma) \cdot \sin\psi + m_o \cdot A_2 \cdot \left(\cos\frac{\gamma}{2} - \cos\frac{3\gamma}{2}\right) \cdot \sin 2\psi\right]$$

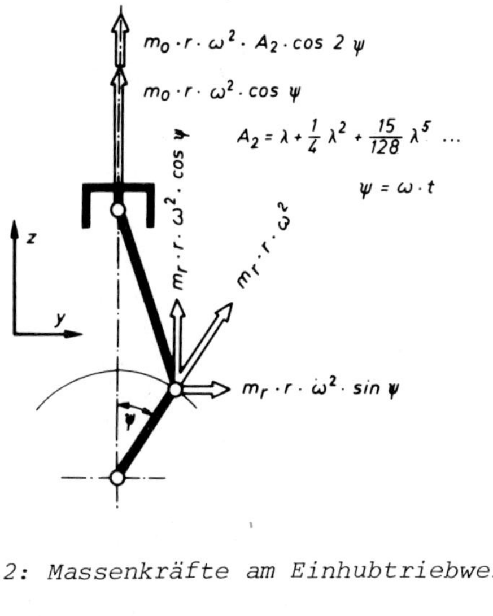

Abb. 5.2: Massenkräfte am Einhubtriebwerk

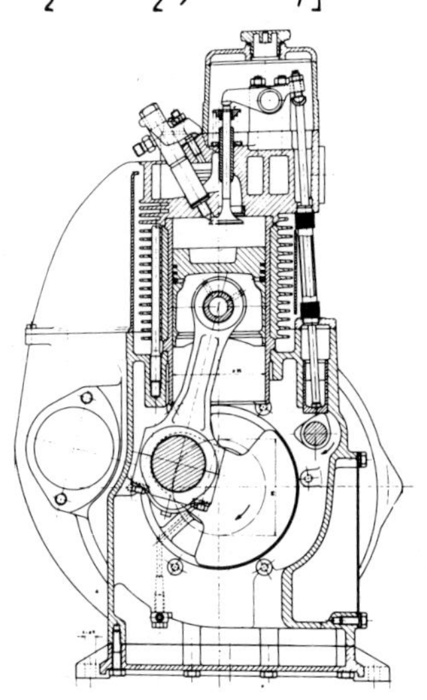

Abb. 5.3: Gegengewichte zum Ausgleich der rotierenden Massen am Einhubtriebwerk

Die rotierenden Massen verursachen an der Kurbel nur die radial nach außen gerichtete (mit dem Kurbelwinkel ψ umlaufende) Fliehkraft ($\approx m_r \cdot r \cdot \omega^2$), die durch eine entgegengerichtete Kraft gleicher Größe auszugleichen ist. Dazu werden Gegengewichte an den Kurbelwangen angebracht (Abb. 5.3), die die gleiche der Fliehkraft entgegengerichtete Kraftwirkung besitzen, d. h. auf den Kurbelradius bezogen die gleiche Masse wie die umlaufenden Teile haben müssen. Die Größe der Gegengewichte wird durch den Freiraum im Kurbelgehäuse beschränkt, in der Breite durch die Dicke der

Wangen und im Außendurchmesser vor allem durch die Zylinderlaufbuchse und eventuell die Nockenwelle.

Die Wirkungsweise der durch die oszillierenden Massen verursachten, periodisch veränderlichen Kräfte lassen sich durch Vektordarstellung veranschaulichen. Die oszillierenden Massenkraftanteile der Formel 5.1 (1. Ordnung $m_0 \cdot r \cdot \omega^2 \cos \Psi$, 2. Ordnung $A_2 \cdot m_0 \cdot r \cdot \omega^2 \cos 2\Psi$) werden zweckmäßig durch jeweils zwei Vektoren vom halben Betrag der jeweiligen Massenkraft (1. bzw. 2. Ordnung) ersetzt, wovon der eine Vektor in Drehrichtung der Kurbel, der andere entgegengesetzt umläuft (Abb. 5.4). Es ergibt sich somit ein Vektorenpaar für den Massenkraftanteil 1. Ordnung mit der Umlaufgeschwindigkeit ω und ein Vektorenpaar für den Massenkraftanteil 2. Ordnung mit der Umlaufgeschwindigkeit $2 \cdot \omega$. Die Resultierende beider Vektoren gibt den Momentanwert der oszillirenden Massenkraft $F_{z\,os}$ der jeweiligen Kurbelstellung an. Durch die Annahme der zwei Vektoren heben sich die Kraftkomponenten in y-Richtung auf.

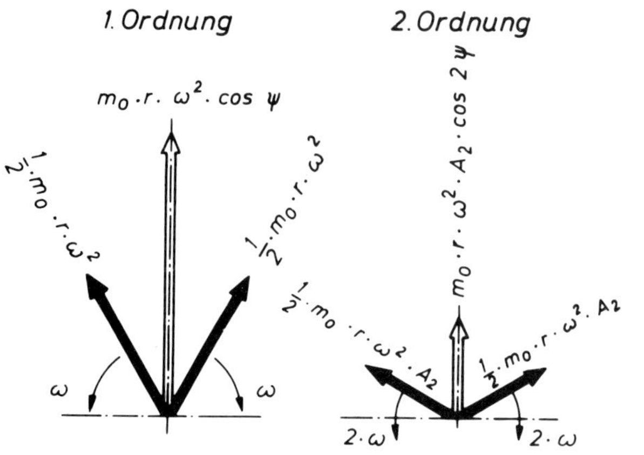

Abb. 5.4: Vektordarstellung der oszillierenden Massenkraft

Wird vollständiger Ausgleich der Massenkräfte gefordert, so muß bei jeder Kurbelstellung der gemeinsame Schwerpunkt aller bewegten Teile mit dem Drehpunkt der Kurbelwelle zusammenfallen. Für die rotierenden Massen ist diese Forderung erfüllt, wenn an der Kröpfung eine entgegengerichtete Masse gleicher Größe vorhanden ist.

Wie aus der ersatzweisen Darstellung der oszillierenden Massenkräfte durch umlaufende Vektoren unschwer abzuleiten ist, kann man einen vollständigen Ausgleich der oszillierenden Massenkräfte 1. und 2. Ordnung am Einzylinder-Triebwerk durch gegenläufig rotierende Unwucht-Systeme mit einfacher und zweifacher Kurbelwellendrehzahl

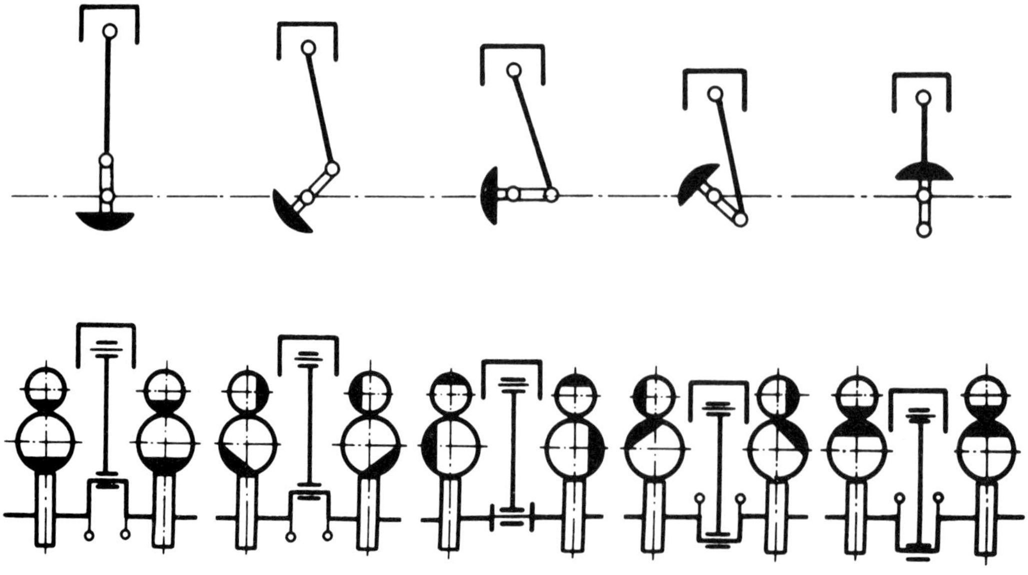

Abb. 5.5: Vollkommener Massenausgleich 1. und 2. Ordnung am Einhubtriebwerk

erzwingen. Die Unwuchtkräfte müssen die Größe der umlaufenden Massenkraft-Vektoren haben und diesen entgegengerichtet sein. Damit durch die Ausgleichsgewichte kein Moment auftritt, müssen die Ausgleichsmassen symmetrisch zur Zylinderachse angeordnet sein (Abb. 5.5).

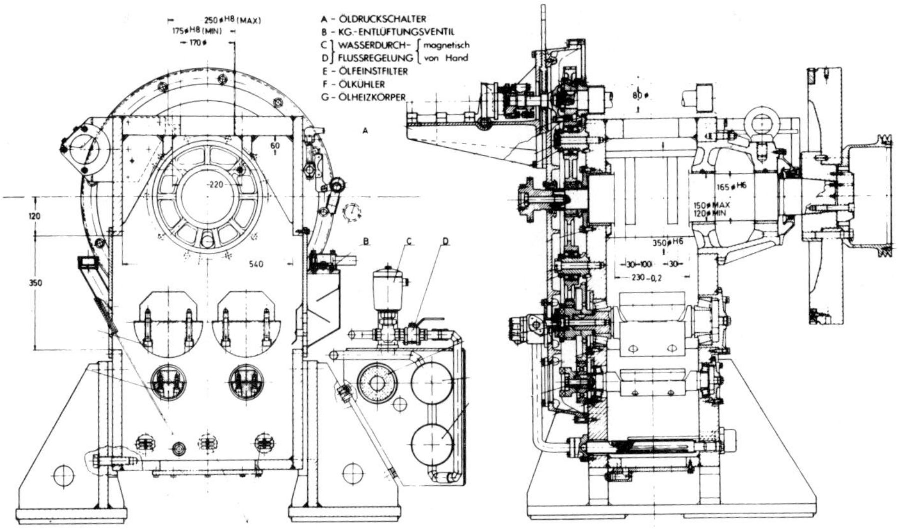

Abb. 5.6: Einzylinder-Forschungsmotor mit Massenausgleich 1. und 2. Ordnung

Derartige Ausgleichsgetriebe sind sehr kostspielig - bezogen auf den Motorenpreis -, so daß man einen vollkommenen Massenausgleich an keinem Einzylinder-Industriemotor findet. Hinsichtlich der Anlagenkosten kann jedoch ein ausgeglichener Motor die billigere Lösung sein, wenn man die sonstigen Aufwendungen am Gesamtaggregat in Betracht zieht.

Es gibt jedoch eine Reihe von 1-Zylinder-Versuchs- und Forschungsmotoren, die mit einem Massenausgleich 1. und 2. Ordnung ausgerüstet sind (Abb. 5.6) und deren Laufverhalten für den Praktiker ungewöhnlich gut ist. In der Erschütterungsfreiheit stehen diese den mehrzylindrigen Motoren nicht nach.

Daß diese Einzylindermotoren gaskraftbedingte Wechseldrehmomente niedriger Ordnungszahlen (0,5., 1., 1,5. usw.) haben, läßt sich nicht wegdiskutieren und beeinträchtigt das Ergebnis hinsichtlich der Standruhe, insbesondere bei großen Lasten.

Eher realisierbar für einen Serienmotor ist schon ein teilweiser Massenausgleich am Einhubtriebwerk. Die zum Ausgleich des mit der Kurbel gleichsinnig umlaufenden Massenkraftanteils 1. Ordnung erforderliche Gegenunwucht kann in die Gegengewichte an den Kurbelwangen gelegt werden (Abb. 5.7). Die zum Ausgleich der rotierenden Massen ohnehin vorhandenen Gegengewichte werden dann um einen bestimmten Anteil der oszillierenden Masse vergrößert. Ist keine gegenläufig rotierende Unwucht-Hilfswelle vorhanden, so wird auf diese Weise die Massenkraft nur in eine andere Richtung verlegt. Der in der Zylinderrichtung (z) abgebaute Anteil der oszillierenden Massenkraft erscheint als Kraft quer zur Zylinderrichtung (y) wieder. Das Verhältnis des in der z-Richtung abgebauten Anteils zum ursprünglichen Wert der oszillierenden Massenkraft 1. Ordnung wird mit 'Ausgleichsgrad' bezeichnet.

Mit der Gegengewichtsgröße lassen sich somit Größe und Richtung der Kräfte beeinflussen, die vom Motor auf das umgebende System einwirken. Für universelle Anwendungszwecke ist ein Ausgleichsgrad von 50 % anzustreben. Ein typisches Beispiel für eine Anordnung dieser Art an einem ausgeführten Einzylindermotor zeigt die Abb. 5.8.

Ein vollkommener Ausgleich 1. Ordnung ist z. B. durch ein um $m_0/2$ vergrößertes Gegengewicht an der Kurbelwelle und ein mit gleicher Drehzahl gegenläufiges Unwuchtgewicht von $m_0/2$ (Abb. 5.9) zu erzielen, wenn die Kraftwirkung des gegenläufigen Gewichtes in der Wirkebene der oszillierenden Massenkraft auftritt. Eine andere Ausführungsform eines völligen Ausgleiches der 1. Ordnung ist nach LANCASTER die Ausführung mit zwei Pleueln (Abb. 5.10), was für den praktischen Einsatz jedoch

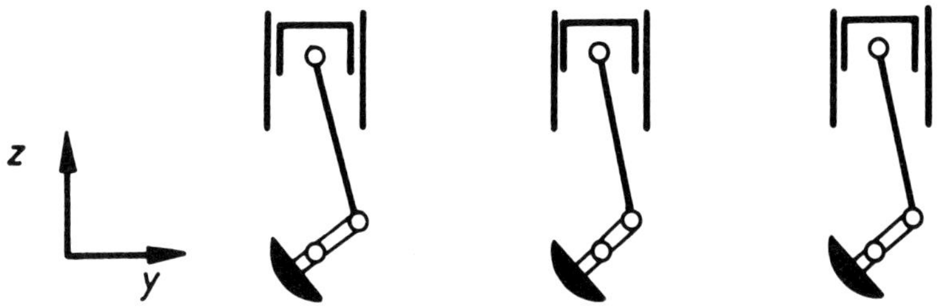

Ausgleichsgrad		0 %	50 %	100 %
Gegengewichts-größe	$m_G \hat{=}$	m_r	$m_r + 0{,}5\, m_o$	$m_r + m_o$
verbleibende Massenkraft (z) 1. Ordnung	$F_{1z} =$	$m_o \cdot r \cdot \omega^2$	$0{,}5 \cdot m_o \cdot r \cdot \omega^2$	0
verbleibende Massenkraft (y) 1. Ordnung	$F_{1y} =$	0	$0{,}5 \cdot m_o \cdot r \cdot \omega^2$	$m_o \cdot r \cdot \omega^2$

Abb. 5.7: Verbleibende Massenkräfte 1. Ordnung bei unterschiedlicher Gegengewichtsgröße (sogenannter 'Ausgleichsgrad')

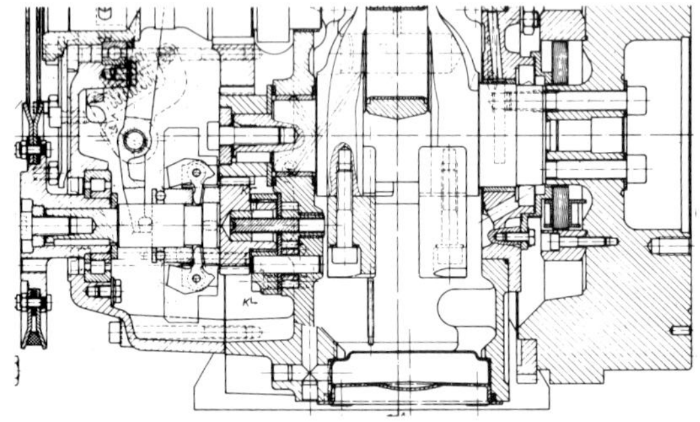

Abb. 5.8: Teilweiser Ausgleich der oszillierenden Kräfte 1. Ordnung durch Gegengewichte an der Kurbelwelle

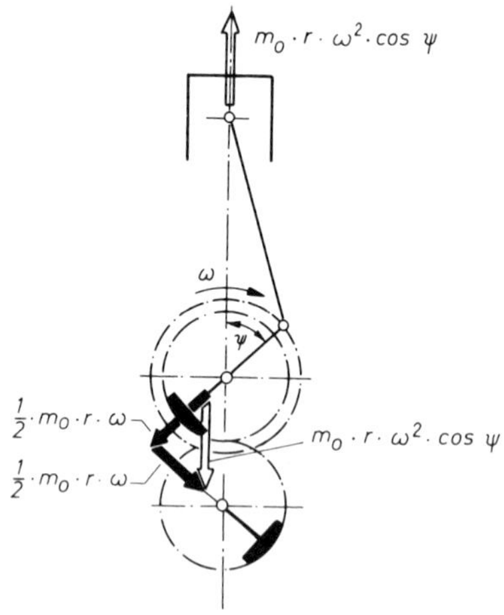

Abb. 5.9: Völliger Massenausgleich 1. Ordnung durch Ausgleichswelle

ohne Bedeutung geblieben ist.

In der Praxis finden wir aus Kostengründen Massenausgleichssysteme, deren Wirkung nur mehr oder weniger vollkommen sein kann. Oft handelt es sich auch nur um eine Umverteilung der Kraftwirkungen, deren positiver Einfluß nur aus ganz bestimmten Einbaufällen zu verstehen ist. Abb. 5.11 zeigt z. B. eine Ausgleichswelle seitlich am Motor. Diese Anordnung erlaubt den Ausgleich der Massenkräfte 1. Ordnung in der Wirkungsebene der oszillierenden Kräfte, der Versatz in der y-Richtung (Abb. 5.12) erzeugt jedoch ein Moment wechselnder Größe um die Längsachse (x-Achse) des Motors.

Eine andere ausgeführte Art zeigt Abb. 5.13. Hier läuft das Ausgleichsgewicht gegenläufig an der

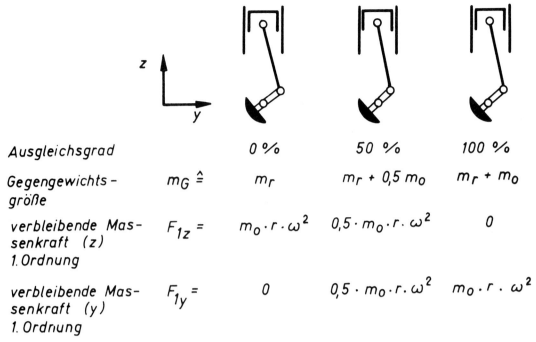

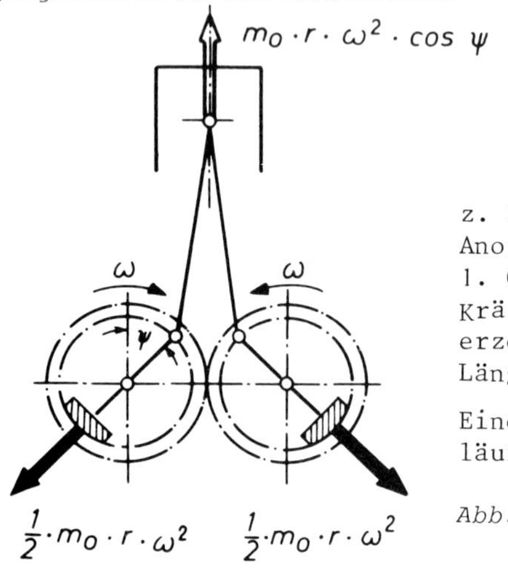

Abb. 5.10: LANCASTER-Ausgleich 1. Ordnung mit zwei Pleueln

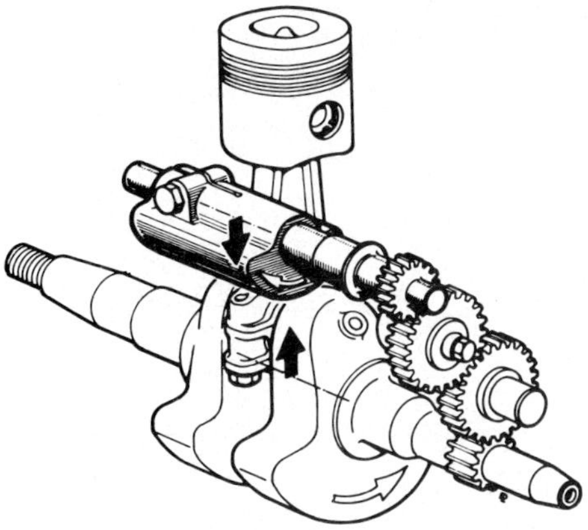

Abb. 5.11: Teilweiser Massenausgleich 1. Ordnung durch seitliche Ausgleichswelle

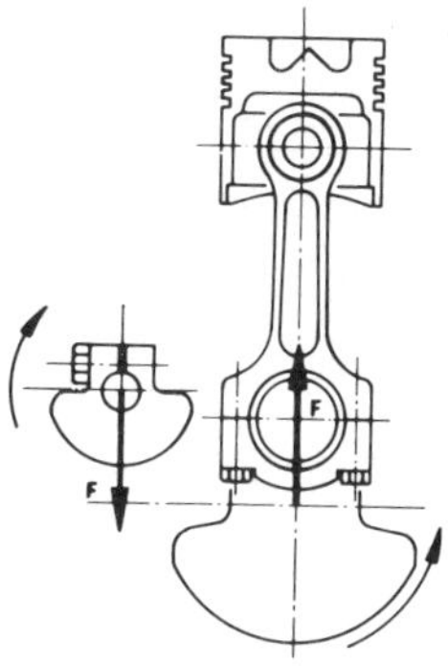

Abb. 5.12: Restmoment durch Ausgleichsgewichtsversatz

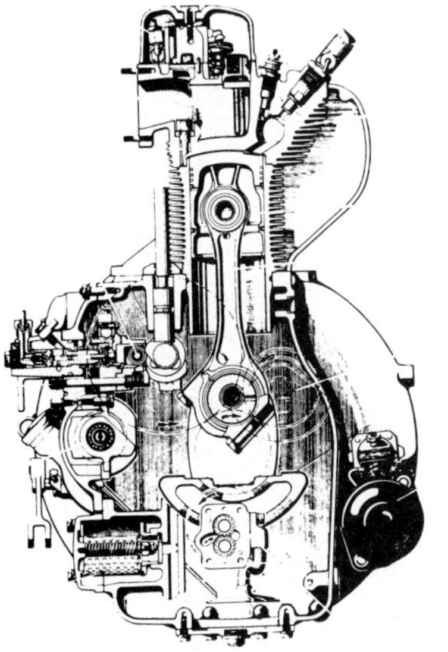

Abb. 5.13: Teilweiser Massenausgleich 1. Ordnung durch stirnseitig angeordnetes Ausgleichsgewicht

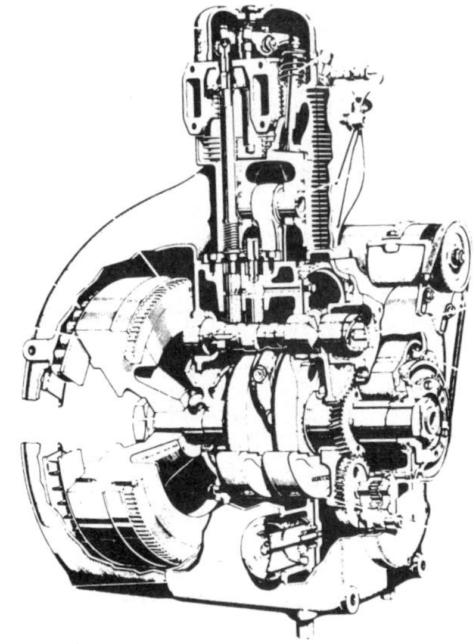

Abb. 5.14: Anordnung eines Ausgleichsgewichtes nach Abb. 5.13 an einem Einzylindermotor

Stirnseite des Motors oberhalb der Kurbelwelle um. Der Versatz aus der x-z-Ebene heraus erfolgte aus Gründen des Drehmomentenausgleiches (siehe Kapitel 6). Eine 'richtige' Anordnung erlaubt jedoch nicht, wie wir in Abschnitt 5.4 sehen werden, das Gegengewicht in der Zylinderebene anzubringen. Deswegen entsteht aus dieser Anordnung ein Moment um die Querachse (y-Achse) des Motors (Abb. 5.14).

Ein ausgeführtes Beispiel für den Ausgleich 1. Ordnung an einem Einzylindermotor zeigt die Abb. 5.15. Die beiden gegenläufigen Ausgleichsgewichte unterhalb der Kurbelwelle in Zylinderrichtung laufen mit Kurbelwellendrehzahl um.

Beim V-Motor mit zwei an einer Kurbel angelenkten Pleuelstangen kann man ähnlich verfahren. Wie aus den Formeln für die Massenkraft-Komponenten (5.1 und 5.2) abzulesen oder mit Hilfe der gegenläufig umlaufenden Vektorenpaare nachzuweisen ist, würde der Ausgleich der Massenkräfte an der einzelnen Kröpfung des V-Motors erfordern:

Für die 1. Ordnung bei 50 %igem Ausgleichsgrad eine im Kurbelwellendrehsinn mit ω umlaufenden, der Kröpfung entgegengerichteten Ausgleichsmasse von

$$m_{A1\,gl} = m_r + m_o \tag{5.3}$$

das heißt, in der üblichen Form Gegengewichte an den Kurbelwangen und eine entgegen dem Kurbelwellendrehsinn mit ω rotierende Ausgleichsmasse von

$$m_{A1\,gg} = m_0 \cdot \cos\gamma \tag{5.4}$$

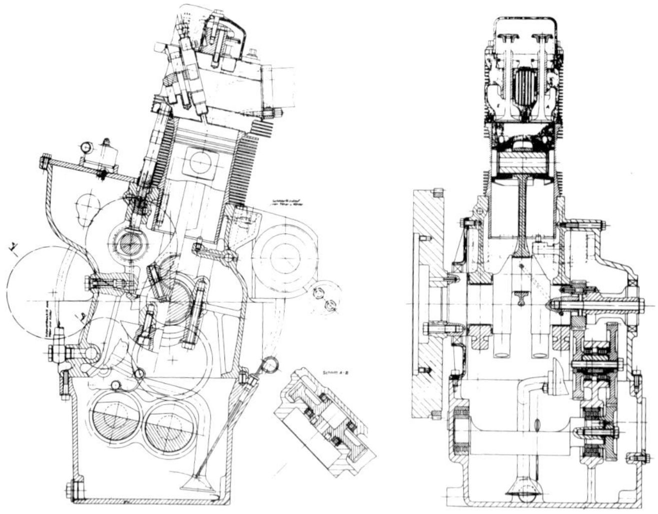

Abb. 5.15: Massenausgleich 1. Ordnung an einem Einzylindermotor

Für die 2. Ordnung: Eine im Kurbelwellendrehsinn mit $2\cdot\omega$ rotierende Ausgleichsmasse von

$$m_{A2\,gl} = m_0 \cdot A_2 \cdot \cos\frac{\gamma}{2} \tag{5.5}$$

und eine entgegen dem Kurbelwellendrehsinn mit $2\cdot\omega$ rotierende Ausgleichsmasse von

$$m_{A2\,gg} = m_0 \cdot A_2 \cdot \cos\frac{3\gamma}{2} \tag{5.6}$$

In diesen Formeln gilt für:

m_r = Masse aller an einer Kröpfung angreifenden rotierenden Massen
m_o = Masse der oszillierenden Triebwerksanteile e i n e s Zylinders

Auch für die Anordnung der Gegen- und Ausgleichsgewichte gilt das gleiche wie für die einfache Schubkurbel.

Bei den V-Motoren sind jedoch einige Sonderfälle von Bedeutung.

Motor mit V-Winkel $\gamma = 90^0$:
Die oszillierenden Massenkräfte 1. Ordnung ergeben einen konstanten, mit der Kurbelkröpfung umlaufenden Betrag. Damit ist der Ausgleich 1. Ordnung allein durch die Gegengewichte an der Kurbelwelle von zusammen $m_G = m_r + 1\,m_o$ bewirkt; die mit ω gegenläufige Hilfsunwucht entfällt. Dies läßt sich aus den Formeln (5.3) bis (5.6) unmittelbar ablesen, da $\cos\gamma$ bei $\gamma = 90^0$ zu Null wird.

Motor mit V-Winkel $\gamma = 60^0$:
Die Massenkraft 2. Ordnung nimmt einen konstanten Betrag an und rotiert mit zweifacher Umlaufgeschwindigkeit im Drehsinn der Kurbelwelle. Zum Ausgleich genügt hier eine einzige mit 2ω im Kurbelwellendrehsinn rotierende Ausgleichsmasse von $m_0\cdot A_2\cdot 0{,}866$ mit $\cos\gamma/2 = \cos 30^0 = 0{,}866$, weil $\cos 3\gamma/2 = \cos 3\cdot 60/2 = \cos 90^0 = 0$ ist.

Wie schon gesagt, sind die gegenläufigen Unwucht-Hilfswellen für den Ausgleich der oszillierenden Massenkräfte konstruktiv sehr aufwendig. Man findet sie in der zuvor dargestellten Form nur selten an ausgeführten 1-Zylinder- oder V-2-Motoren. In bestimmten Fällen werden unter Zugeständnissen an die Qualität eines vollkommenen Massenausgleiches vereinfachte Ausführungen der Ausgleichs-Systeme angewendet, vorwiegend um die Massenwirkungen entweder nur der 1. oder nur der 2. Ordnung auszugleichen, oder es wird auch auf die rotierenden Ausgleichs-Systeme ganz verzichtet.

5.1.2 Massenkraftausgleich bei mehrfach gekröpften Kurbelwellen

Bei Mehrzylindermotoren kommt der Wahl einer günstigen Kurbelfolge besondere Bedeutung zu. Der unter 5.1.1 genannte Gesichtspunkt - gegenseitiger Ausgleich der an einer einzelnen Kurbelkröpfung angreifenden Massenkräfte - ist hier nicht das einzige Auswahlkriterium.

Für ein Motortriebwerk mit mehrfach gekröpfter Kurbelwelle ist folgendes maßgebend:

a) Anordnung von Kröpfungen, Gegengewichten und Ausgleichsgewichten derart, daß keine oder allenfalls geringe freie Massenwirkungen (Kräfte und Momente!) eine bestmögliche Laufruhe des Motors garantieren.

b) Möglichst kleine innere Biegemomente. Dies ergibt geringe Massenkraftbelastungen der Grundlager und des Motorgehäuses bzw. -gestells (Verformungen, Beanspruchungen). Kurbelfolgen, bei denen benachbarte Kröpfungen einen großen Winkelabstand ($\rightarrow 180^0$) zueinander haben, ermöglichen geringe zusätzliche Ausgleichsmaßnahmen (Gegengewichte) und sind in der Regel günstig.

c) Gleichmäßige Zündabstände für bestmögliche Drehmomenten-Glättung.

d) Auswahl einer Zündfolge in Verbindung mit einer Kröpfungsfolge, die günstiges Drehschwingungsverhalten der Kurbelwelle ergibt.

e) Auswahl einer Zündfolge in Verbindung mit einer Kröpfungsfolge, bei der Abgas- und Saugleitungen des Motors in günstiger Weise zusammengefaßt werden können (Stoßaufladung, Saugrohraufladung).

Die Forderungen der vorgenannten Auswahlkriterien sind in der Regel nicht alle gleichzeitig in optimaler Weise zu erfüllen.

Für die Torsionsschwingungsverhältnisse des Motortriebwerkes ist nicht allein die Zündfolge maßgebend. In vielen Fällen muß eine möglichst hohe Torsions-Eigenschwingungszahl des Motortriebwerkes angestrebt werden, damit gefährliche Torsions-Resonanzen oberhalb des Betriebsdrehzahlbereiches bleiben. Dies verlangt große Kurbelwellensteifigkeit und kleine Massenträgheitsmomente. Neben allgemeinen Leichtbau-Regeln ist in diesen Fällen auch eine möglichst sparsame Anordnung von Gegengewichten geboten, da diese das Massenträgheitsmoment des Motortriebwerkes zwangsläufig vergrößern und die Eigenschwingungszahl absenken (siehe auch Band 3,Neue Folge der Schriftenreihe 'Die Verbrennungskraftmaschine'). Hier sind die Kurbelfolgen von Vorteil, die bereits von sich aus vollkommen äußeren sowie möglichst weitgehenden inneren Massenausgleich aufweisen.

Bei Mehrzylindermotoren ist ein selbstverständliches Bestreben, eine Bauform zu wählen, die von sich aus einen möglichst guten Massenausgleich aufweist, so daß zusätzlicher Aufwand in Form der rotierenden Ausgleichs-Systeme nicht erforderlich ist. Der g e g e n s e i t i g e Ausgleich der Kurbeltriebs-Massenkräfte ist daher immer ein wesentlicher Gesichtspunkt für die Wahl der Kurbelanordnung (Kröpfungsfolge) und somit die Bauform von Mehrzylindermotoren. Massenkraft-Gleichgewicht ist dann vorhanden, wenn der gemeinsame Schwerpunkt der bewegten Triebwerksteile immer in der Kurbelwellenmitte liegt. Dies trifft bezüglich der 1. Ordnung zu, wenn - beim Blick auf die Stirnseite der Welle - die Kröpfungen zueinander gleichmäßig versetzt und die Kurbeltriebsmassen der einzelnen Kröpfungen einander gleich sind. Man zeichnet hierzu zweckmäßigerweise den K u r b e l s t e r n auf, der sich für die 1. Ordnung unmittelbar aus der Kurbelanordnung ergibt. Der

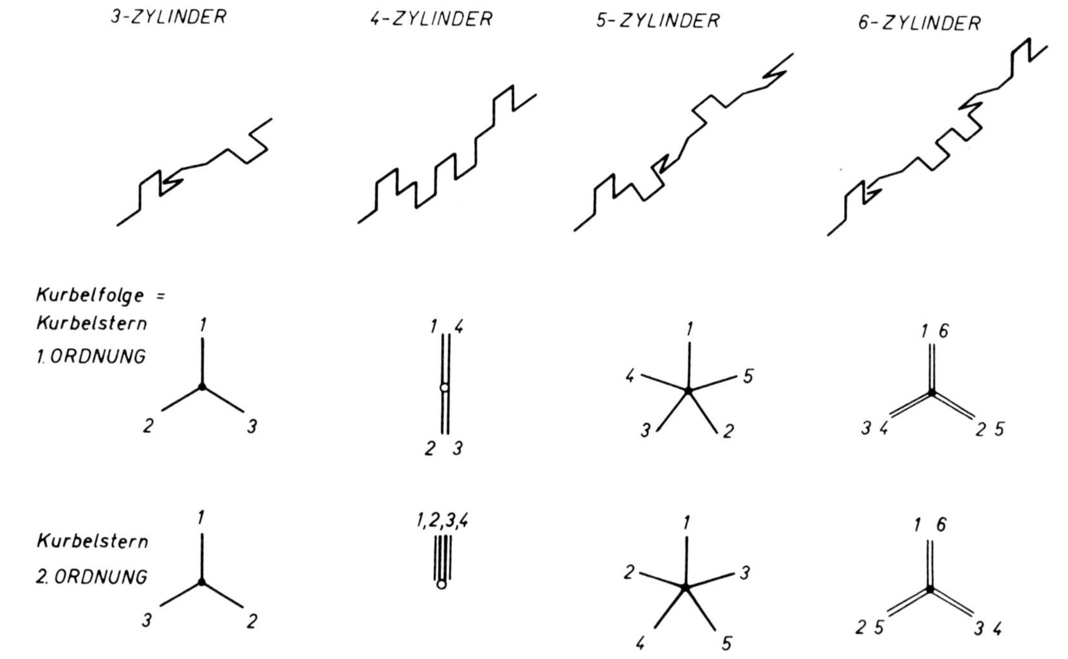

Abb. 5.16: Kurbelsterne 1. und 2. Ordnung für Reihenmotoren (Viertakt) mit 3, 4, 5 und 6 Zylindern

Kurbelstern für die 2. Ordnung ist hieraus leicht abzuleiten, indem die Winkel der Kröpfungen gegenüber einer Bezugslinie verdoppelt werden, wie dies in Abb. 5.16 für übliche 3-, 4-, 5- und 6-hübige Kurbelwellen dargestellt ist. Man erkennt aus diesen Kurbelsternen, daß die Massenkräfte 1. Ordnung in allen vier Fällen ausgeglichen sind (in allen Richtungen), während bei den Kurbelsternen 2. Ordnung nur die 3-, 5- und 6-hübige Welle einen Vektorausgleich besitzt. Demgegenüber zeigen bei der 4-hübigen Welle alle Kraftkomponenten in eine Richtung. Das bedeutet für die Praxis sehr große Kräfte 2. Ordnung für die 4-Zylinder-Reihenmaschinen, die quadratisch mit der Drehzahl ansteigen und für den bekannt unruhigen Lauf dieser Motorausführung sorgen, wenn nicht durch ein Massenausgleichsgetriebe Abhilfe geschafft wird.

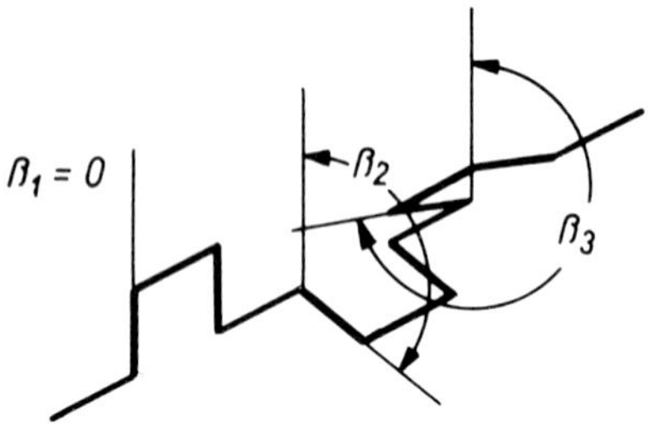

Abb. 5.17: Kröpfungswinkel β einer 3-hübigen Kurbelwelle

Bei analytischer Darstellung sind in den Formeln (5.1 und 5.2) für die Massenkraft-Komponenten in z- und y-Richtung die Kröpfungswinkel β_K der Kröpfung K (Abb. 5.17) einzuführen, wobei wiederum m_r die rotierende Gesamtmasse einer Kröpfung ist und m_0 die Masse der oszillierenden Anteile. Mit dem Kurbelwinkel Ψ ergibt sich somit für die k-te Kurbel:

β_k in Drehrichtung zu zählen

$$F_{z,k} = -r \cdot \omega^2 \cdot [m_r \cdot \cos(\psi + \beta_k) + m_0 \cdot A_1 \cdot \cos(\psi + \beta_k) + m_0 \cdot A_2 \cdot \cos 2 \cdot (\psi + \beta_k)] \quad (5.7)$$

$$F_{y,k} = r \cdot \omega^2 \cdot m_r \cdot \sin(\psi + \beta_k) \quad (5.8)$$

oder die k-te Triebwerkskröpfung eines V-Motors:

k-te Triebwerkskröpfung eines V-Motors

$$F_{z,k} = -r \cdot \omega^2 \cdot \left[m_r \cdot \cos(\psi + \beta_k) + m_o \cdot A_1 \cdot V_{1z} \cdot \cos(\psi + \beta_k) + m_o \cdot A_2 \cdot V_{2z} \cdot \cos 2(\psi + \beta_k)\right] \quad (5.9)$$

$$F_{y,k} = r \cdot \omega^2 \left[m_r \cdot \sin(\psi + \beta_k) + m_o \cdot A_1 \cdot V_{1y} \cdot \sin(\psi + \beta_k) + m_o \cdot A_2 \cdot V_{2y} \cdot \sin 2(\psi + \beta_k)\right] \quad (5.10)$$

mit

$$V_1{}_{y}^{z} = (1 \pm \cos\gamma) \qquad V_2{}_{y}^{z} = \left(\cos\frac{\gamma}{2} \pm \cos\frac{3\gamma}{2}\right)$$

Ein vollkommener Massenkraft-Ausgleich liegt bei mehrfach gekröpften Kurbelwellen dann vor, wenn

$$\sum_{k=1}^{n} F_{z,k} = 0 \qquad \sum_{k=1}^{n} F_{y,k} = 0 \quad (5.11)$$

ist. Für die einfacheren Fälle, wie z. B. den in der Abb. 5.16 angegebenen, kann man dies wegen der leicht überschaubaren Winkelfunktion gut nachprüfen, wobei man natürlich wiederum für den 4-Zylinder-Motor bei der Summation der cos-Glieder für die 2. Ordnung auf den Faktor 4 kommt.

Die Mehrzahl der europäischen Fahrzeugmotoren sind 4-Zylinder-Reihenmotoren ohne Massenkraftausgleich 2. Ordnung. Wegen der zwangsläufigen elastischen Lagerung eines Motors in einem Fahrzeug ist dies möglich, da über die elastischen Glieder nur geringe Kräfte auf den Fahrzeugrahmen übertragen werden. Diese Isolierung ist um so leichter, je elastischer das Antriebsaggregat in dem Fahrzeug aufgehängt werden kann. Verbindet man jedoch den Motor-Getriebe-Block mit der Fahrzeugachse zu einem Antriebsaggregat, das elastisch an den Fahrzeugrahmen angekoppelt wird, so ist man wegen der über diese Lagerung zu übertragenden Antriebskräfte und dem Fahrverhalten des Fahrzeuges in den Möglichkeiten einer besonders weichen Abstimmung sehr beschränkt.

Werden Motoren starr oder halbstarr eingebaut, wie z. B. in einem in Blockbauweise hergestellten Radschlepper (Abb. 5.18) oder auch in vielen Baumaschinen, so wählt man oft einen Massenausgleich,

Abb. 5.18: Radschlepper in Blockbauweise

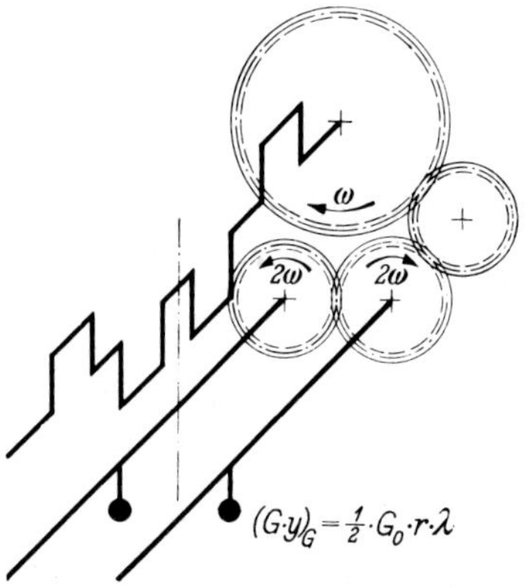

Abb. 5.19: Massenausgleichsgetriebe zum Ausgleich der Massenkräfte 2. Ordnung an einem 4-Zylinder-Reihenmotor

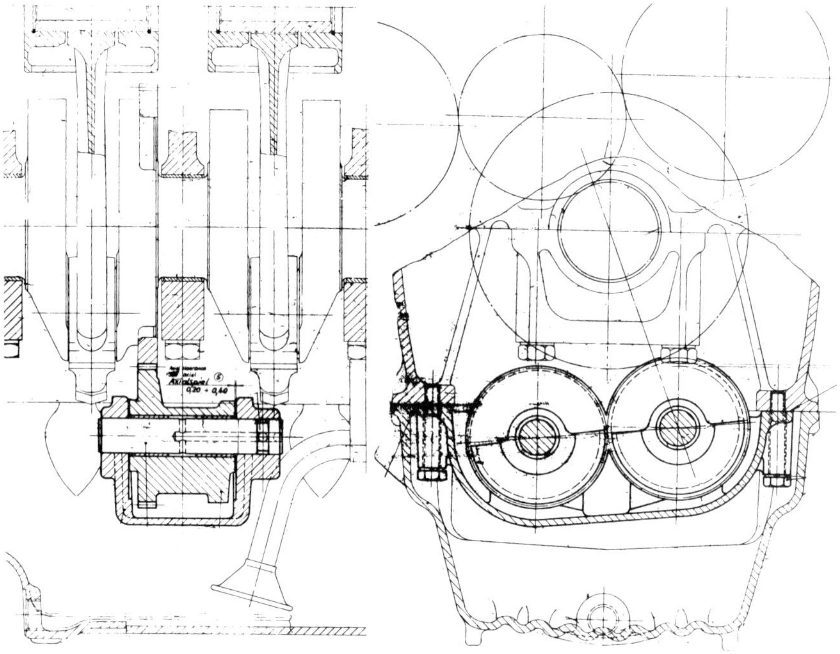

Abb. 5.20: *Massenausgleich eines 4-Zylinder-Motors am Mittellager*

wie er in Abb. 5.19 für einen 4-Zylinder-Dieselmotor schematisch dargestellt ist. Bei einer praktischen Ausführung (Abb. 5.20) treibt z. B. ein auf eine Kurbelwellenwange gesetztes Zahnrad das Ausgleichsgetriebe an. Ähnlich ist der Antrieb des in Mitte Motor sitzenden Ausgleichsgetriebes 2. Ordnung durch eine Antriebswelle von der Stirnseite des Motors her (Abb. 5. 21). Das harmonisch in das Kurbelgehäuse eingefügte Massenausgleichsgetriebe (Abb. 5.22) wird

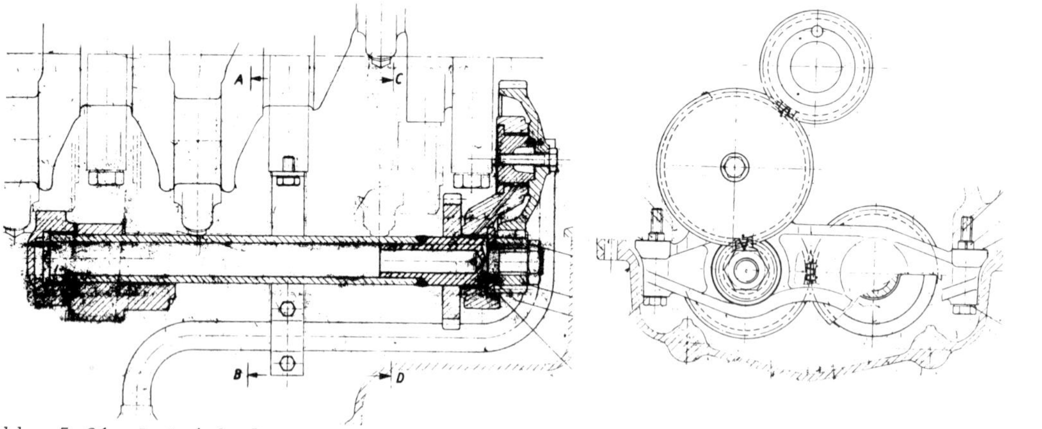

Abb. 5.21: *Antrieb des Massenausgleichsgetriebes durch Antriebswelle von der Stirnseite des Motors*

über Zahnräder so angetrieben, daß die beiden Ausgleichswellen mit doppelter Kurbelwellendrehzahl gegenläufig drehen und somit die Massenkräfte 2. Ordnung kompensieren können, ohne freie Kräfte in y-Richtung zu erzeugen.

Einen anderen Massenkraftausgleich 2. Ordnung zeigt die Abb. 5.23 für einen 8-Zylinder-V-60^0-Motor. Nach dem in Abschnitt 5.1.1 Gesagten genügt hier eine Ausgleichswelle, die mit 2ω im Kurbelwellendrehsinn umläuft. Aus konstruktiven Gründen wurde bei diesem Motor das Ausgleichsgewicht geteilt und jeweils eines davon an den beiden Enden des Motors angebracht.

Der nachträgliche Anbau eines Massenausgleiches ist oft mit großem Aufwand verbunden. Beim Einbau des Motors in oder in der Nähe von Wohngebäuden läßt sich das aber nicht immer vermeiden. Abb. 5.24 zeigt einen solchen nachträglich oberhalb der Zylinderköpfe angebauten Massenkraftausgleich 2. Ordnung, der technisch voll befrie-

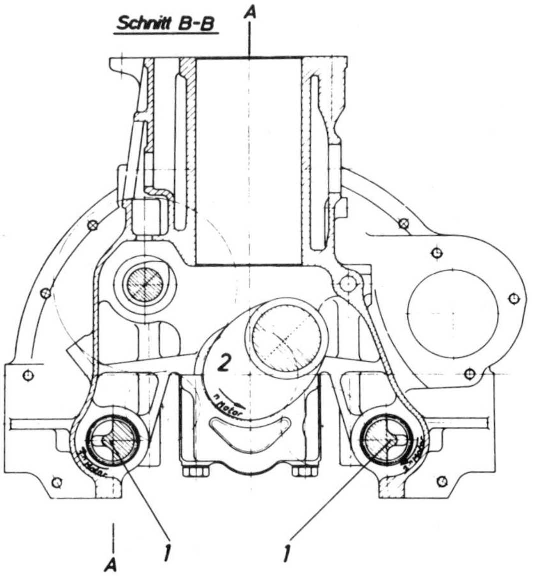

Abb. 5.22: *Ausgleichsgetriebe für den Ausgleich der Massenkräfte 2. Ordnung eines 4-Zylinder-Reihenmotors*

digte, jedoch der Gesamtanlage das Ansehen einer Konstruktion aus dem frühen Maschinenzeitalter verleiht.

5.2 Massenmomente und deren Ausgleich

Motoren mit mehrfach gekröpften Kurbelwellen können trotz 100 %igem Massenkraftausgleich einer Belastung durch Massenmomente unterliegen, da die Kurbeltriebsmassenkräfte um jeweils in Zylinderabständen voneinander entfernten Ebenen an der Kurbelwelle angreifen. Die paarweise auftretenden Massenkräfte der Einzelhübe verursachen Momente, die wir als freie Massenmomente bezeichnen. Die Krafteinleitung über die Grundlagerung der Kurbelwellen ergibt Reaktionen am Motorgehäuse.

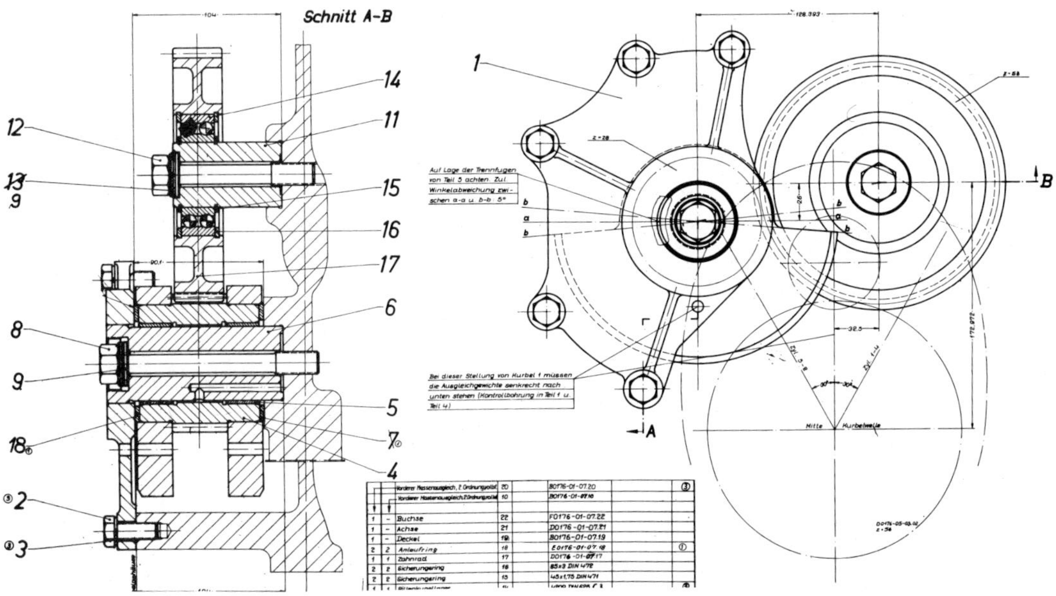

Abb. 5.23: *Massenkraftausgleich 2. Ordnung an einem 8-Zylinder-V-60°-Motor*

Abb. 5.24: *Nachträglich angebautes Massenausgleichsgetriebe oberhalb der Zylinderköpfe an einem 4-Zylinder-Reihenmotor*

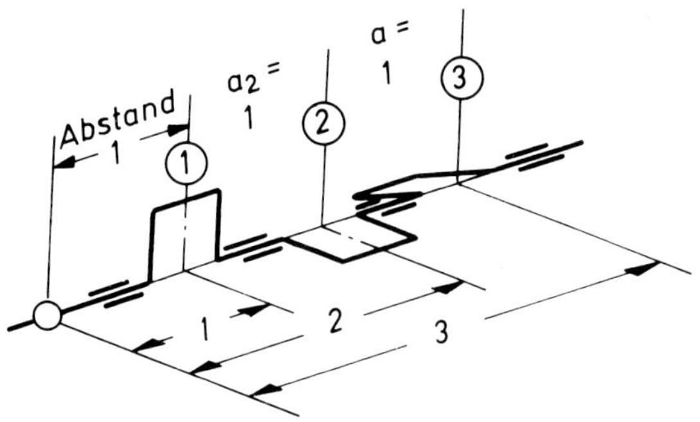

Abb. 5.25: Anordnung eines einfachen Bezugssystems zur Ermittlung der Massenmomente

Für die Feststellung der Momente ist die Betrachtung der Massenkraft-Komponenten längs der Kurbelwelle in den einzelnen Wirkebenen, d. h. die räumliche Betrachtung der Kurbelanordnung erforderlich. Die Ermittlung des Massenkraft-Gleichgewichtes oder einer gegebenenfalls vorhandenen freien Massenkraft konnte dagegen am ebenen System erfolgen (siehe auch Abschnitt 5.1.1). Freie Massenmomente treten dann auf, wenn alle Kurbeltriebsmassenkräfte zusammen an der Kurbelwelle ein Kräftepaar ergeben. Sie werden auch als 'Äußeres Moment' oder 'Kippmoment bzw. Längskippmoment' bezeichnet, da sie dem Motor in der Längsrichtung eine wechselnde Kippbewegung um seinen Schwerpunkt (um die y- und/oder z-Achse) aufprägen. Der Betrag des freien Massenmomentes ergibt sich aus der Summe aller Produkte aus Massenkraft x Abstand von einem Bezugspunkt. Wird z. B. nach Abb. 5.25 bei gleichem Kröpfungsabstand (Zylinderabstand) dieser gleich 1 gesetzt und der Momentenbezugspunkt 0 im gleichen Abstand 1 vor der Kröpfung Nr. 1 gewählt, so sind die Nummern der Richtungsstrahlen des Kurbelsterns gleichzeitig die relativen Abstände vom so gewählten Momentenbezugsmoment.

Aus der Forderung $\Sigma M = 0$ ergibt sich dann für die 1. Ordnung

$$\sum_{K=1}^{n} (F_{1z,K} \cdot a_K) + M_{1y} = (m_r + m_o) \cdot r \cdot \omega^2 \cdot a \cdot \sum_{K=1}^{n} \left[K \cdot \cos\,(\psi + \beta_K)\right] + M_{1y} = 0$$

$$\sum_{K=1}^{n} (F_{1y,K} \cdot a_K) - M_{1z} = (m_r + m_o) \cdot r \cdot \omega^2 \cdot a \cdot \sum_{K=1}^{n} \left[K \cdot \sin\,(\psi + \beta_K)\right] - M_{1z} = 0 \qquad (5.12)$$

und für die 2. Ordnung

$$\sum_{K=1}^{n} (F_{2z,K} \cdot a_K) + M_{2y} = m_o \cdot r \cdot \omega^2 \cdot A_2 \cdot a \cdot \sum_{K=1}^{n} \left[K \cdot \cos 2 \cdot (\psi + \beta_K)\right] + M_{2y} = 0$$

$$\sum_{K=1}^{n} (F_{2y,K} \cdot a_K) - M_{2z} = m_o \cdot r \cdot \omega^2 \cdot A_2 \cdot a \cdot \sum_{K=1}^{n} \left[K \cdot \sin 2 \cdot (\psi + \beta_K)\right] - M_{2z} = 0 \qquad (5.13)$$

oder für die Massenmomente 1. und 2. Ordnung mit $\Psi = 0$

$$\bar{M}_{1y} = \frac{M_{1y}}{(m_r + m_o) \cdot r \cdot \omega^2 \cdot a} = \sum_{K=1}^{n} K \cdot \cos \beta_K$$

$$\bar{M}_{1z} = \frac{M_{1z}}{(m_r + m_o) \cdot r \cdot \omega^2 \cdot a} = \sum_{K=1}^{n} K \cdot \sin \beta_K \qquad (5.14)$$

$$\bar{M}_{2y} = \frac{M_{2y}}{m_o \cdot r \cdot \omega^2 \cdot A_2 \cdot a} = \sum_{K=1}^{n} K \cdot \cos 2\beta_K$$

$$\bar{M}_{2z} = \frac{M_{2z}}{m_o \cdot r \cdot \omega^2 \cdot A_2 \cdot a} = \sum_{K=1}^{n} K \cdot \sin 2\beta_K \qquad (5.15)$$

Nach der Vektorrechnung können daraus die freien Momente ermittelt werden

$$M_1 = \sqrt{M_{1y}^2 + M_{1z}^2} \qquad (5.16)$$

$$M_2 = \sqrt{M_{2y}^2 + M_{2z}^2}$$

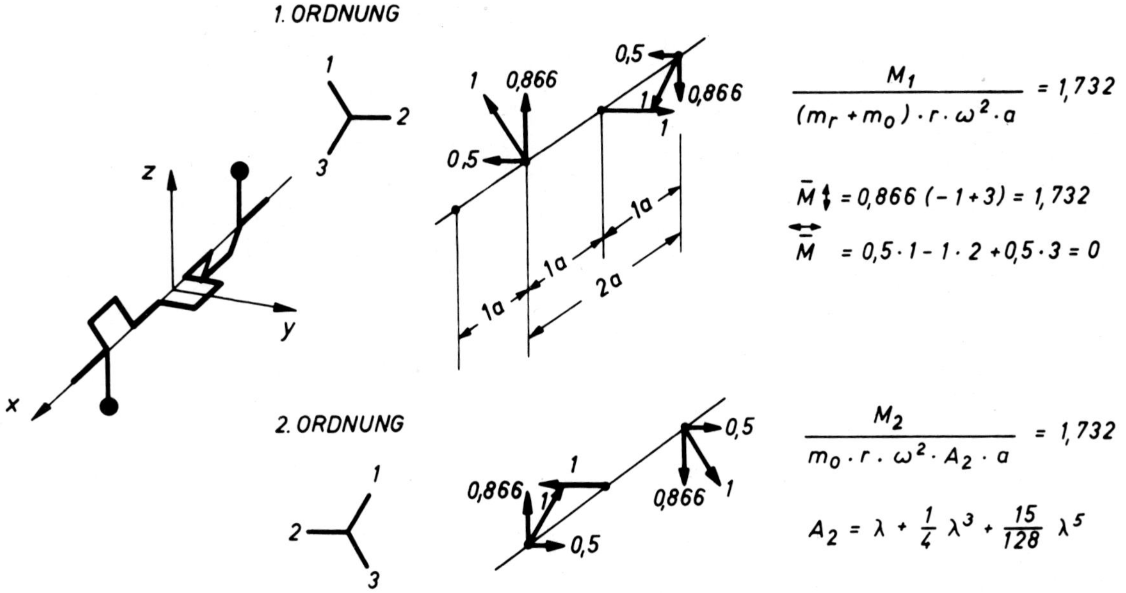

Abb. 5.26: Massenmomente 1. und 2. Ordnung einer dreifach gekröpften Kurbelwelle

In Abb. 5.26 ist als Beispiel die Ermittlung der freien Massenmomente 1. und 2. Ordnung einer dreifach gekröpften Kurbelwelle dargestellt. Als Momente ergeben sich danach

$$\bar{M}_{1y} = \frac{M_{1y}}{(m_r + m_o) \cdot r \cdot \omega^2 \cdot a} = -1 \cdot 0,866 + 2 \cdot 0 + 3 \cdot 0,866 = 1,732$$

$$\bar{M}_{1z} = \frac{M_{1z}}{(m_r + m_o) \cdot r \cdot \omega^2 \cdot a} = -0,5 \cdot 1 + 1 \cdot 2 - 0,5 \cdot 3 = 0$$

$$\bar{M}_1 = \frac{M_1}{(m_r + m_o) \cdot r \cdot \omega^2 \cdot a} = \sqrt{\bar{M}_{1y}^2 + \bar{M}_{1z}^2} = 1,732$$

$$\bar{M}_{2y} = \frac{M_{2y}}{m_o \cdot r \cdot \omega^2 \cdot A_2 \cdot a} = -1 \cdot 0,5 + 2 \cdot 1 - 3 \cdot 0,5 = 0$$

$$\bar{M}_{2z} = \frac{M_{2z}}{m_o \cdot r \cdot \omega^2 \cdot A_2 \cdot a} = -1 \cdot 0,866 + 2 \cdot 0 + 3 \cdot 0,866 = 1,732$$

$$\bar{M}_2 = \frac{M_2}{m_o \cdot r \cdot \omega^2 \cdot A_2 \cdot a} = \sqrt{\bar{M}_{2y}^2 + \bar{M}_{2z}^2} = 1,732$$

Das Moment 1. Ordnung, das freie Moment, läuft mit der Kurbelwelle um, der Momentenvektor zeigt dabei entgegen der Richtung von Kröpfung 2, was sich anhand der Symmetriebedingungen überprüfen läßt. Für die Wahl geeigneter Gegengewichtsanordnungen ist es vorteilhaft, sich die Wirkung des Momentes durch ein mit der Kurbelwelle umlaufendes Kräftepaar vorzustellen. Die Gegengewichte zur Beseitigung des freien Momentes müssen dann dem wirkenden Kräftepaar in der gleichen Kräftepaarebene entgegengesetzt angeordnet werden. Eine sinnvolle Lage der Gegengewichte wäre in Abb. 5.27 dargestellt. Wegen der Veränderlichkeit der oszillierenden Massenkraftanteile erfordert der v o l l s t ä n d i g e Massenmomentausgleich 1. Ordnung einen abgestimmten Gegengewichtssatz an der Kurbelwelle selbst zum Ausgleich des rotierenden und des halben oszillierenden Massenmomentes, sowie eine gegenläufig zur Kurbelwelle rotierende Hilfswelle, die das halbe oszillierende Massenmoment ausgleicht, wie es z. B. die Abb. 5.28 zeigt. Zum Ausgleich des Massenmomentes 2. Ordnung benötigt man - wie angedeutet - zwei weitere Ausgleichswellen, die mit 2ω gegenläufig umlaufen. Erwähnenswert ist, daß in diesem Fall die räumliche Anordnung der Momentenausgleichswellen gleichgültig ist.

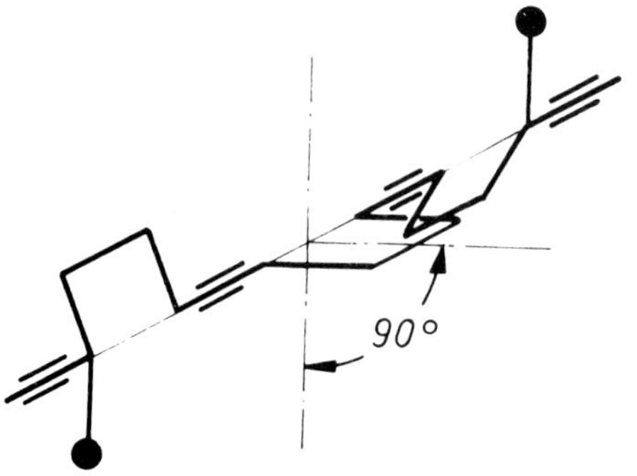

Abb. 5.27: Gegengewichtsrichtung zum teilweisen Ausgleich des Massenmomentes 1. Ordnung im rechten Winkel zur Mittelkröpfung der Welle

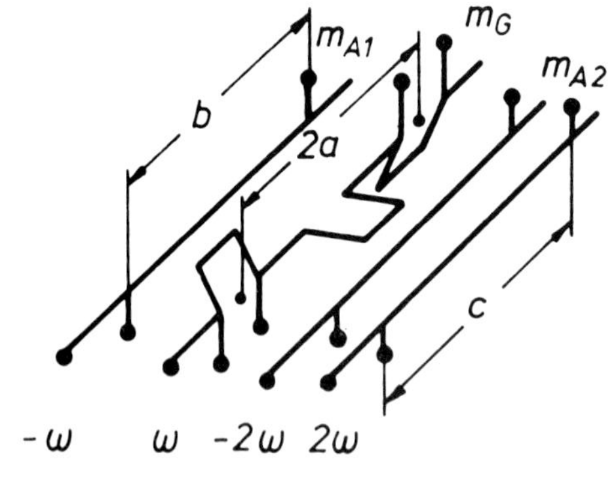

Gegengewichte an der Kurbelwelle

$$m_G = \frac{1{,}732}{4} \, (m_r + 0{,}5\, m_o)$$

Ausgleichswelle 1. Ordnung

$$m_{A1_r} = 1{,}732 \cdot 0{,}5 \cdot m_o \cdot \frac{a}{b}$$

Ausgleichswellen 2. Ordnung

$$m_{A2_r} = \frac{1{,}732}{8} \cdot m_o \cdot A_2 \cdot \frac{a}{c}$$

Abb. 5.28: Schematische Darstellung der Ausgleichsmaßnahmen zur vollkommenen Beseitigung der Massenmomente 1. und 2. Ordnung bei einem 3-Zylinder-Reihenmotor

Den Momentenausgleich 1. und 2. Ordnung findet man in der Praxis kaum. Vielfach angewandt wird jedoch der Momentenausgleich 1. Ordnung, wie er in der Abb. 5.29 für einen 2-Zylinder-Reihenmotor und in Abb. 5.30 für einen 3-Zylinder-Reihenmotor als gegenläufige Welle unterhalb der Kurbelwelle dargestellt ist.

In ähnlicher Weise kann man natürlich auch die Momente 5- und 7-hübiger Kurbelwel-

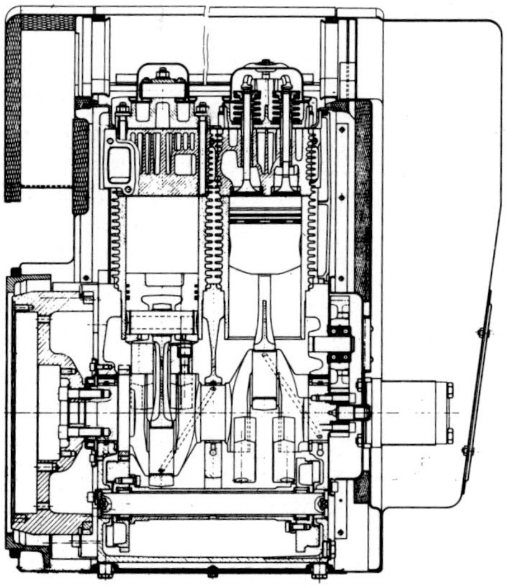

Abb. 5.29: *Momentenausgleich 1. Ordnung an einem 2-Zylinder-Reihenmotor*

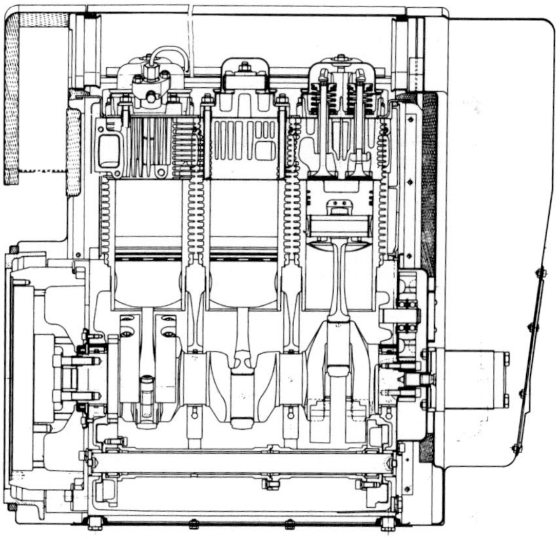

Abb. 5.30: *Momentenausgleich 1. Ordnung an einem 3-Zylinder-Reihenmotor*

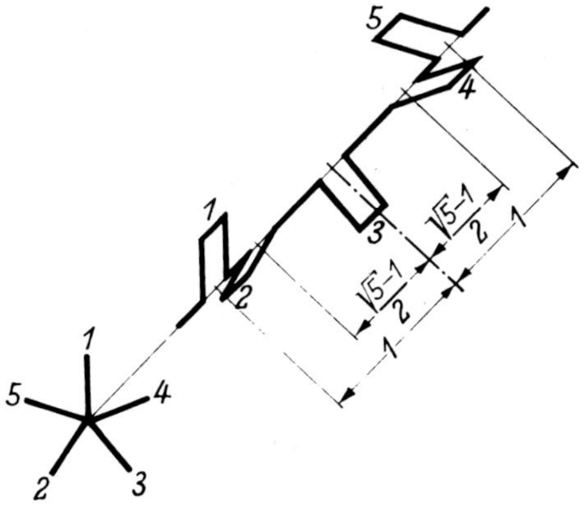

Abb. 5.31: *5-hübige Kurbelwelle mit teilweise vergrößertem Zylinderabstand nach SCHRÖN*

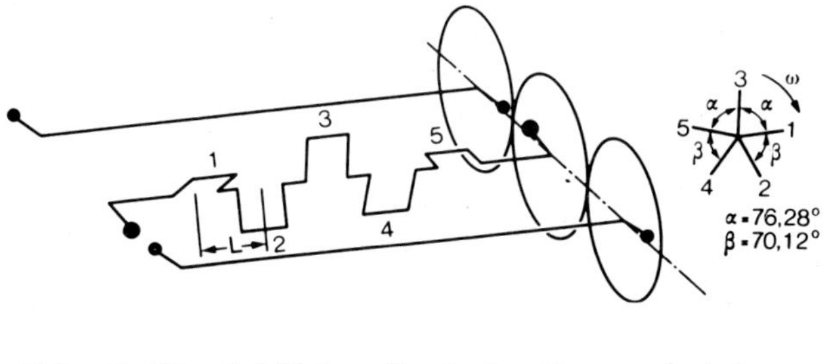

Abb. 5.32: *5-hübige Kurbelwelle ungleicher Teilung zur Kompensation des Massenmomentes 2. Ordnung nach HASSELGRUBER*

len ausgleichen. Zu den 5-hübigen Kurbelwellen gibt es schon seit den 30er Jahren eine Reihe von Aussagen, die die geringe Anwendung dieser Maschine in der Praxis nicht gerechtfertigt erscheinen lassen, da der 5-Zylinder-Motor nicht schlechter als ein 4-Zylinder-Motor ist. Unvergleichbar bleibt er allerdings mit dem 6-Zylinder-Reihenmotor, und diese Nähe - so scheint es - hat den 5-Zylinder-Motor wohl nicht als besonders reizvoll erscheinen lassen. Erst die beengten Einbauräume im Pkw oder auch das Streben nach vereinheitlichten Bauserien mit lückenlosem Leistungsangebot brachte den 5-Zylinder-Reihenmotor auf den Markt. Während man mit elastischer Lagerung und gegebenenfalls ausreichender Dämpfung die Eigenheiten des 5-Zylinder-Motors gut überdecken kann, haben die Konstrukteure von Einbaumotoren nach Wegen gesucht, die Massenmomentwirkungen zu reduzieren. SCHRÖN schlug deshalb eine Kurbelwelle vor, deren beide mittleren Zylinderabstände um knapp 62 % größer sind (Abb. 5.31) als notwendig. Die Vergrößerung der Motorlänge um etwa 30 % konnte sich in der Praxis unter dem Streben einer kompakten Bauweise natürlich nicht durchsetzen. Auch der Weg von HASSELGRUBER, einen Kurbelstern ungleicher Teilung (Abb. 5.32) zur Beseitigung des Massenmomentes 2. Ordnung zu wählen und gegebenenfalls das Moment 1. Ordnung durch umlaufende Ausgleichswelle zu beeinflussen, führte in der Praxis wegen des Aufwandes und der dann noch dazu erkauften Nachteile (Wechseldrehmomente niedrigerer Ordnung) nicht zum Erfolg. So finden wir heute nur 5-Zylinder-Reihenmotoren ohne jeglichen Ausgleich, deren spezifische 'Unarten' durch die Lagerung kompensiert werden.

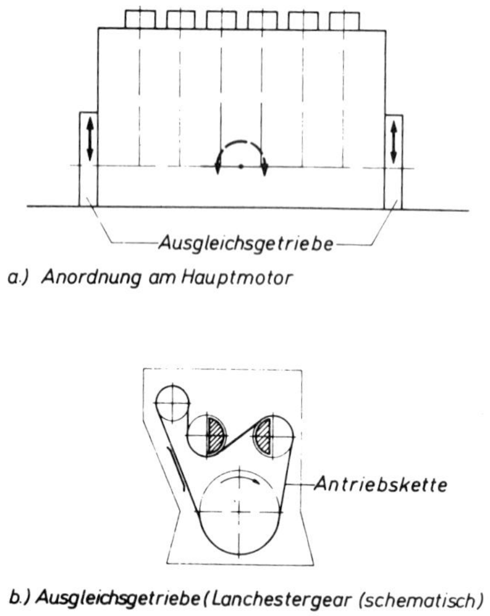

Abb. 5.33: Momentenausgleichsgetriebe (2. Ordnung) an einem 6-Zylinder-Reihenmotor

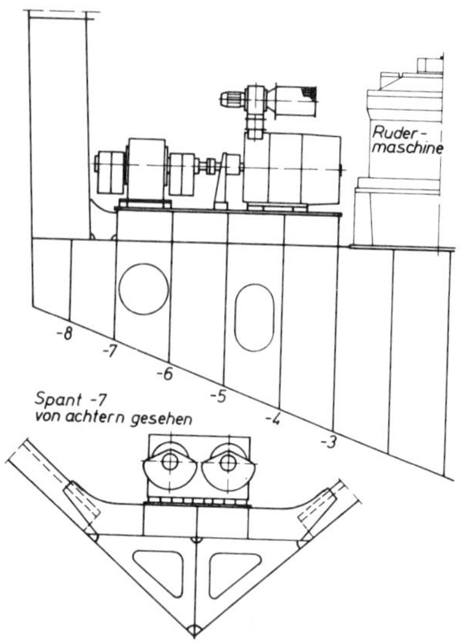

Abb. 5.34: Separater, elektrisch angetriebener Massenausgleich im Heck eines Schiffes

Zweitakt-Kreuzkopfmotoren mit 7-Zylindern besitzen ein freies Massenmoment 2. Ordnung, was bei Schiffseinbauten oft zu Schwierigkeiten führt. Ausgleichsgetriebe, wie sie in Abb. 5.33 skizziert sind, werden in manchen Fällen ausgeführt. Es gibt aber auch Sonderfälle bei resonanzartiger Anregung der Schiffskörper durch diese Massenmomente, bei denen ein elektrisch angetriebener und elektronisch gesteuerter Massenausgleich (Abb. 5.34) im Heck des Schiffes angeordnet ist und nur in Resonanznähe eingeschaltet wird, um die Schiffsschwingungen zu verhindern (Abb. 5.35). Dies hat den Vorteil der Energieeinsparung (fern vom Resonanzbereich ist das Massenmoment schiffstechnisch unschädlich) und, was in vielen Fällen des Einzelbaues entscheidend ist, kann auch noch nachträglich bei Bedarf eingebaut werden.

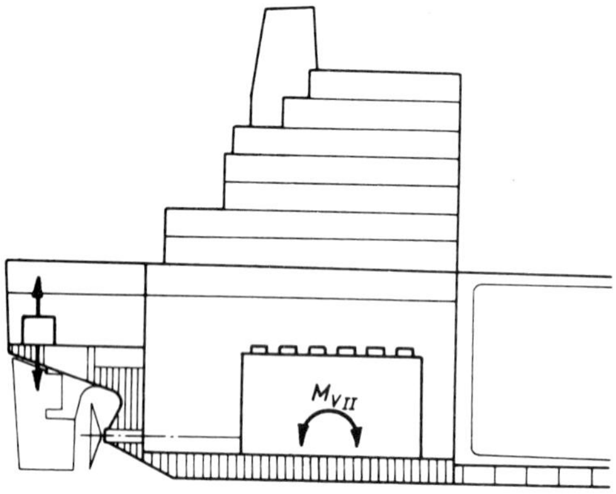

Abb. 5.35: Anordnung des separaten Massenausgleichsgetriebes im Hinterschiff in Verbindung mit der momentenerzeugenden Antriebsmaschine

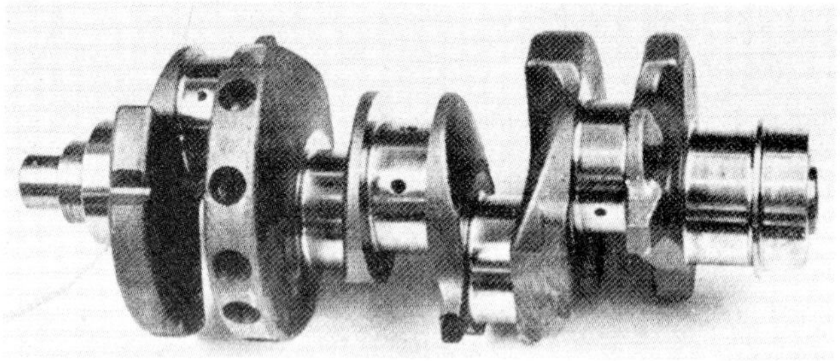

Abb. 5.36: Kurbelwelle eines FORD-4-Zylinder-60⁰-V-Motors

Die dreifach gekröpfte Welle in einem V-90^0-Motor (6-Zylinder-V) benötigt für den Massenmoment-Ausgleich 1. Ordnung lediglich einen abgestimmten Gegengewichtssatz, in der Regel 4 Gegengewichte von $m_G = 1{,}732/4 \cdot (m_r + m_0)$. Für den Ausgleich des Massenmomentes 2. Ordnung wären auch für den V-Motor zwei mit 2ω gegenläufige Ausgleichswellen erforderlich, wie schon zu Abb. 5.28 für den 3-Zyl.-Reihenmotor ausgeführt wurde. Beim V-Motor mit dem V-Winkel 60^0 gilt jedoch eine Ausnahme, da der Momentenausgleich 2. Ordnung hier mit einer Ausgleichswelle zu bewerkstelligen ist (siehe auch Abschnitt 5.1).

Der 4-Zylinder-V-60^0-Motor (gegabelter Reihenmotor mit gleichmäßigem Zündabstand) besitzt ein freies Moment 1. Ordnung. Durch entsprechend vergrößerte Gegengewichte (Abb. 5.36) und eine gegenläufige Ausgleichswelle (Abb. 5.37) wird die Wirkung aufgehoben, wie man aus der Skizze Abb. 5.38 erkennen kann.

Abb. 5.37: Gegenläufige Ausgleichswelle 1. Ordnung des FORD-Motors von Abb. 5.36

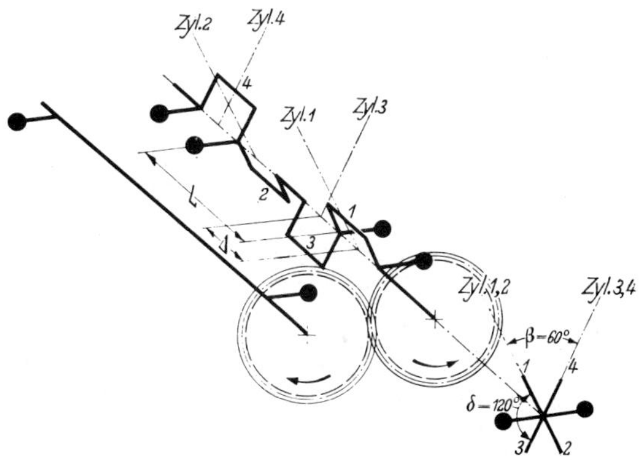

Abb. 5.38: Schematische Darstellung des Ausgleiches eines 4-Zylinder-Motors mit Gabelwinkel 60°

Ein 6-Zylinder-60^0-V-Motor mit gleichmäßigem Zündabstand (120 ^{0}KW) besitzt hingegen ein freies Massenmoment 2. Ordnung. Wie beschrieben, kommt man bei dieser Ausführung mit einer Ausgleichswelle aus (Abb. 5.39). Der GM-Dieselmotor TORO-FLOW besitzt eine solche Momentenausgleichswelle (Abb. 5.40) rechts neben der Kurbelwelle.

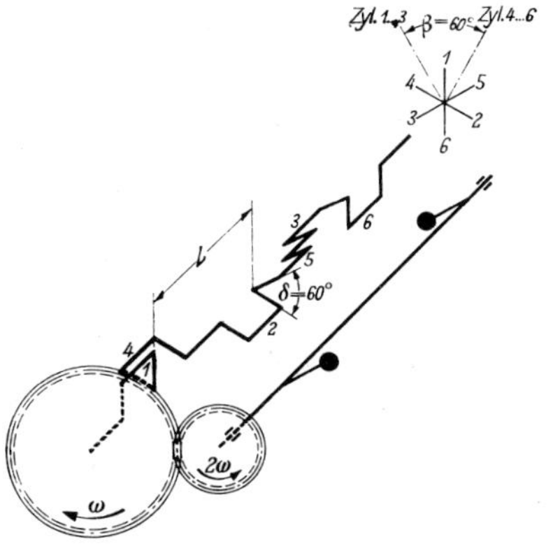

Abb. 5.39: Ausgleichswelle für Massenmoment 2. Ordnung

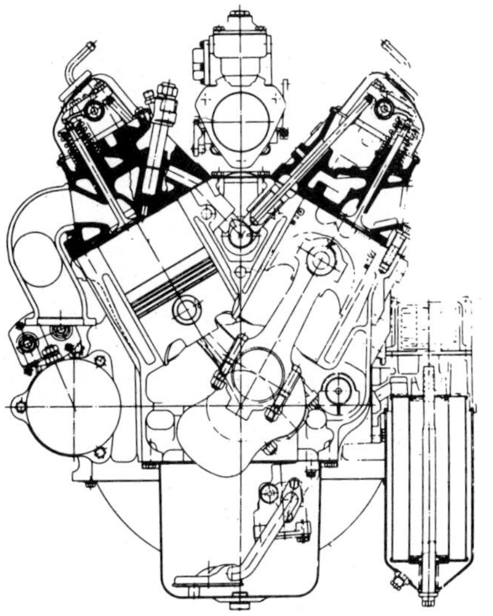

Abb. 5.40: GM-TORO-FLOW (6-Zylinder-60°-V-Motor) mit Massenausgleichswelle 2. Ordnung

Für das Auftreten von freien Massenmomenten sind die Symmetrie-Eigenschaften der Kurbelanordnung in der Längsansicht der Welle maßgebend. Es sind daher zwei Gruppen

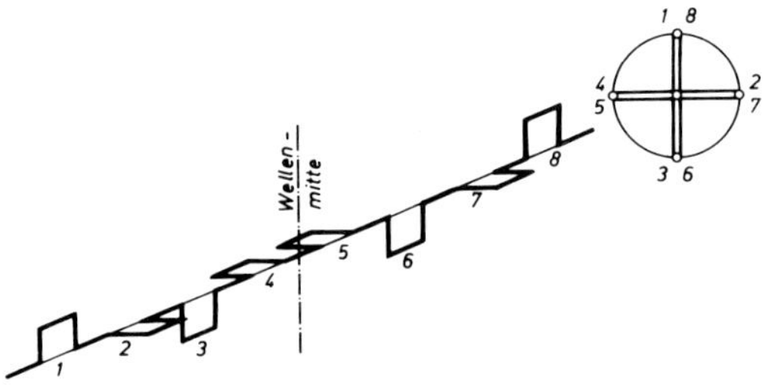

Abb. 5.41: *Vollsymmetrische Kurbelkröpfungsanordnung*

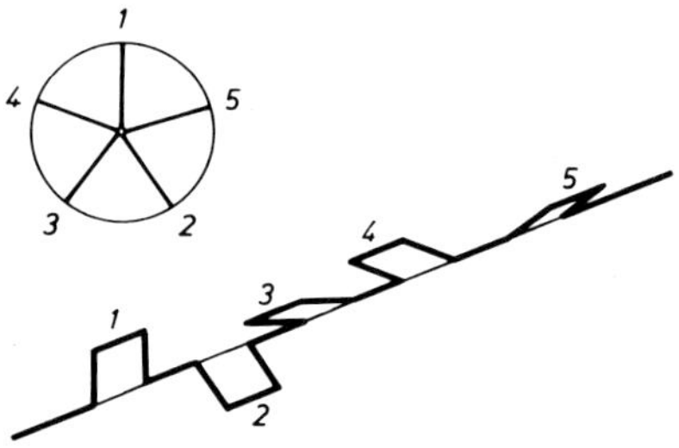

Abb. 5.42: *Teilsymmetrische Kurbelkröpfungsanordnung*

zu unterscheiden:

a) Vollsymmetrische Kurbelwellen (Abb. 5.41)
Hier sind sowohl der Kurbelstern wie auch die Kurbelanordnung in der Längsansicht zur Mittelebene symmetrisch. Es treten dabei keine freien Massenmomente 1. Ordnung auf. Es handelt sich immer um Wellen mit gerader Kröpfungsanzahl.

b) Teilsymmetrische Kurbelwellen (Abb. 5.42)
Bei diesen ist zwar der Kurbelstern, jedoch nicht die Kurbelanordnung in der Längsansicht zur Mittelebene symmetrisch. Diese Wellen haben freie Massenmomente 1. Ordnung, vielfach auch solche 2. Ordnung. Hierzu gehören alle Wellen mit ungerader, jedoch auch einige mit gerader Kröpfungszahl.

Die freien Momente 1. und 2. Ordnung für die landläufigsten Kurbelwellenausführungen sind in den Tabellen 4.G - 4.M angegeben und eventuell auch aus den Tabellen 6.32 - 6.37 des Bandes 1 der Neuen Folge der Schriftenreihe 'Die Verbrennungskraftmaschine' zu entnehmen.

5.3 Innere Biegemomente

Die rotierenden und oszillierenden Massenkräfte der einzelnen Hübe verursachen an mehrfach gekröpften Kurbelwellen innere Biegemomente, da die Massenkräfte in verschiedenen Wirkungsebenen, d. h. in (Zylinder-) Abständen voneinander an der Kurbelwelle angreifen. Diese inneren Biegemomente können auch dann auftreten, wenn die freien Massenkräfte und Massenmomente Null sind. Bei mehrzylindrigen Maschinen wird ja gerade der Effekt des Ausgleiches verschiedener Kraftwirkungen der einzelnen Zylinder über das gemeinsame Kurbelgehäuse genutzt, um eine laufruhige, erschütterungsarme Verbrennungskraftmaschine zu entwickeln. Dieser Kraftausgleich innerhalb des Motors verursacht längs des Motors i n n e r e   B i e g e m o m e n t e . Entsprechend den verursachenden Kräften ist zwischen rotierenden und oszillierenden inneren Biegemomenten zu unterscheiden. Die rotierenden Momente haben für eine Drehzahl gemäß der ω^2-Abhängigkeit der Massenkräfte eine konstante Größe und laufen mit der Kurbelwelle um, verändern somit gegenüber dem Motorgehäuse fortwährend ihre Richtung. Da ein Kurbelgehäuse in den durchlaufenen Biegemomentebenen zum Teil recht erhebliche Unterschiede in den Trägheits- (Widerstands-) Momenten besitzt, prägen sich so bevorzugte Biegelinien des Kurbelgehäuses aus, so daß man kaum auf eine in konstanter Größe umlaufende Durchbiegung kommt. Wassergekühlte Reihenmotoren zeigen so oft eine starke Durchbiegung in y-Richtung auf, während in z-Richtung nur geringe Verformungen zu beobachten sind. V-Motoren mit einteiligem Kurbelgehäuse weisen erheblich große Widerstandsmomente in allen Ebenen auf, so daß man - sofern es die Lagerungen zulassen - auch Kurbelwellenbauformen mit wesentlich größeren inneren Biegemomenten wählen kann.

Die periodisch veränderlichen, oszillierenden Momente resultieren aus den in Zylinderachsen-Richtung wirkenden oszillierenden Kräfte und sind somit in bezug auf das Kurbelgehäuse oder dem in Abschnitt 5.1 dargestellten Bezugssystem festgelegt. Die im Vergleich zum Motorengestell biegeweiche Kurbelwelle ($J_{Kurbelwelle} : J_{Kurbelgehäuse} \approx 1:50$) verformt sich unter den Momenten und belastet so die Wellenlager, wodurch die Momente auf das Motorgestell übertragen werden.

Zur Bestimmung der inneren Biegemomente ist entlang der Kurbelwelle von Kraftangriffspunkt zu Kraftangriffspunkt fortschreitend die Summe der Produkte aus Kraft mal Hebelarm zu bilden. Bei räumlichen Kurbelanordnungen sind die Momente mit den Kraftkomponenten in zwei senkrecht zueinander liegenden Ebenen anzusetzen. Dies

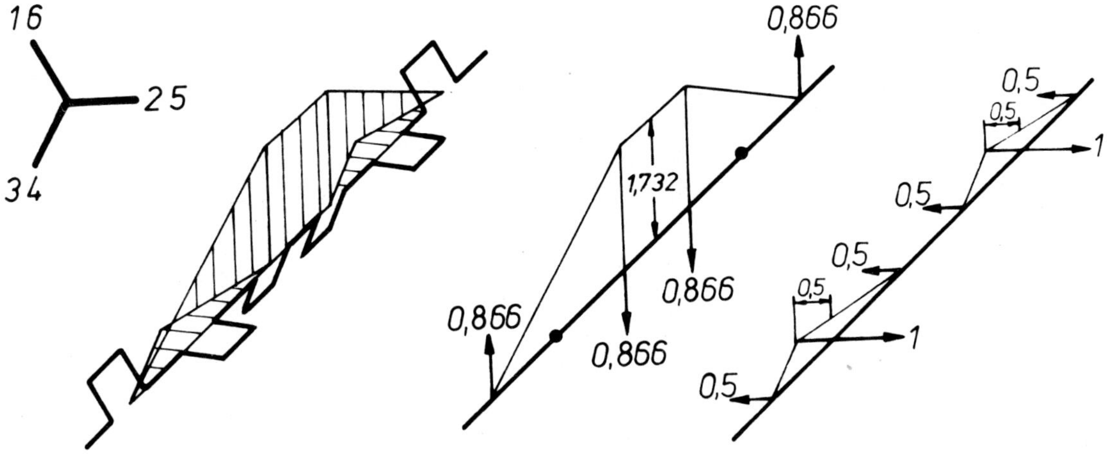

Abb. 5.43: Verlauf des inneren Biegemomentes einer 6-hübigen Kurbelwelle

ist z. B. in Abb. 5.43 für eine 6-hübige Welle gemacht worden. Da die Zylinder- bzw. Lagerabstände und die Kurbeltriebsmassenkräfte üblicherweise einander gleich sind, ist es zweckmäßig, mit Einheitsabstand = 1 und Einheitskraft = 1 zu arbeiten. Die inneren Biegemomente 2. Ordnung werden anhand des Kurbelsterns 2. Ordnung bestimmt. Aus dem Stern 1. Ordnung (Teilbild a) ergeben sich die Kräfte in z- und y-Richtung und der Biegemomentenverlauf in der z-x- bzw. y-x-Ebene (Teilbild b). Das maximale innere Biegemoment ist $M_{i1} = 1{,}732\cdot(m_r+m_0)\cdot r\cdot\omega^2\cdot a$, d. h. das spezifische innere Biegemoment ist für diese Welle $M^*_{i1} = 1{,}732$.

Ähnlich ist in Abb. 5.44 für drei verschiedene Kröpfungsfolgen von 8-hübigen Kurbelwellen vorgegangen worden. Die Welle (a) hat das kleinste umlaufende Biegemoment (1. Ordnung) von $M^*_{i1} = 1{,}414$, aber ein relativ großes Biegemoment 2. Ordnung von $M^*_{i02} = 4$, während die Welle (b) ein großes Moment 1. Ordnung ($M^*_{i1} = 3{,}162$), aber ein kleines 2. Ordnung ($M^*_{i02} = 1$) hat.

Wird die Kurbelwelle für sich allein betrachtet, so muß eigentlich für die Bestimmung des inneren Biegemomentes dynamisches Gleichgewicht herrschen. Ein gegebenenfalls vorhandenes freies Moment müßte demnach erst ausgeglichen werden. Da die Kurbelwelle jedoch über die Lager von außen festgehalten wird, wirken auch die eventuell vorhandenen freien Momente verbiegend auf die Kurbelwelle und belastend auf die Lager. Es ist daher gerechtfertigt, die Kraftkomponenten, die ein freies Moment verursachen, mit in die inneren Biegemomente einzubeziehen. Die Bestimmung des Biegemomentenverlaufes vom Ende der Kurbelwelle fortschreitend auf die Mitte zu ergibt bei Kurbelwellen mit freiem Massenmoment einen Momentensprung in der Mitte, der gleich dem freien Massenmoment ist. Abb. 5.45 zeigt z. B. die freien Massenmomente und den Verlauf der inneren Biegemomente von zwei verschiedenen 9fach gekröpften Kurbelwellen. Der Momentensprung $\bar{M}$ in Kurbelwellenmitte entspricht dem Massenmoment 1. Ordnung. Bei der Kurbelwelle (a) würde zum Ausgleich des kleinen freien Massenmomentes 1. Ordnung ein kleines Gegengewichtspaar in der Ebene recht-

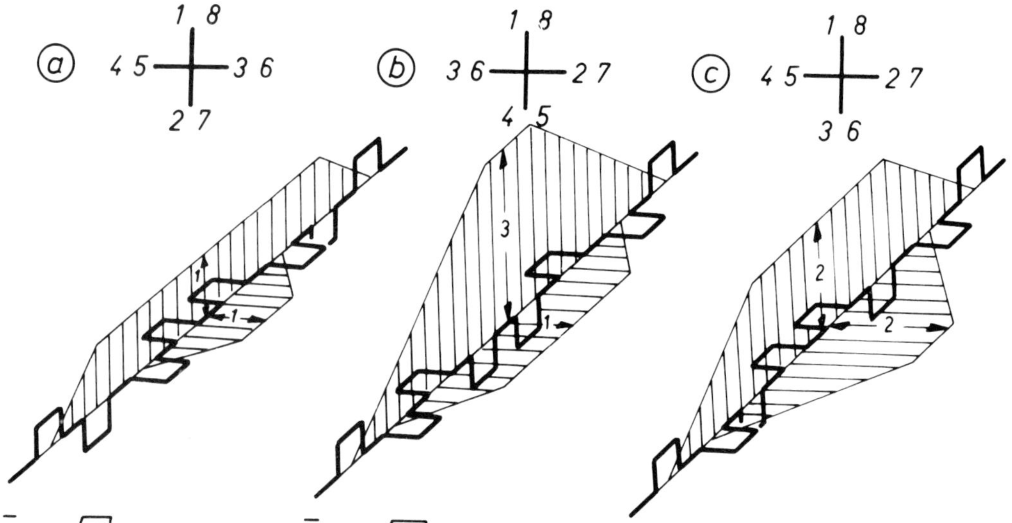

	(a)	(b)	(c)
$\bar{M}_I$	$=\sqrt{2} = 1{,}414$	$=\sqrt{10} = 3{,}162$	$=\sqrt{8} = 2{,}828$
$\dfrac{M_{Ir}}{m_r \cdot r \cdot \omega^2 \cdot a}$	1,414	3,162	2,828
$\dfrac{M_{I01}}{m_0 \cdot r \cdot \omega^2 \cdot a}$	1,414	3,162	2,828
$\dfrac{M_{I02}}{m_0 \cdot r \cdot \omega^2 \cdot a \cdot A_2}$	4	1	2

Abb. 5.44: Momentenverläufe dreier 8-hübiger Kurbelwellen

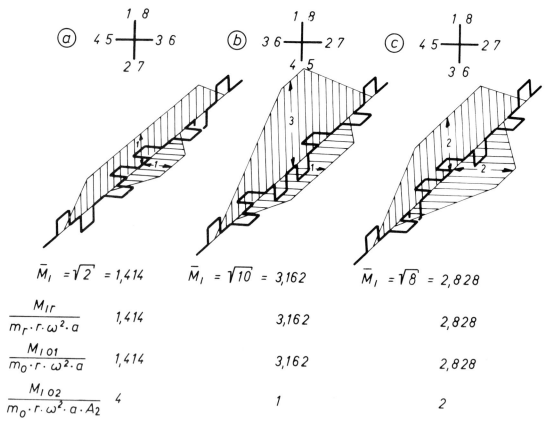

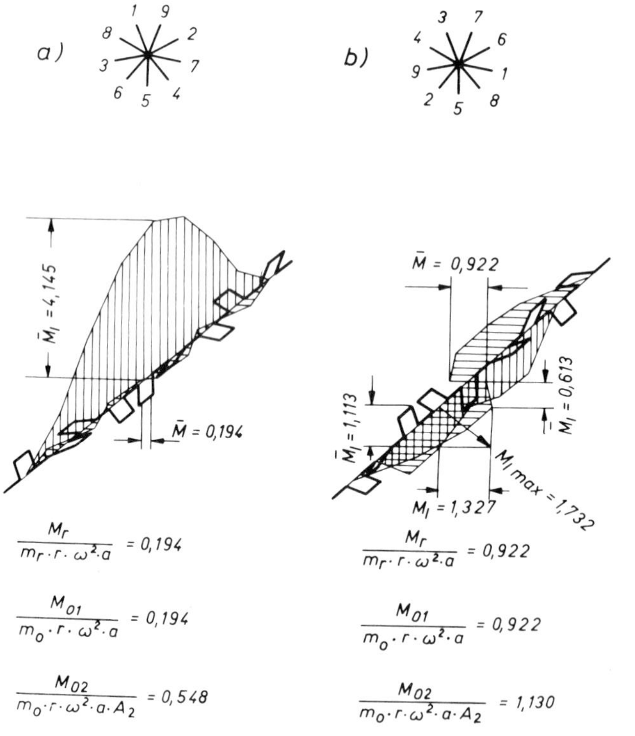

Abb. 5.45: Freie Momente und innerer Biegemomentenverlauf zweier 9-hübiger Kurbelwellen

winkelig zur Kröpfung 5 genügen, das große innere Biegemoment und damit die großen Lagerbeanspruchungen verlangen jedoch einen erheblich größeren Gegengewichtsaufwand in der Ebene von Kröpfung 5. In dieser Hinsicht ist Welle (b) erheblich besser, wenn auch das freie Massenmoment fast fünfmal größer ist.

Über die zulässigen Grenzen von inneren Biegemomenten und Lagerbelastungen kann keine allgemeingültige Aussage gemacht werden. Der Einfluß auf die Lagerbelastung, d. h. auch die Auswirkungen auf die Verlagerungsbahn (engster Schmierspalt) lassen sich noch relativ einfach nachrechnen, inwieweit das Biegemoment des Kurbelgehäuses beansprucht wird (Spannungen, Verformungen), kann schon weniger gut vorausgesagt werden (FINITE ELEMENTE) und ob diese Werte zu unzuträglichen Betriebswerten (Bruch, Schwingungsanregung, Verschleiß) führen, kann oft erst nach jahrelangem Einsatz der Motoren erkannt werden. In der Regel wird man sich zu Bauformen mit den geringsten Kraftwirkungen entschließen. Verbindet sich jedoch die Konstruktion von kraft- und momentenfreien Bauarten mit erheblichen Kosten, so ist vorausschauender Rat oft recht schwierig. Je nach Einsatzart und Lebensdauer ist hier mehr oder minder große Vorsicht angebracht.

Zur Verringerung der inneren Biegemomente und somit der Kurbelwellenlager-Belastung und der Motorgestell-Durchbiegung werden Gegengewichte an den Kurbelwellen angebracht, auch dann, wenn diese für den äußeren Massenausgleich nicht notwendig wären. Kurbelwellen schnellaufender Motoren haben daher in der Regel Gegengewichte.

Während der vollständige oder bestmögliche Ausgleich der gegebenenfalls vorhandenen freien Massenwirkungen die Gegengewichtsgröße und -anzahl zwangsläufig vorgibt, besteht für die Biegemomentenentlastung keine feste Bemessungsregel für die Gegengewichtsgröße und -anzahl. Hier sind die Schnelläufigkeit des Motors, die Größe der Triebwerksmassen, die Tragfähigkeit der Kurbelwellenlager und die Steifigkeit des Motorgehäuses von Einfluß. Kurbelwellen, die aufgrund ihrer Kurbelanordnung von sich aus keine freien Massenwirkungen 1. Ordnung haben, wie z. B. die Kurbelwellen für 4-, 6- und 8-Zylinder-Viertakt-Reihenmotoren, laufen bei mäßigen Kolbengeschwindigkeiten ($V_m \approx 7 \ldots 8$ m/s) noch befriedigend ganz ohne Gegengewichte.

Sind Gegengewichte notwendig, so ist oft anzustreben, mit möglichst wenig Gegengewichten ausreichende Entlastungswirkung zu erzielen, d. h. Gegengewichte nur an den Kurbelwangen vorzusehen, wo diese für die Biegemomenten- und Lagerentlastung besonders wirksam sind. Das ist nicht nur ein Gebot des Leichtbaues und der Ökonomie, sondern ergibt sich auch in vielen Fällen aus der Notwendigkeit, wegen des Torsionsschwingungsverhaltens ein geringes Massenträgheitsmoment und eine hohe Torsions-Eigenschwingungszahl des Motortriebwerkes anzustreben.

In ausgeführten Motoren ist bei gleichen Kröpfungszahlen der Kurbelwelle ein Variantenreichtum von Gegengewichtsanordnungen festzustellen. Auch die Größe des inneren Biegemomentes ist aus den Tabellen 4.G bis 4.M oder dem Band 1 der Neuen Folge der Schriftenreihe 'Die Verbrennungskraftmaschine' zu entnehmen.

5.4 Einfluß rotierender Ausgleichsmassen auf das Querkippmoment (Drehung um die Längsachse des Motors)

Bei Motoren, die aufgrund ihrer Kurbelanordnung nicht ausgeglichene oszillierende Massenkräfte haben, werden in bestimmten Fällen zum Ausgleich dieser Kräfte gegenläufig rotierende Unwuchten nach dem im Abschnitt 5.1 erläuterten Prinzip angewendet. Solche zusätzlichen Ausgleichsvorrichtungen werden bei manchen 1-Zylinder- und 2-Zylinder-Motoren mit gleichgerichteten Kröpfungen zum Ausgleich der oszillierenden Massenkraft 1. Ordnung, sowie bei manchen 4-Zylinder-Motoren zum Ausgleich der Massenkraft 2. Ordnung angewendet, wie wir in Abschnitt 5.1.1 gesehen haben. Diese rotierenden Massenausgleicher bewirken eine periodisch wechselnde Kraft, die der oszillierenden Massenkraft der Triebwerksteile entgegengerichtet ist, womit man einen vollkommenen Massenausgleich erreicht (siehe auch Abb. 5.5). Sind - beim Blick auf die Motorstirnseite - die Massenausgleicher in ihrer Höhe zueinander und gegen die Kurbelwelle versetzt oder unsymmetrisch zur Zylinderachse (Abb. 5.46) angeordnet, so üben diese zusätzlich ein periodisch wechselndes Moment (Vektorpfeil in Motorlängsrichtung) auf das Motorgehäuse aus. Dieses um die Längsachse des Motors wirkende, von den so angeordneten Ausgleichsmassen hereingetragene Moment überlagert sich dann dem durch den Gas- und Massen-Tangentialdruck verursachten Wechseldrehmoment (siehe auch Kapitel 6).

Damit können die zusätzlich rotierenden Massenausgleicher (1. bzw. 2. Ordnung) auch dazu benutzt werden, die W e c h s e l d r e h m o m e n t e zu beein-

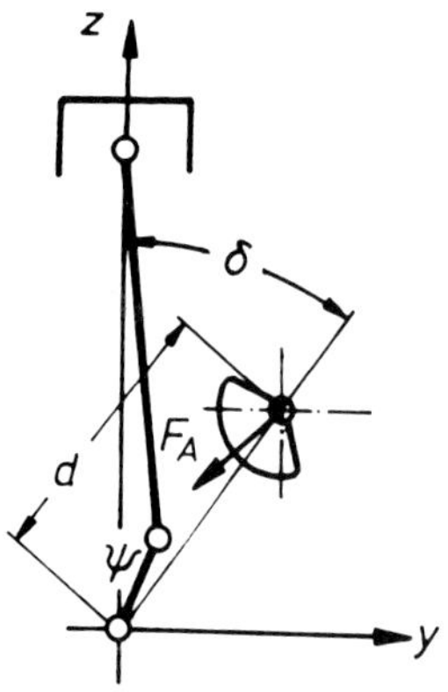

Abb. 5.46: Unsymmetrisch angeordneter Massenausgleich 1. Ordnung an einem 1-Zylinder-Motor

flussen bzw. zu vermindern, wenn diese einen wesentlichen Anteil 1. oder 2. Ordnung aufweisen. Das ist bei wenig-zylindrigen Maschinen, wie den oben erwähnten, immer der Fall, wie man dies auch aus der Superposition der harmonischen Analyse (Kapitel 11) leicht ableiten kann.

5.4.1 Wechseldrehmoment durch rotierende Ausgleichsmassen

Über die Art und Wirkungsweise der Massenausgleicher, speziell für den Massenausgleich der Massenkräfte und Massenmomente, ist in den Abschnitten 5.1 und 5.2 eingegangen worden. Ehe auf die Wirkung der rotierenden Massenausgleicher bei 1-Zylinder- und 4-Zylinder-Motoren zur Verminderung bestimmter Anteile des Wechseldrehmomentes näher eingegangen wird, sind im folgenden die Beziehungen in allgemeingültiger Form angegeben. Damit um die Hochachse des Motors (z-Achse) kein zusätzliches Massenoment (Längskippmoment) entsteht, muß in der Längsrichtung des Motors die resultierende Wirkrichtung der Massenausgleicher mit der Wirkebene der resultierenden Zylinderkräfte des Motors zusammenfallen.

Mit den Abmessungen der Abb. 5.46 ergibt sich für den Massenkraftanteil der q-ten Ordnung der oszillierenden Triebwerksteile der Ansatz

z-Richtung: $$F_{o,q,z} = -m_o \cdot r \cdot \omega^2 \cdot A_q \cdot \cos(q \cdot \psi) \cdot k_K \cdot k_{v,q,z}$$

y-Richtung: $$F_{o,q,y} = m_o \cdot r \cdot \omega^2 \cdot A_q \cdot \sin(q \cdot \psi) \cdot k_K \cdot k_{v,q,y} \qquad (5.17)$$

mit $$A_1 = 1 \qquad A_2 = \lambda + \frac{1}{4} \cdot \lambda^3 + \frac{15}{128} \cdot \lambda^5$$

k_K = Faktor für die phasengerechte Addition der Kurbeltriebsmassenkräfte bei mehrfach gekröpften Kurbelwellen

k_{vzy} = Einflußfaktor für den V-Winkel an der Einzelkröpfung des V-Motors

Eine oszillierende Massenkraft in y-Richtung tritt gegebenenfalls nur bei V-Motoren auf; bei Reihenanordnung ist F_0, p, y = 0.

Gleichermaßen ist die Massenkraft der rotierenden Ausgleichsmassen

in z-Richtung: $$F_{Az} = -m_A \cdot r \cdot (q \cdot \omega)^2 \cdot [\cos(\chi + q \cdot \psi) + \cos(\chi - q \cdot \psi)]$$

in y-Richtung: $$F_{Ay} = m_A \cdot r \cdot (q \cdot \omega)^2 \cdot [\sin(\chi + q \cdot \psi) + \sin(\chi - q \cdot \psi)] \qquad (5.18)$$

mit

χ = Phasenwinkel der Ausgleichsmasse, wenn der Bezugszylinder im oberen Totpunkt ist

$+q\psi$ = Rotationswinkel der gleichsinnig mit der Kurbelwelle umlaufenden Ausgleichsmasse

$-q\psi$ = Rotationswinkel der im Gegensinn zur Kurbelwelle umlaufenden Ausgleichsmasse

Für den Massenkraft-Ausgleich muß für alle Kurbelstellungen die $\Sigma F = 0$ sein (vergleiche Kapitel 4).

Bei Anordnung von 2 rotierenden Ausgleichsmassen und für den Phasenwinkel $\chi = 180^0$ ergibt sich allgemein die Größe der auf den Kurbelradius reduzierten Ausgleichsmasse

$$m_A = \frac{1}{2} \cdot \frac{m_0 \cdot A_q \cdot k_K \cdot V_q}{q^2} \tag{5.19}$$

Sind die Ausgleichsmassen wie in Abb. 5.46 unsymmetrisch angeordnet, so liefern diese Ausgleichsmassen ein wechselndes Drehmoment um die x-Achse des Motors in folgender Größe

$$\begin{aligned} M_{Aq} &= F_{Ay} \cdot z + F_{Az} \cdot y \\ &= m_A \cdot r \cdot (q \cdot \omega)^2 \cdot [\sin(\chi + q \cdot \psi) \cdot z_I + \sin(\chi - q \cdot \psi) \cdot z_{II} \\ &\quad - \cos(\chi + q \cdot \psi) \cdot y_I - \cos(\chi - q \cdot \psi) \cdot y_{II}] \end{aligned} \tag{5.20}$$

$$y_{I,II} = d_{I,II} \cdot \sin \delta_{I,II} \qquad z_{I,II} = d_{I,II} \cdot \cos \delta_{I,II}$$

Für $\chi = 180^0$ ergibt sich hieraus

$$M_{Aq} = m_A \cdot r \cdot (q \cdot \omega)^2 \cdot [\cos(q \cdot \psi) \cdot y_I + \cos(q \cdot \psi) \cdot y_{II} - \sin(q \cdot \psi) \cdot z_I + \sin(q \cdot \psi) \cdot z_{II}]$$

Aus dieser Beziehung ist abzulesen, daß die für den Massenkraft-Ausgleich angeordneten rotierenden Ausgleichsmassen nur dann keine Momenten-Rückwirkung auf das Motorgehäuse um die x-Achse (Längsachse) ausüben, wenn

a) $y_I = -y_{II}$ ist, d. h. die Massenausgleicher symmetrisch zur Zylinderachse angeordnet und

b) $z_I = z_{II}$ ist, d. h. die Massenausgleicher auf gleicher Höhe angeordnet sind.

Dies haben wir in Abschnitt 5.1 schon grundsätzlich abgeklärt; eine derartige Anordnung stellt auch die normale Ausführungsform eines Massenausgleiches dar (Abb. 5.6).

5.4.2 Ausgleich des Gas- und Massen-Wechseldrehmomentes

Obwohl das Gasdrehmoment eines Motors erst im Kapitel 6 besprochen wird, soll hier das Ergebnis vorweggenommen werden, um eine Arbeitsunterlage für die Wirkung unsymmetrisch angeordneter Ausgleicherwellen auf das Gesamtwechseldrehmoment zu erhalten. Die tangentialen Gaskräfte der Ordnungszahl q liefern das folgende periodische Drehmoment, das als Gehäuse-Reaktionsmoment mit negativem Vorzeichen versehen ist

$$M_{Gq} = -\frac{1}{2} \cdot V_h \cdot (a_q \cdot \cos q\,\psi + b_q \cdot \sin q\,\psi) \cdot k_z \cdot k_V \tag{5.21}$$

Die tangentialen Massenkräfte der Ordnungszahl q liefern, wie wir in Kapitel 4 gesehen haben, folgendes Drehmoment (Massendrehmoment M_M der Ordnungszahl q)

$$M_{Mq} = -m_0 \cdot r^2 \cdot \omega^2 \cdot B_q \cdot \sin q\,\psi \cdot k_z \cdot k_V \tag{5.22}$$

mit $B_q = B_1$ bzw. $B_q = B_2$ für die 1. bzw. 2. Ordnung

$$B_1 = \frac{1}{4} \cdot \lambda + \frac{1}{16} \cdot \lambda^3 + \frac{15}{512} \cdot \lambda^5 \qquad B_2 = -\frac{1}{2} - \frac{1}{32} \cdot \lambda^4 - \frac{1}{32} \cdot \lambda^6$$

In Verbindung mit dem in Abschnitt 5.4.1 behandelten Ausgleichsmoment M_{Aq} ergibt die Addition dieser drei Wechseldrehmomentanteile der Ordnungszahl q

des Gasdruck-Wechseldrehmomentes M_{Gq}

des Massendrehmomentes M_{Mq}
und des Ausgleichsdrehmomentes M_{Aq}
schließlich den Wechseldrehmomentanteil M_{wq} der q-ten Ordnung am Gesamtwechseldrehmoment.

Beziehen wir diesen Anteil, wie schon beim Massendrehmoment dargestellt, auf die Kolbenflächen und lassen diese Kraft am Hebelarm des Kurbelradius r wirken ($A_K \cdot r = 1/2\ V_{H_1}$), so erhalten wir die Dimension eines Tangentialdruckes. Die Winkelgeschwindigkeit ω wird mittels $4r^2\omega^2 = \pi^2 \cdot V_m{}^2$ durch die mittlere Kolbengeschwindigkeit V_m ersetzt.

$$p_T = \frac{M_{wq}}{\frac{1}{2} \cdot V_h} = A_q \cdot \cos q\psi + B_q \cdot \sin q\psi$$

$$A_q = - k_z \cdot k_v \cdot a_q + \frac{m_A}{V_h} \cdot 2 \cdot r \cdot (q \cdot \omega)^2 \cdot (y_I + y_{II})$$

$$B_q = - k_z \cdot k_v \cdot b_q - \frac{m_0}{V_h} \cdot \frac{\pi^2}{2} \cdot V_m{}^2 \cdot \frac{k_z \cdot k_v}{q^2} \cdot B_q + \frac{m_A}{V_h} \cdot 2 \cdot r \cdot (q \cdot \omega)^2 \cdot (z_I - z_{II}) \qquad (5.23)$$

$$c_q = \sqrt{A_q{}^2 + B_q{}^2}$$

Man erkennt aus der Formel 5.23, welche Komponenten man verändern kann, um den resultierenden Tangentialdruck zu minimieren.

Selbstverständlich ist durch eine optimierte Ausgleicheranordnung nur dann ein wesentlicher Anteil des Wechseldrehmomentes zu verändern, wenn die beeinflußbare q-te Ordnung einen nennenswerten Anteil an dem Gesamtdrehmoment hat. Da diese Art eines Drehmomentenausgleiches relativ teuer ist, wird man in der Praxis diese Möglichkeit nur nutzen, wenn man aus anderen Gründen schon einen Massenausgleich benötigt.

5.4.2.1 Einzylindermotor

Die oszillierenden Massenkräfte sind beim 1-Zylindermotor die Hauptstörgröße. In vielen Fällen wird Ausgleich der oszillierenden Massenkraft 1. Ordnung angestrebt. Dafür wird der im Kurbelwellendrehsinn umlaufende Massenkraft-Vektor $r\omega^2(m_r + 0{,}5m_0)$ durch die Gegengewichte an den Kurbelwangen ausgeglichen (Ausgleichsgrad 50 %) und ein mit Kurbelwellendrehzahl gegensinnig rotierender Massenausgleicher von $0{,}5m_0 \cdot r\omega^2$ angeordnet. Abb. 5.9 zeigt beispielsweise die Ausführung bei einem 1-Zylinder-Industriemotor. Mit dieser Anordnung ergibt sich Kräfte-Gleichgewicht (1. Ordnung) für alle Stellungen der Kurbel

$$\Sigma F_{1z} = r \cdot \omega^2 \cdot \left\{ m_0 \cdot \cos\psi + 0{,}5 \cdot m_0 \cdot \left[\cos(180+\psi) + \cos(180-\psi) \right] \right\} = 0$$
$$\Sigma F_{1y} = r \cdot \omega^2 \cdot 0{,}5 \cdot m_0 \cdot \left[\sin(180+\psi) + \sin(180-\psi) \right] = 0 \qquad (5.24)$$

Das Wechseldrehmoment ergibt sich aus der Addition der folgenden Momente 1. Ordnung, deren allgemeine Beziehungen im vorangegangenen Abschnitt angegeben sind.

Gasdrehmoment

$$M_{G1} = -\frac{1}{2} \cdot V_h \cdot (a_1 \cdot \cos\psi + b_1 \cdot \sin\psi) \qquad (5.25)$$

Massendrehmoment

$$M_{M1} = -m_0 \cdot r^2 \cdot \omega^2 \cdot B_1 \cdot \sin\psi \qquad B_1 = \frac{1}{4} \cdot \lambda + \frac{1}{16} \cdot \lambda^3 + \frac{15}{512} \cdot \lambda^5 \qquad (5.26)$$

Moment der gegenläufig mit ω rotierenden Ausgleichsmasse

$$M_{A1} = r \cdot \omega^2 \cdot 0{,}5 \cdot m_o \cdot [z \cdot \sin(180 - \psi) - y \cdot \cos(180 - \psi)]$$
$$= r \cdot \omega^2 \cdot 0{,}5 \cdot m_o \ [d \cdot \cos\delta \cdot \sin\psi + d \cdot \sin\delta \cdot \cos\psi]$$

Daraus ergibt sich schließlich das Gesamtwechseldrehmoment der 1. Ordnung, bezogen auf $A_K \cdot r = 1/2\ V_H$

$$p_T = \frac{M_W}{\frac{1}{2} \cdot V_h} = A_1 \cdot \cos\psi + B_1 \cdot \sin\psi$$

$$A_1 = -a_1 + 0{,}5 \cdot \frac{m_o}{V_h} \cdot \frac{\pi}{2} \cdot V_m{}^2 \cdot \frac{d}{r} \cdot \sin\delta$$

$$B_1 = -b_1 - \frac{m_o}{V_h} \cdot \frac{\pi^2}{2} \cdot V_m{}^2 \cdot (B_1 - 0{,}5 \cdot \frac{d}{r} \cdot \cos\delta)$$

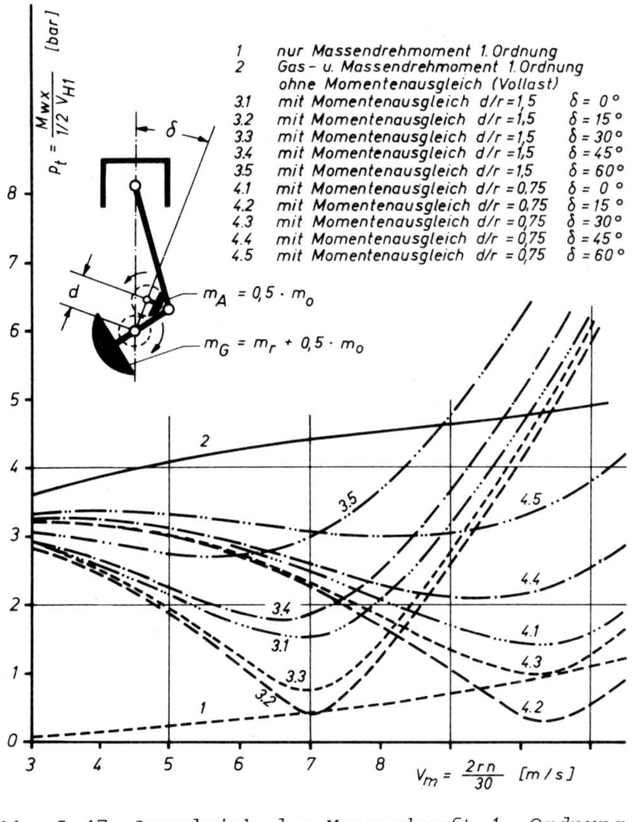

Abb. 5.47: Ausgleich der Massenkraft 1. Ordnung und Beeinflussung des Wechseldrehmomentes 1. Ordnung durch eine mit ω gegenläufig rotierende Hilfswelle bei einem 1-Zylindermotor (1-Zylinder-Dieselmotor m_0/V_n = 2,4 kg/ℓ, λ = 0,292)

Das Schaubild Abb. 5.47 zeigt über der mittleren Kolbengeschwindigkeit den Verlauf des Wechseldrehmomentes 1. Ordnung für einen 1-Zylindermotor bei Vollastbetrieb. Für die Distanz d zwischen Kurbelwellenmitte und Massenausgleicherachse wurden zwei unterschiedliche Abstandsverhältnisse gewählt; der Winkel δ zwischen Zylinderachse und der Verbindungslinie Kurbelwellenmitte - Ausgleicherachse wurde variiert.

Aus dieser Darstellung ist folgendes zu entnehmen:

1) Will man im Bereich der interessierenden Kolbengeschwindigkeiten eine Verminderung des Wechseldrehmomentes 1. Ordnung erzielen, so muß die Ausgleicherachse relativ nahe an der Kurbelwellenachse liegen. Das Abstandsverhältnis d/r muß etwa 0,75 ... 1,5 betragen, wobei kleineres Abstandsverhältnis den Tiefpunkt der Kurve zur höheren Kolbengeschwindigkeit verlagert.

2) Der Winkel δ zwischen der Verbindungslinie von Ausgleicherachse und Kurbelwellenmitte und der Zylinderachse sollte etwa zwischen

0 und 30^0 in der Drehrichtung der Kurbelwelle liegen.

Abb. 5.48: Massenausgleich 1. Ordnung am Motorende angebracht

Diese Feststellungen bedeuten leider einige Erschwernisse in konstruktiver Hinsicht. Der kleine Abstand zur Kurbelwellenachse bei einer optimalen Anordnung verhindert die Verwendung einer durchgehenden, parallel zur Kurbelwellenachse liegenden Ausgleicherachse, wie sie der in der Abb. 5.9 gezeigte Motor hat. Wird ein Massenausgleicher an das Ende der Kurbelwelle verlegt, so lassen sich günstiger Abstand und günstige Winkellage verwirklichen (siehe Abb. 5.48 oder auch Abb. 5.14), durch den Abstand zwischen Massenausgleicher und Zylinderachse in der Längsrichtung des Motors entsteht aber dann ein Massenmoment (Längskippmoment) um die y-Achse. Dies läßt sich vermeiden, wenn der Massenausgleicher aufgeteilt und an beiden Enden der Kurbelwelle symmetrisch zur Zylinderachse in der Längsansicht angeordnet würde. Wegen des zweiten Zahnradtriebes und der doppelten Anzahl von Lagerstellen für die Massenausgleicher ist dies jedoch sehr aufwendig und in der Praxis für Einzylinder-Serienmotoren nicht ausgeführt worden.

5.4.2.2 Vierzylinder-Reihenmotor

Bei der Kurbelwelle des Viertakt-4-Zylinder-Motors liegen alle Kröpfungen in einer Ebene, wobei die Kröpfungen 1 und 4 sowie 2 und 3 jeweils gleichgerichtet sind. Bei dieser Anordnung treten keine freien Massenwirkungen 1. Ordnung, jedoch freie Massenkräfte 2. Ordnung auf. Auch im Wechseldrehmoment aus den tangentialen Gas- und Massenkräften dominiert der Anteil 2. Ordnung, wobei bei hohen Kolbengeschwindigkeiten die tangentialen Massenkräfte überwiegen. Die genannten Anregungen ergeben erhebliche Beschleunigungen am Motor und an den starr mit diesem verbundenen Anbauteilen.

Die Massenkräfte 2. Ordnung des 4-Zylinder-Motors betragen

$$F_{2z} = \hat{F}_{2z} \cdot \cos 2\psi = -4 \cdot m_0 \cdot r \cdot \omega^2 \cdot A_2 \cdot \cos 2\psi \quad \text{mit} \quad A_2 = \lambda + \frac{1}{4} \cdot \lambda^3 + \frac{15}{128} \cdot \lambda^5 \tag{5.27}$$

Das Kräftegleichgewicht ergibt sich mit zwei gegenläufig rotierenden Massenausgleichswellen mit der Kraftwirkung von

$$\begin{aligned} F_{A2z} &= -m_A \cdot r \cdot (2 \cdot \omega)^2 \cdot \left[\cos(180 + 2\psi) + \cos(180 - 2\psi)\right] \\ &= m_A \cdot r \cdot (2 \cdot \omega)^2 \cdot 2 \cdot \cos 2\psi \end{aligned} \tag{5.28}$$

$$\begin{aligned} F_{A2y} &= m_A \cdot r \cdot (2 \cdot \omega)^2 \cdot \left[\sin(180 + 2\psi) + \sin(180 - 2\psi)\right] \\ &= m_A \cdot r \cdot (2 \cdot \omega)^2 \cdot \left[-\sin 2\psi + \sin 2\psi\right] = 0 \end{aligned} \tag{5.29}$$

Aus (5.27) und (5.28) ergibt sich die für den Kraftausgleich notwendige Größe für jede der beiden Ausgleichsmassen, reduziert auf den Kurbelradius, zu

$$m_A = \frac{1}{2} \cdot m_0 \cdot A_2$$

Störende Auswirkungen auf die Umgebung werden in der Regel dadurch vermieden, daß der Motor elastisch gelagert wird. Durch die Aufstellung auf richtig abgestimmten Federelementen wird erreicht, daß der Motor mit seiner trägen Masse gegen die An-

Abb. 5.49: Elastisch gelagerter 4-Zylinder-Viertakt-Motor

Abb. 5.50: Starrer Einbau eines 4-Zylinder-Reihenmotors in einen Radschlepper in Blockbauweise

regungen wirkt, wodurch die Übertragung der Anregungskräfte über die Federn auf die Umgebung weitgehend unterbunden wird. In diesen Fällen, z. B. dem Pkw-Einbau (Abb. 5.49), wird auf Ausgleichsmaßnahmen für die Anregungen 2. Ordnung meistens verzichtet.

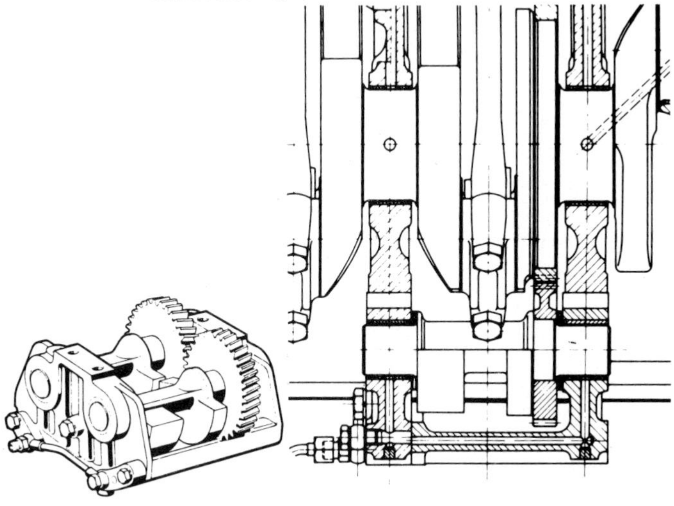

Abb. 5.51: Massenausgleichsgetriebe 2. Ordnung für einen 4-Zylinder-Viertakt-Diesel-Reihenmotor

Bei starrer oder halbstarrer Lagerung des Motors, wie z. B. bei der üblichen Blockbauweise der Traktoren (Abb. 5.50), würden dagegen die Anregungen 2. Ordnung starke Schwingungen verursachen, die oft als unzumutbar eingestuft werden müßten. In diesen Fällen werden Ausgleichsvorrichtungen für den Ausgleich der Massenkräfte 2. Ordnung verwendet. Diese bestehen aus zwei gegenläufig mit zweifacher Kurbelwellendrehzahl rotierenden Unwuchten nach dem im Abschnitt 5.1 erläuterten Prinzip (Abb. 5.51). Mit diesen Vorrichtungen für den Kraftausgleich können auch die Wechseldrehmomente 2. Ordnung vermindert und so die Laufruhe des 4-Zylinder-Motors deutlich verbessert werden, wenn man die Ausgleichswellen günstiger anordnen würde, wie z. B. in Abb. 5.55 angedeutet.

Aus den tangentialen Gaskräften ergibt sich das Moment

$$M_{G2} = -4 \cdot \frac{1}{2} \cdot V_h \cdot (a_2 \cdot \cos 2\psi + b_2 \cdot \sin 2\psi) \qquad (5.30)$$

und aus den tangentialen Massenkräften das Massendrehmoment

$$M_{M2} = -4 \cdot m_O \cdot r \cdot \omega^2 \cdot B_2 \cdot \sin 2\psi$$

$$\text{mit } B_2 = -\frac{1}{2} - \frac{1}{32} \cdot \lambda^4 - \frac{1}{32} \cdot \lambda^6 \qquad (5.31)$$

sowie das Moment der Ausgleichsmassen um die Längsachse x

$$M_{A2} = m_A \cdot r \cdot (2\cdot\omega)^2 \cdot [z_I \cdot \sin(180 + 2\psi) + z_{II} \cdot \sin(180 - 2\psi) - y_I \cdot \cos(180 + 2\psi) - y_{II} \cdot \cos(180 - 2\psi)]$$

$$= \frac{1}{2} \cdot m_o \cdot A_2 \cdot r \cdot (2\cdot\omega)^2 \cdot [-z_I \cdot \sin 2\psi + z_{II} \cdot \sin 2\psi + y_I \cdot \cos 2\psi + y_{II} \cdot \cos 2\psi] \quad (5.32)$$

Die Summe der drei Momente ergibt das Wechseldrehmoment 2. Ordnung, ausgedrückt als Tangentialdruck

$$p_T = \frac{M_W}{\frac{1}{2}\cdot V_h} = A_2 \cdot \cos 2\psi + B_2 \cdot \sin 2\psi \quad (5.33)$$

$$A_2 = -4 \cdot a_2 + \frac{m_o}{V_h} \cdot \pi^2 \cdot v_m^2 \cdot A_2 \cdot \left(\frac{y_I}{r} + \frac{y_{II}}{r}\right)$$

$$B_2 = -4 \cdot b_2 - \frac{m_o}{V_h} \cdot \pi^2 \cdot v_m^2 \cdot \left[2 \cdot B_2 + A_2 \cdot \left(\frac{z_I}{r} - \frac{z_{II}}{r}\right)\right]$$

$$z_{I,II} = d_{I,II} \cdot \cos \delta_{I,II} \qquad y_{I,II} = d_{I,II} \cdot \sin \delta_{I,II}$$

$$c_2 = \sqrt{A_2^2 + B_2^2}$$

Sollen die für den Kraftausgleich vorhandenen Ausgleichsmassen zusätzlich dazu benutzt werden, das Moment aus den tangentialen M a s s e n k r ä f t e n (Massendrehmoment) zu eliminieren, so lassen sich aus (5.33) die notwendigen Bedingungen ablesen, wenn dort die tangentialen Gaskraft-Koeffizienten a_2 und b_2 = 0 gesetzt werden.

Es muß dann sein:

$$y_I + y_{II} = 0 \quad \text{d. h.} \quad y_I = -y_{II}$$

und

$$2 \cdot B_2 + A_2 \cdot \left(\frac{z_I}{r} - \frac{z_{II}}{r}\right) = 0 \quad \text{d. h.} \quad z_I - z_{II} = \frac{-2 \cdot B_2}{A_2} \cdot r \approx \frac{1}{\lambda} \cdot r = l$$

Die Ausgleichsmassen müssen demnach für den Ausgleich des Massendrehmomentes in der Stirnansicht entweder in der Zylinderachse liegend oder in gleichen Abständen von dieser angeordnet und in der Richtung der Zylinderachse um den Abstand der Pleuelstangenlänge gegeneinander versetzt sein (Abb. 5.52). Die im Drehsinn der Kurbelwelle rotierende Ausgleichswelle muß dabei oberhalb, die im Gegendrehsinn rotierende Ausgleichswelle unterhalb der Kurbelwellenachse liegen.

Die Auslegung des Momentenausgleiches für eine vollständige Eliminierung allein des periodischen Massendrehmomentes (d. h. Ausgleicherabstand in z-Richtung = Pleuelstangenlänge) ist nicht optimal, wie die Abb. 5.53 zeigt. Bei kleinerem Ausgleicherabstand werden im Hauptbetriebsbereich auch die Gaskraftanteile des Wechseldrehmomentes vermindert. Über die Wahl des Ausgleicherabstandes kann so eine Optimierung des Wechseldrehmoment-Ausgleiches erfolgen, die die typischen Betriebsbedingungen des Motors - häufigste Belastung und Drehzahl - berücksichtigt.

Aus Abb. 5.54 kann man die Versuchsergebnisse an praktisch ausgeführten Motoren ablesen. Auch hier zeigt sich der in y-Richtung gleichabständige Fall 4 mit dem geringeren Abstand in z-Richtung als optimal. In der technischen Serienausführung (Abb. 5.55) muß man wegen der Platz- und Anordnungsverhältnisse dann noch einmal einen Kompromiß schließen.

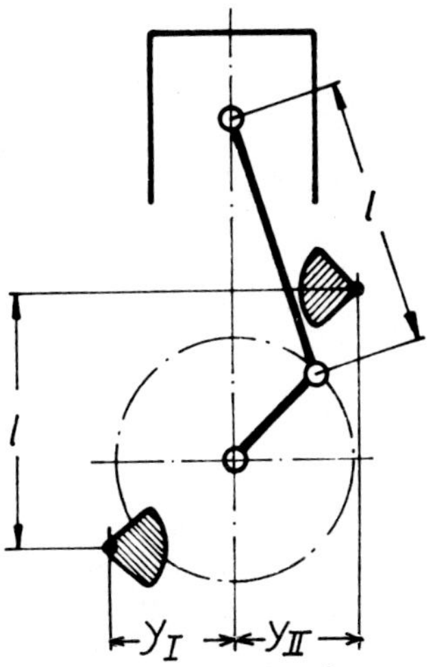

Abb. 5.52: Anordnung der Ausgleichswellen zum Ausgleich des Massendrehmomentes

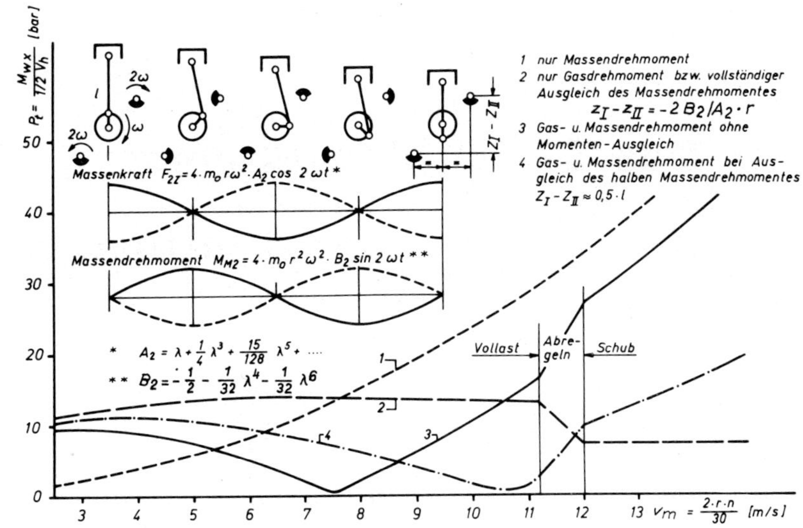

Abb. 5.53: Ausgleich der Massenkraft 2. Ordnung und Beeinflussung des Wechseldrehmomentes 2. Ordnung durch zwei mit 2 gegenläufig rotierenden Hilfswellen beim 4-Zylinder-Reihenmotor

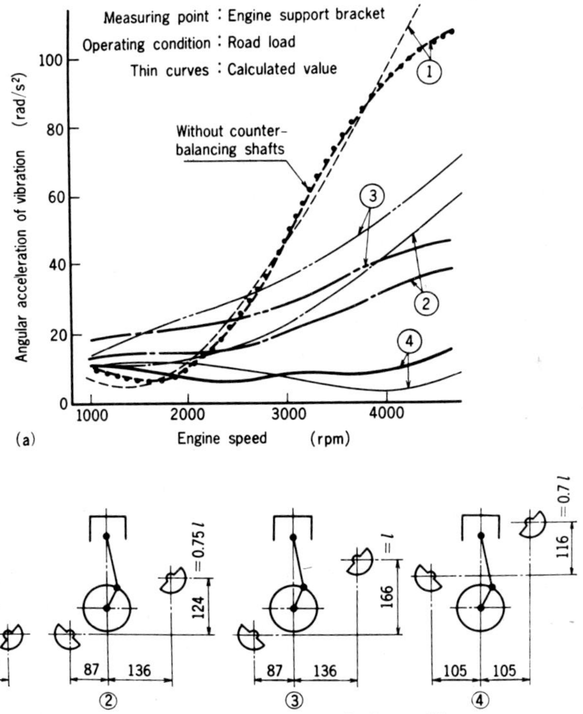

Abb. 5.54: Einfluß der Ausgleichswellenanordnung auf die Drehwinkelbeschleunigung eines Viertakt-4-Zylinder-Reihenmotors

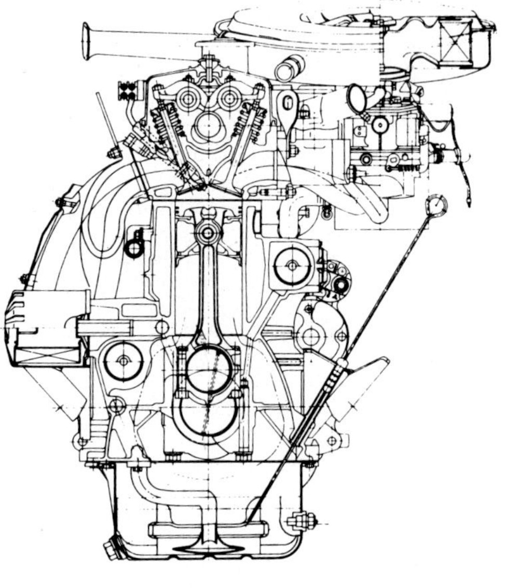

Abb. 5.55: Ausgeführte Form eines Massen- und Drehmomentenausgleiches 2. Ordnung an einem Serienmotor

Wegen des dominierenden Anteiles des Massendrehmomentes 2. Ordnung an dem Gesamt-Wechseldrehmoment eines 4-Zylinder-Viertakt-Motors ist hier die Beeinflussung des Wechseldrehmomentes durch sinngemäße Anordnung der Ausgleichswellen größer als beim 1-Zylinder-Motor, bei dem alle Ordnungen auftreten. Der gezeigte 4-Zylinder-Motor (Abb. 5.55) erzielt deshalb auch eine Laufruhe, die fast an die Qualitäten eines 6-Zylinder-Reihenmotors heranreicht.

6 Das Drehkraftdiagramm der Verbrennungskraftmaschine

Das Drehkraftdiagramm einer Kolbenmaschine gibt den Verlauf des Drehmomentes über der Kurbelumdrehung an. Seinen Namen hat das Drehkraftdiagramm aus der Gewohnheit erhalten, statt des Drehmomentes die Tangentialkraft am Kurbelzapfen aufzutragen, wie sie durch die geometrischen Verhältnisse des Kurbeltriebes direkt aus der Kolbengaskraft und den Trägheitswirkungen der Triebwerksteile erhalten wird (siehe auch Kapitel 3 und 5). Bezieht man diese Drehkraft F_T auf die Kolbenfläche A_K, so erhält man den momentan wirkenden Tangentialdruck p_T. Aus der Kenntnis über den Gasdruckverlauf (Kapitel 3) und den Wirkungen der Triebwerksmassen können wir leicht ableiten, daß das in einer Hubkolbenmaschine erzeugte Drehmoment keine Konstante sein kann, weswegen man dann von einem Drehkraftverlauf oder -diagramm, beziehungsweise Tangentialdruckverlauf oder -diagramm spricht. Aus der ungleichmäßigen Drehmomentenabgabe kann man schon ersehen, daß man als Leistungsdrehmoment nur ein zeitlich gemitteltes Drehmoment angeben kann, aus dem sich dann die Motorenleistung errechnen läßt. Die Differenz zwischen diesem idealisierten mittleren 'Leistungsdrehmoment' und dem wirklich auftretenden und zeitlich veränderlichen Drehmoment wird als Wechseldrehmoment bezeichnet, analog dem Verfahren aus der Festigkeitslehre, einen auftretenden Spannungsverlauf durch Mittelspannung und Ausschlagsspannung wiederzugeben. Andererseits verursacht das zeitlich ungleichmäßige Drehmoment einen ungleichmäßigen Lauf (Winkelgeschwindigkeit) der Kurbelwelle, weil es nicht möglich ist, durch eine u n e n d l i c h große träge Masse, $\Theta = \infty$ (Schwungrad) einen Gleichlauf zu erzwingen. Die Maßnahmen zum Wuchtausgleich eines Triebwerkes werden in Kapitel 7 besprochen.

6.1 Das Tangentialdruckdiagramm

Die auf den Kolben wirkende, periodisch veränderliche Gaskraft und die periodischen Massenwirkungen der Triebwerksteile werden über die Pleuelstange auf den Kurbelzapfen übertragen. Die Summe der tangential am Kurbelzapfen wirkenden Komponenten dieser Kräfte, multipliziert mit dem Kurbelradius, liefert das periodisch veränderliche Drehmoment. Wird das Drehmoment auf die Kolbenfläche und den Kurbelradius bezogen, so ergibt sich ein von der Motorgröße unabhängiger Wert, der Tangentialdruck. Das Tangentialdruckdiagramm (Abb. 6.1) zeigt den zeitlichen Verlauf in Abhängigkeit von der Kurbelstellung, die durch den Kurbelwinkel ψ angegeben ist.

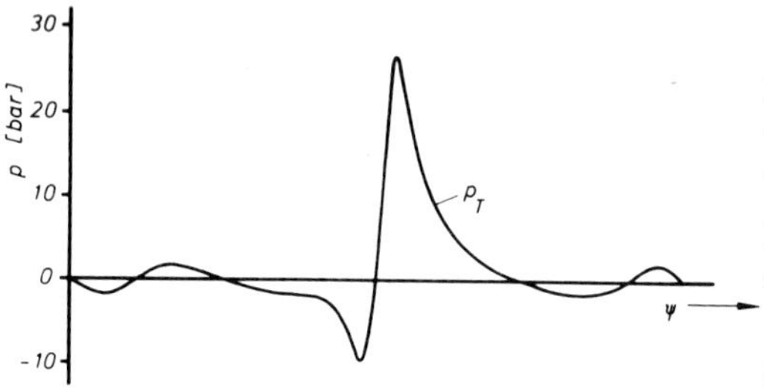

Abb. 6.1: Tangentialdruckverlauf eines 1-Zylinder-Motors bei niedriger Drehzahl

$$p_T = \frac{M(\psi)}{A_K \cdot r} = \frac{M(\psi)}{\frac{1}{2} \cdot V_h} \qquad (6.1)$$

Das Tangentialdruckdiagramm ist eine der wichtigsten Kennlinien zur Beurteilung des dynamischen Verhaltens des Motors. Es ist die Grundlage für die Ermittlung der Gleichförmigkeit des Motorlaufes, für die Feststellung der erregenden Momente der in der Motorenanlage auftretenden Drehschwingungen und der am Motorgehäuse wirkenden Reaktions-Wechselmomente.

6.1.1 Der Tangentialdruck des Einzelzylinders

Der Gas-Tangentialdruck ergibt sich aus dem im Zylinder wirkenden Gasdruck p nach der Kraftzerlegung in Abschnitt 2.2 zu

$$p_{TG} = p_G \cdot x' = p_G \cdot \left[\sin\psi + \frac{\lambda \cdot \sin\psi \cdot \cos\psi}{\sqrt{1-\lambda^2 \cdot \sin^2\psi}}\right] \tag{6.2}$$

und der Definition

$$x' = \frac{\dot{s}_0}{r \cdot \dot{\psi}} = \sin\psi + \frac{\lambda \cdot \sin\psi \cdot \cos\psi}{\sqrt{1-\lambda^2 \cdot \sin^2\psi}} \tag{6.3}$$

Bei gleichförmig angenommener Drehgeschwindigkeit ω der Kurbelwelle haben von den Triebwerksmassen nur die oszillierenden Anteile einen Einfluß auf das Drehmoment, da nur diese einen zeitlich veränderlichen Anteil liefern (siehe auch Kapitel 4).

Der Massen-Tangentialdruck ergibt sich zu

$$p_{TM} = -\frac{m_0 \cdot r \cdot \omega}{A_K} \cdot x' \cdot x'' = -\frac{m_0}{V_h} \cdot \frac{\pi^2}{2} \cdot v_m^2 \cdot x' \cdot x'' \tag{6.4}$$

mit

$$x'' = \frac{\ddot{s}_0}{r \cdot \dot{\psi}^2} = \cos\psi + \frac{\lambda \cdot \cos^2\psi - \lambda \cdot \sin^2\psi + \lambda^3 \cdot \sin^4\psi}{\left(\sqrt{1-\lambda^2 \cdot \sin^2\psi}\right)^3} \tag{6.5}$$

oder als Fourier-Reihe

$$p_{TM} = \frac{m_0 \cdot r \cdot \omega^2}{A_K} \cdot \Sigma\, B_K \cdot \sin(k \cdot \psi) \tag{6.6}$$

$$B_1 = \frac{1}{4} \cdot \lambda + \frac{1}{16} \cdot \lambda^3 + \frac{15}{512} \cdot \lambda^5 + \ldots \qquad B_2 = -\frac{1}{2} - \frac{1}{32} \cdot \lambda^4 - \frac{1}{32} \cdot \lambda^6 - \ldots$$

$$B_3 = -\frac{3}{4} \cdot \lambda - \frac{9}{32} \cdot \lambda^3 - \frac{81}{512} \cdot \lambda^5 - \ldots \qquad B_4 = -\frac{1}{4} \cdot \lambda^2 - \frac{1}{8} \cdot \lambda^4 - \frac{1}{16} \cdot \lambda^6 - \ldots$$

$$B_5 = \frac{5}{32} \cdot \lambda^3 + \frac{75}{512} \cdot \lambda^5 + \ldots \qquad B_6 = \frac{3}{32} \cdot \lambda^4 + \frac{3}{32} \cdot \lambda^6 + \ldots$$

Gas-Tangentialdruck und Massen-Tangentialdruck können, wie bei Drücken üblich, superponiert werden, so daß sich für den Tangentialdruckverlauf eines Einzeltriebwerkes

$$p_T = p_{TG} + p_{TM} = x' \cdot \left(p_G - \frac{m_0}{V_h} \cdot \frac{\pi^2}{2} \cdot v_m^2 \cdot x''\right) \tag{6.7}$$

ergibt. Abb. 6.2 zeigt zum Beispiel für einen vorgegebenen Gaskraftverlauf (Teilbild a) und vorgegebenen Massen eines bestimmten Motors den Einfluß der Kolbengeschwindigkeit auf den Tangentialdruckverlauf an der Kurbel. Während bei kleinen

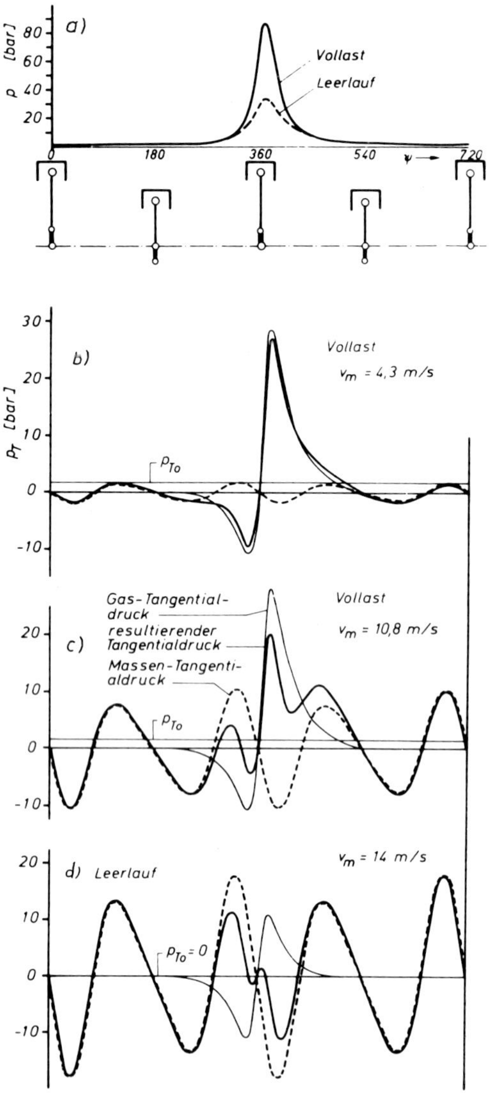

Abb. 6.2: Tangentialdruckverlauf am Einzeltriebwerk -
a) Gasdruckverlauf
b) Tangentialdruckverlauf bei v_m = 4,3 m/s
c) Tangentialdruckverlauf bei v_m = 10,8 m/s
d) Tangentialdruck bei Leerlauf v_m = 14 m/s

Kolbengeschwindigkeiten (v_m = 4,3 m/s) die Massenwirkungen von untergeordneter Bedeutung sind (Teilbild b), ergibt sich bei einer mittleren Kolbengeschwindigkeit von v_m = 10,8 m/s schon ein merklicher Einfluß (Teilbild c). Beim Übertouren des Motors im abgeregelten Bereich (v_m = 14 m/s mit Gasdruckdiagramm für den hohen Leerlauf) sind nur noch die Massenwirkungen von Interesse (Teilbild d).

Mit Hilfe der Unterprogramme H 0301 und H 0206 kann man unter Berücksichtigung der Massenkräfte rasch ein Programm zur Ermittlung des Tangentialdruckverlaufes erstellen. Läßt man den wirksamen Tangentialdruck über den Kurbelwinkel Ψ für einen 1-Zylinder-Motor ausplotten, so erhält man den bekannten Ablauf des Drehmomentenverlaufes einer Hubkolben-Verbrennungskraftmaschine (Abb. 6.3). Berücksichtigt man bei der Überlagerung der Tangentialdruckverläufe den Zündabstand der einzelnen Zylinder einer Mehrzylindermaschine, so erhält man auf gleiche Weise den Wechseldrehmomentenverlauf eines kompletten Motors.

In Nutzarbeit umsetzbar ist nur die Überschußarbeit des Tangentialdruckdiagrammes. Diese ergibt sich als zeitlicher Mittelwert der am Kurbelradius wirkenden veränderlichen Tangentialkraft. Die Massenwirkungen haben dabei den Mittelwert 0 über einer Periode, so daß zur Ermittlung des mittleren Tangentialdruckes p_{To} allein der Verlauf der Gas-Tangentialkraft von Interesse ist. In Abb. 6.2 ist der mittlere Tangentialdruck p_{To} eingetragen worden, und man erkennt, daß für Motoren mit wenigen Zylindern (gegebenenfalls mit einem Zylinder wie in Abb. 6.2) der Tangentialdruck erheblich größere Werte aufzeigt als der mittlere (nutzbare) Tangentialdruck p_{To}. Wichtig ist in diesem Zusammenhang, daran zu erinnern, daß die Bauteile, zum Beispiel die Kurbelwelle, nach den auftretenden (wechselnden) Beanspruchungsgrößen ausgelegt werden und nicht nach der Effektivleistung des Motors, also nach den Mittelwerten des Drehmomentes. Nicht nur aus Gründen der Bauteilgleichheit von Motorenfamilien haben deshalb die wenig zylindrigen Maschinen einer Baureihe gleiche Hub- und Grundlagerzapfen wie die vielzylindrigen Typen.

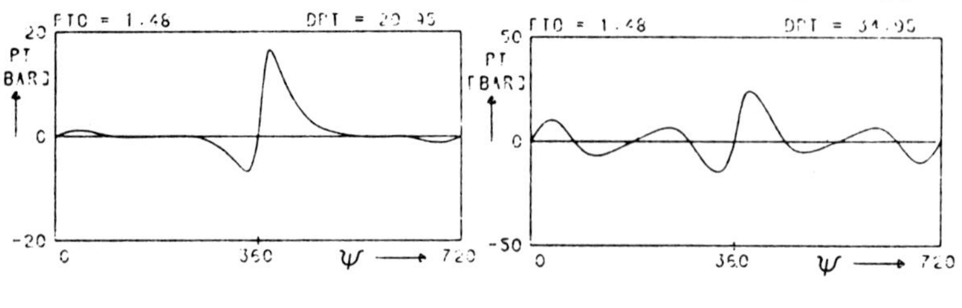

Abb. 6.3: Plotterausschrieb eines Tangentialdruckverlaufes - links niedere Drehzahl rechts hohe Drehzahl

Nähere Erklärungen müssen jedoch dem Band[1] der Neuen Folge der Schriftenreihe 'Die Verbrennungskraftmaschine' vorbehalten bleiben.

Der mittlere Tangentialdruck p_{To} läßt sich nach der Formel

$$p_{TO} = \frac{1}{n} \cdot \sum_{i=1}^{n} p_{T(i)}$$

leicht berechnen, so daß auf die Angabe eines Unterprogrammes hier verzichtet werden soll. Das Nutzdrehmoment einer Verbrennungskraftmaschine ergibt sich entsprechend der Definition zu

$$M_d = p_{TO} \cdot A_K \cdot \frac{s}{2}$$

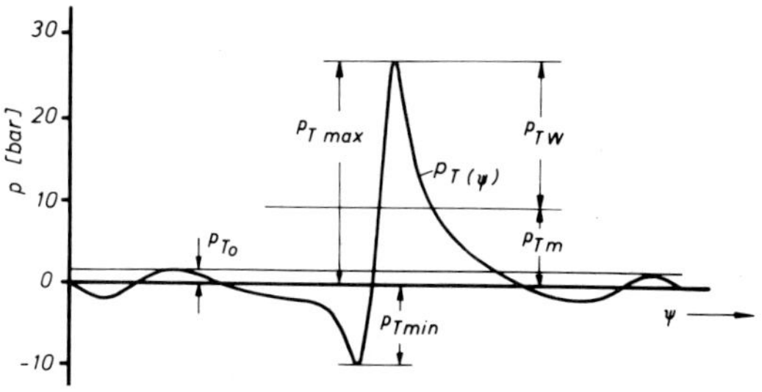

Abb. 6.4: Mittlerer Tangentialdruck p_{TO}, Tangentialdruckausschlag p_{Tw} und Mittelwert des Tangentialdruckes p_{Tm} einer 1-Zylinder-Maschine

Die Wirkgröße für das Wechseldrehmoment ist der Wechsel-Tangentialdruck (Abb. 6.4). Die Größe dieses Wechsel-Tangentialdruckes p_{Tw} (auch Tangentialdruckausschlag genannt) ergibt sich aus der Differenz des Maximal- und Minimaldruckes

$$p_{TW} = \frac{p_{Tmax} - p_{Tmin}}{2} \qquad (6.8)$$

Da man also mit dem Wechseldrehmoment oder Wechsel-Tangentialdruck die Amplitude der wechselnden Kraftgröße bezeichnet, werden zur Kennzeichnung dieses halben Ausschlages von der Gesamtamplitude (auch Doppelamplitude genannt) das Wechseldrehmoment und der Wechsel-Tangentialdruck auch oft mit einem ±-Zeichen geschrieben ($\pm M_w$, $\pm p_{Tw}$). Da der Mittelwert des Tangentialdruckes

$$p_{Tm} = \frac{p_{Tmax} + p_{Tmin}}{2}$$

oft mit dem mittleren (nutzbaren) Tangentialdruck p_{To} verwechselt wird, sei hier mit Abb. 6.4 nochmals auf die großen Unterschiede hingewiesen.

6.1.2 Der Tangentialdruck bei Mehrzylindermotoren

Sind bei Mehrzylindermotoren die Gaskräfte in den einzelnen Zylindern und die oszillierenden Triebwerksmassen untereinander gleich, so unterscheiden sich die Tangentialdruckdiagramme der einzelnen Zylinder nur durch ihre zeitliche Phasenverschiebung. Um das Tangentialdruckdiagramm des Mehrzylindermotors zu erhalten, sind die Tangentialdruckverläufe entsprechend der Zylinderzahl und der gegenseitigen Phasenverschiebung zu überlagern. Die Phasenverschiebung ergibt sich aus der Zylinder- und Kurbelanordnung und der Zündfolge des Motors und wird durch die Zündwinkel beschrieben. Welcher Zylinder und welche Kurbelstellung als Bezug gewählt werden, ist willkürlich; üblicherweise ist der Bezugszylinder der Zylinder 1, dem der Zündwinkel $\alpha_{z1} = 0$ zugeordnet wird. Der Zündwinkel α_{zn} des Zylinders n ist dann derjenige Differenz-Kurbelwinkel $\Delta\Psi$, bei dem der Zylinder n nach dem Zylinder 1 zündet.

Für die beiden folgenden 6-Zylinder-Viertaktmotoren ergeben sich z. B. folgende Zündwinkel:

---

1 'Triebwerkschwingungen in der Verbrennungskraftmaschine'

L 6 - Motor
(Reihenmotor)

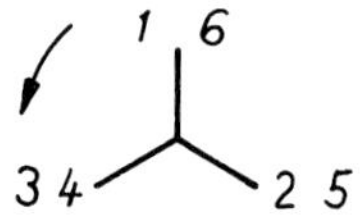

Zündfolge	1	5	3	6	2	4
Zündwinkel	0	120	240	360	480	600

V6-90°-Motor
(V-Motor)

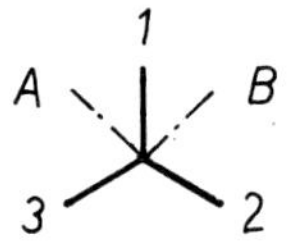

Zündfolge	A	1		3		2	
	B		3		2		1
Zündwinkel		0	150	240	390	480	630

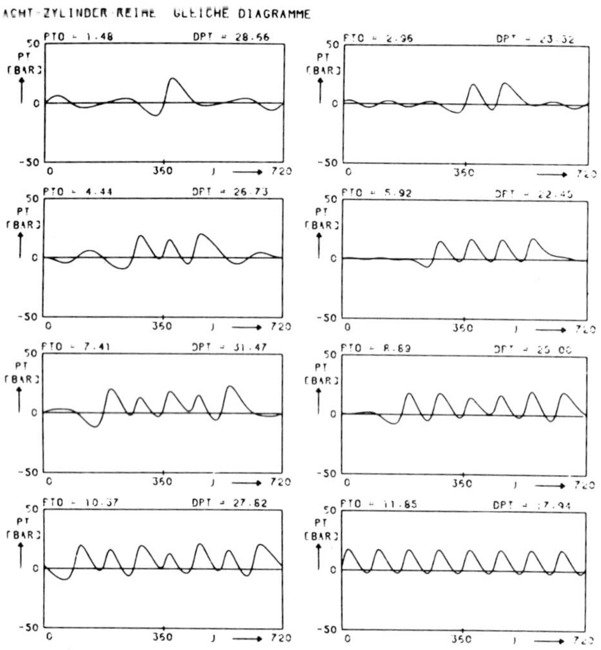

Abb. 6.5: Tangentialdruckverläufe in den Grundlagerzapfen einer 8-Zylinder-Reihenmaschine

Der Tangentialdruck einer Mehrzylindermaschine addiert sich längs der Kurbelwelle, d. h. von Kröpfung zu Kröpfung bis zum Schwungrad, auf. Betrachtet man einen 8-Zylinder-Reihenmotor mit gleichmäßigen Zündabständen und der Zündfolge 1-3-5-7-8-6-4-2, so erhält man die Abb. 6.5. Dabei zeigt sich von Grundlagerzapfen zu Grundlagerzapfen in Richtung auf den Kraftabtrieb fortschreitend jeweils die Wirkung derjenigen Zylinder, die bis zur gerade betrachteten Stelle an der Entstehung des Drehmomentes beteiligt sind. Erst am letzten Grundlagerzapfen vor dem Schwungrad kann man die volle Wirkung aller acht Zylinder erkennen. Demzufolge steigt auch der mittlere Tangentialdruck $p_{To(i)}$ von Grundlagerzapfen zu Grundlagerzapfen, bis er am Schwungrad seinen Maximalwert von p_{To} = 11,85 bar erreicht. Aus den Ausschlagswerten (DPT) erkennt man jedoch auch, daß der Tangentialdruck-Ausschlag oder das diesem proportionale Wechseldrehmoment an jedem Ort der Kurbelwelle unterschiedlich sind. Die Amplitude des Tangentialdruckes ist im Falle gleichmäßig versetzter Zündungen an der Kraftabnahmeseite am kleinsten.

Die Abb. 6.6 und 6.7 zeigen Tangentialdruckverläufe über zwei Motorumdrehungen von verschiedenen Viertaktmotoren gebräuchlicher Zylinderzahlen bei zwei unterschiedlichen Drehzahlen bzw. zwei unterschiedlichen mittleren Kolbengeschwindigkeiten (links v_m = 4,8 m/s, rechts v_m = 10,8 m/s). Diesen Verläufen liegen ein für alle Zylinder gleiches Tangentialdruckdiagramm und die gleichen Massen wie dem Einzelmotor nach Abb. 6.2 zugrunde.

Den Tangentialdruckverläufen der Mehrzylinder-Motoren ist folgendes zu entnehmen:

Die Drehmomentenverläufe zeigen charakteristische Züge, die in der Konstruktion des Motors begründet sind. Insbesondere fällt eine unterschiedliche Häufigkeit der Maxima und Minima des Drehmomentes während eines Arbeitstaktes auf.

Die Frequenz des Tangentialdruckes oder des Drehmomentes wird ausgedrückt durch die Ordnungszahl, das ist die Zahl der Schwingungen oder Wechsel je Motorumdrehung.

Bei Viertaktmotoren mit g l e i c h e n Zündintervallen ist die dominierende

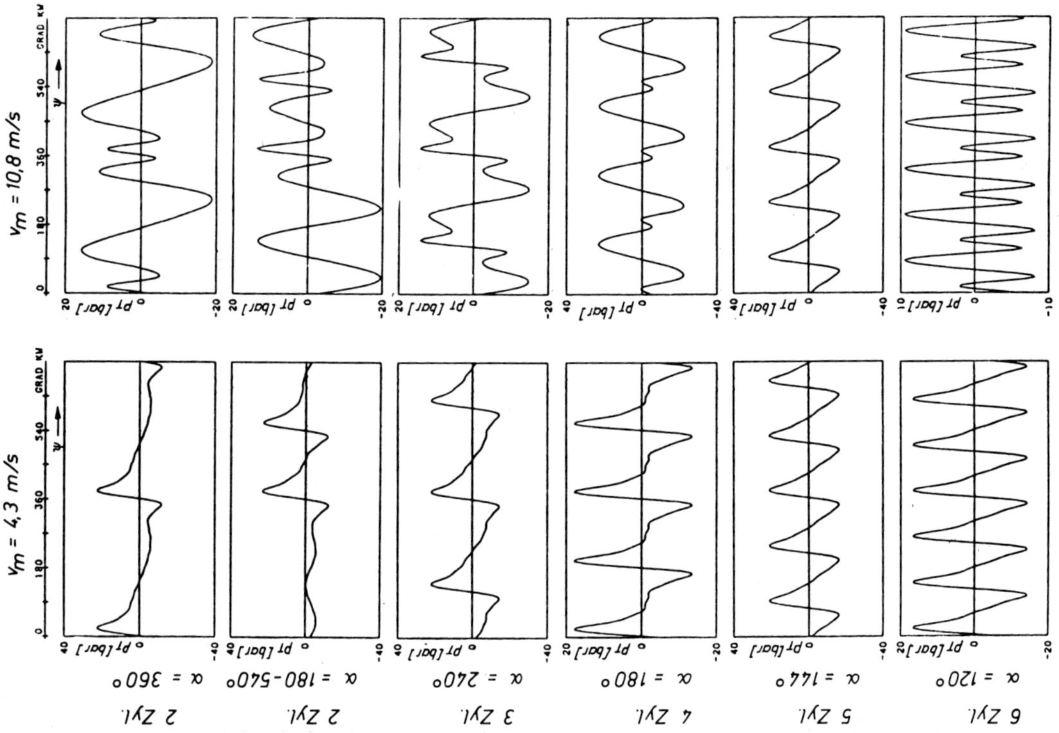

Abb. 6.6: Tangentialdruckverlauf von 2- bis 6-Zylinder-Reihenmotoren bei mittleren Kolbengeschwindigkeiten von v_m = 4,3 m/s und 10,8 m/s

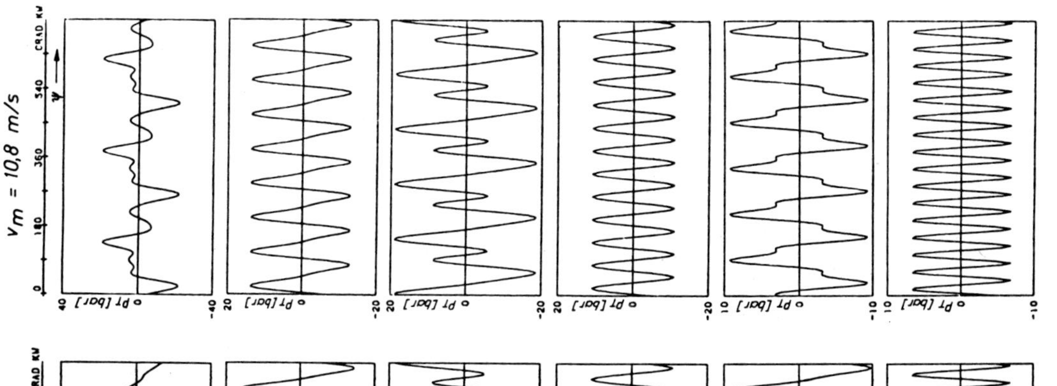

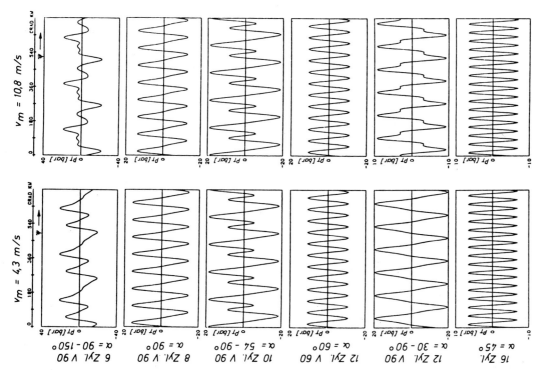

Abb. 6.7: Tangentialdruckverlauf von vielzylindrigen Motoren bei mittleren Kolbengeschwindigkeiten von v_m = 4,3 m/s und 10,8 m/s

Ordnungszahl (Grund- oder Hauptordnung) im Wechseldrehmomentenverlauf gleich der halben Zylinderzahl.

Wie noch bei der Darstellung der harmonischen Anteile aufgezeigt wird, sind auch ganzzahlige Vielfache der Grundordnung vertreten. Dies lassen einige Tangentialdruckverläufe ohne weiteres erkennen, z. B. der des 6-Zylinder-Motors bei hoher Kolbengeschwindigkeit.

Bei Viertaktmotoren mit paarweise ungleichen Zündintervallen kommt im Drehmomentenverlauf ein Viertel der Zylinderzahl als Ordnungszahl vor. Diese niedrigste Ordnungszahl k a n n , b r a u c h t jedoch nicht notwendigerweise die dominierende Ordnung sein.

Bei Zweitaktmotoren mit gleichen Zündintervallen ist hingegen entsprechend die Grundordnungszahl gleich der Zylinderzahl, da hier der Drehmomenten- bzw. Tangentialdruckverlauf nach einer Umdrehung periodisch ist.

Der Einfluß der oszillierenden Massen ist offensichtlich unterschiedlich bei den verschiedenen Zylinderzahlen. Während das 1-Zylinder-Tangentialdruck-Diagramm (Abb. 6.2) mit steigender Kolbengeschwindigkeit durch die Massenwirkungen stark verändert wird, zeigt sich bei manchen Mehrzylinder-Motoren kein oder nur ein geringer Einfluß der oszillierenden Massen auf den Drehmomentenverlauf (zum Beispiel 16-Zylinder-Motor), bei anderen wieder ein deutlicher Einfluß (1-, 2-, 3- und 4-Zylinder-Motoren). Aus der Zerlegung des Massendrehmomentes bzw. Massentangentialdruckes in harmonische Anteile ist bekannt (Abschnitt 4.4), daß deren dominierender Anteil die 2. Ordnung, der nächstgrößere die 3. Ordnung ist und darüber hinaus noch geringere Anteile 1. und 4. Ordnung vorhanden sind. Bei diesen Zylinderzahlen liegt ein deutlicher Einfluß der Massenwirkungen vor. Der Tangentialdruck, beziehungsweise das Wechseldrehmoment, sind dann auch bei unverändertem Gaskraft-Diagramm veränderlich mit der Drehzahl bzw. Kolbengeschwindigkeit. Dies ist insbesondere dann der Fall, wenn die Kröpfungswinkel - das heißt der Winkelversatz aufeinanderfolgender Hubzapfen (Kröpfungen) - 180^0 (2. Ordnung) bzw. 120^0 (3. Ordnung) sind, da sich dann die harmonischen Massenwirkungen 2. bzw. 3. Ordnung addieren.

6.2 Mitteldruck, Drehmoment und Leistung

Der nach den in Abschnitt 6.1.1 genannten Gesichtspunkten ermittelte mittlere Tangentialdruck p_{To}, multipliziert mit der Kolbenfläche A_K, ergibt längs des Weges s eines Arbeitsspieles die indizierte Arbeit W_i eines Zylinders. Mit der Taktzahl T_Z ergibt sich der Weg s zu

$$s = 2 \cdot \pi \cdot r \cdot \frac{T_z}{2} \tag{6.9}$$

(Taktzahl T_Z = 2 bei Zweitakt, T_Z = 4 bei Viertakt)

und somit

$$W_i = p_{TO} \cdot A_K \cdot 2 \cdot \pi \cdot r \cdot \frac{T_z}{2} \tag{6.10}$$

Andererseits gilt

$$W_i = p_i \cdot A_K \cdot s = p_i \cdot A_K \cdot 2 \cdot r \tag{6.11}$$

Damit ergibt sich der Zusammenhang zwischen mittlerem indizierten Mitteldruck p_i und mittlerem Tangentialdruck p_{To}

$$p_i = p_{TO} \cdot \frac{T_z}{2} \cdot \pi \tag{6.12}$$

Durch Superposition der p_{To}-Anteile ergibt sich das indizierte Drehmoment für z Zylinder mit dem Hubvolumen V_h aus dem mittleren Tangentialdruck p_{To} mit der Formel (6.10)

$$M_i = p_{To} \cdot \frac{1}{2} \cdot V_h \cdot z \tag{6.13}$$

oder mit (6.11) aus dem indizierten Mitteldruck zu

$$M_i = p_i \cdot \frac{V_h \cdot z}{T_z \cdot \pi} \tag{6.14}$$

bzw. aus der Zahlenwertgleichung

$$M_i = 31{,}831 \cdot p_i \cdot \frac{V_h \cdot z}{T_z} \qquad \left[\frac{M_i\ ,\ p_i\ ,\ V_h\ ,\ z\ ,\ T_z}{Nm\ ,\ bar\ ,\ dm^3\ ,\ -\ ,\ -}\right] \tag{6.15}$$

Für die indizierte oder Innenleistung gilt dann

$$P_i = M_i \cdot \omega = p_i \cdot \frac{V_h \cdot z}{T_z \cdot \pi} \cdot \omega \tag{6.16}$$

bzw. die Zahlenwertgleichung

$$P_i = \frac{M_i \cdot n}{9550} = p_i \cdot \frac{V_h \cdot z}{T_z} \cdot \frac{n}{300} \qquad \left[\frac{P_i\ ,\ M_i\ ,\ n\ ,\ V_h\ ,\ p_i\ ,\ z\ ,\ T_z}{kW\ ,\ Nm\ ,\ U/min\ ,\ dm^3\ ,\ bar\ ,\ -\ ,\ -}\right] \tag{6.17}$$

Die entsprechenden effektiven oder Nutz-Größen M_e und P_e ergeben sich, wenn in den zuvor angegebenen Beziehungen der indizierte Mitteldruck p_i durch den effektiven Mitteldruck p_e ersetzt wird. Der effektive Mitteldruck ergibt sich aus dem indizierten Mitteldruck nach Berücksichtigung der mechanischen Verluste durch den mechanischen Wirkungsgrad η_m oder dem Reibungsmitteldruck p_r (vergleiche Abschnitt 3.7)

$$p_e = p_i \cdot \eta_m \qquad \text{bzw.} \qquad p_e = p_i - p_r \tag{6.18}$$

6.3 Darstellung des Tangentialdruckes durch Harmonische

Als periodische Funktion kann der Tangentialdruck als Summe harmonischer Teilschwingungen um einen Mittelwert (mittlerer Tangentialdruck p_{To}) dargestellt und durch das folgende trigonometrische Polynom approximiert werden (vergleiche Abschnitt 11.1 'Harmonische Analyse')

$$p_T(\psi) = a_0 + \Sigma\left[a_q \cdot \cos(q \cdot \psi) + b_q \cdot \sin(q \cdot \psi)\right] \tag{6.19}$$

Hierin ist q die Ordnungszahl und Ψ der Kurbelwinkel. Die Koeffizienten a_0, a_q und b_q sind das Ergebnis einer harmonischen Analyse des Tangentialdruckdiagrammes. Die Amplitude des harmonischen Tangentialdruckes der Ordnungszahl q ergibt sich aus

$$c_q = \sqrt{a_q^2 + b_q^2} \tag{6.20}$$

Abb. 6.8 zeigt den Verlauf und die Phasenlage der Harmonischen, die den Gas-Tangentialdruckverlauf ersetzen. In Abb. 6.9 sind die Amplituden (resultierende harmonische Tangentialdrücke) über der Ordnungszahl dargestellt. Die harmonischen Tangentialdrücke werden mit steigender Ordnungszahl immer kleiner. Dies ist charakteristisch für alle Gas-Tangentialdruckdiagramme.

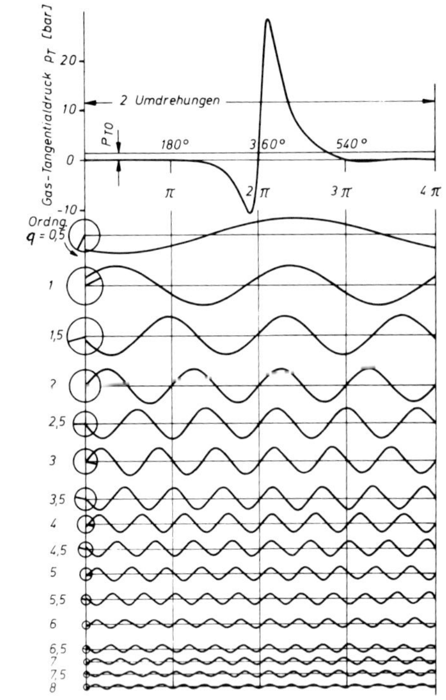

Abb. 6.8: *Harmonische Analyse eines Tangentialdruckverlaufes*

Der Massentangentialdruck kann auf analytischem Weg in seine harmonischen Bestandteile zerlegt werden (vergl. Abschn. 4.4). Das so erhaltene trigonometrische Polynom enthält nur sin-Glieder, deren Koeffizienten vom Stangenverhältnis abhängig und numerisch nur bis zur 4. Ordnung von Bedeutung, darüberhinaus jedoch vernachlässigbar klein sind.

$$p_{TM}(\psi) = \frac{m_O \cdot r \cdot \omega^2}{A_p} \cdot \Sigma\, B_K \cdot \sin(k \cdot \psi)$$

$$k = 1, 2, 3, 4 \qquad (6.21)$$

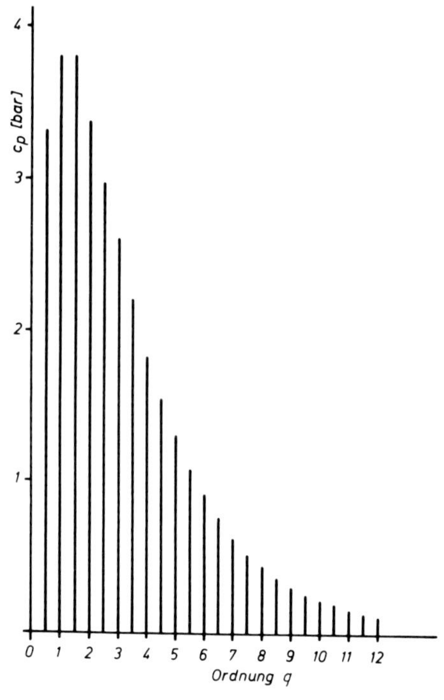

Abb. 6.9: *Amplitudenhöhe der harmonischen Gas-Tangentialdrücke über der Ordnungszahl q (Frequenz) - Beispiel: Diesel-Viertakt-Saugmotor* $\varepsilon = 18$

$$B_1 = \frac{1}{4} \cdot \lambda + \frac{1}{16} \cdot \lambda^3 + \frac{15}{512} \cdot \lambda^5 + \ldots$$

$$B_2 = -\frac{1}{2} - \frac{1}{32} \cdot \lambda^4 - \frac{1}{32} \cdot \lambda^6 - \ldots$$

$$B_3 = -\frac{3}{4} \cdot \lambda - \frac{9}{32} \cdot \lambda^3 - \frac{81}{512} \cdot \lambda^5 - \ldots$$

$$B_4 = -\frac{1}{4} \cdot \lambda^2 - \frac{1}{8} \cdot \lambda^4 - \frac{1}{16} \cdot \lambda^6 - \ldots$$

$$B_5 = \frac{5}{32} \cdot \lambda^3 + \frac{75}{512} \cdot \lambda^5$$

$$B_6 = \frac{3}{32} \cdot \lambda^4 + \frac{3}{32} \cdot \lambda^6$$

Die vorgenannte Beziehung für den Massen-Tangentialdruck (6.21) kann mit Einführung der mittleren Kolbengeschwindigkeit v_m auch in folgender Form als Zahlenwert-gleichung angeschrieben werden:

$$p_{TM}(\psi) = \frac{m_0}{V_h} \cdot \frac{\pi^2}{2} \cdot \frac{v_m^2}{100} \cdot \Sigma B_K \cdot \sin(k \cdot \psi) \qquad \left[\frac{p_{TM},\ m_0,\ V_h,\ v_m,\ B_K}{bar,\ kg,\ dm^3,\ m/s,\ -} \right] \qquad (6.22)$$

Die auf das Zylinderhubvolumen bezogene oszillierende Masse m_0/V_h ist eine Vergleichsgröße, zu der einige Richtwerte in Tabelle 6.A aufgeführt sind.

a) Tauchkolbenmotoren		
Otto-Motoren	1,7 ... 2	kg/dm^3
Diesel-Motoren, Schnelläufer	2 ... 3	kg/dm^3
Diesel-Motoren, Mittelschnelläufer	2,5 ... 4,5•	kg/dm^3
b) Kreuzkopfmotoren	8 ... 12	kg/dm^3
•) höhere Werte bei gebautem Kolben (AL-Schaft mit St-Boden) bei Hochaufladung		

Tabelle 6.A: Richtwerte für bezogene Masse m_0/V_h

Die sin-Komponenten der harmonischen Tangentialdrücke der Ordnungszahlen 1, 2, 3 und 4 setzen sich aus Gas- und Massenkraftanteilen zusammen und sind somit nicht nur von der Motorbelastung, sondern auch von der Drehzahl bzw. mittleren Kolbengeschwindigkeit abhängig. Entsprechend ihrem Vorzeichen addieren sich die Massenwirkungen 1. Ordnung und subtrahieren sich die Massenwirkungen 2., 3. und 4. Ordnung zu den Gas-Tangentialdrücken.

Bei der praktischen Ermittlung der harmonischen Koeffizienten sind zwei Vorgehensweisen möglich:

1) Gas- und Massentangentialdruck werden zu einem resultierenden Tangentialdruckverlauf (vergleiche Abb. 6.2) zusammengesetzt und die harmonische Analyse anschließend durchgeführt. Die Massenwirkungen sind dann implizit in dem Koeffizienten b_q enthalten.

2) Es wird nur der Gas-Tangentialdruckverlauf harmonisch analysiert. Die aus der analytischen Entwicklung bekannten harmonischen Massentangentialdrücke werden gesondert errechnet. Die sin-Komponenten gleicher Ordnungszahl werden unter Beachtung des Vorzeichens addiert.
Dieses Vorgehen erspart Rechenarbeit, wenn der Gasdruckverlauf bei mehreren Drehzahlen der gleiche ist.

Abb. 6.10 zeigt die aus der Überlagerung von Gas- und Massenwirkung erhaltenen resultierenden Tangentialdruck-Amplituden in Abhängigkeit von der mittleren Kolbengeschwindigkeit für einen Diesel-Auflademotor mit $\varepsilon = 12$ (linke Seite) und einen Diesel-Saugmotor mit $\varepsilon = 18$ (rechte Seite des Bildes). Im Abszissenmaßstab ist dort der Einfluß der oszillierenden Masse ablesbar. Der bei den Tangentialdruck-Amplituden 2. und 3. Ordnung ersichtliche Wendepunkt der Kurven bedeutet eine Richtungsumkehr der Tangentialdrücke; vom Wendepunkt ab überwiegen die Massenwirkungen gegenüber den Gaswirkungen.

6.3.1 Überlagerung der harmonischen Wirkungen bei Mehrzylindermotoren

Der Tangentialdruckverlauf des Zylinders, der gegenüber dem Bezugspunkt um den Winkel α in Richtung zu einem späteren Zeitpunkt phasenverschoben ist, wird durch folgende Funktion beschrieben

$$p_T(\psi) = a_0 + \Sigma \left[a_q \cdot \cos q \cdot (\psi - \alpha) + b_q \cdot \sin q \cdot (\psi - \alpha) \right] \qquad (6.23)$$

Hieraus ergibt sich mit den Beziehungen über Summen und Differenzen trigonometrischer Funktionen

Abb. 6.10: Tangentialdrücke der 1. bis 4. Ordnung eines Diesel-Auflademotors mit ε = 12 (links) und ε = 18 (rechts)

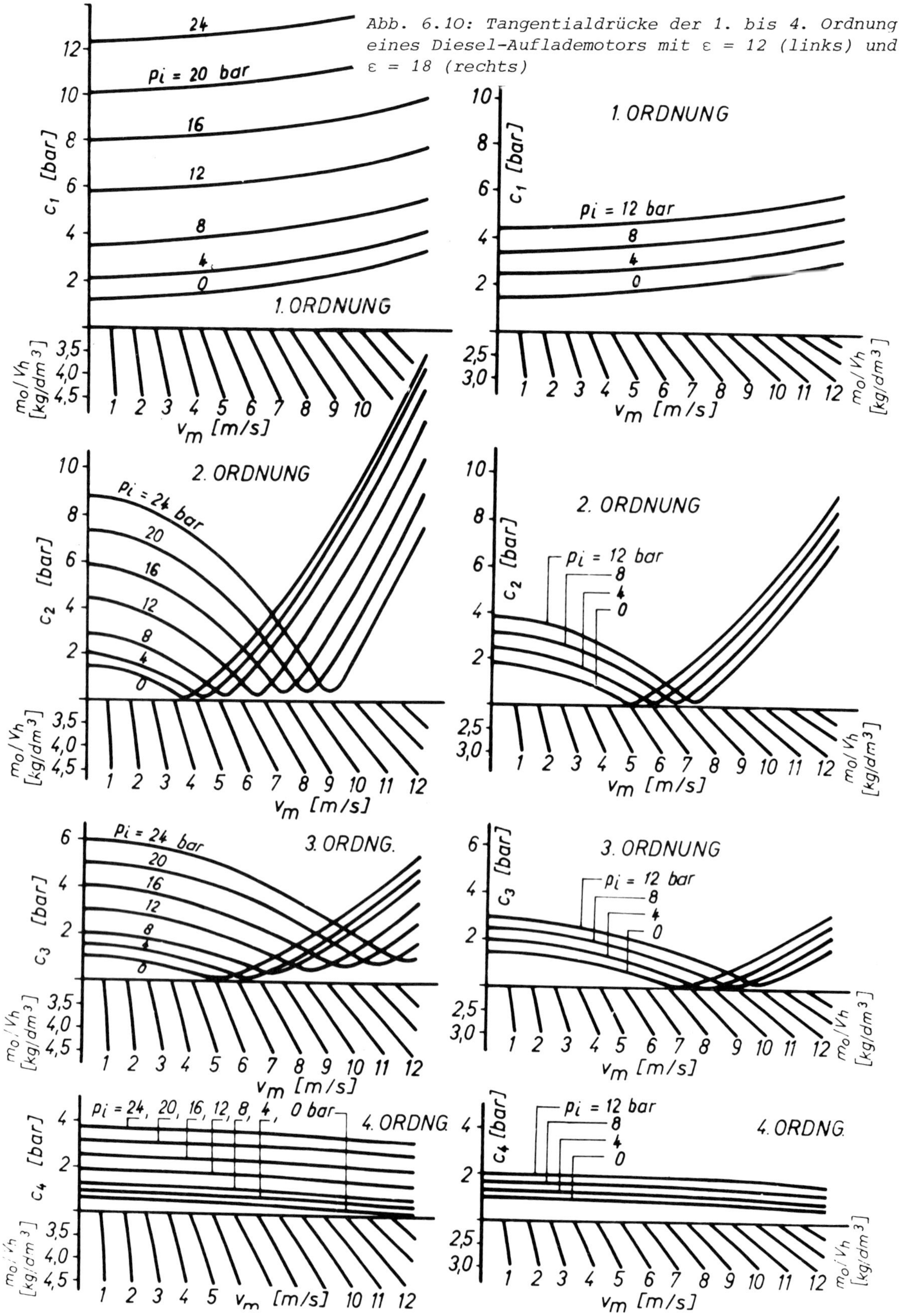

$$p_T(\psi) = a_0 + \Sigma\,[A_q \cdot \cos(q\cdot\psi) + B_q \cdot \sin(q\cdot\psi)]$$

$$A_q = a_q \cdot \cos(q\cdot\alpha) - b_q \cdot \sin(q\cdot\alpha) \qquad (6.24)$$

$$B_q = a_q \cdot \sin(q\cdot\alpha) + b_q \cdot \cos(q\cdot\alpha)$$

Die Gleichungen (6.23) und (6.24) sind die allgemeinsten Beziehungen für den Tangentialdruckverlauf bei beliebiger Phasenlage. Bei Mehrzylindermotoren ergibt sich der Tangentialdruckverlauf aus obigen Formeln, indem für jede Kurbelstellung entsprechend der Zylinderzahl und der Phasenlage gegenüber dem Bezugspunkt die Tangentialdrücke berechnet und addiert werden.

Wie man aus den Abbildungen 6.6 und 6.7 erkennen kann, stellt sich bei den Motoren mit gleichmäßigem Zündabstand die Periodizität des Tangentialdruckverlaufes in kürzeren Intervallen mit steigender Zylinderzahl ein. Der Tangentialdruckverlauf wiederholt sich nach einer Periodendauer von

$$\Phi = \frac{720}{z}$$

bei V-Motoren mit gleichmäßigen Zündabständen in der Reihe, aber ungünstigem V-Winkel von

$$\Phi = \frac{1440}{z}$$

Überlagert man die harmonischen Tangentialdrücke entsprechend den Zündabständen im Motor, wie es in den Abbildungen 6.11 und 6.12 für einen 2-Zylinder-Viertaktmotor (Zündabstand 180 - 540^0) bzw. für einen 4-Zylinder-Viertaktmotor gemacht worden ist, so erkennt man aus der Überlagerung der einzelnen Harmonischen, daß einzelne Kurvenverläufe deckungsgleich sind, andere aber gerade im Gegentakt verlaufen. Die Addition der Amplituden ergibt bei Gegenphasigkeit natürlich Null, bei Gleichphasigkeit vervielfältigt sich der Amplitudenwert. Aus der Abb. 6.11 erkennen wir z. B., daß sich die Anteile 1., 3. und 5. Ordnung aufheben, die der Ordnungszahlen 2, 4 und 6 jedoch stark ansteigen, während alle anderen Ordnungen mittlere Beträge annehmen. Aus der Abb. 6.12 für den 4-Zylinder-Motor erkennt man, daß sich alle Ordnungen, bis auf die 2., 4. und 6. Ordnung, aufheben. In Verbindung mit den Hinweisen zu den Massenkräften 2. Ordnung des 4-Zylinder-Motors (Kapitel 4) und dem Ausgleich dieser Kräfte (Kapitel 5) gewinnt jetzt der Einfluß des in Abschnitt 5.4 beschriebenen Ausgleiches von Drehmomentanteilen 2. Ordnung an Bedeutung.

Einfacher und mit wesentlich weniger Aufwand verbunden ist die Darstellung der Wirkung mehrerer Zylinder durch Vektorsterne. Da es in den meisten Fällen darauf ankommt, den Betrag bzw. die Amplitude der überlagerten Wirkung (nicht jedoch den Nullphasenwinkel) zu ermitteln, wird im folgenden auch nur die relative Phasenlage der von den einzelnen Zylindern herrührenden Tangentialdrücke berücksichtigt.

Das harmonische Moment bzw. der harmonische Tangentialdruck der Ordnungszahl q des Zylinders mit dem Zündwinkel α ist um den Phasenwinkel $q \cdot \alpha$ gegenüber dem Bezugszylinder verschoben. Das sagen gerade die Formeln (6.24) aus. Dies gilt für die Komponenten A_q und B_q wie auch für den Betrag

$$c_q = \sqrt{A_q^2 + B_q^2} \qquad (6.25)$$

der Tangentialdruck-Harmonischen.

Der Vektorenstern der q. Ordnung ergibt sich daher durch Drehen des Vektors des gerade betrachteten Zylinders um den Winkel $q \cdot \alpha$ zum Bezgugszylinder. Dies soll in Abb. 6.13 am Beispiel des 6-Zylinder-Viertaktmotors aufgezeigt werden. Vorausgesetzt wird dabei im folgenden wiederum, daß die Tangentialdruck-Harmonischen für eine Ordnungszahl an allen Zylindern den gleichen Betrag haben. Da die unterschiedlichen Beträge für verschiedene Ordnungszahlen als Proportionalitätsfaktoren auf-

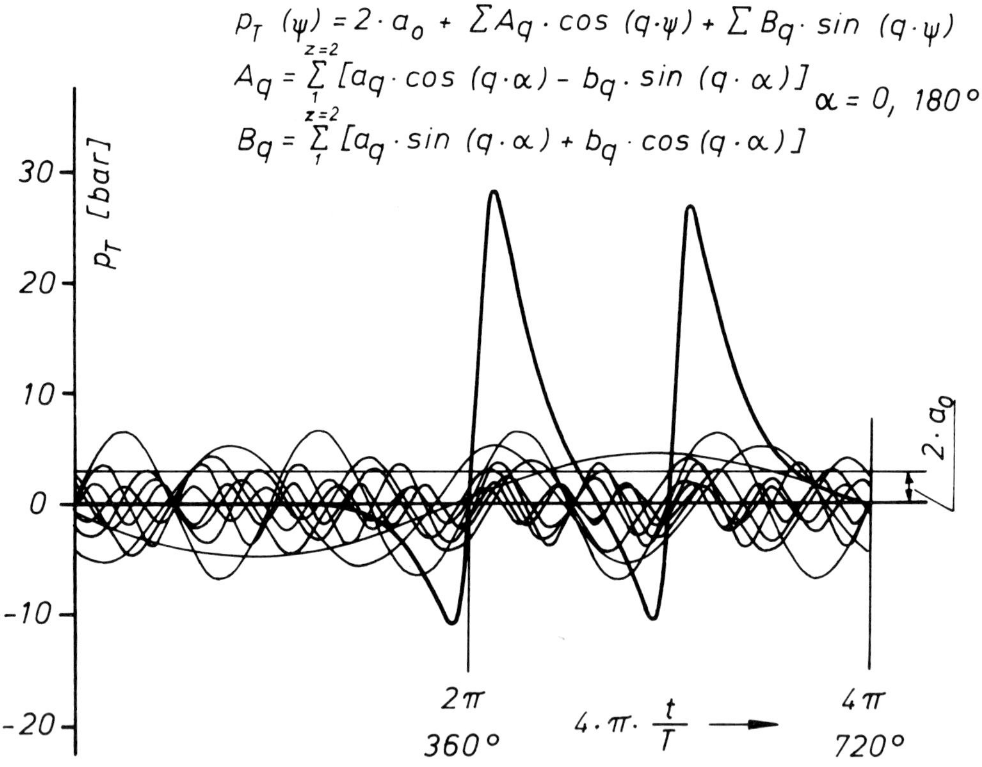

Abb. 6.11: Überlagerung der Tangentialdrücke eines 2-Zylinder-Viertaktmotors

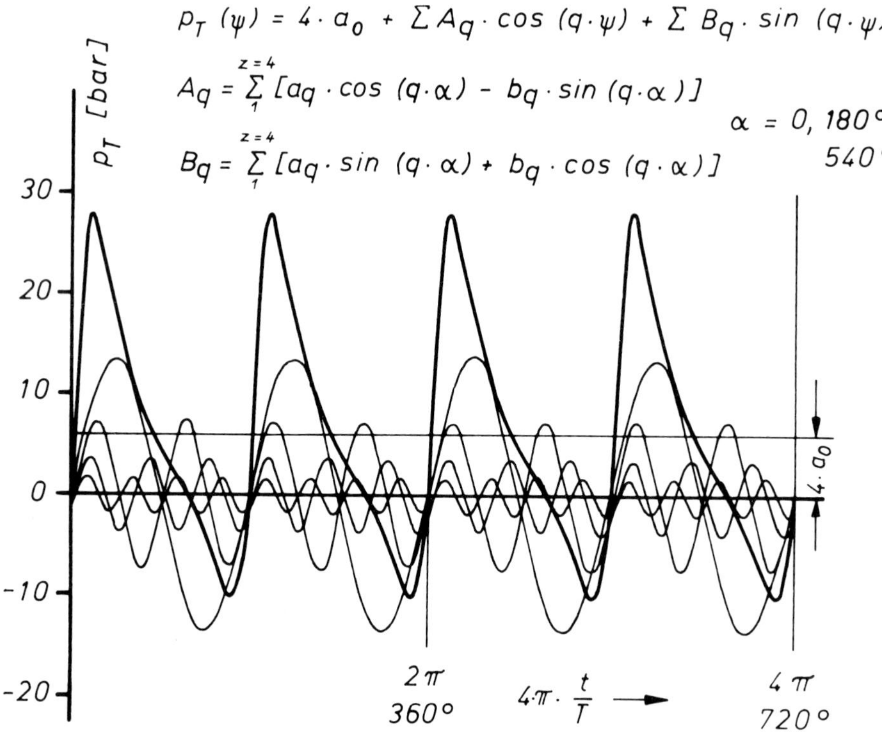

Abb. 6.12: Überlagerung der Tangentialdrücke eines 4-Zylinder-Viertaktmotors

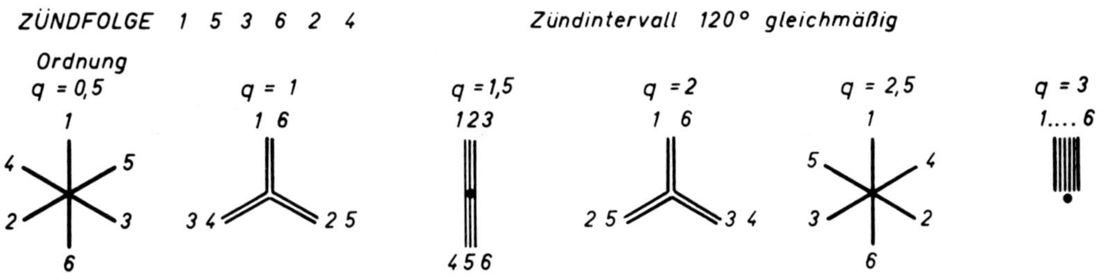

Abb. 6.13: Kurbelsterne 0,5. bis 3. Ordnung eines 6-Zylinder-Viertaktreihenmotors

gefaßt werden können, wird mit Einheitslängen der Vektoren gearbeitet. Im Vektorstern 0,5. Ordnung ist die Zündfolge unmittelbar ablesbar; die Winkel zwischen den Strahlen sind das 0,5fache der Zündintervalle, beziehungsweise die Winkel gegenüber dem Vektor des Zylinders 1 sind das 0,5fache der Zündwinkel α. Der Vektorstern 1. Ordnung entspricht der Kurbelanordnung. Im Beispiel sind die Vektorsterne ab der 3. Ordnung periodisch, so daß für die Ordnungszahlen 3,5 ... 6 und 6,5 ... 9 usw. die Vektorsterne wieder in der angegebenen Reihenfolge gelten.

Zur Darstellung der Periodizität der Vektorensterne eignet sich das in Abb. 6.14 dargestellte Schema.

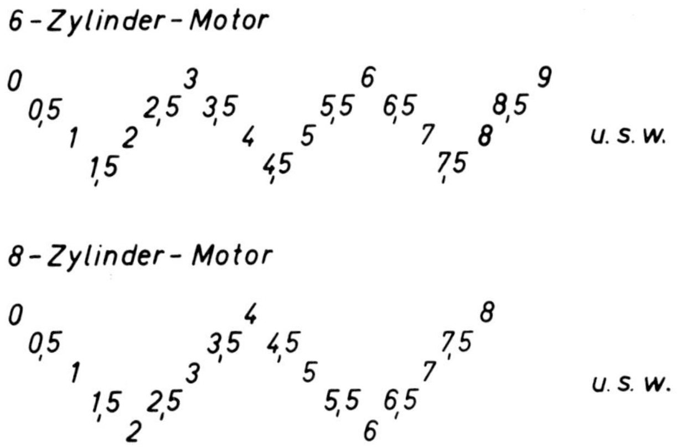

Abb. 6.14: Systematik der Kurbelsterne

Die auf gleicher Linie stehenden Ordnungszahlen haben den gleichen Vektorstern. Aus den Vektorsternen selbst ist folgendes zu entnehmen: Im Wechseldrehmoment von Mehrzylindermotoren sind nur die harmonischen Anteile vertreten, deren Vektorsumme nicht Null ist. Es sind dies die H a u p t o r d n u n g e n . Beim 6-Zylinder-Viertaktmotor sind das die harmonischen Anteile 3., 6., 9. usw. Ordnung, beim 8-Zylinder-Viertaktmotor die Anteile 4., 8., 12. usw. Ordnung. Die Vektorsummen der anderen Ordnungszahlen ergeben Null - es handelt sich um N e b e n o r d n u n g e n .

In den Tabellen 4.G - 4.M sind jeweils die beiden stärksten Ordnungen der harmonischen Wechseldrehmomente aufgeführt für die links eingezeichnete Kurbelkröpfung und die auf der rechten Seite aufgeführten Zündfolgen. Sind die auf das mittlere Drehmoment bezogenen Wechseldrehmomente größer als 1, so bedeutet dies ein zeitweilig negatives Moment (siehe auch Abb. 6.6 und 6.7).

Die tabellarischen Werte übersteigen die Bereiche, in denen sich praktische Ausführungsformen bewegen. Besondere Bauarten können natürlich auch zu Abweichungen führen, so daß diese Werte nicht unüberlegt verwendet werden sollten. Darüber hinaus wird auf die Erläuterungen zu diesen Tabellen in Abschnitt 4.5 verwiesen und auf die Reihe von Fußnoten, die bei fachgerechter Anwendung Fehlentscheidungen vermeiden helfen.

Bei den bisherigen Ausführungen ist vorausgesetzt, daß die Tangentialdrücke bzw. Drehmomente an allen Zylindern gleich sind und an einem unverformten System wirken. Die Gleichheit der Zylinderdrücke wird in praxi nur angenähert erreicht (siehe auch Abschnitt 6.3.4), oder die angenommene Unverformbarkeit des Systems führt bei Ermittlung der Zusatzbeanspruchungen zu falschen Werten.

Die Vektorensterne werden auch zur Bestimmung der relativen Schwingungserregungen bei den Torsionsschwingungen der Kurbelwelle benutzt. Aufgrund des Verformungszustandes der Kurbelwelle in der Resonanz sind aber dann die Torsionswinkel an den Kröpfungen und damit auch die an den einzelnen Systemstellen zugeführten Schwingungsenergien unterschiedlich. Damit ist die Arbeit der Tangentialdrücke sowohl in den Hauptordnungen wie auch in den Nebenordnungen ungleich Null. Resonanzzustände können daher grundsätzlich durch jede im Erreger-Spektrum auftretende Ordnungszahl angeregt werden.

Bei Mehrzylindermotoren ist die Wirkung der Tangentialdrücke aller Zylinder von ihrer gegenseitigen Phasenverschiebung abhängig. Die Zylinderanordnung hat hierbei nur mittelbaren Einfluß, da diese zusammen mit der Kurbel- und Zündfolge die durch die Zündwinkel beschriebene Phasenlage der Zylinder bestimmt.

6.3.2 Überlagerung zweier an einer Kröpfung arbeitender Zylinder

Bei V-Motoren erweist es sich als zweckmäßig, die Wirkung der Tangentialdrücke der beiden an einer Kröpfung arbeitenden Zylinder zusammenzufassen. Damit wird ein unmittelbarer Vergleich mit dem Reihenmotor gleicher Kröpfungszahl bzw. der Zylinderreihe möglich, und die Ermittlung der Vektorsterne wird einfacher und übersichtlicher.

Die Zusammenfassung der beiden Zylinder an der Kröpfung des V-Motors erfolgt durch einen Faktor k, der abhängig von der Ordnungszahl q und dem V-Winkel γ ist. Ausgehend von Gleichung (6.24)

$$p_T(\psi) = a_0 + \Sigma\left[A_q \cdot \cos(q \cdot \psi) + B_q \cdot \sin(q \cdot \psi)\right]$$

ergibt sich für den Tangentialdruck von 2 Zylindern an der V-Motoren-Kröpfung, wobei der zweite Zylinder um den Winkel γ gegenüber dem ersten Zylinder phasenverschoben ist,

$$p_{TV}(\psi) = 2 \cdot a_0 + \Sigma\left[A_q \cdot \cos(q \cdot \psi) + B_q \cdot \sin(q \cdot \psi) + A_q \cdot \cos q \cdot (\psi - \gamma) + B_q \cdot \sin q \cdot (\psi - \gamma)\right] \quad (6.26)$$

und nach Umformen

$$\begin{aligned} p_{TV}(\psi) = 2 \cdot a_0 + \Sigma \Big\{&\left[A_q \cdot (1 + \cos q \cdot \gamma) - B_q \cdot \sin q \cdot \gamma\right] \cdot \cos q \cdot \psi + \\ &+ \left[B_q \cdot (1 + \cos q \cdot \gamma) + A_q \cdot \sin q \cdot \gamma\right] \cdot \sin q \cdot \psi\Big\} \end{aligned} \quad (6.27)$$

Für den harmonischen Anteil q. Ordnung dieses Tangentialdruckverlaufes einer V-Motor-Kröpfung gilt allgemein

$$\begin{aligned} p_{TV(q)}(\psi) = &\left[A_q \cdot (1 + \cos q \cdot \gamma) - B_q \cdot \sin q \cdot \gamma\right] \cdot \cos q \cdot \psi + \\ &+ \left[B_q \cdot (1 + \cos q \cdot \gamma) + A_q \cdot \sin q \cdot \gamma\right] \cdot \sin q \cdot \psi \end{aligned} \quad (6.28)$$

Nach der Definition ergibt sich der k_v-Wert als Verhältnis der Tangentialdruck-Amplitude an der V-Motoren-Kröpfung zu der des Einzelzylinder-Kurbeltriebes. Es gilt somit

$$k_V = \frac{\hat{p}_{TV(q)}}{\hat{p}_{T(q)}} = \frac{\sqrt{\left[A_q\cdot(1+\cos(q\cdot\gamma)) - B_q\cdot\sin(q\cdot\gamma)\right]^2 + \left[B_q\cdot(1+\cos(q\cdot\gamma)) + A_q\cdot\sin(q\cdot\gamma)\right]^2}}{\sqrt{A_q^2 + B_q^2}} \qquad (6.29)$$

woraus nach Quadrieren und Zusammenfassen wird

$$k_V \cdot \sqrt{A_q^2 + B_q^2} = \sqrt{2 + 2\cdot\cos(q\cdot\gamma)} \cdot \sqrt{A_q^2 + B_q^2} \qquad (6.30)$$

Der gesuchte Faktor, mit dem die Überlagerung der harmonischen Drehmomente bzw. der harmonischen Tangentialdrücke von zwei Zylindern an der V-Motoren-Kröpfung erfaßt wird, ist

$$k_V(q,\gamma) = \sqrt{2 + 2\cdot\cos(q\cdot\gamma)} = 2\cdot\cos\left(\frac{q\cdot\gamma}{2}\right) \qquad (6.31)$$

Ordnungszahl q der harm. Tangentialkräfte	*Berechnungs-Faktor $k(q,\gamma) = \sqrt{2+2\cdot\cos(q\cdot\gamma)}$ bzw. $k(q,\gamma) = 2\cdot\cos(\frac{q\gamma}{2})$ für die Tangentialkräfte von zwei Zylindern an der Kröpfung des V-Motors bei Zündabstand*								
	45	48	50	52	60	75	90	120	180
	45±360	48±360	50±360	52±360	60±360	75±360	90±360	120±360	180±360
0,5	1,962	1,956	1,953	1,949	1,932	1,894	1,848	1,732	1,414
	0,390	0,416	0,433	0,450	0,518	0,643	0,765	1,000	1,414
1	1,848	1,827	1,813	1,798	1,732	1,587	1,414	1,000	0
1,5	1,663	1,618	1,587	1,554	1,414	1,111	0,765	0	1,414
	1,111	1,176	1,218	1,259	1,414	1,663	1,848	2,000	1,414
2	1,414	1,338	1,286	1,231	1,000	0,518	0	1,000	2,000
2,5	1,111	1,000	0,923	0,845	0,518	0,131	0,765	1,732	1,414
	1,663	1,732	1,774	1,813	1,932	1,396	1,848	1,000	1,414
3	0,765	0,816	0,518	0,416	0	0,765	1,414	2,000	0
3,5	0,390	0,209	0,087	0,035	0,518	1,319	1,848	1,732	1,414
	1,962	1,989	1,998	2,000	1,932	1,504	0,765	1,000	1,414
4	0	0,209	0,347	0,424	1,000	1,732	2,000	1,000	2,000
4,5	0,390	0,618	0,765	0,908	1,414	1,962	1,848	0	1,414
	1,962	1,902	1,843	1,722	1,414	0,320	0,765	2,000	1,414
5	0,765	1,000	1,147	1,286	1,732	1,983	1,414	1,000	0
5,5	1,111	1,338	1,475	1,507	1,932	1,794	0,765	1,732	1,414
	1,663	1,486	1,351	1,204	0,518	0,885	1,848	1,000	1,414
6	1,414	1,618	1,732	1,827	2,000	1,414	0	2,000	2,000
6,5	1,663	1,827	1,907	1,963	1,932	0,885	0,765	1,732	1,414
	1,111	0,813	0,601	0,382	0,518	1,794	1,848	1,000	1,414
7	1,848	1,956	1,992	1,999	1,732	0,261	1,414	1,000	0
7,5	1,962	2,000	1,983	1,932	1,414	0,390	1,848	0	1,414
	0,390	0	0,261	0,518	1,414	1,962	0,765	2,000	1,414
8	2,000	1,956	1,879	1,766	1,000	1,000	2,000	1,000	2,000
8,5	1,962	1,827	1,687	1,509	0,518	1,504	1,848	1,732	1,414
	0,390	0,813	1,075	1,312	1,932	1,319	0,765	1,000	1,414
9	1,848	1,618	1,414	1,176	0	1,848	1,414	2,000	0
9,5	1,663	1,338	1,075	0,781	0,518	1,996	0,765	1,732	1,414
	1,111	1,486	1,687	1,841	1,932	0,131	1,848	1,000	1,414
10	1,414	1,000	0,684	0,347	1,000	1,932	0	1,000	2,000
10,5	1,111	0,618	0,261	0,105	1,414	1,663	0,765	0	1,414
	1,663	1,002	1,983	1,997	1,414	1,111	1,848	2,000	1,414
11	0,765	0,209	0,174	0,551	1,732	1,218	1,414	1,000	0
11,5	0,390	0,209	0,601	0,970	1,932	0,643	1,848	1,732	1,414
	1,962	1,980	1,907	1,749	0,518	1,894	0,765	1,000	1,414
12	0	0,618	1,000	1,338	2,000	0	2,000	2,000	2,000

Tabelle 6.B: Berechnungsfaktoren für Tangentialkräfte von zwei Zylindern

Bei Viertakt-V-Motoren sind im Gabelelement zwei Zündabstände möglich: Die Zylinder können im Abstand des V-Winkels γ oder nach Durchlaufen einer Umdrehung, d. h. nach $\gamma \pm 360^0$ zünden. Dieser Unterschied des Zündabstandes hat nur Auswirkung bei den halbzahligen Ordnungszahlen, was mit den obigen Beziehungen leicht nachzuprüfen ist.

In Tabelle 6.B sind für eine Reihe von V-Winkeln γ (45^0 - 180^0) die K-Faktoren für die Ordnungszahlen $q = 0{,}5$ - 12 für die beiden Zündabstände γ und $\gamma + 360^0$ aufgeführt.

Analog der Vorgehensweise in Abschnitt 6.3.1 kann man zur Abklärung der Überlagerung von zwei an einer Kurbel arbeitenden Zylindern auch die Vektorensterne nutzen.

Für das Aufstellen der Vektorensterne für einen V-Motor ergeben sich zwei mögliche Vorgehensweisen, die am Beispiel des 90^0 V6-Motors dargestellt werden sollen

Methode 1:

Die Vektorsumme wird für alle Zylinder entsprechend der durch die Zündwinkel und Ordnungszahl gegebenen Phasenlage bestimmt. Dies ergibt die Darstellung der Abb. 6.15.

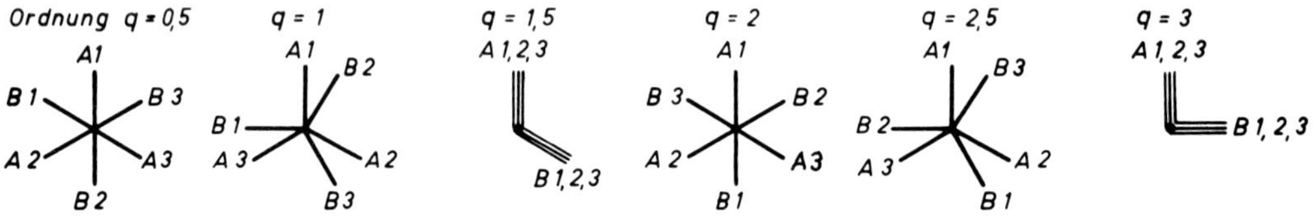

Abb. 6.15: Vektorsterne für 6-Zylinder-90°-V-Motor

Methode 2 wird in Abb. 6.16 erläutert:

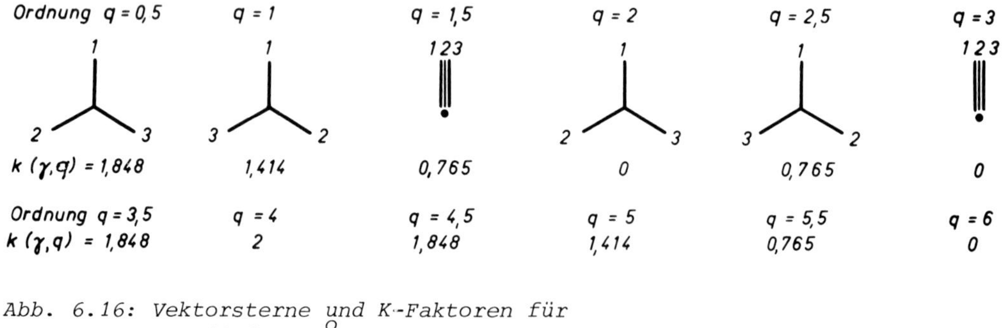

Abb. 6.16: Vektorsterne und K-Faktoren für 6-Zylinder-90°-V-Motor

Es wird die Vektorsumme einer Zylinderreihe des V-Motors ermittelt. Der Einfluß der zweiten Zylinderreihe wird durch Multiplikation mit dem Faktor $k_v(\gamma,\ \ )$ erfaßt.

Das Vorgehen nach Methode 2 ist einfacher und übersichtlicher, da die Vektorsterne für eine Zylinderreihe leichter zu ermitteln sind und schneller periodisch werden, setzt aber voraus, daß die Zündfolgen in den beiden Zylinderreihen des V-Motors identisch sind. Das ist bei den meisten V-Motoren der Fall; es gibt jedoch einige Ausnahmen. Zu diesen Ausnahmen zählt der 90^0-V8-Motor mit paarweise unter 90^0 zueinander stehenden Kurbelkröpfungen. Bei diesem Motor zünden zwar alle 8 Zylinder in gleichmäßigen Intervallen von 90^0, jedoch sind die Zündfolgen und Zündintervalle der beiden Zylinderreihen nicht gleich. In diesem Fall müssen die Vektorsterne nach Mehtode 1 ermittelt werden.

Aus den Vektorsternen des 90^0-V6-Motors ist zu ersehen, daß das Wechseldrehmoment Anteile 1,5., 3., 4,5. usw. Ordnung enthält.

6.3.3 Einfluß-Parameter und näherungsweise Ermittlung der harmonischen Tangentialdrücke

Die Tangentialdrücke nehmen, wie das aus ihnen resultierende Drehmoment, mit der Motorbelastung zu. Die Abb. 6.17 (a und b) zeigt die Darstellung der resultierenden harmonischen Tangentialdrücke über dem indizierten Mitteldruck für Viertakt-Dieselmotoren mit Verdichtungsverhältnissen $\varepsilon = 12$ und $\varepsilon = 18$. Wie Abb. 6.17 erkennen läßt, beeinflussen der Ladedruck und das Verdichtungsverhältnis die harmonischen Tangentialdrücke. Abb. 6.18 (a bis d) zeigt die Darstellung der harmonischen Tangentialdrücke in Abhängigkeit vom Verdichtungsverhältnis ε, Ladedruck p_L, Verbrennungsdruckverhältnis p_z/p_c und Pleuelstangenverhältnis λ, wobei alle sonstigen Parameter jeweils unverändert blieben. Wie die Darstellungen erkennen lassen, sind die harmonischen Tangentialdrücke in starkem Ausmaß abhängig vom Mitteldruck, Ladedruck und Verdichtungsverhältnis, in geringem Ausmaß von Verbrennungsdruckverhältnis und Pleuelstangenverhältnis. Hierbei bestehen im wesentlichen lineare Abhängigkeiten mit Ausnahme des Verbrennungsdruckverhältnisses.

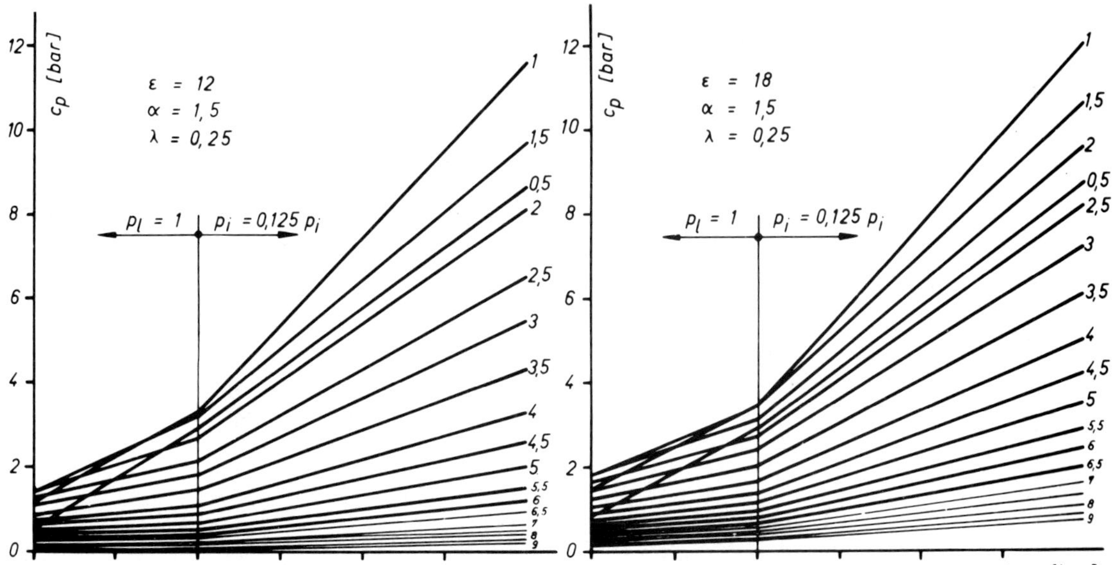

Abb. 6.17: Einfluß des mittleren indizierten Druckes auf die Harmonischen für zwei Motoren verschiedener Kompressionsverhältnisse

Die Bestimmung der harmonischen Tangentialdrücke durch die harmonische Analyse

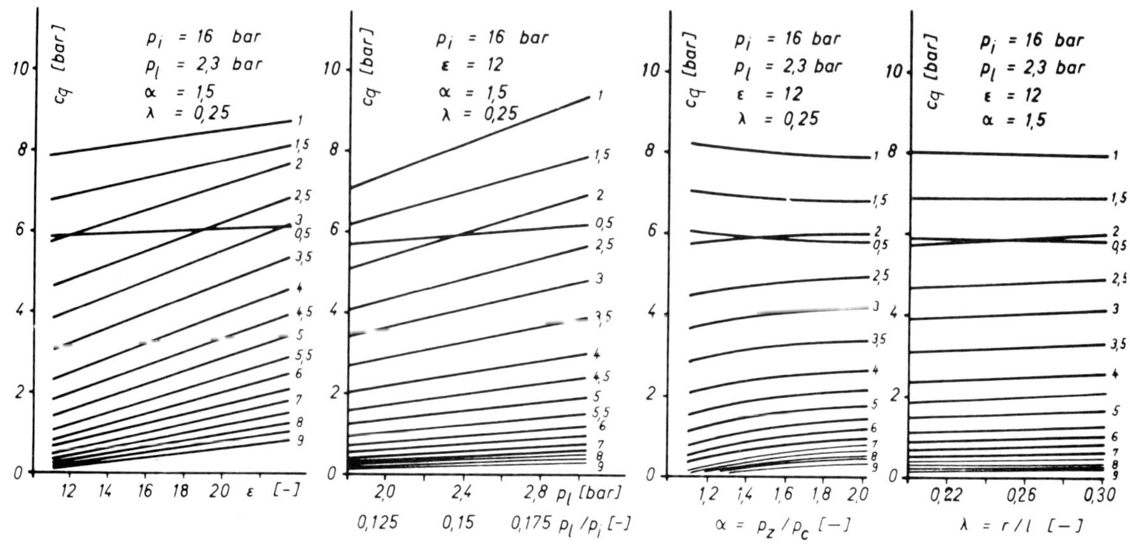

Abb. 6.18: Einfluß von Kompressionsverhältnis, Ladedruck, Druckverhältnis und Pleuelstangenverhältnis auf den resultierenden harmonischen Tangentialdruck c_q

eines Tangentialdruckdiagrammes erfordert viel Rechenaufwand. Zudem muß der harmonischen Analyse die Ermittlung einer ausreichenden Anzahl von Tangentialdruck-Stützstellen aus dem Gasdruck im Zylinder, das heißt dem Indikatordiagramm, vorausgehen.

Ausgehend von den zuvor aufgezeigten Abhängigkeiten und mit dem Ansatz

$$a,\, b = A + B \cdot p_i + C \cdot p_l$$

wurden durch Interpolieren die in den Tabellen 6.B und 6.C angegebenen Approximationsformeln aufgestellt und die dazu gehörenden Koeffizienten ermittelt. Damit können die harmonischen Tangentialdrücke näherungsweise bestimmt werden. Die Formel in Tabelle 6.C schließt den Fall $p_i = 0$ ein und ist bei Ordnungszahlen ≤ 6 immer anzuwenden. Bei Ordnungszahlen > 6 ergeben sich nur dann ausreichend genaue Werte, wenn $p_l \approx 1$ oder wenn bei Auflademotoren $p_l/p_i = 0{,}14 \ldots 0{,}15$ ist. Bei Auflademotoren und Ladedrücken $p_l > 1$ ist für die Ordnungszahlen > 6 die Formel in Tabelle 6.D anzuwenden; diese ergibt jedoch größere Fehler bei kleinen Mitteldrücken und im Fall $p_i = 0$ (siehe gestrichelte Linie in Abb. 6.17).

Das durch die Länge der aufgeführten Näherungsformel auf den ersten Blick komplizierte Verfahren ist jedoch für die praktische Anwendung äußerst effektiv und kann auch dann mit guter Näherung angewandt werden, wenn von dem konzipierten Motor noch keine Gasdruckdiagramme vorliegen. In Form von Diagrammblättern hat die Klassifikationsgesellschaft Lloyds Register of Shipping ebenso c_q-Werte in ihrem Regelwerk herausgebracht, die jedoch nach unseren Erfahrungen für hochausgelastete Motoren zu niedrige Werte angeben und deshalb für die Berechnung kleinerer schnellaufender Motoren nicht zu empfehlen sind.

6.3.4 Abweichungen der Praxis von den idealen Zusammenhängen

In den vorhergehenden Abschnitten ist bereits mehrfach darauf hingewiesen worden, daß der Ausgleich bestimmter Ordnungen der Harmonischen eines Tangentialdruckes nur

Approximations-Methode zur Ermittlung der harmonischen Gas-Tangentialdrücke (4-Takt-Diesel-Motoren)

$$p_T = a_o + \Sigma a_q \cos(q\psi) + \Sigma b_q \sin(q\psi); \qquad a_o = \frac{p_i}{2\pi}$$

$$a_q, b_q = A + [B + C \cdot \alpha + D \cdot \alpha^2 + \varepsilon \cdot (E + F \cdot \alpha + G \cdot \alpha^2) + H \cdot \lambda] \cdot p_i + (I + K \cdot \varepsilon) \cdot p_l \qquad [bar]$$

$$c_q = \sqrt{a_q^2 + b_q^2} \qquad \varepsilon = \frac{V_h + V_c}{V_c} \qquad \alpha = \frac{p_z}{p_c} \qquad \lambda = \frac{r}{l} \qquad p_i\ [bar] \qquad p_l\ (abs.)\ [bar]$$

ORD. q		A	B	C	D	E	F	G	H	I	K
0,5	a	-0,04774	-0,11985	-0,16603	-0,04682	-0,00828	0,00892	-0,00257	-0,00316	-0,08836	-0,00271
	b	0,02868	-0,23552	0,01379	0,00667	-0,00023	0,00409	-0,00152	0,09196	-0,44745	-0,02472
1	a	-0,01235	-0,13142	0,22106	-0,05015	0,01043	-0,00684	0,00154	0,07568	0,00703	0,00035
	b	-0,85157	0,31676	0,01358	-0,01760	0,00236	-0,00757	0,00258	-0,11360	1,54440	0,04494
1,5	a	0,07018	0,35329	-0,25474	0,04907	-0,01120	0,00383	-0,00033	-0,12745	-0,09488	0,00165
	b	0,03553	-0,15926	-0,10378	0,03513	-0,00735	0,01012	-0,00297	0,02750	-0,79731	-0,05790
2	a	-0,04021	-0,37077	0,21584	-0,03743	0,00810	-0,00027	-0,00064	0,09858	0,06503	-0,00165
	b	-0,10200	-0,09181	0,20869	-0,05271	0,01263	-0,01150	0,00289	0,10286	0,75408	0,06460
2,5	a	0,04515	0,26043	-0,13203	0,01952	-0,00283	-0,00335	0,00139	-0,03910	-0,05268	0,00050
	b	0,01927	0,22153	-0,26660	0,06239	-0,01501	0,01174	-0,00271	-0,12540	-0,45883	-0,06767
3	a	-0,03539	-0,17593	0,05377	-0,00206	-0,00181	0,00675	-0,00212	0,02144	0,03210	0,00022
	b	-0,02216	-0,26471	0,28344	-0,06498	0,01497	-0,01098	0,00245	0,11832	0,24505	0,06800
3,5	a	0,02589	0,10689	0,01638	-0,01409	0,00570	-0,00970	0,00279	-0,02313	-0,01741	-0,00057
	b	0,02893	0,30786	-0,28776	0,06433	-0,01418	0,00949	-0,00200	-0,12518	-0,08689	-0,06574
4	a	-0,01821	-0,01222	-0,08772	0,02982	-0,00935	0,01212	-0,00328	0,00574	0,00333	0,00099
	b	-0,02713	-0,32633	0,27516	-0,05989	0,01252	-0,00741	0,00143	0,12997	-0,02974	0,06193
4,5	a	0,01175	-0,07118	0,14980	-0,04367	0,01228	-0,01405	0,00368	0,01127	0,00681	-0,00124
	b	0,02956	0,30297	-0,24252	0,05131	-0,00989	0,00483	-0,00077	-0,11751	0,10693	-0,05735
5	a	-0,00657	0,13415	-0,19949	0,05481	-0,01434	0,01537	-0,00394	-0,01686	-0,01335	0,00133
	b	-0,02777	-0,27085	0,20220	-0,04075	0,00699	-0,00200	0,00005	0,10393	-0,15817	0,05215
5,5	a	0,00296	-0,19276	0,24099	-0,06362	0,01585	-0,01609	0,00404	0,02196	0,01868	-0,00144
	b	0,02631	0,22573	-0,15167	0,02774	-0,00372	-0,00113	0,00074	-0,092278	0,18752	-0,04687
6	a	0,00045	0,23188	-0,26739	0,06882	-0,01646	0,01608	-0,00396	-0,02451	-0,02208	0,00144
	b	-0,02441	-0,16463	0,09228	-0,01294	0,00015	0,00437	-0,00153	0,07931	-0,20223	0,04178
6,5	a	-0,00349	-0,25216	0,27882	-0,07049	0,01624	-0,01540	0,00373	0,02423	0,02368	-0,00135
	b	0,02267	0,10474	-0,03098	-0,00244	0,00334	-0,00760	0,00233	-0,06928	0,20476	-0,03689
7	a	0,00543	0,26300	-0,27666	0,06851	-0,01529	0,01394	-0,00329	-0,02651	-0,02410	0,00124
	b	-0,02022	-0,04452	-0,02949	0,01744	-0,00662	0,01059	-0,00305	0,06074	-0,20070	0,03236
7,5	a	-0,00709	-0,25786	0,26065	-0,06319	0,01365	-0,01188	0,00271	0,02793	0,02319	-0,00107
	b	0,01828	-0,02013	0,08970	-0,03213	0,00972	-0,01333	0,00370	-0,04972	0,19138	-0,02826
8	a	0,00849	0,23684	-0,23158	0,05475	-0,01137	0,00928	-0,00201	-0,02671	-0,02101	0,00083
	b	-0,01583	0,07085	-0,13623	0,04321	-0,01196	0,01518	-0,00412	0,04010	-0,17854	0,02453
8,5	a	-0,00910	-0,20687	0,19224	-0,04364	0,00863	-0,00620	0,00118	0,02576	0,01835	-0,00062
	b	0,01368	-0,12230	0,18287	-0,05423	0,01409	-0,01694	0,00451	-0,03191	0,16412	-0,02121
9	a	0,00944	0,16682	-0,14574	0,03100	-0,00561	0,00295	-0,00033	-0,02354	-0,01481	0,00036
	b	-0,01171	0,16204	-0,21525	0,06140	-0,01537	0,01777	-0,00466	0,02403	-0,14945	0,01829
9,5	a	-0,00953	-0,12000	0,09466	-0,01747	0,00244	0,00036	-0,00053	0,02052	0,01081	-0,00009
	b	0,00993	-0,18658	0,23413	-0,06515	0,01588	-0,01787	0,00463	-0,01869	0,13425	-0,01568
10	a	0,00928	0,07393	-0,04330	0,00393	0,00062	-0,00356	0,00135	-0,01886	-0,00709	-0,00015
	b	-0,00817	0,19925	-0,24076	0,06576	-0,01569	0,01727	-0,00441	0,01445	-0,11928	0,01335
10,5	a	-0,00895	-0,02740	-0,00651	0,00897	-0,00351	0,00649	-0,00209	0,01698	0,00340	0,00037
	b	0,00700	-0,20186	0,23559	-0,06327	0,01485	-0,01597	0,00402	-0,00990	0,10461	-0,01131
11	a	0,00849	-0,01633	0,05197	-0,02060	0,00606	-0,00904	0,00273	-0,01455	-0,00011	-0,00056
	b	-0,00581	0,19310	-0,22046	0,05839	-0,01348	0,01422	-0,00351	0,00656	-0,09057	0,00951
11,5	a	-0,00790	0,05307	-0,09056	0,03044	-0,00815	0,01110	-0,00324	0,01270	-0,00220	0,00067
	b	0,00411	-0,17596	0,19657	-0,05126	0,01165	-0,01199	0,00289	-0,00390	0,07723	-0,00793
12	a	0,00747	-0,08407	0,12124	-0,03803	0,00973	-0,01258	0,00359	-0,01031	0,00401	-0,00077
	b	-0,00422	0,15530	-0,16901	0,04325	-0,00966	0,00962	-0,00223	0,00151	-0,06542	0,00660

Tabelle 6.C: Approximationsmethode zur Ermittlung der harmonischen Gas-Tangentialdrücke (0,5. bis 12. Ordnung)

ORD. q		A	B	C	D	E	F	G	H	I	K	L	M	N	O
6,5	a	-0,00280	-0,33137	0,00659	0,00976	-0,00699	0,15591	0,02109	0,02481	-0,24133	0,10865	-0,22961	0,09128	1,93028	-0,98056
	b	0,00073	-0,77668	0,05254	-0,06676	0,01891	1,09721	-0,33471	-0,06772	5,77958	-0,34026	0,34563	-0,09082	-6,90486	1,96435
7	a	0,00228	0,10740	0,00790	-0,02773	0,01224	0,14224	-0,11177	-0,02666	1,75158	-0,19482	0,33100	-0,11983	-3,78958	1,52454
	b	0,00014	0,88718	-0,05616	0,06760	-0,01841	-1,17409	0,34433	0,05909	-5,92892	0,32782	-0,31782	0,07840	6,76556	-1,84630
7,5	a	-0,00192	0,14864	-0,02347	0,04617	-0,01748	-0,46296	0,20605	0,02766	-3,32383	0,28100	-0,42824	0,14630	5,64514	-2,05046
	b	-0,00042	-0,93090	0,05554	-0,06311	0,01631	1,16058	-0,32604	-0,04828	5,62250	-0,29025	0,25889	-0,05679	-6,06528	1,55926
8	a	0,00168	-0,41688	0,03903	-0,06383	0,02233	0,78214	-0,29698	-0,02613	4,83283	-0,36076	0,51400	-0,16860	-7,35153	2,51620
	b	0,00115	0,89792	-0,05055	0,05377	-0,01286	-1,06063	0,28336	0,03894	-4,88708	0,22946	-0,17394	0,02809	4,88639	-1,13981
8,5	a	-0,00105	0,66422	-0,05281	0,07885	-0,02628	-1,06814	0,37572	0,02491	-6,12142	0,42453	-0,57780	0,18372	8,74139	-2,87593
	b	-0,00130	-0,78821	0,04121	-0,03942	0,00799	0,87055	-0,21475	-0,03109	3,72775	-0,14621	0,06333	0,00772	-3,22389	0,58426
9	a	0,00046	-0,87688	0,06391	-0,08996	0,02894	1,29759	-0,43503	-0,02250	7,08942	-0,46738	0,61329	-0,18981	-9,68125	3,08843
	b	0,00128	0,61541	-0,02836	0,02117	-0,00204	-0,60643	0,12524	0,02347	-2,24392	0,04686	0,06479	-0,04807	1,20222	0,06852
9,5	a	-0,00005	1,04038	-0,07164	0,09650	-0,03014	-1,45638	0,47117	0,01944	-7,67642	0,48647	-0,61787	0,18627	10,11306	-3,13981
	b	-0,00105	-0,38168	0,01249	0,00008	-0,00466	0,28086	-0,01988	-0,01844	0,49683	0,06474	-0,20442	0,09097	1,07736	-0,78287
10	a	-0,00018	-1,13047	0,07482	-0,09733	0,02959	1,52290	-0,47876	-0,01784	7,78567	-0,47632	0,58630	-0,17176	-9,94458	3,00787
	b	0,00095	0,10868	0,00522	-0,02297	0,01170	0,08294	-0,09457	0,01447	1,38608	-0,18096	0,34650	-0,13372	-3,46403	1,51435
10,5	a	0,00022	1,14762	-0,07346	0,09242	-0,02728	-1,49436	0,45687	0,01606	-7,42058	0,43817	-0,52012	0,14684	9,18028	-2,69444
	b	-0,00061	0,17655	-0,02321	0,04558	-0,01850	-0,45289	0,20834	-0,01019	-3,24742	0,29242	-0,47947	0,17276	5,76333	-2,20370
11	a	-0,00027	-1,08785	0,06745	-0,08180	0,02327	1,36948	-0,40582	-0,01378	6,58492	-0,37267	0,42102	-0,11219	-7,84208	2,20972
	b	0,00059	-0,46175	0,04063	-0,06678	0,02472	0,80918	-0,31509	0,00706	4,99142	-0,39397	0,59676	-0,20617	-7,85069	2,81250
11,5	a	0,00044	0,95254	-0,05706	0,06605	-0,01777	-1,15574	0,32877	0,01209	-5,32175	0,28281	-0,29382	0,06952	6,00458	-1,58102
	b	-0,00045	0,72216	-0,05613	0,08503	-0,02990	-1,12533	0,40725	-0,00456	-6,49275	0,47832	-0,69000	0,23148	9,58542	-3,30046
12	a	-0,00048	-0,75725	0,04320	-0,04627	0,01113	0,86958	-0,23070	-0,00994	3,72842	-0,17512	0,14660	-0,02137	-3,78625	0,84491
	b	0,00033	-0,93600	0,06850	-0,09895	0,03365	1,37646	-0,47764	0,00228	7,62233	-0,53832	0,75088	-0,24630	-10,81750	3,62407

Table heading:

Approximations-Methode zur Ermittlung der harmonischen Gas-Tangentialdrücke (4-Takt-Dieselmotoren)

$p_T = a_0 + \Sigma a_q \cdot \cos(q\psi) + \Sigma b_q \cdot \sin(q\psi)$ $\quad a_0 = \frac{p_i}{2\pi}$ $\quad c_q = \sqrt{a_q^2 + b_q^2}$ $\quad p_i \quad p_l$ (abs) [bar]

$a_q, b_q = A + [B + \varepsilon \cdot (C + D \cdot \alpha + E \cdot \alpha^2) + F \cdot \alpha + G \cdot \alpha^2 + H \cdot \lambda] \cdot p_i + [I + \varepsilon(K + L \cdot \alpha + M \cdot \alpha^2) + N \cdot \alpha + O \cdot \alpha^2] \cdot p_l$ [bar]

Verdichtungsverhältnis $\varepsilon = \frac{V_h + V_c}{V_c}$ $\quad$ Verbrennungsdruckverhältnis $\alpha = \frac{p_z}{p_c}$ $\quad$ Stangenverhältnis $\lambda = \frac{r}{l}$

Tabelle 6.D: Approximationsmethode zur Ermittlung der harmonischen Gas-Tangentialdrücke (6,5. bis 12. Ordnung, Auflademotoren $p_i \geq 8$, $p_l \geq 1$)

dann stattfindet, wenn die Tangentialdruckdiagramme der einzelnen Zylinder identisch sind. Dies gilt ebenso wie für die Massenbeanspruchungen, bei denen die angegebenen Werte für mehrzylindrige Maschinen auch nur richtig sind, wenn die Massen des Triebwerkes der einzelnen Zylinder gleich sind. Wenn dies aber schon bei den Massen nur im Rahmen von Toleranzen möglich ist, bei denen man die Ungleichheit wägen kann, so ist es verständlich, daß die Einhaltung absolut ähnlicher Gasdruckdiagramme erheblich schwieriger ist. Dies ist einerseits auf die mechanischen Abweichungen (Bauteiltoleranzen) zurückzuführen, andererseits aber auch auf Einstellfehler oder Differenzen von Zylinder zu Zylinder, sei es in der Ladung, der Temperatur (Wärmedehnung, Wärmeübergang) oder auch der inneren Verbrennung (Zündphase beim Otto-Motor).

Wegen der Serienfertigung werden bei kleineren Motoren die Abweichungen untereinander kleiner sein (sie können auch alle gleich falsch sein!) als bei größeren Motoren, bei denen man allerdings bessere Möglichkeiten zum Nachmessen und Einstellen hat. Der Vergaser-Otto-Motor wird zu den einzelnen Zylindern eine inhomogenere Ladung bringen als der Einspritz-Otto-Motor, bei dem infolge des gleichmäßigeren Gemisches auch die Zündphase einheitlich sein wird. Die Einspritzpumpen von Dieselmotoren werden - obwohl sie doch eigentlich aus gleichen Teilen bestehen - speziell abgeglichen, um im Rahmen eines Toleranzfeldes gleichmäßige Fördermengen zu erbringen. In Verbindung mit einer Einspritzdüse und den Toleranzen an Triebwerk und Pumpe bringen die Einspritzpumpen immer noch Leistungsdifferenzen der einzelnen Zylinder. In früheren Zeiten stellte man die Fördermenge des Kraftstoffes nach der Abgastemperatur des Zylinders ein, was je nach Qualität der Abgastemperaturmessung (integraler Mittelwert) zu noch viel größeren Fehlern führen kann als die mechanische Einstellung.

Der Extremfall schlecht arbeitender Zylinder ist die nicht zündende Zylindereinheit oder - was bei Großmotoren im Schiffseinsatz vorkommt - der Motorenbetrieb mit dem ausgebauten Triebwerk eines Zylinders.

Unumgängliche Bauteiltoleranzen machen sich beim Otto-Motor mit relativ niedrigem Kompressionsverhältnis wenig bemerkbar, bei einem Wirbelkammer-Dieselmotor mit $\varepsilon = 22 - 24$ kann dies jedoch nicht nur zu Zylinderkopfberührungen, sondern auch zu einem großen Streubereich im Verdichtungsverhältnis kommen.

All diese geschilderten Abweichungen sind von besonderem Interesse auf das Drehschwingungsverhalten eines Motors oder einer Motorenanlage, weil die Abweichungen Veränderungen des Anregungsspektrums hervorrufen, die zu kritischen Betriebszuständen führen können. Der Ausgangspunkt vieler Schwierigkeiten ist jedoch in den Veränderungen des Tangentialdruckverlaufes zu suchen, weswegen an dieser Stelle darauf eingegangen werden soll. Wegen der Vielfalt der Variationsmöglichkeiten können natürlich nur einzelne Aspekte und Beispiele besprochen und dargestellt werden.

Der Zünddruck als Auslegungskriterium für den Entwurf eines Motors ist durchaus unterschiedlich zu werten. Beim größeren, hochaufgeladenen Dieselmotor mit Zünddrücken von 140 - 160 bar ist es eine conditio sine qua non, die konstruktiv gegebenen Grenzen nicht zu überschreiten. Ein solcher Motor wird so eingestellt, daß er bei gegebenem Mitteldruck (eigentlich Gesamtnutzleistung) möglichst gleiche Zünddrücke bringt - abgesehen von nachträglichen Korrekturen im täglichen Einsatz von ungeübter Hand, was zu den erstaunlichsten Einstellungen führen kann.

Bei kleineren Dieselmotoren besteht schon gar keine Möglichkeit der Zünddruckmessung eines Serienmotors. Aus der Entwicklungsphase (Motoren mit Quarzgebern) sind Einspritzzeitpunkt, Fördercharakteristik und Fördermengen bekannt und auch die Auswirkungen von deren Toleranzen. So entstehen Einstellvorschriften für die Großserie, die unter der Voraussetzung der Ähnlichkeit zu immer reproduzierbaren Ergebnissen führen müssen. Beim Pkw-Otto-Motor fährt man draußen schon gern bis nah an die Klopfgrenze heran, ohne daß jemand nach dem Zünddruck fragt. Auch führen gleiche Brennstoffmengen nicht zu gleichen Verbrennungsdiagrammen, wenn der Einspritzzeitpunkt oder die Kompression - sei es durch Toleranzen oder durch Brennraumrückstände - nicht mehr gleich sind.

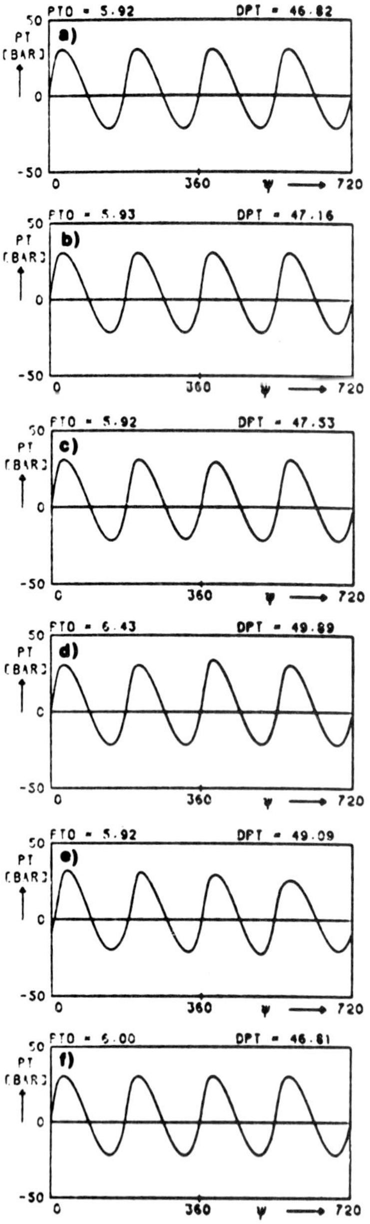

Abb. 6.19: Veränderungen des Gasdruckverlaufes als Einflußgröße auf das Wechseldrehmoment

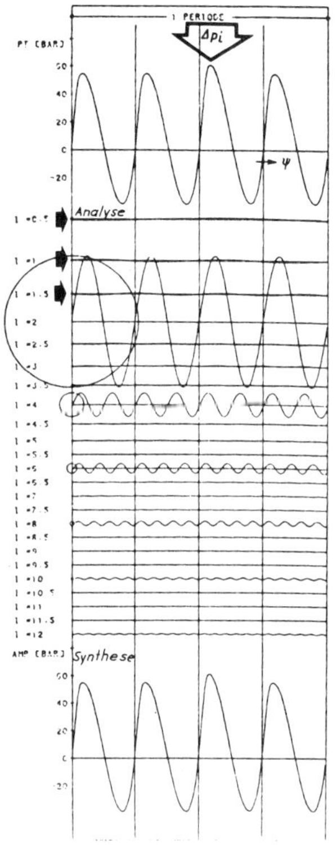

Abb. 6.20: Harmonische Analyse eines Drehkraftdiagrammes nach Abb. 6.19(c)

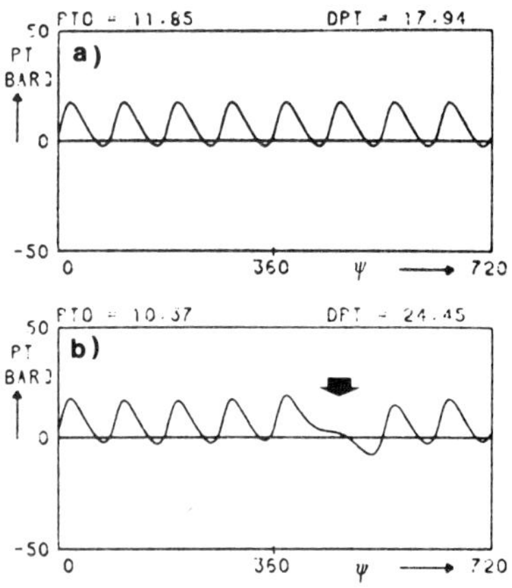

Abb. 6.21: Drehkraftdiagramm eines 8-Zylinder-Motors (regelmäßiger Zündabstand) mit und ohne Zündaussetzer

In Abb. 6.19 sind eine Reihe von Veränderungen an einem Gasdruckdiagramm eines 4-Zylinder-Motors vorgenommen und deren Auswirkung auf den effektiven Tangential-Mitteldruck p_{To} und den Tangentialdruckausschlag p_{TW} dargestellt. Das Teilbild (a) stellt den Motor mit gleichem Diagramm dar, während bei Teilbild (b) der Zünddruck eines Diagrammes um 10 % angehoben wurde. Man erkennt aus der Date DPT($=p_{TW}$), daß dieser Einfluß auf das Wechseldrehmoment gering ist. Aus Teilbild (b) erkennt man, daß eine Veränderung von $\varepsilon(+1)$ noch nicht zu unüberschaubaren Tangentialdruckänderungen führt (+ 2%). Ein unterschiedlicher effektiver Mitteldruck eines Zylinders macht sich hingegen schon sehr unangenehm bemerkbar (10 % Δp_e eines Zylinders → ≈ 7 % Änderung des Tangentialdruckausschlages (Abb. 6.19(c).

Von besonderer Beachtung ist darüber hinaus, daß sich mit diesem Eingriff neben der Ausschlaggröße - bei der harmonischen Analyse zeigt sich das - vor allem Nebenordnungen als Schwingungsanregungen zeigen, die man glaubte, gerade durch die Vielzylindrigkeit der Maschine beseitigt zu haben (Abb. 6.20). Aus dem Teilbild (e) der Abb. 6.19 erkennt man, daß durch Fehlwinkel in der Kurbelwelle (falsche Kröpfungswinkel) ähnlich große Abweichungen im Tangentialdruckausschlag (≈ 5 %) erzeugt werden können, während die alleinige Verschiebung der Gasdruckdiagramme (Zündwinkel) einen geringeren Einfluß hat (Teilbild f).

Der Ausfall eines Zylinders ($p_{mi} = 0$), z. B. bei ausgefallenem Einspritzpumpenelement, bedeutet schon einen gravierenden Fehler im Motorenlauf, der in vielen Fällen Folgen für die Motorenanlage mit sich bringt. Je weniger Zylinder ein Motor hat, desto schwerwiegender ist natürlich der Ausfall eines einzelnen Zylinders, jedoch auch noch bei einer 8-Zylinder-Maschine erkennt man aus Abb. 6.21 eine

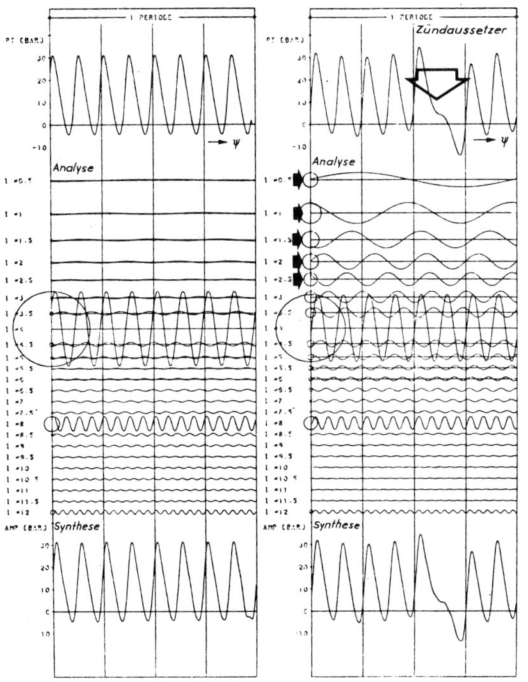

Abb. 6.22: Harmonische Analyse der Tangentialdruckverläufe von einem 8-Zylindermotor mit und ohne Zündaussetzer

merkliche Vergrößerung des Tangentialdruckausschlages (+ 36 %). Auch hier zeigt sich neben der beachtenswerten Vergrößerung der Amplitude insbesondere ein Anregungsspektrum der niederen Ordnungen, die bei einem normal zündenden Motor nicht auftreten (Abb. 6.22).

Wenn man einen V-Motor mit falschem V-Winkel baut, kann man naturgemäß nicht von Toleranzen sprechen, doch zeigt dies natürlich auch Konsequenzen. In Abb. 6.23 ist z. B. ein 12-Zylinder-V-Motor mit 60^0-V-Winkel dargestellt (Teilbild a) und darunter im Teilbild b der Motor mit 45^0-V-Winkel. Ein derartiger Motor läuft im Grunde wie ein 6-Zylinder-Reihenmotor, bei dem die 3. Ordnung als Hauptkritische durchschlägt (Abb. 6.24). Ein Fehlwinkel in einem solchen Motor macht sich dann noch einmal negativ bemerkbar (Teilbild c), so daß von dem erwarteten 'seidenweichen' Lauf des 12-Zylinder-Motors in einem derartigen Fall kaum noch zu sprechen ist.

Neben den grundlegenden Kenntnissen über den Einfluß von konstruktiven Veränderungen einer Verbrennungskraftmaschine kann man aus der Betrachtung der Ergebnisse von 'toleranzbehafteten' Motoren lernen,

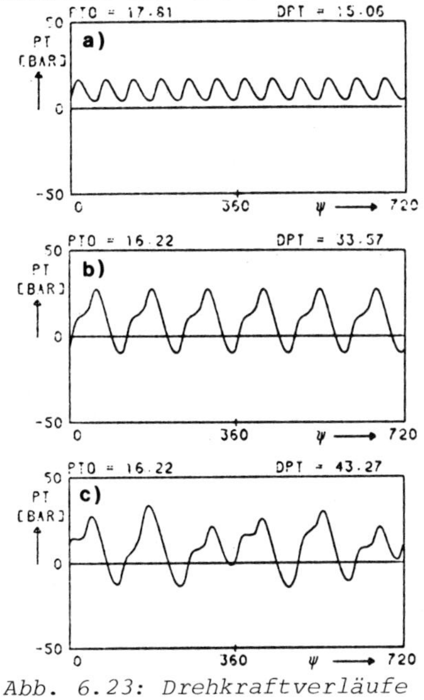

Abb. 6.23: Drehkraftverläufe von 12-Zylinder-Motoren
a) Gabelwinkel γ = 60^0
b) Gabelwinkel γ = 45^0
c) Gabelwinkel γ = 45^0 (Zylinderausfall)

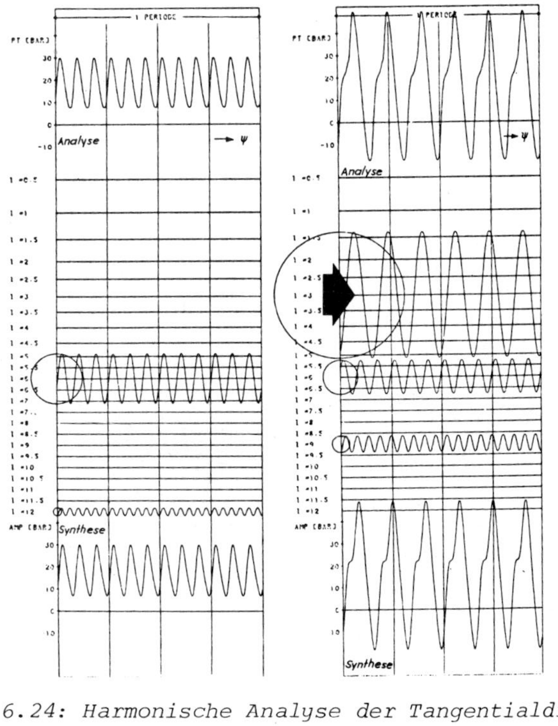

Abb. 6.24: Harmonische Analyse der Tangentialdruckverläufe von 12-Zylinder-Motoren (links γ = 60 , rechts γ = 45)

daß die idealen Zustände im praktischen Motorenbetrieb - und das heißt insbesondere nach jahrelangem Betrieb (als Lebensdauer von großen Motoren werden heute ca. 100 000 Bh erwartet) - oft nicht mehr anzutreffen sind. Die mühsam gelernten Zusammenhänge von der Überlagerung der (gleichen) Drehkraftdiagramme, die in manchen Fällen dann nur noch als katalogisiertes Wissen mit sich herumgetragen werden, sind also zu erweitern, will man den Anforderungen im Motoreneinsatz gerecht werden.

7 Der Drehmomenten- und Wuchtausgleich

In Kapitel 6 haben wir gesehen, wie bei der Übertragung der Energie von den Verbrennungsgasen bis zum arbeitabgebenden Kurbelwellenende sich schwankende Drehkräfte (Tangentialdrücke p_T) ergeben (Abb. 7.1). Dabei entstand die resultierende

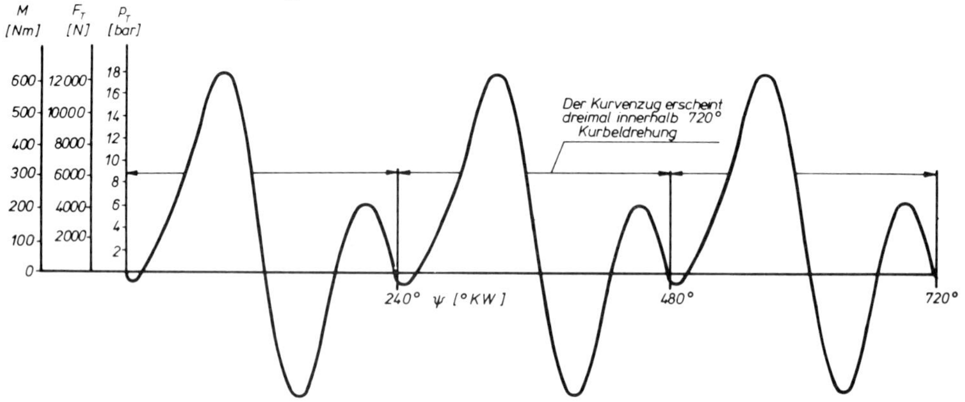

Abb. 7.1: Tangentialdruckverlauf eines Viertakt-3-Zylinder-Motors

Drehkraft aus der Addition von Gas- und Massendrehkräften, die am Kurbelradius r angreifen, der Drehkraftverlauf ist somit identisch mit dem Drehmomentenverlauf an der Welle. Durch Ausplanimetrieren der Arbeitsfläche kann man das mittlere Drehmoment als Ordinate eines flächengleichen Rechteckes über dem Arbeitsspiel ermitteln (Abb. 7.2). Die Differenz zwischen dem größten Moment und dem kleinsten Moment ist die Doppelamplitude des Wechseldrehmomentes M_W. Verläuft das Drehmoment oberhalb des mittleren Drehmomentes, so ergibt die Ausplanimetrierung dieser Fläche (Abb. 7.3) eine Überschußarbeit (+ W_A), verläuft das resultierende Drehmoment unterhalb des mittleren Drehmomentes, so liegt in diesen Zeiträumen ein Arbeitsunterschuß (- W_A) vor. Aus der Ausplanimetrierung des mittleren Drehmomentes ergibt sich natürlich, daß sich Arbeitsüberschuß und -unterschuß während eines Arbeitsspieles die Waage halten. Bezeichnet man die Gesamtmasse von Triebwerk, Schwungrad und Arbeits-

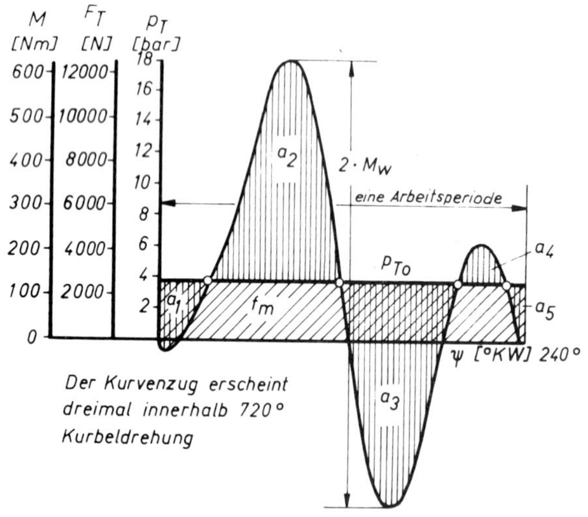

Abb. 7.2: Mittleres Drehmoment und Drehmomentenverlauf nach Abb. 7.1

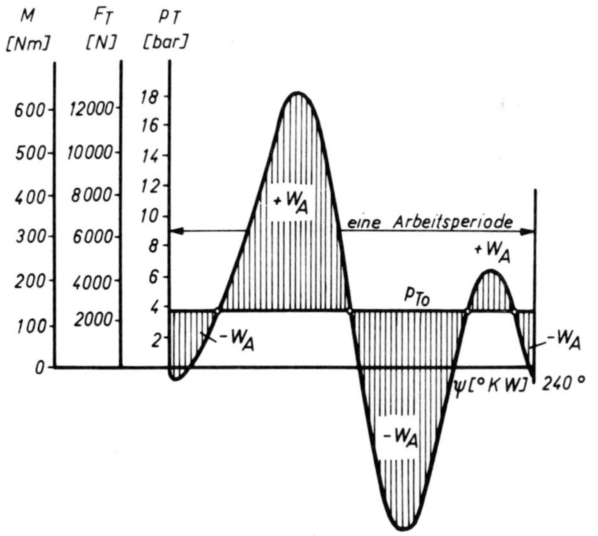

Abb. 7.3: Arbeitsüber- und -unterschuß für Drehmomentenverlauf nach Abb. 7.1

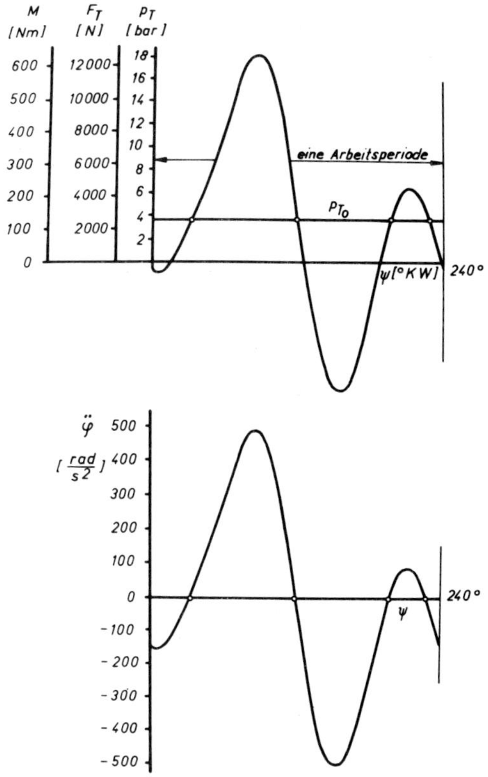

Abb. 7.4: Verlauf des Wechseldrehmomentes M_W und der Winkelbeschleunigung $\ddot{\varphi}$

maschine mit Θ_G, so ergibt sich nach der Formel

$$M = \Theta_G \cdot \ddot{\varphi} \tag{7.1}$$

ein dem Drehmomentenverlauf entsprechender Beschleunigungsverlauf der rotierenden Massen (Abb. 7.4). Das damit verbundene Auf und Ab der Winkelgeschwindigkeit $\dot{\varphi}$ ist oft recht unerwünscht; denn die angetriebenen Arbeitsmaschinen verlangen auf Grund ihrer Arbeitsweise (Generatoren etc.) oder auch wegen der Beanspruchungen (Getriebe, Axialkolbenpumpen, etc.) einen gleichmäßigen Lauf.

In Kapitel 6 ist gezeigt worden, daß bei Mehrzylinder-Anordnung der Über- und Unterschuß des veränderlichen Drehmomentes gegenüber dem mittleren Drehmoment verringert wird. Dieser 'Drehmomentenausgleich' oder auch 'Drehkraftausgleich' verbessert auf geeignetste Art den 'Gleichgang' der Maschine, weil dieser Ausgleich das wirksamste Mittel zur Verbesserung des ungleichförmigen Ganges ohne zusätzliche 'Schwungmassen' ist. Diesen Möglichkeiten oder auch dem Wollen des Technikers sind in der Praxis jedoch enge Grenzen gesetzt, so daß man in der Mehrzahl aller Fälle die Anforderungen der Arbeitsmaschine an den Gleichlauf der Anlage auf andere Art und Weise gerecht werden muß. Das geschieht - und geschah schon von alters her - durch die Wahl eines entsprechend dimensionierten Schwungrades oder - in neuerer Zeit in zunehmendem Maße vor allem bei einer wenig zylindrigen Einheit - durch den Einsatz drehelastischer Kupplungen zwischen Antriebs- und Arbeitsmaschine. Nachfolgend wird nur über den Wuchtausgleich berichtet, als dessen Ergebnis die erforderliche Schwungradgröße oder der erzielbare Ungleichförmigkeitsgrad festgelegt werden. Diese Kenntnis ist allerdings auch zur Auslegung einer elastischen Kupplung von gravierender Bedeutung.

Aus der Gleichung (7.1) kann man ablesen, daß man die Ausschläge des Beschleunigungsverlaufs durch Vergrößerung der umlaufenden Masse maßgeblich beeinflussen kann. In diesem Falle dienen die sogenannten Schwungräder als Energiespeicher, die den Arbeitsüberschuß in den Zeiten der großen Drehkraft aufspeichern und ihn in den Zeiten geringerer Drehkraft wieder abgeben. Für die Berechnung der Größe des Schwungrades gibt es verschiedene Verfahren unterschiedlicher Genauigkeit. Es gibt

jedoch eine große Anzahl einander oft widersprechender Anforderungen an das Triebwerk, die die Größe des angewendeten Schwungrades beeinflussen, d.h. auch oft begrenzen. So kann die Schwungradgröße von Motoren zum Antrieb von Stromerzeugern für Beleuchtung von den zulässigen Spannungsschwankungen (Lichtflimmern), bei Wechselstromanlagen von den Anforderungen an den Parallellauf, bei Notstromaggregaten von dem zulässigen Frequenzeinbruch abhängig sein. Die Anlaßbarkeit einer Verbrennungskraftmaschine macht bestimmte Schwungmomente notwendig, ebenso verlangt das Regelsystem des Motors einen gewissen Gleichlauf, soll der Regler nicht zu sehr ins Flattern kommen, wenn er die durch den ungleichförmigen Lauf erzeugten Schwankungen durch den Regelvorgang ausgleichen will. Bei Motoren mit veränderlicher Drehzahl spielt der Einfluß der Schwungmassen auf den Gleichlauf des Motors im niedrigen Leerlauf (Getriebeklappern) eine ebenso wichtige Rolle wie auf die Beschleunigungsfähigkeit (Hochlaufzeit) der Verbrennungskraftmaschine. In Schiffsanlagen sind die Umsteuerbarkeit der Schiffsmaschine unter dem Turbinendrehmoment der Schiffsschraube zu beachten oder auch die Anbringung von Schwungradbremsen. Von immer größerer Bedeutung werden jedoch bei modernen Motoren festigkeitsmäßige Betrachtungen des Triebwerkes auf die Auswahl der Schwungräder. Bei fast allen Motorenanlagen werden heute freifliegend angeordnete Schwungräder verlangt, sei es, weil der Motor elastisch gelagert ist oder weil eine kurze Bauart verlangt wird. Dies erfordert jedoch zwangsläufig möglichst geringe Schwungradgewichte (Biegeschwingungen, Schwungradflattern).
Die Schwungradgröße beeinflußt fernerhin die Drehschwingungsbeanspruchung der Kurbelwelle. Die größere Schwungmasse verringert die Eigenschwingungszahl des Schwingers und zieht somit niedrigere Ordnungszahlen (und somit höhere Beanspruchungen) in den Betriebsdrehzahlbereich. Manche Motoren sind so hoch belastet, daß auch bei Anwendung hochwirksamer Dämpfer zulässige Beanspruchungsgrößen des Triebwerkes nur noch mit äußerst geringen Schwungradgrößen erreichbar sind. Letztlich kommt noch ein Punkt hinzu, der sich mit wachsender Aufladung der Motoren immer mehr bemerkbar macht. Die Nutzdrehmomente wurden so groß, daß die Nebenaggregate dieser Entwicklung nicht folgen konnten. Dies gilt nicht nur für Kühler- und Aufladegruppen, sondern auch für Kupplungen jeder Art. Bei Kraftfahrzeugen bestimmt deshalb die benötigte Kupplungsgröße die Abmessungen des Schwungrades.

Die vielen und oft gegenläufigen Einflußparameter führten in der Praxis zu den unterschiedlichsten Lösungen. Der Trend zu den kleineren Schwungrädern wurde ermöglicht durch die Anwendung von drehelastischen Kupplungen, die es heute in reichhaltiger Auswahl auf dem Markt gibt. Der Zwang, durch ein Schwungrad einen vorgesehenen gleichmäßigen Lauf der Anlage und somit der Verbrennungskraftmaschine zu erzwingen, ist deshalb nicht mehr so groß wie in früheren Jahren, wenn auch gewisse Schwierigkeiten mit diesen Elementen gelegentlich auftreten. Die Einbausituation, die Kosten und andere Wünsche lassen jedoch oft keinen anderen Weg zur Lösung der Gesamtprobleme.

7.1 Das Schwungrad als Energiespeicher

In Kapitel 6 ist der Verlauf der Drehkraft, die am Kurbelradius r angreift, dargestellt. Dieser ungleichförmige Drehmomentenverlauf erzeugt nach Formel 7.1 bei konstant angesetzter Drehmasse eine ungleichförmige Winkelgeschwindigkeit dieser Drehmasse (des Triebwerkes und der mit diesem starr gekoppelten Massen) - unabhängig von eventuell auftretenden Drehschwingungen der Kurbelwelle (Kapitel 10) oder auch der nur in Sonderfällen notwendigen Berücksichtigung der nicht konstanten Drehmasse des Triebwerkes (siehe Band 3 'Triebwerkschwingungen in der Verbrennungskraftmaschine' der Schriftenreihe LIST/PISCHINGER "Die Verbrennungskraftmaschine").

Bei drehstarrer Kopplung der Arbeitsmaschine mit der ungleichförmig umlaufenden Verbrennungskraftmaschine ergeben sich in vielen Fällen störend wirkende Begleiterscheinungen (Schwingungen, Flackern, Beanspruchungen). Aber auch bei Anlagen mit drehelastischer Kupplung ist es nicht uninteressant, die Ungleichförmigkeit der Drehbewegung klein zu halten, da die Erregungsgröße maßgeblich in die Beanspruchung der Anlagen-Bauteile eingeht.

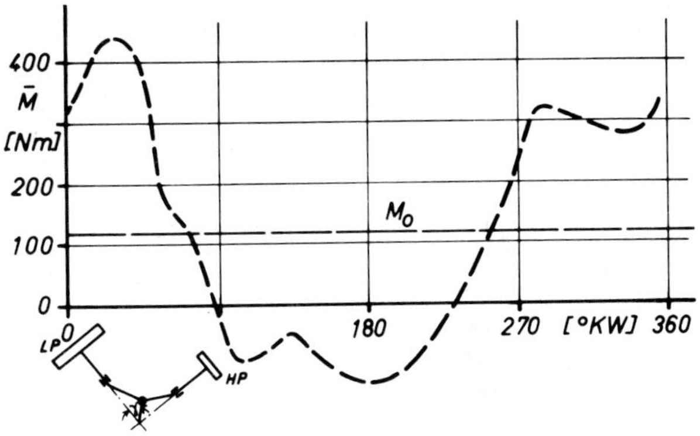

Abb. 7.5: *Drehmomentenaufnahme eines Kolbenkompressors*

Handelt es sich bei der von der Verbrennungskraftmaschine anzutreibenden Arbeitsmaschine um eine mit stark schwankendem Widerstand (Kolbenpumpe, Kompressoren), so muß dieser Drehmomentenverlauf mitberücksichtigt werden, das heißt, die Arbeitsüber- und -unterschüsse der Verbrennungskraftmaschine müssen nicht gegenüber dem mittleren Drehmoment austariert werden, sondern gegenüber dem schwankenden Drehmomentenverlauf der Arbeitsmaschine (Abb. 7.5). Man erkennt schon daraus, daß man bei derartigen Antrieben erheblich an Schwungmasse sparen kann, wenn man die Phasenlage der Drehmomentenverläufe günstig gegeneinander ausgleicht, das heißt, die beiden Maschinen in günstiger Stellung zusammenkoppelt. Hiervon macht man z. B. auch im Schiffbau Gebrauch, wenn man den deutlich ausgeprägten Schwankungen des Propellerdrehmomentes den Drehmomentenverlauf des Motors richtig zuordnet (8-Zylinder-Viertaktmotor mit starr gekoppeltem 4flügeligen Propeller).

Für die Berechnung der erforderlichen Größen eines Schwungrades - um einen vorgegebenen Ungleichförmigkeitsgrad zu erreichen - werden verschiedene Verfahren angewandt, die je nach erforderlicher Genauigkeit zu benutzen sind. Die Auslegung von Schwungrädern ist besonders für Verbrennungskraftmaschinen mit wenigen Zylindern von Interesse, da hier die Ungleichförmigkeit der Winkelgeschwindigkeit große Werte annehmen kann. Die Auslegungsverfahren selbst stammen allgemein aus der Zeit der Dampfmaschine, als mit wenigen Zylindern - mit allerdings gleichmäßigeren (Dampf-)Drehkraftdiagrammen - die erforderlichen Leistungen erbracht wurden.

Die Beziehung zwischen den Kräften und dem Bewegungsverlauf wird durch die Wuchtgleichung hergestellt, die besagt, daß die Änderung der Wucht der Massen (der Bewegungsenergie, des Arbeitsvermögens) gleich ist der Summe der vollbrachten Arbeiten, das heißt der Arbeiten der treibenden Kräfte und der hemmenden Widerstände.

7.1.1 Das Verfahren nach RADINGER (1892)

Das Verfahren von RADINGER /8/ ist ein einfaches Näherungsverfahren, das in der Regel genügende Genauigkeiten aufweist. Die von der Verbrennungskraftmaschine anzutreibende Maschine kann einen stark schwankenden Widerstand - z. B. beim Antrieb einer Kolbenpumpe, eines Kolbenverdichters o. ä. - oder auch einen gleichbleibenden Widerstand - z. B. beim Antrieb einer Strömungsmaschine oder eines Elektro-Generators - haben.

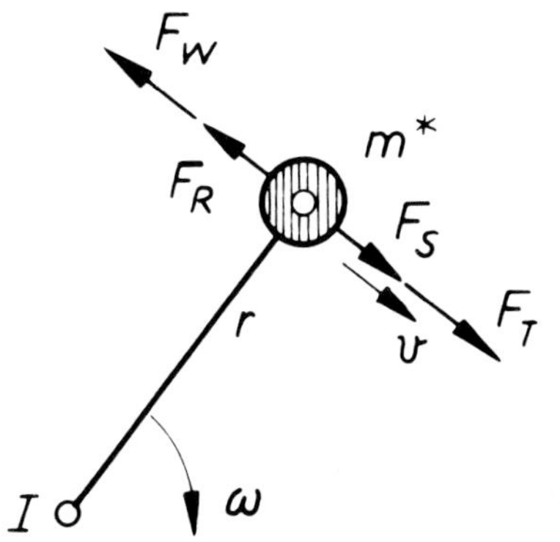

Abb. 7.6: *Kräfte an Kurbelzapfen*

Nach Verteilung der Pleuelstangenmasse auf Kolben oder Kreuzkopf und Kurbelzapfen, wie schon im Kapitel 4 geschah, verbleiben nur hin und her gehende Massen m_h und drehende Massen m_r des Triebwerkes; letztere werden mit den größeren Schwungmassen des Schwungrades und der Anlagenteile vereinigt und auf einen Bezugshalbmesser, z. B. Kurbelhalbmesser r, reduziert; diese Masse sei m^*. Die Wirkung der Masse m_h berücksichtigt man dadurch, daß man ihre Massenkräfte F_h berechnet, mit den treibenden Gaskräften F_G zusammenfaßt und daraus die Drehkraft F_T am Kurbelzapfen ermittelt. Ferner bezieht man den Nutzungswiderstand F_W, die Reibung F_R und die Schwerkraft F_S auf den Kurbelzapfen (Abb. 7.6). Die Überschußarbeit dW dieser Kräfte mit gleicher Wirkungslinie gibt die Änderung der Wucht dE der Masse m^*, und zwar beim Drehwinkel ψ der Kurbel auf dem Bogenweg $r \cdot d\varphi$:

$$dE = dW \tag{7.2}$$

oder

$$d\left(m^* \cdot \frac{v^2}{2}\right) = F_T \cdot r \cdot d\psi - F_W \cdot r \cdot d\psi - F_R \cdot r \cdot d\psi \pm F_S \cdot r \cdot d\psi \tag{7.3}$$

Schlägt man die Reibungsarbeit zu der Widerstandsarbeit dazu und vernachlässigt die Arbeit der Schwerkraft, weil das Gewicht der bewegten Teile im Vergleich zu den Triebkräften gering ist und bei mehreren Getrieben die Schwerewirkungen sich insgesamt aufheben, so wird:

$$d\left(m^* \cdot \frac{v^2}{2}\right) = F_T \cdot r \cdot d\psi - F_W \cdot r \cdot d\psi \tag{7.4}$$

Schreibt man:

$$F_T \cdot r \cdot d\psi = d\left(m^* \cdot \frac{v^2}{2}\right) + F_W \cdot r \cdot d\psi \tag{7.5}$$

so heißt dies: Die Arbeit der Triebkräfte zerfällt in die Arbeit zur Überwindung des Widerstandes und in die der Änderung der Wucht. Die Kraft F_T kann man deuten als diejenige tangential an dem Kurbelkreis angreifende Kraft, welche die gleiche Leistung vollbringt wie die Kolbenkraft; sie ist nicht die tatsächliche Umfangskraft, mit der sie nur bei einem reibungslosen Getriebe übereinstimmen würde.

Nach dem Vorgehen von RADINGER /8/ ermittelt man die Schwungradgröße mit Hilfe des Drehkraftdiagrammes, das als Kurvenzug der Tangentialkräfte über dem Kurbelweg erscheint und mit seiner Fläche die am Kurbelzapfen verfügbare Arbeit angibt, wie noch eingehend gezeigt wird. Zeichnet man darin das Widerstandsdiagramm für die Arbeitsangabe, das bei unveränderlichem Nutzwiderstand ein Rechteck mit der Höhe gleich der mittleren Drehkraft ist, so zeigen die nun erscheinenden über- und unterschießenden Flächen die vom Schwungrad aufzunehmende oder von ihm abzugebende Arbeit an. Wird ein bestimmter Ungleichförmigkeitsgrad der Maschine gefordert, ausgedrückt durch das Verhältnis größter Geschwindigkeitsschwankung zur mittleren Geschwindigkeit, so läßt sich eine Schwungradmasse errechnen, die diese Forderung erfüllt. Mit steigender Zylinderzahl werden die Gesamtdrehkräfte und -momente gleichmäßiger, die Arbeitsflächen kleiner; ein Schwungrad wird bei genügend großer Zylinderzahl schließlich entbehrlich, weil die "natürliche" Gleichförmigkeit ausreicht. Andere Gründe, z. B. Erleichterung des Anlassens der Maschine, machen trotzdem verschiedentlich eine Schwungmasse erforderlich.

Die Beschleunigungskräfte der hin- und hergehenden Massen werden bei diesem Verfahren unter Abnahme gleichbleibender Kurbelgeschwindigkeit bestimmt, was der Wirklichkeit nicht entspricht, da doch die Welle ungleichförmig umläuft. Diese Vereinfachung soll die Ermittlung der Schwungradgröße rascher, wenn auch nur angenähert, ermöglichen und erscheint durchaus zulässig bei großer Schwungmasse.

7.1.1.1 Aufzuspeichernde Arbeit

Ist der Widerstand F_W an der Kurbelwelle im Beharrungszustand unveränderlich, wie in vielen Fällen, so wird das Widerstandsdiagramm ein Rechteck über der Grundlinie des Arbeitsspieles, dessen Länge gleich $4 \cdot \pi \cdot r$ beim Viertakt-, gleich $2 \cdot \pi \cdot r$ beim Zweitaktmotor ist. Bei z Zylindern mit gleichen Zündabständen genügt es, den z-ten Teil des Diagramms herauszugreifen (s.a. Abb. 7.1 und 7.2 für den 3-Zylinder-Motor).

Das Rechteck ist dem resultierenden Diagramm des Kurvenzuges an Fläche gleich, ebenso flächengleich mit der durch die Drehkraftkurve aus der Gaskraft allein und dieselbe Grundlinie umfaßten Fläche; denn die Summe der Massenkraftarbeiten verschwindet. Diese mit Planimeter vorgenommene Umwandlung (Abb. 7.3) liefert nach dem Gesetz "actio = reactio" somit den mittleren Widerstand F_W am Kurbelhalbmesser gleich der mittleren Drehkraft F_{To} (p_{Tm}) und zugleich die Mehrarbeiten an gewissen Stellen oberhalb F_{To}, sowie die fehlenden Arbeiten als negative Flächen an anderen Stellen; man spricht von Überschuß- und Unterschußflächen, welche die der Schwungmasse zugeführte und ihr entzogene Arbeit darstellen. Die so gefundene Drehkraft F_T muß mit derjenigen Kraft übereinstimmen, die man aus der Arbeit des Indikatordiagrammes erhält. Bezeichnet p_{To} die auf 1 cm² Kolbenfläche bezogene mittlere Drehkraft, so gilt für den einzelnen Zylinder eines Viertakt-Motors

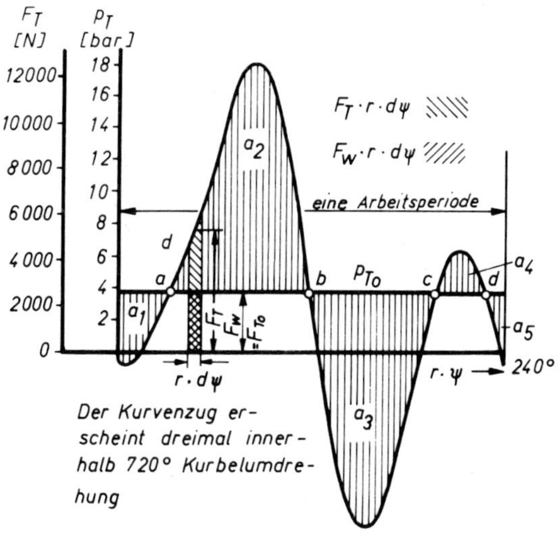

Abb. 7.7: Ermittlung der Überschuß- und Unterschußflächen bei einem Viertakt-3-Zylinder-Motor

$$\frac{A_K \cdot p_i \cdot s \cdot n}{60 \cdot 2} = \frac{A_K \cdot p_{To} \cdot 4 \cdot r \cdot \pi \cdot n}{60 \cdot 2} \tag{7.6}$$

woraus

$$p_{To} = p_i / 2\pi \tag{7.7}$$

wird. Die Anwendung der Gleichung 7.4 auf den Drehkraftverlauf eines 3-Zylinder-Viertaktmotors nach Abb. 7.7 zeigt, daß der Inhalt der Einzelflächen a_i ist:

$$W = \int F_T \cdot r \cdot d\psi - \int F_W \cdot r \cdot d\psi \tag{7.8}$$

$$= \int (F_T - F_W) \cdot r \cdot d\psi$$

Diese Flächen sind mittels Planimeters zu ermitteln, zunächst in cm² und dann umgerechnet in Nm. Mit Hilfe der Einzelflächen a_1, a_2, a_n gelangt man zu der aufzuspeichernden Arbeit W_s ($\hat{=} A_s$) innerhalb des Arbeitsspieles auf folgende Weise: Man bildet mit der Fläche a_1 anfangend progressive Summen, allgemein der dabei entstehende größte positive Betrag B und größte negative Betrag C werden mit ihrem absoluten Betrag zusammengenommen und geben die gesuchte Fläche A_s. Die letzte Summe enthält alle Flächen und muß, wenn der mittlere Tangentialdruck p_{To} richtig ermittelt wurde, Null liefern. Wiederholt sich der Kurvenzug bei z Zylindern z-mal, so genügt es - wie vorgesagt -, einen Teilzug zu betrachten.

Mit den ausplanimetrierten Flächen der Abb. 7.7 von

a_1 = 2,5 cm^2 (-) $\quad$ a_3 = 16,7 cm^2 (-) $\quad$ a_5 = 0,7 cm^2 (-)
a_2 = 18,4 cm^2 (+) $\quad$ a_4 = 1,5 cm^2 (+)

ergibt sich für den 3-Zylinder-Motor

a_1	=	- 2,5	= - 2,5	= B
$a_1 + a_2$	=	- 2,5 + 18,4	= + 15,9	= C
$a_1 + a_2 + a_3$	=	15,9 - 16,7	= - 0,8	
$a_1 + a_2 + a_3 + a_4$	=	- 0,8 + 1,5	= + 0,7	
$a_1 + a_2 + a_3 + a_4 + a_5$	=	0,7 - 0,7	= 0	

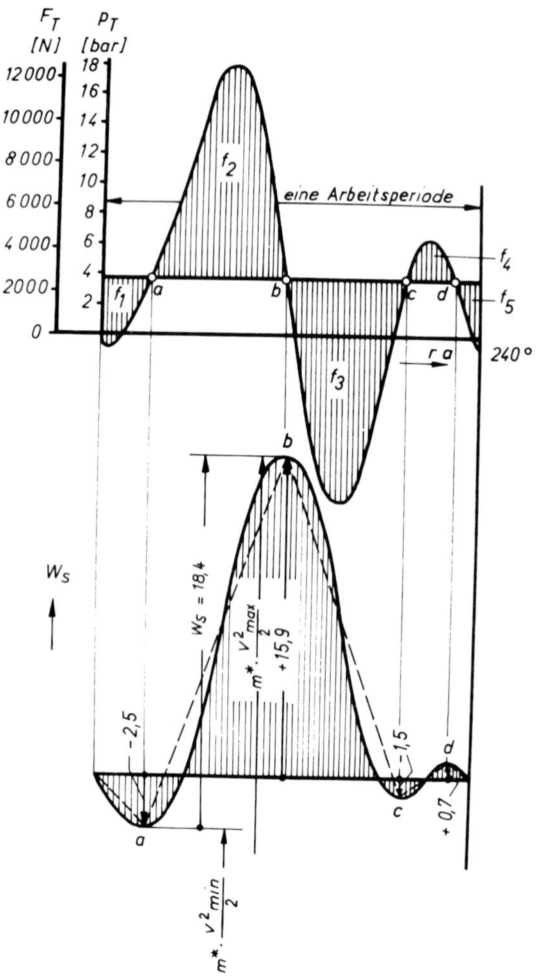

Abb. 7.8: Ermittlung des Arbeitsüberschusses einer Periode

Die gespeicherte Arbeit W_s hat jeweils an den 'Nulldurchgängen' a, b, c, d ihre jeweiligen Maxima und Minima (Abb. 7.8). Die größte Amplitude der gespeicherten Arbeit ist die gesuchte errechnete Arbeitsüberschußfläche W_s^*

$$W_s^* = /B/ + /C/ = 2,5 + 15,9 = 18,4 \text{ cm}^2$$

Verwendet man einen vorgegebenen Zeichenmaßstab von

1 cm Höhe des Drehkraftdiagrammes = a (N)

1 cm Länge $x \cdot \psi$ = b (m),

so ergibt sich für eine Fläche von 1 cm^2 = a·b (Nm) Arbeit, d. h.,

$$W_s = W_s^* \cdot a \cdot b \quad \text{(Nm)} \qquad (7.9)$$

Im vorliegenden Fall der Abb. 7.7 ergäbe sich mit

1 cm Drehkraft = 1400 N

1 cm Kurbelweg = 0,2 m

ein Arbeitsüberschuß von

W_s = 1400 0,2 18,4 = 5152 Nm.

Ist das Drehkraftdiagramm für 1 cm^2 Kolbenfläche, d. h. als Tangentialdruckdiagramm (p_T) gekennzeichnet, so hat a die Dimension bar, und A_s mit der Dimension Nm/cm^2 ist noch mit der Kolbenfläche zu vervielfachen.

Verläuft die Widerstandslinie nach einem von der Geraden abweichenden Gesetz, so wird diese Widerstandskurve in das Drehkraftdiagramm eingetragen und die Einzelflächen wie oben ermittelt. In Abb. 7.9 ist z. B. der Drehkraftverlauf des 3-Zylinder-Viertaktmotors der Abb. 7.7 dem Drehkraftdiagramm eines Kolbenkompressors nach

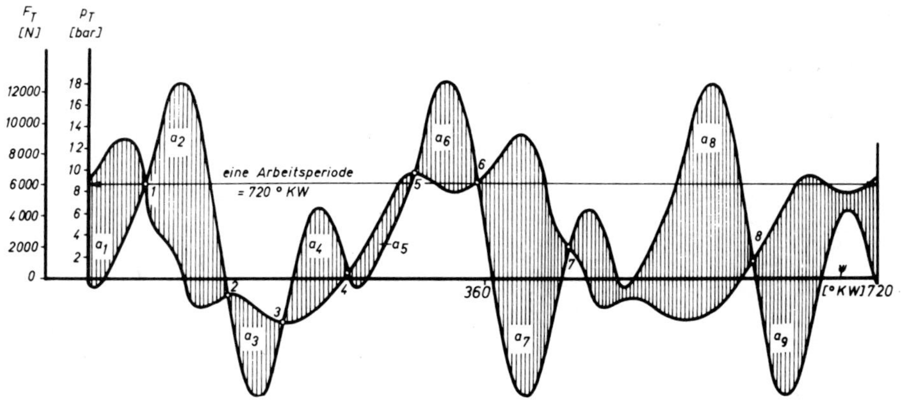

Abb. 7.9: Überschuß- und Unterschußflächen bei ungleichmäßiger Drehmomentenaufnahme der Arbeitsmaschine

Abb. 7.6 überlagert worden. Man erkennt nunmehr, daß die Arbeitsüber- und -unterschußflächen ganz anders aussehen und daß die Überschußflächen während der ersten Umdrehung (0 - 360 °kW) andere sind als in der zweiten Umdrehung. Koppelt man einen derartigen Motor mit einem entsprechenden Kompressor wahllos zusammen, so erhält man Streubreiten in der Laufruhe, weil man die Diagramme so gegeneinander verschieben kann, daß einmal ein maximaler, und einmal ein minimaler Vorschuß vorhanden sind. Bei Arbeitsmaschinen mit ungleichmäßiger Momentenaufnahme lohnt sich in jedem Fall eine Überlegung optimaler Kopplung, bevor man unnötig große Schwungräder anwendet.

Gleichen sich die Kräfte und Widerstände vor dem Kurbeltrieb aus, wie bei Pumpen und Gebläsen mit Kraft und Arbeitskolben auf der gleichen Kolbenstange, so erhält man den Arbeitsüberschuß unmittelbar aus dem Kolbenkraftdiagramm der beiden Maschinen über demselben Kolbenweg als Grundlinie, nachdem man die Ordinaten des Widerstandsdiagrammes durch Vervielfachen mit dem Kolbenflächenverhältnis und durch Zuschlag der Reibungsarbeit auf die gleiche Fläche wie das Arbeitsdiagramm gebracht hat.

Man erkennt auf diese Weise sehr einfach auch den Einfluß unregelmäßig zündender oder auch aussetzender Zylinder. In diesem Fall muß man ein ganzes Arbeitsspiel der Verbrennungskraftmaschine betrachten. Der Gang (die Ungleichförmigkeit der Winkelgeschwindigkeit) der Maschine wird bei vorgegebenem Schwungrad dann zwangsläufig größer. Ebenso kann man den Einfluß ungleichmäßiger Zündabstände - sei es durch einen 'falschen' V-Winkel bei V-Motoren oder versetzten Kröpfungen u.a.m. - ermitteln. Es gibt auf dem Markt Motoren, die schon bei richtiger Einstellung eine so ungleichmäßige Drehmomentenabgabe haben, daß der Ausfall eines Zylinders keine wesentliche Verschlechterung mehr bedeutet. Besonders unangenehm werden ungleichmäßig zündende Zylinder in Verbindung mit drehelastisch gekoppelten Maschinenanlagen, da die üblicherweise ausgeglichenen niedrigen Ordnungen 0,5 bis 1,5 dann mit bemerkenswerter Größe durchschlagen und nicht nur im Resonanzfall die elastischen Glieder der Anlage zerstören können.

Über den Einfluß der Massendrehkraft als drehzahlabhängiger Anteil des Drehmomenten- oder Tangentialkraftverlaufes hat MAGG /9/ 1928 einige grundsätzliche Untersuchungen angestellt, die in ihrer relativen Aussage unverändert gelten, jedoch in der Annahme der Randbedingungen des heutigen Motorenbaues nicht mehr gerecht werden. Er weist insbesondere auf die starke Drehzahlabhängigkeit des massendrehkraftbeeinflußten Arbeitsüberschusses bei 2- und 4-Zylinder-Viertakt-Reihenmotoren hin (siehe Abb. 7.10), während die Anteile bei ungerader Zylinderzahl fast (in gewissen Bereichen) drehzahlunabhängig sind (siehe auch Abschnitt 7.1.2).

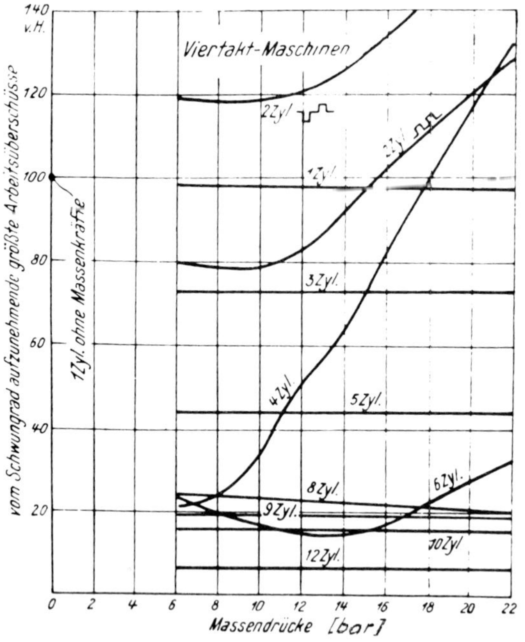

Abb. 7.10: Abhängigkeit des Arbeitsüberschusses von den Massendrücken für verschiedene Zylinderzahlen bei Viertaktmotoren nach MAGG

7.1.1.2 Ungleichförmigkeitsgrad

Mit der Maschinenwelle laufen die Drehmassen

$$m^* = m_M^* + m_S^* + m_A^* \quad (7.10)$$

Sie bestehen aus den rotierenden Triebwerksmassen m_M^*, bei starrer Ankopplung der Arbeitsmaschine auch deren rotierende Massen m_A^* und der zusätzlichen Schwungradmasse m_S^*, die in der Regel stark überwiegt, so daß für Überschlagsrechnungen bei großen Schwungrädern für m^* auch allein die auf den Kurbelradius reduzierte Schwungradmasse m_S^* eingesetzt werden kann.

Die Überschußarbeit W_s erhöht die Umfangsgeschwindigkeit der Schwungmasse m^* von v_{min} auf v_{max} und ist gleich dem Zuwachs an Wucht - wie Abb. 7.8 zeigt - in der mit den Arbeitsüberschußwerten zugleich die ausgezeichneten Punkte des Wuchtverlaufes erscheinen

$$W_S = \frac{m^*}{2} \left(v_{max}^2 - v_{min}^2\right) \quad (7.11)$$

Es gelingt ohne Kenntnis von v_{max} und v_{min}, diese Gleichung auszuwerten. Führt man den Ungleichförmigkeitsgrad nach Definition

$$\delta_S = \frac{v_{max} - v_{min}}{v_m} \quad (7.12)$$

als das Verhältnis des Geschwindigkeitsunterschiedes zur mittleren Geschwindigkeit v_m ein, so folgt aus 7.11 und 7.12:

$$W_S = \frac{m^*}{2} \left(v_{max} + v_{min}\right) \cdot v_m \cdot \delta_S \quad (7.13)$$

oder mit

$$v_m = \frac{v_{max} + v_{min}}{2}$$

(weil δ_S klein ist)

$$W_S = m^* \cdot v_m^2 \cdot \delta_S \quad (7.14)$$

Mit Einführung von $v = r \cdot \omega$ wird

$$\delta_S = \frac{\omega_{max} - \omega_{min}}{\omega_m} \quad (7.15)$$

und mit dem polaren Trägheitsmoment $\Theta_S = m \cdot r^2$ der Schwungmasse lautet der Ausdruck 7.14 für die Überschußarbeit

$$W_S = \Theta_S \cdot \omega_m^2 \cdot \delta_S \quad (7.16)$$

mit der mittleren Winkelgeschwindigkeit:

$$\omega_m = \frac{\pi \cdot n}{30} \tag{7.17}$$

Bei der Drehzahl n, dem vorliegenden polaren Trägheitsmoment Θ_s von Triebwerk und Schwungmassen, sowie dem Arbeitsüberschuß W_s der Verbrennungskraftmaschine (gegebenenfalls einschließlich der Arbeitsmaschine) ergibt sich für den Ungleichförmigkeitsgrad δ_s:

$$\delta_s = \frac{W_s}{\theta_s \cdot \omega_m^2} \tag{7.18}$$

Der Kehrwert von δ_s ist der Gleichförmigkeitsgrad $1/\delta_s$. Der auf diese Weise gefundene Ungleichförmigkeitsgrad weicht von dem an der laufenden Maschine gemessenen Wert mehr oder weniger ab, weil das Ermittlungsverfahren mit Hilfe der Tangentialkraft von vereinfachten Annahmen ausgeht. Zudem führt die Welle, die als starr vorausgesetzt wurde, infolge ihrer Elastizität mehr oder weniger starke Verdrehungsschwingungen aus, die den Gleichlauf beeinträchtigen.

7.1.1.3 Schwungmasse und Schwungmoment

Von der Gleichung 7.16 ausgehend, berechnet man umgekehrt das erforderliche Trägheitsmoment Θ_s der Schwungmasse bei vorgegebenem Ungleichförmigkeitsgrad δ_s zu

$$\theta_s = \frac{W_s}{\delta_s \cdot \omega_m^2} \tag{7.19}$$

Im SI-Einheitensystem wird dieses Massenträgheitsmoment in den Einheiten (kgm^2) angegeben. Aus dem alten Technischen Maßsystem ist jedoch ein 'Schwungmoment GD^2' überliefert, das die gleichen Dimensionen (kpm^2) hat, jedoch nicht mit dem Massenträgheitsmoment identisch ist.

Wenn R der Trägheitshalbmesser ist, in dessen Endpunkt man sich die gesamte Masse m vereinigt denkt, so ist

$$\theta_s = m \cdot R^2 + m \cdot \frac{D^2}{4} \tag{7.20}$$

Da das Gewicht G nach heutigem Sprachgebrauch identisch mit der Masse m eines Körpers ist, würde man dieses Schwungmoment heute mit mD^2 bezeichnen, so daß sich

$$\theta_s = \frac{m \cdot D^2}{4} = \frac{G \cdot D^2}{4} \tag{7.21}$$

ergibt, wobei im alten Technischen System das Gewicht wie jetzt die Masse in kg gemessen war. Die Angaben des Schwungmomentes in GD^2 sind für den Gebrauch in unseren Formeln nach dem ISO-Maßsystem also durch den Faktor 4 zu teilen. Die Anwendung des GD^2 stammt aus einer Zeit, als das Schwungrad aus einem großen Schwungkranz und einigen Speichen bestand; die Ermittlung des Schwungkranzgewichtes und des Schwerpunktradius war theoretisch einfach.

Wenn bei überschlägigen Rechnungen der Trägheitsdurchmesser durch den Außendurchmesser des Schwungrades oder den Schwerpunktsdurchmesser des Radkranzes ersetzt wird, so ist das Ergebnis bestenfalls bei Speichenschwungrädern als eine erste Annäherung zu werten. Liegt ein a u s g e f ü h r t e s Schwungrad vor, so läßt sich ein Massenträgheitsmoment durch einen Pendelversuch ermitteln. Um schon bei einem Entwurf das Trägheitsmoment und das Schwungmoment nachzuprüfen, zerlegt man das meist verwendete Scheibenschwungrad in mehrere einfache Ringkörper 1, 2, 3 (Abb. 7.11) und berechnet deren einzelne Trägheitsmomente nach der Gleichung

$$\theta_n = m_n \cdot \frac{R_n^2 + r_n^2}{2} \tag{7.22}$$

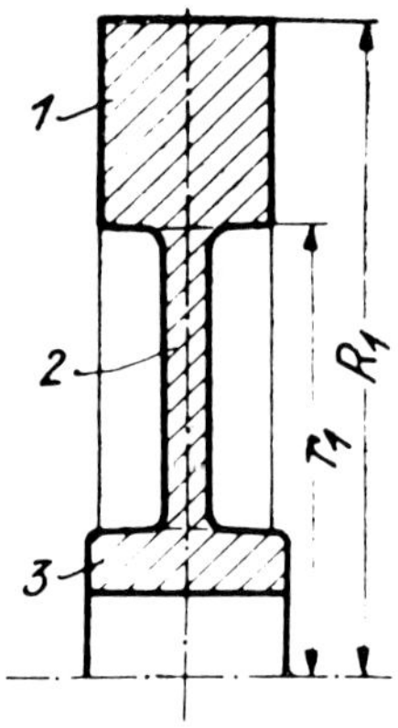

Abb. 7.11: Berechnung des Trägheitsmomentes eines Scheibenschwungrades

wobei m_n die Masse des Ringkörpers n, z. B. des Kranzes, R_n sein Außendurchmesser, r_n sein Innendurchmesser ist. Die Summe der einzelnen Trägheitsmomente J ergibt das Gesamtmassenträgheitsmoment. Zur Vereinfachung kann man auch die Tabelle 7.A benutzen, die das Trägheitsmoment von Kreisscheiben von 10 mm Breite wiedergibt.

7.1.2 Die näherungsweise Berechnung des erforderlichen Schwungmomentes ohne Aufzeichnung der Drehkraftkurve

Die Aufzeichnung des Drehmomentenverlaufes und die daraus resultierende Ermittlung des Arbeitsüberschusses bedeutet für die Praxis in der Regel einen unzumutbaren Zeitaufwand. Man hat deshalb frühzeitig nach Wegen gesucht, sich die tägliche Arbeit zu erleichtern. Dabei entstehen beiwertbehaftete Faustformeln, die für einen speziellen Fall sehr gute Ergebnisse erbringen können, jedoch wenig übertragbar sind und sich deshalb für den allgemeinen Gebrauch weniger empfehlen, zumal sie die Hintergründe und Zusammenhänge oft nicht genau erkennen lassen.

Bezeichnet man mit ζ den Überschußgrad der Arbeit als das Verhältnis der Überschußarbeit W_s zu der mittleren Arbeit W_m während einer Umdrehung, so ist

$$W_s = \zeta \cdot W_m \tag{7.23}$$

Nun ist W_m gleich der Arbeit der gleichmäßig wirkenden Widerstandskraft F_W am Kurbelradius r

$$W_m = F_W \cdot 2 \cdot \pi \cdot r \tag{7.24}$$

oder auch - bei gleichmäßiger Drehmomentenaufnahme der Arbeitsmaschine - identisch mit der Nutzleistung der Verbrennungskraftmaschine

$$F_W \cdot r \cdot \omega = P \tag{7.25}$$

so daß mit Gleichung 7.19

$$\theta_s = \frac{W_s}{\delta_s \cdot \omega^2} = \frac{\zeta \cdot F_W \cdot 2 \cdot \pi \cdot r}{\delta_s \cdot \omega^2} = c' \cdot \frac{P}{\delta_s \cdot \left(\frac{n}{100}\right)^3} \tag{7.26}$$

wird. Diese Konstante C' beinhaltet nun alle spezifischen Eigenschaften eines Motors, seine Massenverhältnisse, den Gasdruckverlauf, den Zündabstand und all jene vorherbesprochenen Dinge, die in den Verlauf des Drehkraftdiagrammes eingehen. Wenn in den Tabellen 7.B, 7.C und 7.D Anhaltswerte von SASS, ZEMAN und KUTZBACH /10/ angegeben werden, so sind diese mit der gebührenden Vorsicht anzuwenden, um nicht Überraschungen zu erleben.

Besser für den täglichen Gebrauch in der Praxis ist die Entwicklung eines kleinen EDV-Programms aus der Ableitung

$$\theta = \frac{2E}{\delta_s \cdot q \cdot \omega^2} \tag{7.27}$$

mit
- E = Erregung der zu untersuchenden Maschine
- δ_s = erforderlicher Ungleichförmigkeitsgrad
- q = Ordnungszahl
- ω = Winkelgeschwindigkeit

Bezogene Trägheitsmomente für zylindrische Scheiben von 1 cm Dicke

Beispiel:
Kreisring Da = 500 mm; Di = 350 mm; B = 125 mm; Stahl ϱ = 0,00785 kg/cm³
Θ = (613 592 − 147 324) · 12,5 · 0,00785 = 45 753 kgcm² ≙ 4,5753 kgm²

$$\frac{\theta}{B\cdot\varrho} = \frac{D^4\cdot\pi}{32} \quad \left[\frac{kgcm^2\cdot cm^3}{cm\cdot kg}\right]$$

St ϱ = 0,00785 kg/cm³
GG(20) ϱ = 0,00725 kg/cm³
GGG ϱ = 0,00725 kg/cm³
GTS 70 ϱ = 0,00734 kg/cm³

D [mm]	θ/(B·ρ)	D [mm]	θ/(B·ρ)	D [mm]	θ/(B·ρ)	D [mm]	θ/(B·ρ)	D [mm]	θ/(B·ρ)	D [mm]	θ/(B·ρ)
50.	61.36	100.	981.7	150.	4970.	200.	15708.	250.	38350.	300.	79522.
51.	66.42	101.	1021.6	151.	5104.	201.	16024.	251.	38967.	301.	80587.
52.	71.78	102.	1062.7	152.	5241.	202.	16346.	252.	39592.	302.	81663.
53.	77.46	103.	1105.0	153.	5380.	203.	16672.	253.	40224.	303.	82750.
54.	83.48	104.	1148.5	154.	5522.	204.	17003.	254.	40863.	304.	83848.
55.	89.84	105.	1193.3	155.	5667.	205.	17339.	255.	41511.	305.	84957.
56.	96.55	106.	1239.4	156.	5814.	206.	17679.	256.	42166.	306.	86077.
57.	103.63	107.	1286.9	157.	5965.	207.	18025.	257.	42828.	307.	87207.
58.	111.10	108.	1335.7	158.	6118.	208.	18376.	258.	43499.	308.	88349.
59.	118.96	109.	1385.8	159.	6275.	209.	18732.	259.	44177.	309.	89502.
60.	127.23	110.	1437.4	160.	6434.	210.	19093.	260.	44864.	310.	90666.
61.	135.93	111.	1490.4	161.	6596.	211.	19459.	261.	45558.	311.	91842.
62.	145.07	112.	1544.8	162.	6762.	212.	19831.	262.	46260.	312.	93029.
63.	154.65	113.	1600.7	163.	6930.	213.	20208.	263.	46970.	313.	94227.
64.	164.71	114.	1658.1	164.	7102.	214.	20590.	264.	47689.	314.	95437.
65.	175.25	115.	1717.1	165.	7277.	215.	20978.	265.	48415.	315.	96659.
66.	186.28	116.	1777.6	166.	7455.	216.	21371.	266.	49150.	316.	97892.
67.	197.83	117.	1839.7	167.	7636.	217.	21769.	267.	49894.	317.	99137.
68.	209.91	118.	1903.4	168.	7821.	218.	22173.	268.	50645.	318.	100394.
69.	222.53	119.	1968.7	169.	8008.	219.	22583.	269.	51405.	319.	101663.
70.	235.72	120.	2035.8	170.	8200.	220.	22998.	270.	52174.	320.	102944.
71.	249.48	121.	2104.5	171.	8394.	221.	23419.	271.	52951.	321.	104237.
72.	263.83	122.	2174.9	172.	8592.	222.	23846.	272.	53737.	322.	105542.
73.	278.80	123.	2247.1	173.	8794.	223.	24278.	273.	54532.	323.	106859.
74.	294.39	124.	2321.1	174.	8999.	224.	24717.	274.	55335.	324.	108188.
75.	310.63	125.	2396.8	175.	9208.	225.	25161.	275.	56148.	325.	109530.
76.	327.53	126.	2474.5	176.	9420.	226.	25611.	276.	56969.	326.	110884.
77.	345.11	127.	2554.0	177.	9636.	227.	26068.	277.	57799.	327.	112251.
78.	363.39	128.	2635.4	178.	9856.	228.	26530.	278.	58638.	328.	113631.
79.	382.39	129.	2718.7	179.	10079.	229.	26999.	279.	59486.	329.	115023.
80.	402.12	130.	2804.0	180.	10306.	230.	27473.	280.	60344.	330.	116428.
81.	422.61	131.	2891.2	181.	10537.	231.	27954.	281.	61210.	331.	117845.
82.	443.87	132.	2980.5	182.	10772.	232.	28441.	282.	62086.	332.	119276.
83.	465.92	133.	3071.9	183.	11010.	233.	28935.	283.	62972.	333.	120719.
84.	488.78	134.	3165.3	184.	11253.	234.	29435.	284.	63867.	334.	122176.
85.	512.48	135.	3260.9	185.	11500.	235.	29941.	285.	64771.	335.	123646.
86.	537.02	136.	3358.6	186.	11750.	236.	30454.	286.	65685.	336.	125129.
87.	562.44	137.	3458.5	187.	12005.	237.	30974.	287.	66608.	337.	126625.
88.	588.75	138.	3560.5	188.	12264.	238.	31500.	288.	67541.	338.	128135.
89.	615.97	139.	3664.9	189.	12527.	239.	32033.	289.	68484.	339.	129658.
90.	644.12	140.	3771.5	190.	12794.	240.	32572.	290.	69437.	340.	131194.
91.	673.23	141.	3880.4	191.	13066.	241.	33118.	291.	70400.	341.	132745.
92.	703.32	142.	3991.7	192.	13342.	242.	33671.	292.	71373.	342.	134309.
93.	734.40	143.	4105.3	193.	13622.	243.	34231.	293.	72355.	343.	135887.
94.	766.50	144.	4221.3	194.	13906.	244.	34798.	294.	73348.	344.	137478.
95.	799.64	145.	4339.8	195.	14195.	245.	35372.	295.	74351.	345.	139084.
96.	833.84	146.	4460.8	196.	14489.	246.	35953.	296.	75364.	346.	140703.
97.	869.13	147.	4584.3	197.	14786.	247.	36542.	297.	76388.	347.	142337.
98.	905.53	148.	4710.3	198.	15089.	248.	37137.	298.	77422.	348.	143985.
99.	943.06	149.	4838.9	199.	15396.	249.	37740.	299.	78467.	349.	145647.

D [mm]	θ/(B·ρ)	θ/(B·ρ)	D [mm]	θ/(B·ρ)	D [mm]	θ/(B·ρ)	D [mm]	θ/(B·ρ)	D [mm]	θ/(B·ρ)	D [mm]	θ/(B·ρ)	D [mm]	θ/(B·ρ)
350.	147324.	147324.	400.	251327.	450.	402578.	500.	613592.	750.	3106311.	1000.	9817477.	1500.	49700978.
351.	149014.	149014.	401.	253850.	451.	406168.	505.	638507.	755.	3189978.	1010.	10216106.	1510.	51039650.
352.	150720.	150720.	402.	256392.	452.	409783.	510.	664172.	760.	3275324.	1020.	10626753.	1520.	52405184.
353.	152440.	152440.	403.	258952.	453.	413421.	515.	690604.	765.	3362371.	1030.	11049657.	1530.	53797936.
354.	154175.	154175.	404.	261532.	454.	417084.	520.	717816.	770.	3451142.	1040.	11485060.	1540.	55218268.
355.	155924.	155924.	405.	264131.	455.	420771.	525.	745825.	775.	3541659.	1050.	11933205.	1550.	56666539.
356.	157688.	157688.	406.	266750.	456.	424482.	530.	774646.	780.	3633945.	1060.	12394339.	1560.	58143114.
357.	159468.	159468.	407.	269388.	457.	428218.	535.	804294.	785.	3728022.	1070.	12868710.	1570.	59648360.
358.	161262.	161262.	408.	272045.	458.	431978.	540.	834786.	790.	3823915.	1080.	13356569.	1580.	61182644.
359.	163071.	163071.	409.	274722.	459.	435763.	545.	866136.	795.	3921646.	1090.	13858170.	1590.	62746339.
360.	164896.	164896.	410.	277418.	460.	439573.	550.	898361.	800.	4021239.	1100.	14373768.	1600.	64339818.
361.	166736.	166736.	411.	280135.	461.	443408.	555.	931476.	805.	4122716.	1110.	14903621.	1610.	65963456.
362.	168591.	168591.	412.	282871.	462.	447268.	560.	965499.	810.	4226102.	1120.	15447990.	1620.	67617631.
363.	170462.	170462.	413.	285628.	463.	451153.	565.	1000446.	815.	4331420.	1130.	16007137.	1630.	69302725.
364.	172348.	172348.	414.	288404.	464.	455063.	570.	1036333.	820.	4438695.	1140.	16581328.	1640.	71019120.
365.	174249.	174249.	415.	291201.	465.	458999.	575.	1073177.	825.	4547950.	1150.	17170829.	1650.	72767201.
366.	176167.	176167.	416.	294018.	466.	462960.	580.	1110994.	830.	4659210.	1160.	17775910.	1660.	74547356.
367.	178100.	178100.	417.	296855.	467.	466947.	585.	1149803.	835.	4772498.	1170.	18396845.	1670.	76359975.
368.	180049.	180049.	418.	299713.	468.	470959.	590.	1189619.	840.	4887841.	1180.	19033906.	1680.	78205450.
369.	182014.	182014.	419.	302591.	469.	474997.	595.	1230461.	845.	5005261.	1190.	19687372.	1690.	80084176.
370.	183995.	183995.	420.	305490.	470.	479062.	600.	1272345.	850.	5124784.	1200.	20357520.	1700.	81996550.
371.	185993.	185993.	421.	308410.	471.	483152.	605.	1315290.	855.	5246436.	1210.	21044634.	1710.	83942971.
372.	188006.	188006.	422.	311351.	472.	487268.	610.	1359312.	860.	5370240.	1220.	21748996.	1720.	85923841.
373.	190036.	190036.	423.	314312.	473.	491411.	615.	1404431.	865.	5496223.	1230.	22470893.	1730.	87939564.
374.	192082.	192082.	424.	317295.	474.	495579.	620.	1450663.	870.	5624409.	1240.	23210614.	1740.	89990546.
375.	194144.	194144.	425.	320299.	475.	499775.	625.	1498028.	875.	5754825.	1250.	23968450.	1750.	92077197.
376.	196224.	196224.	426.	323324.	476.	503997.	630.	1546543.	880.	5887495.	1260.	24744693.	1760.	94199927.
377.	198319.	198319.	427.	326371.	477.	508245.	635.	1596228.	885.	6022447.	1270.	25539640.	1770.	96359150.
378.	200432.	200432.	428.	329439.	478.	512521.	640.	1647099.	890.	6159705.	1280.	26353589.	1780.	98555282.
379.	202561.	202561.	429.	332529.	479.	516823.	645.	1699178.	895.	6299296.	1290.	27186840.	1790.	100788741.
380.	204708.	204708.	430.	335640.	480.	521153.	650.	1752481.	900.	6441247.	1300.	28039696.	1800.	103059947.
381.	206871.	206871.	431.	338773.	481.	525509.	655.	1807029.	905.	6585583.	1310.	28912462.	1810.	105369324.
382.	209052.	209052.	432.	341928.	482.	529893.	660.	1862840.	910.	6732331.	1320.	29805446.	1820.	107717297.
383.	211249.	211249.	433.	345105.	483.	534304.	665.	1919935.	915.	6881518.	1330.	30718956.	1830.	110104293.
384.	213464.	213464.	434.	348304.	484.	538743.	670.	1978332.	920.	7033171.	1340.	31653307.	1840.	112530743.
385.	215696.	215696.	435.	351526.	485.	543209.	675.	2038051.	925.	7187317.	1350.	32608811.	1850.	114997079.
386.	217946.	217946.	436.	354769.	486.	547703.	680.	2099112.	930.	7343983.	1360.	33585787.	1860.	117503735.
387.	220213.	220213.	437.	358035.	487.	552225.	685.	2161535.	935.	7503197.	1370.	34584553.	1870.	120051149.
388.	222498.	222498.	438.	361324.	488.	556774.	690.	2225339.	940.	7664985.	1380.	35605430.	1880.	122639760.
389.	224801.	224801.	439.	364635.	489.	561352.	695.	2290546.	945.	7829376.	1390.	36648744.	1890.	125270010.
390.	227122.	227122.	440.	367968.	490.	565958.	700.	2357176.	950.	7996396.	1400.	37714820.	1900.	127942343.
391.	229460.	229460.	441.	371325.	491.	570592.	705.	2425249.	955.	8166075.	1410.	38803987.	1910.	130657205.
392.	231816.	231816.	442.	374705.	492.	575255.	710.	2494786.	960.	8338440.	1420.	39916575.	1920.	133415046.
393.	234191.	234191.	443.	378107.	493.	579946.	715.	2565807.	965.	8513520.	1430.	41052919.	1930.	136216316.
394.	236584.	236584.	444.	381533.	494.	584666.	720.	2638335.	970.	8691342.	1440.	42213354.	1940.	139061469.
395.	238995.	238995.	445.	384982.	495.	589414.	725.	2712389.	975.	8871935.	1450.	43398219.	1950.	141950962.
396.	241424.	241424.	446.	388454.	496.	594192.	730.	2787991.	980.	9055328.	1460.	44607853.	1960.	144885252.
397.	243872.	243872.	447.	391949.	497.	598998.	735.	2865162.	985.	9241550.	1470.	45842599.	1970.	147864800.
398.	246338.	246338.	448.	395469.	498.	603834.	740.	2943925.	990.	9430629.	1480.	47102803.	1980.	150890068.
399.	248824.	248824.	449.	399011.	499.	608698.	745.	3024301.	995.	9622595.	1490.	48388813.	1990.	153961524.

Tabelle 7.A: Trägheitsmomente für zylindrische Scheiben von 1 cm Dicke

Zylinderzahl	Einfachwirkender Viertaktmotor	Einfachwirkender Zweitaktmotor	Doppeltwirkender Zweitaktmotor
1	17.5	7.2	2.0
2	7.2	3.3	-
3	4.3	1.4	0.37
4	0.92	0.61	0.34
5	1.63	0.24	0.08
6	0.54	0.14	0.10
7	0.73	-	0.02
8	0.49	-	0.04

Tabelle 7.B: C-Werte für größere Dieselmaschinen nach SASS

Zylinderzahl	C
1	10.9
2	2.38
3	1.43
4	0.85
5	0.68
6	0.61

Tabelle 7.C: C-Werte für kleinere, einfach wirkende Zweitakt-Dieselmaschinen nach ZEEMANN

Zylinderzahl	Viertakt	Zweitakt
1	6.0	4.9
2	2.45	0.71 - 1.36
3	1.19-1.53	0.49
4	0.38-0.60	0.24
5	0.24	-
6	0.12	

Tabelle 7.D: C-Werte für Otto-Motoren nach KUTZBACH

Ersetzt man ω durch n und betrachtet die Zusammenhänge der Formel 7.27 für ein konstantes δ_s, z. B. 1/100, so erhält man Werte für Θ, die proportional der Erregung bei den entsprechenden hauptkritischen Ordnungszahlen sind. Das Ergebnis für einen ausgewählten Fall mit $\varepsilon = 12$ und $\delta_s = 1/100$ ist z. B. in Abb. 7.12 in Diagrammform dargestellt.

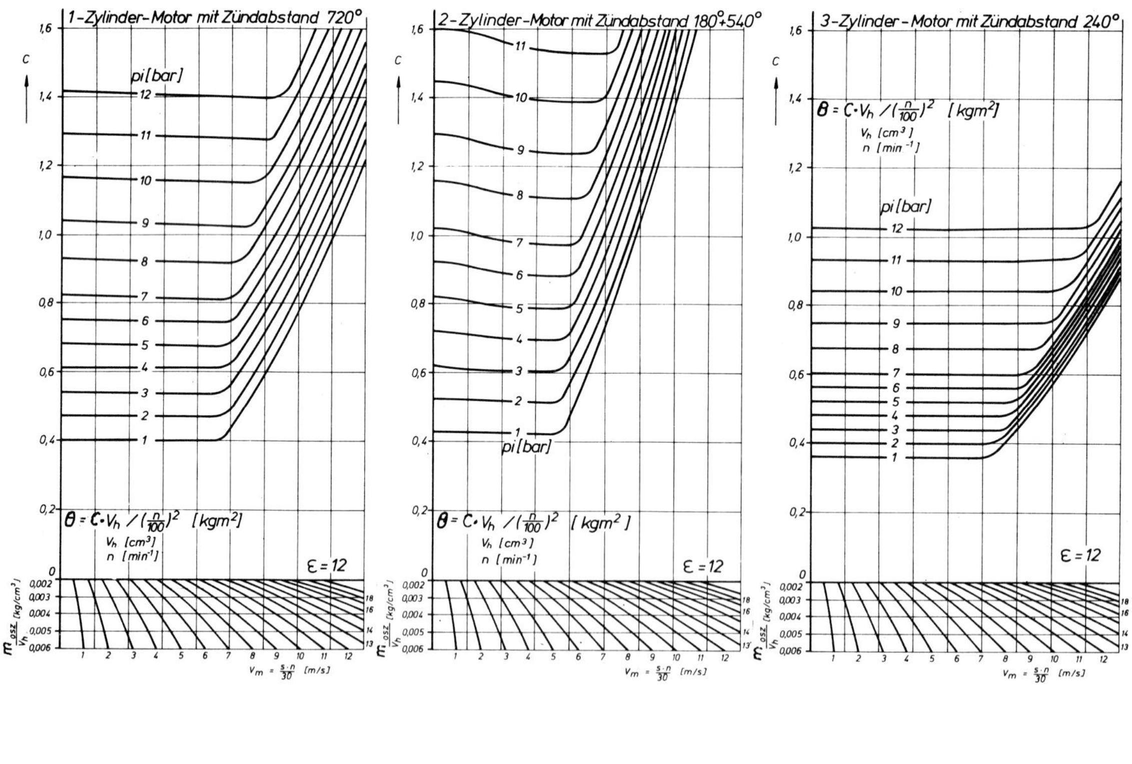

Abb. 7.12a: Erforderliches Massenträgheitsmoment für $\delta_s = 1/100$ bei verschiedenen Motorausführungsformen mit $\varepsilon = 12$

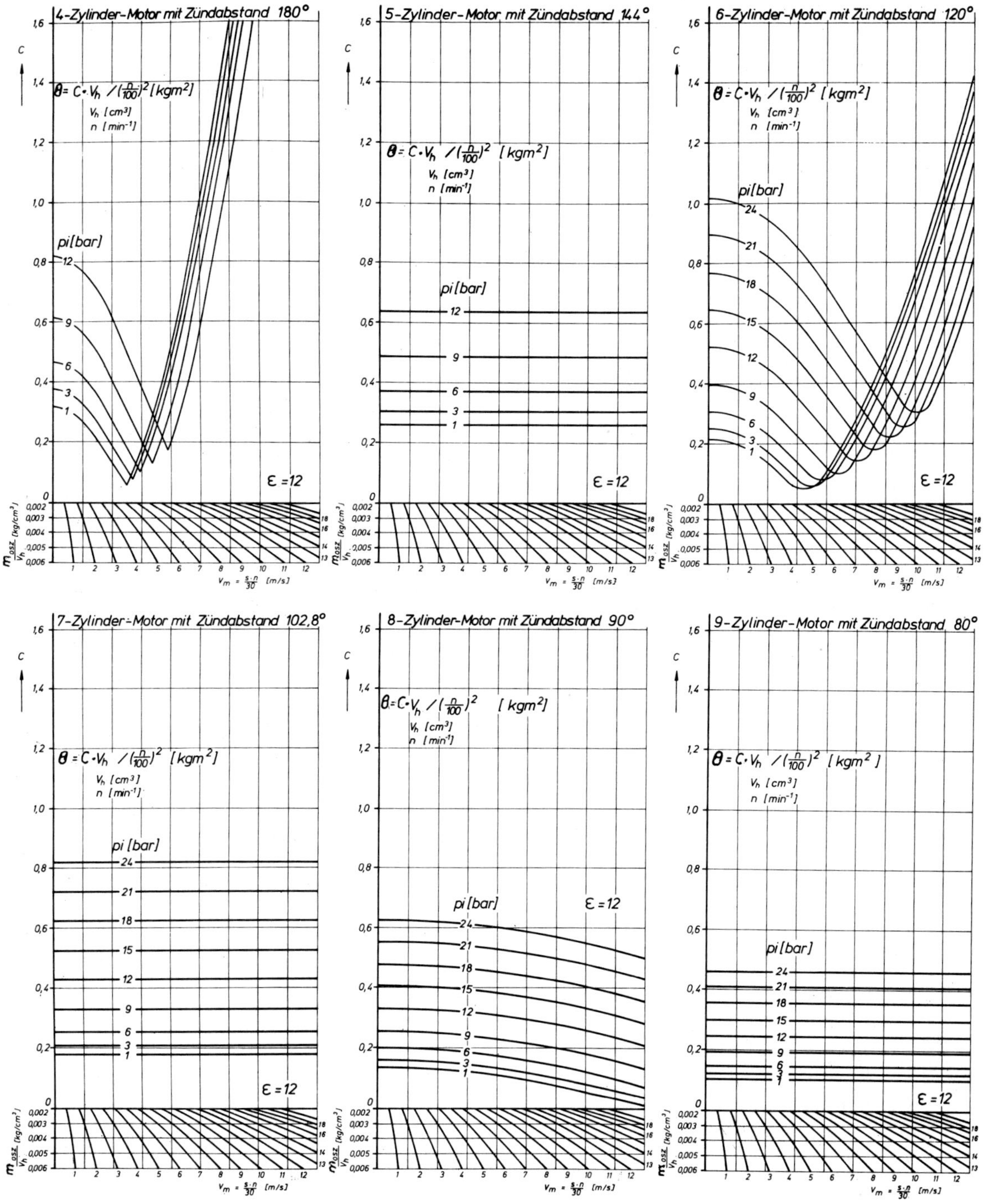

Abb. 7.12b: Erforderliches Massenträgheitsmoment für δ_s = 1/100 bei verschiedenen Motorausführungsformen mit ε = 12

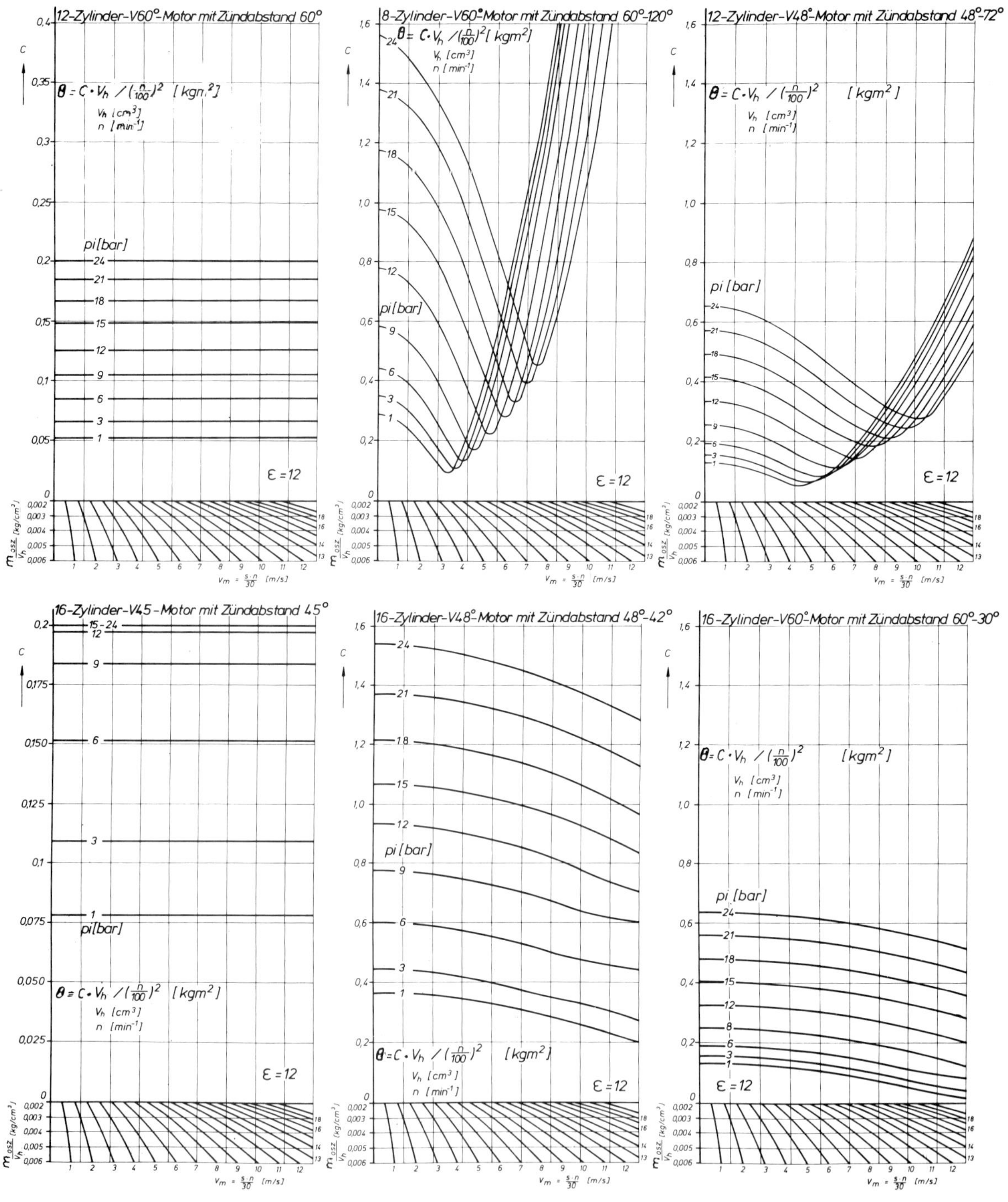

Abb. 7.12c: Erforderliches Massenträgheitsmoment für $\delta_S = 1/100$ bei verschiedenen Motorausführungsformen mit $\varepsilon = 12$

Hier kann man für Motoren mit Verdichtungsverhältnis $\varepsilon = 12$ in Abhängigkeit von der mittleren Kolbengeschwindigkeit für unterschiedliche indizierte Mitteldrücke den Ordinatenwert C ablesen. Das erforderliche Massenträgheitsmoment für $\delta = 1/100$ errechnet sich nach der Formel

$$\theta = C \cdot \frac{V_h}{(\frac{n}{100})^2} \tag{7.28}$$

wobei V_h in (cm^3) und n (U/min) einzusetzen sind. Den Einfluß der spezifischen oszillierenden Masse (m_{osz}/V_h) kann man aus dem unteren Diagrammabschnitt ersehen. Man erkennt bei derartigen Schaubildern, z. B. bei 1-, 2- und 3-Zylindermotoren bei niederen Kolbengeschwindigkeiten, einen Bereich konstanter Wechseldrehomente. Bei Überschreiten einer bestimmten Drehzahl (Kolbengeschwindigkeit) wird jedoch das Massendrehmoment dominierend, so daß die erforderlichen Massenträgheitsmomente zur Erzwingung eines vorgegebenen Ungleichförmigkeitsgrades stark ansteigen. Beim 4-Zylinder-Reihenmotor hingegen sehen wir, wie das Massendrehmoment erst die Gasdrehmomente fortschreitend abbaut, um dann nach Erreichen eines Minimums bei 6 - 8 m/s Kolbengeschwindigkeit steil anzusteigen. Die Vielfalt der Motorenausführungen erlaubt im Rahmen dieses Bandes keinen vollständigen Atlas vorzustellen. Die Diagramme sollen jedoch eine Übersicht über das Motorenverhalten verschiedener Varianten geben.

Für andere Ungleichförmigkeitsgrade δ_s kann gemäß Formel 7.19 das erforderliche Massenträgheitsmoment mit

$$\theta_i = \theta_{100} \cdot \frac{\delta_{s\,100}}{\delta_{s_i}} \tag{7.29}$$

errechnet werden. In kritischen Fällen ist jedoch bei der Schwungradauslegung stets auf ein Verfahren zurückzugreifen, das direkt den Drehmomentenverlauf der Verbrennungskraftmaschine anwendet. Gegebenenfalls sind Sicherheiten zu berücksichtigen.

7.1.3 Das Verfahren nach WITTENBAUER

Fast ebenso alt wie das Verfahren von RADINGER ist die Berechnung des Arbeitsüberschusses mit der vollständigen Wuchtgleichung nach WITTENBAUER (1905) /11/. Das Unzureichende des RADINGER-Verfahrens macht sich vor allem bei Schnelläufern bemerkbar, weil hier in der Regel die Schwungmassen relativ geringer sind und somit durch den ungleichförmigen Lauf die Beschleunigungskräfte der hin- und hergehenden Massen nur angenähert richtig bestimmt werden. In einem solchen Fall kann man zu dem auf der vollständigen Wuchtgleichung aufbauenden Verfahren greifen. Bei Anwendung auf das Kurbelgetriebe lautet die Wuchtgleichung

$$\begin{aligned}\Sigma W - W_0 &= \Sigma\,(m \cdot \frac{v_s^2 - v_{s0}^2}{2}) + \Sigma\,(\theta_s \cdot \frac{\omega^2 - \omega_0^2}{2}) \\ &= \Sigma \int \vec{F_G} \cdot \vec{dx} + \Sigma \int \vec{W} \cdot \vec{dw} + \Sigma \int \vec{R} \cdot \vec{dy} + \Sigma \int \vec{S} \cdot \vec{ds}\end{aligned} \tag{7.30}$$

worin mit dem Summenzeichen die Wirkungen der Einzelglieder

W = Wuchtzustand zum Zeitpunkt t bzw. 0
V_s = Schwerpunktgeschwindigkeit der Massen m
θ_s = Trägheitsmoment bezogen auf den Schwerpunkt
ω = Winkelgeschwindigkeit
$\vec{F_G}$ = Gaskraft
$\vec{d_x}$ = Weg des Angriffspunktes der Gaskraft im betrachteten Zeitintervall
$\vec{W}$ = Widerstandskraft
$\vec{d_W}$ = Weg des Angriffspunktes der Widerstandskraft im betrachteten Zeitinter- (vall

$\vec{R}$ = Reibungskraft

$\vec{d}_y$ = Weg des Angriffspunktes der Reibungskraft im betrachteten Zeitintervall

$\vec{S}$ = Schwerkraft

$\vec{d}_s$ = Weg des Angriffspunktes der Schwerkraft im betrachteten Zeitintervall

erfaßt werden. Die zweite Zeile der Gleichung ist die Summe der Gesamtarbeiten der verschieden gerichteten und verktoriell angeschriebenen Kräfte. Dabei wird man die Reibungskraft R zum Widerstand W zuzählen und die Arbeit der Schwerkraft aus den oben angeführten Gründen ausscheiden, was die Gleichung vereinfacht.

Die Kräfte sind als Funktion des Weges bekannt, und sämtliche v_s lassen sich beim Kurbeltrieb in einfacher Weise abhängig von dem ω der Kurbel darstellen, wie man bei WITTENBAUER sieht. Die bewegten Massen werden durch Massen am Kurbelzapfen von gleicher Wucht ersetzt und auf zeichnerischem Wege zu den Arbeiten der Gaskräfte in Beziehung gebracht; dies führt auf das Massen-Wucht-Diagramm oder Trägheits-Energie-Schaubild, dessen Einführung man WITTENBAUER verdankt.

Starke Schwankungen der Wucht sind dabei im allgemeinen ungünstig: Der Wuchtausgleich, d. h. das Erreichen geringer Energieänderung, z. B. durch Erhöhung der Zahl der Kurbeltriebe, ist anzustreben. Bei kleiner Zylinderzahl und größeren Schwankungen der Wucht wird schließlich unter Zugrundelegung eines bestimmten Ungleichförmigkeitsgrades die Überschußwucht und aus ihr die Schwungmasse erhalten.

Der Aufwand zur Erstellung eines Massen-Wucht-Diagrammes ist nicht unbeträchtlich, wie die nachstehenden Ausführungen zeigen. In der Praxis hat sich die Frage nach der Ungleichförmigkeit oder der erforderlichen Schwungradgröße durch die Verwendung drehelastischer Kupplungen weitgehend abgeschwächt, so daß man das Verfahren nach WITTENBAUER in der industriellen Praxis fast überhaupt nicht mehr anwendet. Ein Gesichtspunkt der praktischen Anwendung ist zum Beispiel, daß dieses theoretisch korrekte Verfahren zudem darunter leidet, daß ein Großteil der Genauigkeit bei der zeichnerischen Lösung wieder verloren gehen kann. Andererseits lohnt sich bei den Toleranzabweichungen der Praxis (Gasdruckverläufe, Massenverteilung u. a. m.) der große Aufwand, der nur bei Einhaltung der vorgegebenen Randbedingungen zum exakten Ergebnis führt, nicht, weil schon 'gleiche' Motoren einen bestimmten Streubereich aufweisen, der - mit Ausnahme von Sonderfällen - die Verbesserung dieses Verfahrens gegenüber dem z. B. von RADINGER überdeckt. Da dies jedoch eine prinzipielle Lösungsmöglichkeit des Problems ist und als schulische Übung oft noch verlangt wird, kann das Verfahren in einem Buch, das auch als Lehrbuch dienen soll, nicht einfach entfallen, auch wenn das allgemeine Interesse daran vielleicht etwas erlahmt ist.

Als Gegenstück zum Ausgleich der Drehmomente der Welle nach RADINGER soll nunmehr nach WITTENBAUER der Wuchtausgleich und anschließend daran das Trägheits-Energie-Diagramm nebst dem daraus abgeleiteten Ungleichförmigkeitsgrad zur Behandlung kommen. Dieses Vorgehen ist für die Untersuchung der Gleichförmigkeit der raschlaufenden Leichtmotoren besonders wichtig.

Man geht von dem in der Einleitung angeführten Wuchtsatz aus, und zwar mit Anwendung der vollständigen Energiegleichung, die als Formel 7.30 dargestellt ist.

7.1.3.1 Wucht eines Kurbeltriebes

Man kann die Massen auf den Kurbelzapfen beziehen und die Wucht der reduzierten Massen ermitteln, wie WITTENBAUER in seinem Arbeits-Massen-Diagramm, auch Massen-Wucht-Diagramm benannt, gezeigt hat, oder die Trägheitsmomente auf die Kurbel beziehen nach PROEGER /12/ und das Trägheits-Energie-Diagramm zeichnen (siehe MARX /13/). Letztere Art des Vorgehens soll nun erläutert werden.

Die Gesamtwucht E setzt sich zusammen aus der Drehwucht der Welle, der Fortschreitungs- und Drehwucht der Pleuelstange und der Fortschreitungswucht des Kolbens (nebst Kolbenstange und Kreuzkopf). Mit den oben bezeichneten Massen, Massenträg-

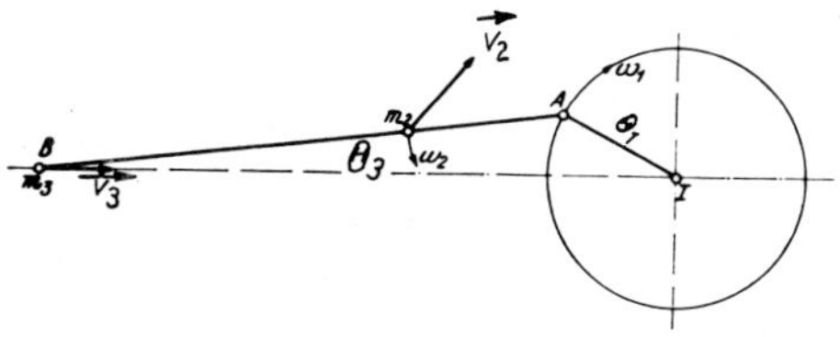

Abb. 7.13: *Kurbeltrieb mit Massen, Trägheitsmomenten und Geschwindigkeiten*

heitsmomenten, Linear- und Winkelgeschwindigkeiten, die in Abb. 7.13 eingetragen sind, erscheint:

$$W = \Theta_1 \cdot \frac{\omega_1^2}{2} + m_2 \cdot \frac{v_2^2}{2} + \Theta_3 \cdot \frac{\omega_3^2}{2} + m_3 \cdot \frac{v_3^2}{2} \tag{7.31}$$

Das Trägheitsmoment der Kurbelwelle (ohne Schwungrad) in bezug auf ihre Achse wird z. B. aus der Dauer ihrer Vollschwingung bei bifilarer Aufhängung bestimmt (siehe auch Abschnitt 11). Ist a die Länge der Drähte in Metern, 2e ihr gegenseitiger Abstand in Metern, T die Dauer einer Schwingung in Sekunden, G_1 das Gewicht der Welle in Kilogramm, so ist

$$\Theta_1 = \frac{T^2}{4\pi^2} \cdot m_1 \cdot g \cdot \frac{e^2}{a} \tag{7.32}$$

Da die Wellenachse gemeinsame Bezugsachse für alle Trägheitsmomente und für die Abstände der reduzierten Massen ist, bedeutet Θ_1 der Welle zugleich das reduzierte Trägheitsmoment Θ_{1r}.

Die Berechnung des Trägheitsmomentes der Kröpfung als Teilstück der Welle ist nötig, wenn von der Welle nur ein Entwurf vorliegt. Die Kröpfung wird in ihre Bestandteile zerlegt. Das Massenträgheitsmoment jedes Kröpfungsteiles in bezug auf die Wellenachse setzt sich zusammen aus dem Trägheitsmoment bezüglich der zur Wellenachse parallelen Schwerpunktsachse und dem Produkt aus seiner Masse und dem Quadrat der Entfernung seines Schwerpunktes von der Wellenachse. Die Masse bestimmt sich aus Rauminhalt V und spezifischer Dichte; letzteres ist für Wellenstahl im Mittel ϱ = 7,85 kg/dm^3.

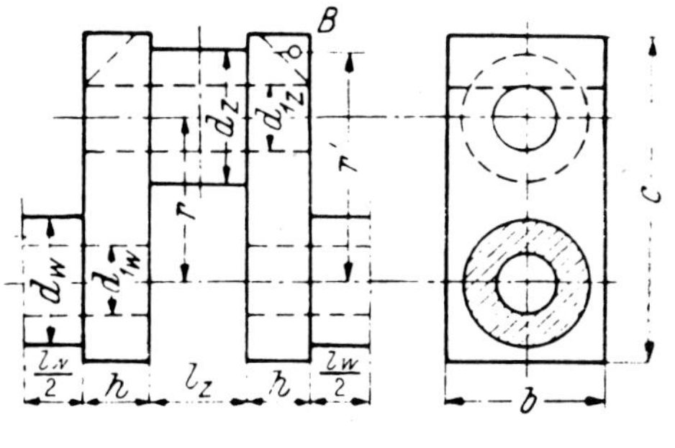

Abb. 7.14: *Abmessungen der Kurbelwellenkröpfung*

Die Kröpfung in Abb. 7.14 besteht aus dem Kurbelzapfen, den zwei Kurbelarmen oder Wangen und zwei halben Lagerzapfen; das Gesamtträgheitsmoment ist:

$$\Theta_K = \Theta_Z + 2 \cdot \Theta_A + 2 \cdot \frac{\Theta_W}{2} \tag{7.33}$$

Die exzentrisch zur Drehachse liegenden Massen verursachen bei der Rotation Fliehkräfte und werden in der auf den Kurbelradius reduzierten Masse zusammengefaßt:

$$m_K = \Theta_K / r^2 \tag{7.34}$$

Während die geometrische Außenform des Kurbel- und des Wellenzapfens für alle Wellen gleich ist, wechseln die Umrisse der Arme und Hohlräume (einfache Bohrungen oder anders gestaltete Ausnehmungen). Die Massenträgheitsmomente von Zapfen und Armen in bezug auf die Wellenachse findet man in der Zahlentafel 11. G Sonderformen von Kurbelarmen, z.B. bei wegfallendem Lager zwischen zwei Kröpfungen, sind eigens zu rechnen.

Zu diesen Tafelwerten kommt hinzu das Trägheitsmoment der hohlen Wellenzapfenhälften mit der Gesamtmasse m_W von insgesamt:

$$\Theta_W = m_W \cdot \frac{r_W^2 + r_{1W}^2}{2} \tag{7.35}$$

Besonderheiten: Eine Abschrägung, zum Beispiel B in Abb. 7.14, wäre mit $m_B \cdot r'^2$ unter Vernachlässigung des Trägheitsmomentes in bezug auf die eigene Schwerpunktsachse abzuziehen.

Gegengewichte: Sind zur Entlastung der Wellenlager Gegengewichte vorhanden, dann bestimmt man die reduzierte Masse und deren Trägheitsmoment in ähnlicher Weise wie bei der Wellenkröpfung. Die Verfahrensweise ist verschieden, je nach den Umrissen der Gegengewichte: Teilung der Masse in Teilmassen von einfacher Gestalt, Bestimmung der Trägheitsmomente dieser Einzelmassen in bezug auf die Wellenachse. Die Summierung der Einzelträgheitsmomente gibt Θ_{Gr} und Teilung durch r^2 die reduzierte Gegengewichtsmasse m_{Gr}.

In Anlehnung an /28/ wird im folgenden die Massenwirkung der Pleuelstange nicht durch drei punktförmige Ersatzmassen wie in Kap. 4, sondern durch die im Schwerpunkt s konzentrierte Masse m_3 und das Massenträgheitsmoment Θ_3 um die Schwerachse erfaßt (zur Ermittlung des Massenträgheitsmomentes der Pleuelstange vergleiche Kap. 11).

Bezieht man alle Massen und Trägheitsmomente auf die Kurbel derart, daß die Wucht nach der Reduktion unverändert bleibt, so lautet die umgeformte Gleichung 7.31 für die Gesamtwucht

$$W = \frac{\omega_1^2}{2}\left(\Theta_1 + m_2 \cdot \frac{v_2^2}{\omega_1^2} + \Theta_3 \cdot \frac{\omega_3^2}{\omega_1^2} + m_3 \cdot \frac{v_3^2}{\omega_1^2}\right) \tag{7.36}$$

und mit $\omega_1 = V_1/r$

$$W = \frac{\omega_1^2}{2}\left[\Theta_1 + m_2 \cdot r^2\left(\frac{v_2^2}{v_1^2}\right) + \Theta_3\left(\frac{\omega_3}{\omega_1}\right)^2 + m_3 \cdot r^2\left(\frac{v_3}{v_1}\right)^2\right] \tag{7.37}$$

oder einfacher

$$W = \frac{\omega_1^2}{2}\left(\Theta_1 + \Theta_{2r} + \Theta'_{3r} + \Theta_{3r}\right) \tag{7.38}$$

beziehungsweise

$$W = \frac{\omega_1^2}{2} \cdot \Theta'_r \tag{7.39}$$

Hierin ist ω_1 veränderlich. Es gelingt, ω_1 zu ermitteln, wenn in dieser Gleichung W und Θ_r' bekannt sind; denn es wird

$$\frac{\omega_1^2}{2} = \frac{W}{\Theta_r'} \tag{7.40}$$

In den Verhältniswerten V_2/V_1, ω_3/ω_1 und V_3/V_1 wird $\omega_1 = 1$, also $V_1 = r$ gesetzt.

Die nächste Aufgabe ist, für das Kurbelgetriebe die reduzierten Trägheitsmomente zu bestimmen, deren Beträge mit den Geschwindigkeiten veränderlich sind.

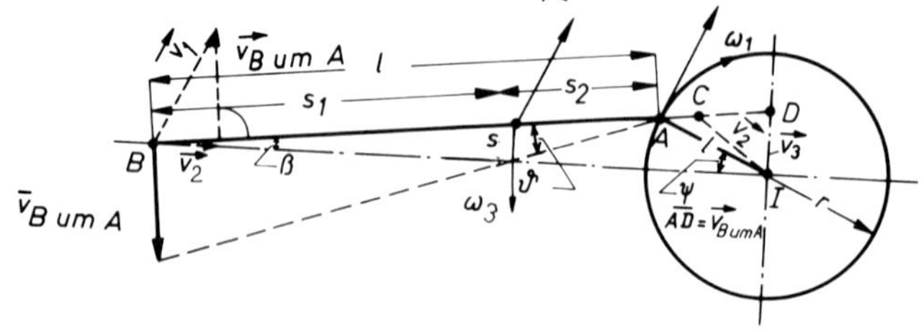

Abb. 7.15: Zeichnerische Bestimmung der Kolbengeschwindigkeit V_2 und der Geschwindigkeit V_3 des Pleuelschwerpunktes S

Das reduzierte Trägheitsmoment des Kolbens und der mit ihm wandernden Massen ist

$$\Theta_{2r} = m_2 \cdot r^2\left(\frac{v_2}{v_1}\right)^2 \tag{7.41}$$

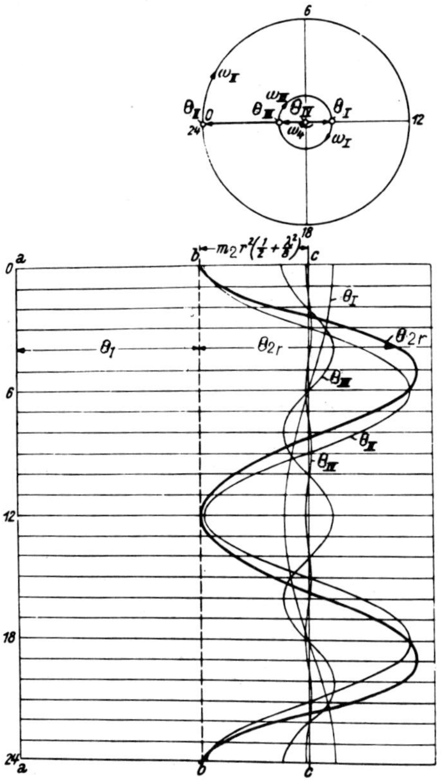

Abb. 7.16: Trägheitsmoment der umlaufenden Masse und reduzierte Trägheitsmomente der Kolbenmasse für einen Kurbeltrieb, abhängig von den Kurbelstellungen ψ

Geht man zeichnerisch vor (Abb. 7.15), so erhält man v_2 für $\omega_1 = 1$ durch Antragen von v_1 in B und Fällen der Senkrechten auf $\overline{BC}$; mit lotrechten Geschwindigkeiten ist das Vorgehen wie folgt: Die verlängerte Pleuelstange $\overline{BA}$ schneidet die Senkrechte in Schubrichtung durch I in D. Setzt man die Länge $\overline{IA} = v_1$, so ist $\overline{ID} = v_2$ und $\overline{AD} = v_{BumA}$. Für eine Anzahl Stellungen der Kurbel, z. B. 24, im Kurbelkreis läßt sich v_2 ermitteln, sodann J_{2r} errechnen und auftragen; dieses ist in Abb. 7.16 stark ausgezogen. Für manche Zwecke ist es, wie noch gezeigt wird, vorteilhafter, Geschwindigkeit und Trägheitsmoment in ihre harmonischen Komponenten zu zerlegen.

Es ist:

$$v_2 = v_1 (\sin\psi + a_2 \sin 2\psi + a_4 \sin 4\psi + a_6 \sin 6\psi + a_8 \sin 8\psi \ldots) \tag{7.42}$$

worin a_2, a_4, a_6, ... Reihen mit ungeraden steigenden Potenzen von λ sind. Aus den Reihen dieser Beiwerte wird jeweils nur das erste Glied genommen; damit entsteht der bekannte Ausdruck für die Kolben- oder Kreuzkopfgeschwindigkeit:

$$v_2 = v_1 \left(\sin\psi + \frac{\lambda}{2} \sin 2\psi - \frac{\lambda^3}{16} \sin 4\psi + \frac{3}{256} \lambda^5 \sin 6\psi \ldots\right) \tag{7.43}$$

Das Quadrat dieser Geschwindigkeit wird

$$v_2^2 = v_1^2 \left(\sin^2\psi + \frac{\lambda^2}{4} \sin^2 2\psi + \frac{\lambda^6}{256} \sin^2 4\psi + \ldots + \lambda \sin\psi \sin 2\psi - \frac{\lambda^3}{8} \sin\psi \sin 4\psi + \ldots - \frac{\lambda^4}{16} \sin 2\psi \sin 4\psi + \ldots\right) \tag{7.44}$$

oder nach Auflösung der Sinus-Potenzen:

$$v_2^2 = v_1^2 (C_0 + C_1 \cos\psi + C_2 \cos 2\psi + C_3 \cos 3\psi + \ldots) \tag{7.45}$$

worin C_0, C_1, C_2, C_3, ... Reihen mit geraden und ungeraden Potenzen von λ sind. Scheidet man die Glieder mit λ^4 - weil sehr klein - aus und bricht mit cos 5ψ ab, so erscheint:

$$v_2^2 = v_1^2 \left(\frac{1}{2} + \frac{\lambda^2}{8} + \frac{\lambda}{2} \cos\psi - \frac{1}{2} \cos 2\psi - \frac{\lambda}{2} \cos 3\psi - \frac{\lambda^2}{8} \cos\psi + \frac{1}{16} \lambda^3 \cos 5\psi + \ldots\right) \tag{7.46}$$

Mit diesem Ausdruck wird das reduzierte Trägheitsmoment in Gleichung 7.41:

$$\Theta_{2r} = m_2 \cdot r^2 (C_0 + C_1 \cos \psi + C_2 \cos 2\psi + C_3 \cos 3\psi + C_4 \cos 4\psi \ldots) \tag{7.47}$$

oder angenähert

$$\Theta_{2r} = m_2 \cdot r^2 \left(\frac{1}{2} + \frac{\lambda^2}{8} + \frac{\lambda}{2} \cos \psi - \frac{1}{2} \cos 2\psi - \frac{\lambda}{2} \cos 3\psi - \frac{\lambda^2}{8} \cos 4\psi \ldots\right) \tag{7.48}$$

Demnach setzt sich die Kurve des reduzierten Trägheitsmomentes zusammen aus einem konstanten Wert $m_2 \cdot r^2 (1/2 + \lambda^2/8)$ (in Abb. 7.16 von Achse b-b bis Achse c-c) und aus den vier übereinandergelagerten cos-Schwingungen 1., 2., 3. und 4. Ordnung:

$$m_2 \cdot r^2 \cdot \frac{\lambda}{2} \cos \psi \quad ; \quad -m_2 \cdot r^2 \cdot \frac{1}{2} \cos 2\psi \; ; \quad -m_2 \cdot r^2 \cdot \frac{\lambda}{2} \cos 3\psi \; ; \quad -m_2 \cdot r^2 \cdot \frac{\lambda^2}{8} \cdot \cos 4\psi \tag{7.49}$$

Diese Schwingungen stellt man mit Hilfe der Vektoren $\vec{\Theta}_I$, $\vec{\Theta}_{II}$, $\vec{\Theta}_{III}$ und $\vec{\Theta}_{IV}$ dar. Der Vektor $\vec{\Theta}_{II}$ dreht sich mit der doppelten, der Vektor $\vec{\Theta}_{III}$ mit der dreifachen, der Vektor $\vec{\Theta}_{IV}$ mit der vierfachen Winkelgeschwindigkeit von $\vec{\Theta}_I$; die Ausgangsstellung ist mit Berücksichtigung des Vorzeichens in Abb. 7.16 angegeben. Der Verlauf der Teilträgheitsmomente für 24 Punkte des Kurbelkreises und der Gesamtbetrag Θ_{2r} sind aus Abb. 7.16 ersichtlich; derselbe Kurvenzug hätte sich mit unmittelbarer Verwertung der zeichnerisch erhaltenen Geschwindigkeit v_2 (siehe oben) ergeben. In die gleiche Abbildung ist noch das unveränderliche Trägheitsmoment Θ_1 der Kurbelwelle von der Achse b-b als Begrenzungslinie von Θ_{2r} bis zur Achse a-a zugefügt. Die Trägheitsmomente sind von lotrechten Bezugsachsen waagerecht aufgetragen, weil diese Lage für die spätere Verwendung von Θ_{2r} benötigt wird (siehe Abb. 7.17).

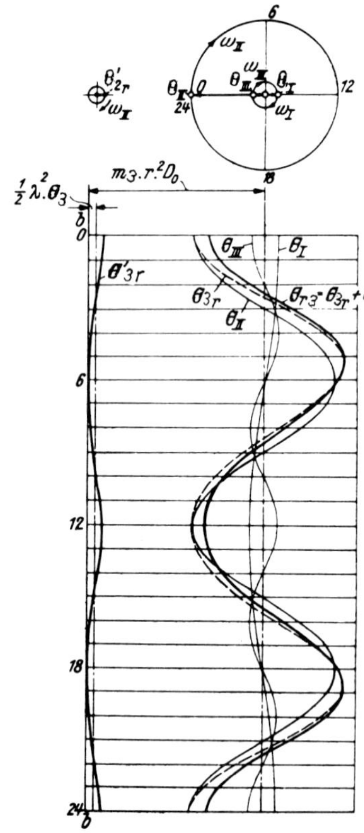

Abb. 7.17: Reduzierte Trägheitsmomente aus Fortschreitungs- und Drehwucht der Pleuelstange in Abhängigkeit von der Kurbelstellung ψ

Das reduzierte Trägheitsmoment der Pleuelstange für die Fortschreitungswucht der Stange ist

$$\Theta_{3r} = m_3 \cdot r^2 \left(\frac{v_3}{v_1}\right)^2 \tag{7.50}$$

Bekannt ist die Lage des Stangenschwerpunktes s (siehe Massenausgleich). Der Vektor der Geschwindigkeit $\vec{v}_3$ von s läßt sich am raschesten zeichnerisch bestimmen, und zwar mit Hilfe der lotrechten Geschwindigkeiten. In Abb. 7.15 ist schon die Linie AD eingezeichnet; teilt nun der Punkt C die Strecke $\overline{AD}$ so, daß $\overline{AC} = \overline{AD} \cdot s_1/l$, so ist $\overline{IC} = \vec{v}_3$ und $\overline{AD} = \vec{v}_{BumA}$. Für eine Anzahl Teile, z. B. 24 gleiche Teile des Kurbelkreises, wird $\vec{v}_3$ ermittelt, sodann Θ_3 errechnet und aufgetragen; so erhält man den in Abb. 7.17 gestrichelten Zug, den man auch auf anderem Wege ableiten kann.

Will man nämlich für Θ_{3r} eine Reihe mit Funktionen des Winkels ψ bilden, so zerlegt man $\vec{v}_3$ in die Komponenten $\vec{v}_y$ und $\vec{v}_x$ in Richtung der Zylinderachse und senkrecht dazu: $\vec{v}_y$ und $\vec{v}_x$ lassen sich durch Funktionen des Winkels ausdrücken. Werden diese Reihen quadriert und summiert, so erscheint die Reihe für $\vec{v}_3^{\,2}$; mit ihr entsteht die Gleichung für Θ_{3r}, nämlich

$$\Theta_{3_r} = m_3 \cdot r^2 \left(D_0 + D_1 \cos\psi + D_2 \cos 2\psi + D_3 \cos 3\psi + D_4 \cos 4\psi\right)$$
$$= m_3 \cdot r^2 \, D_0 + \Theta_1 \cos\psi + \Theta_2 \cos 2\psi + \Theta_3 \cos 3\psi + \Theta_4 \cos 4\psi \quad (7.51)$$

also ähnlich gebaut wie das reduzierte Trägheitsmoment des Kolbens. Die Werte D_0, D_1, D_2 usw. sind, wenn $a = s_2/l$ und $b = s_1/l$ und die Werte C_0, C_1, C_2 usw. in Gleichung 7.48 als bekannt vorausgesetzt werden:

$$D_0 = 1/2\,(a^2+1-b^2)+b^2 \cdot C_0 \qquad D_1 = b \cdot C_1$$
$$D_2 = -ab+b^2\, C_2 \qquad D_3 = b \cdot C_3 \quad (7.52)$$
$$D_4 = b^2 \cdot C_4 \qquad D_5 = b \cdot C_5$$
$$D_6 = b^2 \cdot C_6$$

In Abb. 7.17 ist die Veränderlichkeit der drei ersten Glieder mit Hilfe der umlaufenden Vektoren $\vec{\Theta}_I$, $\vec{\Theta}_{II}$ und $\vec{\Theta}_{III}$ dargestellt. Die zeichnerische Zusammensetzung von Θ_I, Θ_{II} und Θ_{III} liefert Θ_{3_r} (siehe Abb. 7.17).

Zur Angabe des reduzierten Trägheitsmomentes für die Drehwucht der Stange

$$\Theta'_{3r} = \Theta_3 \left(\frac{\omega_3}{\omega_1}\right)^2 \quad (7.53)$$

ist die Winkelgeschwindigkeit maßgebend, die sich für die verschiedenen Kurbelstellungen mit Hilfe der aus Abb. 7.15 erhaltenen Werte v_{BumA} oder der Winkel ϑ_2 errechnet zu

$$\omega_3 = \frac{v_{Bum\,A}}{l} \quad (7.54)$$

Bildet man $(\omega_3/\omega_1)^2$, vervielfacht mit ε_3 und trägt die Werte auf, so erhält man den Verlauf Θ_{3_r} (Abb. 7.17). Der zweite Weg ist folgender:

Die Reihenentwicklung für Θ_{3_r}' geht wie folgt vor sich:

Man stellt Θ_{3_r}' aus seinen Komponenten dar; dazu benötigt man die Reihenentwicklung für ω_3, das durch Ableitung des Stangenausschlagwinkels ß nach der Zeit gewonnen wird. Der Winkel ß in Abhängigkeit von ψ ist schon aus dem Abschnitt 2 bekannt; daraus folgt:

$$\omega_3 = \omega_1 \left(A_1 \cos\psi + 3\,A_3 \cos 3\psi + 5\,A_5 \cos 5\psi \ldots\right) \quad (7.55)$$

worin A_1, A_3, A_5 .. Summenreihen ungeradzahliger Potenzen von λ sind. Nach Quadrieren der Gleichung, Zusammenfassen der Glieder gleicher Ordnung und Einsetzen in vorangehende Gleichung für Θ_{3_r}' erscheint die aus geradzahligen Harmonischen bestehende Reihe:

$$\Theta'_{3r} = \Theta_3 \left(E_0 + E_2 \cos 2\psi + E_4 \cos 4\psi + \ldots\right) \quad (7.56)$$

E_0, E_2, E_4 sind Reihen von λ; abgekürzt setzt man:

$$E_0 = \frac{1}{2}\lambda^2 \;;\quad E_2 = \frac{1}{2}\lambda^2 \;;\quad E_4 = -\frac{1}{8}\lambda^4 \quad (7.58)$$

Die Veränderlichkeit von Θ_{3_r}' ist in Abb. 7.17 mit Hilfe des Vektors $\vec{\Theta}'_{3_r}$ dargestellt. Schließlich gelangt man zum gesamten reduzierten Trägheitsmoment Θ_{r3} der Stange durch Summieren von Θ_{3_r} und Θ_{3_r}' wie Abb. 7.17 zeigt.

Die Darstellung der wechselnden kinetischen Energie in Reihen hat schon SHARP /14/ durchgeführt, ohne daß dieses vorteilhafte Verfahren bei uns Eingang gefunden hätte. Erst KOSNEY /15/ hat die harmonische Zerlegung zu einer umfassenden Gegenüberstellung der raschlaufenden Verbrennungskraftmaschinen verwertet.

7.1.3.2 Wucht bei Mehrzylindermaschinen

Die vorangehend vorgenommene Zerlegung in Teilschwingungen leistet gute Dienste bei der Betrachtung der Wucht mehrerer Kurbeltriebe, die bei Verbrennungsmaschinen in der Regel gleiche Abmessungen und Gewichte haben. Durch das Zusammenwirken der z Massen, deren Kurbeln oder Zylinder durchweg gleichmäßig versetzt sind, werden die starken Schwankungen der Wucht ausgeglichen, wobei einzelne Ordnungen verschwinden können; sie brauchen also bei der Aufzeichnung des Gesamtwuchtdiagramms nicht berücksichtigt zu werden. Für Reihenmaschinen treten anstelle der Winkel ψ die Summen der Versetzungswinkel δ_k, wenn man von der Totlage der Kurbel 1 (ψ_1 = 0) ausgeht, ähnlich wie bei dem Massenausgleich.

α) Kolben

Für Viertakt ergibt sich als Summe der reduzierten Trägheitsmomente der hin und her gehenden Teile aus Gleichung 7.47 ein Ansatz nach Tabelle 7.E:

Zweizylinder:	$\Theta_{2_r} = 2 \cdot m_2 \cdot r^2 (C_0 + C_1 \cdot \cos \delta_k + C_2 \cdot \cos 2\delta_k + C_3 \cdot \cos 3\delta_k + C_4 \cdot \cos 4\delta_k + \ldots)$
Dreizylinder:	$= 3 \cdot m_2 \cdot r^2 (C_0 + C_3 \cdot \cos 3\delta_k + C_6 \cdot \cos 6\delta_k + \ldots)$
Vierzylinder:	$= 4 \cdot m_2 \cdot r^2 (C_0 + C_2 \cdot \cos 2\delta_k + C_4 \cdot \cos 4\delta_k + \ldots)$
Fünfzylinder:	$= 5 \cdot m_2 \cdot r^2 (C_0 + C_5 \cdot \cos 5\delta_k + C_{10} \cdot \cos 10\delta_k \ldots)$
Sechszylinder:	$= 6 \cdot m_2 \cdot r^2 (C_0 + C_3 \cdot \cos 3\delta_k + C_6 \cdot \cos 6\delta_k \ldots)$
Siebenzylinder:	$= 7 \cdot m_2 \cdot r^2 (C_0 + C_7 \cdot \cos 7\delta_k + C_{14} \cdot \cos 14\delta_k \ldots)$
Achtzylinder:	$= 8 \cdot m_2 \cdot r^2 (C_0 + C_4 \cdot \cos 4\delta_k + C_8 \cdot \cos 8\delta_k \ldots)$

Tabelle 7.E: Reihenentwicklung für die Trägheitswirkung der hin und her gehenden Massen von Reihenmotoren mit 2 bis 8 Zylindern

Mit zunehmender Zylinderzahl nähert man sich einer unveränderlichen Wucht, d. h. die Massen wirken 'wie ein Schwungrad'.

Zweitakt: Gemäß der größeren Zahl der Kurbelstrahlen im Kreis bei gradzahligen Wellen ist der Ausgleich von höherer Ordnung gegenüber Viertakt; die ungeradzahligen Wellen dagegen liefern dasselbe Ergebnis.

Mit den Beiwerten aus Gleichung 7.46 erhält man die Summenwerte der veränderlichen Glieder, die noch mit ($m_2 \cdot r^2$) zu vervielfachen sind nach Tabelle 7.F:

Zylinderzahl z	Viertakt	Zweitakt
2	$\lambda \cos\psi - \cos 2\psi - \lambda \cos 3\psi - \ldots$	$-\cos 2\psi - \frac{\lambda^2}{4} \cdot \cos 4\psi$
3	$-\frac{3}{2}\lambda \cos 3\psi$	$-\frac{3}{2}\lambda \cos 3\psi$
4	$-2\cos 2\psi - \frac{\lambda^2}{2}\cos 4\psi$	$-\frac{\lambda^2}{2}\cos 4\psi$
5	$\frac{5}{16}\lambda^3 \cos 5\psi$ (vernachlässigbar)	$\frac{5}{16}\lambda^3 \cos 5\psi$ (vernachlässigbar)
6	$-3\lambda \cos 3\psi$	vernachlässigbar
7	vernachlässigbar	vernachlässigbar
8	$-\lambda^2 \cos 4\psi$	vernachlässigbar

Tabelle 7.F: Harmonische der reduzierten Trägheitsmomente der hin und her gehenden Massen

ß) Pleuelstange

Für die Fortschreitungswucht der Stange bleibt die Ordnung des Ausgleiches die gleiche wie für die Kolbenwucht.

Die reduzierten Trägheitsmomente für die Drehwucht der Stange werden bei Viertakt für die verschiedenen Zylinderzahlen aus Gleichung 7.56 die Werte nach Tabelle 7.G:

Zweizylinder:	$\Theta'3_r = 2\cdot\theta_3(W_o+W_2\cdot\cos 2\delta_k + W_4\cdot\cos 4\delta_k + \ldots)$
Dreizylinder:	$= 3\cdot\theta_3(W_o+W_6\cdot\cos 6\delta_k + W_{12}\cdot\cos 12\delta_k + \ldots)$
Vierzylinder:	$= 4\cdot\theta_3(W_o+W_2\cdot\cos 2\delta_k + W_4\cdot\cos 4\delta_k + \ldots)$
Fünfzylinder:	$= 5\cdot\theta_3(W_o+W_{10}\cdot\cos 10\delta_k + W_{20}\cdot\cos 20\delta_k + \ldots)$
Sechszylinder:	$= 6\cdot\theta_3(W_o+W_6\cdot\cos 6\delta_k + W_{12}\cdot\cos 12\delta_k + \ldots)$
Siebenzylinder:	$= 7\cdot\theta_3(W_o+W_{14}\cdot\cos 14\delta_k + W_{28}\cdot\cos 28\delta_k + \ldots)$
Achtzylinder:	$= 8\cdot\theta_3(W_o+W_4\cdot\cos 4\delta_k + W_8\cdot\cos 8\delta_k + \ldots)$

Tabelle 7.G: Reduzierte Trägheitsmomente für die Drehwucht von Pleuelstangen für 2-bis 8-Zylinder-Motoren

Schon die Glieder mit W_4 sind bei dem üblichen Abbildungsmaßstab kaum erkennbar.

Bei Zweitaktmaschinen erscheinen für den Zweizylinder die Klammerwerte wie für den Viertakt-Vierzylinder, für den Vierzylinder die Werte wie für den Viertakt-Achtzylinder usw.; der Wuchtausgleich ist besser. Ungerade Zahlen bleiben unverändert.

Die durch die vorstehenden Reihen gegebene Größe des Ausgleiches ist in Abb. 7.18 und Abb. 7.19 dargestellt.

Die Gleichungen gelten auch grundsätzlich für Sternmaschinen. Bei ihnen ist das Trägheitsmoment Θ_1 der einfach gekröpften Welle etwas kleiner als bei der mehrfach gekröpften Welle; hinzu kommen die verschiedenen Trägheitsmomente der Haupt- und Nebenstangen.

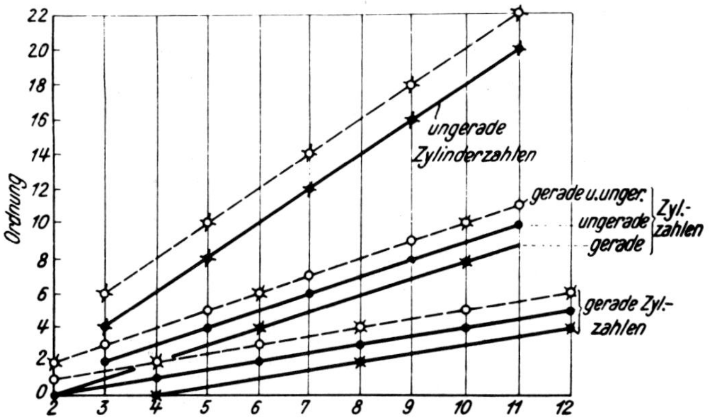

Abb. 7.18:

Wuchtausgleich der Viertaktmaschinen:

- ● *Ausgeglichene Fortschreitungswucht von Kolben nebst Kreuzkopf und Pleuelstange*
- o *Unausgeglichene Fortschreitungswucht von Kolben nebst Kreuzkopf und Pleuelstange*
- ✱ *Ausgeglichene Drehwucht der Pleuelstange*
- ☼ *Unausgeglichene Drehwucht der Pleuelstange*

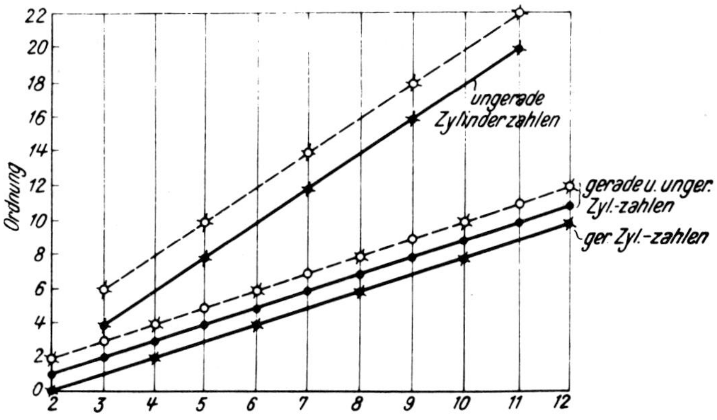

Abb. 7.19:

Wuchtausgleich der Zweitaktmaschinen:

- ● *Ausgeglichene Fortschreitungswucht von Kolben nebst Kreuzkopf und Pleuelstange*
- o *Unausgeglichene Fortschreitungswucht von Kolben nebst Kreuzkopf und Pleuelstange*
- ✱ *Ausgeglichene Drehwucht der Pleuelstange*
- ☼ *Unausgeglichene Drehwucht der Pleuelstange*

7.1.3.3 Arbeitsdiagramm

Die vom Kolben ausgehende Kraft F ändert sich nach einem bestimmten Gesetz. Ist in einem Augenblick diese Kolbenkraft F größer als der Widerstand F_W, dann wird

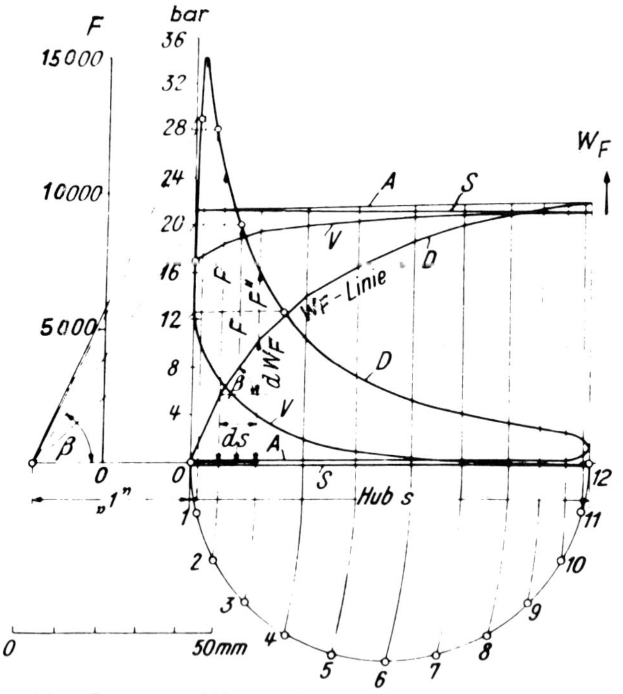

Abb. 7.20: Indikatordiagramm eines Otto-Viertaktmotors und der Verlauf der W_F-Linie über den vier Kolbenhüben (Arbeitstakten)

durch den Unterschied $(F-F_W)$ die Wucht W vergrößert; beim Überwiegen des Widerstandes geben die rotierenden (sich bewegenden) Massen Arbeit nach außen ab, wobei W verkleinert wird. Es tritt ein ständiges Wechselspiel (siehe auch Abb. 7.1) ein, das nun klarzulegen ist; dazu benötigt man:

1) Für jede Kurbelstellung den Unterschied der bis dahin von den Kräften F und F_W verrichteten Arbeit, also die Überschußarbeit

$$W = W_F - W_W \tag{7.59}$$

2) Die in jeder Kurbelstellung vorhandene Gesamtwucht W. Sie setzt sich zusammen aus der in der Nullstellung der Kurbel vorhandenen Wucht W_o und dem von dieser Stellung ab wirkenden Arbeitsüberschuß W_A:

$$W = W_0 + W_A \tag{7.60}$$

Den Verlauf von W_F ermittelt man anhand des Indikatordiagramms der Maschine, in dem die Kraft F zeichnerisch als Funktion des Kolbenweges s gegeben ist (Abb. 7.20). Die zugehörige Arbeit ist

$$W_F = \int F \cdot ds \tag{7.61}$$

Die Integration wird graphisch ausgeführt (Abb. 7.20). Konstruiert man rechtwinklige Dreiecke mit der einen konstanten Kathete '1' und der zweiten veränderlichen Kathete 'F', wobei mit genügender Annäherung $F = F' + F''/2$ ist, so ergibt sich der jeweilige Winkel ß, der die Neigung des betreffenden Kurvenstückes im W_F-Diagramm bestimmt; denn es ist die Gleichung erfüllt

$$F = \frac{dW_F}{ds} \tag{7.62}$$

oder

$$\frac{F}{\text{„}1\text{"}} = \frac{dW_F}{ds} = \tan \beta \tag{7.63}$$

Maßstäbe: Im Indikatordiagramm ist 1 cm = a bar; soll dasselbe Diagramm für Kolbenüberdrücke mit der Kolbenfläche A (cm^2), also für Kolbenkräfte F gelten, so ist 1 cm = a·A·g (N) und daraus

$$1\,N = \frac{1}{a \cdot A \cdot g}\ cm = k_1 \tag{7.64}$$

(siehe auch zweite Leiter in Abb. 7.20)!

Ferner: Kolbenhub b cm = s m, 1 m = b/s cm = k_2
Einheitsstrecke '1' = d cm -
Damit wird der Maßstab für W_F:

$$1\,Nm = \frac{K_1 \cdot K_2}{\text{„}l\text{"}}\ cm = K_3 \tag{7.65}$$

Teilt man nun das Indikatorschaubild durch Lotrechte in eine genügend große Anzahl von Elementen, z. B. so, daß zu 24 gleichen Teilen im Kurbelkreis entsprechende Ordinaten F gehören, so erhält man die A-Kurve aus lauter kleinen Tangentenstückchen zusammengesetzt.

Beginnt man beim Viertaktmotor mit dem Ausdehnungshub (Arbeitshub Linie D in Abb. 7.20), so steigt die W_F-Linie ständig bis zum Ende dieses ersten Hubes an und sinkt dann ab bis zum Ende des Arbeitszyklus, wie man aus Abb. 7.20 ersieht.

Die Arbeit eines Zylinders am Ende einer Periode bestimmt sich aus

$$W_F = A \cdot s \cdot p_i \tag{7.66}$$

mit p_i als mittleren indizierten Druck des Zylinders. Die Endordinate der W_F-Linie in Abb. 7.20 (Punkt Z) muß diesen nach Formel 7.66 errechneten Arbeitsbetrag ergeben. Nun werden über zwei Wellenumdrehungen (ein Arbeitsspiel des betrachteten Viertaktmotors) die Ordinaten W_F aus Abb. 7.20 entnommen und über dem Kurbelwinkel ψ (den vorgenannten Teilpunkten) aufgetragen (Abb. 7.21). Wird die Arbeit der

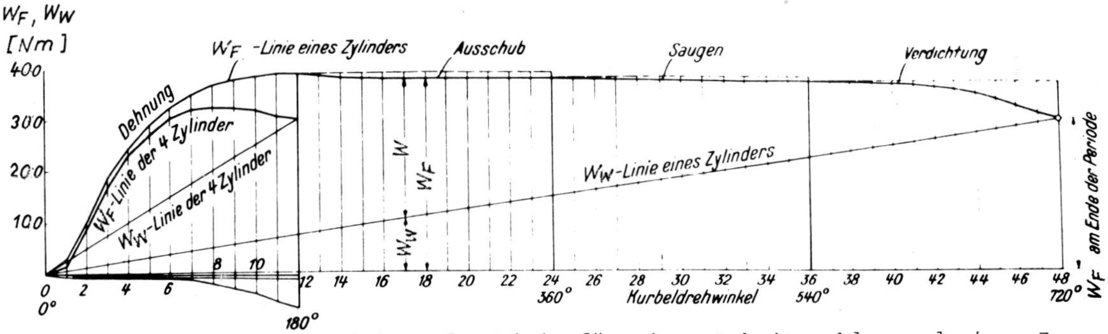

Abb. 7.21: W_F-Linie, W_W-Linie und W-Linie für einen Arbeitszyklus und einen Zylinder - Ableitung der W_F-, W_W- und W-Linie für einen 4-Zylinder-Motor

Maschine gleichmäßig aufgebraucht, so ergibt die W_W-Linie eine stetig ansteigende Gerade, deren Endordinate mit jener der W_F-Linie übereinstimmt.

Zieht man von den Ordinaten der W_F-Linie jene der W_W-Linie ab, so erhält man für einen Zylinder die Ordinaten der gesuchten W-Linie, d. h. der Überschußarbeit der Gase. Die bewegten Massen der Maschine speichern diesen Überschuß auf und geben ihn dann bei fallender Überschußarbeit W_F (ab Punkt 12 in Abb. 7.21) ab.

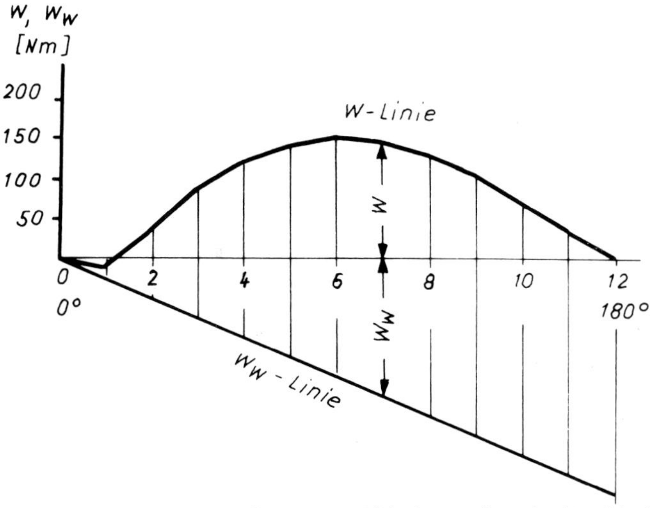

Hat die Maschine z Zylinder, so sind die W_P-Arbeiten der einzelnen Zylinder, sowie die W_W-Arbeiten zu summieren, wie es in Abb. 7.21 für den Vierzylinder kenntlich gemacht ist. Von der Waagerechten aus aufgetragen, ergeben die A-Ordinaten den Verlauf von Abb. 7.22, der sich für jede halbe Kurbeldrehung wiederholt.

Abb. 7.22: Arbeitsüberschußlinie und Arbeitslinie W_W der Wirkleistung eines Viertakt-4-Zylinder-Motors für eine halbe Kurbelwellenumdrehung

7.1.3.4 Trägheits-Energie-Diagramm

In einem beliebigen Augenblick ist die Wucht der reduzierten Massen aller Kurbeltriebe und ihrer Trägheitsmomente ohne Schwungradmasse

$$W = m_r' \cdot r^2 \cdot \frac{\omega_1^2}{2} = \Theta_r' \cdot \frac{\omega_1^2}{2} \tag{7.67}$$

wie schon in Gleichung 7.39 für einen Kurbeltrieb zum Ausdruck kam.

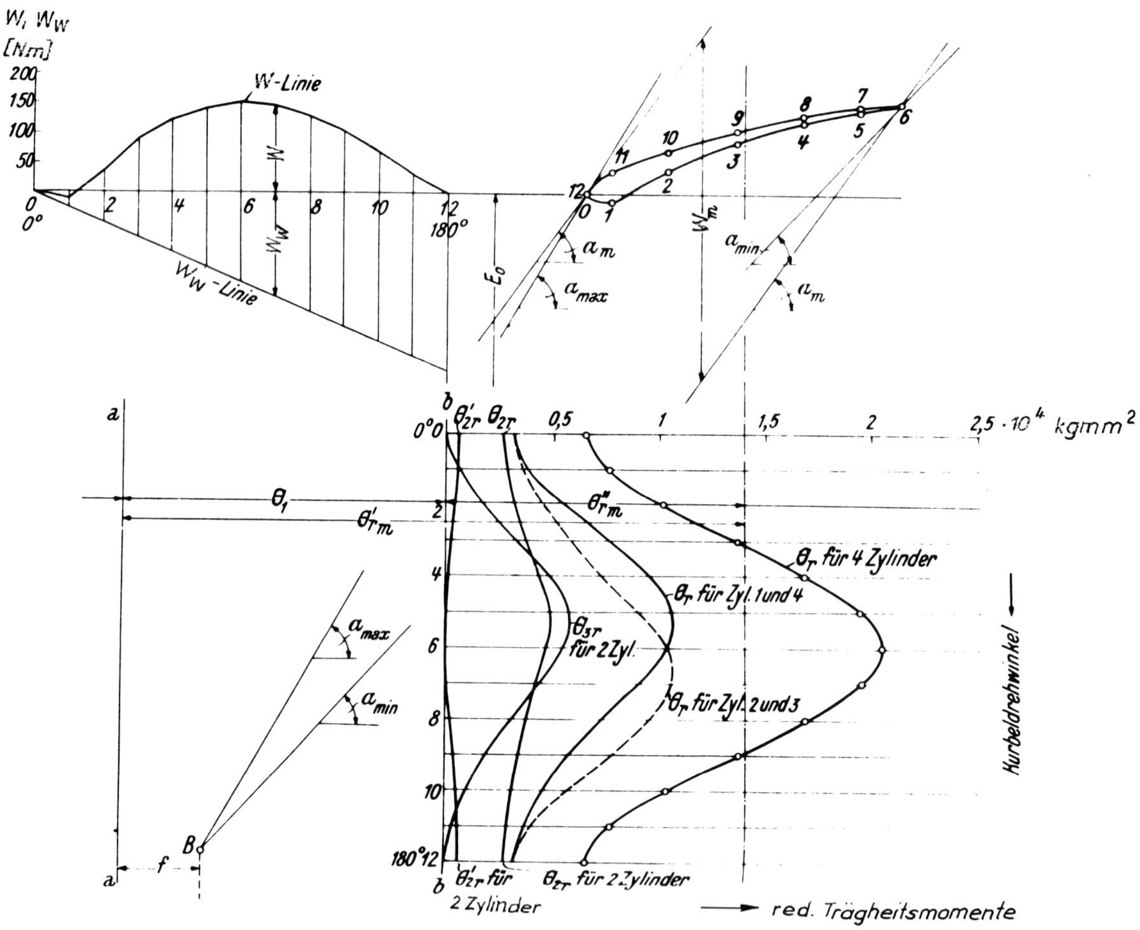

Abb. 7.23: Ermittlung des Trägheits-Energie-Diagramms mit Hilfe des Verlaufes der Einzelträgheitsmomente und des Verlaufes der Arbeitsüberschußlinie

Es werden nun den einzelnen Punkten der Arbeitsüberschußlinie W der Abb. 7.22 die einzelnen Punkte der entsprechenden reduzierten Trägheitsmomente in Abb. 7.23 zugeordnet, wobei im Falle des 4-Zylinders die gleichgerichteten Kurbeln 1 und 4, 2 und 3 (Abb. 7.24) eine Vereinfachung der Zeichnung ermöglichen. So entsteht z. B. für diese Maschine die geschlossene Kurve in Abb. 7.23 rechts oben. Der Maßstab für die Trägheitsmomente ist: 1 kgm^2 = e cm = k_4. Wegen der Verkleinerung zur Buchgröße sind die Maße in den Abb. 7.20 bis 7.24 nicht direkt abzunehmen, es ist jeweils eine Meßstrecke eingetragen.

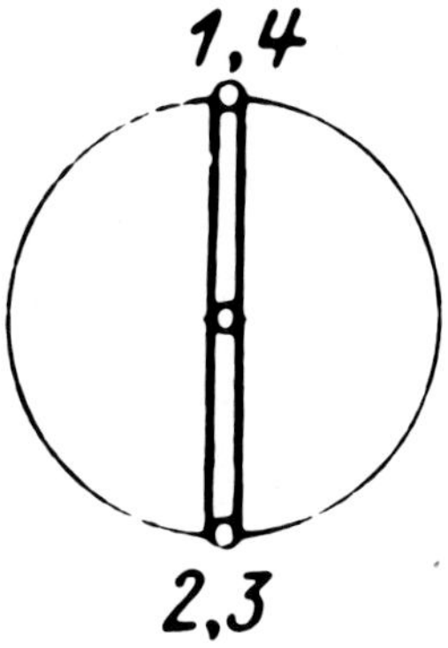

Abb. 7.24: Kurbelversetzung des Viertakt-4-Zylinder-Motors

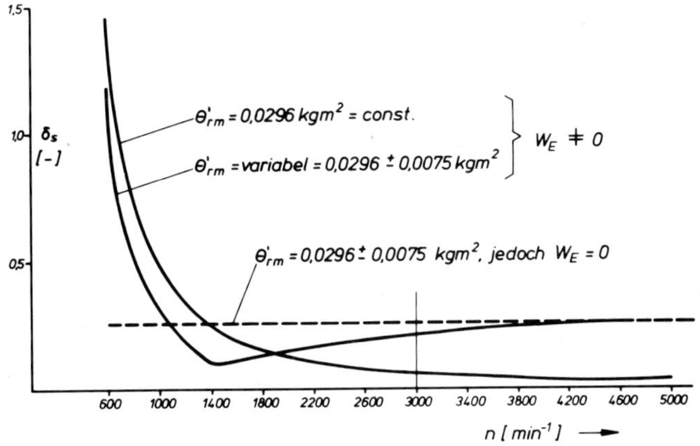

Abb. 7.25: Ungleichförmigkeitsgrade unter Annahme unterschiedlicher Randbedingungen

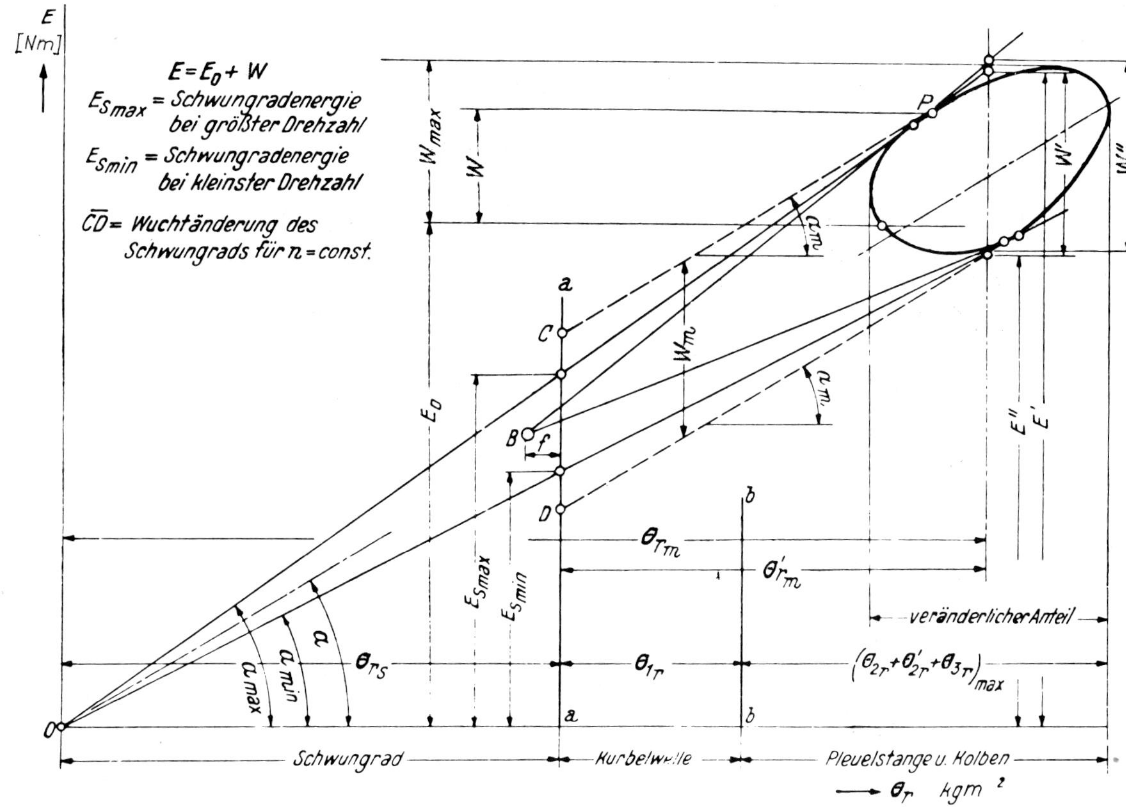

Abb. 7.26: Allgemeine Darstellung zur Auswertung des Trägheits-Energie-Diagramms

Aus der Auftragung in diesen Abbildungen kann man folgendes ablesen:

Beispiel: Ableitung des Trägheits-Energie-Diagrammes eines Viertakt-Vierzylinder-Otto-Motors mit

$D = 75$ mm ($A_K = 4420$ mm^2)

$S = 100$ mm ($r = 50$ mm)

$n = 3000$ U/min ($\omega = 314.16$ s^{-1})

$p_i = 6{,}9$ bar

$\Theta_1 = 0{,}0155$ kgm^2 (Trägheitsmoment der Kurbelwelle)

$\Theta_2 = 0{,}0467$ kgm^2 (Trägheitsmoment der Pleuelstange)

$m_2 = 0{,}944$ kg

$m_3 = 1{,}105$ kg

Aus den Diagrammen ergeben sich die folgenden Maßstabsfaktoren:

K_1 : 1 N = 0,00683 mm (in Abb. 7.20)

K_2 : 1 m = 1000 mm (da der Hub von 100 mm im Diagramm Abb. 7.20 mit 100 mm eingezeichnet ist)

K_3 : 1 Nm = $\frac{0{,}00683 \cdot 1000}{40} = 0{,}171$ (die Einheitsstrecke "1" ist in Abb. 7.20 gleich 40 mm angenommen)

K_4 : 1 kgm^2 = 6000 mm (siehe Abb. 7.23)

Die reduzierten Massenträgheitsmomente für die Abb. 7.23 sind:

Kurbelwelle: $\Theta_{1r} = \Theta_1 = 0{,}0155$ kgm^2

Pleuelstange: $\Theta_{3r} = m_3 \cdot r^2 \cdot (v_3/v_1)^2$; $\Theta'_{3r} = \Theta_3 \cdot (\omega_3/\omega_1)^2$; veränderlich

Kolben: $\Theta_{2r} = m_2 \cdot r^2 \cdot (v_2/v_1)^2$; veränderlich

Mittleres Trägheitsmoment von Pleuelstange und Kolben: $\Theta''_{rm} = 0{,}0141$ kgm^2

Mittleres Trägheitsmoment des Triebwerkes ohne Schwungrad:

$$\Theta'_{rm} = \Theta_{1r} + \Theta''_{rm} = 0{,}0155 + 0{,}0141 = 0{,}0296 \text{ kgm}^2$$

$$\tan \alpha_m = \frac{\omega_{rm}^2}{2} \cdot \frac{K_3}{K_4} = \frac{314{,}16^2}{2} \cdot \frac{0{,}171}{6000} = 1{,}4064 \rightarrow \alpha_m = 54{,}59^\circ$$

Mit Hilfe der an das Trägheits-Energie-Diagramm angelenkten Tangenten mit der Steigung α_m kann man die mittlere Arbeit W_m ermitteln, in diesem Falle

$$W_m = 97 \text{ mm} \cdot 1/K_3 = 97/0{,}171 = 567{,}25 \text{ Nm}$$

$$\delta_s = \frac{W_m}{\Theta'_{rm} \cdot \omega_{1m}^2} = \frac{567{,}250}{0{,}0296 \cdot 314{,}16^2} = 0{,}1942 = 1/5{,}15$$

mit $\omega_{1m} = \omega$

$$\tan \alpha_{max} = \tan \alpha_m \left(1 + \frac{\delta}{2}\right)^2 = 1{,}693 \rightarrow \alpha_{max} = 59{,}43^\circ$$

$$\tan \alpha_{min} = \tan \alpha_m \left(1 - \frac{\delta}{2}\right)^2 = 1{,}147 \rightarrow \alpha_m = 48{,}91^\circ$$

Für ein anderes δ_s z. B. $1/50 \rightarrow \delta_s = 0{,}02$ läßt sich das erforderliche Trägheitsmoment errechnen:

$$\Theta'_{rm} = \frac{W_m}{\delta_s \cdot \omega_{1m}^2} = \frac{567.250}{0{,}02 \cdot 314{,}16^2} = 0{,}2874 \text{ kgm}^2,$$

d.h. es ist in etwa die 10fache Triebwerksmasse erforderlich.

In ähnlicher Weise kann man aus dem Trägheits-Energie-Diagramm die wirksamen Arbeitsüberschüsse für andere Drehzahlen ω durch jeweiliges Anlegen der entsprechenden Tangente mit dem Winkel α_m bestimmen und die Ungleichförmigkeitsgrade δ_s bestimmen. Das Ergebnis ist in Abb. 7.25 grafisch dargestellt.

Ebenso kann man aus dem gleichen Diagramm der Abb. 7.23 feststellen, daß die Annahme eines konstanten Trägheitsmomentes (die Trägheits-Energie-Kurve degeneriert zu einer senkrechten Geraden) Einfluß auf den Ungleichförmigkeitsgrad hat. Da die Überschußarbeit W_m nunmehr konstant bleibt, wächst der Ungleichförmigkeitsgrad mit fallender Drehzahl quadratisch an (s.a. Abb. 7.25).

Man kann aus diesem Diagramm aber auch die logische Konsequenz ablesen, daß auch ein gleichmäßiger Antrieb ($W_p = 0$) dann einen ungleichförmigen Lauf des Triebwerkes ergibt, wenn die Massen nicht konstant sind (die Trägheits-Energie-Kurve degeneriert zu einer horizontalen Geraden); der Ungleichförmigkeitsgrad ist sodann unabhängig von der Drehzahl (Abb. 7.25).

Um Richtlinien für die Auswertung des Diagramms zu geben, sei nun für das Triebwerk nebst Schwungrad ein vereinfachtes Bild mit den wichtigsten Größen zugrundegelegt (Abb. 7.26). Für einen beliebigen Punkt der Kurve gilt Gleichung (7.60). Der Neigungswinkel α eines vom Koordinatenursprung 0 nach einem Punkt der Kurve gezogenen Strahles ist ein Maß für die Geschwindigkeit des Kurbelzapfens in der dem Punkt entsprechenden Stellung. Schneidet ein Strahl die Kurve zweimal, so sind die Geschwindigkeiten in den Kurbellagen, die den Schnittpunkten zugehören, gleich. Es gilt allgemein

$$\tan\alpha = \frac{W}{\theta_r'} \tag{7.68}$$

und wegen des obigen Ausdruckes für W

$$\tan\alpha = \frac{\omega_1^2}{2} \tag{7.69}$$

Mit den Maßstabsfaktoren K_3 und K_4 wird

$$\tan\alpha = \frac{\omega_1^2}{2}\cdot\frac{K_3}{K_4} \tag{7.70}$$

und daraus die Winkelgeschwindigkeit der Kurbel

$$\omega_1 = c\cdot\sqrt{\tan\alpha} \tag{7.71}$$

für die minutliche Wellendrehzahl

$$n = \frac{30\cdot\omega_1}{\pi} \tag{7.72}$$

Zieht man von 0 aus die Tangenten an die Kurve, so ergeben sich unter Weglassung der Maßstabsbeiwerte die größte und die kleinste Geschwindigkeit mit dem größten und kleinsten Winkel α aus

$$\tan\alpha_{max} = \frac{\omega_1{}^2_{max}}{2}\ ;\quad \tan\alpha_{min} = \frac{\omega_1{}^2_{min}}{2} \tag{7.73}$$

Liest man E' und E" auf der Lotrechten für θ_{rm} ab, so ist mit Anwendung von Gleichung (7.68) und (7.69)

$$W' - W'' = \theta_{rm}\ (\tan\alpha_{max} - \tan\alpha_{min}) = \frac{\theta_{rm}}{2}\ (\omega_{1max}^2 - \omega_{1min}^2) \tag{7.74}$$

was mit Gleichung (7.15) übergeht in

$$W' - W'' = \theta_{rm}\cdot\omega_{1m}^2\cdot\delta_s \tag{7.75}$$

Da bei Aufzeichnung des Diagramms W_0 nicht bekannt ist, schreibt man zweckmäßiger

$$W' = \theta_{rm}\cdot\omega_{1m}^2\cdot\delta_s \tag{7.76}$$

Die Aufzeichnung der Trägheits-Energie-Kurve hat die Ermittlung des Ungleichförmigkeitsgrades oder der Schwungradmasse zum Ziel.

7.1.3.5 Ungleichförmigkeitsgrad

α) Alle Massen sind gegeben:

Sind die Massen, also Triebwerksmassen und Schwungradmassen, bekannt und der Ursprung 0 zugänglich, so errechnet sich δ_s aus

$$\delta_s = \frac{W'}{\theta_{rm} \cdot \omega_{1m}^2} \tag{7.77}$$

hierin ist θ_{r_m} wegen der schwankenden Größe der reduzierten Trägheitsmomente von Kolben und Pleuelstange als Mittelwert von θ_r zu nehmen.

Sonst begnügt man sich mit einer Annäherung, die besonders bei großem Trägheitsmoment der Schwungmasse zulässig erscheint. Aus der gegebenen Drehzahl n der Maschine rechnet man die mittlere Winkelgeschwindigkeit

$$\omega_{1m} = \frac{\pi \cdot n}{30} \tag{7.78}$$

ferner

$$\tan \alpha_m = \frac{\omega_{1m}^2}{2} \cdot \frac{K_3}{K_4} \tag{7.79}$$

und daraus α_m. Man zieht sodann unter dem Winkel α_m zur Waagerechten die Tangenten an den geschlossenen Kurvenzug und erhält zwischen ihnen die von den Massen aufzunehmende Arbeit W_m; damit wird

$$\delta_s = \frac{W_m}{\theta_{rm} \cdot \omega_{1m}^2} \tag{7.80}$$

ß) Ohne zusätzliche Schwungmasse:

Es sei die Frage beantwortet, wie groß δ_s wird, wenn allein die Kurbeltriebmassen ohne Schwungrad vorhanden sind, was bei raschlaufenden Leichtmotoren wissenswert ist.

Da die waagerechte Ausdehnung der Trägheits-Energie-Kurve, d.h. die Trägheitsmomentenschwankung, in vielen Fällen klein ist im Verhältnis zu ihrem Abstand von der Linie a - a, das heißt des gesamten, dauernd wirksamen Trägheitsmomentes als Grenzlinie zu den Massen des Abtriebes, z. B. eines Getriebes, genügt in der Regel ein Näherungsverfahren. Unter Verwendung des in Gleichung (7.76) abgeleiteten α_m legt man unter diesem Winkel zwei Tangenten an die Trägheits-Energie-Kurve an, liest den senkrechten Betrag Wm ab und rechnet mit ihm, mit dem Mittelwert θ'_{rm} der Triebwerksmassen und mit $\omega_{1_m}^2$ den Ungleichförmigkeitsgrad δ_s aus:

$$\delta_s = \frac{W_m}{\theta'_{rm} \cdot \omega_{1m}^2} \tag{7.81}$$

Hat die Kurve größere Ausdehnung, d.h. sind α_{max} und α_{min} stark unterschiedlich, so bedarf der so ermittelte δ_s einer Korrektur. Mit δ_s und mit

$$\omega_{max} = \omega_{1m} \cdot \left(1 + \frac{\delta_s}{2}\right) \text{ und } \omega_{min} = \omega_{1m} \left(1 - \frac{\delta}{2}\right) \tag{7.82}$$

erhält man

$$\tan \alpha_{max} = \tan \alpha_m \cdot (1+\frac{\delta_s}{2})^2 \qquad (7.83)$$

$$\tan \alpha_{min} = \tan \alpha_m \cdot (1-\frac{\delta_s}{2})^2$$

und hieraus die Winkel α_{max} und α_{min}. Die Einzeichnung der Tangenten an die Kurve unter diesen Winkeln liefert ihren Schnittpunkt B, Abb. 7.23 und 7.26, der auf der Linie a - a liegen sollte. Eine merkliche Abweichung f, wie sie z.B. eintritt bei der Vielzylindermaschine mit beträchtlicher Längsausdehnung der Kurve, erfordert eine weitere Richtigstellung in folgender Weise. Man liest, ähnlich wie W' in Abb. 7.26 für die Gesamtträgheitsmomente, den Betrag W" zwischen den Tangenten auf der Achse für Θ_{rm} ab und rechnet mit ihm und Θ'_{rm}

$$\delta_s' = \frac{W''}{\Theta_{rm}' \cdot \omega_{1m}^2} \qquad (7.84)$$

Mit diesem δ_s' werden nun neue Winkel α'_{max} und α'_{min} gerechnet, sodann die Tangenten unter diesen Winkeln an die Kurve gelegt und ihr Schnittpunkt geprüft. Eine geringe Abweichung von der richtigen Lage ist belanglos.

7.1.3.6 Zusatz-Schwungmasse (Schwungrad)

Es liege die Aufgabe vor, die Schwungmasse für ein vorgeschriebenes δ_s zu bestimmen. Nach Errechnen von $\tan \alpha_{max}$ und $\tan \alpha_{min}$ aus Gleichung (7.83) und der zugehörigen Winkel legt man an die Energiekurve die Tangenten unter diesen Winkeln an, wodurch man den Ursprung O, das gesamte reduzierte Trägheitsmoment Θ_{rm} und die Anfangswucht W_0 erlangt. Von Θ_{rm} zieht man die Trägheitsmomente der Triebwerksmassen ab, und es bleibt das reduzierte Trägheitsmoment der Schwungmasse (Abb. 7.26)

$$\Theta_{rs} = \Theta_{rm} - \Theta'_{rm} \qquad (7.85)$$

Handelt es sich um ein Schwungrad auf der Kurbelwelle als Normalfall, so tritt Θ_s an Stelle von Θ_{rs}. Die zugehörige, auf den Kurbelhalbmesser bezogene Schwungmasse ist

$$M_{rs} = \frac{\Theta_s}{r^2} \qquad (7.86)$$

Fällt der Schnittpunkt der Tangenten außerhalb des Zeichenblattes, so greift man zum vorstehend beschriebenen Näherungsverfahren mit α_m und W_m. Es wird dann

$$\Theta_{rm} = \frac{W_m}{\delta_s \cdot \omega_{1m}^2} \qquad (7.87)$$

und daraus Θ_{rs} nach Abzug von Θ_{rm}'. Die hierbei eingesetzte Arbeit W_m ist gleich der Überschußarbeit bei unveränderlicher Kurbelwellendrehzahl; sie nähert sich um so mehr dem tatsächlichen Wert W', je größer Θ_{rs} gegenüber den Triebwerksmassen ist. Das Schwungradgewicht wird etwas größer als bei genauer Ermittlung der Größe W' und deckt sich annähernd mit dem Gewicht, das mit Hilfe des Tangentialkraftdiagrammes erhalten wird.

7.1.3.7 Vergleich der verschiedenen Zylinderzahlen

Es liegt nahe, einen allgemeinen Vergleich der verschiedenen Motorgattungen mit den zugehörigen Arbeitsdiagrammen unter Einbeziehung der Glieder höherer Ordnung der Trägheitsmomente hinsichtlich des Wuchtausgleiches und des Gleichförmigkeitsgrades zu ziehen.

Diese umfangreiche Arbeit hat KOSNEY /15/ durchgeführt und muß zwangsläufig zu ähnlichen Ergebnissen führen wie die Auswertung der Kurvenscharen nach Abb. 7.12. KOSNEY hat die Trägheits-Energie-Kurven für verschiedene Zylinderzahlen abgeleitet, wovon Abb. 7.27 einige Beispiele bringt.

Darin ist der Maßstab für die einzelnen Zylinderzahlen um so größer gewählt,

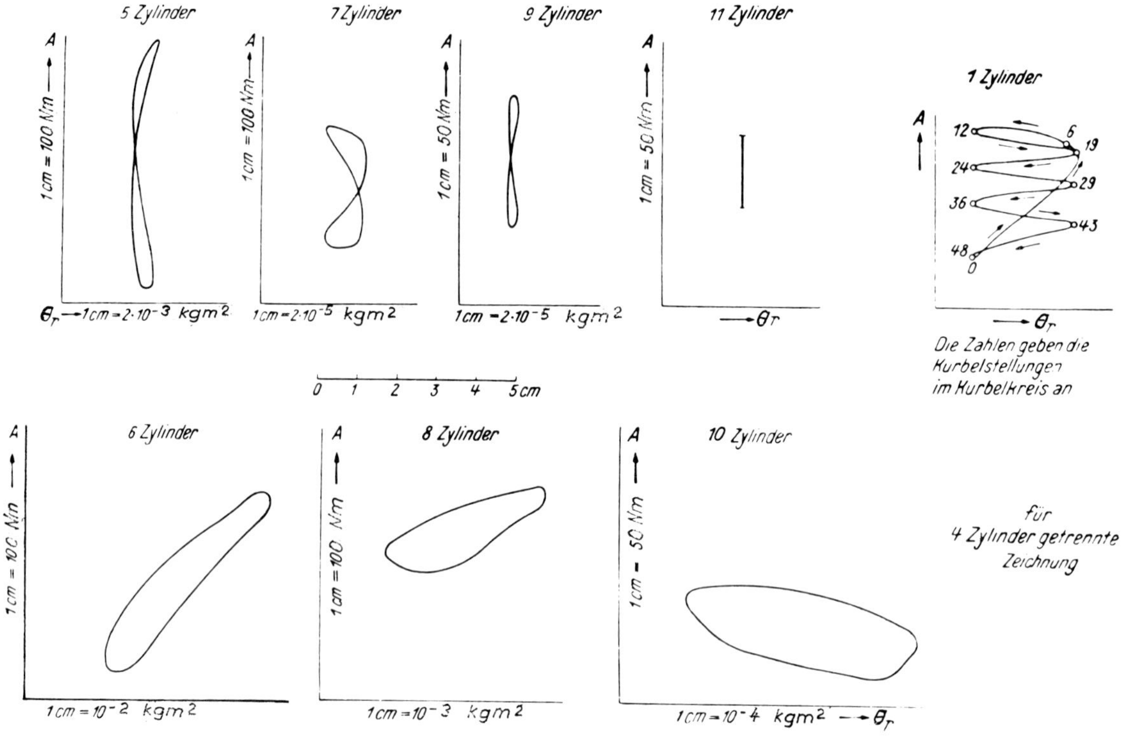

Abb. 7.27: Verlauf der Trägheits-Energie-Kurven für Motoren verschiedener Zylinderzahlen von Viertakt-Leichtmotoren

je höher die Ordnung der verbleibenden harmonischen Glieder der reduzierten Trägheitsmomente ist. Verzichtet man auf die Glieder höherer Ordnung von kleinem Betrag, so erscheint die Kurve des Fünf-, Sieben- und Neunzylinders als lotrechte Gerade ($\Delta\theta = 0$!). Des Vergleiches halber ist der Kurvenzug für die Einzylindermaschine beigefügt. Der Kurvenzug wiederholt sich bei Viertakt nach einem Drehwinkel der Kurbel $\Psi = 720^0/z$ bei z Zylindern, mithin beim Einzylinder alle 720°, beim Fünfzylinder alle 144^0 usw.

KOSNEY hat ferner "natürliche" Gleichförmigkeit der gesetzmäßig aufgebauten Leichtmotorenreihen (d.h. ohne Schwungräder) bei Vorhandensein der Triebwerksmassen allein durch Auswertung der Gleichungen aus den Tafeln 7.E und 7.G festgestellt. Vergleicht man den Verlauf des Ungleichförmigkeitsgrades

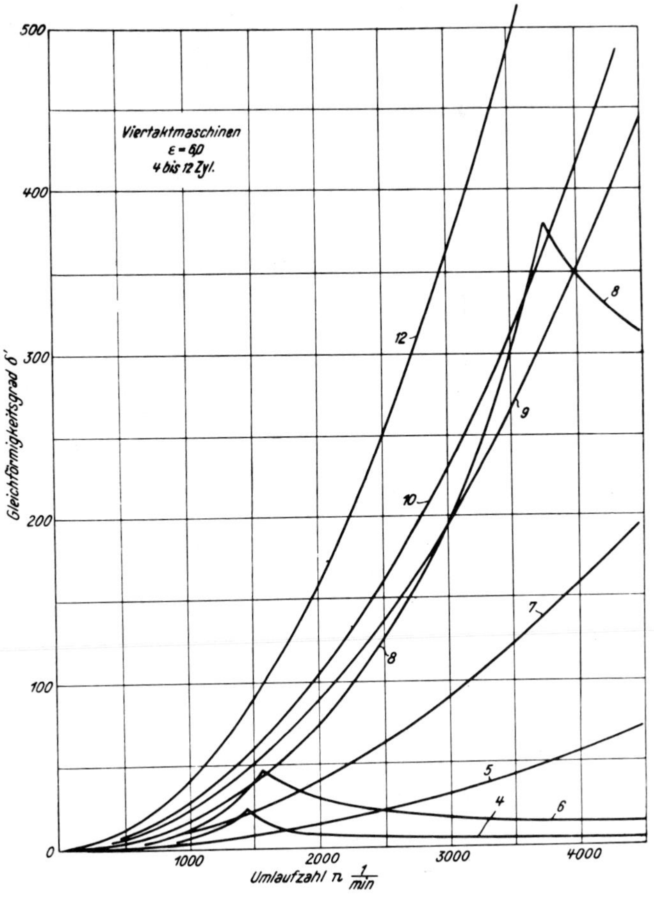

Abb. 7.28: Gleichförmigkeitsgrad δ' für verschiedene Zylinderzahlen von Otto-Motoren in Abhängigkeit von der Drehzahl nach KOSNEY (Θ = 0,154, $m_2 \cdot r^2$ = 0,018, Θ_2 = 0,035, $m_3 \cdot r^2$ = 0,02 kgm², pi = 8 bar)

der Abb. 7.26 mit dem des 4-Zylinder-Reihenmotors der Abb. 7.12, so erkennt man charakteristische Übereinstimmungen. Der Kehrwert, der Gleichförmigkeitsgrad $\delta' = 1/\delta_s$, über den Drehzahlen aufgetragen, zeigt Kurven von vergleichbarem Grundcharakter. Mit zunehmender Drehzahl steigt δ' auf einen Höchstwert (Abb. 7.28), fällt dann ab und nähert sich asymptotisch der Geraden, die die Gleichförmigkeit der Massen allein, also ohne Wirken der Gaskräfte, angibt. Nur bei einem Wuchtausgleich 2. bis 4. Ordnung, der den Zylinderzahlen 4, 6, 8 zugeordnet ist, fällt das Maximum in das Gebiet zwischen 500 und 5000 U/min, in dem die heutigen Ausführungen arbeiten. Weiter ab liegt das Maximum für die ungeraden Zahlen 5, 7, 9 und Viertakt und gerade sowie ungerade Zylinderzahlen und Zweitakt.
Abb. 7.28 gibt eine Übersicht über die Verhältnisse bei Vergasermotoren mit gleichem Verdichtungsverhältnis ε = 6. Man sieht daraus, daß der Viertakt-4-Zylinder-Motor um 1500 U/min das beste δ' liefert, der 5-Zylinder hier ungleichförmiger arbeitet, daß jedoch von 2500 U/min aufwärts der 5-Zylinder günstiger ist; denn hier liegt der 4-Zylinder auf dem absteigenden Ast von δ' und verhält sich unbefriedigend. Der 6-Zylinder gibt den Bestwert zwischen 1500 und 2000 Umdrehungen je nach Verdichtung und verschlechtert sich von da ab zusehends; die Gleichförmigkeit des 6-Zylinders wird vom 5-Zylinder im Gebiet von 3500 bis 4000 U/min übertroffen. Der 8-Zylinder läuft am gleichmäßigsten zwischen 3500 bis 4000 U/min. Ein vergleichbares Verhalten zeigen die Reziprokwerte der entsprechenden Zylinderzahlen von Abb. 7.12.

Manche Zylinderzahlen besitzen einen so guten Gleichförmigkeitsgrad, daß ein Schwungrad entbehrlich erscheint, indessen können andere Rücksichten für Anwendung einer Schwungmasse sprechen. Abfallende Drehzahl bei Vollgas, wie z. B. bei erhöhtem Widerstand am Fahrzeug in der Steigung, zeitigt eine Verschlechterung der Gleichförmigkeit, beim 4-Zylinder stärker als beim 5-Zylinder. Die Erhöhung des Verdichtungsverhältnisses und des Zünddruckes verschiebt den Bestwert von δ' in das Gebiet etwas höherer Drehzahlen. Will man also ein bestimmtes δ' für die Normaldrehzahl einhalten, so ist diese Drehzahl hinaufzuverlegen, wie Abb. 7.29 für den 6-Zylinder zu entnehmen ist.

Die Verhältnisse liegen ähnlich bei den Dieselmotoren, die Werte der oszillierenden Massen steigen insbesondere bei hochaufgeladenen Motoren beträchtlich an.

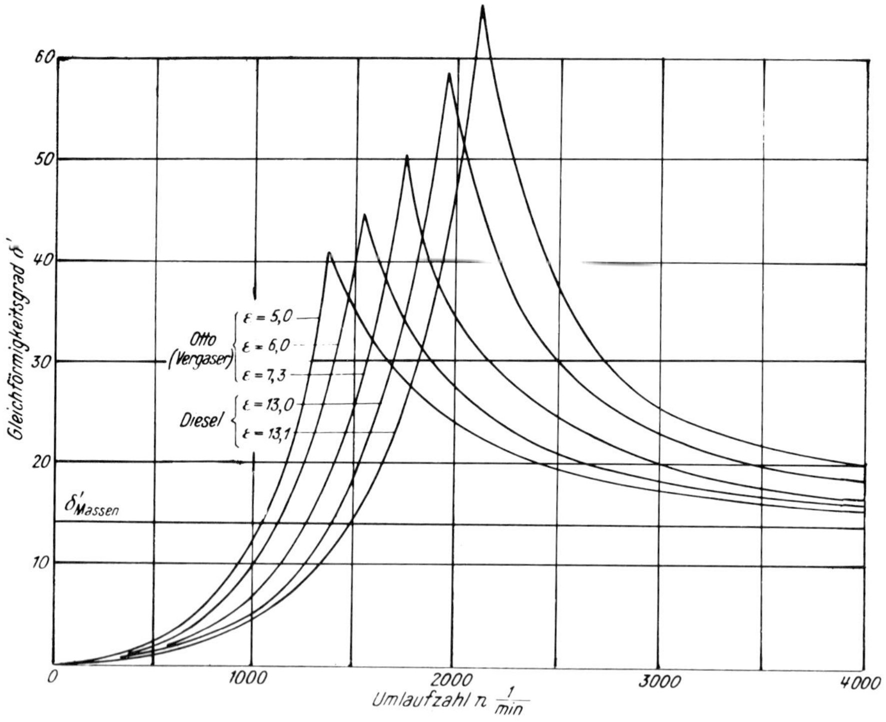

Abb. 7.29: Einfluß des Verdichtungsverhältnisses ε auf den Gleichförmigkeitsgrad δ' eines 6-Zylindermotors (Diesel ε = 13,1 mit Einblasung!)

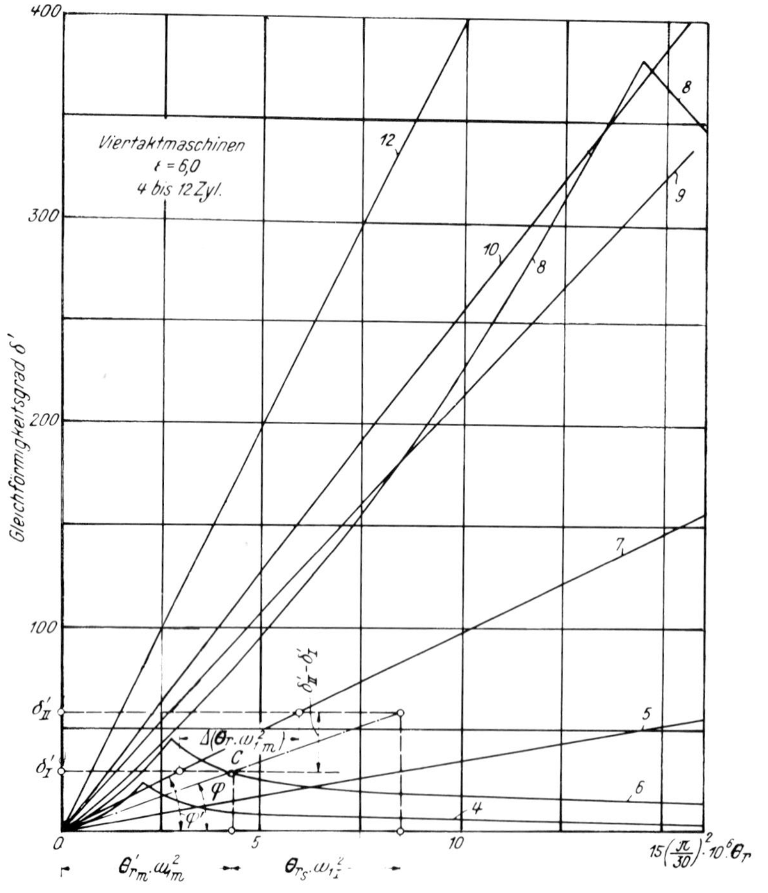

Abb. 7.30: Gleichförmigkeitsgrad δ' für verschiedene Zylinderzahlen von Ottomotoren in Abhängigkeit von $\Theta \cdot \omega_1{}^2$

Bei Zweitakt steigt für je gleiche Zylinderzahl der Gleichförmigkeitsgrad rascher als bei Viertakt, so daß mit verhältnismäßig niedrigen Drehzahlen und recht gutem δ' gearbeitet werden kann.

Aus diesen Ergebnissen ist festzuhalten, daß einer bestimmten Zylinderzahl eine passende Drehzahl zuzuordnen ist, um die größte Gleichförmigkeit δ' des Ganges zu erreichen.

Das wirkliche Verhalten der Welle wird zusätzlich von ihren elastischen Eigenschaften und ihren Drehschwingungen beeinflußt, worauf bereits hingewiesen wurde und in Band 3 der neuen Folge dieser Schriftenreihe ausführlich eingegangen wird.

Abb. 7.29 bietet eine nützliche Möglichkeit der Abwandlung. Zeichnet man die Kurven so um, daß δ' in Abhängigkeit von $(\Theta_r \cdot \omega_1^2)$ aufgetragen wird (Abb. 7.30), so gehen manche der Kurven in gerade Linien über, wie bei 5, 7, 9, 10 und 12 Zylindern, da hierfür der Wert A' für wechselndes ω_1 der Kurbelwelle so gut wie unveränderlich ist, dank dem fast konstanten Θ_r. Da die Kurven sich auf die Kurbeltriebmassen beziehen, tritt an Stelle von Θ_r das Trägheitsmoment Θ_r' der Getriebeteile und bei veränderlichem Θ_r' der Mittelwert Θ'_{rm}.

Verbindet man in Abb. 7.30 den Ursprung O mit einem beliebigen Punkt C einer Kurve für gerade Zylinderzahl, z.B. für sechs Zylinder, so schließt die Gerade $\overline{CO}$ mit der Abszissenachse den Winkel φ ein. Dieser stellt eine Beziehung zum Arbeitsüberschuß her; denn es ist

$$\cot\varphi = \frac{\theta_{rm} \cdot \omega_{1m}}{\delta'_I} \tag{7.88}$$

oder mit (7.84) und mit $\delta'_I = \frac{1}{\delta_s}$

$$\cot\varphi = W'' \tag{7.89}$$

Dem Punkt C gehört ein bestimmtes δ_I' bei der Drehzahl n_I und der Winkelgeschwindigkeit ω_{1I} zu. Will man ein höheres $\delta' = \delta_{II}'$ erreichen, so kann man aus Abb. 7.30 ablesen, welches $(\Theta_{rs} \cdot \omega_{1II}^2)$ und damit welche Schwungmasse bei gleichem ω_{1I} zuzufügen ist.

Für die Zylinderzahlen 5, 7, 9, 10 und 12 ist wegen des geraden Verlaufes der Linie der Winkel φ unveränderlich und schon durch die Neigung der Geraden für die jeweilige Zylinderzahl gegeben. Soll z.B. für den Siebenzylinder der Wert δ_I' auf δ_{II}' steigen, so entnimmt man aus Abb. 7.30, um wieviel das $(\Theta_r \cdot \omega_1^2)$ zunehmen muß; dabei gilt

$$\begin{aligned} \Delta(\theta_r \cdot \omega_{1m}^2) &= (\theta_r \cdot \omega_{1m}^2)_{II} - (\theta_r \cdot \omega_{1m}^2)_I \\ &= (\delta'_{II} - \delta_I') \cot\varphi' \\ &= (\delta'_{II} - \delta'_I) \cdot W \end{aligned} \tag{7.90}$$

und W = W' = W''.

Es kann ω_1^2, mithin die Drehzahl n, bei gleichem Θ_r oder Θ_r bei gleichem n oder auch Θ_r und n zugleich geändert werden.

7.1.4 Einfluß der Schwankung des Massenträgheitsmomentes und der Parameter-Erregung auf den Ungleichförmigkeitsgrad

Der ungleichförmige Lauf der Hubkolbenmaschine ist eine Folge des veränderlichen Drehmomentes bzw. der an den Kurbelzapfen wirkenden veränderlichen Tangentialkräfte. Veränderlich mit dem Kurbelwinkel Ψ sind dabei nicht allein die Gaskräfte, sondern auch die von den oszillierenden Massen herrührenden Wirkungen. Die Schwerpunkte von Kolben und Pleuelstange ändern laufend ihre Position zur Kurbelwelle und haben damit an der Kurbelwelle die Wirkung sowohl eines mit dem Kurbelwinkel veränderlichen Drehmomentes als auch eines veränderlichen Massenträgheitsmomentes. Die in Kapitel 4.2.3.3 angegebene Herleitung führt auf folgende Darstellung:

$$\Theta(\psi)\cdot\ddot{\psi}+\frac{1}{2}\cdot\Theta'(\psi)\cdot\dot{\psi}^2 = M(\psi) \tag{7.91}$$

Für das Massenträgheitsmoment $\Theta(\Psi)$, welches konstante und mit dem Kurbelwinkel Ψ veränderliche Anteile enthält, und für dessen Ableitung $\Theta'(\Psi)$ gelten die folgenden Beziehungen:

$$\Theta(\psi) = \Theta_C + m_1\cdot r^2 + (m_2+m_K)\cdot r^2\cdot x'^2 + m_3\cdot r^2\cdot(u'^2+w'^2) \tag{7.92}$$

$$\frac{1}{2}\cdot\Theta'(\psi) = (m_2+m_K)\cdot r^2\cdot x'\cdot x'' + m_3\cdot r^2\cdot(u'\cdot u''+w'\cdot w'') \tag{7.93}$$

oder in der FOURIER-Darstellung (Koeffizienten siehe Kapitel 4.2.3.3)

$$\Theta(\psi) = \Theta_C + m_1\cdot r^2 + (m_2+m_K)\cdot r^2\cdot\left[A_0+\Sigma A_K\cdot\cos(k\cdot\psi)\right] + m_3\cdot r^2\cdot\left[A_{30}+\Sigma A_{3K}\cdot\cos(k\cdot\psi)\right] \tag{7.94}$$

$$\frac{1}{2}\cdot\Theta'(\psi) = -\left[(m_2+m_K)\cdot r^2\cdot\Sigma B_K\cdot\sin(k\cdot\psi) + m_3\cdot r^2\cdot\Sigma B_{3K}\cdot\sin(k\cdot\psi)\right] \tag{7.95}$$

Die Größen X', X'', U', U'', W', W'' in (7.92) und (7.93) sind Variable des Kurbelwinkels (vergl. Kapitel 4.2.3.3), Θ_C ist das Massenträgheitsmoment der Kurbelkröpfung, m_K die Kolbenmasse, m_1, m_2, m_3 sind die Ersatzmassen der Pleuelstange. Wird auf die genaue Erfassung des Massenträgheitsmomentes der Pleuelstange verzichtet und diese nur in einen oszillierenden und einen rotierenden Anteil aufgeteilt, so entfällt der m_3 enthaltende Term, wobei m_1 und m_2 andere Beträge annehmen (vergl. Kapitel 4.2).

Im folgenden wird vorausgesetzt, daß der betrachtete Kurbeltriebsmechanismus verlustfrei und nicht elastisch verformbar sowie starr mit den anderen Drehmassen des Systems verbunden ist. Es treten somit keine dämpfenden und elastischen Momente wie im Rechenansatz der Torsionsschwingungen auf. Das Massendrehmoment ist dann im Gleichgewicht mit dem Gasdrehmoment, wenn bei letzterem vorausgesetzt wird, daß der Mittelwert gleich Null ist, d.h. wenn das mittlere indizierte Drehmoment außer Betracht bleibt. Gleichung (7.91) enthält dann auf der rechten Seite das Gasdrehmoment und beschreibt die Bewegung eines starren Kurbeltriebs-Mechanismus um einen stationären mittleren Zustand, nämlich die mittlere Drehzahl n oder mittlere Winkelgeschwindigkeit ω . Die Wirkung mehrerer Kurbeltriebe ergibt sich aus der Überlagerung der Einzelwirkungen unter Beachtung der durch die Zündwinkel beschriebenen Phasenverschiebung. Da voraussetzungsgemäß ein System von starr miteinander verbundenen Drehmassen betrachtet wird, sind die sonstigen Massenträgheitsmomente, z.B. dasjenige des Schwungrades, zum unveränderlichen Betrag zu addieren.

Der Kurbelwinkel ψ setzt sich zusammen aus der gleichförmigen Drehung ωt und der überlagerten Wechselbewegung φ.

Es gilt somit

$$\psi = \omega t + \varphi \qquad \dot{\psi} = \omega + \dot{\varphi} \qquad \ddot{\psi} = \ddot{\varphi} \tag{7.96}$$

Die TAYLOR-Entwicklung der drei vom Kurbelwinkel ψ abhängigen Terme in 7.91 lautet damit

$$\begin{aligned} \Theta(\psi) &= \Theta(\omega t) + \Theta'(\omega t)\cdot\varphi + \tfrac{1}{2}\cdot\Theta''(\omega t)\cdot\varphi^2 + \ldots \\ \Theta'(\psi) &= \Theta'(\omega t) + \Theta''(\omega t)\cdot\varphi + \tfrac{1}{2}\cdot\Theta'''(\omega t)\cdot\varphi^2 + \ldots \\ M(\psi) &= M(\omega t) + M'(\omega t)\cdot\varphi + \tfrac{1}{2}\cdot M''(\omega t)\cdot\varphi^2 + \ldots \end{aligned} \tag{7.97}$$

Einsetzen in 7.91 ergibt bei Berücksichtigung der Glieder bis zur 2. Ordnung und mit Einführung von

$$E(\omega t) = M(\omega t) - \tfrac{1}{2}\cdot\Theta'(\omega t)\cdot\omega^2 \tag{7.98}$$

$$\begin{aligned} &\Theta(\omega t)\cdot\ddot{\varphi} + \Theta'(\omega t)\cdot\omega\cdot\varphi + \Theta'(\omega t)\cdot\ddot{\varphi}\cdot\varphi + \tfrac{1}{2}\cdot\Theta'(\omega t)\cdot\dot{\varphi}^2 + \Theta''(\omega t)\cdot\omega\cdot\dot{\varphi}\cdot\varphi = \\ &\qquad E(\omega t) + E'(\omega t)\cdot\varphi + \tfrac{1}{2}\cdot E''(\omega t)\cdot\varphi^2 \end{aligned} \tag{7.99}$$

Die vom Lösungs-Parameter φ bzw. dessen Ableitungen nach der Zeit abhängigen Terme bezeichnet man als parameter-erregt. Gleichung (7.99) beschreibt damit einen periodischen Vorgang, bei dem der von der Zwangserregung $E(\omega t)$ bewirkten Bewegung parameter-erregte Bewegungen überlagert sind und bei der das Massenträgheitsmoment (des Kurbeltriebes) eine Zeit-Variable ist.

Die zuvor dargestellte TAYLOR-Entwicklung ist von verschiedenen Verfassern /16/, /17/, /18/ auf das Torsionsschwingungsproblem angewandt worden, dann aber in der linearisierten Form. Linearisierung bedeutet, daß in (7.99) die drei Terme unmittelbar links vom Gleichheitszeichen und der äußerste rechte Term auf der Erregungsseite entfallen. Bei der Anwendung auf das Ufg-Problem muß jedoch bedacht werden, daß bei niederen Drehzahlen und insbesondere bei Motoren kleiner Zylinderzahl und/oder kleinem Massenträgheitsmoment die Winkel φ relativ große Werte annehmen und durch die Linearisierung hierbei ein nicht unerheblicher Fehler auftritt.

Wegen der dann wesentlich einfacheren Ermittlung von φ werden in konventionellen Berechnungen die parameter-erregten Terme vernachlässigt, und beim Massenträgheitsmoment wird der konstante Wert lediglich um den zeitlichen Mittelwert des schwankenden Anteils vergrößert. Dieser Mittelwert ergibt sich in Gleichung (7.94) unmittelbar mit den Koeffizienten A_o und A_{3o} und mit Vernachlässigung der cos-Funktionen.

Für die konventionelle Berechnung gilt mit den bisherigen Bezeichnungen die folgende Darstellung

$$\theta \cdot \ddot{\varphi} = E(\omega t) \tag{7.100}$$

Die Erregung $E(\omega t)$ setzt sich aus dem Gas- und Massendrehmoment zusammen für die als gleichförmig angenommene (= mittlere) Drehzahl bzw. Winkelgeschwindigkeit (s. Gleichung 7.98).

Es erhebt sich nun die Frage, welchen Einfluß die in der konventionellen Berechnung vernachlässigte Parameter-Erregung und die vernachlässigte Schwankung des Kurbeltriebs-Massenträgheitsmomentes haben. In Abb. 7.31 sind für verschiedene Motoren die prozentualen Abweichungen aufgetragen, die sich aus der Berechnung des Ungleichförmigkeitsgrades mit Berücksichtigung der Parameter-Erregung und der Massenträgheitsmoment-Schwankung gegenüber der konventionellen Berechnung ergeben. Die Berücksichtigung der Schwankungs-Größen ergibt etwas kleinere Ufg-Werte als das konventionelle Vorgehen. Als Abszissen-Maßstab wurde in Abb. 7.31 das auf Hubvolumen und Quadrat des Kurbelradius bezogene (Gesamt-) Massenträgheitsmoment einschließlich des Mittelwertes aus dem Schwankungsanteil gewählt. Diese Verhältniszahl ist zwar nicht dimensionslos, ergibt aber bei unterschiedlichen Motoren vergleichbare Zahlenwerte. Die Punkte am linken Ende der Kurven (Abszissenwerte zwischen 0,1 und 0,2) gelten dabei für den theoretischen Grenzfall des Motors ohne Schwungrad. Den Verhältnissen der ausgeführten Motoren entsprechen dagegen Abszissenwerte > 0,4.

Wegen der geringen Abweichungen hat die Erfassung der Parameter-Erregung und der Massenträgheitsmomentschwankung keine praktische Bedeutung für die Ermittlung des Ungleichförmigkeitsgrades. Das weniger Aufwand erfordernde, konventionelle Verfahren ist sicherlich vollkommen ausreichend, zumal der Ungleichförmigkeitsgrad eher als Vergleichsgröße gesehen werden sollte. In der Praxis muß man davon ausgehen, daß der tatsächliche (z.B. gemessene) Ufg schlechter ist als der theoretisch ermittelte. Die Gründe hierfür sind Unregelmäßigkeiten der Verbrennung und Leistungsdifferenzen der Zylinder untereinander, die in verstärktem Maße bei niederen Drehzahlen und niedrigen Lasten bzw. Leerlauf auftreten. Bei Mehrzylinder-Motoren bewirken im mittleren und höheren Drehzahlbereich die Torsionsschwingungen des Motortriebwerkes eine Verschlechterung des unter Annahme eines starren Systems ermittelten Ungleichförmigkeitsgrades.

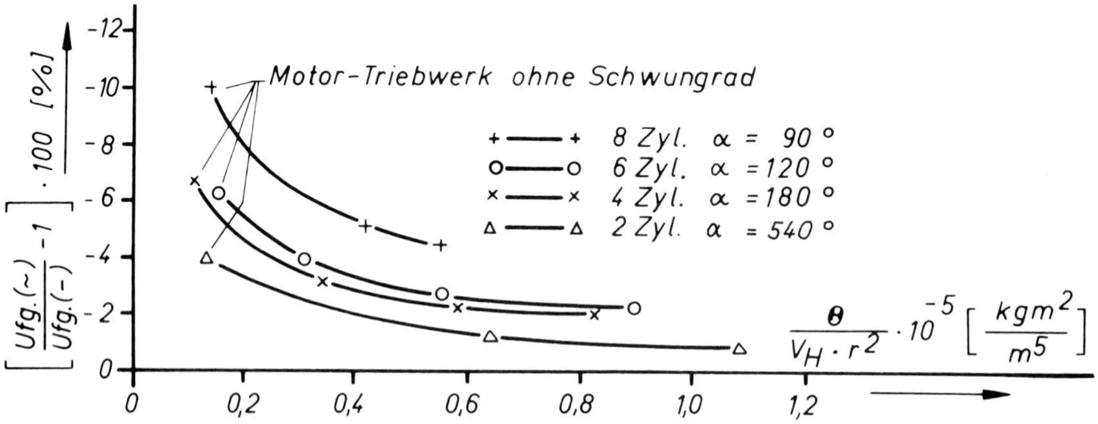

Abb. 7.31: Prozentuale Abweichung des rechnerischen Ungleichförmigkeitsgrades mit Berücksichtigung der Parameter-Erregung und Massenträgheitsmoment-Schwankung (Ufg(~)) gegenüber dem konventionell ermittelten Ufg(-) (konstantes Massenträgheitsmoment und Erregermoment als Funktion der mittleren Drehzahl); die Berücksichtigung der Schwankungsanteile ergibt kleinere rechnerische Ufg.

7.2 Anforderungen an den Gleichlauf

Wäre die Drehmomentenschwankung nicht mit einer Winkelgeschwindigkeitsänderung der Antriebswelle gekoppelt, würde die Größe des Wechseldrehmomentes - bis auf die Auslegung der Fundamentierung - überhaupt keine Rolle spielen. Dies wäre z.B. der Fall, wenn die Arbeitsmaschine den gleichen Drehmomentenverlauf hätte wie die Kraftmaschine. Die Größe W_m der Abb. 7.23 wäre dann zu jeder Zeit Null. Im Regelfall trifft dies jedoch nicht zu, so daß die alternierende Winkelgeschwindigkeit, der Ungleichförmigkeitsgrad der Maschine, eine Reihe von Schwierigkeiten in der Anlage aufwerfen, die eine Beschränkung der Ungleichförmigkeit erfordern. Die Gründe hierfür können verschiedener Natur sein, sei es das Wechselfestigkeitsverhalten des Wellenstranges, das erforderliche Gleichmaß für die Arbeitsmaschine, Schwingungen und Geräusche u.a.m. In den wenigsten Fällen kann eindeutig ein erforderlicher Ungleichförmigkeitsgrad (Ufg) genannt werden - in der Regel lautet die Devise, je kleiner desto besser. Nach den Darstellungen des Abschnittes 7.1 kann man jeden Ungleichförmigkeitsgrad durch eine entsprechende Schwungmasse erzwingen, so daß schließlich wieder wirtschaftliche Erwägungen den Ausschlag zur Bestimmung der Schwungradgröße ergeben, nach der Devise: so klein wie möglich (verantwortbar) und so groß wie nötig (wirtschaftlich vertretbar).

In diesem Bereich der Ungewißheit der notwendigen Anforderungen (das einfach Wünschbare ist stets zu teuer) und einer noch marktgerechten Lösung spielen sich dann auch die meisten Kämpfe zwischen Motorenhersteller und Anlagenbauer ab, wenn eine dann doch zu große Ungleichförmigkeit des Antriebes Schaden an der Anlage erzeugt. Dabei ist es wichtig, daß die Anforderungen im gesamten Betriebskennfeld bekannt sind, da wir den großen Drehzahleinfluß auf die erforderliche Schwungradgröße zur Erlangung eines erforderlichen Ungleichförmigkeitsgrades bereits kennen gelernt haben. Aus den Zusammenhängen zwischen Ausschlagswinkel, Winkelgeschwindigkeit, Winkelbeschleunigung und Gleichförmigkeit wird auch klar, daß man sehr genau wissen muß, durch welche Kriterien die Maschine Schaden erleidet (z.B. Wechselwinkel bei Spielüberbrückung oder Winkelbeschleunigung bei Wechselbeanspruchungen). Für eine Nenndrehzahl mag der Ufg allein als Kriterium ausreichen (z.B. Pumpen mit Elektromotorantrieb), wenn jedoch die gleichen Pumpen mit variabler Drehzahl durch einen Hubkolbenmotor angetrieben werden, reicht diese Aussage in der Regel nicht mehr aus.

Seit Einführung der drehelastischen Kupplungen hat sich das Thema etwas entschärft, da man - bei richtiger Auslegung - im überkritischen Bereich - den schwellenden Winkelgeschwindigkeitsverlauf der Verbrennungskraftmaschine für die angetriebene Maschine erheblich glätten kann. Somit kommt man zu einem Ufg für die Arbeitsmaschine, der sonst nur mit sehr großen Schwungrädern erzeugt werden könnte. Bei Motoren mit großem Drehzahlverstellbereich muß man allerdings darauf achten, daß der gesamte Betriebsdrehzahlbereich frei von Resonanzen im Schwingungssystem Motor - Arbeitsmaschine mit der Kupplung als Federglied ist. Eine drehelastische Kupplung kann in der Praxis eine große Hilfe sein, doch bedarf es einer exakten Auslegung, soll diese Kupplung nicht das schwächste Glied im Antriebsstrang sein. Schließlich stellt man auch noch fest, daß auch die elastische Kupplung Geld kostet, was weniger erfreut zur Kenntnis genommen wird.

7.2.1 Allgemeine Angaben zum erforderlichen Ungleichförmigkeitsgrad

Wie angedeutet, kann es keine allgemein gültigen Forderungen an den gleichförmigen Gang einer Verbrennungskraftmaschine geben. Der mindestens geforderte Ungleichförmigkeitsgrad δ_S hängt von dem Verwendungszweck der Maschine ab. Als zweckmäßige Werte werden allgemein Werte nach Tafel 7.H erachtet.

δ_s = 1/20 - 1/30	für Pumpen und Gebläse
1/40	für Werkstattmaschinen, Webstühle, Papiermaschinen
1/50	für Mahlmühlen
1/60	für Spinnereimaschinen (niedrige Garnnummer)
1/100	für Spinnereimaschinen (höhere Garnnummer)
1/70 - 1/100	für Dynamomaschinen (Krafterzeugung)
1/150 - 1/200	für Dynamomaschinen zum Lichtbetrieb (Gleichstrom)
1/300	für Drehstromgeneratoren
1/180 - 1/300	für Fahrzeugmotoren
bis zu 1/1000	für Flugmotoren

Tabelle 7.H: Allgemeine Angaben zu Ungleichförmigkeitsgraden von Maschinenanlagen

Bei den Flugmotoren stellt sich der hohe Gleichförmigkeitsgrad infolge der hohen Zylinderzahl und des relativ großen Luftschraubenträgheitsmomentes ein. Für den Einzelfall ergeben sich jedoch Forderungen, die weit von diesen Faustwerten abweichen können. Dies gilt besonders dann, wenn in den Anlagen Schwingungen auftreten, die durch den ungleichmäßigen Gang der Maschine angeregt werden. Aber auch spezielle Arbeitsmaschinen, wie z.B. manche Bauarten von Axialkolbenpumpen, können besondere Maßnahmen erfordern.

7.2.2 Abweichungen vom Gleichlauf

Der Ungleichförmigkeitsgrad, wie er durch die Gleichung 7.15 festgelegt ist, und die weiteren darauf beruhenden Ermittlungen nehmen keine Rücksicht auf die zurückgelegten Drehwinkel, auf die Anzahl der Schwankungen der Geschwindigkeit innerhalb einer Wellenumdrehung und auf die Beträge der Geschwindigkeitsänderung. Die auftretende Pendelung der Welle ist manchmal jedoch von größerer Bedeutung als der Ungleichförmigkeitsgrad.

7.2.2.1 Geschwindigkeitsverlauf

Die Berechnung der Geschwindigkeit an einer beliebigen Stelle des Kurbelkreises beim Drehwinkel ψ der Kurbel geht aus von der Gleichung

$$\frac{m^*}{2}\,(v_\psi{}^2 - v_0{}^2) = W_\psi \tag{7.101}$$

wobei W_ψ die Arbeit auf dem Weg von 0 bis $r \cdot \psi$ ist; daraus

$$v_\psi{}^2 = v_0{}^2 + \frac{2}{m^*} \cdot W_\psi \tag{7.102}$$

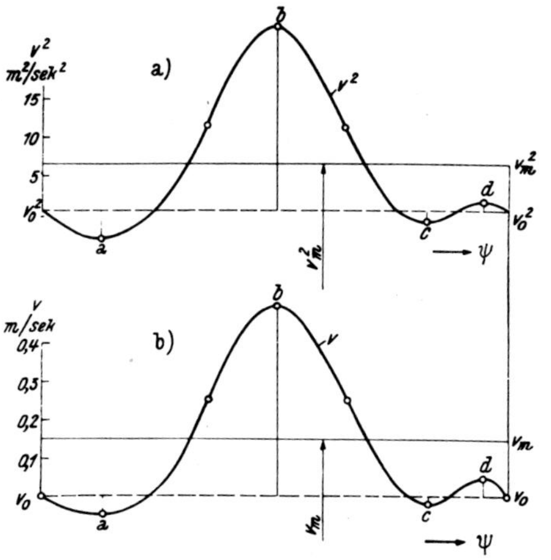

Abb. 7.32: Verlauf von v^2 und v des 3-Zylinder-Motors mit dem Drehkraftverlauf der Abb. 7.1

W_ψ wird mit Hilfe der planimetrisch ausgemessenen Flächen der Arbeitsüberschüsse erhalten, z.B. aus Abb. 7.7. Trägt man von der Waagerechten, die v_o2 darstellt, die Werte v^2 für eine Anzahl Punkte der Periode auf (Abb. 7.32), so erscheint der Verlauf der v^2-Kurve, deren mittlere Höhe v_m2 ist. Die Kurve der v^2 ist die Integralkurve der Drehkraftkurve und ihre Wurzelwerte geben den Verlauf von v. Wenn die Drehkraft F_T größer als der Widerstand W ist, so steigt auch die Geschwindigkeit so lange, bis beide Kräfte $F_T = F_W$ sind. Umgekehrt sinkt die Geschwindigkeit, wenn die F_T-Kurve unterhalb der F_W-Kurve verläuft, so lange, bis $F_T = F_W$ ist. Die Wendepunkte der v-Kurve liegen dort, wo der Betrag $(F_T - F_W)$ ein positives oder negatives Maximum hat, die Maxima der Geschwindigkeiten liegen dort, wo die F_T-Kurve die Widerstandslinie F_W schneidet.

7.2.2.2 Beschleunigungsverlauf

Die Winkelbeschleunigung ε als Änderung der Winkelgeschwindigkeit ω errechnet sich aus dem Gleichgewicht der Überschußkräfte am Kurbelradius und dem Drehmoment aus Massenträgheit und Winkelbeschleunigung; es gilt:

$$(F_T - F_W) \cdot r = \theta \cdot \varepsilon \tag{7.103}$$

Hieraus wird

$$\varepsilon = \frac{(F_T - F_W) \cdot r}{\theta} \tag{7.104}$$

und mit $\theta_s = m_s^* \cdot r^2$

$$\varepsilon = \frac{F_T - F_W}{m^* \cdot r} \tag{7.105}$$

Die ε-Kurve zeigt denselben Verlauf wie die $(F_T - F_W)$-Kurve (Abb. 7.1) mit verändertem Maßstab.

7.2.2.3 Pendelwinkel

Während eine mit ω_m gleichförmig umlaufende Kurbel, Abb. 7.33, in der Zeit von t = 0 bis t = t um den Winkel ψ_m fortschreitet, ist die ungleichförmig drehende Kurbel um $(\psi_m \pm \varphi)$ vorgerückt; sie eilt vor oder nach.

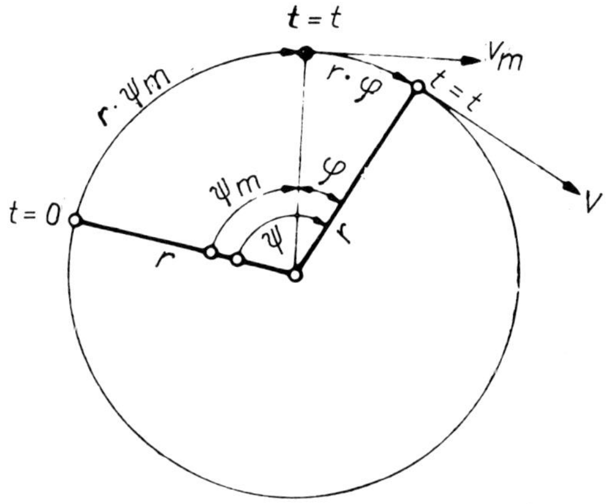

Abb. 7.33: Darstellung der Winkelabweichung φ

Die Bogenwege sind für $v > v_m$:

$$\int_0^t v \cdot dt = \int_0^t ds = r \cdot \psi \qquad (7.106)$$

$$\int_0^t v_m \cdot dt = v_m \cdot t = r \cdot \psi_m \qquad (7.107)$$

$$r \cdot \psi - r \cdot \psi_m = r \cdot \varphi \qquad (7.108)$$

φ ist der Pendelwinkel, der die Winkelabweichung der wirklichen Kurbel gegenüber der mit der mittleren Winkelgeschwindigkeit bewegten Kurbel angibt; Diese Abweichung soll möglichst klein sein. Die Winkelabweichung läßt sich mit Hilfe der Geschwindigkeitskurve bestimmen; da diese aber in Abhängigkeit des Weges vorliegt, muß sie für die Zeit t als Abszisse umgezeichnet werden. Die in bezug auf v_m über- und unterschießenden Flächen geben die jeweiligen Beträge $(r \cdot \varphi)$ wieder; ihre Auftragung über der Zeit und die Verbindung der einzelnen Punkte liefern den Verlauf der Voreilungen und Nacheilungen. Die Ordinatensumme $(r \cdot \varphi)_{max}$ und $r \cdot \varphi)_{min}$ der stärksten Voreilung und Nacheilung führt auf die größte innerhalb einer Periode durchlaufende Winkelabweichung (Pendelwinkel).

In Abb. 7.34 sind die entsprechenden Werte für ein gleiches Tangentialkraftdiagramm p_T über ψ von Abb. 7.1 einmal für einen 3-Zylinder-Motor mit n = 1400 U/min dargestellt. Man erkennt auf Teilbild 7.34 a den Tangentialdruckverlauf ($p_{T\,max}$ = 18 bar, $p_{T\,min}$ = − 11 bar) mit einem resultierenden mittleren Tangentialdruck von p_{TM} = 3,5 bar.

Teilbild 7.34 b zeigt den Verlauf des Arbeitsüberschusses $\Sigma\Delta\ p_T \cdot r \cdot d\psi$ mit einer Größe von 632,8 Nm. Daraus ergibt sich der Winkelgeschwindigkeitsverlauf des Teilbildes 7.34 c. Die Differenz zwischen maximaler Winkelgeschwindigkeit ω_{max} (148,95) und ω_{min} (145,35) ergibt 3,6 1/S oder einen Ungleichförmigkeitsgrad von Ufg = 0,025 = 2,5 %. Aus dem Verlauf einer Schwungradmarkierung über der Zeit (hier ψ = const dargestellt) ergibt sich ein maximaler Pendelwinkel von $\Delta\psi_{max} = 0{,}432^o$ nach Teilbild 7.34 d und schließlich zeigt sich aus dem letzten Diagramm dieser Abbildung, daß die Beschleunigungswerte $\ddot{\psi}$ in diesem Fall bei fast ± 1100 rad/s² liegen.

Derartige Verläufe kann man natürlich heute viel einfacher, schneller und umfassender mit Hilfe der EDV erzeugen. Abb. 7.35 und 7.36 zeigen Beispiele für einen 3-Zylinder-Viertakt-Motor und einen 4-Zylinder-Viertakt-Motor mit üblichen Massenverhältnissen in Drehzahlbereichen, die Kolbengeschwindigkeiten von etwa 2 - 12 m/s entsprechen. Man erkennt deutlich die Einflüsse

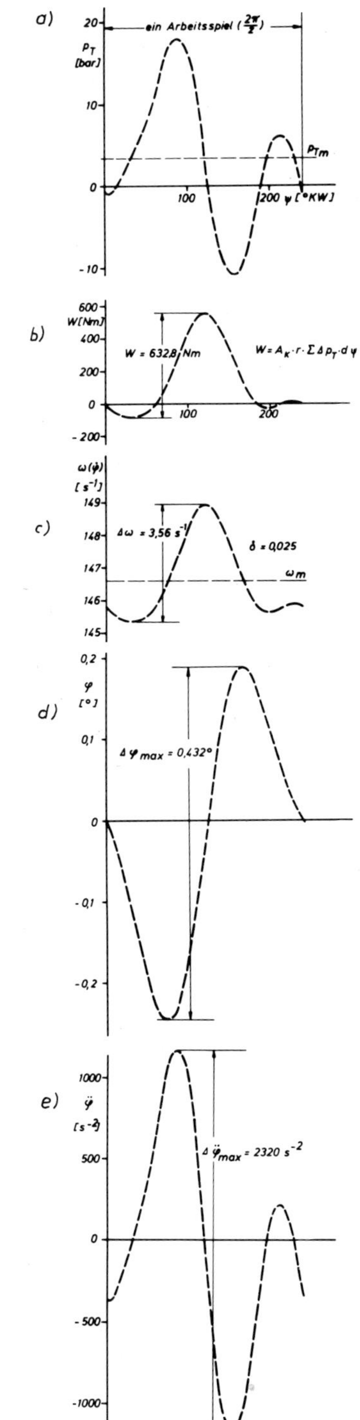

Abb. 7.34: Drehkraftverlauf und resultierende Abweichungen von Winkel, Winkelgeschwindigkeit und Winkelbeschleunigung vom Mittelwert

von Gas- und Massenkraft. In Verbindung mit Abb. 7.37 kann man fernerhin deutlich machen, wie die Gaskraft Wechselwinkel, Winkelgeschwindigkeit und Winkelbeschleunigung beeinflußt. Aus der Abb. 7.38 kann man in der üblichen Art den Ungleichförmigkeitsgrad in Abhängigkeit von der Drehzahl des Motors ablesen, ebenso aber auch die Wechselwinkelamplitude sowie die Winkelbeschleunigungen.

Da Baugröße und Frequenz in die Abhängigkeiten eingehen, ist mit der Festlegung eines Ufg nicht auch zwangsläufig Winkel und Beschleunigung begrenzt. Man tut deshalb gut daran, die wahren Zusammenhänge für geforderte Werte zu erforschen, da das reine Einhalten von Formalien eventuell weder vor Schaden schützt noch die sinnvollste technische Lösung sein kann.

7.3 Der Wuchtausgleich in der Verbrennungsmaschinenanlage

Die Vielfalt der Anwendungsmöglichkeiten einer Verbrennungskraftmaschine macht es fast unmöglich, auf alle Anforderungen an diesen einzugehen. Es soll nachstehend nur auf Forderungen von zwei Antriebsarten, der des Generators und der des Schiffsantriebsmotors, eingegangen werden, um die Problematik etwas zu beleuchten. Dabei sind die gewählten Beispiele nicht die kompliziertesten. Grundlegendere Erkenntnisse werden in Band 4 "Schwingungen in Anlagen mit Verbrennungskraftmaschinen" der Neuen Folge "Die Verbrennungskraftmaschine" vermittelt.

7.3.1 Der Generatorbetrieb

Die Größe des zulässigen Ufg's richtet sich bei Motoren zum Antrieb von Stromerzeugern für Beleuchtung nach den ertragbaren Spannungsschwankungen (Lichtflimmern), bei Wechselstromanlagen nach den Anforderungen des Parallelbetriebes (zulässige Winkelabweichung) und der Vermeidung elektrischer Resonanz. Bei Sofortbereitschaftsaggregaten wird die Größe des (Speicher-) Schwungrades von den zu beschleunigenden Massen und dem zulässigen Spannungs- und Frequenzeinbruch bestimmt. Letztendlich hat bei sehr frequenzkonstanten Anlagen das Schwungmoment die Aufgabe, bei Belastungsstößen als Energiespeicher zu dienen, was besonders bei hochaufgeladenen Motoren von entscheidender Bedeutung sein kann.

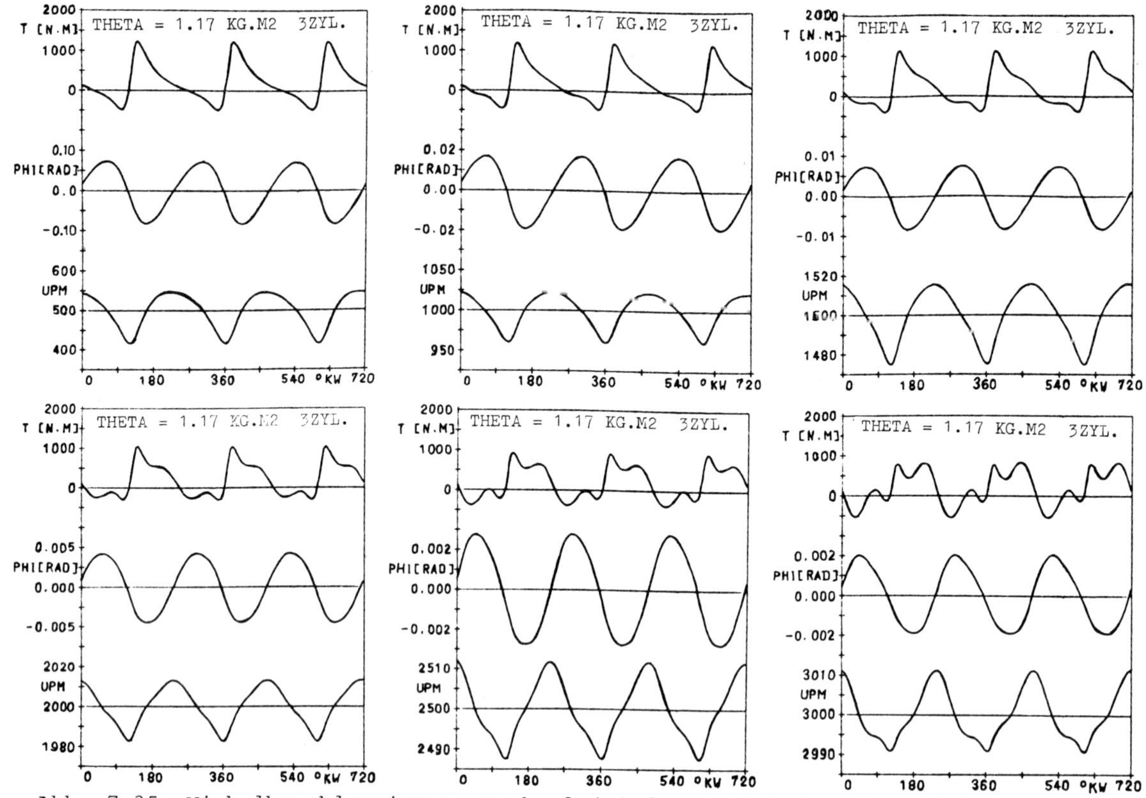

Abb. 7.35: *Winkelbeschleunigung, Wechselwinkel und Winkelgeschwindigkeit eines 3-Zylinder-Viertaktmotors bei p_i = 9 bar*

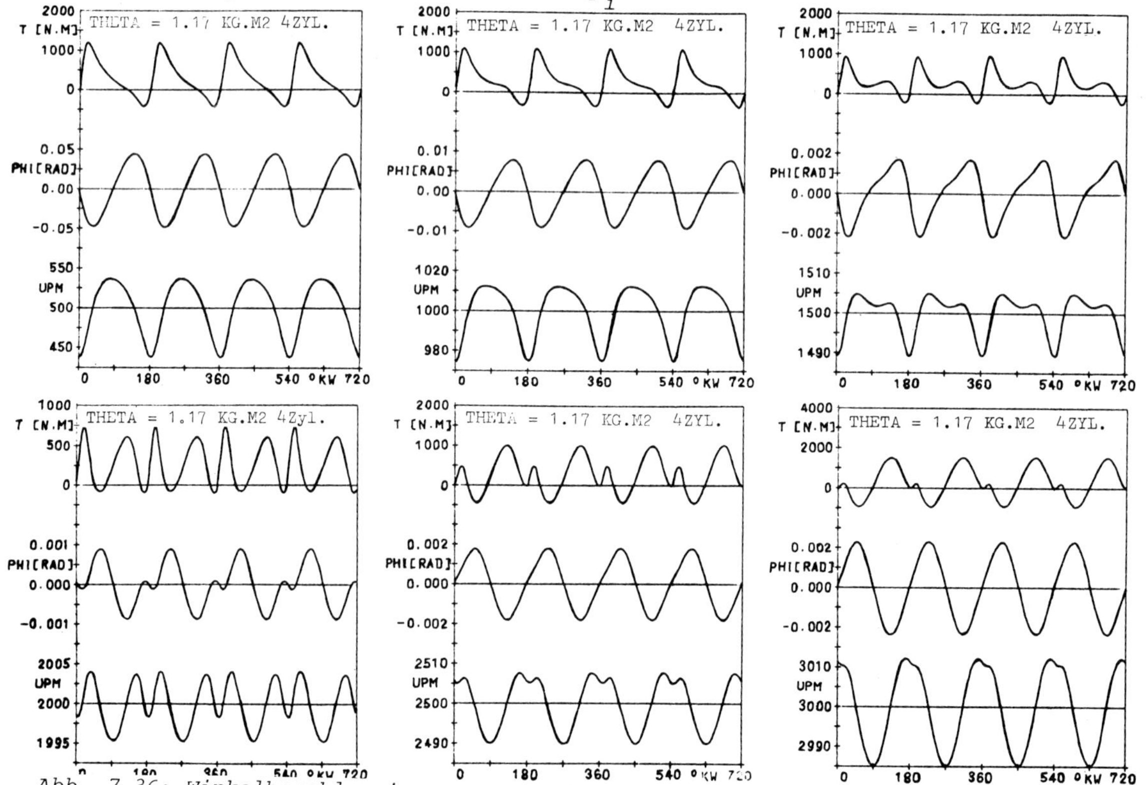

Abb. 7.36: *Winkelbeschleunigung, Wechselwinkel und Winkelgeschwindigkeit eines 4-Zylinder-Viertaktmotors bei p_i = 9 bar*

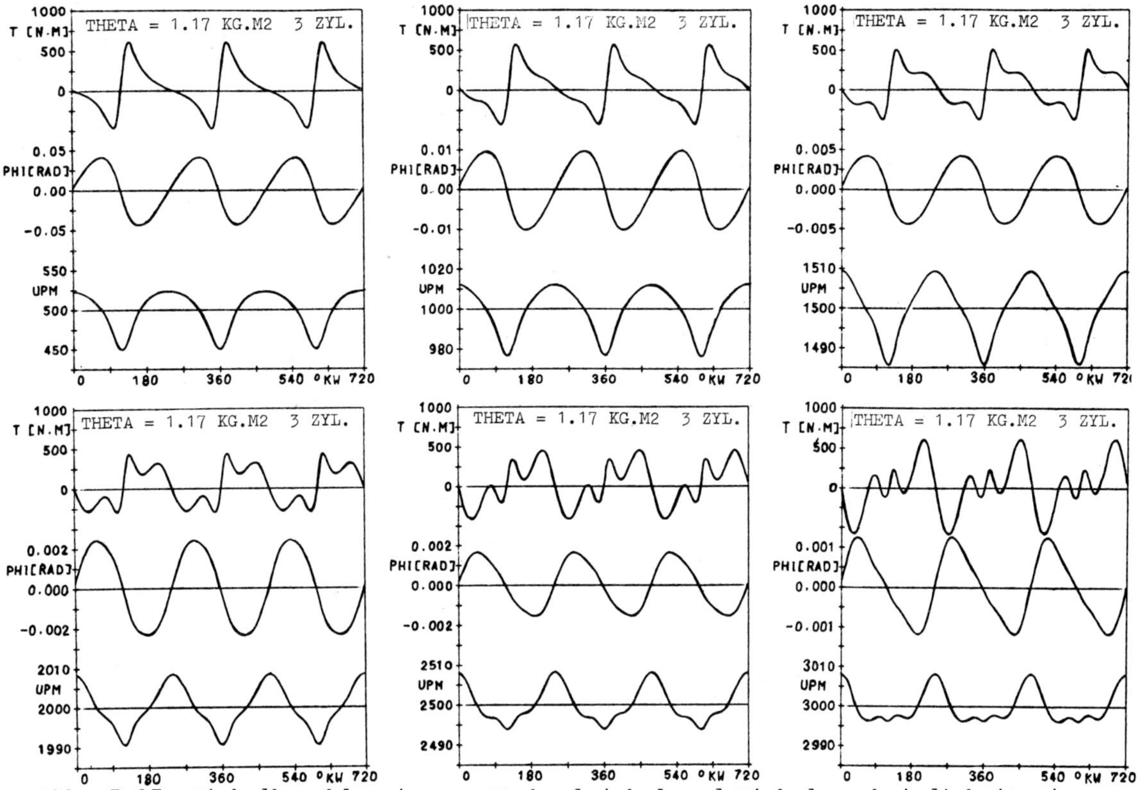

Abb. 7.37: Winkelbeschleunigung, Wechselwinkel und Winkelgeschwindigkeit eines 3-Zylinder-Viertaktmotors im Leerlauf

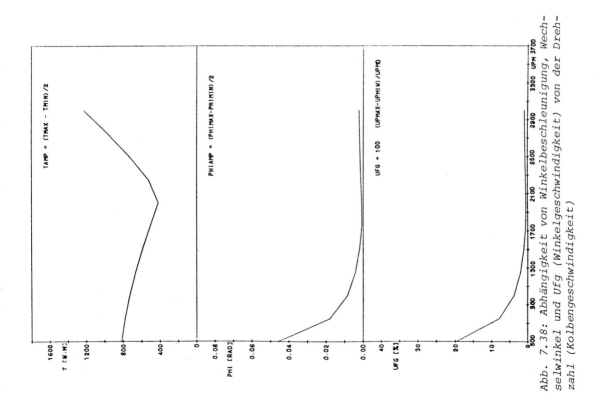

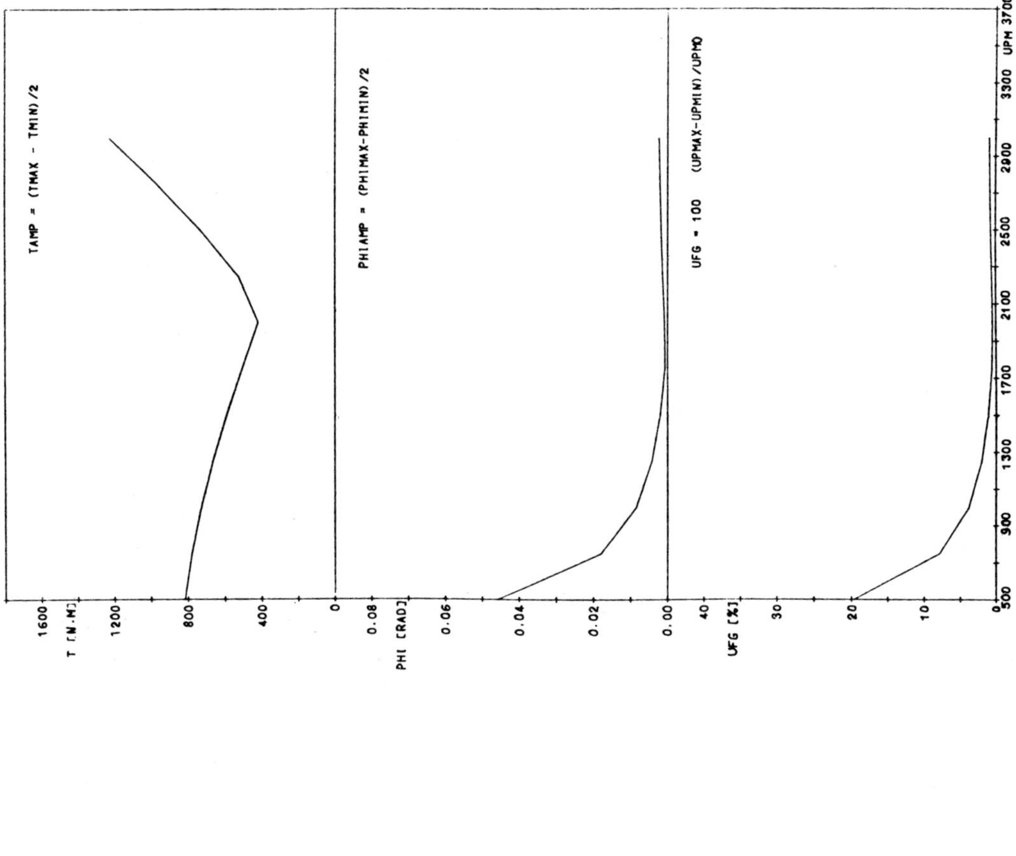

Abb. 7.38: Abhängigkeit von Winkelbeschleunigung, Wechselwinkel und Ufg (Winkelgeschwindigkeit) von der Drehzahl (Kolbengeschwindigkeit)

7.3.1.1 Periodische Spannungsschwankungen in Lichtnetzen

Speist ein Generator allein ein Netz und erfolgt der Antrieb des Generators durch eine Verbrennungsmaschine, so bedeutet der Ungleichförmigkeitsgrad δ_s die auf den Mittelwert bezogene größte Spannungsschwankung und der größte Pendelwinkel φ_{max} ein Maß für die während einer Periode geleistete elektrische Überschuß- und Unterschußarbeit sowie für die Glühdrahttemperatur und Helligkeitsschwankung der Lampen.

Von Lichtflimmern spricht man, wenn die Stärke und die Frequenz der Helligkeitsschwankung einer Lichtquelle, z.B. einer Glühbirne, für das Auge unangenehm oder sogar unerträglich sind. Die Erträglichkeitsgrenze für eine bestimmte Helligkeitsschwankung hängt stark von der Frequenz dieser Schwankung ab. Bei einer sehr geringen Anzahl von Schwankungen je Zeiteinheit kann das Auge mühelos den Veränderungen folgen, die dann allenfalls als lästig empfunden werden.

Bei einer sehr hohen Schwankungsfrequenz ist das Auge zu träge, um den Lichtstärkeänderungen folgen zu können, so daß sie nicht mehr bemerkt werden, wie der tägliche Umgang mit unserer Beleuchtung mittels eines 50 Hz-Stromes zeigt, der eine Schwankungsfrequenz der Helligkeit von 100 Hz hervorruft. Zwischen diesen Extremwerten liegt nun ein Bereich, in dem das Auge die größte Empfindlichkeit besitzt, d.h. auch sehr geringe Veränderungen registriert und diese als äußerst unangenehm empfindet. Dieses Gebiet liegt im Bereich von 5 bis 12 Hz.

Die Grenze, wann das Flimmern unangenehm wird, ist naturgemäß subjektiv und damit nicht scharf begrenzt. Sie ist von der Farbe des Lichtes abhängig, von der Stärke des Lichtstromes und von der Helligkeit der beleuchteten Fläche und nicht zuletzt von der Aufmerksamkeit sowie der Geübtheit des Beobachters.

Es stellt sich jetzt die Frage, wie die Zusammenhänge zwischen Ungleichförmigkeitsgrad und Lichtflimmern sind:

Die Lichtausstrahlung des Heizfadens einer Glühbirne ist proportional der vierten Potenz der Temperatur des Heizfadens: $E \sim T^4$; die Temperatur ist proportional dem Quadrat der Stromstärke bzw. der Spannung, d.h. $T \sim U^2$. Damit ergibt sich, daß die Helligkeit einer Glühbirne mit der 8. Potenz der Spannung sich ändert. Die Konstanz der Spannung ihrerseits hängt von der Gleichmäßigkeit ab, mit der der Anker des Generators rotiert.

Den Zusammenhang zwischen Ungleichförmigkeitsgrad, Frequenz der Helligkeitsschwankung und Flimmern zeigt Abb.7.39/19/. In diesem Bild ist weiterhin der Zusammenhang zwischen Zylinderzahl von Reihenmotoren, Drehzahl und Erregerfrequenz, d.h. Flimmerfrequenz, angegeben. Hieraus läßt sich für einen Reihenmotor mit z Zylindern, der mit n Umdrehungen läuft, der zur Erreichung von flimmerfreiem Licht notwendige Ungleichförmigkeitsgrad ablesen.

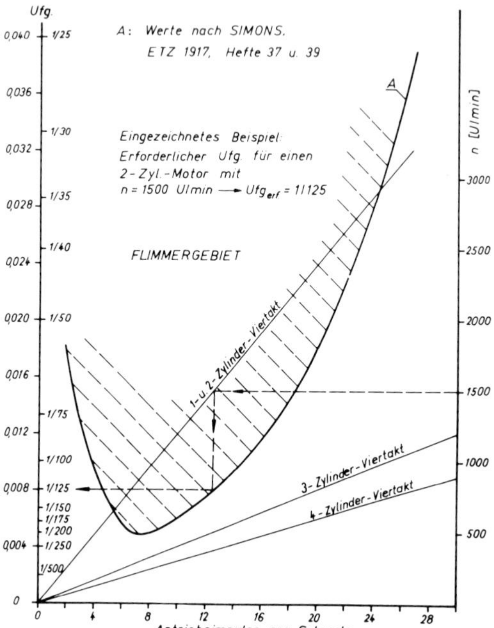

Abb. 7.39: Erforderlicher Ungleichförmigkeitsgrad für flimmerfreies Licht nach SIMONS

Aus Abb. 7.39 ist zu ersehen, daß insbesondere Aggregate mit 1-Zylinder- und 2-Zylinder-Motoren flimmergefährdet sind. Die Anregung erfolgt hier durch das Wechseldrehmoment 0,5. Ordnung. Dieses Drehmoment ist auch bei dem 2-Zylinder-Motor eine Hauptordnung, da wegen der Priorität eines günstigen Massenausgleichs die beiden Kröpfungen der Kurbelwelle um 180° versetzt sind und somit der Zündabstand ungleichmäßig wird.

Zur Vermeidung von Lichtflimmern sind bei diesen Aggregaten sehr große Schwungmassen erforderlich, wenn Motor und Generator direkt, d.h. drehstarr miteinander gekuppelt sind.

7.3.1.2 Parallelbetrieb von Synchronmaschinen

Die Winkelabweichung der Verbrennungskraftmaschine ist von besonderer Wichtigkeit beim Antrieb von Wechselstrommaschinen; denn sie tritt zugleich mit der Eigenpendelung des Generatorläufers auf.

Eine Synchronmaschine im Parallellauf mit einem Netz oder mit einer anderen Synchronmaschine wird durch die synchronisierende Kraft im Synchronismus gehalten. Es sei der Fall des Arbeitens eines Generators auf das Netz mit gleichbleibender Netzspannung und -frequenz kurz betrachtet.

Mit den Bezeichnungen

p Polpaarzahl $= f \cdot \frac{60}{n}$

f Frequenz $\frac{1}{\text{sek}}$

n Drehzahl $\frac{1}{\text{min}}$

Θ Schwungmoment des Läufers kg m^2

P Leistung kVA

U Klemmenspannung V

I Ankerstrom A

I_k Dauerkurzschlußstrom A

wird die Eigenschwingungsdauer nach REINISCH /20/, bei 2 Phasen-Wechselstrom-Synchronmaschinen

$$T_e = \frac{0{,}5}{p} \sqrt{\frac{\Theta \cdot f}{\left(\frac{I_K}{I}\right) \cdot P}} \tag{7.109}$$

und bei Drehstrom-Synchronmaschinen

$$T_e = \frac{12}{p} \sqrt{\frac{\Theta \cdot f}{I_K \cdot U}} \tag{7.110}$$

Die Eigenschwingungszahl

$$n_e = \frac{1}{T_e} \tag{7.111}$$

ist nicht konstant, sondern gemäß Formel 7.109 und 7.110 abhängig von den Belastungsverhältnissen. Das Verhältnis I_k/I der Formel 7.109 ist in der Regel 2,5 - 3 bei Vollast.

Wirkt nun eine ungleichmäßige Antriebskraft mit ihren eigenen Winkelabweichungen auf den Generator mit gegebener Eigenschwingungszahl und gewissen Pendelwegen, so kann zwischen der erzwungenen Schwingung und der Eigenschwingung Übereinstimmung eintreten, so daß der Generator durch die Verstärkung der Schwingung außer Tritt fällt, oder es entstehen Schwebungen, die den geregelten Betrieb unmöglich machen.

Statt den Einfluß des Pendelwinkels φ der Kurbelwelle der Verbrennungskraftmaschine auf den Generator zu prüfen, ist es übersichtlicher, sich mit der Frage der Resonanz zwischen der Frequenz der treibenden Kraft und der Frequenz der Eigenschwingung des elektrischen Teiles zu befassen.

Zu diesem Zweck prüft man das oft verwickelte Tangentialkraftdiagramm nicht unmittelbar in seiner Wirkung, was Schwierigkeiten bereitet, sondern die Einzelwirkung der den Drehkraftzug bildenden einfachen gesetzmäßigen Schwingungen, wie Grundschwingung und Oberschwingungen, mit ihrer Schwingungszahl n_a und Schwingungszeit t_a. Es wird das Tangentialkraftdiagramm durch harmonische Analyse in seine Sinus-Schwingungen oder in die 1., 2., 3.,... Harmonische zerlegt. Es ist eine ähnliche Zerlegung, die für die Drehkraft zur Bestimmung der Erregenden der Wellendrehschwingungen vorgenommen wird. Die Schwingungszahl n_a bestimmt sich mit k als Ziffer der Harmonischen, n als Wellendrehzahl und z als Zylinderzahl aus

$$n_a = n \cdot \frac{k}{2} \cdot z \quad \text{bei Viertakt,}$$

$$n_a = n \cdot k \cdot z \quad \text{bei Zweitakt.}$$

Die Maschinendrehzahl n, bei der $n_a = n_e$ wird, ist, weil kritisch, unzulässig; andernfalls müßte das Schwungmoment Θ, das für die gegebene Drehzahl bedenklich ist, und damit n_e geändert werden. Es hat z.B. eine sechszylindrige Zweitaktmaschine mit n = 350 U/min die Schwingungszahl für die 1. Harmonische (Grundschwingung) $n_a = 6 \cdot 350 = 2100$ in der Minute oder 35 Hertz.

GAZE /21/ empfiehlt die Ermittlung des zu verwirklichenden Schwungmomentes aus

$$\Theta = 3 \cdot 10^8 \cdot f \cdot P \cdot a^2 \cdot \frac{1}{n^4} \tag{7.112}$$

worin neben den vorangegangenen Bezeichnungen bedeutet:

a Zahl der Umdrehungen zwischen zwei Kraftstößen einer Zylinderseite (a = 1 für Zweitakt, a = 2 für Viertakt),

n Drehzahl $\frac{1}{\text{min}}$.

Weitere Zusammenhänge zwischen den Pendelmomenten von Kolbenmaschinen und dem Antrieb von Synchronmaschinen bringt die Arbeit von BÖDEFELD-SEQUENZ /22/.

7.3.1.3 Speicherradaggregate

Übliche Notstromaggregate, bestehend aus Verbrennungskraftmaschine und Generator stehen still und werden erst im Falle eines Netzausfalles gestartet (wozu die Motoren vorgewärmt werden, um schneller die Last annehmen zu können), d.h. eine Stromunterbrechung wird in Kauf genommen. In Sonderfällen (Krankenhäuser, militärischer Einsatz) kann jedoch eine Stromunterbrechung nicht hingenommen werden, weswegen man die sogenannten Sofortbereitschaftsaggregate (Speicherrad-Aggregate) entwickelt hat. Diese bestehen aus einem Elektromotor und dem stromerzeugenden Generator mit einem sogenannten (Energie)-Speicherrad. Diese Einheit ist bei intaktem Netz in Betrieb. Das Aggregat besteht darüber hinaus noch aus einer Verbrennungskraftmaschine, die über eine Reibungskupplung an den Generator angeschlossen werden kann (Abb. 7.40). Bei Stromausfall wird der Verbrennungsmotor durch das Energie-Speicherrad aus dem Stand auf die Generatordrehzahl rasch hochgedreht und ersetzt den Elektromotor als Antrieb. Zwischenzeitlich wird die Energie

Abb. 7.40: *Anordnung eines Speicherradaggregates*

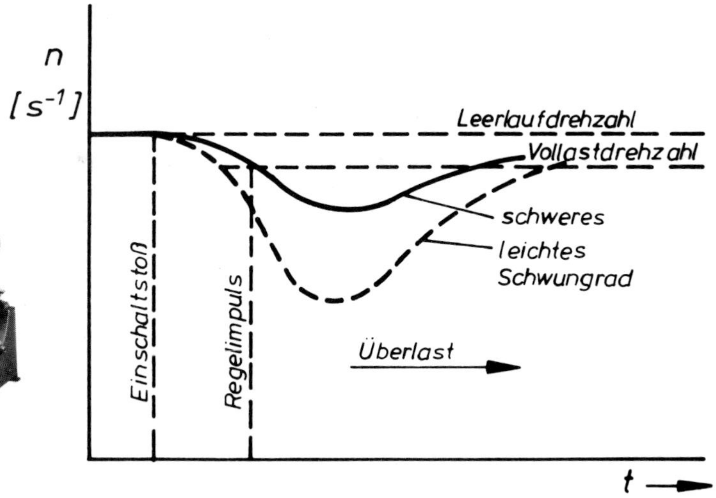

Abb. 7.41: *Einfluß der Schwungmassen auf den Drehzahleinbruch eines Speicherradaggregates*

für die Stromerzeugung und die Beschleunigung des Verbrennungsmotors dem Speicherrad entnommen - die Drehzahl des Aggregates fällt entsprechend ab. Das typische Verhalten eines Speicherrad-Aggregates ist in Abb. 7.41 dargestellt. Die Größe des Speicherrades ist von dem zulässigen Frequenz-(Drehzahl)-Abfall, der elektrischen Leistung sowie der Zeitdauer vom Moment des Stromausfalles bis zur Lastübernahme der Verbrennungskraftmaschine bestimmt. Kleine Motormassen, sichere Zündung und willige Lastannahme in Sekundenzeiträumen sowie ständige Vorwärmung begünstigen die Auslegung eines Speicherrad-Aggregates. Insbesondere bei Auflademotoren hat es sich als günstig erwiesen, in der Startphase der Verbrennungskraftmaschine Übermengen an Kraftstoff anzubieten, um den Turbolader rasch auf erhöhte Drehzahlen zu bringen und somit die Nennleistung schneller auf die Welle zu bringen. Hinsichtlich des Umweltschutzes ist diese Beschleunigungsphase allerdings weniger erfreulich, doch ist dieser relativ seltene Rauchstoß - eben bei Ausfall des Netzes - für die Gesamtbelastung nicht relevant.

7.3.1.4 Schwungmoment und Regelung bei Diesel-Maschinen

Das Schwungmoment soll für einwandfreies Regeln des Maschinensatzes ausreichen. Der Ungleichförmigkeitsgrad ist bei Vielzylindermaschinen schon ohne Schwungrad recht klein; doch genügt dies nicht, um die strengen Regelbedingungen bei großen Stromerzeugern zu befriedigen, die mit einem Drehstromnetz parallel arbeiten. Von besonderer Bedeutung ist das Verhalten der Brennstoffpumpen unter dem Einfluß des Reglers. SCHMIDT /23/ hat die Verhältnisse einer Prüfung unterworfen und gefunden, daß das kleinste zulässige Schwungmoment ist

$$\theta_{min} = \frac{10{,}5 \cdot 10^6 \cdot P_e}{\delta \cdot n_e \cdot n^2} \qquad (7.113)$$

wenn δ den Ungleichförmigkeitsgrad des Reglers, n seine Eigenschwingungszahl bedeutet und die Förderung des Brennstoffes gemäß der Kurbelversetzung erfolgt. Da sich ein Einspritzpumpenplunger während der Einspritzzeit durch die Regelkräfte nicht drehen läßt, muß bei vielzylindrigen Maschinen durch Federglieder die Möglichkeit geschaffen werden, die Einspritzmengen überhaupt zu verstellen. Über die Reglereigenschaften und das Regelverhalten von Diesel-Aggregaten informieren die Forschungshefte 15, 36, 40 u. 41 der FVV /24/.

7.3.2 Der Schiffshauptmotor

Die Wahl der Antriebsmaschine und des Propellers erfordern sorgfältigste Abstimmung nicht nur auf technischer, sondern auch auf wirtschaftlicher Basis. Da bei gegebener Leistung der Kraftstoffverbrauch von Dieselmotoren etwas geringer ist als der von Dampfturbinen, verschiebt sich in Zeiten höherer Kraftstoffpreise die Auftragslage zugunsten von Dieselmotoren, obwohl sie etwas teurer in der Anschaffung sind. Als Faustregel mag zur Zeit (1978) gelten, daß eine einprozentige Senkung des Schwerölverbrauchs bei einer Leistung von 10 000 kW zusätzliche Investitionen von mehr als 150 000 DM rechtfertigt.

Da der Wirkungsgrad des Propellers mit abnehmendem Schubbelastungsgrad, d.h. mit zunehmender Propellerfläche zunächst steigt, wird in der Regel der größte am Hinterschiff noch unterzubringende Propeller gewählt, wobei eine ausreichende Eintauchtiefe auch bei Ballastfahrt gewährleistet sein muß. Mit zunehmender Propellergröße fällt bei gegebener Schiffsgeschwindigkeit und gegebenem Steigungsverhältnis die Propellerdrehzahl, so daß als konstruktive Bedingung für den Hersteller eine möglichst geringe Wellendrehzahl angesehen werden kann. Langsamlaufende Zweitaktmotoren mit Drehzahlen von 100 bis 180 U/min und Leistungen bis nahezu 3000 kW pro Zylinder werden direkt mit dem Propeller gekuppelt. Bei mittelschnellaufenden Viertakt-Motoren mit Drehzahlen von 400 bis 600 U/min und Leistungen bis 1300 kW pro Zylinder genügt ein einstufiges Untersetzungsgetriebe. Da die Antriebsanlage auch zum Stoppen und Manövrieren des Schiffes dient, sind Dieselmotoren entweder von Vorwärts- auf Rückwärtslauf umsteuerbar, wobei volles Drehmoment in beiden Richtungen erreicht wird, oder sie werden mit einem Verstellpropeller versehen.

7.3.2.1 Drehmoment- und Drehzahlschwankungen beim Zusammenwirken von Motor und Propeller

Das Zusammenwirken von Motor und Propeller bei freier Fahrt ist gekennzeichnet durch das Gleichgewicht zwischen dem vom Motor abgegebenen und dem vom Propeller aufgenommenen mittleren Drehmoment. Diesem zeitlichen Mittelwert der Drehmomente sind periodische Schwankungen überlagert, zum einen wegen des auch bei Vielzylindermotoren nicht vollkommenen Gleichlaufes, zum anderen wegen des periodischen Durchtrittes der Propellerblätter durch die reduzierte Anströmung am Steven. Es überwiegen in der Regel die vom Propeller hervorgerufenen Drehmomentenschwankungen. Sie bewirken eine mit der Flügelfrequenz schwankende Drehgeschwindigkeit, Drehschwingungen zwischen Propeller und Motor, und Erschütterungen des Schiffes.

Der Gleichlauf der Anlage ist beim Propellerantrieb also nicht nur von dem ungleichmäßigen Antrieb und der Größe des Motorschwungrades abhängig, sondern auch von den Erregerkräften des Propellers im Nachstromfeld. Der Gleichlauf der Anlage (einschließlich Propellerwelle) kann durch das Motorschwungrad natürlich nur bei starr gekoppelter Anlage beeinflußt werden. Das erregende Propellerdrehmoment beträgt analog dem Wechseldrehmoment des Motors je nach Anlage 3...6...(8) % des Vollastdrehmomentes.

Das Beschleunigungsverhalten der Antriebsanlage (beeinflußt durch träge Massen) spielt im Schiff nur eine untergeordnete Rolle. Die Zeiträume beim Ein- und Austauchen eines Propellers im Seegang sind auch zu groß, um die Gleichlaufschwankungen durch Schwungmassen maßgeblich zu beeinflussen. Hier haben sich Motoren mit Drehzahlreglern gegenüber reinen Füllungsreglern bewährt, wenn auch die stete Laständerung eines Motors mit Drehzahlregler bei einem solchen Betrieb zu höheren thermisch bedingten Lastwechselzahlen führt.

7.3.2.2 Das Anlassen und Umsteuern der Verbrennungskraftmaschine

Für das Anlassen einer Verbrennungskraftmaschine mit elektrischem oder druckluftbetätigtem Anlasser bedarf es keiner besonderen Überlegungen zur Schwungradgröße. Aufgabe des Anlassers ist es, den Motor auf eine Drehzahl zu bringen, bei der eine sichere Zündung des Gemisches sichergestellt wird. Beim OTTO-Motor muß dazu aufbereitetes Gemisch in die Zylinder gebracht werden, beim DIESEL-Motor muß am Ende der Kompressionsphase die Zündtemperatur erreicht werden (gegebenenfalls Vorglühen). Mit einem Anlasser kann von Anfang des Startversuches an die Zündung eingeschaltet sein bzw. eingespritzt werden. Die Motorreaktion, d.h. die ersten Zündungen, zeigt das Ende der Startphase an.

Bei größeren DIESEL-Motoren ist jedoch das "Luftanlassen" üblich, d.h. Druckluft aus einer Anlaßflasche bis 30 bar wird über Anlaßventile in die Arbeitszylinder entsprechend den Arbeitstakten eingegeben. Dies setzt voraus, daß bei Anlaßbeginn immer ein Zylinder im Arbeitstakt steht, um den Anlauf aus dem Stand sicherzustellen (sicheres Anspringen bei Viertakt-Motoren erst ab 6 Zylinder aufwärts). Andererseits kann man nicht in den mit Anlaßluft beaufschlagten Zylinder Gasöl einspritzen (zu kalt, falls Zündung Druckfortpflanzung in die Anlaßgeräte über das geöffnete Anlaßventil), so daß der Startvorgang selbst unter Anlaßluft und das Anspringen (Zünden) der Maschinen zwangsläufig zeitlich voneinander getrennt sind. Nach Absetzen der Anlaßluft kann erst dem zeitlich nächstfolgenden komprimierenden Zylinder Kraftstoff zugeführt werden. Der Zeitraum zwischen dem Ende der Anlaßluftzufuhr und erster Zündung muß also aus der Energie des Schwungrades gespeist werden. Die Anlaßdrehzahl und die Zündsicherheit einer Verbrennungskraftmaschine hängen dabei von vielen Parametern ab, vor allem aber von der Motortemperatur (Vorwärmen) und der Umgebungstemperatur (Start bei arktischen Bedingungen). Bei Schiffsmaschinen genügt zum Durch-

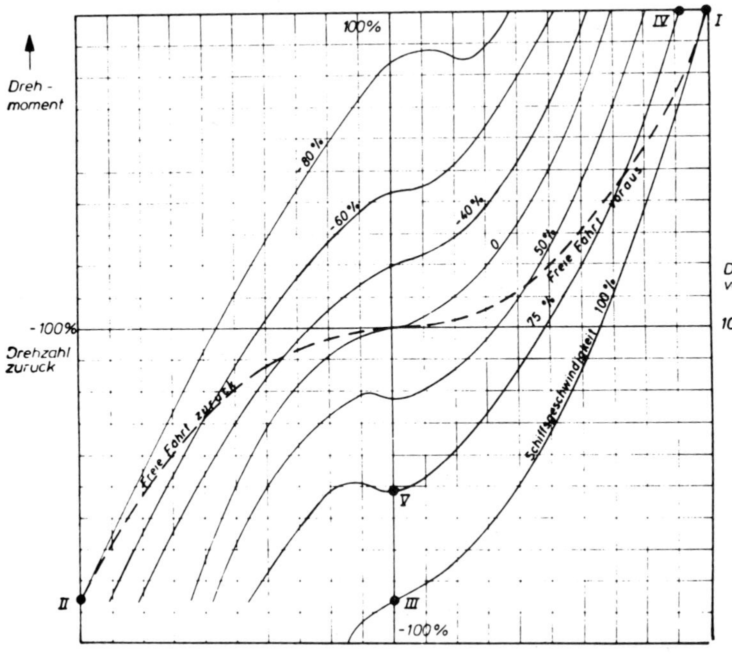

Abb. 7.42: Propellerkennfeld (Drehmomentenaufnahme bei verschiedenen Schiffsgeschwindigkeiten)

drehen der Kurbelwelle beim Anlassen der Maschine mit (ausreichend vorgespannter) Druckluft bis zum Einsetzen der ersten Zündung in der Regel ein Ungleichförmigkeitsgrad von $\delta = 1/20 - 1/30$, so daß diese Anforderungen allein kaum zur Dimensionierung des Schwungrades herangezogen werden müssen.

Bei vielzylindrigen Motoren wird oft auch nur auf einer Zylinderreihe angelassen, während in die andere Reihe normal eingespritzt wird. Dies hat den Vorteil, daß sofort nach Erreichen der Zünddrehzahl die Zündungen einsetzen. Nachteilig kann hingegen die geringere Anlaßbeschleunigung sein oder auch das größere Anlaßdrehmoment, wenn Widerstände überwunden werden müssen.

Beim Umsteuern einer Schiffsmaschine können noch weitere Forderungen aufgestellt werden, die Einfluß auf die Wahl der Schwungradgröße haben können.

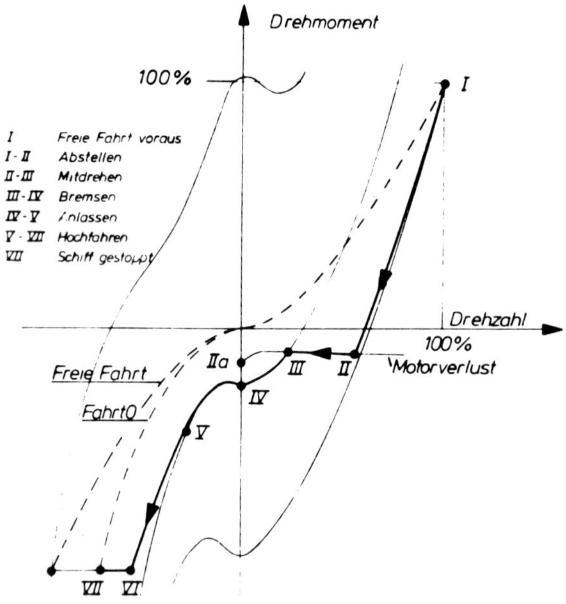

Abb. 7.43: Die Wechselwirkung von Propeller und Motor beim Umsteuermanöver - dargestellt im ROBINSON-Kennfeld

Der Verlauf von Drehzahl und Drehmoment beim Manövrieren kann schematisch im Robinson-Kennfeld (Abb. 7.42) dargestellt werden. Soll das Schiff auf Rückwärtsfahrt gebracht werden, so wird zunächst bei freier Fahrt voraus (Punkt I) der Abb. 7.43 die Maschine abgestellt. Auch ohne Bremseinrichtung fällt dabei die Drehzahl sehr schnell auf den Wert, bei dem das nun vom geschleppten Propeller erzeugte Drehmoment gleich dem Verlust-Drehmoment der Maschine ist (Punkt II). Dieses Verlust-Drehmoment entsteht durch mechanische Reibung und Zylinderarbeit im Leerlauf. Bei Viertakt-Motoren ist es wegen der Ladungswechselarbeit durch Strömungsverluste in den Ventilen größer als bei Zweitaktmotoren; mit zunehmendem Aufladegrad fällt das Verlust-Drehmoment im Vergleich zum Nutz-Drehmoment. Im Regelfall beträgt die Drehzahl in Punkt II etwa die Hälfte der vollen Drehzahlen. Je nach verfügbarem Verlust-Drehmoment würde die Maschine bei der durch Punkt IIa gegebenen Schiffsgeschwindigkeit v_e von selbst zum Stillstand kommen. Wird aber, etwa im Punkt III, die Welle abgebremst oder "Gegenluft" gegeben, so kann die Maschine ab Punkt IV auf Gegendrehzahl gebracht werden. Erreicht man gegen das Propellermoment M_A arbeitend die Drehzahl n_A mit Anlaßluft, so fällt die Drehzahl n der Maschine infolge des bei Notmanövern noch großen Turbinenmomentes M_A des Propellers bis zur Zündung der Maschine. Dieser Drehzahlabfall kann durch die Wahl der Schwungradgröße beeinflußt werden. Je nach Bauart der Maschine wird dann mehr oder weniger schnell das volle Drehmoment erreicht (Punkt VI). Die volle Rückwärtsdrehzahl kann damit aber noch nicht erreicht werden, da das Schiff immer noch Vorausfahrt hat. Das Schiff wird jedoch stärker abgebremst (der Bremsschub ist wegen der Ähnlichkeit der Kennfelder etwa dem Drehmoment proportional). Im Punkt VII ist das Schiff gestoppt; wird die Maschine jetzt abgestellt, so bleibt das Schiff stehen, andernfalls nimmt es Fahrt achteraus auf, wobei die volle Drehzahl in der Regel nicht erreicht wird.

Die manuelle Umsteuerung erfordert große Erfahrung, besonders bei Notstoppmanövern, weil die frühzeitigen vergeblichen Anlaßversuche die Anlaßluftflaschen entleeren und die Antriebsmaschine mechanisch und thermisch überlastet werden kann. Bei automatisierten Anlagen werden die wichtigen Größen, insbesondere die Motordrehzahl, laufend gemessen und die Zeitpunkte für Gegenluft oder Bremsen, Anlassen und Füllung nach festgelegten Kriterien aus den Messungen bestimmt.

7.3.2.3 Niedrige Betriebsdrehzahlen

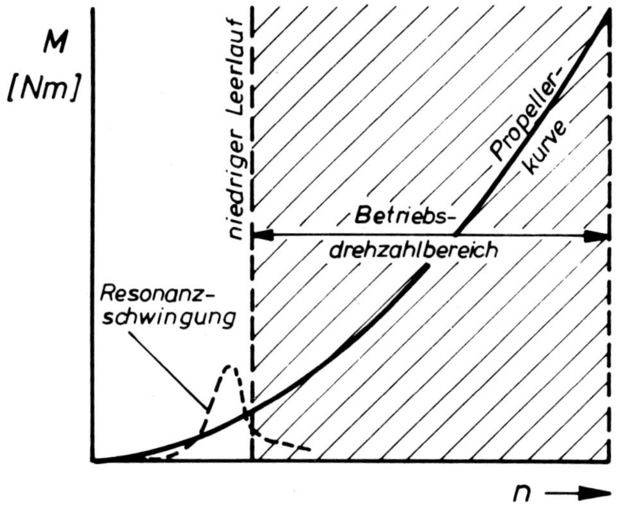

Abb. 7.44: Resonanzstelle in einem Schiffsantriebsstrang (Festpropeller) bei niederen Drehzahlen

Auch bei gleichmäßigen Zündungen wird der Ungleichförmigkeitsgrad der Maschine mit fallenden Drehzahlen immer größer. Liegt nun bei niedrigen Drehzahlen eines Schiffsantriebes, also auch geringem Nutzdrehmoment, eine Resonanzstelle vor, so können die Wechseldrehmomente im Antriebsstrang leicht das Nutzdrehmoment übersteigen (Abb. 7.44). Dies ist jedoch für Bauteilkomponenten mit Spiel, wie z.B. einem Getriebe (Verdrehflankenspiel), eine höchst unangenehme Zusatzbelastung, weil die bei dem Zahnradklappern auftretenden Zusatzbeanspruchungen äußerst schwer zu quantifizieren sind. Insbesondere bei Elementen mit leerlaufenden Bauteilkomponenten (Wendegetriebe u. ä.) kann dies zu unangenehmen Störungen führen. Gleiches gilt aber auch für den Antrieb anderer mit Spiel versehenen Antriebsmaschinen.

Wie bereits angedeutet, würde es den Rahmen dieses Bandes sprengen, wollte man auf weitere Einbaufälle eingehen. Die Erfahrungen der Praxis zeigen jedoch, daß es höchst angebracht ist, die Verbrennungskraftmaschine als Teil einer Gesamtanlage zu betrachten, da es für den Nutzer von untergeordneter Bedeutung ist, welches Bauteil seiner Anlage ausgefallen ist, wenn seine Anlage nicht funktioniert. Für den Motorenbauer ist der dadurch bedingte Stillstand der Anlage deshalb oft unangenehm, weil in vielen Fällen der Motor der Erreger von Schwingungen oder eines ungleichmäßigen Laufes ist und ihm allein die Schuld zugemessen wird, obwohl die Anlage nicht fachgerecht - das heißt unter Berücksichtigung der bekannten Eigenschaften der Verbrennungskraftmaschine - ausgelegt wurde.

8 Folgeerscheinungen der freien Gas- und Massenwirkungen und deren Auswirkungen auf die Aufstellung und das Betriebsverhalten des Motors

In den Kapiteln 3 und 4 haben wir gesehen, wie die Gas- und Massenkräfte einer Hubkolben-Verbrennungskraftmaschine entstehen und im Kapitel 5 die Ansätze für einen optimalen Ausgleich gelernt. Kapitel 6 hat uns mit der ungleichförmigen Drehkraft bekannt gemacht und Kapitel 7 mit den Möglichkeiten, den Gleichlauf einer Maschine zu verbessern. Aus diesen Ausführungen können wir schließen, daß es für Stand- und Laufruhe gute und weniger gute Bauvarianten gibt, daß man viel zu einer Verbesserung tun kann, daß es jedoch keinen Hubkolbenverbrennungsmotor gibt, der in seinen Kraftwirkungen auf die Umgebung restlos frei ist. Auch ein idealisierter Motor optimaler Auslegung und höchster Wuchtgüte wird neben dem gewünschten Nutzdrehmoment noch ein überlagertes Wechseldrehmoment besitzen, welches als Kräftepaar an den Befestigungsstellen des Motorenaggregates wirkt. In diesem Hinblick ist die Gasturbine von Vorteil, da diese neben dem Nutzdrehmoment nur ein verschwindend geringes und in der Regel sehr hochfrequentes Wechseldrehmoment aufweist, was sich weniger in Kräften als in akustischen Signalen bemerkbar machen kann.

8.1 Nicht ausgeglichene Kräfte und Momente und Motoraufstellung

Am Gehäuse einer Hubkolben-Verbrennungskraftmaschine treten aufgrund der periodischen Gas- und Massenwirkungen Reaktionskräfte und -momente auf, die über die Aufstellfüße bzw. Lagerungspunkte des Motors in das Fundament eingeleitet werden. Unter "Fundament" wird hier in einem allgemeinen Sinne die den Motor aufnehmende Tragkonstruktion verstanden.

Reguläre Kräfte und Momente sind:

a) Das Wechseldrehmoment um die Motorlängsachse. Es tritt bei jedem Motor auf und hat unter der Voraussetzung gleicher Zündabstände die Grund-Ordnungszahl gleich der Zylinderzahl bei Zweitaktmotoren, gleich der halben Zylinderzahl bei Viertaktmotoren. Darüberhinaus treten mit abnehmender Intensität Anteile von ganzzahligen Vielfachen der Grund-Ordnungszahl auf. Bei Motoren mit paarweise ungleichen Zündintervallen halbiert sich die Grundordnungszahl gegenüber obiger Regel (vgl. Kapitel 6). Ordnungszahl und Drehzahl ergeben die Frequenz der Erregung.

b) Freie Massenkräfte bei Motoren mit bauartbedingt unvollkommenem Massenkraftausgleich. Typisches Beispiel ist der Vierzylinder-Reihenmotor (L4) mit seinen freien Massenkräften 2. Ordnung in Richtung der Zylinderachsen.

c) Freie Massenmomente bei Motoren mit bauartbedingt unvollkommenem Massenmomentenausgleich. Dies sind vor allem Motoren mit ungerader Anzahl von Kurbelkröpfungen, wie z. B. Reihenmotoren L3, L5, L9 oder V-Motoren V6 (90°) und V10 (90°). Von praktischer Bedeutung bei den Massenkräften und -momenten sind nur Anteile 1. und 2. Ordnung.

d) Durch Verformungen des Kurbelgehäuses nach außen übertragene Kraftwirkungen. Hierzu gehört das aus den Kurbeltriebs-Massenkräften herrührende innere Biegemoment, welches insbesondere bei langen Motoren eine Gehäusedurchbiegung im Rhythmus der Kurbelwellendrehzahl zur Folge hat. Bei Hochleistungsmotoren in Leichtbauweise verursachen auch die Gaskräfte örtliche Gehäuseverformungen von Bedeutung.

Irreguläre Wirkungen sind solche, die bei idealem Auswucht- und Einregulierungszustand des Motors nicht vorhanden sind, mit deren Auftreten in der Praxis jedoch immer gerechnet werden muß:

e) Massenwirkungen (Unwuchten) durch Schwerpunkts-Exzentrizitäten infolge von Rest-Unwuchten, Rundlaufabweichungen, Verlagerungen innerhalb der Passungsspiele, Gewichtstoleranzen der Triebwerksteile. Ähnliche Wirkungen können auch durch Fluchtungsfehler in den Anlageteilen sowie durch ungleiche Radialsteifigkeiten bei elastischen Kupplungen auftreten. Es handelt sich immer um Störungen 1. Ordnung.

f) Störungen im Drehmomentenverlauf durch ungleiche Verbrennungen bis hin zu Zündaussetzern in den einzelnen Zylindern. Hierdurch treten im Drehmoment von Mehrzylindermotoren niederfrequente Anteile (0.5.,1., 1.5. Ordnung) auf.

g) Störungen im Drehmomentenverlauf und der Massenwirkungen bei schadensbedingtem Absetzen einzelner Zylindereinheiten oder Ausbau von Triebwerksteilen, wie dies bei größeren Motoren oft erforderlich ist, um einen Notbetrieb über begrenzte Zeiten mit der beschädigten Maschine aufrechtzuerhalten.

Die Auswirkung der regulären Kräfte und Momente wie auch ggf. der irregulären Wirkungen auf den Motor selbst und auf die Umgebung ist maßgeblich abhängig von der Verbindung zwischen Motor und Fundament, d. h. von der Art der Motorlagerung. Man unterscheidet dabei zwischen starrer und elastischer Lagerung.

Bei starrer Lagerung ist der Motor über Schrauben fest mit dem Fundament verbunden und die vom Motor ausgehenden Kräfte und Momente werden unmittelbar in das Funda-

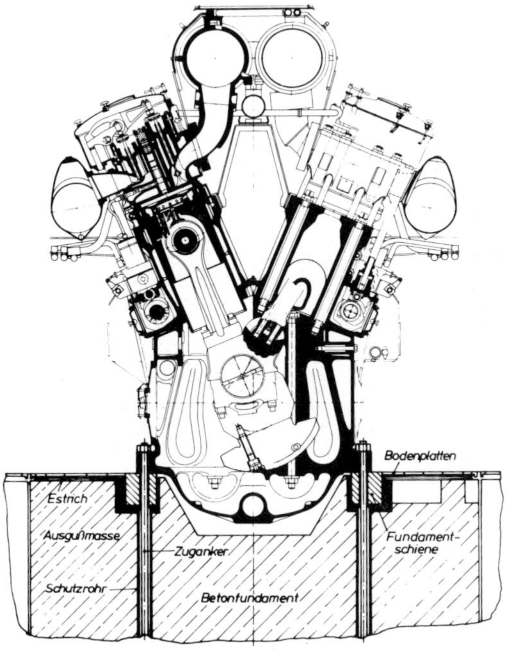

Abb. 8.1: Motoraufstellung auf Betonfundament

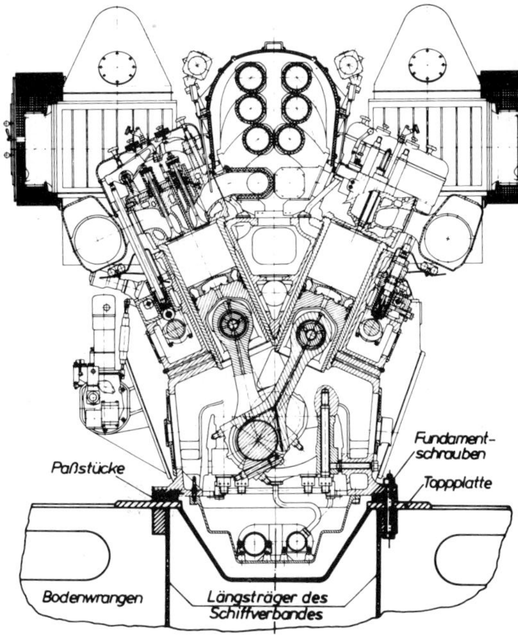

Abb. 8.2: Schiffsfundament

ment eingeleitet. "Starr" ist dabei nur als Gattungsbegriff zu verstehen. Die steifere Ankopplung des Motorengestells ist sicherlich das Betonfundament mit Fundamentschiene (Abb. 8.1). Ein Schiffsfundament (Abb. 8.2) oder andere Geräterahmen wie in Baggern, Aggregaterahmen (Abb. 8.3) sind nur als quasi starr anzusehen. In vielen Fällen fällt bei diesen Motoren die Eigenfrequenz der Anlage und die Erregerfrequenz innerhalb der Betriebsdrehzahl zusammen, so daß es zu unangenehmen Resonanzerscheinungen kommen kann.

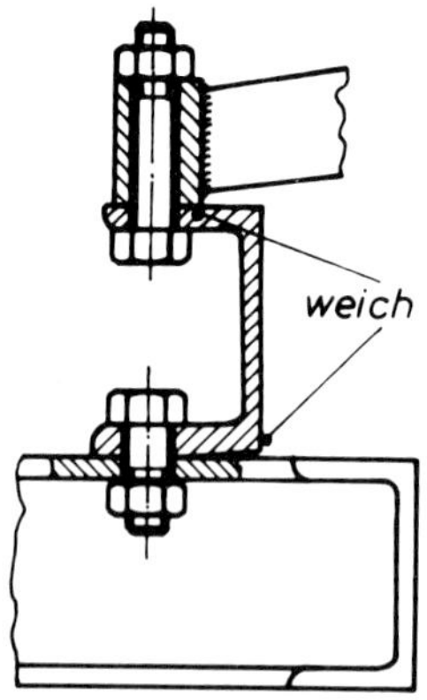

Abb. 8.3: Starrer Motoreinbau in Bagger

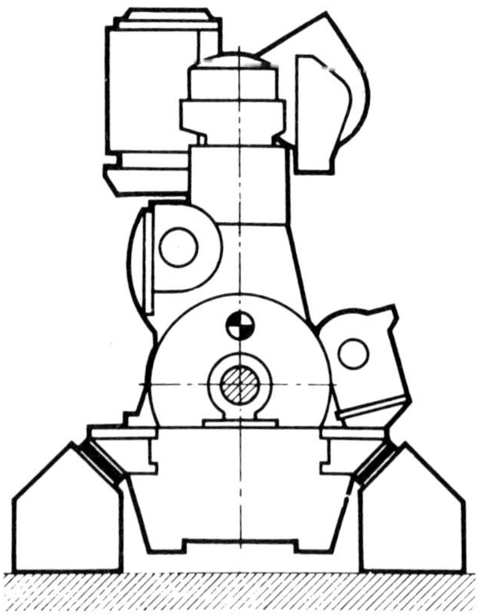

Abb. 8.4: Elastische Lagerung eines Motors

Bei elastischer Lagerung ist der Motor für sich allein (Abb. 8.4) oder als Motor-Getriebe-Block (Abb. 8.5) oder der Motor mit einer Arbeitsmaschine auf gemeinsamen Grundrahmen (Abb. 8.6) auf federnden Elementen aufgestellt. Als federnde Elemente werden meistens besonders gestaltete Gummifedern (Gummi-Metall-Verbindungen) (Abb. 8.7) verwendet, in selteneren Fällen bei stationären Anlagen auch Stahlfedern (Abb. 8.8) verwendet. Bei der elastischen Lagerung wird das physikalische Prinzip ausgenutzt, wonach Schwingungen höherer Frequenz durch ein System mit niederer Eigenfrequenz nicht hindurchgeleitet werden. In diesem Fall schwingt die träge Masse des Motors gegen die erregenden Kräfte oder Momente und es wird über die Feder-Elemente nur ein kleiner Teil der Erregung auf das Fundament übertragen.

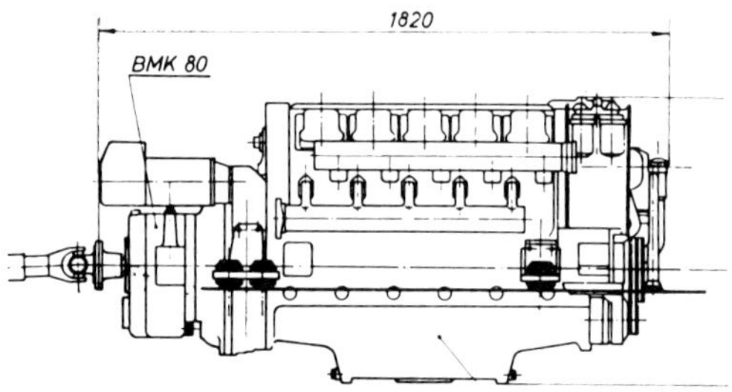

Abb. 8.5: Elastische Lagerung eines Motor-Getriebe-Blockes

Abb. 8.6: Elastische Lagerung eines Aggregaterahmens

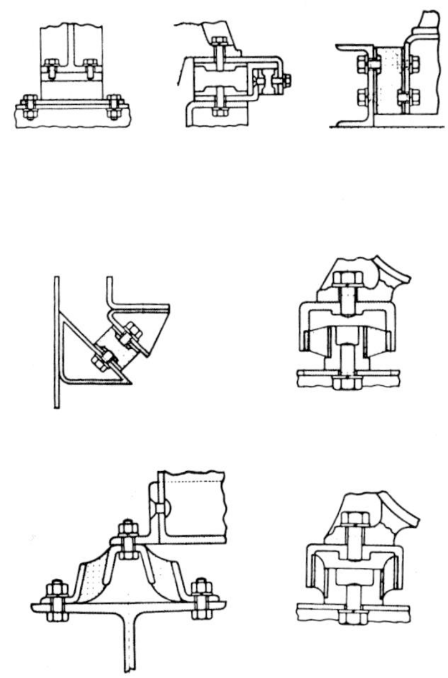

Abb. 8.7: Gummi-Metall-Lagerungen

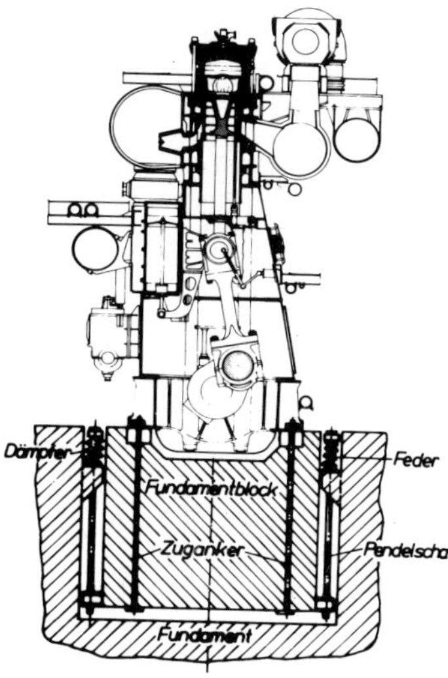

Abb. 8.8: Stahlfeder-Lagerung mit Dämpfungsglied

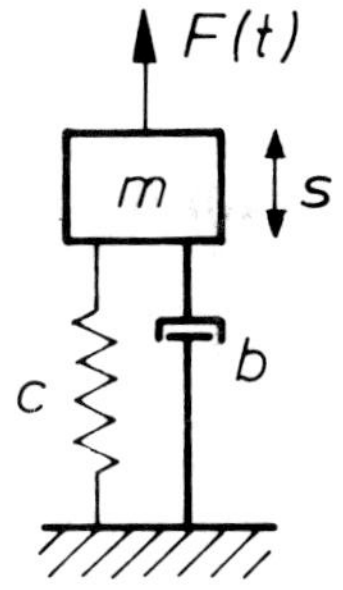

Abb. 8.9: Linearer Ein-Massen-Schwinger

Die Motorlagerung muß folgenden Anforderungen genügen:

Aufnahme des Eigengewichts

Aufnahme der maximal möglichen Reaktionsmomente und Reaktionskräfte, die vom Motor ausgehen

Aufnahme von Stößen und Reaktionen, die sich aus der Art des Antriebes oder den Betriebsbedingungen der Anlage ergeben (z. B. Fahrbahnstöße, Schiffsbewegungen, Pufferstöße im Lok-Betrieb, Einfederungsstöße, die über die Reibung im Schiebestück einer Gelenkwelle übertragen werden usw.).

Verhinderung von unzulässigen Motorbewegungen, die die Funktion, Bedienung oder die Kraftübertragung beeinträchtigen könnten.

Im Sinne der Mechanik ist jeder Motor mit seinem Fundament ein schwingungsfähiges System, da man es immer mit endlichen Massen oder Massenträgheitsmomenten und endlichen Federsteifigkeiten zu tun hat. Bei der Aufstellung bzw. beim Einbau des Motors, d. h. der Gestaltung der Motorlagerung haben Fragen der Schwingungsabwehr und Lärmbekämpfung daher zentrale Bedeutung. In den folgenden Abschnitten sind daher die schwingungstechnischen Grundlagen aus der Sicht der Maschinenaufstellung darzulegen.

8.2 Linearer Ein-Massen-Schwinger mit einem Freiheitsgrad

Um die grundsätzlichen Zusammenhänge und die Anforderungen an die Motorlagerung aufzuzeigen, wird zunächst der in Abb. 8.9 dargestellte Ein-Massen-Schwinger betrachtet. Die Bezeichnung "linear" gilt nicht notwendigerweise für die Bewegungsrichtung, sondern betrifft die Eigenschaft, daß die Koppelgrößen c (Federsteifigkeit) und b (Dämpfungswiderstand) linear mit den Bewegungsgrößen s und $\dot{s}$ verknüpft sind. Ein Freiheitsgrad besagt, daß nur eine Bewegungsrichtung zugelassen wird. Die Bewegungsgleichung lautet:

$$m \cdot \ddot{s} + b \cdot \dot{s} + c \cdot s = F(t) \qquad (8.1)$$

Unter der Voraussetzung, daß die Erregerkraft F(t) einen harmonischen Verlauf hat, ist der Lösungsansatz eine harmonische Schwingung mit der komplexen Amplitude $\underline{\hat{s}}$ und der Kreisfrequenz Ω (Erregerkreisfrequenz)

$$\begin{aligned} s &= \underline{\hat{s}} \cdot e^{i\Omega t} \\ \dot{s} &= i\Omega \cdot \underline{\hat{s}} \cdot e^{i\Omega t} \\ \ddot{s} &= -\Omega^2 \cdot \underline{\hat{s}} \cdot e^{i\Omega t} \end{aligned} \tag{8.2}$$

oder gleichwertig:

$$\begin{aligned} s &= A \cdot \cos \Omega t + B \cdot \sin \Omega t \\ \dot{s} &= \Omega \cdot (-A \cdot \sin \Omega t + B \cdot \cos \Omega t) \\ \ddot{s} &= -\Omega^2 \cdot (A \cdot \cos \Omega t + B \cdot \sin \Omega t) \end{aligned} \qquad \begin{aligned} A &= \hat{s} \cdot \sin \varphi_0 \\ B &= \hat{s} \cdot \cos \varphi_0 \end{aligned} \tag{8.3}$$

φ_0 ist ein Phasenwinkel, der sich aus den Anfangsbedingungen ergibt.

Für den Sonderfall der "freien Schwingung" oder auch "ungedämpften Eigenschwingung" mit b = 0 und F(t) = 0 ergibt sich als Lösung der Differentialgleichung (8.1) die Eigen-Kreisfrequenz

$$\omega_e = 2 \cdot \pi \cdot f_e = \sqrt{\frac{c}{m}} \tag{8.4}$$

Mit der Federsteifigkeit $c = m \cdot g/s_o$, wobei s_o der Einfederungsweg in cm unter dem Gewicht (Masse m · Erdbeschleunigung $g = 981$ cm/s²) ist, ergeben sich folgende, häufig gebrauchte Zahlenwertgleichungen für die Eigenfrequenz f_e und die Eigenschwingungszahl n_e:

$$f_e \approx \frac{5}{\sqrt{s_o}} \qquad \left[\frac{f_e \;,\; s_o}{s^{-1},\; cm}\right] \tag{8.5}$$

$$n_e \approx \frac{300}{\sqrt{s_o}} \qquad \left[\frac{n_e \;,\; s_o}{min^{-1},\; cm}\right] \tag{8.6}$$

Der Quotient aus der Kreis- oder Winkelfrequenz der erzwungenen Schwingung Ω und der Eigen-Kreisfrequenz ω_e ist das

Frequenzverhältnis $\eta = \dfrac{\Omega}{\omega_e}$ (8.7)

Im Resonanzfall ist $\eta = 1$.

Die dämpfende Kraft $b \cdot \dot{s}$ in Gl. (8.1) ist der Schwinggeschwindigkeit proportional und der Dämpfungswiderstand oder Dämpfungskoeffizient b hat die Dimension einer Kraft bezogen auf die Geschwindigkeit, im Falle der Torsionsschwingung die Dimension eines Momentes bezogen auf die Winkelgeschwindigkeit.
Zur Charakterisierung der Dämpfungseigenschaften sind außerdem noch eine Anzahl dimensionsloser Kennwerte gebräuchlich. Bei Gummi-Bauteilen, wie z. B. Gummi-

puffern für die elastische Motorlagerung sind folgende Dämpfungs-Kennwerte üblich

Resonanzvergrößerungsfaktor $$v_R = \frac{c}{b \cdot \omega_e} \tag{8.8}$$

Verlustfaktor $$d = \frac{1}{v_R} = \frac{b \cdot \omega_e}{c} \tag{8.9}$$

Verlustzahl (Verlustwinkel δ) $$\chi = \tan \delta = \frac{b \cdot \Omega}{c} \tag{8.10}$$

Verhältnismäßige Dämpfung $$\psi = 2 \cdot \pi \cdot \frac{b \cdot \Omega}{c} \tag{8.11}$$

Dämpfungsgrad (Lehr'sches Dämpfungsmaß) $$D = \vartheta = \frac{b}{2 \cdot \sqrt{c \cdot m}} \tag{8.12}$$

Logarithmisches Dekrement $$\Lambda = \frac{2 \cdot \pi \cdot \vartheta}{\sqrt{1 - \vartheta^2}} \tag{8.13}$$

Bezüglich einer genaueren Erläuterung zur Bedeutung und zu den Zusammenhängen der verschiedenen Dämpfungs-Kennwerte wird auf Kapitel 10 in diesem Band, sowie auf den Band 3 "Triebwerksschwingungen" und die Lit. /25/ verwiesen.

Die DG (8.1) beschreibt die "erzwungenen Schwingungen", die dadurch gekennzeichnet sind, daß die äußere Erregung F(t) dem System gerade die Energie zuführt, die notwendig ist, den stationären Zustand aufrechtzuerhalten. Mit dem Lösungsansatz (8.2), (8.3) wird vorausgesetzt, daß die Erregerkraft einen harmonischen Verlauf hat, d. h. es gilt

$$F(t) = \underline{\hat{F}} \cdot e^{i\Omega t} \tag{8.14}$$

Hat die Erregung einen periodischen, jedoch nicht harmonischen Verlauf, so wird diese durch eine harmonische Analyse in eine Summe von harmonischen Anteilen (sinus- und cosinus-Komponenten) zerlegt (vergl. Abschnitt 11.1).
Mit dem Lösungsansatz (8.2) und mit (8.14) nimmt die Bewegungsgleichung (8.1) die folgende Form an

$$-m \cdot \underline{\hat{s}} \cdot \Omega^2 + i b \cdot \underline{\hat{s}} \cdot \Omega + c \cdot \underline{\hat{s}} = \underline{\hat{F}} \tag{8.15}$$

Mit Einführung des Frequenzverhältnisses

$$\eta = \frac{\Omega}{\omega_e} \qquad \omega_e = \sqrt{\frac{c}{m}}$$

und mit der Verlustzahl (Werkstoffdämpfung)

$$\chi = \frac{b \cdot \Omega}{c}$$

ergeben sich die folgenden, in komplexer Form angeschriebenen Beziehungen, wobei für den Betrag einer komplexen Zahl gilt

$$|a + ib| = \sqrt{a^2 + b^2}$$

Schwingweg-Amplitude:

$$\underline{\hat{s}} = \frac{\hat{F}}{c} \cdot \frac{1}{1 - \eta^2 + i\chi} = \frac{\hat{F}}{c} \cdot VS1 \tag{8.16}$$

Phasenverschiebungswinkel zwischen Erregerkraft und Schwingweg:

$$\tan \varphi_{01} = \frac{\chi}{1-\eta^2} \tag{8.17}$$

Fundamentkraft-Amplitude:

$$\hat{\underline{F}}_F = \hat{\underline{s}} \cdot c \cdot (1 + i\chi) = \hat{F} \cdot \frac{1 + i\chi}{1-\eta^2 + i\chi} = \hat{F} \cdot VF1 \tag{8.18}$$

Phasenverschiebungswinkel zwischen Erregerkraft und Fundamentkraft:

$$\tan \varphi_{02} = \frac{\chi \cdot \eta^2}{1-\eta^2 + \chi^2} \tag{8.19}$$

Die bisherigen Formeln gelten für eine Erregung mit konstanter Amplitude, wie sie durch die Gaskräfte des Motors beim Betrieb mit konstantem Mitteldruck auftritt. Im Hinblick auf die Massenwirkungen des Motors interessiert auch der Fall der quadratisch von der Drehzahl abhängigen Kraftamplitude. Es gilt dann

$$\hat{F} = m_F \cdot e \cdot \Omega^2 \tag{8.20}$$

Damit ergibt sich die Schwingweg-Amplitude bei Massenkrafterregung:

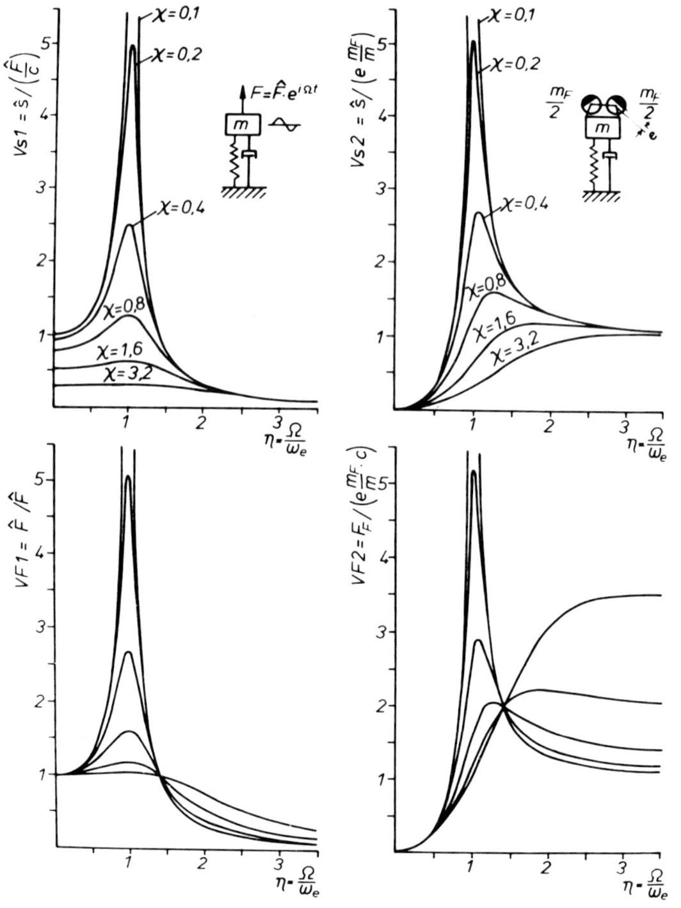

Abb. 8.10: Vergrößerungsfunktionen der Schwingweg-Amplitude ŝ und der Fundamentkraft-Amplitude $\hat{F}_F$ bei konstanter Erregerkraft-Amplitude (linke Bildhälfte) und Fliehkraft-Erregung (rechte Bildhälfte) für konstante Verlustzahlen (Werkstoffdämpfung $\chi = b \cdot \Omega / c$ = konst.)

$$\underline{\hat{s}} = e \cdot \frac{m_F}{m} \cdot \frac{\eta^2}{1-\eta^2+i\chi} = e \cdot \frac{m_F}{m} \cdot VS2 \qquad (8.21)$$

und die Fundamentkraft bei Massenkrafterregung:

$$\underline{\hat{F}}_F = e \cdot \frac{m_F}{m} \cdot c \cdot \eta^2 \cdot \frac{1+i\chi}{1-\eta^2+i\chi} = e \cdot \frac{m_F}{m} \cdot c \cdot VF2 \qquad (8.22)$$

Für die Phasenverschiebungswinkel gelten die gleichen Beziehungen (8.17) und (8.19) wie bei konstanter Erregerkraft-Amplitude.

Bei Drehbewegungen gelten im Prinzip die gleichen Formeln. Erfolgt die Erregung nicht durch eine Kraft, sondern durch ein Moment, so tritt an die Stelle der Masse das Massenträgheitsmoment und an die Stelle der Weg-Amplitude die Drehwinkel-Amplitude.

Die Ausdrücke VS1, VF1, VS2 und VF2 in den Gleichungen (8.16), (8.18), (8.21) und (8.22) nennt man Vergrößerungsfunktionen. Diese sind nur vom Verhältnis der Erregerfrequenz zur Eigenfrequenz und von der Dämpfung abhängig. Die Vergrößerungsfunktion gibt das Verhältnis der dynamischen (meßbaren) zur jeweiligen statischen (aufgrund der Kräfte und Steifigkeiten errechenbaren) Amplitude an. Die Abbildungen 8.9 und 8.10 zeigen den Verlauf der Vergrößerungsfunktionen in Abhängigkeit vom Frequenzverhältnis und für verschiedene Dämpfungen. Diese Darstellung wird auch mit 'Frequenzgang' bezeichnet. Man spricht vom unterkritischen Bereich, wenn das Frequenzverhältnis $\eta < 1$, vom überkritischen Bereich, wenn $\eta > 1$ ist.

Die Kurven des Schwingweges wie auch der Fundamentkraft beginnen bei $\eta = 0$, bzw. Erregerfrequenz $\Omega = 0$, mit dem quasi-statischen Zustand. In der Schwingweg-Funktion bei konstanter Erreger-Amplitude und Werkstoffdämpfung ist die quasi-statische Weg-Amplitude kleiner mit zunehmender Dämpfung. Dies ist eine Folge der Hysteresis, d. h. der Eigenschaft von Stoffen, mit innerer Dämpfung nach einer Belastung eine bleibende oder nur langsam zurückgehende Formänderung beizubehalten.

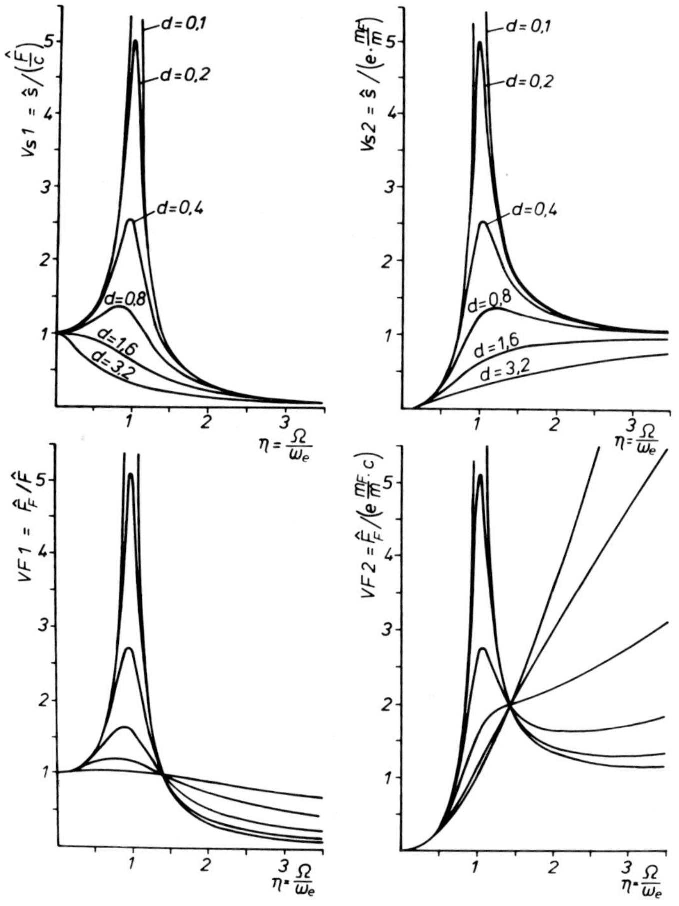

Abb. 8.11 : Vergrößerungsfunktionen der Schwingweg-Amplitude $\hat{s}$ und der Fundamentkraft-Amplitude $\hat{F}_F$ bei konstanter Erregerkraft-Amplitude und Fliehkraft-Erregung für konstante Verlustzahlen $d = b \cdot \omega_e / c = \chi / \eta$

Bei $\eta = 1$ (Resonanzbedingung), d. h., wenn die Erregerfrequenz gleich der Eigenfrequenz ist - und dies gilt genau nur bei konstanter Erregeramplitude und Werkstoffdämpfung -, treten die Maximalwerte auf, die mit zunehmender Dämpfung kleiner werden. Bei konstantem Dämpfungswiderstand sind die Maxima etwas in Richtung $\eta < 1$ verschoben, und zwar um so mehr, je stärker die Dämpfung ist. Im Falle der quadratisch mit der Frequenz (Drehzahl) zunehmenden Massenkrafterregung sind die Maxima etwas in Richtung $\eta > 1$ verschoben.

Oberhalb der Resonanz, d. h. im überkritischen Bereich, klingen die Schwingamplituden und die Fundamentkraft ab und gehen im Falle konstanter Erregung mit wachsender Erregerfrequenz asymptotisch auf Null zurück. Im Falle der Massenkrafterregung laufen die Kurven des Schwingweges asymptotisch auf den Grenzwert 1 zu. Das bedeutet, daß der mit steigender Erregerfrequenz zu erwartende Abklingeffekt des Schwingweges hier durch die quadratisch mit der Erregerfrequenz anwachsende Erregerkraft kompensiert wird.

Die Fundamentkräfte sind bei $\eta = \sqrt{2}$ gleich der Erregerkraft und in diesem Punkt unabhängig von der Dämpfung. Bei $\eta > \sqrt{2}$ werden die Fundamentkräfte kleiner als die Erregerkräfte, d. h. erst in diesem Bereich ergibt sich die bei der elastischen Lagerung angestrebte Isolierwirkung. Die Isolierwirkung nimmt dann mit wachsender Entfernung von der Resonanzstelle zu, d. h. sie ist um so besser, je größer das Verhältnis $\eta = \Omega/\omega_e$ (Erregerfrequenz/Eigenfrequenz) ist.

Die Vergrößerungsfunktionen des schwach gedämpften und des stark gedämpften Systems unterscheiden sich erheblich voneinander. Während die Dämpfung für den Schwingweg der Masse immer und für die Fundamentkraft im Bereich $\eta < \sqrt{2}$ günstig ist, ist im eigentlichen Betriebsbereich der elastischen Lagerung bei $\eta > \sqrt{2}$ eine starke Dämpfung schädlich für die Isolierwirkung. Dabei ist ein konstanter Dämpfungswiderstand b ungünstiger als eine - bezogen auf den Resonanzpunkt - gleich wirksame Dämpfung, die aber den Charakter einer Werkstoffdämpfung hat ($b \cdot \Omega/c$ = konst.) Hier ist allerdings zu vermerken, daß in den Darstellungen der Vergrößerungsfunktionen die Dämpfungsparameter so gewählt wurden, daß die Tendenz des Dämpfungseinflusses deutlich wird. Als Werkstoffdämpfungen (innere Dämpfung) sind die großen Werte unrealistisch. Die inneren Dämpfungen der hier in Frage kommenden Werkstoffe liegen im Bereich der schwachen Dämpfung, z. B. für Gummi $\chi = 0{,}1 \ldots 0{,}16$ ($V_R = 10 \ldots 6$).

Wie die mechanischen Schwingungen ist auch der Schall eine Schwingungserscheinung. Für die Körperschalldämmung gelten somit die gleichen Zusammenhänge wie bei der Isolierung der mechanischen Schwingungen (Erschütterungen). Die ein Kräfteverhältnis ausdrückende Resonanzkurve ist daher auf Schallerscheinungen zu übertragen, wenn - wie in der Akustik üblich - das logarithmische Verhältnis zweier Schalldrücke eingeführt wird. Dieses Verhältnis ist der Schalldruckpegel und wird mit Dezibel (dB) bezeichnet. Die Auftragung über dem Frequenzverhältnis liefert die Schalldämmkurve (Abb. 8.12).

Die bei elastischer Lagerung erzielbare Abschirmung des Fundamentes gegen die vom Motor ausgehenden Kräfte oder Momente wird durch den Isoliergrad oder Isolierwirkungsgrad η_{is} (nicht zu verwechseln mit dem Frequenzverhältnis η) ausgedrückt. Hierunter versteht man das Verhältnis der Verminderung der Fundamentkraft zur Erregerkraft. Die Erregerkraft ist dabei gleichzeitig diejenige Fundamentkraft, die bei absolut starrer Lagerung auftreten würde.

Isoliergrad bei konstanter Erreger-Amplitude

$$\eta_{is} = 1 - \frac{\hat{F}_F}{\hat{F}} = 1 - V_{F1} \tag{8.23}$$

Isoliergrad bei Massenkraft-Erregung

$$\eta_{is} = 2 - \frac{\hat{F}_F}{\hat{F}} = 2 - V_{F2} \tag{8.24}$$

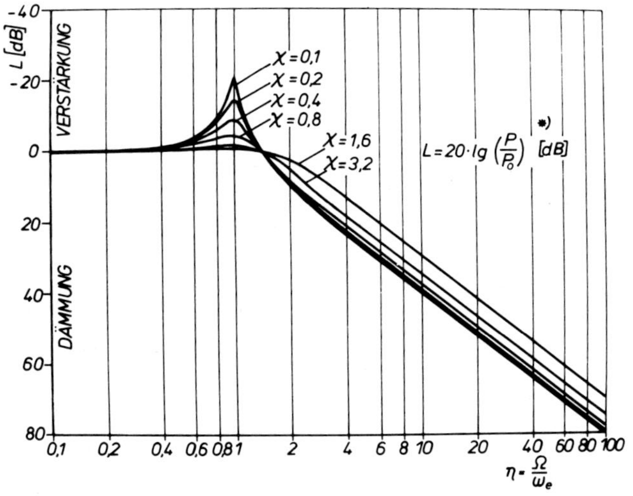

Abb. 8.12: Aus dem Ein-Massen-Schwinger abgeleitete Schalldämmkurven für unterschiedliche Verlustzahlen $\chi = b \cdot \Omega / c$ - Nach internationaler Vereinbarung wird der Nullpunkt des Schallpegels definiert als die Schallintensität bzw. der Schalldruck an der Hörschwelle bei 1000 Hz; das entspricht einem effektiven Schalldruck $P_{oeff} = P_{omax}/\sqrt{2} = 2 \cdot 10^{-4}\ \mu bar = 2 \cdot 10^{-5}\ N/m^2$

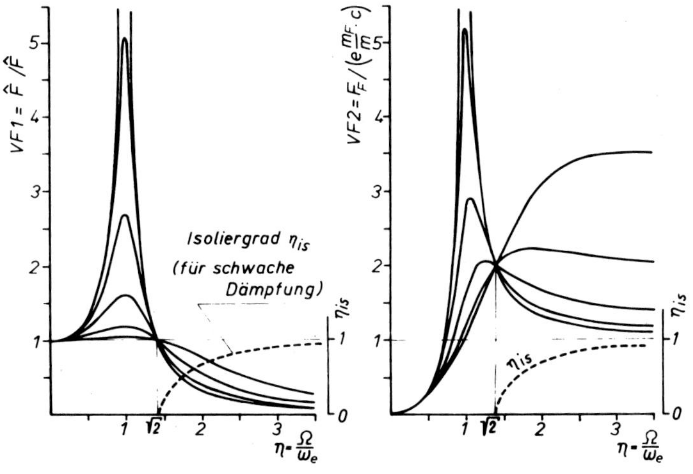

Abb. 8.13: Isoliergrad η_{is} in Abhängigkeit vom Frequenzverhältnis η

Der Isoliergrad η_{is} hat beim Frequenzverhältnis $\eta = \sqrt{2}$ den Wert 0 und nähert sich im überkritischen Bereich mit wachsendem Frequenzverhältnis η asymptotisch dem Wert 1 (vergl. Abb. 8.13).

Die auf diese Weise errechneten Zahlen lassen mit zunehmendem Abstand von der Resonanzfrequenz auf eine sehr gute Isolierwirkung schliessen, die aber meistens nicht den tatsächlichen Verhältnissen in der Praxis entspricht.

Dies gilt auch dann, wenn der Umstand berücksichtigt wird, daß der elastisch gelagerte Motor unter Umständen nicht nur in einem, sondern in mehreren (bis zu 6) Freiheitsgraden schwingen kann und dementsprechend mehrere Eigenfrequenzen auftreten. Die Beurteilung der Isolierwirkung hätte hier anhand der Schwingungsform und zugehörenden Eigenfrequenz zu erfolgen, welche die größten Kräfte in das Fundament einleitet. Die in der Praxis verschlechterte Isolierwirkung hat ihren Grund viel mehr in der elastischen Nachgiebigkeit von Fundament und Befestigungsstellen, wodurch weitere Schwingungsresonanzen auftreten und die in das Fundament eingeleiteten Kräfte verstärkt werden. Das bei der Betrachtung des einfachen Schwingers vorausgesetzte unendlich große und unendlich steife Fundament gibt es in Wirklichkeit nicht. Die Verhältnisse sind naturgemäß von der jeweiligen Gestaltung des Fundamentes abhängig und sind in der Regel bei ortsbeweglichen Anlagen, wie Schiffen, Straßen- oder Schienenfahrzeugen ungünstiger, als beispielsweise beim Betonfundament einer stationären Anlage.

Die mit der elastischen Lagerung angestrebte Schwingungsisolierung und Körperschalldämmung werden in der Praxis nicht nur durch die schon erwähnten Fundamentresonanzen, sondern auch durch Eigenschwingungen der Federelemente (sogenannte Verdichtungsschwingungen) beeinträchtigt. Diese Verdichtungsschwingungen sind abhängig von Höhe, Querschnitt und Dichte der Federelemente. Außerdem bilden auch die notwendigen Verbindungen, wie die Kraftübertragung, Rohrleitungen, Bedienungsgestänge usw., Schwingungs- und Schallbrücken.

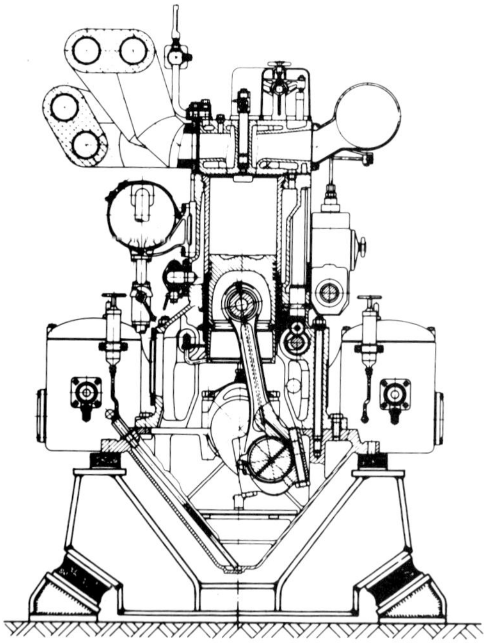

Abb. 8.14: *Doppelt-elastische Lagerung*

Bei extremen Anforderungen an die Schwingungsisolierung werden manchmal doppelt elastische Lagerungen (Abb. 8.14) ausgeführt. Hierbei wird der Motor elastisch auf einem Zwischenrahmen gelagert, der seinerseits wieder auf elastischen Elementen gelagert ist. Im Hinblick darauf wird im folgenden der an einem Federende fest eingespannte Zwei-Massen-Schwinger betrachtet. Die für diesen Fall angegebenen Formeln sind auch geeignet, um grundsätzliche Zusammenhänge zwischen elastischer Motorlagerung und Fahrzeugfederung oder einer elastischen Nachgiebigkeit des Fundamentes zu untersuchen.

8.3 Linearer Zwei-Massen-Schwinger mit einem Freiheitsgrad

Im Regelfall einer doppelt-elastischen Lagerung wird der Erreger (Hubkolbenmotor) als äußere Masse des Zwei-Massen-Schwingers angeordnet. Doch ist nicht nur der Hubkolbenmotor als Verursacher dynamisch wirkender Kräfte bekannt, sondern auch Arbeitsmaschinen (Pumpen, Kompressoren, Propeller) und Getriebe, die vielfältig auf Fundamenten kombiniert werden können. Deshalb ist auch von Interesse, die Verhältnisse zu beobachten, wenn die Erregung an der fundamentseitigen (mittleren) Masse angreift.

8.3.1 Erregung an der äußeren Masse m_1

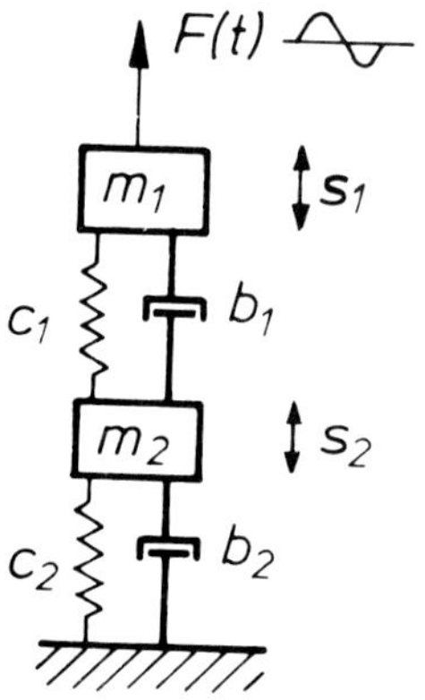

Bei dem in Abb. 8.15 dargestellten Schwinger sind die Massen (starre Körper) m_1 und m_2 durch die Federsteifigkeit c_1 und den Dämpfungswiderstand b_1 miteinander und m_2 über c_2 und b_2 mit der starren Bodenmasse gekoppelt. Dieser Schwinger könnte somit auch als 3-Massen-System mit unendlich großer 3. Masse gelten. Es wird hier zunächst der Fall betrachtet, bei dem die periodische Erregung F(t) eine konstante Amplitude hat und an der äußeren Masse m_1 wirkt.

Abb. 8.15: *Zwei-Massen-Schwinger mit Erregung an der äußeren Masse*

Für die beiden Massen gelten folgende Bewegungsgleichungen:

$$\begin{aligned} m_1 \cdot \ddot{s}_1 + c_1 \cdot (s_1 - s_2) + b_1 \cdot (\dot{s}_1 - \dot{s}_2) &= F(t) \\ m_2 \cdot \ddot{s}_2 + c_2 \cdot (s_2 - 0) + b_2 \cdot (\dot{s}_2 - 0) - c_1 \cdot (s_1 - s_2) - b_1 \cdot (\dot{s}_1 - \dot{s}_2) &= 0 \end{aligned} \tag{8.25}$$

Der Lösungsansatz ist wiederum der einer harmonischen Schwingung laut (8.2) bzw. (8.3).

Für den Sonderfall der "freien Schwingung" mit F(t) = 0 und b_1, b_2 = 0 ergeben sich die beiden Eigen-(kreis)-frequenzen aus

$$\omega_{e\,1,2} = 2 \cdot \pi \cdot f_{e\,1,2} = \sqrt{\frac{A}{2} \pm \sqrt{\left(\frac{A}{2}\right)^2 - B}} \tag{8.26}$$

mit

$$A = \left(\frac{c_1}{m_1} + \frac{c_2}{m_2} + \frac{c_1}{m_2}\right), \qquad B = \frac{c_1}{m_1} \cdot \frac{c_2}{m_2}$$

Von praktischer Bedeutung sind nur die reellen Wurzelwerte.

Für die "erzwungenen Schwingungen" ergeben sich aus (8.25) und mit (8.2) die Amplituden der Weg- und Kraftgrößen, wobei F_1 die zwischen m_1 und m_2 wirkende Kraft, F_2 die zwischen m_2 und der Einspannstelle wirkende Kraft ist.

Weg-Amplitude $\hat{s}_1$:

$$\hat{\underline{s}}_1 = \frac{\hat{F}}{c_1} \cdot \frac{\frac{c_1}{c_2} + 1 - \eta_2^2 + i\left(\frac{c_1}{c_2} \cdot x_1 + x_2\right)}{u + iv} \tag{8.27}$$

Weg-Amplitude $\hat{s}_2$:

$$\hat{\underline{s}}_2 = \frac{\hat{F}}{c_2} \cdot \frac{1 + i x_1}{u + iv} \tag{8.28}$$

Kraft-Amplitude F_1:

$$\hat{\underline{F}}_1 = \hat{F} \cdot \frac{1 - \eta_2^2 - x_1 \cdot x_2 + i(x_1 + x_2 - x_1 \cdot \eta_2^2)}{u + iv} \tag{8.29}$$

Kraft-Amplitude F_2:

$$\hat{\underline{F}}_2 = \hat{F} \cdot \frac{1 - x_1 \cdot x_2 + i(x_1 + x_2)}{u + iv} \tag{8.30}$$

Es gelten folgende Vereinbarungen:

$$u + iv = (1 - \eta_1^2 - \eta_2^2 - \eta_3^2 - x_1 \cdot x_2 + \eta_1^2 \cdot \eta_2^2) + i(x_1 + x_2 - x_1 \cdot \eta_2^2 - x_1 \cdot \eta_3^2 - x_2 \cdot \eta_1^2)$$

$$\eta_1 = \Omega \cdot \sqrt{\frac{m_1}{c_1}} \; ; \quad \eta_2 = \Omega \cdot \sqrt{\frac{m_2}{c_2}} \; ; \quad \eta_3 = \Omega \cdot \sqrt{\frac{m_1}{c_2}} \; ; \quad x_1 = \frac{b_1 \cdot \Omega}{c_1} \; ; \quad x_2 = \frac{b_2 \cdot \Omega}{c_2} \tag{8.31}$$

Für den Betrag einer komplexen Zahl gilt:

$$|a + ib| = \sqrt{a^2 + b^2}$$

Ist die Amplitude der Erregung nicht konstant, sondern vom Quadrat der Erregerfrequenz abhängig (Massenkrafterregung), so gilt:

$$\hat{F} = m_F \cdot e \cdot \Omega^2 = \frac{m_F}{m_1} \cdot e \cdot c_1 \cdot \eta_1^2 \qquad (8.32)$$

Um eine mit der Vergrößerungsfunktion des Ein-Massen-Schwingers unmittelbar vergleichbare Darstellung über dem Verhältnis

$$\eta = \frac{\Omega}{\omega} = \frac{\text{Erreger-Kreisfrequenz}}{\text{Eigen-Kreisfrequenz}}$$

zu erhalten, werden zusätzlich folgende Definitionen gewählt und diese in Gleichung (8.27) bis (8.30) eingeführt

$$\mu = \frac{m_2}{m_1} \; ; \quad \nu = \frac{c_1}{c_2} \; ; \quad \varrho = \frac{X_2}{X_1} \; ; \quad x = x_1$$
$$\eta = \eta_1 = \Omega \cdot \sqrt{\frac{m_1}{c_1}} \; ; \quad \eta_2 = \eta \cdot \sqrt{\mu \cdot \nu} \; ; \quad \eta_3 = \eta \cdot \sqrt{\nu} \qquad (8.33)$$

Damit ergibt sich:

$$\underline{\hat{s}}_1 = \frac{\hat{F}}{c_1} \cdot \frac{1 + \nu - \eta^2 \cdot \mu \cdot \nu + i x \cdot (\nu + \varrho)}{u + iv} = \frac{\hat{F}}{c_2} \cdot \frac{1 + \frac{1}{\nu} - \eta^2 \cdot \mu + i x \cdot (\nu + \varrho)}{u + iv} \qquad (8.34)$$

$$\underline{\hat{s}}_2 = \frac{\hat{F}}{c_2} \cdot \frac{1 + i x}{u + iv} = \frac{\hat{F}}{c_1} \cdot \frac{\nu \cdot (1 + i x)}{u + iv} \qquad (8.35)$$

$$\underline{\hat{F}}_1 = \hat{F} \cdot \frac{1 - \eta^2 \cdot \mu \cdot \nu - \varrho \cdot x^2 + i x \cdot (1 + \varrho - \eta^2 \cdot \mu \cdot \nu)}{u + iv} = \hat{F} \cdot VF11 \qquad (8.36)$$

$$\underline{\hat{F}}_2 = \underline{\hat{F}} \cdot \frac{1 - \varrho \cdot x^2 + i x \cdot (1 + \varrho)}{u + iv} = \hat{F} \cdot VF12 \qquad (8.37)$$

$$u + iv = 1 - \eta^2 \cdot (1 + \mu \cdot \nu + \nu) - \varrho \cdot x^2 + \eta^4 \cdot \mu \cdot \nu + i x \cdot \left[1 + \varrho - \eta^2 \cdot (\mu \cdot \nu + \nu + \varrho)\right]$$

In den Beziehungen der Schwingweg-Amplituden $\hat{s}_1$ und $\hat{s}_2$ ist der dimensionslose Teil als "Vergrößerungsfunktion" nicht eindeutig definiert, sondern dieser Teil ist abhängig davon, ob der statische Wert F/C auf die Steifigkeit der 1. Feder oder die der 2. Feder bezogen wird. Es lassen sich so für jede der beiden Schwingweg-Amplituden zwei unterschiedliche dimensionslose Ausdrücke angeben, je nachdem, ob C_1 oder C_2 im Nenner des statischen Wertes steht. Da nicht eindeutig, ist die Beziehung "Vergrößerungsfunktion" im Zusammenhang mit den Schwingwegen der beiden Massen nicht angebracht. Die Abb. 8.16 zeigt die Schwingwege der beiden Massen des untersuchten Schwingers in dimensionsloser Darstellung.

Die Abb. 8.17 zeigt die Vergrößerungsfunktionen der Kraftamplituden des Zwei-Massen-Schwingers für unterschiedliche Massen- und Steifigkeitsverhältnisse bei konstanter Erreger-Amplitude. Aufgrund der 2 Eigenfrequenzen des untersuchten Systems treten 2 Resonanzspitzen auf, deren Abstand voneinander und der Amplitudengröße zueinander vom Verhältnis der Massen und Federsteifigkeiten abhängig ist. Die absolute Größe der Amplituden wird durch die Dämpfung bestimmt. Übertragen auf die Maschinenaufstellung ergibt sich hieraus, daß die zu lagernde Maschine (m_1) und das Fundament (m_2) über die unvermeidlichen oder aber gezielt gewählten Elastizitäten der Verbindung sich in ihrem Schwingungsverhalten gegenseitig beeinflussen. Der Schwingungs- bzw. Verformungswiderstand des Fundamentes wird auch als dessen Impedanz bezeichnet in Analogie zu diesem Begriff in der Elektrotechnik.

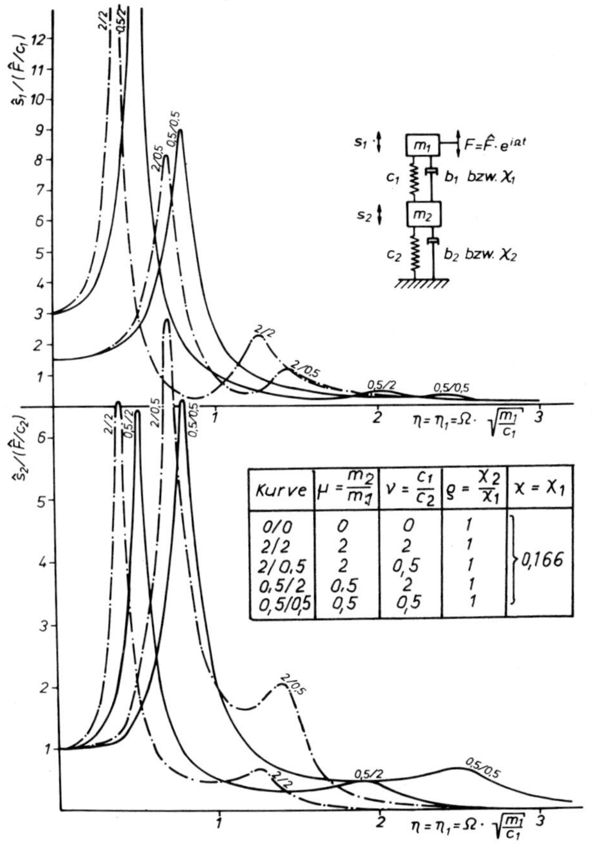

Abb. 8.16: Bezogene Schwingweg-Amplituden der 2-Massen-Schwinger bei konstanter Erregerkraft-Amplitude an der Masse m_1 und konstanter Verlustzahl

Die obere Bildhälfte in Abb. 8.17 zeigt im Vergleich mit der Resonanzkurve des Ein-Massen-Schwingers, daß durch die höhere der beiden Resonanzfrequenzen des untersuchten Systems die Isolierwirkung verschlechtert wird. Dies unterstreicht die Aussage, daß die tatsächliche Isolierwirkung einer elastischen Lagerung nicht den theoretischen, vom Ein-Massen-Schwinger abgeleiteten Wert erreicht.

Hierbei ist zu berücksichtigen, daß im untersuchten System nach Abb. 8.17 die Dämpfungen in beiden Koppelgliedern gleich groß gewählt werden und dem Dämpfungsvermögen von Gummi entsprechen. Bei Fundamenten, insbesondere bei stählernen Schweißkonstruktionen, ist die Dämpfung jedoch wesentlich kleiner, was bei Größen b_2 bzw. χ_2 zu berücksichtigen wäre. Damit wurden in Abb. 8.17 die Resonanz-Amplituden vergrössert und die Isolierwirkung in den Resonanzbereichen noch weiter beeinträchtigt.

Aus Abb. 8.17 ist weiterhin zu entnehmen, daß bei einer doppelt-elastischen Lagerung die Federsteifigkeiten und die Masse des Zwischenrahmens sehr sorgfältig aufeinander abgestimmt sein müssen, um eine verbesserte Isolierwirkung gegenüber der einfachen elastischen Lagerung zu erhalten.

8.3.2 Erregung an der inneren Masse m_2

Eine Variante des zuvor betrachteten Zwei-Massen-Schwingers ergibt sich durch den Fall, daß die erregende Kraft nicht an der äußeren Masse m_1, sondern an der inneren Masse m_2 wirkt (Abb. 8.18).

Der Rechenansatz ergibt sich, wenn auf den rechten Seiten der beiden Bewegungsgleichungen (8.25) F(t) und 0 gegeneinander vertauscht werden. Für die Eigenfrequenzen ist auch hier Gleichung (8.26) gültig.

Für die erzwungenen Schwingungen ergeben sich mit den Definitionen und Vereinbarungen (8.27) folgende Beziehungen für die Weg- und Kraft-Amplituden:

Weg-Amplituden $\hat{s}_1$:

$$\underline{\hat{s}}_1 = \frac{\hat{F}}{c_2} \cdot \frac{1+i\,\chi_1}{u+i\,v} \tag{8.38}$$

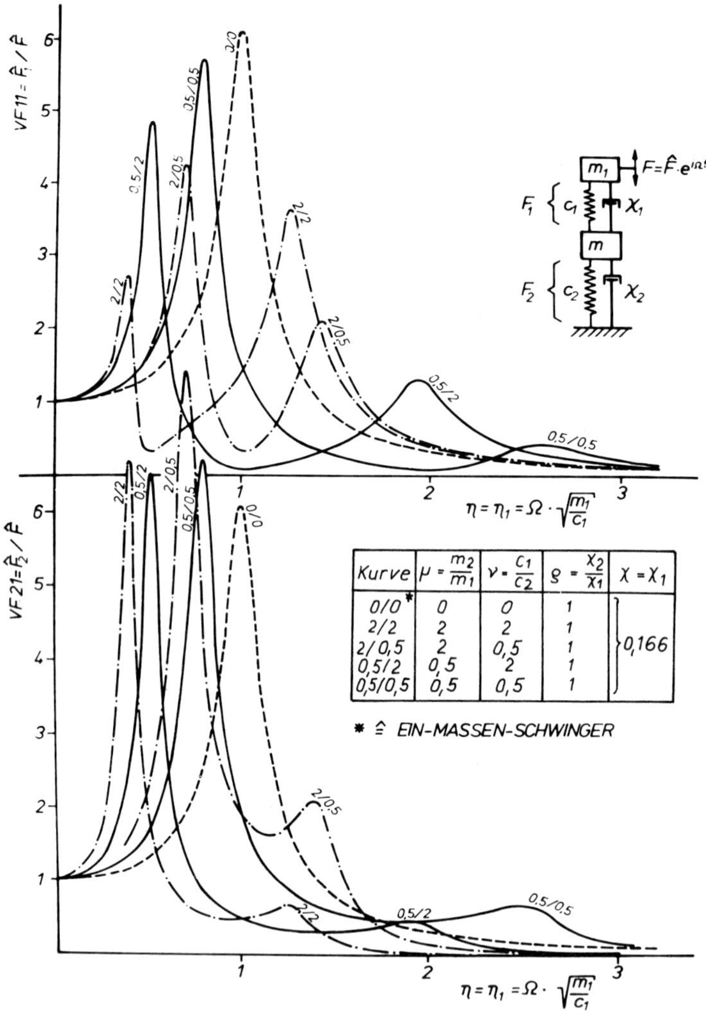

Abb. 8.17: Vergrößerungsfunktionen der Kraft-Amplituden $\hat{F}_1$ und $\hat{F}_2$ des 2-Massen-Schwingers bei konstanter Erregerkraft-Amplitude an der Masse m_1 und konstanter Verlustzahl

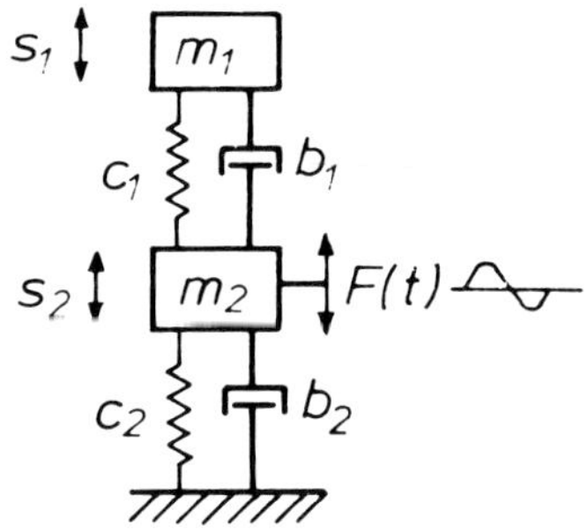

Abb. 8.18: Zwei-Massen-Schwinger mit Erregung an der inneren Masse

Weg-Amplitude $\hat{s}_2$:

$$\hat{\underline{s}}_2 = \frac{\hat{F}}{c_2} \cdot \frac{1-\eta_1^2 + i\chi_1}{u + iv} \tag{8.39}$$

Kraft-Amplitude F_1:

$$\hat{\underline{F}}_1 = \hat{F} \cdot \frac{\eta_3^2 \cdot (1 + i\chi_1)}{u + iv} \tag{8.40}$$

Kraft-Amplitude F_2:

$$\hat{\underline{F}}_2 = \hat{F} \cdot \frac{1-\eta_1^2 - \chi_1 \cdot \chi_2 + i\,(\chi_1 + \chi_2 - \chi_2 \cdot \eta_1^2)}{u + iv} \tag{8.41}$$

Um wieder eine mit der Vergrößerungsfunktion des Ein-Massen-Schwingers vergleichbare Darstellung zu erhalten, werden auch hier in den Gleichungen (8.38) bis (8.41) die Definitionen (8.33) eingeführt.

Damit ergibt sich:

$$\hat{\underline{s}}_1 = \frac{\hat{F}}{c_2} \cdot \frac{1+ix}{u+iv} = \frac{\hat{F}}{c_1} \cdot \frac{\nu \cdot (1+ix)}{u+iv} \tag{8.42}$$

$$\hat{\underline{s}}_2 = \frac{\hat{F}}{c_2} \cdot \frac{1-\eta^2+ix}{u+iv} = \frac{\hat{F}}{c_1} \cdot \frac{\nu \cdot (1-\eta^2+ix)}{u+iv} \tag{8.43}$$

$$\hat{\underline{F}}_1 = \hat{F} \cdot \frac{\eta^2 \cdot \nu \cdot (1+ix)}{u+iv} = \hat{F} \cdot VF\,21 \tag{8.44}$$

$$\hat{\underline{F}}_2 = \hat{F} \cdot \frac{1-\eta^2-\varrho \cdot x^2+ix \cdot (1+\varrho-\varrho \cdot \eta^2)}{u+iv} = \hat{F} \cdot VF\,22 \tag{8.45}$$

$$u+iv = 1-\eta^2 \cdot (1+\mu \cdot \nu+\nu) - \varrho \cdot x^2 + \eta^4 \cdot \mu \cdot \nu + ix \cdot \left[1+\varrho-\eta^2 \cdot (\mu \cdot \nu+\nu+\varrho)\right]$$

Abb. 8.19 zeigt die Vergrößerungsfunktionen der Kraft-Amplituden des untersuchten Schwingers mit Erregung an der Masse m_2. Die Parameter sind dieselben wie in Abb. 8.14, dort jedoch für den Fall der Erregung an m_1. In Abb. 8.20 sind entsprechend Abb. 8.13 die bezogenen Schwingwegamplituden aufgetragen.

Der hier untersuchte Schwinger zeigt die Wirkungsweise des Schwingungs-Tilgers. Darunter versteht man einen abgestimmten Zusatzschwinger, welcher die ursprünglich vorhandene Resonanzstelle des Grundsystems aufspaltet in zwei Resonanzstellen, wovon die eine unterhalb, die andere oberhalb der ursprünglichen Resonanzfrequenz liegt. Der Abstand (die sogenannte "Spreizung") der Resonanzstellen voneinander und die Amplitudengrößen zueinander sind durch die Masse und Federsteifigkeit zu beeinflussen, die absolute Größe der Amplituden ist abhängig von der Dämpfung. Schwingungstilger werden in vielfältiger Form angewendet, um eine in einem bestimmten Betriebsbereich störende Resonanzstelle zu verlagern.
Aus dem Verhalten des untersuchten Schwingers leitet sich noch eine weitere Forderung ab. Die mit dem Motor verbundenen Teile müssen entweder gezielt elastisch, d. h. so weich sein, daß stark erregte Resonanzstellen unterhalb des Betriebsbereiches bleiben oder aber sehr steif an den Motor gekoppelt sein, so daß starke Resonanzstellen oberhalb des Betriebsbereiches, also gemieden bleiben. Dies gilt in einem allgemeinen Sinne für die verschiedenartigsten Schwingungen, so zum Beispiel auch für die Torsionsschwingungen des mit dem Motortriebwerk verbundenen Antriebsstranges. Im vorliegenden Zusammenhang hat die Motoraufstellung und die sich daraus ergebende Standruhe des Motors Einfluß auf die Belastung der Anbauteile. Für Anbau- und Anflanschteile, wie z. B. Kupplungsgehäuse und Getriebe, Generatoren, Anlasser, Abgasturbolader, Luftfilter usw. ist eine möglichst steife, resonanzfreie Verbindung mit dem Motor notwendig, sofern nicht in Einzelfällen die gezielt elastische Verbindung, wie z. B. beim Wasserkühler gewählt wird. Bei Motoren mit unvollkommenem Massenausgleich hat die Motoraufstellung über die am Motorgehäuse wirkenden Beschleunigungen z. B. Einfluß auf die Biegeschwingungen des Schwungrades und damit auf die Beanspruchung der Kurbelwelle.

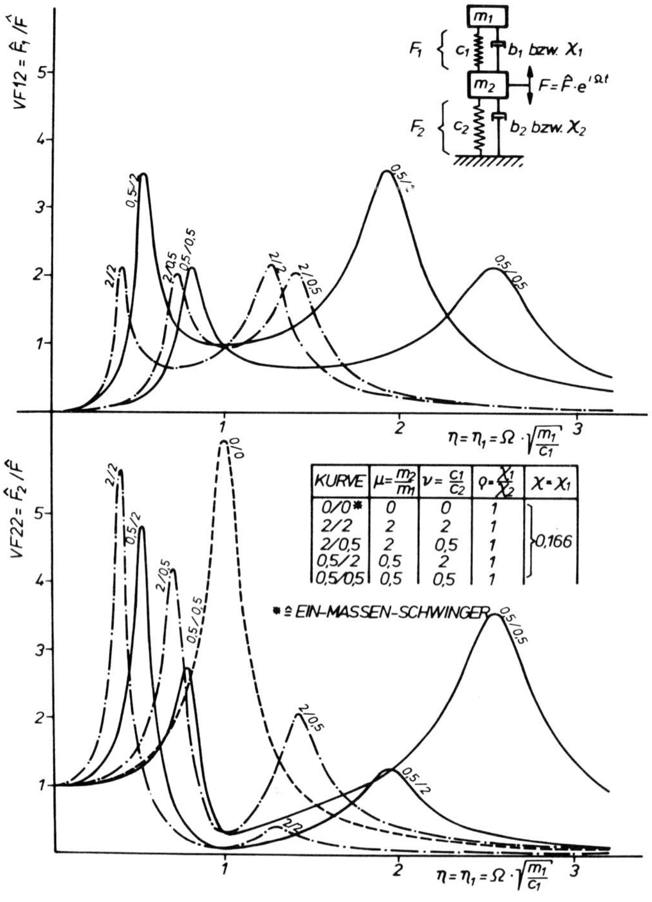

Abb. 8.19: Vergrößerungsfunktionen der Kraft-Amplituden $\hat{F}_1$ und $\hat{F}_2$ des Zwei-Massen-Schwingers bei konstanter Erregerkraft-Amplitude an der Masse m_2 und konstanter Verlustzahl

8.4 Schwinger mit mehreren Freiheitsgraden

Die zuvor in den Abschnitten 8.2 und 8.3 angestellten Betrachtungen galten Schwingern mit einem Freiheitsgrad.
Hierbei war vorausgesetzt worden, daß die Erregerkraft sowie die Feder- und Dämpfungskraft in der durch den Schwerpunkt des Körpers gehenden Achse wirken oder im Falle einer Drehschwingung das Erregermoment sowie das Rückstell- und Dämpfungsmoment um eine gemeinsame Hauptträgheitsachse (freie Achse) wirken.
Mit diesen Voraussetzungen bewegt sich der schwingende Körper nur in einer einzigen Richtung. Ein auf Federn gelagerter starrer Körper hat dagegen 6 Freiheitsgrade. Legt man ein rechtwinkeliges Koordinatensystem durch den Schwerpunkt, so sind nach Abb. 8.21 die Bewegungen beschrieben durch drei Verschiebungen und drei Drehwinkel.

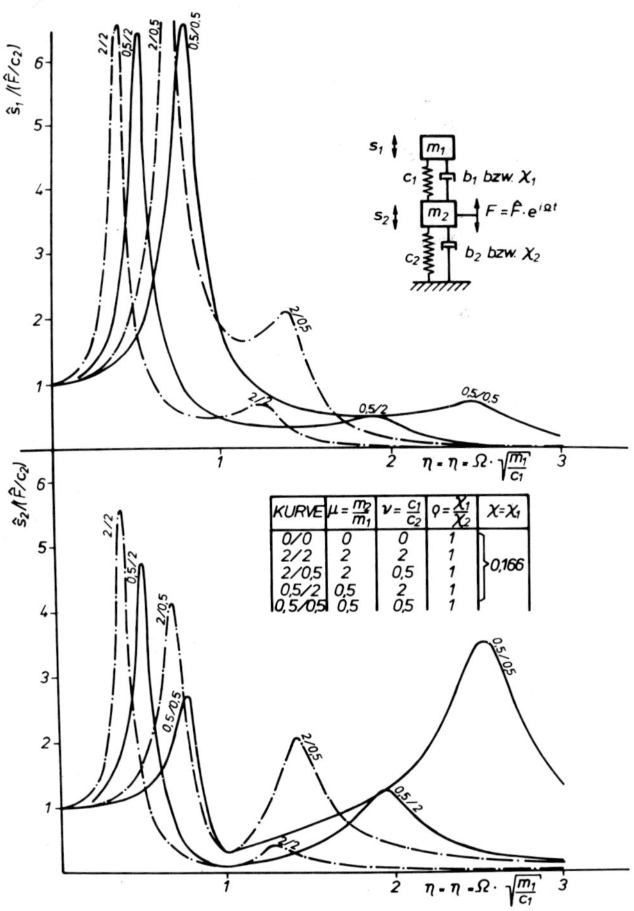

Abb. 8.20: Bezogene Schwingweg-Amplituden s_1 und s_2 der Zwei-Massen-Schwinger mit konstanter Erregerkraft-Amplitude an der Masse m_2 und konstanter Verlustzahl

Bei Auslenkung aus der Gleichgewichtslage schwingt der Körper, und zwar mit der Eigenfrequenz des Systems, wenn der Körper nach der Auslenkung selbsttätig zurückschwingt oder aber mit der Erregerfrequenz, wenn am Körper eine periodische Kraft oder ein periodisches Moment wirkt.

Entsprechend den 6 Freiheitsgraden können folgende Schwingungen auftreten:

Hochschwingung)	Schiebe-	z
Querschwingung)	schwingungen	y
Längsschwingung)	in Richtung	x

Hochdrehschwingung)	Dreh-	z
Querdrehschwingung)	schwin-	y
Längsdrehschwingung)	gungen	x
	um Achse	

Wird keine Symmetrie beim Angriff der auslenkenden und rückstellenden Kraft vorausgesetzt, dann sind die Schwingungen miteinander gekoppelt, d. h. sie beeinflussen sich gegenseitig. Da 6 Eigenfrequenzen vorhanden sind, kann eine einzige Erregung entsprechend viele Resonanzstellen hervorrufen, wenn ein Teil dieser Erregung in der Richtung der möglichen Schwingung (im jeweiligen Freiheitsgrad) wirksam wird. Dies soll im folgenden anhand des Systems von Bewegungsgleichungen für die erzwungenen Schwingungen eines federnd gelagerten Körpers genauer dargestellt werden.

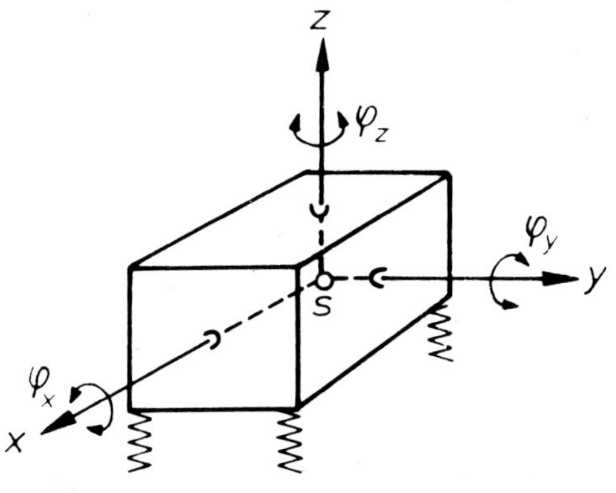

Abb. 8.21: Schwinger mit mehreren Freiheitsgraden

Der in Abb. 8.22 in 3 Ansichten dargestellte starre Körper ist an mehreren, z. B. an 4 Punkten federnd gelagert. Die körperfesten Achsen gehen durch den Schwerpunkt und sind Hauptträgheitsachsen des Körpers. Im Ruhezustand stimmen das körperfeste und das raumfeste Koordinatensystem überein. Jeder der Lagerpunkte wird dargestellt durch 3 Feder- und Dämpfungs-Komponenten, deren Richtungen mit den Koordinatenachsen übereinstimmen. Bei der Anordnung der Lagerpunkte ist keine Symmetrie vorausgesetzt. Als periodische Erregungen können Kräfte in Richtung der Achsen und

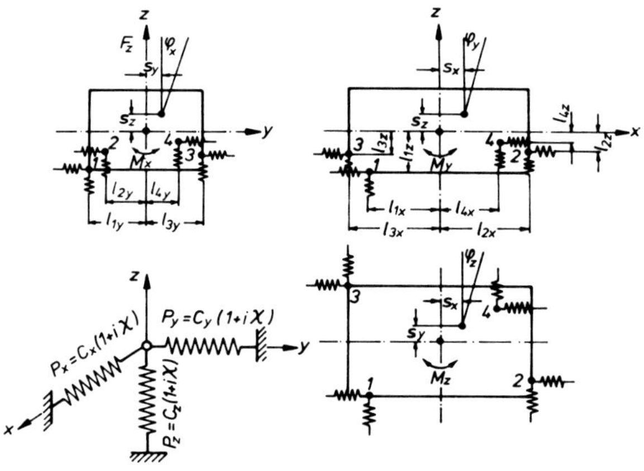

Abb. 8.22: Lagerung eines Körpers

Momente um die Achsen wirksam sein. Kräfte, die nicht im Schwerpunkt des Körpers angreifen, sind in eine Schwerpunktskraft und ein Moment zu zerlegen. Es werden Schwingungen betrachtet, deren Amplituden klein sind im Vergleich zu den Abmessungen des gelagerten Körpers.

Mit Mx, y, z als äußere Momente um die bezeichneten Achsen, F_x, y, z als äußere Kräfte in Richtung der bezeichneten Achsen sowie $P\lambda$, x, y, z als Kraftkomponenten am Lagerungspunkt λ gilt bei kleinen Ausschlägen folgendes System von Bewegungsgleichungen:

$$
\begin{aligned}
m \cdot \ddot{s}_z + \Sigma P_{\lambda z} &= F_z(t) \\
m \cdot \ddot{s}_y + \Sigma P_{\lambda y} &= F_y(t) \\
m \cdot \ddot{s}_x + \Sigma P_{\lambda x} &= F_x(t) \\
\Theta_y \cdot \ddot{\varphi}_y + \Sigma P_{\lambda z} \cdot l_{\lambda x} + \Sigma P_{\lambda x} \cdot l_{\lambda z} &= M_y(t) \\
\Theta_z \cdot \ddot{\varphi}_z + \Sigma P_{\lambda y} \cdot l_{\lambda x} + \Sigma P_{\lambda x} \cdot l_{\lambda y} &= M_z(t) \\
\Theta_x \cdot \ddot{\varphi}_x + \Sigma P_{\lambda z} \cdot l_{\lambda y} + \Sigma P_{\lambda y} \cdot l_{\lambda z} &= M_x(t)
\end{aligned}
\qquad (8.46)
$$

$$
\begin{aligned}
P_{\lambda z} &= c_{\lambda z} \cdot s_{\lambda z} + b_{\lambda z} \cdot \dot{s}_{\lambda z} \qquad & s_{\lambda z} &= s_z + l_{\lambda x} \cdot \varphi_y + l_{\lambda y} \cdot \varphi_x \\
P_{\lambda y} &= c_{\lambda y} \cdot s_{\lambda y} + b_{\lambda y} \cdot \dot{s}_{\lambda y} \qquad & s_{\lambda y} &= s_y + l_{\lambda x} \cdot \varphi_z + l_{\lambda z} \cdot \varphi_x \\
P_{\lambda x} &= c_{\lambda x} \cdot s_{\lambda x} + b_{\lambda x} \cdot \dot{s}_{\lambda x} \qquad & s_{\lambda x} &= s_x + l_{\lambda z} \cdot \varphi_y + l_{\lambda y} \cdot \varphi_z
\end{aligned}
$$

(c = Federsteifigkeit, b = Dämpfungswiderstand)

Mit dem Lösungsansatz (8.2) für die harmonische Schwingung mit der Kreisfrequenz Ω und mit der Vereinbarung einer von der Beanspruchungsrichtung unabhängigen Werkstoffdämpfung

$$\chi = \frac{b \cdot \Omega}{c} = \text{konst.}$$

sowie mit den Bezeichnungen aus Abb. 8.22 nimmt das Gleichungssystem (8.46) folgende Form an:

$$
\begin{aligned}
(\underline{k}_{sz} - m \cdot \Omega^2) \cdot \hat{\underline{s}}_z + \underline{k}_{zy} \cdot \hat{\underline{\varphi}}_y + \underline{k}_{zx} \cdot \hat{\underline{\varphi}}_x &= \underset{\_}{\overset{0}{\hat{F}_z}} \\
(\underline{k}_{sy} - m \cdot \Omega^2) \cdot \hat{\underline{s}}_y + \underline{k}_{yz} \cdot \hat{\underline{\varphi}}_z + \underline{k}_{yx} \cdot \hat{\underline{\varphi}}_x &= \underset{\_}{\overset{0}{\hat{F}_y}} \\
(\underline{k}_{sx} - m \cdot \Omega^2) \cdot \hat{\underline{s}}_x + \underline{k}_{xy} \cdot \hat{\underline{\varphi}}_y + \underline{k}_{xz} \cdot \hat{\underline{\varphi}}_z &= \underset{\_}{\overset{0}{\hat{F}_x}}
\end{aligned}
$$

$$(\underline{k}_{dy} - \Theta_y \cdot \Omega^2) \cdot \hat{\underline{\varphi}}_y + \underline{k}_{zy} \cdot \hat{\underline{s}}_z + \underline{k}_{xy} \cdot \hat{\underline{s}}_x + \underline{k}_{dxy} \cdot \hat{\underline{\varphi}}_x + \underline{k}_{dzy} \cdot \hat{\underline{\varphi}}_z = \overset{0}{\hat{\underline{M}}}_y$$

$$\underline{k}_{dz} - \Theta_z \cdot \Omega^2) \cdot \hat{\underline{\varphi}}_z + \underline{k}_{yz} \cdot \hat{\underline{s}}_y + \underline{k}_{xz} \cdot \hat{\underline{s}}_x + \underline{k}_{dyz} \cdot \hat{\underline{\varphi}}_y + \underline{k}_{dxz} \cdot \hat{\underline{\varphi}}_x = \overset{0}{\hat{\underline{M}}}_z \qquad (8.47)$$

$$(\underline{k}_{dx} - \Theta_x \cdot \Omega^2) \cdot \hat{\underline{\varphi}}_x + \underline{k}_{zx} \cdot \hat{\underline{s}}_z + \underline{k}_{yx} \cdot \hat{\underline{s}}_y + \underline{k}_{dzx} \cdot \hat{\underline{\varphi}}_z + \underline{k}_{dyx} \cdot \hat{\underline{\varphi}}_y = \overset{0}{\hat{\underline{M}}}_x$$

Bei der Berechnung der Koeffizienten k der Koppelglieder muß die Position der Lagerungspunkte λ zum Koordinatenmittelpunkt beachtet und die Abstände l_λ müssen vorzeichenrichtig in die folgenden Beziehungen eingesetzt werden:

$$\underline{k}_{sz} = \Sigma c_{\lambda z} \cdot (1 + i x_\lambda)$$

$$\underline{k}_{sy} = \Sigma c_{\lambda y} \cdot (1 + i x_\lambda)$$

$$\underline{k}_{sx} = \Sigma c_{\lambda x} \cdot (1 + i x_\lambda)$$

$$\underline{k}_{dy} = \Sigma c_{\lambda z} \cdot (1 + i x_\lambda) \cdot l^2_{\lambda x} + \Sigma c_{\lambda x} \cdot (1 + i x_\lambda) \cdot l^2_{\lambda z}$$

$$\underline{k}_{dz} = \Sigma c_{\lambda y} \cdot (1 + i x_\lambda) \cdot l^2_{\lambda x} + \Sigma c_{\lambda x} \cdot (1 + i x_\lambda) \cdot l^2_{\lambda y}$$

$$\underline{k}_{dx} = \Sigma c_{\lambda x} \cdot (1 + i x_\lambda) \cdot l^2_{\lambda y} + \Sigma c_{\lambda y} \cdot (1 + i x_\lambda) \cdot l^2_{\lambda z}$$

$$\underline{k}_{zy} = \Sigma c_{\lambda z} \cdot (1 + i x_\lambda) \cdot l_{\lambda x}$$

$$\underline{k}_{zx} = \Sigma c_{\lambda z} \cdot (1 + i x_\lambda) \cdot l_{\lambda y}$$

$$\underline{k}_{yz} = \Sigma c_{\lambda y} \cdot (1 + i x_\lambda) \cdot l_{\lambda x}$$

$$\underline{k}_{yx} = \Sigma c_{\lambda y} \cdot (1 + i x_\lambda) \cdot l_{\lambda z} \qquad (8.48)$$

$$\underline{k}_{xy} = \Sigma c_{\lambda x} \cdot (1 + i x_\lambda) \cdot l_{\lambda z}$$

$$\underline{k}_{xz} = \Sigma c_{\lambda x} \cdot (1 + i x_\lambda) \cdot l_{\lambda y}$$

$$\underline{k}_{dxy} = \underline{k}_{dyx} = \Sigma c_{\lambda z} \cdot (1 + i x_\lambda) \cdot l_{\lambda x} \cdot l_{\lambda y}$$

$$\underline{k}_{dzy} = \underline{k}_{dyz} = \Sigma c_{\lambda x} \cdot (1 + i x_\lambda) \cdot l_{\lambda y} \cdot l_{\lambda z}$$

$$\underline{k}_{dxz} = \underline{k}_{dzx} = \Sigma c_{\lambda y} \cdot (1 + i x_\lambda) \cdot l_{\lambda x} \cdot l_{\lambda z}$$

Zur Schreibweise auf der rechten Seite des Systems miteinander gekoppelter Gleichungen (8.47) ist folgendes anzumerken:

Als reguläre Erregung tritt in jedem Fall das Moment M_x (Wechseldrehmoment) um die Längsachse des Motors auf. Weitere Störgrößen sind bei bestimmten Motorbauarten die freien Massenkräfte F_z bzw. F_y oder die freien Massenmomente M_z bzw. M_y (vergl. Kapitel 4). Dabei haben in der Regel die Störgrößen unterschiedliche Erregerfrequenzen (Ordnungszahl). Mit dem Lösungsansatz (8.2) bzw. (8.3) werden harmonische Schwingungen einer einzigen Frequenz vorausgesetzt. Für den Aufbau des Gleichungssystems bedeutet das, daß in der Regel nur eine einzige Gleichung die harmonische Erregung enthält und daß die Störgrößen der übrigen Gleichungen zu Null werden. Sind mehrere Störgrößen unterschiedlicher Erregerfrequenz zu berücksichtigen, so sind die Lösungen des Gleichungssystems, d. h. die gesuchten Bewegungsgrößen für jede einzelne Erregerfrequenz gesondert zu ermitteln. Da die Berechnung der erzwungenen, gedämpften Schwingungen ohnehin komplexe Lösungen ergibt, ist bei den Erregungen zu beachten, daß auch diese als komplexe Zahlen mit gemeinsamem Bezugspunkt (z. B. OT-Stellung des Kolbens), definiert werden, um die richtige Phasenlage der harmonischen Schwingungen unterschiedlicher Frequenz zueinander zu erhalten. Die überlagerte Wirkung der Schwingungen unterschiedlicher Frequenz ist dann in einer harmonischen Synthese zu ermitteln. Das Ergebnis sind dann Weg- oder Kraftgrößen mit periodischem, jedoch nicht mehr harmonischem Verlauf.

Das homogene Gleichungssystem für die freien Schwingungen wird erhalten, wenn in (8.47) die äußeren Kräfte F bzw. äußeren Momente M Null und in (8.48) die Dämpfungen χ Null gesetzt werden.

Die Ermittlungen der Lösungen, d. h. der miteinander gekoppelten Verschiebungsgrößen s und Winkelgrößen φ bei den erzwungenen Schwingungen (inhomogenes Problem) als auch der 6 Eigenfrequenzen des homogenen Problems erfordern erheblichen Rechenaufwand.

Es kann nun nicht das Ziel sein, eine elastische Lagerung so auszulegen, daß alle Schwingungsformen miteinander gekoppelt sind, da dann eine einzige Erregung immer mehrere Resonanzstellen hervorrufen würde. Es ist daher die Entkopplung der Schwingungsformen anzustreben. Dies erfordert eine Anordnung der Lagerpunkte und Abstimmung der Federn, bei der der gelagerte Körper gleichmäßig und nur in der Belastungsrichtung einfedert. Für Kräfte in der z-Richtung oder Momente um die z-Achse wäre dies schon durch Symmetrie in der Anordnung und gleiche Federsteifigkeiten an allen Lagerpunkten erfüllt. Bezüglich der beiden anderen Koordinaten wäre neben der Symmetrie auch die Anordnung der Federn in Höhe der waagerechten Schwerpunktsebene notwendig, was jedoch praktisch nicht immer zu realisieren ist. Die Entkopplung ist auch zu erzielen, wenn die Federelemente unterhalb der Schwerpunktsebene, dann jedoch geneigt angeordnet werden. Formal bedeutet Entkopplung, daß die Koppelgrößen (8.48) mit Ausnahme der ersten sechs zu Null und damit die 6 Bewegungsgleichungen (8.46) bzw. (8.47) unabhängig voneinander werden. Aus den zu Null werdenden Koppelgrößen lassen sich die Federkomponenten und daraus die Neigungswinkel der Gummipuffer berechnen, wenn deren Steifigkeit in Druck- und Schubrichtung als bekannt vorausgesetzt wird.

Die Berechnung der Eigenfrequenzen und Bewegungsgrößen der entkoppelten Schwingungen vereinfacht sich ganz wesentlich. Bei vollkommener Entkopplung entspricht jede der 6 möglichen Schwingungsformen im Prinzip dem in Abschnitt 8.2 behandelten Ein-Massen-Schwinger.
In der folgenden Tabelle 8. A sind die Formeln für die 6 Schwingungsformen zusammengestellt.

Der Fall, bei dem nicht alle Schwingungsformen voneinander unabhängig sind, sondern zwei Schwingungen miteinander gekoppelt sind, läßt sich ebenfalls noch in geschlossenen Formeln behandeln. Als Beispiel wird eine mit der Längsdrehschwingung gekoppelte Hochdrehschwingung betrachtet. Diese Art der Kopplung kann z. B. bei V6- oder V10-Motoren mit V-Winkel 90° vorliegen, da diese Motoren neben dem Wechseldrehmoment um die Längsachse x ein Massenmoment um die Hochachse z auf-

ENTKOPPELTE SCHWINGUNGEN DES ELASTISCH GELAGERTEN KÖRPERS						
SCHWINGUNGSFORM			FREIE SCHWINGUNG		ERZWUNGENE SCHWINGUNG	
			KOPPELGRÖSSE	EIGENKREIS-FREQUENZ	FREQUENZ-VERHÄLTNIS	AMPLITUDE[1]
SCHIEBESCHWINGUNGEN IN RICHT.	z	HOCH-SCHWINGUNG	$k_{sz}=\Sigma c_{\lambda z}$	$\omega_{sz}^2=\frac{k_{sz}}{m}$	$\eta=\frac{\Omega}{\omega_{sz}}$	$\hat{s}_z=\frac{\hat{F}_z}{k_{sz}}\cdot\frac{1}{1-\eta^2+iX}$
	y	QUER-SCHWINGUNG	$k_{sy}=\Sigma c_{\lambda y}$	$\omega_{sy}^2=\frac{k_{sy}}{m}$	$\eta=\frac{\Omega}{\omega_{sy}}$	$\hat{s}_y=\frac{\hat{F}_y}{k_{sy}}\cdot\frac{1}{1-\eta^2+iX}$
	x	LÄNGS-SCHWINGUNG	$k_{sx}=\Sigma c_{\lambda x}$	$\omega_{sx}^2=\frac{k_{sx}}{m}$	$\eta=\frac{\Omega}{\omega_{sx}}$	$\hat{s}_x=\frac{\hat{F}_x}{k_{sx}}\cdot\frac{1}{1-\eta^2+iX}$
DREHSCHWINGUNGEN UM ACHSE	z	HOCHDREH-SCHWINGUNG	$k_{dz}=\Sigma c_{\lambda y}\cdot l_{\lambda x}^2+\Sigma c_{\lambda x}\cdot l_{\lambda y}^2$	$\omega_{dz}^2=\frac{k_{dz}}{\Theta_z}$	$\eta=\frac{\Omega}{\omega_{dz}}$	$\hat{\varphi}_z=\frac{\hat{M}_z}{k_{dz}}\cdot\frac{1}{1-\eta^2+iX}$
	y	QUERDREH-SCHWINGUNG	$k_{dy}=\Sigma c_{\lambda z}\cdot l_{\lambda x}^2+\Sigma c_{\lambda x}\cdot l_{\lambda z}^2$	$\omega_{dy}^2=\frac{k_{dy}}{\Theta_y}$	$\eta=\frac{\Omega}{\omega_{dy}}$	$\hat{\varphi}_y=\frac{\hat{M}_y}{k_{dy}}\cdot\frac{1}{1-\eta^2+iX}$
	x	LÄNGSDREH-SCHWINGUNG	$k_{dx}=\Sigma c_{\lambda z}\cdot l_{\lambda x}^2+\Sigma c_{\lambda y}\cdot l_{\lambda z}^2$	$\omega_{dx}^2=\frac{k_{dx}}{\Theta_x}$	$\eta=\frac{\Omega}{\omega_{dx}}$	$\hat{\varphi}_x=\frac{\hat{M}_x}{k_{dz}}\cdot\frac{1}{1-\eta^2+iX}$

Tabelle 8.A: Eigenfrequenzen und erzwungene Amplituden der 6 möglichen Schwingungsformen des elastisch gelagerten Körpers bei Entkopplung der Schwingungsformen -

1) In der angegebenen Schreibweise der erzwungenen Amplituden ist vorausgesetzt, daß die Dämpfungen an allen Lagerpunkten gleich sind, was bei symmetrischer Anordnung der Lagerpunkte zu den Voraussetzungen für die Entkopplung gehört

weisen.

Der Rechenansatz ist unmittelbar aus (8.47) ablesbar, wobei voraussetzungsgemäß bis auf zwei alle Koppelglieder entfallen

$$(\underline{k}_{dz}-\Theta_z\cdot\Omega^2)\cdot\hat{\underline{\varphi}}_z+\underline{k}_{dxz}\cdot\hat{\underline{\varphi}}_x=\overset{0}{\hat{\underline{M}}_z}$$

$$(\underline{k}_{dx}-\Theta_x\cdot\Omega^2)\cdot\hat{\underline{\varphi}}_x+\underline{k}_{dzx}\cdot\hat{\underline{\varphi}}_z=\overset{0}{\hat{\underline{M}}_x} \qquad (8.49)$$

Für die Eigenkreisfrequenzen der freien Schwingungen ergibt sich nach Null-Setzen aller Erregungen und Dämpfungen die folgende Beziehung, wobei die Koppelgrößen ihre komplexe Bedeutung verlieren:

$$\omega_{e\,1,2}=\frac{1}{2}\cdot(\omega_{dx}^2+\omega_{dz}^2)\pm\frac{1}{2}\cdot\sqrt{(\omega_{dx}^2+\omega_{dz}^2)^2-4\cdot\omega_{dx}^2\cdot\omega_{dz}^2\cdot(1-q)} \qquad (8.50)$$

mit $\quad q=\frac{k_{dzx}\cdot k_{dxz}}{k_{dx}\cdot k_{dz}}$

und den Eigenkreisfrequenzen ω_{dx} und ω_{dz} für den Fall der entkoppelten Schwingungsformen (siehe Tabelle 8.A).

Für die erzwungenen gekoppelten Schwingungen ergeben sich aus (8.49)

$$\hat{\underline{\varphi}}_x=\frac{\hat{\underline{M}}_x\cdot(\underline{k}_{dz}-\Theta_z\cdot\Omega^2)-\hat{\underline{M}}_z\cdot\underline{k}_{dz}}{\Theta_x\cdot\Theta_z\cdot\Omega^4-(k_{dx}\cdot\Theta_z+k_{dz}\cdot\Theta_x)\cdot\Omega^2+\underline{k}_{dz}\cdot\underline{k}_{dx}-\underline{k}_{dzx}\cdot\underline{k}_{dxz}} \qquad (8.51)$$

und

$$\hat{\underline{\varphi}}_z=\frac{\hat{\underline{M}}_z\cdot(\underline{k}_{dx}-\Theta_x\cdot\Omega^2)-\hat{\underline{M}}_x\cdot\underline{k}_{dx}}{\Theta_x\cdot\Theta_z\cdot\Omega^4-(\underline{k}_{dx}\cdot\Theta_z+\underline{k}_{dz}\cdot\Theta_x)\cdot\Omega^2+\underline{k}_{dz}\cdot\underline{k}_{dx}-\underline{k}_{dzx}\cdot\underline{k}_{dxz}} \qquad (8.52)$$

Da die komplexen Momente $\hat{\underline{M}}x$ und $\hat{\underline{M}}z$ unterschiedliche Frequenz (Ordnungszahl) haben, müssen in den Formeln (8.51) und (8.52) alternierend M_z und M_x Null gesetzt und jeweils 2 (komplexe) Teilbeträge unterschiedlicher Ordnungszahl für φ_x und φ_z jeweils aus M_z und M_x ermittelt werden.

8.5 Schlußfolgerungen und Hinweise zur Lagerung eines Hubkolbenmotors

Die in den Abschnitten 8.3 und 8.4 gezeigten Abhängigkeiten verlangen geradezu nach Schlußfolgerungen, die in der Praxis leider oft nicht frühzeitig genug gezogen werden und somit zu manchen Mängelerscheinungen beim Betrieb der Verbrennungskraftmaschinenanlage führen.

8.5.1 Starre Lagerung

Bei starrer Lagerung werden die vom Motor ausgehenden Kräfte und Momente unmittelbar in das Fundament eingeleitet, wobei die Trägheitswirkungen des Motors und die stets vorhandene Fundament-Elastizität mit steigender Erregerfrequenz die Fundamentkräfte verstärken. Die Verstärkung erreicht im Resonanzfall ihr Maximum. Die starre Lagerung verlangt den unterkritischen Betrieb, d. h. die Eigenfrequenz des Systems des Fundamentes und des mit ihm starr verbundenen Motors muß höher sein als die Frequenz starker (Haupt-)Erregungen des Motors. Diese Forderung ist umso schwieriger zu erfüllen, je stärker die Erregung und je höher ihre Frequenz, d. h. je höher die Erreger-Ordnungszahl und die Motordrehzahl sind. Die anzustrebende hohe System-Eigenfrequenz erfordert große Steifigkeit des Fundamentes, der Fundamentverschraubung und des Motorgehäuses, wofür jedoch praktische Grenzen gesetzt sind. So bereitet z. B. der 8-Zylinder-Motor, der vollkommenen Massenausgleich aufweist und daher auf den ersten Blick problemlos erscheint, bei starrer Lagerung wegen seines Wechseldrehmomentes 4. Ordnung nicht selten Schwierigkeiten, da die System-Eigenfrequenz nicht ausreichend hoch über der Erregerfrequenz liegt. Dies gilt in besonderem Maße für Schiffs-Einbauten. Ist in solchen Fällen eine zusätzliche Versteifung des Fundamentes nicht mehr möglich oder auch nicht ausreichend, so muß das Motorgehäuse seitlich gegen den Schiffskörper abgestützt werden.
Selbst bei Serieneinbauten nach gleichen Bauzeichnungen (z. B. Schiffen) findet man die größten Resonanzunterschiede, da die Abweichungen der Schweißkonstruktionen und die relative Lage der Befestigungspunkte des Motors, bezogen auf tragende (steife) Konstruktionen relativ groß sind und somit erhebliche Steifigkeitsunterschiede bewirken.

Wegen der in das Fundament eingeleiteten Kräfte und der mit steigender Erregerfrequenz zunehmenden Resonanzgefahr sind hohe Anforderungen bezüglich Erschütterungsfreiheit und Schalldämmung bei starrer Lagerung nur schwer zu erfüllen.

Merkmale der starren Lagerung:
- Hohe Anforderungen an die Gestaltung des Fundamentes
- große Fundamentsteifigkeit erforderlich
- genaues Ausrichten des Motors auf dem Fundament erforderlich
- definierte und klare Auflagebedingungen auf dem Fundament durch Unterlegen oder Untergießen
- Gefahr von Rückwirkungen auf das Motorgehäuse bei Fundamentfehlern oder Fundamentverformungen (Schiffskörperverformungen, Wärmedehnungen)
- Übertragung von Schwingungen (Erschütterungen, Körperschall)
- mit wachsender Erregerfrequenz zunehmende Resonanzgefahr, daher ungünstiger mit steigenden Motordrehzahlen
- geringe Empfindlichkeit gegen niederfrequente Störungen, z. B. bei Unwuchten oder Zündunregelmäßigkeiten.

8.5.2 Elastische Lagerung

Die elastische Lagerung erfordert die tiefe Systemabstimmung, d. h. die Eigenfrequenz des elastisch gelagerten Körpers in der angeregten Schwingungsform muß unterhalb der niedersten Erregerfrequenz liegen. Die niederste Erregerfrequenz ergibt sich aus der Erreger-Ordnungszahl des Motors und der niedersten Drehzahl, bei der noch ein ordnungsgemäßer Motorbetrieb möglich sein soll. Es versteht sich damit, daß die Anforderungen an die elastische Motorlagerung bei Anlagen, die mit großem Drehzahlverstellbereich arbeiten (z. B. Straßen- und Schienenfahrzeuge, Schiff mit Festpropeller) höher sind als bei Anlagen, die mit konstanter Betriebsdrehzahl arbeiten (z. B. Aggregate mit Drehstromgeneratoren, zum Teil Schiffe mit Verstellpropeller). Der erwünschten tiefen Systemabstimmung durch Wahl immer weicherer Federn zu genügen, sind in der Praxis Grenzen gesetzt, da der elastisch gelagerte Motor ausreichend standsicher sein muß. So darf sich der Motor bei Fahrbahnstößen und Fahrbahnneigungen, sowie Brems- und Beschleunigungsvorgängen im Fahrzeug nicht so stark bewegen, daß das Fahrverhalten oder daß Funktion, Bedienung und die Kraftübertragung beeinträchtigt bzw. Bauteile in unzulässiger Weise beansprucht werden.

Ähnliche Gesichtspunkte gelten bei Lokomotiven hinsichtlich der Pufferstöße oder bei Schiffen hinsichtlich des Stampfens, Schlingerns und Rollens bei Seegang.

Da mit zunehmender Einfederung die spezifische Belastung der Federn zunimmt, sind auch von dieser Seite Grenzen gesetzt. Die Beanspruchung der Federelemente darf die Dauerhaltbarkeitsgrenze nicht übersteigen. Bei der überwiegend angewendeten Gummi-Lagerung ist hierbei auch zu beachten, daß Gummifedern abhängig von der Formgebung und Beanspruchungsrichtung nur in einem begrenzten Verformungsbereich ein annähernd lineares, darüberhinaus jedoch zunehmend progressives Federverhalten aufweisen.

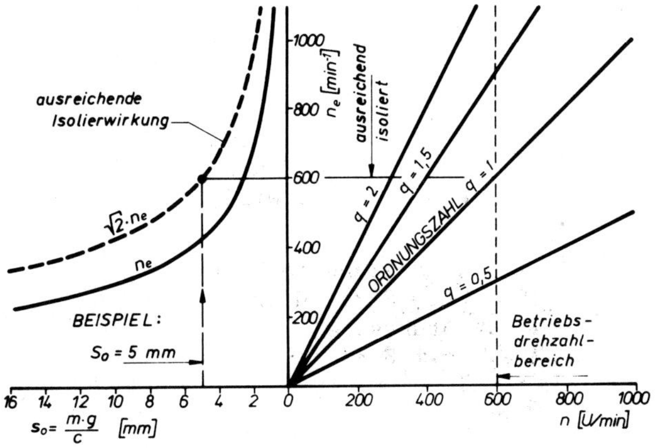

Abb. 8.23: Zusammenhang zwischen Einfederung unter der Eigenmasse s_o, Eigenschwingungszahl n_e, Ordnungszahl q und Drehzahl n mit Beispiel

Den grundsätzlichen Zusammenhang zwischen der Einfederung unter der Eigenmasse und der erzielbaren Isolierwirkung in Abhängigkeit von Ordnungszahl und Drehzahl des Motors zeigt Abb. 8.23. Dabei ist zu beachten, daß Gummifederelemente eine dynamische Verhärtung von etwa 0...30 % gegenüber dem statischen Zustand aufweisen, die bei hochdämpfenden Gummimischungen stärker ausgeprägt ist als bei Mischungen mit schwacher Dämpfung. Darüberhinaus wirkt auch die unvermeidliche "Fesselung" des Motors durch die Kraftübertragung und durch die notwendigen Rohr- und Verbindungsleitungen versteifend und somit eigenfrequenzerhöhend.

Aus den in Abb. 8.23 angegebenen Zusammenhängen ergeben sich folgende Feststellungen:

Bei Leerlaufdrehzahlen von etwa 600 U/min, wie sie bei Fahrzeug- und kleineren Industriemotoren üblich sind, ist bei einem für die Standsicherheit des Motors akzeptablen Einfederungsbetrag von etwa 5 mm sichere Isolierwirkung gegen Erreger-Ordnungszahlen > 1 zu erzielen, gegen die 1. Ordnung dagegen nur knapp, gegen die 0,5. Ordnung gar nicht. Dies erklärt, daß 1- und 2-Zylinder-Motoren mit regulärer Erregung 0,5. Ordnung, wenn diese in einem großen Drehzahlbereich arbeiten, erhebliche Schwierigkeiten bei der elastischen Lagerung bereiten. Dies erklärt weiterhin, daß Motoren mit unvollkommenem Massenausgleich 1. Ordnung (z. B. L3-, L5-Motoren) bezüglich ihrer Standruhe im niederen Drehzahlbereich nicht problemlos sind. Es wird aber andererseits auch offensichtlich, daß der im Automobilbau weit verbreitete 4-Zylinder-Motor bei ordnungsgemäßer elastischer Lagerung und gutem Auswuchtzustand (1. Ordnung) durchaus befriedigend ist, trotz des Umstandes, daß die freie Massenkraft 2. Ordnung bei hohen Drehzahlen ein Vielfaches der Motormasse und das Wechseldrehmoment 2. Ordnung ein Vielfaches des mittleren Drehmomentes beträgt.

Bei mittelschnellaufenden Dieselmotoren wird häufig erwartet, daß ein Betriebsbereich bis herunter zu einem 1/4 der Nenndrehzahl zur Verfügung steht, das sind im Bereich der Nenndrehzahlen 400...1500 U/min niedere Betriebsdrehzahlen von 100...375 U/min. Hierbei ist gegen die 0,5. und 1. Ordnung überhaupt keine Isolierwirkung zu erzielen, d. h. Motoren mit freien Kräften und Momenten niederer Ordnung entfallen für diese Einsatzzwecke. Diese Feststellung erklärt eine weitere Forderung, die an elastisch gelagerte Mehrzylinder-Motoren zu stellen ist. Damit die irregulären Erregungen 0,5., 1., 1,5. Ordnung infolge von Leistungsdifferenzen der Zylinder untereinander und Erregungen 1. Ordnung durch Unwuchten möglichst klein bleiben, muß auf einen guten Einregulierungs- und guten Auswuchtzustand größter Wert gelegt werden.

Bei der Auslegung der elastischen Lagerung ist auf Entkopplung der Schwingungsformen zu achten, um die Zahl der Resonanzstellen möglichst zu begrenzen. Hierfür bietet die abgestimmte Schräglagerung, d. h. die geneigte Anordnung der Gummipuffer die besten Voraussetzungen.

Die Gummifedern müssen ausreichende Dauerhaltbarkeit und Alterungsbeständigkeit und dabei hohe Elastizität bei möglichst geringer Relaxation aufweisen. Relaxation bezeichnet die Erscheinung, wonach sich der Gleichgewichtszustand zwischen Belastung und Verformung nicht unmittelbar mit Erreichen des Belastungs-Endwertes, sondern erst verzögert einstellt. Dieser Vorgang wird auch mit Fließen und Setzen bezeichnet, ist von der Zeit (Fließen) und von der Belastung (Setzen) abhängig und erreicht erst nach ca. $5 \cdot 10^6$ Lastwechseln seinen Endwert. Bei den Naturkautschuk-Qualitäten, die bei Gummifeder-Elementen überwiegend verwendet werden, sind für Fließen und Setzen jeweils 5...10 % der Gesamtverformung zu veranschlagen. Man trägt dem Rechnung, indem die Gummielemente vor dem Einbau vorbelastet werden und indem bei Anlagen, bei denen es auf Fluchtung der Anlageteile ankommt, der Motor anfangs höher gesetzt wird, um sich allmählich in die Fluchtung "hineinzusetzen".

Nach der Theorie hat die dämpfungsfreie elastische Lagerung im überkritischen Bereich die beste Isolierwirkung (vergl. Abschn. 8.2, 8.3). Hieraus kann jedoch nicht abgeleitet werden, daß in der Praxis die dämpfungsarme Lagerung optimal sei. Es dürfen nämlich weder die Motorbewegungen beim Durchfahren der (regulären) Resonanz zu groß werden, noch dürfen die nicht vollkommen zu beseitigenden irregulären Erregungen durch Leistungsdifferenzen der Zylinder und durch Unwuchten zu starken Resonanzüberhöhungen im Betriebsbereich führen, was nur durch Dämpfung zu verhindern ist. Motoren mit regulärer Erregung 0,5. Ordnung können oft nur mittels Anordnung von zusätzlichen hydraulischen Dämpfern befriedigend elastisch gelagert werden.

Merkmale der elastischen Lagerung:

- Abschirmung der Gas- und Massenwirkungen gegen das Fundament;
- Isolierung des Körperschalls;
- geringe Anforderungen an das Fundament - günstig für Leichtbau;
- unempfindlich gegen Fundamentfehler und Fundamentverformungen;
- bei entsprechender Gestaltung des Kraftabtriebes kein Ausrichten des Motors zum Fundament erforderlich;
- im überkritischen Bereich bessere Standruhe des Motors;
- große Empfindlichkeit bei Unwuchten und Zündunregelmäßigkeiten.

8.6 Auswuchten

Schon kleine Unwuchten können große Fliehkräfte hervorrufen, die zu gefährlichen Schwingungen, großen Lagerbelastungen und zur Beschädigung oder auch Zerstörung einer Maschine führen können. Dies ist insbesondere bei hochtourigen Maschinen (Spindeln, Kreiseln, Schleifmaschinen) von überragender Bedeutung, jedoch können die von den Unwuchten ausgehenden Kraftwirkungen auch bei den Verbrennungskraftmaschinen zu unangenehmen Betriebsbedingungen führen. In Resonanzbereichen kann dies nicht nur zu sichtbaren Verformungen und unzulässigen Spannungen führen, es können sich auch Schwingungserscheinungen an Anbauteilen ergeben, die durch die Fliehkrafterregung in Resonanz geraten.

Mechanische Schwingungen in Form von schwingenden Verformungen können zur Verminderung des Reibschlusses an unzureichend gesicherten Schraub- und Keilverbindungen führen und auch auf diese Weise unvorhersehbare Schadensfälle durch Lösen von Schrauben oder Muttern an Motorgehäusen auslösen.

Mit zunehmender Frequenz wird das Auswuchtproblem immer wichtiger, weil für die menschliche Empfindlichkeit gegen mechanische Schwingungen nicht der absolute Schwingungsausschlag $\hat{s}$, sondern das Produkt $\hat{s} \cdot \omega$, zumindest im Bereich der von Rotoren verursachten Schwingungen, maßgebend ist. Die Sicherheit der Bedienung, die Ermüdung der Mannschaft sowie die Bereitschaft zu notwendigen Wartungsarbeiten können durch mangelnde Standruhe erheblich beeinträchtigt werden.

Schließlich trägt ungenügendes oder falsches Auswuchten auch zu lästiger Geräuschbildung durch Luftschall und Körperschall bei, bei hohen Drehzahlen auch auf größere Entfernungen. Der ruhige, geräuscharme Lauf wird fast stets bewußt oder unbewußt zur Beurteilung der Auswuchtgüte, allgemein aber auch der Fertigungsgüte einer Maschine, z. B. eines Elektromotors, herangezogen. Im Bereich des Umweltschutzes sind im übrigen gerade bei der Lärmabwehr die Anforderungen in den letzten Jahren erheblich hinaufgesetzt worden. Das Auswuchten wird deshalb heute auch unter dem Gesichtspunkt des Emissionsschutzes betrachtet.

Richtiges Auswuchten führt also stets zur Erhöhung der Sicherheit, Lebensdauer und Gebrauchsfähigkeit von Maschinen. Es ist deshalb nicht nur aus technischen Erwägungen heraus zu fordern, sondern auch aus wirtschaftlichen und ökologischen.

Das Feld der Auswuchttechnik ist nicht nur für den Maschinenbau von äußerster Wichtigkeit, sondern auch so umfassend, daß im vorliegenden Band nur auf das Wichtigste eingegangen wird. Wer sich auf diesem Gebiet weiterbilden will, sei deshalb auf die Fachliteratur verwiesen /26/.

8.6.1 Allgemeine Hinweise

Soll ein rotierender Körper außer dem Eigengewicht keine Reaktionen auf die Lagerung ausüben, so muß die Drehachse mit einer der Hauptträgheitsachsen des Körpers zusammenfallen. Die Hauptträgheitsachsen werden deshalb auch als freie Achsen bezeichnet. Es sind die Achsen, für die die Summe der Zentrifugalkräfte und ihrer Momente verschwinden.

Ziel des Auswuchtens ist es daher, die Drehachse zu einer freien Achse zu machen.

Konstruktiv wird dies in einer selbstverständlichen Weise angestrebt, indem rotierende Körper eine rotationssymmetrische Form erhalten oder - wo dies nicht möglich ist - entsprechend bemessene Gegenmassen vorgesehen werden. Durch die unvermeidlichen Toleranzen bei der Bearbeitung, Schmieden, Gießen usw. durch Material-Inhomogenitäten sowie durch Flucht- und Winkligkeitsfehler beim Zusammenbau mehrerer Teile zu einer Gruppe wird das Ziel nicht vollkommen erreicht - der Rotor weist Unwuchten auf. Die Folge sind freie Kräfte, die mit dem Quadrat der Rotationsgeschwindigkeit anwachsen und die als umlauffrequente Schwingungen 1. Ordnung die Lager belasten und in das Fundament eingeleitet werden.

Unter Auswuchten versteht man daher üblicherweise einen Arbeitsvorgang mit den Mitteln der Werkstatt, bei dem die Massenverteilung eines Rotors geprüft und korrigiert wird, so daß die Abweichungen der Hauptträgheitsachse von der Drehachse und insbesondere die Schwerpunktsexzentrizität des Rotors, die für seine Bauart, seine Drehzahl und Verwendung für zulässig erklärten Toleranzen nicht übersteigen. Dieser Arbeitsvorgang umfaßt das Messen der vorhandenen Unwucht nach Betrag und Winkellage oder als Komponenten in senkrecht aufeinanderstehenden Ebenen, die Korrektur der Massenverteilung entweder durch Materialentnahme (Bohren, Fräsen) oder durch Anfügen von Gegenmassen (z. B. bei Autorädern) sowie die Kontrolle der erzielten Auswucht-Güte.

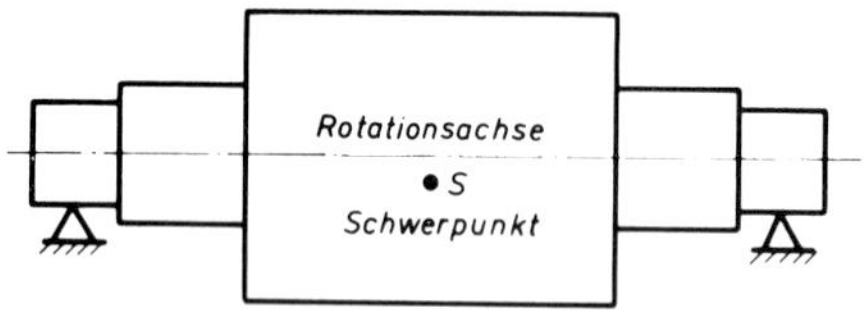

Abb. 8.24: Wuchtkörper auf zwei Schneiden

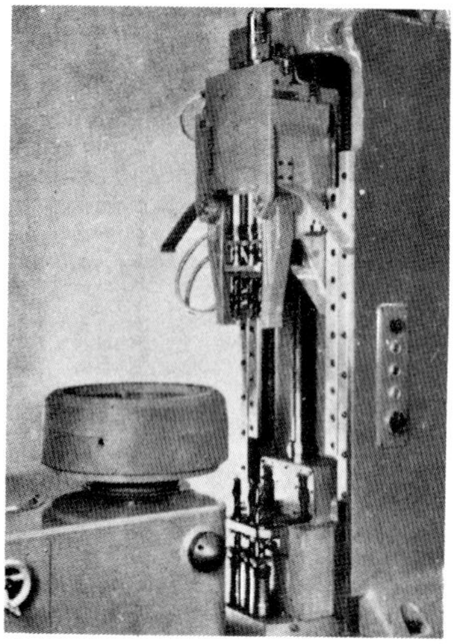

Abb. 8.25: Vertikalauswuchtmaschine (zwei Ebenen) für schwere Schwungräder mit halbautomatischem, angebautem Bohrwerk

Das Auswucht-Verfahren und die dafür notwendigen Einrichtungen müssen der jeweiligen Aufgabe angepaßt sein, wobei insbesondere die Form des Rotors und die noch zulässige Unwucht-Toleranz bestimmende Faktoren sind.

Man unterscheidet hierbei das

a) Ein-Ebenen-Auswuchten oder statisches Auswuchten für (scheibenförmige) Wuchtkörper, die bei der Rotation innerhalb der Toleranzen frei von Fliehkräften sein sollen,

b) Zwei-Ebenen-Auswuchten oder dynamisches Auswuchten für Wuchtkörper, die bei Rotation innerhalb der Toleranzen frei von Fliehkräften und Fliehkraftmomenten sein sollen,

c) Viel-Ebenen-Auswuchten bei biege-elastischen Rotoren.

Die einfachste und ursprünglichste Form des (statischen) Auswuchtens ist das Austarieren eines Körpers im Schwerefeld. Hierbei wird der Wuchtkörper reibungsarm auf Spitzen, Schneiden oder Rollen gelagert, wobei sich der unwuchtige Rotor durch das von der Unwucht auf die Drehachse ausgeübte Moment in eine bestimmte Lage drehen wird (Abb. 8.24). Die Masseverteilung wird dann solange korrigiert, bis der Rotor in jeder Lage stehen bleibt. Heute erfolgt das Auswuchten zumeist auf Spezialmaschinen, welche oft mit Werkzeugmaschinen zur Materialentnahme an den vorgegebenen Stellen des Wuchtkörpers kombiniert sind und welche je nach Einsatzort und Durchlauf-Stückzahlen einen hohen Automatisierungsgrad aufweisen können (Abb. 8.25 und 8.29). Gemeinsames Prinzip aller Auswuchtmaschinen ist die Feststellung des Unwuchtzustandes aus den Lagerreaktionen über eine Weg- oder Kraftmessung. Die Meßwertaufnahme erfolgt bei modernen Maschinen über mechanisch-elektrische Wandler, womit hohe Meßgenauigkeit schon bei niedrigen Wuchtdrehzahlen erzielt wird. Die Unwucht wird ausgewiesen auf Zeigerinstrumenten, entweder als Unwucht-Komponenten oder nach Betrag und Winkellage oder auf einer runden Skala als Lichtpunkt in Vektor-Darstellung. Der Ausgleich selbst wird entweder durch Werkstoffentnahme (Bohren, Fräsen Abb. 8.27), Werkstoffhinzufügen (Annieten, Anschrauben) oder auch Auswahl der "richtigen" Gewichte (Abb. 8.28) erreicht.

Abb. 8.26: Vollautomatisch arbeitende Auswuchtzentrierwerke für Kurbelwellen

Es versteht sich, daß der Arbeitsgang "Auswuchten" am Ende einer Reihenfolge von Bearbeitungsvorgängen bzw. auch einer Teile-Montage zu erfolgen hat, da nach dem Auswuchten keine Operationen stattfinden dürfen, die den erzielten Auswuchtzustand unter Umständen beeinträchtigen.

Abb. 8.27: Auswuchten mittels Bohren am Gegengewicht einer Kurbelwelle

Im Unterschied dazu erfolgt das bei manchen rotierenden Teilen angewandte Wuchtzentrieren am Beginn der Bearbeitung. Beim Wuchtzentrieren wird der zu zentrierende Rotor, z. B. Kurbelwellen-Rohling in einen Käfig aufgenommen und während des gemeinsamen Umlaufes in seiner Lage solange verändert, bis keine Lagerreaktionen mehr auftreten, d. h. bis die Hauptträgheitsachse des Rohlings mit der Drehachse zusammenfällt. In dieser Lage werden die Zentrierbohrungen für die weitere Bearbeitung angebracht. Gegenüber einer nach den geometrischen Abmessungen zentrierten Kurbelwelle ist bei der wuchtzentrierten Kurbelwelle die durchschnittliche Schwerpunkts- bzw. Trägheitsachsen-Abweichung etwa um den Faktor 10 kleiner und der Wuchtaufwand nach der Endbearbeitung sehr gering oder oft auch ganz entbehrlich. Das Wuchtzentrieren ist insbesondere dann sinnvoll, wenn größere Materialentnahmen zur Erzielung der erforderlichen Auswuchtgüte vermieden werden müssen. Ein typischer Anwendungsfall sind Kurbelwellen mit angeschmiedeten bzw. angegossenen Gegengewichten, die bis auf die Lager- und Kurbelzapfen unbearbeitet bleiben. Wuchtzentrieren ist dagegen nicht sinnvoll bei Kurbelwellen, die allseitig mechanisch bearbeitet werden und bei denen nachträglich Gegengewichte angeschraubt werden. Hier ist das Auswuchten bei Fertigungsende sinnvoller.

Der Aufwand für das Auswuchten nimmt mit der geforderten Auswuchtgüte überproportional zu. Man muß sich daher vor übertriebenen Forderungen hüten, zumal hier manchmal die Tendenz zu beobachten ist, daß andere Einflußgrößen wie z. B. Versatzunwuchten bei der Montage oder vagabundierende Unwuchten in spielbehafteten Teilen übersehen werden. Die Festlegung von zulässigen Restunwuchten muß ein vernünftiger Kompromiß zwischen Wirtschaftlichkeitserwägungen und den Möglichkeiten einer Fertigung einerseits und den Anforderungen an die Laufruhe (Betriebssicherheit, Lebensdauer, Umweltbelästigung) andererseits sein.

Bei Teilen, die zu einer Gruppe montiert werden, müssen die Restunwuchten der Einzelteile in einem sinnvollen Verhältnis zueinander und zu den montagebedingten Versatzunwuchten stehen. Von Fall zu Fall ist auch zu entscheiden, ob es nicht sinnvoll ist, das gesamte Triebwerk (den kompletten Motor) auszuwuchten als alle Teile für sich.

Abb. 8.28: Ausgleich durch Anbringen gewichtssortierter Gegengewichte

8.6.2 Dynamik des Wuchtkörpers, Begriffe, Richtlinien

Die Unwucht U ist eine vektorielle (gerichtete) Größe und das Produkt aus einer exzentrisch liegenden Masse und dem Abstand dieser Masse von der Verbindungslinie der Lagermittelpunkte (Schaftachse). Die Unwucht hat somit die Dimension einer Masse mal einer Länge.

Bei der Rotation wirkt die Fliehkraft

$$F = U \cdot \omega^2 \tag{8.53}$$

Wenn m die Masse des Rotationskörpers und e die Schwerpunkts-Exzentrizität ist, gilt andererseits für die in der Unwucht-Ebene wirkende Fliehkraft:

$$F = m \cdot e \cdot \omega^2 \tag{8.54}$$

Aus (8.53) und (8.54) ergibt sich

$$e = \frac{U}{m}$$

$$e\,[\mu m] = \frac{U}{m}\,[gmm/kg] \tag{8.55}$$

In Worten: Die Schwerpunkts-Exzentrizität ist gleich der spezifischen Unwucht, d. h. der auf die Wuchtkörpermasseneinheit bezogenen Unwucht. Gleichung (8.55) bleibt auch als Zahlenwertgleichung richtig, wenn die nachfolgend angegebenen Dimensionen verwendet werden.

Internationale und deutsche Normen und Richtlinien wie z. B. die VDI-Richtlinie 2060 und der ISO-Standard 1940 empfehlen die Verwendung dieser Einheiten. In der Praxis ist jedoch auch die Angabe der Unwucht in der Dimension gcm sehr verbreitet.

Die Kennzeichnung des Unwuchtzustandes durch eine einzige Größe genügt jedoch nur den Verhältnissen bei einem dünnen scheibenförmigen Wuchtkörper. Bei Wuchtkörpern mit größerer axialer Ausdehnung ist dagegen die Unwuchtverteilung innerhalb des Körpers von Bedeutung. Ein solcher Körper kann z. B. ein Unwuchtpaar aufweisen, welches statisch im Gleichgewicht ist, bei der Rotation jedoch ein umlaufendes Moment ergibt. Die Beschreibung des Unwucht-Zustandes bei Rotationskörpern, deren Unwuchtverteilung in axialer Richtung nicht vernachlässigt werden kann, erfordert die Angabe

> eines Unwuchtpaares (im Sinne eines Kräftepaares) und einer Einzelunwucht an definierter Stelle oder (praxisüblich) die Angabe von zwei Einzelunwuchten in definierten Ebenen.

Voraussetzung ist hierbei, daß es sich um einen starren Wuchtkörper handelt, d. h. daß die elastischen Verformungen bei der Rotation von untergeordneter Bedeutung sind. Bei biege-elastischen Rotoren muß dagegen beachtet werden, daß die Durchbiegung zu Schwerpunktsverlagerungen gegenüber der Rotationsachse und damit zu Lagerreaktionen führt, die im zuvor erläuterten Sinne keine Unwuchten sind.

Es leuchtet ohne weiteres ein, daß die Betriebsdrehzahl eines Rotors bestimmend für die Auswuchtgüte bzw. dessen zulässige Schwerpunkts-Exzentrizität ist. Eine recht anschauliche Vorstellung über den Drehzahleinfluß erhält man aus der Gegenüberstellung von Drehzahl und derjenigen Schwerpunkts-Exzentrizität, bei der die Fliehkraft gleich dem Eigengewicht des Rotors ist, d. h. wenn in (8.54) $F = m \cdot g$ ist:

Drehzahl n		Schwerpunkts-Exzentrizität e	
100	U/min	90	mm
500	"	3,6	"
1000	"	0,9	"
1500	"	0,4	"
2000	"	0,22	"
2500	"	0,14	"
3000	"	0,1	"
4000	"	56	µm
5000	"	36	µm
6000	"	25	µm
10000	"	9	µm

Ähnlichkeitsbetrachtungen zeigen, daß bei gleichartigen Umlaufkörpern unterschiedlicher Größe unter der Voraussetzung gleicher Umfangsgeschwindigkeit die Fliehkraftbeanspruchungen dann gleich sind, wenn die Schwerpunktsgeschwindigkeiten gleich sind. Es gilt daher

$$e \cdot n = konst. \qquad e \cdot \omega = konst. \tag{8.56}$$

Für gleiche Läufer- und Lagerbeanspruchung ist bei ähnlichen Rotoren die zulässige Schwerpunkts-Exzentrizität bzw. zulässige spezifische Unwucht umgekehrt proportional der Winkelgeschwindigkeit bzw. Drehzahl.

Dieser Zusammenhang und die Schwerpunktsgeschwindigkeit $e \cdot \omega$ [mm/s] als Maßstab für die Auswuchtgüte liegen der VDI-Richtlinie 2060 "Beurteilungsmaßstäbe für den Auswuchtzustand rotierender starrer Körper" und dem inhaltlich weitgehend identischen ISO-Standard 1940 zugrunde (Tabelle 8. B). Den Zusammenhang zwischen Betriebsdrehzahl, Gütestufe und zulässiger Restunwucht zeigt Abb.8.29

Gütestufen	e · ω*) mm/s	Wuchtkörper oder Maschinen Beispiele
(keine)	(> 1600)	
		Kurbeltriebe starr aufgestellter, langsam laufender Schiffsdieselmotoren mit ungerader Zylinderzahl
Q 1600	1600	
		Kurbeltriebe starr aufgestellter Zweitaktgroßmotoren
Q 630	630	
		Kurbeltriebe starr aufgestellter Viertakt-Motoren Kurbeltriebe elastisch aufgestellter Schiffsdieselmotoren
Q 250	250	
		Kurbeltriebe starr aufgestellter, schnellaufender 4-Zylinder-Dieselmotoren
Q 100	100	
		Kurbeltriebe starr aufgestellter, schnellaufender Dieselmotoren mit sechs und mehr Zylindern; Komplette PKW-, LKW-, Lok-Motoren
Q 40	40	
		Autoräder, Felgen, Radsätze, Gelenkwellen; Kurbeltriebe elastisch aufgestellter, schnellaufender Viertaktmotoren mit sechs und mehr Zylindern; Kurbeltriebe von PKW-, LKW-, Lok-Motoren
Q 16	16	
		Gelenkwellen mit besonderen Anforderungen; Teile von Zerkleinerungs- und Landwirtschafts-Maschinen; Kurbeltrieb-Einzelteile von PKW-, LKW-, Lok-Motoren; Kurbeltriebe von sechs und mehr Zylindermotoren mit besonderen Anforderungen
Q 6,3	6,3	
		Teile der Verfahrenstechnik; Zentrifugentrommeln; Ventilatoren, Schwungräder, Kreiselpumpen; Maschinenbau- und Werkzeugmaschinen-Teile; Normale Elektromotorenanker Kurbeltrieb-Einzelteile mit besonderen Anforderungen
Q 2,5	2,5	
		Läufer von Strahltriebwerken, Gas- und Dampfturbinen, Turbogebläsen, Turbogeneratoren; Werkzeugmaschinen-Antriebe; Mittlere und größere Elektromotoren-Anker mit besonderen Anforderungen; Kleinmotoren-Anker; Pumpen mit Turbinenantrieb
Q 1 Feinwuchtung	1	
		Magnetophon- und Phono-Antriebe; Schleifmaschinen-Antriebe, Kleinmotoren-Anker mit besonderen Anforderungen
Q 0,4 Feinstwuchtung	0,4	
		Feinstschleifmaschinen-Anker, -Wellen und -Scheiben, Kreisel

Tabelle 8.B: Auswucht-Gütestufen und Gruppen starrer Wuchtkörper (VDI 2060): Für starre Wuchtkörper mit zwei Ausgleichsebenen gilt im allgemeinen je Ebene die Hälfte des betreffenden Richtwertes, für scheibenförmige starre Wuchtkörper gilt der volle Richtwert

aus der vorgenannten VDI-Richtlinie 2060.

Die Schwerpunkts-Exzentrizität oder spezifische Unwucht ist eine anschauliche Größe zur Beurteilung des Wuchtzustandes verschieden großer Körper. Der Schwer-

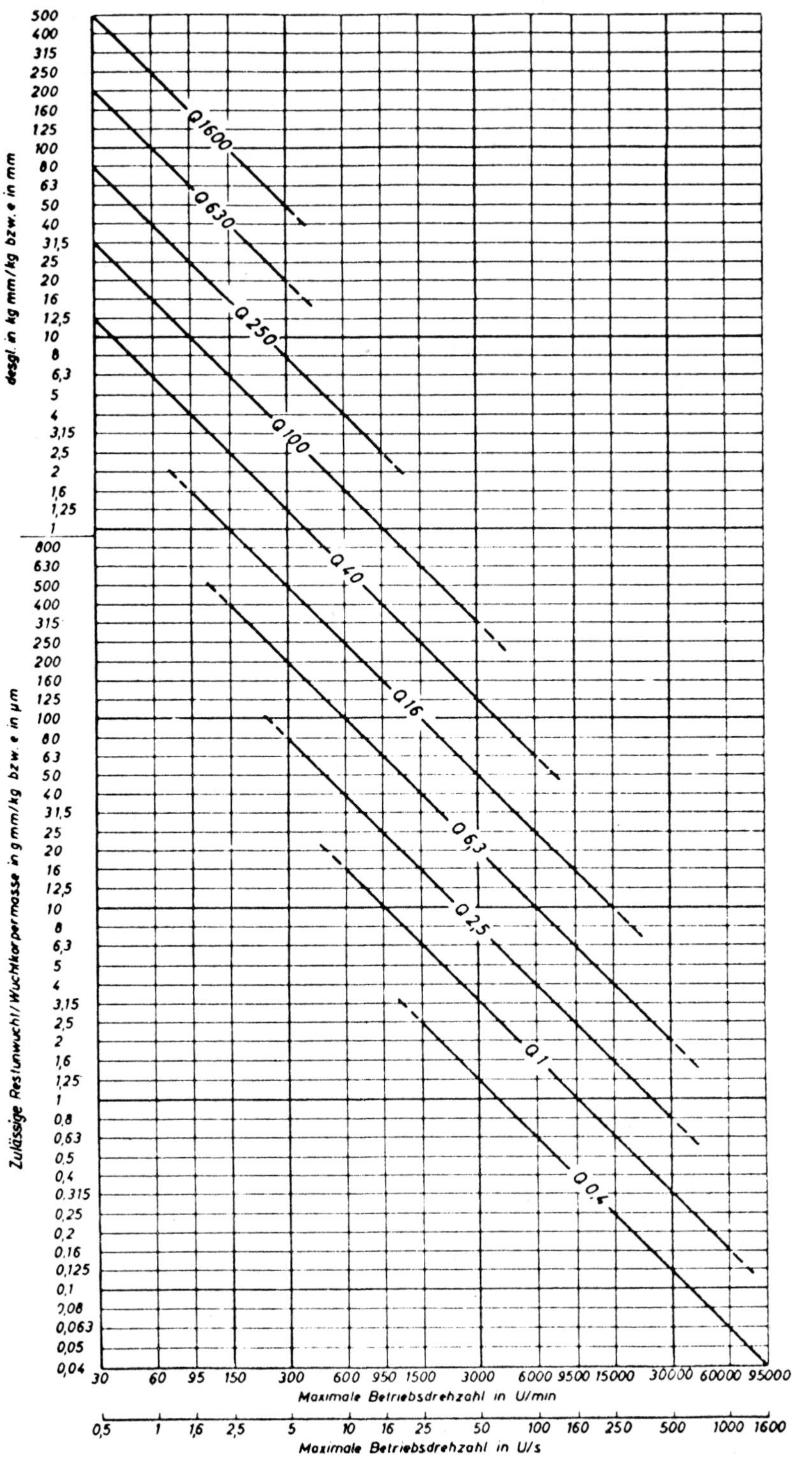

Abb. 8.29: Zusammenhang zwischen Gütestufe, Betriebsdrehzahl und zulässiger Restunwucht nach VDI 2060

punktsexzentrizität kommt daneben noch eine unmittelbare praktische Bedeutung zu im Zusammenhang mit den sogenannten Versatzunwuchten beim Zusammenbau mehrerer Einzelteile zu einer Wuchtkörpergruppe. Diese Versatzunwuchten treten auf, wenn z. B. ein (zwar ausgewuchtetes) Schwungrad auf einen mit einem Radialschlag behafteten Zentrieransatz aufgesetzt wird und darüberhinaus noch innerhalb des Passungsspieles zwischen Aufnahmebohrung und Zentrieransatz "herunterfällt".

Ein Axialschlag ergibt im angeflanschten Körper eine Schwerpunktsverlagerung, die mit dem Abstand der Schwerebene von der Flanschebene zunimmt (s. Abb. 8.30). Bei Teilen, die mit Axialschlag umlaufen und deren polares und äquatoriales Massenträgheitsmoment nicht vernachlässigbar klein ist, ergeben sich nicht nur durch die Schwerpunktsverlagerung, sondern auch durch das Kreiselmoment Lagerreaktionen. In diesem Fall ist ein Zwei-Ebenen-Ausgleich notwendig, auch dann, wenn es sich um einen schmalen scheibenförmigen Rotationskörper handelt, für den beim Fehlen eines Axialschlages ein Ein-Ebenen-Auswuchten ausreichend wäre.

8.6.3 Auswuchtfragen bei Hubkolbenmotoren

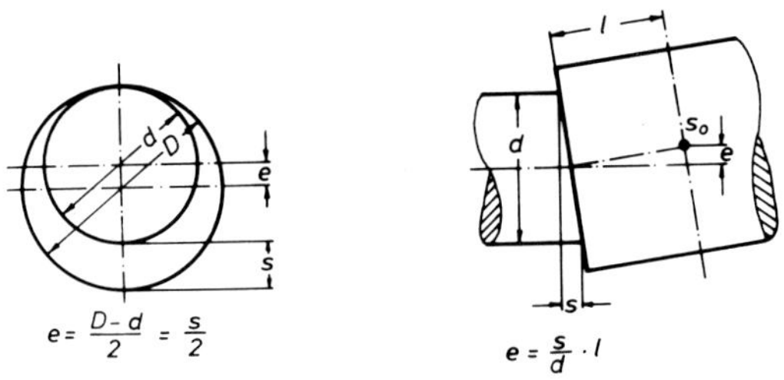

Abb. 8.30: Schwerpunktsverlagerungen beim Zusammenbau von Rotationskörpern (Versatzunwuchten) -
links: Passungsspiel oder Radialschlag
rechts: Axialschlag beziehungsweise Winkligkeitsfehler

Wuchtkörper im Bereich der Hubkolbenmotoren sind in erster Linie die rotierenden Teile des Motortriebwerkes: Kurbelwelle mit Gegengewichten, Schwungrad, Kupplung, Schwingungsdämpfer, Keilriemenscheibe. Störungen des Massenausgleiches treten jedoch nicht nur durch Unwuchten der genannten Teile und durch die bei der Montage hereinkommenden Versatzunwuchten auf, sondern auch durch Abweichungen bei Pleuel- und Kolbenmassen. Der Einfluß der Gewichtstoleranzen von Pleuelstangen und Kolben muß daher bei allen Beurteilungen der Auswuchtgüte mitberücksichtigt werden. Das Sortieren von Pleuelstangen und Kolben in Gewichtsgruppen oder der gezielte Gewichtsabgleich durch Materialentnahme zählen daher auch zu den Maßnahmen des Auswuchtens.

Das vorherrschende Verfahren im Motorenbau ist das Wuchten der Einzelteile im Hinblick auf die Austauschbarkeit und Ersatzteilhaltung. Das in Einzelfällen angewandte Auswuchten schon montierter Gruppen, wie Kurbelwelle mit Schwungrad und Riemenscheibe oder fertig montierter Motoren erlaubt zwar das Eliminieren der Versatzunwuchten, der erzielte Wuchtzustand wird jedoch dann bei eventuell notwendigen Demontage- und Montagearbeiten gestört und die Einzelteile sind nicht austauschbar.

	MAX. SCHWERPUNKTSEXZENTRIZITÄTEN e [µm] BZW. SPEZIFISCHE UNWUCHTEN U/m [g mm/kg]			
	AUSWUCHT-TOLERANZ	PASSUNGSSPIEL	RADIALSCHLAG	AXIALSCHLAG
KOLBEN	195/61 *			
PLEUELSTANGE	216/68 *			
KURBELWELLE	14			
SCHWINGUNGS-DÄMPFER	42	25	20	10
RIEMENSCHEIBE	50	25	20	20
SCHWUNGRAD	27	21	20	20
KUPPLUNG	19	114	20	16

Tabelle 8.C: Maximale Schwerpunkts-Exzentrizitäten der Triebwerkseinzelteile eines V-8-Dieselmotors aufgrund der Wuchttoleranzen und Versatzunwuchten

*) *Diese Angaben beziehen sich auf 8 Kolben bzw. 8 Pleuelstangen, die an der Toleranzgrenze liegen und so angeordnet sind, daß sie die maximal mögliche Massenkraft (erste Zahl) oder das maximal mögliche Massenmoment (zweite Zahl, bezogen auf Wuchtebene der Kurbelwelle) ergeben*

Die folgende Tabelle 8. C zeigt die nach der Erfahrung zulässigen maximalen Schwerpunktsexzentrizitäten (= bezogene oder spezifische Unwuchten) der Triebwerks-Einzelteile eines V8-Diesel-Motors mit Nenndrehzahl 2500 U/min.
Um die Schwerpunkts-Exzentrizität des kompletten Motors zu ermitteln, ist die Summe sämtlicher Unwuchten durch die Summe der Massen der zum Kurbeltrieb gehörenden Teile zu dividieren. Für den zuvor genannten V8-Motor ergibt sich so

$$e \cdot \omega = 0{,}138 \cdot 262 = 36 \text{ mm/s} \mathrel{\hat{=}} Q\ 36$$

lt. VDI 2060

Bei mittelschnellaufenden Motoren bis etwa zu Nenndrehzahlen von 1000 U/min kann auf ein Auswuchten der Kurbelwellen zumeist verzichtet werden, wenn diese allseitig bearbeitet werden. Ein Gewichtssortieren der Pleuelstangen und - je nach Toleranzen - auch der Gegengewichte ist hier aber notwendig, wenn die Motoren für elastische Lagerung vorgesehen sind.

	MAX. SCHWERPUNKTSEXZENTRIZITÄTEN e [µm] BZW. SPEZIFISCHE UNWUCHTEN U/m [g mm/kg]	
	R-MOTOR	V-MOTOR
KURBELKRÖPFUNG	1060	444
GEGENGEWICHT	2100	2884
KURBELWELLE m. GG	566/145*	430/86*
PLEUELSTANGE	1040	1040
KOLBEN	930	930
SCHWINGUNSDÄMPFER	62	62
SCHWUNGRAD	138	138
MOTORTRIEBWERK kompl.	606/160*	510/115*

* Max. Einzel.-Unwucht/Unwuchtpaar in den äußeren Lagerebenen der Kurbelwelle

Tabelle 8.D: Maximale Schwerpunkts-Exzentrizitäten der Triebwerkseinzelteile eines Mittelschnelläufers ohne spezielle Auswuchtung

Für die Gewichtstoleranzen der Pleuelstangen können ≤ ± 0,5 % Abweichung vom Mittelwert innerhalb eines Motors als Richtwert gelten, jedoch ergeben auch größere Abweichungen bei starr gelagerten Motoren im allgemeinen keine Schwierigkeiten.

Aus den üblichen Gewichtstoleranzen der Kolben ergeben sich im allgemeinen keine Probleme.

Beim Auswuchten der Kurbelwellen und der Zuordnung von Pleuelstangen und Kolben sind zwei Fälle zu unterscheiden:

a) Kurbelwellen mit vollständigem Massenausgleich 1. Ordnung (z. B. Kurbelwellen für Reihenmotoren mit 4, 6, 8 Zylindern). Beim Auswuchten braucht keine Rücksicht auf die Pleuel- und Kolbenmassen genommen zu werden. Da die Kurbelwellen von sich aus masse-ausgeglichen sind, werden beim Auswuchten nur die zufällig vorhandenen Unwuchten bis auf die festgelegte Toleranz beseitigt. Da es für den Massenausgleich lediglich darauf ankommt, daß in einem Motor die Pleuel und Kolbenmassen innerhalb der Toleranzbreite gleich sind, kann der Gesamtbestand dieser Teile in Gewichtsgruppen sortiert werden.

b) Kurbelwellen mit freien Massenmomenten (Längskippmomenten) 1. Ordnung (z. B. Kurbelwellen für L3-, L5- sowie V6-, V8-, V10-Motoren). Bei diesen Kurbelwellen wird der Massenausgleichszustand durch genau abgestimmte Gegengewichte erreicht. Beim Auswuchten müssen daher die anteiligen Pleuel- und Kolbenmassen durch Auswucht-Hilfsmassen oder sogenannte Meistergewichte ersetzt werden. Diese Hilfsmassen ersetzen den rotierenden Pleuelanteil und einen Teil der oszillierenden Massen, je nach angestrebtem Ausgleichsgrad.
Bei V-Motoren müssen diese auf den Kurbelzapfen befestigten Hilfsmassen zwei rotierende Pleuelanteile und 2 x 50 % = 100 % der oszillierenden Masse (oszillierende Masse einer Pleuelstange plus Kolben und Kolbenbolzen) ersetzen.

Bei modernen Kurbelwellen-Auswuchtmaschinen läßt sich ein Kompensationsmoment am Wuchtrahmen erzeugen und einstellen, welches das anteilige Moment von Kolben und Pleuelstangen ersetzt. Damit ist nur mehr ein einmaliger Einstellvorgang am Beginn des Auswuchtens gleichartiger Kurbelwellen notwendig und das zeitraubende Auf- und Abmontieren der Meistergewichte entfällt. Der angestrebte Ausgleichszustand beruht auf der Übereinstimmung der Hilfsmassen beim Auswuchten (bzw. des entsprechenden Kompensationsmoments) mit den Kolben- und Pleuelmassen. Die Pleuelstangen solcher Motoren werden daher üblicherweise mit enger Toleranzbreite auf ein vorgegebenes Sollgewicht abgeglichen (Abb. 8.31). Da der Auswuchtzustand der Kurbelwelle durch Materialentnahme an den Gegengewichten herbeigeführt werden soll, müssen die Gegengewichte vor dem Auswuchten einen Massen-Überschuß aufweisen. Die Gegengewichte werden daher so dimensioniert, daß das durch sie bewirkte Moment etwa 3 - 5 % größer ist als das Moment der rotierenden und oszillierenden Triebwerksteile bzw. als das Moment der Kurbelkröpfungen und der Auswucht-Hilfsmassen.

Werden lange, biegeweiche Kurbelwellen beim Auswuchten nur in den äußeren Lagern aufgenommen, so wird das Wuchtergebnis infolge der Durchbiegung der Welle verfälscht. Dies sei durch folgende Episode belegt:
Bei der Inbetriebnahme einer neuen Kurbelwellen-Wuchtmaschine entstand zunächst

ziemliche Verwirrung, da die auf der neuen Maschine bis zur Unwucht-Anzeige "Null" gewuchtete Kurbelwelle beim Kontrollauf auf einer Maschine älterer Bauart Unwucht-Anzeigen aufwies, die die zulässigen Rest-Unwuchten um ein Mehrfaches überschritten. Prüfobjekt war die sechsfach gekröpfte Kurbelwelle eines V12-Motors mit einer Eigenmasse von 116 kg und einem Abstand der äußeren Wellenlager von 995 mm. Auf der älteren Wuchtmaschine konnte die Welle nur in den äußeren Lagern aufgenommen werden. Eine Rechnung zeigte, daß sich die mit 8 Gegengewichten ausgerüstete Kurbelwelle bei der Wuchtdrehzahl von 470 U/min unter den inneren Momenten um 0,14 mm durchbiegen mußte und daß durch die Schwerpunktsverlagerung in den beiden Wuchtebenen gleichgerichtete "Unwuchten" von mehr als 4000 gmm auftreten würden, was den an der älteren Wuchtmaschine abgelesenen Werten auch tatsächlich sehr nahe kam. Auf dieser Maschine mit Aufnahme der Kurbelwelle in den äußeren Lagern wäre also eine Durchbiegungsform in die Kurbelwellen regelrecht "hineingewuchtet" worden und die tatsächlich erzielte Auswuchtgüte bliebe weit hinter der Zeichnungsforderung zurück, obwohl die Instrumenten-Anzeige an der Maschine älterer Bauart keinerlei Hinweis auf diesen mangelhaften Zustand geben würde.

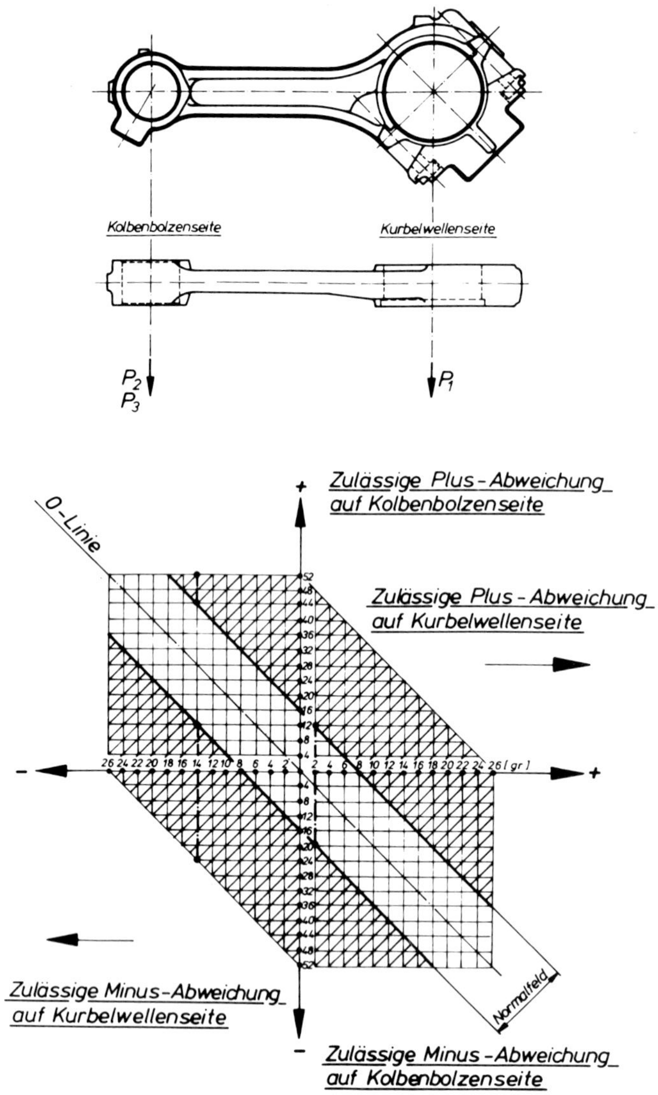

Abb. 8.31: Toleranzfeld einer V-Motoren-Pleuelstange

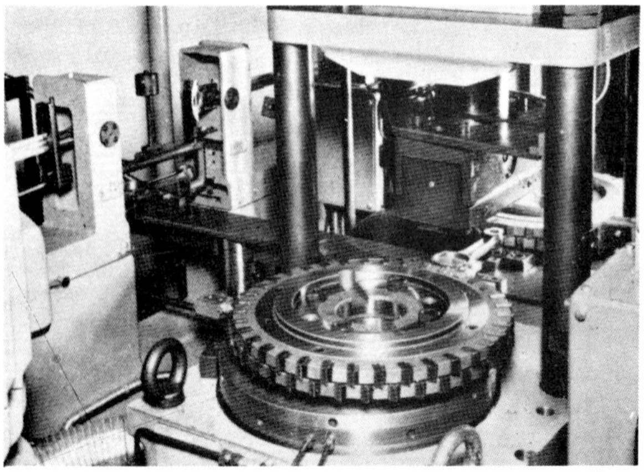

Abb. 8.32: Vollautomatischer Gewichtsabgleich einer Pleuelstange

9 Die Festigkeitsrechnung eines Schwungrades

Der Festigkeitsnachweis von Schwungrädern ist von Wichtigkeit, weil platzende Schwungräder lebensgefährliche Auswirkungen haben können. Eine exakte Nachrechnung aller Schwungräder eines Motors ist allerdings mit erheblichen Kosten verbunden, weil z. B. ein Einbaumotor eine Unzahl von verschiedenartig ausgeführten Schwungrädern (Abb. 9.1, S. 278) besitzen muß, um dem jeweiligen Einbaufall zu genügen. Darüberhinaus ergibt sich die Schwierigkeit, daß die Dauerfestigkeit der meistens verwendeten Graugußsorten in den bei Schwungrädern vorliegenden Abmessungen nicht so genau bekannt ist, als daß sich eine komplizierte FINITE-ELEMENT-Rechnung lohnen würde. Je nach Form, Gestalt und Anwendungsgrad verwendet man deshalb verschiedene Methoden, die sich graduell durch den notwendigen rechnerischen Sicherheitsabstand von einer vorgegebenen Festigkeit unterscheiden - und oft bringt die verfeinerte Methode kein besseres Ergebnis, obwohl der Berechnungsaufwand um mehr als den Faktor 100 steigt. Bei Serienerzeugnissen wendet man auch gerne Schleuderprüfstände für Schwungräder an, in denen diese mit steigenden Drehzahlen bis zum Bersten gefahren werden.

Die dort freiwerdende Energie eines platzenden Schwungrades in der Schleudergrube vermittelt den Beteiligten eine Vorstellung von den möglichen Auswirkungen eines ähnlichen Vorganges im praktischen Betrieb, z.B. im Straßenverkehr.

9.1 Berechnung unter vereinfachten Annahmen

Um das erforderliche Schwungmoment Θ zu verwirklichen, kann man entweder einen großen Durchmesser und ein geringes Gewicht oder auch deren Umkehrung wählen. Eine Einschränkung in der Umfangsgeschwindigkeit und damit im Durchmesser des Schwungrades bei vorgegebener Betriebsdrehzahl bringt der Werkstoff mit sich. Die Angabe, daß die Geschwindigkeit v den Betrag von 30 m/sek nicht überschreiten soll, bezieht sich auf Speichenschwungräder (Abb. 9.2) aus normalem Maschinengußeisen, z.B. GG25 mit $\sigma_{zul} \approx 7$ N/mm^2;

Abb. 9.2: Speichenschwungrad von OTTOs erstem Viertaktmotor

Das Scheibenschwungrad Abb. 9.3 hat das Speichenschwungrad der Dampf- und Großgasmaschine fast völlig verdrängt, weil es einfacher herzustellen, leichter frei von Gußspannungen zu halten ist, auf Grund günstigerer Aufnahme der Fliehkräfte höhere Geschwindigkeiten zuläßt und zugleich

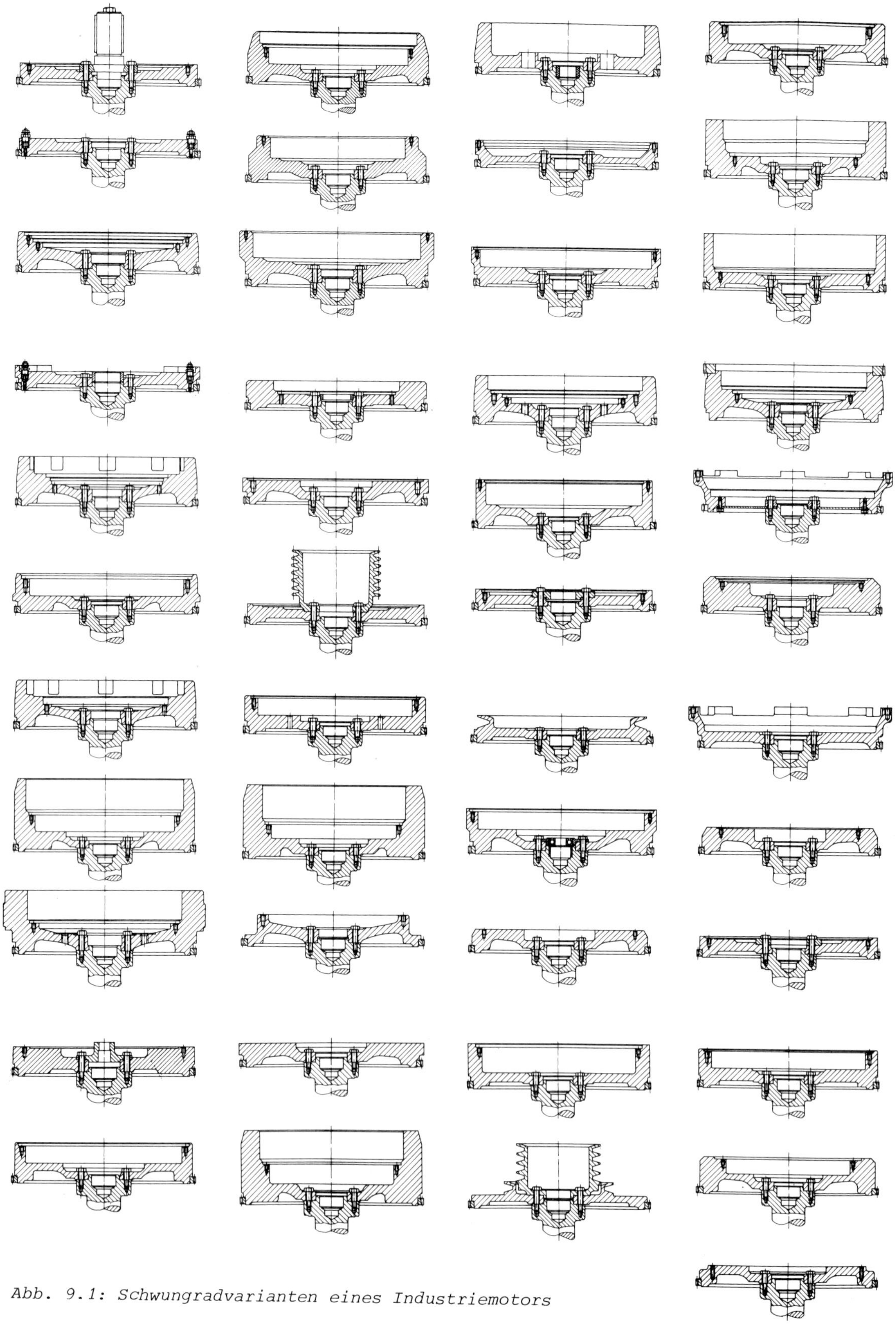

Abb. 9.1: Schwungradvarianten eines Industriemotors

übersichtlichere Berechnung gewährt. Die Berechnung erübrigt sich bei kleinen, ungeteilten Scheibenrädern niedriger Betriebsdrehzahl, nicht aber bei größeren Abmessungen oder bei heute im Verbrennungsmaschinenbau üblichen Drehzahlbereichen. Scheibenschwungräder mit ihrer günstigeren Beanspruchung lassen höhere Geschwindigkeiten zu und sind allein am Platze für $v > 40$ m/sek; Stahlguß läßt v bis zu 120 m/sek und eine Beanspruchung bis 60 N/mm^2 zu.

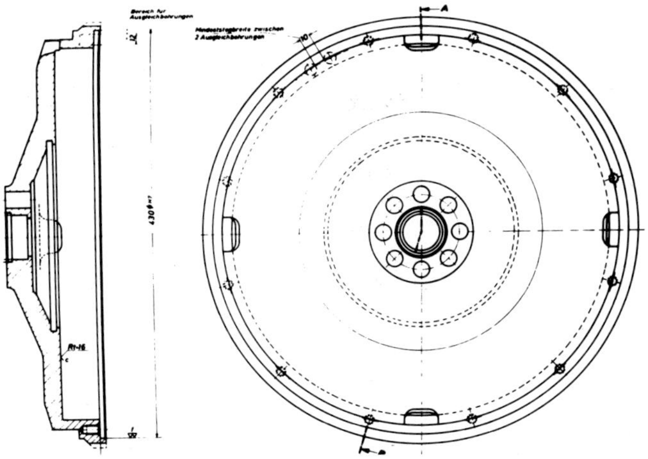

Abb. 9.3: Scheibenschwungrad eines Dieselmotors

Schwere Räder können in der Nabe, in der Scheibe und im Kranz zweiteilig sein (Abb. 9.4), um ein zu großes Gußstück zu meiden und um das Auftreten von Gußspannungen zu verhindern; lange Naben sind ausgespart. Die von jeder Schwungradhälfte entwickelte Fliehkraft wird von den Bolzen in der Nabe und von den Ankern im Kranz aufgenommen. Wegen der Sicherheit sollen beide für sich allein dieser Kraft gewachsen sein. Die Querkeile im Anker erzeugen einen Anpressungsdruck zwischen den Flächen der beiden Kranzhälften, während der Ankerbolzen durch den Gegendruck auf Zug beansprucht wird. Diese Vorspannung zusammen mit der Fliehkraft ergibt eine Zugbeanspruchung von durchschnittlich 60 N/mm^2 bei Ankern aus einem Stahl von einer Festigkeit = 550 bis 600 N/mm^2. Die Befestigung auf der Welle erfolgt mit einem Federkeil und einem Anzugkeil; dieser liegt in der Nabenfuge, um die Zugbeanspruchung in den Halteschrauben nicht zu vermehren.

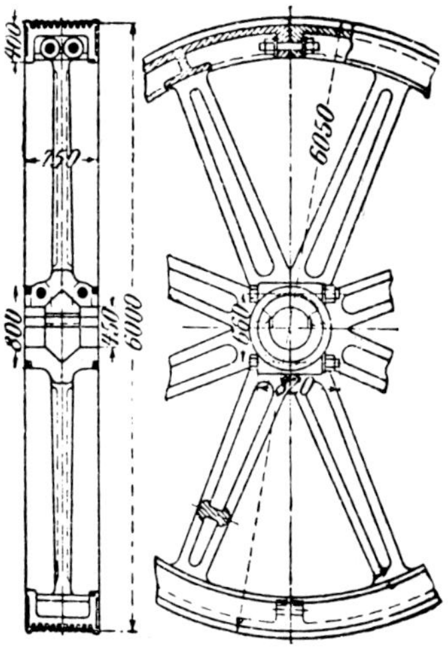

Abb. 9.4: Geteiltes Schwungrad einer Großgasmaschine

Zur Berechnung des Schwungradkörpers auf Festigkeit kann man eines der nachfolgenden Verfahren verwenden.

9.2 Festigkeit des Scheibenschwungrades

Während der plattenförmige Teil als Ringscheibe gleicher Dicke einen einfachen Fall der Festigkeitslehre darstellt, bringt das Hinzutreten von Nabe und Kranz eine gewisse Verwicklung mit sich, selbst wenn man diese Teile als Sonderfälle umlaufender Scheiben auffaßt und für die Spannungszustände an den Übergangsstellen zur eigentlichen Scheibe vereinfachende Maßnahmen zuläßt. Aus dem allgemeinen Fall der rotierenden Scheibe von veränderlichem Querschnitt, die für Dampfturbinen von STODOLA /27/ ausführlich behandelt wurde, läßt sich der Fall des Schwungrades mit seinem zusammengesetzten Querschnitt ableiten.

9.2.1 Umlaufende, volle Scheibe gleicher Wandstärke

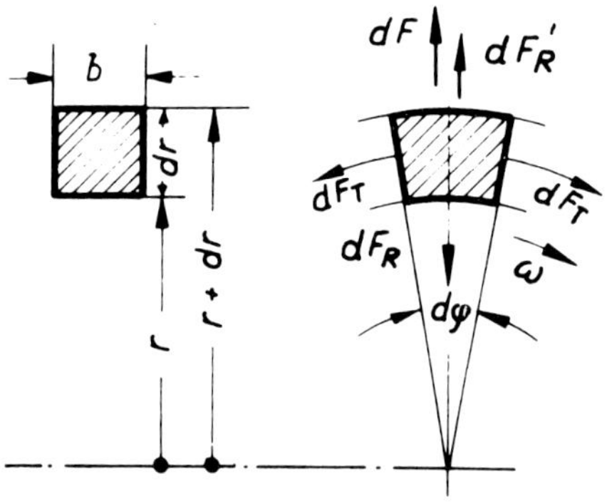

Abb. 9.5: Ringelement der Scheibe und Kräfte

In Abb. 9.5 ist das Ringelement einer Scheibe von gleicher Stärke im Querschnitt gezeichnet; es ist in der Drehebene durch zwei Kreisbögen und zwei Radien begrenzt. Der Querschnitt soll in bezug auf eine zur Radachse senkrechte Ebene symmetrisch sein.

Ein Teil der nachfolgend verwendeten Bezeichnungen ist aus der Abbildung ersichtlich; von ihnen seien hervorgehoben:

r Halbmesser an irgend einem Punkt der Scheibe mm

$d\varphi$ Zentriwinkel des Elements

b Stärke (Breite) des Elements mm

ξ radiale Verschiebung aus der Dehnung mm

m POISSONsche Zahl = Längsdehnungsverhältnis
m = 3,8 Gußeisen
m = 3,3 GGG + Stahl

E Elastizitätsmodul $\frac{N}{mm^2}$, = 80000 - 140000 für Gußeisen (GG) N/mm²
160000 - 185000 für Kugelgraphit-Gußeisen (GGG)
215000 für Stahlguß N/mm²

σ_r Radialspannung $\frac{N}{mm^2}$

σ_t Umfangs- oder Tangentialspannung $\frac{N}{mm^2}$

ϱ Dichte des Werkstoffes $\frac{kg}{mm^3}$ $7{,}25 \cdot 10^{-6}$ für Gußeisen
$7{,}85 \cdot 10^{-6}$ für Stahlguß

g Erdbeschleunigung = 9810 $\frac{mm}{sek^2}$

ω Winkelgeschwindigkeit $\frac{1}{sek}$

V Umfangsgeschwindigkeit an der äußeren Berandung m/s

Es ist die Masse des Elements

$$dm = \varrho \cdot r \cdot d\varphi \cdot dr \cdot b \tag{9.1}$$

auf diese Masse wirken die Kräfte:
Fliehkraft

$$dF = dm \cdot r \cdot \omega^2 = \varrho \cdot b \cdot r^2 \cdot dr \cdot d\varphi \cdot \omega^2 \tag{9.2}$$

wobei der Schwerpunktshalbmesser gleich r gesetzt ist;
Tangentialkraft an den Schnittflächen

$$dF_T = b \cdot dr \cdot \sigma_t \tag{9.3}$$

radiale Kraft aus den Kräften dF_T

$$dF_T \cdot d\varphi = b \cdot dr \cdot \sigma_t \cdot d\varphi \tag{9.4}$$

radiale Kraft auf dem Halbmesser r

$$dF_R = r \cdot d\varphi \cdot b \cdot \sigma_r \tag{9.5}$$

radiale Kraft auf dem Halbmesser (r + dr)

$$dF_R' = (r + dr) \cdot d\varphi \cdot b \cdot (\sigma_r + d\sigma_r) \tag{9.6}$$

Gleichgewicht dieser Kräfte besteht, wenn

$$dF_R' - dF_R + dF - dF_T \cdot d\varphi = 0 \tag{9.7}$$

oder nach Vereinfachung

$$(r + dr)(\sigma_r + d\sigma_r)\, d\varphi - r \cdot \sigma_r \cdot d\varphi - dr \cdot \sigma_t \cdot d\varphi + \varrho \cdot r^2 \cdot \omega^2 \cdot dr \cdot d\varphi = 0 \tag{9.8}$$

Formt man um und setzt $dr \cdot d\sigma_r \cdot d\varphi = 0$, so erscheint

$$r \frac{d\sigma_r}{dr} + \sigma_r - \sigma_t + \varrho \cdot r^2 \cdot \omega^2 = 0 \tag{9.9}$$

oder

$$\frac{d\sigma_r}{dr} + \frac{1}{r} \cdot (\sigma_r - \sigma_t) + \varrho \cdot r \cdot \omega^2 = 0 \tag{9.10}$$

Es ist nun eine Beziehung zwischen den in dieser Gleichung vorkommenden Spannungen und den zugehörigen Dehnungen herzustellen. Bezeichnet ξ die radiale Verschiebung im Spannungszustand am Endpunkt des Halbmessers r, ε_r die spezifisch radiale Dehnung, ε_t die spezifisch tangentiale Dehnung, so ist

$$\varepsilon_r = \frac{d\xi}{dr} \qquad \varepsilon_t = \frac{\xi}{r} \tag{9.11}$$

andererseits ist

$$\varepsilon_r = \frac{1}{E} \cdot \left(\sigma_r - \frac{\sigma_t}{m}\right) \qquad \varepsilon_t = \frac{1}{E} \cdot \left(\sigma_t - \frac{\sigma_r}{m}\right) \tag{9.12}$$

Hieraus folgt

$$\sigma_r = \frac{E}{1 - \frac{1}{m^2}} \cdot \left(\frac{\xi}{r} \cdot \frac{1}{m} + \frac{d\xi}{dr}\right)$$

und (9.13)

$$\sigma_t = \frac{E}{1 - \frac{1}{m^2}} \cdot \left(\frac{\xi}{r} + \frac{1}{m} \cdot \frac{d\xi}{dr}\right)$$

Führt man σ_r und σ_t in Gleichung (9.10) ein und differenziert, so erhält man

$$\frac{d^2\xi}{dr^2} + \frac{1}{r}\cdot\frac{d\xi}{dr} - \frac{\xi}{r^2} + \frac{\varrho\cdot r\cdot\omega^2\cdot\left(1-\frac{1}{m^2}\right)}{E} = 0 \tag{9.14}$$

Schreibt man dafür

$$\frac{d}{dr}\left[\frac{1}{r}\cdot\frac{d}{dr}(\xi\cdot r)\right] = -a\cdot r \tag{9.15}$$

so kann man unmittelbar integrieren und erhält

$$\xi = A\cdot r^3 + C_1\cdot r + C_2\cdot\frac{1}{r} \tag{9.16}$$

wobei

$$A = -\frac{\varrho\cdot\omega^2\cdot\left(1-\frac{1}{m^2}\right)}{8\cdot E} \tag{9.17}$$

Mit diesem Betrag von ξ werden die Spannungen in Gleichung (9.13)

$$\sigma_r = \frac{E}{1-\frac{1}{m^2}}\cdot\left[A\cdot r^2\cdot\left(3+\frac{1}{m}\right) + C_1\cdot\left(1+\frac{1}{m}\right) - \frac{C_2}{r^2}\cdot\left(1-\frac{1}{m}\right)\right]$$

$$\sigma_t = \frac{E}{1-\frac{1}{m^2}}\cdot\left[A\cdot r^2\cdot\left(1+\frac{3}{m}\right) + C_1\cdot\left(1+\frac{1}{m}\right) + \frac{C_2}{r^2}\cdot\left(1-\frac{1}{m}\right)\right] \tag{9.18}$$

Die Spannungen hängen von m, A, C_1 und C_2 ab; A ist gemäß Formel (9.17) eine Funktion der Dichte ϱ, der Drehzahl ω und der elastischen Eigenschaften des Werkstoffes. C_1 und C_2 bestimmen sich aus den Randbedingungen, die in den Abschnitten 9.2.2 und 9.2.3 besprochen werden.

Sonderformeln:
Das Dehnungsverhältnis für Gußeisen ist $m \approx 3{,}8$.
Mit $\varrho = 7{,}25\cdot 10^{-6}$ kg/mm³ und E = 80000 N/mm² für Gußeisen wird aus Gleichung (9.17)

$$A = -10{,}54\cdot 10^{-12}\cdot\omega^2 \tag{9.19}$$

und mit $\omega = \frac{\pi\cdot n}{30} = 0{,}1046\cdot n$

$$A = -11{,}56\cdot 10^{-14}\cdot n^2 \tag{9.20}$$

Ferner liefern die Gleichungen (9.18)

$$\sigma_r = -2{,}96\cdot 10^{-6}\cdot r^2\cdot\omega^2 + 0{,}1086\cdot 10^6\cdot C_1 - 0{,}0633\cdot 10^6\cdot\frac{C_2}{r^2} \tag{9.21}$$

$$\sigma_t = -1{,}62\cdot 10^{-6}\cdot r^2\cdot\omega^2 + 0{,}1086\cdot 10^6\cdot C_1 + 0{,}0633\cdot 10^6\cdot\frac{C_2}{r^2} \tag{9.22}$$

Mit $\varrho = 7{,}85\cdot 10^{-6}$ kg/mm² und E = 210000 N/mm² für Stahlguß erhält man

$$A = -4{,}25\cdot 10^{-12}\cdot\omega^2 \qquad A = -4{,}66\cdot 10^{-14}\cdot n^2 \tag{9.23}$$

In die Gleichungen (9.18) eingesetzt, gibt

$$\sigma_r = -3{,}24 \cdot 10^{-6} \cdot r^2 \cdot \omega^2 + 0{,}301 \cdot 10^6 \cdot C_1 - 0{,}161 \cdot 10^6 \cdot \frac{C_2}{r^2} \quad (9.24)$$

$$\sigma_t = -1{,}86 \cdot 10^{-6} \cdot r^2 \cdot \omega^2 + 0{,}301 \cdot 10^6 \cdot C_1 + 0{,}161 \cdot 10^6 \cdot \frac{C_2}{r^2} \quad (9.25)$$

9.2.2 Scheibe gleicher Stärke mit Bohrung in der Mitte

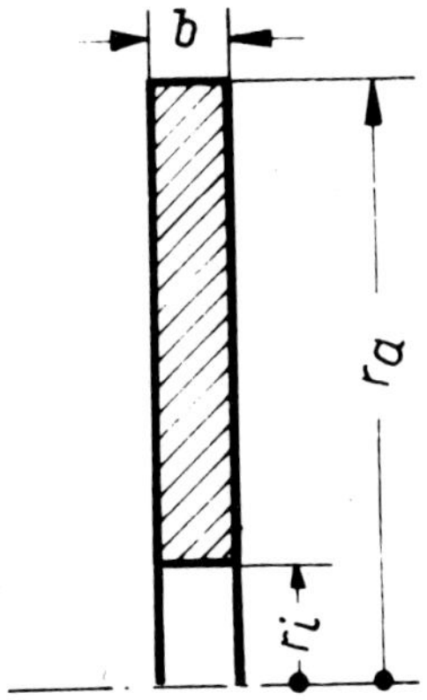

Abb. 9.6: Glatte Scheibe mit Bohrung in der Rotationsachse

Ist r_i der innere und r_a der äußere Halbmesser, Abb. 9.6, so sind die Randbedingungen dadurch gegeben, daß σ_r am inneren und am äußeren Halbmesser Null sein muß; dies bedeutet, daß die Scheibe spannungsfrei auf der Welle aufgebracht ist. Setzt man in die erste der Gleichungen von (9.18) $\sigma_r = 0$ und nacheinander r_i und r_a ein, so erhält man zwei Bestimmungsgleichungen für C_1 und C_2, aus denen hervorgeht:

$$C_1 = -A \cdot \frac{3+\frac{1}{m}}{1+\frac{1}{m}} \cdot (r_i^2 + r_a^2)\,; \quad C_2 = -A \cdot \frac{3+\frac{1}{m}}{1-\frac{1}{m}} \cdot r_i^2 \cdot r_a^2 \quad (9.26)$$

Mit diesen Werten und mit A aus Gleichung (9.17) liefern die Gleichungen (9.18)

$$\sigma_t = \varrho \cdot \omega^2 \cdot \frac{3+\frac{1}{m}}{8} \left(r_i^2 + r_a^2 + \frac{r_i^2 + r_a^2}{r^2} - \frac{1+\frac{3}{m}}{3+\frac{1}{m}} \cdot r^2\right)$$

(9.27)

$$\sigma_r = \varrho \cdot \omega^2 \cdot \frac{3+\frac{1}{m}}{8} \cdot \left(r_i^2 + r_a^2 - \frac{r_i^2 \cdot r_a^2}{r^2} - r^2\right)$$

Zahlenmäßig ist σ_t stets größer als σ_r.

In den Scheiben aus Gußeisen wird die Radialspannung mit dem unter Abschnitt 9.2.1 verwendeten Wert von ϱ und mit Einführung von $v = r_a \cdot \omega$ als Umfangsgeschwindigkeit der Scheibe:

$$\sigma_r = 2{,}96 \cdot 10^{-6} \cdot v^2 \cdot \left[1 + \left(\frac{r_i}{r_a}\right)^2 - \left(\frac{r_i}{r}\right)^2 - \left(\frac{r}{r_a}\right)^2\right] \quad (9.28)$$

In gleicher Weise erhält man

$$\sigma_t = 2{,}96 \cdot 10^{-6} \cdot v^2 \cdot \left[1 + \left(\frac{r_i}{r_a}\right)^2 + \left(\frac{r_i}{r}\right)^2 - 0{,}578 \cdot \left(\frac{r}{r_a}\right)^2\right] \quad (9.29)$$

Für Scheiben aus S t a h l g u ß gilt dementsprechend

$$\sigma_r = 3{,}24 \cdot 10^{-6} \cdot v^2 \cdot \left[1 + \left(\frac{r_i}{r_a}\right)^2 - \left(\frac{r_i}{r}\right)^2 - \left(\frac{r}{r_a}\right)^2\right] \quad (9.30)$$

und

$$\sigma_t = 3{,}24 \cdot 10^{-6} \cdot v^2 \cdot \left[1 + \left(\frac{r_i}{r_a}\right)^2 + \left(\frac{r_i}{r}\right)^2 - 0{,}578 \cdot \left(\frac{r}{r_a}\right)^2\right] \qquad (9.31)$$

Die Mittenbohrung hat zur Folge, daß die Tangentialspannung stark ansteigt, selbst bei sehr kleiner Bohrung; denn setzt man in Gleichung (9.27) $r = r_i$ und macht r_i vernachlässigbar klein, so erhält man mit v als Umfangsgeschwindigkeit in cm/sek:

$$\sigma_r = 0$$

$$\sigma_t = \varrho \cdot v^2 \cdot \frac{3 + \frac{1}{m}}{4} \qquad (9.32)$$

insbesondere für G u ß e i s e n :

$$\sigma_t = 5{,}91 \cdot 10^{-6} \cdot v^2 \qquad (9.33)$$

und für S t a h l g u ß :

$$\sigma_t = 6{,}48 \cdot 10^{-6} \cdot v^2 \qquad (9.34)$$

Grenzfälle:

1. Mit $r_i = 0$ gehen die Gleichungen (9.27) in die Gleichungen für die umlaufende volle Scheibe über und ergeben den Größtwert von σ_r und σ_t im Mittelpunkt der Scheibe als halb so groß wie in (9.32) zu:

   Grenzfälle: $r_i = 0$

   $$\sigma_r = \sigma_t = \varrho \cdot v^2 \cdot \frac{3 + \frac{1}{m}}{8} \qquad (9.35)$$

   und zwar für G u ß e i s e n :

   $$\sigma_r = \sigma_t = 2{,}96 \cdot 10^{-6} \cdot v^2 \qquad (9.36)$$

   für S t a h l g u ß :

   $$\sigma_r = \sigma_t = 3{,}24 \cdot 10^{-6} \cdot v^2 \qquad (9.37)$$

2. Ein anderer Fall ist der frei umlaufende dünne Ring, in dem die Tangentialspannung wegen der geringen Stärke als unveränderlich angesehen werden kann. Die Gleichgewichtsbedingung in Abb. 9.7 lautet:

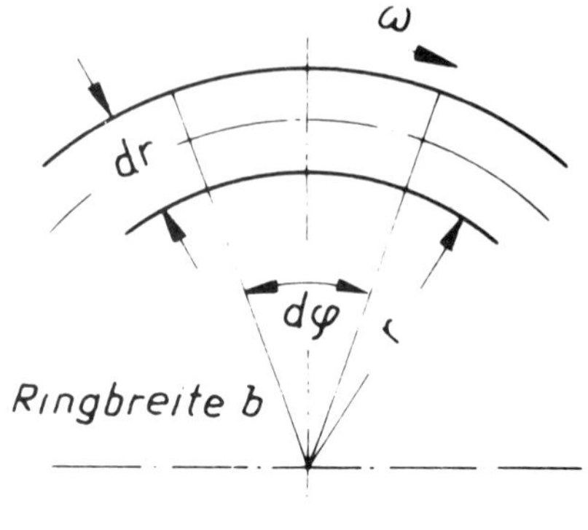

Abb. 9.7: Frei umlaufender Kreisring

$$\sigma_t \cdot b \cdot dr \cdot d\varphi = \varrho \cdot r^2 \cdot \omega^2 \cdot b \cdot dr \cdot d\varphi \quad (9.38)$$

woraus

$$\sigma_t = \varrho \cdot v^2 \quad (9.39)$$

und zwar wird für Gußeisen:

$$\sigma_t = 7{,}25 \cdot 10^{-6} \cdot v^2 \quad (9.40)$$

für Stahlguß:

$$\sigma_t = 7{,}85 \cdot 10^{-6} \cdot v^2 \quad (9.41)$$

Es ist σ_t größer als bei der Scheibe mit kleiner Bohrung. Der Ringkranz kommt bei Schwungrädern in Verbindung mit einer Anzahl von Armen zur Ausführung, welche die Beanspruchung des Ringes beeinflussen. Da es heute praktisch keine Speichenschwungräder mehr gibt, sei in diesem Band auf deren Berechnung verzichtet und auf die einschlägige ältere Literatur verwiesen /28/ .

Aus (9.39) läßt sich die zulässige Umfangsgeschwindigkeit bei gegebenem σ_t überschlägig errechnen.

9.2.3 Berechnung der Spannungen in Scheibenschwungrädern

Die drei den Schwungradkörper bildenden Teile: Nabe, Scheibe und Kranz sind von verschiedener Stärke. Die Annahme einer mittleren Dicke und die Anwendung der Gleichung (9.27) würden eine zu grobe Annäherung bedeuten. Man betrachtet die drei Zonen als Einzelscheiben; es muß dabei die Forderung erfüllt sein, daß die radiale elastische Dehnung von Nabe zu Scheibe und von Scheibe zum Kranz an den Anschlußstellen dieselben sind.

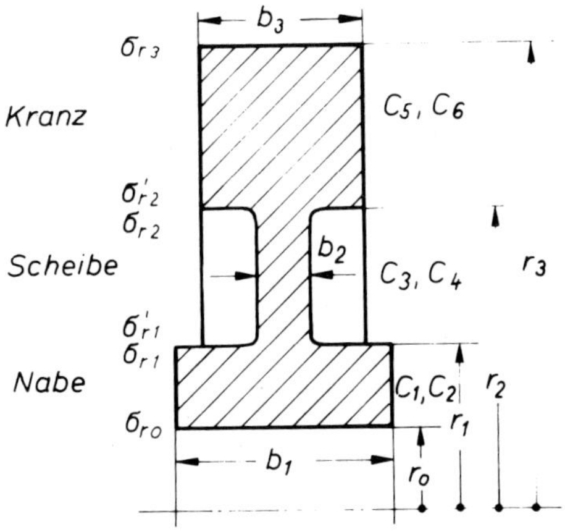

Abb. 9.8: Zerlegung des Scheibenquerschnitts

Die Bezeichnungen und Abmessungen gehen aus Abb. 9.8 hervor. Der Innenumfang der Nabe ist durch die Befestigung auf der Welle (durch Keile, Kegel- oder Schrumpfsitze) einer Spannung unterworfen, von der bei der Drehung ein Aufpressungsdruck p_0 übrigbleibt. So ist der genaue Wert von p_0 schwer zu bestimmen. Da dieser im Verhältnis zu den übrigen Spannungen jedoch klein ist, genügt eine rohe Annahme, z.B. $p_0 = 5\ \text{N/mm}^2$. Wird das Schwungrad an die Welle angeflanscht, so ist für die Scheibenöffnung $p_0 = 0$.

Es ist an der Wand der Nabenbohrung mit Halbmesser r_0 :

$$\sigma_{r0} = -p_0 \quad (9.42)$$

und nach Gleichung (9.18)

$$\sigma_{r0} = \frac{E}{1-\frac{1}{m^2}} \cdot \left[A \cdot r_0^2 \cdot (3+\frac{1}{m}) + c_1 \cdot (1+\frac{1}{m}) - \frac{c_2}{r_0^2} \cdot (1-\frac{1}{m})\right] = -p_0 \qquad (9.43)$$

Nach Gleichung (9.16) ist die Dehnung im Abstand r_1 :

$$\xi = A \cdot r_1^3 + c_1 \cdot r_1 + \frac{c_2}{r_1} \qquad (9.44)$$

mit der zugehörigen radialen Spannung nach Gleichung (9.18)

$$\sigma_{r1} = \frac{E}{1-\frac{1}{m^2}} \cdot \left[A \cdot r_1^2 \cdot (3+\frac{1}{m}) + c_1 \cdot (1+\frac{1}{m}) - \frac{c_2}{r_1^2} \cdot (1-\frac{1}{m})\right] \qquad (9.45)$$

Halbmesser r_1 gehört zugleich der Scheibe an und als solcher untersteht er der Scheibendehnung an dieser Stelle. Nun sei angenommen, die Belastung verteile sich gleichmäßig über die Nabenbreite, obwohl zylindrische Naben wegen der höheren Beanspruchung in ihrer Mitte sich ungleichmäßig erweitern; diesem Umstand kann man durch Verstärken des Überganges zwischen Nabe und Scheibe Rechnung tragen. Man setzt in der Regel

$$\sigma_{r1} \cdot b_1 = \sigma'_{r1} \cdot b_2 \qquad (9.46)$$

Andererseits gilt mit den Daten nach Abb. 9.8

$$\sigma'_{r1} = \frac{E}{1-\frac{1}{m^2}} \cdot \left[A \cdot r_1^2 \cdot (3+\frac{1}{m}) + c_3 \cdot (1+\frac{1}{m}) - \frac{c_4}{r_1^2} \cdot (1-\frac{1}{m})\right] \qquad (9.47)$$

Die Radialverschiebung ist

$$\xi'_1 = A \cdot r_1^3 + c_3 \cdot r_1 + \frac{c_4}{r_1} \qquad (9.48)$$

und sie muß sich mit ξ_1 decken, daher

$$\xi'_1 = \xi_1 \qquad (9.49)$$

Für den Halbmesser r_2, welcher der Scheibe und dem Kranz angehört, lassen sich in ähnlicher Weise die Gleichungen anschreiben

$$\sigma_{r2} = \frac{E}{1-\frac{1}{m^2}} \cdot \left[A \cdot r_2^2 \cdot (3+\frac{1}{m}) + c_3 \cdot (1+\frac{1}{m}) - \frac{c_4}{r_2^2} \cdot (1-\frac{1}{m})\right] \qquad (9.50)$$

und

$$\sigma_{r2} \cdot b_2 = \sigma'_{r2} \cdot b_3 \qquad (9.51)$$

Zugleich ist

$$\sigma'_{r2} = \frac{E}{1-\frac{1}{m^2}} \cdot \left[A \cdot r_2^2 \cdot (3+\frac{1}{m}) + c_5 \cdot (1+\frac{1}{m}) - \frac{c_6}{r_2^2} \cdot (1-\frac{1}{m})\right] \qquad (9.52)$$

Für die Dehnungen erhält man

$$\xi_2 = A \cdot r_2^3 + c_3 \cdot r_2 + \frac{c_4}{r_2^2} \tag{9.53}$$

$$\xi'_2 = A \cdot r_2^3 + c_5 \cdot r_2 + \frac{c_6}{r_2^2} \tag{9.54}$$

und zwar muß sein

$$\xi'_2 = \xi_2 \tag{9.55}$$

Aus der Forderung, daß am äußeren Rande keine Radialspannung vorhanden sein darf, folgt

$$\sigma_{r3} = \frac{E}{1-\frac{1}{m^2}} \cdot \left[A \cdot r_3^2 \cdot (3+\frac{1}{m}) + c_5 \cdot (1+\frac{1}{m}) - \frac{c_6}{r_3^2} \cdot (1-\frac{1}{m})\right] = 0 \tag{9.56}$$

Damit ist ein System von Gleichungen zur Bestimmung von C_1 bis C_6 und der Radialspannungen σ_{r1} und σ_{r2} gewonnen. Die Tangentialspannungen ergeben sich sodann aus der zweiten der Gleichungen (9.27).

Zur Lösung der Aufgabe geht man zweckmäßigerweise von der Gleichung (9.42) und von der Gleichung (9.56) aus und schreitet von beiden Seiten nach der Mitte fort. Es seien der einfacheren Schreibweise wegen folgende Bezeichnungen eingeführt:

$$K = \frac{E}{1-\frac{1}{m^2}} \qquad B_1 = \frac{(\frac{r_1}{r_0})^2 - 1}{1+\frac{m-1}{m+1}(\frac{r_1}{r_0})^2} \qquad B_2 = \frac{(\frac{r_2}{r_3}) - 1}{1+\frac{m-1}{m+1}(\frac{r_2}{r_3})^2} \tag{9.57}$$

Die Bestimmungsgleichung für C_4 lautet:

$$c_4 \frac{m-1}{m} \left[\frac{\frac{1}{r_1^2}(B_1 + \frac{b_2}{b_1})}{B_1 \frac{m-1}{m} - \frac{b_2}{b_1} \cdot \frac{m+1}{m}} + \frac{\frac{1}{r_2^2} \cdot (1+\frac{b_3}{b_2} \cdot B_2)}{\frac{m+1}{m} - \frac{b_3}{b_2} \cdot \frac{m-1}{m} \cdot B_2} \right] = \tag{9.58}$$

$$= A \cdot \frac{3m+1}{m} \cdot \left[r_0^2 \cdot \frac{(1-\frac{m-1}{m+1} \cdot B_1) + (\frac{r_1}{r_0})^2 \cdot (\frac{b_2}{b_1} - 1)}{B_1 \cdot \frac{m-1}{m} - \frac{b_2}{b_1} \cdot \frac{m+1}{m}} + r_3^2 \, \frac{\frac{b_3}{b_2} \cdot (1-\frac{m-1}{m+1} \cdot B_2) - (\frac{r_2}{r_3})^2 (\frac{b_3}{b_2} - 1)}{\frac{m+1}{m} - \frac{b_3}{b_2} \cdot \frac{m-1}{m} \cdot B_2} \right] +$$

$$+ \frac{\frac{p_0}{k}\left[1 - \frac{m-1}{m+1} \cdot B_1\right]}{B_1 \frac{m-1}{m} - \frac{b_2}{b_1} \cdot \frac{m+1}{m}}$$

wobei alle Daten zur Errechnung von C_4 aus den Abmessungen, Werkstoffen und Drehzahlen vorliegen.

Ferner lassen sich die Werte C_3, C_2 und C_1 nacheinander berechnen:

$$c_3 = \frac{\frac{c_4}{r_2^2} \cdot \frac{m-1}{m} \cdot \left[1 + \frac{b_3}{b_2} \cdot B_2\right] + A \cdot r_3^2 \cdot \frac{3m+1}{m} \cdot \left[(\frac{r_2}{r_3})^2 \cdot (\frac{b_3}{b_2} - 1) - \frac{b_3}{b_2}(1 - \frac{m-1}{m+1} \cdot B_2)\right]}{\frac{m+1}{m} - \frac{b_3}{b_2} \, \frac{m-1}{m} \cdot B_2} \tag{9.59}$$

$$c_2 = \frac{c_3 \cdot r_1^2 + c_4 + r_1^2 \cdot \frac{m}{m+1}(\frac{p_0}{k} + A \cdot r_0^2 \cdot \frac{3m+1}{m})}{1 + \frac{m-1}{m+1} \cdot (\frac{r_1}{r_0})^2} \tag{9.60}$$

$$c_1 = \frac{m}{m+1} \cdot \left(\frac{c_2}{r_0^2} \cdot \frac{m-1}{m} - \frac{p_0}{k} - A \cdot r_0^2 \; \frac{3m+1}{m} \right) \tag{9.61}$$

danach anschließend:

$$c_6 = r_2^2 \; \frac{c_3 + \frac{c_4}{r_2^2} + A \cdot r_3^2 \; \frac{3m+1}{m+1}}{1 + \left(\frac{r_2}{r_3}\right)^2 \cdot \frac{m-1}{m+1}} \tag{9.62}$$

und

$$c_5 = \frac{m}{m+1} \cdot \left(\frac{c_6}{r_3^2} \cdot \frac{m-1}{m} - A \cdot r_3^2 \; \frac{3m+1}{m} \right) \tag{9.63}$$

Man kann sich die Arbeit erleichtern, wenn man für die immer wiederkehrenden Ausdrücke sich eine Liste macht.

Mit m = 3,3 erhält man z.B. die Verhältniszahlen:

$\frac{m-1}{m}$	$\frac{m+1}{m}$	$\frac{m}{m+1}$	$\frac{m-1}{m+1}$	$\frac{3m+1}{m}$	$\frac{3m+1}{m+1}$
0,697	1,303	0,767	0,535	3,303	2,535

und

	für Gußeisen	für Stahlguß
	$K = 1{,}074 \cdot 10^5$	$2{,}367 \cdot 10^5 \; \frac{N}{mm^2}$

Von dem Schwungrad, dessen Spannungen nachzuprüfen sind, kennt man die Stärken b_1, b_2, b_3 von Nabe, Scheibe und Kranz und die Halbmesser r_0, r_1, r_2 und r_3. Die Einsetzung dieser Größen in die Gleichungen (9.57) bis (9.63) liefern die Konstanten C_1 bis C_6, wie das anschließende Beispiel verdeutlicht.

Zahlenbeispiel:

Ein Gußschwungrad nach dem Schema der Abb. 9.8 habe folgende Abmessungen:

r_0 = 190 mm	b_1 = 200 mm
r_1 = 275 mm	b_2 = 50 mm
r_2 = 520 mm	b_3 = 220 mm
r_3 = 750 mm	p_0 = 5 N/mm^2

Die Welle ist am Nabensitz wesentlich verstärkt. Aus der Drehzahl der Welle n = 600 U/min wird ω = 62,8 1/sek. Man errechnet daraus die Konstanten:

$$\frac{m-1}{m+1} = 0{,}58 \qquad \left(\frac{r_1}{r_0}\right)^2 = 2{,}09 \qquad \left(\frac{r_2}{r_3}\right)^2 = 0{,}481$$

$$K = 1{,}074 \cdot 10^5 \qquad B = \frac{1{,}09}{1 + 1{,}21} = 0{,}49 \qquad B_2 = \frac{-0{,}519}{1 + 0{,}28} = -0{,}41$$

Mit diesen Werten rechnet man aus Gleichung (9.58) die Konstante C_4 und fährt dann fort über C_3, C_2 und C_1 zu C_6 und C_5.

Geordnet erscheinen die folgenden Werte:

$C_1 = 0{,}3140 \cdot 10^{-4}$ $\qquad C_4 = 0{,}2236 \cdot 10^{+1}$

$C_2 = 0{,}3132 \cdot 10^{+1}$ $\qquad C_5 = 0{,}2946 \cdot 10^{-4}$

$C_3 = 0{,}4324 \cdot 10^{-4}$ $\qquad C_6 = 0{,}5964 \cdot 10^{+1}$

Die Tangentialspannung an der Innenfläche der Nabe erhält man mit Einsetzung von C_1 und C_2 in Gleichung (9.18) oder einfacher in die dem Stahlguß angepaßte Formel (9.25)

$$\sigma_{t_0} = 23{,}28 \;\; N/mm^2$$

also verhältnismäßig niedrig.

Weitere Radial- und Tangentialspannungen errechnet man aus den Gleichungen (9.24) und (9.25) mit der Einführung der Werte C_1 und C_2, C_3 und C_4, C_5 und C_6

$\sigma_{r_1} = 1.83$ $\qquad \sigma_{r_2} = 8.28$ $\qquad \sigma_{r_3} = 0$

$\sigma_{t_1} = 15.65$ $\qquad \sigma_{t_2} = 12.42$ $\qquad \sigma_{t_3} = 6.47 \quad N/mm^2$

SPANNUNGEN IN SCHWUNGRADERN

Tangentialspannungen des frei rotierenden Ringes

ϱ = Dichte [kg/m³]

v = Umfangsgeschwindigkeit [m/s]

v [m/s]	20	25	30	32	34	36	38	40	42	44	46
σ_t [N/mm²]	2,9	4,5	6,5	7,4	8,4	9,4	10,5	11,6	12,8	14,0	15,3
v [m/s]	48	50	55	60	65	70	75	80	85	90	100
σ_t [N/mm²]	16,7	18,1	21,9	26,1	30,6	35,5	40,8	46,4	52,4	58,7	72,5

$$\sigma_t = \varrho \cdot v^2$$

$$\sigma_t = \varrho \cdot v^2 \cdot 10^{-6} \quad \left[\frac{\sigma_t \quad \varrho \quad v}{N/mm^2 \quad kg/m^3 \quad m/s} \right]$$

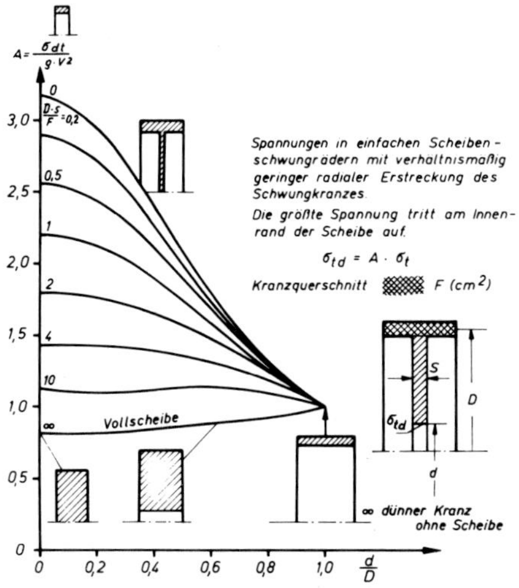

<u>Beispiel:</u> Schwungrad aus Gußeisen $\varrho = 7{,}25 \cdot 10^3\ kg/m^3$; Drehz. n = 400 U/min mittl. Kranzdurchmesser D = 200 mm; Kranzquerschnitt F = 4000 cm²; Lochdurchmesser d = 20 cm; Scheibenstärke s = 10 cm

Umfangsgeschwindigkeit $v = \frac{D \cdot \pi \cdot n}{60} = \frac{200 \cdot \pi \cdot 400}{60} = 4200\ cm/s = 42\ m/s$

$\frac{D \cdot s}{F} = 0{,}5$; $\quad \frac{d}{D} = 0{,}1$. Aus Kurvenschar A = 2,53.

Aus Tabelle bei 42 m/s $\quad \sigma_t = 12{,}8\ N/mm^2$.

Tangentialspannung am Innenrand $\sigma_{td} = \sigma_t \cdot A = 2{,}53 \cdot 12{,}8 = 32{,}4\ N/mm^2$.

Abb. 9.9: Tangentialspannungen an der Innenseite des frei rotierenden Ringes

Mit Gußeisen anstelle von Stahlguß würde sich eine unzulässige Beanspruchung des Scheibenschwungrades ergeben.

Bei diesen Betrachtungen ist auf den Übergang des Scheibenteiles auf Nabe und Kranz mit Abrundungen keine Rücksicht genommen. Ersetzt man die meist kreisförmigen Übergänge in Abb. 9.8 durch Hyperbelstücke, so ließen sich für diese die Spannungen und Dehnungen eigens berechnen, auf ähnlichem Wege wie ihn STODOLA /27/ bereits für Dampfturbinenscheiben mit hyperbolisch begrenztem Profil gewiesen hat. Zu behandeln wären dann: Nabe 1, Übergangsstück 2, ebene Scheibe 3, Übergangsstück 4, Kranz 5.

Sucht man nur die höchsten Spannungen am Innenrand der Scheibe, so kann man das Diagramm der Abb. 9.9 verwenden. In Abhängigkeit der Scheibenform und der (maximalen) Umfangsgeschwindigkeit am Außenrand des Schwungrades kann die maximale Tangentialspannung σ_{to} am Innenrand des Schwungrades leicht errechnet werden. Für ein Graugußrad etwa in der Form der Abb. 9.10 ergibt sich für 2800 U/min eine Umfangsgeschwindigkeit v = 56 m/s, eine Grundtangentialspannung $\sigma_t = 22{,}74\ N/mm^2$, ein Faktor A = 2,02 und somit eine Tangentialspannung am Innenrand von $\sigma_{to} = 45{,}\ 93\ N/mm^2$.

Will man genauere Kenntnisse über die Spannungsverteilung erhalten und hat vor allem das Schwungrad nicht so einfache geometrische Formen, muß man aufwendigere Rechenverfahren anwenden, die man dann am besten für die Nutzung auf einer EDV-Anlage zuschneidet.

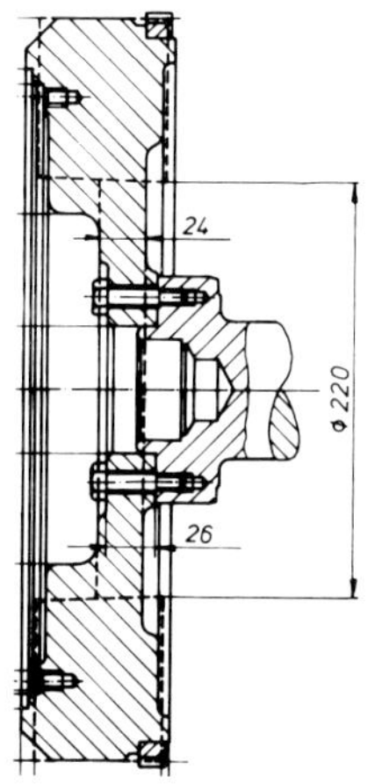

Abb. 9.10: Mittelschweres Schwungrad eines Lkw-Motors

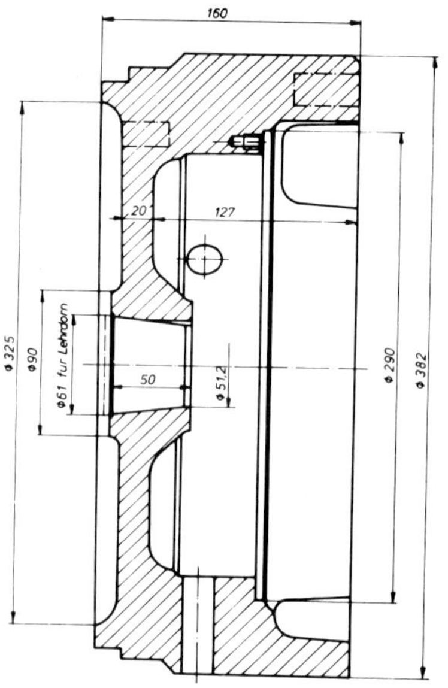

Abb. 9.12: Wulstschwungrad (Rad II) für Vergleichsrechnung

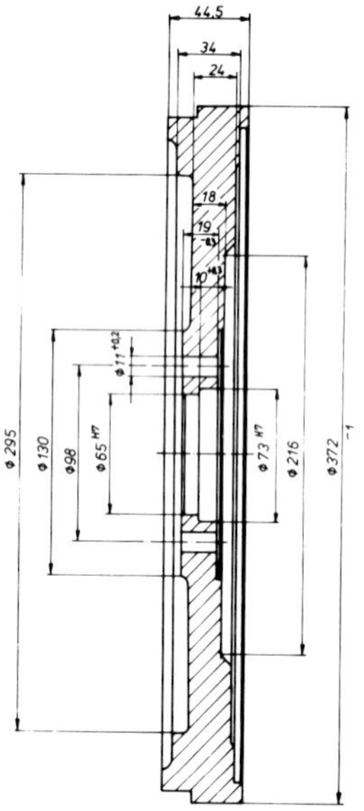

Abb. 9.11: Scheibenschwungrad (Rad I) für Vergleichsrechnung

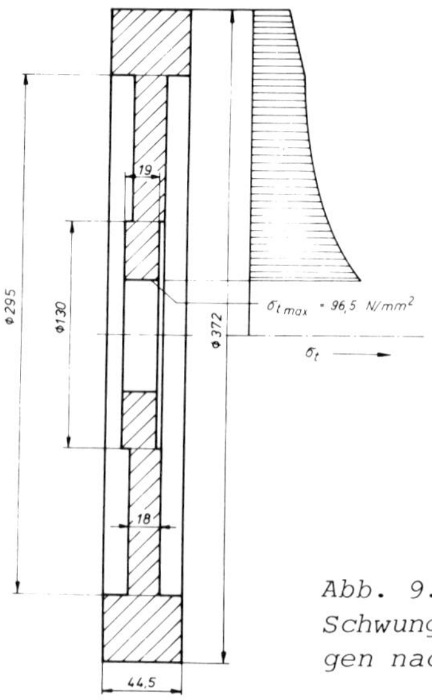

Abb. 9.13: Stilisiertes Schwungrad I mit Spannungen nach Abschnitt 9.2

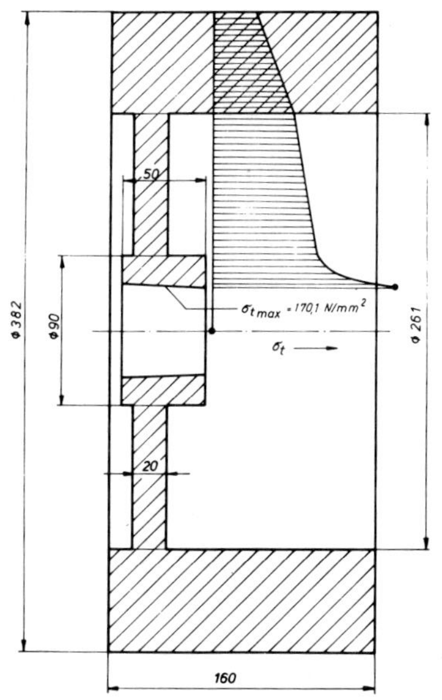

Abb. 9.14: Stilisiertes Schwungrad II mit Spannungen nach Abschnitt 9.2

Nachfolgend sollen des besseren Vergleichs der unterschiedlichen Berechnungsverfahren wegen zwei extreme Schwungradformen bei 5000 U/min nachgerechnet werden. Das Schwungrad I ist ein Scheibenschwungrad (Abb. 9.11) mit axialer Verschraubung an der Kurbelwelle, während Schwungrad II ein ausladendes Wulstschwungrad (Abb. 9.12) mit Konusbefestigung ist. Die Berechnungsdrehzahl ist dabei etwa die doppelte Betriebsdrehzahl des Rades, beide Räder haben dabei in etwa die gleiche Umfangsgeschwindigkeit am Außenrand (≈ 100 m/s). In den Abbildungen 9.13 und 9.14 sind neben den (nach vorgenanntem Verfahren möglichen) stilisierten Schwungrädern auch die errechenbaren Tangential- und Radialspannungen eingetragen, wobei wir uns insbesondere bei dem Rad II der groben Vereinfachung bewußt sind.

9.3 Berechnung von Tangential- u. Radialspannungen beliebig geformter Scheiben

Aufbauend auf den in Abschnitt 9.2 dargestellten Ansätzen haben sich im Turbinenbau schon frühzeitig finite Rechenmethoden zur Ermittlung der Spannungen (Tangential- und Radialspannungen) symmetrischer Scheiben entwickelt. Die Scheibe wird dabei in beliebig viele Kreisringe zerlegt und an den Rändern entsprechend den Übertragungsgesetzen verknüpft. Die freien Randabschnitte können durch Geraden oder Parabeln wiedergegeben werden. Obwohl diese Rechenverfahren noch mit übersehbarem Aufwand von Hand gerechnet werden können, haben sich natürlich auf diesem Gebiet in den letzten beiden Jahrzehnten die Computer durchgesetzt. Dies hat für den Konstrukteur nicht nur den Vorteil der Arbeitserleichterung und größerer Schnelligkeit, sondern erlaubt auch eine feinere Strukturierung der Scheibenform.

Bei diesem Verfahren bleibt die Berechnung der Scheibe naturgemäß die eines ebenen Problems ohne Biegespannungen durch Stülpringe, überkragende Enden und somit auch eine rein rotationssymmetrische Lösung, d.h. eventuelle Durchbrüche (Löcher, Speichenschwungrad) oder auch eine auf den Umfang ungleichmäßige Massenaufteilung (geschlitzter Schwungring etc.) können nicht berechnet werden.

In den Programmtabellen H09.01 bis L09.01 ist ein Programm zur Berechnung von Spannungen und Radialverschiebungen in rotationssymmetrischen Scheiben veränderlicher oder konstanter Dicke durch Fliehkraft-, Rand- oder Wärmebelastung dargestellt.

```
      HAUPTPROGRAMM H 0901
C
C     AUFGABE DES PROGRAMMS H 0901
C
C     BERECHNUNG DER SPANNUNGEN UND RADIALVERSCHIEBUNGEN IN ROTATIONS-
C     SYMMETRISCHEN SCHEIBEN VERAENDERLICHER ODER KONSTANTER DICKE
C     DURCH FLIEHKRAFT-, RAND- ODER WAERMEBELASTUNG.
C
      DIMENSION A(3),B(3),R(3),Y(3),FN(3),ZZZ(3),C(3),D(3)
      COMMON RRA,UPM,SRI,SRA,GAM,FNY,DR,E,G,THET,F,NN,DIG
      COMMON RR(27),A0(27),A1(27),A2(27),C0(27),C1(27),C2(27),ITEXT(20)
      COMMON ERG(5,100),TC
      IEIN=2
      IAUS=3
    1 J=1
      Z=0.
      II=0
      THET=0.
      G=0.
      F=0.
      CX=0.0006407066
      READ(IEIN,104)(ITEXT(I),I=1,20)
      READ(IEIN,101)RRA,UPM,SRI,SRA,GAM,FNY,DR,E
      READ(IEIN,101)FKEN,DIG
      WRITE(IAUS,100)ITEXT
      WRITE(IAUS,102)RRA,UPM,SRI,SRA
      WRITE(IAUS,103)GAM,FNY,DR,E
      KENN=FKEN
      WRITE(IAUS,105)
      I=0
   47 I=I+1
      READ(IEIN,101)R(J),Y(J),ZZZ(J),FKZI
      WRITE(IAUS,106)R(J),Y(J),ZZZ(J),FKZI
      KZI=FKZI
      IF(I-1)10,9,10
   10 IF(KZI)9,11,9
   11 IF(J-3)12,13,12
   13 DO 40 L=1,3
      C(L)=0.
   40 A(L)=0.
      L=2
      M=3
      IF(ZZZ(1)-ZZZ(2))50,51,50
   51 IF(ZZZ(1)-ZZZ(3))50,52,50
   52 DO 53 K=1,3
      FN(K)=(-R(K))*(R(L)+R(M)-R(K))+R(M)*R(L)
      B(K)=Y(K)/FN(K)
      A(3)=A(3)+B(K)
      A(1)=A(1)+R(L)*R(M)*B(K)
      A(2)=A(2)+(R(L)+R(M))*B(K)
      L=M
   53 M=K
      A(2)=-A(2)
      C(1)=1.
      C(2)=0.
      C(3)=0.
      RA=R(3)
      IK=1
      GO TO 15
```

FORTSETZUNG H 0901

```
   50 DO 14 K=1,3
      FN(K)=(-R(K))*(R(L)+R(M)-R(K))+R(M)*R(L)
      B(K)=Y(K)/FN(K)
      D(K)=ZZZ(K)/FN(K)
      A(3)=A(3)+B(K)
      C(3)=C(3)+D(K)
      C(1)=C(1)+R(L)*R(M)*D(K)
      A(1)=A(1)+R(L)*R(M)*B(K)
      C(2)=C(2)+(R(L)+R(M))*D(K)
      A(2)=A(2)+(R(L)+R(M))*B(K)
      L=M
   14 M=K
      C(2)=-C(2)
      A(2)=-A(2)
      RA=R(3)
      IK=1
      GO TO 15
   12 A(1)=(R(1)*Y(2)-R(2)*Y(1))/(R(1)-R(2))
      A(2)=(Y(1)-Y(2))/(R(1)-R(2))
      A(3)=0.
      C(1)=(R(1)*ZZZ(2)-R(2)*ZZZ(1))/(R(1)-R(2))
      C(2)=(ZZZ(1)-ZZZ(2))/(R(1)-R(2))
      C(3)=0.
      RA=R(2)
      IK=1
      GO TO 15
   15 II=II+1
      RR(II)=R(1)
      A0(II)=A(1)
      A1(II)=A(2)
      A2(II)=A(3)
      C0(II)=C(1)
      C1(II)=C(2)
      C2(II)=C(3)
      NN=II
      GO TO (18,31),IK
   18 P=R(1)
      P2=P*P
      P3=P2*P
      P4=P3*P
      P5=P4*P
      P6=P5*P
      THET=THET+A(1)/4.*(RA**4-P4)+A(2)/5.*(RA**5-P5)
      F=F+A(1)*(RA-R(1))+A(2)*0.5*(RA*RA-P2)
      G=G+A(1)/2.*(RA**2-P2)+A(2)/3.*(RA**3-P3)
      IF(A(3))20,19,20
   20 THET=THET+A(3)/6.*(RA**6-P6)
      F=F+A(3)/3.*(RA**3-P3)
      G=G+A(3)/4.*(RA**4-P4)
      R(1)=R(3)
      Y(1)=Y(3)
      ZZZ(1)=ZZZ(3)
      GO TO 21
   19 R(1)=R(2)
      Y(1)=Y(2)
      ZZZ(1)=ZZZ(2)
   21 IF(R(J)-RRA)22,23,22
```

H 0901: Fliekraftspannungen rotationssymmetrischer Scheiben

FORTSETZUNG H 0901

```
   23 R(1)=R(J)
      A(1)=Z
      A(2)=Z
      A(3)=Z
      C(1)=Z
      C(2)=Z
      C(3)=Z
      IK=2
      GO TO 15
   31 IF(KZI)30,27,30
   22 J=1
    9 J=J+1
      GO TO 47
   27 THET=THET*CX*GAM
      G=G*6.2831853*GAM
      IF(KENN-1)26,29,26
   29 CALL I 0901
   26 CALL J 0901
   30 IF(DIG)1,28,1
28       CALL PLOT(0.,0.,999)
         CALL EXIT
1000     RETURN
  100 FORMAT('1EINGABE'10X,20A2/)
  101 FORMAT(8F10.6)
  102 FORMAT(' RA ='F10.2,' MM'8X'UPM='F7.0,' U/MIN   SIGI='F6.2,' KP/MM*
     -*2  SIGA='F7.3,' KP/MM**2')
  103 FORMAT(' GAM='F10.8,' KP/MM**3   NY ='F7.2,8X'DR  ='F6.2,' MM'8X'E
     -  ='F7.0,' KP/MM**2'/)
  104 FORMAT(20A2)
  105 FORMAT(' RADIUS (MM)'3X'DICKE (MM)'3X'G(R) BZW. W(R)'3X'KENNZ.')
  106 FORMAT(' ',F7.2,8XF7.2,6XF9.3,8XF3.0)
      END
```

```
      SUBROUTINE I 0901
C     PROGRAMM I 0901
C     TANGENTIAL-UND RADIALSPANNUNGEN IN SCHEIBEN VERAENDERLICHER DICKE
C     BELASTUNG DURCH FLIEKRAFT UND RADIALSPANNUNG AM INNEN-ODER
C     AUSSENRAND
C
      DIMENSION Y(2),F(2),SR(4),V(4),YZW(2),YK(2),U(4)
      COMMON RRA,UPM,SRI,SRA,GAM,FNY,DR,E,GG,THET,FF,NN,DIG
      COMMON  R(27),A0(27),A1(27),A2(27),C0(27),C1(27),C2(27),ITEXT(20)
      COMMON ERG(5,100),IC
      IEIN=2
      IAUS=3
      WRITE(IAUS,604)ITEXT
      WRITE(IAUS,605)
      IC=0
      ICR=0
      U(1)=0.
      U(2)=0.5
      U(3)=0.5
      U(4)=1.
      V(1)=0.16666667
      V(2)=0.33333333
      V(3)=0.33333333
      V(4)=V(1)
      SPHM=0.
      YJ=0.
      FK=0.111824404E-05*GAM*UPM*UPM
      Y(2)=1.
      Y(1)=0.
      FL=0.
      IF(R(1))6,7,6
    7 Y(1)=1.
    6 K=0
      LE=NN-1
    8 K=K+1
      X=R(1)
      L=0
    9 L=L+1
      M=L+1
      ZW1=R(M)-R(L)
      Z=ZW1/DR
      IF(Z)26,28,27
   26 Z=Z-0.5
      GO TO 28
   27 Z=Z+0.5
   28 IIE=Z
      ZG=IIE
      IF(ZG)401,400,401
  400 ZG=1.
  401 H=(R(M)-R(L))/ZG
      II=0
   10 II=II+1
      X0=X
      DO 965 I=1,2
      YZW(I)=Y(I)
  965 YK(I)=Y(I)
      J=0
  968 J=J+1
```

H 0901 - I 0901: Fliekraftspannungen rotationssymmetrischer Scheiben

FORTSETZUNG I 0901

```
      X=X0+H*U(J)
      IF(J-1)967,967,966
966   DO 970 I=1,2
970   Y(I)=YZW(I)+F(I)*H*U(J)
967   IG=0
700   IG=IG+1
      IF(IG-2)71,72,72
 71   GA=(C2(L)*X+C1(L))*X+C0(L)
      YBR=(A2(L)*X+A1(L))*X+A0(L)
      IF(K-4)30,31,30
 31   IF(J-1)30,32,30
 32   KN=1
      GO TO 990
600   YJ=YBR*Y(2)
      IF(X-R(1))36,30,36
 36   SPHM=0.5*(YJ0+YJ)*H+SPHM
 30   YJ0=YJ
      BV=(-(A1(L)+2.*A2(L)*X))/YBR
      F(1)=BV*Y(1)-FL*X*GA
      IF(X)11,925,11
 11   F(1)=F(1)+(Y(2)-Y(1))/X
925   YK(1)=YK(1)+V(J)*H*F(1)
      GO TO 701
 72   F(2)=FNY*(BV*Y(1)-FL*X*GA)
      IF(X)13,926,13
 13   F(2)=F(2)+(Y(1)-Y(2))/X
926   YK(2)=YK(2)+V(J)*H*F(2)
701   IF(IG-2)700,703,703
703   IF(J-4)968,704,704
704   Y(1)=YK(1)
      Y(2)=YK(2)
      IF(IT-IIE)10,3,3
  3   IF(L-LE)9,2,2
  2   SR(K)=Y(1)
      IF(K-4)503,504,503
504   KN=2
      GO TO 505
503   IF(K-1)15,14,15
 14   IF(FK)17,16,17
 16   SR(2)=0.
      K=2
      GO TO 18
 17   Y(1)=0.
      Y(2)=0.
      GO TO 19
 15   IF(K-2)20,18,20
 18   IF(SRI)21,22,21
 22   K=3
      SR(3)=0.
 23   Y(2)=(SRA-SR(2)-SR(3))/SR(1)
      IF(R(1))104,103,104
103   Y(1)=Y(2)
      GO TO 19
104   Y(1)=SRI
 19   FL=FK
      GO TO 8
 21   IF(R(1))105,22,105
105   Y(1)=SRI
```

FORTSETZUNG I 0901

```
      Y(2)=0.
      FL=0.
      GO TO 8
 20   IF(K-3)25,23,25
 25   WRITE(IAUS,602)GG,THET,FF,SPHM
      CALL K 0901
       RETURN
505   SPHM=(SPHM+0.5*(YJ0+YBR*Y(2))*H)/FF
990   UU=X/E*(Y(2)-FNY*Y(1))
      IC=IC+1
      ERG(1,IC)=X
      ERG(2,IC)=YBR
      ERG(3,IC)=Y(1)
      ERG(4,IC)=Y(2)
      ERG(5,IC)=SQRT(Y(1)*Y(1)+Y(2)*Y(2)-Y(1)*Y(2))
      WRITE(IAUS,603)(ERG(LF,IC),LF=1,5),UU
      ICR=ICR+1
      IF(ICR-35)4711,991,991
991   WRITE(IAUS,601)
      ICR=0
4711  GO TO(600,503),KN
601   FORMAT('1')
602   FORMAT('0G='F9.4,' KP  THETA='F12.4,' MM KP SEK**2  F='F12.3,' MM*
     -*2  SIGTM=',F6.2,' KP/MM**2')
603   FORMAT(' ',F7.2,8XF7.2,8XF8.2,8XF8.2,8XF8.2,8XF8.6)
604   FORMAT('1ERGEBNISSE       FLIEHKRAFTSPANNUNGEN FUER'2X20A2/)
605   FORMAT('  RADIUS'10X'DICKE'9X'SIGFR'11X'SIGFT'11X'SIGFV'6X'RAD.VER
     -SCHIEBUNG'/3X'MM'14X'MM'10X'KP/MM**2'8X'KP/MM**2'8X'KP/MM**2'11X,
     -'MM'/)
      END
```

I 0901: Fliehkraftspannungen rotationssymmetrischer Scheiben

```
      SUBROUTINE J 0901
C     PROGRAMM J 0901
C     WAERMESPANNUNGEN IN SCHEIBEN VERAENDERLICHER DICKE
C     BELASTUNG DURCH WAERMEDEHNUNGEN UND RADIALSPANNUNG AM INNEN- ODER
C     AUSSENRAND
C
      DIMENSION Y(2),F(2),SR(4),V(4),YZW(2),YK(2),U(4)
      COMMON RRA,UPM,SRI,SRA,GAM,FNY,DR,E,GG,THET,FF,NN,DIG
      COMMON  R(27),A0(27),A1(27),A2(27),C0(27),C1(27),C2(27),ITEXT(20)
      COMMON ERG(5,100),IC
      IEIN=2
      IAUS=3
      ICR=0
      WRITE(IAUS,604)ITEXT
      WRITE(IAUS,605)
      IC=0
      U(1)=0.
      U(2)=0.5
      U(3)=0.5
      U(4)=1.
      V(1)=0.16666667
      V(2)=0.33333333
      V(3)=0.33333333
      V(4)=V(1)
      SPHM=0.
      YJ=0.
      FK=1.
      Y(2)=1.
      Y(1)=0.
      FL=0.
      IF(R(1))6,7,6
    7 Y(1)=1.
    6 K=0
      LE=NN-1
    8 K=K+1
      X=R(1)
      L=0
    9 L=L+1
      M=L+1
      ZW1=R(M)-R(L)
      Z=ZW1/DR
      IF(Z)26,28,27
   26 Z=Z-0.5
      GO TO 28
   27 Z=Z+0.5
   28 IIF=Z
      ZG=IIE
      IF(ZG)401,400,401
  400 ZG=1.
  401 H=(R(M)-R(L))/ZG
      II=0
   10 II=II+1
      X0=X
      DO 965 I=1,2
      YZW(I)=Y(I)
  965 YK(I)=Y(I)
      J=0
  968 J=J+1
      X=X0+H*U(J)
```

FORTSETZUNG J 0901

```
      IF(J-1)967,967,966
  966 DO 970 I=1,2
  970 Y(I)=YZW(I)+F(I)*H*U(J)
  967 IG=0
  700 IG=IG+1
      IF(IG-2)71,72,72
   71 YBR=(A2(L)*X+A1(L))*X+A0(L)
      IF(K-4)30,31,30
   31 IF(J-1)30,32,30
   32 KN=1
      GO TO 990
  600 YJ=YBR*Y(2)
      IF(X-R(1))36,30,36
   36 SPHM=0.5*(YJ0+YJ)*H+SPHM
   30 YJ0=YJ
      BV=(-(A1(L)+2.*A2(L)*X))/YBR
      F(1)=BV*Y(1)
      IF(X)11,925,11
   11 F(1)=F(1)+(Y(2)-Y(1))/X
  925 YK(1)=YK(1)+V(J)*H*F(1)
      GO TO 701
   72 F(2)=FNY*BV*Y(1)
      IF(FL)1021,1020,1021
 1021 WW=C0(L)+C1(L)*X+C2(L)*X*X
      F(2)=F(2)-WW
 1020 IF(X)13,926,13
   13 F(2)=F(2)+(Y(1)-Y(2))/X
  926 YK(2)=YK(2)+V(J)*H*F(2)
  701 IF(IG-2)700,703,703
  703 IF(J-4)968,704,704
  704 Y(1)=YK(1)
      Y(2)=YK(2)
      IF(II-IIE)10,3,3
    3 IF(L-LE)9,2,2
    2 SR(K)=Y(1)
      IF(K-4)503,504,503
  504 KN=2
      GO TO 505
  503 IF(K-1)15,14,15
   14 IF(FK)17,16,17
   16 SR(2)=0.
      K=2
      GO TO  18
   17 Y(1)=0.
      Y(2)=0.
      GO TO 19
   15 IF(K-2)20,18,20
   18 IF(SRI)21,22,21
   22 K=3
      SR(3)=0.
   23 Y(2)=(SRA-SR(2)-SR(3))/SR(1)
      IF(R(1))104,103,104
  103 Y(1)=Y(2)
      GO TO 19
  104 Y(1)=SRI
   19 FL=FK
      GO TO 8
   21 IF(R(1))105,22,105
  105 Y(1)=SRI
```

J 0901: Wärmespannungen in rotationssymmetrischen Scheiben

```
      Y(2)=0.                                            FORTSETZUNG J 0901
      FL=0.
      GO TO 8
   20 IF(K-3)25,23,25
   25 WRITE(IAUS,602)GG,THET,FF,SPHM
      CALL L 0901
       RETURN
  505 SPHM=(SPHM+0.5*(YJ0+YBR*Y(2))*H)/FF
  990 UU=X/E*(Y(2)-FNY*Y(1))
      IC=IC+1
      ERG(1,IC)=X
      ERG(2,IC)=YBR
      ERG(3,IC)=Y(1)
      ERG(4,IC)=Y(2)
      ERG(5,IC)=SQRT(Y(1)*Y(1)+Y(2)*Y(2)-Y(1)*Y(2))
      WRITE(IAUS,603)(ERG(LF,IC),LF=1,5),UU
      ICR=ICR+1
      IF(ICR-35)4711,991,991
  991 WRITE(IAUS,601)
      ICR=0
 4711 GO TO(600,503),KN
  601 FORMAT('1')
  602 FORMAT('0G='F9.4,' KP  THETA='F12.4,' MM KP SEK**2  F='F12.3,' MM*
     -*2  SIGTM=',F6.2,' KP/MM**2')
  603 FORMAT(' ',F7.2,8XF7.2,8XF8.2,8XF8.2,8XF8.2,8XF8.5)
  604 FORMAT('1ERGEBNISSE       WAERMESPANNUNGEN FUER'2X20A2/)
  605 FORMAT('  RADIUS'10X'DICKE'9X'SIGWR'11X'SIGWT'11X'SIGWV'6X'RAD.VER
     -SCHIEBUNG'/3X'MM'14X'MM'10X'KP/MM**2'8X'KP/MM**2'8X'KP/MM**2'11X,
     -'MM'/)
      END
```

```
      SUBROUTINE K 0901
C     PROGRAMM K 0901
C     GRAFISCHE AUSGABE VON FLIEKRAFTSPANNUNGEN AUF PLOTTER IBM 1627
        DIMENSION IZ(3),IS(6),TEXT(8)
      COMMON RRA,UPM,SRI,SRA,GAM,FNY,DR,E,GG,THET,FF,NU,DIG
      COMMON  R(27),A0(27),A1(27),A2(27),C0(27),C1(27),C2(27),ITEXT(20)
      COMMON ERG(5,100),IC
      DATA IZ/10,5,0/,IS/100,80,60,40,20,0/
C     MASSTAB UND KOORDINATEN-NULLPUNKT
        CALL FACTOR(2.)
        CALL PLOT(1.,1.,-3)
      CALL FPLOT(-2,0.,0.)
C     BESTIMMEN EINES MASSTABFAKTORS IN ABHAENGIGKEIT VON DER SCHEIBEN-
C     GROESSE
      IF(RRA-400.)1,1,100
  100 MF=100
      FM=100.
      GOTO 4
    1 IF(RRA-200.)3,3,2
    2 MF=40
      FM=40.
      GO TO 4
    3 IF(RRA-100.)6,6,5
    5 MF=20
      FM=20.
      GO TO 4
    6 MF=10
      FM=10.
    4 IF(ERG(1,1))8,8,7
    7 Y=ERG(1,1)/FM
      X=ERG(2,1)/FM
      CALL FPLOT(1,0.,Y)
      CALL FPLOT(2,X,Y)
    8 ZA=ERG(2,1)/FM
      CALL FPLOT(1,ZA,0.)
      DO 9 I=1,IC
      Y=ERG(1,I)/FM
      X=ERG(2,I)/FM
    9 CALL FPLOT(2,X,Y)
      CALL FPLOT(2,0.,Y)
      CALL FPLOT(2,0.,0.)
      CALL FPLOT(2,ZA,0.)
      NDI=ERG(2,1)/FM+2
        DO 10 I=1,IC
        NDE=ERG(2,I)/FM+2
        IF(NDI.GT.NDE) GOTO 10
        NDI=NDE
   10   CONTINUE
      DI=NDI
      CALL FPLOT(1,DI,0.)
C     ZEICHNEN DER Y-ACHSE MIT MARKIERUNG
      CALL FGRID(1,DI,0.,1.,12)
C     BESCHRIFTUNG DER Y-ACHSE
      XCH=DI-0.6
        CALL SYMBOL(XCH,11.5,0.14,' MM',0.,3)
      YZ=14.9
      DO 11 I=1,3
      YZ=YZ-5.
      IZ(I)=IZ(I)*MF
```

J 0901 - K 0901: Spannungen in rotationssymmetrischen Scheiben

FORTSETZUNG K 0901

```
      ENCODE(4,12,ZW)IZ(I)
11      CALL SYMBOL(XCH,YZ,0.14,ZW,0.,4)
   12 FORMAT(I4)
C     ZEICHNEN DER X-ACHSE MIT MARKIERUNG
      CALL FPLOT(1,DI,0.)
      CALL FGRID(0,DI,0.,1.,5)
C     BESCHRIFTEN DER X-ACHSE
      XCH=DI+5.5
        CALL SYMBOL(XCH,-0.4,0.14,' KP/MM**2',0.,9)
      XS=DI+5.75
      DO 15 I=1,6
      XS=XS-1.
        ENCODE(3,16,ZW)IS(I)
15      CALL SYMBOL(XS,-0.4,0.14,ZW,0.,3)
   16 FORMAT(I3)
C     ZEICHNEN DER KURVEN (RADIALSPANNUNG,TANGENTIALSPANNUNG UND VER-
C    -GLEICHSSPANNUNG)
      YK=ERG(1,1)/FM
      XK=DI+ERG(3,1)/20.
      IGT=1
   13 IF(XK)32,32,33
   32 XK=0.
   33 GOTO(26,27,28,29,30,31),IGT
   26 CALL FPLOT(1,XK,YK)
      CALL FPLOT(2,XK,YK)
      CALL POINT(0)
      DO 17 I=2,IC
      YK=ERG(1,I)/FM
      XK=DI+ERG(3,I)/20.
      IGT=2
      GO TO 13
   27 CALL FPLOT(0,XK,YK)
   17 CALL POINT(0)
      YK=ERG(1,IC)/FM
      XK=DI+ERG(4,IC)/20.
      IGT=3
      GOTO 13
   28 CALL FPLOT(1,XK,YK)
      CALL FPLOT(2,XK,YK)
      CALL POINT(1)
      IE=IC-1
      DO 18 J=1,IE
      I=IC-J
      YK=ERG(1,I)/FM
      XK=DI+ERG(4,I)/20.
      IGT=4
      GOTO 13
   29 CALL FPLOT(0,XK,YK)
   18 CALL POINT(1)
      YK=ERG(1,1)/FM
      XK=DI+ERG(5,1)/20.
      IGT=5
      GOTO 13
   30 CALL FPLOT(1,XK,YK)
      CALL FPLOT(2,XK,YK)
      CALL POINT(2)
      DO 19 I=2,IC
      YK=ERG(1,I)/FM
      XK=DI+ERG(5,I)/20.
```

FORTSETZUNG K 0901

```
      IGT=6
      GOTO 13
   31 CALL FPLOT(0,XK,YK)
   19 CALL POINT(2)
C     ZEICHNEN VON BEGRENZUNGSLINIEN
      XB=DI+5.
      CALL FPLOT(1,DI,YK)
      CALL FPLOT(2,XB,YK)
      IF(ERG(1,1))20,20,21
   21 YB=ERG(1,1)/FM
      CALL FPLOT(1,XB,YB)
      CALL FPLOT(2,DI,YB)
C     BESCHRIFTEN DER DIAGRAMME
   20 XT=DI+0.5
        CALL SYMBOL(XT,11.5,0.18,' FLIFHKRAFTSPANNUNGEN',0.,21)
      YK=12.25
      DO 34 I=1,3
      XK=DI+4.8
      YK=YK-0.25
      CALL FPLOT(1,XK,YK)
      CALL FPLOT(2,XK,YK)
      IP=I-1
      CALL POINT(IP)
      XS=XK
      DO 35 K=1,2
      XS=XS+0.2
      CALL FPLOT(0,XS,YK)
   35 CALL POINT(IP)
      YS=YK-0.1
      XS=DI+5.3
      IF(I-2)36,37,38
36      CALL SYMBOL(XS,YS,0.15,' RADIALSPANNUNG',0.,15)
      GOTO 34
37      CALL SYMBOL(XS,YS,0.15,' TANGENTIALSP.',0.,14)
      GOTO 34
38      CALL SYMBOL(XS,YS,0.15,' VERGLEICHSSP.',0.,14)
   34 CONTINUE
        ENCODE(40,23,TEXT)(ITEXT(I),I=1,20)
        CALL SYMBOL(XT,11.,0.18,TEXT,0.,40)
   23 FORMAT(20A2)
      XNEU=DI+8.
        CALL PLOT(XNEU,-1.,-3)
        CALL FACTOR(1.)
      IF(DIG)24,25,24
   24 CALL H 0901
25      CALL PLOT(0.,0.,999)
        CALL EXIT
1000    RETURN
      END
```

K 0901: Spannungen in rotationssymmetrischen Scheiben

```
      SUBROUTINE L 0901
C     PROGRAMM  L 0901
C     GRAFISCHE AUSGABE VON WAERMESPANNUNGEN AUF PLOTTER IBM 1627
        DIMENSION IZ(2),IS(11),TEXT(4)
      COMMON RRA,UPM,SRI,SRA,GAM,FNY,DR,F,GG,THET,FF,NN,DIG
      COMMON  R(27),A0(27),A1(27),A2(27),C0(27),C1(27),C2(27),ITEXT(20)
      COMMON ERG(5,100),IC
      DATA IZ/10,5/,IS/100,80,60,40,20,0,-20,-40,-60,-80,-100/
      IPLT=7
C     MASSTAB UND KOORDINATEN-NULLPUNKT
        CALL FACTOR(2.)
        CALL PLOT(1.,1.,-3)
        CALL FPLOT(-2,0.,0.)
C     BESTIMMEN EINES MASSTABFAKTORS IN ABHAENGIGKEIT VON DER SCHEIBEN-
C     GROESSE
      IF(RRA-400.)1,1,100
  100 MF=100
      FM=100
      GOTO 4
    1 IF(RRA-200.)3,3,2
    2 MF=40
      FM=40.
      GO TO 4
    3 IF(RRA-100.)6,6,5
    5 MF=20
      FM=20.
      GO TO 4
    6 MF=10
      FM=10.
    4 IF(ERG(1,1))8,8,7
    7 Y=ERG(1,1)/FM
      X=ERG(2,1)/FM
      CALL FPLOT(1,0.,Y)
      CALL FPLOT(2,X,Y)
    8 ZA=ERG(2,1)/FM
      CALL FPLOT(1,ZA,0.)
      DO 9 I=1,IC
      Y=ERG(1,I)/FM
      X=ERG(2,I)/FM
    9 CALL FPLOT(2,X,Y)
      CALL FPLOT(2,0.,Y)
      CALL FPLOT(2,0.,0.)
      CALL FPLOT(2,ZA,0.)
      NDI=ERG(2,1)/FM+2
        DO 10 I=2,IC
        NDE=ERG(2,I)/FM+2
        IF (NDI.GT.NDE) GOTO 10
        NDI=NDE
10      CONTINUE
      DI=NDI
      CALL FPLOT(1,DI,0.)
C     ZEICHNEN DER X-ACHSE MIT MARKIERUNG
      CALL FPLOT(1,DI,0.)
      CALL FGRID(0,DI,0.,1.,10)
C     BESCHRIFTEN DER X-ACHSE
      XCH=DI+10.5
        CALL SYMBOL(XCH,-0.4,0.14,' KP/MM**2',0.,9)
      XS=DI+10.65
```

FORTSETZUNG L 0901

```
      DO 15 I=1,11
      XS=XS-1.
        ENCODE(4,16,ZW)IS(I)
15      CALL SYMBOL(XS,-0.4,0.14,ZW,0.,4)
   16 FORMAT(I4)
      DI=DI+5.
C     ZEICHNEN DER Y-ACHSE MIT MARKIERUNG
      CALL FGRID(1,DI,0.,1.,12)
C     BESCHRIFTUNG DER Y-ACHSE
      XCH=DI-0.6
        CALL SYMBOL(XCH,11.5,0.14,' MM',0.,3)
      YZ=14.9
      DO 11 I=1,2
      YZ=YZ-5.
      IZ(I)=IZ(I)*MF
        ENCODE(4,12,ZW)IZ(I)
11      CALL SYMBOL(XCH,YZ,0.14,ZW,0.,4)
   12 FORMAT(I4)
C     ZEICHNEN DER KURVEN (RADIALSPANNUNG,TANGENTIALSPANNUNG UND VER-
C     GLEICHSSPANNUNG)
      YK=ERG(1,1)/FM
      XK=DI+ERG(3,1)/20.
      IGT=1
   13 IF(XK+100.)32,32,33
   32 XK=-100.
   33 GOTO(26,27,28,29,30,31),IGT
   26 CALL FPLOT(1,XK,YK)
      CALL FPLOT(2,XK,YK)
      CALL POINT(0)
      DO 17 I=2,IC
      YK=ERG(1,I)/FM
      XK=DI+ERG(3,I)/20.
      IGT=2
      GO TO 13
   27 CALL FPLOT(0,XK,YK)
   17 CALL POINT(0)
      YK=ERG(1,IC)/FM
      XK=DI+ERG(4,IC)/20.
      IGT=3
      GOTO 13
   28 CALL FPLOT(1,XK,YK)
      CALL FPLOT(2,XK,YK)
      CALL POINT(1)
      IE=IC-1
      DO 18 J=1,IE
      I=IC-J
      YK=ERG(1,I)/FM
      XK=DI+ERG(4,I)/20.
      IGT=4
      GOTO 13
   29 CALL FPLOT(0,XK,YK)
   18 CALL POINT(1)
      YK=ERG(1,1)/FM
      XK=DI+ERG(5,1)/20.
      IGT=5
      GOTO 13
   30 CALL FPLOT(1,XK,YK)
      CALL FPLOT(2,XK,YK)
      CALL POINT(2)
```

L 0901: Spannungen in rotationssymmetrischen Scheiben

FORTSETZUNG L 0901

```
      DO 19 I=2,IC
      YK=ERG(1,I)/FM
      XK=DI+ERG(5,I)/20.
      IGT=6
      GOTO 13
   31 CALL FPLOT(0,XK,YK)
   19 CALL POINT(2)
C     ZEICHNEN VON BEGRENZUNGSLINIEN
      XB=DI+5.
      XK=DI-5.
      CALL FPLOT(1,XK,YK)
      CALL FPLOT(2,XB,YK)
      IF(ERG(1,1))20,20,21
   21 YB=ERG(1,1)/FM
      CALL FPLOT(1,XB,YB)
      CALL FPLOT(2,XK,YB)
C     BESCHRIFTEN DER DIAGRAMME
   20 XT=DI+0.5
        CALL SYMBOL(XT,11.5,0.14,' WAERMESPANNUNGEN',0.,17)
      YK=12.25
      DO 34 I=1,3
      XK=DI+4.8
      YK=YK-0.25
      CALL FPLOT(1,XK,YK)
      CALL FPLOT(2,XK,YK)
      IP=I-1
      CALL POINT(IP)
      XS=XK
      DO 35 K=1,2
      XS=XS+0.2
      CALL FPLOT(0,XS,YK)
   35 CALL POINT(IP)
      YS=YK-0.1
      XS=DI+5.3
      IF(I-2)36,37,38
36      CALL SYMBOL(XS,YS,0.15,' RADIALSPANNUNG',0.,15)
      GOTO 34
   37 WRITE(IPLT,40)
   40 FORMAT(' TANGENTIALSP.')
      GOTO 34
   38 WRITE(IPLT,41)
   41 FORMAT(' VERGLEICHSSP.')
   34 CONTINUE
        ENCODE(40,23,TEXT)(ITEXT(I),I=1,20)
        CALL SYMBOL(XT,11.,0.18,TEXT,0.,40)
23      FORMAT(20A2)
      XNEU=DI+8.
        CALL PLOT (XNEU,-1.,-3)
        CALL FACTOR(1.)
      IF(DIG)24,25,24
   24 CALL H 0901
25      CALL PLOT(0.,0.,999)
        CALL EXIT
1000    RETURN
      END
```

Das Programm berechnet Fliehkraft und Spannungen infolge radialer Randlasten oder Wärmespannungen veränderlicher oder konstanter Dicke, welche nur durch Kräfte belastet sind, die in der Scheibenebene wirken. Der Dickenverlauf X(r) wird durch eine Reihe von Polynomen 2. Grades erfaßt, deren Koeffizienten automatisch vom Programm berechnet werden. Der Bereich $r_i \leq r \leq r_a$ kann in maximal 25 Abschnitte aufgeteilt werden. Zur Berechnung der Polynomkoeffizienten des Dickenverlaufes werden Stützwerte Y_i (r) benötigt, die in der Liste der Eingabedaten erscheinen. Die Koeffizienten des Dickenpolynoms werden so berechnet, daß die Funktion Y_i (r) an 3 Stellen r_1, r_2 und r_3 die vorgeschriebenen Dicken annimmt. Es handelt sich also nicht um eine Approximation, die ein Dickenverlauf möglichst gut annähert, sondern um eine Funktion, die durch eine vorgeschriebene Anzahl von Stützstellen geht. Durch die Eingabe kann ein linearer Dickenverlauf erzwungen werden. Auf die gleiche Weise wie der Dickenverlauf werden die Funktionen

$$\frac{\gamma_i}{\gamma_0}(r) = g_i(r) \quad oder \quad W(r) = \frac{d}{dr}\,(\alpha\,\vartheta) \qquad (9.64)$$

zur Berücksichtigung der Fliehkraftwirkung der Schaufeln bei Radialturbinen und Verdichtern oder der Wärmebelastung, mit Hilfe eingegebener Stützwerte berechnet. Die Aufteilung der Scheibe in einzelne Abschnitte muß so vorgenommen werden, daß für beide Funktionen dieselben Radien für die Stützstellen berechnet werden. In den Abschnitten, in welchen keine Schaufelkräfte wirksam sind, wird g(r) = 1 gesetzt.

Bei der Berechnung von Wärmespannungen wird anstelle der Funktion g(r) die Funktion d/dr $(\alpha\,\vartheta) = (\alpha\,\vartheta)'$ berechnet. Dabei bedeutet α die Wärmedehnzahl des Materials und ϑ die Temperatur als Funktion des Radius.

Die Radialspannung σ_r und die Tangentialspannung σ_φ werden durch numerische

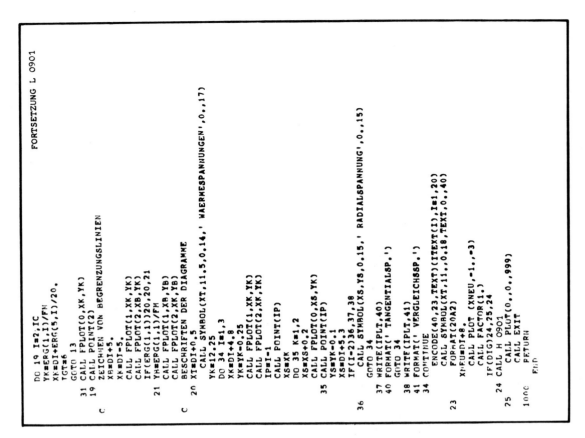

Integration des Differentialgleichungssystems

$$\frac{d\sigma_r}{dr} = -\frac{y'}{y}\sigma_r - \frac{1}{r}(\sigma_r - \sigma_\varphi) - \frac{\gamma}{g}\cdot\omega^2\cdot r \qquad (9.65)$$

$$\frac{d\sigma_\varphi}{dr} = \frac{1}{r}(\sigma_r - \sigma_\varphi) - \nu\left(\frac{y'}{y}\sigma_r + \frac{\gamma}{g}\omega^2\cdot r\right) \qquad (9.66)$$

$$\gamma = \gamma_0 \cdot g(r)$$

mit Hilfe des Verfahrens von RUNGE/KUTTA /29/ als Funktion des Radius r berechnet. Als Randbedingungen werden bei gelochten Scheiben die Radialspannungen am Innen- und Außenrand vorgeschrieben. Bei der Vollscheibe wird für r = 0 die Randbedingung $\sigma_r = \sigma_\varphi$ angesetzt und am Außenrand $r = r_a$ die Radialspannung vorgeschrieben.

Das Programm behandelt zwangsläufig eine Scheibe, bei welcher der Innenradius $r_i = 0$ gesetzt wird als Vollscheibe. Es ist also nicht möglich, eine Hohlscheibe mit unendlich kleiner Mittelbohrung zu berechnen.

Die in der Eingabe vorgeschriebenen Randbedingungen werden durch Superposition mehrerer Lösungen erzwungen. Ausgegeben wird nur die endgültige Lösung mit den gewünschten Randbedingungen.

Außer den Spannungen werden von dem Programm das Gewicht, das polare Massenträgheitsmoment und eine mittlere Tangentialspannung berechnet.

Nunmehr kann man das Schwungrad feiner strukturieren, da der persönliche Rechenaufwand beseitigt ist. Im Hinblick auf die eingangs erwähnten Vernachlässigungen sollte jedoch für nicht symmetrische Bauteile der Eifer begrenzt sein, da die Richtigkeit des Ergebnisses damit nicht zu beeinflussen ist. Abb. 9.15 zeigt wieder die Struktur des Rades I sowie die Randspannungsverteilung, die, da sie hauptsächlich die Tangentialspannungsverteilung wider-

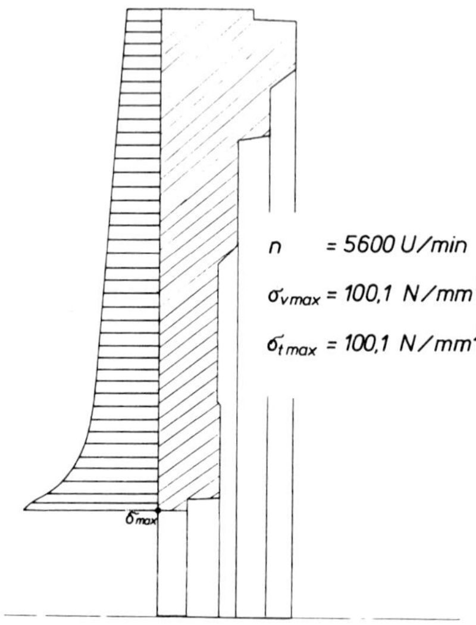

Abb. 9.15: Stilisiertes Schwungrad I mit Spannungen nach Abschnitt 9.3

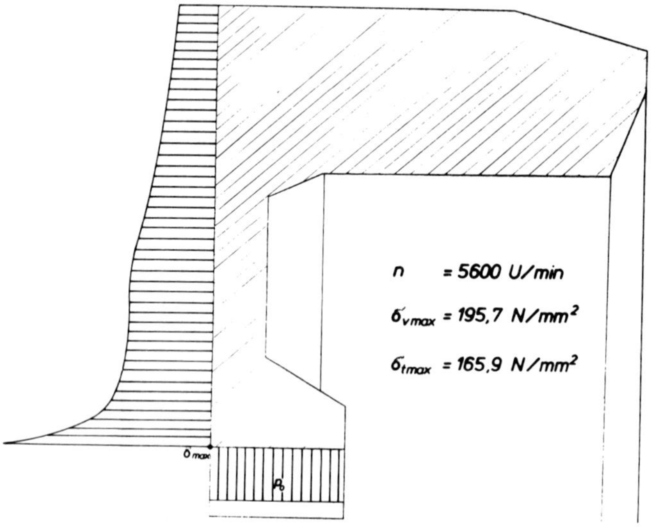

Abb. 9.16: Stilisiertes Schwungrad II mit Spannungen nach Abschnitt 9.3

spiegelt, mit den Tangentialspannungen, wie sie in den Abbildungen 9.13 und 9.14 dargestellt wurden, verglichen werden können.

Für das Rad II ist das Gleiche in Abb. 9.16 gemacht worden. Da es sich auch in diesem Fall um eine ebene Spannungsverteilung handelt, ist nur auf der linken (glatten, stilisierten) Schwungradkontur die Spannung aufgetragen. Im Gegensatz zu der Grobaufteilung der Abbildungen 9.13 und 9.14 erkennt man hier schon eine feinere Struktur, was sich auch in den Spannungsverläufen widerspiegelt. Diese genauere Nachbildung täuscht jedoch bei Rotationskörpern, deren Form sich nicht einer Rotationsscheibe annähert, eine höhere Rechengenauigkeit vor als überhaupt vorliegt.

9.4 Berechnung beliebig geformter Schwungscheiben mit Hilfe der FE-Methode mit zweidimensionalem Rechenansatz

Der Übergang zu einem beliebigen, auf dem Markt erhältlichen FE-Programm bietet sich bei derartigen Arbeiten an. Beim Schwungrad kann man dann z.B.

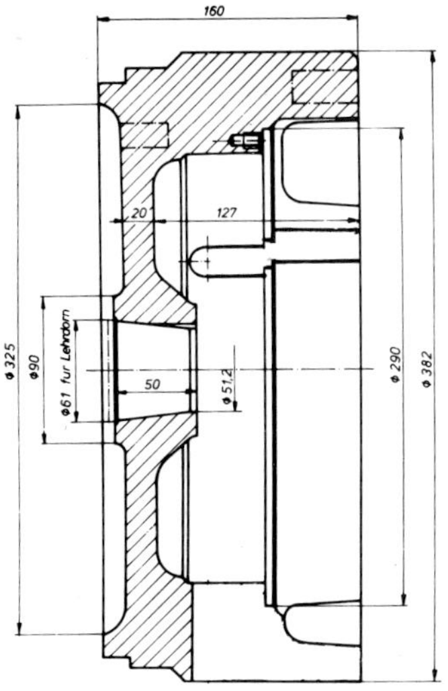

Abb. 9.17: Geschlitztes Schwungrad

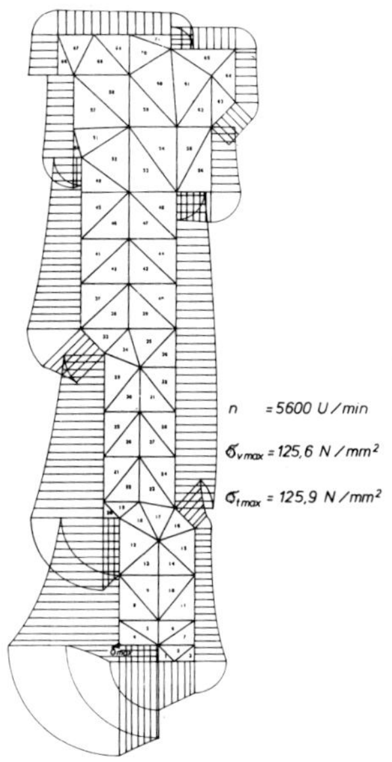

Abb. 9.18: Stilisiertes Schwungrad I mit Spannungen nach der FEM-Rechnung (2-dimensional)

ein zweidimensionales (rotationssymmetrisches) Programm anwenden oder auch die Schwungradgestalt dreidimensional nachformen. Im ersten Fall wird man zu ähnlichen Ergebnissen kommen wie bei dem Verfahren nach 9.2 oder 9.3, jedoch bei überkragenden Schwungringen erhält man jetzt auch die Biege-Zusatz-Beanspruchungen innerhalb der Scheibe, was bei extremen Formgebungen von Interesse sein kann. Muß man z.B. ein geschlitztes Schwundrad berechnen (Abb. 9.17), so kommt man um die Anwendung eines dreidimensionalen Programmes nicht herum, da in derartigen Fällen die Rotationsscheibe nicht einmal eine Näherungslösung darstellt. Der Aufwand steigt jedoch exponential an, ist jedoch nicht zu umgehen, wenn man wohl mehr zwangsläufig derart sinnwidrige Schwungscheiben ausführen muß. Die Spannungen derartiger Räder wachsen

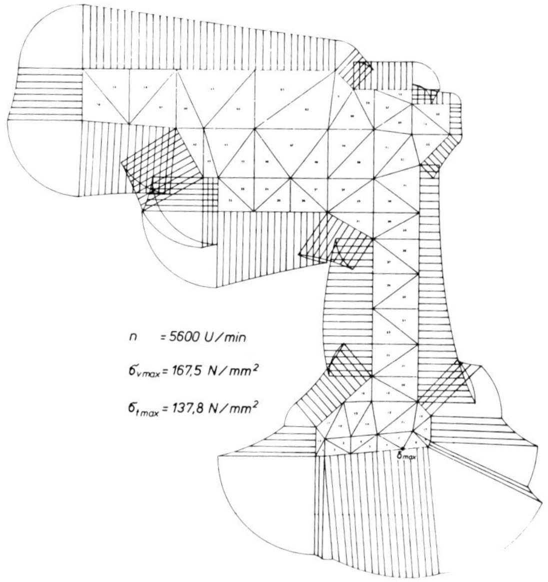

Abb. 9.19: Stilisiertes Schwungrad II mit Spannungen nach der FEM-Rechnung (2-dimensional)

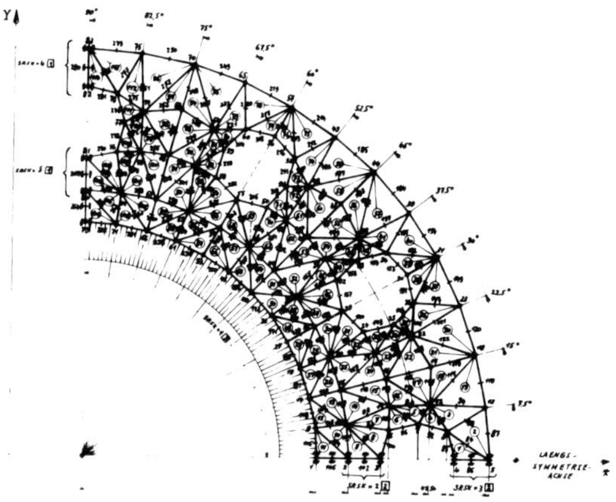

Abb. 9.20: Schraubenkranz einer Schwungradbefestigung

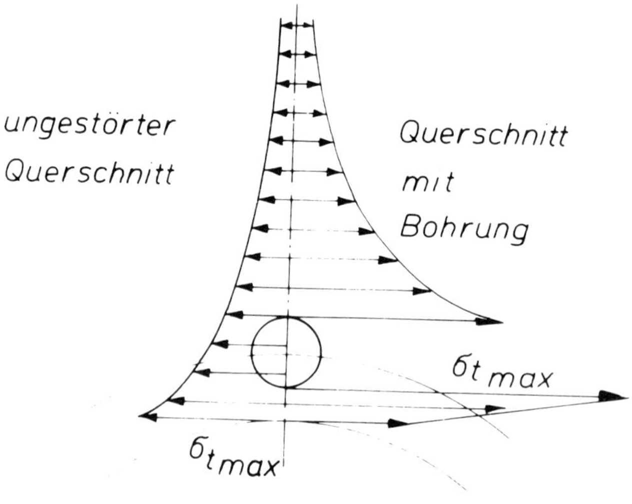

Abb. 9.21: Tangentialspannungsverlauf an einer gelochten Schwungradnabe

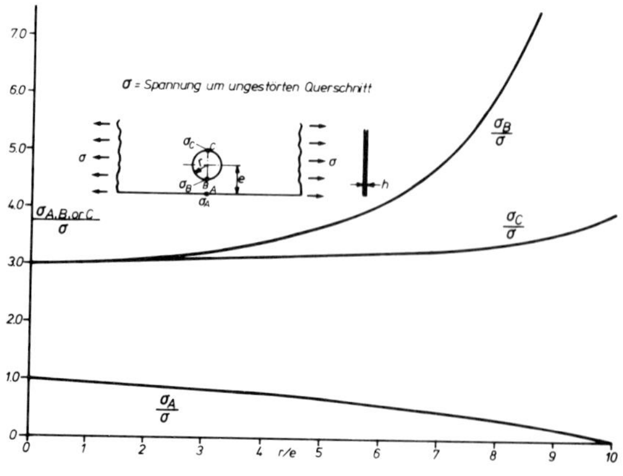

Abb. 9.22: Spannungskonzentrationsfaktoren einer auf Zug beanspruchten Platte mit radnaher Bohrung

leicht um eine Zehnerpotenz, infolgedessen sind die Bauformen nur bei niedrigen Umfangsgeschwindigkeiten anwendbar.

Die gleichen vorgenannten Schwungräder wurden auch mit einem zweidimensionalen FEM-Programm durchgerechnet. Abb. 9.18 zeigt die Struktur von Rad I, Abb. 9.19 diejenige des Rades II. Ganz deutlich erkennen wir hier den Einfluß des überkragenden Wulstes des Schwungrades auf die Spannungsverteilung im Rad. Die Tangentialspannungen des Schwungringes sind an der freien Seite größer als an der Scheibe. Diese Unterstützung macht sich als Biegebeanspruchung in der Scheibe und zusätzlicher Spannung in der Nabe bemerkbar.

Zur Berücksichtigung der Befestigungslöcher wendet man in der Regel kein dreidimensionales FE-Programm an, da dieser Einfluß leichter zu berücksichtigen ist und die Rundheit der Bohrungen einer FEM-Rechnung normalerweise auch nur angenähert nachempfunden werden kann (Abb. 9.20).

Die Berücksichtigung des Lochkreises ist deshalb von besonderer Wichtigkeit, da diese Löcher in der Regel im Bereich der höchsten Tangentialspannung der Scheibe liegen und durch ihre Spannungsüberhöhung somit den kritischen Punkt des Schwungrades bilden (Abb. 9.21). Da die Befestigungslöcher im Normalfall recht dicht um das innere (Zentrierungs)-loch gruppiert sind, ist die Radialspannung meist so gering, daß man sie bei der Betrachtung vernachlässigen kann. Betrachtet man diesen Fall dann als ein Kerbproblem einer gelochten Platte unter Zugbeanspruchung, so kommt man den Realitäten schon recht nahe. Abb. 9.22 zeigt z. B. die Spannungskonzentration einer Zugplatte mit einem randnahen Loch. Man erkennt, daß mit wachsender Randnabe dieses Loches die Spannung am Scheibenrand abgebaut wird, die am Lochrand jedoch scharf ansteigt. Da bei der Schwungscheibe die Tangentialspannung am Innenrand stark ansteigt, kann man hier in begrenztem Rahmen einen Ausgleich schaffen; die praktischen Probleme laufen jedoch darauf hinaus, die Spannungen am Innenrand des Schraubenloches in Grenzen zu halten. Mit diesen Kenntnissen kann man die Spannungen, die man nach den Methoden aus Abschnitt 9.3 oder 9.4 errechnet hat, auf das realistische Maß anheben und somit mit den Festigkeitswerten des Schwungradwerkstoffes vergleichen. Wenig geklärt ist allerdings noch die Frage des Einflusses der Befestigungsschrauben, die dem hochbeanspruchten Schraubenlochrand eine Druckspannung aufprägen bei gleichzeitiger Erhöhung der maximalen Werkstoffanstrengung.

9.5 FE-Methode, dreidimensional

In Abschnitt 9.4 ist auf die Einschränkung der Zwei-Dimensionalität eines Schwungradflansches schon eingegangen worden. Scheut man den Aufwand nicht, kann man ein dreidimensionales FEM-Programm nehmen und die gleiche Problematik durchrechnen. Dies ist für das Rad I in drei Stufen vorgenommen worden, nämlich

1) als Rotationskörper ohne Schwungradbefestigungsbohrungen (Abb. 9.23)

2) als Rotationskörper mit Schwungradbefestigungsbohrungen am Innenkranz sowie (Abb. 9.24)

3) mit Schraubendruckvorspannungen eines befestigten Rades (Abb. 9.25)

Vergleicht man diese Rechnung mit den vorhergehenden, so erkennt man für das ungebohrte Rad eine relativ gute Übereinstimmung. Fernerhin kann man den Einfluß der Bohrung nach Abb. 9.22 auch in der Abb. 9.24 erkennen; die Spannung am Innenrand verringert sich, während an der inneren Lochseite die Spannung stark ansteigt. In der Abb. 9.25 ist der gravierende Einfluß der Schraubenkopfauflagespannung zu erkennen, die insbesondere die Vergleichsspannung in die Höhe treibt.

Für das Rad II wurden die Spannung infolge des Preßsitzes an der Nabe (Abb. 9.26) errechnet und die Fliehkraftbeanspruchung des rotierenden Rades überlagert (Abb. 9.27). Auch hier zeigt sich gute Übereinstimmung mit den vorhergehenden

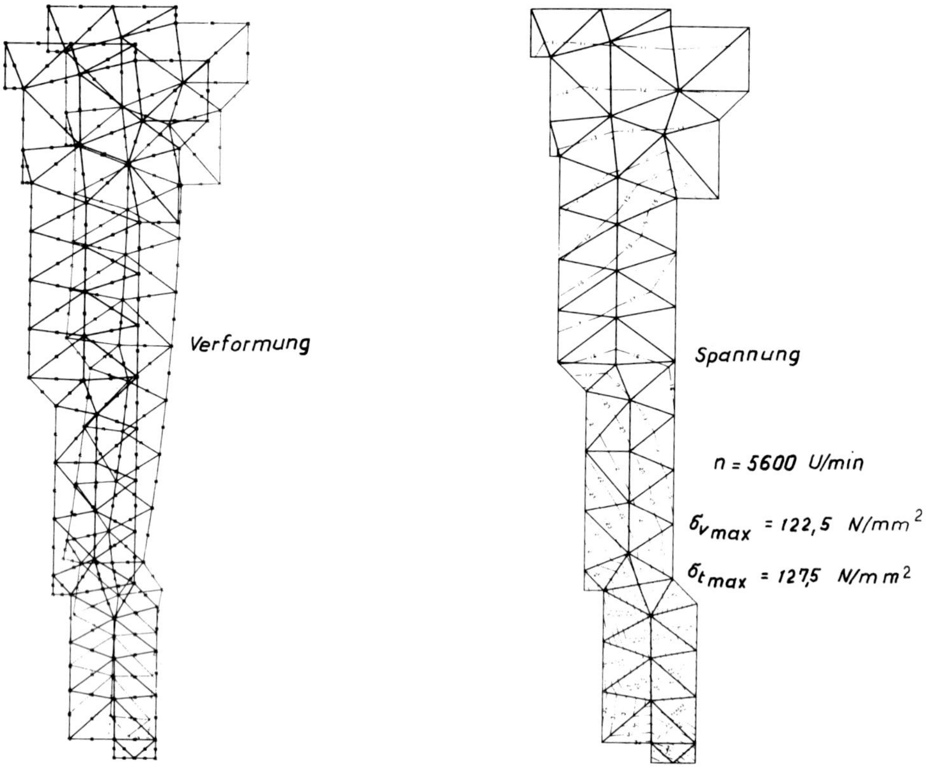

Abb. 9.23: Schwungradstruktur I für 3-dimensionale FEM-Rechnung

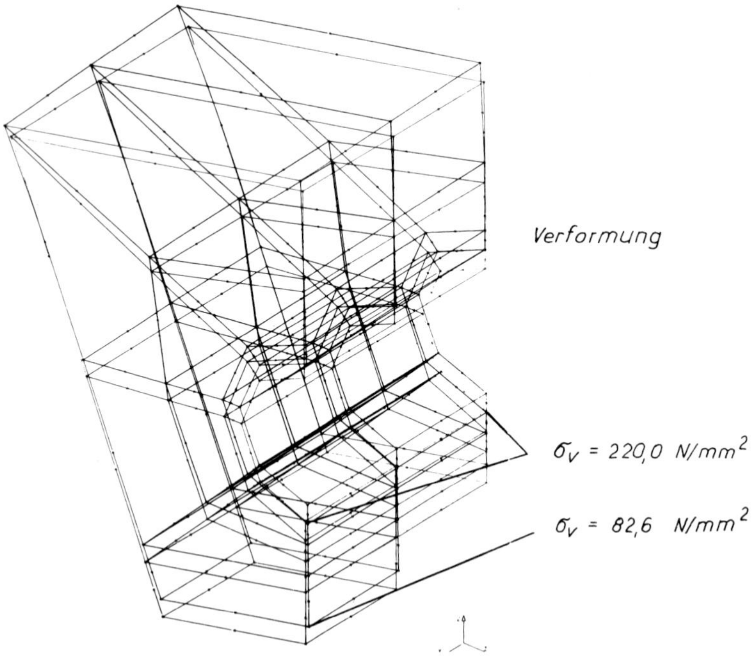

Abb. 9.24: Schwungradstruktur I mit Bohrungen für Schwungrad-befestigungsschrauben

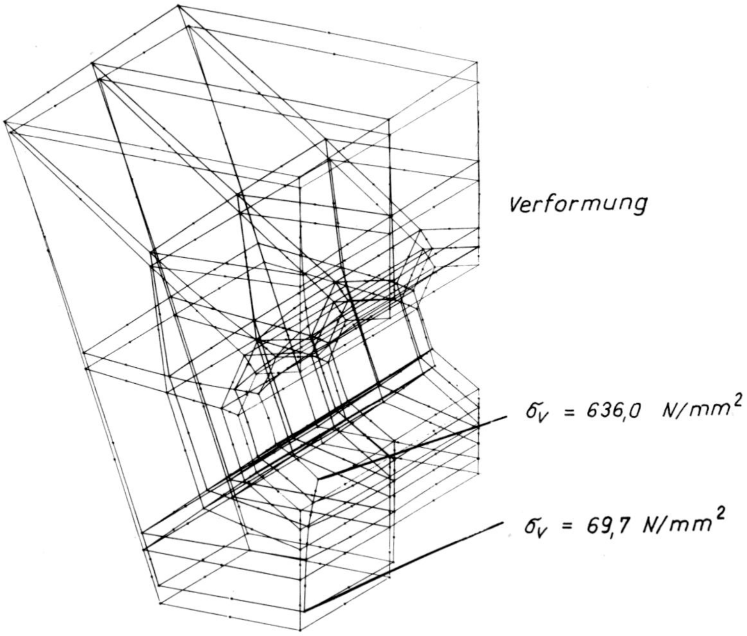

Abb. 9.25: Schwungradstruktur I mit Schraubenvorspannung

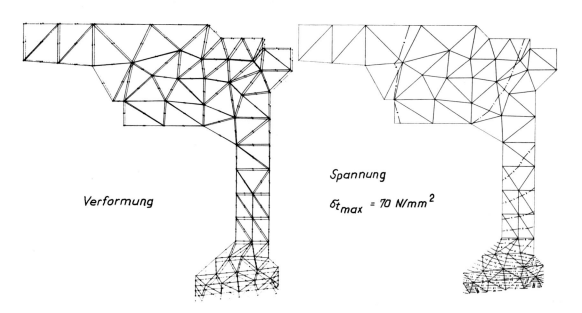

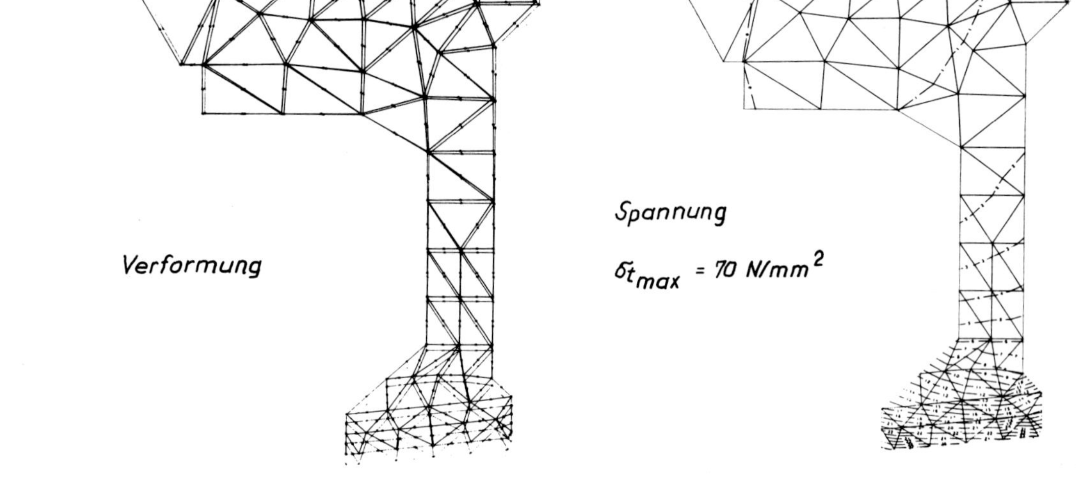

Abb. 9.26: Schwungradstruktur II mit Radialpressung am Innenring ohne Fliehkraftbeanspruchung

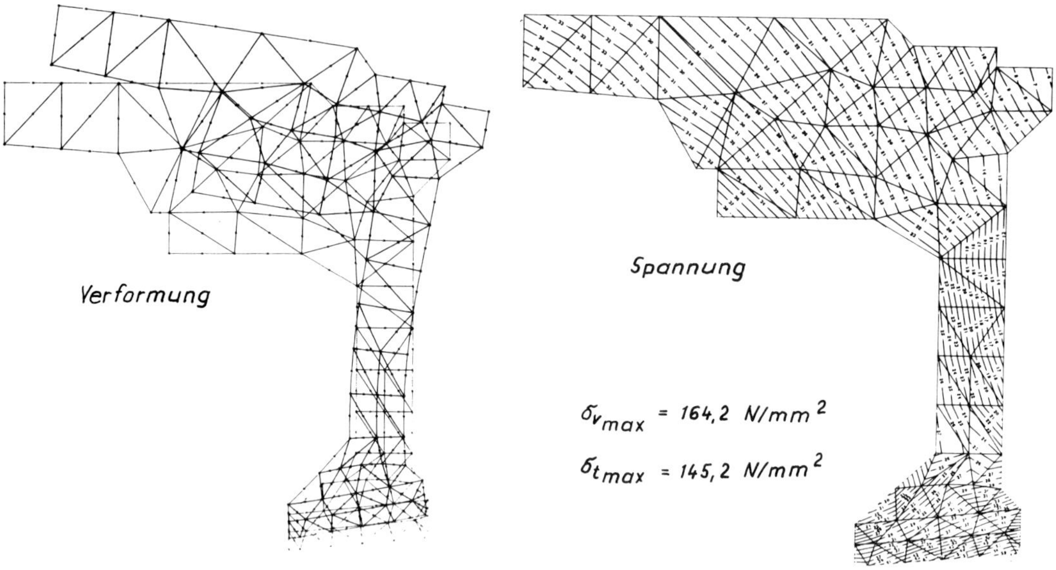

Abb. 9.27: Schwungradstruktur II mit Radialpressung am Innenring

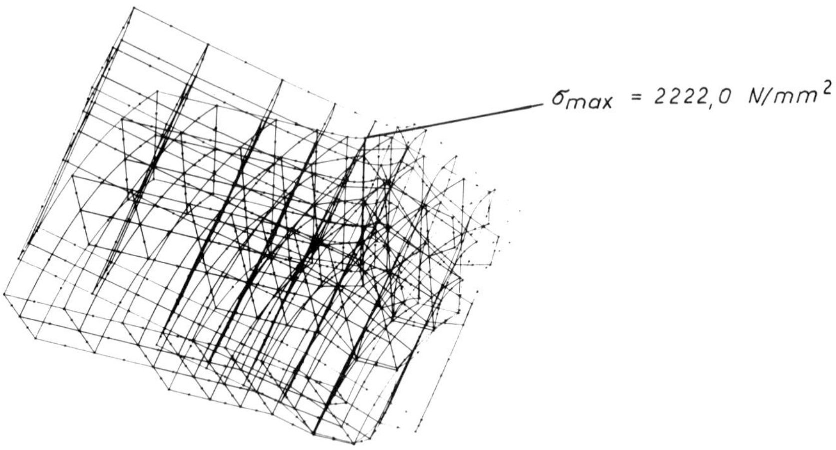

Abb. 9.28: Schwungradstruktur II mit aufgetrenntem Schwungradwulst

Rechnungen. Fernerhin wurde interessehalber der Wulst des Schwungrades an vier Stellen durch Sägeschnitte aufgetrennt, ähnlich dem Schwungrad nach Abb. 9.17, um die Wirkung der sich frei entwickelnden Biegemomente zu beobachten.
Abb. 9.28 zeigt die Hälfte eines derartigen Wulststückes, und wir erkennen, daß an dem Ende des Sägeschnittes sehr große Beanspruchungen auftreten. Schleudert man ein derartig angesägtes Schwungrad, so erhält man Berstdrehzahlen von weniger als 25 % der sonst erreichbaren Drehzahl.

Speichenschwungräder werden im heutigen Verbrennungsmaschinenbau kaum noch angewandt. Steht man vor dem Problem, ein solches berechnen zu müssen, so kann man dies nach der Näherungsmethode von FÖPPL / 30 / tun oder auch ein dreidimensionales FE-Programm anwenden. Da die Wahrscheinlichkeit jedoch sehr gering ist, im Verbrennungskraftmaschinenbau mit dieser Aufgabe konfrontiert zu werden, soll an dieser Stelle auf die Ausführung der Berechnungsmethode eines Speichenschwungrades verzichtet werden.

9.6 Integralgleichungsmethode

Die Berechnungsmethode der Finiten Elemente wird oft als sehr aufwendig empfunden - dies gilt sowohl für die Eingabe der geometrischen Daten, für die Auswertung der Ergebnisse sowie für die Rechenzeit selbst. Man tut gut daran, vor allem bei der Auswahl eines FEM-Programmes die Leistungsfähigkeit auch hinsichtlich der Rechenzeit zu prüfen, Zeitdifferenzen von 1 : 3 bis 1 : 5 sind dabei durchaus üblich. Doch selbst ein hervorragendes FEM-Programm benötigt gegenüber einem Rechenprogramm, welches nach der Integralgleichungsmethode arbeitet, einen Zeitfaktor von ca. 5 : 1 bei gleichwertigen Ergebnissen. Zudem benötigt man als Eingabedaten nur Punkte der Oberflächenkontur, was auch die Aufbereitung der Eingabe erheblich verkürzt. Zur Zeit gibt es nur Programme der Integralgleichungsmethode für ebene oder rotationssymmetrische Bauteile. Die Möglichkeit der Berechnung entspricht damit den im Abschnitt 9.4 beschriebenen 2-dimensionalen FEM-Programmen. Abb. 9.29 zeigt das Ergebnis für das Rad I mit der so verkürzten Rechenzeit und Abb. 9.30 das gleiche für das Rad II.

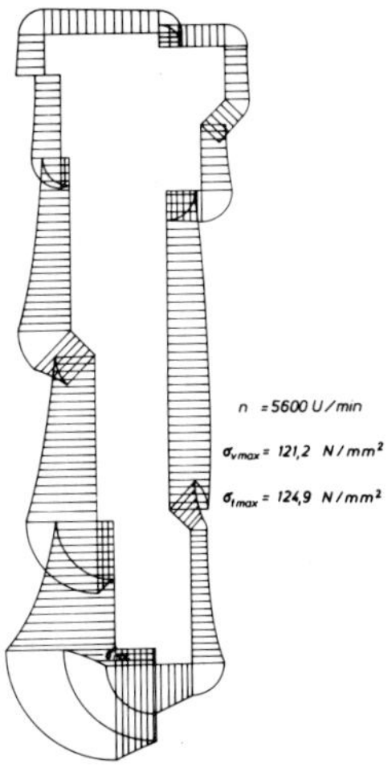

Abb. 9.29: Berechnung des Rades I mit Hilfe der Integralgleichungsmethode

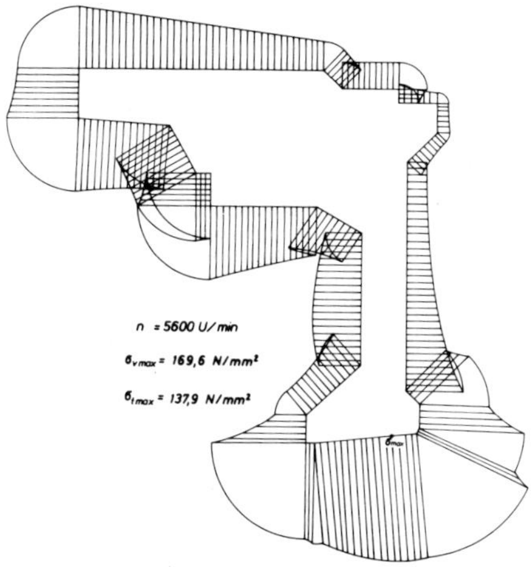

Abb. 9.30: Berechnung des Rades II mit Hilfe der Integralgleichungsmethode

Wie gesagt, kann bei diesen Programmsätzen der Einfluß von Durchbrüchen und Löchern sowie Abweichungen von der Rotationssymmetrie nicht berücksichtigt werden. Hier muß man sich dann in ähnlicher Weise helfen wie in Abschnitt 9.4 beschrieben.

9.7 Zusatzbeanspruchungen am Schwungrad im praktischen Einsatz

Die Beanspruchung der Schwungscheibe auf der Spindellagerung des Schleuderprüfstandes und an der Kurbelwelle im praktischen Einsatz bei gleicher Drehzahl ist mit Gewißheit nicht identisch.

9.7.1 Biegebeanspruchungen durch dyn. Zusatzkräfte

In manchen Fällen ist schon das Durchleiten von Nutz- und Wechseldrehmoment durch den Gußkörper von Bedeutung, doch ist dieser Betrag im Verhältnis zu dynamischen Zusatzbelastungen, die sich aus den ungleichmäßigen Dreh- und Pendelbewegungen des schwungradseitigen Grundlagerzapfens ergeben können, von untergeordneter Bedeutung. Infolge Zündung und umlaufenden Massenkräften führt der Zapfen im Rahmen seines Lagerspieles Radial- und Schwenkbewegungen aus, dem die Massenwirkungen und Kreiselmomente der Schwungscheibe stabilisierend entgegenwirken. Im Resonanzfall (Abb. 9.31) treten dabei nicht nur erhebliche Spannungen in der Kurbelkröpfung auf, sondern auch Beanspruchungen in der Schwungradscheibe und der Befestigung. Bis heute ist es nicht gelungen, diese Beanspruchungsgrößen vorweg zu berechnen, die Kenntnis der Zusammenhänge vertieft jedoch das Verständnis für notwendige Sicherheiten.

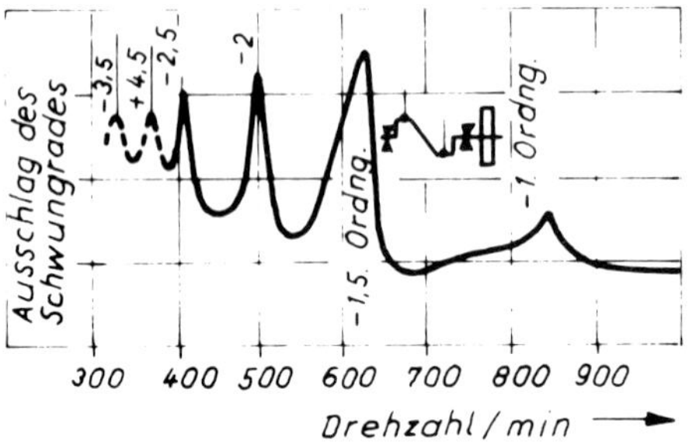

Abb. 9.31: Kritische Biegeschwingungsdrehzahlen einer Kurbelwelle

9.7.2 Thermische Beanspruchungen

Darüber hinaus werden eine Reihe von Schwungrädern zusätzlich thermisch belastet, sei es beim Fahrzeugmotor durch eine direkt auf das Schwungrad arbeitende Reibungskupplung (Abb.9.32) oder - bei größeren Motoren - eine Schwungradbremse (Abb. 9.33). In beiden Fällen wird kurzzeitig in Teilbereiche der Scheibenoberfläche Wärme hineingetragen, die partiell sehr steile Spannungsgradienten erzeugt - bis zu Wärmerißbildungen in den Reibflächen. Diese Zusatzbeanspruchungen treten primär in Bereichen auf, die durch die Fliehkräfte weniger hoch belastet sind.

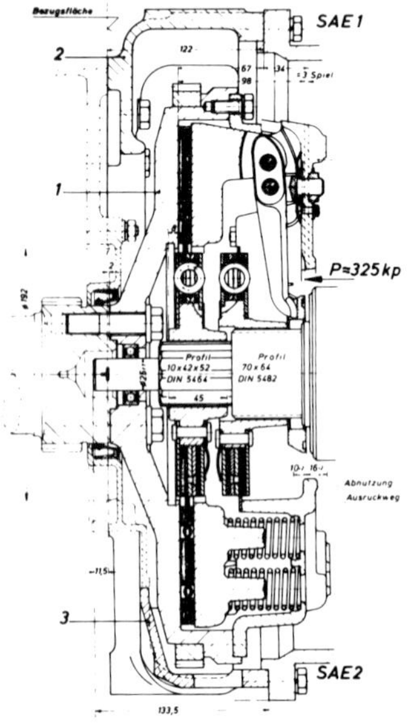

Abb. 9.32: Schwungrad mit Reibungskupplung

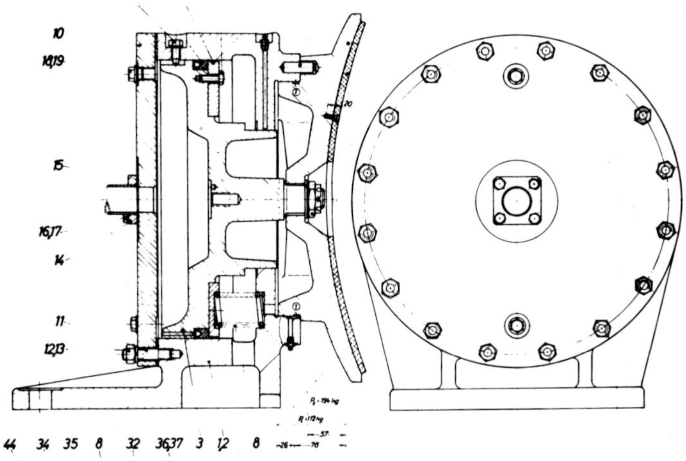

Abb. 9.33: Schwungradbremse eines Schiffsdieselmotors

Erreicht der Wärmeanfall jedoch merkliche Bereiche der Schwungradmasse, so hat die Dehnung dieser Teilbereiche auch Rückwirkungen auf die Tangentialspannungen am Innenrand des Rades. Mit FE-Methoden ist dieser Problematik beizukommen, doch ist der Aufwand nicht gering, so daß eine Kosten-Nutzen-Abschätzung angebracht ist. Grundsatzstudien könnten jedoch mehr Licht in die Zusammenhänge bringen, so daß eine weitere Optimierung der Schwungräder möglich wäre.

9.7.3 Der Festsitz eines Schwungrades

Größere Schwungräder von Verbrennungskraftmaschinen werden in der Regel über eine Reihe von Schrauben (Schraubenkranz) an dem Kurbelwellenflansch befestigt. Nur bei kleinen, wenig zylindrigen Maschinen findet man öfter einen Konussitz. Speicherschwungräder sind sehr oft durch einen Festsitz auf einem Wellenabsatz aufgezogen. Aber auch Schwungräder mit axialer Verschraubung sitzen auf einem Zentrierbund als Lagefixierung.

Räder mit sehr großen Umfangsgeschwindigkeiten - und dies sind in der Regel GGG - oder Stahlräder - weiten sich am Innendurchmesser aber zum Teil beträchtlich, so daß entweder die Zentrierung verlorengeht (Unwuchten im Lauf!) oder aber die reibschlüssige Mitnahme bei Drehmomentenstößen unzureichend ist. So sind viele preßsitzbehaftete Wellen-Schwungradverbindungen bekannt, die wider den Rechnungsansatz (im Stillstand) doch gefressen haben. Preßsitze für Speicherräder müssen sehr große Überdeckungen haben, was die Montage sehr erschwert.

9.8 Festigkeit der Schwungradwerkstoffe

Die Beurteilung der Zulässigkeit errechneter oder gemessener Spannungen ist ohne Kenntnis der Festigkeitseigenschaften des verwendeten Werkstoffes nicht möglich. Als Schwungradwerkstoffe werden alle Graugußsorten sowie Kugelgraphitguß verwandt, von denen die statischen Eigenschaften bekannt sind (Tabelle 9.A). Zwar sind die Radial- und Tangentialspannungen für eine konstante Drehzahl von unveränderlicher Größe - im Gegensatz zu vielen anderen motorischen Bauteilen unter zyklischer Belastung - , doch muß ein Motorenschwungrad - und insbesondere ein Fahrzeugschwungrad - gegenüber Drehzahlwechseln dauerfest oder zumindest zeitfest im Bereich großer Lastwechseldrehzahlen ($\geq 10^5$) sein. Entsprechend dem Drehzahlwechsel tritt eine wechselnd hohe Schwellbeanspruchung beim Schwungrad auf, von $n = 0$ im Stillstand bis n_{max} bei hoher Drehzahl. So kann im Hinblick auf Zusatzbelastung nicht nur die Zugschwellfestigkeit, sondern auch das Dauerfestig-

Graphiteinschluß	Bezeichnung	Gefüge	statische Festigkeitswerte 30 mm Probe, $\vartheta < 100^{\circ}C$							Schmelzanalyse [%]						
			$\sigma_{z.B}$ 1) N/mm²	σ_{dB} N/mm²	E_0 N/mm²	$\sigma_{0,2}$ N/mm²	λ W/cm·K	ν [-]	α 10^{-6}K	C	S_i	M_n	P	S	C_e	N_i
Lamellengraphit (GGL)	GG 10	perlitisch ↔ ferritisch	100	500-600	75000-100000		0.63		12.0	3.3-3.6	1.5-2.5	0.4-0.6	0.5-1.0			
	GG 15		150	550-700	80000-105000					3.3-3.6	1.8-2.4	0.5-0.7	0.5-0.8			
	GG 18		180													
	GG 20		200	600-830	90000-115000					3.3-3.5	1.8-2.0	0.6-0.8	0.5			
	GG 22		220													
	GG 25		250	700-1000	105000-120000			0.26		2.8-3.2	1.2-1.6	0.7-0.9	0.3			
	GG 26		260													
	GG 30		300	820-1200	110000-140000					2.6-3.0	1.2-1.8	0.8-1.2	0.2			
	GG 35		350	950-1400	125000-145000											
	GG 40		400	1100-1400	125000-155000		0.38		9.8							
Vermiculargraphit (GGV)	GGV 30	Gußzustand ↔ ferritisch geglüht	300		140000	250	0.385									
	GGV 35		350													
	GGV 40		400			330		0.28	12.0							
	GGV 45		450													
	GGV 50		500							3.40 - 3.80	2.2 - 2.6	0.04 - 0.4	≤ 0.08	≤ 0.05	0.005 - 0.013	≤ 2
	GGV 55		550		165000	430	0.293									
Kugelgraphit (GGG)	GGG 38	perlitisch ↔ vorwiegend ferritisch	380	700-900	165000	250	0.33		11.0							
	GGG 40		400			250										
	GGG 42		420	800-1000		280										
	GGG 45		450	800-1100		350				3.45 - 3.80	2.60 - 2.9	0.25 - 0.5	0.04	0.005 - 0.010		
	GGG 50		500	900-1100		320		0.28 - 0.29								
	GGG 60		600	1000-1200		380										
	GGG 65		650													
	GGG 70		700	1100-1300		440										
	GGG 80		800		185000	500	0.21		13.0							

Tabelle 9.A: Festigkeitswerte von Gußeisensorten

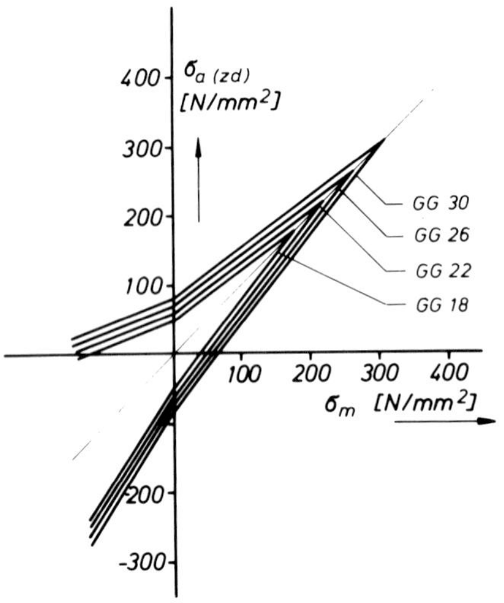

Abb. 9.34: Zug-Druck-Dauerfestigkeitsschaubilder für Grauguß

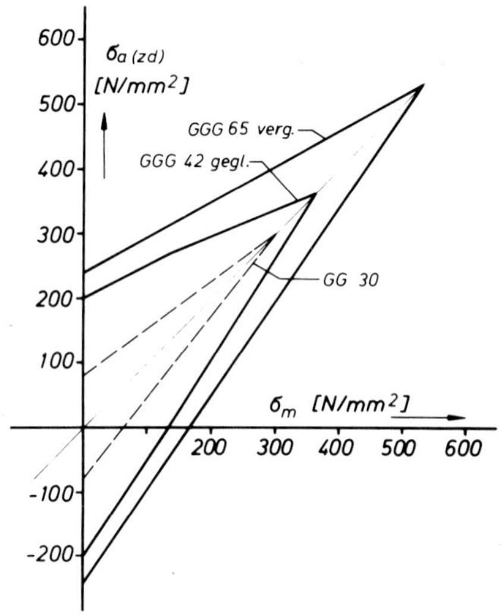

Abb. 9.35: Zug-Druck-Dauerfestigkeitsschaubilder für Kugelgraphitguß

keitsschaubild dieser Gußwerkstoffe von Bedeutung sein. Abb. 9.34 und 9.35 zeigen diese für die Graugußsorten GG 18 bis GG 30 bzw. Kugelgraphitguß GGG 42-60, wobei die Werte bei sehr großen Wandstärken deutlich darunter liegen können. Der Vergleich beider Schaubilder zeigt die große Überlegenheit des Kugelgraphitgusses. Lediglich bei der Befestigung dieser Räder mit normalerweise relativ kurzen Schrauben ist Vorsicht angebracht, da die GGG-Räder mit geringer Druckfließgrenze unter den Druckspannungen des Schraubenkopfes leicht fließen oder sich setzen. Wegen der erheblich schlechteren Wärmeleitfähigkeit des GGG wirken sich auch Wärmebelastungen erheblich ungünstiger aus als bei GGL - vergleichbar mit den Problemen der Bremsscheiben oder Bremstrommeln.

9.9 Ergebnisse am Schleuderprüfstand

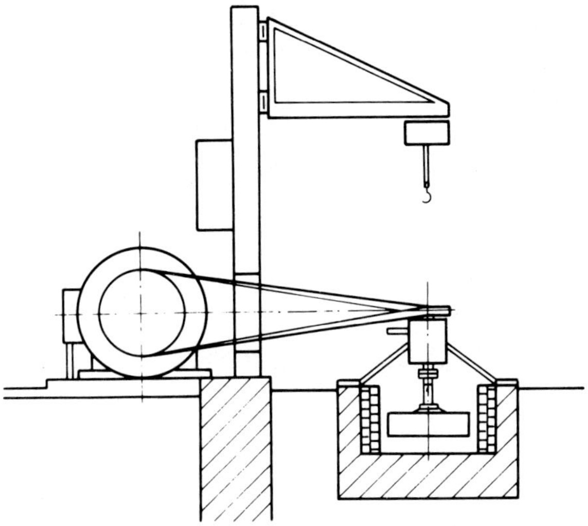

Abb. 9.36: Schleuderprüfstand für Schwungräder

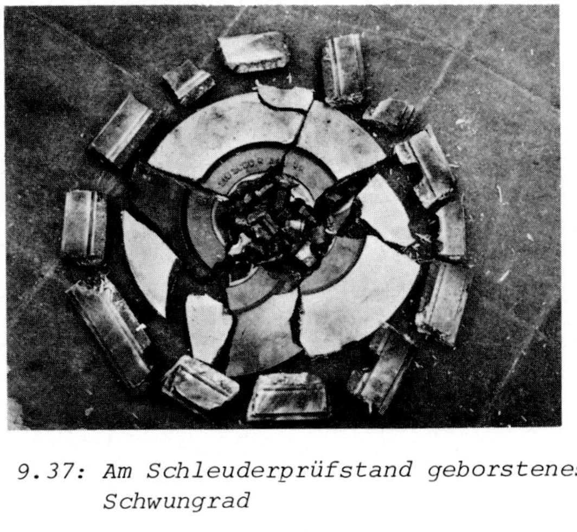

Abb. 9.37: Am Schleuderprüfstand geborstenes Schwungrad

Wer den theoretischen Ergebnissen wenig traut und Versuchsdaten vorweisen muß, prüft seine Räder und Scheiben an einem sogenannten Schleuderprüfstand (Abb. 9.36). Der Schleuderprüfstand besteht aus einem Antriebsaggregat mit Übersetzung zu hohen Drehzahlen hin. Auf einer Spindel wird das Schwungrad so befestigt, daß es beim Bersten nicht die gesamte Wellenanlage zerstört. Auf diesen Prüfständen wird der Prüfling einer stetig steigenden Betriebsdrehzahl unterworfen, bis das Rad förmlich auseinanderplatzt (Abb. 9.37). Als Faustformel wird dabei verlangt, daß die Berstdrehzahl mindestens den zweifachen Wert der maximalen Betriebsdrehzahl des Motors aufweist, um den Zusatzbeanspruchungen Rechnung zu tragen. Dieser Versuch zeigt nur die Grenze gegenüber der Zugfestigkeit des Materials auf, besagt jedoch nichts über die Brauchbarkeit bei wechselnden Drehzahlen. Das Verhältnis der Schwelldauerfestigkeit zur Zugfestigkeit ist bei allen Graugußsorten mit 0,43 fast konstant. Da die Spannung mit dem Quadrat der Drehzahl ansteigt, kann man daraus ableiten, daß ein derart geprüftes Rad auch bis zur angenähert 1,3fachen Nenndrehzahl dauerfest ist, was nach obengenannten Kriterien normalerweise ausreichend ist.

Abb. 9.38: *Platzende Kupplungs-Druckplatte im Zeitpunkt des Auseinanderberstens*

In vielen Fällen ist aber auch gar nicht das Schwungrad (mit Anlasserzahnkranz) allein zu betrachten, sondern auch die Anbauten. Abb. 9.38 zeigt zum Beispiel das Bersten einer Kupplungsscheibe in statu nascendi, d.h. im Zeitpunkt des Sprengens. Dieses mit einer Hochgeschwindigkeitskamera aufgenommene Bild mag einen Eindruck von der Gefährlichkeit eines derartigen Vorganges vermitteln, wobei in vielen Fällen dies die Initialzündung für das Platzen der viel größeren Schwungmasse des Rades selbst ist.

9.10 Die Reibungsleistung von Schwungrädern

Die Ventilationsverluste von rotierenden Scheiben sind bei niedrigen Schwungrad-Umfangsgeschwindigkeiten von untergeordneter Bedeutung. Ab 80 - 100 m/s jedoch - wie sie bei Speicherschwungrädern von Sofort-Bereitschaftsaggregaten (Abb. 9.39) vorkommen, kann der Reibungsverlust schon merkliche Größe annehmen. Mit dem Scheibendurchmesser D [m] der Breite B und der Drehzahl n [U/min] ergibt sich die Reibungsleistung einer glatten Scheibe zu

$$P_V = 0{,}37 \cdot D^5 \cdot \left(\frac{n}{100}\right)^3 \cdot \left(1 + 5\,\frac{B}{D}\right) \quad [W] \tag{9.67}$$

Abb. 9.39: *Speicherschwungrad eines Sofort-Bereitschaftsaggregates*

Durch die Formgebung, Durchbrüche und Löcher in der Oberfläche muß man zur Sicherheit einen Aufschlag von ca. 20 - 30 % machen. Will man die Vorteile einer Kapselung voll nutzen, muß man eine sehr genaue Kapsel gleicher Wandabstände konstruieren, die gebräuchlichen Schwungradabdeckungen genügen den Anforderungen einer Reibungsminimierung keineswegs.

10 Zusatzkräfte an Triebwerk, Kurbelgehäuse und Fundament

In den vorangegangenen Kapiteln haben wir die regulären Kraftwirkungen kennen- und zum Teil auch beherrschen gelernt. Auch wurden Zusatzbeanspruchungen irregulären Auftretens gestreift, sei es durch die Toleranzen, den Ausfall eines Zylinders oder auch den Ausbau von Triebwerksteilen.

Die Verbrennungskraftmaschine kann aber nur als Teil eines Ganzen, das heißt im Rahmen einer Anlage von Nutzen sein. Daraus ergibt sich zwangsläufig der Einbau der Verbrennungskraftmaschine in ein System, aus dem sich Zusatzbelastungen ableiten lassen. Im praktischen Betrieb treten aber nicht nur Schäden und Toleranzen in den brennraumnahen Triebwerksteilen auf, sondern auch in der Lagergasse und in den Lagern selbst. Schließlich ist das Triebwerk ein schwingungsfähiges Gebilde, das auf vielfältigste Art und Weise zu Schwingungen angeregt werden kann. Im Resonanzfalle können die Schwingungsbeanspruchungen dominierend werden (siehe auch Band 3 "Triebwerksschwingungen in der Verbrennungskraftmaschine" der Neuen Folge der Schriftenreihe LIST/PISCHINGER "Die Verbrennungskraftmaschine".)

10.1 Das Ausrichten von Anlagen mit Verbrennungskraftmaschinen

Das Ausrichten von Maschinen gegeneinander zu einer Maschinenanlage (Abb. 10.1) galt seit alters her als ein Problem, welches von bewährten Monteuren oder Inspektoren bestens gelöst wurde. Ein Ingenieur hat sich mit diesem Problemkreis selten befaßt, in der Regel auch dann nur bei Schadensfällen. Wachsende Werkstoffausnutzung, d. h. stärkere Annäherung der Spannungen im Auslegungsbetriebszustand des Motors an die Grenzbelastung, und schnellerer Wechsel der Ausrichtsituationen durch veränderte Anlagenzusammenstellung machen es jedoch erforderlich, grundsätzlichere Ausrichtvorschriften den Männern draußen auf der Montage, die mit den Widrigkeiten der jeweiligen Einbausituation, dem zeitlichen Streß und allen anderen bekannten Unzulänglichkeiten kämpfen, mit auf den Weg zu geben, damit diese schneller und zielsicherer zu dem angestrebten Ziel kommen. Damit können oft zu spät entdeckte Mängel, verursacht durch menschliche Unzulänglichkeit, zu großzügige Einschätzungen eines gemessenen Ausrichtfehlers oder auch einfache Unkenntnis der Zusammenhänge vermieden und daraus resultierende, oft sehr kostenintensive Folgeschäden verhindert werden.

10.1.1 Grundlagen der Maschinenausrichtung

Der Sinn des Ausrichtens wird in fast jedem Kupplungskatalog beschrieben. Die Verbindungsteile der zu koppelnden Maschinen sollen derart miteinander verbunden werden, daß ein möglichst zwangsfreier Lauf beider Maschinen gewährleistet ist. Als Meßkriterien für die Qualität einer Ausrichtung dienen folgende leicht zu messenden Werte (Abb. 10.2) der aneinandergerückten, noch nicht verschraubten Maschinen:

Desaxierung der Wellen e
(Wellenversatz, Exzentrizität, Radialschlag r - 2 . e)
Winkelneigung der Wellen α
(Fehlwinkel, Axialschlag s)
Axialspiel X

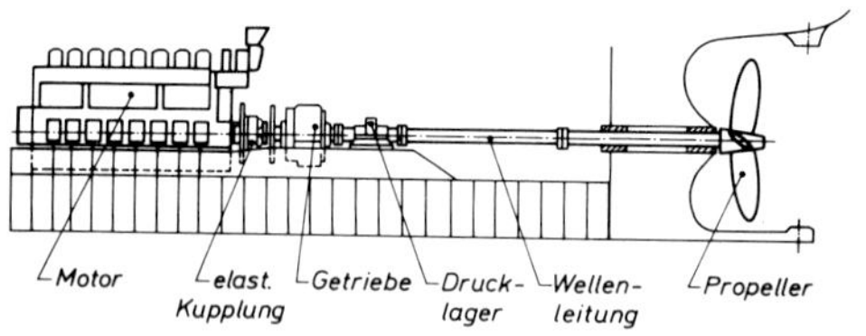

Abb. 10.1: Schiffsmotorenanlage mit Verbrennungskraftmaschine

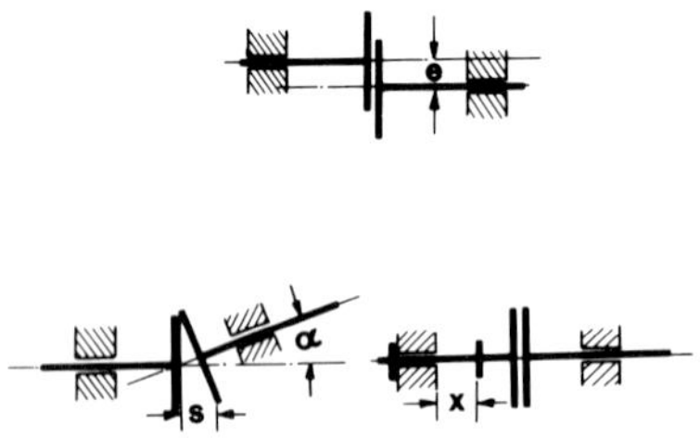

Abb. 10.2: Ausrichtfehler zweier Wellen

Handelt es sich bei den zu koppelnden Maschinen dabei um Elemente, die sich unter den Betriebsbelastungen und Betriebstemperaturen nur geringfügig verformen - wie z. B. eine reine Wellenleitung - , so ist die Ausrichtung einfach. Die Abweichungen aus der idealen Flucht ergeben sich aus den Herstellungstoleranzen aller Bauteile (Wellen, Kupplungen, Lager, Fundament etc.). Die zulässigen Abweichungen ergeben sich aus den erlaubten Zusatzbeanspruchungen der Bauteile, d. h. steife Bauteile bedürfen in der Regel einer genaueren Ausrichtung als lange und biegeweiche Wellenanschlüsse. Tritt eine bei Stillstand der Anlage stationäre Verformung auf, z. B. durch die Schwerkraft der Wellen, so kann man diese durch die Ausrichtung leicht berücksichtigen.

Größerer Anstrengungen bedarf es schon, wenn die Betriebstemperaturen der Anlage die Wellenflucht erheblich beeinflussen. Dies zu berücksichtigen, ist besonders notwendig, soll doch die Maschinenanlage im normalen, hauptsächlich gefahrenen Betriebszustand - und dies ist in der Regel der betriebswarme Zustand - möglichst geringe Zwangsverformungen aufweisen. Da im Ausrichtzustand, das heißt einer Anlage auf Ausrichtschrauben, Unterlegblechen etc., der Maschinenverband nicht warmzufahren ist, muß eine Vorausrichtung vorgenommen werden. Da im Betrieb nicht ausgerichtet werden kann und das Ausrichten meistens länger dauert als die Maschinenanlage betriebswarm gehalten werden kann, ergeben sich oft erhebliche Schwierigkeiten. So bleibt entweder bei Serienanlagen der Erfahrungswert einer "kalten Fehlausrichtung" oder zwangsläufig die Mühsal des Nachausrichtens, für welche der Abnehmer oder Generalunternehmer wegen des Zeit- und Kostenaufwandes oft wenig Verständnis zeigt. Bevor die speziellen Gesichtspunkte einer Hubkolbenmaschine besprochen werden, muß der Einfluß von Fertigungsfehlern oder eines mangelnden Rundlaufs der Anschlußteile erwähnt werden.

Ein Schlag zwischen Bohrung und Zentrierung einer Wellenkupplung oder ein Axialschlag des Flansches lassen sich durch Ausrichtmaßnahmen ebenso wenig korrigieren wie eine taumelnde Welle. Die hierdurch in die Anlagenteile hineingebrachten Zwangsverformungen sind proportional den Fertigungsfehlern und spielen insbesondere bei steifen Bauteilen eine entsprechende Rolle, weil sie hohe Spannungen und große zusätzliche Lagerkräfte verursachen (Abb. 10.3). Da es sich für die umlaufenden Teile um eine stationäre Verformung der Bauteile handelt, führt dieser Verspannungszustand in der Regel nicht zum Bruch der Wellenleitung.

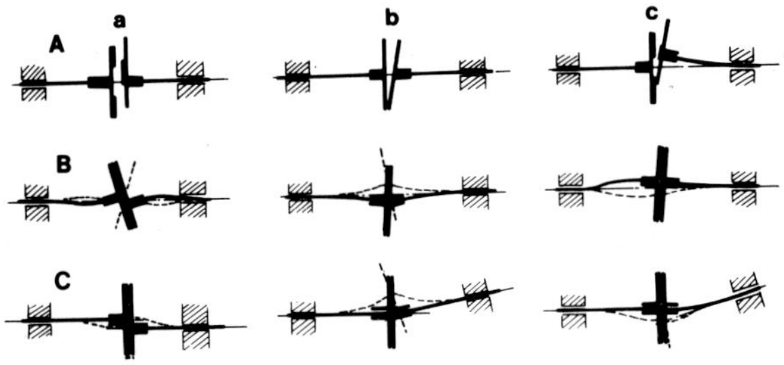

Abb. 10.3: Fehler durch Fertigungstoleranzen -
a) Fluchtfehler von Flanschnabe und Zentrierung
b) Winkelschlag im Flansch
c) Schlag in der Welle

Noch größere Schwierigkeiten ergeben sich naturgemäß, wenn die Lager, nach denen ausgerichtet wird, gegeneinander ihre Lage verschieben. Dies kann eine Folge von Wärmeverformungen, z. B. durch Tanks im Fundamentrahmen (im Schiff kommen hier in der Regel Schmieröltanks oder vorgeheizte Schweröltanks im Bereich der Maschinenanlage in Frage), oder auch von Formänderung des Maschinenrahmens (z. B. Verformungen des Schiffskörpers durch Beladungszustand oder den Wellengang) sein. Während die Wärmeverformungen in der Nachkorrektur berücksichtigt werden können - sofern der Prüflauf unter betriebsnahen Randbedingungen erfolgte -, ist der Einfluß von Fundamentverformungen durch äußere Kräfte in der Regel nur durch Erfahrung zu kompensieren. Hier muß insbesondere der Schiffbauer mit seinen reichhaltigen Erfahrungen dem Maschinenbauer zu Hilfe kommen, für den die Verformungsmöglichkeiten eines Schiffskörpers oft unverständlich bleiben, zumal die unterschiedlichen Bauformen für den Außenstehenden in vielen Fällen zu überraschenden Ergebnissen führen.

10.1.2 Das Ausrichten einer Anlage mit Hubkolbenmotor

Einen besonderen Einbaufall stellt die Hubkolbenmaschine dar. Das Besondere dieser Maschine liegt darin, daß

a) zu dieser Maschine ein Schwungrad gehört, welches nur in Ausnahmefällen unter Berücksichtigung vielfacher Grenzbedingungen allein von der Kurbelwelle getragen werden kann,

b) der nahe der Kupplung liegende Wellenabschnitt, nämlich die erste Kröpfung innerhalb des Motors, durch die Maschinenbelastung allein hoch beansprucht ist und nur geringe zusätzliche Belastungen zuläßt,

c) für das Endlager des Motors im Regelfall das gleiche wie unter b) für die erste Kröpfung Gesagte gilt,

d) die Biegeelastizität der Kurbelwelle in den verschiedenen Richtungen nicht konstant ist und daß

e) nahe der Wellenkupplung in das Feder-Masse-System "Welle - Schwungrad" erhebliche Erregerkräfte für Wellen-(biege)-schwingungen eingeleitet werden.

10.1.3 Motoren mit Außenlagern

Bei üblichen Anlagen mit Außenlager (Abb. 10.4) werden durch korrekte Ausrichtung die sich aus genannten Besonderheiten ergebenden Probleme wenig zum Tragen kommen, weil das Außenlager als zusätzliches "Maschinenlager" alle vorgenannten Gefahrenmomente egalisieren kann. Unter Berücksichtigung, daß dieses Lager eigentlich als außenstehendes Motorenlager anzusehen ist, sind jedoch eine Reihe von Forderungen an dieses Lager zu stellen:

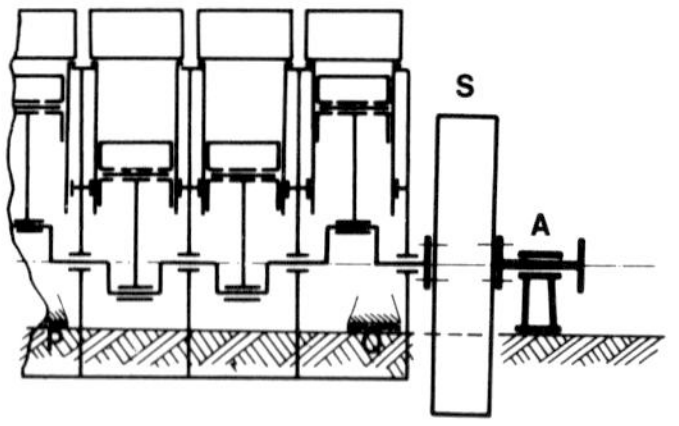

Abb. 10.4: Hubkolben-Brennkraftmaschine mit Schwungrad S und Außenlager A

a) Es muß ausreichend dimensioniert sein, da es nicht nur einen Anteil des Schwungradgewichts als stationäre Belastung tragen muß, sondern es auch unvermeidlich ist, daß dynamische Kräfte als Zusatzbelastungen in das Lager eingeleitet werden. Insbesondere beim Trend zu immer kleineren Schwungrädern wird zwar das Außenlager von einem Teil Schwungradgewichts entlastet, doch treten nunmehr größere dynamische Belastungen auf, die zu bisher wenig bekannten Tragbildern in Grundlagern führen können. Die besonders bei schweren Schwungrädern sonst kaum benutzte Oberschale der Außenlager wird nunmehr immer mehr tragender Maschinenteil.

b) Das Außenlager muß mit dem Maschinenfundament sehr steif verbunden sein, um als "Außenmaschinenlager" wirken zu können. In Einbaufällen mit sehr großen Schwungrädern treten hier oft Schwierigkeiten auf, weil die großen Ausschnitte für das Schwungrad in den Längsträgern des Fundaments eine beträchtliche Schwächung des Verbandes darstellen. Bei den kleineren Schwungrädern ist in der Regel zwar eine steifere Anbindung des Außenlagers möglich, doch müssen auch hier differenziertere Gedanken Platz greifen. Raumsparende Schachtelbauweise verführt oft zu Kombinationen, die aus dem Fundament einen lebenden Körper machen, dessen Bewegungsverhältnisse von den vielfältigsten Randbedingungen des Maschinen- und Schiffsbetriebes abhängen. Die dynamischen Zusatzbelastungen und der auch im Schiffbau zu erkennende Trend zum Leichtbau verlangen von dem Schiffbauer zusätzliche Gedanken, diesem Lagerfundament eine optimale Steifigkeit zu geben. Die zwangsläufige "Blechbauweise" im Schiffbau mit den dadurch verwickelten Kraftverläufen - die sich als Blechverformungen bemerkbar machen - verlangt oft zusätzliche Versteifungsbleche oder auch eine sinnvollere Integration von Motor und Außenlager in dem durch Wrangen, Längs- und Querspanten vorgegebenen Schiffsverband. Wie beim Lager selbst muß auch hier darauf geachtet werden, daß entgegen der Schwerkraft wirkende Kräfte in den Verband mitaufgenommen werden können, denn alle Ausrichtarbeiten sind hinfällig, wenn die beteiligten Maschinenelemente unter den Lasten ein Eigenleben führen können.

Im Schiff werden alle Anlagenteile nach dem Stevenrohr bzw. der Propellerwelle ausgerichtet. Insofern ist der Motor in der Regel beim Ausrichten das letzte Bauteil in der Leistungskette. Die Ausrichtung des Motors soll nicht nur besonders exakt sein, sondern unter Umständen auch noch möglichst alle vorher verlorenen Zeiten gegenüber dem Terminplan einholen.

Aus dem vorgenannten Aufbau resultiert das auf den ersten Blick widersinnige Verlangen, daß der Motor zu seinem Außenlager ausgerichtet werden muß. Bevor wir uns nun dem speziellen Ausrichtvorgang zuwenden, müssen wir uns noch über die Forderungen und Ausrichtmöglichkeiten am Motor klar werden.

Neben den vorgenannten Messungen an den zu kuppelnden Teilen selbst ergibt sich am Motor die Möglichkeit, den Belastungszustand der Endkröpfung durch die sogenannte Wangenatmung zu messen. Diese Zusatzmessung ermöglicht die Beurteilung, ob die Kurbelwelle biegemomentenfrei eingebaut ist, was aus den vorgenannten Bedingungen weitgehend notwendig ist. Eine Kurbelschenkelatmung $\Delta a = 0$ bedeutet dabei den biegespannungsfreien Einbau; aus dem Meßergebnis $+\Delta a$ oder $-\Delta a$ läßt sich ablesen, wie der Motorausrichtzustand korrigiert werden muß. Wie in Kapitel 10.2 näher erläutert, sind gemessene Kurbelschenkelatmungen hinsichtlich der daraus resultierenden Zusatzbeanspruchungen für Kurbelwelle und Lager durchaus unterschiedlich zu bewerten. So sind negative Atmungen - was zum Beispiel der Beanspruchung durch das Eigengewicht eines freifliegend angeordneten Schwungrades entspricht - weit weniger gefährlich als positive Atmungen, die durch seitlich oder nach oben gerichtete Kräfte (z. B. Riemenzug) verursacht werden.

10.1.4 Ausrichten eines Motors zu einem vorgegebenen Außenlager

Führt man einen Motor mit Schwungrad S so an den Wellenflansch heran, daß die Flanschverbindung ohne Zwang zu verschrauben ist (Abb. 10.5) ($e, \alpha, X = 0$), so ist der "üblichen" Ausrichtung Genüge getan, jedoch ist dieser Ausrichtzustand für die Kurbelwelle der denkbar schlechteste, weil das Außenlager dann nichts trägt.
Das Motorendlager wird hoch beansprucht, die Kurbelwelle trägt das Schwungrad freifliegend allein, das Ergebnis ist eine starke Kurbelschenkelatmung $-\Delta a$.

In manchen Fällen wird das Gewicht des Schwungrades S vor dem Ankuppeln durch einen galgenartigen Ausleger abgefangen (Abb. 10.6). Nunmehr werden zwar die Lager von Anlage und Motor miteinander fluchten, die gewünschte Traglastverteilung wird jedoch nicht erreicht. Dies zeigt sich dadurch, daß die Wangenatmung im zusammengebauten Zustand nach Lösen des Schwungrads nicht 0 wird (Abb. 10.7). Der biegeverspannte Zusammenbau ergibt Zusatzlasten für das Endlager.

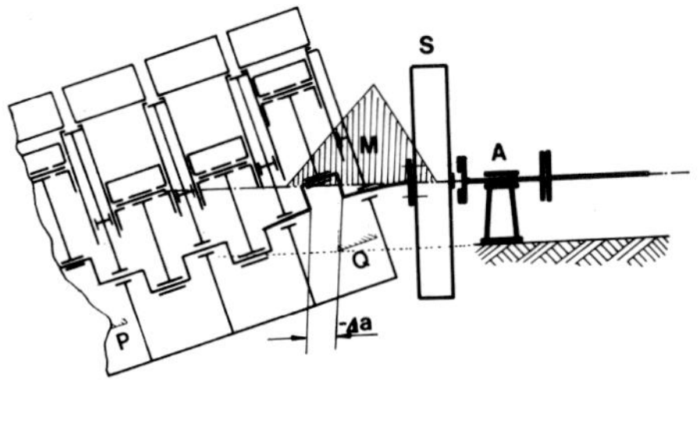

Abb. 10.5: Zum Außenlager A falsch ausgerichteter Motor (Kurbelwelle trägt Schwungrad allein)

Kann die Anschlußwelle Biegemomente übertragen, so ergeben sich einige weitere Möglichkeiten des falschen Zusammenbaues. Endet die Montage in einem Ausrichtzustand nach Abb. 10.8, so ergibt die Kurbelschenkelatmung eine scheinbar richtige Montage, nur trägt die Anschlußwelle über die Lager A in diesem Fall das gesamte Schwungradgewicht.

Unter diesen Randbedingungen führt auch eine korrekte Lagerflucht nicht zu dem gewünschten Ausrichtzustand (Abb. 10.9). Die Lastverteilung richtet sich dabei nach den Steifigkeiten von Kurbelwelle und Anschlußwelle.

Schließlich erreicht man sogar eine atmungsfreie Montage der Kurbelwelle,

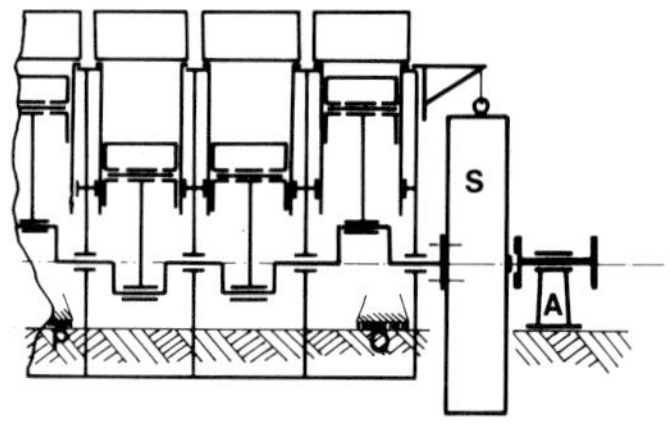

Abb. 10.6: Abgefangenes Schwungrad

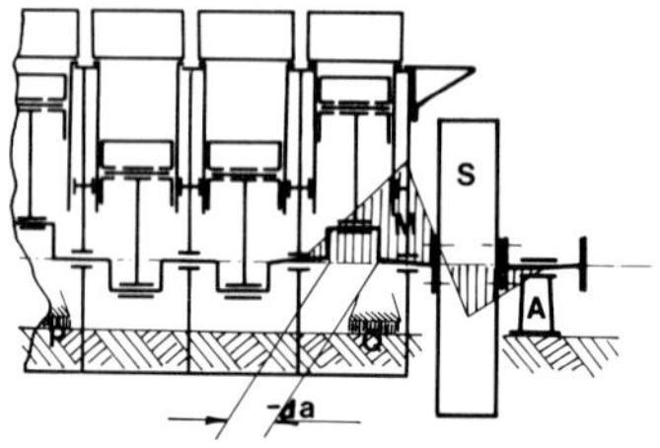

Abb. 10.7: Falsch ausgerichteter Motor - Die Wellen fluchten zwar, aber Kröpfung wird auf Biegung belastet

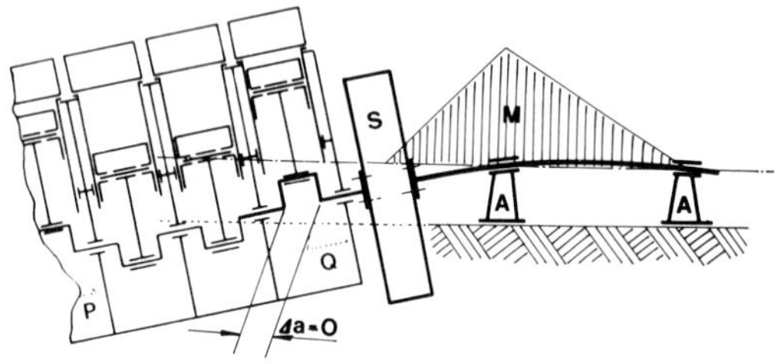

Abb. 10.8: Falsch ausgerichteter Motor - Anschlußwelle trägt Schwungrad allein

wenn man die Schwungradseite absenkt (Abb. 10.10). Dies geht auf Kosten der Anschlußwelle und des Außenlagers.

Ein korrekter Zusammenbau kann nur aus der Grundstellung nach Abb.10.4 erfolgen. Der Motor wird an beiden Enden angehoben, und zwar schwingungsdämpferseitig erheblich mehr als auf der Schwungradseite. Alle Motorenlager müssen oberhalb der ideellen Lagerflucht liegen (Abb. 10.11). Eine gleichmäßige Lastverteilung auf Endlager und Außenlager ist in praxi nur aus dem Mittelwert der beiden Extremstellungen "Kurbelwellenendlager hebt ab" und "Außenlager hebt ab" (Spionmessung) zu erzielen. Durch Regulierung der Aufstellhöhe auf Schwingungsdämpferseite ist die Kurbelschenkelatmung zu korrigieren. Auf diese vorgenannte Weise ist sichergestellt, daß das Schwungradgewicht von dem Motorendlager und dem Außenlager getragen wird und keine Zusatzbeanspruchungen in die Kurbelwelle (und Anschlußwelle) hineingetragen werden. In diesem Zusammenhang sei darauf hingewiesen, daß man sich die Ausrichtarbeiten erheblich vereinfacht, wenn die Ausrichtschrauben in der Lagerwandebene der Endlager liegen, da somit bei der Ausrichtung eine gegenseitige Beeinflussung der einzelnen Einstellvorgänge relativ gering ist.

10.1.5 Ausrichten von Schiffsmotoren mit außenliegendem Drucklager

Viele langsamlaufende Motoren, die zum Direktantrieb des Propellers geeignet sind, besitzen kein ausreichend dimensioniertes Drucklager, um den Propellerschub aufzunehmen. Hier wird zwischen Motor und Propellerwelle ein separates Axial-Drucklager eingebaut, welches auf Schrägstellungen der Druckscheibe gegenüber den Druckklötzen besonders leicht mit Lagerversagen (erhöhter Verschleiß, Lagerfresser) reagiert. Der Ausrichtvorgang ist hierbei eigentlich der gleiche wie unter 10.1.4.

Auch hier muß der Motor mit all seinen Grundlagern oberhalb der Lagerflucht stehen (Abb. 10.12). Die Biegespannungsfreiheit des Drucklagers erkennt man am besten, wenn man während des Einrichtevorgangs mittels zweier Meßuhren die Bewegung der Drucklagerwelle in den beiden Radiallagern beobachtet. Bei richtigem Einbau liegen beide Radiallager unten auf, die Kurbelschenkelatmung ist Null. Ein atmungsfreier Einbau nach Abb. 10.13 bringt erhöhten Zwang in die Drucklagerwelle.

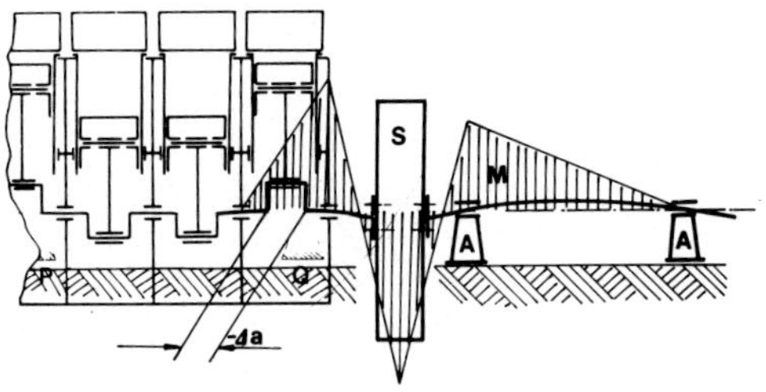

Abb. 10.9: Falsch ausgerichteter Motor - Kurbelkröpfung und Anschlußwelle werden auf Biegung belastet

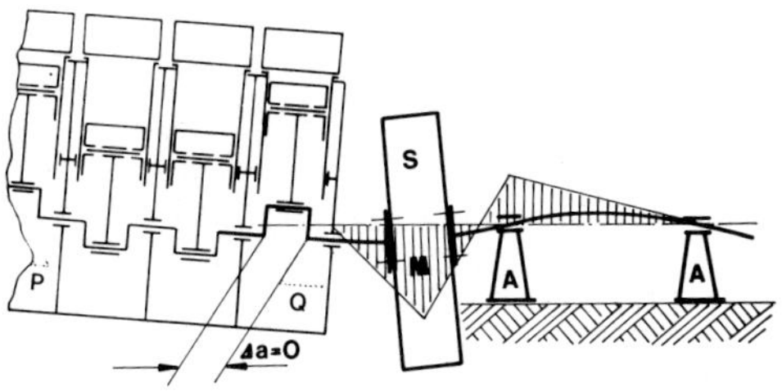

Abb. 10.10: Falsch ausgerichteter Motor - Anschlußwelle wird auf Biegung belastet

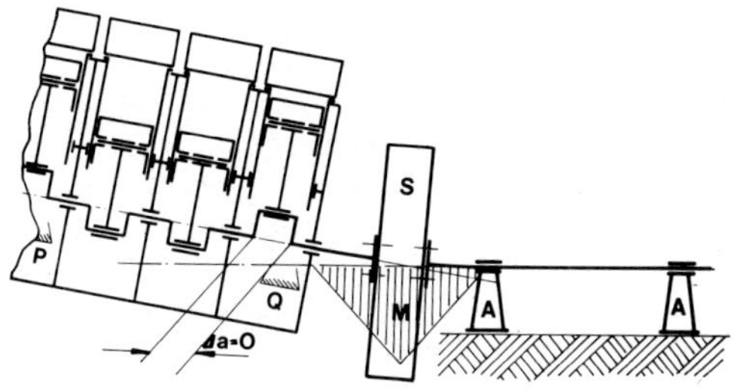

Abb. 10.11: Richtige Ausrichtung - Außenlager und Kurbelwellen-Endlager tragen das Schwungradgewicht

10.1.6 Ausrichten von Motoren mit freifliegenden Schwungrädern

Der Ausrichtvorgang eines Motors mit freifliegendem Schwungrad und elastischer Kupplung an eine vorhandene Wellenleitung ist der einfachste Einbaufall. Über die Notwendigkeiten zum Einbau einer elastischen Kupplung im Schiffsverband hat PINNEKAMP /31/ berichtet.

Sorgt man dafür, daß der Anschlußflansch infolge der Elastizität der Kupplung nicht desaxiert oder angewinkelt ist, braucht man den Motor mit Schwungrad (und Kupplung) nur nach dem vorhandenen Flansch auszurichten. Man erkennt aus Abb. 10.14, daß nunmehr alle Motorengrundlager unterhalb der ideellen Lagerflucht liegen, und zwar die Schwingungsdämpferseite mehr als die Schwungradseite.

Die sich durch das Schwungradgewicht ergebende Atmung wird durch den Anbau nicht beeinflußt. Liegen vor und nach Montage verschiedene Atmungswerte vor, so wird der Verband über die Radialsteifigkeit der Kupplung vorgespannt.

10.1.7 Ausrichten von Motoren mit Abstützung des Schwungrades über eine elastische Kupplung

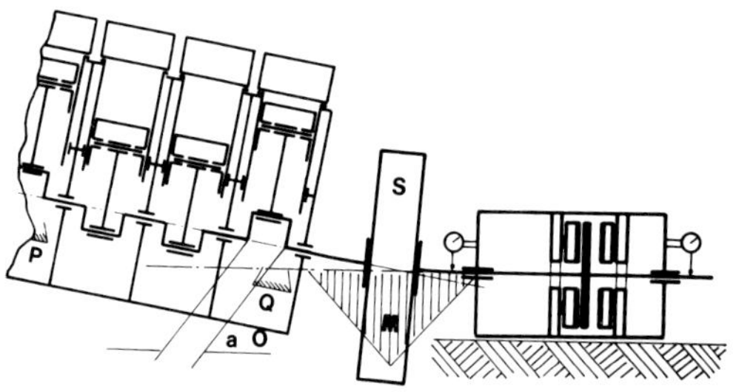

Abb. 10.12: Richtig ausgerichtetes Propeller-Drucklager

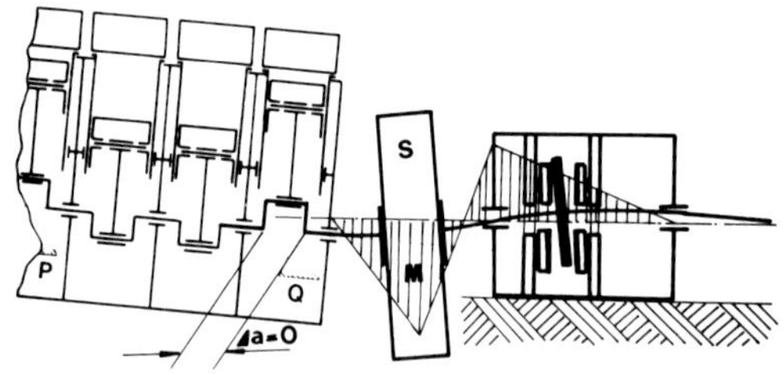

Abb. 10.13: Verkantetes Propeller Drucklager

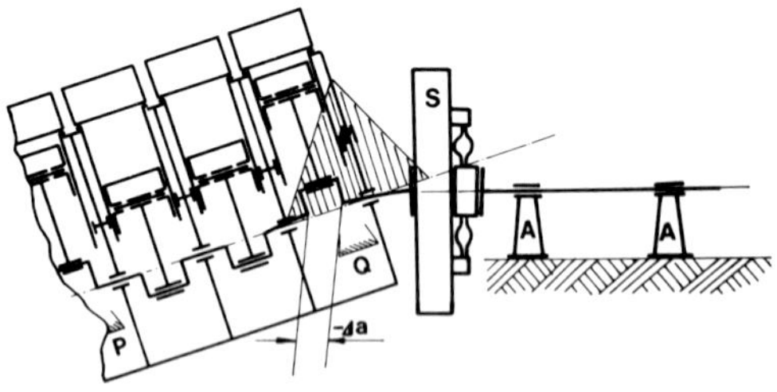

Abb. 10.14: Freifliegend angeordnetes Schwungrad mit elastischer Kupplung

Der einfachen und raumsparenden Ausführung eines Motors mit freifliegendem Schwungrad sind Grenzen gesetzt durch die Größe des Schwungrades. Bei den hohen Anforderungen an Gleichlauf, an niedrige Zusatzbelastungen für elastische Kupplung und Anlage, beim Anbau von Schwungradbremsen u. ä. ist es ratsam, auf die Verwendung extrem leichter Schwungmassen - die nahe der Grenze für eine vernünftige Regulierung des Motors liegen (Reglerzackeln) - , zu verzichten.
Sehr große freifliegende Schwungräder verbieten sich aber wegen ihres Gewichts und der durch eventuell auftretendes Schwungradflattern in Biegeresonanzen erzeugten hohen Zusatzbeanspruchungen der Endkröpfung. Ein gangbarer Kompromiß zeichnet sich durch die Verwendung mittelschwerer Schwungräder ab. Dies wird ermöglicht, wenn man über die radiale Steifigkeit der Kupplung einen Teil des Schwungradgewichts auf das Außen- (Getriebe) -Lager abstützt. Dies setzt natürlich die Zulässigkeit eines "Einbau-Achsversatzes" in der elastischen Kupplung voraus. Hierüber liegen von den wichtigsten Kupplungsherstellern entsprechende Angaben vor. Schwieriger ist es in der Regel, vom Getriebehersteller zu erfahren, welche Zusatzbelastungen für das Getriebeeingangslager zulässig sind. Diese Zurückhaltung ist verständlich, weil bei Wälzlagerungen jede Zusatzlast auf Kosten der Lebensdauer geht. Dennoch muß in diesen Fällen zwischen Motoren- und Getriebeherstellern ein vernünftiger Kompromiß gefunden werden. Dieser Kompromiß wird dem Getriebekonstrukteur um so leichter fallen, je mehr er sich in die Einbausituation eines Getriebes an einer starren Wellenverbindung mit allen ihren Zwängen und daraus resultierenden Kräften gedanklich hineinversetzt. Hierbei sind nämlich auch bei geringen Desaxierungen Zusatzbelastungen in Höhe der Zahnkräfte (und dann dazu noch in undefinierter Richtung) in den üblichen Anlagebauformen keine Seltenheit.

Die Ausrichtung erfolgt hier erst wie unter Abschnitt 10.1.6. Mit Kenntnis der radialen Federrate der Kupplung und der gewünschten Abstützkraft kann man das Maß Y festlegen, um welches der Motor gegenüber der Ausrichtung nach 10.1.6 abgesenkt werden muß (Abb. 10.15). Dabei sind Werte für Y um 1 mm keine Seltenheit, was besonders bei erfahrenen Monteuren oft eine kaum zu überwindende Scheu hervorruft. Die Kurbelschenkelatmung wird im Verhältnis der Lastverteilung des Schwungradgewichts und Wellenlagerung verkleinert auf Kosten einer Zusatzbeanspruchung von Kupplung (Erwärmung) und Außenlager.

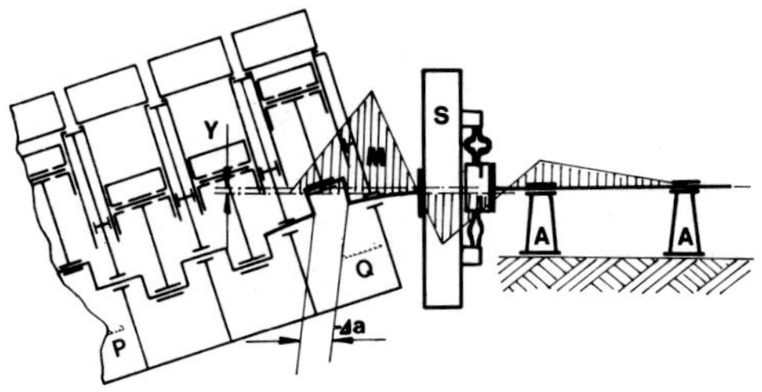

Abb. 10.15: Freifliegend angeordnetes Schwungrad mit Stützwirkung über die elastische Kupplung

10.1.8 Ausrichten von Motoren mit hydraulischer Kupplung

Jede neu anzukoppelnde Maschine muß im Grunde neu überdacht werden. Hier sei nur beispielhaft der Anbau einer hydraulischen Kupplung dargestellt.

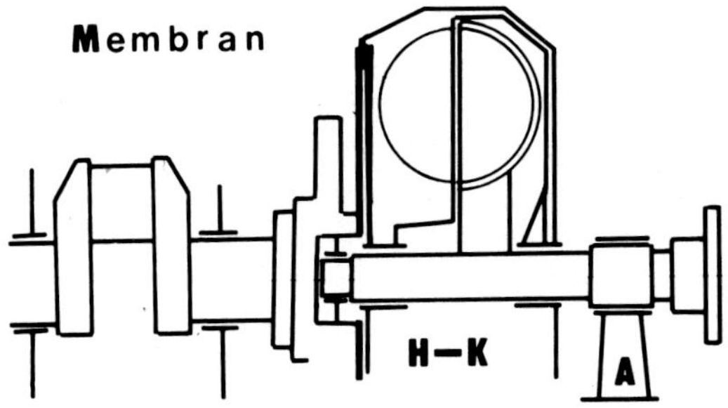

Abb. 10.16: Prinzipskizze einer hydrodynamischen Kupplung mit Membran

Liegt eine hydraulische Kupplung nach der Prinzipskizze (Abb. 10.16) vor, so kommt als weiterer zu beachtender Parameter der Axialschlag der Membran hinzu, der zulässige Maße nicht überschreiten darf. Baut man eine solche Kupplung an einen Motor, so ergibt sich eine Verformung nach Abb. 10.17. Von entscheidender Bedeutung ist nun, ob die Befestigung der Kupplungswelle an der Anschlußwelle biegesteif oder elastisch erfolgt.

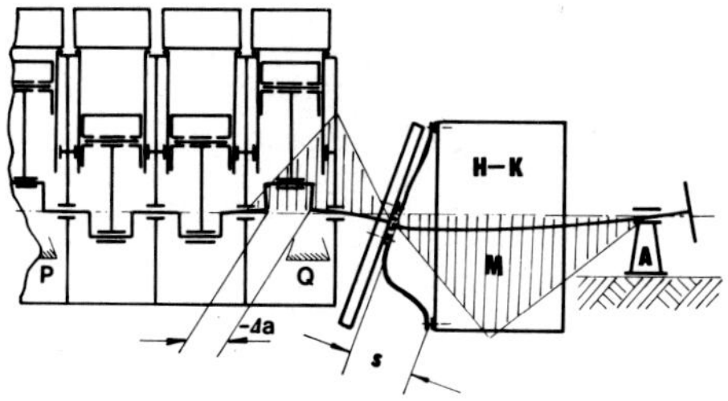

Abb. 10.17: Fluchtende Lager, jedoch mit taumelnder Membran

Haben wir eine biegesteife Anflanschung, so ist es möglich, das Kupplungsgewicht über die Kupplungswelle aufzunehmen und den Motor dazu so auszurichten, daß das Führungslager kraftfrei läuft und der Axialschlag gegen Null geht (Abb. 10.18). Hierbei ist auch die Kurbelschenkelatmung Null. Dies ist zwar auch bei der Ausrichtung nach Abb. 10.19 der Fall, doch ist hier der Axialschlag S der Membran groß. Der Axialschlag kann aber auch Null sein (Abb. 10.20), nur ist die Atmung der Endkröpfung nicht in Ordnung.

Erheblich erschwert ist der Aufbau der Anlage, wenn die Wellenverbindung zwar drehsteif, aber biegeweich ist (Lamellenkupplung, Gelenkwelle etc.). Darf über diese Wellenverbindung keine Querkraft

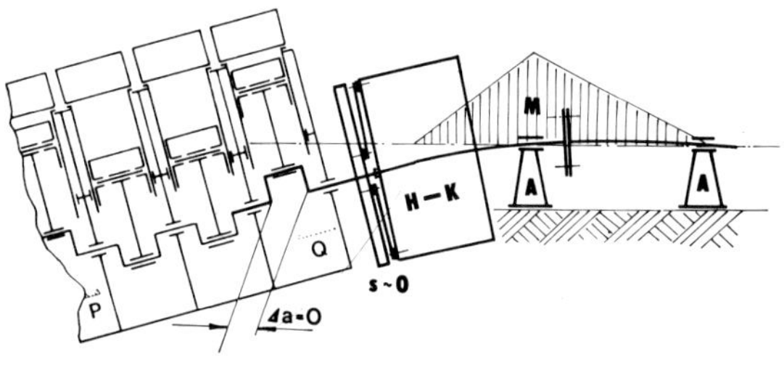

Abb. 10.18: Anschlußwelle trägt Turbokupplung, - Axialschlag S und Kurbelschenkelatmung Δa = O

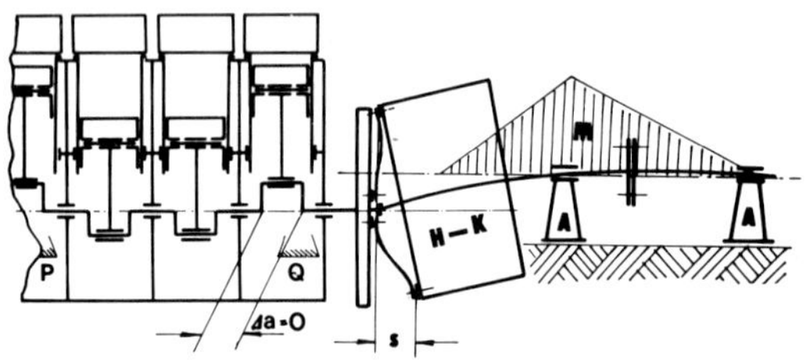

Abb. 10.19: Parallele Wellen (abgesenkter Motor) erzwingen Kurbelschenkelatmung Δa = O, verursachen jedoch Axialschlag der Membran

geleitet werden und besitzt die Kupplungswelle kein eigenes Lager, so ist praktisch kein Einbau möglich, da man die hydraulische Kupplung über die Biegesteifigkeit der Membran tragen müßte (Abb. 10.21). Dies ist in der Regel nicht zulässig. Mit Kupplungsaußenlager ist ein Zusammenbau zwar möglich, wenn die Gewichte dies zulassen, jedoch ist die Ausrichtung der Anlage sehr schwierig, da hierbei Motor und Kupplungswellenlager gleichzeitig ausgerichtet werden müssen (Abb. 10.22). Ist die Übertragung einer Radiallast in der Kupplung E möglich, ergibt sich ohne Kupplungswellenlager ein Aufbau nach Abb. 10.23, wobei die Winkelneigungen von den Steifigkeitsverhältnissen abhängen. Mit Kupplungslager ergibt sich in der Regel ein Mittragen der Anschlußwelle nach Abb. 10.24, wobei man über den Traganteil die Kurbelschenkelatmung beeinflussen kann.

In der Regel leichter ist die Ausrichtarbeit, wenn die Arbeitsmaschine zur Kraftmaschine ausgerichtet werden soll.

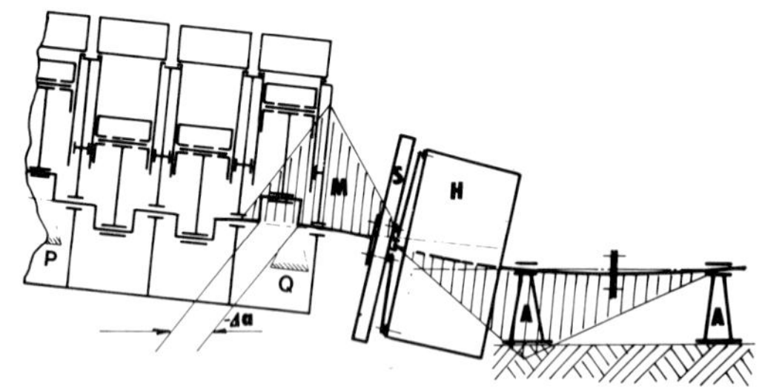

Abb. 10.20: Große Radialkraftübertragung in der Membran erzeugt Axialschlag S = O, verursacht jedoch unzulässige Kurbelschenkelatmung

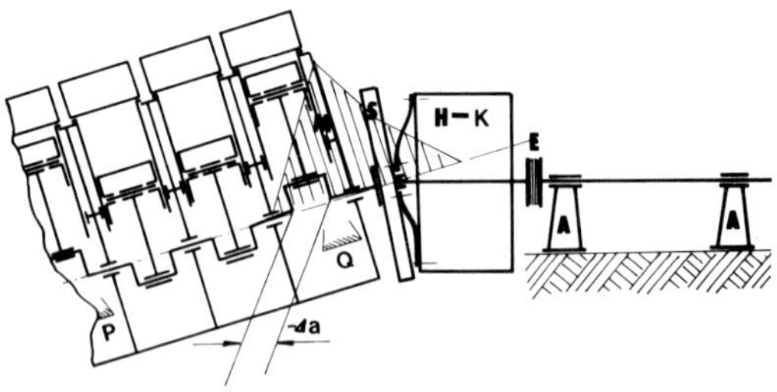

Abb. 10.21: Gewicht der Turbokupplung wird über die Radialsteifigkeit der Membran getragen

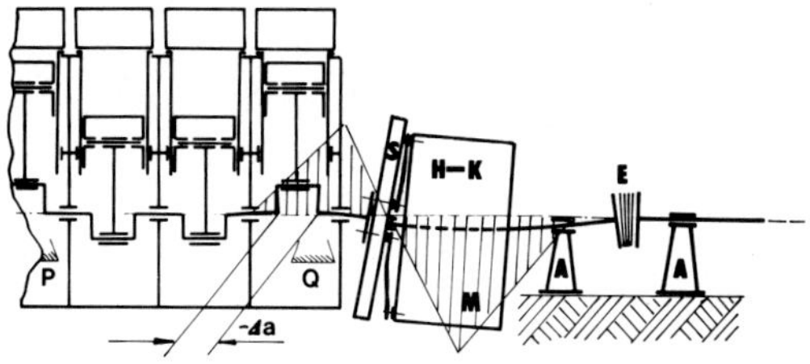

Abb. 10.22: Richtige Traglastverteilung, wenn nicht zu vermeidende Deformationen Δa und ΔS in zulässigen Grenzen

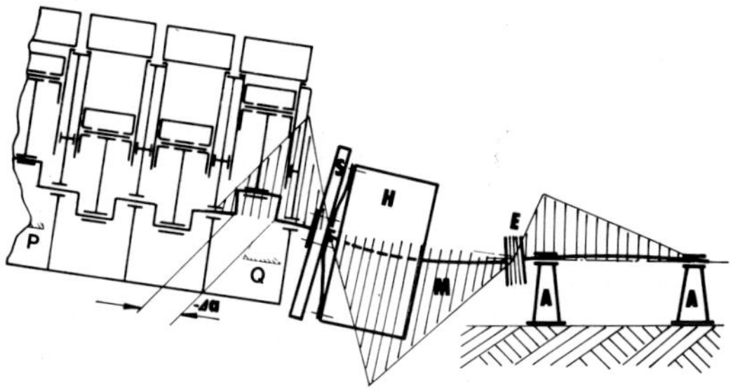

Abb. 10.23: Radiales Tragen der biegeelastischen Kupplung E (Membranen etc.)

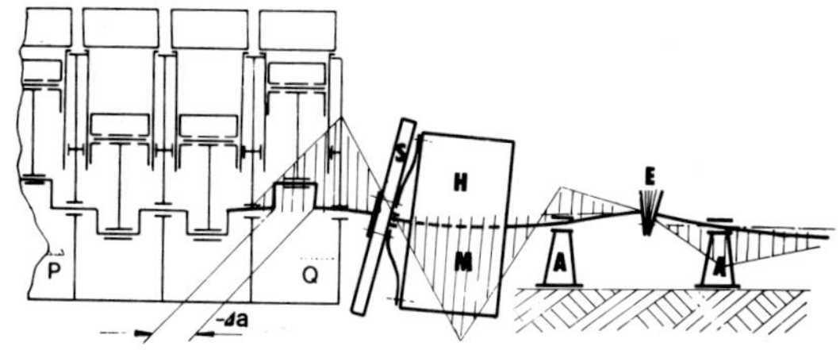

Abb. 10.24: Traglastverteilung an die Anschlußwelle über eine biegeweiche, radial steife Kupplung

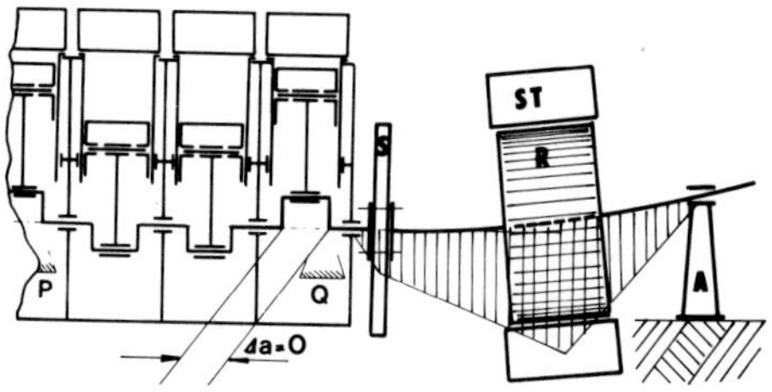

Abb. 10.25: Korrekte Ausrichtung eines Einlagergenerators mit losem Außenlager

10.1.9 Ausrichten von Einlagergeneratoren

Der einfachste Fall ist der des Einlagergenerators, da hier nur ein Lager nach dem Motor ausgerichtet werden muß. Die Gesichtspunkte der Ausrichtung sind dabei die gleichen wie beim "Außenlager", das Gewicht des Rotors soll auf Motorendlager und Generatorlager verteilt werden, eine Biegebeanspruchung der Kurbelwelle ist zu vermeiden. Hat man ein loses Generatorlager, so richtet man dies allein so aus, daß es oberhalb der Fluchtungslinie der Motorenlagergasse steht und die vorgenannten Forderungen erfüllt sind. Der Stator wird dann gesondert nach dem Luftspalt ausgerichtet (Abb. 10.25).
Wird ein Einlagergenerator im Schild des Gehäuses angebracht, so muß man das Generatorgehäuse so neigen, daß sowohl Kurbelschenkelatmung als auch Luftspalt die geforderten Werte erreichen (Abb. 10.26). Ist das Lager im Schild nicht einstellbar, so kann man den Luftspalt nur auf einer Seite korrekt einstellen. In praxi wird man mitteln. Es gibt auch Einbaufälle eines Einlager-

generators mit drehelastischer Kupplung. In der Regel ist hierbei eine Biegemomentenübertragung über das elastische Glied nicht möglich. Will man die Beanspruchung (Verschleiß) der Kupplung durch Winkelneigung gering halten, so ist ein Anbau nach Abb. 10.27 vorzunehmen. Da hierbei eine Schenkelatmung nicht zu vermeiden ist, werden die Grenzen derart aufgestellter Generatoren durch die zulässigen Atmungswerte gegeben.

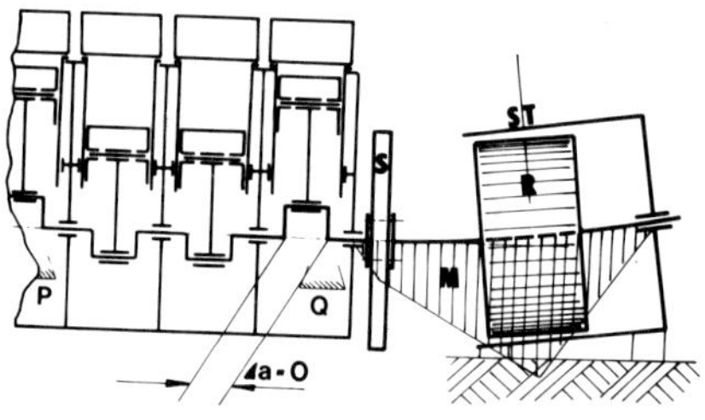

Abb. 10.26: Anbau einer Einlager-Generator-Einheit

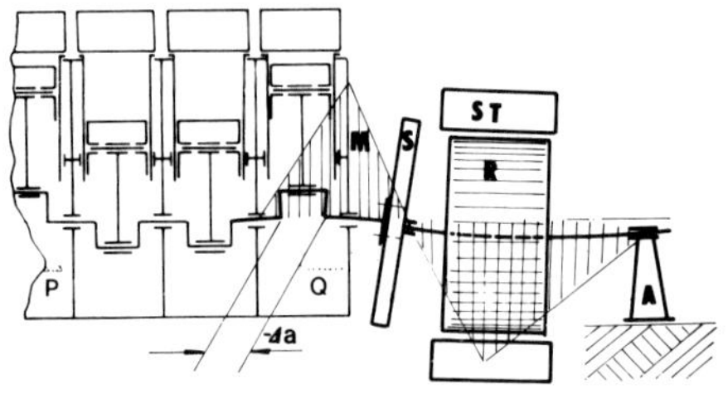

Abb. 10.27: Anbau eines Einlager-Generators über einen dreh- und biegeweichen Anschluß an das Schwungrad

10.1.10 Ausrichten von Arbeitsmaschinen mit zwei Lagern

Auch diese Situationen lassen sich auf schon vorher besprochene Varianten zurückführen.

Wird die Arbeitsmaschine dreh- und biegestarr an die Kurbelwelle angeflanscht, so kann man auch hier ein Lager der Arbeitsmaschine zum Tragen des Schwungrades mitheranziehen. Beim Aufbau nach Abb. 10.28 kann man sowohl Kurbelwelle als auch Arbeitsmaschinenwelle zwischen den Lagern spannungsfrei halten. Hier ist darauf zu achten, daß nunmehr das Endlager der Arbeitsmaschine gut einjustiert wird.

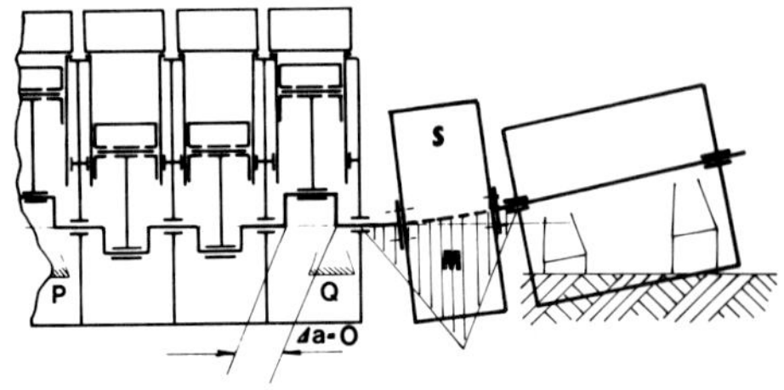

Abb. 10.28: Richtiger Anschluß einer Zweilager-Arbeitsmaschine

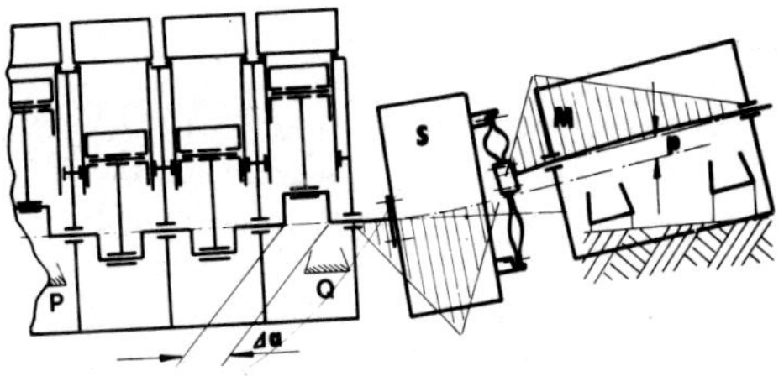

Abb. 10.29: *Mittragen der Arbeitsmaschinenwelle über die radiale Steifigkeit der Kupplung*

Wird die Arbeitsmaschine elastisch gekuppelt, so ergibt sich die Situation nach Abschnitt 10.1.6 bzw. 10.1.7. Je nachdem, wieviel die Kupplung vom Gewicht des Schwungrades mittragen soll, steht die Arbeitsmaschine um das Maß p höher (Abb. 10.29).

Am einfachsten ist die Montage, wenn die Ausrichtung zwischen Motor und Arbeitsmaschine durch Zentrierungen - wie z. B. in den SAE-genormten Abmessungen für Schwungrad- und Kupplungsgehäuse vorliegen - vorgegeben ist. Derartige Ausrichtungen sehen im Rahmen vorgegebener Toleranzen in der Regel eine Flucht der zu verbindenden Wellen vor. Aus dem Vorgenannten kann man aber ableiten, daß dies im Grunde genommen nicht der ideale Ausrichtzustand ist (Abb. 10.30). Sowohl Kurbelkröpfung als auch Arbeitsmaschinenwelle werden auf Biegung belastet. Da diese Methode in der Regel bei kleineren Motoren mit relativ kleinen Schwungrädern angewandt wird, führen die Fehler selten zu Beeinträchtigungen des Anlagenbetriebs. Verwendet man jedoch dieses Anflanschprinzip mit einem Einlagergenerator in Verbindung mit einer schon an sich hochbelasteten Kurbelwelle, kann dies in die Grenzbereiche des Zulässigen führen (Abb. 10.31).

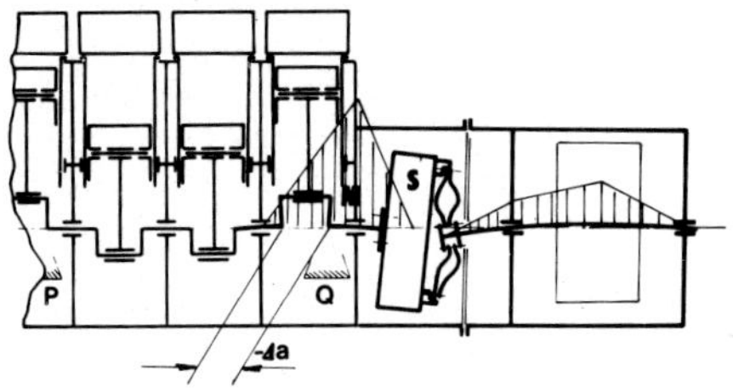

Abb. 10.30: *Traglastverteilung einer elastisch angekoppelten Zweilager-Flanscheinheit*

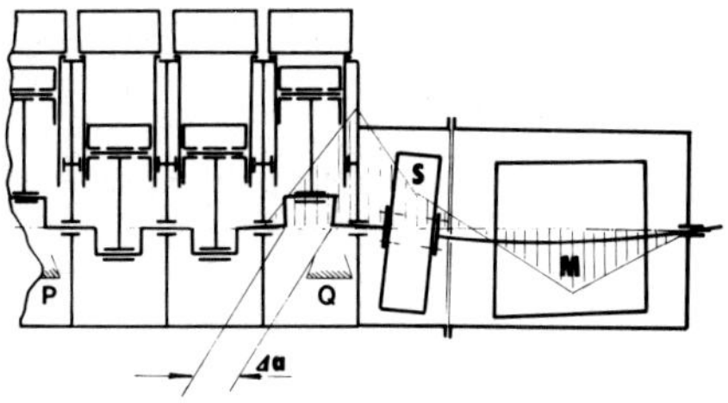

Abb. 10.31: *Starre Ankopplung eines angeflanschten Einlager-Generators*

10.1.11 Grundsätzliches zum Ausrichten von Maschinen

Wie bereits erwähnt, ist der betriebswarme Zustand einer Anlage als der Normalzustand anzusehen. Wärmedehnungen bringen Verschiebungen, die die Einbauverhältnisse erheblich verändern können. Zu einer betriebswarmen Anlage gehört aber, daß alle Teile eine betriebsnahe Temperatur angenommen haben. Es nützt überhaupt nichts, z. B. nur den Motor warmzufahren und das Getriebe nur im Leerlauf mitlaufen zu lassen, so daß es kalt bleibt (Abb. 10.32). Da man die Grundausrichtung nur im kalten Zustand vornehmen kann, können nur Überlegungen und Erfahrungen zu den notwendigen "Korrekturfaktoren" führen. Im betriebswarmen Zustand ist eine Nachmessung vorzunehmen, notfalls wird sich eine Nachausrichtung nicht vermeiden lassen.

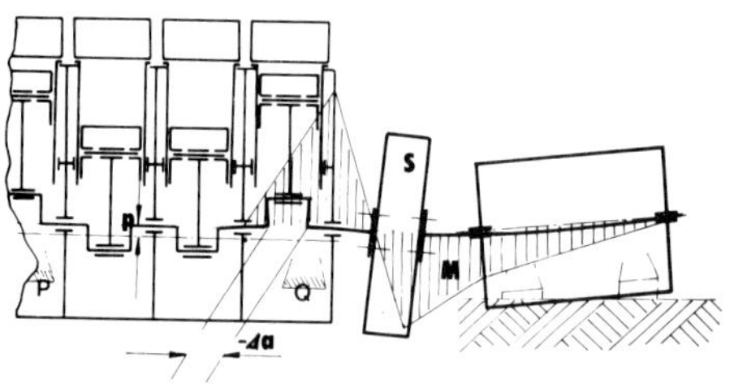

Abb. 10.32: 'Wachsen' des betriebswarmen Motors um das Maß 'p' und Einfluß auf die Biegemomentenverteilung bei kalter Arbeitsmaschine

Der beste und sorgfältigste Einbau bringt jedoch auch dann in praxi nicht den gewünschten Erfolg, wenn sich das Fundament, und damit die Basis aller Lagerungen, vorübergehend (durch Wärmeeinfluß oder Kräfte) oder bleibend (durch Abbau von Eigenspannungen, Verrutschen auf dem Fundament durch ungenügende Spannkraft oder arbeitendes Fundament) verformt. Typische Beispiele sind hierfür Tankeinbauten in unmittelbarer Nähe von Teilen der Maschinenanlage (Abb. 10.33) oder zu große Verformungsfreudigkeit des Maschinenfundaments (Abb. 10.34). Hier empfiehlt sich die Nachmessung bei verschiedenen Ballastzuständen.

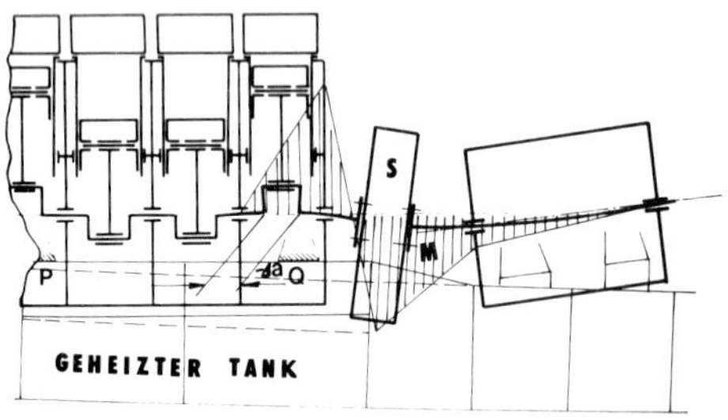

Abb. 10.33: Zwangsverformung durch ein teilbeheiztes Fundament

Die Situation ist besonders kritisch, wenn die Verformung nur im Betrieb auftritt oder von Lastzuständen der Anlage abhängig ist. Bekannt sind hier z. B. sich elastisch verformende Schublagerfundamente, so daß sich das gesamte Drucklager unter dem Propellerschub schrägstellt (Abb. 10.35). Deshalb sollte von vornherein bei der Erstellung eines Fundaments aus Blechen auf optimale Steifigkeit geachtet werden, was meistens erreicht wird, wenn der Kraftfluß möglichst ohne Umlenkungen durch das Fundament erfolgt. Wrangen- und Spantabstand und Lochteilung der aufzustellenden Maschine stellen den Fundamentkonstrukteur oft vor schwer lösbare Aufgaben.

Da den Temperatur- und kraftabhängigen Verformungen kein Ausrichtzustand gewachsen ist (höchstens eine Mittelung), muß diesen Gesichtspunkten jedoch erhöhte Beachtung geschenkt werden. Sind die Verformungen klein, so wird der zulässige Toleranzbereich diese Instabilitäten schlucken. Werden sie unzulässig groß, so muß das Fundament entsprechend geändert oder versteift werden.

Veränderungen des Ausrichtzustandes im Laufe des Betriebes (Abbau von Eigenspannungen, Verschleiß von Paßstücken, Wegrutschen von Bauteilen, Verformungen durch Stöße (Grundberührung) können nur durch laufende Kontrolle festgestellt werden. Die Beobachtung des Ausrichtzustandes kann dem Betreiber einer Anlage nur empfohlen werden, da die durch Ausrichtfehler resultierenden Schäden teuer und langwierig sind. Dabei ist der Ausrichtzustand eines Motors einer jener vielen Parameter, die den Prüfstandsbetrieb vom täglichen Einsatz beim Kunden unterscheiden. Während man viele Randbedingungen im Einsatz draußen nicht wesentlich beeinflussen kann - in diesem Fall z. B. die "größere Beweglichkeit" des Fundaments - , so sollte man jedoch bei den meßtechnisch erfaßbaren Größen - und dies ist der Ausrichtzustand - größte Sorgfalt walten lassen, um für derartige Fehler möglichst wenig stille Reserven mobilisieren zu müssen.

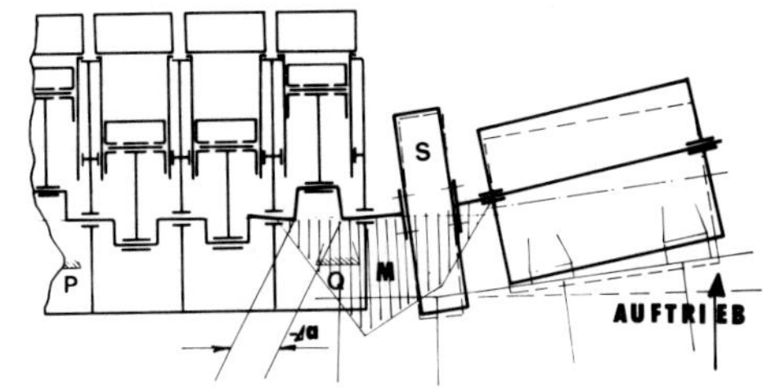

Abb. 10.34: Einfluß von Fundamentveränderungen (Beladungszustand des Schiffes, Fundamentverformung) auf die Kurbelwellenbelastung

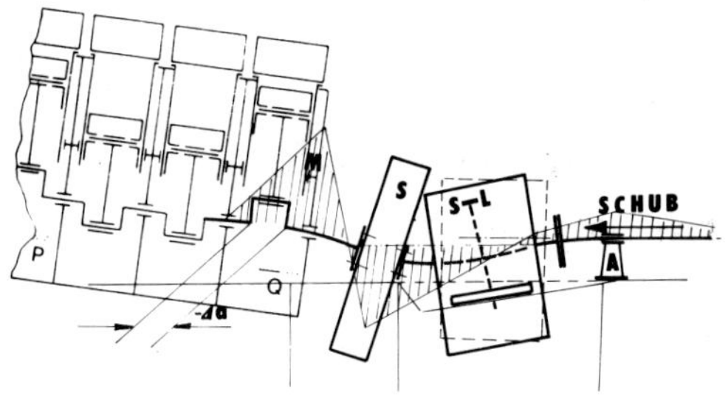

Abb. 10.35: Neigung des Drucklagers auf biegeweichem Fundament und Einfluß auf die Wellenanlage bei korrekt ausgerichteter Maschinenanlage

Letztlich erhebt sich noch die Frage nach dem Einfluß der Fehlausrichtung auf die Lebensdauererwartung der Wellenanlagen. Hier kann keine allgemein gültige Aussage gemacht werden. Typische Folgen sind Lagerfresser oder -verschleiß und Wellenbrüche. Insbesondere letztere führen zu relativ großen Schadenssummen. Rechnen wir beispielhaft eine Kurbelwelle entsprechend Abb. 10.43 und erhalten das Diagramm nach Abb.10.36 und nehmen die Festigkeitswerte aus einem entsprechenden Festigkeitsschaubild (Abb. 10.37), so erkennen wir, daß bis zu Atmungswerten von $\Delta a = +0{,}06$ keine Dauerfestigkeitsbeeinträchtigung stattfindet. Liegen jedoch Atmungswerte von $\Delta a = +0{,}1$ (0,2) mm vor, so ist mit einer

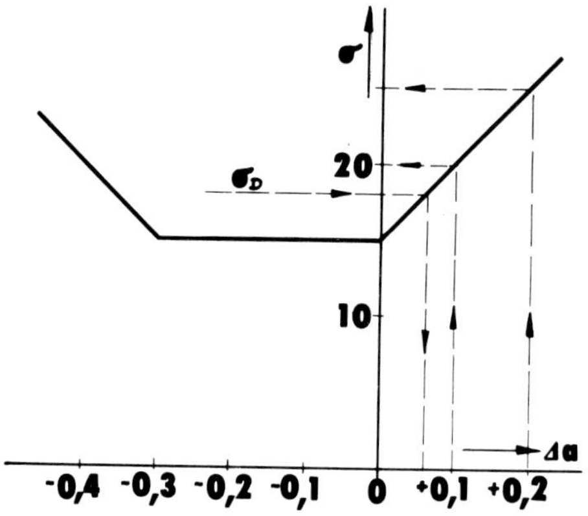

Abb. 10.36: Beanspruchung der Kurbelwelle und Einfluß der Kurbelschenkelatmung

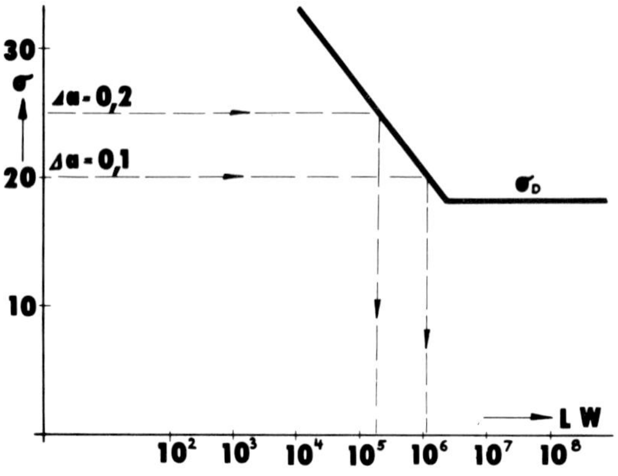

Abb. 10.37: Lebensdauerverkürzung der Kurbelwelle durch Zwangsverformung (plastisch, dauernd, temporär) des Fundamentes

Anrißlastwechselzahl von LW = 1,2 . 10^6 (1,6 . 10^5) zu rechnen, was bei einer 1500-tourigen Maschine nur einer Betriebszeit von 27 (3.5) Bh entspricht. Man erkennt daraus, daß Fehlausrichtungen sehr rasch zu einschneidenden Folgeschäden für die Anlage führen können.

Es ist deshalb von entscheidender Bedeutung, daß sich Motorenhersteller, Einbaukunde, Generalunternehmer und alle anderen an der Anlage beteiligten Stellen über die Zusammenhänge genügend gefestigte Vorstellungen machen, für die Betriebssicherheit der Maschinenanlage, zum Schutz für Leib und Leben des Bedienungspersonals und zum Nutzen des Eigners. Alle diese Faktoren sind ernst genug, in sachlicher Auseinandersetzung der verschiedenen Interessensphären eine für jede Anlage optimale Auslegung zu erarbeiten.

10.2 Einfluß der Kurbelschenkelatmung auf die Gesamtbeanspruchung der Kurbelwelle

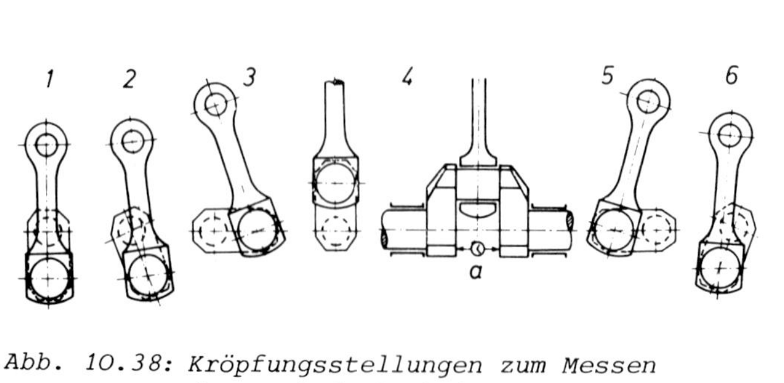

Abb. 10.38: Kröpfungsstellungen zum Messen der Kurbelschenkelatmung

Das Messen der Kurbelschenkelatmung (Spreizung) an den Kurbeln einer Hubkolbenmaschine ist ein bewährtes Hilfsmittel beim Ausrichten von Motoren und Anlageteilen. Hierbei wird angestrebt, die Zwangsverformung der Kurbelwelle, die durch fehlerhaftes Ausrichten hervorgerufen wird, minimal zu halten (Atmung $\rightarrow$ 0). Desgleichen kann die Kurbelschenkelatmung wertvolle

Hinweise über Verformungszustände des Motors infolge Zwang beim Einbau oder Wärmedehnung geben. Während man sich allgemein darüber im klaren ist, daß der normale Betriebszustand, d. h. der warme Motor, die für die Beurteilung des Zustandes maßgebenden Meßwerte ergibt, taucht in Motoren- und Schiffahrtskreisen immer wieder die Frage auf, in welche Verformungsrichtung man tendieren soll, da es ja kaum möglich ist, toleranzfrei zu arbeiten, und wie groß diese Atmung maximal sein darf. Zwar liegen von einigen Klassifikationsgesellschaften Empfehlungen vor, deren Einhaltung allgemein keine Schwierigkeit bereitet, doch gibt die unklare Herkunft des dort verwandten physikalischen Zusammenhanges immer wieder zu kritischen Überlegungen Anlaß. Obwohl der Einfluß von Gas- und Massenkraft sowie der Zwangsverformung auf den Beanspruchungsverlauf der Kurbelwelle recht einfachen mathematischen Gesetzen folgt, kann auf die Frage nach der zulässigen Atmung trotzdem keine allgemein gültige Antwort gegeben werden.

Nachfolgende Betrachtungen sollen deshalb anhand eines Beispieles einige Hinweise auf diese Zusatzbeanspruchungen und deren Einfluß auf die Gesamtbeanspruchung der Kurbelwelle geben.

10.2.1 Kurbelschenkelatmung

Die Kurbelschenkelatmung ist die Wangenabstandsdifferenz zweier spiegelbildlicher Kurbelstellungen derselben Ebene und wird nach Abb. 10.38 in den verschiedenen Stellungen der Kröpfungen gemessen. Im nachfolgenden sei der Einfachheit halber vorerst nur auf die senkrechten Stellungen der Kurbel eingegangen. Gemessen wird der Wangenabstand mit einer normalen Meßuhr in der unteren Kröpfungsstellung 1 (U. T.) bzw. deren beiden Ausweichstellungen 2 und 6 und der oberen Kröpfungsstellung 4 (O. T.). Die Differenz beider Abstände wird als Kurbelschenkelatmung bezeichnet.

$$\Delta a = a_{OT} - a_{UT} \tag{10.1}$$

Eine Kurbelwellenverformung, bei der im U. T. eine Spreizung der Kröpfung und im O. T. der Wangen eine Zusammendrückung erfolgt, ist in der vorliegenden Terminologie also eine "Minus-Atmung", da der Wangenabstand im U. T. größer ist als im O. T.

10.2.2 Kurbelschenkelatmung und Kurbelwellenbeanspruchung

Der Zusammenhang zwischen einer Kurbelwellenbeanspruchung, z. B. in der Hohlkehle, und einer Kurbelschenkelatmung ist rechnerisch äußerst schwierig zu ermitteln (siehe Abschnitt 10.2.7). Der sicherste und relativ einfachste Weg ist eine Nachmessung z. B. nach Abb. 10.39, die den Zusammenhang zwischen Biegemoment bzw. Nennspannung und Kurbelschenkelatmung bzw. Spreizmaß im Rahmen der Meßgenauigkeit wiedergibt (Abb. 10.40).

Die Kurbelschenkelspreizung der Kröpfung A erfolgt unter dem steigenden Moment M. Die Verformung ist genau so groß wie unter einem konstanten Moment der Größe, wie es

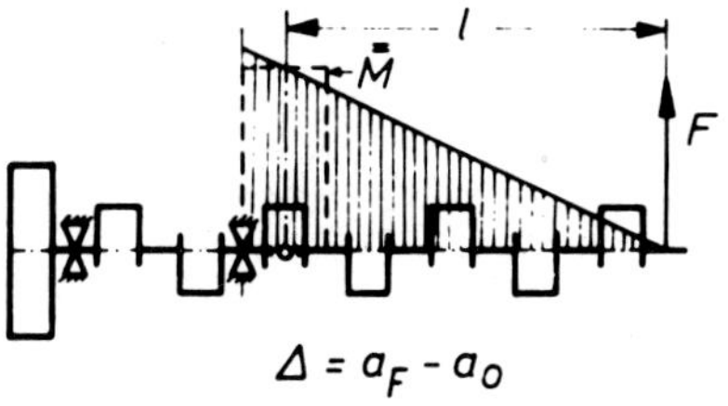

Abb. 10.39: Meßanordnung zur Ermittlung der Wangenspreizung als Funktion des Biegemomentes

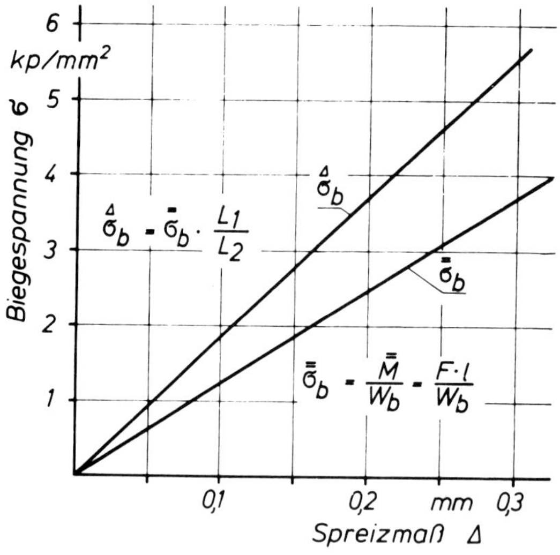

Abb. 10.40: Abhängigkeit der maximalen Biegespannung und der Biegespannung durch konstantes Moment in der Wange vom Spreizmaß Δa

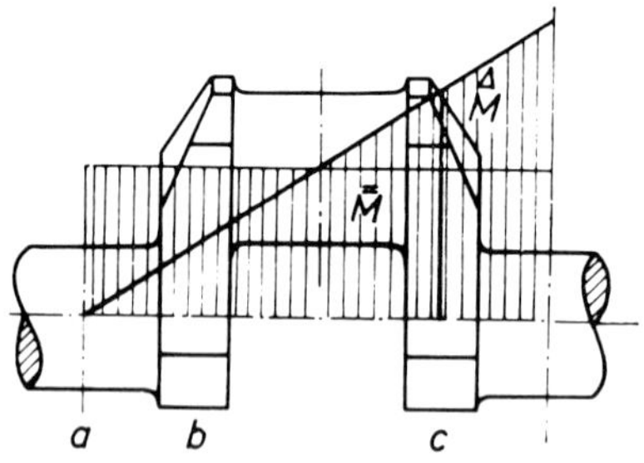

Abb. 10.41: Mögliche Biegemomentverläufe bei gleicher Kurbelschenkelatmung

Mitte Kröpfung vorliegt. Eine gleichgroße Verformung Δ a (Spreizung) ergibt sich aber auch, wenn die Kröpfung einem von der Lagerstelle A mit M = 0 ansteigenden Biegemomentenverlauf unterworfen wird. Dieser Biegemomentenverlauf ruft aber in der Wange c eine größere Spannung (Verformung) als in der Wange b hervor (Abb. 10.41); die infolge einer vorgegebenen Spreizung Δ a maximal mögliche Spannung * liegt um einen von den geometrischen Verhältnissen abhängigen Betrag höher als bei konstantem Biegemomentenverlauf. Dieser Einfluß muß bei der Betrachtung des Einflusses der durch die Kurbelschenkelatmung gemessenen Zwangsverformung der Welle berücksichtigt werden.

10.2.3 Änderung des Beanspruchungsverlaufes durch Biegeverformung

Die beim langsamen Durchdrehen der Kurbelwelle gemessene Kurbelschenkelatmung rührt - abgesehen von den zu vernachlässigenden Gewichtsbeanspruchungen durch die Triebwerksteile - von einer Zwangsbiegeverformung der Kurbelwelle (Wechselbiegung) her. Die Änderung des Beanspruchungsverlaufes z. B. in der Hohlkehle des Hubzapfens infolge unterschiedlicher Atmungswerte gibt Abb. 10.42 für eine Kurbelwelle nach Abb. 10.43 bei mittleren Drehzahlen um 500 U/min (c_m = 7,5 m/s) und einem mittleren effektiven Druck von p_e = 11 bar wieder. Trägt man die Ausschlagspannung

$$\sigma_a = \frac{\sigma_{max} - \sigma_{min}}{2} \qquad (10.2)$$

---

*) Die theoretisch mögliche Verformung einer Kröpfung durch Achsversatz zweier Grundlagerabschnitte (zusammengesetzte Motorengestelle, beidseitig gebohrte Lagergasse usw.) ist hier nicht berücksichtigt, da solche Mängel als Fertigungsfehler ausgeschlossen werden können.

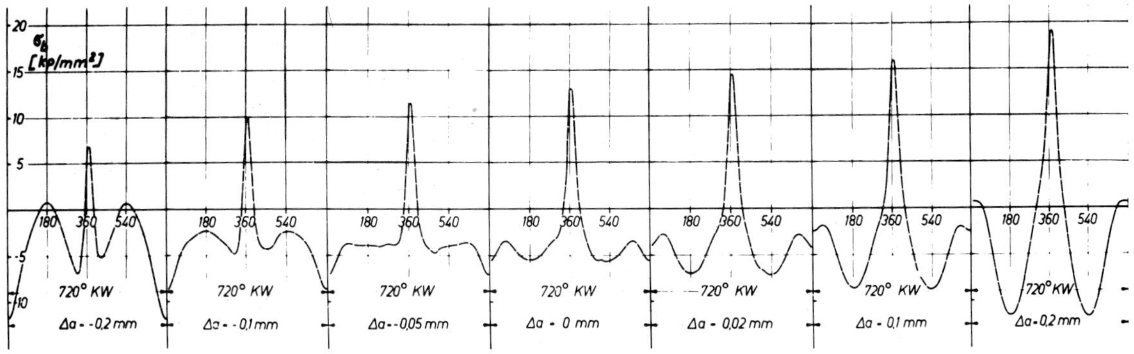

Abb. 10.42: Beanspruchungsverlauf in der Hohlkehle des Hubzapfens

und die Mittelspannung

$$\sigma_m = \frac{\sigma_{max} + \sigma_{min}}{2} \qquad (10.3)$$

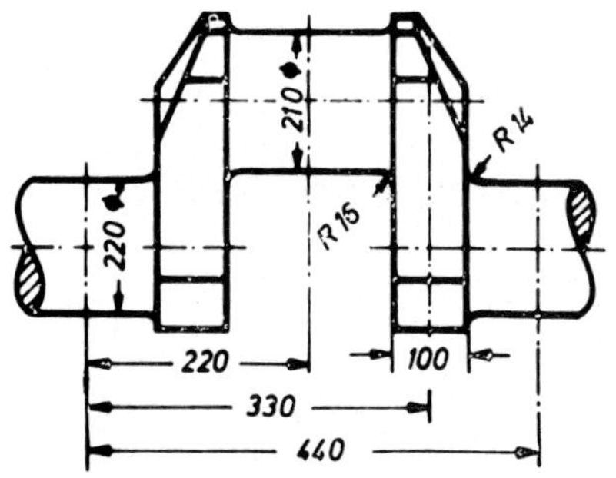

Abb. 10.43: Kurbelwellenabmessungen des Beispieles

über der Kurbelschenkelatmung Δ a als Abszisse auf, so ergibt sich Abb. 10.44. Ist die Formzahl der Hohlkehle des Grundlagerzapfens wie in vorliegendem Fall größer als die des Hubzapfens, so ist die Spannung dieser Stelle der Kurbelwelle als Entscheidungskriterium heranzuziehen.

Infolge einer höheren oder niedrigeren Drehzahl werden die Massenkräfte im Motor verändert. Da für den nachgerechneten Bereich (V_m = 4,5 ... 10,5 m/s) die Massenkräfte kleiner als die Zündkräfte sind, ist der Drehzahleinfluß auf die Ausschlagspannung σ_a gering und spiegelt sich nur in der Mittelspannung wieder. Vervollständigt man die Abb. 10.44 der Beanspruchung der Hohlkehle von Hubzapfen und Grundlager auf verschiedenen Drehzahlen, so erhält man Abb. 10.45. Hieraus kann man folgendes ablesen:

Eine positive Kurbelschenkelatmung erhöht die Wechselbeanspruchung der Kurbelwelle vom Nulldurchgang (Δ a = 0) an linear mit der Verformungsgröße Δ a.

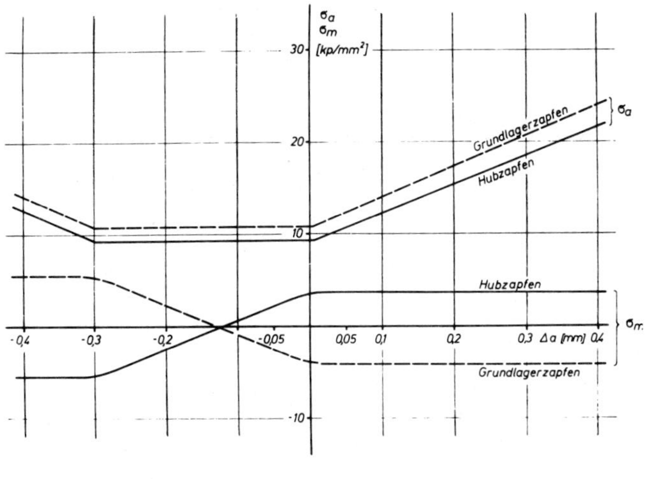

Abb. 10.44: Beanspruchungsgrößen σ_a und σ_m in den Hohlkehlen der Welle bei unterschiedlichen vertikalen Kurbelschenkelatmungswerten von Δa = -0,4 mm bis +0,4 mm

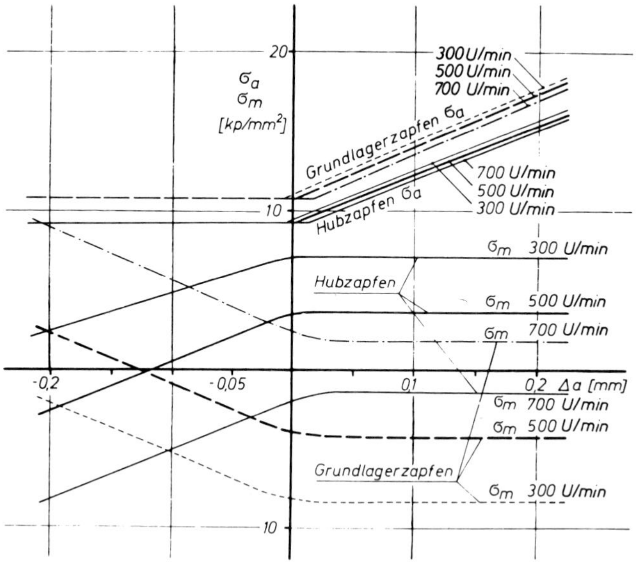

Abb. 10.45: Beanspruchungsgrößen σ_a und σ_m bei unterschiedlichen Drehzahlen

Sind die Massenkräfte kleiner als die Zündkraft, so hat die Kolbengeschwindigkeit keinen Einfluß auf die Wechselbeanspruchung. Da die Mittelspannung sich aber ändert, sind diese Ausschlagspannungen wertgleich.

Bis zu einer bestimmten Größenordnung hat eine negative Kurbelschenkelatmung keinen Einfluß auf die Wechselbeanspruchung der Kurbelwelle. Je nach Drehzahl des Motors kann eine negative Atmung infolge der Änderung der Mittelspannung sogar positiven Einfluß haben.

Wird ein Grenzwert in Richtung negativer Atmung überschritten, bei dem die aus der Zwangsverformung herrührenden Spannungen dominieren, steigt die Wechselbeanspruchung der Kurbelwelle linear mit der Verformungsgröße Δa.

10.2.4 Kurbelschenkelatmung in horizontaler Kröpfungslage

Wird in den beiden horizontalen Stellungen der Kröpfung eine Atmung gemessen, so ist der Spannungsverlauf der Zwangsverformung z. B. bei einer Reihenmaschine um 90 ° zur Gaskraftebene phasenverschoben. Trägt man in ähnlicher Art wie Abb. 10.45 die Spannungen über der horizontalen Kurbelschenkelatmung auf, so erkennt man aus Abb. 10.46, daß bei jeder Abweichung von der 0-Atmung der Spannungsausschlag ansteigt. Die Asymmetrie ergibt sich aus dem ungleichen Verlauf des Gasdruckdiagrammes. Bei V-Motoren kann ein Teilbetrag dieser Komponente durch die Schräglage der Zylinder kompensiert werden. Diese Einschränkung für den V-Motor gilt naturgemäß auch für den Einfluß vertikaler Schenkelatmung.

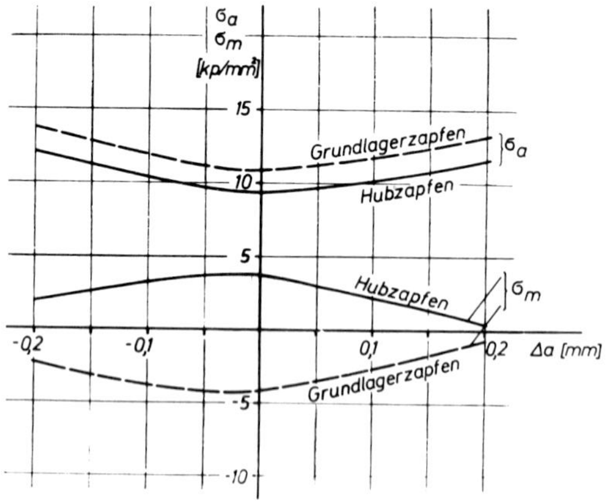

Abb. 10.46: Beanspruchungsgrößen σ_a und σ_m bei horizontaler Kurbelschenkelatmung

10.2.5 Einfluß der Kurbelschenkelatmung auf die Gesamtbeanspruchung der Kurbelwelle

Will man den Einfluß der Kurbelschenkelatmung auf die Gesamtbeanspruchung allein betrachten, so muß man die anderen Einflußgrößen konstant halten. Um realistische Werte für die Betrachtungen zu erhalten, sei im folgenden mit einer Torsionswechselbeanspruchung von $\tau_n = 35\ N/mm^2$ gerechnet. Die Vergleichsspannungen werden nach der Hypothese der größten Gestaltsänderungsarbeit superponiert. Trägt man z. B. für die vorgenannte Kurbelwelle diese Vergleichsspannungen für verschiedene Schenkelatmungen in ein Haigh-Diagramm ein, so erhält man für das genannte Beispiel des Grundlagerzapfens bei n = 500 U/min die Abb. 10.47. Während bei dem Motor ohne Kurbelschenkelatmung der Sicherheitsabstand S ≈ 1,28 beträgt, wird dieser durch eine positive Atmung systematisch abgebaut. Die Ausschlagspannung überschreitet bei Δa = + 0,2 und Δa = - 0,5 die vorgegebene Dauerfestigkeitsgrenze σ_A. Da die zulässige Ausschlagspannung nur in geringem Maße von der Mittelspannung abhängig ist, kann man den Sicherheitsfaktor bei Vorgabe einer gewollten negativen Atmung nur geringfügig anheben - in diesem Fall um ≈ 2 % auf 1,3. Diese Überlegungen zeigen aber auch, daß die zulässigen Kurbelschenkelatmungen von den "Grundbeanspruchungen" einer Kurbelwelle (ohne Wangenatmung) abhängen. Unter der Annahme, daß alle Kurbelwellen ungefähr gleich hoch beansprucht sind im Verhältnis zur Dauerfestigkeit, könnte man einer für alle Wellen gleichmäßigen Zusatzbeanspruchung zustimmen. Dies ist in der Praxis aber nicht der Fall. Andererseits kann man auf diese Art bei niedrigen Grundbelastungen sehr hohe zulässige Verformungen (Atmungen) erhalten, die aber infolge der zusätzlichen Lagerbelastung nicht verwirklicht werden sollten.

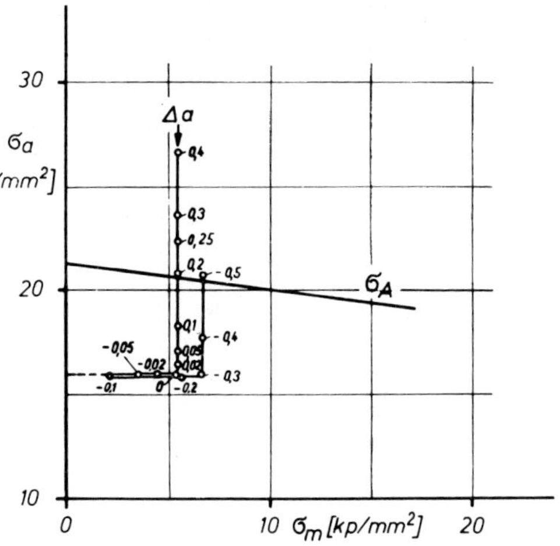

Abb. 10.47: Beanspruchungsgrößen σ_a und σ_m für unterschiedliche Werte Δa im HAIGH-Diagramm

10.2.6 Einfluß der Kurbelschenkelatmung auf die Lagerbelastung

Die durchgebogene Kurbelwelle ergibt für die Grundlager eine schwellende Zusatzbeanspruchung, deren Größe sich aus den wechselnden äquatorialen Trägheitsmomenten der Kröpfung ergibt. Durch Vermessen aller Kröpfungen kann man sich ein Bild über die Verformung der Kurbelwelle machen. Bei Vorliegen einer Schenkelatmung Δa stellt sich dann die höchste Lagerkraft ΔF ein, wenn z. B. durch Versatz eines Grundlagers diese Atmung erzwungen wird, Abb. 10.48. Für das vorliegende Beispiel ergäbe sich eine schwellende Zusatzbelastung als abhängig von der Kurbelschenkelatmung nach Abb. 10.49. Bei Betrachtung dieser Zusatzlast ist zu berücksichtigen, daß die Grundlagerkraft infolge Gaskraft bei F_G = 334 kN oder die Maximalkraft des in Abb. 10.50 gezeigten Mittellagers bei F_G = 188 kN liegt. Aus der Sicht der Lagerbelastung sollte man die Grenzen der zulässigen Atmung nicht zu weit stecken. Auch die Frage nach einer in dieser Hinsicht günstigen Durchbiegung kann nicht allgemein beantwortet werden. Die Schwachstelle des Lagers eines Langsamläufers

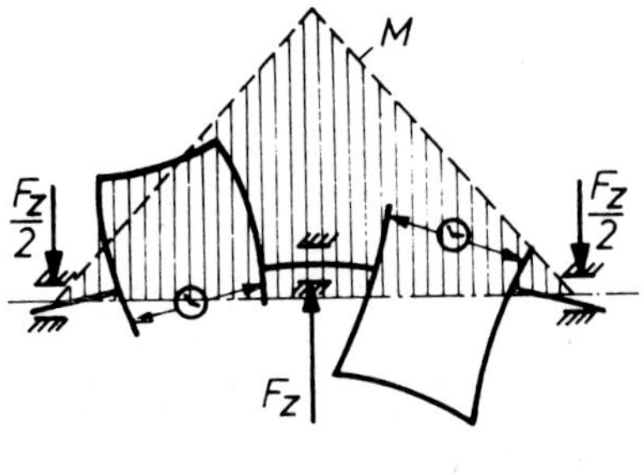

Abb. 10.48: Biegemomentenverlauf durch Versatz eines Grundlagers

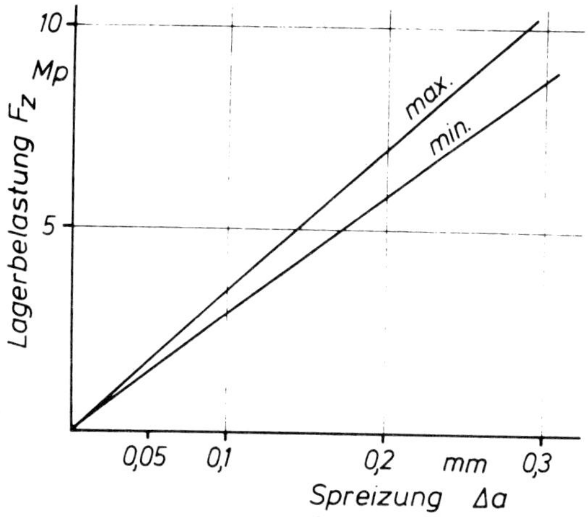

Abb. 10.49: Maximale und minimale zusätzliche Lagerbelastung infolge Zwangsverformung (Biegung) der Welle

ist allgemein die vom Gasdruck beaufschlagte Lagerschalenhälfte - hier wäre danach eine negative Atmung zu meiden. Bei Schnelläufern mit großen umlaufenden Kräften ist jedoch in vielen Fällen die Oberschale mehr gefährdet, so daß dann eine negative Atmung entlastend wirken könnte. Eine gültige Aussage wird man nur für jeden Motor einzeln finden können. Im vorliegenden Fall würde sich die Verlagerungsbahn der unverformten Welle (Abb. 10.50a) bei den Atmungen Δ a = - 0,2 und Δ a = + 0,2 nach Abb. 10.50b und 10.50c verändern. Im Falle der für die Wechselbeanspruchung der Kurbelwelle "neutralen" Atmung Δ a = - 0,2 ändert sich der engste Schmierspalt in der Unterschale von h_0 = 3,15 µm auf $h_{0-0,2}$ = 0,73 µm, während bei einer positiven Atmung der engste Schmierspalt ansteigt ($h_{0+0,2}$ = 5,73 µm).

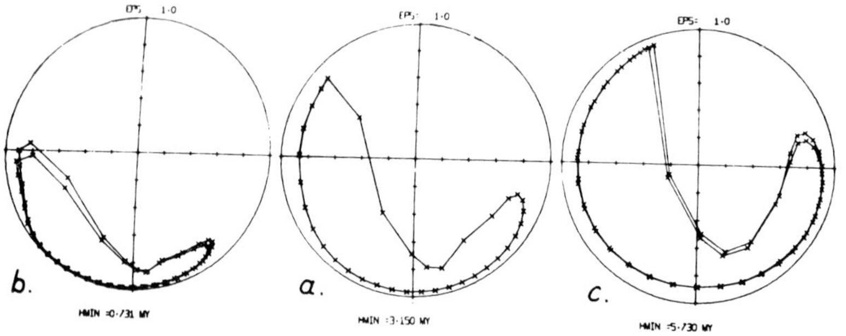

Abb. 10.50: Einfluß der Zusatzkräfte auf die Verlagerungsbahn eines Grundlagers

10.2.7 Biegeelastizität der Kurbelwelle in Abhängigkeit von den Kurbelwellenabmessungen

Die Formgestaltung der Kurbelwelle hat einen großen Einfluß auf die Biegeelastizität und somit die Atmung einer Kurbelwelle bei vorgegebener Maximalspannung, z. B. in den Hohlkehlen.

Der Germanische Lloyd gibt in seiner Empfehlung über das zulässige Maß der Kurbelschenkelatmung ein Diagramm, Abb. 10.51, aus dem die zulässige Atmung Δ a als Funktion einer Hilfsgröße r_0 - die aus den Abmessungen der Kurbelwelle konstruiert wird - abgelesen werden kann. Dieses Verfahren vernachlässigt die Zapfendurchbiegung vollkommen - was bei V-Motoren zu größeren Fehlern führt als bei Reihenmaschinen - und ergibt insbesondere bei kurzhubigen Motoren mit Zapfenüberschneidung so geringe r_0-Werte, daß die zulässigen Atmungen gegen 0 gehen - und in einigen Fällen ergeben sich sogar negative r_0-Werte.

Wie unter 10.22 bereits beschrieben, können diese Schwierigkeiten grundsätzlich durch Messung umgangen werden. Bei Vorgabe einer als zulässig erkannten zusätzlichen Beanspruchungsgröße ist die zulässige Atmung eindeutig bestimmt.

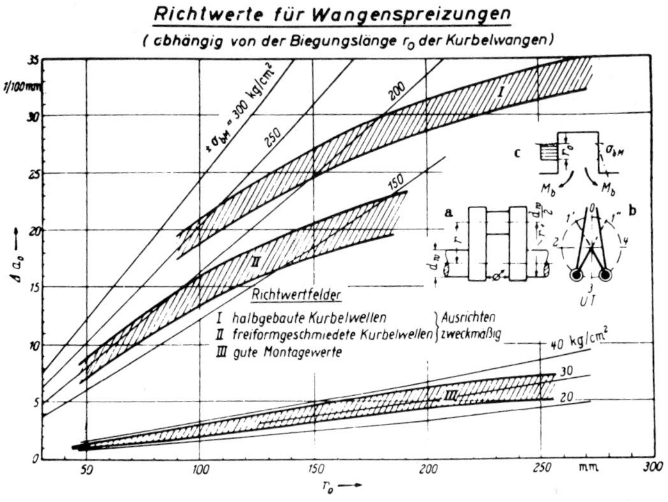

Abb. 10.51: Zulässige Kurbelschenkelatmung Δa nach den Empfehlungen des Germanischen Lloyd

Wünschenswert ist es jedoch immer wieder, schon im Konstruktionszustand einer Kurbelwelle Aussagen über diese Größen zu machen, um deren Einflüsse auf andere Bauteile besser abschätzen zu können. Auch kann diese Betrachtung Einfluß auf die erforderliche Fertigungsgenauigkeit (Reparaturen), Toleranzen beim Einbau u. a. m. haben. Hierfür hat sich die Hilfsgröße r_o als ungeeignet erwiesen, da sie teilweise um mehr als 100 % von gemessenen Größen abweicht.

Ein brauchbares Berechnungsverfahren ergibt sich bei folgendem Vorgehen:

Die Wangenatmung Δa setzt sich aus der Atmung infolge Hubzapfenbiegung und der Atmung infolge Wangendurchbiegung zusammen. Dabei wird angenommen, daß der Momentenverlauf über die Kröpfung konstant ist, Abb. 10.52. Die Durchbiegung des Hubzapfens, der ähnlich wie z. B. bei der Längenreduktion bei Drehschwingungsrechnungen an jeder Seite um 1/4 Wangenhöhe verlängert gedacht wird, ergibt folgende Wangenatmung

$$\Delta a_Z = \frac{2 \cdot M_b \cdot (L + \frac{H}{2})}{E \cdot I_Z} \cdot (R + \frac{D_W}{2}) \qquad (10.4)$$

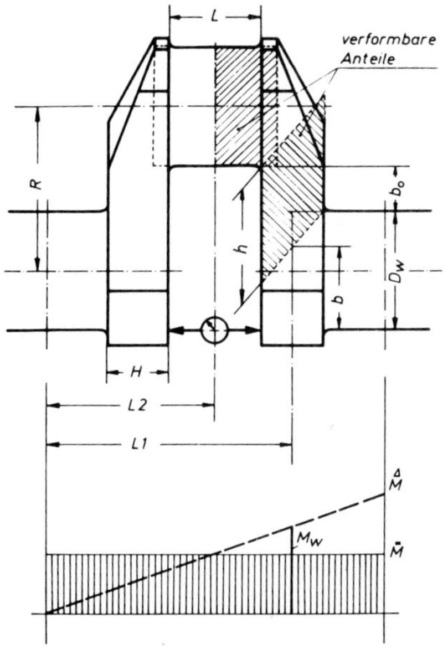

Abb. 10.52: Hauptabmessungen einer Kurbelwelle und angenommener Biegemomentenverlauf

Die Wangenatmung infolge der Wangendurchbiegung errechnet sich nach der Formel

$$\Delta a_W = \frac{4 \cdot M_b \cdot h}{E \cdot I_W} \cdot (\frac{h}{2} + b) \qquad (10.5)$$

Hierbei ist h die sich frei durchbiegende Länge der Wange und I_W das äquatoriale Flächenträgheitsmoment der Wange. Wenn keine Zapfenüberschneidung vorliegt, so ist

$$I_W = I_{Wo} = \frac{BH^3}{12} \qquad (10.6)$$

Bei Überschneidung ist ein äquivalentes Trägheitsmoment der Größe

$$I_W = I_{Wm} = \left(\frac{D_K + D_W}{4}\right) \cdot \frac{H_S^{\,3}}{12} + \left(B - \frac{D_K + D_W}{4}\right) \cdot \frac{H^3}{12} \qquad (10.7)$$

anzunehmen.

H_S ist dabei die Höhe des "schrägen Schnittes" durch die Wange. Die freie Biegelänge der Wange h setzt sich aus der frei verformbaren Länge b_O der Wange zwischen dem Zapfen und einem durch die dahinterliegenden Zapfen versteiften Anteil der Wange zusammen (Abb. 10.52). Eine gute Übereinstimmung mit Messungen gibt dabei der Ansatz

$$h = R - \frac{D_K + D_W}{5} \qquad (10.8)$$

Damit ergibt sich b zu

$$b = \frac{D_W}{2} + \frac{D_W}{5} = 0{,}7 \cdot D_W \qquad (10.9)$$

so daß sich mit der Gesamtatmung $\Delta a = \Delta a_Z + \Delta a_W$ als Federkennzahl ζa ergibt

$$\xi_a = \frac{M_b}{\Delta a} = \frac{1}{\dfrac{2\cdot(L + \frac{H}{2})}{E \cdot I_K} \cdot (R + \frac{D_W}{2}) + \dfrac{4 \cdot h}{E \cdot I_Z} \cdot (\frac{h}{2} + 0{,}7 \cdot D_W)} \qquad (10.10)$$

Die Nennspannung in der Wange ergibt sich somit zu

$$\sigma_n = \frac{M_b}{W_b} = \frac{\Delta a \cdot \xi a}{W_b} \qquad (10.11)$$

oder die Spitzenspannung mit der Biegeformzahl α zu

$$\Delta\sigma = \alpha \cdot \sigma_n = \frac{\alpha \cdot \xi a \cdot \Delta a}{W_b}, \quad \text{wobei } \Delta\sigma = \sigma_{max} - \sigma_{min} = 2 \cdot \hat{\sigma} \text{ ist.} \qquad (10.12)$$

Da aber ein linear ansteigender Biegemomentenverlauf, dessen Moment auf Mitte Hubzapfen die gleiche Größe hat wie das konstante Moment M_b, die gleiche Kurbelschenkelatmung ergibt wie das gleichbleibende Moment, kann bei der Messung oder Vorgabe der Wangenatmung Δa in der einen Wange auch ein um das Längenverhältnis L_1/L_2 größeres Moment (Nennspannung, Spitzenspannung) auftreten. Somit ergibt sich als maximal auftretende Hohlkehlenspannungs-Amplitude

$$\hat{\sigma} = \frac{\alpha \cdot \xi a \cdot \Delta a}{2 \cdot W_b} \cdot \frac{L_1}{L_2} \qquad (10.13)$$

Ein Vergleich aller dem Verfasser zur Verfügung stehenden Messungen an Kurbelwellen mit dem obengenannten Verfahren brachte im Durchschnitt eine Abweichung unter 6 bis 8 %, welches im Rahmen dieser Betrachtungsweise als hinreichend genau angesehen werden kann.

Ob diese Biegespannung nach Gleichung (10.13) infolge Kurbelwellenverformung im Betrieb zu einer erhöhten Betriebswechselspannung führt, muß nach den vorgenannten Gesichtspunkten geprüft werden.

Die Biegeelastizität einer Welle ist für die vorliegende Problemstellung mit hinreichender Genauigkeit durch die vorgegebene Gleichung erfaßbar. Eine Nachrechnung zeigt, daß eine im genannten Sinn "negative" Atmung für die Wechselbeanspruchung einer Kurbelwelle weitgehend ohne Einfluß ist. Im Hinblick auf die zusätzliche Lagerbelastung sollte man die Zwangsdeformation der Welle - ausgewiesen durch die Kurbelschenkelatmung - jedoch in Grenzen halten.

10.3 Zusatzbelastungen durch Fertigungsabweichungen, Verschleiß, Kurbelgehäusedeformationen und unzureichende Fundamentierung

Nicht nur durch unzureichende Ausrichtung können Zusatzkräfte in das Triebwerk, vor allem in die Kurbelwelle, hineingetragen werden. Auch Abweichungen von dem idealen Zustand, sei es durch Toleranzen in der Fertigung, sich durch Verschleiß ergebende Veränderungen oder auch von außen hineingetragene Deformationen erzeugen Zusatzbeanspruchungen oft unangenehmer Größe. In den meisten Fällen leidet die Lagerung als schwächstes Glied vorrangig unter diesen Belastungen, jedoch können auch andere hochbeanspruchte Triebwerksteile Schaden erleiden.

10.3.1 Kurbelwellenschlag

Als Schlag einer Welle bezeichnet man die Abweichungen der Wellenmittelpunkte von der ideellen Achse. Bei Wellen, die in einer Aufspannung gedreht wurden, sind diese Abweichungen in der Regel äußerst klein. Kurbelwellen können sich jedoch aus den verschiedensten Gründen verziehen, so daß sich nach der Endbearbeitung ein Schlag ergibt. Der sich ungleichmäßig abkühlende Rohling bekommt Eigenspannungen, die sich in den verschiedenen Bearbeitungsstufen freimachen, die Wärmebehandlung - z. B. das Härten der Laufzapfen - verursacht Verzüge und plastische Formänderungsarbeiten - wie z. B. das Rollen, d. h. Festwalzen der Hohlkehlen - erzeugen Verformungen der Kurbelwelle. Deshalb wird vielerorts die Kurbelwelle während des Bearbeitungsvorganges mehrmals gerichtet, im Normalfall durch Durchbiegung unter der Presse. Hierdurch werden nochmals Eigenspannungen erzeugt, die sich manchmal unter den Betriebsspannungen freimachen und wieder zu einer nicht fluchtenden Welle führen. Im allgemeinen ist es dehalb nicht sinnvoll, eine meterlange Welle auf 1/100 Millimeter zu richten. Durch die Art der Verzüge ist es aber gegeben, daß nicht nur Wellen mit reinem Bogenschlag vorkommen, sondern auch Zapfenversetzungen von Grundlager zu Grundlager. Die zulässigen Abweichungen vom Sollmaß muß man deshalb in Abhängigkeit von der Deformationsform sehr fein stufen, um nicht zu starke zusätzliche Lagerbelastungen hervorzurufen. Man könnte - sofern man dies fertigungstechnisch in der Hand hat - durch gezielte Formabweichung die Massenkraftbelastung einzelner Lager absenken. Für die Beanspruchung der Kurbelwelle selbst bedeutet die Formtoleranz im Regelfall keine große zusätzliche Belastung, weil die unter

Zwang in der Lagergasse umlaufende Welle nur statisch verformt wird und sich somit die Beanspruchung im SMITH-Diagramm nur etwas verschiebt. Bezogen auf die Länge der Gesamtwelle oder auch Teilstücke kann man ohne Bedenken einen Bogenschlag von 0,3 ‰ zulassen, wobei zu bedenken ist, daß die Formtoleranzen bei modernen steifen Triebwerksausführungen zwangsläufig zu relativ höheren Reaktionskräften führen.

10.3.2 Die nicht fluchtende Lagergasse

Ein Fertigungsproblem besonderer Art ist die Flucht der Grundlagergasse. Hier werden 10, 12 oder notfalls noch mehr Grundlagerbohrungen in ein Kurbelgehäuse mit separatem Lagerstuhl und oftmals Schmierölnuten (unterbrochener Schnitt!) in der Toleranz H6 oder H7 geschnitten. Dies geschieht entweder mit Bohrstangen oder auch mit hochpräzisen Werkzeug-Fräs-Maschinen. Neben der Durchmessertoleranz (Lagerschalenhalterung) spielt die Flucht der einzelnen Grundlagerbohrungen eine entscheidende Rolle, weil die Auflagerungsbedingungen der Kurbelwelle als vielfach gelagerter Balken für die Auflagerkräfte und die Beanspruchungen der Kurbelwelle bestimmend sind. Maßabweichungen der Lagergasse sind kritischer zu bewerten als die der Kurbelwelle, weil die dadurch erzwungene Verformung Wechselbeanspruchungen in der Kurbelwelle erzeugt, die den Betriebsbeanspruchungen überlagert werden müssen.

Bei Fertigung der Lagergasse mit Bohrstange ergibt sich normalerweise ein kontinuierlicher Bogenschlag, sofern durch die Bohrstangenaufnahme zwischen den Kurbelgehäusestühlen kein Zwang auf das Gestänge ausgeübt wird. Wird jedes Grundlager einzeln von der Werkzeugmaschine angesteuert, so können sich naturgemäß Streuungen nach allen Seiten ergeben, die ein ungeregeltes Bohrbild erzeugen können und bei gleichen absoluten Maßabweichungen von der Achse zu höheren Beanspruchungen der Kurbelwelle führen. In Abb. 10.53 sind z. B. die Lagerkräfte der einzelnen Grundlager unter Gaskraft bei fluchtender Lagergasse (mit Lagerspiel ψ = 1/1000) eingetragen ($F_{G\ th}$ = 520 000 N), auch die Momentenverteilung in den einzelnen Kröpfungen ist recht gleichmäßig. Hat die Kurbelwellengasse nur einen leichten Bogenschlag von etwa 1/10 des Lagerspiels, so erkennt man aus Abb. 10.54 nur eine unwesentliche Veränderung der Kraftgrößen ($\approx$ + 2 %). Tritt jedoch eine Abweichung in der Größe des Lagerspieles oder darüber auf (Abb. 10.55 und 10.56), so ergeben sich schon deutlich höhere Kräfte und damit auch höhere Beanspruchungen der Kurbelwelle und vor allem der Lager, die, wie gesagt, in den meisten Fällen als schwächstes Maschinenelement Schaden erleiden.

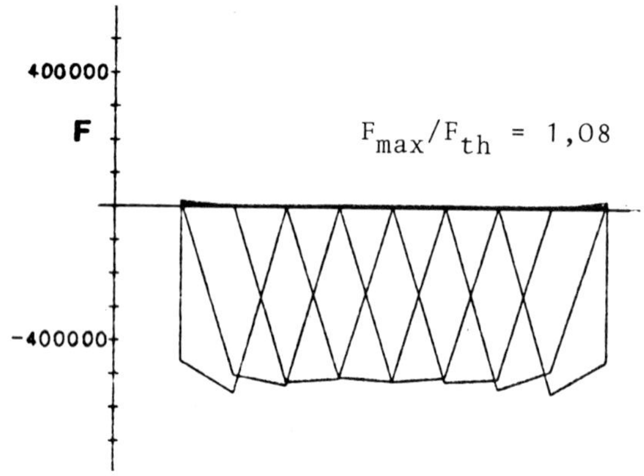

Abb. 10.53: Lagerkräfte bei ideal fluchtender Lagergasse

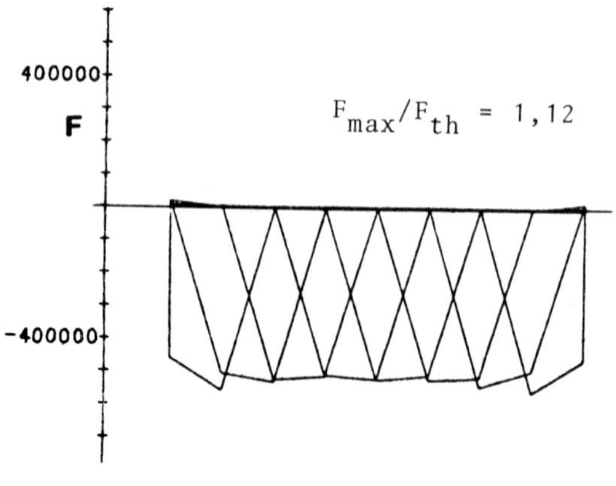

Abb. 10.54: Lagerkräfte bei einem Bogenschlag der Lagergasse von etwa 1/10 des Lagerspieles

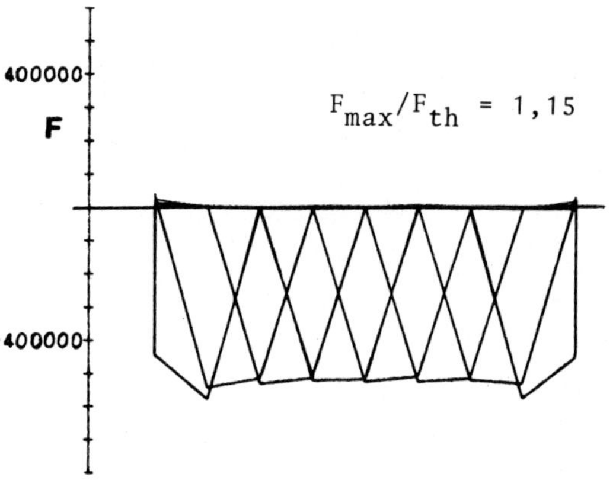

Abb. 10.55: Lagerkräfte bei einem Bogenschlag der Lagergasse von etwa der Größe der Lagerspiele

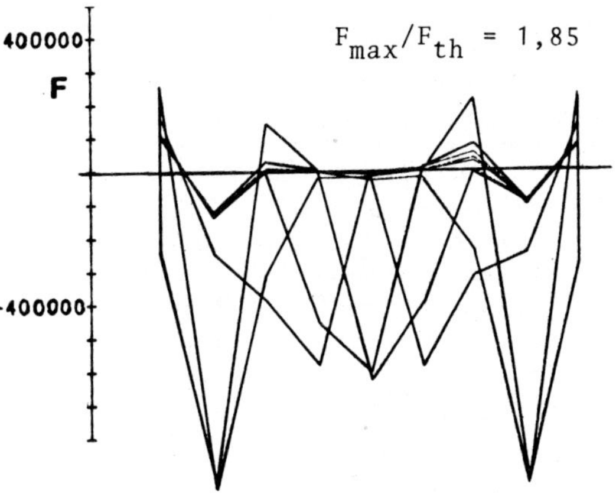

Abb. 10.56: Lagerkräfte bei einem Bogenschlag der Lagergasse von etwa dem 10fachen Wert des Lagerspieles

10.3.3 Der Grundlagerschaden

Während bei der nicht fluchtenden Lagergasse eine Kurbelwelle mit Lagern gleicher Spiele eine Verformung auch ohne äußere Belastung erzwingt, stellt ein verschlissenes oder ausgelaufenes Lager bei einem mehrfach gelagerten Balken allein keine Zusatzbelastung dar. Die Zusatzbeanspruchung wird erst durch äußere Belastungen (Gas- oder Massenkräfte) infolge mangelnder Abstützung erzeugt. Im Gegensatz zu den üblichen zulässigen Toleranzen ist jedoch der Verschleiß eines Lagers leider nicht begrenzt und ein in seiner Lauf- und Bronzeschicht ausgelaufenes Lager stellt Abmessungsveränderungen dar, die weit über Toleranzfelder einer auch schlechten Fertigung hinausgehen. Infolgedessen sind die Zusatzbelastungen in einem solchen Falle erheblich größer als bei den Fertigungstoleranzen. Je nach Verschleißzustand und relativer Kurbelwellensteifigkeit ergeben sich Spannungsüberhöhungen, die ihren höchsten Wert erreichen, wenn das Lagerspiel so groß geworden ist, daß die dazugehörige Lagerkraft gegen den Wert Null abgesunken ist. Bei einer fluchtenden Lagergasse mit gleich großen Lagerspielen von $\psi = 1/1000$ ergibt sich z. B. nach Abb. 10.57 auf Mitte Kröpfung eine maximale Wechsel(nenn)spannung von $\sigma_{bn} = \pm\ 28$ N/mm² für alle Kröpfungen. Verdreifacht man das Lagerspiel in allen Lagern, so ergibt sich nach der Abb. 10.58 ebenso eine Wechselspannung von $\sigma_{bn} = 28$ N/mm², weil das Wechselbiegemoment gleich groß bleibt, vergrößert sich jedoch das Lagerspiel nur in einzelnen Lagern auf den dreifachen Wert, so erkennt man aus Abb. 10.59, S. 341, daß es für die Kurbelwelle nicht mehr gleichgültig ist, welches der Lagerspiele sich vergrößert hat. In Abb. 10.59 ist z.B. simuliert worden (von oben nach unten), daß jeweils ein Lager verschlissen ist. Man kann aus der Spannungsamplitude der Abb. 10.59 ablesen, daß beim Ausfall des Lagers 3 die Kröpfungen 1 + 4 (also die übernächsten Kröpfungen) am höchsten beansprucht sind ($\sigma = \pm\ 32{,}8$ N/mm² entsprechend einer gut 10 %igen Spannungsüberhöhung). Die Belastungen der Nebenlager steigen entsprechend den elastischen Eigenschaften der Kurbelwelle zwischen 23 und 65 % an, also erheblich

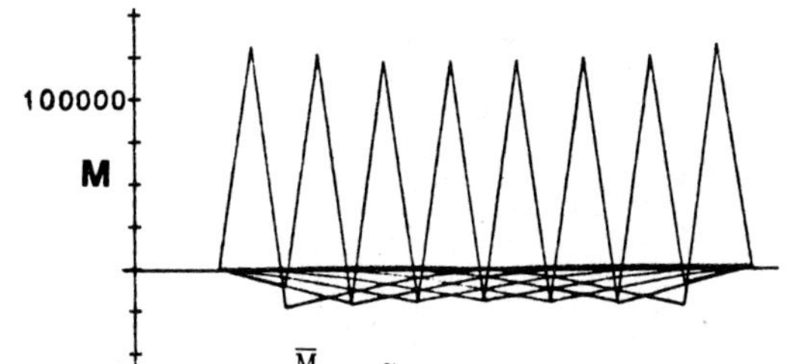

$$\sigma_n = \frac{\overline{M}}{2} \cdot \frac{\alpha}{W} = \frac{145000}{5178} = \pm\ 28\ \mathrm{N/mm^2}$$

Abb. 10.57: Kurbelwellenspannungen bei fluchtender Lagergasse mit Lagern gleichen Lagerspiels $\psi = 1/1000$

mehr als die Kurbelwellenbeanspruchung.

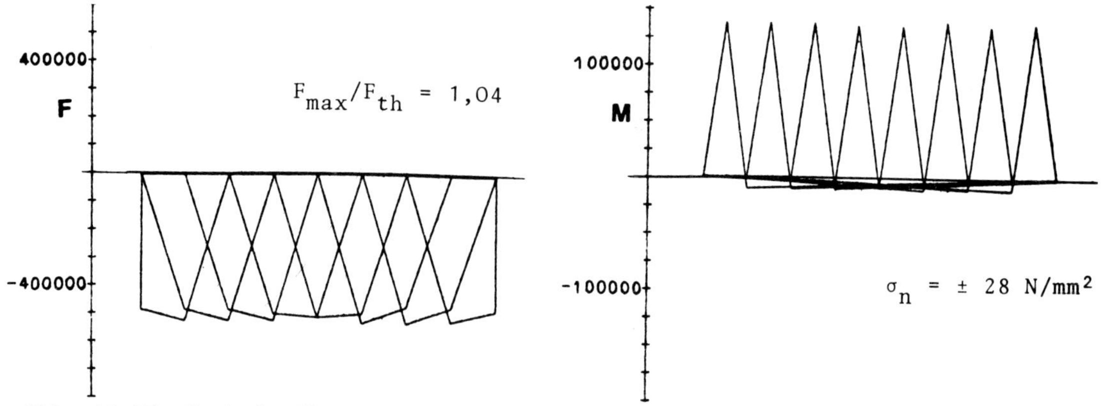

Abb. 10.58: Kurbelwellenspannungen bei fluchtender Lagergasse mit Lagern gleichen, aber vergrößerten Lagerspiels (ψ = 3/1000)

Aus der Abb. 10.60, S. 342, erkennt man die gleichen Zusammenhänge für den Fall eines 10fachen Lagerspieles in einzelnen Lagern. Dieser Zustand entspricht etwa dem praktischen Fall eines Lagers, bei dem die Laufschicht (Drittschicht) plus Bleibronze (Aluminium) verschlissen oder ausgelaufen sind, d. h. ein immer wieder vorkommender Fall, daß nur noch die blanke Stahlstützschale vorliegt. Hier werden die Beanspruchungen der Kurbelwelle erheblich größer (bis zu 100 %). Auch hier spielt es eine Rolle, ob das ausfallende Lager am Ende oder in der Mitte der Lagergasse auftritt. In der Regel führt ein längerer Betrieb des Motors mit einer ausgefallenen Grundlagerschale zu einem Dauerbiegebruch der Kurbelwelle, wobei die "Überlebenszeit" und Überlebenschance von der Relation zwischen Beanspruchungshöhe zu Dauerfestigkeit des Werkstoffes abhängt. Aus der gleichen Abb. 10.60 erkennt man aber auch, daß ein Lagerausfall zwangsläufig zum Ausfall der Nebenlager führt, weil deren Beanspruchung sprunghaft ansteigt, vor allem, wenn es sich um ein weiter außen liegendes Lager handelt.

10.3.4 Die Erwärmung der Kurbelgehäuse

Eine nichtfluchtende Lagergasse kann man aber nicht nur in der Fertigung erzeugen, auch die Betriebsbedingungen bringen häufig Veränderungen von der ursprünglich erreichten Flucht. Wird das Kühlwasser z. B. wärmer gefahren sein als das Schmieröl, so längt sich der Motor im Bereich des Wassermantels mehr als in Kurbelwellenhöhe - der Motor buckelt sich wie ein Kater auf (Abb. 10.61). Für La-

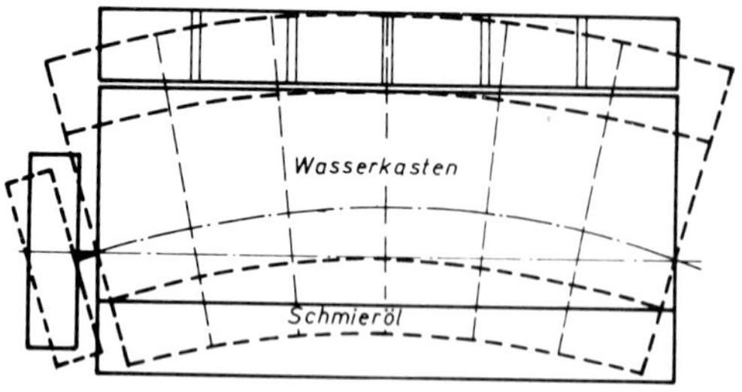

Abb. 10.61: Typische Verformung eines wassergekühlten Motors

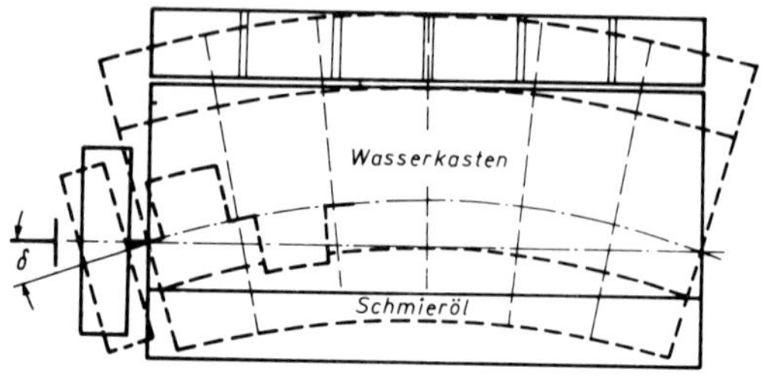

Abb. 10.62: Deformation der Endkröpfungen durch Verformungsverhalten des Motors

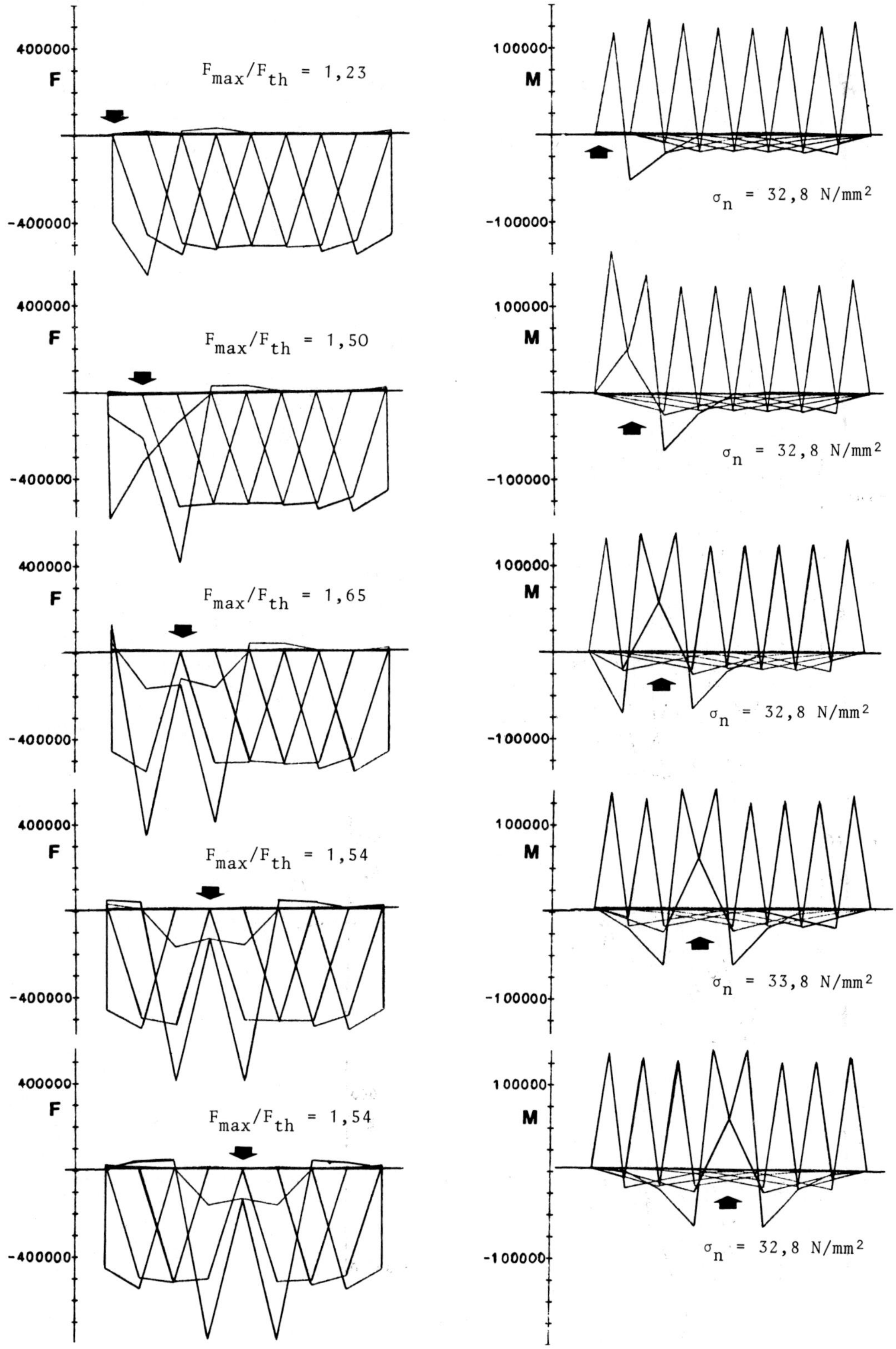

Abb. 10.59: Kurbelwellenspannungen bei Verschleiß einzelner Lager

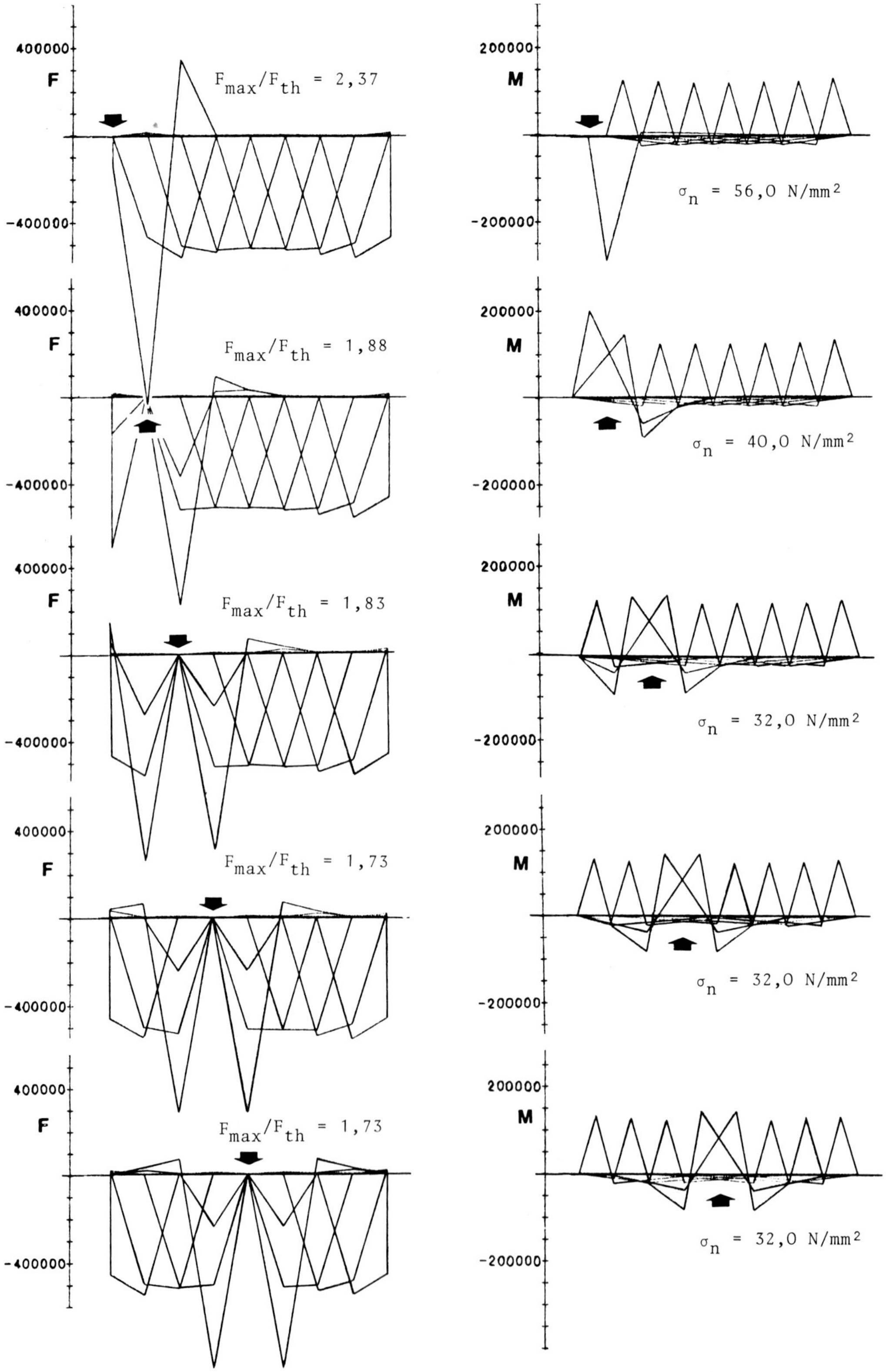

Abb. 10.60: Kurbelwellenspannungen nach Auslaufen der Bleibronze aus einzelnen Lagern

ger und Kurbelwelle ergibt sich dadurch die gleiche Situation wie in Abschnitt 10.3.2. In manchen Fällen wird deshalb die Lagergasse absichtlich mit "Durchhang" gebohrt, um im betriebswarmen Zustand eine fluchtende Gasse zu bekommen. Das Maß der Abweichung warm - kalt ist theoretisch nur sehr schwer vorauszusagen (FEM-Methode), da nicht nur die Temperaturunterschiede, sondern auch die Massenverteilung eine Rolle spielen. Dieser Vorgang hat auch Einfluß auf die Ausrichtarbeiten (Kurbelschenkelatmung der Endkröpfung), da sich beim Aufbukkeln am Motorende ein Knick ergibt (Abb. 10.62). Die bei Temperaturveränderungen entstehenden Zwangskräfte sind in der Regel äußerst groß, so daß es kaum möglich ist, den Motor an seiner Verkrümmungsneigung, z. B. über die Fundamentverschraubung, zu hindern. Von diesen Kräften weiß auch der erfahrene Außendienstingenieur, dem die formschlüssigen Stopper - die den Motor in der einmal ausgerichteten Lage fixieren sollen - davongeflogen sind, weil sich der Motor schneller als das Fundament erwärmte.

10.3.5 Fundamentverformungen

Schon in den Anfangsvorlesungen der Mechanik lernen wir, daß die "absolute Steifheit" ein idealisierter Zustand der Theorie ist, den es in praxi nicht gibt - weder der Motor selbst, noch das Fundament sind steif. Wenn man von Steifheit spricht, so kann es sich deshalb nur um eine "relative Steifheit" handeln. So ist z. B. ein Betonfundament eines Kraftwerkaggregates als steif in Bezug auf das elastische Verhalten des Motors zu betrachten.

Die Steifheit eines Fundamentes kann auch nur dann eine Rolle spielen, wenn der Motor "starr" gelagert ist, d. h. dieser direkt ohne "elastische" Zwischenelemente (Gummipuffer, Federn) auf dem Fundament verschraubt ist. Das Elastizitätsverhalten des Fundaments hat insbesondere dann Einfluß auf den Motor, wenn dieser, wie bei größeren Motoren üblich, längs des Motors mit einer Reihe von Ankern verschraubt ist (Abb. 10.63). Kleinere Motoren werden meist über Traversen (Abb. 10.64) befestigt und daher durch Fundamentverformungen weniger beeinflußt.

Abb. 10.63: Typische Fundamentbefestigung eines Großmotors

In diesem Sinne gehören alle Rahmenkonstruktionen aus Stahl zu den elastischen Fundamenten, auf die der Motor "starr" aufgeschraubt wird. Verformt sich ein derartiges Fundament infolge äußerer Kräfte, so werden über die Motorbefestigungsschrauben Kräfte in den Motorblock eingeleitet, die diesen verformen können und somit Zusatzbeanspruchungen in Triebwerk und Lagern erzeugen.

In Schiffen spielen die Verformungen vor allem bei Großmotoren mit 10 - 20 m Baulänge eine Rolle. Bei den Mittelschnelläufern mit 4 - 6 m Länge ist die Durchbiegehöhe des Fundamentes nicht groß genug, um merkliche Beanspruchungsgrößen zu erzwingen. Schiffe werden entsprechend ihrer Größe (Länge, Tragfähigkeit) ausgelegt, so daß die Steifigkeit und die Biegeverformung unabhängig von der Motorengröße ist. So ist der leistungsmäßig passende hochaufgeladene, mittelschnellaufende Motor relativ klein, die Biegehöhe dementsprechend klein.

Abb. 10.64: Starre Fundamentbefestigung eines kleineren (Kfz-)Motors

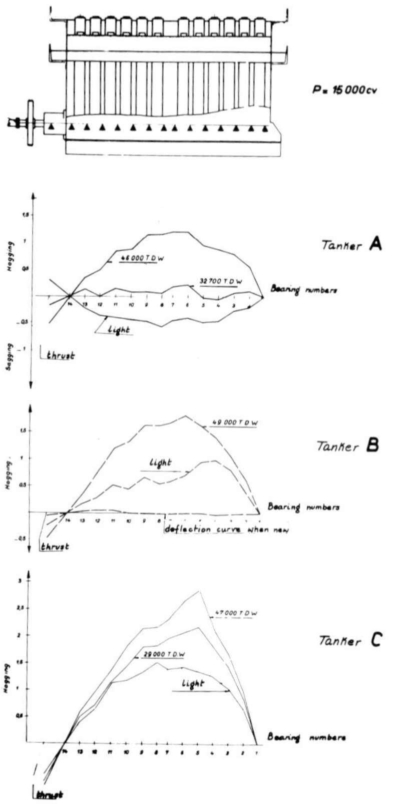

Abb. 10.65: Durchbiegung eines Schiffsfundamentes infolge Beladung

Als Verformungsfaktoren im Schiff kommen die Beladung des Schiffes und der Wellengang infrage, sieht man von der Grundberührung ab. VOLCY / 32 / hat anhand einer Reihe von Messungen in Schiffen festgestellt, daß Fundamentdurchbiegungen bis zu 2 mm (Biegepfeilhöhe bei ca. 20 m Fundamentlänge gleich 0,1 $^{o}/oo$) auftreten (Abb. 10.65). Bei Seegang mit 5 - 6 m hohen Wellen treten bei derartigen Schiffen sogar Doppelamplituden von 6 - 7 mm auf (Abb. 10.66), die zu erheblichen Zusatzbeanspruchungen im Triebwerk aber auch in den Ständern und Verstrebungen der Großmaschine führen. Eine große Anzahl von Kurbelwellenbrüchen und Lagerschäden (Abb. 10.67 und 10.68) sind auf diese Fundamentbewegungen zurückzuführen.

Ein anderes Problem sind die durch Wärme erzeugten Verformungen des Fundamentes. Hier gibt es Schiffs- und Rahmenkonstruktionen, die einen Teil des Fundamentes als Ölbehälter benutzen, während der andere im Wasser beaufschlagt ist oder frei steht (Abb. 10.69). Heizt man mit Motorenschmieröl einen Teil des Fundamentrahmens auf 60 - 80 °C auf, so ergeben sich insbesondere an der Kalt-Warmgrenze Deformationssprünge, die den Motor bedenklich beanspruchen. Dies können Kurbelgehäuseverformungen sein, aber auch Veränderungen der Ausrichtbedingungen, die zu späteren Zusatzbeanspruchungen (s. Abb. 10.2) des Triebwerkes führen.

Zu ähnlichen, anlagenbedingten Zusatzlasten kann es kommen, wenn das Motorenfundament zwar ausreichend erscheint, die Fundamentierung der anderen Bausteine der Maschinenanlage jedoch unzureichend ist. Bei einer Anlage nach Abb. 10.70 z. B. zeigte die Motorenanlage im kalten wie im warmen Betriebszustand eine vorzügliche Ausrichtung, trotzdem ging das Endlager des Motors wiederholt zu Bruch. Zwangsläufig kann man die Ausrichtgüte einer Anlage bei stehender Maschinenanlage prüfen, erst umfangreiche Untersuchungen im Betrieb zeigten dann, daß das Drucklager der Propellerwelle auf weichen Fundamentlappen stand und der Propellerschub das Drucklagergehäuse stark zum Motor drückte, wobei das Motorendlager die Reaktionskraft aufbringen mußte - Abb. 10.70 - (Kraftumlenkung des Propellerschubes).

An einer größeren Motorenanlage kann eine Vielzahl von Fehlermöglichkeiten auftreten, an die der Motorenkonstrukteur überhaupt nicht gedacht hat. Der Findigkeit des Außendienstpersonals sind dabei kaum Grenzen gesetzt, und oft ist detektivisches Gespür notwendig, Abwegigkeiten zu finden, bevor der große Schaden aufwendige Untersuchungen notwendig macht.

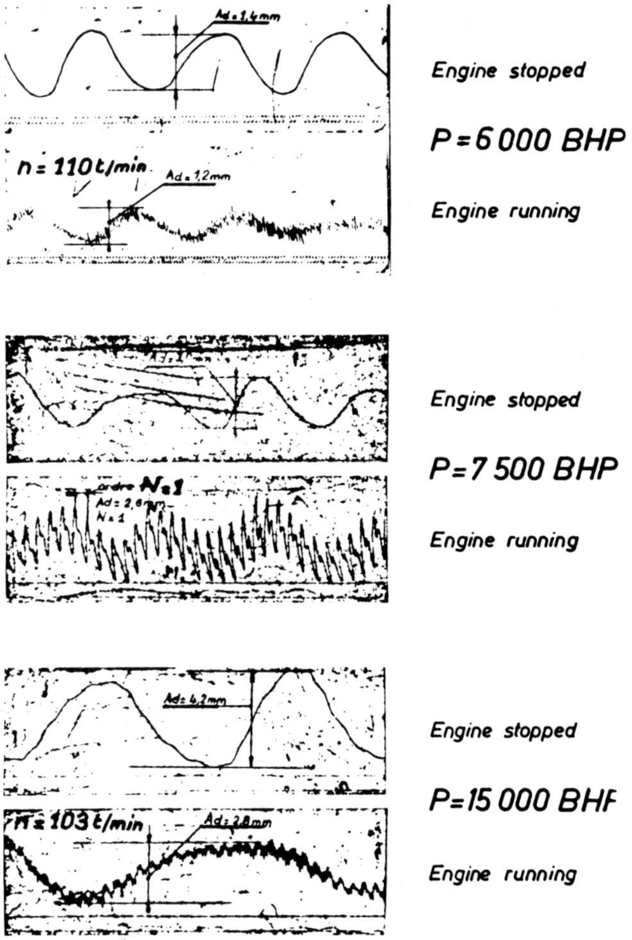

Abb. 10.66: Durchbiegung von Schiffsfundamenten infolge Wellengang

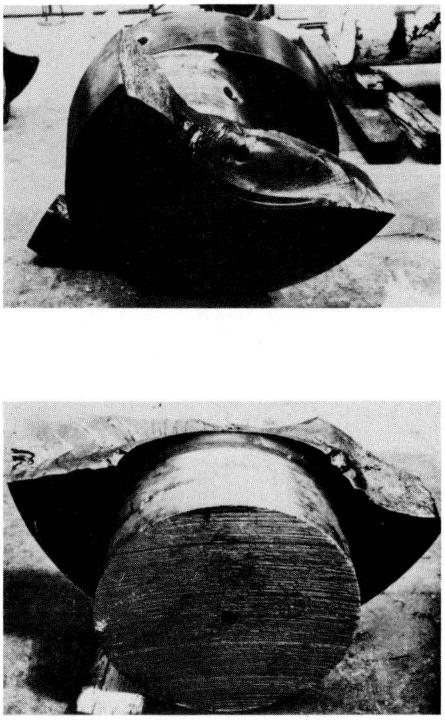

Abb. 10.67: Biegedauerbruch einer Kurbelwelle infolge Schiffsfundamentverformung

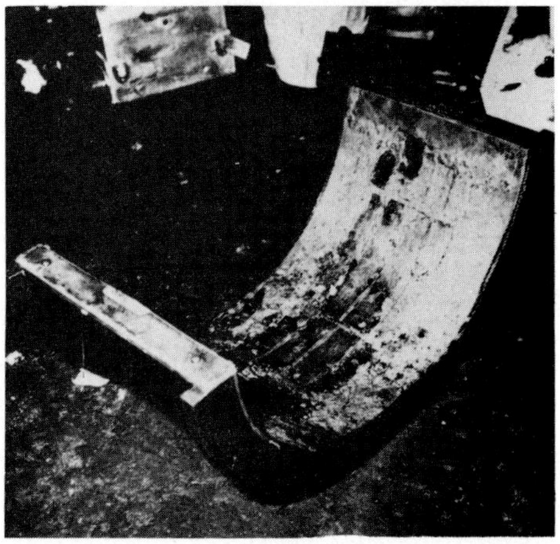

Abb. 10.68: Lagerschaden, hervorgerufen durch Zusatzbelastung der Fundamentverformung

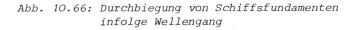

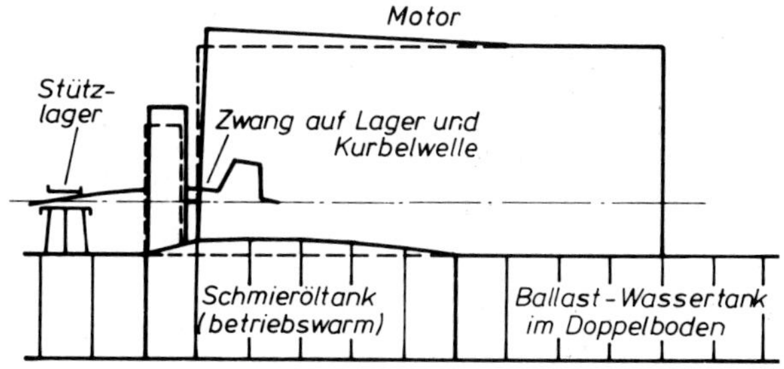

Abb. 10.69: Fundament mit teilweise beheiztem Tieftank (Schmierölbehälter)

10.3.6 Fundamentschwingungen

Eng verwandt mit der Verformungsmöglichkeit der Fundamente ist das Schwingungsverhalten einer Maschinenanlage.

Verformungen des Kurbelgehäuses kann man über die Fundamentschrauben nur dann erzeugen, wenn die von außen hereingetragenen Kräfte und Momente groß sind, das Fundament sich im Gesamtschiffsverband mitverformt, und die Fundamentschrauben stark genug sind, diese großen Kräfte auch über die Fundamentkonstruktion in die Motorstruktur hineinzuleiten. Anders ist es jedoch mit den aus der Anlage selbst herrührenden Kräften und Momenten, seien dies Gas- oder Massenkräfte. Neben der allgemeinen Steifigkeit des Fundamentes, die nur bei Betonfundamenten (Abb. 10.71) als ausreichend anzusehen ist, spielen bei Rahmenfundamenten oft die örtlichen Gelegenheiten der Motorenbefestigung eine ausschlaggebende Rolle, so daß die Resonanzfrequenzen auch "gleicher" Aggregate

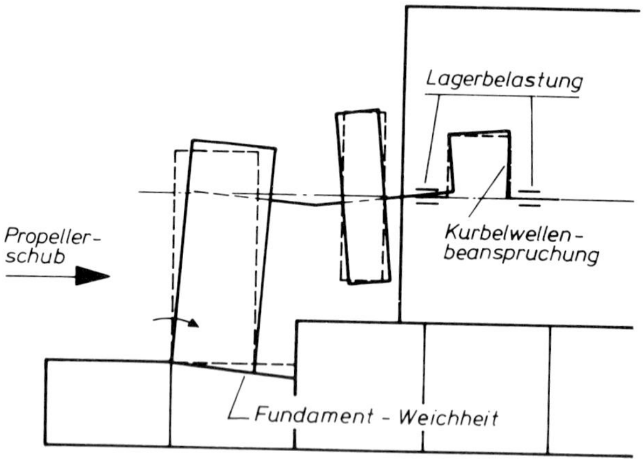

Abb. 10.70: Unzureichend starr aufgestelltes Propeller-Schublager einer Motorenanlage

Abb. 10.71: Betonfundament

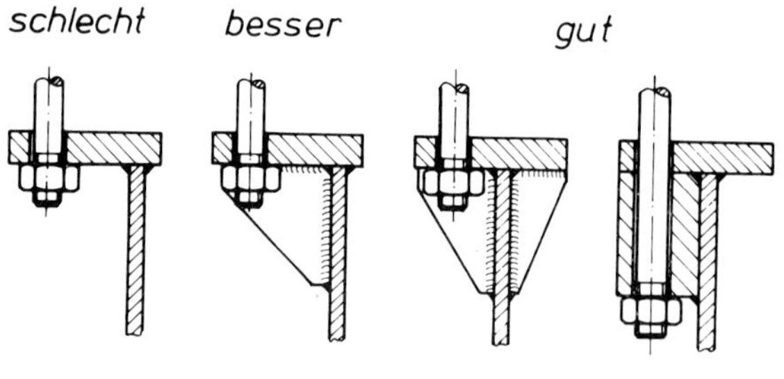

Abb. 10.72: Definierte Befestigung an einem Profilrahmen

oft recht unterschiedlich ausfallen. So ist es sehr wichtig, daß die Fundamentschrauben des Motors an eindeutig definierten Stellen des als T-Trägers konstruierten Rahmens angreifen (Abb. 10.72) oder die zusammengeschraubten Profile satt aufeinanderliegen (Abb. 10.73). Diese Differenzen fallen dann besonders unangenehm auf, wenn bei Serien-Aggregaten mit einer Betriebsdrehzahl eine Reihe von Motoren eine ausreichende Standruhe aufweisen, andere aber gerade im Resonanzbereich liegen (Abb. 10.74). Bei großem Drehzahlverstellbereich kommt es darauf an, die Resonanz

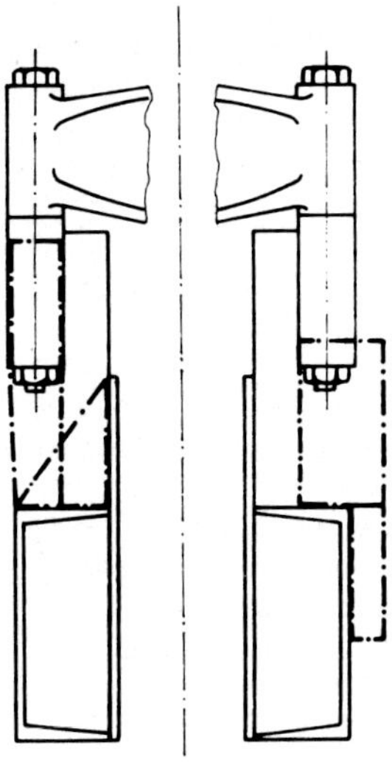

Abb. 10.73: Motorenkonsole auf Profilen

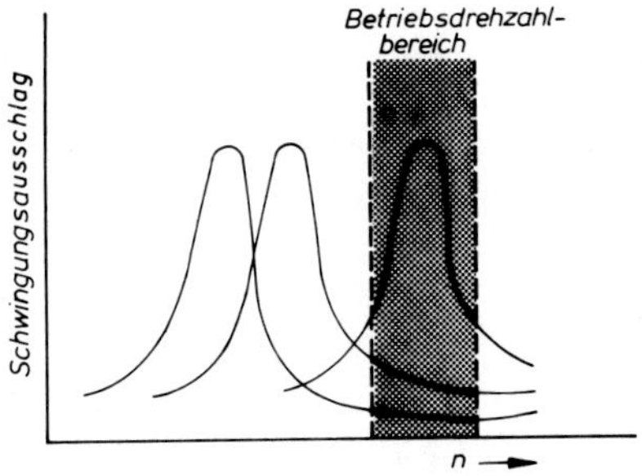

Abb. 10.74: Resonanzschwingungen 'gleicher' Aggregate

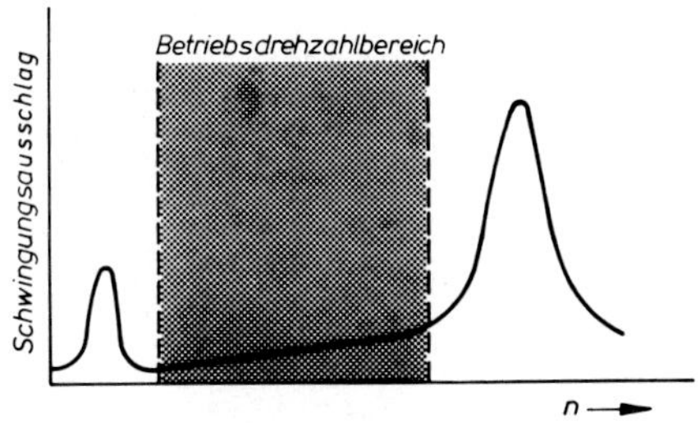

Abb. 10.75: Verlagerung von Resonanzstellen in betrieblich ungefährdete Bereiche

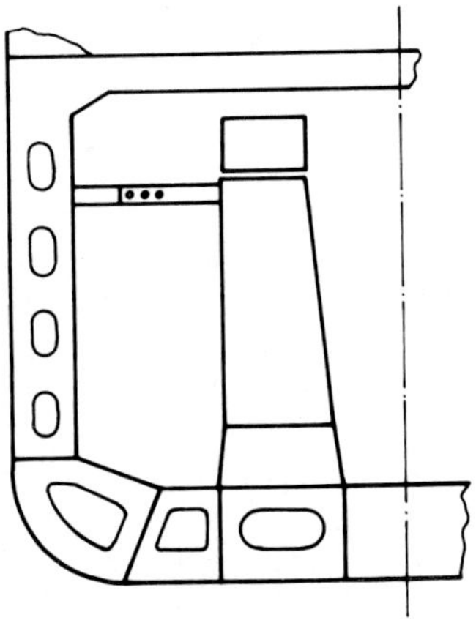

Abb. 10.76: Motorenbefestigung am Rahmenspant

in ungefährdete Bereiche zu verlagern (Abb. 10.75). Ist das Fundament zu schwach, so daß auch bei einer ordnungsgemäßen Befestigung eine Fundamentresonanz nicht zu erreichen ist, dann hiflt oft nur noch eine seitliche Befestigung des Motorblockes an dem Schiffsverband (Rahmenspant) (Abb. 10.76), wobei man sich den Ort der Krafteinleitung gut aussuchen muß, will man nicht irgendwo anders im Schiffsverband unangenehme Schwingungen erzeugen.

Andererseits ist es erstaunlich, daß Normung, Vorschriften und Nachbau im Maschinenraumbereich bei äußerlich sehr

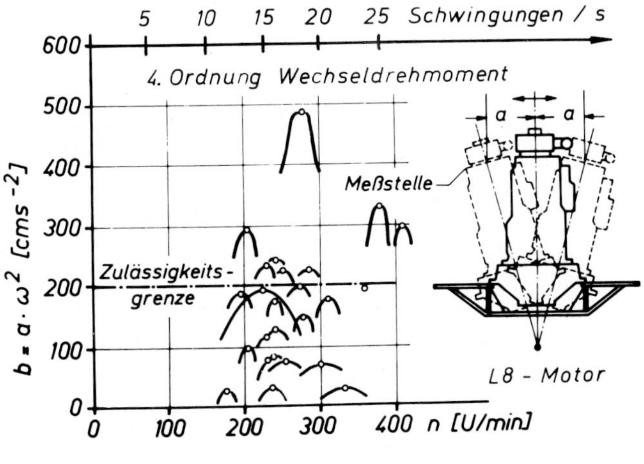

Abb. 10.77: Schwingungsverhalten gleicher Motoren auf unterschiedlichen, jedoch schwingungstechnisch ähnlichen Fundamenten

unterschiedlichen Schiffen trotz obengenannter Streumöglichkeiten zu angenähert ähnlichen Verhältnissen führen. Abb. 10.77 zeigt z. B. die Resonanzverhältnisse einer Reihe von Rheinschiffen älteren Datums, deren Fundamente von verschiedenen Werften für den gleichen Motor so ähnlich ausgeführt wurden, daß die Resonanzdrehzahlen (Wechseldrehmoment 4. Ordnung von 8-Zylinder-Reihenmotoren) sehr nahe beieinander liegen.

10.3.7 Fundamentverschraubungen

Ein in neuerer Zeit wieder aktuelles Thema ist die Fundamentverschraubung des Motors. Während ein elastisch aufgestellter oder auch frei durchschwingender Motor nur die Reaktionskräfte von Leistungs- und Wechseldrehmoment, sowie die möglicherweise freien Gas- und Massenkräfte in den Fundamentschrauben aufnehmen muß (sofern die Befestigungsfüße sich im Knoten der Verformung befinden), sind die Motoren mit Fundamentschienen oder vielen Einzelfüßen nach anderen Gesichtspunkten anzuschrauben. Infolge des inneren Biegemomentes will sich der Motor durchbiegen. Will man kein Schieben zwischen Motorfuß und Fundament zulassen (Verschleiß), so ist jeder einzelne Fuß (Lagerwand) so zu befestigen, daß er die örtlich auftretenden Kräfte aufnehmen kann. Im Regelfall ist die horizontal wirkende Kraftkomponente der umlaufenden Kräfte die entscheidende Größe, weil die Reibungszahlen zwischen Fuß und Fundament klein sind. Je weicher der Aufstellfuß oder je weicher das Fundament sind, desto geringer kann die Schraubenspannkraft ausfallen; denn dadurch wird ein anteiliges Durchbiegen des Motorblockes möglich. Ein Grenzwert ist die Annahme eines unendlich weichen Motorblockes und eines absolut steifen Fundamentes. Dann muß in jeder Motorquerwand die Lagerkraft auf das Fundament übertragen werden - die Schraubenspannungen sind hoch, die Fundamentschraubendurchmesser bewegen sich pro Lagerwand in der Größenordnung um 2 bis 4 Schrauben von 10 % des Kolbendurchmessers.

Eine normale Ausrichtung bedarf einer Reihe von Paßstücken, die zwischen Fundamentschiene und Motorfuß auf Maß eingepaßt wird, so daß der Motor in der ausgerichteten Form fixiert werden kann. Zusätzlich gibt es seitliche Stopper, die den Motor in der Längsausrichtung halten, sowie einige Paßschrauben zur Lagefixierung in Motorlängsrichtung. Die Wärmedehnung des Motors macht sich normalerweise durch Knacken und Knistern bemerkbar - ein Zeichen des Rutschens zwischen Motor und Fundament.

Im letzten Jahrzehnt haben sich 'untergossene' Fundamentierungen in weiten Kreisen durchgesetzt, wobei sich die Motorenfirmen sehr schwer getan haben, ihre Zustimmung zu geben. Das lag daran, daß die Druckfestigkeit des Untergußwerkstoffes (Kunststoff) gegenüber Stahl/Gußeisen äußerst gering ist und über das Dauerkriechverhalten keine gesicherten Erkenntnisse vorlagen. Während das letztere befriedigend gelöst zu sein scheint, macht die geringe Druckfestigkeit des Werkstoffes Schraubenkräfte notwendig, die 5- bis 10mal kleiner sind als die in früheren Jahren als notwendig erachteten. Eine Rechnung unter Ansatz des obengenannten Grenzfalles des unendlich weichen Motorblockes, der in so krasser Form in praxi nie auftreten kann, ergäbe so eine notwendige, aber leider unrealistische Reibungszahl von 0,5 - 1,0, ein sehr hoher Wert, der sogar im Laborversuch mit gewisser Oberflächenrauhigkeit nachgemessen werden konnte. Jedoch tauchen Zweifel auf, ob diese Werte auch nach dem Rutschen jeweils wieder erreicht werden, was nach heutigen Kenntnissen verneint werden muß. Wenn dennoch heute gute Betriebserfahrungen vorliegen, so kann das wohl nur darauf zurückzuführen sein, daß das vereinfachte Modell zu große Anforderungen an den Reibwert stellt und daß bei einer Kunststofflagerung ein 'Warm-Kalt-Rutschen' nicht auftritt (was man akustisch bestätigt bekommt). Dieser Zusammenhang läßt sich nur dadurch erklären, daß der Schubmodul des Kunststoffes ausreichend klein ist, so daß er die gegenseitige Verschiebung von Kurbelgehäuse und Fundament durch die Höhe der Untergußmasse als Schubspannung aufnimmt und somit die Verschiebung der Oberflächen durch eine Schubverformung der Untergußmasse ersetzt.

10.4 Schwingungen des Triebwerkes

Herausgeber und Autoren dieser Buchreihe waren sich einig darüber, daß das Thema 'Schwingungen' in der beim heutigen Kenntnisstand gebotenen Ausführlichkeit einem eigenständigen Band vorbehalten bleiben müsse (Band 3 der Neuen Folge der Schriftenreihe LIST/PISCHINGER: Die Verbrennungskraftmaschine 'Triebwerksschwingungen').

Wenn im vorliegenden Band auf das Thema kurz eingegangen wird, so ergibt sich das aus der engen Verbindung zwischen den in diesem Band erläuterten periodischen Kräften und Momenten bei Hubkolbenmotoren und der Vielzahl von Schwingungserscheinungen, deren Ursache diese Kräfte und Momente sind. Wegen des sachlichen Zusammenhanges war es schon in vorangegangenen Kapiteln notwendig, auf Schwingungen einzugehen, so beim Einfluß der Drehungleichförmigkeit der Kurbelwelle auf das Massendrehmoment in Kapitel 4 und im Zusammenhang mit der Motoraufstellung (Elastische Lagerung) in Kapitel 8.

Die folgenden Ausführungen können und wollen keinen Anspruch darauf erheben, das Thema umfassend zu behandeln; sie sollen dagegen kritischen Vorbehalt und Neugier wecken. Darüber hinaus mögen sie im Sinne einer Warnung verstanden werden; denn Schwingungen verursachen zusätzliche Beanspruchungen in den Bauteilen. So kann es unter Umständen verhängnisvoll sein, wenn allein von den im Hubkolbenmotor auftretenden Kräften und Momenten und den Bauteil-Dimensionen auf die Beanspruchung geschlossen wird und dabei mögliche Resonanzerscheinungen übersehen werden. Wegen der Vielfalt der Ausführungsformen von Verbrennungskraftmaschinen-Anlagen und der Vielfalt möglicher Schwingungserscheinungen ist es oft schwierig, diesen Erscheinungen auf die Spur zu kommen und diese richtig zu deuten /33/.

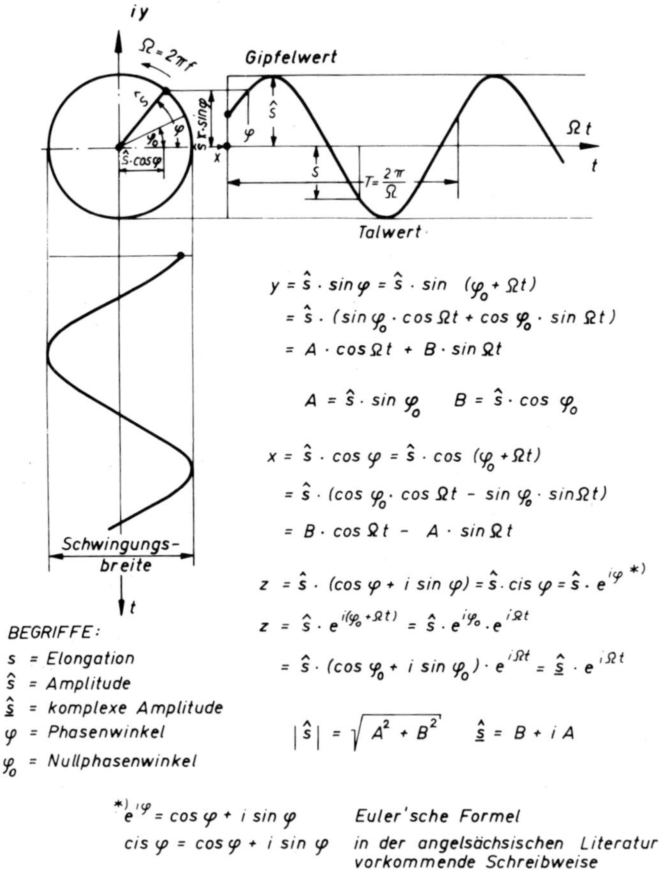

Tafel 10.A: Darstellung einer harmonischen Schwingung durch Projektion eines rotierenden Vektors in der reellen (x) und imaginären (y) Achse

10.4.1 Schwingungen

Bei einer Schwingung ändert sich eine physikalische Größe mit der Zeit so, daß bestimmte Merkmale wiederkehren. Die regelmäßige und formgetreue Wiederholung heißt 'periodische Schwingung'. Das Zeitintervall bis zur Wiederholung ist die Periodendauer T, der zugehörende Teilvorgang die Periode. Der Kehrwert der Periodendauer ist die Frequenz

$$f = \frac{1}{T} \tag{10.14}$$

Sie gibt die Zahl der Schwingungen in der Zeiteinheit an. Die Kreisfrequenz oder Winkelfrequenz ist

$$\Omega = 2\pi \cdot f \tag{10.15}$$

Sie entspricht der Umfangsgeschwindigkeit eines rotierenden Zeigers von der Länge 1, dessen Projektion die harmonische Schwingung mit der Amplitude 1 ist (vergl. Tafel 10.A).

Gegenüber allgemeinen Vorgängen läßt sich der Begriff "Schwingung" nicht eindeutig abgrenzen, zumal auch endliche unperiodische Vorgänge, wie z. B. ein Stoß, mathematisch als Überlagerung von Sinusschwingungen darstellbar sind.

Es gibt zahlreiche Analogien zwischen Schwingungsvorgängen in der Mechanik, Akustik, Optik und Elektrizitätslehre. Im vorliegenden Zusammenhang interessieren hauptsächlich die mechanischen Schwingungen, deren Merkmal der periodische Austausch von potentieller und kinetischer Energie zwischen wenigstens zwei voneinander unabhängigen Energiespeichern (z. B. Feder und Masse) ist. In der Technik sind (mechanische) Schwingungen insbesondere im Hinblick auf wechselnde Belastungen und Verformungen von Bauteilen zu betrachten.

Ein wichtiger Sonderfall der periodischen Schwingungen sind die harmonischen Schwingungen. Diese werden durch den Verlauf der sin- bzw. cos-Funktion oder aber symbolisch durch eine komplexe Exponentialform mit der Zahl e als Basis beschrieben. Der Zusammenhang zwischen diesen beiden Darstellungsarten ergibt sich aus der Euler'schen Formel (vergl. Tafel 10.A). Bei der rechnerischen Lösung von Schwingungsproblemen erweist sich die Verwendung komplexer Zahlen zur Beschreibung von Schwingungsamplituden als sehr nützlich.

Der zeitliche Verlauf einer schwingenden Größe, z. B. des Schwingweges s, kann daher dargestellt werden durch

$$\begin{gathered} s = A \cdot \cos \Omega \cdot t + B \cdot \sin \Omega \cdot t \\ A = \hat{s} \cdot \sin \varphi_0 \;; \quad B = \hat{s} \cdot \cos \varphi_0 \end{gathered} \tag{10.16}$$

oder symbolisch durch

$$s = \underline{\hat{s}} \cdot e^{i\Omega t} \tag{10.17}$$

Anmerkung:
Es handelt sich um äquivalente, jedoch nicht gleichzusetzende Darstellungen. In der angegebenen Schreibweise gilt als Vereinbarung, daß allein die Vertikal-Projektion des umlaufenden (komplexen) Vektors repräsentativ für die harmonische Schwingung ist. Rein formal würde die Umwandlung von (10.16) in die Exponentialform zu einem konjugiert komplexen Ausdruck oder die von (10.17) in die trigonometrische Form zu einem komplexen Ausdruck mit cos- und sin-Gliedern im Real- und Imaginärteil führen. Für die praktische Handhabung von (10.16) oder (10.17) ist dies ohne Bedeutung. Zu beachten ist dagegen, daß in (10.17) die Amplitude $\underline{\hat{s}}$ eine komplexe Größe ist.

Jeder periodische Vorgang läßt sich darstellen als Überlagerung eines Gleichwertes und einer Anzahl harmonischer Schwingungen, deren Frequenzen ganzzahlige Vielfache einer Grundfrequenz sind (vergl. auch Kapitel 11). Man bezeichnet diese Darstellung als trigonometrische oder Fourier-Reihe.

$$y(t) = a_0 + \Sigma a_K \cdot \cos\left(k \cdot 2 \cdot \pi \cdot \frac{t}{T}\right) + \Sigma b_K \cdot \sin\left(k \cdot 2 \cdot \pi \cdot \frac{t}{T}\right) \qquad (10.18)$$

Auch nicht periodische Vorgänge lassen sich auf diese Weise approximieren, wenn die Periode so lang gewählt wird, daß die Wiederholung außerhalb des Definitionsbereiches der nicht periodischen Funktion liegt. Die Zerlegung einer gegebenen Funktion in ihre harmonischen Anteile wird "Harmonische Analyse", die phasenrichtige Zusammensetzung harmonischer Teilschwingungen bekannter Amplituden wird "Harmonische Synthese" genannt.

Bei der analytischen Untersuchung von Schwingungsvorgängen wird das reale technische Gebilde durch ein abstraktes System ersetzt, welches die wesentlichen Eigenschaften des realen Gebildes besitzen muß. Dieses abstrakte System wird Ersatzsystem, Elastisches System, Schwingungssystem oder Schwinger genannt.

Die physikalischen Größen zur Beschreibung mechanischer Schwingungssysteme sind Massen und Massenträgheitsmomente, Speicherkennwerte (z. B. Federsteifigkeiten), Verlustkennwerte (Dämpfung) und die Erregung. Gesucht sind die Größen, die den Bewegungszustand des Systems zu einem Zeitpunkt t bestimmen, z. B. der Schwingweg bei transversalen Schwingungen oder der Schwingwinkel bei Drehschwingungen. Die Anzahl der voneinander unabhängigen Koordinaten, die notwendig sind, um den Bewegungszustand eines Systems zu beschreiben, ist die Anzahl der Freiheitsgrade.

Ein Schwinger vollführt freie Schwingungen, wenn er nach Auslenkung aus der Gleichgewichtslage selbsttätig zurückschwingt und ihm sonst keine Energie zugeführt wird.

Die Frequenz der freien Schwingung ist die Eigenfrequenz des Systems. Wird dem Schwinger Energie durch eine periodische Erregung zugeführt, so schwingt er mit der Frequenz der Erregung. Es handelt sich dann um erzwungene Schwingungen.

Stimmen die Erregerfrequenz und die Eigenfrequenz überein, so liegt Resonanz vor. Diese bezeichnet den Zustand, bei dem die periodische Erregung jeweils in der augenblicklichen Bewegungsrichtung beschleunigend wirkt und die Schwingung somit zunehmend verstärkt. Die Schwingungsausschläge werden dann allein durch die Dämpfung begrenzt; beim Fehlen von Dämpfung würden die Ausschläge unendlich groß werden. Die Dämpfung bewirkt die Umwandlung von Schwingungsenergie in Wärme. Ist die Erregerfrequenz niedriger als die Eigenfrequenz ("unterkritisch"), so schwingt die träge Masse gleichphasig mit der Erregung; ist die Erregerfrequenz höher als die Eigenfrequenz ("überkritisch"), so schwingt die Masse in Gegenphase zur Erregung (vergl. hierzu Abschnitt 8.2).

Dämpfung ist die energiestreuende Eigenschaft eines Systems oder eines Werkstoffes bei schwingender Beanspruchung. Zur Charakterisierung der Dämpfungseigenschaften sind eine Reihe von Kennwerten gebräuchlich. Hier muß bei Zahlenangaben daher auf eine exakte Definition und gegebenenfalls Dimensionsangabe geachtet werden. Eine isoliert dastehende Zahl und der Begriff "Dämpfung" für sich allein kann leicht zu Mißdeutungen führen.

Bedeutung, Herkunft und Zusammenhänge der einzelnen Dämpfungskennwerte werden zweckmäßigerweise am schon einmal im Kapitel 8.2 behandelten Ein-Massen-Schwinger mit konstanter Erreger-Amplitude dargestellt.

Für diesen einfachen Schwinger nach Abb. 10.78 gilt die folgende Bewegungs-Differentialgleichung.

$$m \cdot \ddot{s} + b \cdot \dot{s} + c \cdot s = \begin{cases} 0 & \text{freie Schwingungen} \\ F(t) & \text{erzwungene Schwingungen} \end{cases} \qquad (10.19)$$

Mit dem Lösungsansatz

$$s = \hat{s} \cdot e^{i\Omega t} \; ; \; \dot{s} = i\Omega \cdot \hat{s} \cdot e^{i\Omega t} \; ; \; \ddot{s} = -\Omega^2 \cdot \hat{s} \cdot e^{i\Omega t} \; ; \; F(t) = \hat{F} \cdot e^{i\Omega t} \qquad (10.20)$$

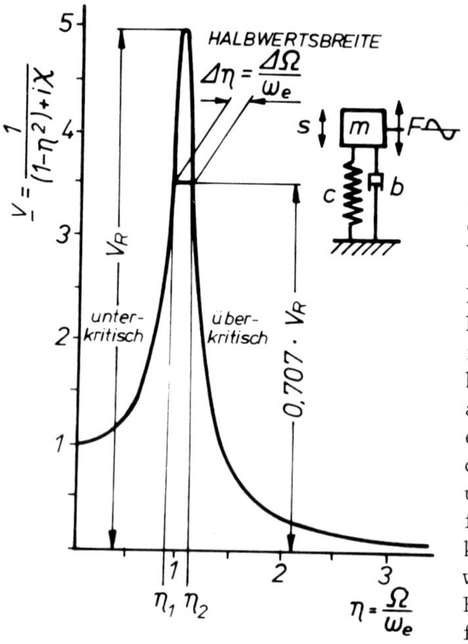

Abb. 10.78: Resonanzkurve (Vergrößerungsfunktion) des Ein-Massen-Schwingers bei konstanter Erreger-Amplitude - Die Halbwertsbreite $\Delta\eta$ in Höhe der 0,707fachen Maximalamplitude ist ein Maß für die Dämpfung

ergibt sich nach Umstellen

$$-\Omega^2 + \frac{c}{m} \cdot \left(1 + i\,\frac{b \cdot \Omega}{c}\right) = \begin{matrix} 0 \\ \hat{F} \cdot \frac{1}{\hat{s}} \cdot \frac{1}{m} \end{matrix} \qquad (10.21)$$

Bei erzwungenen Schwingungen ist die Kreis- oder Winkelfrequenz Ω diejenige der Erregung, bei freien Schwingungen die Eigenkreisfrequenz.

Die Größe b ist der Dämpfungswiderstand oder Dämpfungskoeffizient. In der angegebenen Form ist die Dämpfungskraft der Schwinggeschwindigkeit proportional. Man bezeichnet dies als linear-viskose Dämpfung. Sie entspricht als Stoffeigenschaft dem Newton'schen Fließverhalten, d. h. der Proportionalität von Schubspannung und Schergeschwindigkeit, z. B. bei der wirbelfreien Strömung einer nicht sehr zähen Flüssigkeit. Nur mit dieser Voraussetzung ist die Bewegungsgleichung linear und in der angegebenen Form lösbar. Andere Dämpfungs-Abhängigkeiten führen auf nicht-lineare Bewegungsgleichungen, die wesentlich aufwendigere Lösungsverfahren erfordern. In der Praxis begnügt man sich dann oft mit einer Näherung, indem unter der Annahme einer geschwindigkeitsproportionalen Dämpfungskraft ein "Ersatz-Dämpfungswiderstand" bestimmt wird.

Für den Sonderfall b = 0 und F(t) = 0 ergibt sich als Lösung von (10.21) die Eigen-Kreisfrequenz der freien ungedämpften Schwingung oder ungedämpften Eigenschwingung

$$\omega_e = 2 \cdot \pi \cdot f_e = \sqrt{\frac{c}{m}} \qquad (10.22)$$

Mit dem Frequenzverhältnis

$$\eta = \frac{\Omega}{\omega_e} \qquad (10.23)$$

nimmt Gleichung (10.21) die folgende Form an

$$1 - \eta^2 + i\,\frac{b}{\sqrt{c \cdot m}} \cdot \eta = \begin{matrix} 0 \\ \frac{\hat{F}}{c} \cdot \frac{1}{\hat{s}} \end{matrix} \qquad (10.24)$$

Der in dieser Form auftretende Dämpfungs-Kennwert ist der Verlustfaktor:

$$d = \frac{b}{\sqrt{c \cdot m}} \qquad (10.25)$$

Der Fall b $\neq$ 0 und F(t) = 0 führt zu den freien gedämpften Schwingungen. Gleichung (10.21) erhält die folgende Form

$$\Omega^2 - i\,\frac{b}{m} \cdot \Omega = \omega_e^2 \qquad (10.26)$$

Ω hat hier nicht die Bedeutung einer Kreisfrequenz, sondern die eines allgemeinen Lösungsparameters der quadratischen Gleichung. Mit $\beta = \frac{b}{2m}$ lautet die Lösung

$$\Omega = i\beta \pm \sqrt{\omega_e^2 - \beta^2} = i\beta \pm \omega_e \cdot \sqrt{1 - \left(\frac{\beta}{\omega_e}\right)^2} = i\beta \pm \omega_d \tag{10.27}$$

Einsetzen in den Lösungsansatz (10.20) ergibt für den zeitlichen Verlauf der Amplituden der freien, gedämpften Schwingung

$$s(t) = \hat{\underline{s}} \cdot e^{-\beta \cdot t \pm i\omega_d \cdot t} = \hat{\underline{s}} \cdot e^{-\beta \cdot t} \cdot e^{\pm i \omega_d \cdot t} \tag{10.28}$$

oder gleichwertig

$$s(t) = e^{-\beta \cdot t} \cdot (A \cdot \cos \omega_d \cdot t + B \cdot \sin \omega_d \cdot t) \tag{10.29}$$

Gleichung (10.28) bzw. (10.29) beschreiben einen Schwingungsvorgang mit der Eigenkreisfrequenz ω_d bzw. der Schwingungsdauer $T = \frac{2\pi}{\omega_d}$, bei dem die Amplituden nach der Exponentialform $e^{-\beta t}$ abnehmen.

Die Größe β ist der

Abklingkoeffizient: $\beta = \frac{b}{2 \cdot m} = \omega_e \cdot \frac{d}{2}$ (10.30)

Für die Frequenz der freien Schwingung mit Dämpfung (gedämpfte Eigenschwingung) gilt

$$\omega_d = \omega_e \cdot \sqrt{1 - \vartheta^2} = \omega_e \cdot \sqrt{1 - \left(\frac{\beta}{\omega_e}\right)^2} = \omega_e \cdot \sqrt{1 - \frac{b^2}{4 \cdot c \cdot m}} = \omega_e \cdot \sqrt{1 - \left(\frac{d}{2}\right)^2} \tag{10.31}$$

Die im Wurzelausdruck auftretende Dämpfungsgröße ist der Dämpfungsgrad:

$$\vartheta = \frac{\beta}{\omega_e} = \frac{b}{2 \cdot \sqrt{c \cdot m}} = \frac{d}{2} \tag{10.32}$$

Der Formel (10.31) ist zu entnehmen, daß die Frequenz der gedämpften Eigenschwingung stets niedriger ist als die der ungedämpften Eigenschwingung. Dabei zeigt sich jedoch erst bei großen Dämpfungen ein nennenswerter Unterschied zwischen der Frequenz der gedämpften und ungedämpften Eigenschwingung.

Gummibauteile, wie z. B. drehelastische Kupplungen oder Gummipuffer für die elastische Motorlagerung, haben Verlustfaktoren von d = 0,10 ... 0,20. Der Wurzelausdruck in (10.31) ergibt damit Werte von 0,9987 ... 0,9950, mithin einen unwesentlichen Einfluß auf die Eigenfrequenz.

Bei einer gedämpften Eigenschwingung ist das Verhältnis von zwei mit dem Abstand der Periodendauer $T = \frac{2\pi}{\omega_d}$ aufeinanderfolgender Amplituden.

$$\frac{\hat{s}_n}{\hat{s}_{n+1}} = \frac{\hat{s} \cdot e^{-\beta \cdot t}}{\hat{s} \cdot e^{-\beta \cdot (t+T)}} = \frac{\hat{s} \cdot e^{-\beta \cdot t}}{\hat{s} \cdot e^{-\beta \cdot t} \cdot e^{-\beta \cdot \frac{2\pi}{\omega_d}}} = e^{\beta \cdot \frac{2\pi}{\omega_d}} \tag{10.33}$$

Als Kennwert für das Abklingen der Schwingung und damit für die Dämpfung ergibt sich hieraus das Logarithmische Dekrement:

$$\Lambda = \ln \frac{\hat{s}_n}{\hat{s}_{n+1}} = \beta \cdot \frac{2\pi}{\omega_d} = \frac{2 \cdot \pi \cdot \vartheta}{\sqrt{1 - \vartheta^2}} \tag{10.34}$$

Über das Logarithmische Dekrement lassen sich die Dämpfungsgrößen bei der Messung von Ausschwingvorgängen ermitteln.

Aus Gleichung (10.27) bzw. (10.31) ist zu erkennen, daß es einen Grenzfall für die Dämpfung ("kritische Dämpfung") gibt, bei der die gedämpfte Eigenschwingung in einen aperiodischen Kriechvorgang entartet. Dies ist der Fall, wenn

$$1 - \frac{b^2}{4\cdot c\cdot m} = 0 \quad \text{oder} \quad b = b_{Kr} = 2\cdot\sqrt{c\cdot m} = 2\cdot m\cdot\omega_e \qquad (10.35)$$

ist.
Die Dämpfungskenngröße $D = b/2\cdot m\cdot\omega_e$, d. h. das Verhältnis des vorhandenen zum kritischen Dämpfungswiderstand, wurde von LEHR / 34 / bei der Behandlung der erzwungenen, gedämpften Schwingungen eingeführt. Es ist zahlenwertgleich mit dem Dämpfungsgrad ϑ .

Lehr'sches Dämpfungsmaß: $$D = \frac{b}{2\cdot\sqrt{c\cdot m}} = \vartheta = \frac{d}{2} = \frac{\beta}{\omega_e} \qquad (10.36)$$

Die Größe $b\cdot\Omega/c$ in Gleichung (10.21) ist bei harmonischen erzwungenen Schwingungen das Verhältnis der dämpfenden zur elastischen Komponente der Schwingkraft (oder des Schwingmomentes bei Torsionsschwingungen). Die Komponenten lassen sich als Real- und Imaginärteil einer komplexen Steifigkeit auffassen. Das Verhältnis beider Komponenten ist gleich dem tan des Verlustwinkels, das ist der Winkel, um den die Wechselverformung der Schwingkraft nacheilt, wenn die Feder- und Dämpfungseigenschaften unabhängig von der Massenwirkung betrachtet werden (Abb. 10.79). Für den vom Frequenzverhältnis abhängigen Phasenverschiebungswinkel zwischen Erregerkraft und Schwingung und zwischen Schwingkraft und Schwingung beim Ein-Massen-Schwinger gelten dagegen die Formeln 8.17 und 8.19 im Kapitel 8.2. Der tan des Verlustwinkels ist die Verlustzahl. Dieser Wert ist bei Werkstoffen mit visko-elastischem Verformungsverhalten bei konstanter Temperatur eine konstante Größe und wird daher auch "Werkstoffdämpfung" genannt.

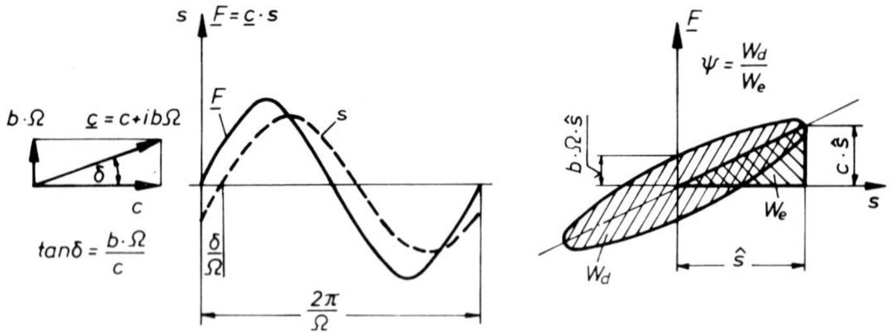

Abb. 10.79: Verlauf der Schwingkraft F und des Schwingweges s während einer harmonischen Schwingung - Die Schwingkraft F und der Schwingweg s sind um den Verlustwinkel δ phasenverschoben. Bei Auftragung der Schwingkraft über dem Schwingweg entsteht die Hysteresisschleife

$$\chi = \tan\delta = \frac{b\cdot\Omega}{c} = \frac{b}{\sqrt{c\cdot m}}\cdot\eta = d\cdot\eta = 2\cdot\vartheta\cdot\eta \qquad (10.37)$$

Die Verlustzahl χ und der Verlustfaktor d sind im Resonanzfall ($\eta = 1$) identisch.

Das Verhältnis der während einer Schwingungsperiode verrichteten (in Wärme umgesetzten) Dämpfungsarbeit

$$W_d = \pi\cdot b\cdot\Omega\cdot\hat{s}^2 \qquad (10.38)$$

und der zwischen Mittel- und Umkehrlage verrichteten elastischen Formänderungsarbeit

$$W_e = \frac{1}{2} \cdot c \cdot \hat{s}^2 \tag{10.39}$$

ist die (vergleiche Abb. 10.79) verhältnismäßige Dämpfung

$$\psi = \frac{W_d}{W_e} = 2 \cdot \pi \cdot \chi = 2 \cdot \pi \cdot d \cdot \eta \tag{10.40}$$

Aus der Vergrößerungsfunktion (vergl. linke Seite der Gleichung 10.24)

$$\underline{V} = \frac{1}{1-\eta^2+i\chi} \quad \text{bzw.} \quad |V| = \frac{1}{\sqrt{(1-\eta^2)^2+\chi^2}} \tag{10.41}$$

ergibt sich für den Resonanzfall $\eta = 1$, $\chi = d$ der Resonanzfaktor

$$V_R = \frac{1}{\chi} = \frac{1}{d} = \frac{1}{2 \cdot \vartheta} = \frac{\sqrt{c \cdot m}}{b} = \frac{2 \cdot \pi}{\psi} \tag{10.42}$$

Bei einem einfachen Schwinger mit harmonischer Erregung ist die Form der Resonanzkurve durch das Frequenzverhältnis und einen dimensionslosen Dämpfungskennwert eindeutig definiert (Vergrößerungsfunktion). Die wahren Systemdaten (Masse, Federsteifigkeit, Erregung) sind dabei lediglich Proportionalitätsfaktoren. Dies legt den Schluß nahe, daß es auch möglich sein muß, aus der Form einer gegebenen Resonanzkurve bei bekannter Schwingfrequenz ohne Kenntnis der wahren Systemdaten und der Erregung die Dämpfung zu ermitteln.

Setzt man in (10.41)

$$\eta^2 = 1 \pm \chi$$

so gilt

$$V^2 = \frac{1}{2 \cdot \chi^2} \qquad V = \frac{1}{\sqrt{2}} \cdot \frac{1}{\chi} = 0{,}707 \cdot V_R \tag{10.43}$$

und (vergl. Abb. 10.78)

$$\Delta\eta = \frac{\Delta\Omega}{\omega_e} = \eta_2 - \eta_1 = \sqrt{1+\chi} - \sqrt{1-\chi} \approx \chi$$

Die Breite der Resonanzkurve in der Höhe, bei welcher der Schwingungsausschlag auf das 0,707-fache und die Schwingungsenergie auf das 0,5-fache der Höchstwerte abgesunken sind, ist somit ein Maß für die Dämpfung (Verlustzahl). Es ist die

$$\text{Halbwertsbreite:} \quad \Delta\eta = \frac{\Delta\Omega}{\omega_e} \approx \chi \approx \frac{1}{V_R} \tag{10.44}$$

Über die Halbwertsbreite ist eine einfache Ermittlung der Dämpfung einer harmonischen Schwingung z. B. aus einer gemessenen Resonanzkurve möglich. Da die Resonanzkurven mit zunehmender Dämpfung unsymmetrisch werden, ist die Dämpfungsbestimmung aus der Halbwertsbreite bei starker Dämpfung fehlerbehaftet. Sind die Dämpfungen dagegen schwach, so ergibt die Halbwertsbreite auch bei Mehrmassen-Schwingern richtige Dämpfungswerte, z. B. in den Torsionsschwingungs-Resonanzstellen eines Motors ohne Schwingungsdämpfer, wo Resonanzvergrößerungsfaktoren von 15 ... 35, d. h. Halbwertsbreiten von 1/15 ... 1/35 üblich sind.

Schwingungen führen im Resonanzfall zu einer Verstärkung der Kräfte und Momente, die auf ein Bauteil einwirken. Eine Aussage zur Beanspruchung und Verformung eines Bauteiles allein unter der quasi-statischen Belastung aus den periodisch veränderlichen Gas- und Massenkräften ist daher nur dann zutreffend und zulässig, wenn beim betrachteten Belastungsfall und Betriebszustand Resonanzfreiheit vorausgesetzt werden kann.

Die Massen- und Steifigkeitsverhältnisse bei einer Reihe von Motorbauteilen, z. B. die der Kurbelwelle, führen jedoch im Betriebsbereich oft mehrfach zu Resonanzzuständen, und zwar dann, wenn die Frequenz einer Teilschwingung der periodischen Erregung mit einer Eigenfrequenz des schwingenden Systems übereinstimmt und dabei Schwingungsenergie auf das System übertragen wird. Nehmen dabei Verformungen und Beanspruchungen Werte an, die die Funktion und Dauerhaltbarkeit der Bauteile gefährden oder die unzumutbare Umweltbelästigungen hervorrufen, so sind Maßnahmen zur Schwingungsabwehr erforderlich. Diese Maßnahmen können in 3 Hauptgruppen aufgegliedert werden

a) Beeinflussung der Schwingungserregung (z. B. Zündfolge eines Motors)

b) Veränderung der Eigenfrequenz und Schwingungsform (Schwingungstilgung, System-Verstimmung)

c) Schwingungsenergie -umwandlung bzw. -streuung (Schwingungsdämpfung, Dämmung).

10.4.2 Torsionsschwingungen

Bei den Schwingungen des Motortriebwerkes und des Antriebsstranges sind die Torsionsschwingungen von besonderer Bedeutung, da sie vielfach die gefährlichste Art von Schwingungen sind. Um ihre Voraussage und Berechnung hat man sich daher immer besonders bemüht.

Das Torsionsschwingungs-Ersatzsystem besteht aus Drehmassen (polaren Massenträgheitsmomenten) und Torsionsfedersteifigkeiten (siehe Tafel 10.B). Der momentane Bewegungszustand wird durch die Torsionswinkel der Drehmassen beschrieben. Die Drehmassen werden durch Berechnen oder experimentell durch Auspendeln ermittelt (vergl. Kapitel 11). Beim Kurbeltrieb wird üblicherweise die Schwankung des Massenträgheitsmomentes aufgrund der Kolben- und Pleuelstangenbewegung vernachlässigt und statt dessen das konstante Massenträgheitsmoment um den zeitlichen Mittelwert des veränderlichen Anteils vergrößert (vergl. Kapitel 4.2.3 und 7.1.4).

Die Torsionssteifigkeiten werden rechnerisch nach der Elastizitätstheorie oder aber experimentell durch Messen der Verdrehkennlinie oder durch Messen der Torsions-Eigenfrequenz ermittelt. Bei der Berechnung der Steifigkeit von Teilen mit veränderlichem Querschnitt, z. B. einer abgesetzten Welle, sind für den Querschnittsübergang Korrekturen notwendig, da die Überleitung der Torsion in den veränderten Querschnitt allmählich und nicht der geometrischen Kontur entsprechend erfolgt (vergl. Tafel 10.C). Bei Kurbelkröpfungen kommt zu dem genannten Effekt in den Querschnittsübergängen noch der Umstand hinzu, daß in die Verformung der tordierten Kurbelwelle nicht nur die Zapfentorsion und Wangendurchbiegung eingehen, sondern die Zapfen auch radial auswandern und sich schrägstellen, wobei die Wangen zusätzlich tordiert werden. Bei der Kurbelkröpfung versagt daher eine Berechnung nach der elementaren Elastizitätstheorie; diese würde Steifigkeiten ergeben, die erheblich zu groß sind. Zur Bestimmung der Torsionselastizität von Kurbelkröpfungen gibt es eine Reihe von empirischen Formeln oder das auf experimentellen Untersuchungen basierende Verfahren der B.I.C.E.R.A. /35/ - siehe Tafel 10.D.

Torsionssteifigkeiten von Gummibauteilen, wie z. B. drehelastischen Kupplungen, müssen aus dynamischen Messungen ermittelt werden, da in der Regel solche Bauteile sich dynamisch steifer verhalten als beim statischen Verdrehversuch. Zusätzlich sind hier meist noch Angaben über den Einfluß der Temperatur und der Schwingungsfrequenz auf die Torsionssteifigkeit und gegebenenfalls auch Angaben zur nichtlinearen Verdreh-Charakteristik erforderlich.

Das Erregermoment an den Kurbeltriebs-Drehmassen ergibt sich aus dem harmonischen Gasdrehmoment und dem aus der Wirkung der oszillierenden Triebwerksteile hervorgehenden Massendrehmoment für die Ordnungszahlen 1, 2, 3 und 4 (siehe Tafel 10.E und 10.F) unter Beachtung der durch die Zündwinkel beschriebenen Phasenverschiebung.

Torsionsschwingungen

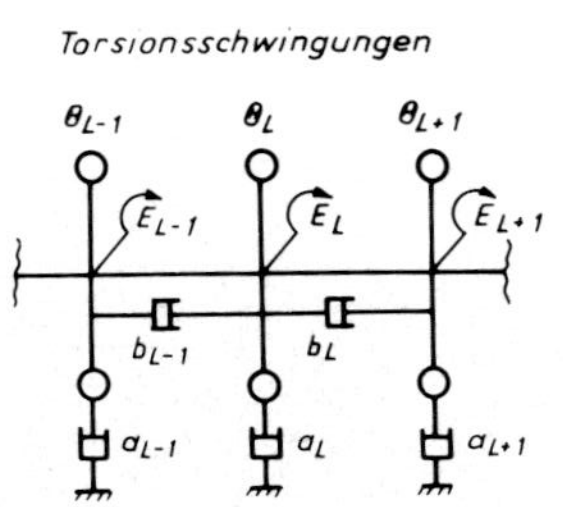

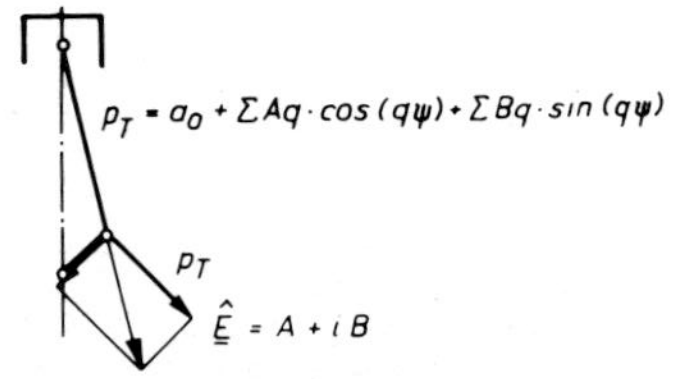

a =	Absolut-Dämpfungswiderstand	E =	Erregermoment
b =	Relativ-Dämpfungswiderstand	T =	Torsionsmoment
c =	Torsionssteifigkeit	φ =	Torsionswinkel
θ =	Drehmasse (polares Massenträgheitsmoment)	L =	Zählindex
		^ =	Amplitude
		- =	komplexe Größe

Bewegungsgleichung für die Drehmasse θ_L:

$$\theta_L \cdot \ddot{\varphi}_L + a_L \cdot \dot{\varphi}_L + T_L - T_{L-1} = E_L(t)$$
$$T_L = c_L \cdot (\varphi_L - \varphi_{L+1}) + b_L \cdot (\dot{\varphi}_L - \dot{\varphi}_{L+1}) \qquad 10.45$$
$$T_{L-1} = c_{L-1} \cdot (\varphi_{L-1} - \varphi_L) + b_{L-1} \cdot (\dot{\varphi}_{L-1} - \dot{\varphi}_L)$$

Lösungsansatz:

$$\varphi = \hat{\underline{\varphi}} \cdot e^{i\Omega t} \; ; \quad \dot{\varphi} = i\Omega \cdot \hat{\underline{\varphi}} \cdot e^{i\Omega t} \; ; \quad \ddot{\varphi} = -\Omega^2 \cdot \hat{\underline{\varphi}} \cdot e^{i\Omega t} \; ; \quad E(t) = \hat{\underline{E}} \cdot e^{i\Omega t}$$

Komplexe Schwingungsgleichung (erzwungene, gedämpfte Schwingungen):

$$-\theta_L \cdot \Omega^2 \cdot \hat{\underline{\varphi}}_L + i a_L \cdot \Omega \cdot \hat{\underline{\varphi}}_L + \hat{\underline{T}}_L - \underline{T}_{L-1} = \hat{\underline{E}}_L$$
$$\hat{\underline{T}}_L = (c_L + i b_L \cdot \Omega) \cdot (\hat{\underline{\varphi}}_L - \hat{\underline{\varphi}}_{L+1}) \qquad 10.46$$
$$\underline{T}_{L-1} = (c_{L-1} + i b_{L-1} \cdot \Omega) \cdot (\hat{\underline{\varphi}}_{L-1} - \hat{\underline{\varphi}}_L)$$

Freie Schwingungen ($\Omega \longrightarrow \omega_e$; $a, b, E \longrightarrow 0$):

$$-\theta_L \cdot \omega_e^2 \cdot \hat{\varphi}_L + \hat{T}_L - \hat{T}_{L-1} = 0$$
$$\hat{T}_L = \hat{T}_{L-1} + \theta_L \cdot \hat{\varphi}_L \cdot \omega_e^2 \qquad 10.47$$
$$\hat{\varphi}_{L+1} = \hat{\varphi}_L - \frac{\hat{T}_L}{c_L}$$

Tafel 10.B: Torsionsschwingungs-Ersatzsystem und Bewegungsgleichungen ('mathematisches Modell') für erzwungene, gedämpfte Torsionsschwingungen und für freie Torsionsschwingungen

a) abgesetzte zylindrische Welle:

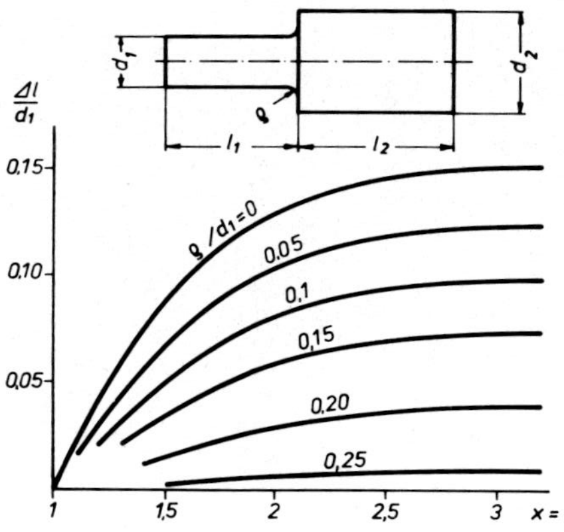

ELASTISCHE (ÄQUIVALENTE) LÄNGE: $l_e = \left\{\left[l_1 + \left(\frac{\Delta l}{d_1}\right) \cdot d_1\right] \cdot \left(\frac{d_e}{d_1}\right)^4 + l_2 \cdot \left(\frac{d_e}{d_2}\right)^4\right\} \frac{G_e}{G}$

$$x = \frac{d_2}{d_1} \qquad \frac{\Delta l}{d_1} = \left(\frac{0{,}35 \cdot x^2 + 0{,}3 \cdot x - 0{,}65}{3{,}12 \cdot x^2 - 3{,}5 \cdot x + 5}\right)^n$$

$$z = \frac{\varrho}{d_1} \qquad n = 1 + 1{,}67 \cdot z + 19 \cdot z^2 - 206 \cdot z^3 + 800 \cdot z^4$$

d_e, G_e : Durchmesser, Gleitmodul der äquivalenten Ersatzwelle

b) konische Welle:

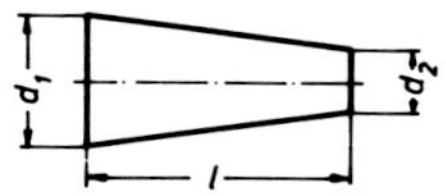

$$l_e = \frac{d_1}{d_2}\left[1 + \left(\frac{d_1}{d_2}\right) + \left(\frac{d_1}{d_2}\right)^2\right] \cdot \left(\frac{d_e}{d_1}\right)^4 \cdot \frac{l}{3} \cdot \frac{G_e}{G}$$

Tafel 10.C: Ermittlung der elastischen Länge - a) einer abgesetzten zylindrischen Welle, b) eines konischen Wellenstückes - Die Approximationsformeln zu a) sind aus den B.I.C.E.R.A.-Ergebnissen /35/ abgeleitet

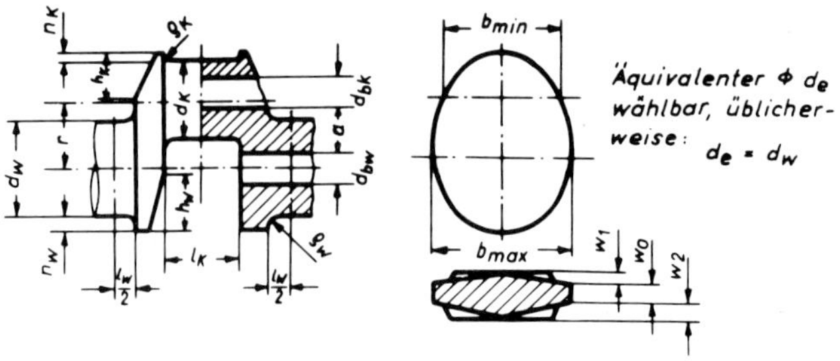

Äquivalente Wangenbreite und -dicke:

$$\frac{1}{b_e^3} = \frac{1}{2} \cdot \left(\frac{1}{b_{max}^3} + \frac{1}{b_{min}^3} \right) \qquad w_e = \frac{w_1}{4} + w_0 + \frac{w_2}{4}$$

Relative Zapfenüberdeckung:

$$U = \frac{d_K + d_W - 2 \cdot r}{2 \cdot r}$$

$$A = \frac{r \cdot d_e^3}{w_e \cdot b_e^3} : \quad \frac{l_{e0}}{d_e} = 0{,}2 + 0{,}033 \cdot |U|^{0{,}25} + 0{,}444 \cdot A + \underbrace{(0{,}07 \cdot U^2 - 0{,}025 \cdot U) \cdot A}_{\text{wenn } U > 0}$$

$$B = \left(\frac{b_e}{d_e}\right)^3 : \quad \frac{\Delta l_{e1}}{d_e} = \frac{103 \cdot |U| - 930 + (380 - 40 \cdot |U|) \cdot B - (19{,}7 + 5 \cdot |U|) \cdot B^2}{10\,000}$$

$C = \frac{d_e}{d_K}$ bzw. $\frac{d_e}{d_W}$: $\frac{\Delta l_{e2}}{d_e}$ für den vorhandenen Wert C interpolieren zwischen:

$$C = 1: \quad \frac{\Delta l_{e2}}{d_e} = 0$$

$$C = 1{,}1: \quad \frac{\Delta l_{e2}}{d_e} = \frac{U + 0{,}26}{(6{,}336 + 11{,}757 \cdot U + 10{,}241 \cdot U^2 + 26{,}259 \cdot U^3 + 25{,}249 \cdot U^4)}$$

$$C = 1{,}2: \quad \frac{\Delta l_{e2}}{d_e} = \frac{U + 0{,}26}{(2{,}681 + 5{,}943 \cdot U + 1{,}141 \cdot U^2 + 2{,}926 \cdot U^3 + 2{,}814 \cdot U^4)}$$

$$C = 1{,}3: \quad \frac{\Delta l_{e2}}{d_e} = \frac{U + 0{,}26}{(1{,}548 + 4{,}159 \cdot U + 0{,}678 \cdot U^2 + 1{,}738 \cdot U^3 + 1{,}671 \cdot U^4)}$$

$$D = 1 - \frac{a}{r} : \quad \frac{\Delta l_{e3}}{d_e} = (0{,}167 - 0{,}051 \cdot U) \cdot D + (0{,}414 - 0{,}743 \cdot U) \cdot D^2$$

$$E = \frac{2 \cdot \varrho_K}{d_K} ; \quad F = \frac{2 \cdot \varrho_W}{d_W} : \quad \frac{\Delta l_{e4}}{d_e} = (0{,}038 - 0{,}262 \cdot E) \cdot \left(\frac{d_e}{d_W}\right)^3 + (0{,}038 - 0{,}262 \cdot F) \cdot \left(\frac{d_e}{d_K}\right)^3$$

Anmerkung: hinterdrehter Radius ⟶ $-\varrho$

$$G = \frac{2 \cdot h_W}{d_W + n_W} ; \quad H = \frac{2 \cdot h_K}{d_K + 2 \cdot n_K} ; \quad I = \frac{w_e}{d_W} ; \quad K = \frac{w_e}{d_K} ; \quad L = \frac{G^2}{I} ; \quad M = \frac{H^2}{K}$$

$$\frac{\Delta l_{e5}}{d_e} = \left(\frac{58 \cdot L - 13 \cdot L^2 + 6{,}3 \cdot L^3}{10\,000}\right) \cdot \left(\frac{d_e}{d_W}\right)^3 + \left(\frac{58 \cdot M - 13 \cdot M^2 + 6{,}3 \cdot M^3}{10\,000}\right) \cdot \left(\frac{d_e}{d_K}\right)^3$$

$$l_{eH} = d_e \cdot \left(\frac{l_{e0}}{d_e} + \frac{\Delta l_{e1}}{d_e} + \frac{\Delta l_{e2}}{d_e} + \frac{\Delta l_{e3}}{d_e} + \frac{\Delta l_{e4}}{d_e} + \frac{\Delta l_{e5}}{d_e} \right)$$

$$l_{eW} = l_W \cdot \frac{d_e^4}{d_W^4 - d_{BW}^4} ; \quad l_{eK} = l_K \cdot \frac{d_e^4}{d_K^4 - d_{BK}^4}$$

$$\boxed{l_e = 2 \cdot l_{eH} + l_{eW} + l_{eK}}$$

l_e ist die äquivalente Länge einer Ersatzwelle mit dem Durchmesser d_e

Tafel 10.D: Approximationsformeln zur Bestimmung der elastischen Länge einer Kurbelkröpfung (nach dem Verfahren der B.I.C.E.R.A.)

Der zeitliche Verlauf der harmonischen Tangentialdrücke, die gegenüber einem Bezugspunkt phasenverschoben sind, wird durch Gleichung (6.24) im Kapitel 6.3 beschrieben. In der komplexen Schwingungsgleichung (10.46), Tafel 10.B, bilden die mit Kolbenfläche und Kurbelradius multiplizierten Tangentialdruck-Komponenten A_q und B_q die Real- und Imaginärteile der komplexen Erreger-Amplituden $\hat{\underline{E}}$. Bei der konventionellen Berechnungsweise der Torsionsschwingungen werden ebenso wie die Massenträgheitsmoment-Schwankung des Kurbeltriebes die parametererregten Anteile, d. h. die durch die Torsionswinkel φ bewirkten Zusatzerregungen, vernachlässigt (vergl. Kap. 7.1.4). In entsprechenden Untersuchungen /16/ wurde nachgewiesen, daß diese Vernachlässigungen unwesentlich sind, was bei den an Kurbelwellen üblichen Torsionswinkel-Amplituden < $0{,}5^{\circ}$ plausibel ist.

HARMONISCHE ANALYSE
P = A(0) + $ A(K)*COS(K*PHI) + $ B(K)*SIN(q*PHI)
Vollast: p_i = 22,3 bar ($p_e \approx$ 20,5) p_z = 138 bar p_L = 3,4 bar

MITTLERE ORDINATE A0 = 3.5073

q	K		A	B	C
0,5	1		-5.8199	-5.7994	8.2161
1	2	*	3.2747	11.3056	11.7703
1,5	3		-0.7469	-9.8168	9.8451
2	4	*	-0.6682	8.5387	8.5648
2,5	5		0.9431	-6.7579	6.8234
3	6	*	-1.1541	5.5368	5.6558
3,5	7		1.3976	-4.3472	4.5663
4	8	*	-1.3695	3.2393	3.5168
4,5	9		1.2171	-2.4671	2.7510
5	10		-1.1332	1.8601	2.1781
5,5	11		1.0168	-1.3222	1.6680
6	12		-0.8611	0.9306	1.2679
6,5	13		0.7504	-0.6395	0.9859
7	14		-0.6339	0.3804	0.7392
7,5	15		0.4948	-0.2076	0.5366
8	16		-0.3959	0.1032	0.4091
8,5	17		0.3148	-0.0106	0.3149
9	18		-0.2237	-0.0471	0.2286
9,5	19		0.1596	0.0667	0.1730
10	20		-0.1146	-0.0869	0.1438
10,5	21		0.0647	0.0928	0.1131
11	22		-0.0341	-0.0780	0.0851
11,5	23		0.0204	0.0707	0.0736
12	24		-0.0004	-0.0631	0.0631

HARMONISCHE ANALYSE
P = A(0) + $ A(K)*COS(K*PHI) + $ B(K)*SIN(q*PHI)
Leerlauf: p_i = 1,8 bar p_z = 38 bar

MITTLERE ORDINATE A0 = 0.2844

K	A	B	C
1	-0.4822	-0.9789	1.0913
2	0.2704	1.6353	1.6575
3	-0.0631	-1.8292	1.8303
4	-0.0327	1.6872	1.6875
5	0.0469	-1.4402	1.4410
6	-0.0638	1.1977	1.1994
7	0.0854	-0.9642	0.9680
8	-0.0799	0.7609	0.7651
9	0.0649	-0.6084	0.6119
10	-0.0607	0.4867	0.4905
11	0.0558	-0.3821	0.3861
12	-0.0470	0.3009	0.3046
13	0.0423	-0.2377	0.2415
14	-0.0376	0.1848	0.1886
15	0.0316	-0.1454	0.1488
16	-0.0297	0.1158	0.1196
17	0.0285	-0.0894	0.0938
18	-0.0247	0.0684	0.0727
19	0.0220	-0.0535	0.0578
20	-0.0202	0.0407	0.0455
21	0.0175	-0.0310	0.0356
22	-0.0161	0.0245	0.0293
23	0.0155	-0.0183	0.0240
24	-0.0135	0.0134	0.0190

Massentangentialdruck *

$$B_1 = \frac{1}{4}\cdot\lambda + \frac{1}{16}\cdot\lambda^3 + \frac{15}{512}\cdot\lambda^5 = 0{,}062693$$

$$B_2 = -\frac{1}{2} - \frac{1}{32}\cdot\lambda^4 - \frac{1}{32}\cdot\lambda^6 = -0{,}500123$$

$$B_3 = -\frac{3}{4}\cdot\lambda - \frac{9}{32}\cdot\lambda^3 - \frac{81}{512}\cdot\lambda^5 = -0{,}189553$$

$$B_4 = -\frac{1}{4}\cdot\lambda^2 - \frac{1}{8}\lambda^4 - \frac{1}{16} = -0{,}015719$$

Beispiel 3. Ordnung: $\frac{m_{osz}}{V_h} = 4650\ kg/m^3 \qquad v_m = 8\ m/s$

$$b_3 = b_{3G} + b_{3M} = b_{3G} + B_3\cdot\frac{m_{osz}\cdot r^2\cdot\omega^2\cdot 2}{V_h} = b_{3G} + B_3\cdot\frac{m_{osz}}{V_h}\cdot\frac{\pi^2}{2}\cdot v_m^2 =$$

$$= 5{,}5368 - 0{,}189553\cdot 4650\cdot\frac{\pi^2}{2}\cdot 8^2\cdot 10^{-5} = 5{,}5368 - 2{,}7838 = 2{,}753\ bar$$

$$a_3 = -1{,}1541\ bar \qquad c_3 = \sqrt{a^2 + b^3} = 2{,}985\ bar$$

Anmerkung: Einfluß der 3. Ersatzmasse der Pleuelstange vernachlässigt, da dieser < 1 % ist.

Tafel 10.E: Harmonische Analyse des Tangentialdruckes für einen hochaufgeladenen Viertakt-Dieselmotor (ε = 12, λ = 0,2469)

Enthält das schwingende System außer dem Hubkolbenmotor weitere Maschinen mit pulsierendem Drehmoment, so sind deren harmonische Erregermomente in ihrer Phasenlage zu berücksichtigen, wobei zu beachten ist, daß mit dem Lösungsansatz eine einzige Erregerfrequenz, d. h. nur eine Ordnungszahl, bei allen Erregungen vorausgesetzt wird.

Für die Dämpfung sind außer dem Dämpfungswiderstand eine Reihe von Kennwerten gebräuchlich (vergl. Abschnitt 10.4.1). Ein anschaulicher Wert ist der Resonanzvergrößerungsfaktor als Verhältnis von Resonanzamplitude und Erregeramplitude, welcher umgekehrt proportional der Dämpfung ist. Bei Gummi-Bauteilen wie drehelastischen Kupplungen oder Gummi-Drehschwingungsdämpfern liegen die Resonanzvergrößerungsfaktoren üblicherweise bei V_R = 5 ... 10. Bei Motoren ohne Schwingungsdämpfer sind in den Drehschwingungs-Resonanzstellen der Kurbelwelle Resonanzvergrößerungsfaktoren von V_R = 15 ... 35 festzustellen. Wegen dieser starken Resonanzüberhöhung bzw. wegen der relativ geringen Motor-Eigendämpfung sind nur schwach erregte Resonanzstellen ohne zusätzliche Dämpfungseinrichtung beherrschbar. Bei Motoren vom 4-Zylinder an aufwärts ist daher ein Drehschwingungsdämpfer an der Kurbelwelle die Regel.

Der Anbau eines Schwingungsdämpfers bedeutet eine Erweiterung des Ersatzsystems des Motortriebwerkes um mindestens zwei weitere Drehmassen (Schwungring und Gehäuse/Nabe des Dämpfers), die über eine komplexe Steifigkeit, d. h. eine Torsionsfeder und Relativdämpfung miteinander gekoppelt sind. Je nach Dämpferbauart besteht das Abstimmungsproblem entweder:
bei überwiegender Wirkung als Tilger, wie z. B. beim Gummidämpfer, in der Wahl einer geeigneten Federsteifigkeit bei vorgegebener (geringer) Dämpfung,
oder:
bei überwiegender Wirkung als Dämpfer, wie z. B. beim Viskositätsdämpfer, in der Wahl eines optimalen Dämpfungswiderstandes, wobei durch die Eigenschaften der Dämpfungsflüssigkeit (Silikonöl hoher Viskosität) eine zusätzliche, frequenzabhängige Federkopplung auftritt.

Eine Kombination von Dämpfer und Tilger sind die Bauarten Hülsenfeder- und Geislinger-Schwingungsdämpfer, bei denen Feder- und Dämpfungskopplung innerhalb gewisser Grenzen gezielt beeinflußt werden können.

Während Torsionswinkel-Amplitude und Torsionsbeanspruchung der Kurbelwelle linear zusammenhängen, steigt der Schwingungsenergie-Umsatz am Dämpfer quadratisch mit der Torsionswinkel-Amplitude. Bei hochbelasteten Motoren ist daher oft die Dämpferbelastung bestimmendes Kriterium für die Wahl der Dämpfergröße.

HARMONISCHE ANALYSE
P = A(0) + $ A(K)*COS(K*PHI) + $ B(K)*SIN(q*PHI)

Vollast: p_i = 9,5 bar p_z = 85 bar
MITTLERE ORDINATE A0 = 1,4961

q	K		A	B	C
0,5	1		-2,6292	-2,0631	3,3421
1	2	*	1,6804	3,4401	3,8286
1,5	3		-0,6753	-3,7506	3,8109
2	4	*	0,1432	3,3801	3,3831
2,5	5		0,0433	-2,9687	2,9690
3	6	*	-0,2396	2,6071	2,6181
3,5	7		0,4016	-2,1712	2,2081
4	8	*	-0,4333	1,7764	1,8285
4,5	9		0,4414	-1,4817	1,5461
5	10		-0,4517	1,2136	1,2949
5,5	11		0,4291	-0,9863	1,0756
6	12		-0,4133	0,8107	0,9100
6,5	13		0,4018	-0,6445	0,7595
7	14		-0,3672	0,5024	0,6223
7,5	15		0,3353	-0,3974	0,5200
8	16		-0,3091	0,3044	0,4338
8,5	17		0,2748	-0,2291	0,3578
9	18		-0,2482	0,1739	0,3030
9,5	19		0,2255	-0,1211	0,2560
10	20		-0,1959	0,0792	0,2113
10,5	21		0,1714	-0,0516	0,1789
11	22		-0,1508	0,0267	0,1532
11,5	23		0,1287	-0,0096	0,1290
12	24		-0,1132	-0,0005	0,1132

* Massen-Tangentialdruck

HARMONISCHE ANALYSE
P = A(0) + $ A(K)*COS(K*PHI) + $ B(K)*SIN(q*PHI)

Leerlauf: p_i = 2 bar p_z = 65 bar
MITTLERE ORDINATE A0 = 0,3159

K		A	B	C
1		-0,5689	-1,0778	1,2188
2	*	0,3978	1,8603	1,9024
3		-0,2119	-2,1641	2,1944
4	*	0,1136	2,1510	2,1540
5		-0,0684	-1,9775	1,9786
6	*	0,0051	1,7540	1,7540
7		0,0478	-1,4989	1,4996
8	*	-0,0608	1,2650	1,2665
9		0,0646	-1,0738	1,0758
10		-0,0709	0,9060	0,9087
11		0,0719	-0,7615	0,7649
12		-0,0752	0,6405	0,6449
13		0,0782	-0,5314	0,5371
14		-0,0738	0,4384	0,4446
15		0,0694	-0,3645	0,3711
16		-0,0666	0,3021	0,3094
17		0,0625	-0,2502	0,2579
18		-0,0603	0,2077	0,2163
19		0,0583	-0,1694	0,1791
20		-0,0533	0,1375	0,1475
21		0,0488	-0,1130	0,1231
22		-0,0453	0,0926	0,1031
23		0,0416	-0,0767	0,0872
24		-0,0399	0,0641	0,0755

$$B_1 = \frac{1}{4}\cdot\lambda + \frac{1}{16}\cdot\lambda^3 + \frac{15}{512}\cdot\lambda^5 = 0{,}069751$$

$$B_2 = -\frac{1}{2} - \frac{1}{32}\cdot\lambda^4 - \frac{1}{32}\cdot\lambda^6 = -0{,}500189$$

$$B_3 = -\frac{3}{4}\cdot\lambda - \frac{9}{32}\cdot\lambda^3 - \frac{81}{512}\cdot\lambda^5 = -0{,}211285$$

$$B_4 = -\frac{1}{4}\cdot\lambda^2 - \frac{1}{8}\cdot\lambda^4 - \frac{1}{16}\cdot\lambda^6 = -0{,}019456$$

Beispiel 2. Ordnung: $\frac{m_{osz}}{V_h} = 2811\ kg/m^3$ $v_m = 10\ m/s$

$$b_2 = b_{2G} + b_{2M} = b_{2G} + B_2 \cdot \frac{m_{osz}}{V_h}\cdot\frac{\pi^2}{2}\cdot v_m^2 =$$

$$= 3{,}3801 - 0{,}500189\cdot 2811\cdot\frac{\pi^2}{2}\cdot 10^2\cdot 10^{-5} = 3{,}3801 - 6{,}9385 = -3{,}5584\ bar$$

$a_2 = 0{,}1432$ bar $c_2 = 3{,}5613$ bar

Anmerkung: Einfluß der 3. Ersatzmasse der Pleuelstange vernachlässigt, da dieser < 1 % ist.

Tafel 10.F: Harmonische Analyse des Tangentialdruckes für einen selbstansaugenden Viertakt-Dieselmotor (ε = 18, λ = 0,2737)

Bei einem stationären Schwingungszustand sind die Drehmomente aus der Drehmassenbeschleunigung, aus der elastischen Verformung und dem Dämpfungswiderstand im dynamischen Gleichgewicht mit dem Erregermoment. Dies ergibt den Rechenansatz (10.45), welcher mit dem Lösungsansatz für eine harmonische Schwingung auf die komplexe Gleichung (10.46) führt. Ein System von n Drehmassen wird durch n Gleichungen dieser Art beschrieben. Dieses lineare Gleichungssystem wird durch stufenweises Eliminieren der Gleichungen (Gauß'scher Algorithmus) bei Anwendung der Regeln für das Rechnen mit komplexen Zahlen auf eine einzige Gleichung für eine gesuchte Torsionswinkelamplitude zurückgeführt. Damit können dann der Reihe nach alle übrigen Torsionswinkel und -momente berechnet werden.

Bei verschwindender Erregung und Dämpfung vollführt das System freie Schwingungen mit der bzw. mit einer der Eigenfrequenz(en). Der Rechenansatz wird hiermit wesentlich einfacher (10.47), ergibt aber auch nur relative Beanspruchungs- und Verformungsgrößen, da in der Regel der wahre Anfangswert am freien Ende des Systems unbekannt ist. Die Ermittlung der Eigenfrequenzen erfolgt anhand des Ansatzes für freie Schwingungen.

Wird das Torsionsschwingungssystem auf zwei Drehmassen beschränkt (siehe Tafel 10.G), so ergeben sich die Formeln (10.48) und (10.49) für die komplexen Torsionswinkelamplituden und (10.50) für das komplexe Torsionsmoment. Der Sonderfall, bei dem die Erregung nur an einer Masse wirkt und lediglich eine Relativdämpfung mit dem Charakter einer Werkstoffdämpfung zwischen den Drehmassen wirksam ist, führt auf die Formeln (10.51), (10.52) und (10.53). Diese Formeln werden häufig benutzt bei der Überprüfung des Torsionsschwingungsverhaltens einfacher bzw. vereinfachter Systeme, wie z. B. Motor mit drehelastisch angekoppelter Arbeitsmaschine.

Zwei-Massen-Torsionsschwinger

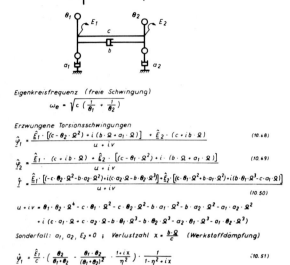

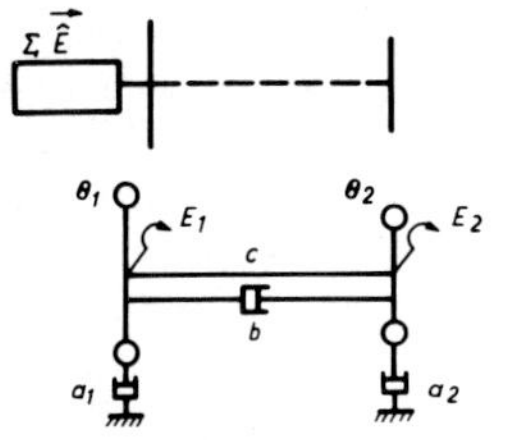

Eigenkreisfrequenz (freie Schwingung)

$$\omega_e = \sqrt{c\left(\frac{1}{\theta_1} + \frac{1}{\theta_2}\right)}$$

Erzwungene Torsionsschwingungen

$$\hat{\underline{\varphi}}_1 = \frac{\hat{\underline{E}}_1 \cdot [(c - \theta_2 \cdot \Omega^2) + i\,(b \cdot \Omega + a_1 \cdot \Omega)] + \hat{\underline{E}}_2 \cdot (c + ib \cdot \Omega)}{u + iv} \qquad (10.48)$$

$$\hat{\underline{\varphi}}_2 = \frac{\hat{\underline{E}}_1 \cdot (c + ib \cdot \Omega) + \hat{\underline{E}}_2 \cdot [(c - \theta_1 \cdot \Omega^2) + i \cdot (b \cdot \Omega + a_1 \cdot \Omega)]}{u + iv} \qquad (10.49)$$

$$\hat{\underline{T}} = \frac{\hat{\underline{E}}_1 \cdot [(-c \cdot \theta_2 \cdot \Omega^2 - b \cdot a_2 \cdot \Omega^2) + i(c \cdot a_2 \cdot \Omega - b \cdot \theta_2 \cdot \Omega^3)] + \hat{\underline{E}}_2 \cdot [(c \cdot \theta_1 \cdot \Omega^2 + b \cdot a_1 \cdot \Omega^2) + i(b \cdot \theta_1 \cdot \Omega^3 - c \cdot a_1 \cdot \Omega)]}{u + iv} \qquad (10.50)$$

$$u + iv = \theta_1 \cdot \theta_2 \cdot \Omega^4 - c \cdot \theta_1 \cdot \Omega^2 - c \cdot \theta_2 \cdot \Omega^2 - b \cdot a_1 \cdot \Omega^2 - b \cdot a_2 \cdot \Omega^2 - a_1 \cdot a_2 \cdot \Omega^2 + i\,(c \cdot a_1 \cdot \Omega + c \cdot a_2 \cdot \Omega - b \cdot \theta_1 \cdot \Omega^3 - b \cdot \theta_2 \cdot \Omega^3 - a_2 \cdot \theta_1 \cdot \Omega^3 - a_1 \cdot \theta_2 \cdot \Omega^3)$$

Sonderfall: $a_1, a_2, E_2 = 0$; *Verlustzahl* $x = \frac{b \cdot \Omega}{c}$ *(Werkstoffdämpfung)*

$$\hat{\underline{\varphi}}_1 = \frac{\hat{E}_1}{c} \cdot \left(\frac{\theta_2}{\theta_1 + \theta_2} - \frac{\theta_1 \cdot \theta_2}{(\theta_1 + \theta_2)^2} \cdot \frac{1 + ix}{\eta^2}\right) \cdot \frac{1}{1 - \eta^2 + ix} \qquad (10.51)$$

$$\hat{\underline{\varphi}}_2 = -\frac{\hat{E}_1}{c} \cdot \frac{\theta_1 \cdot \theta_2}{(\theta_1 + \theta_2)^2} \cdot \frac{1}{\eta^2} \cdot \frac{1 + ix}{1 - \eta^2 + ix} \qquad (10.52)$$

$$\hat{\underline{T}} = \hat{E}_1 \cdot \frac{\theta_2}{\theta_1 + \theta_2} \cdot \frac{1 + ix}{1 - \eta^2 + ix} \qquad (10.53)$$

Frequenzverhältnis: $\eta = \frac{\Omega}{\omega_e}$

Vergrößerungsfunktion: $\left|\frac{1 + ix}{1 - \eta^2 + ix}\right| = \sqrt{\frac{1 + x^2}{(1 - \eta^2)^2 + x^2}}$

Tafel 10.G: 2-Massen-Torsionsschwinger und Berechnungsformeln für erzwungene, gedämpfte Torsionsschwingungen

Das aus einzelnen Drehmassen bestehende Motortriebwerk ist zu einer einzigen Größe θ_1 und ebenso die von z Zylindern herrührenden Erregermomentamplituden zu einer Größe $\hat{E}_1$ zusammengefaßt. Dieses Vorgehen ist nur dann zulässig, wenn die Eigenfrequenz des Motortriebwerkes stark verschieden von der des betrachteten Zwei-Massen-Systems ist. Mit dieser Voraussetzung kann das Motortriebwerk wie ein starres System behandelt werden. Man spricht dann von Quasi-Entkopplung und bezeichnet damit die Eigenschaft, daß die Eigenfrequenzen der Teilsysteme ausreichend verschieden und die Schwingungsformen unabhängig voneinander sind.

Wie aus der Formel (10.53) für das Torsionsmoment des Zwei-Massen-Schwingers hervorgeht, ist die Torsionsbelastung von drei Faktoren abhängig: dem Erregermoment, dem Massenverhältnis (Massenfaktor nach DIN 740) und der Vergrößerungsfunktion. Letztere ist lediglich vom Frequenzverhältnis und von der Dämpfung abhängig und ist identisch mit der Vergrößerungsfunktion des Ein-Massen-Schwingers in Kapitel 8.2.

Abb. 10.80 zeigt die Auswertung der Formeln (10.51), (10.52) und (10.53) für drei unterschiedliche Massenverhältnisse. Man entnimmt der Darstellung, daß der Torsionswinkel auf der Primärseite und das Torsionsmoment umso kleiner werden, je größer die Drehmasse auf der Primärseite ist. Die Drehmasse auf der Motorseite ist durch die Größe des Schwungrades zu beeinflussen. Ein großes Schwungrad verringert den Torsionswinkel am schwungradseitigen Abtrieb und die in den Kraftabtriebsteilen (z. B. drehelastische Kupplung, Getriebe, Wellen usw.)

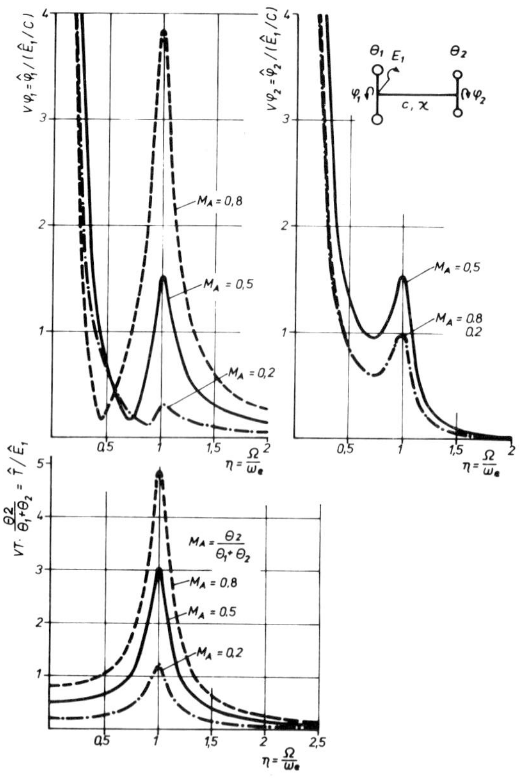

Abb. 10.80: Zwei-Massen-Torsions-Schwinger - Vergrößerungsfunktion der Schwingungswinkel und des Torsionsmomentes für unterschiedliche Drehmassenverhältnisse (MA = Massenfaktor Antriebsseite in Anlehnung an DIN 740)

erregten Torsionswechselmomente.

Die Torsionsschwingungsverhältnisse des Motortriebwerkes werden dagegen in der Regel durch ein großes Schwungrad verschlechtert. Die Torsionsschwingungs-Hauptordnungen werden dann stärker erregt, und in den Resonanzbereichen wird die Kurbelwelle stärker verformt und höher beansprucht. Außerdem wird durch die große schwungradseitige Drehmasse die Eigenfrequenz des Motortriebwerkes abgesenkt, und es werden damit die Resonanzbereiche nach niederen Drehzahlen verlagert. Dies ist insbesondere dann von Nachteil, wenn eine starke Torsionsschwingungs-Resonanzstelle den Betriebsbereich des Motors nach oben begrenzt.

Abb. 10.81 zeigt am Beispiel eines Reihen-6-Zylinder-Dieselmotors ohne Schwingungsdämpfer und mit drei unterschiedlichen Schwungradgrößen über der Drehzahl bzw. mittleren Kolbengeschwindigkeit die Torsionswinkel-Amplituden am freien und schwungradseitigen Kurbelwellenende und das jeweilige Maximum der Torsionsspannungs-Amplituden innerhalb der Kurbelwelle. Die maximale Betriebsdrehzahl würde bei diesem Motor durch den Resonanzbereich 6. Ordnung begrenzt. In den Abbildungen sind auch die Winkel- und Spannungs-Amplituden angegeben für den fiktiven Fall, als ob die Kurbelwelle vollkommen starr wäre.

Die Differenz zwischen der wahren Beanspruchung der elastischen Kurbelwelle und der (fiktiven) Beanspruchung der starren Kurbelwelle ist die zusätzliche Schwingungsbeanspruchung und nur diese ist ggf. durch schwingungsdämpfende Maßnahmen zu beeinflussen.

Weiterhin sind in den Abbildungen die Einzelharmonischen der im untersuchten Betriebsbereich dominierenden Resonanzstellen angegeben.

Abb. 10.82 zeigt über der Viertakt-Periode den zeitlichen Verlauf des Torsionswinkels der Kurbelwellen-Enden und der maximalen Torsionsspannung der Kurbelwelle, und zwar für die mittlere der drei untersuchten Schwungradgrößen und für die zugehörenden Resonanzdrehzahlen des untersuchten 6-Zylinder-Motors.

In Abb. 10.83 ist der zeitliche Verlauf der Torsionsmomente entlang der 6-Zylinder-Kurbelwelle angegeben, und zwar für die elastische Kurbelwelle im Resonanzbereich 7,5.Ordnung und für den fiktiven Fall der starren Kurbelwelle.
Diesen Berechnungen hat ein Ersatzsystem zugrundegelegen, bei dem in der üblichen Weise jede Kurbelkröpfung des Motors durch eine einzige Drehmasse repräsentiert ist. Die aus der Rechnung erhaltenen Wechseltorsionsmomente gelten jeweils für einen Abschnitt, der sich von der Mitte einer Kröpfung (Massenstelle) bis zur Mitte der darauffolgenden erstreckt und ist strenggenommen das Wechseltorsionsmoment im dazwischenliegenden Wellenzapfen. Bei der Rechnung mit Ersatz-

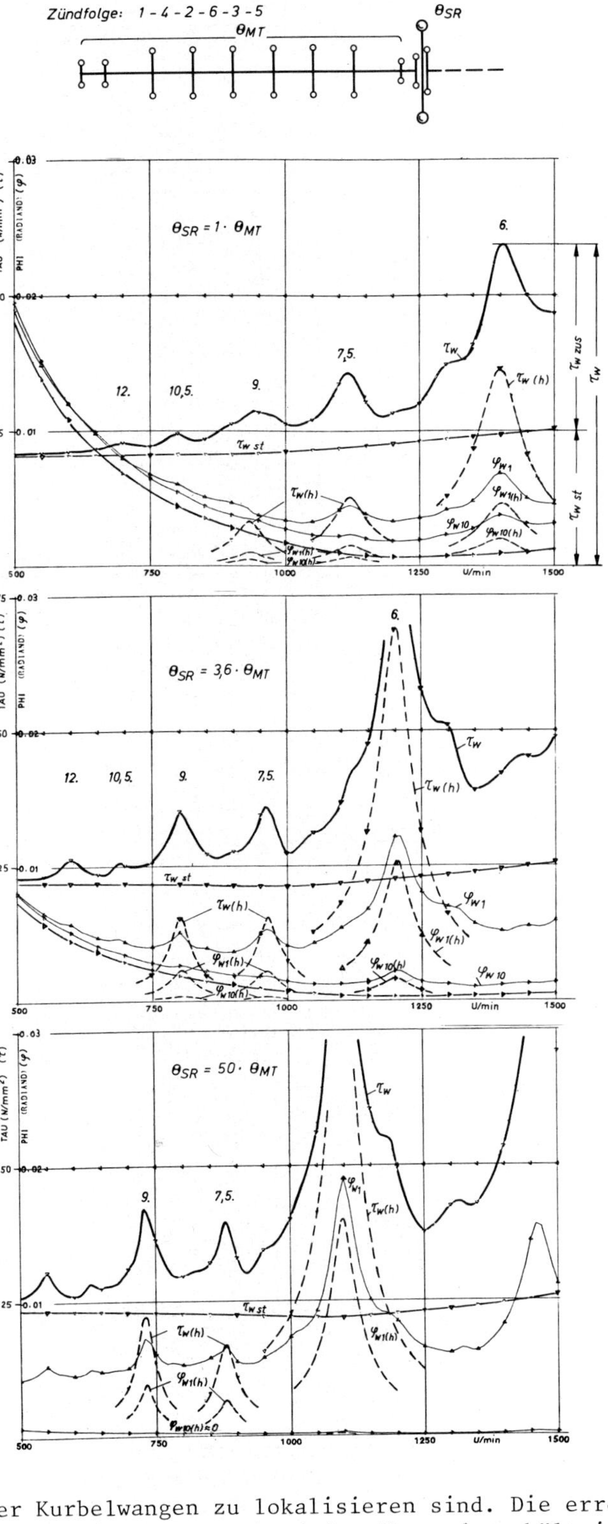

Abb. 10.81: Torsionsschwingungs-Verhältnisse eines 6-Zylinder-Reihenmotors (L 6) bei drei unterschiedlichen Schwungradgrößen

τ_w ▽ Max. Torsionsspannungs-Amplituden der elastischen Kurbelwelle

τ_{wst} ▽ Max. Torsionsspannungs-Amplituden der starren Kurbelwelle

φ_{w1} △ Torsionswinkel-Amplituden am freien Kurbelwellenende

φ_{w10} ▷ Torsionswinkel-Amplituden am schwungradseitigen Kurbelwellenende -

Durchgehende Linien: Harmonische Synthese 0,5. - 12. Ordnung

Gestrichelte Linien: Einzelharmonische

systemen, welche eine Drehmasse je Kurbelkröpfung enthalten, werden daher nur Wellenzapfen-Torsionsmomente ausgewiesen. Die Torsionsmomente benachbarter Kurbel- und Wellenzapfen sind jedoch etwas unterschiedlich. Hierzu muß man sich folgendes klarmachen: An einer Kurbelkröpfung werden Torsionsmomente nur von den Nachbarkröpfungen her eingeleitet; die örtliche Erregung wirkt als Kraft am Kurbelzapfen und ruft Reaktionskräfte in den Wellenlagern hervor. Das Torsionsmoment entsteht aus den tangentialen Komponenten der Kräfte und dem Kurbelradius und hat damit erst im Wellenzapfen seine volle Größe.

Die Unterscheidung der Kurbel- und Wellenzapfen-Torsionsmomente in der Rechnung erfordert ein Ersatzsystem, bei dem jede Kröpfung durch 2 Drehmassen repräsentiert wird, die etwa in der Ebene der Kurbelwangen zu lokalisieren sind. Die erregenden Momente an diesen Drehmassen sind entsprechend den Abstandsverhältnissen der Pleuelstangen aufzuteilen bei V-Motoren mit nebeneinanderliegenden Pleuelstangen bzw. je zur Hälfte anzusetzen, wenn die Pleuelstangenkraft in der Mitte der Kröpfung wirkt. Tafel 10 H zeigt am Beispiel einer Baureihe aus 2 L-Motoren und 2 V-Motoren die Un-

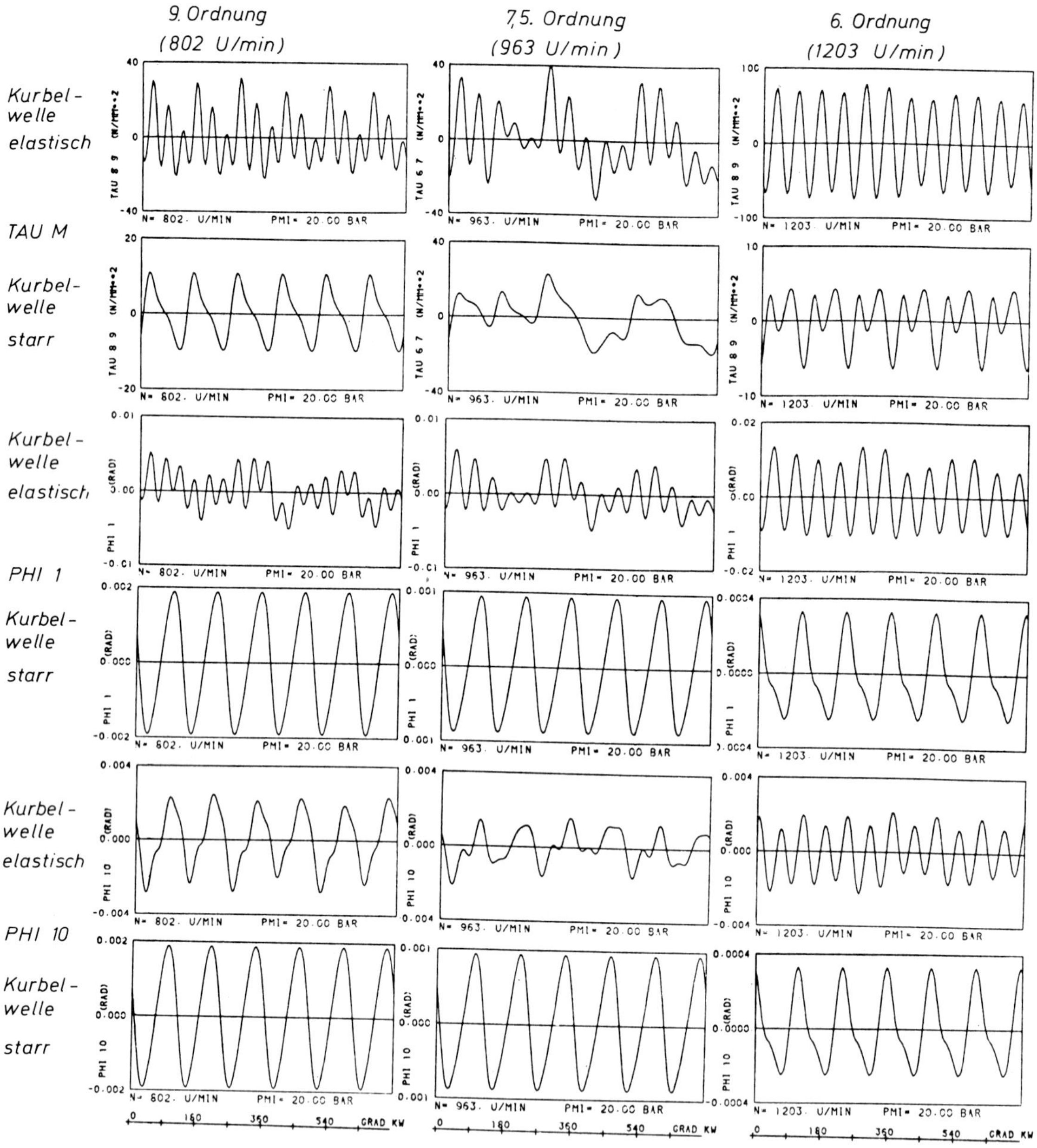

Abb. 10.82: Torsionsschwingungen eines 6-Zylinder-Reihenmotors (L 6) - Zeitliche Verläufe der Torsionsspannung in der höchstbeanspruchten Kröpfung und der Torsionswinkel am stirnseitigen und schwungradseitigen Kurbelwellenende in den Resonanzdrehzahlen für die elastische und die starre Kurbelwelle (mittlere Schwungradgröße vergleiche Abb. 10.81 Mitte) - Maßstab beachten! -

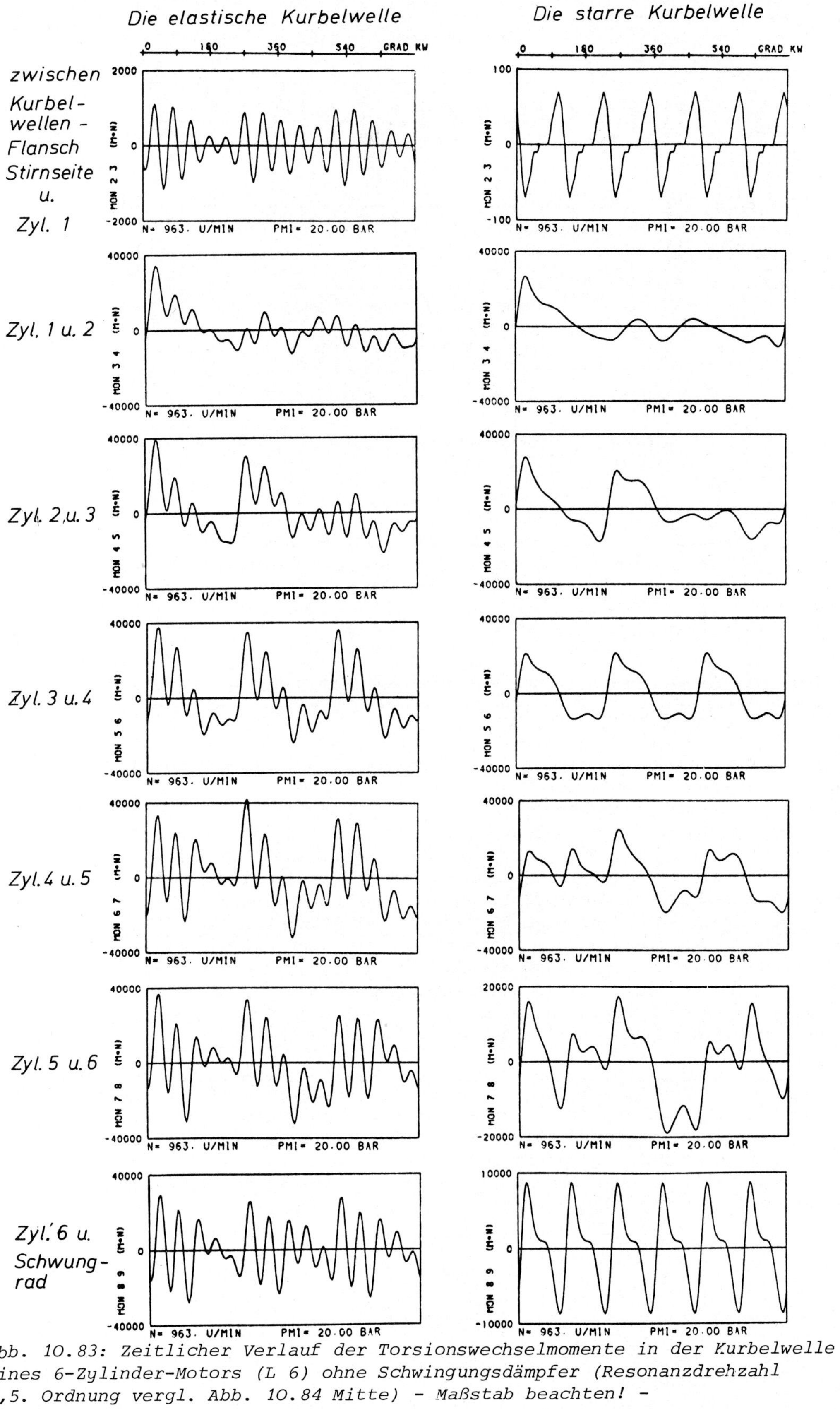

Abb. 10.83: Zeitlicher Verlauf der Torsionswechselmomente in der Kurbelwelle eines 6-Zylinder-Motors (L 6) ohne Schwingungsdämpfer (Resonanzdrehzahl 7,5. Ordnung vergl. Abb. 10.84 Mitte) - Maßstab beachten! -

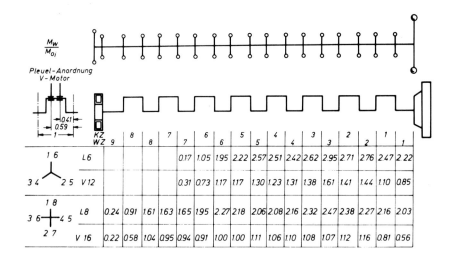

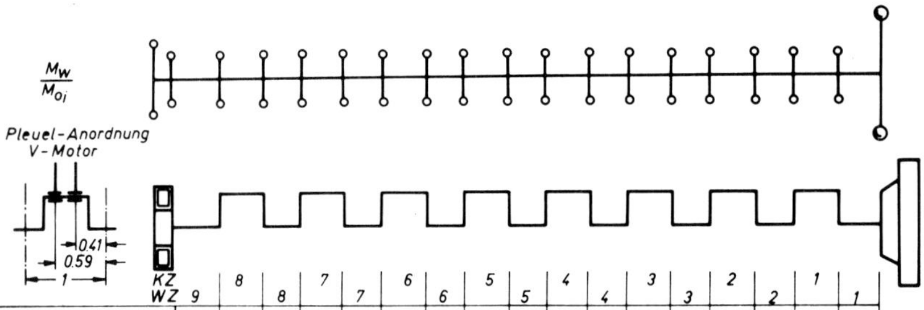

	KZ/WZ	WZ 9	KZ 8	WZ 8	KZ 7	WZ 7	KZ 6	WZ 6	KZ 5	WZ 5	KZ 4	WZ 4	KZ 3	WZ 3	KZ 2	WZ 2	KZ 1	WZ 1
1 6 / 3 4 – 2 5	L6					0.17	1.05	1.95	2.22	2.57	2.51	2.42	2.62	2.95	2.71	2.76	2.47	2.22
	V12					0.31	0.73	1.17	1.17	1.30	1.23	1.31	1.38	1.61	1.41	1.44	1.10	0.85
1 8 / 3 6 – 4 5 / 2 7	L8	0.24	0.91	1.61	1.63	1.65	1.95	2.27	2.18	2.06	2.08	2.16	2.32	2.47	2.38	2.27	2.16	2.03
	V 16	0.22	0.58	1.04	0.95	0.94	0.91	1.00	1.00	1.11	1.06	1.10	1.08	1.07	1.12	1.16	0.81	0.56

Tafel 10.H: Bezogene Torsionswechselmomente in den Kurbelzapfen (KZ) und Wellenzapfen (WZ) der Kurbelwellen von 6- und 8-Zylinder-Motoren in Reihenanordnung sowie 12- und 16-Zylinder-Motoren in V-Anordnung (48^0) bei der Nenndrehzahl (v_m = 8 m/s) - Die Zahlen sind das Verhältnis der jeweiligen Torsionsmoment-Amplitude zum mittleren indizierten Moment des Motors

terschiede der Torsionsmomente der Kurbel- und Wellenzapfen. Die maximalen Kurbelzapfen-Torsionsmomente sind kleiner als die maximalen Wellenzapfen-Torsionsmomente.

In Tafel 10.I sind die Berechnung der freien Schwingungsform (Holzer-Tabelle) für den betrachteten 6-Zylinder-Motor, die Vektorsterne und die daraus ermittelte relative Torsionsschwingungserregung gezeigt. Der vereinfachte Rechenansatz (Erregungsarbeit = Dämpfungsarbeit) zur Ermittlung der wahren Amplitude der Einzelharmonischen ergibt hier sehr gute Übereinstimmung mit den entsprechenden Werten aus der Berechnung der erzwungenen gedämpften Torsionsschwingungen, da das System nur schwach gedämpft ist. Das vereinfachte Verfahren leistet gute Dienste, wenn z. B. die Motor-Dämpfungswerte bei bekannter Winkel-Amplitude des freien Kurbelwellenendes oder bei bekanntem Resonanzvergrößerungsfaktor zu ermitteln sind. Vor einer Anwendung dieses vereinfachten Rechenansatzes bei stark gedämpften Systemen (Motor mit Schwingungsdämpfer) muß jedoch gewarnt werden: in diesem Fall stimmen freie und erzwungene, gedämpfte Schwingungsformen nicht mehr überein, und die vereinfachte Berechnung wird fehlerhaft.

Die Ermittlung einer wirklichkeitsnahen Torsionsbeanspruchung der Kurbelwelle erfordert die Überlagerung aller relevanten harmonischen Anteile in ihrer richtigen Phasenlage zueinander, d. h. das Rechenverfahren "Harmonische Synthese der erzwungenen, gedämpften Torsionsschwingungen". Dies zeigen auch offensichtlich die Unterschiede zwischen gesamter Torsionsbeanspruchung bei elastischer und bei starrer Kurbelwelle in den Abb. 10.81 bis 10.83 und zwischen gesamter Torsionsbeanspruchung und Einzelharmonischer in Abb. 10.81.

Freie Schwingungsform (HOLZER-Tabelle)

$n_e = 7219\ min^{-1};\ \omega_e = 756\ s^{-1};\ \omega_e^2 = 571508$				
Zyl. Nr.	θ [kgm^2]	c [Nm/rad]	$\hat{\varphi}_{L+1} = \hat{\varphi}_L - \frac{\hat{T}_L}{c_L}$	$\hat{T}_L = \hat{T}_{L-1} + \theta_L \cdot \hat{\varphi}_L \omega_e^2$
	0,24		1,00000	137 162
		$2,857 \cdot 10^7$	− 0,00480	137 162
	0,38		0,99520	216 130
		$4,630 \cdot 10^7$	− 0,00763	353 292
6	3,61		0,98757	2 037 496
		$2,688 \cdot 10^7$	− 0,08894	2 390 788
5	2,7		0,89863	1 386 654
		$2,688 \cdot 10^7$	− 0,14052	3 777 442
4	3,58		0,75811	1 551 089
		$2,688 \cdot 10^7$	− 0,19822	5 328 531
3	3,58		0,55989	1 145 531
		$2,688 \cdot 10^7$	− 0,24084	6 474 062
2	2,7		0,31905	492 324
		$2,688 \cdot 10^7$	− 0,25915	6 966 386
1	3,61		0,05990	123 583
		$4,630 \cdot 10^7$	− 0,15314	7 089 969
	0,25		− 0,09324	− 13 322
		$10 \cdot 10^7$	− 0,07076	7 076 647
SR	75,5		− 0,16400	− 7 076 668
				~ 0

Anmerkung: ω_e ist die Eigenkreisfrequenz und $\hat{\varphi}_1 \dots \hat{\varphi}_n$ die Eigenschwingungsform, wenn das Restmoment nach der letzten Drehmasse 0 wird.

Ordnungszahlen-Schema für gleiche Vektor-Summe (L6-Motor)

H:	0					3						6						9						12
N_1:		0,5			2,5		3,5			5,5			6,5			8,5			9,5			11,5		
N_2:			1	2				4	5					7	8					10	11			
N_3:			1,5					4,5						7,5						10,5				

Vektorsterne für Zündfolge 1 4 2 6 3 5

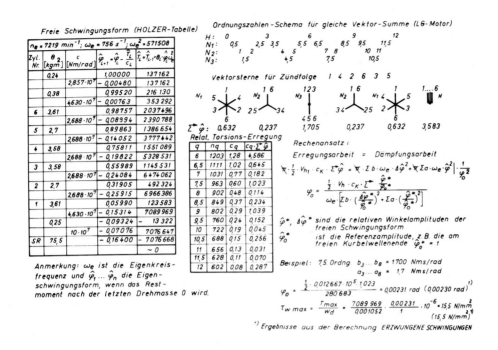

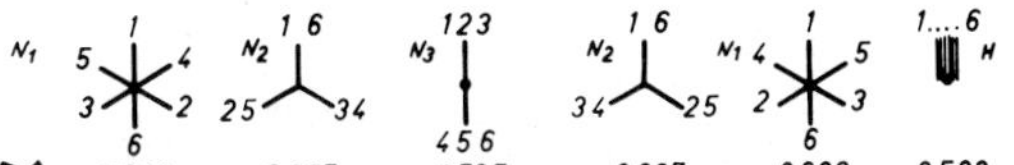

$\Sigma^{\rightarrow}\hat{\varphi}$: 0,632 0,237 1,705 0,237 0,632 3,583

Relat. Torsions-Erregung

q	nq	cq	$cq \cdot \Sigma^{\rightarrow}\hat{\varphi}$
6	1203	1,28	4,586
6,5	1111	1,02	0,645
7	1031	0,77	0,182
7,5	963	0,60	1,023
8	902	0,48	0,114
8,5	849	0,37	0,234
9	802	0,29	1,039
9,5	760	0,24	0,152
10	722	0,19	0,045
10,5	688	0,15	0,256
11	656	0,13	0,031
11,5	628	0,11	0,070
12	602	0,08	0,287

Rechenansatz:

Erregungsarbeit = Dämpfungsarbeit

$$\pi \cdot \frac{1}{2} \cdot V_{h_1} \cdot c_K \cdot \Sigma^{\rightarrow}\hat{\varphi} = \pi \cdot \Sigma b \cdot \omega_e \cdot \Delta\hat{\varphi}^2 + \pi\, \Sigma a \cdot \omega_e \cdot \hat{\varphi}^2 \Big| \cdot \frac{1}{\varphi_o^2}$$

$$\varphi_o = \frac{\frac{1}{2} \cdot V_h \cdot c_K \cdot \Sigma^{\rightarrow} \frac{\hat{\varphi}^*}{\hat{\varphi}_o^*}}{\omega_e \cdot \left[\Sigma b \cdot \left(\frac{\Delta\hat{\varphi}^*}{\hat{\varphi}_o^*}\right)^2 + \Sigma a \cdot \left(\frac{\hat{\varphi}^*}{\hat{\varphi}_o^*}\right)^2\right]}$$

$\hat{\varphi}^*$, $\Delta\hat{\varphi}^*$ sind die relativen Winkelamplituden der freien Schwingungsform

$\hat{\varphi}_o^*$ ist die Referenzamplitude, z.B. die am freien Kurbelwellenende $\hat{\varphi}_o^* = 1$

Beispiel: 7,5. Ordng. $b_3 \dots b_8 = 1700$ Nms/rad
$a_3 \dots a_8 = 1,7$ Nms/rad

$$\varphi_o = \frac{\frac{1}{2} \cdot 0,012667 \cdot 10^5 \cdot 1,023}{280\,683} = 0,00231\ rad\ \ (0,00230\ rad)^{1)}$$

$$\tau_{w\,max} = \frac{T_{max}}{W_d} = \frac{7\,089\,969}{0,001052} \cdot \frac{0,00231}{1} \cdot 10^{-6} = 15,5\ N/mm^2$$

$(15,5\ N/mm^2)^{1)}$

1) Ergebnisse aus der Berechnung ERZWUNGENE SCHWINGUNGEN

Tafel 10.I: Ermittlung der freien Schwingungsform, der relativen Torsionsschwingungs-Erregung und vereinfachte Berechnung der wahren Amplituden für den L 6 - Motor wie Abb. 10.84 Mitte

10.4.3 Biegeschwingungen

Biegeschwingungen sind zuerst bei Turbomaschinen beobachtet worden. Hier wurde schon frühzeitig erkannt, daß es Drehzahlen gibt, bei denen selbst die geringste Massen-Exzentrizität große Wellendurchbiegungen verursacht. In diesen kritischen Drehzahlen regt die umlaufende Unwucht den Rotor im Takt seiner Eigenfrequenz an und der Wellenmittelpunkt wandert gleichsinnig mit dem Rotorschwerpunkt auf einer Spiralbahn zunehmend aus der Drehachse heraus, soweit dies nicht durch Dämpfung begrenzt wird. Wird dieser Betriebsbereich nicht schnell genug durchfahren, kommt es zur Berührung des Rotors mit dem Maschinengehäuse und damit zum Maschinenschaden. Oberhalb der kritischen Drehzahl gehen die Wellendurchbiegungen zurück und der Rotorschwerpunkt bewegt sich wieder auf die Drehachse zu (Selbstzentrierung). Für das einfache Rotormodell (Laval-Läufer) laut Abb. 10.84 ergibt sich im Rechenansatz und damit in der Vergrößerungsfunktion vollkommene Analogie zum Ein-Massen-Schwinger bei Unwucht-Erregung (vergl. Kapitel 8.2). Hier ist lediglich anzumerken, daß in der Praxis bei Turbinenläufern die Verhältnisse meist etwas komplizierter sind, da die Rotoren oft aus mehreren Massen bestehen, mithin mehrere Eigenfrequenzen haben, die Lagerung richtungsabhängig unterschiedliche Steifigkeiten aufweist, und durch die Eigenschaften des Schmierfilms in den Gleitlagern zusätzliche Schwingungen angeregt werden können.

Unwuchten bzw. rotierende Fliehkräfte als mögliche Biegeschwingungserregungen treten auch in Kolbenmaschinen auf. Die hier üblichen Lagerabstände und Wellenabmessungen ergeben jedoch Biege-Eigenfrequenzen, die so hoch liegen, daß unwuchterregte Resonanz-Schwingungen des Wellenstranges bei der Kolbenmaschine

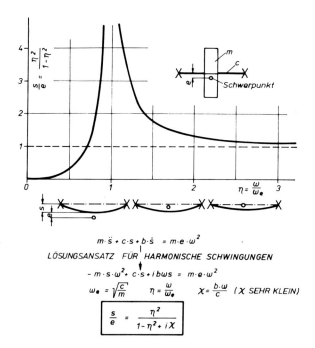

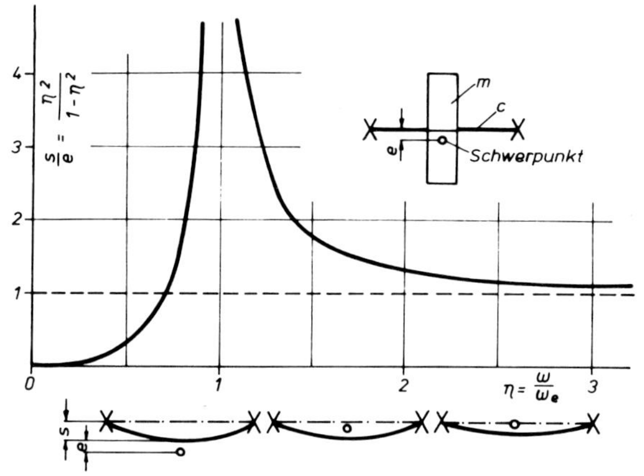

$$m \cdot \ddot{s} + c \cdot s + b \cdot \dot{s} = m \cdot e \cdot \omega^2$$

LÖSUNGSANSATZ FÜR HARMONISCHE SCHWINGUNGEN

$$-m \cdot s \cdot \omega^2 + c \cdot s + i b \omega s = m \cdot e \cdot \omega^2$$

$$\omega_e = \sqrt{\frac{c}{m}} \qquad \eta = \frac{\omega}{\omega_e} \qquad \chi = \frac{b \cdot \omega}{c} \quad (\chi \text{ SEHR KLEIN})$$

$$\boxed{\frac{s}{e} = \frac{\eta^2}{1-\eta^2+i\chi}}$$

Abb. 10.84: Biege-Umlauf-Schwingungen eines symmetrischen Ein-Massen-Rotors (Laval-Läufer) - Relativer Ausschlag bei unter- und überkritischem Betrieb

ungewöhnlich sind. Dies ist nicht zu verwechseln mit möglichen Standruhe-Problemen oder Schwingungen des gesamten Motors auf der elastischen Lagerung infolge von Unwuchten oder nicht ausgeglichenen Massenwirkungen /36, 37/.

Von weitaus größerer Bedeutung ist die Erregung von Biegeschwingungen durch die periodischen Gas- und Massenkräfte, die als Pleuelstangenkraft auf die Kurbelwelle wirken. Da diese periodischen Gas- und Massenkräfte eine Vielzahl harmonischer Anteile enthalten, ist die Gefahr der Resonanz größer, und zwar immer dann, wenn die Frequenz einer harmonischen Teilschwingung mit der Biege-Eigenfrequenz übereinstimmt. Die Resonanzbedingung (Erregerfrequenz = Eigenfrequenz) für sich allein ist dabei noch kein Indiz für einen gefährlichen Zustand, sondern maßgebend für die Gefährlichkeit ist die durch eine bestimmte Erregung in das schwingende System eingeleitete Energie (Erregungsarbeit).

Durch Fliehkräfte werden Biegeschwingungen 1. Ordnung des Gleichlaufes erregt, d. h. der Verformungszustand läuft gleichsinnig und mit der Frequenz der Wellendrehzahl um. Im Gegensatz dazu können durch eine periodische Störkraft, wie die Pleuelstangenkraft Biegeschwingungen verschiedener Ordnungszahlen sowohl im Gleich- als auch im Gegenlauf erregt werden.

Da die Pleuelstangenkraft mit der Drehung der Kurbelwelle fortwährend ihre Richtung ändert, wird zur Bestimmung der Biegeschwingungserregung die Pleuelstangenkraft in die richtungsfesten Komponenten Z und Y zerlegt. Aus der geometrischen Zerlegung (Tafel 10.K) ist ohne weiteres ersichtlich, daß die Kraft Z identisch mit der in Zylinderrichtung wirkenden Kraft, die Kraft Y gleich der Kolbenseitenkraft mit umgekehrten Vorzeichen ist. Dies gilt selbstverständlich auch, wenn statt mit Kräften mit den entsprechenden Drücken gerechnet wird. Als Ergebnis einer harmonischen Analyse werden die Drücke durch die folgenden trigonometrischen Polynome (Fourier-Reihen) dargestellt:

$$Z(\psi) = a_{z0} + \Sigma\, a_{z(q)} \cdot \cos(q \cdot \psi) + \Sigma\, b_{z(q)} \cdot \sin(q \cdot \psi) \qquad (10.56)$$

$$Y(\psi) = a_{y0} + \Sigma\, a_{y(q)} \cdot \cos(q \cdot \psi) + \Sigma\, b_{y(q)} \cdot \sin(q \cdot \psi) \qquad (10.57)$$

q = 0,5; 1; 1,5; 2 usw. bei Viertakt-Motoren
q = 1; 2; 3; 4 usw. bei Zweitakt-Motoren.

Haben der harmonischen Analyse lediglich die Verläufe der Gasdrücke zugrundegelegen, so müssen bei den Ordnungszahlen 1 bis 4 noch die aus der Wirkung der oszillierenden Massen hervorgehenden Massendrücke berücksichtigt werden.

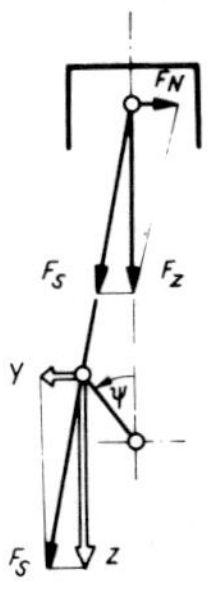

$\varphi = \Omega t = q \cdot \psi$

Harmonische Kraft bzw. Druck in z-Richtung

$$z(\varphi) = a_z \cdot \cos\varphi + b_z \cdot \sin\varphi$$
$$= a_z \cdot \frac{e^{i\varphi} + e^{-i\varphi}}{2} - i b_z \cdot \frac{e^{i\varphi} - e^{-i\varphi}}{2}$$
$$= \frac{a_z - i b_z}{2} \cdot e^{i\varphi} + \frac{a_z + i b_z}{2} \cdot e^{-i\varphi}$$
$$= \frac{1}{2} \cdot \hat{\underline{z}}_{gl} \cdot e^{i\varphi} + \frac{1}{2} \cdot \hat{\underline{z}}_{gg} \cdot e^{-i\varphi}$$

(gl = gleichlaufend ; gg = gegenlaufend)

Harmonische Kraft bzw. Druck in y-Richtung

$$y(\varphi) = a_y \cdot \cos\varphi + b_y \cdot \sin\varphi$$
$$= \frac{a_y - i b_y}{2} \cdot e^{i\varphi} + \frac{a_y + i b_y}{2} \cdot e^{-i\varphi}$$
$$= \frac{1}{2} \cdot \hat{\underline{y}}_{gl} \cdot e^{i\varphi} + \frac{1}{2} \cdot \hat{\underline{y}}_{gg} \cdot e^{-i\varphi}$$

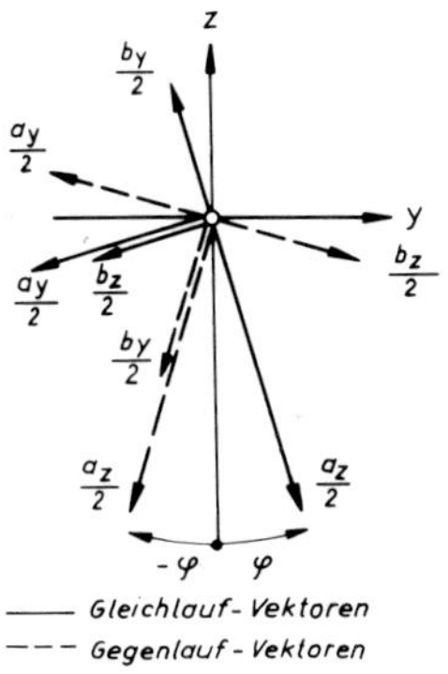

Für Kräfte bzw. Drücke in ⊾ Ebenen gilt:

$$R(\varphi) = y(\varphi) + i\, z(\varphi)$$
$$= \frac{1}{2} \cdot (\hat{\underline{y}}_{gl} + i \hat{\underline{z}}_{gl}) \cdot e^{i\varphi} + \frac{1}{2} (\hat{\underline{y}}_{gg} + i \hat{\underline{z}}_{gg}) \cdot e^{-i\varphi}$$
$$= \frac{1}{2} \cdot [(a_y + b_z) + i(a_z - b_y)] \cdot e^{i\varphi} +$$
$$+ \frac{1}{2} \cdot [(a_y - b_z) + i(a_z + b_y)] \cdot e^{-i\varphi}$$

$$R(\varphi) = \hat{c}_{gl} \cdot [-\sin(\varphi - \varphi_{01}) + i \cos(\varphi - \varphi_{01})]$$
$$+ \hat{c}_{gg} \cdot [-\sin(\varphi - \varphi_{02}) + i \cos(\varphi - \varphi_{02})]$$

$$\tan\varphi_{01} = \frac{a_y + b_z}{a_z - b_y} \quad ; \quad \tan\varphi_{02} = \frac{a_y - b_z}{a_z + b_y}$$

Result. Gleichlauf-Erregungs-Amplitude: $\hat{c}_{gl} = \frac{1}{2} \cdot \sqrt{(a_z - b_y)^2 + (a_y + b_z)^2}$ (10.54)

Result. Gegenlauf-Erregungs-Amplitude: $\hat{c}_{gg} = \frac{1}{2} \cdot \sqrt{(a_z + b_y)^2 + (a_y - b_z)^2}$ (10.55)

Tafel 10.K: Biegeschwingungs-Erregung durch die Pleuelstangenkraft - Zerlegung der Pleuelstangenkraft in Komponenten - Herleitung der Gleichlauf- und Gegenlauf-Erregung

$$Z_M(\psi) = \frac{m_{osz} \cdot r^2 \cdot \omega_e^2 \cdot 2}{V_h} \cdot (A_1 \cdot \cos\psi + A_2 \cdot \cos 2\psi + A_4 \cdot \cos 4\psi + \ldots) \tag{10.58}$$

$$A_1 = -1 \quad ; \quad A_2 = -\lambda - \frac{1}{4} \cdot \lambda^3 - \frac{15}{128} \cdot \lambda^5 - \ldots \quad ; \quad A_4 = \frac{1}{4} \cdot \lambda^3 + \frac{3}{16} \cdot \lambda^5 + \ldots$$

$$Y_M(\psi) = \frac{m_{osz} \cdot r^2 \cdot \omega_e^2 \cdot 2}{V_h} \cdot (B_1 \cdot \sin\psi + B_2 \cdot \sin 2\psi + B_3 \cdot \sin 3\psi + B \cdot \sin 4\psi + \ldots) \tag{10.59}$$

$$B_1 = \frac{1}{2} \cdot \lambda^2 + \frac{3}{8} \cdot \lambda^4 + \ldots \quad ; \quad B_2 = -\frac{1}{2} \cdot \lambda - \frac{1}{8} \cdot \lambda^3 - \frac{15}{256} \cdot \lambda^5 - \ldots$$

$$B_3 = -\frac{1}{2} \cdot \lambda^2 - \frac{7}{16} \cdot \lambda^4 - \ldots \quad ; \quad B_4 = \frac{1}{16} \cdot \lambda^3 + \frac{3}{64} \cdot \lambda^5 + \ldots$$

m_{osz} (kg) : oszillierende Masse
V_h (m^3) : Zylinder-Hubvolumen

r (m) : Kurbelradius

ω (s^{-1}): Drehschnelle

λ (-) : Pleuelstangenverhältnis

Zu beachten: Die angegebenen Dimensionen ergeben den Massendruck in (N/m^2); für die Einheit (bar) gilt 1 bar = $10^5 N/m^2$.

In den Tafeln 10.L bis 10.O sind Beispiele von harmonischen Analysen der Gas-Zylinderdrücke und der Gas-Kolbenseitendrücke, sowie der jeweils zugehörenden Massendrücke aufgeführt.

Bei der Erregung von Biegeschwingungen 1. Ordnung des Gleichlaufes sind außer den Gas- und oszillierenden Massenwirkungen auch die rotierenden Triebwerksmassen zu berücksichtigen. Wie bereits erwähnt, bleiben jedoch Wellenschwingungen 1. Ordnung üblicherweise oberhalb des Betriebsbereiches der Kolbenkraftmaschinen.

HARMONISCHE ANALYSE
P = A(0) + S A(K)*COS(K*PHI) + S B(K)*SIN(q*PHI)
<u>Vollast</u>: p_i = 22,3 bar ($p_e \approx 20,5$) p_Z = 138 bar p_L = 3,4 bar

MITTLERE ORDINATE A0 = 17.4777

q	K		A	B	C
0,5	1		-25.9716	-4.7777	26.4074
1	2	*	19.7296	6.3685	20.7320
1,5	3		-15.1389	-5.5249	16.1155
2	4	*	12.0146	5.1791	13.0833
2,5	5		-9.0094	-5.1921	10.3984
3	6		6.3681	4.6142	7.8641
3,5	7		-4.6025	-3.8869	6.0242
4	8	*	3.2292	3.3847	4.6780
4,5	9		-2.0913	-2.8508	3.5356
5	10		1.3256	2.3282	2.6791
5,5	11		-0.7675	-1.9482	2.0939
6	12		0.3016	1.5709	1.5996
6,5	13		-0.0375	-1.2056	1.2062
7	14		-0.1088	0.9566	0.9627
7,5	15		0.2258	-0.7466	0.7800
8	16		-0.2667	0.5490	0.6104
8,5	17		0.2575	-0.4262	0.4980
9	18		-0.2588	0.3336	0.4222
9,5	19		0.2261	-0.2430	0.3319
10	20		-0.1734	0.2002	0.2649
10,5	21		0.1446	-0.1804	0.2312
11	22		-0.1125	0.1527	0.1896
11,5	23		0.0689	-0.1474	0.1628
12	24		-0.0489	0.1536	0.1612

*Massen - Druck

$$A_1 = -1 = -1$$

$$A_2 = -\lambda - \frac{1}{4}\cdot\lambda^3 - \frac{15}{128}\cdot\lambda^5 = -0,250770$$

$$A_4 = \frac{1}{4}\cdot\lambda^3 + \frac{3}{16}\cdot\lambda^5 = 0,003935$$

HARMONISCHE ANALYSE
P = A(0) + S A(K)*COS(K*PHI) + S B(K)*SIN(q*PHI)
<u>Leerlauf</u>: p_i = 1,8 bar p_Z = 38 bar

MITTLERE ORDINATE A0 = 4.0355

K	A	B	C
1	-5.6506	-0.4207	5.6663
2	4.7368	0.5158	4.7648
3	-3.8627	-0.4335	3.8870
4	3.1467	0.4254	3.1753
5	-2.5077	-0.4504	2.5479
6	1.9650	0.4098	2.0072
7	-1.5649	-0.3551	1.6047
8	1.2441	0.3289	1.2869
9	-0.9769	-0.3026	1.0227
10	0.7723	0.2742	0.8196
11	-0.6094	-0.2550	0.6606
12	0.4750	0.2334	0.5292
13	-0.3759	-0.2118	0.4314
14	0.3002	0.1995	0.3605
15	-0.2355	-0.1877	0.3011
16	0.1856	0.1733	0.2539
17	-0.1481	-0.1626	0.2199
18	0.1170	0.1523	0.1921
19	-0.0949	-0.1410	0.1700
20	0.0790	0.1337	0.1553
21	-0.0643	-0.1278	0.1431
22	0.0534	0.1199	0.1313
23	-0.0466	-0.1135	0.1227
24	0.0403	0.1083	0.1155

Beispiel 2. Ordnung: $\frac{m_{osz}}{V_h} = 4650\ kg/m^3$ $\quad v_m = 8\ m/s$

$$a_2 = a_{2G} + a_{2M} = a_{2G} + a_2 \cdot \frac{m_{osz}\cdot r^2\cdot\omega^2\cdot 2}{V_h} = a_{2G} + A_2\cdot\frac{m_{osz}}{V_h}\cdot\frac{\pi^2}{2}\cdot v_m^2 =$$

$$= 12,0146 - 0,250770\cdot 4650\cdot\frac{\pi^2}{2}\cdot 8^2\cdot 10^{-5} = 12,0146 - 3,6828 = 8,3318\ bar$$

$b_2 = 5,1791$ bar $\qquad c_2 = \sqrt{a_3^2 + b_3^2} = 9,810$ bar

Tafel 10.L: Harmonische Analyse des Zylinderdruckes für einen hochaufgeladenen Viertakt-Diesel-Motor ($\varepsilon = 12$, $\lambda = 0,2469$)

Die Entstehung der Gleich- und Gegenlauferregung für jede einzelne Harmonische kann man sich anschaulich vorstellen durch rotierende Vektoren von der Größe der halben Amplitude, wovon der eine in Drehrichtung, der andere entgegengesetzt umläuft, und zwar mit der Kreisfrequenz der betrachteten Schwingungserregung. Die geometrische Summe beider Vektoren entspricht bei jeder Stellung dem momentanen Wert der harmonischen Störkraft. Eine komplexe Störgröße oder mit anderen Worten eine Störgröße, die sin- und cos-Glieder enthält, erfordert zwei Vektorenpaare, deren Gleichlauf- und Gegenlauf-Anteile jeweils rechtwinkelig aufeinander stehen.

Für die zwei Komponenten des Stangendruckes ergeben sich so vier rotierende Vektorenpaare, vergl. Tafel 10.K.
Formal erfolgt die Herleitung der Gleich- und Gegenlauferregung mittels der

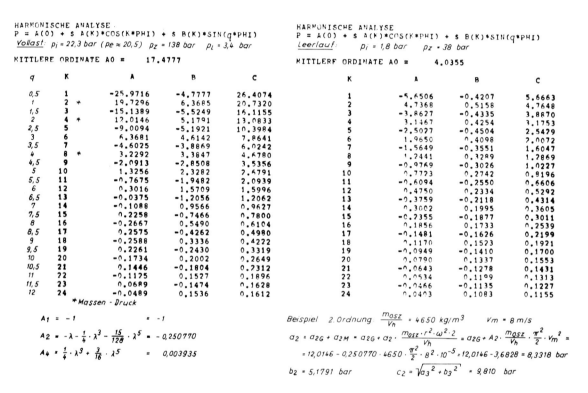

HARMONISCHE ANALYSE
P = A(0) + S A(K)*COS(K*PHI) + S B(K)*SIN(q*PHI)
Vollast: $p_i = 22{,}3$ bar ($p_e \approx 20{,}5$) $p_z = 138$ bar $p_L = 3{,}4$ bar

MITTLERE ORDINATE A0 = 0.8003

q	K		A	B	C
0,5	1		-1.2931	-1.3647	1.8800
1	2	*	0.6461	2.6379	2.7158
1,5	3		-0.0441	-2.1308	2.1313
2	4	*	-0.2303	1.6704	1.6862
2,5	5		0.2137	-1.3066	1.3240
3	6	*	-0.2283	1.0779	1.1018
3,5	7		0.2923	-0.8486	0.8976
4	8	*	-0.2834	0.6177	0.6797
4,5	9		0.2402	-0.4697	0.5275
5	10		-0.2246	0.3581	0.4227
5,5	11		0.2032	-0.2506	0.3227
6	12		-0.1692	0.1749	0.2433
6,5	13		0.1483	-0.1209	0.1913
7	14		-0.1260	0.0686	0.1435
7,5	15		0.0959	-0.0352	0.1021
8	16		-0.0766	0.0176	0.0786
8,5	17		0.0619	0.0007	0.0619
9	18		-0.0427	-0.0121	0.0444
9,5	19		0.0300	0.0143	0.0333
10	20		-0.0221	-0.0184	0.0287
10,5	21		0.0115	0.0196	0.0228
11	22		-0.0055	-0.0155	0.0164
11,5	23		0.0038	0.0141	0.0146
12	24		0.0005	-0.0131	0.0131

* Massen - Kolbenseitendruck

$B_1 = \frac{1}{2}\cdot\lambda^2 + \frac{3}{8}\cdot\lambda^4 = 0{,}031873$

$B_2 = -\frac{1}{2}\cdot\lambda - \frac{1}{8}\cdot\lambda^3 - \frac{15}{256}\cdot\lambda^5 = -0{,}125385$

$B_3 = -\frac{1}{2}\cdot\lambda^2 - \frac{7}{16}\cdot\lambda^4 = -0{,}032106$

$B_4 = \frac{1}{16}\cdot\lambda^3 + \frac{3}{64}\cdot\lambda^5 = 0{,}000984$

HARMONISCHE ANALYSE
P = A(0) + S A(K)*COS(K*PHI) + S B(K)*SIN(q*PHI)
Leerlauf: $p_i = 1{,}8$ bar $p_z = 38$ bar

MITTLERE ORDINATE A0 = 0.0648

K		A	B	C
1		-0.1072	-0.2250	0.2492
2	*	0.0530	0.3677	0.3715
3		-0.0030	-0.3950	0.3950
4	*	-0.0142	0.3464	0.3467
5		0.0106	-0.2854	0.2856
6	*	-0.0124	0.2349	0.2352
7		0.0185	-0.1876	0.1885
8	*	-0.0168	0.1464	0.1473
9		0.0124	-0.1172	0.1179
10		-0.0118	0.0943	0.0951
11		0.0112	-0.0737	0.0745
12		-0.0092	0.0579	0.0586
13		0.0083	-0.0458	0.0466
14		-0.0074	0.0354	0.0362
15		0.0061	-0.0279	0.0286
16		-0.0058	0.0225	0.0232
17		0.0058	-0.0172	0.0182
18		-0.0049	0.0131	0.0139
19		0.0043	-0.0103	0.0111
20		-0.0040	0.0078	0.0088
21		0.0034	-0.0059	0.0068
22		-0.0031	0.0047	0.0057
23		0.0031	-0.0035	0.0047
24		-0.0027	0.0025	0.0036

Beispiel 2. Ordnung: $\frac{m_{osz}}{V_h} = 4650\ kg/m^3$ $\quad V_m = 8\ m/s$

$b_2 = b_{2G} + b_{2M} = b_{2G} + B_2\cdot\frac{m_{osz}\cdot r^2\cdot\omega^2\cdot 2}{V_h} = b_{2G} + B_2\cdot\frac{m_{osz}}{V_h}\cdot\frac{\pi^2}{2}\cdot V_m^2$

$= 1{,}6704 - 0{,}125385\cdot 4650\cdot\frac{\pi^2}{2}\cdot 8^2\cdot 10^{-5} = 1{,}6704 - 1{,}8414 = -0{,}171$ bar

$a_2 = -0{,}2303$ bar $\quad c_2 = \sqrt{a_2^2 + b_2^2} = 0{,}287$ bar

Tafel 10.M: Harmonische Analyse des Kolbenseitendruckes für einen hochaufgeladenen Viertakt-Diesel-Motor (ε = 12, λ = 0,2469)

HARMONISCHE ANALYSE
P = A(0) + S A(K)*COS(K*PHI) + S B(K)*SIN(q*PHI)
Vollast: $p_i = 9{,}5$ bar $p_z = 85$ bar

MITTLERE ORDINATE A0 = 7.5703

q	K		A	B	C
0,5	1		-12.0192	-2.0153	12.1869
1	2	*	9.8722	2.6274	10.2159
1,5	3		-8.2498	-2.5145	8.6245
2	4	*	7.0016	2.6372	7.4817
2,5	5		-5.6783	-2.7522	6.3101
3	6		4.5324	2.6033	5.2269
3,5	7		-3.6609	-2.4265	4.3920
4	8	*	2.9014	2.2659	3.6814
4,5	9		-2.2801	-2.0623	3.0744
5	10		1.7969	1.8696	2.6076
5,5	11		-1.3682	-1.7324	2.2075
6	12		1.0166	1.5501	1.8548
6,5	13		-0.7558	-1.3875	1.5800
7	14		0.5362	1.2408	1.3517
7,5	15		-0.3697	-1.0931	1.1539
8	16		0.2489	0.9711	1.0025
8,5	17		-0.1442	-0.8633	0.8752
9	18		0.0664	0.7550	0.7581
9,5	19		-0.0195	-0.6639	0.6642
10	20		-0.0197	0.5831	0.5835
10,5	21		0.0403	-0.5073	0.5089
11	22		-0.0486	0.4486	0.4512
11,5	23		0.0573	-0.3971	0.4012
12	24		-0.0576	0.3474	0.3521

* Massen - Druck

$A_1 = -1$

$A_2 = -\lambda - \frac{1}{4}\cdot\lambda^3 - \frac{15}{128}\cdot\lambda^5 = -0{,}279006$

$A_4 = \frac{1}{4}\cdot\lambda^3 + \frac{3}{16}\cdot\lambda^5 = 0{,}005414$

HARMONISCHE ANALYSE
P = A(0) + S A(K)*COS(K*PHI) + S B(K)*SIN(q*PHI)
Leerlauf: $p_i = 2$ bar $p_z = 65$ bar

MITTLERE ORDINATE A0 = 5.3593

K		A	B	C
1		-8.2847	-0.4236	8.2955
2	*	7.3353	0.5454	7.3555
3		-6.3730	-0.5428	6.3961
4	*	5.4794	0.6255	5.5150
5		-4.6148	-0.6984	4.6674
6		3.8645	0.6859	3.9246
7		-3.2493	-0.6561	3.3149
8	*	2.7264	0.6324	2.7929
9		-2.2752	-0.6022	2.3536
10		1.9050	0.5793	1.9912
11		-1.5828	-0.5559	1.6775
12		1.3117	0.5218	1.4116
13		-1.0917	-0.4897	1.1965
14		0.9062	0.4601	1.0161
15		-0.7580	-0.4296	0.8712
16		0.6344	0.4047	0.7525
17		-0.5278	-0.3816	0.6513
18		0.4401	0.3559	0.5660
19		-0.3699	-0.3321	0.4971
20		0.3116	0.3099	0.4395
21		-0.2655	-0.2889	0.3924
22		0.2285	0.2719	0.3552
23		-0.1957	-0.2560	0.3222
24		0.1688	0.2394	0.2929

Beispiel 2. Ordnung: $\frac{m_{osz}}{V_h} = 2811\ kg/m^3$ $\quad V_m = 10\ m/s$

$a_2 = a_{2G} + a_{2M} = a_{2G} + A_2\cdot\frac{m_{osz}}{V_h}\cdot\frac{\pi^2}{2}\cdot V_m^2 =$

$= 7{,}0016 - 0{,}279006\cdot 2811\cdot\frac{\pi^2}{2}\cdot 10^2\cdot 10^{-5} = 7{,}0016 - 3{,}1313 = 3{,}8703$ bar

$b_2 = 2{,}6370$ bar $\quad c_2 = 4{,}6833$ bar

Tafel 10.N: Harmonische Analyse des Zylinderdruckes für einen selbstansaugenden Viertakt-Dieselmotor (ε = 18, λ = 0,2737)

HARMONISCHE ANALYSE
F = A(0) + S A(K)*COS(K*PHI) + S B(K)*SIN(q*PHI)

Vollast: p_i = 9,5 bar p_z = 85 bar

MITTLERE ORDINATE A0 = 0.3666

q	K		A	B	C
0,5	1		-0.6311	-0.5283	0.8230
1	2	*	0.3648	0.8593	0.9335
1,5	3		-0.0976	-0.8852	0.8905
2	4	*	-0.0095	0.7412	0.7413
2,5	5		0.0175	-0.6319	0.6322
3	6		-0.0543	0.5611	0.5637
3,5	7		0.0963	-0.4634	0.4733
4	8	*	-0.0986	0.3727	0.3855
4,5	9		0.0958	-0.3124	0.3267
5	10		-0.0965	0.2562	0.2745
5,5	11		0.0925	-0.2074	0.2271
6	12		-0.0889	0.1717	0.1933
6,5	13		0.0877	-0.1358	0.1617
7	14		-0.0793	0.1046	0.1312
7,5	15		0.0718	-0.0831	0.1098
8	16		-0.0665	0.0634	0.0919
8,5	17		0.0587	-0.0474	0.0755
9	18		-0.0530	0.0364	0.0643
9,5	19		0.0487	-0.0249	0.0547
10	20		-0.0419	0.0157	0.0447
10,5	21		0.0364	-0.0103	0.0379
11	22		-0.0322	0.0050	0.0326
11,5	23		0.0272	-0.0015	0.0272
12	24		-0.0241	-0.0003	0.0241

* Massen-Kolbenseitendruck

$$B_1 = \frac{1}{2}\cdot\lambda^2 + \frac{3}{8}\cdot\lambda^4 = 0{,}039560$$

$$B_2 = -\frac{1}{2}\cdot\lambda - \frac{1}{8}\cdot\lambda^3 - \frac{15}{256}\cdot\lambda^5 = -0{,}139503$$

$$B_3 = -\frac{1}{2}\cdot\lambda^2 - \frac{9}{16}\cdot\lambda^4 = -0{,}039911$$

$$B_4 = \frac{1}{16}\cdot\lambda^3 + \frac{3}{64}\cdot\lambda^5 = 0{,}001353$$

HARMONISCHE ANALYSE
F = A(0) + S A(K)*COS(K*PHI) + S B(K)*SIN(q*PHI)

Leerlauf: p_i = 2 bar p_z = 65 bar

MITTLERE ORDINATE A0 = 0.0759

K		A	B	C
1		-0.1343	-0.2675	0.2993
2	*	0.0864	0.4526	0.4607
3		-0.0372	-0.5114	0.5128
4	*	0.0163	0.4816	0.4819
5		-0.0146	-0.4309	0.4312
6		0.0003	0.3786	0.3786
7		0.0136	-0.3198	0.3201
8	*	-0.0149	0.2673	0.2678
9		0.0140	-0.2272	0.2276
10		-0.0153	0.1920	0.1926
11		0.0154	-0.1613	0.1620
12		-0.0163	0.1359	0.1368
13		0.0173	-0.1124	0.1137
14		-0.0161	0.0922	0.0936
15		0.0148	-0.0768	0.0782
16		-0.0143	0.0637	0.0653
17		0.0133	-0.0528	0.0545
18		-0.0136	0.0440	0.0458
19		0.0127	-0.0357	0.0379
20		-0.0115	0.0288	0.0310
21		0.0104	-0.0237	0.0259
22		-0.0096	0.0194	0.0217
23		0.0088	-0.0161	0.0184
24		-0.0065	0.0136	0.0161

Beispiel 2. Ordnung: $\frac{m_{osz}}{V_h} = 2811\ kg/m^3$ $v_m = 10\ m/s$

$$b_2 = b_{2G} + b_{2M} = b_{2G} + B_2\cdot\frac{m_{osz}}{V_h}\cdot\frac{\pi^2}{2}\cdot v_m^2 =$$

$$= 0{,}7412 - 0{,}139503\cdot 2811\cdot\frac{\pi^2}{2}\cdot 10^2\cdot 10^{-5} = 0{,}7412 - 1{,}9351 = -1{,}1939\ bar$$

$a_2 = -0{,}0095$ bar $c_2 = 1{,}1940$ bar

Tafel 10.O: Harmonische Analyse des Kolbenseitendruckes für einen selbstansaugenden Viertakt-Diesel-Motor (ε = 18, λ = 0,2737)

EULERschen Formeln, wie in Tafel 10.K angegeben.

Wie aus den Beziehungen (10.54) und (10.55) hervorgeht, sind die Erreger-Amplituden des Gleichlaufes und des Gegenlaufes verschieden voneinander.

Für eine Erregung, welche in einer um den Winkel γ gegenüber der Bezugsebene in Drehrichtung verschobenen Ebene wirkt und welche um den Winkel $q\cdot\delta$ in Richtung zu einem späteren Zeitpunkt verschoben ist, ist anstelle des allgemeinen Phasenwinkels $\varphi = q\cdot\omega$ einzuführen:

$$\varphi = (-\varphi) = \gamma + q\cdot(\psi - \delta)$$

wobei für die Ordnungszahl gilt: + q für Gleichlauf, - q für Gegenlauf.

Für den zeitlichen Verlauf der Erregung und die Amplituden der Gleichlauf- und Gegenlauf-Erregung ergeben sich dann die folgenden Beziehungen:

$$F(\varphi) = \underline{\hat{F}}_{gl}\cdot e^{i\varphi} + \underline{\hat{F}}_{gg}\cdot e^{-i\varphi}$$

$$\underline{\hat{F}}_{gl} = \hat{C}_{gl}\cdot\left[-\sin(\gamma - q\cdot\delta - \varphi_{01}) + i\cos(\gamma - q\cdot\delta - \varphi_{01})\right] \qquad (10.60)$$

$$\hat{\underline{E}}_{gg} = \hat{C}_{gg} \cdot \left[-\sin(\gamma - q \cdot \delta - \varphi_{02}) + i \cos(\gamma - q \cdot \delta - \varphi_{02}) \right] \tag{10.61}$$

Biegemomentenverlauf und relative Durchbiegungen bei einer mehrfach gelagerten Kurbelwelle

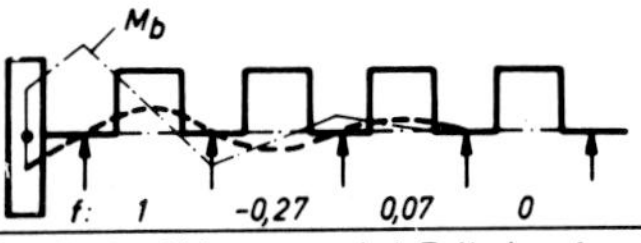

1) Zündfolge A 1 3 5 7 8 6 4 2; B 1 3 5 7 8 6 4 2

2) Zündfolge A 1 3 2 5 8 6 7 4; B 1 3 2 5 8 6 7 4

Ordn. q (−Gegenl. +Gleichl.)	$\vec{\Sigma f}$ der Relativdurchbiegungen bei Zylinder-Anordnung und Zylinder-Zahl L3/L6	L4	L5	L8	L9	V6 90°	V8 90°	V10 90°	V12 90°	V12 120°	V16 120°	V12 48°	V16 48° 1)	V16 48° 2)	V12 60°	V16 60°	V18 60°
-6,0	0,800	0,800	1,179	0,660	1,139	1,131	1,697	1,403	1,131	0,800	1,200	1,565	2,348	1,291	1,386	1,143	1,386
6,0	0,800	0,800	1,179	0,660	1,139	1,131	1,697	1,403	1,131	0,800	1,200	0,800	1,200	0,660	1,386	1,143	1,386
-5,5	1,139	1,056	0,992	1,003	1,002	2,104	1,119	2,178	0,872	0,000	1,783	2,081	2,131	1,832	1,610	1,517	1,610
5,5	1,139	1,056	0,992	1,003	1,022	0,872	1,749	0,902	2,104	1,972	0,892	0,704	0,721	0,620	2,200	2,072	2,200
-5,0	1,139	1,200	0,800	1,272	0,875	2,277	2,112	1,600	2,277	1,139	1,056	1,842	1,709	2,058	1,139	1,272	1,139
5,0	1,139	1,200	0,800	1,272	0,875	0,000	0,000	0,000	0,000	2,277	2,112	0,238	0,221	0,266	2,277	2,544	2,277
-4,5	0,800	1,056	0,992	1,072	0,800	1,478	0,672	2,178	0,612	1,386	1,166	1,071	1,193	1,435	0,414	0,519	0,414
4,5	0,800	1,056	0,992	1,072	0,800	0,612	1,965	0,902	1,478	1,386	1,166	0,167	0,186	0,224	1,545	1,937	1,545
-4,0	1,139	0,800	1,179	0,800	0,875	1,610	1,131	1,403	1,610	2,277	1,600	1,139	0,800	0,800	0,000	0,000	0,000
4,0	1,139	0,800	1,179	0,800	0,875	1,610	1,131	1,403	1,610	1,139	0,800	0,704	0,494	0,494	1,972	1,386	1,972
-3,5	1,139	1,056	1,179	1,072	1,022	0,872	1,965	0,760	2,104	1,972	1,166	0,704	0,551	0,663	0,589	0,519	0,589
3,5	1,139	1,056	1,179	1,072	1,022	2,104	0,672	1,834	0,872	0,000	2,333	1,139	0,892	1,072	1,610	1,418	1,610
-3,0	0,800	1,200	0,992	1,272	1,139	0,000	0,000	0,000	0,000	0,800	1,056	0,167	0,221	0,266	0,800	1,272	0,800
3,0	0,800	1,200	0,992	1,272	1,139	1,600	2,112	2,358	1,600	0,800	1,056	1,071	1,413	1,702	0,800	1,272	0,800
-2,5	1,139	1,056	0,800	1,003	1,194	0,872	1,749	0,612	2,104	0,000	1,783	0,238	0,244	0,210	1,610	1,517	1,610
2,5	1,139	1,056	0,800	1,003	1,194	2,104	1,119	1,478	0,872	1,972	0,892	1,842	1,887	1,623	0,589	0,555	0,589
-2,0	1,139	0,800	0,992	0,660	1,194	1,610	1,697	1,667	1,610	1,139	1,200	0,704	0,742	0,408	1,972	1,143	1,972
2,0	1,139	0,800	0,992	0,660	1,194	1,610	1,697	1,667	1,610	2,277	2,400	2,081	2,193	1,206	0,000	0,000	0,000
-1,5	0,800	1,056	1,179	1,003	1,139	1,478	1,119	1,834	0,612	1,386	0,892	0,800	1,166	1,003	1,545	2,072	1,545
1,5	0,800	1,056	1,179	1,003	1,139	0,612	1,749	0,760	1,478	1,386	0,892	1,565	2,282	1,962	0,414	0,555	0,414

Beispiel: Bestimmung der relativen Biegeschwingungserregung 4. Ordnung

p_{mi} = 22,3; λ = 0,2469 $\quad \frac{m_o}{V_h}$ = 4650 kg/m³ $\quad$ 8-Zyl.-Reihen-Motor (L8)

Die Lage der Biege-Resonanzdrehzahlen ist bekannt, so daß im Beispiel

Gegenlauf (-4. Ordnung) v_m = 7,55 m/s

Gleichlauf (+4. Ordnung) v_m = 8,33 m/s

$A_4 = -\frac{1}{4}\lambda^3 - \frac{3}{16}\lambda^5 = -0{,}003935 \quad a_z = 3{,}2862 - (-0{,}003935) \cdot \frac{m_o \cdot r^2 \cdot \omega^2 \cdot 2}{V_h} = 3{,}2862 + 0{,}000903 \cdot v_m^2 = 3{,}3377\ (-4.) \quad 3{,}3489\ (+4.)$

$b_z = \quad 3{,}3990 \quad 3{,}3990$

$a_y = \quad -(-0{,}2862) \quad -(-0{,}2862)$

$B_4 = -\frac{1}{16}\lambda^3 - \frac{3}{64}\lambda^5 = -0{,}000984 \quad b_y = 0{,}6271 - (-0{,}000984) \cdot \frac{m_o \cdot r^2 \cdot \omega^2 \cdot 2}{V_h} = 0{,}6271 + 0{,}000226 \cdot v_m^2 = -(0{,}6400) \quad -(0{,}6428)$

Gegenlauf: $C_{4gg} = \frac{1}{2}\sqrt{(a_z+b_y)^2 + (a_y-b_z)^2} = \frac{1}{2}\sqrt{(3{,}3377-0{,}6400)^2 + (+0{,}2862-3{,}3990)^2} = 2{,}0596$ bar $\quad C_{4gg} \cdot \vec{\Sigma f} = 2{,}0596 \cdot 0{,}800 = \underline{1{,}6476}$

Gleichlauf: $C_{4gl} = \frac{1}{2}\sqrt{(a_z-b_y)^2 - (a_y+b_z)^2} = \frac{1}{2}\sqrt{(3{,}3489-0{,}6428)^2 + (+0{,}2862+3{,}3990)^2} = 2{,}7164$ bar $\quad C_{4gl} \cdot \vec{\Sigma f} = 2{,}7164 \cdot 0{,}800 = \underline{\underline{2{,}1731}}$

Tafel 10.P: Vektorielle Summen der Relativ-Durchbiegungen für Viertaktmotoren verschiedener Zylinderzahl bei Biegeschwingungen des Gegenlaufes und des Gleichlaufes - Bestimmung der relativen Biegeschwingungs-Erregung aus der Relativ-Durchbiegung und dem resultierenden harmonischen Pleuelstangendruck

Mit diesen Beziehungen können die von mehreren Zylindern herrührenden Biegeschwingungserregungen ermittelt werden, indem die sin- und cos-Anteile aufsummiert werden und zuletzt der Betrag gebildet wird. Ist lediglich der Betrag von mehreren Zylindern gesucht, wie bei der relativen Biegeschwingungserregung in Tafel 10.P, so kommt es nur auf die relative Phasenlage der Zylinder zueinander an und die Nullphasenwinkel φ_{01} und φ_{02} können 0 gesetzt werden, da die Phasendrehung auf die vektorielle Summe keinen Einfluß hat.

Die Aufteilung der harmonischen Störkraft in einen Gleichlauf- und Gegenlauf-Erregungsanteil ergibt sich aus einer ziemlich abstrakten Betrachtungsweise und läßt daher das Auftreten von Biegeschwingungen des Gleich- und Gegenlaufes nicht ohne weiteres als plausibel erscheinen. In der Tat hängen diese mit einer weiteren Erscheinung zusammen, nämlich der Kreiselwirkung der Massen. Würde die Störkraft an einer lediglich punktförmigen Masse wirken und damit lediglich eine Schwerpunkts-Verschiebung bewirken, so würde sich im Resonanzfall nur eine Schwingungsform einstellen, und zwar diejenige, deren Erregungsanteil dominiert.

Aufgrund seiner (axialen) Massenträgheit setzt jedoch ein Körper nach dem dynamischen Grundgesetz einer aufgezwungenen Neigung einen Widerstand entgegen, auch dann, wenn der Körper nicht rotiert. Beim rotierenden Körper wird dieser Effekt zusätzlich durch das polare Massenträgheitsmoment und die Rotationsgeschwindigkeit beeinflußt. Dieser Effekt ist das Kreiselmoment oder gyroskopische Moment, vergl. Tafel 10.Q und die dort angegebene formale Herleitung. Durch den Einfluß des Kreiselmoments werden die Eigenkreisfrequenzen drehzahlabhängig. Damit sind die Resonanzdrehzahlen gleicher Ordnungszahl der Gleichlauf und der Gegenlaufschwingung verschieden voneinander, wie die charakteristische Frequenzgleichung (10.66) erkennen läßt. Dies erklärt das Auftreten beider Schwingungsformen bei unterschiedlichen Drehzahlen.

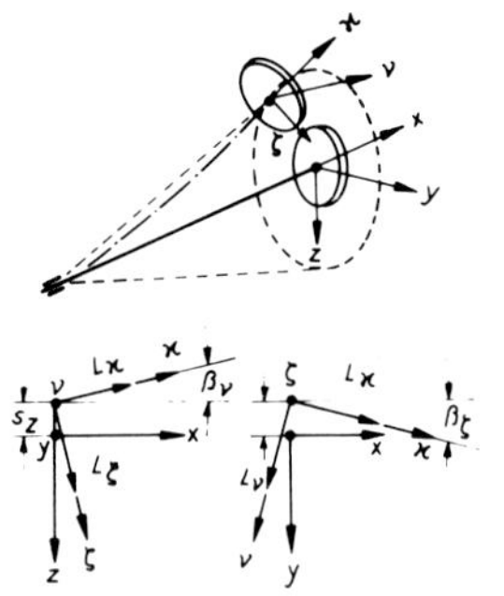

Drall-Komponenten an der Scheibe und Projektionen auf die ortsfesten Achsen:

$$L_\varkappa = \theta_p \cdot \omega$$
$$L_\nu = \theta_a \cdot \dot{\beta}_\nu$$
$$L_\zeta = \theta_a \cdot \dot{\beta}_\zeta$$
$$L_z = L_\zeta - L_\varkappa \cdot \beta_\nu \; ; \; L_y = L_\nu + L_\varkappa \cdot \beta_\zeta$$

Kreiselmoment-Komponenten:

$$M_z = \frac{dL_z}{dt} = \theta_a \cdot \ddot{\beta}_\zeta - \theta_p \cdot \omega \cdot \dot{\beta}_\nu$$
$$M_y = \frac{dL_y}{dt} = \theta_a \cdot \ddot{\beta}_\nu + \theta_p \cdot \omega \cdot \dot{\beta}_\zeta$$

Fliehkraft-Komponenten:

$$F_z = m \cdot \ddot{s}_z \qquad F_y = m \cdot \ddot{s}_y$$

Komplexe Schreibweise:

Kreiselmoment

$$\underline{M} = \theta_a \cdot \ddot{\underline{\beta}} - i\theta_p \cdot \omega \cdot \dot{\underline{\beta}}$$

Fliehkraft

$$\underline{F} = m \cdot (\ddot{s}_y + i\ddot{s}_z)$$

Mit Lösungsansatz für harmonische Schwingungen ergibt sich:

$$M = -\theta_a \cdot \Omega^2 \cdot \beta + \theta_p \cdot \omega \cdot \Omega \cdot \beta \qquad F = -m \cdot r \cdot \Omega^2$$

Reaktionsmoment und -kraft an der Welle

$$M = \theta_a \cdot \Omega^2 \cdot \beta - \theta_p \cdot \omega \cdot \Omega \cdot \beta \quad (10.62) \qquad F = m \cdot r \cdot \Omega^2 \quad (10.63)$$

Für den Verformungszustand der Welle gilt:

$$\beta = c \cdot F + d \cdot M \quad (10.64) \qquad r = a \cdot F + b \cdot M \quad (10.65)$$

Mit den elastischen Konstanten (MAXWELL'SCHE Einflußzahlen):

c = Neigung unter F = 1   a = Durchbiegung unter F = 1
d = Neigung unter M = 1   b = Durchbiegung unter M = 1

Aus (10.58) bis (10.61) ergibt sich mit der Abkürzung $f = a \cdot d - b \cdot c$ die charakteristische Frequenzgleichung:

$$f \cdot (m \cdot \theta_a \cdot \Omega^4 - m \cdot \theta_p \cdot \omega \cdot \Omega^3) - (a \cdot m + d \cdot \theta_a) \cdot \Omega^2 + d \cdot \theta_p \cdot \omega \cdot \Omega + 1 = 0 \quad (10.66)$$

bzw. mit $\Omega = q \cdot \omega$ ($+q$ = Gleichlauf ; $-q$ = Gegenlauf)

$$f \cdot (m \cdot \theta_a + q^4 - m \cdot \theta_p \cdot q^3) \cdot \omega^4 - (a \cdot m \cdot q^2 + d \cdot \theta_a \cdot q^2 - d \cdot \theta_p \cdot q) \cdot \omega^2 + 1 = 0$$

Tafel 10.Q: Eigenschwingungsbewegung (Präzessionsbewegung) einer Scheibe an einer Kragarm-Welle - Herleitung des Kreiselmomentes und der charakteristischen Frequenzgleichung

Die Abb. 10.85 zeigt die Bewegungsbahnen eines wellenfesten Punktes, wenn die Welle rotiert und der Wellenmittelpunkt eine kreisförmige Präzessionsbahn durchläuft. Diese regelmäßige Form der Biegeschwingungen ergibt sich bei isotroper Steifigkeit der Welle und der Lagerung. Die Ordnungszahl gibt das Verhältnis zwischen der Präzessionsgeschwindigkeit und der Wellen-Drehgeschwindigkeit an, wobei die positive Ordnungszahl den Gleichlauf, die negative den Gegenlauf bezeichnet. Die Betrachtungsweise entspricht der eines raumfesten Beobachters. Wird die Schwingung dagegen auf der Welle selbst registriert, z. B. durch einen auf der Welle befestigten Dehnmeßstreifen, so ergibt sich ein Sprung der Ordnungszahl, wie aus den Darstellungen zu erkennen ist. Biegeschwingungen des Gleichlaufes werden dann mit einer um 1 niedrigeren Ordnungszahl, Biegeschwingungen des Gegenlaufes mit einer um 1 höheren Ordnungszahl registriert. Hieraus ergibt sich dann auch offensichtlich, daß Biegeschwingungen 1. Ordnung des Gleichlaufes im stationären Zustand keine wechselnden, sondern lediglich statische Beanspruchungen in der rotierenden Welle hervorrufen. Bei allen anderen Ordnungszahlen treten dagegen an jedem Punkt der rotierenden Welle wechselnde Beanspruchungen auf. Damit kann die Erregungsarbeit, d. h. das Produkt aus Erregerkraft und der relativen Verformung unter dieser Kraft als relatives Maß für die Stärke der Biegeschwingungserregung angesehen werden. Zweifel können hier auftreten, wenn man von der Vorstellung der Welle als (dünnem) Stab ausgeht und zum (falschen) Ergebnis kommt, daß Verformungszustand und Erregerkraft, die gleichphasig umlaufen, keine Arbeit ergeben. Dies wäre etwa zu vergleichen mit dem Vorgehen, wenn man die Spannungen des Biegebalkens in dessen neutraler Faser suchen würde.

Biegeschwingungen werden jedoch nicht allein durch die Pleuelstangenkräfte erregt, sondern auch durch die Torsions-Verformungen der Kurbelwelle unter dem Torsionswechselmoment. Bei der Torsion einer Kurbelkröpfung werden die Zapfen verdreht und die Wangen auf Biegung beansprucht. Bei der dadurch hervorgerufenen Verformung treten die Wellenzapfen aus der Kröpfungsebene heraus und stellen sich schief zur Längsachse. Dies ergibt Biegereaktionen in den Nachbarkröp-

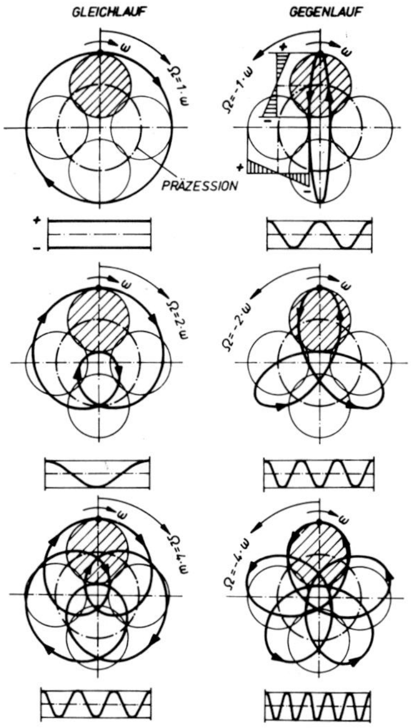

Abb. 10.85: Biegeschwingungen der Ordnungszahlen 1, 2 und 4 des Gleich- und Gegenlaufes einer rotierenden Welle - Bewegungsbahn eines wellenfesten Punktes und zeitlicher Verlauf der Dehnung oder Spannung an diesem Punkt während einer Wellenumdrehung

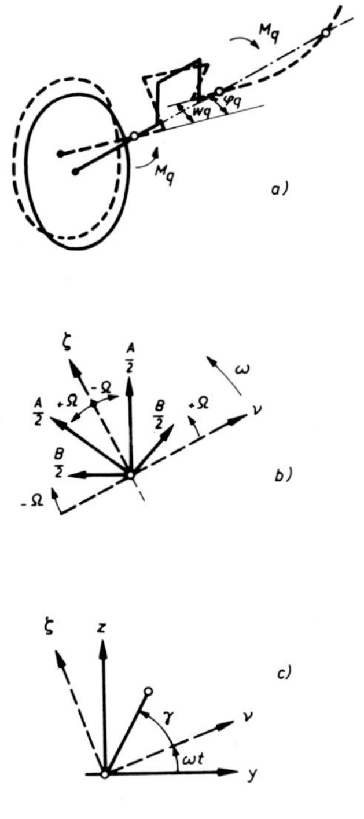

$$\underline{r} = y + iz = l \cdot e^{i(\omega t + \gamma)}$$
$$\underline{\varrho} = v + i\zeta = l \cdot e^{i\gamma}$$
$$\underline{r} = \underline{\varrho} \cdot e^{i\omega t}$$

Das Torsions-Wechselmoment M_q der Ordnungszahl q bewirkt an der Kurbelwelle eine Verformung lt. Abb. a) mit der Kreisfrequenz $\Omega = q \cdot \omega$ und eine Schrägstellung der Wellenzapfen um den Winkel φ_q

$$\varphi_q = A_q \cdot \cos \Omega t + B_q \cdot \sin \Omega t$$
$$= A_q \cdot \frac{e^{i\Omega t} + e^{-i\Omega t}}{2} - iB_q \cdot \frac{e^{i\Omega t} - e^{-i\Omega t}}{2}$$

Die Verformungsgrößen können als gegenläufige Vektorenpaare in einem wellenfesten, d.h. mit ω rotierenden Koordinatensystem dargestellt werden (Abb. b)).

Die Transformation in ein raumfestes Koordinatensystem erfordert die Multiplikation mit $e^{i\omega t}$ (Abb c)).

$$\underline{\Phi}_K = \left[\frac{A_q}{2}(e^{i\Omega t} + e^{-i\Omega t}) - i\frac{B_q}{2}(e^{i\Omega t} - e^{-i\Omega t})\right] \cdot e^{i\omega t}$$
$$= \left(\frac{A_q}{2} - i\frac{B_q}{2}\right) \cdot e^{i(\omega t + \Omega t)} + \left(\frac{A_q}{2} + i\frac{B_q}{2}\right) \cdot e^{i(\omega t - \Omega t)}$$

$$\Omega = q \cdot \omega \qquad \frac{\hat{\varphi}}{2} = \frac{1}{2}\sqrt{A_q^2 + B_q^2}$$

$$\underline{\Phi}_K = \frac{\hat{\varphi}}{2} \cdot e^{i(1+q)\omega t} + \frac{\hat{\varphi}}{2} \cdot e^{i(1-q)\omega t}$$

Torsionsschwingungen der Ordnungszahl q verursachen Biegeschwingungen der Ordnungszahlen q + 1 und q - 1 (bezogen auf ein raumfestes System).

Tafel 10.R: Biegeschwingungs-Erregung durch Torsionsverformungen der Kurbelwelle

fungen sowie Schwerpunktsauslenkungen und Neigungen an den äußeren Massen (vgl. Tafel 10.R). Die Kopplung von Biege- und Torsionsverformungen ist eine Besonderheit, die sich aus der gekröpften Form der Kurbelwelle ergibt und die bei einer glatten Welle nicht auftreten würde /38/.

Zwischen den Wellenschwingungen und den auf ein raumfestes System bezogenen Biegeschwingungen ergibt sich wiederum ein Sprung von der wellenfesten Ordnungszahl auf eine um 1 höhere und eine um 1 niedrigere Ordnungszahl. Dieser Ordnungszahlensprung ist die Umkehrung des schon in Abb. 10.85 aufgezeigten Zusammenhanges zwischen den raumfesten und wellenfesten Ordnungszahlen bei Gleich- und Gegenlauf-Schwingungen. Die formale Herleitung ist in Tafel 10.R angegeben.

Einen experimentellen Nachweis für diesen Ordnungszahlensprung zeigt Abb. 10.86. Hier wurden in einer der Torsionsschwingungs-Resonanzdrehzahlen der Kurbelwelle die Schwingungen des Motorgehäuses in Höhe einer Lagerwand gemessen und harmonisch analisiert. Man erkennt deutlich das Hervortreten der um 1 gegenüber der Kurbelwellenschwingung verschobenen Ordnungszahlen.

Biegeschwingungen der Kurbelwelle, die durch die Torsionsverformungen angeregt werden, können insbesondere dann gefährlich sein, wenn die Resonanzdrehzahlen der Torsionsschwingung mit der Ordnungszahl q und die der Biegeschwingung mit der Ordnungszahl q-1 oder q+1 zusammenfallen.

Biegeschwingungsresonanzen werden bei Kolbenmotoren vor allem bei freifliegend angeordneten Massen, wie Schwungrädern oder Schwingungsdämpfern oder bei starr angekoppelten Generatoren beobachtet. Durch die Wirkung der Massen und ggf. die

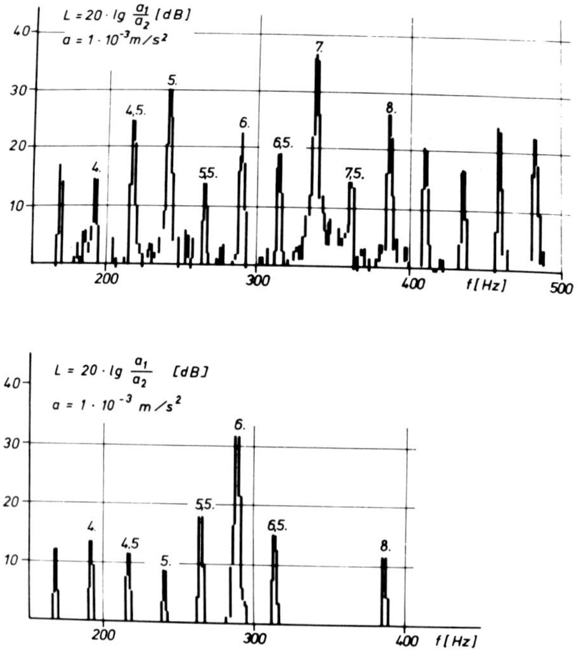

Abb. 10.86: Harmonische Analyse der gemessenen Schwingbeschleunigungen an einem 4-Zylinder-Dieselmotor bei Betrieb in der Resonanzdrehzahl 6. Ordnung - Oberes Bild: Lineare Beschleunigung am Kurbelgehäuse in Höhe der 2. Lagerwand - Unteres Bild: Drehbeschleunigung am stirnseitigen Kurbelwellenende - Die bei der Kurbelwellenschwingung dominierende 6. Ordnung ergibt am Gehäuse dominierende Schwingungen 5. und 7. Ordnung, d. h. einen Ordnungszahlensprung von q auf q±1

elastischen Eigenschaften des Generators (Biegesteifigkeit der Generatorwelle, Radialsteifigkeit der Lagerung) ergeben sich dann niedrig liegende Biegeeigenfrequenzen. Außer an den genannten Teilen sellbst, wirken sich Biegeschwingungs-Resonanzen vorwiegend an der unmittelbar benachbarten äußeren Kurbelkröpfung als zusätzliche Verformung und Beanspruchung aus. An den inneren Kröpfungen von mehrfach gelagerten Kurbelwellen werden dagegen keine oder allenfalls schwache Biegeresonanzen festgestellt. Dies ist wie folgt zu erklären:

Die durch die äußeren Massen bewirkte Absenkung der Biege-Eigenfrequenz und die Verformung der Endkröpfung wirken sich nicht mehr aus bzw. klingen an den innenliegenden Kröpfungen sehr schnell ab. Die Biege-Eigenfrequenz ist für die inneren Kröpfungen höher, so daß hier nur die schwächeren Harmonischen Resonanzen erregen können. Diese werden durch die Dämpfung und die nachfolgend genannten Einflüsse aber weitgehend unterdrückt.

Die Steifigkeit üblicher Kurbelkröpfungen ist in Querrichtung um den Faktor 1,5 ... 2 größer als in Hubrichtung. Damit wird das schwingende System laufend (periodisch) verstimmt. Verstärkt wird dieser Verstimmungseffekt durch die Eigenschaften des Schmierfilms in den Kurbelwellenlagern. Mit zunehmender Exzentrizität der Welle innerhalb des Lagerspiels nehmen die hydrodynamischen Kräfte sehr stark zu und ergeben so ein stark progressives Feder- und Dämpfungsverhalten. Die oszillierenden Triebwerksteile haben an der Kurbelwelle die Wirkung einer periodisch veränderlichen Masse und eines periodisch veränderlichen Massenträgheitsmomentes und verstimmen damit ebenfalls das Schwingungssystem.

Liegt kein Resonanzeinfluß vor, so entspricht die dynamische Biegebelastung der Kurbelkröpfung einem Stoßvorgang oder einer nahezu aperiodisch abklingenden Schwingung. Durch die Elastizitäten der Triebwerksteile tritt jedoch in der Verbrennungsdruckphase ein Überschwingen über die dem Zünddruck entsprechende Gleichgewichtslage ein. Aufgrund von theoretischen Untersuchungen werden in der Literatur /39, 40, 41/ Werte für das Überschwingen über die quasistatische Zünddruckbelastung von 0 bis zu 70 % angegeben, wobei die Steilheit des Verbrennungsdruckanstieges und die Drehzahl bzw. Kolbengeschwindigkeit wesentlichen Einfluß haben.

Die Biegebeanspruchungen der Kurbelwelle werden in der Praxis zumeist auf die folgende Weise berechnet:

Die einzelne Kurbelkröpfung wird als statisch bestimmt gelagerter Träger betrachtet, und aus den radialen Komponenten der Gas- und Massenkräfte wird das Biegemoment in der Mittelebene der Kurbelwangen bestimmt. Dieses Biegemoment, bezogen auf das Widerstandsmoment eines charakteristischen Querschnittes z. B. den des Hubzapfens, liefert die Biege-Nennspannung. Die örtliche Spannungskonzentration an den Zapfenübergängen (Hohlkehlen) wird durch Formzahlen erfaßt. Die Formzahlen werden ermittelt entweder an der Original-Kurbelwelle durch eine Messung mittels Dehnmeßstreifen unter statischer Belastung oder aber anhand der Kurbelwellen-Parameter nach den Quellen, die im Ergebnis von Meßreihen entstanden sind. Aus der Überlagerung der maximalen örtlichen Biege- und Torsionsspannungs-Amplituden ergibt sich die Vergleichsspannungs-Amplitude, welche die maßgebende Beanspruchungsgröße zur Beurteilung der Dauerhaltbarkeit der Kurbelwelle ist und die mit einem Sicherheitsabstand unter der Dauerwechselfestigkeit bleiben muß.

Die Berechnung der Biegespannung in der beschriebenen Weise setzt den resonanzfreien Fall voraus. Der Vergleich mit Messungen (mittels Dehnmeßstreifen) der im Motorbetrieb auftretenden Biegebeanspruchungen zeigt, daß man mit der statisch bestimmten Rechnung auf der sicheren Seite liegt, soweit an der betrachteten Kurbelkröpfung keine Biege-Resonanz auftritt. Daraus ist zu schließen, daß die in der Rechnung vernachlässigte Stoßüberhöhung in der Zünddruckphase durch andere vernachlässigte Einflüsse wie die Stützwirkung der Nachbarkröpfungen kompensiert wird.

Die Abb. 10.87 und 10.88 zeigen die Ergebnisse von Messungen der Biegebeanspruchungen an den Kurbelwellen von zwei Dieselmotoren. Hierbei kommt es auf die Erfassung des Spannungswechsels an; die Lage der 0-Linie ergibt sich aus dem Spannungsabgleich beim Stillstand des Motors. Die Temperatur sowie die Verspannung der rotierenden Kurbelwelle in den Lagern ergibt im Betrieb eine Änderung der 0-Lage, die für den Spannungswechsel jedoch ohne Bedeutung ist.

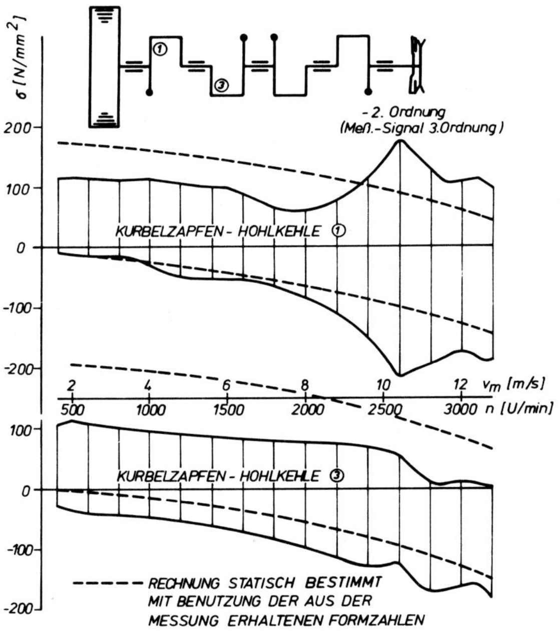

Abb. 10.87: Mittels Dehnmeßstreifen gemessene dynamische Biegebeanspruchung (Hullkurve der Biegespannungen) an 2 Kurbelzapfen-Hohlkehlen einer 4-Zyl.-Kurbelwelle (4-Zyl.-Dieselmotor mit schwerem Schwungrad, Motor elastisch gelagert auf Gummipuffern) - Anmerkung: Aufgrund der Wangenform ist die Formzahl zur Erfassung der Spannungskonzentration an der Hohlkehle (3) um 12 % größer als an der Hohlkehle (1)

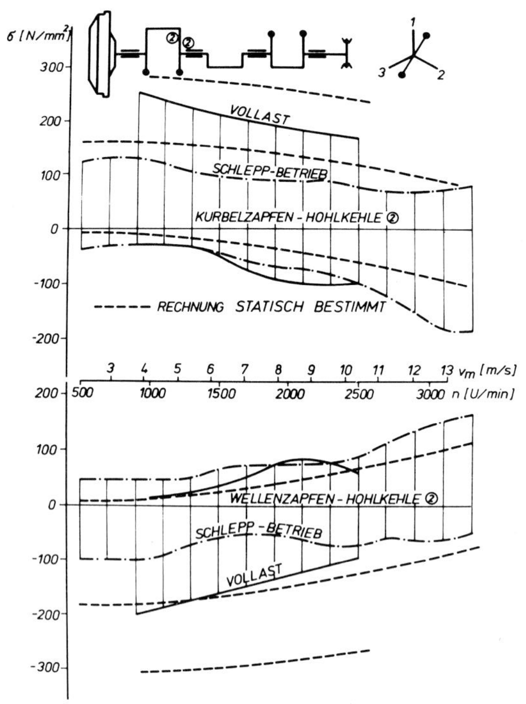

Abb. 10.88: Mittels Dehnmeßstreifen gemessene dynamische Biegebeanspruchung (Hullkurve der Biegespannungen) an den Hohlkehlen der Kurbelwange 2 eines V6-Dieselmotors

Umgekehrt kann auch bei dem sehr vereinfachten Rechenmodell "statisch bestimmt" nicht vorausgesetzt werden, daß der Zug- und Druckanteil der Biegespannungsänderung vollkommen richtig erfaßt werden.

Die Abb. 10.89 und 10.90 zeigen Resonanzkurven der Schwingwege bei Biegeschwingungen eines Drehschwingungsdämpfers und einer Generatorwelle.

Während die Torsionsschwingungen der Kurbelwelle recht zuverlässig vorausberechnet werden können, ergeben sich bei der rechnerischen Behandlung der Biegeschwingungen noch erhebliche Schwierigkeiten, da das Rechenmodell komplizierter ist und die Randbedingungen sowohl umfangreicher als auch schwieriger zu erfassen sind.

10.4.4

Längsschwingungen

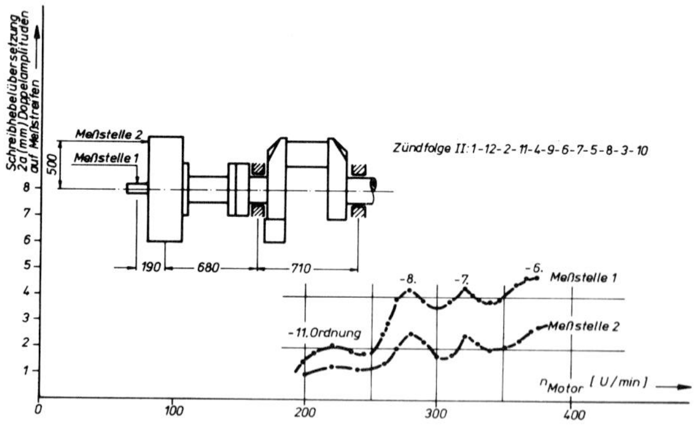

Abb. 10.89: Gemessene Resonanzkurve der Biegeschwingung eines überkragend angeordneten Kurbelwellen-Drehschwingungsdämpfer

Außer durch Torsions- und Biegeschwingungen können Kurbelwellen auch durch Längsschwingungen zusätzlich beansprucht werden, da die an der Kurbelwelle angreifenden Kräfte u. a. eine elastische Verformung in der Längsrichtung bewirken. Erregerkräfte der Längsschwingungen sind die an den Kröpfungen wirkenden radialen Komponenten der Gas- und Massenkräfte. Wie in Tafel 10.S dargestellt, verformt sich die Kurbelkröpfung unter einer in Längsrichtung wirkenden Kraft und zusätzlich noch unter der Radialkraft, wobei der Lagermittenabstand a um den kleinen Betrag Δs verändert wird. Über das Verhältnis der Längssteifigkeiten bei Längs- und Querbelastung ergibt sich aus der Radialkraft eine zur Längenänderung zugehörende Längskraft. Die Kurbelwelle mit den äußeren Anbauteilen wird durch Massen und Längsfedern ersetzt, wobei an den Massen Absolutdämpfungen und zwischen den Massen Relativdämpfungen wirken können. Es ergibt sich so ein längs-

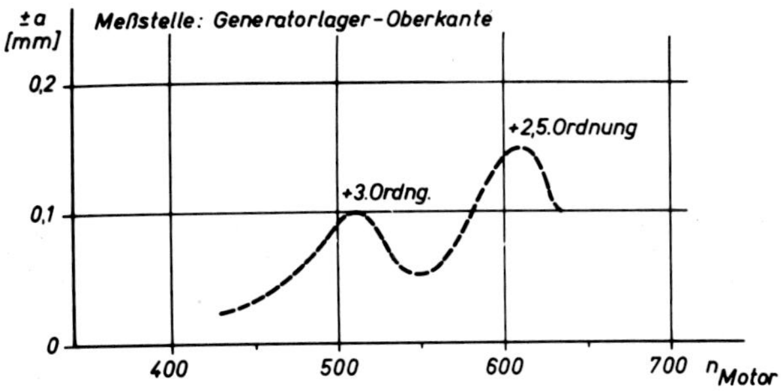

Abb. 10.90: Resonanzkurve der Biegeschwingung einer Generatorwelle (V12-Motor mit starr gekoppeltem Einlager-Generator)

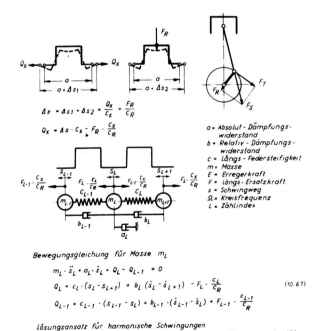

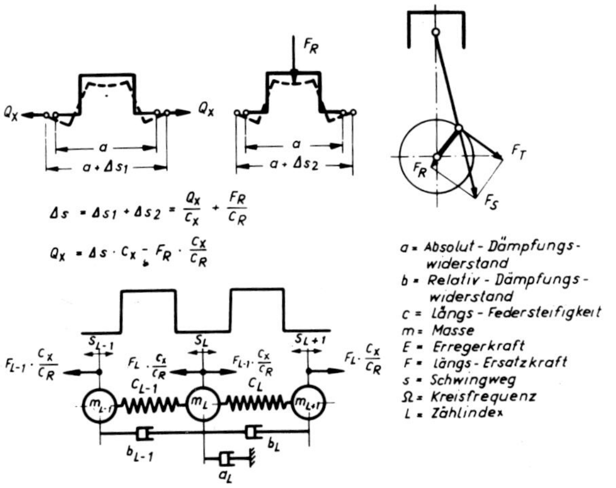

Bewegungsgleichung für Masse m_L

$$m_L \cdot \ddot{s}_L + a_L \cdot \dot{s}_L + Q_L - Q_{L-1} = 0$$

$$Q_L = c_L \cdot (s_L - s_{L+1}) + b_L (\dot{s}_L - \dot{s}_{L+1}) - F_L \cdot \frac{c_L}{c_R} \qquad (10.67)$$

$$Q_{L-1} = c_{L-1} \cdot (s_{L-1} - s_L) + b_{L-1} \cdot (\dot{s}_{L-1} - \dot{s}_L) + F_{L-1} \cdot \frac{c_{L-1}}{c_R}$$

Lösungsansatz für harmonische Schwingungen

$$s = \hat{\underline{s}} \cdot e^{i\Omega t} \; ; \; \dot{s} = i\Omega \cdot \hat{\underline{s}} \cdot e^{i\Omega t} \; ; \; \ddot{s} = -\Omega^2 \cdot \hat{\underline{s}} \cdot e^{i\Omega t} \; ; \; F(t) = \hat{\underline{F}} \cdot e^{i\Omega t} \qquad (10.68)$$

Komplexe Schwingungs-Gleichung

$$-m_L \cdot \Omega^2 \cdot \hat{\underline{s}}_L + i a_L \cdot \Omega \cdot \hat{\underline{s}}_L + \hat{\underline{Q}}_L - \hat{\underline{Q}}_{L-1} = \hat{\underline{E}}_L$$

$$\hat{\underline{Q}}_L = (c_L + i b_L \cdot \Omega) \cdot (\hat{\underline{s}}_L - \hat{\underline{s}}_{L+1}) \qquad (10.69)$$

$$\underline{Q}_{L-1} = (c_{L-1} + i b_{L-1} \cdot \Omega) \cdot (\hat{\underline{s}}_{L-1} - \hat{\underline{s}}_L)$$

$$\hat{\underline{E}}_L = \hat{F}_L \cdot \frac{c_L}{c_R} - \hat{\underline{F}}_{L-1} \cdot \frac{c_{L-1}}{c_R}$$

Tafel 10.S: Längsschwingungen der Kurbelwelle - Verformung der Kurbelkröpfung unter der Radialkraft - Längsschwingungs-Ersatzsystem und Rechenansatz (mathematisches Modell)

schwingungsfähiges Ersatzsystem mit Längserregungen. Zu beachten ist, daß die Kurbelwelle durch das Paßlager in Längsrichtung fixiert ist. Es muß daher an der entsprechenden Stelle die Steifigkeit der Paßlagerwand mitberücksichtigt werden. Streng genommen ergibt sich durch das Paßlagerspiel an dieser Stelle eine Nicht-Linearität /42/.

Für die einzelne Masse im Ersatzsystem gilt die Bewegungsgleichung (10.67), die mit dem schon bekannten Lösungsansatz (10.68) zur komplexen Gleichung (10.69) führt. Ein System von n Massen wird durch n Gleichungen dieser Art beschrieben.

Der Rechenansatz ist völlig analog demjenigen bei den Torsionsschwingungen. In der Schwingungserregung besteht jedoch ein deutlicher Unterschied zu den Torsionsschwingungen. Die Torsionsschwingungserregung erfolgt durch die an den Kröpfungen angreifenden Tangentialkräfte, deren Wirkungen sich entsprechend ihrer Phasenlage addieren.
Bei den Längsschwingungen sind die in der Längsrichtung wirksamen Ersatzkräfte der Radialkräfte an benachbarten Kurbelkröpfungen einander entgegengerichtet. Erst an den äußeren Kröpfungen fehlen die entgegengerichteten Kraftkomponenten. Die Erregung der Längsschwingungen ist daher deutlich schwächer als die der Torsionsschwingungen. In den Tafeln 10.T und 10.U sind Beispiele der harmonischen Radialdrücke angegeben. Da den harmonischen Analysen lediglich die Gasdrücke zugrunde gelegen haben, sind bei den cos-Komponenten der niederen ganzzahligen Ordnungen noch die Massendrücke zu berücksichtigen:

HARMONISCHE ANALYSE
P = A(0) + S A(K)*COS(K*PHI) + S B(K)*SIN(q*PHI)
Vollast: p_i = 22,3 bar ($p_e \approx$ 20,5) p_z = 138 bar p_L = 3,4 bar

MITTLERE ORDINATE A0 = 8.5459 *

q	K		A	B	C
0,5	1		-18.8075	0.2509	18.8091
1	2	*	21.6498	1.6741	21.7144
1,5	3		-17.5195	-4.2315	18.0233
2	4	*	13.8288	5.0542	14.7235
2,5	5		-10.5118	-4.5377	11.4494
3	6	*	8.1483	4.2553	9.1925
3,5	7		-5.9688	-4.0082	7.1897
4	8	*	4.2067	3.4731	5.4551
4,5	9		-2.9840	-2.9621	4.2045
5	10		1.9868	2.5350	3.2208
5,5	11		-1.2388	-2.0742	2.4159
6	12		0.7532	1.6917	1.8518
6,5	13		-0.3786	-1.4010	1.4513
7	14		0.0961	1.1062	1.1104
7,5	15		0.0492	-0.8591	0.8605
8	16		-0.1435	0.6867	0.7016
8,5	17		0.2012	-0.5277	0.5648
9	18		-0.2020	0.4019	0.4498
9,5	19		0.1916	-0.3285	0.3803
10	20		-0.1840	0.2617	0.3199
10,5	21		0.1476	-0.2083	0.2553
11	22		-0.1138	0.1882	0.2199
11,5	23		0.0935	-0.1715	0.1953
12	24		-0.0648	0.1578	0.1706

* Massen-Radialdruck

$$A_0 = -\frac{1}{2} - \frac{1}{4}\cdot\lambda^2 - \frac{3}{16}\cdot\lambda^4 = -0{,}515937$$

$$A_1 = -\frac{1}{4}\cdot\lambda - \frac{1}{16}\cdot\lambda^3 - \frac{15}{512}\cdot\lambda^5 = -0{,}062693$$

$$A_2 = -\frac{1}{2} + \frac{1}{2}\cdot\lambda^2 + \frac{3}{8}\cdot\lambda^4 = -0{,}468127$$

$$A_3 = -\frac{3}{4}\cdot\lambda - \frac{1}{8}\cdot\lambda^3 - \frac{27}{512}\cdot\lambda^5 = -0{,}187105$$

$$A_4 = -\frac{1}{4}\cdot\lambda^2 - \frac{5}{16}\cdot\lambda^4 = -0{,}016401$$

HARMONISCHE ANALYSE
P = A(0) + S A(K)*COS(K*PHI) + S B(K)*SIN(q*PHI)
Leerlauf: p_i = 1,8 bar p_z = 38 bar

MITTLERE ORDINATE A0 = 2.1846

K	A	B	C
1	-4.4467	0.0457	4.4469
2	4.4357	0.1408	4.4379
3	-4.0465	-0.3767	4.0640
4	3.4173	0.4301	3.4442
5	-2.8175	-0.3836	2.8435
6	2.2954	0.3758	2.3260
7	-1.8239	-0.3756	1.8622
8	1.4390	0.3423	1.4791
9	-1.1441	-0.3087	1.1850
10	0.9038	0.2850	0.9476
11	-0.7121	-0.2593	0.7578
12	0.5657	0.2391	0.6142
13	-0.4453	-0.2239	0.4984
14	0.3480	0.2050	0.4039
15	-0.2763	-0.1684	0.3344
16	0.2198	0.1772	0.2823
17	-0.1740	-0.1653	0.2400
18	0.1397	0.1544	0.7082
19	-0.1119	-0.1464	0.1842
20	0.0894	0.1370	0.1636
21	-0.0741	-0.1278	0.1478
22	0.0623	0.1217	0.1367
23	-0.0519	-0.1157	0.1268
24	0.0448	0.1095	0.1183

Beispiel 3. Ordnung: $\frac{m_{osz}}{V_h} = 4650\ kg/m^3$ $v_m = 8\ m/s$

$$a_3 = a_{3G} + a_{3M} = a_{3G} + A_3\cdot\frac{m_{osz}\cdot r^2\cdot\omega^2\cdot 2}{V_h} = a_{3G} + A_3\cdot\frac{m_{osz}}{V_h}\cdot\frac{\pi^2}{2}\cdot v_m^2 =$$

$$= 8{,}1483 - 0{,}187105\cdot 4650\cdot\frac{\pi^2}{2}\cdot 8^2\cdot 10^{-5} = 8{,}1483 - 2{,}7478 = 5{,}4005\ bar$$

$b_3 = 4{,}2553$ $c_3 = \sqrt{a_3^2 + b_3^2} = 6{,}876$ bar

Tafel 10.T: Harmonische Analyse des Radialdruckes für einen hochaufgeladenen Viertakt-Dieselmotor (ε = 12, λ = 0,2469)

HARMONISCHE ANALYSE
P = A(0) + S A(K)*COS(K*PHI) + S B(K)*SIN(q*PHI)
Vollast: p_i = 9,5 bar p_z = 85 bar
MITTLERE ORDINATE A0 = 4,5065 *

q	K		A	B	C
0,5	1		-9,4277	0,0172	9,4278
1	2	*	9,7005	0,9471	9,7466
1,5	3		-8,7969	-2,0594	9,0347
2	4	*	7,3514	2,4057	7,7351
2,5	5		-6,1662	-2,3736	6,6073
3	6	*	5,1358	2,4070	5,6718
3,5	7		-4,1390	-2,3681	4,7685
4	8	*	3,3171	2,2243	3,9939
4,5	9		-2,6426	-2,0813	3,3638
5	10		2,0605	1,9129	2,8115
5,5	11		-1,6062	-1,7290	2,3599
6	12		1,2424	1,5748	2,0059
6,5	13		-0,9311	-1,4231	1,7007
7	14		0,6878	1,2718	1,4459
7,5	15		-0,4942	-1,1399	1,2424
8	16		0.3364	1,0110	1,0655
8,5	17		-0.2237	-0,8900	0,9177
9	18		0.1385	0,7894	0,8015
9,5	19		-0,0705	-0,6964	0,7000
10	20		0,0257	0,6122	0,6127
10,5	21		0,0071	-0,5413	0,5413
11	22		-0.0307	0,4742	0,4752
11,5	23		0,0396	-0,4151	0,4170
12	24		-0,0431	0,3676	0,3701

* Massen-Radialdruck

$$A_0 = -\frac{1}{2} - \frac{1}{4}\cdot\lambda^2 - \frac{3}{16}\cdot\lambda^4 = -0{,}519780$$

$$A_1 = -\frac{1}{4}\cdot\lambda - \frac{1}{16}\cdot\lambda^3 - \frac{15}{512}\cdot\lambda^5 = -0{,}069751$$

$$A_2 = -\frac{1}{2} + \frac{1}{2}\cdot\lambda^2 + \frac{3}{8}\cdot\lambda^4 = -0{,}460440$$

$$A_3 = -\frac{3}{4}\cdot\lambda - \frac{1}{8}\cdot\lambda^3 - \frac{27}{512}\cdot\lambda^5 = -0{,}207919$$

$$A_4 = -\frac{1}{4}\cdot\lambda^2 - \frac{5}{16}\cdot\lambda^4 = -0{,}020482$$

HARMONISCHE ANALYSE
P = A(0) + S A(K)*COS(K*PHI) + S B(K)*SIN(q*PHI)
Leerlauf: p_i = 2 bar p_z = 65 bar
MITTLERE ORDINATE A0 = 3,4413 *

K		A	B	C
1		-6,9394	-0,0111	6,9394
2	*	6,8582	0,2460	6,8626
3		-6,3680	-0,5012	6,3877
4	*	5,6368	0,5725	5,6659
5		-4,9070	-0,5741	4,9405
6	*	4,2070	0,6124	4,2514
7		-3,5469	-0,6360	3,6034
8	*	2,9781	0,6248	3,0429
9		-2,4953	-0,6051	2,5677
10		2,0818	0,5763	2,1601
11		-1,7409	-0,5443	1,8240
12		1,4565	0,5193	1,5463
13		-1,2126	-0,4931	1,3090
14		1,0091	0,4643	1,1108
15		-0,8395	-0,4377	0,9468
16		0,6983	0,4095	0,8095
17		-0,5845	-0,3819	0,6982
18		0,4905	0,3587	0,6076
19		-0,4113	-0,3367	0,5315
20		0,3466	0,3155	0,4687
21		-0,2926	-0,2960	0,4162
22		0,2477	0,2761	0,3710
23		-0,2126	-0,2576	0,3340
24		0,1838	0,2417	0,3036

Beispiel 3. Ordnung: $\frac{m_{osz}}{V_h} = 2811\ kg/m^3$ $v_m = 10\ m/s$

$$a_3 = a_{3G} + a_{3M} = a_{3G} + A_3\cdot\frac{m_{osz}}{V_h}\cdot\frac{\pi^2}{2}\cdot v_m^2 =$$

$$= 5{,}1358 - 0{,}207919\cdot 2811\cdot\frac{\pi^2}{2}\cdot 10^2\cdot 10^{-5} = 5{,}1358 - 2{,}8842 = 2{,}2516\ bar$$

$b_3 = 2{,}4070$ bar $c_3 = 3{,}2960$ bar

Tafel 10.U: Harmonische Analyse des Radialdruckes für einen selbstansaugenden Viertakt-Dieselmotor (ε = 18, λ = 0,2737)

$$P_{MR} = \frac{m_{osz} \cdot r \cdot \omega^2 \cdot 2}{V_h} \cdot (A_0 + A_1 \cdot \cos\psi + A_2 \cdot \cos 2\psi + \ldots) \qquad (10.70)$$

$$A_0 = -\frac{1}{2} - \frac{1}{4} \cdot \lambda^2 - \frac{3}{16} \cdot \lambda^4 - \ldots \qquad A_1 = -\frac{1}{4} \cdot \lambda - \frac{1}{16} \cdot \lambda^3 - \frac{15}{512} \cdot \lambda^5 - \ldots$$

$$A_2 = -\frac{1}{2} + \frac{1}{2} \cdot \lambda^2 + \frac{13}{32} \cdot \lambda^4 \qquad A_3 = -\frac{3}{4} \cdot \lambda - \frac{1}{8} \cdot \lambda^3 - \frac{27}{512} \cdot \lambda^5$$

$$A_4 = -\frac{1}{4} \cdot \lambda^2 - \frac{5}{16} \cdot \lambda^4$$

m_{osz} [kg] = oszillierende Masse r [m] = Kurbelradius
ω [s^{-1}] = Winkelgeschwindigkeit (Drehschnelle) $\pi \cdot n/30$ V_h [m^3] = Zylinderhubvolumen
λ [-] = r/l = Pleuelstangenverhältnis

Zu beachten: Die angegebenen Dimensionen ergeben den Massen-Radialdruck in N/m^2; für die Einheit bar gilt: 1 bar = 10^5 N/m^2.

Längs- oder Axialschwingungen der Kurbelwelle sind bei schnell- und mittelschnellaufenden Viertaktmotoren im allgemeinen kein ernstes Problem. Durch die hier üblichen relativ kurzen Hublängen ergibt sich zumeist eine Überdeckung zwischen Kurbel- und Wellenzapfen und damit eine hohe Steifigkeit der Kurbelwelle in axialer Richtung. Damit ist die Längs-Eigenfrequenz relativ hoch und es fallen nur die schwach erregten höheren Harmonischen in den Betriebsbereich.

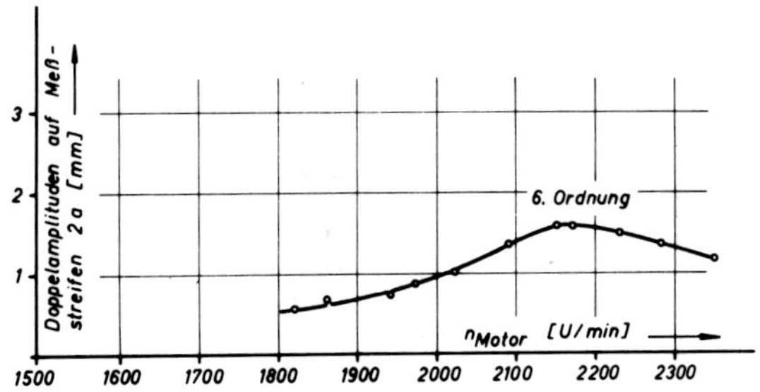

Abb. 10.91: An der Kurbelwellen-Stirnseite gemessene Längsschwingungs-Resonanz bei einem Viertakt-V 12 - Motor

Bei den großen Zweitakt-Motoren erfordern dagegen die Längsschwingungen mehr Beachtung. Durch die hier üblichen großen Hublängen haben die Kurbelwellen relativ geringe Axialsteifigkeit. Außerdem sind die harmonischen Erregerdrücke des nur ganzzahlige Harmonische enthaltenden Zweitakt-Diagrammes deutlich stärker als diejenigen gleicher Ordnungszahl eines Viertakt-Diagrammes für den gleichen Mitteldruck.

10.4.5 Gehäuseschwingungen

Der Begriff "Gehäuseschwingungen" steht hier für die Vielzahl von Schwingungserscheinungen, die am Kurbelgehäuse und/oder an den Anbau- und Anflanschteilen des Motors auftreten. Die periodischen Gas- und Massenwirkungen verursachen als Wechseldrehmoment und in bestimmten Fällen als freie Massenkräfte oder -momente Bewegungen des gesamten Kurbelgehäuses und zwingen diesem als innere Kräfte und Momente örtliche Verformungen auf. Diese Wirkungen sind vielfältig, müssen jedoch als regulär bezeichnet werden, weil bauartbedingt vorhanden. Zusätzlich können noch irreguläre Wirkungen infolge von Unwuchten und ungewollte Leistungs- und Druckdifferenzen der Zylinder auftreten.

Die Bewegungen und Verformungen des Kurbelgehäuses werden auf die Anbauteile übertragen und können dynamisch verstärkt oder abgeschwächt werden, da die Anbauteile gegenüber dem Kurbelgehäuse je nach Steifigkeit und Dämpfung der Verbindung Relativbewegungen ausführen.

Die Folgen solcher Schwingungen reichen von Funktionsstörungen und vorzeitigem Ausfall von Bauteilen bis hin zur Belästigung durch Erschütterungen und Lärm. Erschwerend wirkt dabei, daß die Fundamentierung des Motors Einfluß auf das Schwingungsverhalten hat, so daß manche Schwierigkeiten erst bei bestimmten Einbaufällen erkannt werden. Soweit die Schwingungserscheinungen auf die regulären Wirkungen des Motors zurückgehen, lassen diese sich in den seltensten Fällen an der Ursache - der pulsierenden Arbeitsweise des Kolbenmotors - bekämpfen, sondern erfordern dämpfende oder dämmende Maßnahmen (Energiestreuung) oder die Verlagerung von Resonanzstellen durch Verstimmung des Systems. Neben der Vermeidung oder Beseitigung offensichtlicher, durch Schwingungen verursachter Mängel, richten sich die Maßnahmen der Schwingungsabwehr auch mehr und mehr auf das akustische Verhalten (acoustic behaviour), da die Lärmbekämpfung einen zunehmenden Stellenwert erhält.

Die hier in Betracht stehenden Schwingungen entziehen sich weitgehend einer Vorausberechnung mit einfachen Rechenmodellen, da die Mechanik des starren Körpers meistens hier nicht mehr anwendbar ist. Zwar ist die Berechnung nach einem dynamischen Modell der Finiten Element-Methode möglich. Hierbei kann man die Torsions- und Biegesteifigkeit von komplexen Strukturen, wie z. B. eines Kurbelgehäuses berechnen und daraus Eigenfrequenzen und Verformungslinien ermitteln (Abb. 10.92). Einer breiten Anwendung steht jedoch der

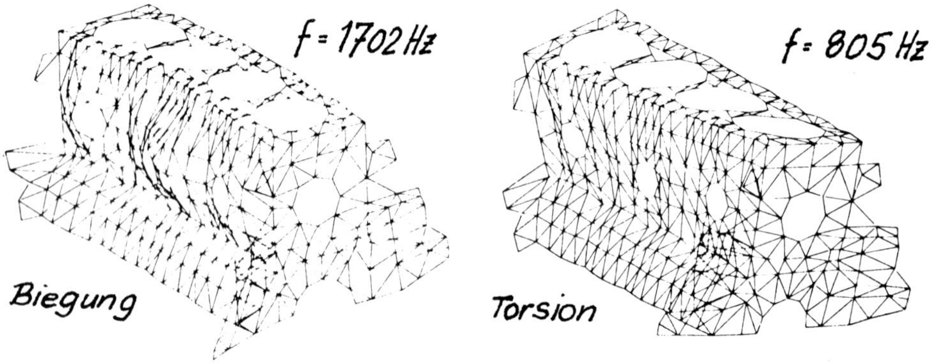

Abb. 10.92: Biege- und Torsionsverformung eines 4-Zylinder-Reihenmotors - Links: Biege-Eigenfrequenz 1702 Hz, rechts: Torsions-Eigenfrequenz 805 Hz -

außerordentlich hohe Aufwand entgegen. Bei komplizierten Strukturen, die aus vielen Einzelteilen bestehen, ergeben sich zwangsläufig Mängel in der Vorhersage wegen des schwierig zu erfassenden Federungs- und Dämpfungsverhaltens an den Koppelstellen.

Der natürliche Wunsch des Konstrukteurs, schon im Entwurfs- und Konstruktionsstadium die später zu erwartenden Schwierigkeiten zu erkennen und somit kostengünstig zu umgehen, kann damit derzeit mit vertretbarem Aufwand nicht erfüllt werden.

Man ist daher hier in stärkerem Maße als bei den zuvor behandelten Wellenschwingungen auf die Untersuchung des fertigen Objekts (z. B. den Prototyp) und auf den Einsatz der Meßtechnik angewiesen, um ein Bild über die Schwingungsform und die quantitativen Schwingungsgrößen - Frequenzen und Amplituden - zu erhalten. Der Meßgeräteaufwand ist abhängig vom Problem und ist naturgemäß unterschiedlich. Bei einfachen Schwingungsformen mit relativ großen Amplituden und nicht allzu hohen Frequenzen liefert das punktweise Abtasten

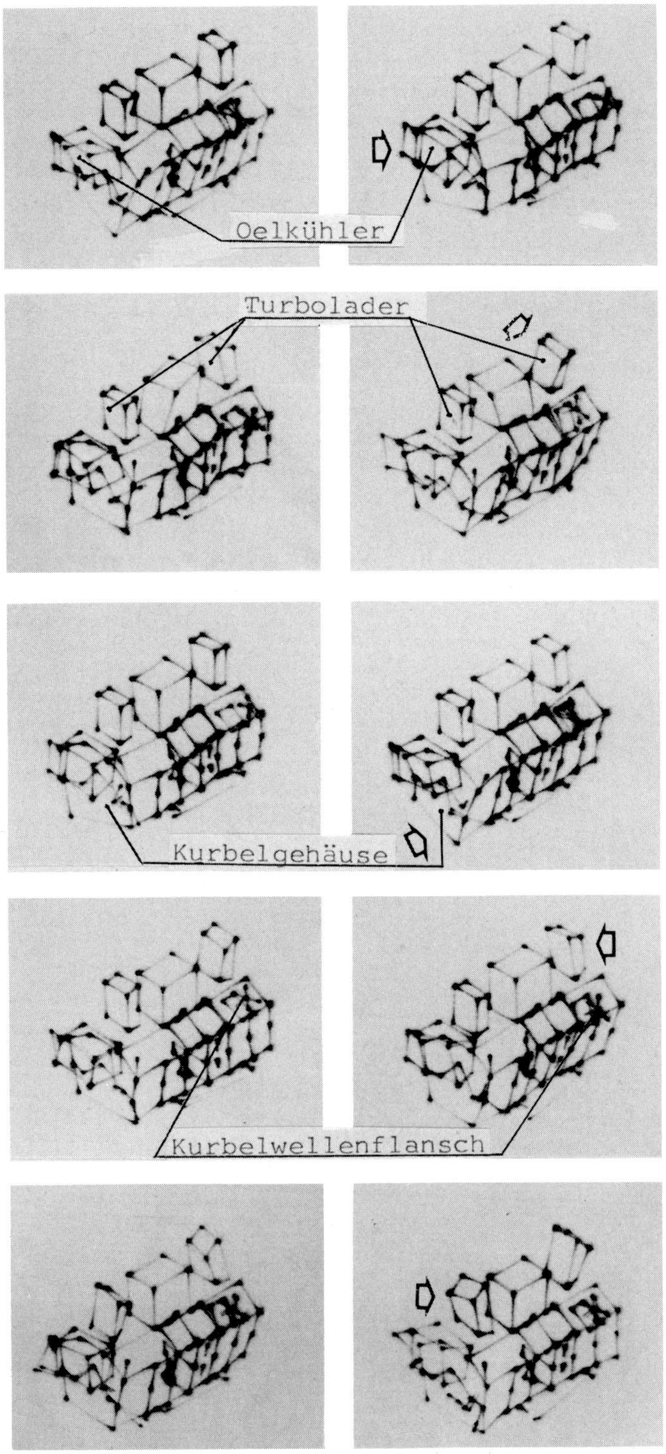

Abb. 10.93a: Schwingungstechnische Untersuchung eines Motors mit Anbauteilen und Ermittlung der Eigenfrequenzen (MODAL-ANALYSE)

mit dem mechanisch arbeitenden Tastschwingungsschreiber oft recht brauchbare Ergebnisse. Sind dagegen die Verformungszustände für höhere Schwingungsgrade zu ermitteln und ist die Meßgröße ein Gemisch aus erzwungenen Verformungen und freien Schwingungen unterschiedlicher Frequenz, so ist größerer Aufwand notwendig. Es muß dann mit richtiger Phasenzuordnung gemessen und die Meßsignale müssen harmonisch analysiert werden.

Eine Untersuchungsmethode, mit der die Eigenschwingungsformen auch bei komplizierten Strukturen sichtbar gemacht werden können, ist die Modal-Analyse. Die zu untersuchende Maschine wird an einer größeren Anzahl Meßpunkte mit Beschleunigungsgebern (piezo-elektrische Geber) bestückt, deren Meßsignale einem Rechner zugeführt und dort gespeichert werden. Die Ortskoordinaten der Meßpunkte, d.h. die Struktur im Ruhezustand und die Verformungen im Zustand freier Schwingungen nach erfolgter Fremdanregung werden im Zeitlupentempo auf einem Bildschirm oder als Plotterzeichnungen dargestellt. Durch diese Methode können die Schwingungsformen sichtbar gemacht und die Schwachstellen erkannt werden.
Abb. 10.93a und b zeigen z.B. das Verformungsverhalten eines Motors mit Öl- und Ladeluftkühler und zwei Turbinen mit steigender Frequenz. Bei den einzelnen Frequenzen zeigen jeweils zwei Bilder die extremen Verformungszustände. Man erkennt dabei Kurbelgehäuseresonanzen verschiedenster Form (Biegung, Torsion) und

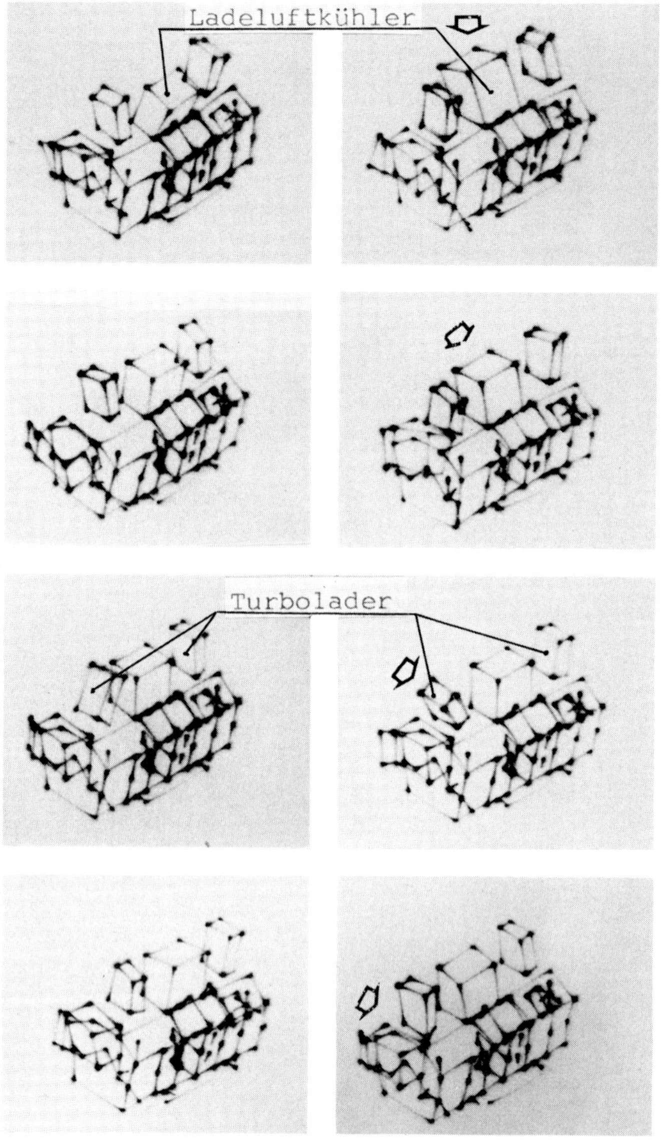

Abb. 10.93b: Schwingungstechnische Untersuchung eines Motors mit Anbauteilen und Ermittlung der Eigenfrequenzen (MODAL-ANALYSE)

Eigenschwingungsformen von Anbauteilen mit faszinierender Deutlichkeit.

Die Schwierigkeit, den Schwingungserscheinungen in der Praxis auf die Spur zu kommen und festgestellte Symptome richtig zu deuten, liegt in der Vielzahl von Schwingungserscheinungen und im großen Anwendungsbereich der Verbrennungsmotoren, woraus sich eine entsprechend große Vielfältigkeit der Ausführungsformen von Verbrennungskraftmaschinenanlagen ergibt. Einige grundsätzliche Schwingungsformen, die immer wieder in der Praxis zu Schwierigkeiten führen, sind in Tafel 10.V dargestellt. Nach einer genauen Analyse der Schwingung ist es in der Regel leicht möglich, eine ausreichende Verbesserung zu finden, wenn auch diese Lösungen im nachhinein oft recht archaisch aussehen.

Auf dem Gebiet der Maschinendynamik liegt noch viel Arbeit vor uns. Ein Teilgebiet wird in Band 3 der neuen Folge bearbeitet. Größere Aufmerksamkeit wird diesem Thema im Band "Schwingungen in Anlagen mit Verbrennungskraftmaschinen der neuen Folge der Schriftenreihe LIST/PISCHINGER: "Die Verbrennungskraftmaschine" gewidmet. Eine "leichte" Lösung der Problematik zeichnet sich jedoch nicht ab, so daß nur eine intensive Beschäftigung mit diesem Teilgebiet der Physik uns zu weiteren Erkenntnissen führen kann.

	Problem:	Anregung durch:	Ursache / Abhilfe :
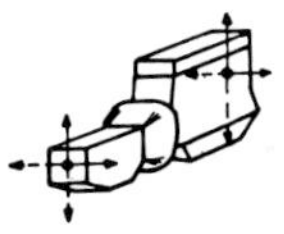	Biegeschwingung Motor-Getriebe-Block	freie Massenkräfte/Massenmomente (L3, L4, L5, -V6•, V10•Motor)	Verbindung Motor-Getriebe (Kupplungsglocke) biegeweich Abhilfe durch Verstärkung Abstützung in Biegerichtung
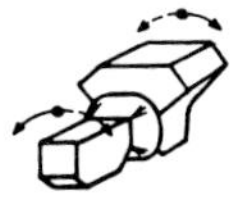	Torsionsschwingung Motor-Getriebe-Block	Wechseldrehmoment	Kupplungsglocke torsionsweich, Abhilfe durch Verstärkung bzw. Abstützung
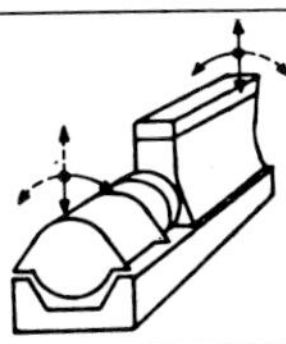	Torsions-/Biegeschwingung Motor und Generator auf gemeinsamen Grundrahmen	Wechseldrehmoment Massenkräfte/Massenmomente Inneres Biegemoment	Grundrahmen torsions- bzw. biegeweich Verstärkung der "weichen" Stelle
	Schwingungen von Anbauteilen wie Turbolader, Ladeluftkühler, Anlasser, Ölfilter, Ölkühler, Luftpresser, Rohrleitungen, Lichtmaschine	Wechseldrehmoment, Massenkräfte, Massenmomente, innere Kräfte und Momente	ungenügende Steifigkeit der Konsole/Befestigung. Versteifung der weichen Stelle, in Sonderfällen gezielt elastische Verbindung, so daß überkritischer Betriebsbereich
	Gelenkwellen-Biegeschwingung	freie Massenkräfte/Massenmomente	Durchmesser/Längenänderung bzw. Zwischenlagerung der Gelenkwelle

Tafel 10.V: Beispiele von Schwingungen an Anbau- und Anflanschteilen eines Motors

11 Nachtrag

Mathematische und technische Hilfsmittel

Die Arbeiten zur Bestimmung des Massenausgleiches verlangen oft einen relativ hohen Zeitaufwand, will man die Daten im Konstruktionszustand eines Motors ermitteln. Der Zeitaufwand steigt dabei überproportional mit der angestrebten Genauigkeit, so daß man von Fall zu Fall die Erfordernisse realistisch abschätzen muß. Die Auswirkungen einer Fehlertoleranz bei der Bestimmung der Massen, Schwerpunkte oder auch einigermaßen korrekter Gasdruckdiagramme lassen sich dabei nach den vorhergehenden Formeln abschätzen. Unrealistische Genauigkeitsanforderungen im Projektstadium führen nicht nur zu teuren, sondern zwangsläufig auch zu enttäuschenden Ergebnissen.

Aber auch die Überprüfung der Kennwerte eines vorhandenen Bauteiles führt in der Praxis oft zu unerwarteten Schwierigkeiten. Sowohl die Schwerpunktbestimmung als auch die Ermittlung der trägen Masse eines Bauteiles führen oft zu Fehlern, die den Glauben an eine Übereinstimmung von Theorie und Praxis zum Wanken bringen. Auch auf diesem Gebiet soll dieser Anhang dem Praktiker Hilfestellung geben.

Schließlich wurde in den vorangegangenen Kapiteln die Kenntnis der harmonischen Analyse vorausgesetzt. Zwar kann man sich die notwendigen Kenntnisse leicht aus der mathematischen Literatur oder auch aus einigen Nachschlagewerken erarbeiten, doch zeigt die oft abstrakte Darstellungsweise in den an den mathematischen Sachverstand appellierenden Büchern bei dem nach praktischer Anwendung strebenden Ingenieur eine Blockade des Aufnahmevermögens - und nichts bekommt schlechter als nur widerstrebend aufgenommene Nahrung. Deshalb soll versucht werden, in einfacher Darstellungsweise das für diese Kapitel notwendige Verständnis so weit zu wecken, daß auch einer Vertiefung in dieser Materie nichts mehr im Wege stehen sollte.

11.1 Theorie und numerische Durchführung der harmonischen Analyse

Periodisch ablaufende Vorgänge lassen sich grundsätzlich als Summe harmonischer Funktionen, beziehungsweise harmonischer Teilschwingungen darstellen. Dieser auf Anhieb erstaunlich erscheinende Vorgang kann bis zu extremen Verläufen, wie einem Rechteckimpuls (Abb. 11.1) oder einem Sägezahnverlauf (Abb. 11.2) nachgewiesen werden. Von dieser Möglichkeit wird bei der Darstellung der periodischen Gas- und Massenwirkungen der Verbrennungskraftmaschine und der durch diese erregten Schwingungen Gebrauch gemacht, da so die Gesetzmäßigkeiten dieser Vorgänge leichter erkennbar werden (Abb. 11.3). Das gilt z. B. für die Überlagerung der Wirkungen meh-

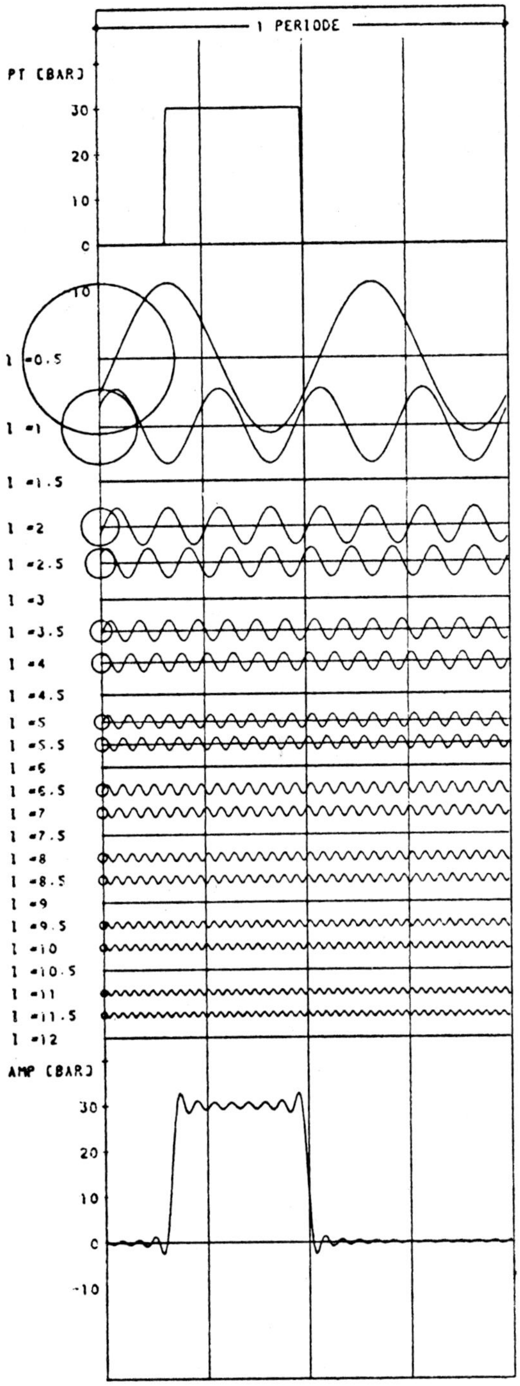

Abb. 11.1: Harmonische Analyse eines Rechteckimpulses

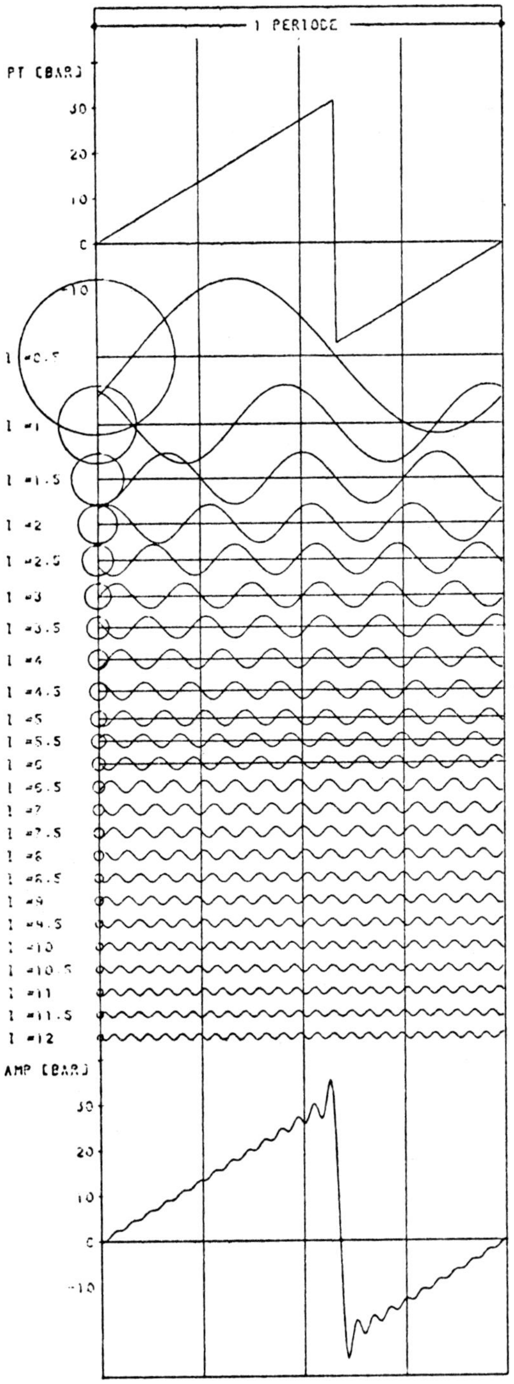

Abb. 11.2: Harmonische Analyse eines Sägezahnverlaufes

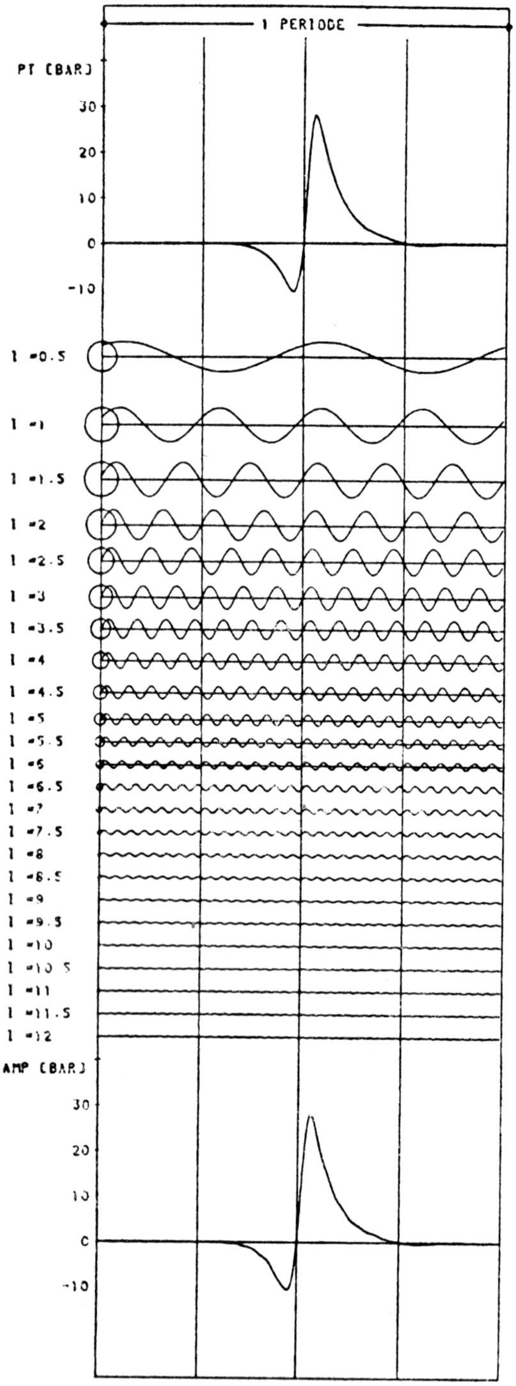

Abb. 11.3: Harmonische Analyse eines Drehkraftverlaufes

rerer Zylinder, wie es schon in Kapitel 6 dargestellt wurde. Für die Berechnung der Triebwerksschwingungen ist die Zerlegung in harmonische Teilschwingungen notwendige Voraussetzung, da der Lösungsansatz der Schwingungsgleichung eine harmonische Funktion ist. Da die periodische Erregung aus einer Vielzahl harmonischer Teilschwingungen besteht, treten im Betriebsbereich einer Verbrennungsmotorenanlage stets mehrere Resonanzzustände auf, nämlich immer dann, wenn die Frequenz einer Teilschwingung gleich der Eigenfrequenz des Schwingungssystems ist.

Die Zerlegung eines periodischen Verlaufes in einzelne sinusartige Schwingungen verschiedener Ordnungszahlen, sowie die Bestimmung der *harmonischen* oder FOURIER-Koeffizienten a_o, a_K, b_K und des Anfangswinkels δ_K bezeichnet man als *harmonische Analyse*. Der umgekehrte Vorgang - die Zusammensetzung von harmonischen Teilschwingungen, die durch die Koeffizienten und die Nummer der Harmonischen definiert sind, zu einer periodischen Funktion - wird *harmonische Synthese* genannt. In den Abbildungen 11.1 bis 11.3 ist das Ergebnis dieser harmonischen Synthese eingetragen, und man erkennt, daß man mit relativ wenigen Harmonischen schon eine optisch gute Übereinstimmung erreichen kann.

Eine periodische Funktion kann durch folgendes trigonometrisches Polynom (FOURIER-Reihe) beliebig genau approximiert werden.

$$f(x) = a_0 + \Sigma a_K \cdot \cos(k \cdot x) + \Sigma b_K \cdot \sin(k \cdot x) \qquad (11.1)$$

mit

$$\frac{1}{T} = f = \frac{\Omega}{2\pi}$$

und

$$x = \Omega \cdot t = 2 \cdot \pi \cdot \frac{t}{T}$$

Die Funktion hat die Periodenlänge 2π und die Periodendauer T. Die Teilschwingungen haben dann die Periode $2\pi/k$ und eine Periodendauer T/k. Die Zahl k ist eine Ordnungszahl der Harmonischen und stets eine ganze Zahl, die die Anzahl der Oberschwingungen während einer Periode der Grundfrequenz angibt. Im Verbrennungskraftmaschinenbau ist die Grundfrequenz entsprechend der Umlaufgeschwindigkeit der Kurbelwelle die sekundliche Motordrehzahl

$$f = \frac{n}{60} = \frac{1}{T} \qquad (11.2)$$

Bei Zweitaktmotoren wiederholt sich der Kraftverlauf nach einer Kurbelwellenumdrehung, d.h. entsprechend der obigen Definition ergeben sich deshalb für den Zweitaktmotor nur ganzzahlige Harmonische (Ordnungen). Beim Viertaktmotor hingegen wiederholt sich das Arbeitsspiel jedoch erst nach zwei Motorumdrehungen, d.h. die Periodendauer ist doppelt so lang. Um den Kurbelwellenwinkel ψ und die Motordrehzahl (Winkelgeschwindigkeit ω) des Ansatzes unverändert übernehmen zu können, führte man den Begriff der Ordnungszahl q ein. Die Ordnungszahl q gibt die Zahl der Teilschwingungen je Motorumdrehung an. Die Harmonische k gibt dagegen die Zahl der Teilschwingungen je Arbeitsspiel (Periode) an.

Damit gilt für die Ordnungszahl:

$$q = \frac{k}{\varrho} \qquad (11.3)$$

Mit $\varrho = 1$ für den Zweitaktmotor bzw. $\varrho = 2$ für den Viertaktmotor wird:

q = K beim Zweitaktmotor und
q = K/2 beim Viertaktmotor

Ebenso ergibt sich als Periodendauer

$$T = \varrho \cdot \frac{2\pi}{\Omega} \qquad (11.4)$$

Die Koeffizienten der Reihe von Formel 11.1 ergeben sich aus den Euler*-Fourierschen** - Formeln:

$$a_0 = \frac{1}{2\cdot\pi} \int_0^{2\pi} f(x)\,dx\,; \quad a_K = \frac{1}{\pi} \int_0^{2\pi} f(x)\cdot\cos(k\cdot x)\,dx\,; \quad b_K = \frac{1}{\pi} \int_0^{2\pi} f(x)\cdot\sin(k\cdot x)\,dx \qquad (11.5)$$

Da nach Abb. 4.4 mit dem Phasenwinkel δ_K der K-ten Harmonischen

$$a_K\cdot\cos(k\cdot x) + b_K\cdot\sin(k\cdot x) = c_K\cdot\sin(k\cdot x)\cdot\cos\delta_K + c_K\cdot\cos(k\cdot x)\cdot\sin\delta_K \qquad (11.6)$$

ist, kann die periodische Funktion (11.1) auch in der folgenden Form angeschrieben werden

$$f(x) = a_0 + \Sigma\, c_K\cdot\sin(k\cdot x + \delta_K) \qquad (11.7)$$

Dabei gilt für die resultierende Harmonische c_k und den Nullphasenwinkel δ_K

$$c_K = \sqrt{a_K^2 + b_K^2} \qquad \tan\delta_K = \frac{a_K}{b_K} \qquad (11.8)$$

So ist deshalb auch folgende Darstellung möglich

$$f(x) = a_0 + \Sigma\, c_K\cdot\cos(k\cdot x - \vartheta_K) \qquad (11.9)$$

---

* Leonhard Euler, schweizer Mathematiker, 1707 - 1783

** Joseph de Fourier, französischer Mathematiker, 1768 - 1830 wobei für die resultierende Harmonische und den Phasenwinkel gilt

$$c_K = \sqrt{a_K^2 + b_K^2} \quad , \qquad \tan \vartheta_K = \frac{b_K}{a_K} \tag{11.10}$$

Bei den Massenwirkungen konnte die Bestimmung der harmonischen Koeffizienten auf analytischem Wege durch Reihenentwicklung erfolgen (siehe Kapitel 4). Die Zerlegung in harmonische Teilschwingungen ist jedoch ebenso bei periodischen, nicht anatisch gegebenen Vorgängen, wie z. B. den Gaswirkungen des Verbrennungsmotors, möglich.

Die Koeffizienten werden dann durch ein Näherungsverfahren berechnet. Im engeren Sinne bedeutet daher die harmonische Analyse die numerische Berechnung der harmonischen Koeffizienten für eine beliebige periodische Funktion, die durch einen Kurvenzug oder eine Wertetabelle beschrieben ist.

Die Periode wird in 2 m gleiche Teile mit den zugeordneten Stützstellen y_n aufgeteilt und die EULER - FOURIERschen Koeffizienten in der folgenden Form angeschrieben

$$a_0 = \frac{1}{2 \cdot m} \cdot \sum_{n=1}^{2m} y_n , \quad a_K = \frac{1}{m} \cdot \sum_{n=1}^{2m} y_n \cdot \cos \left[k \cdot \frac{\pi}{m} \cdot (n-1)\right] , \quad b_K = \frac{1}{m} \cdot \sum_{n=1}^{2m} y_n \cdot \sin \left[k \cdot \frac{\pi}{m} \cdot (n-1)\right] \tag{11.11}$$

Die Klammerausdrücke haben die Bedeutung eines Winkels im Bogenmaß.

Mit der Ordnungszahl q und $\omega \cdot t = \psi$ tritt anstelle des Klammerausdruckes $(k \cdot x)$ der vom Kurbelwinkel ψ abhängige Wert $(q \cdot \psi)$. Damit nehmen die den Gasdruckverlauf beschreibende Funktion und die EULER - FOURIER - Koeffizienten folgende Form an

$$p(\psi) = a_0 + \Sigma\, a_q \cdot \cos (q \cdot \psi) + \Sigma\, b_q \cdot \sin (q \cdot \psi) \tag{11.12}$$

$$a_0 = \frac{1}{2 \cdot m} \cdot \sum_{n=1}^{2m} y_n \quad , \qquad a_q = \frac{1}{m} \cdot \sum_{n=1}^{2m} y_n \cdot \cos (q \cdot \psi_n) \quad , \qquad b_q = \frac{1}{m} \cdot \sum_{n=1}^{2m} y_n \cdot \sin (q \cdot \psi_n)$$

Tabelle 11.A enthält z.B. die Berechnung des Mittelwertes und der Koeffizienten der Harmonischen 1 ... 3 bzw. der Ordnungszahlen 0,5 ... 1,5 für den Gas-Tangential-Druckverlauf eines nicht aufgeladenen Viertakt-Diesel-Motors. Da an diesem Beispiel nur das grundsätzliche Vorgehen aufgezeigt werden soll, werden lediglich die ersten drei Harmonischen ermittelt und der Druckverlauf nur durch 36 Stützstellen beschrieben. Bei praktischen Aufgaben ist eine erheblich höhere Anzahl von Harmonischen zu ermitteln. Um den Gasdruckverlauf genau zu approximieren und die Erregungen von möglichen Resonanz-Schwingungen im Bereich der üblicherweise für die mechanischen Beanspruchungen interessierenden Ordnungszahlen bestimmen zu können, sind zumeist die ersten 18 ... 24 Harmonischen zu ermitteln. Geht man über den Bereich der für mechanische Schwingbeanspruchungen relevanten Schwingungen und Vibrationen hinaus bis in den Bereich der Geräusche, so muß man mit der harmonischen Analyse in weit höhere Ordnungszahlen hineindringen, so daß man in die höheren Frequenzen hineinkommt. Bei einem Motor mit einer Grundfrequenz von 10 Hz (600 U/min) muß man schon Ordnungszahlen von mehr als 1000 anstreben, um das interessierende Frequenzspektrum einigermaßen zu erfassen (s.a. Band 1 der Neuen Folge "Die Verbrennungskraftmaschine", Kapitel 2). Im Hinblick auf die numerische Genauigkeit, insbesondere bei den höheren Harmonischen, muß der Druckverlauf dann auch durch eine größere (oder sehr große) Anzahl von Stützstellen beschrieben werden. Die Stützstellen-Anzahl sollte nicht kleiner sein als das 4fache der höchsten zu bestimmenden Harmonischen. Die harmonische Analyse erfordert damit einen erheblichen Rechenaufwand. Bei z.B. 24 zu ermittelnden Harmonischen und einem durch 180 Stützstellen gegebenen Druckverlauf sind 8640 Produkte von Ordinaten und Winkelfunktionen zu

n	ψ_n	y_n	$y_n \cdot \cos(q\psi_n)$; $y_n \cdot \sin(q\psi_n)$ $q = 0{,}5$		$q = 1$		$q = 1{,}5$	
1	0	0	0	0	0	0	0	0
2	20	0	0	0	0	0	0	0
3	40	0	0	0	0	0	0	0
4	60	0	0	0	0	0	0	0
5	80	0	0	0	0	0	0	0
6	100	0	0	0	0	0	0	0
7	120	0	0	0	0	0	0	0
8	140	0	0	0	0	0	0	0
9	160	0	0	0	0	0	0	0
10	180	0	0	0	0	0	0	0
11	200	-0,01	0,0017	-0,0098	0,0094	0,0034	-0,0050	0,0087
12	220	-0,07	0,0239	-0,0658	0,0536	0,0450	-0,0606	0,0350
13	240	-0,25	0,125	-0,2165	0,125	0,2165	-0,25	0
14	260	-0,69	0,4435	-0,5286	0,1198	0,6795	-0,5976	-0,345
15	280	-1,60	1,2257	-1,0285	-0,2778	1,5757	-0,8	-1,3856
16	300	-3,35	2,9012	-1,675	-1,675	2,9012	0	-3,35
17	320	-6,60	6,2020	-2,2573	-5,0559	4,2424	3,3	-5,7158
18	340	-10,70	10,5374	-1,8580	-10,0547	3,6596	9,2665	-5,35
19	360	0	0	0	0	0	0	0
20	380	28,2	-27,7716	-4,8969	26,4993	9,6450	-24,4219	-14,1
21	400	20,12	-18,9066	-6,8814	15,4128	12,9329	-10,06	-17,4244
22	420	12,17	-10,5395	-6,085	6,085	10,5395	0	-12,17
23	440	7,27	-5,5691	-4,6731	1,2624	7,1596	3,635	-6,2960
24	460	4,33	-2,7833	-3,3170	-0,7519	4,2642	3,7499	-2,165
25	480	2,63	-1,315	-2,2776	-1,315	2,2776	2,63	0
26	500	1,50	-0,5130	-1,4095	-1,1491	0,9642	1,2990	0,75
27	520	0,61	-0,1059	-0,6007	-0,5732	0,2086	0,305	0,5283
28	540	0	0	0	0	0	0	0
29	560	-0,33	-0,0573	0,3250	0,3101	0,1129	0,165	-0,2858
30	580	-0,37	-0,1265	0,3477	0,2834	0,2378	0,3204	-0,185
31	600	-0,13	-0,065	0,1126	0,065	0,1126	0,13	0
32	620	0	0	0	0	0	0	0
33	640	0	0	0	0	0	0	0
34	660	0	0	0	0	0	0	0
35	680	0	0	0	0	0	0	0
36	700	0	0	0	0	0	0	0
Σ		52,73	-46,2924	-36,9956	29,3733	61,7782	-11,3943	-67,4506
$a_0 = \Sigma/2m$		1,465						
$a_q b_q = \Sigma/m$			-2,5718	-2,0553	1,6319	3,4321	-0,6330	-3,7473
$c_q = \sqrt{a_q^2 + b_q^2}$			3,292		3,800		3,800	

Tabelle 11.A: Berechnung der harmonischen Koeffizienten der Ordnungszahlen 0,5 bis 1,5 für den Tangentialdruckverlauf nach Abb. 11.1

bilden, wenn das Vorgehen wie in Tafel 11.A gewählt wird. Aus der sehr hohen Anzahl erforderlicher Stützstellen bei den hochfrequenten Anteilen erkennt man aber schon die Empfindlichkeit dieser Amplitudenwerte von dem Kraftverlauf. Betrachtet man aber realitätsnahe Gasdruckverläufe, so stellt man doch von Zündung zu Zündung erhebliche Differenzen fest, ganz besonders beim landläufigen Ottomotor; aber auch der 'gut reproduzierbare' Dieselmotor versagt hier bei diesen Anforderungen. Das Geräuschspektrum ist deshalb auch ein Mischgeräusch der immer wiederkehrenden Zyklen - theoretisch müßte sich die Klangfarbe von Zündung zu Zündung unterscheiden, doch kann das unser menschliches Ohr nicht wahrnehmen. Die Hinweise sollen aber dazu dienen, auf die Schwierigkeiten aufmerksam zu machen, die sich einem bei der Darstellung der Erregerkräfte im Bereich der hörbaren Schwingungen entgegenstellen.

Der Rechenaufwand bei der harmonischen Analyse läßt sich vermindern, wenn die Symmetrie-Eigenschaften der sin- und cos-Funktion ausgenutzt werden. Die Werte der Funktionen sin $(q \cdot \psi_n)$ und cos $(q \cdot \psi_n)$ wiederholen sich beim Durchlaufen der Periode mehrfach, wenn die Stützstellen symmetrisch zu den Nulldurchgängen der sin- und cos-Funktion angeordnet sind. Es lassen sich dann - vom Vorzeichen abgesehen - alle Werte auf die des ersten Viertels der Periode zurückführen. Die Anzahl der Stützstellen muß dazu ein ganzzahliges Vielfaches von 4 sein. Die Ordinaten werden um die Symmetriestelle der Winkelfunktionen bei $n = m$ 'gefaltet' und die Summen s_n und Differenzen d_n der Ordinaten ermittelt. Diese werden ein weiteres Mal 'gefaltet' und wiederum die Summen ss_n und sd_n sowie die Differenzen ds_n und dd_n gebildet. Damit sind Produktbildung und Aufsummieren nurmehr über 1/4 der ursprünglichen Anzahl an Stützstellen notwendig. Bei den EULER - FOURIERschen Formeln zur Bestimmung der Koeffizienten ist dann zwischen gerad- und ungeradzahligen Harmonischen, bzw. halb- und ganzzahligen Ordnungszahlen (Viertaktprozeß) zu unterscheiden. Diese abgewandelten Formeln sind in Tabelle 11.B angegeben, in der das gleiche Beispiel wie in Tabelle 11.A, jedoch nach dem 'Faltungsverfahren' durchgerechnet wurde. Diese Methode ist als RUNGE-Verfahren bzw. RUNGE-Faltung bekannt und auch für die Programmierung auf Rechenautomaten geeignet (siehe Band 3 der neuen Folge der Schriftenreihe "Die Verbrennungskraftmaschine" - Triebwerksschwingungen in der Verbrennungskraftmaschine).

Bei der harmonischen Analyse des Tangentialdruckdiagrammes wird üblicherweise, jedoch nicht notwendigerweise die OT-Stellung des Kolbens als Beginn der Periode des Arbeitsspiels gewählt. Bei Viertaktmotoren kann dabei der Ladungswechsel-OT oder der Verbrennungs-OT als Anfangspunkt gewählt werden. In Tabelle 11.C sind zwei Ergebnisse der harmonischen Analyse gleicher Gas- Tangentialdruck-Verläufe gegenübergestellt, die sich nur durch die Wahl des Anfangspunktes unterscheiden. Es handelt sich um den gleichen Druckverlauf wie im Beispiel der Tafeln 11.A und 11.B bzw. wie in Abbildung 11.3, wobei hier der Druckverlauf durch 180 Stützstellen angegeben und die harmonische Analyse mittels eines Computer-Programmes bis zur 24. Harmonischen bzw. 12. Ordnung durchgeführt wurden. Wie der Vergleich der Werte in Tabelle 11.C zeigt, wirkt sich die Wahl des um 2π verschobenen Anfangspunktes als Vorzeichenumkehr bei den ungeradzahligen Harmonischen, d.h. einer Phasendrehung dieser Harmonischen um 180° aus. Die in der vierten Stelle hinter dem Komma festzustellenden Abweichungen sind durch die numerische Genauigkeit der Rechnung, nicht jedoch durch den unterschiedlichen Beginn der Periode, bedingt.

In der Programmtabelle H 11.01 ist ein Unterprogramm zur harmonischen Analyse eines periodischen Verlaufes mit n Stützstellen dargestellt. Das Ergebnis sind die Amplitudenwerte a, a_q und b_q, sowie der Anfangswinkel δ einer jeden Teilschwingung bis zur n/4 - Harmonischen. Mit dem Unterprogramm H 11.02 kann man hingegen bei Vorgabe der Amplitudenwerte und Anfangswerte der einzelnen Harmonischen durch harmonische Synthese den periodischen Kurvenzug wieder erzeugen und somit prüfen, inwieweit man durch die harmonische Analyse die Werte des ursprünglichen Verlaufes erreicht hat.

n	ψ	1. Faltung (der Ordinaten) $y_{0...18}$	$y_{35...19}$	2. Faltung Ordinaten-Summen, Differenzen s_n	d_n	s_n	d_n	ss_n	ds_n	sd_n	dd_n	$q = 0,5$ $ds_n \cdot \cos(q\psi_n)$	$sd_n \cdot \sin(q\psi_n)$	$q = 1$ $ss_n \cdot \cos(q\psi_n)$	$dd_n \cdot \sin(q\psi_n)$	$q = 1,5$ $ds_n \cdot \cos(q\psi_n)$	$sd_n \cdot \sin(q\psi_n)$	ψ
0	0	0	-	0	-	0	-	0	0	-	-	0	-	0	-	0	-	0
1	20	0	0	0	0	17,5	-38,9	17,5	-17,5	-38,9	38,9	-17,2341	-6,7549	16,4446	13,3046	-15,1554	-19,4500	20
2	40	0	0	0	0	13,52	-26,72	13,52	-13,52	-26,72	26,72	-12,7046	-9,1388	10,3569	17,1753	- 6,7600	-23,1402	40
3	60	0	0	0	0	8,82	-15,52	8,82	- 8,82	-15,52	15,52	- 7,6383	-7,7600	4,4100	13,4407	0	-15,5200	60
4	80	0	0	0	0	5,67	- 8,87	5,67	- 5,67	- 8,87	8,87	- 4,3435	-5,7015	0,9846	8,7352	2,8350	- 7,6816	80
5	100	0	0	0	0	3,64	- 5,02	3,64	- 3,64	- 5,02	5,02	- 2,3397	-3,8455	-0,6321	4,9437	3,1523	- 2,5100	100
6	120	0	-0,13	-0,13	0,13	2,38	- 2,88	2,38	- 2,51	- 2,75	3,01	- 1,2550	-2,3816	-1,1250	2,6067	2,5100	0	120
7	140	0	-0,37	-0,37	0,37	1,43	- 1,57	1,43	- 1,80	- 1,20	1,94	- 0,6156	-1,1276	-0,8120	1,2470	1,5588	0,6000	140
8	160	0	-0,33	0,33	0,33	0,60	- 0,62	0,60	- 0,93	- 0,29	0,95	- 0,1615	-0,2856	-0,2537	0,3249	0,4650	0,2511	160
9	180	0	0	0	0	-	-	0	-	0	-	-	0	0	-	-	0	180
10		-0,01	0,61	0,60	-0,62			52,73				-46,2923	-36,9956	29,3733	61,7781	-11,3943	-67,4507	
11		-0,07	1,5	1,43	-1,57													
12		-0,25	2,63	2,38	-2,88													
13		-0,69	4,33	3,64	-5,02													
14		-1,6	7,27	5,67	-8,87									1,6319				
15		-3,35	12,17	8,82	-15,52							-2,5718				-0,6330		
16		-6,6	20,12	13,52	-26,72								-2,0553				-3,7473	
17		-10,7	28,2	17,5	-38,9													
18		0	-	0	-										3,4321			

$a_o = \frac{1}{2m} \sum ss_n$

$a_q = \frac{1}{m} \sum ss_n \cdot \cos(q\psi_n)$ (q=1,2,3...)

$a_q = \frac{1}{m} \sum ds_n \cdot \cos(q\psi_n)$ (q=0,5; 1,5; 2,5..)

$b_q = \frac{1}{m} \sum sd_n \cdot \sin(q\psi_n)$ (q=0,5; 1,5; 2,5..)

$b_q = \frac{1}{m} \sum dd_n \cdot \sin(q\psi_n)$ (q=1, 2, 3...)

Tabelle 11.B: Anwendung des RUNGE-Verfahrens am Beispiel des Falles von Tabelle 11.A

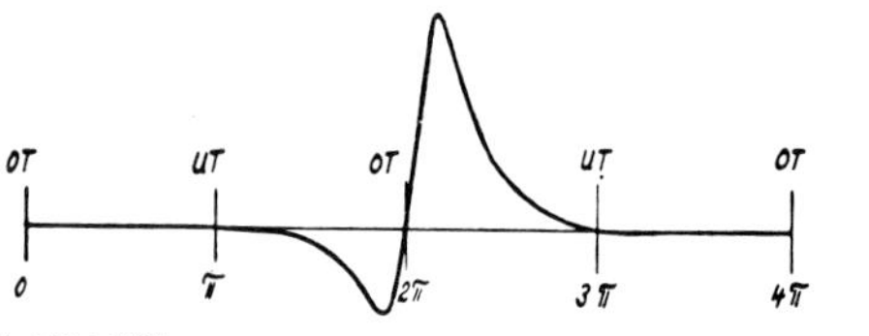

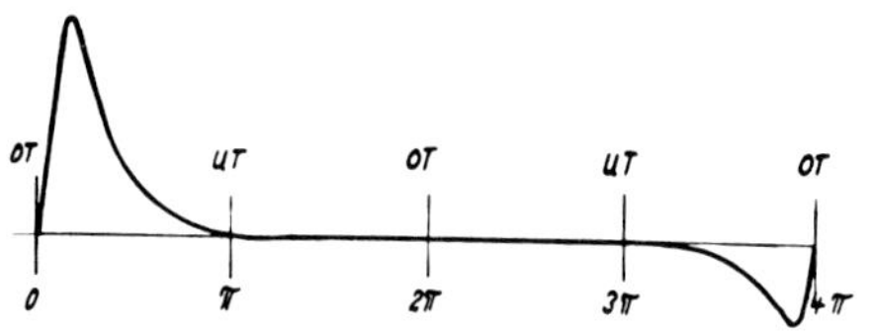

HARMONISCHE ANALYSE
P = A(0) + $ A(K)*COS(K*PHI) + $ B(K)*SIN(K*PHI) C(K) = SQRT(A(K)**2 + B(K)**2)

MITTLERE ORDINATE A0 = 1.4805

K	A	B	C
1	-2.6022	-2.0493	3.3123
2	1.6643	3.4181	3.8017
3	-0.6708	-3.7287	3.7886
4	0.1450	3.3631	3.3662
5	0.0394	-2.9553	2.9556
6	-0.2337	2.5960	2.6065
7	0.3942	-2.1630	2.1987
8	-0.4257	1.7708	1.8213
9	0.4340	-1.4779	1.5403
10	-0.4444	1.2115	1.2904
11	0.4225	-0.9855	1.0723
12	-0.4073	0.8110	0.9075
13	0.3963	-0.6456	0.7575
14	-0.3625	0.5043	0.6211
15	0.3313	-0.3998	0.5192
16	-0.3058	0.3071	0.4334
17	0.2723	-0.2321	0.3578
18	-0.2463	0.1769	0.3032
19	0.2242	-0.1242	0.2563
20	-0.1951	0.0822	0.2117
21	0.1710	-0.0544	0.1795
22	-0.1509	0.0293	0.1538
23	0.1291	-0.0120	0.1297
24	-0.1139	0.0016	0.1139

MITTLERE ORDINATE A0 = 1.4803

K	A	B	C
1	2.6020	2.0495	3.3122
2	1.6643	3.4183	3.8019
3	0.6710	3.7289	3.7888
4	0.1454	3.3632	3.3663
5	-0.0391	2.9554	2.9556
6	-0.2335	2.5959	2.6064
7	-0.3941	2.1630	2.1986
8	-0.4258	1.7708	1.8213
9	-0.4341	1.4778	1.5402
10	-0.4445	1.2113	1.2903
11	-0.4227	0.9855	1.0723
12	-0.4075	0.8110	0.9076
13	-0.3964	0.6457	0.7577
14	-0.3626	0.5044	0.6212
15	-0.3314	0.3996	0.5192
16	-0.3058	0.3070	0.4333
17	-0.2725	0.2321	0.3579
18	-0.2463	0.1769	0.3033
19	-0.2239	0.1243	0.2561
20	-0.1948	0.0824	0.2115
21	-0.1708	0.0544	0.1793
22	-0.1508	0.0294	0.1536
23	-0.1293	0.0121	0.1299
24	-0.1142	0.0016	0.1142

Tabelle 11.C: Harmonische Analyse zweier Tangentialdruckverläufe mit unterschiedlichen Anfangspunkten

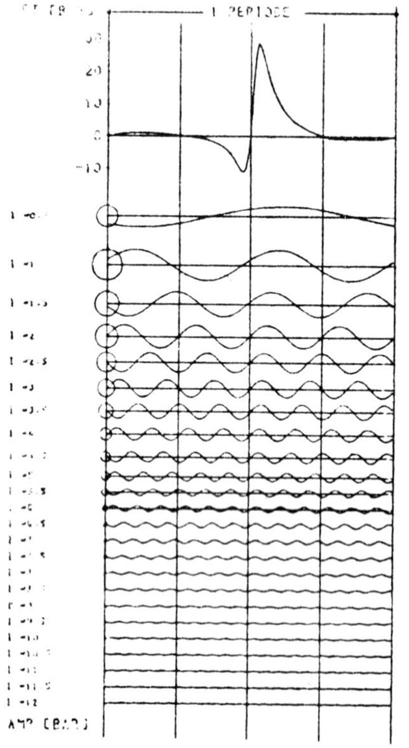

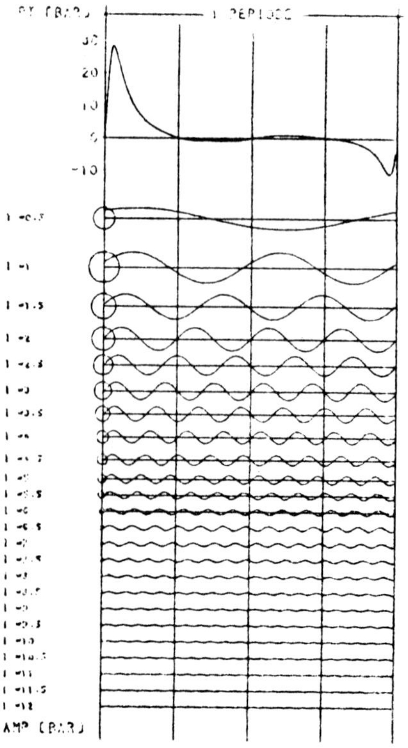

```
*******************************************************************
H1101

UNTERPROGRAMM HARMONISCHE ANALYSE

NN = ANZAHL DER ORDINATEN IM FELD Y, NN MUSS DURCH 4 TEILBAR SEIN
IA = NUMMER DER ERSTEN HARMONISCHEN, DIE VOM PROGR. ERMITTELT WIRD
IZ = ZUWACHS
IE = NUMMER DER LETZTEN HARMONISCHEN
IFE= FEHLERINDIKATOR, IFE=1 WENN NN NICHT DURCH 4 TEILBAR IST
AO=MITTELWERT DER PERIODISCHEN FUNKTION
Y  = NAME DES FELDES IN DEM NN ORDINATEN DER PERIODISCHEN FUNKTION
     Y(X) GESPEICHERT SIND
S  = ZWISCHENSPEICHER DER NN/4 VARIABLE ENTHAELT
AA = NAME DES ERGEBNISFELDES FUER DIE COS-KOMPONENTEN
BB = NAME DES ERGEBNISFELDES FUER DIE SIN-KOMPONENTEN
CC = NAME DES ERGEBNISSFELDES FUER DIE RESULTIERENDEN
IN DEN FELDERN AA,BB,CC SIND DIE ERGEBNISSE IN DER REIHENFOLGE
IA,IA+IZ,IA+2*IZ,......,IF GESPEICHERT
*******************************************************************

      SUBROUTINE H1101(NN,IA,IZ,IE,IFF,AO,Y,S,AA,BB,CC)
      DIMENSION Y(1),S(1),AA(1),BB(1),CC(1)
      N2=NN/2
      N21=N2+1
      N4=NN/4
      N41=N4+1
      N34=N2+N4
      NF=NN/4*4
      IFE=0
      IF(NN-NF)101,100,101
  101 IFE=1
      GO TO 8
  100 FNN=NN
      DPHI=360./FNN
      PHI=0.
      DO 2 I=1,N4
      PHI=PHI+DPHI
      PHIB=PHI*0.0174533
    2 S(I)=SIN(PHIB)
      DO 10 I=2,N2
      M=NN+2-I
      Y(I)=Y(I)+Y(M)
   10 Y(M)=Y(I)-2.*Y(M)
      DO 12 I=1,N4
      M=N2+2-I
      Y(I)=Y(I)+Y(M)
   12 Y(M)=Y(I)-2.*Y(M)
      DO 14 I=2,N4
      M=NN+2-I
      II=I+N2
      Y(M)=Y(M)+Y(II)
   14 Y(II)=Y(M)-2.*Y(II)
      A=0.
      DO 16 I=1,N41
   16 A=A+Y(I)
      A=A/NN
      AO=A
```

```
   13 NVS=0
      NVC=0
      L=NZ
      IF(L-NP)17,17,14
   14 NVC=1
      L=2*NP-L
      IF(L)15,17,17
   15 NVS=1
      L=IABS(L)
      IF(NZ-3*NP)17,17,16
   16 NVC=0
      L=2*NP-L
   17 IF(L)21,18,21
   18 IF(NVC-1)19,20,19
   19 Y=Y+AA(J)
      GO TO 31
   20 Y=Y-AA(J)
      GO TO 31
   21 IF(L-NP)25,22,25
   22 IF(NVS-1)23,24,23
   23 Y=Y+BB(J)
      GO TO 31
   24 Y=Y-BB(J)
      GO TO 31
   25 ZW=S(L)*BB(J)
      IF(NVS-1)26,27,26
   26 Y=Y+ZW
      GO TO 28
   27 Y=Y-ZW
   28 II=NP-L
      ZW=S(II)*AA(J)
      IF(NVC-1)119,30,119
  119 Y=Y+ZW
      GO TO 31
   30 Y=Y-ZW
   31 CONTINUE
      ENDE DER SCHLEIFE UEBER ALLE ORDNUNGEN
      IF(KS-1)33,32,33
   32 YMAX=Y
      YMIN=Y
      GO TO 37
   33 IF(Y-YMAX)35,35,34
   34 YMAX=Y
      GO TO 37
   35 IF(Y-YMIN)36,37,37
   36 YMIN=Y
      KORREKTUR 25.9.71, SPEICHERUNG Y0,Y1,Y2,...Y(N-1)
   37 IF(KS-NTE)100,101,101
  100 AMP(KS+1)=Y
      GOTO 38
  101 AMP(1)=Y
   38 CONTINUE
      RETURN
      END
```

Programmtabelle H 11.01: Harmonische Analyse

```
***********************************************************************
H1102

UNTERPROGRAMM HARMONISCHE SYNTHESE

DIESES UNTERPROGRAMM HAT ALLGEMEIN DIE AUFGABE, DIE
FUNKTION Y(X)=A(0)+SUMME VON J=1 BIS JE AA(J)*COS(JX)+SUMME
          VON J=1 BIS JE BB(J)*SIN(JX)
MIT X GROESSER GLEICH 0 , KLEINER 2PI
UND J=1,2,3,....JE ZU ERMITTELN.
DIE KOEFFIZIENTEN AA(J) UND BB(J) WERDEN IN DIESEM UNTER-
PROGRAMM ALS TABELLE VORAUSGESETZT
DIE TRIGONOMETRISCHEN FUNKTIONEN SIN(JX) UND COS(JX) SIND,-IM
VORZEICHEN VERSCHIEDEN-, IN S(I)=SIN(I*PI/2*1/NP) ,I=1,2,....,NP
ENTHALTEN.
DIE VARIABLE IANF MUSS IM HAUPTPROGRAMM GESETZT WERDEN, UND
ZWAR
IANF=1,WENN
1. DAS UNTERPRPROGRAMM H1102 ZUM 1.MAL AUFGERUFEN WIRD.
2. WENN SICH DER PARAMETERWERT NTE AENDERT.

IANF=0,WENN
1. DAS UNTERPROGRAMM H1102 WIEDERHOLT AUFGERUFEN WIRD (2.BIS N-TEN
MAL)
2. WENN SICH BEIM 2-TEN BIS N-TEN MAL DER PARAMETERWERT NICHT
AENDERT.
***********************************************************************

    SUBROUTINE H1102(AO,AA,BB,S,AMP,YMIN,YMAX,NTE,JE,IANF)
    DIMENSION S(100),AMP(1),AA(1),BB(1)
    IF(IANF)40,10,2
 40 RETURN
  2 IF(NIF/4*4-NTE)41,42,41
 41 IANF=-1
    RETURN
 42 NP=NTE/4
    IANF=0
    ZW=NP
    DPHI=1.57079635/ZW
    II=NP-1
    DO 3 I=1,II
    ZW=I
  3 S(I)=SIN(ZW*DPHI)
 10 NP=NTE/4
    DO 38 KS=1,NTE
    NZ=0
    Y=AO
    DO 31 J=1,JE
    NZ=NZ+KS
 11 IF(NZ-NTE)13,13,12
 12 NZ=NZ-NTE
    GO TO 11
```

Programmtabelle H 11.02: Harmonische Synthese

```
    N=IA-IZ
 19 N=N+IZ
    FN1=N
    FN1=FN1*0.5
    N1=FN1
    N1=N1*2
    IF(N-N1)21,20,21
 20 A=Y(1)
    B=0.
    L=0
    J=0
 22 J=J+1
    L=L+N
    KN=1
 23 IF(L-NN)25,24,24
 24 L=L-NN
    GO TO 23
 25 IF(L)26,27,26
 27 CO=1.
    SI=0.
    GO TO 28
 26 IF(L-N4)29,30,29
 30 CO=0.
    GO TO 31
 29 IF(L-N4)34,32,32
 34 M=N4-L
    CO=S(M)
 31 SI=S(L)
    GO TO 28
 32 IF(L-N2)300,301,300
301 SI=0.
    GO TO 302
300 IF(L-N2)304,303,303
304 M=N2-L
    SI=S(M)
302 II=L-N4
    CO =-S(II)
    GO TO 28
303 IF(L-N34)305,306,305
306 CO=0.
    GO TO 307
305 IF(L-N34)399,308,308
399 M=N34-L
    CO =-S(M)
307 II=L-N2
    SI=-S(II)
    GO TO 28
308 M=NN-L
    SI=-S(M)
    II=L-N34
    CO=S(II)
 28 IF(KN)39,39,35
 35 A=A+Y(J+1)*CO
    IF(J-N4)104,36,36
104 II=J+N21
    B=B+Y(II)*SI
    GO TO 22
 21 A=Y(N21)
    B=0.
```

```
      L=0
      J=0
   38 J=J+1
      L=L+N
      KN=-1
      GO TO 23
   39 MM=N21-J
      M=NN+1-J
      B=B+Y(M)*SI
      IF(J-N4)151,36,36
  151 A=A+Y(MM)*CO
      GO TO 38
   36 A=A/N2
      B=B/N2
      C=SQRT(A**2+B**2)
      AA(N)=A
      BB(N)=B
      CC(N)=C
      IF(N-IE)19,8,19
    8 IF(IE-N2)201,200,201
  200 AA(N2)=AA(N2)/2.
      BB(N2)=0.
      CC(N2)=ABS(AA(N2))
  201 RETURN
      END
```

Programmtabelle H 11.02: Harmonische Synthese

11.2 Formeln zur Ermittlung von Flächen, Massen, Schwerpunkt und Massenträgheitsmoment

Bei Flächen, Massen und Massenträgheitsmomenten von Drehkörpern oder anderen einfach geformten Bauteilen, die sich in stereometrisch erfaßbare Teilkörper (Quader, Prismen, Kegel usw.) zerlegen lassen, rechnet man nach den einschlägigen Formeln, wie wir sie in Nachschlagewerken oder den nachstehenden Tabellen 11.D bis 11.F finden können. Die Zusammenfassung der Teilmengen (Massen, Trägheitsmomente) oder auch die Ermittlung des gemeinsamen Schwerpunktes erfolgen nach den in Kapitel 4 dargestellten Ansätzen. Mit diesen Formeln lassen sich auch die kompliziertesten Bauteile nachrechnen, wobei der Aufwand überproportional mit der gewünschten Genauigkeit ansteigt. Im Rahmen der nicht vermeidbaren Toleranzen sollte man hier Grenzen suchen. Ein typisches Beispiel einer Unterteilung einer Pleuelstange bietet z. B. die Abb. 11.4, aber auch alle Schnittverfahren (Abb. 11.5) beruhen praktisch darauf, einen kompliziert geformten Baukörper in einfache geometrische

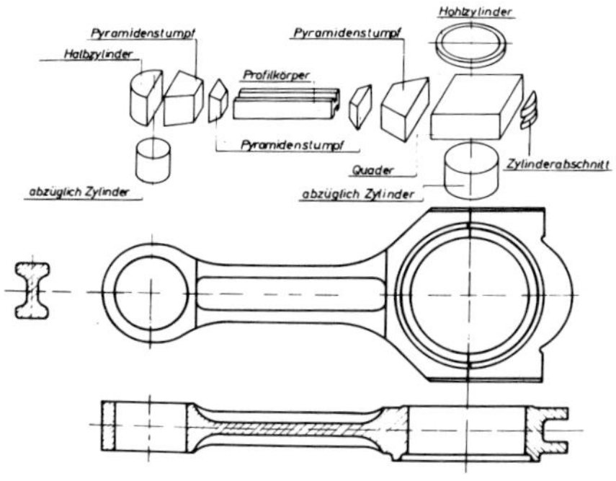

Abb. 11.4: In Einzelkörper zerlegte Pleuelstange

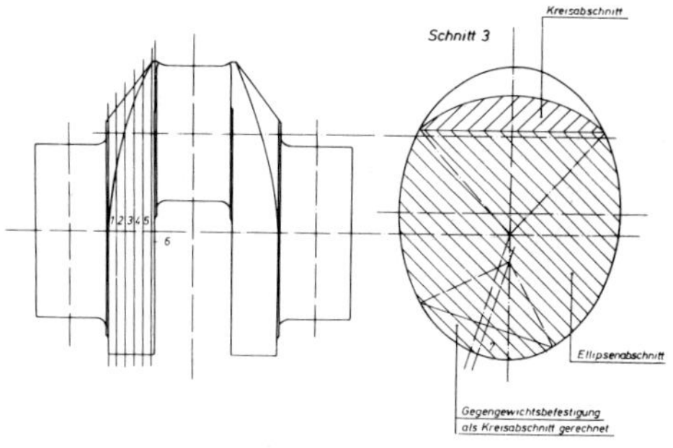

Abb. 11.5: In Scheiben geschnittene Kurbelwelle

Das polare Massenträgheitsmoment Θ bezogen auf eine Achse ist die Summe der Produkte aus den Massenteilchen dm und dem Quadrat der Abstände r von der Achse

$$\Theta = \int r^2 \cdot dm = \int r^2 \frac{dG}{g} = \frac{\gamma}{g} \cdot \int r^2 dV = m \cdot K^2$$

Θ = Massenträgheitsmoment in cm kg sek²	g = 981 cm/sek² = Erdbeschleunigung
m = Masse in kg sek²/cm	G = Gewicht in kg
r = Abstand von der Bezugs-Achse in cm	γ = spezifisches Gewicht in kg/cm³
K = Trägheitshalbmesser in cm	V = Volumen in cm³

für Stahl $\frac{\gamma}{g} = 3 \cdot 10^{-6}$, für Bronze $\frac{\gamma}{g} \cong 8{,}5 \cdot 10^{-5}$

Satz von Steiner: Das Massenträgheitsmoment, bezogen auf eine nicht durch den Schwerpunkt gehende, der Schwerpunktsachse parallele Achse, ist:

$\Theta_o = \Theta_s + m \cdot e^2$, Θ_s = Massentrghm. bez. auf die Schwerpunktsachse

e = Abstand der parallelen Achsen.

	Körper		allgemeine Formeln
1	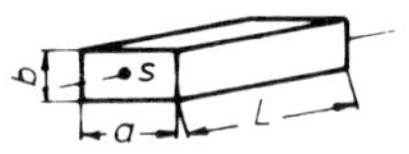		$\Theta_s = \frac{\gamma}{g} \cdot L \cdot a \cdot b \; \frac{a^2 + b^2}{12} = m \; \frac{a^2+b^2}{12}$
2	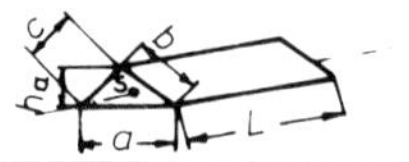		$\Theta_s = \frac{\gamma}{g} \cdot L \; \frac{a \cdot h_a}{2} \cdot \frac{a^2+b^2+c^2}{36} = m \; \frac{a^2+b^2+c^2}{36}$
3	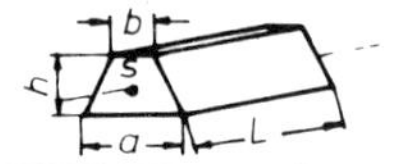		$\Theta_s = \overbrace{\frac{\gamma}{g} \cdot L \; \frac{a+b}{2} \cdot h}^{m} \left(\frac{a^2+b^2}{24} + \frac{h^2}{18} \cdot \frac{a^2+4ab+b^2}{(a+b)^2} \right)$
4	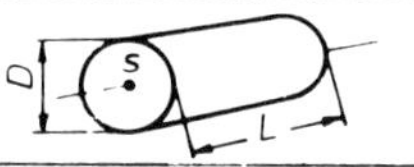		$\Theta_s = \frac{\gamma}{g} \cdot \frac{\pi}{32} \cdot D^4 \cdot L = m \cdot \frac{D^2}{8}$
5	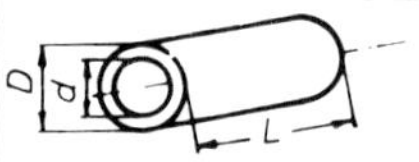		$\Theta_s = \frac{\gamma}{g} \cdot L \cdot \frac{\pi}{32} \cdot (D^4 - d^4) = m \cdot \frac{D^2 + d^2}{8}$ auf Vorzeichen achten!
6	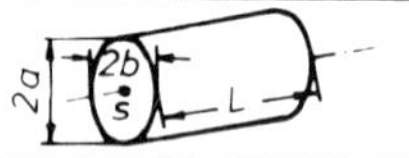		$\Theta_s = \frac{\gamma}{g} \cdot L \cdot \pi \cdot a \cdot b \; \frac{a^2+b^2}{4} = m \; \frac{a^2+b^2}{4}$
7	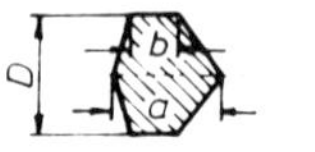	Drehkörper	$\Theta_s = \frac{\gamma}{g} \cdot \frac{\pi}{32} \cdot D^4 (0{,}2a + 0{,}8b)$ für Kegel b = o $\Theta_s = 0{,}2 \frac{\gamma}{g} \cdot \frac{\pi}{32} \cdot D^4 a$
8	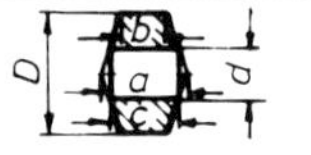	Drehkörper	$\Theta_s = \frac{\gamma}{g} \cdot \frac{\pi}{32} \; [D^4 (0{,}2a + 0{,}8b) - d^4 (0{,}2a + 0{,}8c)]$
9	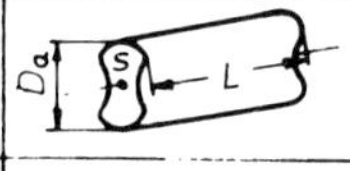	Gebläse-Läufer	Prismatischer Körper der durch Zykloiden begrenzt ist. $\Theta_s = \frac{\gamma}{g} \cdot L \cdot 0{,}03684 \cdot Da^4$
10	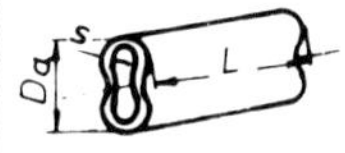	Gebläse-Läufer	Prismatischer Hohlkörper der durch Zykloiden begrenzt ist. $\Theta_s \approx \frac{\gamma}{g} \cdot L \cdot 0{,}3975 \, (D_a - S)^3 S$
11	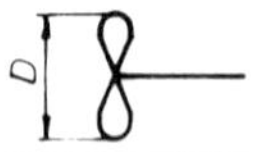		$\Theta_s = 36{,}5 \left(\frac{D}{100} \right)^5$ D in cm
12	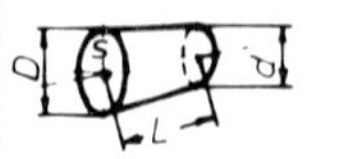	Kegelstumpf	$\Theta_s = \frac{\gamma}{g} \cdot L \cdot \frac{\pi}{160} \cdot \frac{D^5 - d^5}{D - d}$

Tabelle 11.D: Massenträgheitsmomente (Massenreduktion) von Baukörpern um die eigene Schwerachse

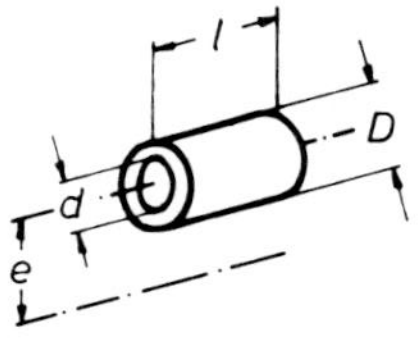

$$\frac{m}{\varrho} = \left(1-\left(\frac{d}{D}\right)^2\right) \cdot \frac{D^2 \cdot \pi}{4} \cdot l$$

$$\frac{\Theta}{\varrho} = \frac{m}{\varrho} \cdot \left(\frac{D^2}{8}\left(1+\left(\frac{d}{D}\right)^2\right)+e^2\right)$$

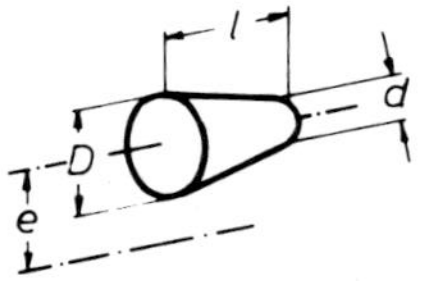

$$\frac{m}{\varrho} = \left(1+\frac{d}{D}+\left(\frac{d}{D}\right)^2\right) \cdot \frac{D^2 \pi}{12} \cdot l$$

$$\frac{\Theta}{\varrho} = \frac{(1-(\frac{d}{D})^5)}{(1-\frac{d}{D})} \cdot \frac{D^4 \cdot \pi}{160} \cdot l$$

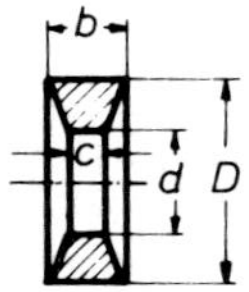

$$\frac{m}{\varrho} = \frac{D^2 \cdot \pi}{4}\left(c\left(1-\left(\frac{d}{D}\right)^2\right)+\frac{(b-c)}{(1-\frac{d}{D})} \cdot \left(2+\frac{d}{D}\right)^3 + 3\frac{d}{D}\right) \cdot \frac{1}{3}\right)$$

$$\frac{\Theta}{\varrho} = \frac{D^4 \cdot \pi}{160} \; \frac{4\,(b-c)\left(1-(\frac{d}{D})^5\right)+5\left(c-b\,\frac{d}{D}\right)\left(1-(\frac{d}{D})^4\right)}{\left(1-\frac{d}{D}\right)}$$

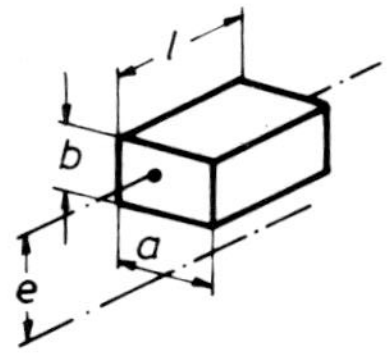

$$\frac{m}{\varrho} = a \cdot b \cdot l$$

$$\frac{\Theta}{\varrho} = \frac{m}{\varrho} \cdot \left(\frac{a^2+b^2}{12}+e^2\right)$$

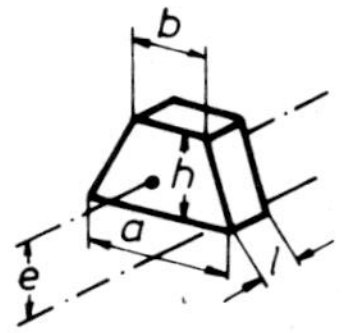

$$\frac{m}{\varrho} = \frac{a+b}{2} \cdot h \cdot l$$

$$\frac{\Theta}{\varrho} = \frac{m}{\varrho}\left(\frac{a^2+b^2}{24}+\frac{h^2}{18}\,\frac{(a^2+4ab+b^2)}{(a+b)^2}+e^2\right)$$

Tabelle 11.E: Massenträgheitsmomente von Zapfen, Wangen und Gegengewichten (Kröpfungsbauteilen)

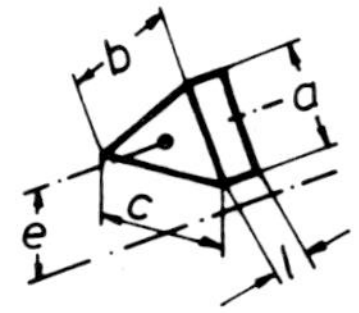

$$\frac{m}{\varrho} = \sqrt{s(s-a)(s-b)(s-c)}$$

$$s = \frac{a+b+c}{2}$$

Heronische Formel

$$\frac{\Theta}{\varrho} = m\left(\frac{a^2+b^2+c^2}{36}+e^2\right)$$

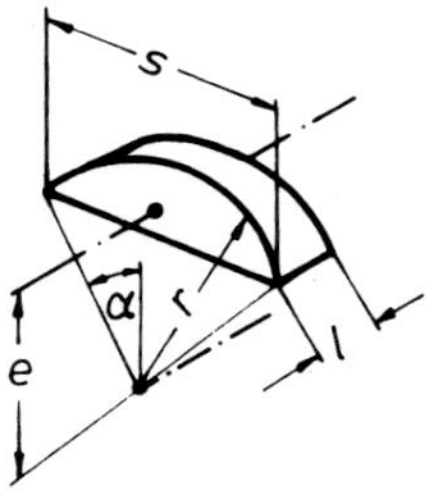

$$A = \frac{r^2}{2}(\operatorname{arc} 2\alpha - \sin 2\alpha)$$

$$e = \frac{2}{3}\,\frac{r^3 \sin^3\alpha}{A}$$

$$\frac{m}{\varrho} = A \cdot l$$

$$\frac{\Theta}{\varrho} = \frac{m}{\varrho} \cdot \frac{r^2}{2}\left(1+\frac{1}{6}\,\frac{2\sin 2\alpha - \sin 4\alpha}{\operatorname{arc} 2\alpha - \sin 2\alpha}\right)$$

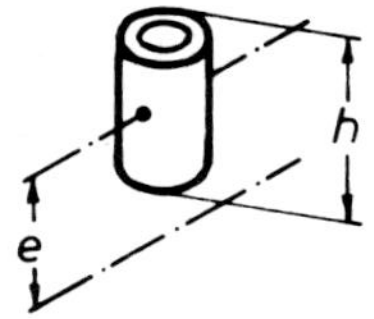

$$\frac{m}{\varrho} = \frac{D^2 \cdot \pi}{4}\left(1-\left(\frac{d}{D}\right)^2\right) \cdot h$$

$$\frac{\Theta}{\varrho} = \frac{m}{\varrho}\left(\frac{D^2}{16}\left(1+\left(\frac{d}{D}\right)^2\right)+\frac{h^2}{12}+e^2\right)$$

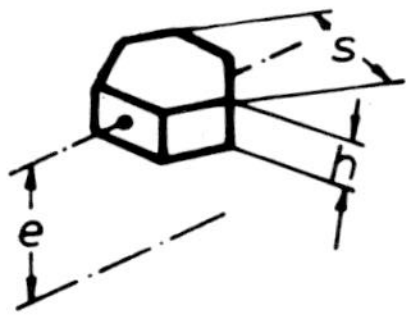

$$\frac{m}{\varrho} = \frac{s^2 \cdot \sqrt{3}}{2} \cdot h$$

$$\frac{\Theta}{\varrho} = \frac{m}{\varrho}\left(\frac{s^2+h^2}{12}+e^2\right)$$

Zapfen mit kegliger Ausdrehung

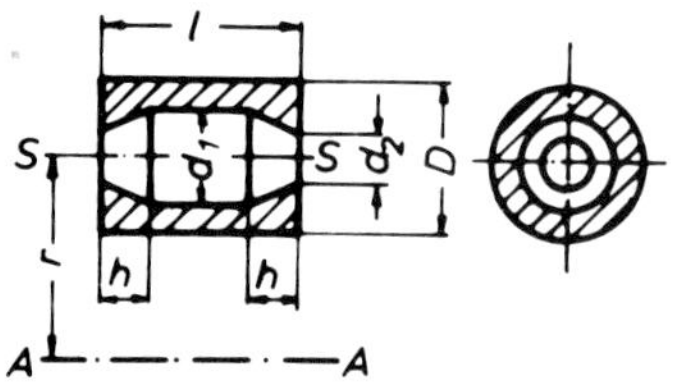

$$\Theta_S = \Theta_{S_{Vollzapfen}} - \frac{\pi}{16}\,\frac{\gamma}{g}\left[\frac{d_1^4}{2}(l-2h) + \frac{h}{5}\,\frac{(d_1^5-d_2^5)}{(d_1-d_2)}\right]$$

$$\Theta_A = \Theta_{A_{Vollzapfen}} - \frac{\pi}{4}\,\frac{\gamma}{g}\left\{\frac{1}{4}\left[\frac{d_1^4}{2}(l-2h) + \frac{h}{5}\,\frac{(d_1^5-d_2^5)}{(d_1-d_2)}\right] - r^2\left[d_1^2(l-2h) + \frac{2}{3}h(d_1^2+d_1d_2+d_2^2)\right]\right\}$$

Zapfen mit tonnenförmiger oder elliptischer Ausdehnung

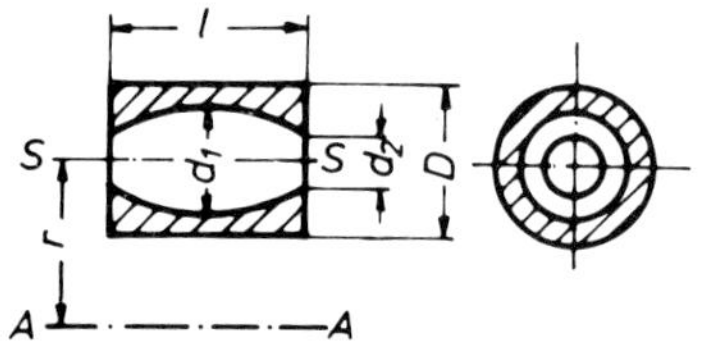

für tonnenförmige Ausdrehung angenähert, für elliptische Ausdrehung genau:

$$\Theta_S = \Theta_{S_{Vollzapfen}} - \pi l \frac{\gamma}{g}\left[\frac{d_1^4}{160}\left(\frac{d_2^4}{d_1^4} + \frac{4}{3}\,\frac{d_2^2}{d_1^2} + \frac{8}{3}\right)\right]$$

$$\Theta_A = \Theta_{A_{Vollzapfen}} - \pi l \frac{\gamma}{g}\left[\frac{d_1^4}{160}\left(\frac{d_2^4}{d_1^4} + \frac{4}{3}\,\frac{d_2^2}{d_1^2} + \frac{8}{3}\right) + \frac{r^2}{12}(2d_1^2 + d_2^2)\right]$$

Zapfen mit exzentrischer Bohrung

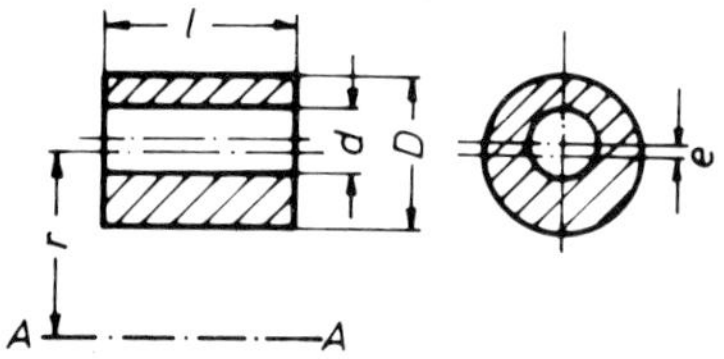

$$\Theta_A = \frac{\pi}{4}\,l\,\frac{\gamma}{g}\left[\frac{D^4-d^4}{8} + D^2r^2 - d^2(r+e)^2\right]$$

Rechtkantform

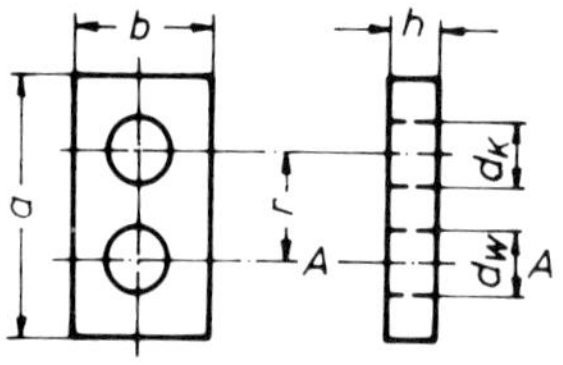

Kurbelarm ohne Bohrungen:

$$\Theta_{A_0} = abh\frac{\gamma}{g}\left[\frac{a^2+b^2}{12} + \left(\frac{r}{2}\right)^2\right]$$

Kurbelarm mit zylindrischen Bohrungen[1]:

$$\Theta_A = \Theta_{A_0} - \left[\frac{\pi d_W^4}{32} + \frac{\pi d_K^2}{4}\left(\frac{d_K^2}{8} + r^2\right)\right] h \frac{\gamma}{g}$$

Abgerundetes Rechtkant

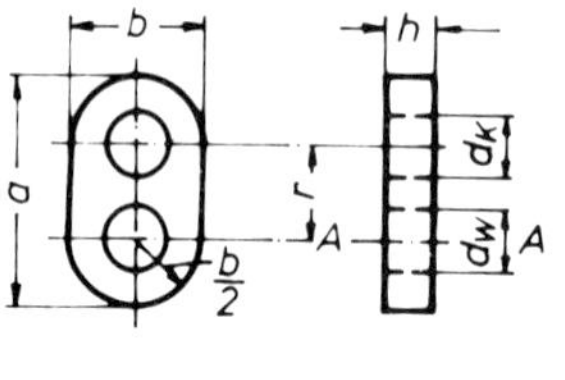

Kurbelarm ohne Bohrungen:

$$\Theta_{A_0} = \left[\frac{\pi b^4}{32} + \frac{\pi b^2r^2}{8} + \frac{l^3r}{4} + \frac{br^3}{3}\right] h \frac{\gamma}{g}$$

Kurbelarm mit zylindrischen Bohrungen[1]:

$$\Theta_A = \Theta_{A_0} - \left[\frac{\pi d_W^4}{32} + \frac{\pi d_K^2}{4}\left(\frac{d_K^2}{8} + r^2\right)\right] h \frac{\gamma}{g}$$

Ellipsenform

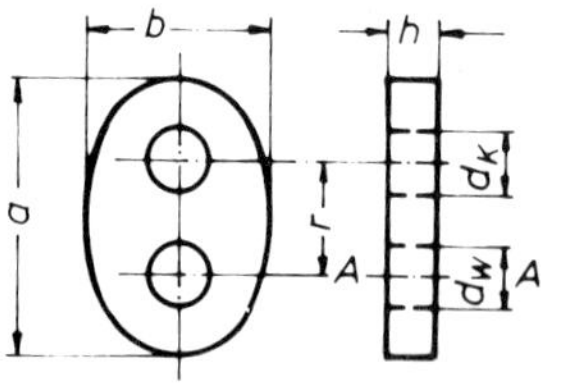

Kurbelarm ohne Bohrungen:

$$\Theta_{A_0} = \pi\frac{ab}{4}\,h\,\frac{\gamma}{g}\left[\frac{a^2+b^2}{16} + \left(\frac{r}{2}\right)^2\right]$$

Kurbelarm mit zylindrischen Bohrungen[1]:

$$\Theta_A = \Theta_{A_0} - \left[\frac{\pi d_W^4}{32} + \frac{\pi d_K^2}{4}\left(\frac{d_K^2}{8} + r^2\right)\right]\frac{\gamma}{g}$$

Kreisscheibe

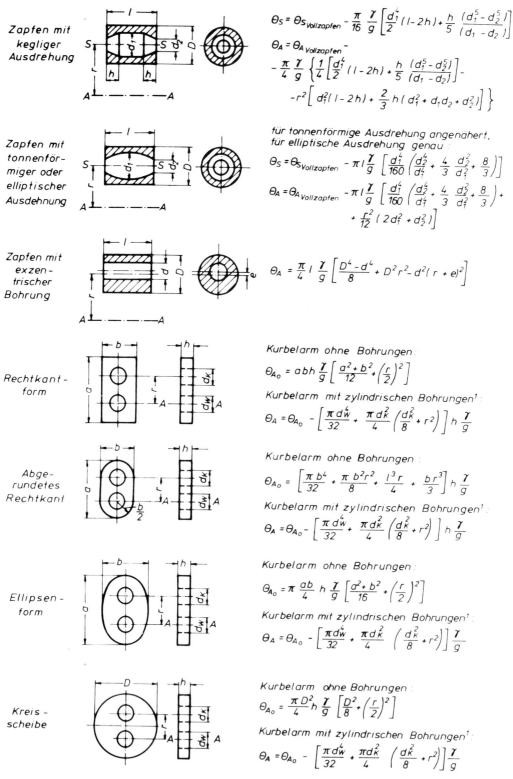

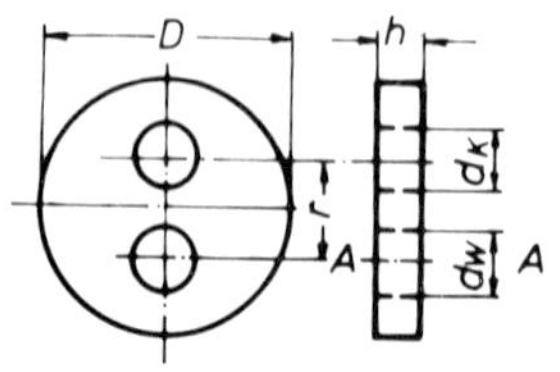

Kurbelarm ohne Bohrungen:

$$\Theta_{A_0} = \frac{\pi D^2}{4}h\,\frac{\gamma}{g}\left[\frac{D^2}{8} + \left(\frac{r}{2}\right)^2\right]$$

Kurbelarm mit zylindrischen Bohrungen[1]:

$$\Theta_A = \Theta_{A_0} - \left[\frac{\pi d_W^4}{32} + \frac{\pi d_K^2}{4}\left(\frac{d_K^2}{8} + r^2\right)\right]\frac{\gamma}{g}$$

Tabelle 11.E: Massenträgheitsmomente von Zapfen, Wangen und Gegengewichten (Kröpfungsbauteilen)

Massenträgheitsmoment und Schwungmoment eines Propellers

Bestimme die wirklichen Schaufelquerschnitte f durch Planimetieren und trage die gefundenen Querschnitte und die zugehörigen wirklichen Radien r wie untenstehend gezeigt, in einer Tabelle zusammen und bilde die Produkte $f \cdot r^2$

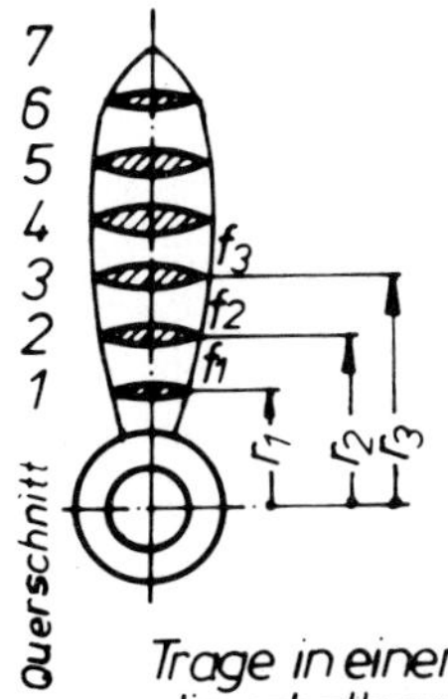

Quer-schnitt	r [cm]	r^2 [cm²]	f [cm²]	$f \cdot r^2$ [cm⁴]
1	$r_1 = 14{,}8$	$r_1^2 = 219$	$f_1 = 110$	$f_1 \cdot r_1 = 24100$
2	$r_2 = 24$	$r_2^2 = 575$	$f_2 = 94{,}2$	$f_2 \cdot r_2 = 54150$
3	$r_3 = 33{,}5$	$r_3^2 = 1120$	$f_3 = 76$	$f_3 \cdot r_3 = 85000$
4	$r_4 = 42{,}9$	$r_4^2 = 1840$	$f_4 = 54$	$f_4 \cdot r_4 = 99300$
5	$r_5 = 52{,}2$	$r_5^2 = 2730$	$f_5 = 28{,}8$	$f_5 \cdot r_5 = 78600$
6	$r_6 = 61{,}5$	$r_6^2 = 3780$	$f_6 = 8$	$f_6 \cdot r_5 = 30200$
7	$r_7 = 65$	$r_7^2 =$ -	$f_7 = 0$	$f_7 \cdot r_7 = 0$

Trage in einem Diagramm $f \cdot r^2$ in Abhängigkeit von r auf und verbinde die erhaltenen Punkte durch eine stetige Linie. Die von dieser Linie und der r-Achse eingeschlossene Fläche F ist ein Maß für das Schwungmoment und wird durch Planimetieren bestimmt. Unter Berücksichtigung der Maßstäbe M_r und $M_f \cdot r^2$ (siehe Diagramm) wird das Massenträgheitsmoment eines Propellerflügels:

$$\Theta_{1\,Flügel} = F \cdot M_r \cdot M_{f \cdot r^2} \cdot \frac{\gamma}{g} = 66 \cdot 5 \cdot 10000 \cdot \frac{0{,}00725}{981} = 24{,}4 \text{ cmkgs}^2$$

γ = spezifisches Gewicht in kg/cm³
g = Erdbeschleunigung in cm/s²

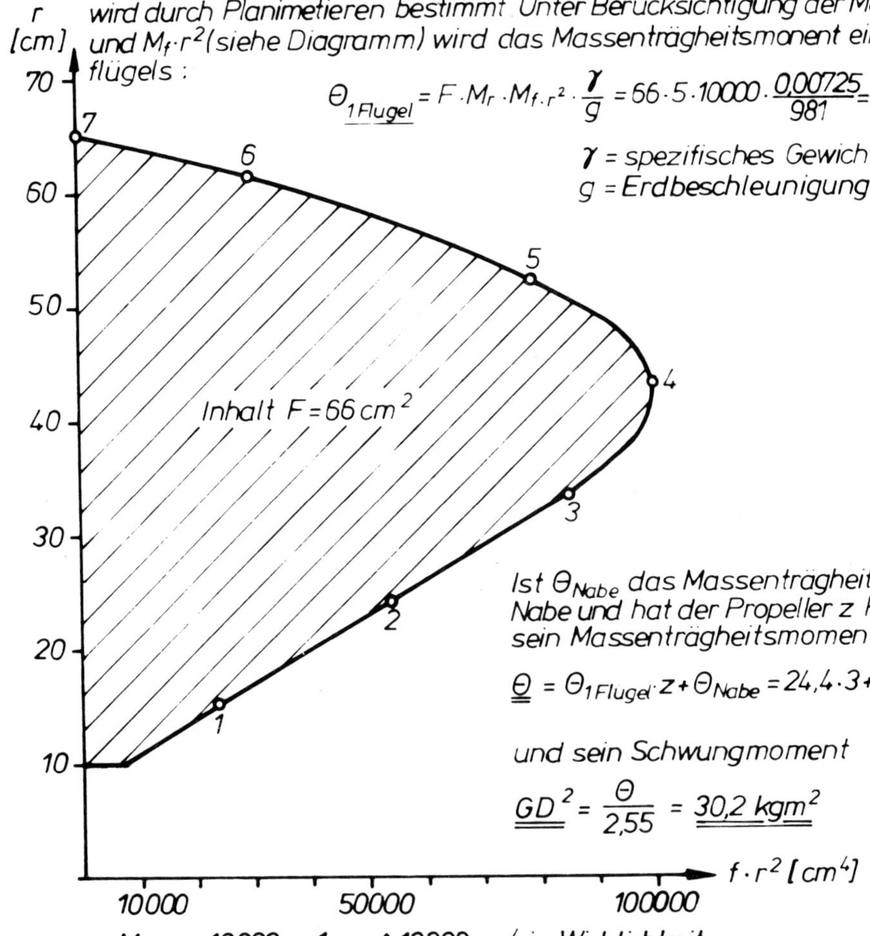

$M_{f \cdot r^2} = 10000$ 1cm ≙ 10000 cm⁴ in Wirklichkeit

Ist Θ_{Nabe} das Massenträgheitsmoment der Nabe und hat der Propeller z Flügel, so ist sein Massenträgheitsmoment

$$\Theta = \Theta_{1\,Flügel} \cdot z + \Theta_{Nabe} = 24{,}4 \cdot 3 + 3{,}8 = 77 \text{ cmkgs}^2$$

und sein Schwungmoment

$$GD^2 = \frac{\Theta}{2{,}55} = 30{,}2 \text{ kgm}^2$$

Tabelle 11.F: Massenträgheitsmoment und Schwungmoment von Propellern

Formen zu zergliedern, deren Masse, Schwerpunkt und Massenträgheitsmoment einfach zu bestimmen sind (siehe auch Abschnitt 11.3).

11.3 Verfahren mittels Zylinderschnitten

Es soll das Massenträgheitsmoment einer Pleuelstange um die Kurbelzapfenachse ermittelt werden (Abb. 11.6); angewandt wird das Zylinderschnittverfahren.

Die Definitionsgleichung für das Massenträgheitsmoment lautet

$$\Theta = \int r^2 \, dm \tag{11.13}$$

Denken wir uns die Pleuelstange durch zur Drehachse konzentrische Zylinderflächen in eine Anzahl Zylinderelemente von geringer Wandstärke zerteilt, so ist die Masse eines solchen Elementkörpers

$$dm = A \cdot dr \cdot \varrho \tag{11.14}$$

wobei

A die Querschnittsfläche des Elementkörpers (Schnittfläche mit der Pleuelstange),

dr die Wandstärke des Elementkörpers

bedeuten. Durch Einsetzen dieses Wertes für dm in die Gleichung (11.13) erhält man

$$\Theta = \varrho \int A \cdot r^2 \cdot dr \tag{11.15}$$

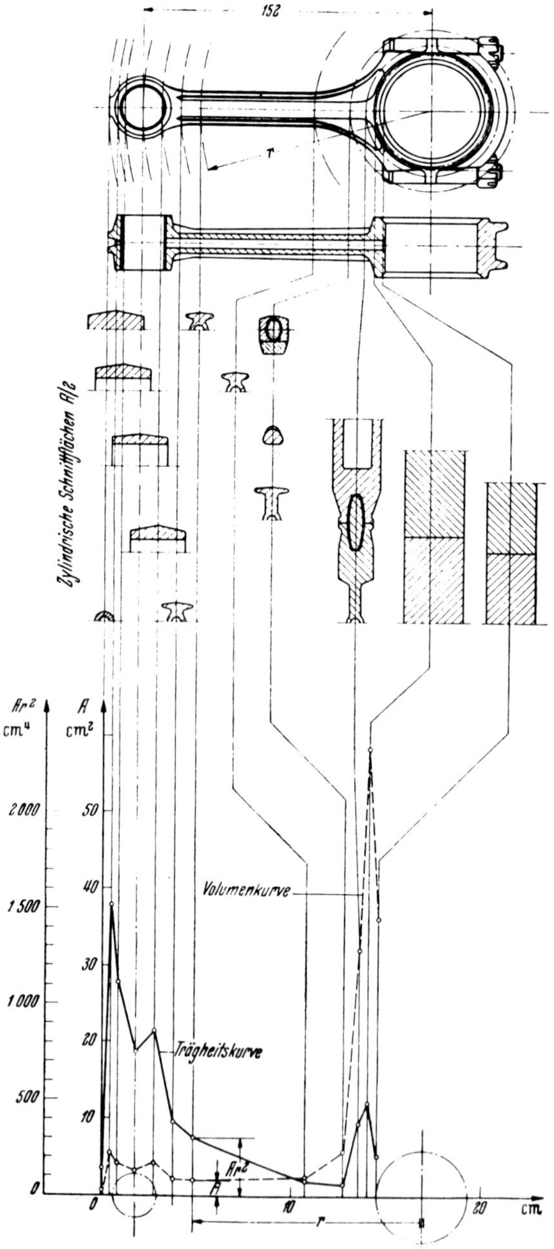

Abb. 11.6: Bestimmung des Volumens (Masse) und des Trägheitsmomentes einer Pleuelstange mittels des Zylinderschnittverfahrens

Dieses Integral $\int A \cdot r^2 \cdot dr$ läßt sich nun auf einfache Weise graphisch ermitteln. Man trägt an jeder Schnittstelle das Produkt aus Schnittfläche A und dem Quadrat des zugehörigen Radius r in geeignetem Maßstab (Trägheitsmaßstab) als Strecken auf. Die so erhaltenen Eckpunkte verbindet man durch einen Linienzug (Trägheitskurve) und planimetriert die darunterliegende Fläche aus. Bezeichnet man diese Fläche mit Φ_Θ, so ergibt sich für das Massenträgheitsmoment

$$\theta = \Phi_\theta \cdot K_1 \cdot K_2 \cdot \varrho \qquad (11.16)$$

wobei k_1 der Längenmaßstab in mm/mm und k_2 der Trägheitsmaßstab in mm^3/mm ist. Ähnlich verläuft die Bestimmung des Volumens einer Pleuelstange. Bei der Berechnung der an den Drehschwingungen beteiligten Pleuelstangenmasse ist die Kenntnis der Gesamtmasse, sowie die Lage des Pleuelstangenschwerpunktes notwendig. Diese beiden Größen lassen sich auf zeichnerisch-rechnerischem Wege bestimmen. Trägt man nach dem Verfahren mittels Zylinderschnitten über den einzelnen Schnittstellen im Abstand r die Größe der Schnittfläche H im geeigneten Maßstab (Flächenmaßstab) auf, verbindet die Endpunkte dieser Strecken durch einen Linienzug (Volumenkurve, Abb. 4.9) und planimetriert die darunterliegende Fläche Φ_V, so stellt diese bereits ein Maß für den Rauminhalt dar, denn es ist

$$V = \int A\,dr = \Phi_V \cdot K_1 \cdot K_3 \qquad (11.17)$$

wobei k_1 der Längenmaßstab in mm/mm und k_2 der Flächenmaßstab in mm^2/mm ist.

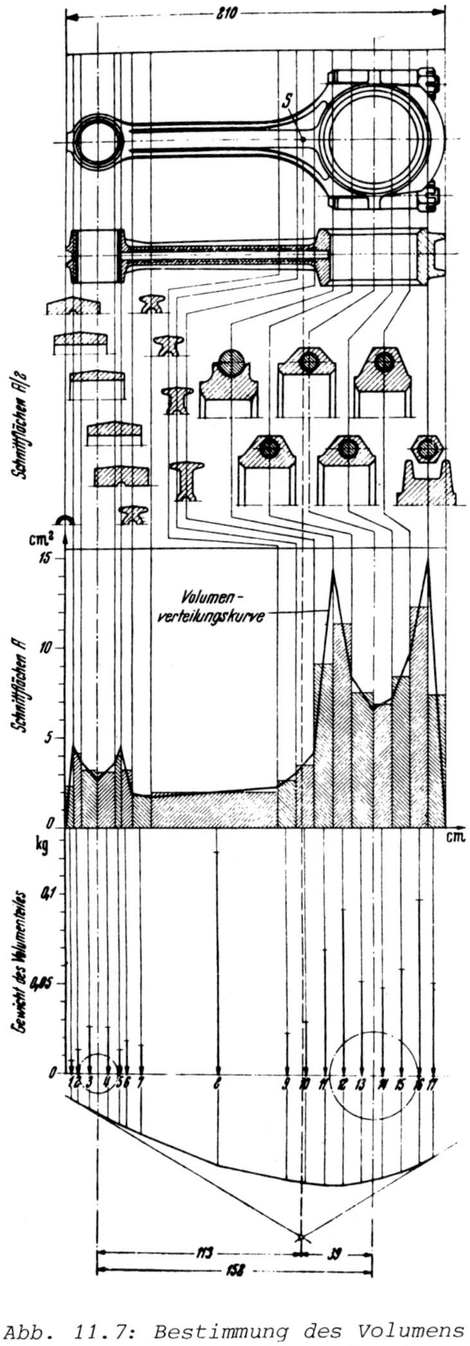

Abb. 11.7: Bestimmung des Volumens und des Schwerpunktes einer Pleuelstange mittels des Parallelschnittverfahrens

11.3.1 Verfahren mittels Parallelschnitten

In übertragener Weise verläuft die Bestimmung des Volumens und des Pleuelstangenschwerpunktes - mittels des Parallelschnittverfahrens.

Nach dem oben beschriebenen Verfahren mittels Zylinderschnitten erhält man das Massenträgheitsmoment und das Volumen der Pleuelstange, aber nicht den Pleuelstangenschwerpunkt. Diesen und ebenfalls das Volumen erhält man nach folgendem Verfahren mittels Parallelschnitten:

Die Pleuelstange wird durch Parallelschnitte senkrecht zur Symmetrieachse in eine Anzahl von Teilkörpern zerlegt. Trägt man zunächst die Schnittflächen in geeignetem Maßstab nach Abb. 11.7 auf und verbindet die Endpunkte durch einen Linienzug (Volumenverteilungskurve), so stellt die von diesem und der Abszisse gebildeten Fläche Φ ein Maß für den Rauminhalt dar. Es ist

$$V = \Phi_V \cdot K_1 \cdot K_3 \qquad (11.18)$$

wobei k_1 der Längenmaßstab in mm/mm und k_3 der Flächenmaßstab in mm^2/mm ist. Die Fläche A kann durch Planimetrieren oder Rechnung (Aufteilen in Rechtecke) bestimmt werden.

Zur Bestimmung des Schwerpunktes der Pleuelstange wählt man nun einen Koordinatennullpunkt auf der als Koordinatenachse gewählten Symmetrieachse. Für die Koordinate gilt dann die Beziehung

$$x_s = \frac{\sum_{i=1}^{n} x_i \cdot G_i}{G} = \frac{\sum_{i=1}^{n} x_i \cdot m_i}{m} \qquad (11.19)$$

wobei bedeuten:

n Anzahl der durch die Parallelschnitte erhaltenen Teilkörper
X_i Koordinaten der Schwerpunkte der Teilkörper
G_i Gewichte der Teilkörper
G Gesamtgewicht des Pleuels

Die Auswertung der Gleichung wird zweckmäßig in Form einer Zahlentabelle durchgeführt oder auch graphisch, wie Abb. 11.7 zeigt. Man setzt die Gewichte oder einfacher die verhältnismäßigen Gewichte der einzelnen Teilkörper in einem Krafteck zusammen und zeichnet das zugehörige Seileck. Die verhältnismäßigen Gewichte sind gegeben durch die Volumina der Teilkörper, in deren Schwerpunkten sie angreifen. Die Lage des resultierenden Gewichts und damit des gesuchten Schwerpunktes wird durch den Schnittpunkt der beiden äußersten Seilstrahlen bestimmt.

11.4 Mechanische Geräte zur Bestimmung von Fläche (Masse) und Trägheitsmoment

Wenn das Bauteil selbst schon nicht in natura vorliegt, so muß doch wenigstens eine Zeichnung von dem Bauteil vorliegen, dessen Masse, Schwerpunkt oder Massenträgheitsmoment bestimmt werden soll. Neben den vorgenannten Möglichkeiten gibt es auf dem Markt mechanische Geräte, die bei der Bestimmung der Werte dienlich sein können.

11.4.1 Die Flächenbestimmung mittels Planimeter

Die Ausmessung des Flächeninhaltes einer ebenen Figur durch Planimetrieren geschieht durch einfaches Umfahren der Kontur dieser Fläche mit einem sogenannten Fahrstift (Abb. 11.8) oder einer Kreuzfadenlupe. Hierbei setzt sich die mit einer Einteilung versehene und in Abb. 11.8 erkennbare Planimeterrolle in drehende Bewegung und liefert in der Größe ihrer Abwälzung ohne weiteres ein Maß für den Inhalt der umfahrenen Fläche, wobei der Maßstab zu beachten ist. Ein Nonius erlaubt ein genaues Ablesen. Die Planimeter haben sich im praktischen Einsatz gut bewährt. Wie das Wort schon sagt, können nur plane Flächen vermessen werden, auch die Volumenbestimmung unregelmäßig geformter Körper ist nicht unmittelbar möglich. Will man das Volumen eines derartigen Körpers bestimmen, so zerschneidet man diesen in so dünne Scheiben, daß die auszuplanimetrierende Fläche mal Scheibendicke mit ausreichender Genauigkeit das Volumen dieser Scheibe wiedergibt und addiert die Teilvolumen. Bei Kenntnis der Dichte dieses homogenen Körpers - wie man das im Maschinenbau immer annehmen kann - erhalten wir die Masse des zu bestimmenden

Bauteiles als

$$m = \varrho \sum_{i=1}^{n} A_i \cdot s \qquad (11.20)$$

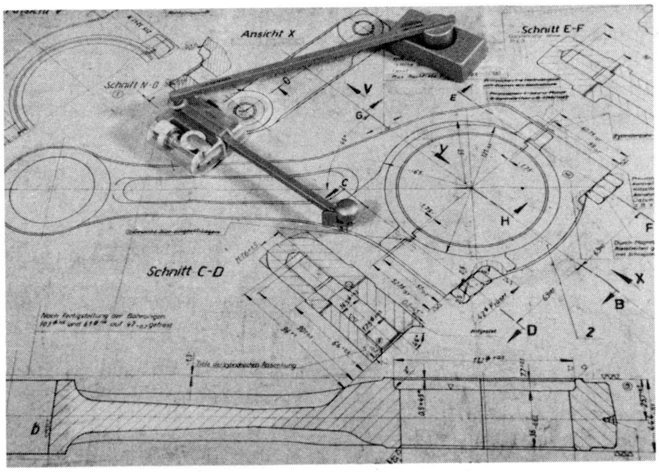

Abb. 11.8: OTT-Kompensations-Planimeter zur Bestimmung des Flächeninhaltes einer ebenen Figur

11.4.2 Kurvengesteuerter Integrator

Ähnlich in der Anwendung ist der kurvengesteuerte Integrator von OTT, der auch Momentenplanimeter genannt wird. Mit diesem Gerät kann man nicht nur den Flächeninhalt einer umfahrenen Fläche auf der Meßrolle A ablesen, sondern darüber hinaus an weiteren Meßrollen (siehe Abb. 11.9) folgende Größen der Meßfläche A ablesen:

Meßrolle M: Das statische Moment von Flächen

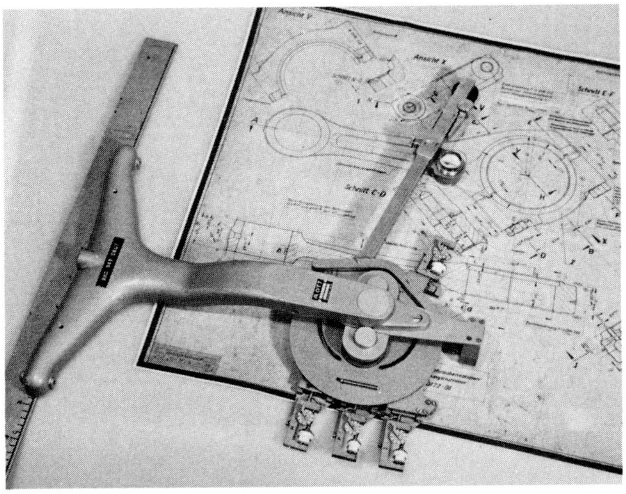

Abb. 11.9: OTT-kurvengesteuerter Integrator

$$M = \int y \cdot dA = \frac{1}{2} \int y^2 \, dx \qquad (11.21)$$

und dessen Schwerpunktbestimmung oder auch den Rauminhalt von Drehkörpern –

Meßrolle I: Das Trägheitsmoment von Flächen

$$I = \int y^2 \cdot dA = \frac{1}{3} \int y^3 \, dx \qquad (11.22)$$

und Werte für das Zentrifugalmoment ebener Flächen, für das statische Moment von Drehkörpern in bezug auf eine Achse oder Ebene senkrecht zur Drehachse, für die Schwerpunktbestimmung von Drehkörpern und

Meßrolle P: Das Moment 3. Ordnung von Flächen

$$P = \int y^3 \, dA = \frac{1}{4} \int y^4 \, dx \qquad (11.23)$$

also von Flächenträgheitsmomenten bezogen auf die Drehachse, sowie von Trägheitsmomenten von Drehkörpern bezogen auf eine Achse oder Ebene senkrecht zur Drehachse

$$P = \int x y^2 \, dA = \frac{1}{3} \int x \, y^3 \, dx \qquad (11.24)$$

Aus den Ablesewerten dieser Meßrollen kann man alle für die Berechnung notwendigen, durch die Konstruktion festgelegten Bauteildaten ermitteln. Die Anschaffung eines Integrators ist allerdings nur dann wirtschaftlich vertretbar, wenn wiederholt Integrationen notwendig werden.

11.4.3 Der harmonische Analysator zur Bestimmung der FOURIERschen Reihe

Bei dem harmonischen Analysator von MADER-OTT (Abb. 11.10) werden der zu analysierende Kurvenzug und die Bezugslinie mit einem Fahrstift abgefahren und an einer Planimetermeßrolle unmittelbar die gesuchte Amplitude der in Frage kommenden Schwingung(sordnung) abgelesen. Die analysierte Ordnungszahl wird durch die Verwendung verschiedener Zahnradübersetzungen eingestellt (Wechselzahnräder). Auf diese Weise kann schnell und relativ exakt die Amplitude der Einzelschwingungen ermittelt werden, was insbesondere dann rasch zum Ziele führt, wenn man aus dem Kurvenverlauf die hauptsächlich beteiligten Ordnungszahlen abzuschätzen weiß, um nicht alle mit dem Gerät meßbaren Ordnungen abzufahren. Für die Analyse von Meßwerten, die z.B. von mechanischen Meßgeräten wie dem Geiger-Torsionsschwingungsmeßgerät auf Papier aufgezeichnet werden, reicht der mechanische Analysator vollkommen aus. Es soll jedoch nicht verschwiegen werden, daß heute in weit größerem Maße - wenn auch oft nur mit nicht mehr Erfolg - elektrische Meßgeräte und Aufzeichnungsverfahren verwandt werden und eine harmonische Analyse der Meßdaten auf elektrischem Wege erfolgt. Auch gibt es elektronische Meßgeräte, die die Amplitudenwerte der einzelnen Ordnungen während der Messung sichtbar machen.

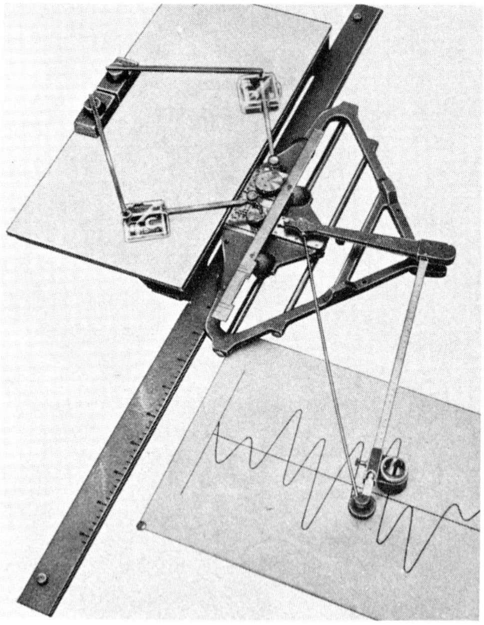

Abb. 11.10: Harmonischer Analysator MADER-OTT

11.5 Versuchstechnische Ermittlung von Masse, Massenträgheitsmoment und Schwerpunkt

Während man bei der theoretischen Bestimmung der Masse nur über die Zeichnung und das Volumen des Bauteiles zu einem Ergebnis kommt, kann im praktischen Versuch,

d. h. bei Vorliegen des Bauteiles selbst, direkt durch Wägung die Masse bestimmt werden. Nicht so einfach ist die versuchstechnische Ermittlung des Massenträgheitsmomentes. Liegt jedoch das Bauteil vor und handelt es sich um einen umständlich zu berechnenden Körper, so ist es dennoch einfacher und oft auch genauer, dessen Massenträgheitsmoment durch Versuch zu bestimmen. Zur versuchsmäßigen Ermittlung des Massenträgheitsmomentes dienen im wesentlichen zwei Verfahren, die beide auf einem Schwingversuch beruhen. Man läßt das Bauteil als Drehpendel um seine Schwereachse oder aber als Körperpendel um eine zur Schwereachse parallele Achse pendeln.

11.5.1 Pendelversuch in der horizontalen Ebene um die lotrechte Schwerachse

Nach dem GAUSSschen Verfahren wird das zu untersuchende Bauteil an zwei oder mehreren Drähten frei aufgehängt, so daß es Pendelbewegungen unter der Wirkung der vom Schwerefeld der Erde herrührenden Rückstellkraft ausführen kann. Dieses Verfahren eignet sich besonders für rotierende Triebwerksteile, deren Drehachse eine der Hauptträgheitsachsen ist. Man wählt zweckmäßig die Aufhängung an zwei parallelen Drähten, die sogenannte 'Bifilaraufhängung' (Abb. 11.11). Die Drähte haben gleiche Länge und gleichen Abstand a von der lotrechen Schwereachse. Man bestimmt zunächst das Rückstellmoment der Anordnung nach Abb. 11.11. Dabei sollte man sich auf kleine Ausschläge beschränken und die Trägheitskraft infolge der Höhenverschiebung, die der Prüfkörper während der Pendelbewegungen erfährt, außer acht lassen.

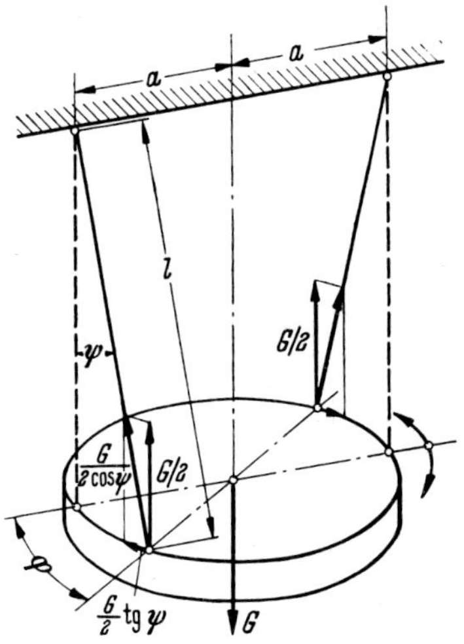

Abb. 11.11: Ermittlung des Massenträgheitsmomentes durch Pendelversuch

Wird der Prüfkörper um einen Winkel φ aus der Ruhelage ausgelenkt, so ist die Zugkraft im Draht $m \cdot g/2 \cos\psi$ (m = Masse, g = Erdbeschleunigung, ψ = Winkel des Drahtes gegen die Senkrechte) und ihre waagerechte Komponente die Rückstellkraft = $m \cdot g \cdot \tan\psi/2$, also das Rückstellmoment $M_a = m \cdot g \cdot a \cdot \tan\psi$. Da bei kleinen Auslenkungen $\tan\psi \approx \psi$, ferner $a \cdot \varphi \approx l \cdot \psi$ gesetzt werden kann, ist

$$M_a = \frac{m \cdot g \cdot a^2}{l} \cdot \varphi = c_a \cdot \varphi \tag{11.25}$$

Die Federzahl C_a hängt demnach ab vom Gewicht G des Prüfkörpers, der Drahtlänge l und dem Quadrat des Abstandes a der Drähte von der Schwereachse. Zur genauen Festlegung der Maße von l und a empfiehlt es sich, die Drähte an den Enden einzuspannen. In diesem Fall vergrößert sich das Rückstellmoment M_a um das Moment M_d, das von der Torsionssteifigkeit der Drähte herrührt, die mit der Auslenkung φ ebenfalls eine Verdrehung um den Winkel φ erfahren. Das gesamte Rückstellmoment ist also

$$M = M_a + M_d = (c_a + c_d) \cdot \varphi \tag{11.26}$$

wenn wir mit $C_d = 2 \cdot J \cdot G/l$ die Drehfederzahl beider Drähte bezeichnen. Dabei ist $\Theta = \pi \cdot d^4/32$ das polare Flächenträgheitsmoment des Drahtquerschnittes, d der Drahtdurchmesser und G der Gleitmodul des Drahtwerkstoffes.

Da das Rückstellmoment bei kleinen Ausschlägen linear ist, verlaufen die Schwingungen harmonisch. Die Zeitdauer einer vollen Schwingung ist

$$T = \frac{2\cdot\pi}{\Omega} = 2\cdot\pi\cdot\sqrt{\frac{\theta}{(c_a + c_d)}} \tag{11.27}$$

Hieraus folgt

$$\theta = (c_a + c_d)\cdot\frac{T^2}{4\cdot\pi^2} \tag{11.28}$$

Haben die Drähte keine nennenswerte Torsionssteifigkeit, dann kann C_d vernachlässigt werden, und es ist

$$\theta = c_a\cdot\frac{T^2}{4\cdot\pi^2} = \frac{m\cdot g\cdot a^2}{l}\cdot\frac{T^2}{4\cdot\pi^2} \tag{11.29}$$

Mißt man nun die Schwingungsdauer T, so läßt sich das Massenträgheitsmoment berechnen. Der Fehler infolge Vernachlässigung der Torsionssteifigkeit der Drähte ist um so kleiner, je kleiner das Verhältnis Cd/Ca ist. Setzen wir für das Gewicht G das Höchstgewicht $G_{max} = 2\cdot d^2/4\ \sigma_{zul}$ ein, das an den beiden Drähten vom Durchmesser d und der Zugfestigkeit σ_{zul} aufgehängt werden kann, so ergibt sich für

$$\frac{c_d}{c_a} = \frac{d^2}{a^2}\cdot\frac{G}{8\cdot\sigma_{zul}} \tag{11.30}$$

Das Verfahren liefert auf etwa 1 - 2 % genaue Ergebnisse, wenn man
1. zur Aufhängung möglichst dünnen ungeknickten Stahldraht hoher Festigkeit verwendet (Drahtstärke abhängig vom Gewicht des Teils),
2. den Abstand 2a der Drähte möglichst groß wählt und die Drahtlänge l so abstimmt, daß die Schwingungsdauer T etwa 1 Sekunde beträgt, so daß die Schwingungen einwandfrei beobachtet werden können,
3. die Amplitude von φ nicht größer als 10 - 15° wählt, um den Einfluß des Ausschlags auf die Schwingungsdauer gering zu halten.

Eine andere Variante ist die Bifilaraufhängung mit Zusatzgewichten.

In der Formel (11.28) für die Berechnung des Massenträgheitsmomentes treten die Federzahlen C_a und C_d auf. Ihre Bestimmung läßt sich vermeiden, wenn man beim Schwingungsversuch Zusatzgewichte auf den schwingenden Körper auflegt (Abb. 11.12). Diese werden einmal auf einem Durchmesser im Abstand r_1, ein andermal im Abstand r_2 von der Schwerachse angeordnet und in beiden Fällen die Schwingungsdauer T_1 bzw. T_2 ermittelt. Ist G_2 das Gewicht, m_z die Masse und θ_z das Massenträgheitsmoment eines Zusatzgewichtes, dann ist analog Gleichung 4.27

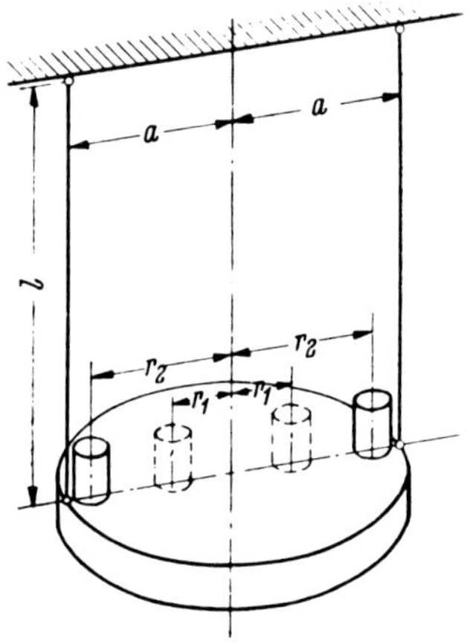

Abb. 11.12: Ermittlung des Massenträgheitsmomentes durch Pendelversuch durch den Einfluß bekannter Zusatzmassen

$$\theta + 2\cdot(\theta_z + m_z\cdot r_1^2) = (c_a + c_d)\cdot\frac{T_1^2}{4\cdot\pi^2} \tag{11.31}$$

$$\theta + 2\cdot(\theta_z + m_z\cdot r_2^2) = (c_a + c_d)\cdot\frac{T_2^2}{4\cdot\pi^2} \tag{11.32}$$

Durch Elimination der unbekannten Federzahl $(C_a + C_d)$ ergibt sich für das Massenträgheitsmoment des Prüfkörpers

$$\theta = 2 \cdot m_Z \cdot \frac{r_2^2 \cdot T_1^2 - r_1^2 \cdot T_2^2}{T_2^2 - T_1^2} - 2 \cdot \theta_Z \qquad (11.33)$$

11.5.2 Pendelversuch in der vertikalen Ebene um eine zur Schwerachse parallele Achse

Für die Ermittlung des Massenträgheitsmomentes werden hier die Gesetze des physikalischen oder 'Körperpendels' angewandt. Für den um den Punkt 0 schwingenden Körper (von beliebiger Form) mit der Masse m, dem Massenträgheitsmoment θ und dem Schwerpunktsabstand l lt. Abb. 11.13 gilt die folgende Bewegungsgleichung

$$\theta \cdot \ddot{\varphi} + m \cdot g \cdot l \cdot \sin\varphi = 0 \qquad (11.34)$$

Mit $\ddot{\varphi} = -\omega^2 \cdot \varphi$, $\omega = 2 \cdot \pi \cdot f$ und der Linearisierung $\sin\varphi \approx \varphi$ für kleine Winkel ergibt sich für die Frequenz des Körperpendels

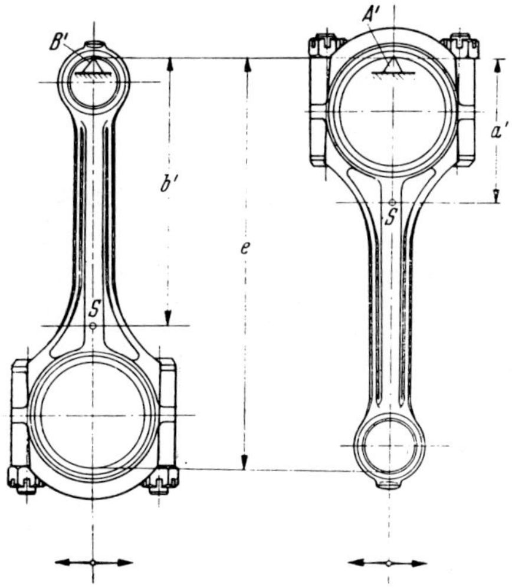

Abb. 11.13: Ermittlung des Massenträgheitsmomentes und des Schwerpunktes einer Pleuelstange durch Pendelversuch

$$f = \frac{1}{T} = \frac{\omega}{2 \cdot \pi} = \frac{1}{2 \cdot \pi} \cdot \sqrt{\frac{m \cdot g \cdot l}{\theta}} \qquad (11.35)$$

Mit zunehmender Größe des Schwenkwinkels φ entsteht durch die Linearisierung $\sin\varphi \approx \varphi$ ein Fehler. Dieser Fehler wird vermindert, wenn das erste Glied aus der Reihenentwicklung für $\sin\varphi$ berücksichtigt und als Korrekturfaktor bei der Frequenz eingeführt wird

$$f = \frac{1}{T} = \frac{\omega}{2 \cdot \pi} = \frac{1}{2 \cdot \pi} \cdot \sqrt{\frac{m \cdot g \cdot l}{\theta}} \cdot \left(1 - \frac{1}{12} \cdot \hat{\varphi}^2\right) \qquad (11.36)$$

Da im folgenden die Formel benutzt werden soll, um das Massenträgheitsmoment bei bekannter Frequenz zu ermitteln, wird zweckmäßigerweise die gemessene (ausgezählte) Frequenz korrigiert

$$f_K = \frac{f}{\left(1 - \frac{1}{12} \cdot \hat{\varphi}^2\right)} \qquad (11.37)$$

Wie leicht nachzuprüfen ist, hat der im Bogenmaß einzusetzende Pendelwinkel bei Winkeln unter 20° einen Einfluß von weniger als 1 %.

Zur Ermittlung der Pendelfrequenz wird der Prüfkörper auf einer Schneide aufgehängt, so daß die Schneide und die Schwerachse des Körpers parallel zueinander liegen. Der Prüfkörper wird durch Ausstoßen zum Pendeln gebracht und die Pendelfrequenz ausgezählt.

Handelt es sich um einen kreissymmetrischen Körper (z. B. Schwungrad oder Schiffspropeller), bei dem mit ausreichender Genauigkeit vorausgesetzt werden kann, daß die Schwerachse mit der geometrischen Mitte zusammenfällt, so ergibt sich das Massenträgheitsmoment für die zur Pendelachse parallele Schwerachse nach dem STEINERschen Satz zu

$$\theta_S = \theta - m \cdot l^2 = \frac{m \cdot g \cdot l}{(2 \cdot \pi \cdot f)^2} - m \cdot l^2 \tag{11.38}$$

Hierbei ist l der Abstand der Schneidenauflage vom Schwerpunkt (geometrischer Mittelpunkt), z. B. der halbe Bohrungsdurchmesser, wenn der Prüfkörper in der Innenbohrung auf der Schneide gelegen hat. Ist die Lage des Schwerpunktes zunächst unbekannt, so kann dessen Lage durch zwei Pendelungen um zwei zur Schwerachse parallele Achsen ermittelt werden. Das Verfahren sei am Beispiel einer Pleuelstange erläutert.

Die Pleuelstange wird einmal im großen Auge und einmal im kleinen Auge auf einer Schneide (reibungsfrei) aufgehängt, und es werden die Pendelfrequenzen f_a und f_b um beide Aufhängepunkte ausgezählt. Ist die Massenverteilung nicht symmetrisch zur Längsachse (z.B. bei Schrägteilung und durch einseitig angeordnete Bearbeitungsbutzen für den Gewichtsabgleich wie bei der Stange in Abb. 11.14), so sind an der still hängenden Pleuelstange auch die Abweichungen zwischen Längsachse und Schwerachse zu ermitteln. Hierzu wird vom Aufhängepunkt (Schneide) das Lot gefällt und der Abstand zwischen Lot und einem Bezugspunkt, z. B. der Peripherie des jeweils unten hängenden Auges, gemessen. Hieraus werden für beide Aufhängepunkte die "Hängewinkel" errechnet.

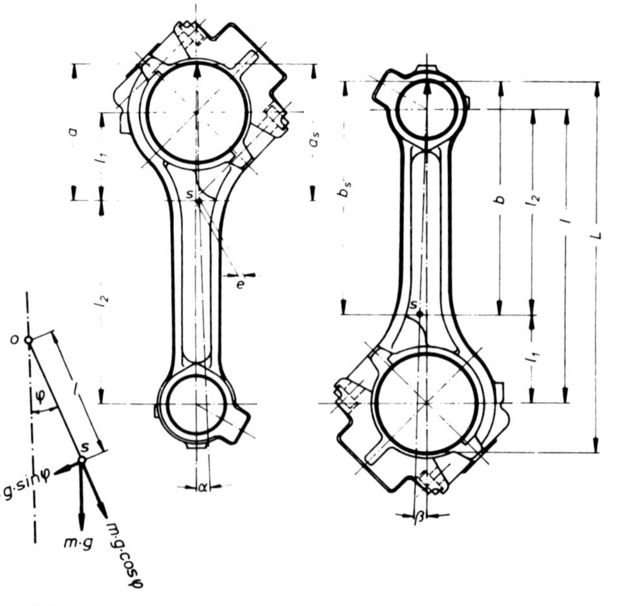

Abb. 11.14: Zur Bestimmung der Schwerpunktslage und des Massenträgheitsmomentes durch Pendeln um zwei Achsen

Mit den Bezeichnungen aus Abb. 11.14 ergibt sich

$$e = a \cdot \tan \alpha \qquad e = b \cdot \tan \beta$$

$$a = a_S \cdot \cos \alpha \qquad b = b_S \cdot \cos \beta$$

$$a_S^2 = a^2 + e^2 \qquad b_S^2 = b^2 + e^2$$

$$L = l + \frac{D+d}{2} = l_1 + l_2 + \frac{D+d}{2} = a + b$$

Für das Massenträgheitsmoment bezüglich des Schwerpunktes der Pleuelstange gilt

$$\theta_s = \frac{m \cdot g \cdot a_s}{(2 \cdot \pi \cdot f_a)^2} - m \cdot a_s^2 \tag{11.39}$$

und

$$\theta_s = \frac{m \cdot g \cdot b_s}{(2 \cdot \pi \cdot f_b)^2} - m \cdot b_s^2 \tag{11.40}$$

Gleichsetzen von (11.39) und (11.40) und Einführung von

$$a_s = \frac{a}{\cos\alpha} \; ; \quad b_s = \frac{b}{\cos\beta} \; ; \quad a_s^2 = a^2 + e^2 \; ; \quad b_s^2 = b^2 + e^2 \; ; \quad b = L - a$$

ergeben für den Abstand des Schwerpunktes

$$a = \frac{L \cdot \left[L \cdot \frac{(2 \cdot \pi \cdot f_b)^2}{g} \cdot \cos\beta - 1 \right]}{2 \cdot L \cdot \frac{(2 \cdot \pi \cdot f_b)^2}{g} \cdot \cos\beta - \left(\frac{f_b}{f_a} \right)^2 \cdot \frac{\cos\beta}{\cos\alpha} - 1} \tag{11.41}$$

Damit können alle übrigen unbekannten Größen errechnet werden. Bei Pleuelstangen, die zur Längsachse symmetrisch sind, sind die Winkel α und β gleich 0, cos α und cos β mithin gleich 1.

Eine andere Methode für die Bestimmung des Trägheitsmomentes ist der Rollpendelversuch (Schwungräder). An schweren Rotoren bringt man zwei kleine exzentrisch angeordneten Zusatzmassen von bekanntem Gewicht G und kleinem Trägheitsmoment an und läßt den Rotor auf zwei Schneiden als Rollpendel mit kleinen Anschlägen schwingen. Mit den Abständen a und b in cm nach Abb. 11.15 ergibt sich

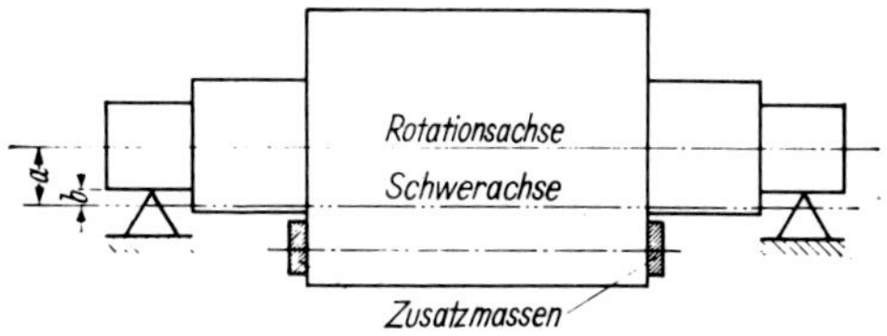

Abb. 11.15: Ermittlung des Massenträgheitsmomentes eines Rotors durch Rollpendelschwingungen

$$\theta_p = \frac{T^2}{4 \cdot \pi^2} \cdot a \cdot m \cdot g + m \cdot (a^2 - b^2) - m \cdot r^2 \tag{11.42}$$

Für genaue Rechnungen muß das Trägheitsmoment der Zusatzmasse, bezogen auf die Rotationsachse, abgezogen werden.

11.5.3 Bestimmung des Massenträgheitsmomentes aus der Schwingfrequenz eines Ein-Massen-Schwingers

Zuweilen ist das Massenträgheitsmoment eines Rotors zu bestimmen, wobei es jedoch nicht möglich ist, die zuvor beschriebene Pendeluntersuchung durchzuführen, sei es, weil der Rotor zu schwer ist, um diesen reibungsarm auf Schneiden oder Rollen zu lagern, sei es, weil der Ausbau des Rotors aus seinem Stator zu umständlich wäre. Man denke etwa an den Rotor einer großen Wasserwirbelbremse oder den eines Generators. Man kann das Massenträgheitsmoment dann aus einem Versuch ermitteln, bei dem der Rotor die Drehmasse eines Einmassen-Schwingers bildet und die Eigenfrequenz dieses Systems ermittelt wird. Der Rotor wird dazu an eine Torsionsfeder gekoppelt, die ihrerseits an einem Festpunkt angelenkt ist. Als Feder dienen entweder ein Torsionsstab oder aber an Hebelarmen wirkende Spiralfedern. Die Federsteifigkeit der Anordnung wird durch statisches Verdrehen bestimmt. Gibt man die Anordnung aus dem verdrehten Zustand plötzlich frei, so schwingt diese mit ihrer Eigenfrequenz. Die Schwingung wird mit einer geeigneten Vorrichtung, z. B. einem Tastschwingungsschreiber aufgezeichnet, um die Frequenz und das Abklingen der Schwingung zu ermitteln. Das gesuchte Massenträgheitsmoment ergibt sich dann aus der umgestellten Beziehung für die Frequenz der gedämpften Eigenschwingung (vergl. Formel 10.27)

$$\theta = \frac{c}{(2 \cdot \pi \cdot f)^2} \cdot (1 - \vartheta^2) \qquad (11.43)$$

Zwischen dem Dämpfungsgrad ϑ und dem logarithmischen Drehmoment, das ist der natürliche Logarithmus des Verhältnisses zweier aufeinanderfolgender Schwingweiten, gilt die folgende Beziehung (vergl. hierzu auch Kapitel 10)

$$\Lambda = \ln \frac{\hat{s}_n}{\hat{s}_{n+1}} = \frac{2 \cdot \pi \cdot \vartheta}{\sqrt{1 - \vartheta^2}} \qquad (11.44)$$

Bei dem Versuch ist darauf zu achten, daß die Anordnung möglichst reibungsarm ist. Sofern die Federankopplung ein nennenswertes Massenträgheitsmoment aufweist (z. B. Hebelarme mit angelenkten Federn), muß dieses vom ermittelten Wert nach Formel (11.43) wieder abgezogen werden.

11.5.4 Bestimmung des Schwerpunktes der Pleuelstange durch Auswiegen

Die Lage des Schwerpunktes S kann auch durch Auswiegen der Pleuelstange in horizontaler Lage ermittelt werden. Durch beide Pleuelaugen werden genau passende Wellen geschoben und die Pleuelstange mit diesen beiden Wellen auf Schneiden gelagert, wie aus Abb. 11.16 ersichtlich ist. Zwei Schneiden sind bifilar aufgehängt. Beim Einstellen des Versuchs ist darauf zu achten, daß die Symmetrieachse (Schwerachse) der Pleuelstange waagerecht steht. Ferner ist vor der Wägung das Gewicht der Schneiden auf der Waage und der durch den Pleuelstangenkopf geschobenen Welle auszutarieren.

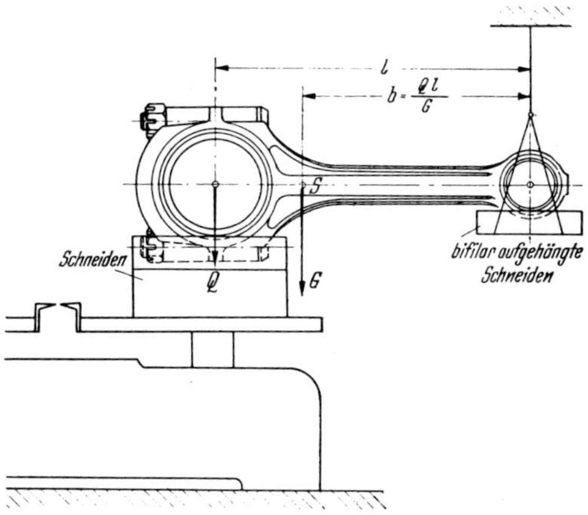

Abb. 11.16: Ermittlung des Schwerpunktes, z. B. einer Pleuelstange, durch Wägung

Ist l die Pleuelstangenlänge, G ihr Gewicht und Q der bei der Wägung sich ergebende Auflagerdruck auf die Waagschale, so ist der Abstand b des Schwerpunktes von Mitte Kolbenbolzen

$$l_2 = \frac{Q \cdot l}{G} \qquad (10.45)$$

Für den Abstand des Schwerpunktes von Mitte des großen Pleuelauges gilt dann

$$l_1 = l - l_2 \qquad (10.46)$$

oder der entsprechende Wert lt. Formel (11.45), wobei Q dann der am großen Pleuelauge ermittelte Auflagerdruck ist. Mit der Bestimmung der Lage des Schwerpunktes ist die Aufteilung der Pleuelmasse in einen oszillierenden Teil und einen rotierenden Teil gelöst, wobei jedoch die Bedingung "Erhaltung des Massenträgheitsmomentes" vernachlässigt wird. Wägeverfahren nach dem geschilderten Prinzip sind praxisüblich und werden angewendet bei Stangen, deren beide Gewichtsanteile durch Materialabnahme an der vorgegebenen Stelle auf die vorgeschriebenen Sollwerte gebracht werden (vergl. Abb. 11.15). Bei hohen Durchlaufstückzahlen erfolgt dies auf entsprechend eingerichteten Maschinen automatisch.

12 Literaturverzeichnis

/1/ PISCHINGER, A.: Gemischbildung und Verbrennung im Dieselmotor, Reihe 'Die Verbrennungskraftmaschine', Band 7, Springer-Verlag Wien 1957
LIST, H.: Der Ladungswechsel der Verbrennungskraftmaschine, Reihe 'Die Verbrennungskraftmaschine', Band 4, Springer-Verlag Wien 1952

/2/ ZINNER, K.: Aufladung von Verbrennungsmotoren, Springer-Verlag Berlin - Heidelberg - New York, 2. Auflage 1980

/3/ WOSCHNI, G.: Elektronische Berechnung von Verbrennungsmotor-Kreisprozessen, MTZ 26/11 (1965), S. 439 - 446

WOSCHNI, G.: Thermodynamische Auswertung von Indikatordiagrammen, elektronisch gerechnet, MTZ 25/7 (1964), S. 284 - 289

/4/ HOFBAUER, R.: Advanced Automotive Power Systems
SATOR, K.: Part 2: A Diesel for a Subkompact Car, SAE-Paper 770113

/5/ KOCHANOWSKI, A.: Beitrag zur Bestimmung der Abhängigkeit des Reibungsmitteldruckes bei Verbrennungskraftmaschinen von verschiedenen Betriebsparametern, Dissertation, TU, Hannover, 1975

KOCHANOWSKI, A.: Entwicklung einer elektronischen Auswerteinrichtung zur Bestimmung des indizierten Mitteldruckes, MTZ 35/5 (1974)

/6/ KOCHANOWSKI, A.: FVV-Vorhaben Nr. 176, 'Motorreibung'
THIELE, E.: Arbeitsfortschrittsbericht, Heft R 314, 1977

/7/ GROTH, K.: Neuere Methoden zur Untersuchung von Reibungsverlusten in Motortriebwerken, Schiff & Hafen/Kommandobrücke, 29/10 (1977), S. 917 - 923

/8/ RADINGER, J.: Über Dampfmaschinen mit großer Kolbengeschwindigkeit, 3. Auflage Wien, 1892

/9/ MAGG, J.: Dieselmaschinen, VDI-Verlag Berlin, 1928, S. 74

/10/ SASS, F.: Kompressorlose Dieselmaschinen, Julius Springer, Berlin, 1929, S. 293

ZEMAN, J.: Zweitakt-Dieselmaschinen kleinerer und mittlerer Leistung, Julius Springer, Wien, 1935, Seite 187

KUTZBACH, K.: Maschinenteile zur Beruhigung, Unterabschnitt von 'Maschinenteile' in 'HÜTTE' - Des Ingenieurs Taschenbuch, 26. Aufl., Bd. 2, Seite 270, Berlin: W. Ernst & Sohn

/11/ WITTENBAUER, F.: Die graphische Ermittlung des Schwungradgewichtes, Z. VDI 49, 471 (1905), ferner: Graphische Dynamik, Seite 759, Berlin: Julius Springer, 1923

/12/ PROEGER, F.: Die Getriebekinematik als Rüstzeug der Getriebedynamik, Forschungsarbeiten Ing.-Wesen, Heft 285, Berlin: VDI-Verlag, 1926

/13/ MARX, G.: Bewegungslehre der Getriebe, Unterabschnitt von "Mechanik" in "Hütte", Des Ingenieurs Taschenbuch, 27. Auflage, Band 1, Seite 432, Berlin: W. Ernst & Sohn, 1941

/14/ SHARP, A.: Balancing of engines, Seite 121, London: Longmans, 1907

/15/ KOSNEY, F.: Einfluß des Arbeitsverfahrens und der Getriebeteile auf die Gleichförmigkeit mehrzylindriger Verbrennungsmotoren, Dissertation, T.H. München, 1929

/16/ HAFNER, K.E.: The Influence of the Reciprocating Crank Mechanisms on Torsional Vibrations of Crankshafts, Cimac-Kongreß Barcelona, Vol. 1 (1975)

/17/ CHE-SHEN-CHEN: Resonanzausschläge und Dämpfung der Drehschwingungen in Kolbenmaschinen, Dissertation Stuttgart (1966)

/18/ DITTRICH, G., KRUMM, H.: Parametrische Drehschwingungen bei der Kopplung von Kraft- und Arbeitsmaschinen mit periodisch veränderlichen Massenträgheitsmomenten, Forschung Ing.-Wesen 46 (1980), Nr. 6

/19/ SIMONS, K.: Das Flackern des Lichtes in elektrischen Beleuchtungsanlagen, Elektrotechnische Zeitschrift 38 (1917), Seite 453 u.f.

BENZ, K.: Die notwendige Schwungradgröße für flimmerfreies Licht, Motortechnische Zeitschrift 1, 15 (1939)

/20/ REINISCH, P.: Parallelbetrieb von Synchronmaschinen, Unterabschnitt von "Elektrotechnik" in "Hütte", Des Ingenieurs Taschenbuch, 26. Auflage, Bd. 2, Seite 1027, Berlin: W. Ernst & Sohn, 1931

/21/ GAZE, M.: Direkt gekuppelte Generatoren, AED-Mitteilungen 1922, Seite 249

/22/ BÖDEFELD, Th., SEQUENZ, H.: Elektrische Maschinen, Springer-Verlag Wien 1942, Seite 246

/23/ SCHMIDT, F.: Schwungräder für Großdieselmotoren, VDI-Zeitschrift 74, (1930), Seite 230

/24/ FVV-Vorhaben 2-210/1: Frequenzgang des Dieselmotors Forschungsheft 15, s.a. MTZ 7/65

FVV-Vorhaben 2-210/2: Frequenzgang des Synchrongenerators Forschungsheft 36, s.a. MTZ 2/65

FVV-Vorhaben 2-210/3: Frequenzgang der Regeleinrichtung Forschungsheft 40, s.a. MTZ 10/65

FVV-Vorhaben 2-210/4: Parallellaufverhalten Forschungsheft 41, s.a. MTZ 10/64

/25/ FEDERN, K.: Dämpfung elastischer Kupplungen - Wesen, einwirkende Parameter, Ermittlung, VDI-Berichte Nr. 299, 1977

WAAS, H.: Federnde Lagerung von Kolbenmaschinen, VDI-Zeitschrift Nr. 26, Juni 1937

LANG, G.: Zur elastischen Lagerung von Maschinen durch Gummifederelemente, MTZ 24/11, Nov. 1963

LANG, G.: Die elastische Lagerung von Motoren mit Gummifeder-Elementen, VDI-Zeitschrift Bd. 99, Nr. 17, Juni 1957

BIBER, W.: Über die Fundamentierung von Schiffsdieselmotoren, Hansa-Schiffahrt-Schiffbau-Hafen (1954)

BENZ, W.: Elastische Lagerung auf geneigt angeordneten Gummipuffern, MTZ 28/1, Januar 1967

DAHL, M.: Die kopplungsfreie, elastische Lagerung von Motoren mit Hilfe von Gummielementen, ATZ 71/8 (1969)

GEHRKE, G.: Berechnung schwingungstechnisch günstiger Motoraufhängungen, ATZ 58/8 (1956)

HOCHRAINER, A.: Die elastische Aufstellung des starren Körpers, Ing.-Archiv III (1949), Seite 247 - 261

APPEL, H.: Freie und erzwungene Schwingungen von elastisch gelagerten Fahrzeugmotoren, Automobil-Industrie 4/68

DONATH, G., STETTER, J.: Elastische Lagerung von Schiffshauptmotoren, MTZ 32/11 (1971)

HASSELGRUBER, H.: Maßnahmen zur Verbesserung der Laufruhe von Verbrennungs-Kraftmasch., insbes. von Schleppermotoren, Landtechn. Bd. 15 (1965) Nr. 1

HACK, H., TRIPPEL, H., JABUSCHKE, O.: Auswuchttechnische Fragen im Automobilbau, Automobil-Industrie 2/66

/26/ FEDERN, K.: Auswuchttechnik Band 1, Springer-Verlag Berlin - Heidelberg - New York 1977

/27/ STODOLA, A.: Dampf- und Gasturbinen, 5. Auflage, Seite 312, Berlin: Julius Springer, 1922

/28/ SCHROEN, H.: Die Dynamik der Verbrennungskraftmaschine, Springer-Verlag Wien (1942)

/29/ RUNGE, C.: Math. An. Bd. 46 (1895), Seite 167 - 178
KUTTA, W.: Zeitschrift Math. Physik Bd. 46 (1901), Seite 435 - 453

ZURMÜHL, R.: Praktische Mathematik für Ingenieure und Physiker, Springer-Verlag Berlin - Heidelberg - New York 1965, 5. Auflage, Seite 417 u.f.

/30/ FÖPPL, O.: Schwungradberechnung, Maschinenbau-Gestaltung 2, G. 40, Seite 108 (1922/23). - Grundzüge der Festigkeitslehre, Seite 262, Leipzig: G. Teubner, 1923

/31/ PINNEKAMP, W.: Untersuchungen über den Ausrichtfehler bei Schiffsmaschinen, Schiff & Hafen 25 (1973), Heft 3

/32/ BOURCEAU, G., VOLCY, G.: Some Aspects of the Behaviour in Service of Crankshafts and their Bearings

/33/ KRITZER, R.: Schwingungen von Dieselmotoren und Diesel-Antriebssystemen (Mannheim 1973)

/34/ LEHR, E.: Schwingungstechnik, Springer Berlin, 1934

/35/ NESTORIDES, E.J.: A Handbook on Torsional Vibrations, Cambridge University Paris 1958, Veröffentlichung Bureau Veritas, Paris

/36/ BENZ, W.: Biegeschwingungen von mit einer Masse besetzten Wellen, MTZ 11/3 (1950)

/37/ BENZ, W.: Begriffe und Bezeichnungen bei Dreh- und Biegeschwingungen umlaufender Körper sowie erregende Ursachen für Biegeschwingungen verschiedener Ordnung, VDI-Berichte, Bd. 24, 1957

/38/ BENZ, W.: Durch Wechselverdrehbeanspruchungen hervorgerufene Biegeschwingungen, MTZ 32/4 (1971)

/39/ MAASS, H.: Gestaltung und Hauptabmessungen der Verbrennungskraftmaschine, Die Verbrennungskraftmaschine, Neue Folge, Band 1

/40/ LANG, O.R.: Dynamische Stoßüberhöhung an Kurbelwellen, Dissertation T.U. Karlsruhe, 1969

/41/ KLOTTER, K., MEIER, DÖRNBERG, K.E.: Zur Beanspruchung des Kurbeltriebs durch Zündkräfte, MTZ 21 (1960) Heft 12, Seite 501 - 502

/42/ BENZ, W.: Die Erregung der Längsschwingungen von Kurbelwellen, MTZ 21/8 (1960)

13 Sachverzeichnis

14 Nachwort

Der nunmehr vorliegende Band 2 der Neuen Folge der Schriftenreihe LIST/PISCHINGER 'Die Verbrennungskraftmaschine' bot weniger Gelegenheit zu philosophischen Betrachtungsweisen unseres Tuns in der Motorenindustrie, als es der erste Band fast zwangsläufig verlangte, wollen wir unsere Technik nicht als Übungen im luftleeren Raum ansehen, sondern als Teil - und hoffentlich positiven Anteil - unserer Menschheit.

Der dargebotene Stoff folgt weitgehend mathematisch-physikalischen Zusammenhängen, so daß der Interessierte die Vorgehensweise gut nachvollziehen kann, auch wenn in manchen Fällen Vereinfachungen für die praktische Anwendung notwendig waren. Dennoch hoffen die Autoren, daß auch diesem Band ein Hauch des täglichen Lebens mitgegeben wurde; denn auch das Tun des Maschinenbauers folgt nicht abstrakten Wunschvorstellungen, und seine Werke sind das Ergebnis oft schwer gefundener Kompromisse. Der stete Versuch, einem Optimum nahezukommen, wird dadurch erschwert, daß die Zeitläufe die Schwerpunkte unserer Ansichten und Erfordernisse stetig verändern, was man schon in so kleinen Zeiträumen von wenigen Jahrzehnten so überaus deutlich erkennt. Lernten die Älteren unter uns noch den Wirkungsgrad als den Olymp technischen Strebens kennen, so geriet dieses Wort fast an den Rand studentischer Pflichtübungen, während Umweltfragen mit oft übertriebenen Wunschvorstellungen in den Mittelpunkt aller Entwicklungsarbeiten rückten, so lernen wir unter dem Druck steigender Energiepreise die Ideale unserer Väter wieder schätzen. Viele Bemühungen der letzten Jahre, die oft neu erscheinen (und wohl auch oft neu erarbeitet worden sind), kann man in ihren Grundzügen in der technischen Literatur des ersten Drittels unseres Jahrhunderts nachlesen, und unsere Aufgabe ist es, dieses oft Vorgedachte zu prüfen, ob mit den Mitteln der heutigen Technik bessere Realisierungschancen bestehen als seinerzeit. Wenn wir Glück haben, werden daraus vielleicht auch ein paar wirklich neue Gedanken entspringen.

Die Beschäftigung mit dem Thema der Gestaltung der Verbrennungskraftmaschine erscheint in der neueren Zeit deshalb besonders wichtig, weil es manche technischen Entwicklungen tangiert, denen wir heute Referenzen einräumen müssen. Dies bezieht sich auf die Frage der Vibrationen und des Geräusches, beides Auswirkungen von Gas- und Massenkräften, über deren Entstehen und Beeinflussung im vorliegenden Band berichtet wurde. Ebenso entscheidend ist die Kenntnis der Zusammenhänge aber auch in bezug auf den Gesamtwirkungsgrad des Motors, der im nächsten Jahrzehnt zum Mittelpunkt all unserer Bestrebungen werden wird.

Dieses Bemühen wird sich nicht nur auf die Vorgänge im Brennraum beschränken, sondern über Aufladegruppen, Abgasnutzung und andere Verbesserungsmöglichkeiten Einfluß auf die Gestaltung der Verbrennungskraftmaschine nehmen, die, wie man aus Band 1 der Neuen Folge der Schriftenreihe LIST/PISCHINGER 'Die Verbrennungskraftmaschine' erkennt, so vielfältig sein kann.

Die Forderungen von dieser Seite an das Triebwerk können gegebenenfalls diametral entgegengesetzt sein, was ein Triebwerksfachmann als Idealvorstellung mit sich herumträgt. Schon heute werden ja in ungezählten Beispielen Motoren gebaut, die nach den einfachen Gesichtspunkten der Motorendynamik eigentlich gar nicht gebaut werden sollten und dennoch ihren Dienst am Markt leisten. Die Begründungen liegen und lagen oft in den Fertigungsmöglichkeiten (Serienfertigung) oder auch schon in den Anforderungen der Aufladung (kontinuierlicher Abgasstrom, gegenseitige Beeinflussung der Zylinder etc.). Ein Kompromiß kann aber nur dann als sinnvoll anerkannt werden, wenn der verbesserte Wirkungsgrad der Verbrennung nicht durch zusätzliche Reibung im Triebwerk des Motors wieder verlorengeht. Hinsichtlich der Reibungsarbeit eines Motors werden große Anstrengungen gemacht bzw. notwendig sein, um weitere Erfolge zu erzielen. Dazu gehört nicht nur, nach verbesserten Schmierstoffen, geringerer Kolbenringanzahl u. ä. Ausschau zu halten, sondern auch die auftretenden Kräfte pro Triebwerksabschnitt und im Gesamttriebwerk so niedrig wie möglich zu halten. Will man hier nicht mit generalisierenden Ansprüchen argumentieren, sondern von Fall zu Fall das Verwirklichbare im Rahmen der anderen Grundanforderungen auf den Markt bringen, so erfordert dies eine profunde Kenntnis der Zusammenhänge, wie diese Kräfte wirken und wie sie zu beeinflussen sind.

Wenn in diesem Sinne der vorliegende Band einigen Betroffenen zum tieferen Verständnis verhilft und bei anderen die Erkenntnis vertieft, daß eine Beschäftigung mit dieser Materie den Schweiß eines Edlen wert ist, so ist die aufgewendete Mühe der Autoren lohnend gewesen.

Druck: Novographic, Ing. Wolfgang Schmid, A-1230 Wien.

Die Verbrennungskraftmaschine

Herausgegeben von Hans List und Anton Pischinger

Neue Folge Band 1

Gestaltung und Hauptabmessungen der Verbrennungskraftmaschine

Von Prof. Dr.-Ing. **Harald Maass,**
Klöckner-Humboldt-Deutz AG Köln,
RWTH Aachen

1979. 545 Abbildungen. XIII, 313 Seiten.
Gebunden DM 98,–, S 696,–
ISBN 3-211-81562-7

Seit Jahrzehnten ist diese Reihe dem Ingenieur in der Praxis wie auch dem jungen Ingenieur, der sich in das Fachgebiet einarbeiten muß, ein unentbehrlicher Ratgeber und den Studenten der höheren Semester eine wertvolle Hilfe. Sie wird nun in einer Neuen Folge fortgesetzt. Der Gründer der Reihe, Professor Dr. Dr. h. c. Hans List, Graz, dessen Anstalt für Verbrennungsmotoren inzwischen Weltruf erlangt hat, wirkt weiter bei der Herausgabe mit.

Die Neue Folge beginnt mit den grundlegenden und theoretischen Bänden. Der erste Band gibt Auskunft über den Stand der heutigen Verbrennungskraftmaschine in der Technik und Ausblicke über die Chancen der zukünftigen Entwicklung, wobei die Zukunftsfragen der Menschheit eng mit denen der verbreitetsten Antriebsquelle der Welt verbunden sind. Die unterschiedlichen Anforderungen an die Kraftmaschine haben ausschlaggebenden Einfluß auf die Gestaltung und die Wahl der Hauptabmessungen der Verbrennungskraftmaschine. Zahlreiche Beispiele zeigen mögliche Lösungen für die vielfältigen Probleme.

Inhaltsübersicht:

Einführung. — Ähnlichkeitsbeziehungen der Verbrennungskraftmaschine. Stand der Kenn- und Vergleichswerte — Stand der Technik der Verbrennungskraftmaschine. — Allgemeine Grundsätze zur Gestaltung der Verbrennungskraftmaschine. — Die Vorgabe der Entwicklungsdaten in einem Entwicklungsauftrag. — Ausgeführte Motoren. — Tabellen. — Schrifttum. — Nachwort.

Die Verbrennungskraftmaschine

Herausgegeben von Hans List

Noch lieferbare Bände:

Band 1, Teil 1
Die Betriebsstoffe für Verbrennungskraftmaschinen
Von **A. Philippovich**
Mit Vorwort und Einführung zum Gesamtwerk von H. List, 2., neubearbeitete und erweiterte Auflage
1949. 86 Abbildungen. XX, 206 Seiten.
Geheftet DM 54,–, S 386,–. ISBN 3-211-80121-9

Band 1, Teil 2
Die Gaserzeuger
Von **K. Schmidt**
2., neubearbeitete und erweiterte Auflage
1959. 52 Abbildungen. VI, 51 Seiten.
Geheftet DM 28,–, S 200,–. ISBN 3-211-80529-X

Band 3
Wärmeübergang in der Verbrennungskraftmaschine
Von **W. Pflaum** und **K. Mollenhauer**
1977. 204 Abbildungen. XII, 347 Seiten.
Gebunden DM 144,–, S 996,–. ISBN 3-211-81387-X

Band 4
Der Ladungswechsel der Verbrennungskraftmaschine
Teil 1
Grundlagen. Die rechnerische Behandlung der instationären Strömungsvorgänge am Motor
Von **H. List** und **G. Reyl**
1949. 156 Abbildungen, 2 Tafeln, 4 Tabellen. XI, 239 Seiten.
Geheftet DM 76,–, S 548,–. ISBN 3-211-80122-7

Teil 2
Der Zweitakt
Von **H. List**
1950. 384 Abbildungen. X, 370 Seiten.
Geheftet DM 108,–, S 772,–. ISBN 3-211-80177-4

Teil 3
Der Viertakt. Ausnützung der Abgasenergie für den Ladungswechsel
Von **H. List**
1952. 172 Abbildungen. VIII, 175 Seiten.
Geheftet DM 56,–, S 398,–. ISBN 3-211-80285-1

Band 5
Die Gasmaschine
Von **M. Leiker**
2., neubearbeitete und erweiterte Auflage
1953. 358 Abbildungen. IX, 260 Seiten.
Geheftet DM 76,–, S 548,–. ISBN 3-211-80323-8

Band 6
Gemischbildung und Verbrennung im Ottomotor
Von **K. Löhner** und **H. Müller**
1967. 402 Abbildungen. XII, 309 Seiten.
Gebunden DM 136,–, S 938,–.
ISBN 3-211-80840-X

Band 7
Gemischbildung und Verbrennung im Dieselmotor
Von **A. Pischinger**
2., neubearbeitete und erweiterte Auflage mit einem Beitrag von F. Pischinger
1957. 269 Abbildungen. VIII, 206 Seiten.
Geheftet DM 76,–, S 548,–. ISBN 3-211-80459-5

Band 8, Teil 1
Lager und Schmierung
Von **K. Milowiz**
1962. 223 Abbildungen. X, 213 Seiten.
Gebunden DM 98,–, S 700,–. ISBN 3-211-80623-7

Band 11
Der Aufbau der raschlaufenden Verbrennungskraftmaschine
Von **A. Scheiterlein**
Zugleich 2., völlig neubearbeitete Auflage von H. Kremser, Der Aufbau schnellaufender Verbrennungskraftmaschinen für Kraftfahrzeuge und Triebwagen
1964. 272 Abbildungen. X, 523 Seiten.
Gebunden DM 229,–, S 1580,–. ISBN 3-211-80698-9

Band 12
Ortsfeste Dieselmotoren und Schiffsdieselmotoren
Von **F. Mayr**
3., völlig neubearbeitete und erweiterte Auflage
1960. 417 Abbildungen. VIII, 471 Seiten.
Geheftet DM 168,–, S 1160,–. ISBN 3-211-80564-8

Band 14
Verschleiß, Betriebszahlen und Wirtschaftlichkeit von Verbrennungskraftmaschinen
Von **C. Englisch**
2., erweiterte Auflage
1952. 393 Abbildungen. X, 288 Seiten.
Geheftet DM 78,–, S 558,–. ISBN 3-211-80286-X

Alle Bände haben 4°-Format

Preisänderungen vorbehalten